논리회로와
컴퓨터설계

논리회로와 컴퓨터설계

김시호 · 김형식 · 이종열 · 장영조 · 정영욱 · 한석봉 공역

Introduction to
LOGIC and COMPUTER DESIGN

Alan Marcovitz

Mc Graw Hill McGraw-Hill Korea

The McGraw-Hill Companies

Introduction to Logic and Compurter Design

1 2 3 4 5 6 7 8 9 10 MH-KOREA 20 09 08

Original: Introduction to Logic and Compurter Design
By Alan Marcovitz
ISBN 978-0-07-331417-4

Korean ISBN **89-6055-100-7**
978-89-6055-100-8

Printed in Korea

논리회로와 컴퓨터설계

발 행 일 / 2008년 12월 20일 초판발행
저 자 / Alan Marcovitz
역 자 / 김시호, 김형식, 이종열, 장영조, 정영욱, 한석붕
발 행 처 / (주)한국맥그로힐
주 소 / 서울시 마포구 서교동 376-12 지우B/D 2F
전 화 / (02)325-2351
발 행 인 / 채정태
등록번호 / 제 10-1734호(1999.3.29)

ISBN: 978-89-6055-100-8

판매처:한티미디어 문의: 02) 332-7993~4

판매정가: 29,000원

Preface

저 자 서 문

본 교재는 컴퓨터 과학, 컴퓨터 공학, 전기 및 전자 공학과 학생들을 위한 논리회로의 입문서로 만들어졌다. 본 교재의 제 1부는 한 학기의 논리회로설계 강의로 사용하기에 적절하다.* 공학 입문 과정 또는 초급 프로그래밍 과정의 학습을 통해 얻은 어느 정도의 기초지식이 논리회로를 학습하는데 도움이 될 수는 있지만. 이 교재에는 선수과정을 요구하지는 않는다. 제 2부에는 1부의 내용을 활용하여 컴퓨터 설계의 입문 과정을 담고 있다. 이 책 전체를 두 학기 동안 강의에 사용할 수 있고, 선택된 부분만을 학기 강의에 사용될 수 있다.

본 교재는 기초를 강조하며, 많은 예제를 통해 배우도록 기술되어 있다. 많은 설계 과제를 스스로 수행하는 것이 설계를 배우는 최고의 방법이라는 것이 저자의 철학이다. 따라서, 본문에서 기본으로 제시하는 수많은 예제뿐만이 아니라, 각 장에서는 문제와 해답이 제공되는 "문제풀이"와 각 장의 "이장의 테스트"(부록 C에서 모범답안을 제공), 많은 수의 연습문제들(부록 B에서 선택된 문제의 답을 제공)을 제공하고 있다. 비록 컴퓨터 CAD 툴이 큰 시스템의 설계에 광범위하게 사용되지만 학생은 우선, 원리를 이해해야 한다. 최초 과정 이수자에게는 충분한 자료보다도 원리가 중요하다. 제 4장과 7장의 하드웨어 설계 언어(HDLs) 부문에서는 CAD 툴 세트 중 하나를 기초로 해서 두 번째 과정으로 진보하기 위한 자료들을 제공한다. Verilog 또는 VHDL과 같은 상업용 툴에 대한 상세한 설명으로 과도한 시간 낭비 없이 컴퓨터 설계 자료를 제공하기 위해서 하드웨어를 기술할 수 있는 단순화한 HDL을 도입하였다.

제 1장에서는 간단한 소개 후, 본 교재의 자료에 적용되는 수의 체계에 관한 개요를 제공한다. (이전 과정에서 이를 충분히 학습한 학생들은 이 단원을 건너 뛸 수 있다.)

---

* 실험을 포함한 논리회로 설계에 대한 더 완전한 입문서로서 Marcovitz, Alan B., *Introduction to Logic Design, Second Edition*, McGraw-Hill, 2005를 참고하기를 권장함.

제2장에서는 조합 논리 시스템의 설계에서 진리표의 전개 과정 단계를 다룬다. 그 다음은 스위칭 함수의 공용 논리 게이트 소자(AND, OR, NOT, NAND, NOR, Exclusive OR, Exclusive AND)를 이용한 스위칭 함수의 구현에 관해서 소개한다. 여기서는 논리 게이트의 전기적인 동작이 아니고 게이트의 논리적인 동작에만 관련해서 설명한다.

제3장은 카르노 맵을 이용한 조합논리시스템의 간소화 방법을 설명한다. 입력이 다섯 가지 논리 변수이고, 단일 또는 다수의 출력 함수를 갖는 조합회로의 설계 문제를 해결하는 방법을 제공한다.

제4장은 더 큰 조합 논리회로의 설계와 관련되어 있다. 덧셈기, 비교기, 디코더, 엔코더, 우선순위 엔코더, 멀티플렉서를 포함하는 상용화된 더 큰 논리 소자를 소개한다. 이어서, 중급 규모의 조합회로 구현에 사용되는 ROMs, PLAs의 로직 어레이 사용 설계에 설펴보고, 하드웨어 설계 언어를 소개하고, 마지막으로는 더 큰 조합회로 시스템 두 개가 설계되었다.

제5장은 순차회로 시스템을 소개한다. 래치와 플립플롭의 동작을 살펴보는 것에서 시작해서 순차 회로 시스템의 동작을 분석하는 방법에 대해서 논의한다.

제6장은 순차 시스템의 설계 과정을 소개한 다음, 특별한 경우 카운터 회로를 공부한다. 마지막으로 기술된 문제로부터 상태표와 상태 다이어그램의 전개하는 방법이 상세하게 설명되었다.

제7장에서는 더 큰 순차 시스템을 다룬다. 쉬프트 레지스터와 카운터의 적용을 고찰한 후에 PLD(메모리가 있는 논리 배열)에 대해서 기술하였다. 그 다음에 더 복잡한 시스템 순차회로설계를 위한 ASM 다이어그램, one-hot encoding, 순차회로의 HDL 설계의 유용한 세 가지 기술을 논의하였고, 마지막으로 두 개의 더 큰 시스템 설계 예제를 제공하였다.

제8장은 컴퓨터 구조에 관한 것이다. 컴퓨터의 구조와 몇 가지 어드레싱 모드와 명령어 형태를 논의한다.

제9장에서는 큰 계산기 내에서 데이터를 보내는데 요구되는 논리와 제어기의 구조를 본다. 디지털 시스템의 동작을 표현하는 간단한 표기법인 디지털 설계 언어(DDL)를 소개한다. 상업적 시스템 중 하나를 사용하지 않았다. 상업적 시스템을 이용하기 위해서는 많은 양의 상세한 설명이 필요한데, 이는 우리가 가르치고자 의도하는 원리와 상충되기 때문에 상업적 시스템 중 하나를 사용하지 않기로 결정했다.

제10장은 단순한 컴퓨터인 “MODEL”의 설계를 상세하게 다룬다. 컨트롤 순차회로의 제어 순서와 타이밍을 고찰한다.

제11장은 CPU와 컴퓨터 시스템 다른 구성요소인, 1차와 2차 메모리, 입력/출력 조절기간의 상호동작을 기술한다.

이 책의 특징은 해답이 제공되는 "문제풀이"이다. 각 장에는 많은 양의 문제, 본문에서 개발된 문제 해결 예시 방법, 이어서 각 문제의 상세한 해답을 가지고 있다.(기본적으로 서술적인 11장은 제외) 학생들은 해답을 보지 않고 각 문제를 풀려고 노력하고, 제공되는 해답과 비교해 보아야 한다.

각 단원은 많은 연습문제를 포함한다. 이들 중에 선택된 해답은 부록 B에 포함되어 있다. 해답은 웹을 통해 강사가 이용 가능하게 만들어 질 것이다.

그 다음 각 단원은 "이장의 테스트"로 결론을 맺고 답은 부록 C에 주어진다.

교재 제1부의 자료는 한 학기 과정 교재에 적절하다. 5자리 변수 맵은 강의의 연속성에 지장을 주지 않고 생략할 수 있다.(관련해서 단지 제4장에서 몇 개의 예제에서만 필요하다.) 4.4절과 7.7절의 많은 예제의 적용범위를 줄일 수도 있다. 실제로 제7장의 대부분은 생략할 수도 있다.

비록 어떤 교육과정에서는 이전 과정에서 컴퓨터 구성을 다루고 있지만, 본 교재 제2부의 자료는 두 번째 학기 강의에 적절하다. 제8장의 내용은 제1부에 종속되어 달려있는 것이 아니라 책의 나머지 부분은 제1부와 독립적이다.

강의 보조 자료

본 교재는 McGraw-Hill's ARIS(Assement Review and Instruction System)를 통해 풍부한 강의 보조 자료가 보충으로 제공된다. ARIS는 강사와 학생에게 과제가 중요하고 관리가능 하도록 지원한다.

강사는 신뢰도 높고 사용이 용이한 과제관리 시스템을 이용하여 본문 특성 숙제를 내고 있고 등급을 매길 수 있다.

학생은 알고리즘적 문제를 통해 멀티미디어 학습 도구와 무제한적인 실습의 혜택을 사용할 수 있다.

aris.mhhe.com가면 더 많은 정보를 얻을 수 있습니다. 지금 등록하세요!

감사의 글

내가 원고작성을 위해서 사무실에서 일을 하고 있을 때 격려해주고 끊임없는 시간동안 기다려준 아내 엘린에게 감사한다. Florida Atlantic University의 나의 몇몇 동료는 원고의 부분들을 읽고 가르침을 주었습니다. 무엇보다도 중요한 것은, 더 좋은 책을 쓰게 나에게 힘을 주고, 책의 초고작성에 수고하고, 많은 의견과 교정을 준 나의 학생들에게 감사합니다. 아래에서 소개하는 본서의 검토자들은 본서의 출판에서 유용한 비평과 의견을 많이 줬습니다. 이 책은 그분들의 노력 덕분에 훨씬 더 좋아질 수 있었습니다.

Michael Chelian, California State University, Long Beach
G. R. Dattatreya, The University of Texas at Dallas
Travis Doom, Wright State University
Clifford Fitzmorris, The University of Oklahoma
Donald Hung, San Jose State University
Cetin Kaya Koc, Oregon State University
Anselmo Lastra, The University of North Carolina
D. J. Lee, Brigham young University
Hsien-Hsin Lee, Georgia Institute of Technology
Alex Martinez, The Ohio State University
Jacob Savir, New Jersey Institute of Technology
Eric Schwartz, University of Florida

마지막으로 McGraw-Hill의 스태프인 마이클 해켓, 멜린다 빌벡키, 케이 브리머여, 그리고 편집자인 린다 다볼리는 최종 책이 나오는데 가장 중요한 도움을 주었습니다.

역 자 서 문

이 책은 전기 및 전자 공학 또는 컴퓨터 정보통신 공학 전공생을 위한 디지털 논리회로의 입문서로써 쓰여진 교재입니다. 현재 수많은 디지털 입문 및 전문 교재가 대학에서 강의에 사용되고 있는데 또 하나의 디지털 논리회로 교재를 번역 출간하는데, 이 책의 번역서를 내기로 결정하기까지는 역자로써 상당한 고뇌가 있었습니다. 기본적으로 학부 과정의 대학생이 배워야 할 논리 회로의 지식은 지금까지 많이 사용되고 있는 교재들도 충분히 다루고 있습니다. 본 교재를 처음 접하고 검토하고 느낀 것은 참 쉽게 이해하도록 쓰여진 책이란 점입니다. 책의 본문의 내용도 주제에 대해서 상세하게 성명되어 있지만 각 장 후반부의 "문제 풀이"에서 적절한 예제를 통하여 본장에서 부족할 수 있는 부분을 보충하고 있다는 점입니다. 또한 연습문제와 각장의 테스트에서 수강생과 강사에서 필요한 충분한 수량의 과제와 테스트를 제공하고 있다는 점입니다. 기존의 교재에 비해서 본 교재는 독자들이 쉽게 교재만을 학습하는 것을 통해서 디지털 논리 회로의 기본 지식과 응용 능력을 키울 수 있다는 장점이 있습니다. 역자들은 원저자의 의도에 충실하면서도 한국의 독자들에게 적절한 전공 용어를 전달하고 본문에서 어색한 표현을 사용하지 않도록 노력했습니다.

본 교재의 8장에서 11장은 컴퓨터의 구조에 대해서 설명되어 있는데, 1장에서 7장의 논리회로와는 별개로 구분되어 있습니다. 따라서, 별도의 컴퓨터 구조 입문 강좌 등에서 활용할 수도 있습니다.

본 교재는 전북대 이종렬 교수, 한국기술교육대학교 장영조 교수, 광운대 정영욱 교수, 경상대 한석붕교수, 충남대 김형식 교수와 충북대 김시호 교수가 공동으로 번역에 참여하였습니다.

교재를 집필하는 저자에는 비하기 어렵지만 역서를 출간하는 데에도 많은 분들의 도움이 필요합니다. 본 교재의 출간을 위해서 노력해주신 맥그로힐 출판사의 여러분에게 감사드립니다. 그리고, 교재의 초벌 번역과 교정을 위해서 고생한 충북대 대학원의 김효종님에게 감사드립니다.

Contents

차 례

저자서문 v

역자서문 ix

Chapter 1

서론 1

1.1 논리 설계 1

1.2 진법에 대한 간단한 복습 4

1.2.1 16진수 8
1.2.2 이진수의 덧셈 9
1.2.3 부호있는 숫자 11
1.2.4 이진수의 뺄셈 15
1.2.5 분수, 혼합 수, 부동소수점 표현 17
1.2.6 이진코드 십진수(Binary Coded Decimal, BCD) 20
1.2.7 기타 코드들 22

1.3 문제풀이 25

1.4 연습문제 34

1.5 이 장의 테스트(50분) 37

Part I 논리설계 39

Chapter 2

조합시스템 39

2.1 조합시스템에 대한 설계 과정 39

2.1.1 무관 조건 43
2.1.2 진리표 작성 44

2.2 스위칭 대수 48

2.2.1 스위칭 대수의 정의 49
2.2.2 스위칭 대수의 기본 법칙들 53
2.2.3 대수 함수의 조작 56

2.3 AND, OR, NOT 게이트를 이용한 함수 구현 62

2.4 보수 67

2.5 진리표로부터 대수식 작성 70

2.6 NAND, NOR, Exclusive-OR 게이트 75

2.7 대수식의 간소화 82

2.8 대수 함수의 조작과 NAND 게이트 구현 88

2.9 문제풀이 96

2.10 연습문제 113

2.11 이 장의 테스트(100분 혹은 50분 2회) 121

Chapter 3

카르노 맵 125

3.1 카르노 맵 소개 126

3.2 카르노 맵을 이용한 최소

합의곱(SOP) 표현 136
3.3 DON'T CARES 147
3.4 곱의 합(Product of Sums: POS) 151
3.5 5변수 맵 154
3.6 여러 개의 출력을 가진 문제 159
3.7 문제풀이 169
3.8 연습문제 189
3.9 이 장의 테스트(100분, 혹은 두 번의 50분 시험) 192

Chapter 4

조합논리 시스템 설계 197

4.1 반복시스템 198
4.1.1 조합 논리회로에서의 지연시간 198
4.1.2 가산기 200
4.1.3 감산기와 가감산기 204
4.1.4 비교기 205
4.2 이진 디코더 207
4.3 인코더와 우선순위 인코더 213
4.4 멀티플렉서와 디멀티플렉서 215
4.5 3상 게이트 219
4.6 게이트 어레이-ROM, PLA, PAL 221
4.6.1 ROM을 이용한 설계 225
4.6.2 PLA(Programmable Logic Array)를 이용한 설계 226
4.6.3 PAL(Programmable Array Logic)을 이용한 설계 229
4.7 조합시스템의 테스트와 시뮬레이션 233
4.7.1 Verilog의 소개 233
4.8 보다 큰 예제들 236
4.8.1 한자리 십진 가산기 236
4.8.2 7-세그먼트 표시기 구동기 238
4.9 문제풀이 246
4.10 연습문제 274
4.11 이 장의 테스트 285

Chapter 5

순차 시스템의 분석 289

5.1 상태표와 상태도 291
5.2 래치 295
5.3 플립플롭 296
5.4 순차 시스템의 분석 306
5.5 문제풀이 317
5.6 연습문제 328
5.7 이 장의 테스트(50분) 336

Chapter 6

순차 시스템 설계 339

6.1 플립플롭 설계 기법 345
6.2 동기 카운터 설계 363
6.3 비동기 카운터 설계 371
6.4 상태표와 상태도의 유도 375
6.5 문제풀이 389
6.6 연습문제 406
6.7 이 장의 테스트(75분) 414

Chapter 7

대규모 순차 문제의 해결 417

7.1 쉬프트 레지스터(Shift register) 417
7.2 카운터 424
7.3 프로그램이 가능한 논리 디바이스(PLDs) 432
7.4 ASM도를 이용한 설계 437
7.5 원 핫(one-hot) 인코딩 441
7.6 순차 시스템에 대한 Verilog 442
7.7 더 복잡한 예제들 444
7.8 문제풀이 451
7.9 연습문제 461
7.10 이 장의 테스트(25분) 465

Part II 컴퓨터 설계 467

Chapter 8
컴퓨터 구조 467

8.1 워드의 구조 470
8.1.1 명령어 형식(Instruction format)과 워드 크기 470
8.1.2 데이터와 워드 크기 473
8.2 레지스터 집합 474
8.3 주소 지정 모드(Addressing Mode) 475
8.4 명령어 집합(Instruction set) 482
8.4.1 데이터 이동 명령 482
8.4.2 산술 명령 483
8.4.3 논리(Logic), 자리이동(Shift), 자리순환(Rotate) 명령어 485
8.4.4 분기명령(Branch) 486
8.4.5 입/출력(Input/Output)과 가로채기(Interrupt) 489
8.4.6 명령어 시간 조절 489
8.5 문제풀이 490
8.6 연습문제 496
8.7 이 장의 테스트(50분) 501

Chapter 9
컴퓨터 설계 기초 505

9.1 데이터 이동 507
9.2 제어 시퀀스(Sequence) 512
9.3 설계 기술 언어(DDL) 514
9.3.1 DDL의 사양(Specification) 521
9.3.2 타이밍 세분화(Refinement) 529
9.4 제어기의 설계 532
9.5 문제풀이 540
9.6 연습문제 551
9.7 이 장의 테스트(90분) 558

Chapter 10
중앙처리장치(CPU)의 설계 561

10.1 MODEL의 기술(Description) 561
10.1.1 메모리와 레지스터 집합 561
10.1.2 주소지정 방식 565
10.1.3 MODEL의 명령어 집합 568
10.2 MODEL의 제어 시퀀스 572
10.3 하드와이어드 제어기를 갖는 MODEL 제어 시퀀스의 구현 581
10.4 저속 메모리를 가진 MODEL 585
10.5 마이크로프로그램 제어기 587
10.6 문제풀이 589
10.7 연습문제 602
10.8 이 장의 테스트(75분) 609

Chapter 11
중앙처리장치를 넘어서 613

11.1 임의 접근 메모리(Random Access Memory) 615
11.2 캐쉬 메모리 621
11.3 이차 메모리 628
11.4 가상 메모리 630
11.5 인터럽트 632
11.6 메모리 직접 접근 637

Appendix

A : Summary of MODEL Controller Design 639
B : Answers to Selected Exercises 643
C : Chapter Test Answers 675

1 서론

이 책은 디지털 시스템(digital system), 즉 모든 신호가 이산적인 값으로 표현되는 시스템의 설계에 대하여 설명한다. 보통 디지털 시스템의 내부는 이진 방식으로, 즉 0과 1의 두 개의 값을 갖는 신호로 동작한다.(두 개 이상의 값을 갖는 시스템도 있지만, 두 개의 값을 갖는 시스템의 내구성이 크기 때문에 대부분의 디지털 시스템은 두 개의 값을 갖는 신호를 사용한다.)

컴퓨터와 계산기가 디지털 시스템의 대표적인 예이지만, 대부분의 전자 시스템에도 상당한 양의 디지털 논리가 포함되어 있다. CD 플레이어나 아이팟을 통하여 듣는 음악, 컴퓨터 화면(신형 디지털 텔레비전 포함)의 점들과 대부분의 휴대전화 신호들은 비트라고 불리는 이진수의 연속으로 표현된다.

이 책의 1부(2장부터 7장까지)는 디지털 시스템의 일반적인 설계 기법, 즉 논리 설계(logic design)라고 불리는 과정을 다룬다. 일단 이 기법들을 소규모 시스템으로 한정하여 설명하고, 대규모 시스템을 소규모 부분시스템으로 분할하는 방법은 나중에 살펴볼 것이다. 이 책의 2부(8장부터 11장까지)에서는 디지털 컴퓨터나 그와 유사한 대규모 시스템의 설계에 대한 주제들을 다룬다.

1.1 논리 설계

그림 1.1과 같은 디지털 시스템에는 임의 개수의 입력(*A*, *B*, . . .)과 임의 개수의 출력(*W*, *X*, . . .)이 있다. 어떤 회로에서는 그림에서의 데이터 입력 외에도 클럭(규칙적으로 0과 1을 반복하는 다른 종류의 입력 신호이다)이라고 불리는 타이밍 신호도 필요하다. 클럭 신호에 대해서는 5장에서 자세히

그림 1.1 디지털 시스템

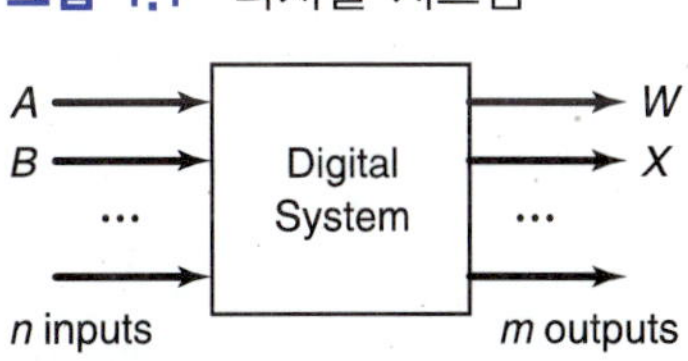

설명한다.

디지털 시스템에 대한 간단한 예제가 그림 1.1에 제시되어 있다.

예제 1.1 입력 *A*, *B*, *C*와 출력 *Z*를 갖는 시스템으로 두 개의 입력이 1일 경우에만[1)] *Z* = 1이다.

디지털 시스템의 입력과 출력은 실제 크기를 나타낸다. 그렇지만 예제 1.1에서와 같이 어떤 경우에는 입출력이 자연스럽게 이진수 형태로 표현될 수 있는데, 이는 입출력이 두 개의 값중에서 한 개로 표현되는 경우이다. 어떤 때에는 여러 값을 갖는 경우도 있다. 예를 들면, 입력이 십진수의 한 자리일 수도 있고, 출력이 문자로 부여된 성적일 수도 있다. 각각은 이진수의 집합으로 표현되어야 한다. 이런 과정을 입력과 출력을 이진수로 코딩한다고 부른다.(자세한 설명은 나중으로 미룬다.)

이진수에 해당하는 양을 물리적으로 표현할 때는 두 개의 전위중의 하나, 즉 논리값 0에 대해서는 0 볼트(V)나 접지, 논리값 1에 대해서는 5 V를 사용한다. 또는 (디스켓에서처럼) 한 방향이나 반대 방향의 자기장일 수도 있고, (입력에 한정하여) 스위치를 위나 아래 위치에 두는 것, (출력에 한정하여) 전구를 켜거나 끄는 것일 수도 있다. 문자 그대로의 표현 대신 구체적으로 정형화된 형태로 바꿔야 하는 경우를 제외하고, 교과서에서는 물리적인 표현이 크게 중요하지 않기 때문에 앞으로는 0과 1로 표현하기로 하자.

예제 1.1과 같은 디지털 시스템의 동작 방식은 표의 형태로 표현할 수 있다. 단지 8개의 입력 조합만 허용되므로 모든 입력 조합과 출력을 나열할 수 있다. 이런 형태의 표(진리표라고 부른다)가 표 1.1에 제시되어 있다.(유사형태를 포함하여) 진리표를 채우는 방법에 관한 것은 다음 장으로 미루기로 한다.

예제 1.2부터 1.5는 다른 네 개의 예제들이다.

표 1.1 예제 1.1에 대한 진리표

A	*B*	*C*	*Z*
0	0	0	0
0	0	1	0
0	1	0	0
0	1	1	1
1	0	0	0
1	0	1	1
1	1	0	1
1	1	1	1

1) "일 경우에만(if and only if)"은 경우에 따라 "iff"로 표기된다. 위의 설명은 조건이 만족될 경우에는 출력이 1이고 조건이 만족되지 않을 경우에는 출력이 1이 아니다(0이 됨을 의미)는 것을 의미한다.

예제 1.2

두 개의 4 비트 이진수에 해당하는 8개의 입력과 합에 해당하는 5 비트 출력을 갖는 시스템.(각 입력의 범위는 0부터 15이고, 출력은 0부터 30이다.)

예제 1.3

한 개의 입력 A와 클럭, 한 개의 출력 Z를 갖고 직전 세 개의 연속된 클럭 동안 입력이 1이었던 경우만 출력이 1이 되는 시스템.

예제 1.4

시와 분으로 시각을 표시하는 디지털 시계. 네 자리의 십진수와 AM 혹은 PM 중의 하나에 대한 표시자가 필요하다.(시의 첫째 자리는 1이거나 공란이다.) 매 분단위로 다음 숫자로 넘어가기 위한 타이밍 신호가 필수적이다. 또한 시각을 설정하는 수단이 제공되어야 한다. 대부분의 디지털 시계는 알림 기능도 갖는데, 이를 위해서는 저장 공간이나 회로가 추가로 필요하다.

예제 1.5

더 복잡한 예제는 교통 제어기이다. 가장 간단한 경우, 두 개의 도로가 만날 때 각 도로별로 고정된 시간 주기로 초록 신호를 주는 것이다. 일정한 시간이 경과하면 노란 신호로 바뀌고 최종적으로 빨간 신호가 된다. 이 시스템에는 클럭 이외의 입력은 없다. 여섯 개의 출력이 있는데, 두 개의 도로에 각 색상별로 하나씩 할당된다.(각 출력은 여러 개의 전구를 제어할 수도 있다.) 교통 제어기는 더 많은 출력을 갖기도 하는데, 예를 들면 좌회전 신호가 이에 해당된다. 또한 별도의 입력을 두어서 빨간 신호에 대기하는 차량이 있거나 초록 신호에 통과하는 차량이 있는지를 구분하기도 한다.

앞의 두 예제는 조합의 성격을 갖는데, 이것은 출력이 입력의 현재 값에 의하여 결정된다는 것을 의미한다. 예제 1.1에서 A, B, C의 값을 알면 Z가 무엇일지 결정할 수 있다.[2)] 예제 1.3, 1.4, 1.5는 순차적인 성격을 갖는데, 이는 이전 시간(이전 클럭 시간)에서의 입력에 대하여 무엇인가를 알아야 한다는 점에서 시스템이 메모리를 필요로 한다는 것을 의미한다.

이제 1부의 전반부에서는 조합 시스템에 집중하고 순차 시스템에 대한 것은 나중으로 미루기로 한다. 나중에 설명하겠지만 순차 시스템은 기억장치와 조합논리의 두 부분으로 구성되어 있다. 따라서 순차 시스템에 대한 설계를 시작하기 전에 조합 시스템에 대한 설계를 배울 필요가 있다.

일반적으로 영어를 포함한 자연연어로 설명할 때는 조심할 필요가 있다. 앞의 예제들에서도 서로 다른 해석을 할 여지가 있다. 예제 1.1에서 출력이 1이 되려면 모든 세 입력이 1이거나 혹은 정확하게 두 개의 입력이 1이어야 하는지 명확하지 않다. 주어진 설명은 어느 쪽으로 해석해도 된다. 그렇지만 진리표를 작성할 때는 반드시 한쪽을 선택해야 하는데, 앞에서는 "두 개"

2) 실제 시스템에서는, 입력과 출력 사이에 약간의 지연시간이 존재한다. 즉, 어떤 시점에 입력이 변하면, 출력은 이보다 약간 후에 변한다. 이때 소요되는 시간은 전형적으로 나노초(10^{-9}초) 수준이다. 거의 모든 경우에 이런 지연 시간을 무시하기로 하되, 자세한 내용은 4장에서 다시 다루기로 한다.

를 "두 개 이상"으로 해석해서 세 개의 출력이 모두 1인 경우에도 출력이 1이 되는 것으로 보았다.(유사한 문제에서 가능한 정확하게 표현할 것이지만 그렇더라도 사람들마다 문제에 대한 설명을 서로 다른 방식으로 이해할 수도 있다.)

가장 중요한 점은 논리 시스템을 기술할 때는 더욱 정확할 필요가 있다는 점이다. 2장의 조합 시스템과 5장의 순차 시스템에 대하여 설명할 때 이 점에 주의할 것이다.

1.2 진법에 대한 간단한 복습

이 절에서는 진법과 관련된 주제들에 대하여 이 책의 나머지에서 내용을 이해하는데 필요한 것들을 중심으로 소개한다. 다른 수업을 통하여 이미 익숙한 주제라면 다음 장으로 건너뛰어도 좋다.

정수에서는 각 자리의 위치에 따라 멱급수에서의 계수가 결정된다.

$$N = a_{n-1}r^{n-1} + a_{n-2}r^{n-2} + \cdot \cdot \cdot + a_2r^2 + a_1r + a_0$$

여기서 n은 자리의 개수이고 r은 기수(radix) 혹은 밑수(base)를 가리키며, a_i는 계수로서 다음 범위를 만족한다.

$$0 \le a_i < r$$

십진수의 경우, $r=10$이고 a는 0부터 9의 범위를 갖는다. 이진수의 경우, $r=2$이고 a는 0이거나 1이 된다. 흔히 16진수도 컴퓨터에서 흔히 사용되는데, 이 때 $r=16$이다. 이진수에서 각 자리들은 보통 비트(bit)라고 부른다.

십진수 7642(기수가 10, 즉 십진수라는 것을 강조하기 위하여 때로는 7642_{10}이라고 표기한다)는 따라서 아래와 같이 전개된다.

$$7642_{10} = 7 \times 10^3 + 6 \times 10^2 + 4 \times 10 + 2$$

이진수 101111은

$$\begin{aligned} 101111_2 &= 1 \times 2^5 + 0 \times 2^4 + 1 \times 2^3 + 1 \times 2^2 + 1 \times 2 + 1 \\ &= 32 + 8 + 4 + 2 + 1 = 47_{10} \end{aligned}$$

앞의 예제[3]를 보면, 어떻게 이진수를 십진수로 변환하는지 쉽게 알 수 있

3) 여기서 설명된 문제들에 대하여 추가 예제들이 1.3절의 문제풀이(Solved Problems)에도 있다. 각 장에는 문제풀이 절이 별도로 제공된다.

는데, 단지 멱급수를 푸는 것으로 충분하다. 이것을 쉽게 하려면, 필요할 때마다 계산하는 대신 2의 거듭제곱을 기억해 둘 필요가 있다.(적어도 처음 10개 정도의 2의 거듭제곱을 기억할 수만 있다면, 시간과 노력을 아주 많이 줄일 수 있는데, 처음 20개에 대한 값들이 표 1.2에 정리되어 있다.)

표 1.2 2의 거듭제곱

n	2^n	n	2^n
1	2	11	2,048
2	4	12	4,096
3	8	13	8,192
4	16	14	16,384
5	32	15	32,768
6	64	16	65,536
7	128	17	131,072
8	256	18	262,144
9	512	19	524,288
10	1,024	20	1,048,576

표 1.3에 제시된 것처럼 앞으로 처음 16개의 양의 이진수를 사용할 때도 있고, 처음 32개를 사용할 때도 있다. (십진수처럼 상위자리의 0을 종종 제거하기도 하지만 처음 16개의 이진수를 4 비트 수로 표현할 때는 상위자리의 0을 남겨 두었다.) 양의 이진수에 대하여 저장공간의 크기가 필요할 때는 정확한 비트 수를 알기 위하여 상위자리의 0을 덧붙인다.

표 1.3 처음 32개의 이진수들

Decimal	Binary	4-bit	Decimal	Binary
0	0	0000	16	10000
1	1	0001	17	10001
2	10	0010	18	10010
3	11	0011	19	10011
4	100	0100	20	10100
5	101	0101	21	10101
6	110	0110	22	10110
7	111	0111	23	10111
8	1000	1000	24	11000
9	1001	1001	25	11001
10	1010	1010	26	11010
11	1011	1011	27	11011
12	1100	1100	28	11100
13	1101	1101	29	11101
14	1110	1110	30	11110
15	1111	1111	31	11111

2^n 보다 1만큼 작은 수는 n개의 1로 구성됨에 주의하시오.(예를 들면 $2^4-1=1111=15$이고 $2^5-1=11111=31$이다.)

n 비트 수는 0부터 2^n-1 범위의 양의 정수를 나타낸다. 따라서 예를 들면 4 비트 수는 0부터 15까지 표현하고, 8 비트 수는 0부터 255 범위를, 16 비트 수는 0부터 65,535 범위의 수를 표현한다.

십진수를 이진수를 변환하기 위해서는 각 자리수를 이진수로 변환하고 십진수의 멱급수를 계산해야 한다. 즉,

$$746 = 111 \times (1010)^{10} + 0100 \times 1010 + 0110$$

그렇지만 위의 수식은 이진수에 대한 곱셈이 필요한데, 이것은 시간을 많이 필요로 한다.

십진수에서의 계산법을 이용한 쉬운 방법이 두 가지 있다. 첫째, 주어진 숫자 이하의 숫자들 중에서 가장 큰 2의 거듭제곱을 주어진 숫자에서 빼고 이에 해당하는 이진수 위치에 1이 있다고 결정하는 방법이다. 나머지에 대하여 계속 반복한다. 나머지보다 큰 2의 거듭제곱에 대해서는 해당되는 위치가 0이라고 본다.

예제 1.6

746에 대하여 $2^9=512$가 746 이하에서 가장 큰 2의 거듭제곱이므로 $2^9(512)$ 자리에 1이 있다.

746 = 1 _ _ _ _ _ _ _ _ _

다음에 $746-512=234$를 계산한다. 그 다음에 해당하는 2의 거듭제곱은 $2^8=256$ 이지만 이것은 234보다 크므로 2^8 자리는 0이 된다.

746 = 1 0 _ _ _ _ _ _ _ _

다음에, $234-128=106$을 계산하고 2^7 자리에 1을 둔다.

746 = 1 0 1 _ _ _ _ _ _ _

계속해서 106에서 64를 빼면 결과는 42가 되고 2^6 자리는 1이 된다.

746 = 1 0 1 1 _ _ _ _ _ _

42가 32보다 크므로 2^5 자리가 1이 되고, $42-32=10$을 계산한다.

746 = 1 0 1 1 1 _ _ _ _ _

여기에서 계속해서(8을 빼는) 뺄셈을 계속하거나 $2^4=16$에 해당하는 자리가 없고 나머지인 10에 대한 이진수 표현이 1010이라는 것을 알면 다음과 같은 결과를 얻을 수 있다.

$$\begin{aligned}746_{10} &= 1\times 2^9 + 0\times 2^8 + 1\times 2^7 + 1\times 2^6 + 1\times 2^5 + 0\times 2^4 + 1 \\ &\quad \times 2^3 + 0\times 2^2 + 1\times 2 + 0 \\ &= 1011101010_2\end{aligned}$$

다른 방법은 십진수를 반복해서 2로 나누는 것이다. 나눗셈에 의한 나머지는 최하위자리(a_0)부터 시작해서 이진수의 각 자리에 해당된다. 나눗셈에 의한 나머지를 버리면서 과정을 반복하면 된다.

예제 1.7

십진수 746을 이진수로 변환하려면 다음과 같이 계산한다.

746/2 = 373	나머지 0	0
373/2 = 186	나머지 1	10
186/2 = 93	나머지 0	010
93/2 = 46	나머지 1	1010
46/2 = 23	나머지 0	01010
23/2 = 11	나머지 1	101010
11/2 = 5	나머지 1	1101010
5/2 =	나머지 1	11101010
2/2 = 1	나머지 0	011101010
1/2 = 0	나머지 1	1011101010

마지막 나눗셈(1/2)도 반드시 필요한데, 이것은 최상위 비트 1을 생성한다. 계속해서 2로 나누면 상위비트에 해당하는 0을 더 얻을 수 있다. 답은 여전이 1011101010이다. 이 방법에서도 남은 수를 바로 이진수로 변환할 수 있을 때 중지해도 된다. 따라서 23이 남았을 때 그것이(표 1.3을 이용하여) 10111이라는 것을 알면 지금까지 생성한 비트들 앞에 그 수를 놓음으로써 10111 01010이라는 답을 얻을 수 있다.

예제 1.8

105를 이진수로 변환하면 다음과 같다.

105/2 = 52,	나머지 1	1
52/2 = 26,	나머지 0	01
26/2 = 13,	나머지 0	001
13 = 1101 이므로		1101 001

위의 방법은 멱급수의 모든 항이 마지막 항을 제외하고는 모두 2로 나누어지기 때문에 성립한다. 즉

$$746 = 1 \times 2^9 + 0 \times 2^8 + 1 \times 2^7 + 1 \times 2^6 + 1 \times 2^5 + 0 \times 2^4 + 1 \times 2^3 + 0 \times 2^2 + 1 \times 2 + 0$$

이므로

$$746/2 = 373 \text{ 나머지 } 0 = 1 \times 2^8 + 0 \times 2^7 + 1 \times 2^6 + 1 \times 2^5 + 1 \times 2^4 + 0 \times 2^3 + 1 \times 2^2 + 0 \times 2 + 1 + \text{나머지 } 0$$

마지막 비트는 나머지가 되었다. 반복하면 다음과 같다.

$$373/2 = 186 \text{ 나머지 } 1 = 1 \times 2^7 + 0 \times 2^6 + 1 \times 2^5 + 1 \times 2^4 + 1 \times 2^3 + 0 \times 2^2 + 1 \times 2 + 0 + \text{나머지 } 1$$

이번 나머지는 오른쪽으로부터 두 번째 자리가 된다. 다음 나눗셈에서는

나머지가 0이 되는데 이것은 오른쪽에서 세 번째 자리이다. 이 과정은 최상위 비트가 남을 때까지 반복된다.

1.2.1 16진수

16진수 ($r = 16$)는 컴퓨터에서 자주 사용되는 밑수이다. 이것은 이진수를 간단하게 표기하기 위한 것이다. 16진수는 이진수를(최하위 비트부터) 네 자리씩 묶는다. 예를 들어 8 비트 수에 적용하면 다음과 같다.

$$
\begin{aligned}
N &= (b_7 2^7 + b_6 2^6 + b_5 2^5 + b_4 2^4) + (b_3 2^3 + b_2 2^2 + b_1 2^1 + b_0) \\
&= 2^4 (b_7 2^3 + b_6 2^2 + b_5 2^1 + b_4) + (b_3 2^3 + b_2 2^2 + b_1 2^1 + b_0) \\
&= 16h_1 + h_0
\end{aligned}
$$

h_1은 16진수에서의 한 자리를 나타내므로 반드시 0과 15 사이이어야 한다. 괄호 안의 각 항은 십진수로 보면 된다. 만약 이진수가 4의 배수 자리로 표현되지 않는 경우는 앞자리를 0으로 채우면 된다. 9를 넘는 자리는 다음과 같이 알파벳에서 처음 여섯 개의 (대)문자를 사용한다.

10	A
11	B
12	C
13	D
14	E
15	F

예제 1.9

(예제 1.6과 1.7의 연속)

$$
\begin{aligned}
1011101010_2 &= 0010\ 1110\ 1010_2 \\
&= 2EA_{16}
\end{aligned}
$$

16진수를 십진수로 변환하려면 멱급수를 계산하면 된다.

예제 1.10

$$
\begin{aligned}
2EA_{16} &= 2 \times 16^2 + 14 \times 16 + 10 \\
&= 512 + 224 + 10 = 746_{10}
\end{aligned}
$$

마지막으로 십진수를 16진수로 변환하려면 반복해서 16으로 나누면서 나머지를 16진수 형태로 표시하면 된다.

예제 1.11

746/16 = 46	나머지 10	A
46/16 = 2	나머지 14	EA
2/16 = 0	나머지 2	2EA

1.2.2 이진수의 덧셈

컴퓨터나 디지털 시스템에서 요구되는 가장 흔한 연산은 숫자 두 개의 덧셈이다. 본 절에서는 이진수를 더하는 과정에 대하여 설명한다. 두 개의 이진수를 더하기로 하자.

```
0110    6
0111   +7
```

표 1.4 이진수의 덧셈

0 + 0 = 0
0 + 1 = 1
1 + 0 = 1
1 + 1 = 10 (2, 합은 0이고 다음 비트에 대한 캐리가 1)

(십진수에서 하던 것처럼) 한번에 한 자리씩 더하면 합과 함께 다음 비트에 대한 캐리를 구할 수 있다. 십진수에서 덧셈표를 만든 것처럼 이진수에 대한 덧셈표가 필요하다.(물론 훨씬 단순하다) (표 1.4) 단계별 덧셈 과정은 예제 1.12에서 제시된다.

예제 1.12

우선 최하위 비트(가장 오른쪽 비트)를 더하면 파란색으로 표시된 것처럼 합은 1이고 캐리가 0이 된다.

```
   0
0110
0111
----
   1
```

다음에 오른쪽에서 두 번째 자리를 더하면,

0 + 1 + 1 = 0 + (1 + 1) = 0 + 10 = 10 **혹은**
(합은 0이고 캐리는 1)

(0 + 1) + 1 = 1 + 1 = 10
(덧셈의 순서는 상관없다).

이번 덧셈을 녹색으로 표시하면 다음과 같다.

```
 10
0110
0111
----
  01
```

다음 두 번의 덧셈은 다음과 같다.

```
 11          01
 0110        0110
 0111        0111
 ----        ----
  101        1101
```

세 번째 덧셈의 경우, 1이 세 개(원래의 두 비트와 하위 비트로부터의 캐리)가 있음에 주의하시오. 합은 3(이진수로 11)이 되는데, 이것은 합이 1이고 캐리가 1이 됨을 의미한다. 물론 결과는(십진수로) 13이 된다. 이 경우에는 마지막 덧셈이 0의 캐리를 생성하므로 결과의 길이가 4 비트였다. 만약 피연산자가 더 크면(예를 들면 13+5), 결과가 5 비트를 요구하고 다음에 나타난 것처럼 마지막 캐리가 합의 일부로 변한다.(물론 십진수에서의 덧셈과 다르지 않은데, 4 비트 숫자를 두 개 더하면 4 비트 혹은 5 비트 결과를 얻는다.)

```
  101
  1101        13
  0101         5
 -----        --
 10010        18
```

n 비트 워드를 사용하는 컴퓨터에서 산술 연산의 결과가 정해진 범위를 벗어나면(예를 들면, n 비트 양수를 더할 때 $(n+1)$ 비트의 결과를 얻을 때), 오버플로우(overflow)가 발생했다고 표현한다. 4비트 크기의 양의 정수를 더할 때 합이 $16(2^4)$ 이상일 때 오버플로우가 발생한다. 앞의 예를 보면, 결과가 18로서 4 비트 양의 정수의 최대값인 15보다 크기 때문에 오버플로우가 발생했다.

최하위 비트를 더한 후에(두 개의 피연산자만을 갖는 유일한 경우이다), 이후의 각 덧셈은 세 개의 피연산자를 갖는다. 덧셈에 포함되는 캐리를 c_{in}이라고 표기하고, 덧셈에 의한 결과로서 생성되는 캐리를 c_{out}이라고 표기하기로 한다. 따라서 덧셈 문제는 아래와 같이 변형된다.

$$\begin{array}{r} c_{in} \\ a \\ \underline{\quad b} \\ c_{out}\ s \end{array}$$

표 1.5는 덧셈 과정에서의 모든 경우를 보인다.

이러한 1 비트 계산을 수행하는 장치를 전가산기(full adder)라고 부른다. 4 비트 숫자를 더하려면 그림 1.2와 같이 4개의 전가산기를 연결하면 된다.(맨 오른쪽의) 비트 1 가산기에 대한 캐리 입력이 0인데 이것은 이

표 1.5 1 비트 가산기

a	b	c_{in}	c_{out}	s
0	0	0	0	0
0	0	1	0	1
0	1	0	0	1
0	1	1	1	0
1	0	0	0	1
1	0	1	1	0
1	1	0	1	0
1	1	1	1	1

그림 1.2 4 비트 가산기

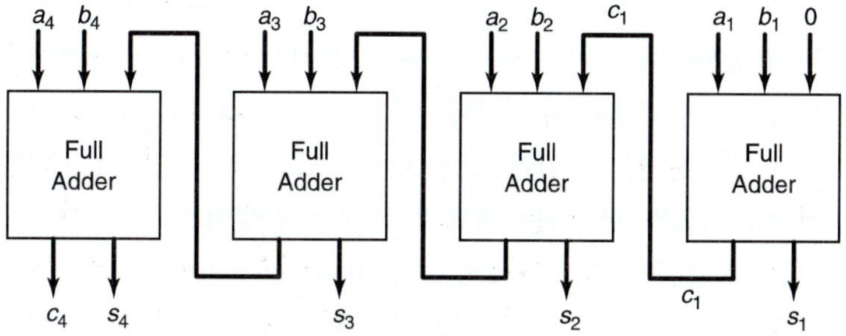

비트로 들어오는 캐리가 없기 때문임에 주의하시오. 단순화된 회로(반가산기(half adder)라고 불린다)가 종종 이런 비트에 대한 연산 목적으로 쓰인다. 2장에서 전가산기를 설계할 준비가 될 때 이 문제에 대하여 다시 다루기로 한다.

1.2.3 부호있는 숫자

지금까지는 부호없는 수(unsigned number)라고도 불리는 양의 정수에 대해서만 배웠다. 컴퓨터는 양수와 음수를 모두 포함하는 부호있는 수(signed number)를 처리할 수 있어야 한다. 사람에게 익숙한 표현은 부호-크기(signed-magnitude)(십진수에 대한 예를 들면 +5나 −3이 해당된다)이다. 이것을 컴퓨터에 적용하면, 숫자의 첫 비트는 부호를 표시(보통 양수는 0으로, 음수는 1로 표시한다)하고 나머지 비트로 크기를 표현할 수 있다. 따라서 4 비트 시스템에서 다음과 같이 표현된다.

$+5 \rightarrow 0101 \quad -5 \rightarrow 1101 \quad -3 \rightarrow 1011$

크기에 3 비트를 할당하면, 표현할 수 있는 숫자 범위는 −7부터 7까지가 된다.(물론 대부분의 컴퓨터는 숫자를 저장하는데 더 많은 수의 비트를 사용하므로 숫자 범위도 더 커진다.) 앞의 표현에 따르면 양의 0(0000)과 음의 0(1000)이 존재함에 주의하시오. 이것이 혼란을 발생시키지만(적어도 컴퓨터의 내부 논리가 복잡해진다), 부호-크기 방법에서의 심각한 문제는 산술연산의 복잡성에서 비롯된다.

$$\begin{array}{cccccc} +5 & -5 & +5 & -5 & -3 & +3 \\ \underline{+3} & \underline{-3} & \underline{-3} & \underline{+3} & \underline{+5} & \underline{-5} \\ +8 & -8 & +2 & -2 & +2 & -2 \end{array}$$

처음 두 경우에는 피연산자들이 모두 동일한 부호이기 때문에 크기를 더하고 같은 부호를 취하는 것으로 충분하다. 두 경우 필요한 계산은 $5+3$이다. 다른 경우들에서는(첫째 피연산자와 둘째 피연산자 중에서) 어떤 수의 크기가 큰지 결정하여야 한다. 다음에, 큰 수로부터 작은 수를 빼고, 마지막으로 크기가 큰 수의 부호를 부여한다. 이 네 경우들에서의 계산은 $5-3$이다. 이 방식으로 연산은 할 수 있지만, 필요한 하드웨어의 복잡도(가산기 한 개, 감산기 한 개, 비교기 한 개)는 별도의 문제를 발생시킬 수 있다.

부호있는 이진수는 대부분 2의 보수(two's complement) 형식으로 저장된다. 최상위 비트는 역시 부호 비트(양수이면 0)로 쓰인다. 양수(그리고 0)는 보통의 이진수처럼 저장된다. 저장할 수 있는 가장 큰 수는 $2^{n-1}-1$($n=4$ 일 때 7)이다. 따라서 4 비트 체계에서 +5는 0101로 저장된다.

n 비트 체계에서 음수 $-a$는 2^n-a에 해당하는 이진수로 저장된다. 따라서 -3의 예를 들면 $16-3=13$ 즉 1101로 저장된다.

저장할 수 있는 가장 작은 음수는 -2^{n-1}(4비트 체계에서 -8)이다. 2의 보수로 표현할 수 있는 가장 큰 수는 같은 수의 비트로 표현할 수 있는 부호없는 수의 절반쯤 되는데, 2^n 가지 표현의 절반이 음수를 표현하는데 사용되기 때문이다. 이 방식은 이진수 외에도 다른 진수로도 확장될 수 있다. 이것은 기수 보수(radix complement)라고 불린다. n 자리에서 음수 $-a$는 r^n-a로 저장된다. 예를 들어 십진수에서는 10의 보수가 필요하다. 2자리 십진수 체계에서 -16은 $100-16=84$로 저장된다.(0부터 49까지의 숫자는 양수로 간주되지만, 50부터 99까지의 숫자는 음수 표현으로 본다)

2의 보수에서 음수를 결정하는 간단한 절차는 다음과 같이 세 단계로 구성된다.

1. 크기에 해당하는 이진수를 결정한다.

2. 각 비트를 보수화한다.(즉, 0은 1로, 1은 0으로 바꾼다)

3. 1을 더한다.

예제 1.13

	−5		−1		−0
1.	5: 0101		1: 0001		0: 0000
2.	1010		1110		1111
3.	1		1		1
	−5: 1011		−1: 1111		0000
	(a)		(b)		(c)

+0을 보수화하면 0000이라는 답을 얻게 되므로, 음의 0이 없음에 주의하시오. 2의 보수의 덧셈에서는 최상위 비트에서 발생된 캐리는 무시된다.

표 1.6에 4 비트 수 모두에 대하여 양수(부호없는 수)로서의 의미와 2의 보수로서의 의미가 제시되어 있다.

2의 보수 형식에서의 음수(즉 1로 시작하는 수)의 크기를 결정하기 위해서는 위의 음수화 절차에서 두 번째와 세 번째 단계를 따르면 된다.

표 1.6 4 비트의 부호없는 수와 부호있는 수(2의 보수)

Binary	Positive	Signed (two's complement)
0000	0	0
0001	1	+ 1
0010	2	+ 2
0011	3	+ 3
0100	4	+ 4
0101	5	+ 5
0110	6	+ 6
0111	7	+ 7
1000	8	− 8
1001	9	− 7
1010	10	− 6
1011	11	− 5
1100	12	− 4
1101	13	− 3
1110	14	− 2
1111	15	− 1

예제 1.14

	−5:	1011	−1:	1111
2. 비트단위 보수화		0100		0000
3. 더하기 1		1		1
	5:	0101	1:	0001

(위의 방법대신 먼저 1을 빼고 다음에 보수화할 수 있는데, 두 방법의 결과는 같다.)

2의 보수가 흔하게 사용되는 이유는 덧셈을 단순화시키기 때문이다. 두 숫자를 더할 때 각 숫자의 부호와 상관없이 그냥 이진 덧셈을 하는 것으로 충분하다. 예제 1.15에 덧셈에 대한 예가 제시되어 있다. 각 경우에 최상위 비트로부터의 캐리는 무시한다.

예제 1.15

−5		1011	−5		1011	−5		1011
+7		0111	+5		0101	+3		0011
+2	(1)	0010	0	(1)	0000	−2	(0)	1110

첫 번째 예에서의 합은 2이다. 두 번째 예에서는 합이 0이다. 세 번째 예에서는 합이 −2인데, 정확하게 표현하면 −2에 해당하는 표현을 얻을 수 있었다.

합이 범위를 벗어나면 오버플로우(overflow)가 발생된다. 4 비트 수의 경우 그 범위는 $-8 \le$ 합 $\le +7$ 이 된다.

예제 1.16

+5		0101	
+4		0100	
	(0)	1001	(−7 처럼 보임)

올바른 결과(+9)가 범위를 벗어나기 때문에 점에서 계산 결과에 명백한 오류가 있다.

사실 두 개의 양수(0으로 시작되는 수)를 더하지만 음수(1로 시작되는 수)처럼 보이는 결과를 얻을 때마다 오버플로우가 발생된다. 비슷한 방법으로 두 개의 음수를 더하지만 −8보다 작은 합을 얻을 때도 역시 오버플로우가 발생된다.(이 경우도 최상위 비트로 들어가는 캐리(앞의 경우 1)가 최상위 비트에서 나오는 캐리와 다르다는 것으로 오버플로우를 탐지할 수 있다.)

예제 1.17

−5		1011	
−4		1100	
	(1)	0111	(+7 처럼 보임)

이번에는 두 개의 음수에 대한 합이 양수처럼 보인다.

서로 다른 부호를 갖는 두 개의 숫자를 더할 때는 오버플로우가 발생될 수 없는데, 이것은 합의 크기가 두 숫자 크기의 사이에서 정해지기 때문이다.(4 비트 예제를 통하여 오버플로우가 아주 흔한 것처럼 보이지만 대부분의 컴퓨터 응용에서는 16 비트나 32 비트 혹은 그보다 더 긴 숫자를 사용하므로 오버플로우가 발생되는 것은 예외적인 경우로 국한된다.)

1.2.4 이진수의 뺄셈

(부호있는 수나 부호없는 수와 상관없이) 뺄셈은 먼저 두번째 피연산자에 대하여 2의 보수를 취하고 다음에 더하는 방식으로 이뤄진다. 따라서 $a-b$는 $a+(-b)$로 계산된다.

예제 1.18

7−5에 대한 계산을 살펴보자.

```
 5:  0101        7:     0111
     1010       -5:    +1011
   +    1        2    (1)0010
 -5: 1011
```

먼저 5를 보수화한다. 부호있는 수와 부호없는 수를 구분하지 않고 동일하다. 다음에 −5에 대한 표현을 7에 더하면 결과로서 2를 얻는다.

부호있는 수의 경우 최상위 비트로부터의 캐리는 무시되고, 같은 부호의 숫자를 더한 결과가 다른 부호가 될 때 오버플로우가 발생된다. 부호없는 수의 경우 최상위 비트로부터의 캐리는 덧셈에서 오버플로우 발생 여부를 알려준다. 그러나 뺄셈의 경우는 캐리가 0일 때 오버플로우이다. 예제 1.18에서는 계산결과인 2가 범위내에 있으므로 부호있는 수와 부호없는 수에 관계없이 오버플로우가 발생되지 않는다. 부호없는 수의 경우 1의 캐리는 오버플로우가 발생되지 않았음을 의미한다. 부호있는 수에서 양수를 음수에 더할 경우 절대로 오버플로우가 발생될 수 없다.

대부분의 컴퓨터 응용에서 두 번의 덧셈(보수화 계산에서 1을 더하는 것과 두 개의 피연산자를 더하는 것)은 한번에 이루어진다. 덧셈에서 최하위 비트에 대한 가산기의 캐리 입력은 0이다. 뺄셈을 수행하려면 보수화 과정에서 1을 더해야 하는데, 그 1을 캐리 입력으로 대신 한다. 따라서 7−5를 계산하려면 5를 비트 단위로 보수화하고 (0101이 1010이 된다) 더하면 된다.

예제 1.19

```
 7 − 5
        1
     0111
     1010
  (1)0010
```

물론(가산기와 별도로) 감산기를 설계할 수도 있지만, 대부분의 컴퓨터에서 별도의 하드웨어를 추가하는 것은 불필요하다. 앞의 과정은 부호없는 수의 뺄셈에도 그대로 적용되며, 피연산자의 크기가 2의 보수 체계에서의 표현 범위를 벗어나도 성립하는데, 예제 1.20는 14−10에 대한 연산을 보인다.

예제 1.20

```
        1
     1110
    +0101
  (1)0100 = 4
```

예제 1.21a에서 부호없는 수에 대한 오버플로우가 제시되어 있고, 부호있는 수에 대한 경우는 예제 1.21b에 제시되어 있다.

예제 1.21

```
     5 − 7      7 − (−5)
        1              1
     0101           0111
     1000           0100
  (0)1110           1100
     (a)            (b)
```

부호없는 수의 경우, 0의 캐리가 오버플로우를 의미한다. (a)의 결과는 음의 값(−2)가 되어야 하는데, 이것은 부호없는 수 체계에서는 표현할 수 없는 수이다. 부호있는 수였다면, 결과는 올바르다. 부호있는 수의 경우, 예제 1.21b와 같이 양수로부터 음수를 빼거나 혹은 음수로부터 양수를 뺄 때 오버플로우가 발생된다. 두 양수를 더했음에도 결과가 음수처럼 보인다는 점에서 예제에서의 연산에 오버플로우가 발생되었다.(사실 결과는 12가 되어야 하지만, 이것은 4 비트로 표현할 수 있는 가장 큰 수인 7보다 크다.)

1.2.5 분수, 혼합 수, 부동소수점 표현

지금까지는 정수에 대해서만 설명하였다. 지금까지의 설명을 확장하면 분수나 혼합 수에 대해서도 쉽게 적용할 수 있다.(크기가 1보다 작은) 분수는 다음과 같이 급수로 표현된다.

$$a_{-1}r^{-1} + a_{-2}r^{-2} + a_{-3}r^{-3} + \cdots$$

따라서 이진수에서는

$$.101 = 1/2 + 0/4 + 1/8 = .625$$

십진수를 이진수로 바꾸려면 주어진 수를 2로 곱하고 이때 얻은 정수 부분을 이진수의 자리로 취하면 된다.(다음 자리를 위해서 정수 부분은 버린다.)

$.625 \times 2 = 1.25$ .1

$.25 \times 2 = 0.50$ .10

$.50 \times 2 = 1.00$ .101

분수 부분이 이제 0이 되었기 때문에, 변환 과정이 완벽하게 종료되었다. 자리수를 맞추기 위하여 뒷부분에 0을 채워도 된다. 분수가 항상 정확하게 변환되는 것은 아니다. 다음의 예를 살펴보자.

$.3 \times 2 = 0.6$ .0

$.6 \times 2 = 1.2$ .01

$.2 \times 2 = 0.4$ .010

$.4 \times 2 = 0.8$ .0100

$.8 \times 2 = 1.6$ .01001

$.6 \times 2 = 1.2$ .010011

위의 예를 보면 분수 부분이 0이 되지 않고 계속 반복됨을 볼 수 있다.

$$.3 = .010011001100110\ldots$$

위와 같은 이유로 회계 계산에서는 분수를 정확하게 표기하기 위하여 종종 이진코드 십진수(binary coded decimal; BCD)를 사용하기도 한다.

혼합 수는 24.375처럼 정수와 함께 분수도 들어 있다. 두 부분은 별도로 십진수로 변환된다.

$$24 = 1\,1\,0\,0\,0$$

$$.375 = .011$$

따라서

$$24.375 = 11000.011$$

부호있는 수는 2의 보수(혹은 부호-크기 방법도 가능하다)로 저장된다.

컴퓨터에서 혼합 수(mixed number)를 저장하려면 소수점의 위치가 정해져야 한다. 32 비트 숫자에 대하여 20 비트는(부호를 포함하여) 정수 부분에 사용되고, 나머지 12 비트를 분수에 사용한다고 가정하자. 이런 방식은 ±514,000 정도의 범위에서 소수점 아래 세 자리 남짓한 십진수 정도의 정밀도를 표현할 수 있다.

종종 수의 표현 범위를 크게 하고(작은 숫자의 경우에 특히) 정밀도를 고정 소수점 체계에서 가능한 것보다 크게 할 필요가 있다. 이런 목적으로 대부분의 컴퓨터는 과학적 표기법에 적합한 부동소수점(floating- point) 수를 제공한다. 수는 맨티사(mantissa)라고 불리는 분수 부분과 지수 부분으로 표현된다. 부동소수점 수는 보통 유효 숫자가 소수점 아래 자리가 0이 아닌 분수로 정규화 된다.(숫자가 0인 경우는 예외이다) 예를 들면 십진수 24.375는 다음과 같이 표현된다.

$$+.24375 \times 10^2$$

맨티사, 부호, 지수 부분만 저장된다. 지수 부분에도 부호가 포함되는데, 0.0025의 예에서처럼 다음과 같이 저장되기 때문이다.

$$+.25000 \times 10^{-2}$$

이진 부동소수점 표현은 전기전자공학협회(Institute of Electrical and Electronic Engineers, IEEE)에 의하여 표준화되었다. 32 비트 숫자에 대한 표준 표기(IEEE 표준 754)에 의하면 한 개의 부호 비트, 8 비트의 지수, 23 비트의 유효 숫자가 사용된다. 부호-크기 방법이 사용된다. 지수는 127(+01111111) 초과 표기 방법에 따라 저장된다 (0은 127로, −5는 122로, 127은 254로 저장된다). −126부터 +127까지 범위의 지수가 허용된다. 저장되는 유효 숫자의 범위는 $1.000..._2$부터 $1.111..._2$까지이다. 유효 숫자의 첫째 자리가 반드시 이진수 1(숫자 0일 경우만 예외)이기 때문에, 맨 앞자리의 1은 저장할 필요가 없다. 예를 들면 $.375 = .011 = 1.1 \times 2^{-2}$ 를 저장하면, 부호 비트는 0, 지수는 125(01111011_2), 시그니피컨드(significand) 부분은 1000...

이 된다. 이 부분을 시그니피컨드라고 부르는 이유는 정확하게 맨티사는 아니기 때문이다. 숫자 0의 경우에만 지수 부분에 0이 저장된다. (숫자 0의 모든 비트는 0으로 저장된다.) 앞의 설명을 종합하면, (양수와 음수 모두에 대하여) 표현할 수 있는 숫자의 범위는 1×2^{-127}부터 $2 \times 2^{+127}$ (혹은 십진수로 약 10^{-38}부터 10^{+38})이다.

예제 1.22

숫자 $-27.875 = -11011.111_2 = 1.1011111_2 \times 2^4$는 다음과 같이 저장된다.

1 10000011 10111110000000000000000

IEEE 표준 754는 64 비트 숫자에 대해서도 11 비트 지수(1024 초과 표기)와 52 비트 시그니피컨드를 정의한다. (여기서 설명되지 않는 다른 옵션들도 제공된다.)

부동소수점 숫자에 대한 산술연산은 고정소수점 숫자보다 복잡하다. 부동소수점 숫자 두 개를 더하려면 소수점이 먼저 정렬되어야 한다. 소수점을 정렬하려면 두 지수가 일치할 때까지 작은 숫자의 지수를 증가시키고 대신 맨티사를 오른쪽으로 쉬프트한다.

예제 1.23

$$\begin{array}{rlll} & 24.376 & .24376 \times 10^2 & .24376 \times 10^2 \\ + & \underline{.002} & \underline{.20000 \times 10^{-2}} & \underline{.00002 \times 10^2} \\ & 24.378 & & .24378 \times 10^2 \end{array}$$

(0을 제외한) 숫자에는 첫째 자리에 0이 오지 않는다. 두 숫자를 더하면 맨티사가 1보다 커질 수도 있다. 그런 경우에는 덧셈 이후에 맨티사를 오른쪽으로 쉬프트하고 지수를 증가시킨다.

예제 1.24

$$\begin{array}{lll} 24.376 & .24376 \times 10^2 & \\ \underline{86.500} & \underline{.86500 \times 10^2} & \\ 110.876 & 1.10876 \times 10^2 & = .11088 \times 10^3 \end{array}$$

한편 서로 다른 부호를 갖는 숫자 두 개를 더하면 (혹은 같은 부호를 갖는 숫자 두 개를 빼면) 앞자리 수가 0이 될 수도 있다. 이럴 때는 0을 제거할 수 있도록 맨티사를 왼쪽으로 쉬프트하고 지수를 감소시킴으로써 결과를 보정한다.

예제 1.25

$$
\begin{array}{rl}
 & +.24376 \times 10^2 \\
+ & \underline{-.23960 \times 10^2} \\
 & +.00416 \times 10^2 = +.41600 \times 10^0
\end{array}
$$

1.2.6 이진코드 십진수(Binary Coded Decimal, BCD)

대부분의 컴퓨터는 내부에서는 이진수를 사용한다. 그러나 사용자와의 인터페이스에서 대부분의 통신 형태는 일반적으로 십진수를 쓴다. 따라서 입력하면서 십진수를 이진수로 변환하거나 출력하면서 이진수를 십진수로 변환할 필요가 있다.(소프트웨어로 하여금 이런 변환을 하도록 작성하는 것이 맞다.) 그렇지만 이러한 십진수 입력과 출력마저도 자리 단위로 이진수로 변환되어야 한다. 10개의 십진수 자리를 표현하기 위하여(표 1.7의 첫 번째 이진수 열과 같이) 이진수들 중에서 앞부분의 10개를 사용하면 739의 예는 다음과 같이 저장된다.

0111 0011 1001

표 1.7 이진코드 십진수 코드

Decimal digit	8421 code	5421 code	2421 code	Excess 3 code	2 of 5 code
0	0000	0000	0000	0011	11000
1	0001	0001	0001	0100	10100
2	0010	0010	0010	0101	10010
3	0011	0011	0011	0110	10001
4	0100	0100	0100	0111	01100
5	0101	1000	1011	1000	01010
6	0110	1001	1100	1001	01001
7	0111	1010	1101	1010	00110
8	1000	1011	1110	1011	00101
9	1001	1100	1111	1100	00011
unused	1010	0101	0101	0000	any of
	1011	0110	0110	0001	the 22
	1100	0111	0111	0010	patterns
	1101	1101	1000	1101	with 0, 1,
	1110	1110	1001	1110	3, 4, or 5
	1111	1111	1010	1111	1's

십진수에서의 각 자리는 4 비트로 표현되므로, 세 자리 십진수를 표현하려면 12 비트가 필요하다.(한편 세 자리 십진수를 이진수로 변환하면 10 비트로 충분한데, 이는 10 비트로 최대 1023까지 표현할 수 있기 때문이다.) BCD는 저장장치에서 비효율적일 뿐만 아니라 산술연산도 이진수보다 훨씬 복잡하기 때문에, 제한된 계산만 필요한 소규모 시스템에서 내부 용도만 사용된다.

지금까지 십진수에서의 10가지 표현을 위하여 앞부분의 10개를 사용하는 가장 단순한 코드에 대하여 설명하였다. 나머지 4 비트 이진수들(1010, 1011, 1100, 1101, 1110, 1111)은 사용되지 않는다. 이 코드와 표 1.7에서 다음 두 열의 코드들은 가중코드(weighted code)라고 불리는데, 이것은 각 자리수와 가중값의 곱에 대하여 합산함으로써 값이 계산되기 때문이다. 첫 번째 코드는 8421 코드라고 불리는데, 각 숫자는 비트들의 가중값을 나타낸다. 십진수로 변환하는 방법은 다음과 같다.

$$\mathbf{8} \times a_3 + \mathbf{4} \times a_2 + \mathbf{2} \times a_1 + \mathbf{1} \times a_0$$

이것은 또한 정돈된 이진수라고도 불린다. 다른 두 개의 가중코드(5421과 2421)도 가끔씩 사용되며 다음 열에 제시되어 있다.

가중값을 사용하지 않는 나머지 다른 두 개의 코드도 표 1.7에 제시되어 있다. 첫 번째가 3초과(excess 3, XS3) 코드인데, 십진수의 각 자리가 3씩 더해져서 표현된다. 예를 들면, 0은 이진수 3(0011)로, 6은 이진수 6+3=9(1001)로 저장된다. 마지막 열에는 2 of 5 코드가 제시되어 있는데, 십진수에서의 각 자리가 5 비트로 표현되며, 그 중 두 개만이 1이 되도록 구성된다.(나머지 세 비트는 0이다) 이 코드는 오류 탐지 목적으로 활용할 수 있는데, 만약(저장 혹은 전송 과정에서) 한 자리에서 오류가 발생되면 결과는 한 개 혹은 세 개의 1을 갖게 되므로 이를 통하여 오류를 탐지할 수 있기 때문이다.

5421 코드와 2421 코드를 보면 일부 십진수 자리는 다른 조합으로도 표현할 수 있다.(0101로 5를 표현할 수 있다) 그렇지만 표에 제시된 방법이 표준 표현이고 다른 방법은 사용되지 않는 영역에 포함시켰다.

다양한 응용 영역에서 각 표현 방법은 나름의 장점을 갖는다. 예를 들면, 부호있는 (10의 보수) 숫자가 저장되면, 음수의 첫 번째 자리는 5부터 9 사이의 범위를 갖는다. 5421 코드, 2421 코드, 3초과 코드의 경우 5부터 9 사이의 숫자의 첫 번째 비트는 1이 된다.(주어진 숫자가 음수인지 알기 위해서 첫 번째 비트만 보면 된다.) 그러나 8421 코드에서는 복잡한 방법이 필요한데, 이는 음수에서 첫 번째 비트가 0일 수도 있고 1일 수도 있기 때문이다. 5421 코드와 3초과 코드에서 10의 보수는(2의 보수 경우처럼) 각 비트를 보수화하고 1을 더함으로써 계산된다. 다른 코드를 쓰면 이 과정이 더 복잡해진다. 앞으로 다른 예제에서 지금까지 설명한 코드들을 이용할 것이다.

1.2.7 기타 코드들

다른 코드들도 또한 디지털 세상을 표현하는데 사용될 수 있다. 알파벳과 숫자로 구성된 정보는 ASCII(American Standard Code for Information Interchange, 문자교환을 위한 미국 표준)를 사용하여 전송된다. 표준 키보드에서의 다양한 문자들과(carriage return과 같은) 제어 신호들을 표현하기 위하여 7 비트가 사용된다. 표 1.8은 인쇄가능한 코드들을 보인다.(00으로 시작되는 코드들은 제어 신호로 사용된다.)

표 1.8 ASCII 코드

	$a_6a_5a_4$					
$a_3a_2a_1a_0$	010	011	100	101	110	111
0000	space	0	@	P	`	p
0001	!	1	A	Q	a	q
0010	“	2	B	R	b	r
0011	#	3	C	S	c	s
0100	$	4	D	T	d	t
0101	%	5	E	U	e	u
0110	&	6	F	V	f	v
0111	‘	7	G	W	g	w
1000	(	8	H	X	h	x
1001	)	9	I	Y	i	y
1010	*	:	J	Z	j	z
1011	+	;	K	[	k	{
1100	,	<	L	\	l	|
1101		=	M	]	m	}
1110	.	>	N	^	n	~
1111	/	?	O	_	o	delete

ASCII 코드를 사용하면 표준 키보드로 인쇄할 수 있는 모든 것을 부호화할 수 있다. 예를 들면, Logic이라는 단어는 다음과 같이 부호화된다.

1001100	1101111	1100111	1101001	1100011
L	o	g	i	c

그레이 코드(Gray code)를 쓰면, 연속된 숫자들은 단지 한 비트에서만

표 1.9 그레이 코드

Number	Gray code	Number	Gray code
0	0000	8	1100
1	0001	9	1101
2	0011	10	1111
3	0010	11	1110
4	0110	12	1010
5	0111	13	1011
6	0101	14	1001
7	0100	15	1000

차이가 있다. 표 1.9는 4 비트 그레이 코드를 보인다.

연속된 값을 생성하는 장치에서 부호화하는데 그레이 코드가 특히 유용하다. 장치가 특정 위치에서 다음 위치로 움직일 때, 코드의 1 비트만 변화하게 된다. 정확한 위치에 대하여 불확실성이 있더라도, 불확실성을 단지 한 비트로 제한할 수 있다. 만약 정상적인 이진 코드를 사용하는 경우라면, 7에서 8로 이동할 때는 4 비트 전부가 변하게 된다.

(Richard Hamming이 1950년에 제안한) 해밍 코드(Hamming code)는 단일오류정정(single-error-correction) 코드이다. 정보 비트에 검사 비트를 추가하여 전송 혹은 저장 과정에서 최대 1 비트만 변경된 경우에는 원래의 값으로 복원할 수 있다. 가장 단순한 구성방법은 1로부터 시작하여 비트들의 번호를 매기고, 2의 거듭제곱(1, 2, 4, 8)에 해당되는 비트들을 검사 비트로 간주하는 것이다. 4개의 정보 비트와 3개의 검사 비트에 대하여 검사하는 형태를 보이면 다음과 같다.

	a_1	a_2	$\boldsymbol{a_3}$	a_4	$\boldsymbol{a_5}$	$\boldsymbol{a_6}$	$\boldsymbol{a_7}$
Bit 1	X		X		X		X
Bit 2		X	X			X	X
Bit 4				X	X	X	X

선택된 모든 비트들에 대하여 1의 갯수가 짝수가 되도록 검사 비트를 결정한다.[4] (이것을 패리티 검사라고 부른다.) 따라서

4) 1의 개수가 홀수가 되도록 할 수 있는데, 그 경우 a 값들이나 다음에 설명할 e 값들을 결정할 때 위에서 주어진 수식의 보수를 취하면 된다.

$a_1 = a_3 \oplus a_5 \oplus a_7$
$a_2 = a_3 \oplus a_6 \oplus a_7$
$a_4 = a_5 \oplus a_6 \oplus a_7$

기호 ⊕는 Exclusive-OR를 나타내는데, 피연산자중에 하나만 1일 때 1이 된다. 여러 개의 변수가 Exclusive-OR로 연결되어 있으면 홀수개의 피연산자가 1일 때에 한하여 결과값이 1이 된다.(더 자세한 설명을 보려면 2.6절을 참조하시오.)

표 1.10은 부호화된 16개의 워드를 보인다.

표 1.10 해밍 코드

Data\Bit	a_1	a_2	a_3	a_4	a_5	a_6	a_7
0000	0	0	0	0	0	0	0
0001	1	1	0	1	0	0	1
0010	0	1	0	1	0	1	0
0011	1	0	0	0	0	1	1
0100	1	0	0	1	1	0	0
0101	0	1	0	0	1	0	1
0110	1	1	0	0	1	1	0
0111	0	0	0	1	1	1	1
1000	1	1	1	0	0	0	0
1001	0	0	1	1	0	0	1
1010	1	0	1	1	0	1	0
1011	0	1	1	0	0	1	1
1100	0	1	1	1	1	0	0
1101	1	0	1	0	1	0	1
1110	0	0	1	0	1	1	0
1111	1	1	1	1	1	1	1

워드를 받으면 앞에서의 설명된 것과 같이 비트들을 묶어서 검사한다.

$e_1 = a_1 \oplus a_3 \oplus a_5 \oplus a_7$
$e_2 = a_2 \oplus a_3 \oplus a_6 \oplus a_7$
$e_4 = a_4 \oplus a_5 \oplus a_6 \oplus a_7$

오류가 없으면 세 식에 대한 계산 결과가 모두 0이 된다. 만약 한 개의 오류가 있다면, 다음 수식을 통하여 오류가 있었던 위치를 계산할 수 있다.

$4e_4 + 2e_2 + e_1$

(2개 이상의 오류에 대해서는 잘못된 결과를 얻는다.)

예제 1.26

0010011을 받으면,

$e_1 = 0 \quad e_2 = 1 \quad e_4 = 0$

(검사 비트인) 비트 2에서 오류가 있다. 올바른 워드는 0110011이고 데이터는 1011이다.
1101101을 받으면,

$e_1 = 1 \quad e_2 = 0 \quad e_4 = 1$

비트 5에 오류가 있다. 올바른 워드는 1101001이고 데이터는 0001이다.

검사 비트의 수가 n이면 ($n \geq 2$), $2^n - n - 1$ 만큼의 정보 비트를 지원할 수 있다.

Check bits	Data bits
2	1
3	4
4	11
5	26

1.3 문제풀이

1. 다음 양의 이진수를 십진수로 변환하시오.

a. 110100101

b. 00010111

a. 110100101 = 1 + 4 + 32 + 128 + 256 = 421

오른쪽(1의 자리)부터 왼쪽(2^8의 자리) 방향으로 계산하자.(2, 8, 16, 64 비트에는 0이 있다.)

b. 00010111 = 1 + 2 + 4 + 16 = 23

맨 앞의 0은 결과에 영향을 미치지 못한다.

2. 다음 십진수를 이진수로 변환하시오. 모든 숫자가 부호없는 수(양수)라고 가정하고 12 비트로 표현하시오.

a. 47

b. 98

c. 5000

a. 47	47<64	따라서 2^6 자리와 그 상위 자리는 모두 0이다.
	47−32=15	2^5 비트는 1이다.
	15<16	2^4 비트는 0이다.
	15−8=7	2^3 비트는 1이다.
	7=111	따라서 마지막 3 비트는 111이 된다.

47=000000101000

b. 98	98/2 = 49	나머지 = 0	0
	49/2 = 24	나머지 = 1	10
	24/2 = 12	나머지 = 0	010
	12/2 = 6	나머지 = 0	0010
	6/2 = 3	나머지 = 0	00010
	3/2 = 1	나머지 = 1	100010
	1/2 = 0	나머지 = 1	1100010

12 비트를 모두 채울 때까지 계속 2로 나누고 나머지 0을 얻거나 혹은 맨 앞부분에는 0으로 채워진다는 것을 활용할 수도 있다.

98 = 000001100010

문제 a에서처럼 특정 숫자를 인식하면, 예를 들어서 12=1100을 인식하면 나누기를 중단할 수 있다. 이미 계산한 하위 세 비트 010과 그 앞에 올 12에 대한 이진수를 조합해서(원하는 수 만큼의 비트를 채우기 위하여 앞부분에 충분한 수의 0을 채운 후에) 같은 결과, 물론 1100010을 얻을 수 있다.

c. 5000: $5000 > 2^{12}$ 이므로 12 비트로 표현할 수 없다.

3. 다음을 16진수로 변환하시오.

a. 11010110111_2

b. 611_{10}

비트 수를 4의 배수로 만들기 위하여 필요하다면 앞부분에 0들을 채울 수 있다.

a. 0110 1011 0111 = $6B7_{16}$

b. 611/16 = 38	나머지	3	3
38/16 = 2	나머지	6	63
2/16 = 0	나머지	2	263

0010 0110 0011이 된다.

4. 다음 16진수를 십진수로 변환하시오.

a. 263

b. 1C3

a. $3 + 6 \times 16 + 2 \times 16^2 = 3 + 96 + 512 = 611$

b. $3 + 12 \times 16 + 16^2 = 3 + 192 + 256 = 451$

5. 다음에 주어진 6 비트 부호없는 정수의 쌍에 대하여 합을 구하시오. 결과값을 6 비트 공간에 저장할 때 합이 오버플로우를 유발하는지 판단하시오. 각 문제에 대하여 상응하는 십진수도 보이시오.

a. 001011 + 011010

b. 101111 + 000001

c. 101010 + 010101

d. 101010 + 100011

a.

```
                      0          10         01
 11              001011     001011     001011
 26              011010     011010     011010
 --              ------     ------     ------
 37                   1         01        101

        10            11          1
    001011        001011     001011
    011010        011010     011010
    ------        ------     ------
      0101         00101    0100101   = 37
```

이 경우에는(위에서 제시된 것처럼) 마지막 캐리 결과가 0이므로 결과값이 6 비트에 저장될 수 있다.(오버플로우는 발생되지 않는다)

```
b.     01111      (carries)
       101111       47
       000001        1
      -------       --
      0110000       48
c.     00000
       101010       42
       010101       21
      -------       --
      0111111       63
d.     00010
       101010       42
       100011       35
      -------       --
      1001101       77    오버플로우가 발생된다.(13처럼 보인다)
```

결과값이 6 비트로 저장할 수 있는 최대값인 63보다 크다.

6. 다음 십진수들이 6 비트 2의 보수 형식으로 저장된다. 어떻게 저장되는지 보이시오.

a. + 14

b. −20

c. +37

a. + 14 = 001110 양수는 그냥 이진수로 변환하면 된다.

b. − 20: + 20 = 010100

모든 비트를 보수화한다	1 0 1 0 1 1
1을 더한다	1
−20이 저장된다	1 0 1 1 0 0

c. +37: 6 비트 숫자의 범위가 $-32 \le n \le 31$이므로 저장될 수 없다. 37을 이진수로 변환하면 100101이 되지만, 이는 음수에 해당된다.

7. 다음 6 비트 2의 보수가 주어진다. 십진수로 표현하시오.

a. 001011

b. 111010

a. 001011 : 0으로 시작되므로 양수이다 = 1 + 2 + 8 = 11

b. 111010 : 1로 시작되므로 음수인데, 2의 보수를 취하면 0 0 0 1 0 1

$$\begin{array}{r} 0\,0\,0\,1\,0\,1 \\ \underline{\qquad\quad 1} \\ 0\,0\,0\,1\,1\,0 = 6 \end{array}$$

따라서 111010은 −6에 해당된다.

8. 다음 부호있는(2의 보수로 표현된) 숫자들의 쌍들이 워드(6 비트)로 저장되어 있다. 6 비트 워드에 저장될 수 있도록 합을 계산하시오. 각 피연산자와 합에 상응하는 십진수를 보이시오. 오버플로우 여부를 판단하시오.

a. 1 1 1 1 1 1 + 0 0 1 0 1 1

b. 0 0 1 0 0 1 + 1 0 0 1 0 0

c. 0 0 1 0 0 1 + 0 1 0 0 1 1

d. 0 0 1 0 1 0 + 0 1 1 0 0 0

e. 1 1 1 0 1 0 + 1 1 0 0 0 1

f. 1 0 1 0 0 1 + 1 1 0 0 0 1

g. 1 1 0 1 0 1 + 0 0 1 0 1 1

a.

	111111	−1	
	001011	+11	출력 캐리는 무시되고
(1)	001010	+10	다음 예제부터는 생략된다.

b.

001001	+9
100100	−28
101101	−19

c.

001001	+9
010011	+19
011100	+28

d.

001010	+10
011000	+24
100010	−30처럼 보이지만 +34여야 한다. 오버플로우 발생 양수 두 개를 더했지만 음수처럼 보인다.

e.

111010	−6
110001	−15
101011	−21

f.

101001	−23
110001	−15
011010	+26처럼 보이지만 −38이어야 한다. 오버플로우 발생 음수 두 개를 더했지만 양수처럼 보인다.

g.

110101	−11
001011	+11
000000	0

9. 다음 부호없는 정수의 쌍들에 대하여 뺄셈을 수행하시오.

a. 001101 − 000110

b. 110101 − 000011

c. 000111 − 010011

a. (이 예제들은 부호있는 수와 부호없는 수에 대하여 동일하다.)

		1	
001101		001101	13
−000110		111001	−6
	(1)	000111	7

b.

		1	
110101		110101	53
−000011		111100	−3
	(1)	110010	50

c.

		1	
000111		000111	7
−010011		101100	−19
	(0)	110100	오버플로우 발생, 답은 음수

10. 다음 부호있는 정수의 쌍에 대하여 뺄셈을 수행하시오.

a. 1 1 0 1 0 1 − 0 0 0 0 1 1

b. 1 1 0 1 0 1 − 0 1 1 0 0 0

c. 0 1 0 0 0 0 − 1 0 0 1 0 0

a.

	1	
1 1 0 1 0 1	1 1 0 1 0 1	− 11
−0 0 0 0 1 1	1 1 1 1 0 0	−(+3)
	(1) 1 1 0 0 1 0	−14

문제 9b에서와 같은 이진수임에 주의 하시오.

b.

	1	
1 1 0 1 0 1	1 1 0 1 0 1	−11
−0 1 1 0 0 0	1 0 0 1 1 1	−(+24)
	(1) 0 1 1 1 0 1	오버플로우. 답이 양수처럼 보인다.

c.

	1	
0 1 0 0 0 0	0 1 0 0 0 0	16
−1 0 0 1 0 0	0 1 1 0 1 1	−(−28)
	(0) 1 0 1 1 0 0	오버플로우. 답이 음수처럼 보인다.

11. 고정소수점 이진법에서 부호 1 비트, 정수 8 비트, 소수 7 비트로 부호있는 수를 부호-크기 방법으로 저장한다. 다음 십진수가 어떻게 저장되는지 표현하시오.

a. 51.375

b. −24.7

a. 51.375

51/2 = 25 나머지 1	1
25/2 = 12 나머지 1	11
12 = 1100	110011
.375 × 2 = 0.75	.0
.75 × 2 = 1.50	.01
.5 × 2 = 1.0	.011

51.735 = 0 00110011 0110000

b. -24.7

$$
\begin{array}{ll}
24 = 11000 & \\
.7 \times 2 = 1.4 & .1 \\
.4 \times 2 = 0.8 & .10 \\
.8 \times 2 = 1.6 & .101 \\
.6 \times 2 = 1.2 & .1011 \\
.2 \times 2 = 0.4 & .10110 \\
.4 \times 2 = 0.8 & .101100 \\
.8 \times 2 = 1.6 & .1011001 \\
.6 \times 2 = 1.2 & .10110011
\end{array}
$$

7 비트가 되도록 반올림한다.

$-24.7 = 1\ 00011000\ 1011010$

12. IEEE 표준에서 다음 십진수를 어떻게 저장하는지 쓰시오.

a. 51.375

b. -0.1

a. $51.375 = 110011.011$ (11번 문제 참조)

$= 1.10011011 \times 2^5$

0 10000100 10011011000000000000000

b. $-0.1 = -.0001100110011\ldots$

$= 1.100110011\ldots \times 2^{-4}$

1 1111011 10011001100110011001101

13. 다음 십진수 쌍에 대하여, 두 수를 더하고 정규화된 십진수 형태로 보이시오.(5 비트 맨티사의 최상위 비트는 0이 아니다)

a. 51.875+10461.

b. .00536+.00871

c. 24.611−24.632

a.

$$
\begin{array}{ll}
.51876 \times 10^2 & .00052 \times 10^5 \\
\underline{.10461 \times 10^5} & \underline{.10461 \times 10^5} \\
 & .10513 \times 10^5 = 10513
\end{array}
$$

오른쪽으로 쉬프트하여 하위 자리들을 탈락시켜야 할 때는 반올림을 하여야 함에 주의하시오.

b.

$$
\begin{array}{r}
.53600 \times 10^{-2} \\
\underline{.87100 \times 10^{-2}} \\
1.40700 \times 10^{-2}
\end{array}
$$

는 $.14070 \times 10^{-1} = .01407$ 로 저장된다.

c.

$$
\begin{array}{r}
.24611 \times 10^2 \\
\underline{-.24632 \times 10^2} \\
-.00021 \times 10^2
\end{array}
$$

는 $-.21000 \times 10^{-1} = -.02100$ 로 저장된다.

14. 십진수 세 자리를 저장할 수 있는 컴퓨터가 있다. 다음 수가 제시된 다섯 가지 코드로 표현하시오.

i. 8421　　ii. 5421
iii. 2421　　iv. 3초과
v. 2 of 5

a. 491
b. 27

a.

8421	0100 1001 0001
5421	0100 1100 0001
2421	0100 1111 0001
XS3	0111 1100 0100
2 of 5	01100 00011 10100

처음 네 개의 코드는 2비트 워드를 필요로 하지만, 2 of 5 코드는 15비트 워드를 필요로 한다.

b.

8421	0000 0010 0111
5421	0000 0010 1010
2421	0000 0010 1101
XS3	0011 0101 1010
2 of 5	11000 10010 00110

15. 컴퓨터에 다음 수가 저장되어 있다. 아래와 같은 방법으로 저장되어 있다고 가정하고 주어진 수를 십진수로 바꿔서 표현하시오.

i. BCD 8421　　ii. BCD 5421
iii. BCD 2421　　iv. BCD 3초과
v. 부호없는 이진수　　vi. 부호있는 이진수

a. 1000 0111
b. 0011 0100
c. 1100 1001

a. 1000 0111

i. BCD 8421	87	
ii. BCD 5421	—	0111은 사용되지 않음
iii. BCD 2421	—	1000, 0111은 사용되지 않음
iv. BCD 3초과	54	
v. 부호없는 이진수	135	
vi. 부호있는 이진수	−121	

b. 0011 0100

i. BCD 8421	34

ii. BCD 5421 34
iii. BCD 2421 34
iv. BCD 3초과 01
v. 부호없는 이진수 52
vi. 부호있는 이진수 +52

c. 1100 1001

i. BCD 8421 — 1100은 사용되지 않음
ii. BCD 5421 96
iii. BCD 2421 — 1100은 사용되지 않음
iv. BCD 3초과 96
v. 부호없는 이진수 201
vi. 부호있는 이진수 −55

16. a. 다음을 ASCII로 표현하시오.

i. HELLO
ii. hello

b. 다음을 영어로 표현하시오.

i. 1011001 1100101 1110011 0100001
ii. 0110010 0101011 0110001 0111101 0110011

a. i. 1001000 1000101 1001100 1001100 1001111
ii. 1101000 1100101 1101100 1101100 1101111

b. i. Yes!
ii. 2+1=3

17. 본문에서 설명된 해밍 코드를 사용하시오.

a. 다음 데이터를 코드로 표현하시오.

i. 1000
ii. 0011

b. 다음 워드를 수신하였다면(한 개 이하의 오류만 발생된다고 가정하고) 송신된 워드를 쓰시오.

i. 1111011
ii. 1111010

a. i. **111**0**0**00
ii. **100**0**0**11

b. i.
$$e_1 = 1 \oplus 1 \oplus 0 \oplus 1 = 1$$
$$e_2 = 1 \oplus 1 \oplus 1 \oplus 1 = 0$$
$$e_4 = 1 \oplus 0 \oplus 1 \oplus 1 = 1$$

다섯 번째 비트에서 오류가 있고 송신된 워드는 1111111, 송신된 데이터는 1111이다.

ii. $e_1 = 1 \oplus 1 \oplus 0 \oplus 0 = 0$
$e_2 = 1 \oplus 1 \oplus 1 \oplus 0 = 1$
$e_4 = 1 \oplus 0 \oplus 1 \oplus 0 = 0$

두 번째 비트에서 오류가 있고 송신된 워드는 1011010, 송신된 데이터는 1010이다.

1.4 연습문제

1. 다음 부호없는 이진 정수를 십진수로 변환하시오.

*a.	11111	e.	10101010
b.	1000000	f.	000011110000
c.	1001101101	g.	110011001100
*d.	101111	*h.	000000000000

2. 다음 십진수를 이진수로 변환하시오. 모든 숫자가 부호없는 수(양수)라고 가정하고 12 비트로 표현하시오.

*a.	73	c.	402	*e.	1000	*g.	4200
b.	127	d.	512	f.	17	h.	1365

3. 다음을 16 진수로 변환하시오.

*a. 100101101011_2
b. 10110100000101_2
*c. 791_{10}
d. 1600_{10}

4. 다음 16 진수를 십진수로 변환하시오.

a. 1000
b. ABCD
*c. 3FF

5. 다음에 주어진 6 비트 부호없는 정수들의 쌍에 대하여 합을 구하시오. 결과값을 6 비트 공간에 저장할 때 합이 오버플로우를 유발하는지 판단하시오. 각 문제에 대하여 상응하는 십진수도 보이시오.

*a.	000011 + 001100	*e.	001011 + 100111
b.	010100 + 101101	f.	000101 + 000111
c.	011100 + 011010	g.	101100 + 100100
*d.	110011 + 001110		

6. 다음 십진 정수들이 6 십진수들이 6 비트 2의 보수 형식으로 저장된다. 어떻게 저장되는지 보이시오.

*a.	+25	*c.	+32	*e.	−15	g.	−1
b.	0	d.	+15	f.	−45	h.	−16

7. 다음 6 비트 2의 보수가 주어진다. 십진수로 표현하시오.

a.	000101	*c.	010101	e.	011111	g.	101010
b.	111111	*d.	100100	f.	111001	*h.	100000

8. 부호있는 이진 정수를 2의 보수 형태로 저장하는 컴퓨터가 있다. 모든 수의 길이는 8 비트이다.

a. 01101011을 십진수로 표현하시오.
b. 10101110을 십진수로 표현하시오.
*c. 수 −113은 어떻게 저장되는가?
*d. 수 +143은 어떻게 저장되는가?
e. 수 +43은 어떻게 저장되는가?
f. 수 −43은 어떻게 저장되는가?

9. 다음 부호있는(2의 보수) 정수들의 쌍이(6 비트의) 컴퓨터 워드에 저장되어 있다. 6 비트 컴퓨터 워드의 형태로 합을 계산하시오. 각 피연산자와 합에 해당되는 십진수를 보이시오. 오버플로우 여부를 판단하시오.

*a.	110101	c.	001100	e.	011010
	001111		110100		001100
b.	111010	*d.	101010	*f.	111101
	000111		100110		110000

10. 다음 정수들의 쌍에 대하여 첫 번째 정수에서 두 번째 정수를 빼시오. 다음과 같은 가정하에 피연산자와 답을 십진수로 보이시오.

i. 부호없는 수
ii. 부호있는 수(2의 보수)

오버플로우가 발생될 수 있는 경우에는 오버플로우 여부를 보이시오.

a.	010101	*c.	111010	e.	110010
	001100		000111		110111
*b.	010001	*d.	100100	f.	111010
	011000		011000		101101

11. 고정소수점 이진법에서 부호 1 비트, 정수 8 비트, 소수 7 비트로 부호있는 수를 부호-크기 방법으로 저장한다. 다음 십진수가 어떻게 저장되는지 표현하시오.

*a. 200.15625
b. −48.5

c. 121.95
*d. 0.01
e. −300.25

12. IEEE 표준에 따른 32 비트 표기에서 문제 11에서의 각 십진수가 어떻게 저장하는지 쓰시오.

13. 다음 십진수 쌍에 대하여, 두 수를 더하고 정규화된 십진수 형태로 보이시오.(5 비트 맨티사의 최상위 비트는 0이 아니다)

a. 23.456 + 45.112
*b. 2136431. + 47.
c. 46.75 + 985.88
d. 652.2 − 433.44
*e. 513.95 − 514.03

14. 십진수 세 자리를 저장할 수 있는 컴퓨터가 있다. 다음 수를 제시된 다섯 가지 코드로 표현하시오.

i. 8421
ii. 5421
iii. 2421
iv. excess 3
v. 2 of 5

*a. 103 b. 999 c. 1 d. 0

15. 컴퓨터에 다음 수가 저장되어 있다. 아래와 같은 방법으로 저장되어 있다고 가정하고 주어진 수를 십진수로 바꿔서 표현하시오.

i. BCD 8421
ii. BCD 5421
iii. BCD 2421
iv. BCD 3초과
v. 부호없는 이진수
vi. 부호있는 이진수

a. 1111 1010
*b. 0001 1011
c. 1000 0011
*d. 1001 0101
e. 1110 1101
f. 0100 1000

16. a. 다음을 ASCII로 표현하시오.

i. Problem 5
*ii. "OK"
iii. 2 + 1 = 3
iv. ABM

b. 다음을 영어로 표현하시오.

i. 1000001 1101100 1100001 1101110
ii. 0100100 0110111 0101110 0111001 0110101
*iii. 0111001 0101111 0110011 0111101 0110011
iv. 1010100 1101000 1100101 0100000 1100101
1101110 1100100

17. 본문에서 설명된 해밍 코드를 사용하시오.

a. 다음 데이터를 코드로 표현하시오.

i. 0000 iii. 0101
*ii. 1011 iv. 1111

b. 다음 워드를 수신하였다면(한 개 이하의 오류만 발생된다고 가정하고) 송신된 워드를 쓰시오.

*i. 1011010 *iii. 0000110
ii. 0011010 iv. 1100110

1.5 이 장의 테스트(50분)

1. 십진수 347을 다음으로 변환하시오.

a. 이진수
b. 16 진수

과정을 보이시오.

2. 두 개의 부호없는 이진수를 더하시오. 두 개의 피연산자와 결과를 이진수뿐만 아니라 십진수로도 보이시오.(덧셈 결과에 의한 캐리도 보이시오.) 오버플로우 발생 여부를 판단하시오.

```
01011        101011
01110        011001
-----        ------
```

3. 다음 두 수에 대하여 아래 제시된 방법으로 해석할 때 각 수에 상응하는 십진수를 보이시오.(6 개의 답이 필요하다)

10010101 01110011

a. 부호없는 이진수
b. 부호있는 이진수
c. BCD (8421 코드)

4. 다음 세 쌍의 부호있는(2 의 보수) 수들을 더하시오. 더하는 과정에서의 캐리를 반드시 보이시오. 각 덧셈에서 피연산자들과 결과를 이진수뿐만 아니라 십진수로도 보이시오. 오버플로우 발생 여부를 판단하시오.

1100	1010	0101
1101	0111	0011

5. 두 개의 숫자 쌍에 대하여 뺄셈을 수행하시오. 피연산자들과 결과를 이진수뿐만 아니라 십진수로도 보이시오.

a. 부호없는 수라고 가정하시오.

b. 부호있는 수라고 가정하시오.

1101 − 1100　　　1010 − 0110

오버플로우 여부를 판단하시오.

6. 다음 십진수들을 IEEE 표준 부동소수점 표기(부호, 8 비트의 127 초과 지수, 23 비트의 시그니피컨드)로 변환하시오.

a. −515.25

b. 10.33

7. 십진수의 쌍을 다섯 자리 시그니피컨드를 갖는 부동소수점 형식으로 변환하시오. 다음에 합을 구하되 표준 형태(분수와 지수)를 유지하시오

24.368 + 981.42

조합시스템

2

이번 장에서는 조합시스템을 표현하는 수단들을 학습한다. 다음에, 대수적 접근방법을 통하여 이런 시스템을 기술하고 간소화하며, 구현하기 위한 방법을 설명한다. 일단 소규모 시스템에 초점을 맞추어 과정을 이해하기 쉽도록 한다. 대규모 문제들에 대해서는 4장에서 다루기로 한다.

2.1 조합시스템에 대한 설계 과정

이번 절에서는 조합시스템을 설계하는데 사용되는 대강의 과정을 보인다. (순차시스템에 대해서는 같은 방법을 사용하여 6장에서 설명하기로 한다.) 설계 과정은 의도하는 시스템에 대한 기술 형태인 문제 정의에서 시작되는 것이 일반적이다. 최종 목적은 가능한 소자들을 사용하여 설계의 목표와 제약조건을 만족하는 블록도를 개발하는 것이 된다.

설계 과정에서의 각 단계를 보이기 위하여 다음 다섯 예제들을 사용하기로 한다. 다섯 예제들 중의 일부는 다음 장에서도 설계에 필요한 수단을 도출하는 목적으로 활용된다.

계속 예제(CE)

CE1. *A*, *B*, *C*, *D*의 네 입력과 한 개의 출력, *Z*를 갖는 시스템. 입력들 중에서 세 개가 1일 때만 $Z = 1$이 된다.

CE2. 세 스위치중 하나로 제어할 수 있는(켜고 끌 수 있는) 전구. 스위치 하나는 켜고 끄는 마스터스위치이다. 이 스위치가 내려져 있으면 전구는 무조건 꺼진다. 마스터스위치가 올려져 있으면 다른 두 스위치들 중 하나의 위치를 바꿈(올려진 것을 내리거나, 혹은 내려진 것을 올림)으로써 전구의 점멸 상태를 바꿀 수 있다.

CE3. 한 비트의 이진 덧셈을 수행하는 시스템.(덧셈의 대상이 되는 두 비트와 바로 아랫자리 비트로부터의 캐리로 구성되는) 세 개의 입력으로부터(합에 해당하는 비트와 다음의 윗자리 비트로의 캐리로 구성되는) 두 비트의 출력을 생성한다.

CE4. 디스플레이 드라이버. 입력으로 십진수의 한 자리에 해당하는 코드를 받아서 디지털 시계나 수치 표시장치 등(나중에 다시 설명됨)에 사용되는 7 세그먼트 표시장치에 필요한 신호들을 출력하는 시스템.

CE5. 두 개의 4 비트 이진수와 한 비트의 캐리로 구성되는 9개의 입력으로부터 합에 해당하는 한 개의 5 비트 출력을 생성하는 시스템.(각 입력 수의 범위는 0부터 15이고, 출력의 범위는 0부터 31까지이다.)

단계 1: 각 입력과 출력을 이진수로 표현하라.

CE1, 3, 5의 경우처럼 어떤 때는 문제 정의에서 이미 입력과 출력이 이진수로 주어진다. 어떤 때는 설계자가 해야 할 몫이 되기도 한다. CE2에서는 스스로 각 입력과 출력에 해당하는 숫자 표현을 만들 필요가 있다. 전구가 켜진 상태를 1의 출력으로 보고 꺼진 상태를 0의 출력으로 볼 수 있다.(전구 설계자와 협의만 된다면 물론 반대로 정의할 수도 있다.) 같은 방법으로 올려진 상태의 스위치를 1의 입력으로 보고 내려진 상태의 스위치를 0의 입력으로 볼 수 있다. CE4의 경우는 입력이 십진수의 한 자리이다. 이때는 어떤 BCD 코드를 사용할지 정해야 한다. 입력을 제공하는 쪽에서 어떤 코드를 사용할지 결정하거나 혹은 시스템이 가장 단순화되도록 입력에 사용될 코드를 정할 수도 있다. 또한 출력에 대해서도 코드로 표현해야 한다. 표시장치의 동작 방식과 1 또는 0 중에 어떤 값이 각 세그먼트를 켜는지를 알 필요가 있다.(자세한 것은 2.1.1절에서 다루기로 한다.) 일반적으로 입력과 출력을 다르게 표현하면 필요한 논리의 크기에서 큰 차이가 생길 수 있다.

단계 2: 설계 명세를 진리표나 대수식의 형태로 정형화하라.

여기서는 진리표에 대하여 주로 설명하고 대수식을 전개하는 것은 이 장의 뒷부분으로 미루기로 한다. 진리표 형식은 설계 과정에서 단계 2의 가장 대표적인 결과 표현 수단이다. 디지털 시스템에서 진리표를 사용할 수 있는 이유는 각 입력이 두 값 중의 하나(0 혹은 1)을 취하기 때문이다.

따라서 n 개의 입력이 주어지면 2^n개의 입력 조합이 생기므로 진리표는 2^n 개의 행을 갖게 된다. 각 행은 보통 이진수 순서대로 배열된다.(다른 특별한 이유가 있는 것이 아니라 누락되는 행이 생기는 것을 방지하기 위함이다) 진리표는 두 가지 종류의 열들로 구성되는데, 각 입력 변수마다 한 개씩 할당되는 n개의 입력 열과 m개의 출력 변수에 한 개씩 할당되는 m개의 출력 열이 그것이다.

두 입력, A와 B를 갖고 하나의 출력 Y를 갖는 진리표의 예가 표 2.1에 제시되어 있는데, 두 개의 입력 열과 한 개의 출력 열, 그리고(제목 행을 제외하고) $2^2=4$개의 행으로 구성되어 있다. 설계 과정에서의 다른 단계들을 먼저 설명하고 바로 이어서 다른 계속예제들에 대한 진리표를 살펴보기로 하자.

표 2.1 두개의 입력을 갖는 진리표

A	*B*	*Y*
0	0	0
0	1	1
1	0	1
1	1	1

단계 1.5: 필요하다면 문제를 더 작은 크기의 부분문제로 분할하라.

이 단계가 여기에 포함된 것은 어떤 때는 진리표를 만들고 나서 분할이 가능하고, 어떤 때는 진리표를 만들기 전에 분할해야 하는 경우도 있기 때문이다.

여기서 설명할 설계 기법들을 모두 대규모 문제에도 적용할 수 있는 것은 아니다. 4 비트 가산기를 설계하는 CE5 조차도 9개의 입력을 갖고 따라서 $2^9=512$개의 행과 9개의 입력 열, 다섯 개의 출력 열을 필요로 한다. 비록 진리표 내용을 쉽게 채울 수는 있지만 진리표 자체가 몇 페이지에 이를 만큼 아주 번거로운 존재가 된다. 게다가 이 장과 3장에서 설명될 간소화 기법을 적용하기에도 부적합하다. 컴퓨터에서의 실제 가산기, 예를 들면 32 비트 수를 더하는 가산기를 고려하면 문제가 다룰 수 없는 수준으로 커지게 된다. 32 비트 가산기의 경우는 캐리 입력을 고려하지 않더라도 2^{64} (약 1.84×10^{19}) 행을 포함하도록 길어진다.(이 숫자는 만약 한 페이지에 백만 개의 행을 두고 백만 페이지를 한 권에 담을 수 있다고 하더라도 진리표 한 개를 온전하게 수록하려면 여전히 180만개 이상의 책이 필요함을 의미한다. 또는 초당 10억 개의 행을 처리할 수 있는(수퍼컴퓨터 수준의) 컴퓨터를 갖고 있더라도 진리표 전체를 처리하는데 여전히 584년이나 걸림을 의미한다.)

그럼에도 앞에서와 같은 문제를 풀려면 풀 수 있다는 것은 명백하다. 가산기의 경우 손으로 계산하는 것처럼 동작 방식을 도출할 수 있는데, 즉 한번에 1비트를 더하고 1비트의 합과 캐리를 생성하여 다음 비트로 전달하는 것이 그것이다. 이것이 바로 CE3에서 제시된 문제이며, 단지 8 개의 행으로 진리표를 보일 수 있다. 이런 시스템을 32개 만들어서 서로 연결하는 것으로 32 비트 가산기를 만들 수 있다.

또한 이미 잘 만들어진 부분시스템을 잘 활용하는 것이 비용 측면에서도 유리하다. 예를 들어서 CE5에서 설명된 (단일 집적회로 칩으로 구현된) 4 비트 가산기를 구입할 수도 있다. 설계 과정에서 이것을 구성요소로 활용할 수 있다. 설계 과정에서 이 부분에 대한 것은 4장에서 자세하게 설명하기로 한다.

단계 3: 문제 설명을 단순화하라.

진리표를 가져다가 직접 (4장에서의 ROM과 같은) 특정 기술을 이용하여 구현할 수도 있다. 더 상투적인 것은 진리표를 대수식 형태로 변환한 후에 구현하는 것이다. 그러나 진리표로부터 얻을 수 있는 대수식 형태는 시스템을 지나치게 복잡하게 만드는 경향이 있다. 따라서 이번 장과 다음 장에 걸쳐서 대수식의 복잡도를 감소시키기 위한 기법들을 배울 것이다.

단계 4: 설계 목표와 제약조건을 만족시키는 범위에서 활용 가능한 구성요소들로 시스템을 구현하라.

게이트는 한 개의 출력을 갖는 네트워크이다. 이번 장과 다음 장에서는 게이트를 구성요소로 삼아 구현하는 것을 보인다. 단계 2를 설명하기 위한 진리표 (표 2.1 참조)는 특정 종류의 게이트, 즉 두 개의 입력을 갖는 OR 게이트의 동작 방식을 설명하고 있다. 최종 결과는 게이트들로 구성된 블록도가 되는데, OR 게이트는 통상 그림 2.1과 같은 기호로 표시된다. 실습 목적으로 시스템을 구성하기 위하여 앞에서의 게이트가 여러 개 들어 있는 집적회로 패키지를 사용하거나 혹은 컴퓨터를 이용하여 시스템을 시뮬레이트할 수도 있다.

그림 2.1 OR 게이트 기호

게이트 외에도 (혹은 게이트를 대체하기 위하여) 앞에서 설명된 가산기나 디코더와 같이 더 복잡한 소자들이 설계의 구성요소로 제공된다. (물론, 순차 시스템을 배울 때쯤 되면, 저장 장치와 또 다른 대규모 구성요소들도 도입할 것이다.)

설계 목표는 흔히 비용을 적게 써서 회로를 구성하는 것이 된다. 이것은 비록 항상 성립하지는 않지만 일반적으로 대수식을 간소화하는 것과 일치한다. 일반적으로 게이트들은 패키지(예를 들면 두 개의 입력을 갖는 OR 게이트가 4개 들어 있는 패키지)로 제공되므로, 비용은 패키지의 수로 측정될 수 있다. 따라서 한 개의 패키지 내에 포함된 네 개의 게이트 중에 단 한 개를 필요로 하거나 네 개 전부를 필요로 하거나 상관없이 비용은 동일하게 된다. 어떤 때는 설계 목표중의 하나가 속도일 수도 있는데, 이것은 가능하면 회로를 빨리 동작하도록 만드는 것을 의미한다. 나중에 보겠지만 신호가 게이트를 통과할 때마다 약간의 지연시간이 발생되고 이것은 시스템을 동작속도를 낮추는 원인이 된다. 따라서 속도가 중요한 요인이라면, 신호가 통과해야 하는 게이트의 수에 제한을 두어야 할 필요가 있다.

2.1.1 무관 조건

표시장치 드라이버 예(CE4)에 필요한 진리표를 구성하기 전에, 먼저 무관 조건(don't care condition)에 대하여 설명하기로 한다. 어떤 시스템에서는 입력 조건 중 일부에 대해서만 출력 값이 정해진다.(그런 함수를 때론 불완전하게 정의된 함수(incompletely specified function)라고 부른다.) 나머지 입력 조합에 대해서는 출력이 무엇인지 상관없는데, 즉 출력이 입력에 무관하다. 진리표에서는 무관 조건을 X로 표시한다.(다른 문헌에서는 d, ϕ, φ로 표기하기도 한다.) 표 2.2에 무관조건을 포함하는 진리표가 제시되어 있다.

표 2.2 무관 조건을 갖는 진리표

a	*b*	*f*
0	0	0
0	1	1
1	0	1
1	1	X

표 2.3 올바른 것으로 간주할 수 있는 진리표들

a	*b*	f_1	f_2
0	0	0	0
0	1	1	1
1	0	1	1
1	1	0	1

표 2.2에서의 진리표는 a와 b가 모두 0일 때 f가 0이 되어야 하고, $a=0$와 $b=1$일 때 혹은 $a=1$와 $b=0$일 때는 f가 1이 되어야 하며, a와 b가 모두 1일 때는 f의 출력에 상관이 없음을 보인다. 다른 말로 바꾸면, 표 2.3에서의 f_1이나 f_2로 해석하는 것이 모두 가능함을 의미한다.

무관 조건을 갖는 시스템을 설계할 때는 무관 조건에 해당되는 입력 조합에 대하여 출력에 임의로 0이나 1을 지정할 수 있다. 표 2.3의 예에서

는 f_1이나 f_2 중에서 어느 것을 구현해도 된다. 어떤 것을 선택하느냐에 따라서 구현 비용이 훨씬 더 작아질 수도 있다. 만약 무관 조건이 여러 개가 있다면 올바른 것으로 간주할 수 있는 대안의 수도 크게 늘어나는데, 이는 각 무관 조건이 독립적으로 0이나 1이 될 수 있기 때문이다. 3장에서 보일 기법을 쓰면 무관 조건을 매우 간단하게 다룰 수 있으며, 별도로 따로 다룰 필요가 없게 된다.

실제 시스템에서는 무관 조건이 다양한 형태로 나타난다. 첫째, 어떤 입력 조합은 절대로 존재하지 않는 경우이다. CE4의 경우를 보면, 입력이 십진수의 한 자리에 해당하므로, 단지 10개의 입력 조합만 허용된다. 4 비트 코드를 채택하면 입력 조합 중에서 6개는 절대 사용되지 않게 된다. 시스템을 설계할 때는 이런 무관 조건 조합이 절대 주어지지 않으므로 이에 대하여 0이나 1의 출력을 임의로 가정할 수 있다.

무관 조건이 발생되는 둘째 경우는 한 시스템이 다른 시스템을 구동하도록 설계할 때 발생된다. 그림 2.2에서의 블록도를 살펴보자. 시스템 1이 시스템 2의 동작 방식을 제어할 수 있도록 설계한다고 가정하자. 어떤 이유로 특정 *A*, *B*, *C*의 조합에 대하여 시스템 2가 *J* 값에 상관없이 같은 방식으로 동작한다. 그 경우 시스템 1의 출력 *J*는 그 특정 입력 조합에 대하여 무관 조건이 된다. 6 장에서 시스템 2가 플립플롭(이진 저장장치)일 때 이런 특성이 나타남을 볼 것이다.

그림 2.2 무관 조건을 갖는 설계 예제

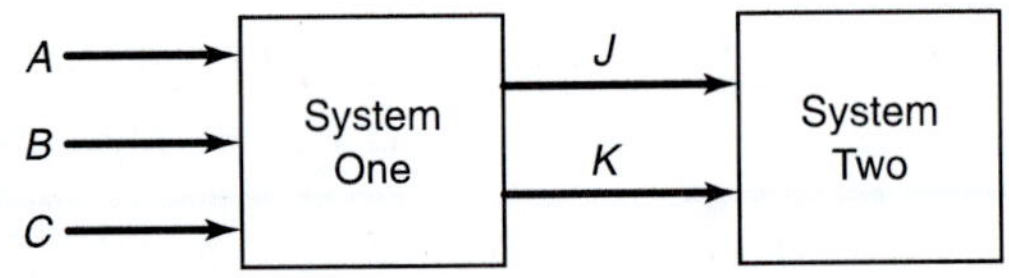

무관 조건에 대한 셋째 예제는 CE4인데 특정 입력에 대해서는 출력값이 상관없는 경우가 있다.

2.1.2 진리표 작성

문제가 주어지면, 처음 해야 할 일은 입력을 코드로 표현하는 방법을 정하는 것이다. 다음 순서는 진리표를 작성하는 것이다. 입력의 수는 행의 수를 결정하는데, 가장 어려운 문제는 영어(혹은 다른 자연언어)가 애매하다는 점에서 비롯된다.

CE1의 경우 16 행을 갖는 진리표가 필요하다. 4개의 입력 열과 한 개의 출력 열이 있다.(표 2.4는 문제 정의에 대하여 세 가지 다른 방법으로 해석할 수 있음을 보이기 위하여 세 개의 출력 열을 Z_1, Z_2, Z_3으로 표현한다.) 진리표의 앞부분 15개의 행에서의 동작 방식에 대해서는 논란의 여지가 없다. 입력에서의 1의 개수가 세 개 미만이면, 출력은 0이다. 입력중에 세 개가 1이고 다른 하나가 0이면 출력은 1이다. 진리표를 채우는데 있어서 문제가 발생되는 유일한 경우는 마지막 행이다. "입력중에서 세 개가 1"은 정확하게 세 개 혹은 적어도 세 개 중에서 무엇을 의미하는가? 만약 전자가 맞다면 진리표의 마지막 행은 Z_1에서처럼 0이 된다. 만약 후자가 맞다면, 마지막 행은 Z_2와 같이 1이 된다. Z_3로 표시된 대안에서는 입력 네 개가 모두 동시에 1이 될 수 없다는 전제하에 입력 네 개가 1이 되는 경우의 출력을 무관 조건으로 간주한다. 그런 경우에는 마지막 줄에 무관 조건, X가 들어간다.

표 2.4 CE1을 위한 진리표

A	*B*	*C*	*D*	Z_1	Z_2	Z_3
0	0	0	0	0	0	0
0	0	0	1	0	0	0
0	0	1	0	0	0	0
0	0	1	1	0	0	0
0	1	0	0	0	0	0
0	1	0	1	0	0	0
0	1	1	0	0	0	0
0	1	1	1	1	1	1
1	0	0	0	0	0	0
1	0	0	1	0	0	0
1	0	1	0	0	0	0
1	0	1	1	1	1	1
1	1	0	0	0	0	0
1	1	0	1	1	1	1
1	1	1	0	1	1	1
1	1	1	1	0	1	X

CE2에서는 입력과 출력을 코드로 표현한 후에도 여러 방법으로 설계할 수 있다. 스위치들을 *a*, *b*, *c* 라고 부르고(*a* 가 마스터스위치이다) 스위치를 올린 것을 표현하기 위하여 1(내린 것을 표현하기 위하여 0)을 쓰기로 하자. 전구를 위한 출력을 *f* 라고 부른다.(*f* 가 1이라는 것은 전구가 켜진다는 것을 의미한다) $a=0$이면 전구는 *b* 와 *c* 의 값에 관계없이 소등된다(0). $a=1$일 때의 출력에 대해서는 문제에서 기술되지 않고, 각 스위치를 조절할 때의 효과에 대해서만 제시되어 있다. 이 부분에 대해서는 두 가지로 해석할 수 있다. 스위치 *b*와 *c*가 내려진 상태이고 이때 전구가 꺼져 있

다면, 표에서의 다섯째 행(100)에서 표 2.5a와 같이 출력이 0이 된다. 스위치 *b*나 *c*를 올리면 (101이나 110), 전구는 켜져야 한다. 두 상태중의 하나에서 스위치 *b*나 *c*를 변화시키면 시스템을 100 입력 상태나 111 상태로 전이시키므로 출력이 0이 된다.

스위치 *b*나 *c*의 위치에 따른 전구의 점멸 상태에 대하여 다른 가정도 가능하다. 스위치 *b*나 *c*가 올려져 있을 때 전구가 켜져 있다고 가정하면, 이것은 스위치 *b*나 *c*가 모두 내려져 있을 때도 전구가 켜진다는 것을 의미한다. 이런 가정을 따르면 전구의 점멸 방식이 표 2.5b와 같이 동작하며, 이것도 표 2.5a처럼 의미있는 동작 모델이다.

표 2.5 CE2를 위한 진리표

a	*b*	*c*	*f*
0	0	0	0
0	0	1	0
0	1	0	0
0	1	1	0
1	0	0	0
1	0	1	1
1	1	0	1
1	1	1	0

(a)

a	*b*	*c*	*f*
0	0	0	0
0	0	1	0
0	1	0	0
0	1	1	0
1	0	0	1
1	0	1	0
1	1	0	0
1	1	1	1

(b)

CE3에서의 1 비트 이진수에 대한 전가산기의 진리표는(비록 그 당시에 진리표라고 구체적으로 언급하지는 않았지만) 이미 1.2.2 절의 표 1.5에서 제시되었다.

4 비트 가산기인 CE5에 대해서도 진리표를 쉽게 구성할 수 있지만, 열의 수가 512개에 이른다는 문제가 있다. 게다가 진리표를 작성하더라도 손으로(즉, 컴퓨터의 도움을 빌지 않고) 함수를 간소화하는 것은 거의 불가능에 가깝다. 이 문제에 대한 구체적인 설명은 4장으로 미루기로 한다.

이제 CE4에서의 표시장치 드라이버에 대하여 설명한다. 우선 고려해야 할 점은 십진수의 한 자리에 대한 코드를 선택하는 것이다. 이것은(명백하게) 표의 내용에 영향을 미치고, 구현 비용에 관하여 매우 큰 영향을 미칠 수 있다. 이진수로 표현되는 네 개의 입력을 *W*, *X*, *Y*, *Z*라고 부르고 일곱 개의 출력을 *a*, *b*, *c*, *d*, *e*, *f*, *g*라고 부르기로 한다. 이 예제를 위하여 십진수가 8421 코드로 저장된다고 가정한다.(다른 코드에 대해서는 4장에서 살펴볼 것이다.)

그림 2.3 7 세그먼트 표시장치

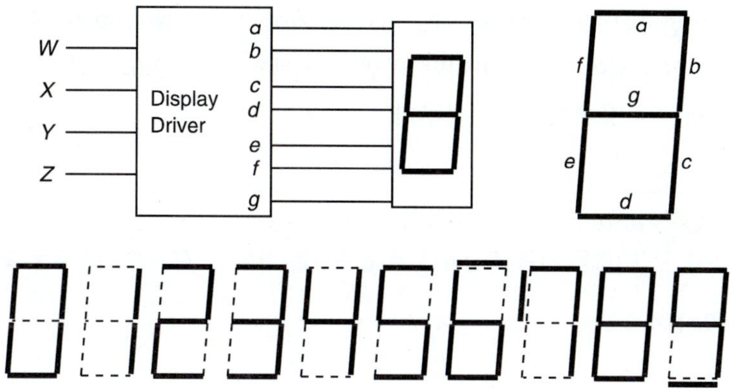

다음에 알아야 할 것은 표시장치가 각 세그먼트를 켜기 위하여 0과 1 중에 어떤 입력을 취하는가에 관한 것이다. 두 가지 형태의 표시장치가 존재한다. 표 2.6에 제시된 방법에서는 각 세그먼트를 켜기 위하여 1의 값이 필요하다고 가정한다.

표시장치에는 각 세그먼트마다 하나씩 *a*, *b*, *c*, *d*, *e*, *f*, *g*라는 이름의 일곱 개의 입력이 제공된다. 시스템에 대한 블록도는 그림 2.3과 같은데, 표시장치의 레이아웃과 함께 표현할 수 있는 숫자들이 제시되어 있다. 실선으로 표시된 세그먼트는 켜진 것이고 점선으로 표시된 세그먼트는 꺼진 것이다. 숫자 6, 7, 9에 대해서는 두 가지 이상의 표시 방법이 가능하다.

표 2.6 7 세그먼트 표시장치 드라이버에 대한 진리표

Digit	*W*	*X*	*Y*	*Z*	*a*	*b*	*c*	*d*	*e*	*f*	*g*
0	0	0	0	0	1	1	1	1	1	1	0
1	0	0	0	1	0	1	1	0	0	0	0
2	0	0	1	0	1	1	0	1	1	0	1
3	0	0	1	1	1	1	1	1	0	0	1
4	0	1	0	0	0	1	1	0	0	1	1
5	0	1	0	1	1	0	1	1	0	1	1
6	0	1	1	0	X	0	1	1	1	1	1
7	0	1	1	1	1	1	1	0	0	X	0
8	1	0	0	0	1	1	1	1	1	1	1
9	1	0	0	1	1	1	1	X	0	1	1
–	1	0	1	0	X	X	X	X	X	X	X
–	1	0	1	1	X	X	X	X	X	X	X
–	1	1	0	0	X	X	X	X	X	X	X
–	1	1	0	1	X	X	X	X	X	X	X
–	1	1	1	0	X	X	X	X	X	X	X
–	1	1	1	1	X	X	X	X	X	X	X

예를 들어 6의 경우 *a* 세그먼트를 켤 수도 있고 끌 수도 있다. 설계 명세에는 용이한 방법을 찾아 각 세그먼트를 켜야 할지, 꺼야 할지, 혹은 상관없는지를 표시해야 한다. 마지막 방법을 선택하면 표 2.6과 같다. 이 문제에 대해서는 4 장에서 다시 다루기로 한다.

예제 2.1

세 개의 입력, *a*, *b*, *c*와 네 개의 출력 *w*, *x*, *y*, *z*를 갖는 시스템에 대하여 진리표를 작성하려고 한다. 다음 입력 조건을 모두 만족하는 가장 큰 정수가 이진수로 출력된다.

$a=0$: 홀수　　　　$a=1$: 짝수
$b=0$: 소수　　　　$b=1$: 소수 아님
$c=0$: 8 미만　　　$c=1$: 8 이상

절대로 발생될 수 없는 입력 조합도 있고, 출력이 모두 0이 되는 경우는 없다. (소수(prime)란 1과 자기 자신만으로 나누어지는 수를 말한다.) 다음은 이 시스템에 대한 진리표이다.

a	b	c	w	x	y	z
0	0	0	0	1	1	1
0	0	1	1	1	0	1
0	1	0	X	X	X	X
0	1	1	1	1	1	1
1	0	0	0	0	1	0
1	0	1	X	X	X	X
1	1	0	0	1	1	0
1	1	1	1	1	1	0

처음 네 줄에서는 홀수만을 대상으로 한다. 홀수의 소수는 1, 3, 5, 7, 11, 13이다. 따라서 첫째 줄에는 7(8이하의 가장 큰 홀수인 소수)에 대한 이진수가 들어가고, 둘째 줄에는 13에 대한 이진수가 들어간다. 다음 두 줄에는 소수가 아닌 수들로 채워진다. 8 이하의 모든 홀수는 소수이므로 따라서 입력이 010 이 될 수 없고 이때의 출력은 무관 조건이 된다. 마지막으로 9와 15는 홀수이면서 소수가 아니므로 15가 가장 큰 수가 된다. 표에서 나머지 절반을 보면, 짝수이면서 소수인 유일한 수가 2가 되므로 101에 해당하는 수는 존재하지 않는다. 짝수이면서 소수가 아닌 가장 큰 수는 6과 14이다.

2.2 스위칭 대수

지난 절에서, 조합 시스템을 문장으로 기술하는 것부터 더 정형화되고 정확한 표현, 즉 진리표까지 살펴보았다. ROM (4장 참조)으로 시스템을 구현할 때는 진리표로 충분하지만, 다른 종류의 소자들로 시스템을 설계하거나 분석할 때는 대수적인 표현 방법이 필요하다. 이번 절에서는 스위칭 대수에서의 법칙들을 학습하기로 한다.

대수가 필요한 이유에는 여러 가지가 있다. 아마도 가장 명확한 이유는 게이트들의 네트워크에서 입력을 이용하여 출력에 대한 명세를 얻어야 할 필요가 있기 때문이다. 각 게이트가 대수식에 의하여 정의되므로 대수적인 조작이 가능해야 한다.(가능한 모든 입력 조합을 만들어서 각 게이트에 신호를 통과시키고 출력에 도달하게 하는 방법을 사용할 수도 있다. 그렇지만 게이트들로 구성된 시스템에서 진리표 전체를 생성하는 것은 너무 많은 시간이 필요한 접근 방법이다.)

둘째 이유는 설계 과정에서 대수식 자체가 주어지는 경우도 있는데, 이것이 필요이상으로 훨씬 복잡한 게이트들의 네트워크를 기술하는데 효과적으로 사용되기 때문이다. 대수를 쓰면 수식을 간소화할 수 있고, 구현에 필요한 논리의 크기를 줄이는데도 활용할 수 있다. 3 장에서 대수적이지 않은 방법으로 간소화를 수행하고 그것이 알고리즘으로 표현될 수 있음을 보인다. 그러나 그 뒤에 숨겨진 대수적인 배경을 이해하는 것은 여전히 중요한 문제이다.

셋째 이유는 게이트들의 네트워크를 구현하는 과정에서 대수가 필수불가결한 경우가 있기 때문이다. 이번 장이나 다음 장에서 제시되는 아주 간단한 대수식이 항상 문제의 요구조건을 만족시키는 네트워크에 정확하게 대응되는 것은 아니다. 따라서 문제의 제약조건을 만족시키는데 대수를 활용할 수 있다.

스위칭 대수를 전개하는 한 가지 방법은 일련의 가설이나 공리를 사용하여 일반화된 부울 대수를 정의하는 것으로부터 시작하는 것이다. 부울 대수에서는 입력, 출력, 내부 신호를 포함한 각 변수가 k개의 값 ($k \geq 2$)중에 하나를 갖는다. 이러한 가설에 따라 대수를 정의하고 궁극적으로 각 연산자의 의미를 정할 수 있다. 다음에 스위칭 대수라는 특수 경우, 즉 $k=2$에 맞도록 한정하면 된다. 더 정확하게 말하면, 연산자와 몇 개의 기본 법칙을 이용하여 스위칭 대수를 정의할 것이다.

2.2.1 스위칭 대수의 정의

스위칭 대수는 이진수를 다루는데, 이것은 모든 변수나 상수가 0과 1의 두 값중에서 하나를 취함을 의미한다. 이진수로 잘 표현되지 않는 크기는 반드시 이진수 형식의 코드로 변환되어야 한다. 그 크기 중에는 물리적으로 전구를 켜거나 끄는 것을 의미하는 것도 있고, 스위치를 올리고 내리는 것,

전압의 높고 낮음, 자기장의 서로 다른 방향을 의미한다. 대수의 관점에서 보면 물리적인 표현은 중요하지 않다. 시스템을 구현할 때 각 값에 해당하는 물리적인 표현방식들 중에서 하나를 고르면 된다.

스위칭 대수의 세 연산자를 먼저 정의하고 다음에 스위칭 대수의 법칙들을 몇 가지 살펴보기로 하자.

OR(+로 표기)[1)]

$a+b$(a OR b라고 읽음)는 $a=1$이거나 $b=1$이거나 둘 다 성립할 때만 1이 된다.

AND(·으로 표기하거나 혹은 단순화시켜서 두 변수를 연결하여 붙여서 쓰기도 함)

$a.\cdot b=ab$(a AND b라고 읽음)는 $a=1$이고 $b=1$일 때만 1이 된다.

NOT('로 씀)

a'(NOT a라고 읽음)은 $a=0$일 때만 1이 된다.

보수화(complement)라는 용어가 NOT 대신에 쓰이기도 한다. 또한 반전(inversion)이라고 부르기도 하며, 이 연산을 구현한 장치를 인버터(inverter)라고 부른다.

OR에 대한 표기는 일반대수에서의 덧셈 표기와 같고 AND에 대한 표기는 곱셈 표기와 같기 때문에 합(sum)과 곱(product)이라는 용어도 흔히 사용된다. 따라서 ab는 곱의 항으로 $a+b$는 합의 항으로 흔히 부른다. 이 장에서 설명할 많은 법칙들은 스위칭 대수뿐만 아니라 일반대수에도 적용되지만, 눈에 띄는 예외들도 있는데 그것에 대해서는 앞으로 설명하기로 한다.

세 연산에 대한 진리표가 표 2.7에 제시되어 있다.

표 2.7 OR, AND, NOT에 대한 진리표

a	b	$a+b$
0	0	0
0	1	1
1	0	1
1	1	1

a	b	ab
0	0	0
0	1	0
1	0	0
1	1	1

a	a'
0	1
1	0

1) OR를 때로는 $\vee$라고 쓰고, AND는 $\wedge$라고 쓰기도 한다. NOT x는 $\sim x$나 $\bar{x}$로도 표기한다.

이제 스위칭 대수에서의 일련의 법칙들에 대한 설명을 시작하기로 하자.(이것들은 종종 정리라고도 불린다.) 앞으로 사용할 모든 법칙들에 대한 목록은 앞 페이지 안쪽에 별도로 제공된다.[2)] 법칙들 중에서 첫째 그룹은 정의(혹은 진리표)로부터 바로 유도할 수 있다.

P1a. $a + b = b + a$ **P1b.** $ab = ba$

교환 법칙 (commutative property)

진리표에서 둘째 줄과 셋째 줄을 보면 OR나 AND에 대한 값들이 일치하는 것을 볼 수 있다. 이것을 교환 법칙이라고 부른다. 같은 표기를 사용하는 덧셈과 곱셈에서도 같은 성질이 성립하기 때문에 법칙 자체는 명쾌해 보인다. 그러나 대수에서의 모든 연산자에 대하여 항상 성립하는 것은 아니기 때문에 성립된다는 것을 명시적으로 보이는 것이 바람직하다.(예를들면 일반대수에서는 $a-b \neq b-a$ 이다. 스위칭 대수에서는 뺄셈 연산이 정의되지 않는다.)

P2a. $a + (b + c) = (a + b) + c$ **P2b.** $a(bc) = (ab)c$

결합 법칙 (associative property)

결합 법칙으로 알려진 앞의 법칙은 OR나 AND 연산을 적용하는 순서가 상관없음을 설명하므로, 따라서 그냥 단순히 (괄호를 배제하고) $a+b+c$ 나 abc 로 써도 된다. 여러 개의 피연산자에 대하여 AND나 OR를 적용할 때도 똑같이 성립한다. 따라서 OR의 정의를 아래와 같이 확장할 수 있다.

$a+b+c+d+ \cdots$ 은 피연산자 $(a, b, c, d, \cdots)$중에서 어느 하나가 1이면 1이고 모두 0인 경우에만 0이다.

그리고 AND의 정의는 다음과 같이 확장된다.

$abcd \cdots$ 은 모든 피연산자가 1이면 1이고 하나라도 0이면 0이다.

가장 기본적인 회로소자는 게이트(gate)이다. 게이트는 한 개의 출력을 통하여 OR와 AND 같은 기본적인 함수를 구현한다.(다른 게이트들의 종류에 대해서는 나중에 다룬다.) 게이트의 입력은 두 개일 수도 있고 세 개, 네 개, 여덟 개일 수도 있다.(다른 수의 입력을 갖는 게이트를 만들 수

2) 이 목록은 다소간의 임의성을 내포하고 있다. 여기에 포함된 법칙들은 대수식을 다루는데 편리하다고 생각되는 것들이다. 등식으로 표현할 수 있는 수식의 쌍들은 모두 목록에 포함될 수도 있다. 실제로 다른 책들에는 약간 다른 목록을 제시하는 것을 볼 수 있다.

도 있지만 상업적으로 표준화된 크기는 앞에 제시된 것들이다.) 일반적으로 사용되는(그리고 앞으로 이 교재에서 사용할) 기호가 그림 2.4에 제시되어 있다.(그림 2.4에서 OR에 대하여 둥글게 처리된 입력을 사용하고 AND에 대해서는 평평한 입력을 사용했음에 주의하시오. 또한 OR에 대해서는 뾰족한 출력을 사용했고 AND에 대해서는 둥근 출력을 사용하였다.)

그림 2.4 OR과 AND 게이트에 대한 기호

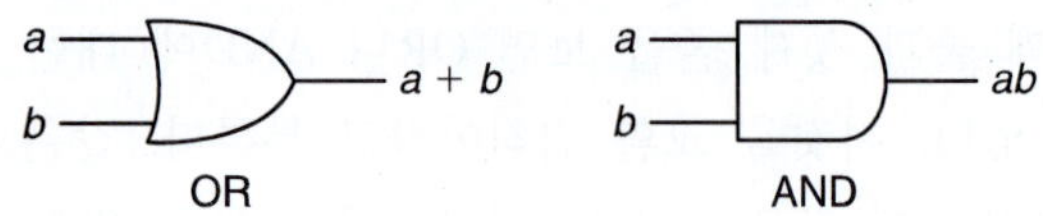

법칙 2b에 의하면 그림 2.5의 회로들은 모두 같은 출력을 생성함을 알 수 있다.

그림 2.5 AND 게이트로 구현한 법칙 2b

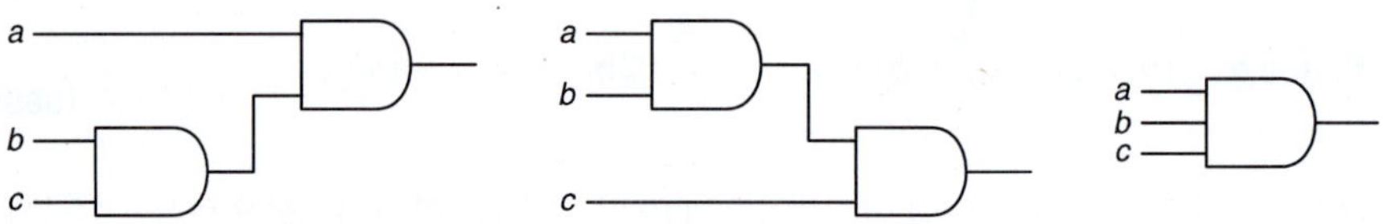

그림 2.6 NOT 게이트

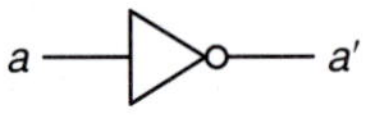

이제 설명할 셋째 게이트는 NOT인데, 기호는 그림 2.6에 제시되어 있다. 삼각형은(전자회로에서) 증폭기에 대한 기호로 사용된다. 출력에서의 원(혹은 버블이라고도 한다)은 반전(NOT)에 대한 기호이고, 앞으로 설명할 것처럼 NOT 함수를 표시하기 위하여 다른 게이트 입력이나 출력에 부가되는 형태로 사용된다.

괄호는 다른 수학에서와 같은 의미로 사용되는데, 괄호 안의 수식은 먼저 계산된다. 괄호가 없는 수식을 계산할 때는 다음 순서를 따른다.

NOT
AND
OR

따라서 다음 예제가 성립한다.

$$ab' + c'd = [a(b')] + [(c')d]$$

괄호가 없는 경우에도 입력 b를 먼저 보수화하고 다음에 a와 AND한다. 입력 c를 보수화하고 d와 AND하며 다음에 두 개의 곱 항이 OR된다. 만약 a와 b를 먼저 AND하고 다음에 보수화할 의도였다면 ab' 대신 $(ab)'$라고 썼어야 하고, AND를 하기 전에 OR를 할 생각이었으면 $a(b'+c')d$라고 쓰는 것이 맞다.

각 법칙에서의 a, b, c, ···와 같은 문자들은 단지 하나의 변수가 아닌 수식을 나타낸다. 따라서 예를 들면 다음 등식도 법칙 1a에 해당된다.

$$xy'z + w' = w' + xy'z$$

쌍대(dual)에 대해서도 항상 같은 법칙이 성립한다는 점에도 주목할 필요가 있다. 법칙에 대한 쌍대를 구하려면, OR와 AND를 맞바꾸고 상수 0과 1을 맞바꾸면 된다. P1과 P2도 앞의 설명처럼 바꾸어서 생성될 수 있는 좋은 예이고, 다음에 설명할 세 개의 법칙에서도 쌍대가 같은 성질을 만족함을 볼 수 있다. 두 수식이 일치한다면 이 수식들의 쌍대도 또한 항상 일치하게 된다. 이런 성질을 활용하면 쌍대에 해당되는 성질들의 쌍을 모두 증명할 필요가 없다.

2.2.2 스위칭 대수의 기본 법칙들

이제 상수 0과 1과 관련된 세 가지 법칙들을 살펴본다.

P3a. $a + 0 = a$ **P3b.** $a \cdot 1 = a$ **항등원(identity)**

P4a. $a + 1 = 1$ **P4b.** $a \cdot 0 = 0$ **무효화(null)**

P5a. $a + a' = 1$ **P5b.** $a \cdot a' = 0$ **보수(complement)**

법칙 3a와 4b는 앞의 진리표에서 첫째 줄과 셋째 줄로부터 바로 유도할 수 있고 법칙 3b와 4a는 둘째 줄과 넷째 줄로부터 유도할 수 있다. 법칙 5는 NOT의 정의로부터 유추할 수 있는데, 즉 a나 a' 중에서 하나가 항상 1이면 다른 하나는 항상 0이 되기 때문이다. 따라서 P5a는 반드시 $0+1$이나 $1+0$ 중의 하나가 되는데 결과는 모두 1이 되고, P5b는 $0 \cdot 1$이나 $1 \cdot 0$ 중의 하나가 되므로 결과는 모두 0이 된다. 다시 한번 위의 법칙들은 쌍대의 형태임에 주목할 필요가 있다.

교환 법칙(P1a)와 3, 4, 5를 결합하면 다음이 성립한다.

P3aa. $0 + a = a$ **P3bb.** $1 \cdot a = a$

P4aa. $1 + a = 1$ **P4bb.** $0 \cdot a = 0$

P5aa. $a' + a = 1$ **P5bb.** $a' \cdot a = 0$

가끔 수식을 전개하면서 위에서 설명한 법칙들을 사용하는데, 이것은 교환 법칙(P1)을 사용하여 먼저 항들을 바꾼 다음 다른 법칙을 적용하는 것보다 용이하기 때문이다.

OR와 AND에 관한 진리표(표 2.7)의 첫째 줄과 마지막 줄로부터 다음과 같은 법칙도 바로 유도할 수 있다.

등멱 법칙 (idempotency)

P6a. $a + a = a$ **P6b.** $a \cdot a = a$

법칙 6a를 반복적으로 적용하면 다음이 성립한다.

$$a + a + a + a = a$$

논리 함수를 전개하는 과정에서 지금까지 설명된 모든 등식은 양방향이라는 점을 명심해야 한다. 예를 들면 수식 중의 $xyz + xyz$ 는 xyz 로 치환될 수 있는데 이것은 xyz 를 $xyz + xyz$ 로 치환하는데 활용될 수도 있다는 것을 의미한다.

연산자에 관한 진리표로부터 바로 유도할 수 있는 마지막 법칙은 다음과 같다. 이 법칙은 스스로 쌍대가 되는 유일한 법칙이다.

퇴화 법칙

P7. $(a')' = a$

만약 $a = 0$이면, $a' = 1$ 이다. 그러나 이것이 다시 보수화되면, 즉 $(a')' = 1' = 0 = a$가 된다. 같은 방법으로 $a = 1$이면 $a' = 0$이고 $(a')' = 1$이 된다. 법칙의 표현에서 AND, OR나 0, 1이 사용되지 않기 때문에 위의 법칙의 쌍대는 자기 자신이다.

다음에 설명할 법칙은 분배 법칙이라고 불리는데, 대수 연산에서 가장 중요하게 사용된다.

분배 법칙 (distributive)

P8a. $a(b + c) = ab + ac$ **P8b.** $a + bc = (a + b)(a + c)$

P8a는 덧셈과 곱셈에서 흔히 사용되는 매우 익숙한 표현이다. 우변에서 좌변으로 보면, 앞의 법칙은 인수분해(factoring)에 해당된다. 한편, P8b는 정규 대수에서는 성립하지 않는다.(a, b, c 자리에 1, 2, 3을 치환하면 왼쪽 수식은 $1 + 6 = 7$이 되지만 오른 쪽 수식은 $4 \times 3 = 12$가 된다.) 스위칭 대수에서 앞의 법칙들을 증명하는 가장 쉬운 방법은 등식의 양변에 대하여 진리표를 구하고 그들이 같다는 것을 보이는 것이다. 법칙 8b에 대한 진리표

가 표 2.8에 제시되어 있다. 왼쪽 세 개의 열은 입력 열이다. 등식의 좌변(LHS)에 대해서는 bc에 대한 열을 먼저 구성해야 한다. 그 열은 행별로 b와 c가 모두 1인 경우에만 1이, 그렇지 않으면 0이 채워져 있다. 이제 LHS $= a + bc$는 a에 대한 열과 bc에 대한 열을 이용하여 계산될 수 있다. 두 열 중 한 열이 1이거나 두 열 모두 1이면 LHS는 1이 되고, 두 열이 모두 0이면 LHS는 0이다. 유사한 방법으로 우변(RHS)도 $a + b$에 대한 열을 먼저 계산하면 되는데, $a + b$는 $a = 1$이거나 $b = 1$일 때 1이 된다.

표 2.8 법칙 8b를 증명하기 위한 진리표

a	b	c	bc	LHS	$a + b$	$a + c$	RHS
0	0	0	0	0	0	0	0
0	0	1	0	0	0	1	0
0	1	0	0	0	1	0	0
0	1	1	1	1	1	1	1
1	0	0	0	1	1	1	1
1	0	1	0	1	1	1	1
1	1	0	0	1	1	1	1
1	1	1	1	1	1	1	1

$a + c$에 대한 열도 같은 방법으로 계산하고, 마지막으로 두 열이 모두 1일 때만 RHS $= (a + b)(a + c)$이 1이 된다.

각 (입력조합) 줄에 대하여 수식을 계산해도 앞의 표를 작성할 수 있다. 첫째 줄을 보면,

$$a + bc = 0 + (0 \cdot 0) = 0 + 0 = 0$$
$$(a + b)(a + c) = (0 + 0)(0 + 0) = 0 \cdot 0 = 0$$

이 되고, 여섯째 줄(101)에 대해서는 다음과 같다.

$$a + bc = 1 + (0 \cdot 1) = 1 + 0 = 1$$
$$(a + b)(a + c) = (1 + 0)(1 + 1) = 1 \cdot 1 = 1$$

여덟 줄에 대하여 똑 같은 방법을 적용하면 된다. 표 전체를 채운다면, 앞에서 제시된 방법이 좀 더 간편하다.

이 방법은 특정 함수들이 동일한지의 여부를 결정할 때도 사용될 수 있다. 두 함수가 동일하기 위해서는 모든 입력 조합에 대하여 동일한 값을 생성해야 한다. 진리표의 어떤 줄에서라도 값이 다르면 두 함수는 같은 것이 아니다.

예제 2.2

진리표를 작성하고 세 함수중의 어느 것이 동일한지 보이시오.(함수들이 동일한지 설명하시오.)

$$f = y'z' + x'y + x'yz'$$
$$g = xy' + x'z' + x'y$$
$$h = (x' + y')(x + y + z')$$

xyz	*y'z'*	*x'y*	*x'yz'*	*f*	*xy'*	*x'z'*	*x'y*	*g*	*x'+y'*	*x+y+z'*	*h*
000	1	0	0	1	0	1	0	1	1	1	1
001	0	0	0	0	0	0	0	0	1	0	0
010	0	1	1	1	0	1	1	1	1	1	1
011	0	1	0	1	0	0	1	1	1	1	1
100	1	0	0	1	1	0	0	1	1	1	1
101	0	0	0	0	1	0	0	1	1	1	1
110	0	0	0	0	0	0	0	0	0	1	0
111	0	0	0	0	0	0	0	0	0	1	0

(표 2.8을 구성할 때 사용했던 방법을 이용하여) 세 함수에 대한 진리표를 구성하였다. 입력 조합 101에 대하여 $f = 0$이지만 $g = h = 1$이다. 따라서 f는 다른 어떤 함수와는 같지 않다. g와 h에 대한 열이 동일하므로, $g = h$이다.

2.2.3 대수 함수의 조작

대수식을 간소화하는데 유용하게 사용할 수 있는 다른 법칙들을 더 설명하기 전에, 앞으로의 설명을 쉽게 하기 위하여 몇 가지 용어들을 도입한다.

리터럴(literal)은 변수나 변수의 보수를 가리킨다. a와 a'이 예가 된다. 수식의 복잡도를 결정하는 과정에서 리터럴의 수가 주요 척도중의 하나로 사용된다. 변수가 사용될 때마다 증가시키면 된다. 따라서 다음 수식의 예를 보면,

$$ab' + bc'd + a'd + e'$$

는 여덟 개의 리터럴을 갖는다.

곱항(product term)은 한 개 이상의 리터럴들이 AND 연산자로 연결된 것이다. 앞의 예에서는 ab', $bc'd$, $a'd$, e'의 네 개의 곱항이 있다. 리터럴이 하나인 경우도 곱항이 될 수 있다.

표준곱항(standard product term), 혹은 최소항(minterm)은 모든 변수들을 주어진 형태나 보수화된 형태로 반드시 포함하는 곱항을 가리킨다. 따라서 w, x, y, z의 네 변수를 갖는 함수에서 $w'xyz'$와 $wxyz$는 표준곱항이지만, $wy'z$는 표준곱항이 아니다.

곱의 합(sum of products) 수식(SOP라고 쓰기도 함)은 한 개 이상의

곱항들이 OR 연산자로 연결된 것이다. 앞의 예제와 다음 수식들은 이 정의를 만족한다.

$w'xyz' + wx'y'z' + wx'yz + wxyz$	(4개의 곱항으로 구성)
$x + w'y + wxy'z$	(3개의 곱항으로 구성)
$x' + y + z$	(3개의 곱항으로 구성)
wy'	(1개의 곱항으로 구성)
z	(1개의 곱항으로 구성)

동일 함수에 대하여 서로 다른 SOP 수식을 유도하는 것도 가능하다.

정규화 합(canonical sum) 혹은 표준곱항의 합(sum of standard product terms)은 항에 해당되는 수식들의 합으로, 모든 항들이 표준곱항이어야 한다.(문제에서 네 개의 변수만 사용된다면) 위에서 첫째 예제만 정규화 합에 해당된다. 대수적 조작은 보통 정규화 합으로 바꿔서 시작된다.

곱의 최소합(minimum sum of products) 수식은 함수에 대한 SOP 수식중의 하나로, 최소 개수의 곱항으로 구성된다. 최소 개수의 항을 갖는 수식이 한 개보다 많을 때는 최소 개수의 리터럴을 갖는 수식을 최소합이라고 간주한다. 따라서 주어진 문제에 대하여 최소합이 두 개 이상 존재할 수도 있다. 다음 수식들은 모두 동일하다.(x, y, z에 대하여 어떤 값을 선택하더라도 각 수식의 값이 항상 같다는 것을 의미한다) 첫째 수식은 표준곱항의 합임에 주의하시오.

(1) $x'yz' + x'yz + xy'z' + xy'z + xyz$	항의 개수는 5, 리터럴의 개수는 15
(2) $x'y + xy' + xyz$	항의 개수는 3, 리터럴의 개수는 7
(3) $x'y + xy' + xz$	항의 개수는 3, 리터럴의 개수는 6
(4) $x'y + xy' + yz$	항의 개수는 3, 리터럴의 개수는 6

수식 (3)과 (4)는 모두 최소(minimum)이다.(더 작은 수의 항이나 리터럴로 구성된 또 다른 수식의 존재를 확인할 수 없다는 점에서, 위에서 제시된 수식들로 한정했을 때 최소이다.) (주의사항: 최소에 해당하는 모든 수식을 구할 때는 이미 발견한 최적의 수식보다 항의 개수가 많거나 리터럴이 많은 수식들은 배제해야 한다.)

지금까지 학습한 대수적 성질을 이용하면 위에서의 첫째 수식으로부터 마지막 두 수식을 유도할 수 있다. 우선, 첫째 수식은 다음과 같이 둘째 수식으로 간소화된다.

$$\begin{aligned}
&x'yz' + x'yz + xy'z' + xy'z + xyz \\
&\quad = (x'yz' + x'yz) + (xy'z' + xy'z) + xyz && \text{결합법칙} \\
&\quad = x'y(z' + z) + xy'(z' + z) + xyz && \text{분배법칙} \\
&\quad = x'y \cdot 1 + xy' \cdot 1 + xyz && \text{보수화} \\
&\quad = x'y + xy' + xyz && \text{항등원}
\end{aligned}$$

첫째 단계에서 P2a를 활용하여 항들을 원하는 순서대로 묶었다. 다음에 P8a를 활용하여 앞의 두 항에서 공약수 $x'y$ 항을 찾고, 셋째와 넷째 항에서 공약수 xy' 항을 찾았다. 다음에는 P5aa를 사용하여 $z + z'$을 1로 치환하였다. 마지막 단계에서 P3b를 이용하여 수식을 간소화하였다.

마지막 세 단계는 한 단계로 통합될 수 있다. 다음과 같은 법칙을 보자.

통합 (adjacency)

P9a. $ab + ab' = a$ **P9b.** $(a + b)(a + b') = a$

위의 첫째 사례의 경우 $a = x'y$이고 $b = z'$이다. 따라서 만약 합을 구성하는 두 곱항에서 보수화된 형태와 보수화되지 않은 형태로 표현된 한 변수를 제외하고 나머지가 모두 동일하다면, 그 두 곱항은 P9a를 이용하여 통합될 수 있다.(이 법칙을 증명하려면, 앞의 설명에서의 세 단계대로 P8a를 이용하여 공약수 a를 찾고 P5a로 $b + b'$을 1로 치환한 후, 마지막으로 P3b를 이용하여 결과를 생성하면 된다.) 쌍대에 대해서는 P8b, P5b, P3a를 이용하여 그에 상응하는 단계를 밟으면 된다.

수식 (3)을 얻는, 즉 리터럴을 6으로 축소하는 가장 단순한 방법은 P6a를 사용하여 $xy'z$를 두 벌로 복사하는 것이다.

$$xy'z = xy'z + xy'z$$

위의 수식을 이용하면

$$\begin{aligned}
&x'yz' + x'yz + xy'z' + xy'z + xyz + xy'z \\
&\quad = (x'yz' + x'yz) + (xy'z' + xy'z) + (xyz + xy'z) \\
&\quad = x'y(z' + z) + xy'(z' + z) + xz(y + y') \\
&\quad = x'y \cdot 1 + xy' \cdot 1 + xz \cdot 1 \\
&\quad = x'y + xy' + xz
\end{aligned}$$

$xy'z$에 대한 복사본을 수식 마지막에 추가하고 그것을 마지막 항(xyz)과 합병시켰다. 그 다음 조작은 앞에서 설명된 것과 같다. $x'yz$에 대하여 P6a를 같은 방법으로 적용하고 이를 복사하여 xyz과 합병시키면, 앞에서와 동일한 방법으로 다른 수식을 얻을 수 있다. P6a를 활용하여 특정 항에 대

한 복사본을 만들고 이 항을 수식 (1)에 삽입하는 과정에서 항들의 순서를 임의로 바꾸었음에 주의하시오.

일반적으로 리스트에 있는 항을 두 개 이상의 다른 항들과 합병시킬 수 있다. 이 경우에는 항을 필요한 만큼 복제하여 사용할 수 있다.

다음 법칙을 사용하면 항에 대한 복사본을 만들지 않고 시스템을 간소화하여 리터럴의 개수를 6으로 감소시킬 수 있다.

P10a. $a + a'b = a + b$ **P10b.** $a(a' + b) = ab$ **간소화(simplification)**

P10a가 성립한다는 것을 보이려면 다음과 같이 P8b, P5a, P3bb를 사용하면 된다.

$$
\begin{aligned}
a + a'b &= (a + a')(a + b) && \text{분배법칙} \\
&= 1 \cdot (a + b) && \text{보수화} \\
&= a + b && \text{항등원}
\end{aligned}
$$

P10b도 다음과 같이 증명할 수 있다.

$$a(a' + b) = aa' + ab = 0 + ab = ab$$

뒷부분의 두 항에서 공약수 x를 찾아내고 앞의 법칙을 적용하면 된다.

$$
\begin{aligned}
&x'y + xy' + xyz \\
&\quad = x'y + x(y' + yz) && \text{분배법칙} \\
&\quad = x'y + x(y' + z) && \text{간소화} \\
&\quad = x'y + xy' + xz && \text{분배법칙}
\end{aligned}
$$

둘째 줄에서 셋째 줄을 유도하면서 $a = y'$과 $b = z$로 두고 P10a를 사용하였다. 대신 첫째 항과 마지막 항에서 공약수 y를 찾아낼 수도 있다.

$$
\begin{aligned}
&y(x' + xz) + xy' \\
&\quad = y(x' + z) + xy' \\
&\quad = x'y + yz + xy'
\end{aligned}
$$

앞의 식에서도 리터럴의 수가 6이 되었다.

다음 예에서 정규화된 형태로 표현된 수식을 살펴보자.

예제 2.3

$$a'b'c' + a'bc' + a'bc + ab'c'$$

P9a에 의하여 앞의 두 항을 다음과 같이 합병할 수 있다.

$$a'c' + a'bc + ab'c'$$

이제 앞부분 두 항에서 공약수 a'를 찾고 P10a를 이용하면 다음과 같다.

$$a'c' + a'b + ab'c'$$

공약수 c'으로 첫째 항과 셋째 항에 대하여 같은 과정을 반복하면 다음과 같다.

$$a'c' + a'b + b'c'$$

이 수식이 앞의 어느 것보다 간단하지만, 최소화된 것은 아니다. 지금까지 전개한 법칙들로는 이제 막다른 골목에 도달한 셈이고, 이것이 최소화된 것인지 알 수 있는 방법이 없다. 원래의 수식으로 돌아가서 첫째 항과 마지막 항을 묶고 가운데 두 항을 묶을 수 있다. 다음에 P9a를 적용하면, 두 개의 항에 네 개의 리터럴을 갖는 다음 수식을 유도할 수 있다.

$$a'b'c' + a'bc' + a'bc + ab'c'$$
$$= b'c' + a'b$$

세 항으로 구성된 수식을 두 항으로 간소화하는 법칙에 대한 것은 나중에 보기로 한다.

앞에서 정의된 용어들에는 쌍대가 존재하는데, 이 역시 유용하게 사용된다.

합항(sum term)은 한 개 이상의 리터럴들이 OR 연산자로 연결된 것이다. $a + b' + c$와 b'(한 개의 리터럴로 구성)은 합항에 대한 예제들이다.

표준합항(standard sum term), 또는 최대항(maxterm)은 모든 변수들을 있는 원래의 형태 혹은 보수화된 형태로 반드시 포함하는 합항을 가리킨다. 따라서 w, x, y, z 의 네 변수를 갖는 함수에서 $w' + x + y + z'$ 와 $w + x + y + z$ 는 표준합항이 되지만, $w + y' + z$는 표준합항이 아니다.

합의 곱(product of sums, POS) 수식은 한 개 이상의 합항들이 AND 연산자로 연결된 것이다. 다음은 합항 수식에 대한 예제들이다.

$(w + x)(w + y)$	항의 개수는 2
$w(x + y)$	항의 개수는 2
w	항의 개수는 1
$w + x$	항의 개수는 1
$(w + x' + y' + z')(w' + x + y + z')$	항의 개수는 2

정규화 곱(canonical product) 혹은 표준합항의 곱(product of standard

sum terms)은 모든 항이 표준 합항인 POS 수식이다. 앞의 마지막 예제만 (문제 정의에서 사용된 변수가 4개로 국한된다는 전제하에) 정규화 곱이다. 한편, 흔히 정규화 합이 대수적 조작에서의 문제를 푸는 시작점으로 많이 사용된다.

최소(minimum)은 POS나 SOP에 상관없이 같은 방법으로 정의된다. 즉, 가장 작은 수의 항으로 구성된 수식들이 이에 해당되고, 만약 같은 수의 항을 갖는 수식들이 여러 개 있을 때는 가장 작은 수의 리터럴을 갖는 수식이 최소가 된다. 주어진 함수(혹은 수식)는 곱의 최소합 형태와 합의 최소곱 형태로 최소화할 수 있다. 곱의 최소합이나 합의 최소곱은 같은 수의 항과 리터럴로 구성될 수도 있고 또는 하나가 다른 것보다 간소화된 형태일 수도 있다.(이에 대한 것은 최소화 기법을 더 살펴본 후로 미루기로 한다.)

수식은 곱의 합(SOP) 형태거나 합의 곱(POS) 형태거나 혹은 두 형태에 해당되지 않을 수도 있다. 예를 들면 다음과 같다.

SOP: $x'y + xy' + xyz$
POS: $(x + y')(x' + y)(x' + z')$
SOP와 POS에 모두 해당됨 : $x' + y + z$ 혹은 xyz'
SOP와 POS에 해당되지 않음 : $x(w' + yz)$ 혹은 $z' + wx'y + v(xz + w')$

최대항 형태로 함수를 간소화하는 예제들에 대하여 살펴보자.(다음에 곱의 항을 합의 곱으로 바꾸는 방법과 합의 곱을 곱의 합으로 바꾸는 방법을 살펴본다.)

$$g = (w' + x' + y + z')(w' + x' + y + z)(w + x' + y + z')$$

P9b를 이용하면 앞의 두 항을 결합할 수 있다.

$$a = w' + x' + y , \qquad b = z'$$

이므로

$$g = (w' + x' + y)(w + x' + y + z')$$

더 간소화하기 위해서 P6b를 이용하여 원래 식에서의 첫째 항을 복사한 후 마지막 항과 결합하고,

$$a = x' + y + z', \qquad b = w$$

라고 하면 다음과 같은 최종 결과를 얻을 수 있다.

$$g = (w' + x' + y)(x' + y + z')$$

(앞에서 SOP 수식에 대하여 적용했던 방법과 병행하여) 다음과 같은 조작을 통하여 간소화할 수도 있다.

$$
\begin{aligned}
g &= (w' + x' + y)(w + x' + y + z') \\
&= x' + y + w'(w + z') & \textbf{[P8b]} \\
&= x' + y + w'z' & \textbf{[P10b]} \\
&= (x' + y + w')(x' + y + z') & \textbf{[P8b]}
\end{aligned}
$$

위의 수식에 대하여 첫째 괄호 안의 리터럴들의 순서를 바꾸면 앞에서 얻었던 것과 같음을 알 수 있다.

2.3 AND, OR, NOT 게이트를 이용한 함수 구현

우선 AND, OR, NOT 게이트들의 네트워크 형태로 스위칭 함수를 구현하는 방법을 살펴본다.(주어진 스위칭 함수를 구현하기 위한 블록도가 설계목표이지만, 이것은 다음에 설명하기로 한다.) 최소 SOP 수식을 정의할 때, 다음과 같은 예제 함수를 도입한 적이 있다.

$$f = x'yz' + x'yz + xy'z' + xy'z + xyz$$

위의 함수를 구현하기 위한 회로의 블록도가 그림 2.7에 제시되었다. 각 곱항은 AND 게이트로 구현되었다. 이 예제의 경우 모든 AND 게이트의 입력이 세 개이다. AND 게이트의 출력은 (다섯 개의 입력을 갖는) OR 게이트의 입력으로 연결된다. 이 구현은 입력이 원래의 형태와 보수화된 형태로 모두 제공되는 것을 가정하였다.(즉 예를 들면, x 와 x' 이 입력으로

그림 2.7 함수 f를 표준곱항의 합으로 구현할 때의 논리도

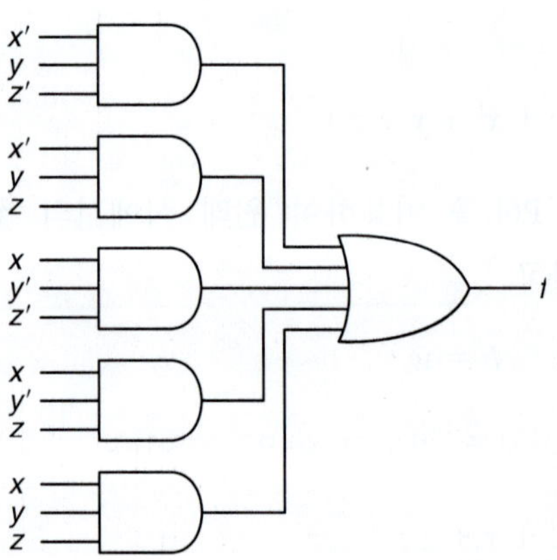

모두 제공된다.) 순차회로에서의 저장장치인 플립플롭이 조합논리회로의 입력을 제공할 때 두 가지 종류의 입력이 제공되는 것은 흔한 일이다. 그러나 입력이 시스템 전체의 입력이라면 성립하지 않는다.

앞의 회로는 2단계 회로의 예이다. 단계의 수는 입력으로부터 출력까지 신호가 통과해야 하는 게이트 수의 최대값이다. 앞의 예에서는 모든 신호가 AND 게이트를 통과하고 다음에 OR 게이트를 통과한다. 입력이 원래의 형태와 보수의 형태로 모두 제공될 때 SOP 수식이나 POS 수식은 2단계 회로로 구현될 수 있다.

앞에서 위의 함수가 최소 SOP 수식으로 간소화될 수 있음을 보았는데, 그 중 하나는 다음과 같다.

$$f = x'y + xy' + xz$$

물론 간소화된 수식을 사용하면 회로의 복잡도도 감소하는데, 회로는 그림 2.8과 같다.

그림 2.8 함수 f를 곱의 최소합으로 구현할 때의 논리도

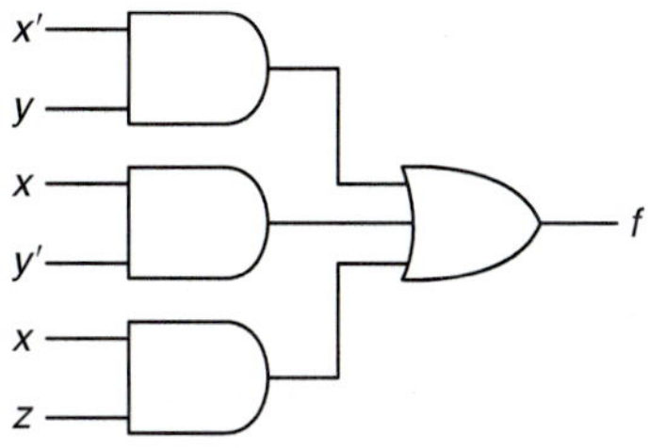

회로의 복잡도가 6개의 게이트, 20개의 게이트 입력(5개의 AND 게이트에 대한 입력이각 3개, OR 게이트에 대한입력이 5개)에서 4개의 게이트와 9개의 게이트 입력으로 감소하였다. 게이트 네트워크에서의 최소를 가장 간단하게 정의하면, 게이트의 수를 최소화하되, 게이트의 수가 같으면 게이트 입력의 수도 최소화하는 것이다. 2단계 회로의 경우 이것은 곱의 최소합이나 합의 최소곱과 정확하게 일치한다.

만약 보수화된 입력이 함께 제공되지 않으면, 입력(앞의 예에서는 x와 y)을 보수화하기 위하여 인버터(NOT 게이트)가 필요하다. 그림 2.9의 회로는 함수 f를 구현한 그림 2.8의 회로에 NOT 게이트가 추가된 것이다. 제시된 회로에서는 각 입력에 대하여 보수화된 입력이 필요한 횟수와 관계없이 한번만 보수화하도록 고려했음에 주의하시오. 실제 회로를 구성할 때

도 물론 성립한다. 그러나 비교를 쉽게 하기 위하여(물론 예외적으로 각 입력에 대하여 한 개의 NOT 게이트를 두고 그 출력이 필요한 곳에 연결되도록 한 것을 제외하고) 이전 회로와 유사하게 보이도록 회로를 구성하였다.(어떤 경로는 NOT, AND, OR의 세 게이트를 통과해야 하기 때문에 3단계 회로에 해당한다.)

그림 2.9 보수화된 입력이 제공되지 않을 때의 회로

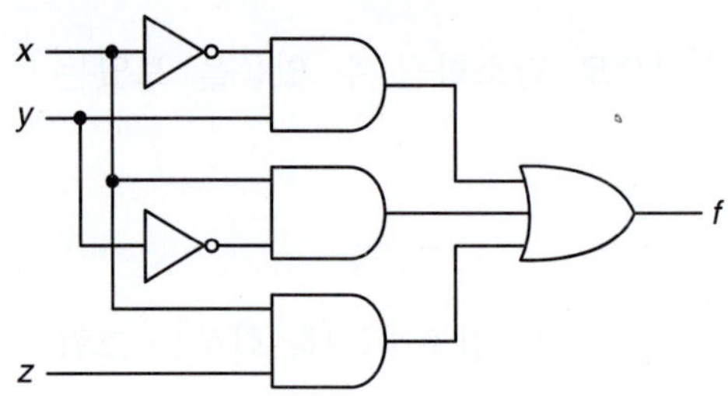

그림 2.10 합의 곱 구현입력

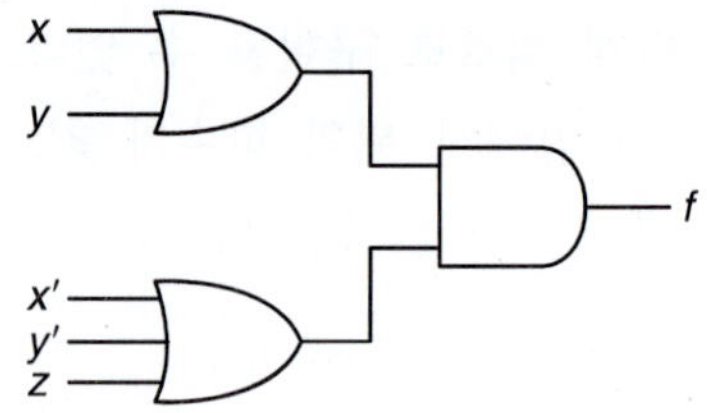

(모든 입력이 원래의 형태와 보수화된 형태로 모두 제공되는 것을 전제로) POS 수식은 2단계 OR-AND 네트워크에 대응된다. 앞의 예제에서(지금까지 학습한 대수로는 쉽게 유도할 수 없지만) 최소 POS는 다음과 같다.

$$f = (x + y)(x' + y' + z)$$

위의 수식을 회로로 구현하면 그림 2.10과 같다.

SOP 형태도 아니고 POS 형태도 아닌 함수를 구현하면 회로가 2개 이상의 단계를 갖게 된다. 예를 들어, 다음 함수를 살펴보자.

$$h = z' + wx'y + v(xz + w')$$

괄호 안부터 시작해서 x 와 z 를 갖는 AND 게이트를 구성한다. 출력은 OR 게이트로 연결되는데, 다른 하나의 입력은 w' 이다. OR 게이트는 v 와 AND되고, 다시 입력 z' 과 $wx'y$ 를 계산하는 다른 AND 게이트의 출력과 함께 OR되어 그림 2.11과 같은 회로를 만든다.

신호 x 와 z 가 AND 게이트를 시작으로 OR 게이트, 다음에 AND 게이트, 마지막으로 OR 게이트 등 네 개의 게이트를 통과하기 때문에 앞의 회로는 4단계 회로에 해당된다.

그림 2.11 다단계 회로

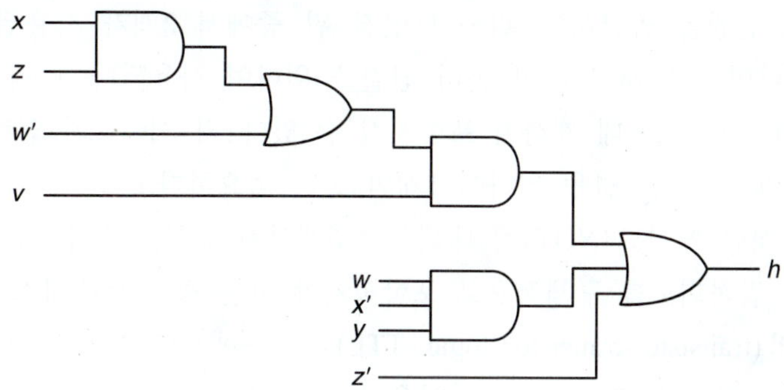

예제 2.4

그림 2.8에서의 f를 취해서 마지막 두 항에 대하여 x를 인수분해하면 다음과 같다.

$$f = x'y + x(y' + z)$$

위의 함수는 아래와 같이 3단계 회로로 구현된다.

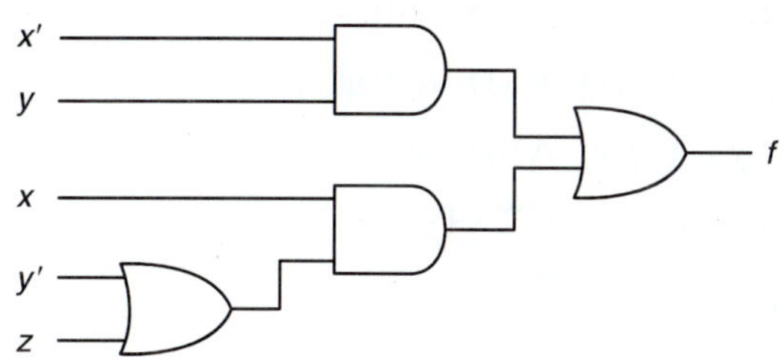

위의 (3단계) 회로는 2-입력 게이트를 네 개 사용한다.

게이트는 통상 14개의 연결 핀을 갖는 DIP 패키지(dual in-line pin package, 칩의 양쪽에 핀이 배열되어 있음) 형태로 제공된다. 이런 패키지들을 단순히 칩(chip)이라고 부르기도 한다.(복잡한 회로를 구현할 때는 16핀, 18핀, 22핀, 혹은 더 많은 핀을 갖는 대규모 패키지들을 사용할 수도 있다.) 이런 패키지들에는 집적회로(integrated circuit, IC)가 들어있다. 단지 몇 개의 게이트들로 집적회로를 구성하면, 이런 집적회로를 소규모 집적회로(small-scale integration, SSI)라고 분류한다. 본 장에서는 이런 종류의 집적회로를 사용한다. 100개 정도의 게이트로 구성된 중규모 집적회로(medium-scale integration, MSI)도 있는데, 나중에 이에 대한 예제를 다루기로 한다. 컴퓨터 자체를 포함하여 아주 복잡한 패키지들을 표현하기 위하여 대규모 집적회로(large-scale integration, LSI), 초대규모 집적회로(very large-scale integration, VLSI), 기가규모 집적회로(giga-scale integration, GSI) 등의 용어도 사용된다.

칩에 전원을 공급하기 위하여 연결 핀 중에서 2개가 사용된다.(14핀 칩에서) 나머지 12개의 핀이 논리 연결을 위하여 사용된다. 따라서 각 칩에 2-입력 게이트를 네 개까지 포함시킬 수 있다.(각 게이트가 입력 연결을 위하여 2개, 출력 연결을 위하여 1개의 핀이 필요하다.) 같은 방법으로 입력이 한 개인 게이트(NOT)에 대해서는 6개까지 포함시킬 수 있다. 본 교재에서는 집적회로를 구체적으로 포함시켜야 하는 경우 트랜지스터-트랜지스터 논리(transistor-transistor logic, TTL), 그 중에서도 7400 시리즈[3]를 대상으로 할 것이다. 7400 칩들을 사용하려면 5 V와 접지(0 V)에 해당하는 전원 연결이 필요하다.

앞으로 실습에 필요한 공통적으로 사용되는 AND, OR, NOT 집적회로의 리스트는 다음과 같다.

7406 6 (6중) NOT 게이트
7408 4 (4중) 2-입력 AND 게이트
7411 3 (3중) 3-입력 AND 게이트
7421 2 (2중) 4-입력 AND 게이트
7432 4 (4중) 2-입력 OR 게이트

만약 입력이 세 개인 OR(혹은 AND) 게이트가 필요한데 2-입력 게이트들만 갖고 있다면, 아래와 같이 구성하면 된다.

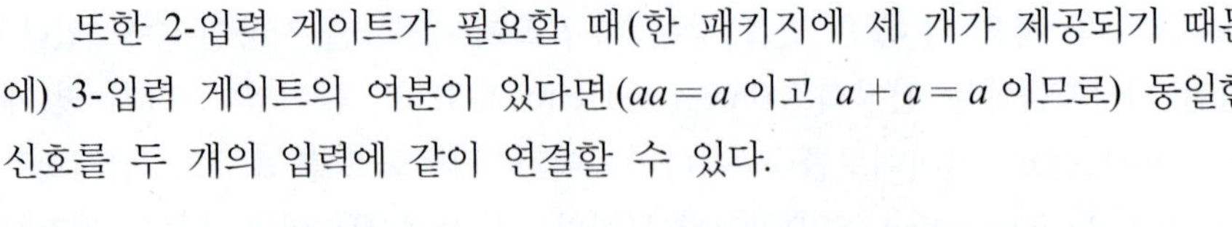

위의 방법은 입력의 수가 더 많을 때도 적용할 수 있다.[4]

또한 2-입력 게이트가 필요할 때(한 패키지에 세 개가 제공되기 때문에) 3-입력 게이트의 여분이 있다면($aa = a$ 이고 $a + a = a$ 이므로) 동일한 신호를 두 개의 입력에 같이 연결할 수 있다.

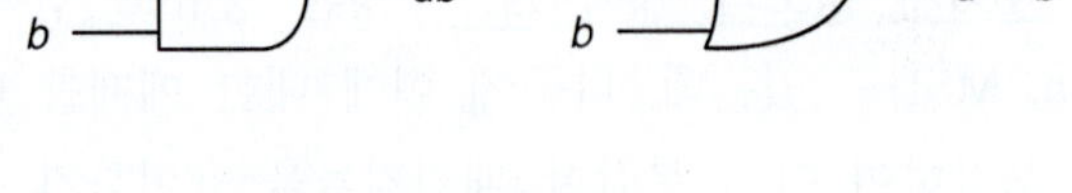

3) 7400 시리즈 중에도 다양한 대안이 있을 수 있는데, 그것을 74 다음에 (74H10처럼) 문자로 표시한다. 구체적인 내용에 대해서는 디지털전자회로(digital electronics) 과목을 참조하면 된다.

4) 주의사항: 앞의 설명은(2.6 절에서 설명할) NAND와 NOR 게이트에는 적용되지 않는다.

대안으로 논리값 1(+5 V)을 AND 게이트의 입력중 하나에 연결하거나 논리값 0(접지)을 OR 게이트의 입력중 하나에 연결할 수도 있다.

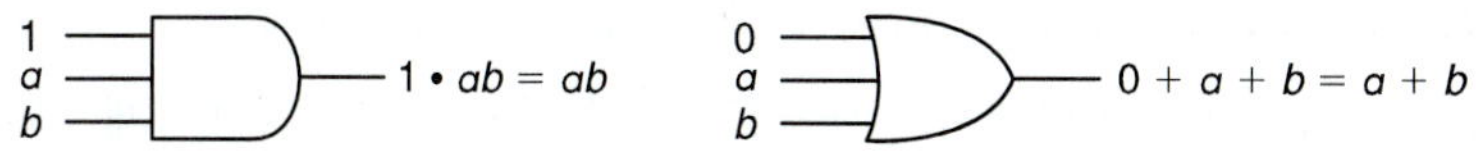

회로로 구현할 때는 논리값 0과 논리값 1이 서로 다른 두 개의 전압으로 표현되는데, 보통 0 V(접지)와 5 V가 사용된다. 상대적으로 큰 전압으로 1을 표현하고 상대적으로 낮은 전압으로 0을 표현하는 방법이 더 많이 사용된다. 이런 방법을 양의 논리(positive logic)이라고 부른다. 반대의 경우도 가능한데, 더 큰 전압으로 0을 표현하는 것이 그것이다. 이런 방법을 음의 논리(negativelogic)이라고 부른다. 1과 0으로 표현할 때는 앞에 설명한 개념이 실감나지 않는다. 그렇지만 완전히 같은 전자회로라고 하더라도 어떤 논리 체계를 선택하느냐에 따라서 서로 다른 논리를 의미할 수 있다.

표 2.9a의 진리표에는 고전압(H)와 저전압(L)의 관점에서 게이트의 동작 방식이 표기되어 있다. 양의 논리로 해석한 표 2.9b는 OR 게이트의 진리표가 된다. 음의 논리로 해석한 표 2.9c는 AND 게이트의 진리표가 된다.

표 2.9

a. 고전압/저전압

a	*b*	*f*
L	L	L
L	H	H
H	L	H
H	H	H

b. 양의 논리

a	*b*	*f*
0	0	0
0	1	1
1	0	1
1	1	1

c. 음의 논리

a	*b*	*f*
1	1	1
1	0	0
0	1	0
0	0	0

대부분의 구현에서는 양의 논리를 사용하며, 본 교재에서는 양의 논리를 사용하기로 한다. 경우에 따라서 음의 논리나 혹은 양의 논리와 음의 논리를 혼합한 논리가 사용되기도 한다.

2.4 보수

다른 주제에 앞서서 새로운 법칙을 정의할 필요가 있다. 여기서 소개할 법칙은 인물의 이름이 포함된 유일한 법칙인데, 그 이름이 드모르강의 법칙이다.

드모르강 법칙 (DeMorgan)

P11a. $(a + b)' = a'b'$ **P11b.** $(ab)' = a' + b'$

위의 법칙을 가장 쉽게 증명하려면 표 2.10과 같이 진리표를 이용하면 된다. 표 2.10을 보면, 법칙에서의 열별로 각 수식에 대하여 값이 제시되어 있다.(각 열에 제시된 값에 대하여 AND, OR, NOT 연산을 적용하면 다른 열의 값을 얻을 수 있기 때문에 표의 내용은 쉽게 채울 수 있다.) (11a로 표시된) $(a+b)'$에 대한 열과 (11b로 표시된) $(ab)'$의 열의 값이 일치한다.

표 2.10 드모르강 법칙의 증명

a	b	$a + b$	$(a + b)'$	a'	b'	$a'b'$	ab	$(ab)'$	$a' + b'$
0	0	0	1	1	1	1	0	1	1
0	1	1	0	1	0	0	0	1	1
1	0	1	0	0	1	0	0	1	1
1	1	1	0	0	0	0	1	0	0
			11a			11a		11b	11b

두 개 이상의 피연산자를 갖는 경우에도 위의 법칙을 적용할 수 있도록 다음과 같이 쉽게 확장할 수 있다.

P11aa. $(a + b + c\ldots)' = a'b'c'\ldots$
P11bb. $(abc\ldots)' = a' + b' + c'\ldots$

P11aa에서 변수가 세 개이면, 다음과 같이 증명할 수 있다.

$$(a + b + c)' = [(a + b) + c]' = (a + b)'c' = a'b'c'$$

주의사항: 대수식을 조작하는데 있어서 가장 흔한 실수는 드모르강의 법칙을 잘못 적용하는 것이다.

$(ab)' = a' + b'$ 는 성립하지만 $(ab)' \neq a'b'$

NOT(′)은 분배법칙처럼 괄호안으로 적용할 수 없다. 진리표의 $(ab)'$와 $a'b'$ 열에 대하여 $a=0$이고 $b=1$(혹은 $a=1$ 이고 $b=0$)인 경우의 수식을 비교해 보자.

$$(0 \cdot 1)' = 0' = 1 \quad 0' \cdot 1' = 1 \cdot 0 = 0$$

앞의 수식의 쌍대도 역시 거짓이다. 즉,

$$(a + b)' \neq a' + b'$$

a 와 b 가 다르면 위 수식의 양변이 같이 않음을 확인할 수 있다.

함수가 주어지고 함수의 보수를 구해야 할 때가 있다. 예를 들면 주어진 $f(w, x, y, z)$에 대하여 $f'(w, x, y, z)$ 를 필요로 할 때가 있다. 가장 손쉬운 방법은 드모르강의 법칙을 반복해서 사용하는 것이다.

예제 2.5

$$f = wx'y + xy' + wxz$$

위의 함수에 대하여

$$\begin{aligned} f' &= (wx'y + xy' + wxz)' \\ &= (wx'y)'(xy')'(wxz)' && \textbf{[P11a]} \\ &= (w' + x + y')(x' + y)(w' + x' + z') && \textbf{[P11b]} \end{aligned}$$

함수가 SOP 수식이면, 보수는 POS 수식이 됨(POS 수식이 주어지면 보수는 SOP 수식이 됨)에 주목하시오.

더 일반적인 수식에 대하여 보수를 구하기 위해서는 드모르강의 법칙을 반복해서 적용하거나 혹은 다음에 제시된 일련의 규칙들을 따르면 된다.

1. 각 변수를 보수화한다.(예를 들면, a는 a'로, a'는 a로 바꾼다.)
2. 0은 1로, 1은 0으로 바꾼다.
3. AND는 OR로 OR는 AND로 바꾸고 연산의 순서가 보존될 수 있도록 주의한다. 경우에 따라서는 괄호가 추가될 수도 있다.

예제 2.6

$$f = ab'(c + d'e) + a'bc'$$
$$f' = (a' + b + c'(d + e'))(a + b' + c)$$

f 함수에서 마지막으로 수행할 연산이 복잡한 첫째 항과 곱항과의 OR 연산이다. 순서를 보존하기 위해서는 f'에서 괄호를 도입하여 AND가 마지막 연산이 되도록 만들어야 한다. 중괄호 [ ]를 사용하면 수식을 더 알기 쉽도록 표현할 수 있다.

$$f' = [a' + b + c'(d + e')][a + b' + c]$$

P11a와 P11b를 반복하여 적용하면 약간 복잡한 과정을 거쳐서 같은 결과를 유도할 수 있다.

$$\begin{aligned} f' &= [ab'(c + d'e) + a'bc']' \\ &= [ab'(c + d'e)]'[a'bc']' \\ &= [a' + b + (c + d'e)'][a + b' + c] \\ &= [a' + b + c'(d'e)'][a + b' + c] \\ &= [a' + b + c'(d + e')][a + b' + c] \end{aligned}$$

2.5 진리표로부터 대수식 작성

설계 문제가 입력에 대하여 출력을 생성하는 방법을 진리표 형태로 기술하는 것은 흔한 일이다. 시스템에 대하여 글로 설명된 것도 진리표로 아주 쉽게 변환할 수 있다. 따라서 진리표로 표현된 것을 대수식으로 변환하는 능력이 필요하다. 구체적인 과정을 이해하기 위하여 표 2.11에서와 같은 2-변수 진리표를 살펴보기로 하자.

변수가 두 개이므로 진리표의 행의 수는 $4(=2^2)$가 되고, 각 행은 4 가지 입력 조합에 대응된다.(진리표는 이 장의 앞에서 정의한 OR 연산에 해당하지만, 지금부터 설명할 내용과는 상관이 없다.) 진리표로부터 다음을 알 수 있다.

표 2.11 2-변수 진리표

a	b	f
0	0	0
0	1	1
1	0	1
1	1	1

f가 1이 되려면 $a=0$ 이고 $b=1$ 이거나
$a=1$ 이고 $b=0$ 이거나
$a=1$ 이고 $b=1$ 이다.

그러나 위의 설명은 다음과 같이 변환될 수 있다.

f가 1이 되려면 $a'=1$ 이고 $b=1$ 이거나
$a=1$ 이고 $b'=1$ 이거나
$a=1$ 이고 $b=1$ 이다.

$a'=1$ 이고 $b=1$은 $a'b=1$과 같고 따라서 다음과 같이 변환할 수 있다.

f가 1이 되려면 $a'b=1$ 이거나 $ab'=1$ 이거나 $ab=1$ 이다.

위의 설명은 최종적으로 다음과 같은 수식으로 변환된다.

$$f = a'b + ab' + ab$$

진리표의 행은 곱항에 대응된다. 진리표에서 함수값이 1이 되는 행을 찾고 이 행들에 대응되는 곱항을 OR함으로써 위와 같은 SOP 수식을 만들 수 있다. 각 곱항에는 모든 변수가 포함되는데, 그 변수에 대한 입력 열이 0이면 보수화된 형태로, 입력 열이 1이면 원래의 형태로 표현된다. 따라서 앞의 예를 보면 10에 해당하는 행은 ab'항이 된다. 이 곱항들은 모든 변수를 포함하게 되므로 최소항이다. 최소항을 식별하기 위하여 흔히 숫자를 사용하는데, 이 숫자는 진리표에서 입력행에 해당하는 이진수를 십진수로 바꾼 것이다. 다음 두 가지 표기 방법은 모두 사용된다.

$f(a, b) = m_1 + m_2 + m_3$
$f(a, b) = \Sigma m(1, 2, 3)$

세 개의 변수를 갖는 모든 함수에서 사용될 수 있도록 최소항과 최소항 번호를 나열하면 표 2.12와 같다.

특정 함수 f에 대하여 함수 값이 1이 되는 항들을 모두 모으면 f에 대한 SOP 수식이 되고, 0이 되는 항들을 모두 모으면 f'에 대한 SOP 수식이 된다. f에 대한 POS 수식이 필요하면 f'을 보수화하면 된다.

표 2.12 최소항

ABC	Minterm	Number
000	$A'B'C'$	0
001	$A'B'C$	1
010	$A'BC'$	2
011	$A'BC$	3
100	$AB'C'$	4
101	$AB'C$	5
110	ABC'	6
111	ABC	7

예제 2.7

ABC	f	f'
000	0	1
001	1	0
010	1	0
011	1	0
100	1	0
101	1	0
110	0	1
111	0	1

진리표에 함수 f 뿐만 아니라 보수인 f'도 제시되어 있다. f를 구하면 다음과 같다.

$$f(A, B, C) = \Sigma m(1, 2, 3, 4, 5)$$
$$= A'B'C + A'BC' + A'BC + AB'C' + AB'C$$

진리표로부터, 혹은 각 최소항이 f 나 f'중 하나에 포함된다는 점을 이용하면 f'은 다음과 같다.

$$f'(A, B, C) = \Sigma m(0, 6, 7)$$
$$= A'B'C' + ABC' + ABC$$

앞에서의 최소항의 합은 모두 SOP 수식이다. 앞의 예제를 포함하여 대부분의 경우 최소항의 합 수식은 곱의 최소합 수식과 다르다. 5개의 항과 15개의 리터럴을 갖는 f는 3개의 항과 6개의 리터럴을 갖는 두 개의 함수로 다음과 같이 간소화될 수 있다.

$$f = A'B'C + A'BC' + A'BC + AB'C' + AB'C$$
$$= A'B'C + A'B + AB' \quad \textbf{[P9a, P9a]}$$
$$= A'C + A'B + AB'$$
$$= B'C + A'B + AB'$$

마지막 두 개의 수식들은 P8a와 P10a를 첫째 항과 둘째 항에 적용하거나 첫째 항과 셋째 항에 적용함으로써 얻을 수 있다. 비슷한 방법으로 f'에서의 3개의 항과 9개의 리터럴을 P9a를 이용하여 2개의 항과 5개의 리터럴로 다음과 같이 간소화할 수 있다.

$$f' = A'B'C' + AB$$

P11을 이용하면 최소항의 합으로부터 f에 대한 POS 수식[5]을 얻을 수 있다.

$$f = (f')' = (A + B + C)(A' + B' + C)(A' + B' + C')$$

최소 POS 수식을 구하기 위하여(마지막 두 항에 대하여 P9b를 적용함으로써) 앞의 POS 수식을 조작하여 다음과 같은 수식을 얻을 수 있다.

$$f = (A + B + C)(A' + B')$$

혹은 f'에 대한 SOP 수식을 간소화하고 다음에 드모르강 법칙을 써서 POS 수식으로 변환할 수도 있다. 두 가지 접근방법의 결과는 모두 동일하다.

3장에서 함수를 기술할 때는(숫자로 표현된) 최소항의 목록을 나열할 것이다. 물론 문제와 관련된 변수들의 리스트도 설명의 일부로 포함시켜야 한다.

$$f(w, x, y, z) = \Sigma m(0, 1, 5, 9, 11, 15)$$

따라서 위의 함수는 다음 함수를 기술하기 위한 가장 간단한 방법이다.

$$f = w'x'y'z' + w'x'y'z + w'xy'z + wx'y'z + wx'yz + wxyz$$

함수에 무관 조건이 포함되어 있다면, 무관 조건은 별도의 합(Σ)으로 표시한다.

예제 2.8

$$f(a, b, c) = \Sigma m(1, 2, 5) + \Sigma d(0, 3)$$

위의 함수에는 최소항 1, 2, 5가 포함되어 있고, 0과 3은 무관 조건이므로 진리표로 옮기면 다음과 같다.

abc	*f*
000	X
001	1
010	1
011	X
100	0
101	1
110	0
111	0

5) 먼저 SOP 수식을 구하지 않고 진리표로부터 직접 POS 수식을 얻는 것도 가능하다. f에서 0에 해당하는 것이 POS 수식에서 최대항에 해당된다. 그렇지만 여기서는 혼돈의 가능성이 있어서 그런 형태의 접근 방법에 대하여 생략하기로 한다.

앞에서 제시되었던 계속 예제 중에서 앞부분의 세 예제로 돌아가서, 대수식을 전개해보자.

예제 2.9

CE1에 대하여 진리표로부터 직접 Z_2를 구하면 다음과 같다.

$$Z_2 = A'BCD + AB'CD + ABC'D + ABCD' + ABCD$$

(P10a를 활용하면) 마지막 항 ($ABCD$)을 다른 항들과 결합시킬 수 있다. 따라서 (P6a를 반복적으로 적용하여) 마지막 항을 네 번 복사하고 P10a를 네 번 활용하면 다음과 같은 수식을 얻을 수 있다.

$$Z_2 = BCD + ACD + ABD + ABC$$

더 이상의 간소화는 불가능하므로 곱의 최소합 수식이 된다. Z_1을 택하면 다음과 같은 수식을 얻을 수 있다.

$$Z_1 = A'BCD + AB'CD + ABC'D + ABCD'$$

더 이상 간소화할 방법이 없다. 위의 수식도 4개의 항으로 구성되지만 리터럴의 수가 16인데 반하여, 앞의 Z_2의 경우는 단지 12개의 리터럴로 충분하다.

예제 2.10

CE2의 경우, 어떤 진리표를 택하느냐에 따라 다음과 같은 두 개의 수식을 얻을 수 있다.

$$f = ab'c + abc' \quad \text{혹은} \quad f = ab'c' + abc$$

이 경우에도 간소화가 불가능하다.

f'의 경우, (첫째 수식으로부터) 다음과 같이 유도할 수 있다.

$$\begin{aligned} f' &= a'b'c' + a'b'c + a'bc' + a'bc + ab'c' + abc \\ &= a'b' + a'b + ab'c' + abc && \textbf{[P9a, P9b]} \\ &= a' + ab'c' + abc = a' + b'c' + bc && \textbf{[P9a, P10a]} \end{aligned}$$

따라서 최대항의 곱은 다음과 같다.

$$f = (a + b + c)(a + b + c')(a + b' + c)(a + b' + c')(a' + b + c)(a' + b' + c')$$

그리고 최소 POS는 다음과 같다.

$$f = a(b + c)(b' + c')$$

예제 2.11

전가산기, CE3의 경우 (대수식을 단순화하기 위하여 캐리를 c_{in} 대신 c로 표기하면) 진리표로부터 다음 수식을 유도할 수 있다.

$$\begin{aligned} c_{out} &= a'bc + ab'c + abc' + abc \\ s &= a'b'c + a'bc' + ab'c' + abc \end{aligned}$$

출력 캐리를 간소화하는 것은 예제 2.9에서의 Z_2 를 간소화하는 것과 매우 유사하고, 결과는 다음과 같다.

$$c_{out} = bc + ac + ab$$

그렇지만 s 의 경우 이미 최소 SOP 수식이다. 전가산기의 구현에 대한 문제는 2.8 절에서 다시 다루기로 한다.

이제 스위칭 함수에 대하여 더 일반화된 접근 방법을 살펴보자. n 개의 변수로 구성된 함수를 만드는 방법에는 몇 가지가 있을까?

변수가 2개일 때는 16가지의 서로 다른 진리표를 만들 수 있으므로 16개의 서로 다른 함수가 가능하다. 표 2.13의 진리표는 16개의 서로 다른 함수를 보인다.(표의 각 열은 4 비트 이진수로 표현되는 16개의 조합중의 하나에 해당된다.)

표 2.13 전체 2-변수 함수들

a	b	f_0	f_1	f_2	f_3	f_4	f_5	f_6	f_7	f_8	f_9	f_{10}	f_{11}	f_{12}	f_{13}	f_{14}	f_{15}
0	0	0	0	0	0	0	0	0	0	1	1	1	1	1	1	1	1
0	1	0	0	0	0	1	1	1	1	0	0	0	0	1	1	1	1
1	0	0	0	1	1	0	0	1	1	0	0	1	1	0	0	1	1
1	1	0	1	0	1	0	1	0	1	0	1	0	1	0	1	0	1

f_0 나 f_{15} 와 같은 일부 함수들은 아주 단순한 반면 f_3 과 같은 일부 함수들은 변수 한 개만 취한다. 최소 SOP 형태로 간소화해서 함수들을 표현하면 다음과 같다.

$$\begin{array}{lll}
f_0 = 0 & f_6 = a'b + ab' & f_{12} = a' \\
f_1 = ab & f_7 = a + b & f_{13} = a' + b \\
f_2 = ab' & f_8 = a'b' & f_{14} = a' + b' \\
f_3 = a & f_9 = a'b' + ab & f_{15} = 1 \\
f_4 = a'b & f_{10} = b' & \\
f_5 = b & f_{11} = a + b' &
\end{array}$$

표 2.14 n 변수 함수의 수

Variables	Terms
1	4
2	16
3	256
4	65,536
5	4,294,967,296

n개 변수에 대하여 진리표를 구성하면 2^n 개의 행이 생기고, 각 열에 대하여 2^n 비트 수가 필요하게 된다.(각 비트에 0 혹은 1을 채울 수 있으므로) n 개의 변수를 갖는 함수의 개수는 따라서 2^{2^n} 개에 이른다. 표 2.14와 같이 함수의 개수는(n 이 증가할 때) 매우 빠르게 증가한다.

(따라서 연습문제 용도로 혹은 시험문제 용도로 사용할 수 있는 네 개 혹은 그 이상의 변수를 갖는 문제들의 개수는 거의 무한대에 가깝다.)

2.6 NAND, NOR, Exclusive-OR 게이트

이번 절에서는 자주 사용되는 다른 세 가지 종류의 게이트들, 즉 NAND, NOR, Exclusive-OR 게이트에 대하여 소개하고 회로를 구현할 때 활용하는 방법을 설명한다.

그림 2.12 NAND 게이트

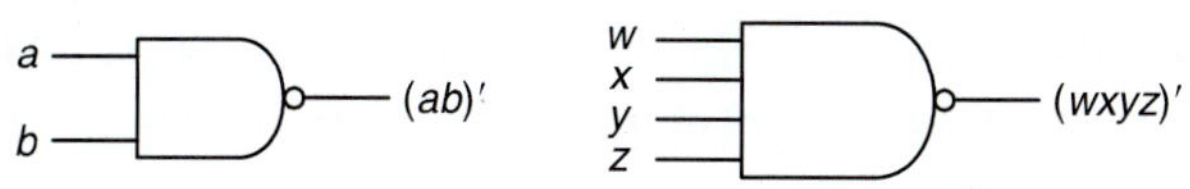

NAND 게이트의 기호는 그림 2.12와 같다. AND나 OR 게이트처럼 NAND도 다양한 크기로 제품화되어 있는데, 전형적인 입력의 개수는 2, 3, 4, 8 개이다. 이 게이트가 처음에 만들어졌을 때는 그 기능에 따라 AND-NOT 이라는 이름으로 불렸지만 이제는 NAND라는 간단한 이름이 더 광범위하게 사용된다. 드모르강의 법칙에 의하면,

$$(ab)' = a' + b'$$

이므로 2-입력 NAND 게이트를 그림 2.13과 같은 기호로도 표현할 수 있다. 두 기호는 서로 바꿔가면서 사용될 수 있으며 동일한 소자로 간주된다.

그림 2.13 NAND에 대한 다른 기호

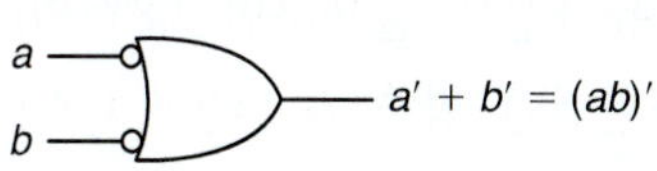

NOR 게이트(OR-NOT)는 그림 2.14처럼 표현된다. 물론 $(a+b)'=a'b'$이다. NOR 게이트의 입력 개수에 대해서도 다양한 형태가 제공된다.

그림 2.14 NOR 게이트에 대한 기호

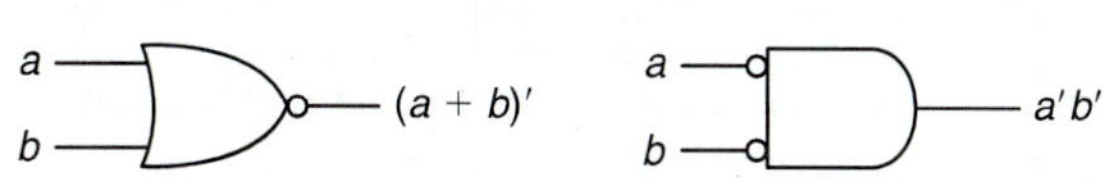

AND, OR, NOT 게이트를 사용하는 대신 왜 NAND나 NOR 게이트를 사용할까? 논리식이라는 것이 AND, OR, NOT 연산자로 표현되고 따라서 이런 게이트들로 구현하는 것이 직관적이기는 하다. 대부분의 전자회로에서 신호(보수로) 바꾸는 것이 자연스럽다는 점에서 NAND로 구현하는 것이 AND로 구현하는 것보다 편리하다. NAND나 NOR를 사용하는 가장 중요한 이유는 한 가지 종류의 게이트로 회로를 구현할 수 있기 때문이다. 다른 말로 바꾸면, 지금까지는 AND와 OR 게이트가 모두 필요하고 때로는 NOT 게이트도 필요했었다. 그림 2.15의 회로에서 볼 수 있는 것처럼 NOT 게이트와 2-입력 AND와 OR 게이트는 모두 2-입력 NAND 게이트 한 가지 종류로 대체될 수 있다. 따라서 NAND 연산자를 함수적 완전성(functional completeness)을 만족한다고 정의한다.(두 개 이상의 입력을 갖는 게이트들은 두 개 이상의 입력을 갖는 NAND 게이트로 구현할 수 있다. 또한 AND, OR, NOT 게이트를 NOR 게이트만으로도 구현할 수 있는데, 이것은 연습문제로 다루기로 한다.)

그림 2.15 NAND에 대한 함수적 완전성(functional completeness)

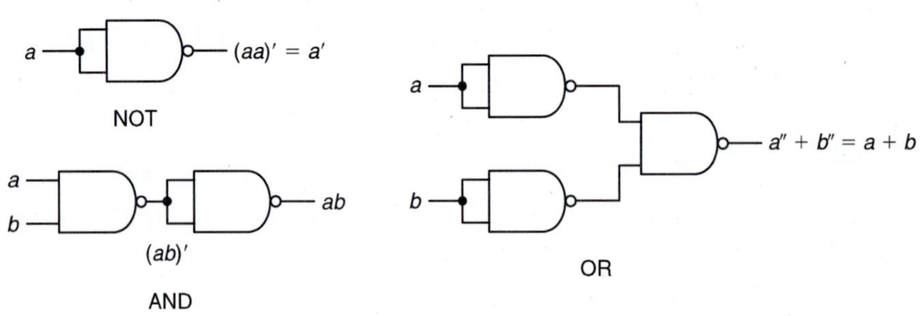

앞에서 설명한 게이트들간의 등가성을 활용하면(2.8절의) 그림 2.8에서 AND와 OR 게이트로 먼저 구현했던 함수 $f(=x'y + xy' + xz)$는 이제 그림 2.16과 같이 NAND 게이트로 구현할 수 있다.

그림 2.16 NAND 게이트 구현

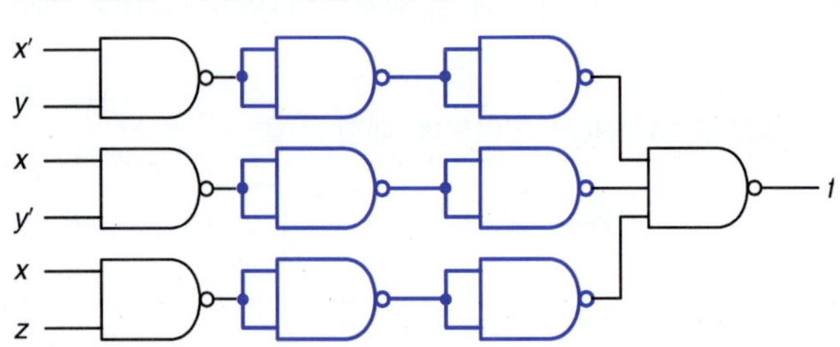

그렇지만 그림 2.16에서 파란색으로 표시된 것처럼 2개의 NOT 게이트가 연속되는 경우도 있다. 논리적으로는 아무 의미가 없기 때문에(P7에 의하면 $(a')' = a$), 회로에서 제거하면 그림 2.17과 같은 결과를 얻는다. 즉, 원래 회로에서의 AND와 OR 게이트들이 NAND로 대체되었다. 다른 것은 바뀐 것이 없다.

AND와 OR 게이트로 구성된 회로가 다음과 같은 성질을 만족할 경우 NAND 게이트로 대체하는 것은 매우 간단하다.

1. 회로의 출력은 OR 게이트에 의하여 결정된다.
2. 모든 OR 게이트의 입력은 시스템 입력이거나 AND 게이트의 출력이다.
3. 모든 AND 게이트의 입력은 시스템 입력이거나 OR 게이트의 출력이다.

모든 게이트들을 NAND로 바꾸고 OR 게이트에 연결된 시스템 입력은 보수화하면 된다.

출력 게이트에서 시작해서 OR 게이트에 대한 입력선의 양쪽 끝에 버블(NOT)을 삽입해도 같은 결과를 얻을 수 있다. 회로가 2-단계이면 각 OR 게이트의 입력에 대하여 앞의 과정을 반복하면 된다. 따라서 f에 대한 AND/OR 구현은 그림 2.18과 같이 되는데, 모든 게이트가(앞에서 도입한 두 가지 표기방법중의 하나로 표현된) NAND 게이트로 바뀌었다.

그림 2.17 개선된 NAND 게이트 구현

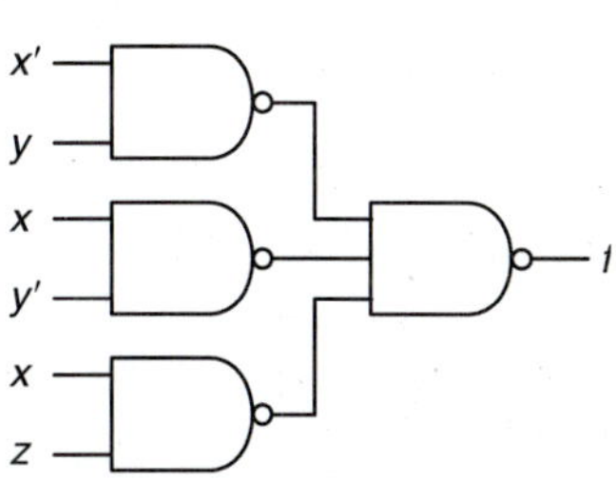

그림 2.18 두개의 NOT 게이트 삽입

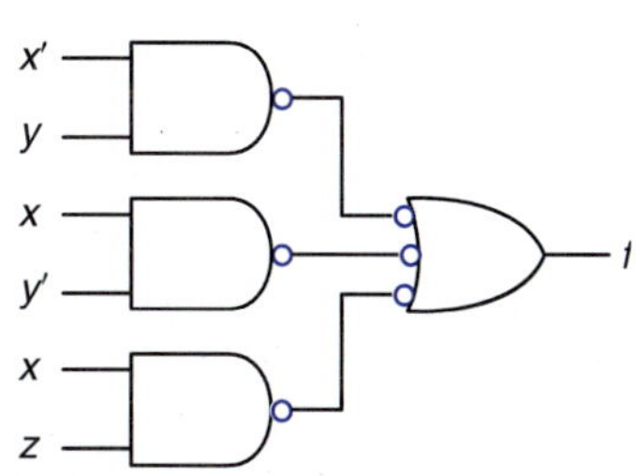

이러한 방법은 앞의 조건을 만족하는 모든 회로에서 유효한데, 한 단계만 추가하는 것으로 충분하다. 입력이 OR 게이트에 직접 연결되어 있으면 둘째 NOT을 둘 공간이 없게 되므로 따라서 입력이 반드시 보수화되어야 한다. 예를 들면 다음 h에 대한 회로가 그림 2.19에 제시되어 있다.

$$h = z' + wx'y + v(xz + w')$$

모든 AND와 OR 게이트는 NAND로 바뀌었고 OR 게이트에 직접 연결된 두 개의 입력은 보수화되었다.

그림 2.19 다단계 NAND 구현

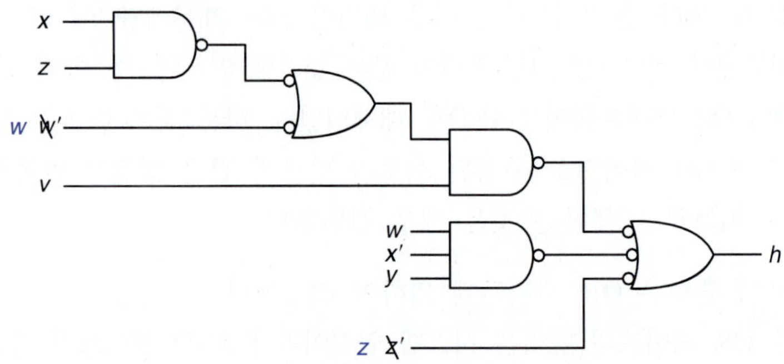

예제 2.12 $f = wx(y + z) + x'y$

이 함수는 AND와 OR 게이트를 이용하여 아래 두 가지 방법 중의 하나로 구현할 수 있다.

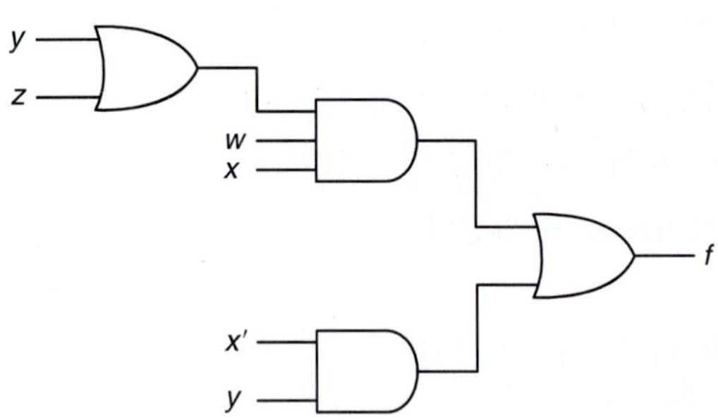

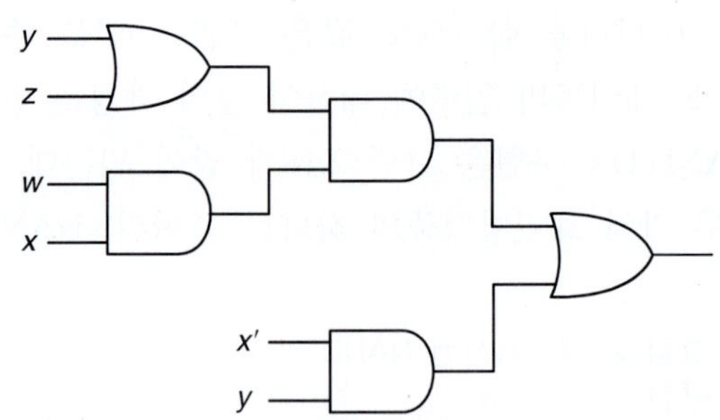

첫째 버전은 그대로 NAND 게이트로 다음과 같이 대체할 수 있다.

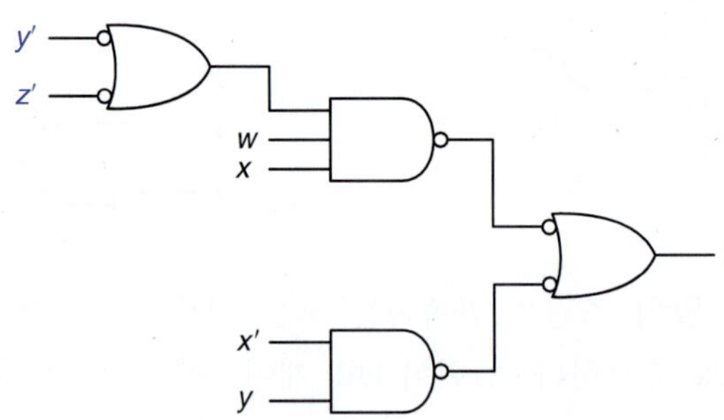

둘째 버전을 NAND 게이트로 대체하려면 NOT 게이트를 추가하여야 하는데, 셋째 규칙을 위반, 즉 AND 가 다른 AND로부터의 입력을 갖기 때문이다. 따라서 회로는 다음과 같이 변환된다.

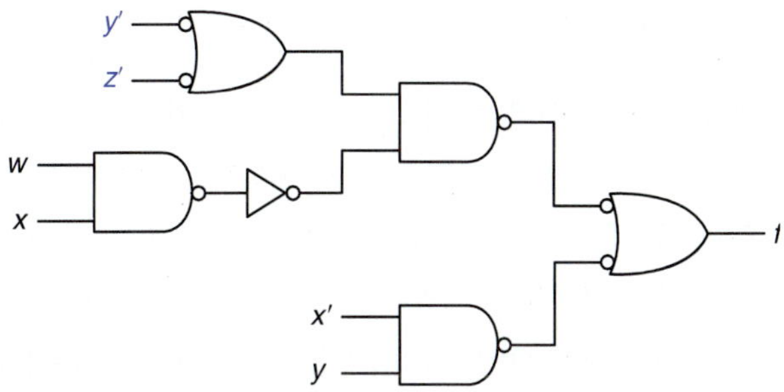

위에서 wx에 해당하는 AND를 구현하기 위하여 NOT이 필요하다. 이와 같은 수식들은 SOP 표현으로 주어진 문제에서 흔히 있는 경우에 속한다. 이런 경우에 대한 다른 예제들을 2.8절에서 살펴보기로 한다.

쌍대성은 NOR 게이트로 회로를 구현할 때도 활용된다. AND와 OR 게이트로 구성된 회로가 다음 성질을 만족한다고 가정하자.

1. 회로의 출력은 AND 게이트에 의하여 결정된다.
2. 모든 OR 게이트의 입력은 시스템 입력이거나 AND 게이트의 출력이다.
3. 모든 AND 게이트의 입력은 시스템 입력이거나 OR 게이트의 출력이다.

위의 조건을 만족하면 모든 게이트들을 NOR 게이트로 바꾸고, AND 게이트에 연결된 시스템 입력이 있을 경우 그것을 보수화하면 된다.

예제 2.13

$$g = (x + y')(x' + y)(x' + z')$$

를 구현하면 다음과 같다.

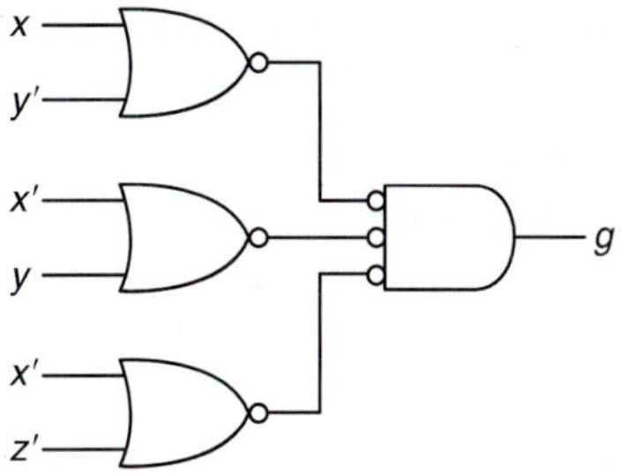

모든 게이트는 NOR 게이트이다.

Exclusive-OR 게이트는 다음 수식을 구현한다.

그림 2.20
(a) Exclusive-OR 게이트
(b) Exclusive-Nor 게이트

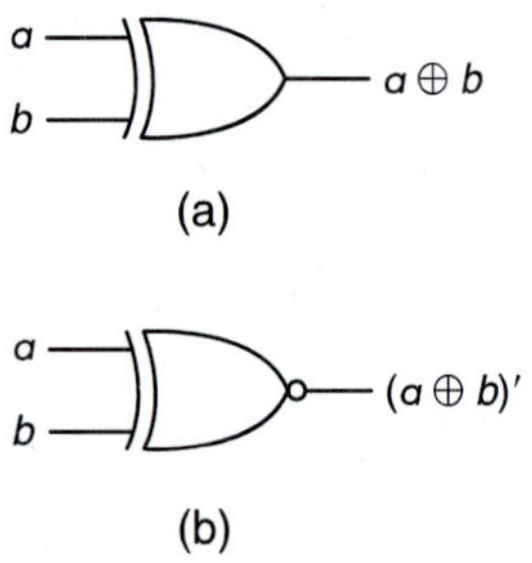

$$a'b + ab'$$

위의 수식은 경우에 따라 $a \oplus b$ 로 표기된다. $a = 1$(그리고 $b = 0$)이거나 $b = 1$ (그리고 $a = 0$)이지만 $a = 1$과 $b = 1$을 모두 만족하지는 않는 경우에 $a \oplus b$ 가 1이 된다는 정의로부터 게이트의 이름이 정해졌다. 필요할 경우 Exclusive-OR와 구분하기 위하여 지금까지 OR(+)라고 설명했던 연산자는 Inclusive-OR라고 부르기도 한다. Exclusive-OR에 대한 논리 기호도 OR와 비슷하지만 그림 2.20과 같이 입력 쪽에 이중 실선이 있다는 점이 다르다. 또한 그림 2.20b와 같은 Exclusive-NOR 게이트도 흔히 사용된다. 이것은 Exclusive-OR의 출력에 NOT을 추가함으로써 다음과 같은 함수를 구현한다.

$$(a \oplus b)' = a'b' + ab.$$

Exclusive-OR는 종종 비교기(comparator)라고도 불리는데, $a = b$ 일 때는 1이고 $a \neq b$ 이면 0이기 때문이다.

보수화되지 않은 입력만 제공된다고 가정하고 Exclusive-OR를 NAND 게이트로 구현하면 그림 2.21a와 같다.

두 개의 (2-입력 NAND로 구현한) NOT 게이트는 그림 2.21b와 같이 게이트 한 개로 대체될 수 있는데, 그 이유는 다음과 같다.

$$a(a' + b') + b(a' + b') = aa' + ab' + ba' + bb' = ab' + a'b$$

Exclusive-OR와 관련된 유용한 법칙은 다음과 같다.

$$(a \oplus b)' = (a'b + ab')' = (a + b')(a' + b) = a'b' + ab$$
$$a' \oplus b = (a')'b + (a')b' = ab + a'b' = (a \oplus b)'$$
$$(a \oplus b') = (a \oplus b)'$$
$$a \oplus 0 = a = (a' \cdot 0 + a \cdot 1)$$
$$a \oplus 1 = a' = (a' \cdot 1 + a \cdot 0)$$

그림 2.21 Exclusive-OR 게이트

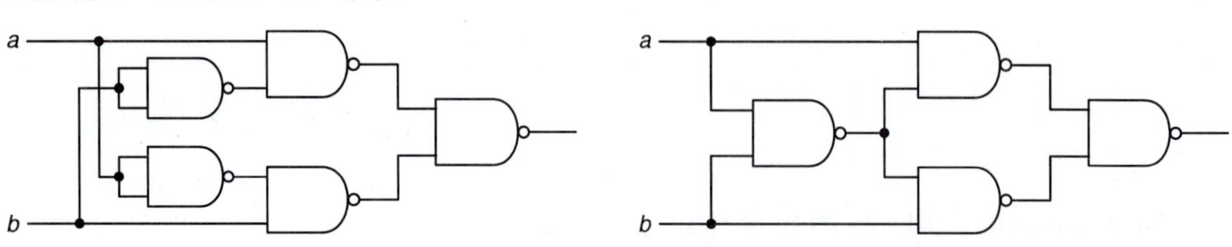

Exclusive-OR는 교환 법칙과 결합 법칙을 만족한다. 즉, 다음 수식이 성립한다.

$$a \oplus b = b \oplus a$$
$$(a \oplus b) \oplus c = a \oplus (b \oplus c)$$

실습에서 흔히 사용되는 NAND, NOR, Exclusive-OR 집적회로 패키지들의 리스트는 다음과 같다.

7400	4 (4중) 2-입력 NAND 게이트
7410	3 (3중) 3-입력 NAND 게이트
7420	2 (2중) 4-입력 NAND 게이트
7430	1 8-입력 NAND 게이트
7402	4 (4중) 2-입력 NOR 게이트
7427	3 (3중) 3-입력 NOR 게이트
7486	4 (4중) 2-입력 Exclusive-OR 게이트

회로를 구성할 때는 패키지를 잘 이용할 필요가 있다. 3-입력 NAND 게이트가 한 개만 필요하더라도 게이트 세 개를 묶어서 구성한 패키지(7410)를 구입하여야 한다. 그러나 3-입력 게이트는 입력 두 개를 서로 묶거나 입력 중 하나를 논리값 1에 연결함으로써 2-입력 게이트로도 활용할 수 있다는 점을 알고 있는 것이 좋다.

예제 2.14

AND와 OR로 구성된 다음 회로를 살펴보자. 입력 변수는 다룰 내용과 관계가 없기 때문에 생략되었다.

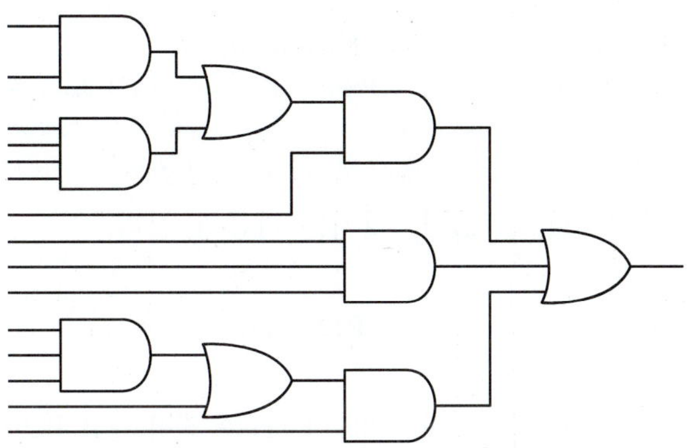

필요한 게이트와 패키지의 수가 다음 표의 왼쪽 부분에 표시되어 있다.

	Gates		Packs			
Inputs	AND	OR	AND	OR	NAND	Packs
2	3	2	1		5	1
3	2	1	1	1	3	1
4	1		1		1	1
Total	6	3	3	1	9	3

AND와 OR 게이트로 회로를 구성하려면(2-입력 OR 게이트 두 개는 여분의 3-입력 게이트로 대체할 수 있기 때문에) AND 세 개와 OR 한 개 등 네 개의 패키지가 필요하다.

만약 모든 게이트를 NAND로 바꾸면(그리고 일부 입력에 대하여 보수화하면), 게이트와 패키지의 수가 표의 오른쪽 부분에 제시된 수만큼 필요하다. 단지 세 개의 패키지로 충분하다. 7420에서 사용되지 않는 둘째 4-입력 게이트를(입력 세 개를 서로 묶음으로써) 다섯째 2-입력게이트로 활용할 수 있다.(2-입력 게이트 네 개로 구성된 7400은 한 개로 충분하다.)

2.7 대수식의 간소화

지금까지 최소항의 합이나 최대항의 곱에서 출발하여 대수식을 간소화하는 과정에 대하여 살펴보았다. 가장 중요한 수단은 다음과 같다.

P9a. $ab + ab' = a$ **P9b.** $(a + b)(a + b') = a$

P10a. $a + a'b = a + b$ **P10b.** $a(a' + b) = ab$

다음과 같은 다른 법칙들도 사용된다.

P6a. $a + a = a$ **P6b.** $a \cdot a = a$

P8a. $a(b + c) = ab + ac$ **P8b.** $a + bc = (a + b)(a + c)$

표준 형태가 아닌 다른 방법으로 함수가 표현되어 있다면, 다음 두 법칙을 유용하게 활용할 수 있다. 첫째는 다음과 같다.

흡수 법칙 (absorption)

P12a. $a + ab = a$ **P12b.** $a(a + b) = a$

P12a에 대하여 증명하려면 P3b, P8a, P4aa를 적용하고 P3b를 (다시) 적용하여야 한다.

$$a + ab = a \cdot 1 + ab = a(1 + b) = a \cdot 1 = a$$

법칙의 쌍대는 항상 성립한다는 점에서 위의 법칙중의 하나만 증명하는 것으로 충분하다. 그러나 P12a를 증명할 때 사용했던 법칙들의 쌍대를 이용하면 P12b를 증명하는 것도 어렵지 않다. 대신 P12b의 좌변에서 a를 분배하면 다음과 같다.

$$a \cdot a + ab = a + ab$$

결과는 P12a의 좌변과 같고 이것이 a와 같음은 이미 증명되었다.

P10a와 P12a는 매우 유사하게 보이지만, 성립함을 증명할 때는 완전히 다른 방식을 사용한다. P10a에서는 다음과 같이 증명하였다.

$$a + a'b = (a + a')(a + b) = 1 \cdot (a + b) = a + b \qquad \textbf{[P8b, P5a, P3bb]}$$

반면 P12a에서는 P3b, P8a, P4aa와 P3b를 사용하였다. P12a를 증명하기 위한 목적으로 P8b를 활용하여 다음과 같이 전개하는 것이 바람직하지 않다는 것을 어떻게 알 수 있을까?

$$a + ab = (a + a)(a + b) = a(a + b)$$

과정만 보면 모두 맞지만, 앞의 방법은 주어진 수식이 a가 된다는 것을 보이는데 어떤 도움도 되지 않는다. 마찬가지로 아래와 같이 P3b를 활용하여 P10a를 증명한다고 가정하자.

$$a + a'b = a \cdot 1 + a'b$$

원하는 결과에 도달할 수 없음을 알 수 있다. 초보자 입장에서 어디부터 시작해야 하는지를 어떻게 알 수 있을까? 불행하게도 답은 시행착오나 경험이다. 여러 문제를 풀어보면, 새로운 문제를 어디에서 풀기 시작할 지 올바르게 추측할 수 있게 된다. 만약 추측이 올바르지 못하면, 다른 방법을 시도해야 한다. 이것은 두 수식이 같다는 것을 보이는 과정에서 큰 문제가 되지 않는다. 잘 알려져 있는 것처럼, 한 변이 다른 변과 같다는 것을 보일 수만 있으면 과정을 종료할 수 있다.

많은 예제들을 다루기 전에, 절차에 대한 몇 가지 도움말은 다음과 같다. 대수적인 간소화에는 알고리즘이 없다. 즉, 적용할 법칙에 대하여 순서화된 리스트가 없다. 다른 말로 표현하면, 지금까지 학습했던 법칙들 중에서 항의 수나 리터럴의 수를 감소시키는 것에는 12, 9, 10번 법칙이 있다. 다른 어려움은 더 이상 적용할 법칙이 없다는 것, 즉 이미 최소라는 것을 아는 것이 쉽지 않다는 점이다. 지금까지 다뤘던 대부분의 예제에서 최종 수식으로 얻은 것은 충분히 단순해 보였다. 그러나 앞으로 더 이상 최소

수식이 존재하지 않는다는 것을 명확하게 보일 수 없는 예제들도 많이 있음을 보게 될 것이다. 3장에서 다른 간소화 방법을 학습할 때까지 이 문제에 대하여 정확하게 이해하는 것은 미루기로 한다.(문제 풀이와 연습문제에서는 최소 수식에 대한 항과 리터럴의 수가 미리 제시된다. 그 수에 도달하면 과정이 끝났음을 의미하며, 만약 그 수보다 여전히 크면 과정을 더 진행해야 한다.)

대수적 간소화에 대한 예제들을 더 살펴보기로 한다.

예제 2.15

$xyz + x'y + x'y'$
$= xyz + x'$ **[P9a]**
$= x' + yz$ **[P10a]**

$a = x'$, $a' = x$, $b = yz$이다.

예제 2.16

$wx + wxy + w'yz + w'y'z + w'xyz'$
$= (wx + wxy) + (w'yz + w'y'z) + w'xyz'$
$= wx + w'z + w'xyz'$ **[P12a, P9a]**
$= wx + w'(z + xyz')$
$= wx + w'(z + xy)$ **[P10a]**
$= wx + w'z + w'xy$
$= w'z + x(w + w'y)$
$= w'z + x(w + y)$ **[P10a]**
$= w'z + wx + xy$

먼저 P10a를 wx와 $w'xyz'$에 대하여 적용할 수도 있다.(결과로 wx와 함께 xyz'이 생성된다.) (다음에 위와 같은 방법으로 P12a와 P9a를 적용하면) 결과는 다음과 같다.

$w'z + wx + xyz'$

다음에 어떤 대수적 조작을 할지에 대하여 단서가 보이질 않는다. 수식을 간소화하기 위하여 이제 채택할 수 있는 유일한 방법은 항을 추가하는 것이다. 잠시 후에 위의 수식을 최소 수식으로 변환하기위한 새로운 법칙을 도입할 것이다.

예제 2.17

$(x + y)(x + y + z') + y' = (x + y) + y'$ **[P12b]**
$= x + (y + y') = x + 1 = 1$ **[P5a, P4a]**

예제 2.18

$$(a + b' + c)(a + c')(a' + b' + c)(a + c + d)$$
$$= (b' + c)(a + c')(a + d) \qquad \textbf{[P9b, P10b]}$$

위에서 둘째 간소화 과정은 실제로는 다음과 같은 여러 단계를 거쳐야 한다.

$$(a + c')(a + c + d) = a + c'(c + d) = a + c'd = (a + c')(a + d)$$

스위칭 함수를 대수적으로 간소화하는데 유용하게 사용할 수 있는 수단이 있다.(기호 ¢로 표기할) 컨센서스(consensus) 연산자가 바로 그것인데, 다음과 같이 정의된다.

임의의 두 개의 곱항에서 변수 하나가 한 항에서는 원래의 형태로 사용되고 다른 항에서는 보수화된 형태로 사용되면, 컨센서스는(그 변수를 제외한) 나머지 리터럴들의 곱으로 정의된다. 만약 그런 변수가 없거나 한 개 이상 존재하면 컨센서스는 정의되지 않는다. 첫째 항을 at_1, 둘째 항을 $a't_2$ 라면(그리고 t_1과 t_2가 곱항을 나타낸다면) 컨센서스는 다음과 같이 정의된다.

$$at_1 \,¢\, a't_2 = t_1t_2$$

예제 2.19

$ab'c \,¢\, a'd = b'cd$

$ab'c \,¢\, a'cd = b'cd$

$abc' \,¢\, bcd' = abd'$

$b'c'd' \,¢\, b'cd' = b'd'$

$abc' \,¢\, bc'd =$ 정의되지 않음(해당되는 변수가 없기 때문)

$a'bd \,¢\, ab'cd =$ 정의되지 않음(변수 a와 b가 모두 해당되기 때문)

이제 함수들을 간소화하는데 유용한 다음 법칙을 도입한다.

컨센서스 법칙 (consensus property)

P13a. $at_1 + a't_2 + t_1t_2 = at_1 + a't_2$
P13b. $(a + t_1)(a' + t_2)(t_1 + t_2) = (a + t_1)(a' + t_2)$

P13a는 컨센서스 항이 SOP 수식에서 필요 없기 때문에 제거될 수 있음을 나타낸다.(물론 지금까지의 다른 법칙들처럼, 항을 추가하기 위한 반대의 목적으로도 사용될 수 있다. 이에 대한 예제는 곧 살펴보기로 한다.)

주의사항: 제거될 수 있는 것은 컨센서스 항(t_1t_2)이며, 다른 두 항($at_1 + a't_2$)이 아니다. 쌍대(P13b)을 활용하여 POS 수식을 유사한 방법으로 간소

화할 수 있다. 여기서는 구체적인 설명은 생략하기로 한다.

우선, (지금까지 학습한) 다른 법칙으로부터 위의 법칙을 유도해 보자. P12a를 두 번 적용하면 아래와 같은 우변을 얻을 수 있다.

$$
\begin{aligned}
at_1 + a't_2 &= (at_1 + at_1t_2) + (a't_2 + a't_1t_2) && \textbf{[P12a]}\\
&= at_1 + a't_2 + (at_1t_2 + a't_1t_2)\\
&= at_1 + a't_2 + t_1t_2 && \textbf{[P9a]}
\end{aligned}
$$

위의 법칙에 대하여 진리표를 살펴보는 것도 좋은 방법이다. 표 2.15의 표를 보면 컨센서스 항, t_1t_2 이 나머지 항들 중에서 하나가 1일 때만 1이 된다. 따라서 우변에서 그 항을 OR하더라도 상관없음, 즉 좌변이 우변과 같음을 알 수 있다.

표 2.15 컨센서스

a	t_1	t_2	at_1	$a't_2$	RHS	t_1t_2	LHS
0	0	0	0	0	0	0	0
0	0	1	0	1	1	0	1
0	1	0	0	0	0	0	0
0	1	1	0	1	1	1	1
1	0	0	0	0	0	0	0
1	0	1	0	0	0	0	0
1	1	0	1	0	1	0	1
1	1	1	1	0	1	1	1

예제 2.20

(2.2.3 절의) 예제 2.3에서 다음 함수 f를 f_1으로 간소화하였다.

$$f = a'b'c' + a'bc' + a'bc + ab'c'$$

$$f_1 = a'c' + a'b + b'c'$$

앞의 두 항에 대하여 P9a를 적용하고 다음에 P10a를 두 번 적용하여 f_1과 같이 간소화하였다. 여기서 더 이상의 간소화가 불가능하였다. 그러나 새로운 법칙을 적용하면 다음과 같이 더 간소화될 수 있다.

$$f_2 = b'c' + a'b$$

사실, $a'c'$항이 다른 두 항의 컨센서스이기 때문에 P13a를 사용하여 f_1을 f_2로 변환할 수 있다.

예제 2.21

$$g = bc' + abd + acd$$

법칙 1부터 12까지 더 이상의 간소화할 수 있는 방법이 존재하지 않기 때문에 이제 컨센서스를 활용하기로 한다. 컨센서스 항을 정의하는 방법은 다음이 유일하다.

$$bc' ¢ acd = abd$$

법칙 13을 쓰면 컨센서스 항을 제거할 수 있다.

$$g = bc' + acd$$

다음 함수에 대해서도 법칙 12, 9, 10을 적용할 방법이 없다.

$$f = w'y' + w'xz + wxy + wyz'$$

다음으로 컨센서스를 활용해 보자. 각 항들로 만들 수 있는 모든 쌍에 대하여 컨센서스가 존재하는지를 확인하는 방법은 둘째 항이 첫째 항과 컨센서스 관계가 있는지 살펴보고, 다음에 셋째 항이 둘째 항이나 첫째 항과 컨센서스 관계가 있는지 살펴보고, 이와 같은 방식을 계속 하는 것이다. 이런 방법(혹은 다른 유사한 방법)을 써서 컨센서스를 찾으면 다음이 유일하다.

$$w'xz ¢ wxy = xyz$$

컨센서스 항이 SOP 수식의 일부이면, P13a에 의하여 그 항을 제거함으로써 수식을 간소화할 수 있다. 만약 SOP 수식에 컨센서스 항이 존재하지 않는다면, P13a를 써서 새로운 항을 추가할 수 있다. 물론, 항을 추가하면 최소 수식에서 멀어지게 되므로 무조건 새로운 항을 추가하는 것은 아니다. 그렇지만 새로운 항을 잘 관리한다는 전제하에 마지막 수단으로 항을 추가하는 것을 고려해볼 수 있다. 다음에 그 항으로 다른 컨센서스 항들을 생성하고 함수를 간소화할 수 있는지 살펴보면 된다. 앞의 예제에서 xyz 를 추가하면 다음과 같다.

$$f = w'y' + w'xz + wxy + wyz' + xyz$$

이제 다음과 같은 두 개의 컨센서스를 발견할 수 있다.

$$xyz ¢ wyz' = wxy \qquad xyz ¢ w'y' = w'xz$$

따라서 wxy 와 $w'xz$ 를 모두 제거하면 다음과 같다.

$$f = w'y' + wyz' + xyz \quad \text{(항은 3개, 리터럴은 8개)}$$

이제 지금까지 학습했던 다른 법칙뿐만 아니라 컨센서스도 활용할 수 있는 예제를 살펴보기로 한다. 통상적인 방법은 12, 9를 먼저, 그 다음에 10을 적용하는 것이다. 더 이상 적용할 것이 없을 때 컨센서스 법칙을 적용하면 된다.

예제 2.22

$$A'BCD + A'BC'D + B'EF + CDE'G + A'DEF + A'B'EF$$
$$= A'BD + B'EF + CDE'G + A'DEF \quad \textbf{[P12a, P9a]}$$

이제 $A'BD ¢ B'EF = A'DEF$이므로 다음과 같이 간소화된다.

$$A'BD + B'EF + CDE'G$$

2.8 대수 함수의 조작과 NAND 게이트 구현

대수식을 간소화할 필요성과 함께 어떤 경우에는 수식을 주어진 형태, 즉 SOP, 최소항의 합, POS, 최대항의 곱으로 바꿔야 할 필요성도 존재한다. 또한 설계 제약사항을 만족하기 위한 목적으로 경우에 따라 대수적인 방법을 사용하여야 한다. 이 절에서는 예제를 살펴보고, 새로운 법칙을 하나 더 도입하기로 한다.

SOP 수식이 주어지고 최소항의 합으로 확장할 필요가 있으면 두 가지 대안을 생각해볼 수 있다. 첫째는 진리표를 만들고 내용을 채운 다음 2.5절의 방법에 따라 최소항의 합을 생성하는 것이다. 이 방법은 어떤 형태의 수식에 대해서도 적용할 수 있다. 다른 방법은 P9a를 활용하여 변수를 항에 추가하는 것이다.

예제 2.23

$$f = bc + ac + ab$$
$$= bca + bca' + ac + ab$$

다른 두 항에 대해서도 동일한 과정을 반복하면 다음과 같은 결과를 얻는다.

$$f = bca + bca' + acb + acb' + abc + abc'$$
$$= abc + a'bc + abc + ab'c + abc + abc'$$
$$= a'bc + ab'c + abc' + abc$$

P6a를 사용하여 중복된 항을 제거한 결과이다.

항에 두 개의 리터럴이 누락되어 있으면, P9a를 반복해서 적용함으로써 그 항을 네 개의 최소항으로 변환할 수 있다.

예제 2.24

$$g = x' + xyz = x'y + x'y' + xyz$$
$$= x'yz + x'yz' + x'y'z + x'y'z' + xyz$$
$$g(x, y, z) = \Sigma m(3, 2, 1, 0, 7) = \Sigma m(0, 1, 2, 3, 7)$$

최소항의 번호는 보통 순서대로 사용되므로 위와 같이 변환하였다.

최대항의 곱으로 바꾸려면 P6b가 유용하다. 예를 들면, 다음과 같다.

예제 2.25

$$f = (A + B + C)(A' + B')$$
$$= (A + B + C)(A' + B' + C)(A' + B' + C')$$

함수를 조작하여 다른 형태로 변환하는데 다음 법칙을 활용할 수 있다.

P14a. $ab + a'c = (a + c)(a' + b)$

(위 수식의 쌍대도 역시 성립하지만, 변수 b 와 c 를 맞바꾼 것과 정확하게 일치한다.) 이 법칙을 증명하려면 P8a를 우변에 세 번 적용하면 된다.

$$(a + c)(a' + b) = (a + c)a' + (a + c)\,b = aa' + a'c + ab + bc$$

그러나 $aa'=0$이고 $bc = a'c$¢ab 이므로 P3aa와 P13a를 활용하면 다음 수식을 얻을 수 있다.

$$aa' + a'c + ab + bc = a'c + ab$$

위의 수식은 법칙에서의 좌변과 같다.

위의 법칙은 POS 수식을 SOP 수식으로 변환하거나 SOP 수식을 POS 수식으로 변환할 때 특히 유용하다.

예제 2.7에서 다음 함수에 대하여 최대항의 곱, 최소 POS 수식뿐만 아니라 최소항의 합, 최소 SOP 수식을 구한 적이 있다.

$$f(A, B, C) = \Sigma\, m\,(1, 2, 3, 4, 5)$$

예제 2.26은 최소 POS로부터 시작해서 법칙 14를 적용하여 SOP로 변환하는 것이다.

예제 2.26

$$f = (A + B + C)(A' + B') = AB' + A'(B + C) = AB' + A'B + A'C$$

P14a의 a는 A, b는 $B+C$, c는 B'에 해당된다. 위의 수식은 예제 2.7에서 도출했던 SOP 수식중의 하나이다. 앞의 법칙을 적용하는 것이 항상 최소 SOP 수식을 보장하지는 않지만(앞의 경우는 최소 SOP 수식에 해당됨), P8a만 적용했을 때 얻는 것보다는 간소화된 수식을 기대할 수 있다.

$$f = AA' + AB' + BA' + BB' + CA' + CB'$$
$$= AB' + A'B + A'C + B'C$$

$B'C$항이 AB'와 $A'C$의 컨센서스이므로 $B'C$은 제거될 수 있다.

POS 수식(혹은 SOP나 POS에 해당되지 않는 덜 일반화된 수식)으로부터 SOP 수식을 유도하려면, 다음 세 개의 법칙을 주로 활용한다.

P8b. $a + bc = (a + b)(a + c)$
P14a. $ab + a'c = (a + c)(a' + b)$
P8a. $a(b + c) = ab + ac$

위의 순서대로 적용하되, 앞의 두 개는 오른쪽에서 왼쪽으로 적용한다.

예제 2.27

$$(A + B' + C)(A + B + D)(A' + C' + D')$$
$$= [A + (B' + C)(B + D)](A' + C' + D') \quad \textbf{[P8b]}$$
$$= (A + B'D + BC)(A' + C' + D') \quad \textbf{[P14a]}$$
$$= A(C' + D') + A'(B'D + BC) \quad \textbf{[P14a]}$$
$$= AC' + AD' + A'B'D + A'BC \quad \textbf{[P8a]}$$

앞에서 설명된 법칙들의 쌍대를 활용하면 예제 2.28처럼 POS로 변환할 수 있다.

예제 2.28

$$wxy' + xyz + w'x'z'$$
$$= x(wy' + yz) + w'x'z' \quad \textbf{[P8a]}$$
$$= x(y' + z)(y + w) + w'x'z' \quad \textbf{[P14a]}$$
$$= (x + w'z')[x' + (y' + z)(y + w)] \quad \textbf{[P14a]}$$
$$= (x + w')(x + z')(x' + y' + z)(x' + y + w) \quad \textbf{[P8b]}$$

P14a의 적용이나 이러한 종류의 대수적인 조작은 2-입력 NAND 혹은 NOR 게이트만으로(혹은 2-입력 게이트와 3-입력 게이트만으로) 주어진

함수를 구현할 때 유용하다.(여기서는 NAND 게이트로 구현하는 예제들만 다루기로 한다.) 다음 문제들을 살펴보자.

다음 수식은 함수 f에 대한 유일한 최소 SOP 수식이다. 모든 입력이 원래의 형태와 보수화된 형태로 제공된다고 가정하자. 2-입력 게이트만으로 한정해서 NAND 게이트 회로를 구하시오. NOT 게이트를 구현하기 위한 목적으로 NAND 게이트를 활용할 수 없다.[6)]

$$f = ab'c' + a'c'd' + bd$$

(2-단계 회로로 구현하려면 3-입력 게이트 세 개를 포함하여 네 개의 게이트가 필요하고, 게이트 입력의 수는 11이 된다.)

제시된 조건을 만족하려면, 3-입력 게이트들을 제거해야 한다. 따라서 제일 먼저 해야 할 일은 리터럴이 세 개인 항에서 인수를 분해하는 것이다. 주어진 예제에서는, 앞의 두 항에서 c'이 공통이므로 다음과 같은 식을 얻을 수 있다.

$$f = c'(ab' + a'd') + bd$$

위의 수식은 한번에 여러 가지 문제를 해결하고 있는데, 두 개의 3-입력 곱항을 2-입력 항으로 대체했을 뿐만 아니라 마지막에 적용할 OR의 입력도 두 개로 감소시켰기 때문이다. 위의 수식을 회로로 구현하면 그림 2.22와 같다. 우선 AND와 OR 게이트로 구현하고, 출력에서 시작하여 OR의 입력부터 AND의 출력을 연결하는 경로에 인버터를 두 개씩 배치하였다.

그림 2.22 2-입력 NAND 게이트 회로

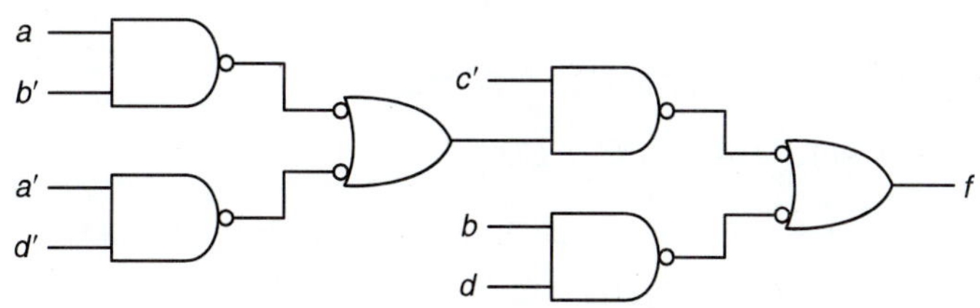

6) 3-입력 게이트를 2-입력 게이트 두 개와 NOT 게이트 한 개로 대체함으로써 2-입력 게이트만의 회로를 구성하는 것이 언제나 가능하다. 예를 들면, 3-입력 NAND는 다음과 같이 구현될 수 있다.

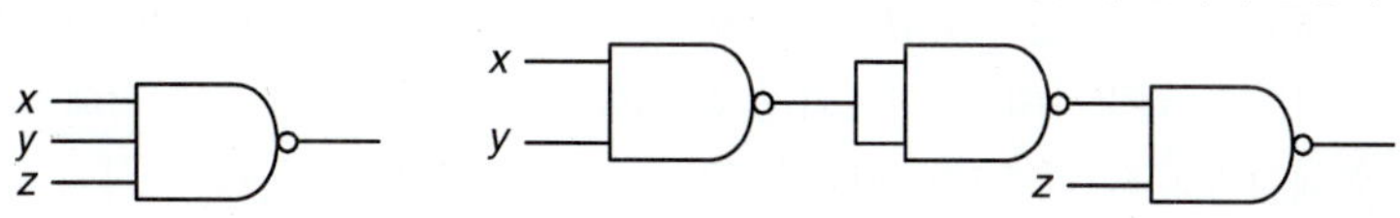

입력의 수가 많은 게이트들도 위와 유사한 방법으로 대체될 수 있다. 그렇지만 이런 방법은 회로를 구현하는데 필요 이상의 게이트들을 활용하게 만든다.

(주어진 예제에서는 OR로 직접 입력되는 경우가 없다.) 제시된 방법은 6개의 게이트와 12개의 게이트 입력을 필요로 한다. 여기서 제시된 방법과 앞에서의 2-단계 회로는 모두 두 개의 집적회로 패키지를 필요로 한다. 여기에서 제시된 방법은(2-입력 NAND 네 개로 구성된) 7400s 두 개를 필요로 하는데, 그 중 두 개의 게이트가 남는다. 2-단계로 구현하려면 (3-입력 게이트 세 개로 구성된) 7410 한 개와 나머지 2-입력 게이트를 위한 7400 한 개가 필요하며, 세 개의 게이트가 남는다.(3-입력 게이트 모두를 2-입력 게이트 두 개와 NOT 게이트로 대체하려면, 7 개의 2-입력 게이트와 3개의 NOT 게이트가 필요하다.)

2-입력 게이트로 구현하는 방법에 대한 복잡한 예제들에서는 P8a 뿐만 아니라 P14a을 적용해야 할 필요성이 생기기도 한다.(이미 곱의 최소항 형태로 주어진) 예제 2.29의 함수를 살펴보자.

예제 2.29

$$G = DE' + A'B'C' + CD'E + ABC'E$$

리터럴이 네 개인 곱 항을 처리할 방안을 먼저 찾아야 한다. 마지막 두 항으로부터 공통 부분 E를 분해하면 결과는 다음과 같다.

$$G = DE' + A'B'C' + E(CD' + ABC')$$

아직까지는 $A'B'C'$에 해당하는 3-입력 게이트를 제거할 방법이 없다. 대신 둘째 항과 넷째 항으로부터 C'을 분해하면 다음과 같다.

$$G = C'(A'B' + ABE) + DE' + CD'E$$

괄호 안의 수식에 대하여 P14a를 적용하면 다음과 같다.

$$G = C'(A' + BE)(A + B') + DE' + CD'E$$

혹은 A 대신 B를 취하면 다음과 같은 식을 얻을 수 있다.

$$G = C'(B' + AE)(B + A') + DE' + CD'E$$

어느 경우나, 여전히 3-입력 AND 항이 두 개나 있는데, 첫째 항과 마지막 항이 그것이다.($B'+AE$를 계산하는 OR 게이트의 출력과 $B+A'$를 계산하는 OR 게이트의 출력을 2-입력 AND 게이트로 연결하는 것은 불가능하다. AND 게이트에 연결할 경우 AND 게이트의 출력을 C'과 함께 다른 AND 게이트에 연결하여야 하는데, 이것은 NAND 게이트로의 변환에 관한 셋째 규칙, 즉 AND 게이트의 입력으로 다른 AND 게이트의 출력을 취할 수 없다는 규칙을 위반하게 된다. 따라서 C', $B'+AE$, $B+A'$를 입력으로 취하는 3-입력 AND 게이트가 첫째 항을 구현한다.) 첫째 복합 항에서의 C'과 마지막 항에서의 C를 이용하여 P14a를 다시 적용하면 다음과 같이 2-입력 게이트들로만 구성된 수식으로 변환할 수 있다.

$$G = (C' + D'E)[C + (B' + AE)(B + A')] + DE'$$

위의 수식을 구현하려면 10 개의 게이트가 필요한데, 다음 NAND 게이트 회로와 같다.

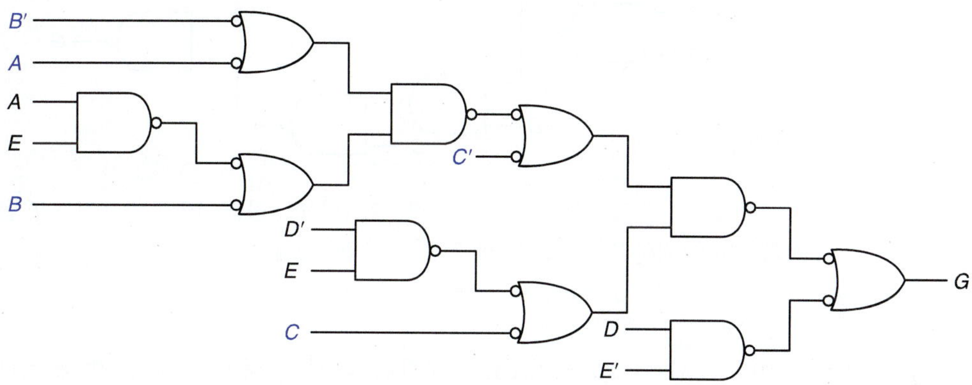

이제 가장 안쪽 괄호에서 시작해서 AND와 OR 게이트만으로 회로를 구현할 수 있다. 입력 중에서 다섯 개는 OR 게이트에 직접 연결되므로(회로에서 녹색으로 표시된 것처럼) 보수화시켰다.

앞에서 제시된 방법을 대신할 다른 방법도 있다.

$$\begin{aligned} G &= C'(A' + BE)(A + B') + DE' + CD'E \\ &= C'(A' + BE)(A + B') + (D + CE)(D' + E') \\ &= (A' + BE)(AC' + B'C') + (D + CE)(D' + E') \end{aligned}$$

앞의 경우에는(P8a를 이용하여) C'을 두 항에 분배함으로써 3-입력 AND 게이트를 제거하였고, 마지막 두 항에 대해서 P14a를 적용하였다. 위의 수식에 대한 구현 방법은 연습문제로 남기지만, 게이트의 숫자로 국한하면 다음과 같이(그 전에 제시된 방법보다 한 개 더 많은) 11개가 필요함을 알 수 있다.

$$G = (A' + BE)(AC' + B'C') + (D + CE)(D' + E')$$

1 2 3 4 5 6 7 8 9 10 11

위에서는 식별이 용이하도록 각 게이트에 해당하는 연산자 아래에 게이트 번호를 부여하였다.

게이트를 공유하는 예제로 다음 함수를 2-입력 NAND 게이트로 구현하는 문제를 살펴보자.

예제 2.30

$$\begin{aligned} G &= C'D' + ABC' + A'C + B'C \\ &= C'(D' + AB) + C(A' + B') \end{aligned}$$

주어진 수식에 대한 회로는 다음과 같다.

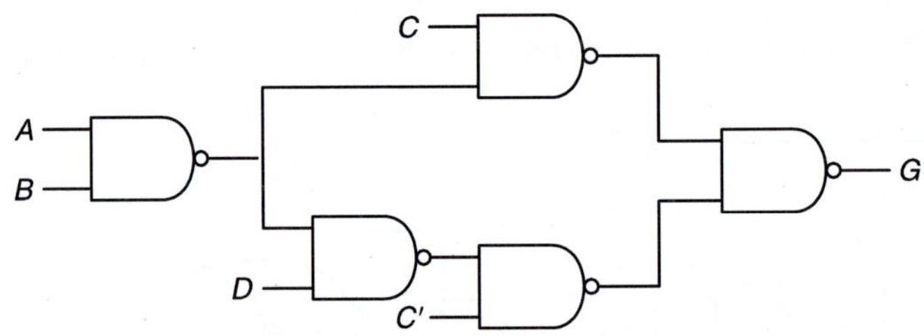

(입력이 OR에 직접 연결될 때는 보수화되기 때문에) 곱항 *AB*와 합항 *A*′+ *B*′을 구현하기 위하여 NAND 게이트가 한 개만 사용되었음에 주의하시오.

마지막 예제로 전가산기(CE3) 문제를 다시 살펴볼 것이다. 예제 2.11에서 제시한 SOP 수식을 (캐리 입력, c_{in}을 단순히 *c*로 바꿔서) 다시 사용하기로 한다.

예제 2.31

$$s = a'b'c + a'bc' + ab'c' + abc$$
$$c_{out} = bc + ac + ab$$

위의 수식을 2-단계로 구현하면 모든 입력이 원래의 값과 보수화된 값으로 모두 제공된다는 가정하에 4-입력 NAND 게이트가(*s*를 위하여) 한 개가 필요하고, 3-입력 NAND 게이트가 다섯 개(*s*를 위하여 네 개, c_{out}을 위하여 한 개)가 필요하며, 2-입력 NAND 게이트가(c_{out}을 위하여) 세 개가 필요하다. 그러나 앞에서의 가정은 *c*에 대해서 성립하지 않는데, 이는 *c*도 여전히(다음 하위 비트를 위한) 다른 조합회로의 출력이기 때문이다. 따라서 *c*′을 위하여 적어도 한 개의 NOT 게이트가 필요하고 경우에 따라서는(각 입력에 하나씩) 세 개가 필요할 수도 있다. 따라서 전가산기를 구현하려면 네 개의 집적회로 패키지(7420 한 개, 7410s 두 개, 7400 한 개)가 필요하다. (각 패키지에는 한 개의 게이트만큼의 여분이 있으므로 NOT을 구현하기 위한 목적으로 활용할 수 있다.)

*s*와 c_{out}이 최소 SOP 수식이지만, *s*의 두 항과 c_{out}의 두 항으로부터 *c*를 분해하고 *s*의 다른 두 항으로부터 *c*′을 분해하는 등의 대수 조작을 통하여 게이트 소요량을 줄이면 다음과 같다.[7)]

$$s = c(a'b' + ab) + c'(ab' + a'b)$$
$$c_{out} = c(a + b) + ab$$

위의 수식을 구현하려면(두 개의 *ab* 항을 한 번만 구현하고 *a*+ *b* 항을 *a*′*b*′와

---

7) 위의 수식에서 (*c*와 *c*′ 대신) *b*와 *b*′, 혹은 *a*와 *a*′을 분해해도 결과에 해당하는 게이트 레이아웃은 같다.

같은 게이트로 구현할 수 있으므로) 세 개의 NOT 게이트를 배제하면 11개의 2-입력 NAND 게이트가 필요하다.

합에 해당하는 수식을 다음과 같이 변환하자.

$$s = c(a \oplus b)' + c'(a \oplus b) = c \oplus (a \oplus b)$$

또한 출력 캐리에 대한 수식도 다음과 같이 바꿀 수 있다.

$$c_{out} = c(a \oplus b) + ab$$

(위의 수식을 유도하려면 지금까지 설명한 법칙으로부터 이끌어낼 수 없는 약간의 대수적 편법이 필요하다. $a + b$와 $a \oplus b$의 차이점이 a와 b가 모두 1일 때 $a + b$는 1인 반면, $a \oplus b$는 0이라는데 있다. (c_{out}에 이미 포함된) ab항 때문에 c_{out}는 $a = b = 1$일 때 이미 1이 되므로($a + b$ 항을 $a \oplus b$ 항으로 대체해도 c_{out}의 값에는) 영향을 주지 않음을 알 수 있다.

앞의 두 수식을 취하면, 합과 캐리를 두 개의 Exclusive-OR 게이트와 세 개의 2-입력 NAND 게이트로 다음과 같이 구현할 수 있다.

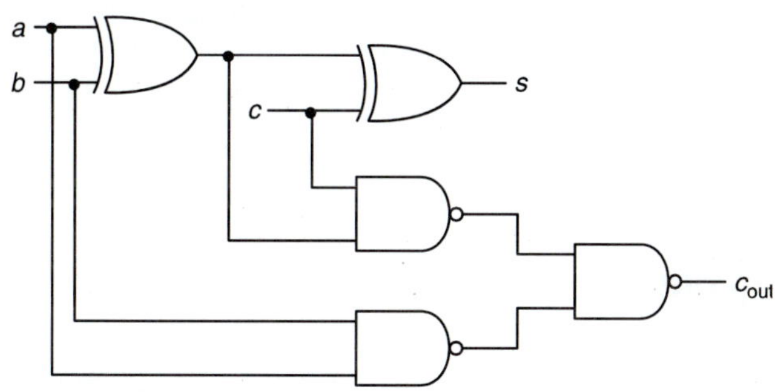

네 개의 Exclusive-OR 게이트로 구성된 패키지(7486)가 제공되므로 위의 회로는 이 패키지 한 개와 7400 패키지 한 개로 구현될 수 있다. 이 방식을 따르면 보수화된 입력이 필요하지 않음에 주목하시오.

마지막으로 Exclusive-OR 게이트는 보수화된 입력을 사용하지 않고 네 개의 2-입력 NAND 게이트로 구현할 수 있기 때문에 다음과 같은 논리도를 얻을 수 있다.

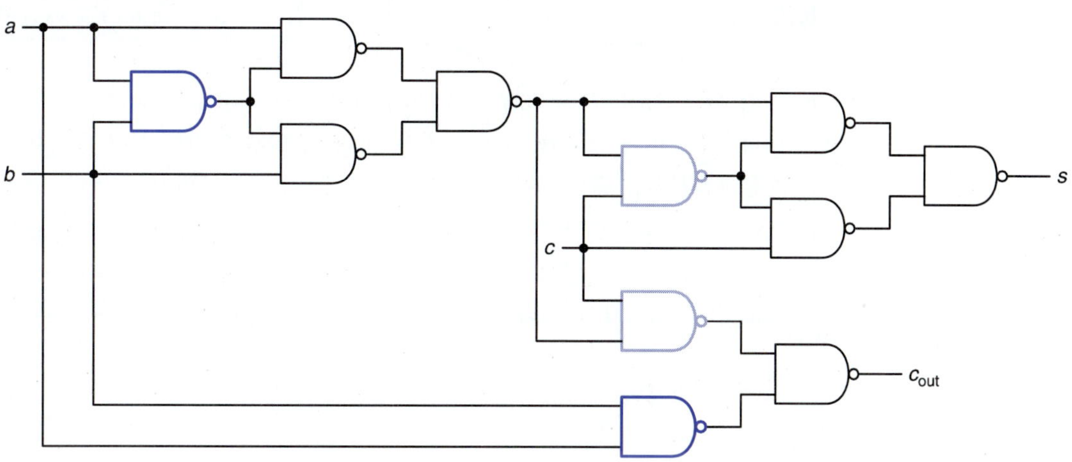

파란색으로 표시된 NAND는 모두 같은 입력을 갖고, 밝은 파란색으로 표시된 NAND도 역시 같은 입력을 갖는다는 점을 살펴볼 필요가 있다. 각 게이트를 하나로 통합할 수 있으므로 최종 회로는 9개의 NAND 게이트로 구성된다.

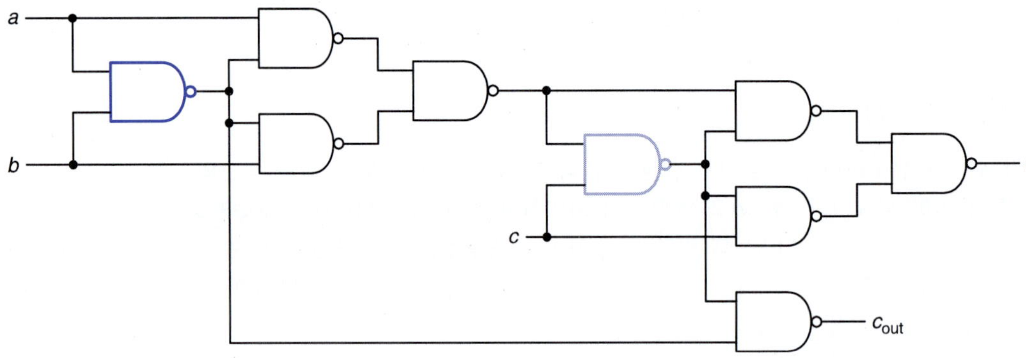

위의 회로에 따르면 가산기 한 비트를 구성하는데 7400s 세 개가 필요하다. 그러나 4-비트 가산기를 구성하려면(36개의 2-입력 게이트가 필요하므로) 9개의 패키지로 충분하다.

2.9 문제풀이

1. 다음 각 문제에는 *A*, *B*, *C*, *D* 의 네 입력이 주어진다. 아래에 제시된 함수에 대하여 진리표를 보이시오.(네 예제에 대하여 네 개의 출력을 갖는 진리표를 한 개만 구성하면 된다.)

a. 입력은 4-비트 부호없는 이진수이다. 출력, *W* 는 주어진 수가 2의 배수이거나 혹은 3의 배수이지만, 2의 배수와 3의 배수를 동시에 만족하지 않을 때만 1이 된다.

b. 입력은 4-비트 양의 이진수이다. 출력, *X* 는 입력이 소수(prime)일 때만 0이 된다.(0의 입력이 허용되지 않는다)

c. 앞의 두 입력(*A*, *B*)은 (0부터 3 범위의) 2-비트 부호없는 이진수를 나타낸다. 나머지 두 입력(*C*, *D*)도 (같은 범위의) 다른 2-비트 부호없는 이진수를 나타낸다. 출력, *Y* 는 두 수의 차가 2 이상일 때만 1이 된다.

d. 입력은 3초과 코드로 표현된 BCD 숫자이다. 한 자리수로 허용되지 않는 조합은 입력되지 않는다. 출력, *Z* 는 주어진 수가 완전제곱수(perfect square)일 때만 1이 된다.

다음 진리표는 네 문항에 대한 답을 모두 포함하고 있다.

A	*B*	*C*	*D*	*W*	*X*	*Y*	*Z*
0	0	0	0	0	X	0	X
0	0	0	1	0	0	0	X
0	0	1	0	1	0	1	X
0	0	1	1	1	0	1	1
0	1	0	0	1	1	0	1
0	1	0	1	0	0	0	0
0	1	1	0	0	1	0	0
0	1	1	1	0	0	1	1
1	0	0	0	1	1	1	0
1	0	0	1	1	1	0	0
1	0	1	0	1	1	0	0
1	0	1	1	0	0	0	0
1	1	0	0	0	1	1	1
1	1	0	1	0	0	1	X
1	1	1	0	1	1	0	X
1	1	1	1	1	1	0	X

a. 0이 2의 배수 혹은 3의 배수에 해당되는지에 대해서는 고민할 필요가 없는데, 왜냐하면 2의 배수라면 동시에 3의 배수가 되고 2의 배수가 아니라면 3의 배수도 아니기 때문이다. 어떤 경우에 해당되더라도 $W=0$이다. 그 다음 행에서 1은 2의 배수도 아니고 3의 배수도 아니므로 $W=0$. 그 다음 세 행에서 2와 4는 2의 배수이지만 3의 배수가 아니고, 3은 3의 배수이지만 2의 배수가 아니므로 각각 1이 된다. 5와 7은 2의 배수도 아니고 3의 배수도 아닌 반면, 6은 2와 3의 배수이므로, 다음 세 열에 대하여 모두 $W=0$.

b. 소수는 1과 그 자신으로만 나눌 수 있는 수이다. 문제에서 소수에 대한 출력이 0이라고 지정했으므로 소수가 아니면 1을 출력한다. 소수가 아닌 가장 작은 수는 4(2 × 2)이다. (2를 제외한) 짝수는 모두 소수가 아니다. 0은 입력으로 허용되지 않는다고 했으므로 첫째 행에 대한 출력은 무관 조건이 된다.

c. 앞부분의 네 행을 살펴보면, 첫째 수는 0이다. 연속된 네 행에서 비교될 수는 각각 0, 1, 2, 3이다. 2와 3에 대해서만 0과의 차이가 2가 된다. 마지막 네 행을 살펴보면, 3을 0이나 1과 비교할 때 그 차이가 2 이상이 된다.

d. 완전제곱수는 자기 자신과의 곱에 의하여 생성된 정수이다. 따라서 0, 1, 4, 9는 완전제곱수이다. 앞부분의 세 행과 마지막 세 행은 허용되는 입력 조합이 아니므로 모두 무관 조건에 해당된다.

2. 설계할 시스템은 속도 경고 장치이다. 시스템은 두 선을 통하여 고속도로에서의 제한 속도에 대한 정보를 받는다. 가능한 값은 세 가지인데, 45, 55, 65 mph이다. 시스템은 자동차로부터도 두 선을 통하여 속도에 관한 정보를 받는다. 가능한 값은 네 가지인데, 45 이하, 46부터 55 사이, 56부터 65 사

이, 65 초과가 그것이다. 출력은 두 개이다. 첫째 출력, f는 자동차가 속도를 위반하고 있는지의 여부를 알린다. 둘째 출력, g는 자동차가 "위험 속도"로 주행하고 있는지의 여부를 알리는데, 위험 속도라 함은 65 mph를 초과하거나 제한 속도보다 10 mph를 초과하는 것을 가리킨다. 각 입력과 출력을 (이진수) 코드로 표현하는 방법을 제시하고 제시된 시스템에 대한 진리표를 완성하시오.

우선해야 할 일은 입력에 대하여 코드를 다음과 같이 부여하는 것이다.

제한속도	*a*	*b*	속도	*c*	*d*
45	0	0	<45	0	0
55	0	1	46–55	0	1
65	1	0	56–65	1	0
사용되지 않음	1	1	>65	1	1

자동차가 과속하거나 위험하게 주행하고 있을 때 출력이 1이 된다.

	a	*b*	*c*	*d*	*f*	*g*
	0	0	0	0	0	0
45	0	0	0	1	1	0
	0	0	1	0	1	1
	0	0	1	1	1	1
	0	1	0	0	0	0
55	0	1	0	1	0	0
	0	1	1	0	1	0
	0	1	1	1	1	1
	1	0	0	0	0	0
65	1	0	0	1	0	0
	1	0	1	0	0	0
	1	0	1	1	1	1
	1	1	0	0	X	X
	1	1	0	1	X	X
	1	1	1	0	X	X
	1	1	1	1	X	X

3. P8b: $a+bc=(a+b)(a+c)$의 양변에 대하여 AND 게이트와 OR 게이트로 구성된 회로를 논리도로 표현하시오.

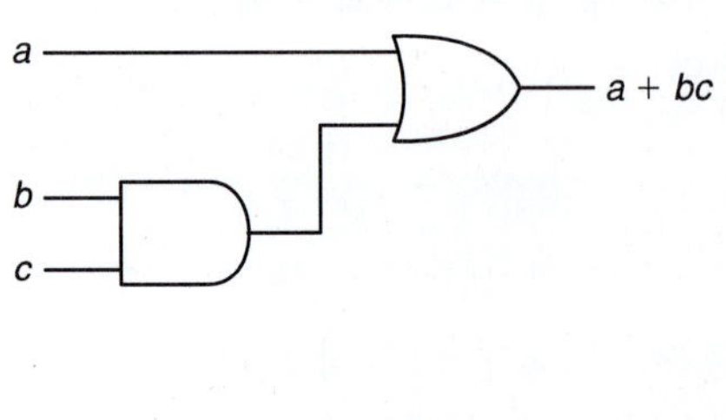

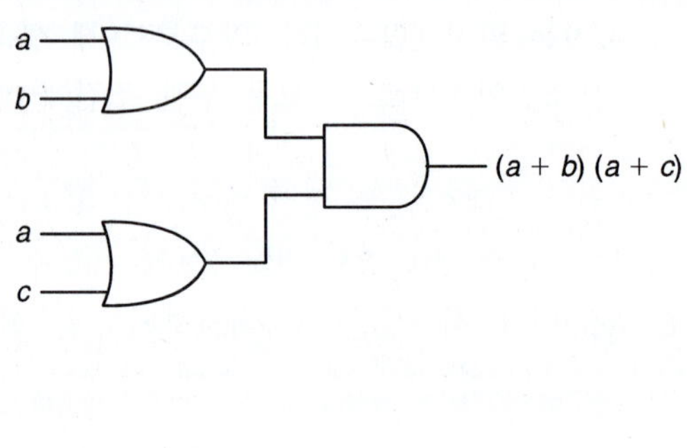

4. 다음 함수에 대하여 진리표를 보이시오.

a. $F = XY' + YZ + X'Y'Z'$

b. $G = X'Y + (X + Z')(Y + Z)$

(a)

XYZ	XY'	YZ	$X'Y'Z'$	F
000	0	0	1	1
001	0	0	0	0
010	0	0	0	0
011	0	1	0	1
100	1	0	0	1
101	1	0	0	1
110	0	0	0	0
111	0	1	0	1

(b)

XYZ	$X'Y$	$X + Z'$	$Y + Z$	()()	G
000	0	1	0	0	0
001	0	0	1	0	0
010	1	1	1	1	1
011	1	0	1	0	1
100	0	1	0	0	0
101	0	1	1	1	1
110	0	1	1	1	1
111	0	1	1	1	1

5. 진리표를 사용하여 각 그룹에 속한 수식들이 동일한지의 여부를 판단하시오.

a. $f = a'c' + a'b + ac$

$g = bc + ac + a'c'$

b. $f = P'Q' + PR + Q'R$

$g = Q' + PQR$

(a)

abc	$a'c'$	$a'b$	ac	f	bc	ac	$a'c'$	g
000	1	0	0	1	0	0	1	1
001	0	0	0	0	0	0	0	0
010	1	1	0	1	0	0	1	1
011	0	1	0	1	1	0	0	1
100	0	0	0	0	0	0	0	0
101	0	0	1	1	0	1	0	1
110	0	0	0	0	0	0	0	0
111	0	0	1	1	1	1	0	1

두 함수는 동일하다.

(b)

PQR	$P'Q'$	PR	$Q'R$	f	Q'	PQR	g	
000	1	0	0	1	1	0	1	
001	1	0	1	1	1	0	1	
010	0	0	0	0	0	0	0	
011	0	0	0	0	0	0	0	
100	0	0	0	0	1	0	1	←
101	0	1	1	1	1	0	1	
110	0	0	0	0	0	0	0	
111	0	1	0	1	0	1	1	

(파란색 화살표로 표시한) 100에 해당하는 행에서 $f = 0$ 이지만 $g = 1$ 이다. 따라서 두 함수는 같지 않다.

6. 다음 수식에 대하여 제시된 용어들 중에서 해당되는 것을 모두 선택하시오. (한 개 이상 해당될 수도 있음)

i. 곱항
ii. 곱의 합 수식
iii. 합항
iv. 합의 곱 수식

a. ab'
b. $a'b + ad$
c. $(a + b)(c + a'd)$
d. $a' + b'$
e. $(a + b')(b + c)(a' + c + d)$

a. i. 2개의 리터럴로 구성된 곱
ii. 한 개의 곱항으로 구성된 합
iv. 두 개의 합항으로 구성된 곱
b. ii. 두 개의 곱항으로 구성된 합
c. 해당사항 없음. 두 번째 항이 합항이 아님
d. ii. 두 개의 곱항으로 구성된 합
iii. 두 개의 리터럴로 구성된 합
iv. 한 개의 합항으로 구성된 곱
e. iv. 세 개의 합항으로 구성된 곱

7. 문제 6에서의 수식에서 리터럴의 수를 구하시오.

a. 2 **b.** 4 **c.** 5 **d.** 2 **e.** 7

8. 법칙 1부터 10을 적용하여 다음 수식을 최소 SOP 수식으로 간소화하시오. 각 단계를 보이시오.(괄호 안에 최소에서의 항의 수와 리터럴의 수가 제시되어 있다)

a. $xyz' + xyz$ (항의 수는 1, 리터럴의 수는 2)
b. $x'y'z' + x'y'z + x'yz + xy'z + xyz$ (항의 수는 2, 리터럴의 수는 3)
c. $f = abc' + ab'c + a'bc + abc$ (항의 수는 3, 리터럴의 수는 6)

a. $xyz' + xyz = xy(z' + z) = xy \cdot 1 = xy$ **[P8a, P5aa, P3b]**
혹은 $a = xy$, $b = z'$라 하면 P9a를 적용하여 한번에 간소화할 수 있다.
b. $x'y'z' + x'y'z + x'yz + xy'z + xyz$
$x'y'z$를 두 개로 복사하면 다음과 같다.

$= (x'y'z' + x'y'z) + (x'y'z + x'yz) + (xy'z + xyz)$ **[P6a]**
$= x'y'(z' + z) + x'z(y' + y) + xz(y' + y)$ **[P8a]**
$= x'y' \cdot 1 + x'z \cdot 1 + xz \cdot 1$ **[P5aa]**

$$= x'y' + x'z + xz \qquad \textbf{[P3b]}$$
$$= x'y' + (x' + x)z = x'y' + 1 \cdot z \qquad \textbf{[P8a, P5aa]}$$
$$= x'y' + z \qquad \textbf{[P3bb]}$$

혹은 P6a를 사용하지 않으면 다음과 같다.

$$= (x'y'z' + x'y'z) + x'yz + (xy'z + xyz)$$
$$= x'y' + x'yz + xz \qquad \textbf{[P9a]}$$
$$= x'(y' + yz) + xz \qquad \textbf{[P8a]}$$
$$= x'(y' + z) + xz \qquad \textbf{[P10a]}$$
$$= x'y' + x'z + xz \qquad \textbf{[P8a]}$$
$$= x'y' + z \qquad \textbf{[P9a]}$$

만약 둘째 방법의 둘째 줄에서 마지막 두 항을 결합하면 다음과 같이 올바르지 않은 답을 얻을 수 있음에 주의하시오.

$$= x'y' + z(x'y + x)$$
$$= x'y' + z(y + x) \qquad \textbf{[P10a]}$$
$$= x'y' + yz + xz \qquad \textbf{[P8a]}$$

위에서 제시된 수식은 더 이상 간소화되지 않는다. 위의 수식은 최소로 제시된 항의 수보다 많지만(법칙 1부터 10까지에는) 원래의 수식(혹은 간소화가 한 번 적용된 수식)으로 돌아가지 않고 간소화할 수 있는 더 이상의 수단이 없다. 처음으로 돌아가서 다시 시작하는 수밖에 없다.

c. 이 문제에 대해서는 두 가지 방법이 있다. 첫째, abc가 다른 모든 항과 결합될 수 있음에 주목하시오. 따라서 abc를 세 번 복사하면 다음과 같다.

$$abc = abc + abc + abc \qquad \textbf{[P6a]}$$
$$f = (abc' + abc) + (ab'c + abc) + (a'bc + abc)$$
$$= ab + ac + bc \qquad \textbf{[P9a]}$$

둘째 방법은 abc를 바로 앞에 있는 항과 결합시키는 것이다.

$$f = abc' + ab'c + a'bc + abc = abc' + ab'c + bc \qquad \textbf{[P9a]}$$
$$= abc' + c(b + b'a) = abc' + c(b + a)$$
$$= abc' + bc + ac \qquad \textbf{[P10a]}$$
$$= a(c + c'b) + bc = a(c + b) + bc$$
$$= ac + ab + bc \qquad \textbf{[P10a]}$$

혹은 마지막 두 줄을 다음으로 대체할 수 있다.

$$= b(c + c'a) + ac = b(c + a) + ac$$
$$= bc + ab + ac \qquad \textbf{[P10a]}$$

이 방법에서는 먼저 둘째 항에서, 그리고 다음에 첫째 항에서 리터럴을 제거하기 위하여 P10a를 두 번 적용하였다. 순서를 바꿔서 적용해도 된다.(마지막 두 줄에서 보인 것처럼) 마지막 단계에 대해서도 두 가지 방법이 존재한다.

9. 법칙 1부터 10을 적용하여 다음 수식을 최소 POS 수식으로 간소화하시오. 각 단계를 보이시오.(괄호 안에 최소에서의 항의 수와 리터럴의 수가 제시되어 있다)

a. $(a + b' + c)(a + b' + c')(a' + b + c)(a' + b' + c)$
(항의 수는 2, 리터럴의 수는 4)

b. $(x' + y' + z')(x' + y + z')(x' + y + z)$ (항의 수는 2, 리터럴의 수는 4)

a. 앞의 두 항과 마지막 두 항을 각각 묶고 법칙 9b를 적용하면 다음과 같다.

$[(a + b' + c)(a + b' + c')][(a' + b + c)(a' + b' + c)] =$
$[a + b'][a' + c]$

b. 가운데 항을 복사하여 다른 항과 각각 묶을 수 있다.

$(x' + y' + z')(x' + y + z')(x' + y + z) = [(x' + y' + z')$
$(x' + y + z')][(x' + y + z)(x' + y + z')] = [x' + z'][x' + y]$

둘째 항을 복사하지 않으면 다음 수식을 얻는다.

$[x' + z'](x' + y + z)$

P8b를 적용하면 다음과 같다.

$x' + z'(y + z) = x' + yz'$ **[P8a, P5bb, P3a]**
$= (x' + y)(x' + z)$ **[P8b]**

10. AND, OR, NOT 게이트를 이용하여 다음 함수를 구현하기 위한 블록도를 보이시오. 변수들은 보수화되지 않은 원래의 형태로만 제공된다고 가정하시오. 대수적인 조작은 허용되지 않는다.

$F = [A(B + C)' + BDE](A' + CE)$

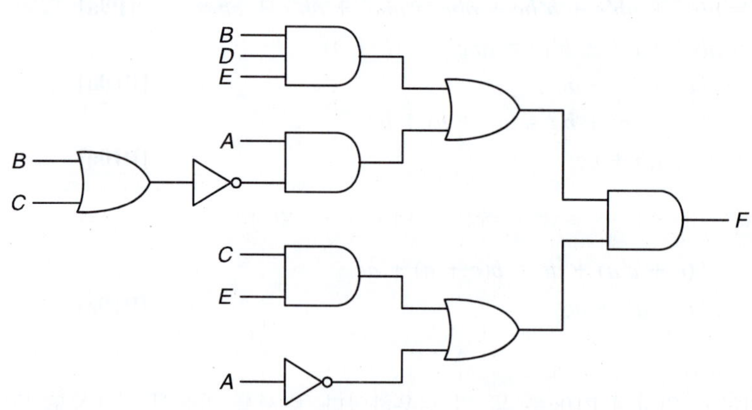

11. 다음 회로에 대하여 물음에 답하시오.

i. 대수식을 구하시오.

ii. SOP 형태로 바꾸시오.

a.

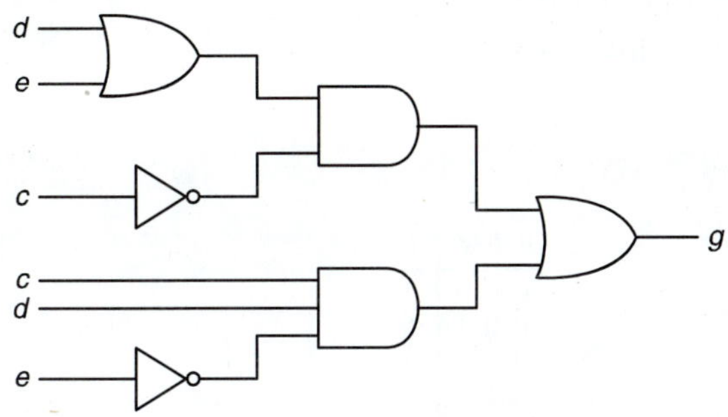

b.

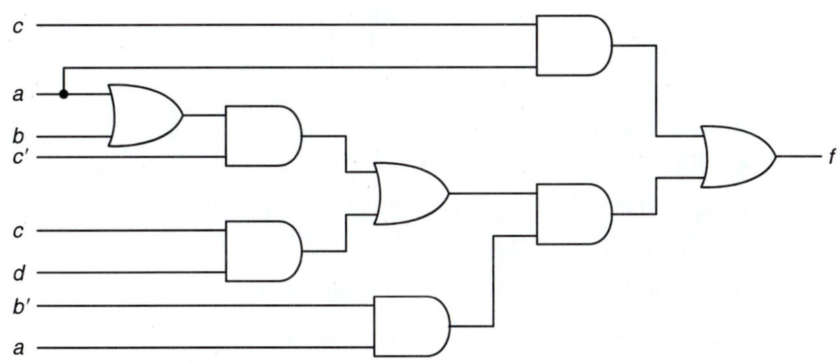

a. i. $g = (d + e)c' + cde'$

ii. $g = c'd + c'e + cde'$

b. i. $f = ac + ab'[cd + c'(a + b)]$

ii. $f = ac + ab'cd + ab'c' + ab'c'b$

$= ac + ab'cd + ab'c'$

$= ac + ab'cd + ab'$* **[P10a]**

12. 다음 수식에 대하여 보수를 구하시오. 답안을 작성하기 위한 목적으로 변수들에 대하여 보수를 취할 수 있다.

a. $f = x'yz' + xy'z' + xyz$

b. $g = (w + x' + y)(w' + x + z)(w + x + y + z)$

c. $h = (a + b'c)d' + (a' + c')(c + d)$

a. $f' = (x + y' + z)(x' + y + z)(x' + y' + z')$

SOP가 POS로 변환되었다.

b. $g' = w'xy' + wx'z' + w'x'y'z'$

POS가 SOP로 변환되었다.

c. $h' = [a'(b + c') + d][ac + c'd']$

혹은 단계별로 보이면 다음과 같다.

$$\begin{aligned} h' &= [(a + b'c)d']'[(a' + c')(c + d)]' \\ &= [(a + b'c)' + d][(a' + c')' + (c + d)'] \\ &= [a'(b'c)' + d][ac + c'd'] \\ &= [a'(b + c') + d][ac + c'd'] \end{aligned}$$

13. 다음 진리표에 대하여 물음에 답하시오.

a b c	*f*
0 0 0	0
0 0 1	1
0 1 0	0
0 1 1	1
1 0 0	1
1 0 1	0
1 1 0	1
1 1 1	1

a. 최소항을 숫자로 표기하시오.

b. 최소항의 합 형태로 대수식을 보이시오.

c. 최소 SOP 수식을 보이시오.(두 가지 방법이 있음. 각 방법에 대하여 항의 수는 3이고 리터럴의 수는 6)

d. f'(f의 보수)의 최소항을 숫자로 표기하시오.

e. 최대항의 곱 형태로 대수식을 보이시오.

f. 최소 POS 수식을 보이시오.(항의 수는 2, 리터럴의 수는 5)

a. $f(a, b, c) + \Sigma m(1, 3, 4, 6, 7)$

b. $f = a'b'c + a'bc + ab'c' + abc' + abc$

c. $f = a'c + ac' + abc$

$= a'c + ac' + ab$ (마지막 두 항에 대하여 P10a 적용)

$= a'c + ac' + bc$ (첫 째항과 마지막 항에 대하여 P10a 적용)

d. $f'(a, b, c) = \Sigma m(0, 2, 5)$

e. $f'(a, b, c) = \Sigma m(0, 2, 5)$

$= a'b'c' + a'bc' + ab'c$

$f = (a + b + c)(a + b' + c)(a' + b + c')$

f. f에서 앞의 두 항의 순서를 바꾸면 P9b를 적용하여 통합할 수 있다.

$$\begin{aligned} f &= (a + c + b)(a + c + b')(a' + b + c') \\ &= (a + c)(a' + b + c') \end{aligned}$$

혹은 f'을 먼저 간소화하고 다음에 드모르강의 법칙을 적용해도 된다.

$$f' = a'c' + ab'c$$
$$f = (a + c)(a' + b + c')$$

14. 다음 함수에 대하여 물음에 답하시오.

$f(x, y, z) = \Sigma m(2, 3, 5, 6, 7)$

a. 진리표를 보이시오.
b. 최소항의 합 형태로 대수식을 보이시오.
c. 최소 SOP 수식을 보이시오.(항의 수는 2, 리터럴의 수는 3)
d. f'(f의 보수)의 최소항을 숫자로 표기하시오.
e. 최대항의 곱 형태로 대수식을 보이시오.
f. 최소 POS 수식을 보이시오.(항의 수는 2, 리터럴의 수는 5)

a.

x y z	f
0 0 0	0
0 0 1	0
0 1 0	1
0 1 1	1
1 0 0	0
1 0 1	1
1 1 0	1
1 1 1	1

b. $f = x'yz' + x'yz + xy'z + xyz' + xyz$

c. $f = x'y + xy'z + xy$
$= y + xy'z$
$= y + xz$

d. $f'(x, y, z) = \Sigma m(0, 1, 4)$

e. $f' = x'y'z' + x'y'z + xy'z'$
$f = (x + y + z)(x + y + z')(x' + y + z)$

f. $f' = x'y'z' + x'y'z + xy'z' + x'y'z'$
$= x'y' + y'z'$
$f = (x + y)(y + z)$

15. NAND 게이트만 사용하여 다음 수식에 대한 블록도를 보이시오. 입력으로 원래의 값과 보수화된 값이 모두 제공된다고 가정한다. 대수적인 조작을 통하여 함수를 간소화할 필요는 없다.

a. $f = ab'd' + bde' + bc'd + a'ce$
b. $g = b(c'd + c'e') + (a + ce)(a' + b'd')$

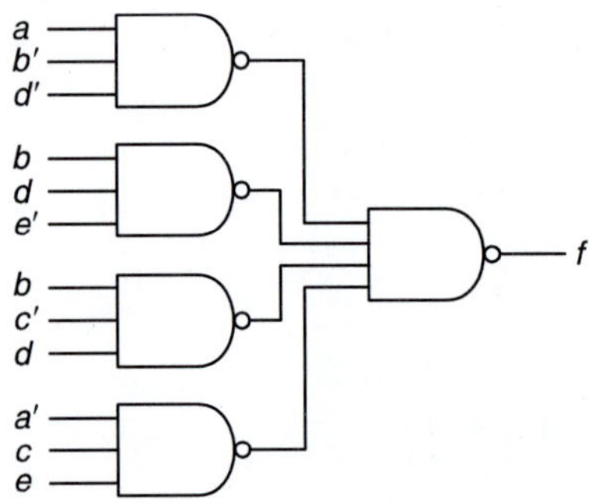

(a)

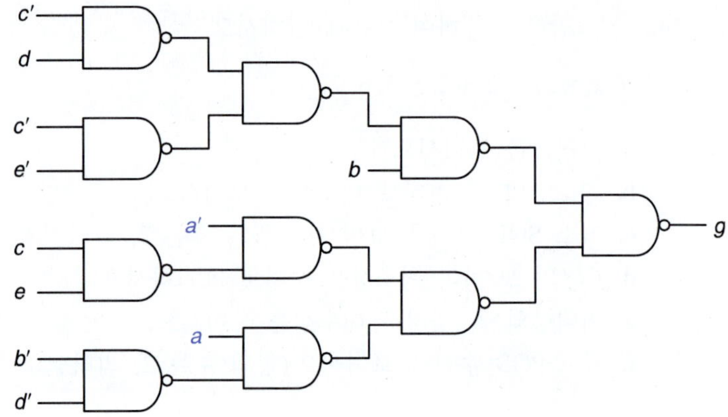

(b)

(a)가 2-단계 회로임에 주목하시오. (b)에서는 OR에 직접 연결된 입력은 a와 a'이 있고, 두 입력은 모두 보수화되었다.

16. NOR 게이트만 사용하여 다음 수식에 대한 블록도를 보이시오. 입력으로 원래의 값과 보수화된 값이 모두 제공된다고 가정한다. 대수적인 조작을 통하여 함수를 간소화할 필요는 없다.

a. $f = (a + b')(a' + c + d)(b + d')$
b. $g = [a'b' + a(c + d)](b + d')$

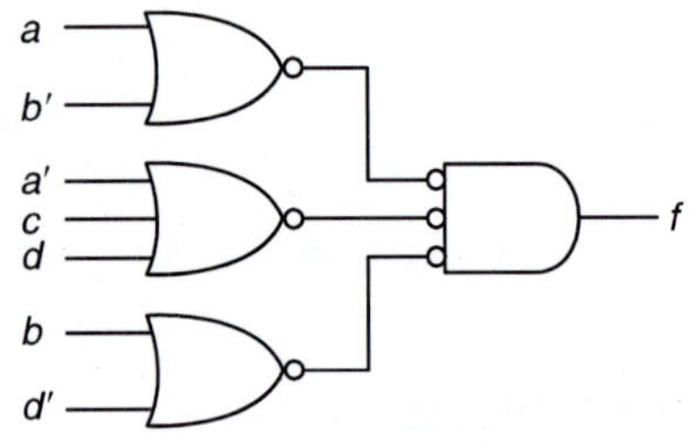

(a)

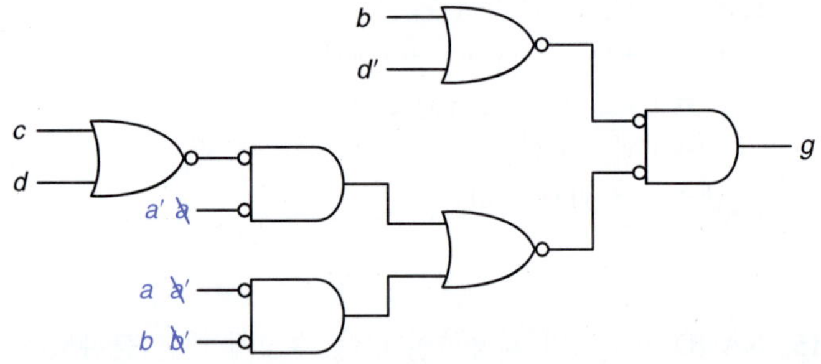

(b)

17. 다음 회로에 대하여 물음에 답하시오.

i. 대수식을 구하시오.

ii. SOP 형태로 바꾸시오.

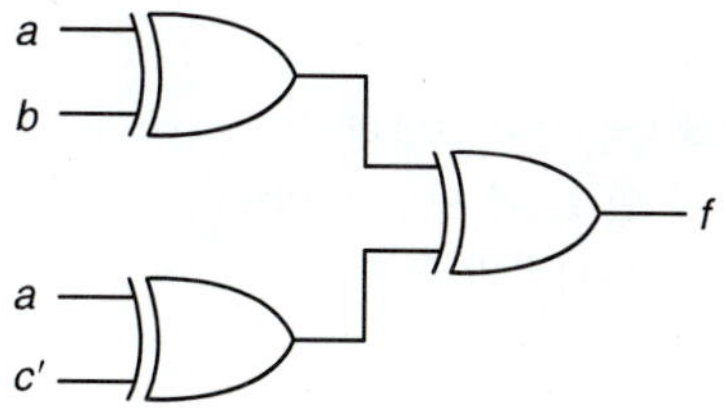

(a)

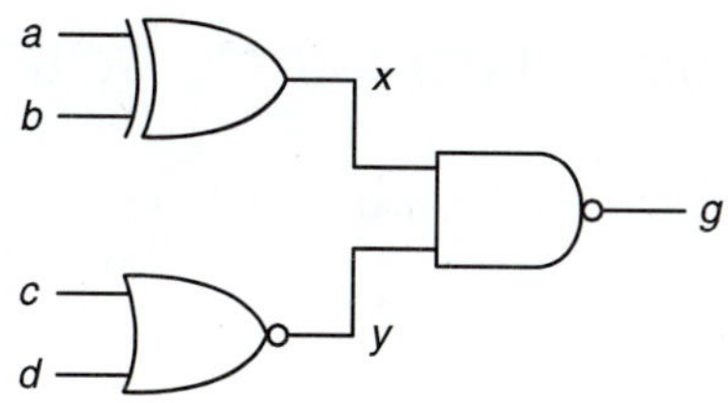

(b)

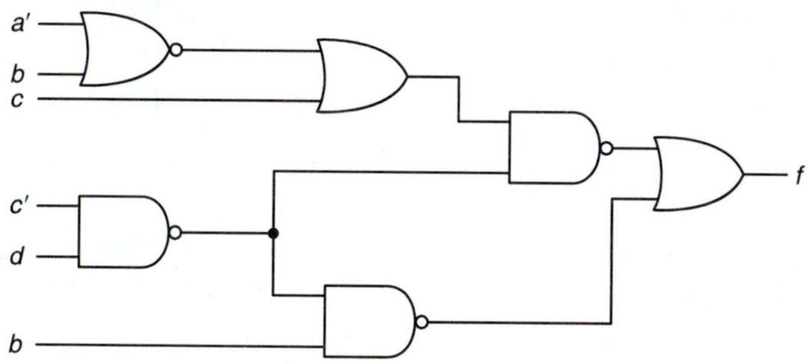

(c)

a. i. $f = (a \oplus b) \oplus (a \oplus c')$

ii. $f = (a'b + ab') \oplus (a'c' + ac)$

$= (a'b + ab')' (a'c' + ac) + (a'b + ab')(a'c' + ac)'$

$= (a'b' + ab)(a'c' + ac) + (a'b + ab')(a'c + ac')$

$= a'b'c' + abc + a'bc + ab'c'$

$= b'c' + bc$

b. i. $g = x' + y' = (a'b + ab')' + c + d$

$= ab + a'b' + c + d$

c. i. $f = \{[(a' + b)' + c](c'd)'\}' + [(b(c'd)')]'$

ii. $f = \{[(a' + b)' + c]' + (c'd)\} + [b' + c'd]$

$= (a' + b)c' + c'd + b' + c'd$

$= a'c' + bc' + c'd + b' = a'c' + c' + c'd + b'$

$= c' + a'c' + c'd' + b' = c' + b'$

18. 다음 수식을 최소 SOP 형태로 간소화하시오. 각 단계를 보이시오.(괄호 안에 최소에서의 항의 수와 리터럴의 수가 제시되어 있다)

a. $F = A + B + A'B'C'D$ (항의 수는 3 리터럴의 수는 4)

b. $f = x'y'z + w'xz + wxyz' + wxz + w'xyz$ (항의 수는 3 리터럴의 수는 7)

c. $H = AB + B'C + ACD + ABD' + ACD'$ (항의 수는 2 리터럴의 수는 4)

d. $G = ABC' + A'C'D + AB'C' + BC'D + A'D$
(항의 수는 2 리터럴의 수는 4)

e. $f = abc + b'cd + acd + abd'$ (두 가지 방법이 있음. 각 방법에 대하여 항의 수는 3이고 리터럴의 수는 9)

a.
$$\begin{aligned} F &= A + B + A'B'C'D \\ &= (A + A'B'C'D) + B \\ &= (A + B'C'D) + B && \textbf{[P10a]} \\ &= A + (B + B'C'D) \\ &= A + B + C'D && \textbf{[P10a]} \end{aligned}$$

아래와 같이 다른 접근 방법을 취해도 같은 결과를 얻을 수 있다.

$$\begin{aligned} A + B + A'B'C'D &= (A + B) + (A + B)'C'D && \textbf{[P11a]} \\ &= (A + B) + C'D && \textbf{[P10a]} \end{aligned}$$

b.
$$\begin{aligned} f &= x'y'z + w'xz + wxyz' + wxz + w'xyz \\ &= x'y'z + w'xz + wxyz' + wxz && \textbf{[P12a]} \\ &= x'y'z + xz + wxyz' && \textbf{[P9a]} \\ &= x'y'z + x(z + wyz') \\ &= x'y'z + x(z + wy) && \textbf{[P10a]} \\ &= x'y'z + xz + wxy \\ &= z(x'y' + x) + wxy \\ &= z(y' + x) + wxy && \textbf{[P10a]} \\ &= y'z + xz + wxy \end{aligned}$$

c.
$$\begin{aligned} H &= AB + B'C + ACD + ABD' + ACD' \\ &= AB + B'C + AC && \textbf{[P12a, P9a]} \\ &= AB + B'C && \textbf{[P13a]} \end{aligned}$$

d.
$$\begin{aligned} G &= ABC' + A'C'D + AB'C' + BC'D + A'D \\ &= ABC' + AB'C' + A'D + BC'D && \textbf{[P12a]} \\ &= AC' + A'D + BC'D && \textbf{[P9a]} \end{aligned}$$

컨센서스를 적용하면 다음과 같다.

$$AC' ¢ A'D = C'D$$

$$\begin{aligned} G &= AC' + A'D + BC'D + C'D && \textbf{[P13a]} \\ &= AC' + A'D + C'D && \textbf{[P12a]} \\ &= AC' + A'D && \textbf{[P13a]} \end{aligned}$$

우선 컨센서스를 적용해서 새로운 항을 추가했고, 다음에 같은 항을 제거하는 기법이 활용되었다.

e. $f = abc + b'cd + acd + abd'$

다음과 같이 컨센서스를 정의하자.

$$abc ¢ b'cd = acd$$

컨센서스 항을 제거하면 다음과 같다.

$$f = abc + b'cd + abd'$$

더 이상 간소화하는 것은 불가능하다. 위에서 간소화된 수식의 항들 사이에 존재하는 유일한 컨센서스는 바로 acd 인데, 이것은 바로 직전에 제거했던 것이다. 위의 함수를 더 간소화하는데 다른 어떤 법칙도 적용할 수 없다.

그러나 원래의 함수를 되돌아보면, 다음과 같이 다른 컨센서스가 존재했었음을 알 수 있다.

$$acd ¢ abd' = abc$$

따라서 abc 항을 제거하면 다음과 같다.

$$f = b'cd + acd + abd'$$

위의 함수도(더 이상의 간소화가 불가능하다는 점에서) 좋은 최소 해가 될 수 있다. 이 함수를 통하여 두 개의 컨센서스가 존재함을 알았지만, 두 개를 모두 적용하는 것은 불가능한데, 이것은 한 컨센서스를 먼저 적용하면, 이에 따라 다른 하나의 컨센서스가 제거되기 때문이다.

19. 다음 함수를 최소항의 합 형태로 확장하시오.
$F(A, B, C) = A + B'C$

이 문제에 대하여 두 가지 접근 방법이 있다. P3b, P5aa, P8a를(P3b와 P5aa에 대해서는 오른쪽에서 왼쪽으로) 반복해서 적용하면 다음과 같다.

$$\begin{aligned} A + B'C &= A(B' + B) + (A' + A)B'C \\ &= AB' + AB + A'B'C + AB'C \\ &= AB'(C' + C) + AB(C' + C) + A'B'C + AB'C \\ &= AB'C' + AB'C + ABC' + ABC + A'B'C + AB'C \\ &= AB'C' + AB'C + ABC' + ABC + A'B'C \end{aligned}$$

중복된 항($AB'C$)을 제거함으로써 바로 위의 수식을 얻었다. 또는 다음과 같은 진리표를 이용하여 최소항의 합을 구할 수도 있다.

ABC	B'C	F
0 0 0	0	0
0 0 1	1	1
0 1 0	0	0
0 1 1	0	0
1 0 0	0	1
1 0 1	1	1
1 1 0	0	1
1 1 1	0	1

$$F = A'B'C + AB'C' + AB'C + ABC' + ABC$$

위의 수식은 먼저 구한 수식과 항의 순서만 다르다. 이미 구한 수식은 다음과 같이 표현될 수도 있다.

$$F(A, B, C) = \Sigma m(1, 4, 5, 6, 7)$$

20. 다음 수식을 SOP 형태로 변환하시오.

a. $(w + x' + z)(w' + y + z')(x + y + z)$

b. $(a + b + c + d')(b + c + d)(b' + c')$

a. $(w + x' + z)(w' + y + z')(x + y + z)$

$= [z + (w + x')(x + y)](w' + y + z')$ **[P8b]**

$= (z + wx + x'y)(w' + y + z')$ **[P14a]**

$= z(w' + y) + z'(wx + x'y)$ **[P14a]**

$= w'z + yz + wxz' + x'yz'$ **[P8a]**

원래 주어진 수식이 최소 POS 수식이지만, 위의 수식은 최소 SOP 수식이 아니다. P10a를 적용하면 다음과 같이 간소화된다.

$$w'z + yz + wxz' + x'y$$

b. $(a + b + c + d')(b + c + d)(b' + c')$

$= [b + c + (a + d')d](b' + c')$ **[P8b]**

$= (b + c + ad)(b' + c')$ **[P8b, P5b, P3a]**

$= bc' + b'(c + ad)$ **[P14a]**

$= bc' + b'c + ab'd$ **[P8a]**

P14a를 적용할 때 b 대신 c를 선택하면 다음과 같다.

$= (b + c + ad)(b' + c')$

$= b'c + c'(b + ad)$

$= b'c + bc' + ac'd$

위의 두 수식은 모두 답이 될 수 있다.

21. 다음 수식을 POS 형태로 변환하시오.

$a'c'd + a'cd' + bc$

$a'c'd + a'cd' + bc$

$= c(b + a'd') + c'a'd$ **[P8a]**

$= (c + a'd)(c' + b + a'd')$ **[P14a]**

$= (c + a')(c + d)(c' + b + a')(c' + b + d')$ **[P8b]**

앞의 수식에는 두 가지 생각할 점이 있다. 위의 수식은 최소 POS 형태가 아니다. 첫째 항과 셋째 항에 대하여 P12b를 적용하면 셋째 항을 $a' + b$로 대체할 수 있다. 또한(주어진 문제의) 앞부분 두 항에서 a'를 분해하는 과정을 먼저 택할 수도 있었지만, 이 경우 다음 과정이 더 복잡해진다.

22. 2-입력 NAND 게이트만을 사용하여 다음 수식을 구현하시오.(주어진 수식은 이미 최소 SOP 형태이다.) (NAND) 게이트를 NOT의 목적으로 사용할 수 없다. 모든 입력에 대하여 원래의 값과 보수화된 값이 모두 제공된다. (필요한 게이트의 수가 괄호 안에 제시되어 있다.)

a. $f = w'y' + xyz + wyz' + x'y'z$ (게이트의 수는 8)

b. $g = a'b'c'd' + abcd' + a'ce + ab'd + be$ (게이트의 수는 12)

a. $f = y'(w' + x'z) + y(xz + wz')$

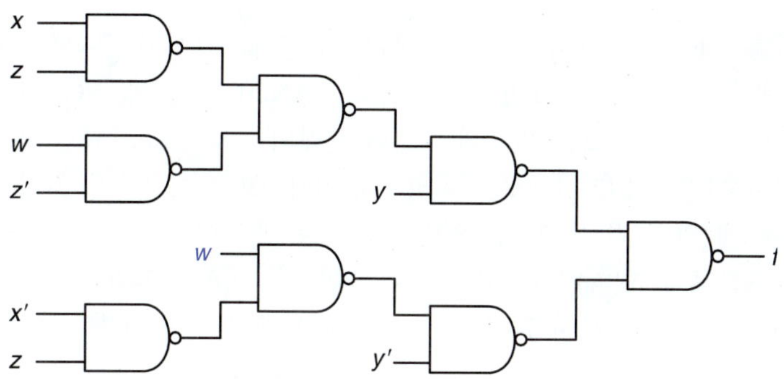

b. $g = a'b'c'd' + abcd' + a'ce + ab'd + be$

아래 방법에서 필요한 게이트의 수는 13이다.

$$\begin{aligned} g &= d'(a'b'c' + abc) + e(b + a'c) + ab'd \\ &= (d' + ab')(d + a'b'c' + abc) + e(b + a'c) \\ &= (d' + ab')(d + (a + b'c')(a' + bc)) + e(b + a'c) \end{aligned}$$

1 2 3 4 5 6 7 8 9 10 11 12 13

다른 방법은 다음과 같다.

$$\begin{aligned} g &= a'(b'c'd' + ce) + a(bcd' + b'd) + be \\ &= [a + b'c'd' + ce][a' + bcd' + b'd] + be \\ &= [a + (c + b'd')(c' + e)][a' + (b + d)(b' + cd')] + be \end{aligned}$$

1 2 3 4 5 6 7 3 8 9 10 11 12

위의 방법에서 3번 게이트가 두 번 쓰이므로 다음과 같이(12개의 게이트로) 구현할 수 있다.

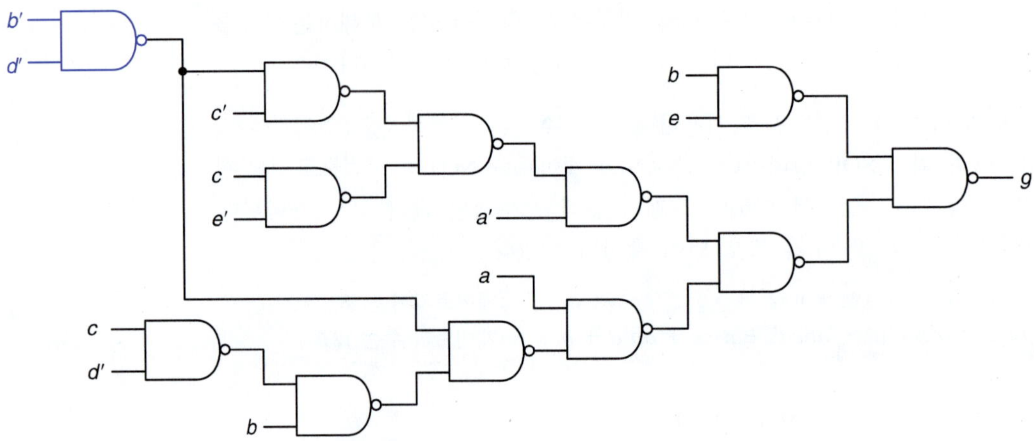

23. 다음 함수를 NAND 게이트로 구현하는 논리도를 보이되, 7400 시리즈 NAND 게이트 모듈을 네 개만 사용하시오.(NAND) 게이트를 NOT의 목적으로 사용할 수 없다. 모든 변수에 대하여 원래의 값과 보수화된 값이 모두 제공된다고 가정한다.(2-단계로 구현하면 6-입력 게이트가 두 개, 5-입력 게이트가 한 개(앞의 각 게이트는 8-입력 게이트 한 개로 구성된 7430 모듈 한 개로 구현될 수 있다), 그리고 4-입력 게이트를 위하여 7420 한 개, 3-입력 게이트 두 개를 위하여 7410 한 개, 2-입력 게이트 한 개가 필요하다.)

$$g = abcdef + d'e'f + a'b' + c'd'e' + a'def' + abcd'f'$$

$$g = abc(def + d'f') + d'e'(c' + f) + a'(b' + def')$$

위의 수식을 구현하려면(첫째 항을 위한) 4-입력 게이트 한 개, 3-입력 게이트 네 개, 2-입력 게이트 다섯 개(7420 한 개 (단, 7420의 둘째 게이트는 3-입력 게이트로 활용된다), 7410 한 개, 7400s 두 개(단, 세 개의 게이트는 사용되지 않는다))가 필요하다. 4-입력 게이트를 사용할 수 없으면, 첫째 항과 마지막 항에 대하여 P14a를 적용하여 위의 대수식을 다음과 같이 변형하면 된다.

$$g = [a' + bc(def + d'f')][a + b' + def'] + d'e'(c' + f)$$

위의 수식을 구현하려면(여전히 네 개의 모듈에 해당하는) 3-입력 게이트 다섯 개와 2-입력 게이트 여섯 개가 필요하다.

위와 완전히 다른 방식으로 인수분해하면 다음과 같은 수식을 얻을 수 있다.

$$g = de(abcf + a'f') + d'(abcf' + e'f + c'e') + a'b'$$
$$= [d' + e(abcf + a'f')][d + abcf' + e'f + c'e'] + a'b'$$
$$= [d' + e(a' + f)(f' + abc)]$$
$$\cdot [d + c'e' + (f + abc)(f' + e')] + a'b'$$

위의 수식을 구현하려면(역시 네 개의 모듈에 해당하는) 3-입력 게이트 세 개와 2-입력 게이트 열 개가 필요한데, 다음 그림과 같다.

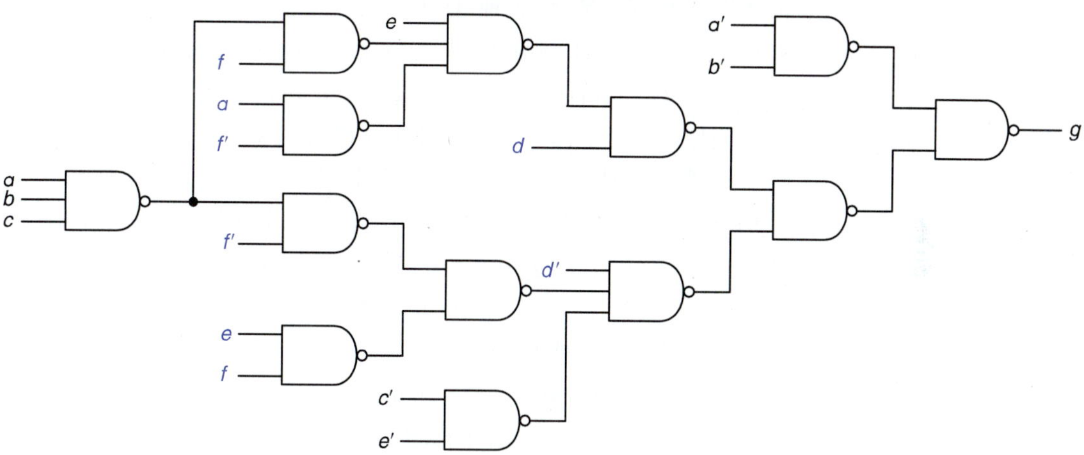

2.10 연습문제

1. 빌림수(borrow) 입력 b_m, 입력 x와 y를 취하고 차이에 해당하는 d와 빌림수 출력 b_{out}을 생성하는 1비트 전감산기에 대하여 진리표를 보이시오.

$$\begin{array}{r} b_{in} \\ x \\ \underline{-y} \\ b_{out}\ d \end{array}$$

2. 다음 설명에 대하여 진리표를 보이시오.

a. 입력이 네 개, 출력이 세 개 있다. 입력, w, x, y, z는 다음과 같이 등급을 표시하기 위하여 사용된다.

0000 A	0100 B−	1000 D+	1100 보류
0001 A−	0101 C+	1001 D	1101 양호 (이수 학점에는 포함되지 않음.)
0010 B+	0110 C	1010 D−	1110 불량 (이수 학점에는 포함되지 않음.)
0011 B	0111 C−	1011 F	1111 이수

출력은 다음과 같다.

1: 등급이 C 이상(문자 등급만 해당됨, C-는 C 이상이 아님)일 때만 1

2: 졸업에 필요한 120 학점에 포함될 때만 1(이수 학점만 해당됨)
3: 평점평균 계산에 포함될 때만 1(문자 등급만 해당됨)

b. 시스템의 입력은 네 개이고 출력은 세 개이다. 두 입력, *a*와 *b*는 (0부터 3 범위의) 2비트 이진수를 나타낸다. 둘째(같은 범위의) 이진수는 다른 두 개의 입력, *c*와 *d*로 표현한다. 출력 *f*는 두 숫자의 차이가 정확하게 2일 때만 1이다. 출력 *g*는 두 숫자가 같을 때만 1이다. 출력 *h*는 둘째 숫자가 첫째 숫자보다 클 때 1이다.

c. 시스템의 입력이 네 개이다. 두 입력, *a*와 *b*는 (0을 배제하고) 1부터 3 범위의 숫자를 나타낸다. 다른 두 입력, *c*와 *d*도 같은 범위의 둘째 숫자를 나타낸다. 출력, *y*는 첫째 숫자가 둘째 숫자보다 클 때 혹은 둘째 숫자가 첫째 숫자보다 2만큼 클 때만 1이 된다.

*d. 시스템의 출력이 *F*이고, 네 입력은 (0부터 3 범위의) 2 비트 이진수를 나타내는 두 개의 입력 (*A*, *B*)와 (같은 범위의) 다른 이진수를 나타내는 다른 두 개의 입력 (*C*, *D*)로 구성된다. *F*는 두 숫자가 같거나 두 숫자의 차이가 정확하게 1일 때만 1이 된다.

e. 시스템의 출력이 *F*이고, 네 입력은 (0부터 3 범위의) 2 비트 이진수를 나타내는 두 개의 입력 (*A*, *B*)와 (같은 범위의) 다른 이진수를 나타내는 다른 두 개의 입력 (*C*, *D*)로 구성된다. *F*는 두 숫자의 합이 홀수일 때만 1 이 된다.

f. 시스템의 입력이 네 개이다. 두 입력, *a*와 *b*는 (3을 배제하고) 0부터 2 범위의 숫자를 나타낸다. 다른 두 입력, *c*와 *d*도 같은 범위의 둘째 숫자를 나타낸다. 출력, *y*는 두 숫자의 차이가 1보다 크지 않을 때만 1이 된다.

g. 이 문제는 야구에서 스트라이크와 볼을 집계하기 위한 것이다. 입력은 투구하기 전의 스트라이크의 수 (0, 1, 2)와 볼의 수 (0, 1, 2, 3), 그리고 투구한 다음에 일어나는 일이다. 출력은 투구 후의 스트라이크의 수 (0, 1, 2, 3)와 볼의 수 (0, 1, 2, 3, 4)이다.

야구에서 투구의 결과는 (이 문제의 관점에서) 네 가지 종류가 있다. 스트라이크, 파울볼, 볼, (안타나 플라이아웃처럼) 기타 등으로 마지막 경우에 해당되면 타자는 타격을 마치게 된다.

파울 볼은 스트라이크로 간주하지만, 이미 2 스트라이크일 때는 예외인데 이때는 그대로 2 스트라이크를 유지한다. 출력은 투구 후의 스트라이크와 볼의 수를 나타낸다.(투구한 공이 넷째 볼이거나 셋째 스트라이크더라도 마찬가지이며, 이때도 타자가 타격을 마치게 된다.) 만약 그 외의 이유로 타격을 마칠 경우, 출력은 0 스트라이크, 0 볼이다.

입력과 출력에 대한 코드를 보이시오.(투구의 결과에 해당하는 두 개, 스트라이크의 수에 해당하는 두 개, 볼의 수에 해당하는 두 개의 입력 등 모두 여섯 개의 입력이 필요하고, 스트라이크의 수에 대한 두 개의 출력과 볼의 수에 대한 세 개의 출력 등 다섯 개의 출력이 필요하다.) 다음에 64 줄로 구성된 진리표를 보이시오.

*h. 일년 중의 달을 네 개의 변수, *abcd*로 바꿔서 1월은 0000, 2월은 0001, … 12월은 1011로 표기한다. 나머지 4개의 조합은 사용되지 않는다.(4월, 6월, 9월 11월은 30일로 구성됨에 주의하시오. 2월을 제외한 나머지 달은 31일이다.) 주어진 달의 날짜 수가 31일이면 1을, 그렇지 않으면 0을 출력하는 함수 *g*에 대한 진리표를 보이시오.

i. 일년 중의 달을 문제 2h처럼 표기하되, 윤년의 2월만 1100으로 바꾸기로 하자. 다섯 개의 출력, *v*, *w*, *x*, *y*, *z*이 주어진 달의 날짜 수를 표시할 수 있도록 진리표를 작성하시오.

j. 문제 2i를 반복하되, (8421 코드를 사용하는) BCD로 출력하시오. 출력은 *u*, *v*, *w*, *x*, *y*, *z* 등 여섯 개이다.(십의 자리 수는 0, 0, *u*, *v*이고, 일의 자리 수는 *w*, *x*, *y*, *z*이다.)

k. 시스템의 입력은 *a*, *b*, *c*, *d* 등 네 개이고 출력은 *f* 한 개이다. 세 개의 입력 (*b*, *c*, *d*)는 이진수 0부터 7 범위의 *n*을 나타내는데, 입력 0은 허용되지 않는다. 입력 *a*는 다음과 같이 연산의 종류를 결정한다.

$a=0$: *f*는 *n*이 2의 배수일 때만 1이다.
$a=1$: *f*는 *n*이 3의 배수일 때만 1이다.

l. 시스템의 입력은 *a*, *b*, *c*, *d* 등 네 개이고 출력은 *f* 한 개이다. 두 개의 입력 (*a*, *b*)는 (0부터 3 범위의) 이진수를 나타내고 다른 두 개의 입력 (*c*, *d*)는 (0을 제외한) 1부터 3 범위의 다른 수를 나타낸다. 출력 *f*는 둘째 수가 첫째 수 보다 2 이상 클 때만 1이 된다.

3. 다음 항등식의 양변에 대하여 각각 논리도로 회로를 보이되, AND와 OR 게이트만 사용하시오.

*a. P2a: $a + (b + c) = (a + b) + c$
b. P8a: $a(b + c) = ab + ac$

4. 다음 함수에 대하여 진리표를 보이시오.

*a. $F = X'Y + Y'Z' + XYZ$
b. $G = XY + (X' + Z)(Y + Z')$
c. $H = WX + XY' + WX'Z + XYZ' + W'XY'$

5. 진리표를 사용하여 각 그룹에 속한 수식들이 동일한지의 여부를 판단하시오.

a. $f = ac' + a'c + bc$
$g = (a + c)(a' + b + c')$

*b. $f = a'c' + bc + ab'$
$g = b'c' + a'c' + ac$
$h = b'c' + ac + a'b$

c. $f = ab + ac + a'bd$
$g = bd + ab'c + abd'$

6. 다음 수식에 대하여 제시된 용어들 중에서 해당되는 것을 모두 선택하시오. (한 개 이상 해당될 수도 있음)

i. 곱항
ii. SOP 수식
iii. 합항
iv. POS 수식

a. $abc'd + b'cd + ad'$
*b. $a' + b + cd$
c. $b'c'd'$
*d. $(a + b)c'$
e. $a' + b$
*f. a'
*g. $a(b + c) + a'(b' + d)$
h. $(a + b' + d)(a' + b + c)$

***7.** 문제 4에서의 수식에서 리터럴의 수를 구하시오.

8. 법칙 1부터 10을 적용하여 다음 수식을 최소 SOP 수식으로 간소화하시오. 각 단계를 보이시오.(괄호 안에 최소에서의 항의 수와 리터럴의 수가 제시되어 있다)

*a. $x'z + xy'z + xyz$ (항의 수는 1, 리터럴의 수는 1)
b. $x'y'z' + x'yz + xyz$ (항의 수는 2, 리터럴의 수는 5)
c. $x'y'z' + x'y'z + xy'z + xyz'$ (항의 수는 3, 리터럴의 수는 7)
*d. $a'b'c' + a'b'c + abc + ab'c$ (항의 수는 2, 리터럴의 수는 4)
e. $x'y'z' + x'yz' + x'yz + xyz$ (항의 수는 2, 리터럴의 수는 4)
*f. $x'y'z' + x'y'z + x'yz + xyz + xyz'$
(두 가지 방법이 있음. 각 방법에 대하여 항의 수는 3이고 리터럴의 수는 6)
g. $x'y'z' + x'y'z + x'yz + xy'z + xyz + xyz'$ (항의 수는 3, 리터럴의 수는 5)
h. $a'b'c' + a'bc' + a'bc + ab'c + abc' + abc$
(항의 수는 3, 리터럴의 수는 5)

9. 법칙 1부터 10을 적용하여 다음 수식을 최소 POS 수식으로 간소화하시오. 괄호 안에 항의 수와 리터럴의 수가 제시되어 있다.

a. $(a + b + c)(a + b' + c)(a + b' + c')(a' + b' + c')$
(항의 수는 2, 리터럴의 수는 4)

b. $(x + y + z)(x + y + z')(x + y' + z)(x + y' + z')$

(항의 수는 1, 리터럴의 수는 1)

★c. $(a + b + c')(a + b' + c')(a' + b' + c')(a' + b' + c)$
$(a' + b + c)$

(두 가지 방법이 있음. 각 방법에 대하여 항의 수는 3, 리터럴의 수는 6)

10. AND, OR, NOT 게이트를 이용하여 다음 함수를 구현하기 위한 블록도를 보이시오. 변수들은 보수화되지 않은 원래의 형태로만 제공된다고 가정하시오. 대수적인 조작은 허용되지 않는다.

a. $P'Q' + PR + Q'R$

b. $ab + c(a + b)$

★c. $wx'(v + y'z) + (w'y + v')(x + yz)'$

11. 다음 회로에 대하여 물음에 답하시오.

i. 대수식을 구하시오.

ii. 곱의 합 형태로 바꾸시오.

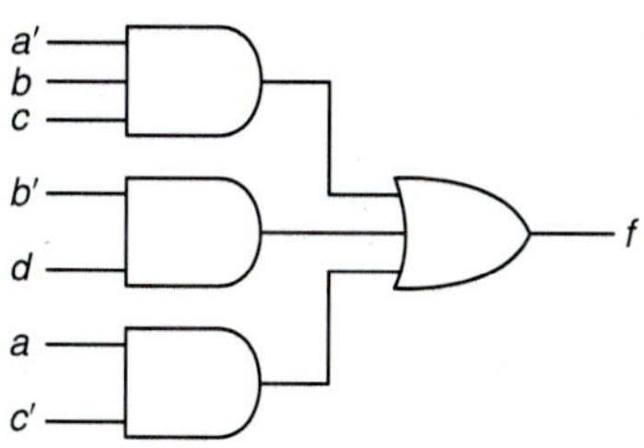

(a)

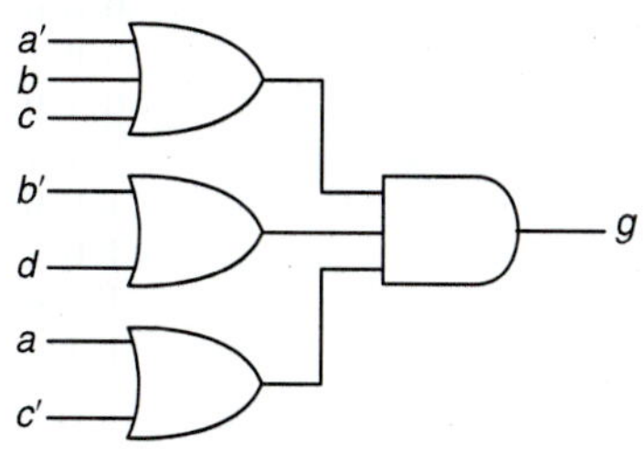

(b)

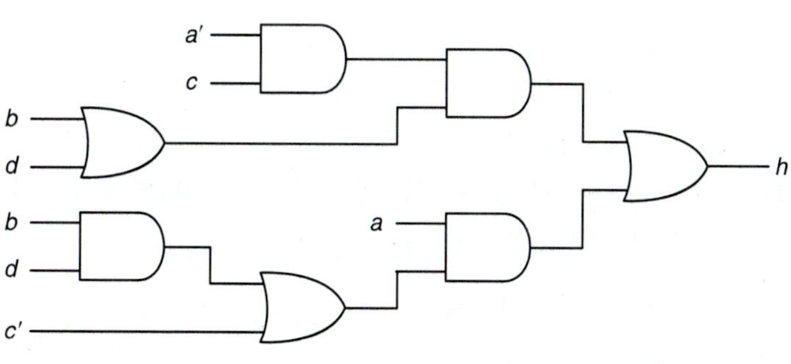

(c)

12. 다음 수식에 대하여 보수를 구하시오. 답안을 작성하기 위한 목적으로 변수들에 대하여 보수를 취할 수 있다.

★a. $f = abd' + b'c' + a'cd + a'bc'd$

b. $g = (a + b' + c)(a' + b + c)(a + b' + c')$

c. $h = (a + b)(b' + c) + d'(a'b + c)$

13. 다음 함수에 대하여 물음에 답하시오.

$f(x, y, z) = \Sigma m(1, 3, 6)$
$g(x, y, z) = \Sigma m(0, 2, 4, 6)$

a. 진리표를 보이시오.
b. 최소항의 합 형태로 대수식을 보이시오.
c. 최소 SOP 수식을 보이시오.(f에 대한 항의 수는 2, 리터럴의 수는 5, g에 대한 항의 수는 1, 리터럴의 수는 1)
d. f'(f의 보수)의 최소항을 숫자로 표기하시오.
e. 최대항의 곱 형태로 대수식을 보이시오.
f. 최소 POS 수식을 보이시오.(f에 대하여 두 가지 방법이 있음. 항의 수는 3, 리터럴의 수는 6, g에 대한 항의 수는 1, 리터럴의 수는 1)

***14.** 다음 두 함수에 대하여 물음에 답하시오.

a b c	*f*	*g*
0 0 0	0	1
0 0 1	1	1
0 1 0	0	0
0 1 1	0	0
1 0 0	0	1
1 0 1	1	1
1 1 0	1	1
1 1 1	1	0

a. 최소항을 숫자로 표기하시오.
b. 최소항의 합 형태로 대수식을 보이시오.
c. 최소 SOP 수식을 보이시오.(f에 대한 항의 수는 2, 리터럴의 수는 4, g에 대한 항의 수는 2, 리터럴의 수는 3)
d. f'(f의 보수)의 최소항을 숫자로 표기하시오.
e. 최대항의 곱 형태로 대수식을 보이시오.
f. 최소 POS 수식을 보이시오.(f에 대한 항의 수는 2, 리터럴의 수는 4, g에 대한 항의 수는 2, 리터럴의 수는 4)

15. 무관 조건을 포함하는 다음 함수에 대하여 물음에 답하시오.

$$G(X, Y, Z) = \Sigma m(5, 6) + \Sigma d(1, 2, 4)$$

다음 수식들이 각각 G에 대한 논리식으로 적합한지 판단하시오.(주의: 최소 수식일 필요는 없다.)

a. $XYZ' + XY'Z$
b. $Z' + XY'Z$
c. $X(Y' + Z')$
d. $Y'Z + XZ' + X'Z$
e. $XZ' + X'Z$
f. $YZ' + Y'Z$

16. 2-입력 NOR를 사용하여 NOT, 2-입력 AND, 2-입력 OR를 구현함으로써 NOR가 함수적 완전성을 만족함을 보이시오.

17. 다음 회로에 대하여 물음에 답하시오.

i. 대수식을 구하시오.

ii. SOP 형태로 바꾸시오.

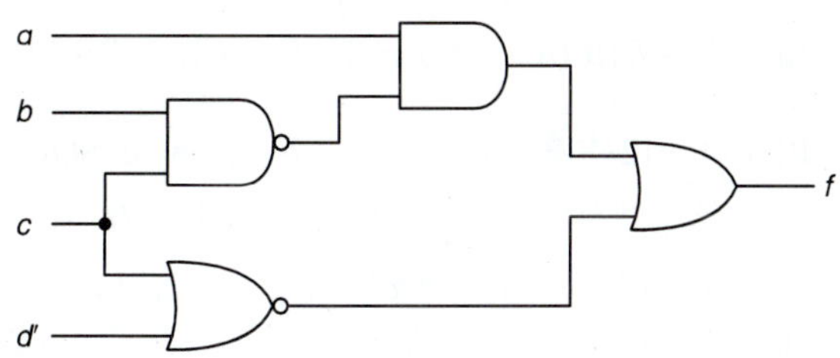

***a.**

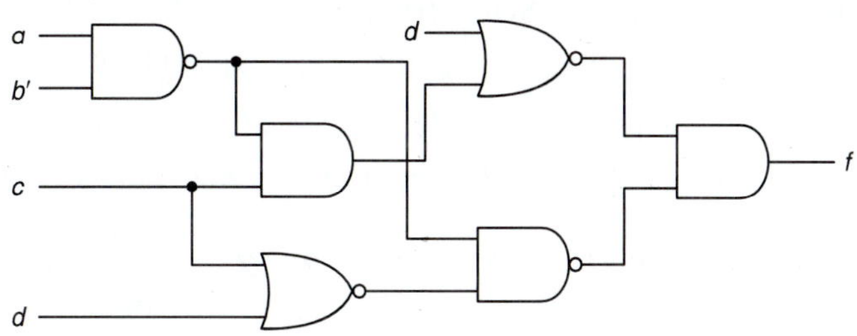

b.

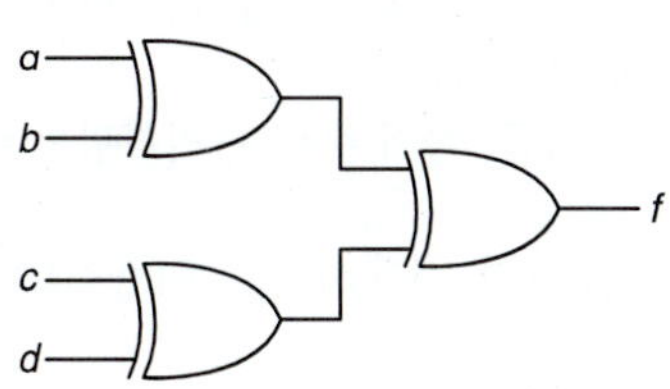

c.

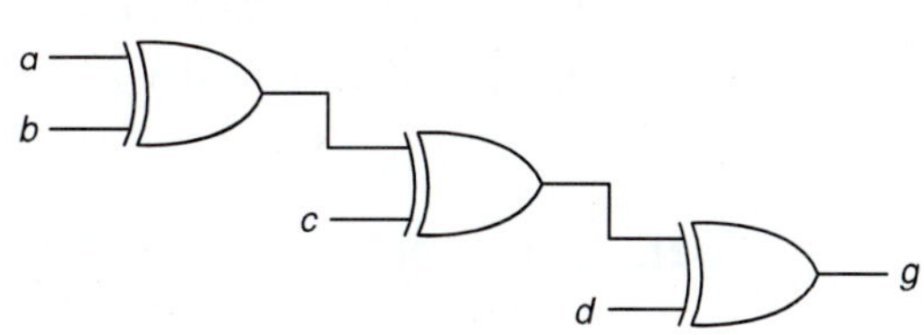

d.

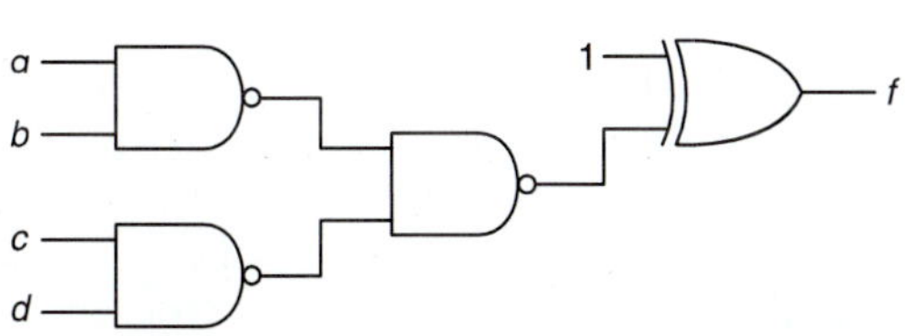

***e.**

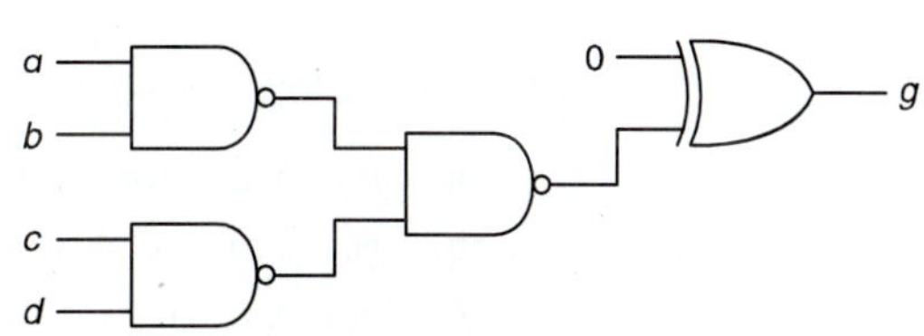

f.

18. NAND 게이트만 사용하여 다음 수식에 대한 블록도를 보이시오. 입력으로 원래의 값과 보수화된 값이 모두 제공된다고 가정한다. 대수적인 조작을 통하여 함수를 간소화할 필요는 없다.

a. $f = wy' + wxz' + xy'z + w'x'z$
b. $g = wx + (w' + y)(x + y')$
c. $h = z(x'y + w'x') + w(y' + xz')$
*d. $F = D[B'(A' + E') + AE(B + C)] + BD'(A'C' + AE')$

19. P1부터 P12를 활용하여 다음 수식을 최소 SOP 형태로 간소화하시오.(괄호 안에 최소에서의 항의 수와 리터럴의 수가 제시되어 있다)

a. $h = ab'c + bd + bcd' + ab'c' + abc'd$ (항의 수는 3, 리터럴의 수는 6)
b. $h = ab' + bc'd' + abc'd + bc$ (항의 수는 3, 리터럴의 수는 5)
*c. $f = ab + a'bd + bcd + abc' + a'bd' + a'c$ (항의 수는 2, 리터럴의 수는 3)
d. $g = abc + abd + bc'd'$ (항의 수는 2, 리터럴의 수는 5)

20. 다음 수식을 최소 SOP 형태로 간소화하시오. 각 단계와 사용된 법칙을 보이시오.(괄호 안에 최소에서의 항의 수와 리터럴의 수가 제시되어 있다)

a. $f = x'yz + w'x'z + x'y + wxy + w'y'z$ (항의 수는 3, 리터럴의 수는 7)
b. $G = A'B'C' + AB'D + BCD' + A'BD + CD + A'D$ (항의 수는 4, 리터럴의 수는 9)
*c. $F = W'YZ' + Y'Z + WXZ + WXYZ' + XY'Z + W'Y'Z'$ (항의 수는 3, 리터럴의 수는 7)
d. $g = wxz + xy'z + wz' + xyz + wxy'z + w'y'z'$ (항의 수는 3, 리터럴의 수는 6)
*e. $G = B'C'D + BC + A'BD + ACD + A'D$ (항의 수는 3, 리터럴의 수는 6)
f. $h = abc' + ab'd + bcd + a'bc$ (항의 수는 3, 리터럴의 수는 8)
*g. $g = a'bc' + bc'd + abd + abc + bcd' + a'bd'$ (두 가지 방법이 있음. 항의 수는 3, 리터럴의 수는 9)

21. i. 다음 함수에서 주어진 SOP 수식에 대하여 컨센서스를 이용하여 가능한 많은 새로운 항을 추가하시오.
ii. 다음에 최소 SOP로 간소화하되, 각 단계와 사용된 법칙을 보이시오.

*a. $f = a'b'c' + a'bd + a'cd' + abc$ (항의 수는 3, 리터럴의 수는 8)
b. $g = wxy + w'y'z + xyz + w'yz'$ (항의 수는 3, 리터럴의 수는 8)

22. 다음 함수를 최소항의 합 형태로 확장하시오.

a. $f(a, b, c) = ab' + b'c'$
*b. $g(x, y, z) = x' + yz + y'z'$
c. $h(a, b, c, d) = ab'c + bd + a'd'$

23. 다음 수식을 SOP 형태로 변환하시오.

a. $(a + b + c + d')(b + c' + d)(a + c)$
b. $(a' + b + c')(b + c' + d)(b' + d')$
*c. $(w' + x)(y + z)(w' + y)(x + y' + z)$

24. 다음 수식을 POS 형태로 변환하시오.

a. $AC + A'D'$
b. $w'xy' + wxy + xz$
*c. $bc'd + a'b'd + b'cd'$

25. 2-입력 NAND 게이트만을 사용하여 다음 수식을 구현하시오.(주어진 수식은 이미 최소 SOP 형태이다.) (NAND) 게이트를 NOT의 목적으로 사용할 수 없다. 모든 입력에 대하여 원래의 값과 보수화된 값이 모두 제공된다.(필요한 게이트의 수가 괄호 안에 제시되어 있다.)

*a. $f = wy' + wxz' + y'z + w'x'z$ (게이트의 수는 7)
b. $ab'd' + bde' + bc'd + a'ce$ (게이트의 수는 10)
c. $H = A'B'E' + A'B'CD' + B'D'E' + BDE' + BC'E + ACE'$ (게이트의 수는 14)
*d. $F = A'B'D' + ABC' + B'CD'E + A'B'C + BC'D$ (게이트의 수는 11)
e. $G = B'D'E' + A'BC'D + ACE + AC'E' + B'CE$ (게이트의 수는 12, 공유되는 게이트가 있음)

26. 다음은 이미 최소 SOP 형태이다. 모든 입력에 대하여 원래의 값과 보수화된 값이 모두 제공된다. 각 두 개의 답안을 작성하되, 각 답안은 주어진 개수 이상의(2-입력 4 개 혹은 3-입력 3 개 혹은 4-입력 2 개로 패키지가 구성되는) NAND 게이트 집적회로 패키지를 사용할 수 없다. 두 답안중의 하나는 2-입력과 3-입력 게이트만 사용할 수 있고, 나머지 한 답안은 적어도 한 개 이상의 4-입력 게이트 패키지를 사용하여야 한다.

*a. $F = ABCDE + B'E' + CD'E' + BC'D'E + A'B'C + A'BC'E$ (패키지는 3)
b. $G = ABCDEF + A'B'D' + C'D'E + AB'CE' + A'BC'DF + ABE'F'$ (패키지는 4)

2.11 이 장의 테스트(100분 혹은 50분 2회)

1. 시스템의 입력 *A*와 *B*는 0부터 3 범위의 이진수이다. 입력 *C*와 *D*는 (역시 0부터 3 범위의) 다른 이진수이다. 출력은 *X*, *Y*, *Z* 세 개로 구성된다.

*Y*와 *Z*는 두 숫자의 차이이고, *X*는 첫째 수가 더 클 때만 1이 되도록 진리표를 작성하시오. 진리표의 두 줄의 내용은 이미 제시되어 있다.

A	*B*	*C*	*D*	*X*	*Y*	*Z*
0	0	0	0			
0	0	0	1			
0	0	1	0			
0	0	1	1			
0	1	0	0			
0	1	0	1			
0	1	1	0	0	0	1
0	1	1	1			
1	0	0	0			
1	0	0	1	1	0	1
1	0	1	0			
1	0	1	1			
1	1	0	0			
1	1	0	1			
1	1	1	0			
1	1	1	1			

2. 진리표를 이용하여 다음 함수가 동일한지의 여부를 판단하시오.

$$f = a'b' + a'c' + ab$$
$$g = (b' + c')(a' + b)$$

a b c	*f*	*g*
0 0 0		
0 0 1		
0 1 0		
0 1 1		
1 0 0		
1 0 1		
1 1 0		
1 1 1		

3. 다음 수식을 두 개의 항과 네 개의 리터럴로 구성된 SOP 수식으로 간소화하시오. 각 단계를 보이시오.

$$a'b'c + a'bc + ab'c + ab'c'$$

4. 모든 입력에 대하여 원래의 값과 보수화된 값이 모두 제공된다고 가정하자.

$$f = ab'c + ad + bd$$

a. AND와 OR 게이트를 사용하여 f를 2-단계로 구현하는 논리도를 보이시오.

b. 2-입력 AND와 OR 게이트만 사용하여 f를 구현하는 논리도를 보이시오.

5. 다음 진리표에 대하여 물음에 답하시오.

x	y	z	f
0	0	0	1
0	0	1	0
0	1	0	1
0	1	1	1
1	0	0	0
1	0	1	1
1	1	0	0
1	1	1	1

a. 최소항의 합으로 표현하되, 다음과 같이 숫자로 작성하시오.

$\Sigma m(0, \ldots)$

b. 최소항의 합으로 표현하되, 다음과 같이 대수식으로 작성하시오.

$x'yz + \cdots$

c. 최소 SOP 수식을 한 개 보이시오.(항의 수는 3, 리터럴의 수는 6)
d. 최대항의 곱 형태로 POS 수식을 보이시오.
e. 최소 POS 수식을 보이시오.(항의 수는 2, 리터럴의 수는 5)

6. 모든 입력에 대하여 원래의 값과 보수화된 값이 모두 제공된다고 가정하자. 주어진 조건을 만족하도록 다음 수식을 구현하시오.

$$g = wx + wz + w'x' + w'y'z'$$
$$= (w' + x + z)(w + x' + y')(w + x' + z')$$

a. 임의 크기의 NAND 게이트를 사용하시오.
b. 임의 크기의 NOR 게이트를 사용하시오.
c. 2-입력 NAND 게이트를 사용하시오.((NAND) 게이트를 NOT의 목적으로 사용할 수 없다.)

7. 다음 함수에 대하여 최소 SOP 수식을 보이시오.(항의 수는 3, 리터럴의 수는 6) 각 대수적 단계를 보이시오.

a. $f = b'd' + bc'd + b'cd' + bcd + ab'd$

5점 가산점: (위에서의 최소 SOP 수식 다음의) 두 번째 최소 SOP(second minimum sum of products)를 구하시오.

b. $g = xy'z' + yz + xy'z + wxy + xz$

8. a. 다음을 최소항의 합(표준곱항의 합)으로 확장하시오. 중복되는 것은 모두 제거하시오.

$$g = a' + ac + b'c$$

b. 다음으로부터 SOP 수식을 유도하시오.

$$f = (x' + y)(w' + y + z')(y' + z)(w + y' + z')$$

9. 2-입력 NAND 게이트만 사용하여 다음 함수를 구현하시오. (NAND) 게이트를 NOT의 목적으로 사용할 수 없다. 주어진 함수는 최소 SOP 형태이다. 모든 입력에 대하여 원래의 값과 보수화된 값이 모두 제공된다.

$f = ac + bcd + a'b'd'$ (게이트의 수는 7)

10. 2-입력 NAND 게이트만 사용하여 다음 함수를 구현하시오. (NAND) 게이트를 NOT의 목적으로 사용할 수 없다. 주어진 함수는 최소 SOP 형태이다. 모든 입력에 대하여 원래의 값과 보수화된 값이 모두 제공된다.

$f = abc + ac'd'e' + a'd'e + ce + cd$

(게이트의 수가 11이면 만점, 게이트의 수가 10이면 5점 가산점)

3

카르노 맵

2장에서 공부한 대수적인 방법은 이론적으로, 어떠한 함수도 간소화할 수 있게 한다. 그러나 이 같은 접근 방법은 많은 문제점이 있는데, "처음에 법칙 10을 적용하고 다음에 P14를 적용한다"와 같은 공식적인 방법이 없다는 것이다.

이 접근법은 대체적으로 경험에 크게 의존하는 선험적 방법이다. 따라서 어떤 함수를 취급한 후에 그것이 최소값인지에 대해 확신할 수가 없다. 더 이상 할 것이 없는 것처럼 보일지라도, 최소값에 이르지 못할지도 모른다. 더욱이, 4변수 혹은 5변수 이상에서 대수적인 간소화를 하는 것은 더욱더 어렵다. 마지막으로, 대수식들을 다시 쓰는 동안에 실수를 하기도 매우 쉽다.

이장에서 우리는 간소화가 좀 더 쉬워질 수 있는 접근법인 카르노 맵[1] (K-map이라고 한다)을 공부할 것이다. 이 방법은 곱의 합(sum of product) 표현에서 사용하기 적합한 곱항을 발견하는 도식적인 접근법이다.(곱항은 주항(prime implicants)으로 언급되는 최소 SOP 표현에서 사용하기에 적합하다. 곧 여기에 대한 용어의 정의를 할 것이다.)

카르노 맵은 6변수까지의 문제에 유용하고 3 혹은 4변수의 대부분의 문제에는 특히 간단하게 적용된다. 비록 최소해를 발견하는 것을 보장하지는 않지만, 이 방법은 거의 항상 최소값을 만들어준다. 이 방법을 POS 표현식, don't care를 가진 문제 혹은 다중 출력의 문제에서 최소값을 찾아내는 것에도 별 어려움 없이 적용할 수 있다.

다른 방법들은 2005년에 McGraw-Hill에서 발간된 Marcovitz, Alan의 *Introduction to Logic Design*, Second Edition에 설명되어 있다.

---

1) 이 틀은 1953년 모리스 카르노(Maurice Karnaugh)에 의하여 소개되었다.

3.1 카르노 맵 소개

이 절에서는 2-, 3- 및 4-변수 맵의 배치를 살펴볼 것이다. 카르노 맵은 함수에서 각각의 최소항에 대하여 한 개의 사각형으로 구성된다. 그러므로 2변수 함수 맵은 4개의 사각형을 가지고, 3변수 맵은 8개의 사각형, 4변수 맵은 16개의 사각형을 가진다.

2변수 맵의 3가지 모양을 맵 3.1에 보인다. 예를 들어, 상단 오른쪽 사각형은 $A=1$과 $B=0$으로 최소항 2에 해당한다.

맵 3.1 2변수 카르노 맵

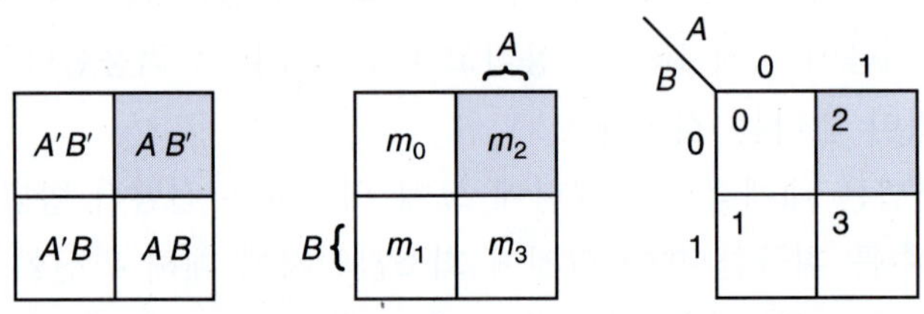

어떤 함수를 그릴 때, 그 함수에 포함된 최소항에 대응하는 각 사각형에 1을 위치시키고 포함되지 않는 사각형은 0을 쓰거나 공백으로 남겨둔다. don't care를 가진 함수에 대하여서는, don't care의 최소항의 사각형 자리에 X를 표시한다. 맵 3.2에 이러한 예를 보인다.

맵 3.2 함수 그리기

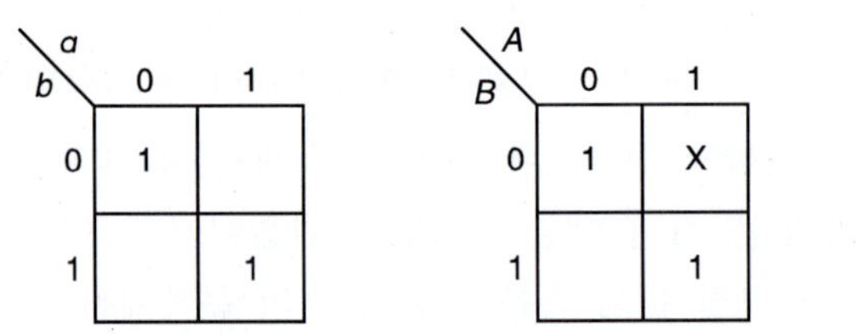

$f(a, b) = \Sigma m\,(0, 3)$ $\quad g(A, B) = \Sigma m\,(0, 3) + \Sigma d\,(2)$

3 변수 맵은 8개의 사각형을 가지고 있고 맵 3.3[2])에 보여진대로 사각형을 배치한다.

맵 3.3 3 변수 맵

C \ AB	A′B′ 00	A′B 01	AB 11	AB′ 10
C′ 0	A′B′C′	A′BC′	ABC′	AB′C′
C 1	A′B′C	A′BC	ABC	AB′C

C \ AB	00	01	11	10
0	0	2	6	4
1	1	3	7	5

마지막 두개의 열은 수치적인 순서가 아님에 유의하여야 한다. 이것이 맵 동작을 만드는 주요한 아이디어이다. 이와 같은 방법으로 맵을 구성하므로써, 인접한 사각형에 있는 최소항들은 인접 속성을 사용하여 항상 결합되어질 수 있다.

P9a. $ab + ab' = a$

예제 3.1

$m_0 + m_1$: $A'B'C' + A'B'C = A'B'$

$m_4 + m_6$: $AB'C' + ABC' = AC'$

$m_7 + m_5$: $ABC + AB'C = AC$

또한 열의 바깥(4개의 행이 있을 때는 행의 바깥)은 인접이다. 따라서,

$m_0 + m_4$: $A'B'C' + AB'C' = B'C'$

$m_1 + m_5$: $A'B'C + AB'C = B'C$

만약 맵 3.4에 보이는 것과 같이 수치적인 순서로 열을 배치한다면 (최소항의 대수적인 형태로 m_2와 m_4에 대하여 보인), 인접한 사각형을 결합할 수 없게 된다:

2) 다른 표시 방법으로는 첫 번째 변수를 맵의 행으로 표시하고 다른 변수들을 열로 표시한다. 이 경우 3변수 맵은 다음과 같이 만들어진다.

A \ BC	00	01	11	10
0	0	1	3	2
1	4	5	7	6

이 맵의 모양은 위의 다른 맵과 동일한 결과를 만든다.

맵 3.4 맵의 틀린 배치

C \ AB	00	01	10	11
0	0	2 $A'BC'$	4 $AB'C'$	6
1	1	3	5	7

$$m_2 + m_4 = A'BC' + AB'C' = C'(A'B + AB')$$

어쨌든, 두 개의 최소항은 한 개의 항으로 결합되지 않는다.

두 개의 최소항의 합에 해당하는 곱항들은 맵에서 두개의 인접한 1로 나타난다. 예제 3.1의 항들을 맵 3.5에 보인다.

경우에 따라, 맵 3.6과 같이 수직적인 방향(두개의 열과 4개의 행으로 구성된)으로 맵을 그리면 더 편리하고 두 종류의 맵은 같은 결과를 만들어 낸다.

맵을 읽을 때, 맵 3.7에 보인 것과 같이 열(4개의 열이 있는 곳에)의 쌍에 라벨을 붙이면 유용하다. 따라서, A 열과 C' 행(즉, C 행이 아닌)의 사각형 4와 6의 1은 앞에서 본 것과 같이 AC' 항을 만들어 낸다.

맵 3.5 두개의 그룹에 대응하는 곱항

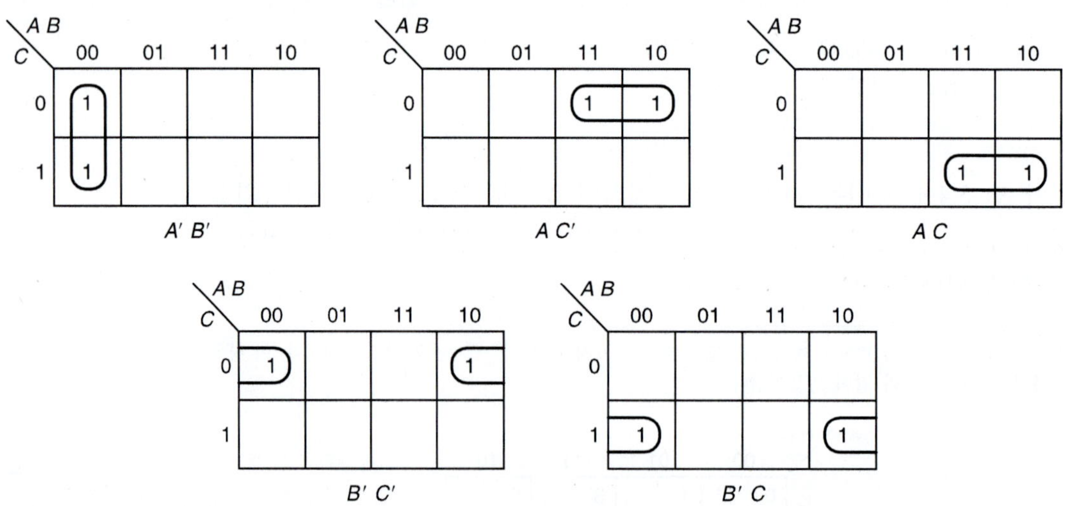

맵 3.6 3변수 맵의 수직적인 방향

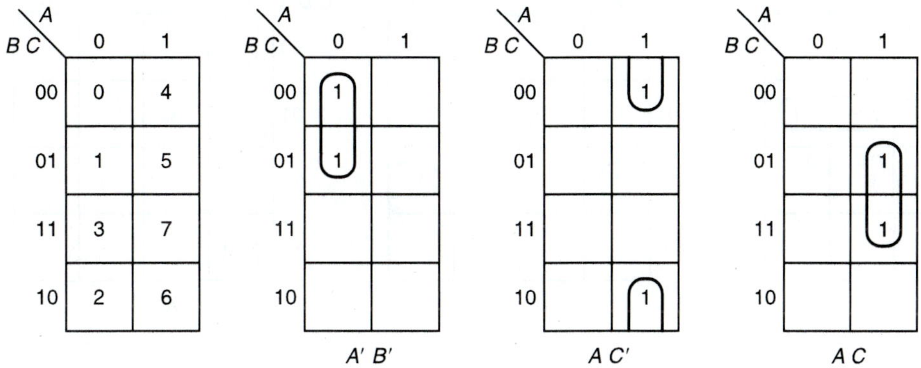

4 변수 맵은 맵 3.8에 보인 것처럼 4×4 배열안에 16개의 사각형으로 구성한다. 3변수 맵과 같이, 두개의 인접(상단과 하단의 행이나 왼쪽과 오른쪽 열은 서로 인접한 것으로 취급된다) 사각형에 있는 1은 한 개의 곱항(P9a를 사용하여 결합)에 대응한다. 예제 3.2에 이와 같은 3개의 항을 보인다.

맵 3.7 열에 라벨을 가진 맵

C \ AB	00	01	11	10
0	0	2	6	4
1	1	3	7	5

(B: 열 01, 11; A: 열 11, 10; C: 행 1)

맵 3.8 4 변수 맵

CD \ AB	00	01	11	10
00	0	4	12	8
01	1	5	13	9
11	3	7	15	11
10	2	6	14	10

CD \ AB	00	01	11	10
00	$A'B'C'D'$	$A'BC'D'$	$ABC'D'$	$AB'C'D'$
01	$A'B'C'D$	$A'BC'D$	$ABC'D$	$AB'C'D$
11	$A'B'CD$	$A'BCD$	$ABCD$	$AB'CD$
10	$A'B'CD'$	$A'BCD'$	$ABCD'$	$AB'CD'$

예제 3.2

$m_{13} + m_9$: $ABC'D + AB'C'D = AC'D$

$m_3 + m_{11}$: $A'B'CD + AB'CD = B'CD$

$m_0 + m_2$: $A'B'C'D' + A'B'CD' = A'B'D'$

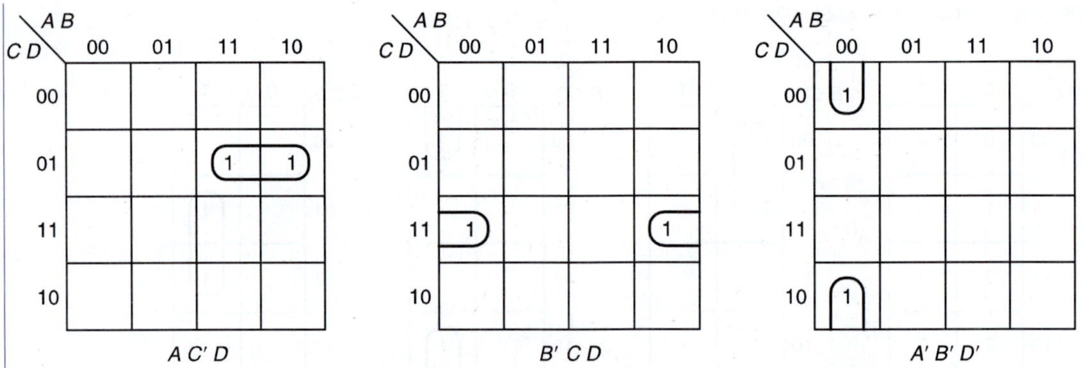

여기까지, 두개의 최소항에 대응하는 모든 곱항들은 P9a를 사용하여 결합하였다. 이것은 한 개의 리터럴을 생략하는 곱항에 대응하는데, 즉, 3변수 함수에서는 2개의 리터럴, 4변수 함수에서는 3개의 리터럴을 가진 곱항이 된다. 4개의 1을 가진 맵 3.9의 맵을 좀 더 살펴보자.

왼쪽의 맵에서 두개의 두 그룹에 원을 그렸는데 한개는 $A'C$ 항, 또 한개는 AC 항을 형성한다. 명백하게, P9a를 이 두개의 항에 다시 적용할 수 있으며, 그 결과는 다음을 생성한다.

$$A'C + AC = C$$

맵 3.9 4개의 1의 그룹

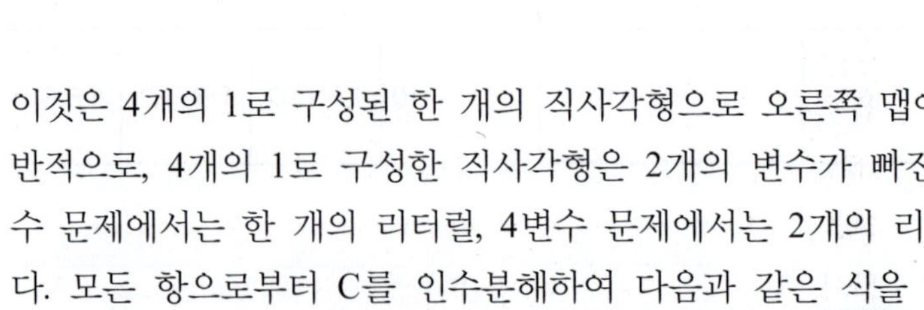

이것은 4개의 1로 구성된 한 개의 직사각형으로 오른쪽 맵에 보여준다. 일반적으로, 4개의 1로 구성한 직사각형은 2개의 변수가 빠진 곱항(즉, 3변수 문제에서는 한 개의 리터럴, 4변수 문제에서는 2개의 리터럴)에 대응한다. 모든 항으로부터 C를 인수분해하여 다음과 같은 식을 만들 수 있다.

$$A'B'C + A'BC + ABC + AB'C = C(A'B' + A'B + AB + AB')$$

결국, 괄호안의 합은 바로 A와 B의 모든 최소항들의 합이므로 1이 된다. 그러므로 바로 한 번의 단계로서 그 결과를 얻을 수 있다. 실제로, P9에 다음과 같은 두 번째 법칙을 추가할 수 있다.

P9aa. $a'b' + a'b + ab + ab' = 1$

P9bb. $(a' + b')(a' + b)(a + b)(a + b') = 0$

이것은, 먼저 처음의 두 항과 그리고 마지막 두 항에 P9를 적용 후 최종적으로 그 결과 항들에 다시 P9를 반복 적용하므로써 아래와 같이 증명할 수 있다.

$$(a'b' + a'b) + (ab + ab') = (a') + (a) = 1$$
$$[(a' + b')(a' + b)][(a + b)(a + b')] = [a'][a] = 0$$

4변수 문제에 관한 이러한 종류의 몇 가지 예제들을 맵 3.10에 보인다.

맵으로부터 항을 인식하는 가장 간단한 방법은 모든 1들이 어떤 행과 열들에 위치되어 있는지를 결정하는 것이다. 그러므로 첫 번째 맵에서 왼쪽에 있는 그룹의 1들은 모두 0 0 (A' B') 열에 있으므로 항은 $A'B'$가 된다. 또 다른 그룹의 1들은 11과 10 열에 있는데, 공통적인 특징은 A 위치(A에 해당)에 1이 있다. 또한 그 1들은 01과 11의 행에 있는데 이것은 D 위치에 공통의 1이 있다. 따라서 이 항들은 AD 가 된다.

맵 3.10 4개 그룹에 대한 예제

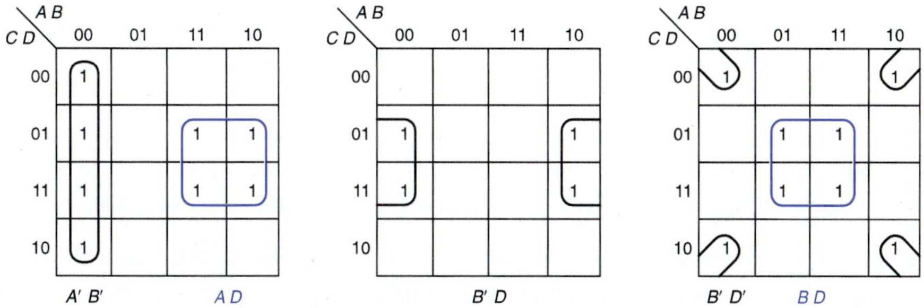

중간 맵에서는, 00과 10 열에 1이 있어 B'를 만들고 01과 11 행에서 D를 만들어 결과적인 항은 $B'D$가 된다.(그런데, 이 항은 첫 번째 맵에도 원을 그리지는 않았지만 나타난다는 것에 유의하라.)

마지막 맵에서 4개의 모서리 사각형은 $B'D'$ 항(모든 1이 00 혹은 10 열 및 00 혹은 10 행에 있기 때문이다.)을 만든다. 중간 그룹은 BD 이다. 이러한 항들은 모두 먼저 최소항을 써서, P10a를 항의 각 쌍에 적용하고, 그 결과인 두개의 항에 다시 그것을 적용하는 형태(3변수 예제에서 하였듯이)로써 대수적으로 얻을 수 있다. 어쨌든, 맵의 전체적인 개념은 대수적

연산의 필요를 제거하는 것이다.

4개의 두 인접항은 8개의 사각형의 그룹을 형성하는 유사한 방법으로 3개의 리터럴이 생략되면서 결합되어질 수 있다. 맵 3.11에 이와 같은 두 개의 그룹을 보인다. 왼쪽에 있는 맵에서는 A' 항이고 오른쪽의 맵은 D' 항이 된다.

맵 3.11 8개의 그룹

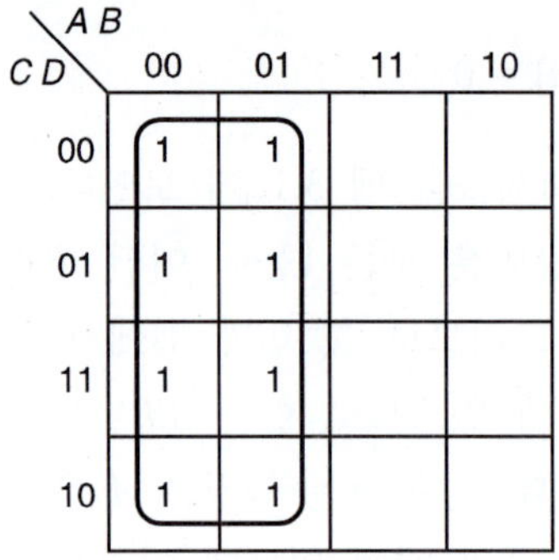

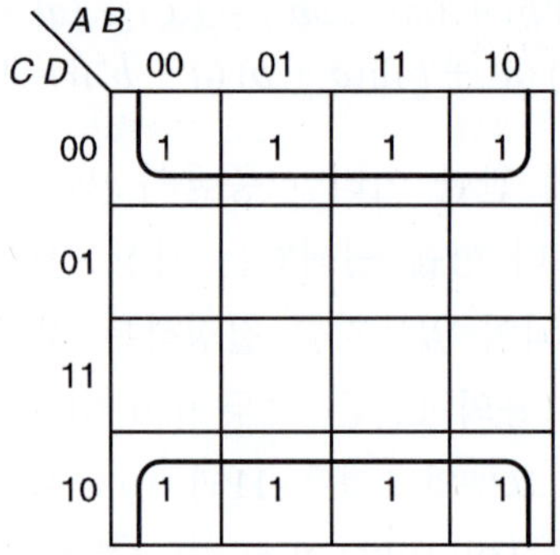

어떠한 함수라도 맵으로 그릴 수 있다. 최소항을 알고 맵의 형식에 사용하거나 SOP 형식으로 함수를 표현하여 그 곱항의 각각을 그릴 수 있다.

예제 3.3 맵

$$F = AB' + AC + A'BC'$$

그 곱항들의 각각에 대하여 원을 그린 F에 대한 맵은 다음에 보인다. 두 개의 리터럴 항의 각각은 맵에서 두 개의 사각형(변수중의 한 개가 생략되므로)에 대응한다. AB' 항은 10열에 있다. AC 항은 C=1행에 있고 11과 10열(A 위치에서 공통 1을 가진)에 있다. 마지막으로, 최소항 $A'BC'$은 한 개의 사각형에 대응하는데 01($A'B$)열과 C=0행에 있다.

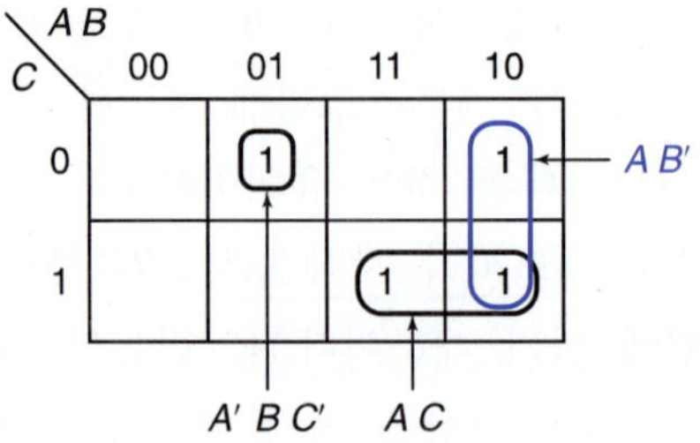

대수적으로 F 함수를 최소항 형식으로 확장함으로써 동일한 맵을 구할 수 있다. 즉,

$$\begin{aligned} F &= AB'(C' + C) + AC(B' + B) + A'BC' \\ &= AB'C' + AB'C + AB'C + ABC + A'BC' \\ &= m_4 + m_5 + m_5 + m_7 + m_2 \\ &= m_2 + m_4 + m_5 + m_7 \end{aligned}$$

(중복항을 제거하고 재배치)

이제 이 숫자들을 맵에 사용하면 같은 결과를 만들게 된다.

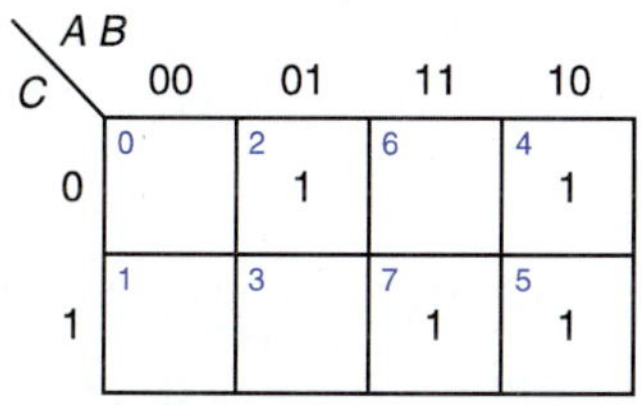

이제 카르노 맵과 관련된 약간의 용어를 정의할 단계가 되었다. 어떤 함수의 임플리컨트(implicant)는 그 함수에 대한 SOP 표현에 사용되어질 수 있는 곱항이다. 즉, 임플리컨트가 1(혹은 다른 경우에도 똑같이)일 때 그 함수는 1이다.

맵의 관점에서 임플리컨트는 1, 2, 4, 8, ... (2의 맥급수)개의 1로 된 하나의 직사각형이다. 그 직사각형은 어떠한 0 도 포함하지 않는다. 모든 최소항들은 임플리컨트이다.

맵 3.12의 함수 F를 고려하여 보자. 두 번째 맵은 먼저 2의 4개 그룹을 보여준다; 세 번째 맵은 2의 또 다른 그룹과 4의 그룹을 보여준다.

맵 3.12 정의를 설명하기 위한 함수들

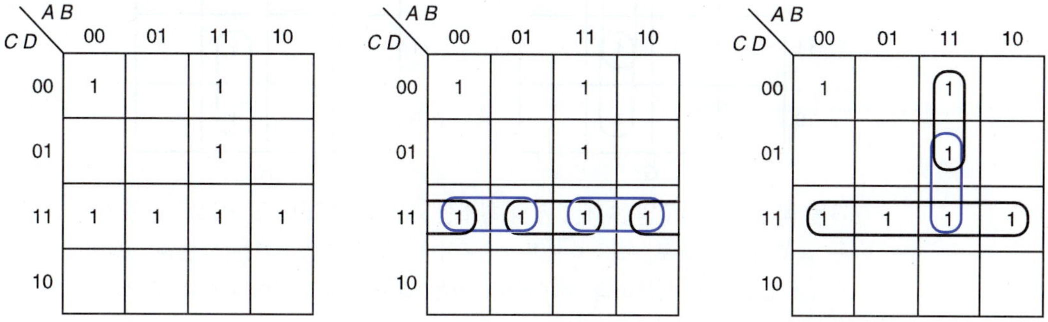

*F*의 임플리컨트들은

최소항	2의 그룹	4의 그룹
$A'B'C'D'$	$A'CD$	CD
$A'B'CD$	BCD	
$A'BCD$	ACD	
$ABC'D'$	$B'CD$	
$ABC'D$	ABC'	
$ABCD$	ABD	
$AB'CD$		

*F*에 대한 어떠한 SOP 표현도 임플리컨트의 합임에 틀림없다. 실제로, *F*의 1들에 대한 각각은 이러한 임플리컨트들 중에서 적어도 하나에 포함되도록 충분한 임플리컨트들을 선택하여야만 한다. 그와 같은 SOP 표현을 때로는 *F*의 커버(cover)라고 말하는데, 때로는 하나의 임플리컨트는 어떤 최소항들을 커버한다라고 말한다.(예로써, *ACD*는 m_{11}과 m_{15}를 커버한다.)

임플리컨트는 직사각형의 모양이고 이 사각형에 포함된 1의 개수는 2의 맥급수임에 틀림없다. 그러므로 예제 3.4에서 보여준 맵들의 어떠한 함수도 한 개의 임플리컨트에 의해서가 아니라, 각각 두 개의 임플리컨트(가장 간단한 형태로)의 합에 의하여 커버된다.

예제 3.4

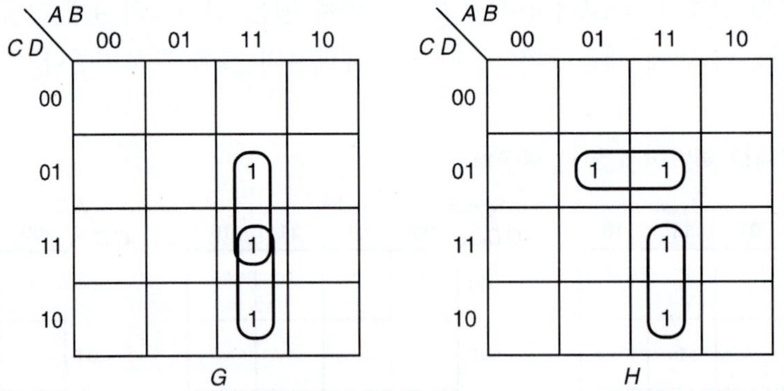

*G*는 직사각형의 모양 속에, 3개의 최소항 *ABC'D*, *ABCD*, 및 *ABCD'*로 구성된다. 이것은 맵에서 보인대로 *ABC* + *ABD*와 같이 더 이상 감소되지는 않는데, 그 이유는 3개의 1의 그룹이기 때문이다. 비슷하게, *H*는 같은 3개의 최소항에 *A'BC'D*가 더해진 항을 가지고 있어 4개의 그룹이지만 직사각형의 모양이 아니다. 최소 표현식은 맵에서와 같이 *BC'D*+*ABC*이다. (*ABD* 또한 *G*의 임플리컨트임에 유의하라. 그러나 이것은 이미 다른 항에 포함된 1들을 포함한다.)

맵 3.13 주항

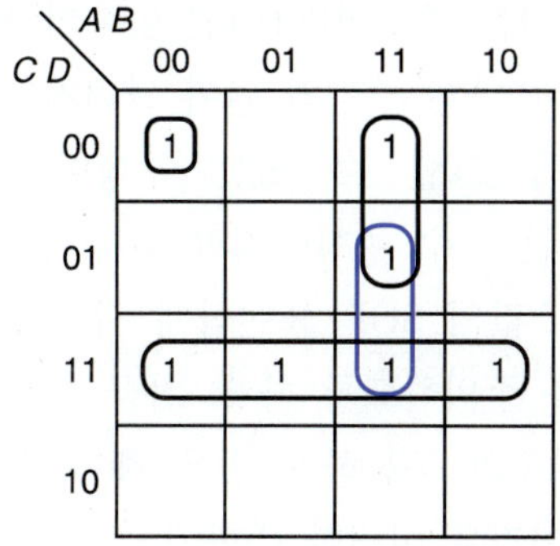

주항(prime implicant)은 맵의 관점에서 어떤 다른 임플리컨트에 의하여 완전히 포함되지 않는 임플리컨트이다. 예를 들면, 2개의 1로 된 한 개의 직사각형은 4개의 1로 된 한개 직사각형의 부분이 아니다. 맵 3.13에서, F의 모든 주항들에 원이 그려져 있다. 이 항들은 $A'B'C'D'$, ABC', ABD, 및 CD이다. 보다 큰 그룹의 일부분이 아닌 유일한 최소항은 m_0 이고 두개 1의 그룹으로된 4개의 다른 임플리컨트는 4의 그룹의 모든 부분일 때 유의하라.

대수적 관점에서, 주항은 그 항으로부터 어떠한 리터럴이라도 제거한다면 더 이상 임플리컨트가 되지 않는 임플리컨트이다. 이런 관점에서, $A'B'C'D'$는 주항이다, 왜냐하면, $B'C'D'$, $A'C'D'$, $A'B'D'$ 와 $A'B'C'$는 임플리컨트가 아니기 때문이다.(즉, 주항으로부터 어떠한 리터럴이라도 제거한다면, 그 함수가 0이 되어야 하는 어떤 입력 조합들에 대하여 그 항이 1이 된다.)

어쨌든, ACD는 A를 제거하면 CD가 남게 되는데, 이것은 여전히 임플리컨트이므로 주항이 아니다.(확실히, 어느 임플리컨트가 주항인지를 결정하기 위한 도식적인 접근법은 리터럴의 지우기를 시도하는 대수적인 방법보다 쉽다.)

맵의 목적은 최소의 SOP 표현식(최소는 곱항(임플리컨트)의 최소개수를 의미)을 알도록 하며, 같은 수의 임플리컨트를 가지는 SOP 표현식들 중에서 가장 적은 리터럴이 있는 식을 찾게 하는 것이다. 어쨌든, 우리가 고려하는 유일한 곱항은 주항들이다. 왜냐하면, 주항이 아닌 어떤 큰 임플리컨트를 찾았다면, 그것은 좀더 큰 임플리컨트인, 어떤 다른 주항 안에 포함되어 있음에 틀림없다. 그러나 그 큰 임플리컨트(2개 보다는 4개로 된 1이라 하자)는 더 작은 수의 리터럴을 가진다. 주항이 아닌 항을 사용하여 해를 만드는 것은 최소값이 아니다.(예를 들면, CD 는 2개의 리터럴을 가지는 한편 ACD는 3개를 가진다.) 더욱이, 더 큰 그 임플리컨트들은 더 많은 1을 커버하고 이것은 종종 좀 더 작은 수의 항들을 의미한다.

필수 주항(essential prime implicant)은 적어도 어떠한 다른 주항에 포함되지 않은 1을 포함하는 주항이다.(어떤 함수의 모든 주항에 원을 그렸다면, 필수 주항은 어떠한 다른 주항의 원이 그려져 있지 않은 1을 적어도 한 개는 포함하도록 원을 그릴 수 있는 주항이다.) 맵 3.13의 예제에서 *A'B'C'D'*, *ABC'* 와 *CD*는 필수 주항이지만 *ABD*는 아니다. 필수라는 의미는 그 주항을 어떠한 최소값의 SOP 표현식에 사용하여야만 한다는 개념으로부터 유도된다. 다음을 주의하도록 하자. 가끔 "필수"가 아니더라도 최소해(모든 해에서 한개 이상의 동등하게 좋은 해가 있을지라도)에서 사용되는 주항이 있을 것이다. 이것은 이러한 주항에 포함되어있는 각 1들이 다른 방식으로 묶일 수 있을 때 일어난다. 그 예는 3.2절에서 살펴보도록 하자.

3.2 카르노 맵을 이용한 최소 합의곱(SOP) 표현

이 장에서, 카르노 맵을 이용하여 최소 SOP 표현식을 찾는 방법을 알아볼 것이다. 이 방식이 몇몇의 선험적 방식을 포함한다 하더라도, 3변수 혹은 4변수 문제에 대한 최소 SOP 표현식(다수 해가 존재한다면 하나 이상)에 도달할 수 있도록 한다.(이것은 5변수, 6변수 맵에도 적용할 수 있으나, 3차원으로의 시각화는 약간 더 제한된다. 3.6절에서 5변수 맵에 대해 보다 자세하게 다룰 것이다.)

주항을 찾는 과정에서, 가장 고립된 1에서부터 시작하여 맵 안의 각 1에 대해 고려한다. 고립되었다는 것은, 1을 포함한 인접해있는 사각형이 거의 없거나 또는 전혀 없다는 것을 의미한다. ***n***변수 맵에서, 각 사각형은 ***n***개의 인접한 사각형을 가진다. 3변수와 4변수 맵에 대한 예가 맵 3.14에 나와 있다.

맵 3.14 3 변수와 4 변수 맵의 인접성

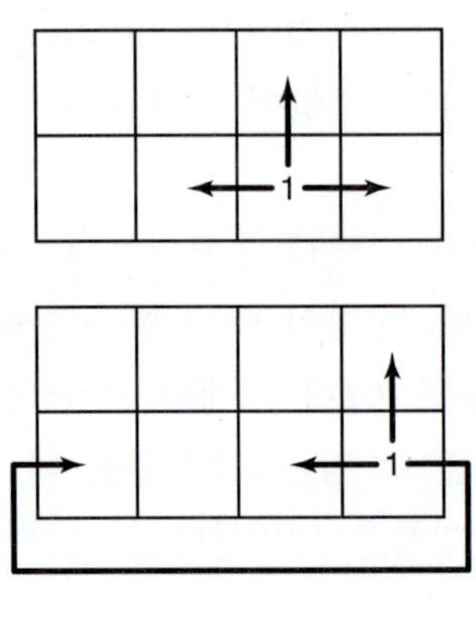

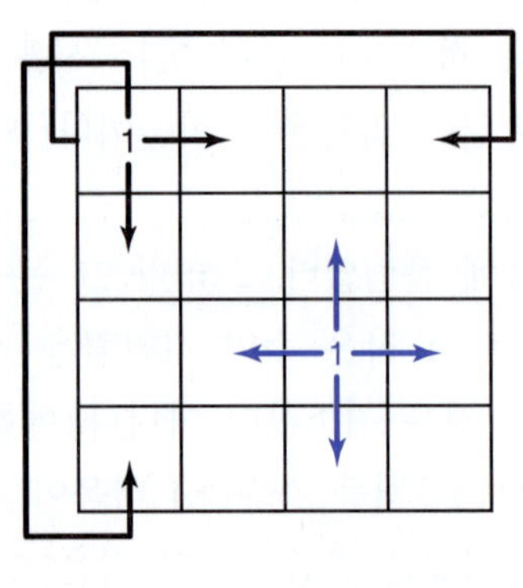

맵 방법 1

1. 모든 필수 주항을 찾는다. 맵에서 그것에 원으로 표시하고 그것들을 필수로 하게하는 최소항에 *로 표시한다. 맵에서 원 표시가 되어있지 않은 각 1에 대해서도 이러한 과정을 하도록 하자. 근처의 사각형에 1이 없는 고립된 1로부터 시작하는 것이 보통 가장 빠르다. 왜냐하면, 그것들에는 1을 가진 인접한 사각형이 가장 적기 때문이다.
2. 함수를 커버하는 다른 주항들을 충분히 찾는다. 다음의 두 기준을 적용하여 그러한 과정을 진행한다.
   a. 가능한 한 많은 새로운 1을 커버하는(이미 선택된 주항들에 의해 커버되지 않는) 주항을 선택한다.
   b. 아직 커버되지 않은 고립된 1들을 남겨두지 않는다.

가끔 '충분히'가 얼마나 되는지 명백하다. 예를 들어, 아직 커버되지 않은 5개의 1이 있고 그들 중 2개 이상을 커버하는 주항이 없다고 하면, 최소한 3개의 항이 더 필요하다. 때때로, 3개로 충분치 않을 때가 있지만, 대부분은 3개면 충분하다.

이러한 경우를 증명하기 위해 몇 개의 예제를 살펴보도록 하자. 첫째로, 정의를 증명하기 위해 주어진 예제를 살펴보자.

예제 3.5

표시한대로, m_0에는 인접한 1이 없다; 따라서, $m_0(A'B'C'D')$는 주항이다. 게다가 다른 어떠한 주항도 그 1을 커버하고 있지 않기 때문에 필수 주항이다.(이것은 최소항이 주항이 되는 모든 경우에 적용된다.) 다음에 살펴볼 것은 인접한 1이 하나뿐인 m_{12}이다. 이 1들은 주항 ABC'가 커버한다. 게다가, 다른 어떠한 항도 m_{12}를 포함하고 있지 않다. 따라서 ABC'는 필수 주항이다.(인접한 1이 단지 한 개인 1은, 그 두 개를 포함한 그룹은 항상 필수 주항이다.) 여기서 맵은 다음과 같이 되고,

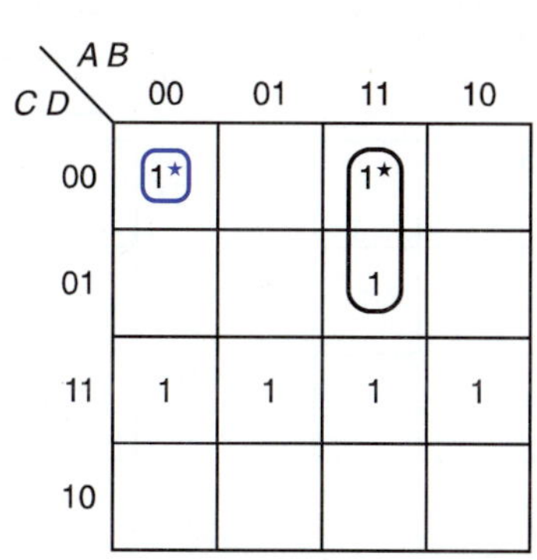

그리고

$$F = A'B'C'D' + ABC' + \cdots$$

아직까지 커버되지 않은 각 1들은 네 개의 그룹인 CD의 부분이 된다. 각 1들은 그 그룹의 부분인 두 개의 인접한 사각형을 가지고 있다. 4개가 있는 그룹에서는 항상 그러하다.(m_{15}와 같은 몇몇 항들은 2개 이상의 인접한 1을 가질 수 있다.) CD는 m_3, m_7, 혹은 m_{11}이 다른 주항에 커버되지 않았기 때문에 필수 주항이다. 결과적으로, 그 그룹을 원으로 표시하게 되면, 구하려는 함수를 모두 카버하게 되고,

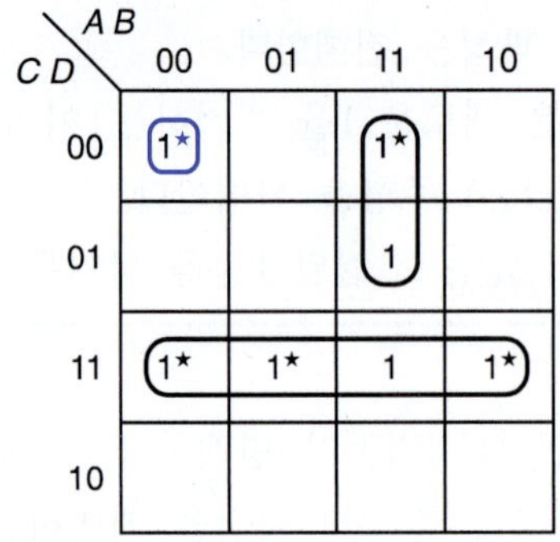

그 결과는 다음과 같다.

$$F = A'B'C'D + ABC' + CD$$

이 예제에서, 필수 주항들을 찾게 되면, 함수를 완료한 것이다; 모든 1들이 하나(혹은 그 이상)의 필수 주항에 커버된다. 과정 2는 필요하지 않다. 사용되지 않은 주항이 있을 수도 있다.(이 예제에서 ABD와 같이).

예제 3.6

가장 고립된 1인, m_{11}부터 살펴보자. m_{11}은 그림에 표시되어 있는 두 개로 이루어진 그룹인 wyz에만 커버되어 있다. 또 다른 하나의 필수 주항은 $y'z'$인데, m_0, m_8, 또는 m_{12} 때문이다. 이것들은 다른 주항에 커버되어 있지 않다; 각각의 항들은 필수 주항을 만든다. 두 번째 맵에 원으로 표시된 이러한 항들이 있다.

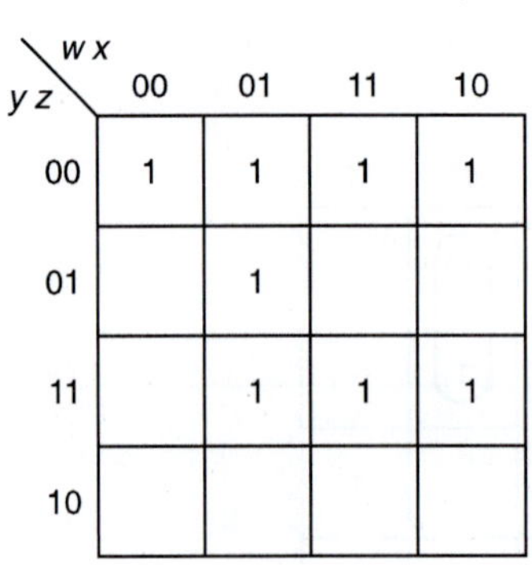

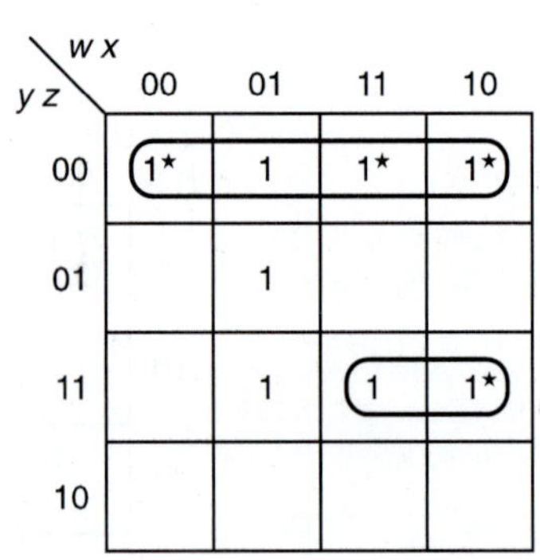

두 개의 1이 커버되지 않고 남아있다. 각 항들은 각기 다른 두 개의 주항에 커버되어질 수 있다; 그러나 하나의 항으로 두 개를 커버할 수 있는 유일한 방법은 다음의 첫

번째 맵에 나타나있다.

따라서, 최소의 곱의 합 해는 다음과 같다.

$f = y'z' + wyz + w'xz$

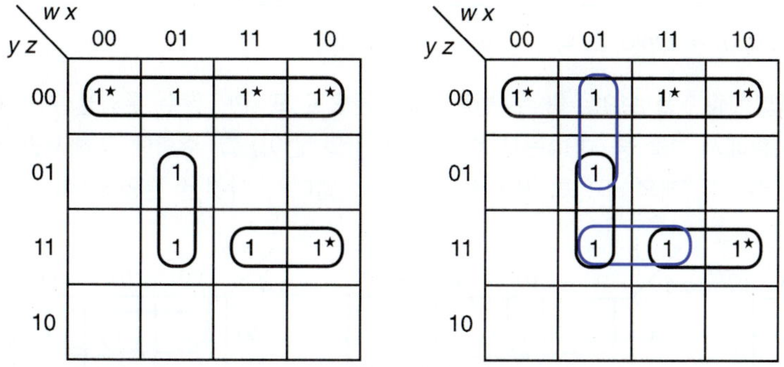

다른 두 개의 주항은 $w'xy'$과 xyz인데, 마지막 맵에 파란색 원으로 표시되어있다. 그것들은 중첩항(redundant)이라 하는데, 이들은 새로운 1을 커버하고 있지 않기 때문이다. 비록 최소해에 $w'xz$가 반드시 사용되어야 하나, 필수 주항의 정의에는 부합되지 않는다; 각각의 1들은 다른 주항에 커버되어질 수 있다.

"dead end"에 관한 2장의 예를 살펴보자.(예제 2.2)

예제 3.7

$f = a'b'c' + a'bc' + a'bc + ab'c'$

대수적 조작의 첫 번째 시도에서, 처음의 두 최소항을 묶었다. 그러나 아래의 왼쪽의 맵에서 보듯이, 두 개의 1이 결합되지 않은 채로 남아있고, 3개 항의 해로 도출된다. 게다가, $a'c'$는 필수 주항이 아니다. 반면에 맵을 사용한다면, 오른쪽 맵에서와 같이 모든 최소항을 포함하는 두 개의 필수 주항을 고를 수 있고, 다음과 같은 해를 도출한다.

$f = a'b + b'c'$

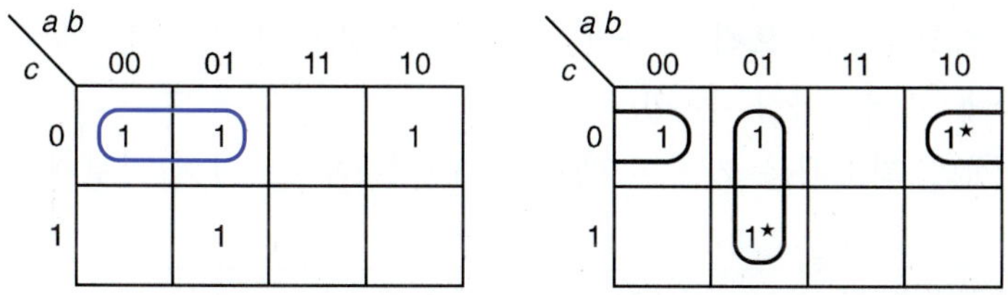

때때로, 모든 필수 주항을 선택한 후에도, 남은 1들을 커버하는데 두 가지의 방법이 있을 수 있으나, 예제 3.8에서와 같이 이들 중 하나만이 최소해를 만든다.

예제 3.8

$f(a, b, c, d) = \Sigma m(0, 2, 4, 6, 7, 8, 9, 11, 12, 14)$

첫 번째 맵은 함수를 보여주며 두 번째 맵은 원으로 표시된 필수 주항들을 보여준다. 각각의 상황에서, 1들 중 하나는(* 로 표시된 바와 같이) 그 주항에 의해서만 커버될 수 있다.(남은 두 개의 주항이 표시되는 마지막 맵에서 이것은 분명해진다.)

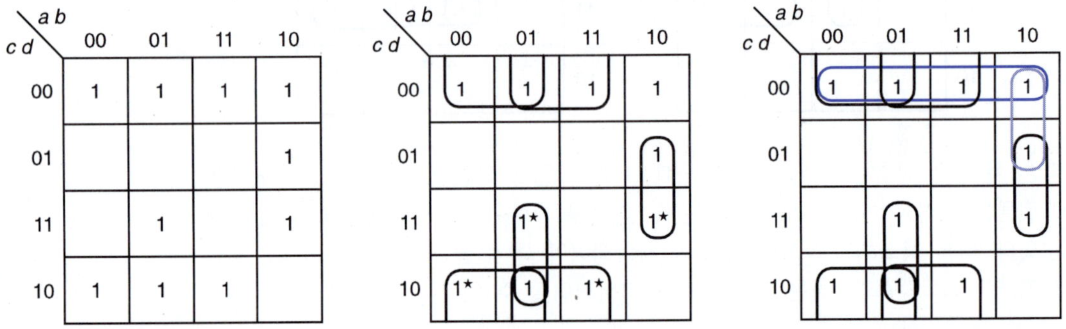

오직 하나의 1 (m_8)만이 필수 주항에 커버되지 않는다. 그것은 두 가지 방법으로 커버할 수 있는데, 4개의 그룹(파란색)에 의한 것과 2개의 그룹(밝은 파란색)에 의한 것이 있다. 분명히, 네 개로 이루어진 그룹이 하나의 리터럴이 적은 해를 제공하므로, 다음과 같다.

$f = a'd' + bd' + a'bc + ab'd + c'd'$

한 개의 1이 4변수 맵에서 4개로 이루어진 필수 주항을 만들 수 있는가는, 오직 두 개의 인접한 0을 찾으면 된다. 만약 두 개보다 적은 인접한 0이 있다면, 이 1은 반드시 8개로 이루어진 그룹과 2개 혹은, 그보다 더 작은 수로 이루어진 그룹에 모두 포함된다. 예제 3.8의 m_2과 m_{14}를 살펴보면 인접한 두 개의 0이 있고, 따라서 각자 필수 주항을 만든다. 반대로, m_0, m_4, m_8, 그리고 m_{12}는 오직 하나의 인접한 0을 지니고 각자 두 개 혹은 세 개의 주항에 커버되어질 수 있다.

여러 개의 최소해를 가지는 예제를, 3변수 함수부터 살펴보자.

예제 3.9

2장에서 최소 곱의 합의 정의를 묘사하는데 사용된 표현식을 상기하자:

$x'yz' + x'yz + xy'z' + xy'z + xyz$

이 함수의 맵을 왼쪽에 보여준다. 두 개의 필수 주항이 오른쪽의 맵에 표시되어있다.

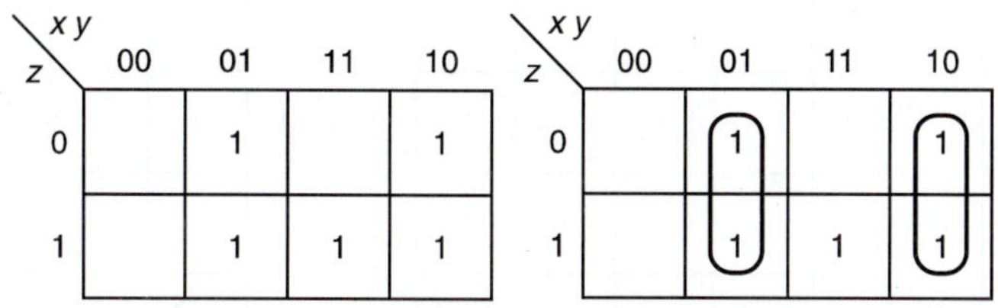

두 개의 필수 주항을 찾은 뒤에도, m_7는 여전히 커버되지 않았다. 다음의 맵이 두 해를 보여준다.

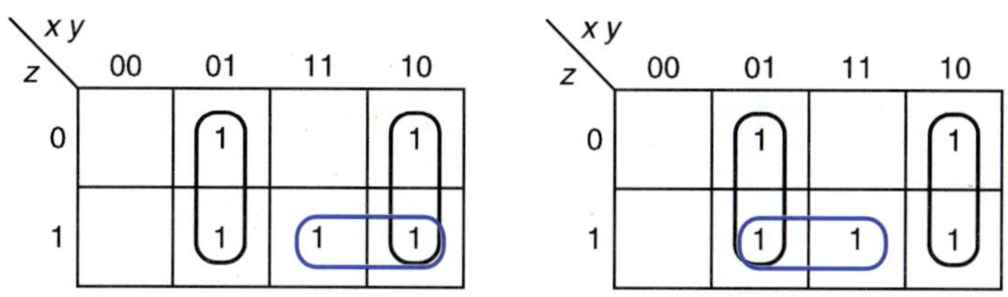

$x'y + xy' + xz$ $x'y + xy' + yz$

예제 3.10

$$g(w, x, y, z) = \Sigma m(2, 5, 6, 7, 9, 10, 11, 13, 15)$$

첫 번째 맵에는 이 함수가 표시되어 있고, 다음과 같이 주어진 두 개의 필수 주항이 두 번째 맵에 나타나 있다.

$$g = xz + wz + \cdots$$

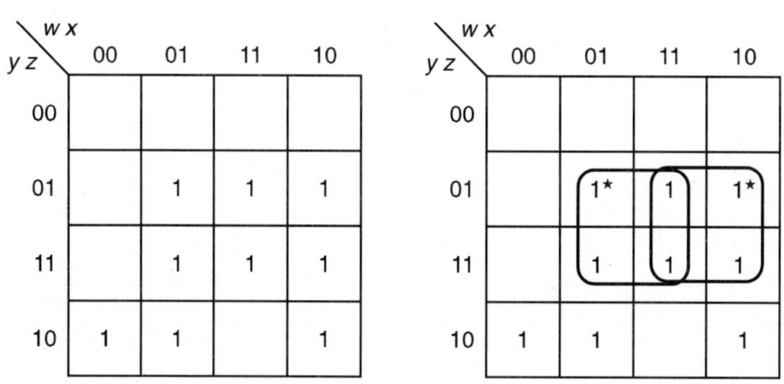

비록 m_2가 고립된 것처럼 보여도, 실제로 그것은 $w'yz'$(m_6과 함께) 혹은 $x'yz'$(m_{10}과 함께)에 커버될 수 있다. 필수 주항을 고른 뒤에, 남아있는 세 개의 1들은 다른 2개의 주항들에 커버될 수 있다. 세 개의 1들이 커버될 필요가 있고(필수 주항을 고른 뒤에), 남아있는 주항들은 모두 2개로 이루어진 그룹이기 때문에 세 개의 리터럴을 가지며, 최소한 이러한 주항 2개가 더 필요하다. 사실, 남은 1들을 추가된 2개의 주항으로 커버하는 세 가지 방법이 있다. 첫 번째 기준을 사용하면, 왼쪽의 맵에 나와 있는 것처럼 두 개의 새로운 1을 커버하는 주항 $w'yz'$을 선택할 수 있다.

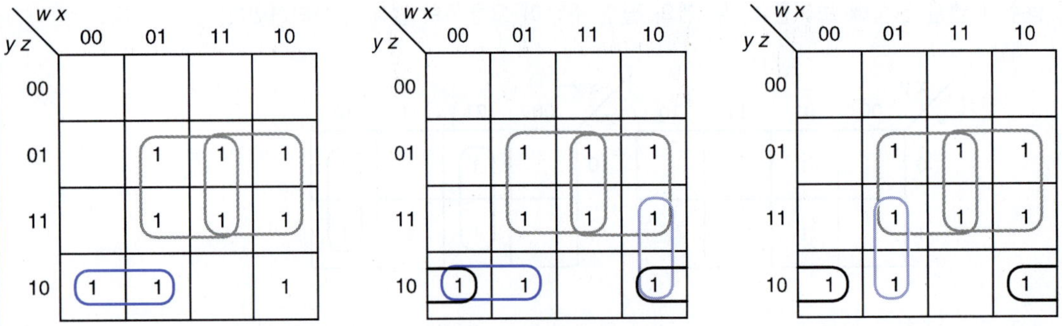

그 후, 오직 m_{10}만이 남아있고 그것은 가운데 맵에서와 같이 $wx'y$ 나 혹은 $x'yz'$ 둘 다에 의해 커버되어 질 수 있다. 이와 유사하게 오른쪽에 나와 있는 것처럼 $x'yz'$로부터 시작하여 $w'xy$를 사용하여 해를 완성할 수 있다.($w'yz'$를 선택할 수도 있으나, 이전의 답 중 하나를 반복하게 된다.) 따라서, 다음의 세 가지 해가 있다.

$$g = xz + wz + w'yz' + wx'y$$
$$g = xz + wz + w'yz' + x'yz'$$
$$g = xz + wz + x'yz' + w'xy$$

세 개의 모든 해가 네 개의 항과 10개의 리터럴이 필요하다.

이 시점에서, 다음을 분명히 하는 것이 좋다. 여러 개의 최소해가 있을 때(이 예제에서 그것이 사실이듯), 모든 여러 개의 최소해들은 같은 수의 항과 리터럴을 지닌다. 보다 많은 항이나 리터럴을 가진 해는 최소해가 아니다!

예제 3.11 이 예제는 "탐욕적(greedy)이지 말것"이라고 부르는 것이다.

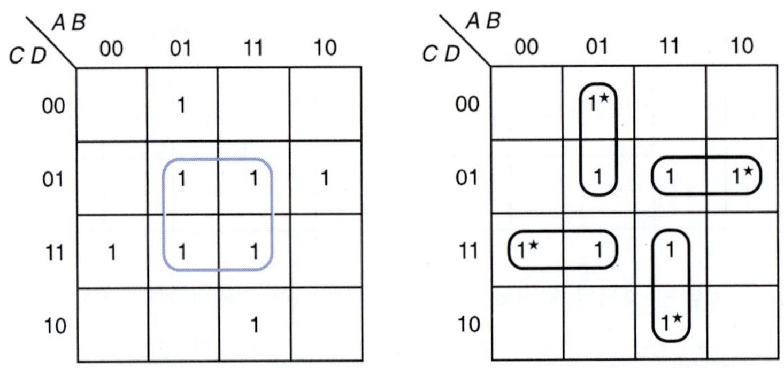

처음 보기에, 네 개로 이루어진(밝은 파란색 원으로 표시된) 그룹 하나만을 선택할 수 있다. 그러나, 모든 필수 주항을 원으로 표시하고 가운데 네 개의 1이 모두 커버된 것을 본다면 명백히 그 항은 필수 주항이 아니다. 따라서, 최소해는 다음과 같다.

$$G = A'BC' + A'CD + ABC + AC'D$$

예제 3.12

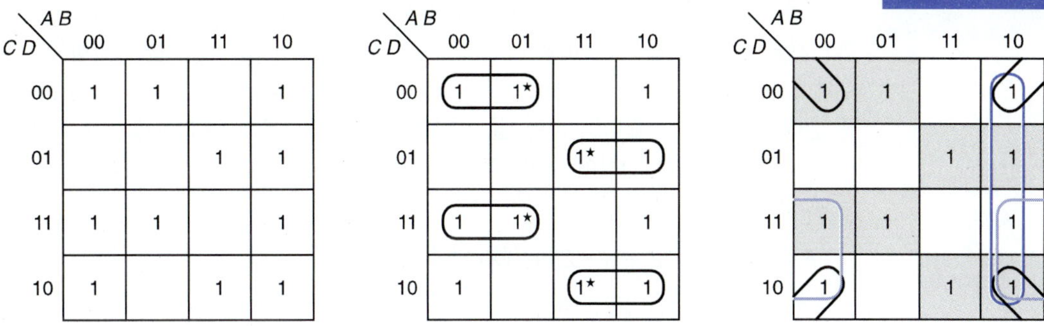

두 번째 맵에 네 개의 필수 주항이 나타나있고, 커버되게 될 나머지 3개의 1들은 남겨두면:

$$F = A'C'D' + AC'D + A'CD + ACD' + \cdots$$

이 사각형들은 오른쪽의 맵에서 어둡게 칠해졌다. 4개로 이루어진 그룹인 3개의 주항들도 오른쪽의 맵에 나타나있다. 이 항들은 각각 남은 3개의 1중에 2개를 커버한다.(2개는 동일하지 않다). 따라서 $B'D'$, AB', 그리고 $B'C$ 중 어떠한 2개라도 최소 SOP 표현을 완성할 수 있다. 세 개의 동일한 해답은 다음과 같다.

$$F = A'C'D' + AC'D + A'CD + ACD' + B'D' + AB'$$
$$F = A'C'D' + AC'D + A'CD + ACD' + B'D' + B'C$$
$$F = A'C'D' + AC'D + A'CD + ACD' + AB' + B'C$$

예제 3.13

$$G(A, B, C, D) = \Sigma m(0, 1, 3, 7, 8, 11, 12, 13, 15)$$

이것은 필수 주항을 찾고 난 후 보다 많은 커버되지 않은 1이 남는 경우이다. 첫 번째 맵에서 모든 주항은 원으로 표시되어 있다. 필수 주항은 오직 YZ 뿐이다; 커버되어져야 할 5개의 1이 남는다. 다른 주항들이 모두 2개로 이루어진 그룹이기 때문에, 3개의 주항이 더 필요하다. 이 1들은 각 주항이 다른 편의 주항으로 연결되는 체인의 형태를 이루고 있다. 하나의 해를 보고 있으면, 2단계의 지시를 따라, 새로운 1들을 커버하는 두 개의 항을 선택하고 나서 남은 1을 커버하는 항을 선택해야 한다.

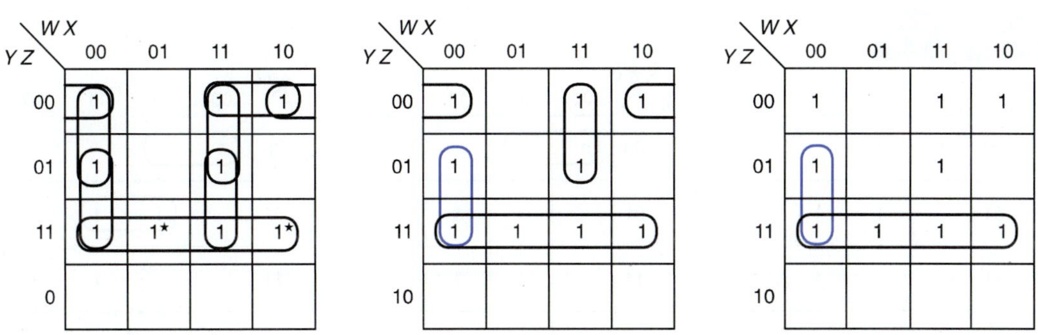

WXY'와 $X'Y'Z'$로 시작하는 그러한 예가 가운데 맵에 나타나 있다. 모든 최소해를 찾기를 원한다면, 체인의 한쪽 끝에서부터 체계적인 접근이 이루어져야 한다.(오른쪽 맵에서처럼) (반대편 끝인 m_{13}에서부터 시작하더라도, 결과는 같다.) m_1을 커버하기 위해 위에 있는 파란색 원에 나타난 $W'X'Z$나 (다음의 맵에서 나와있는) $W'X'Y'$를 이용해야만 한다. $W'X'Z$를 골랐다면 남은 1을 커버하기 위한 방법은 위의 가운데 맵에 나와 있는 것처럼 한 가지 방법밖에 없기 때문에, 선택의 여지가 없다. 따라서 하나의 해는 다음과 같다.

$$F = YZ + W'X'Z + X'Y'Z' + WXY'$$

다음의 세 가지 맵은 m_0을 커버하기 위해 $W'X'Y'$을 사용한 해들을 보여준다.

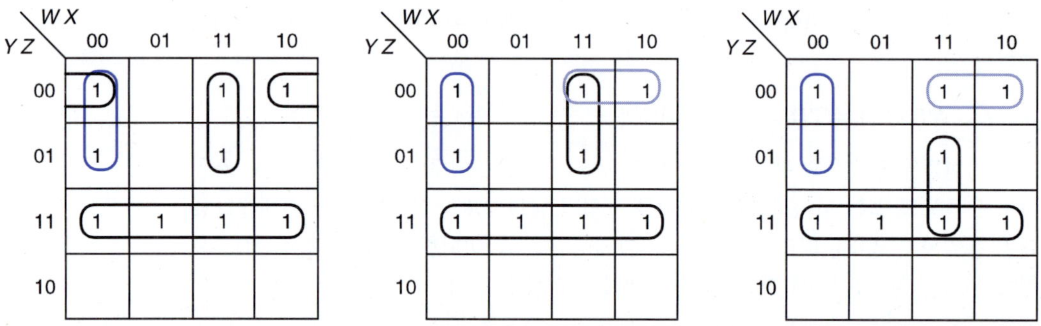

$W'X'Y'$을 선택한 뒤, 커버되어야 할 3개의 1이 있다. 전과 같이 같은 두 개의 남은 항을 사용할 수 있고(왼쪽), m_8을 묶기 위해 $WY'Z'$을 사용할 수 있다.(오른쪽 두 개) 따라서 나머지 3개의 해는 다음과 같다

$$F = YZ + W'X'Y' + X'Y'Z' + WXY'$$
$$F = YZ + W'X'Y' + WY'Z' + WXY'$$
$$F = YZ + W'X'Y' + WY'Z' + WXZ$$

그 다음 필수 주항을 포함하지 않은 두 가지 예제를 살펴볼 것이다. 그러한 함수의 고전적인 예가 예제 3.14에 나타나 있다.

예제 3.14

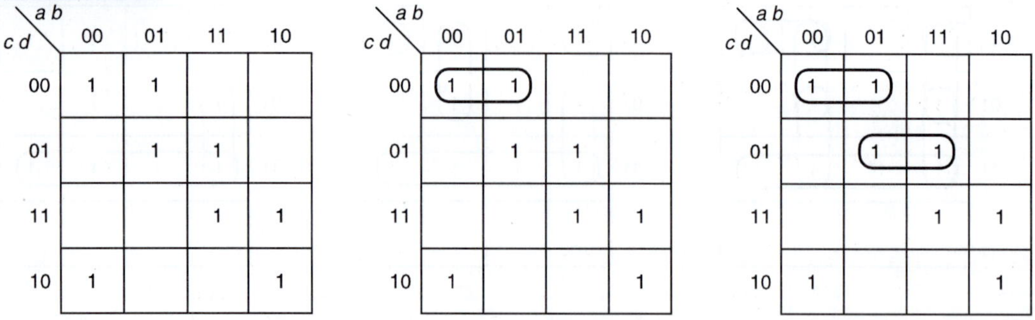

8개의 1이 있다; 모든 주항은 2개로 이루어진다. 따라서 최소해에는 최소한 4개의 항이 필요하다. 시작할 곳이 분명치 않기 때문에, 두 번째 맵에서, 임의적으로 항들 중 하나인 $a'c'd'$을 선택한다. 2단계의 지시를 따라, 고립된 1을 남기지 않기 위한 방법으로 새로운 두 개의 1을 커버하는 두 번째 항을 선택해야 한다. 그러한 항인 $bc'd$가, 세 번째 맵에 나타나있다. 다른 가능한 방법은 $b'cd'$가 될 것이다.(마지막 줄에 있는 그룹). 그 그룹 또한 사용된다. 그 과정을 반복하면, 왼쪽의 맵에 대한 커버를 완성할 수 있고, 다음과 같다.

$$f = a'c'd' + bc'd + acd + b'cd'$$

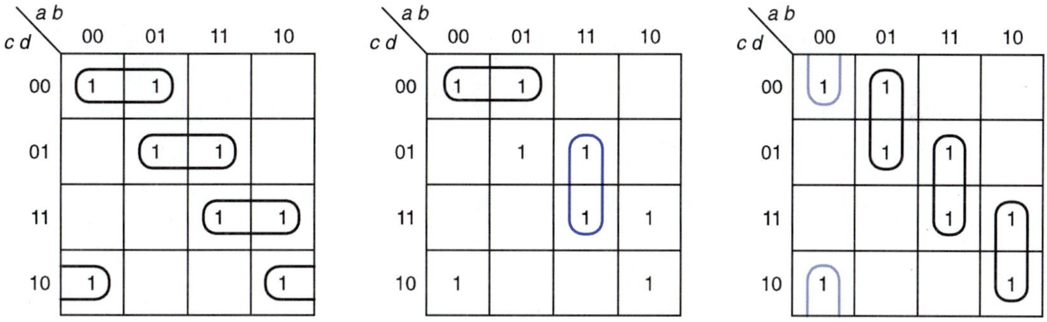

만약 $a'c'd'$부터 시작한다면, abd와 같이, 이 풀이에서는 포함되지 않는 주항을 고른 것이며, 가운데 맵에서와 같이 커버되지 않은 1(세 번째 항을 필요로 하는)과 세 개의 1(두 개의 항을 필요로 하는)을 남기게 된다. 그러한 두 항을 사용한 해는 5개의 항을 필요로 한다.(네 개로 이루어진 최소해를 찾았기 때문에 명백히 최소해는 아니다).

이 문제의 다른 풀이는 m_0를 커버하기 위한 오직 다른 하나의 주항인, $a'b'd'$로부터 시작하는 것이다. 같은 과정을 사용하여 오른쪽의 맵과 다른 하나의 최소해를 얻을 수 있다.

$$f = a'b'd' + a'bc' + abd + ab'c$$

예제 3.15

$$G(A, B, C, D) = \Sigma m(0, 1, 3, 4, 6, 7, 8, 9, 11, 12, 13, 14, 15)$$

모든 주항은 4개로 이루어진 그룹이다. 13개의 1이 있기 때문에, 최소한 4개의 항이 필요하다. 왼쪽의 맵은 모든 주항이 원으로 표시되어 있는데 모두 9개이다. 원으로 1번밖에 표시되지 않은 1이 있다면 필수 주항을 의미한다. 여기에서는 없기 때문에, 필수 주항은 없다.

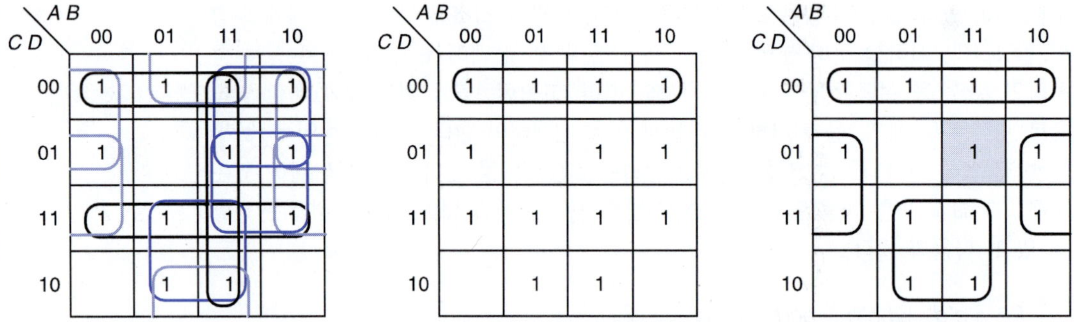

시작점으로, 오직 두 개의 주항에 포함되어있는 최소항, m_0을 고르자. 두 번째 맵에서, 그 최소항을 포함하기 위해 $C'D'$를 사용할 것이다. 다음, 오른쪽 맵에 나와 있듯이 새로운 1들을 묶기 위한 두 개의 주항을 찾을 수 있다. 남아있는 것은 m_{13} 뿐이다. 다음 왼쪽 맵에서 나타나 있듯이, 서로 다른 세 가지 주항이 사용될 수 있다. 이제 세 가지의 최소해가 있다.

$$F = C'D' + B'D + BC + \{AB \text{ or } AC' \text{ or } AD\}$$

만약 m_0를 커버하기 위해 $C'D'$가 아닌 $B'C'$를 사용한다면(m_0를 포함하는 오직 하나의 또 다른 주항)가운데 맵에 나타나 있듯이, 각자 4개의 새로운 1을 커버하고 m_{13}만을 남기는 2개의 주항을 찾을 수 있다. 다시 한 번(이전과 같이) 커버를 완성하기 위한 3가지 방법이 있다.

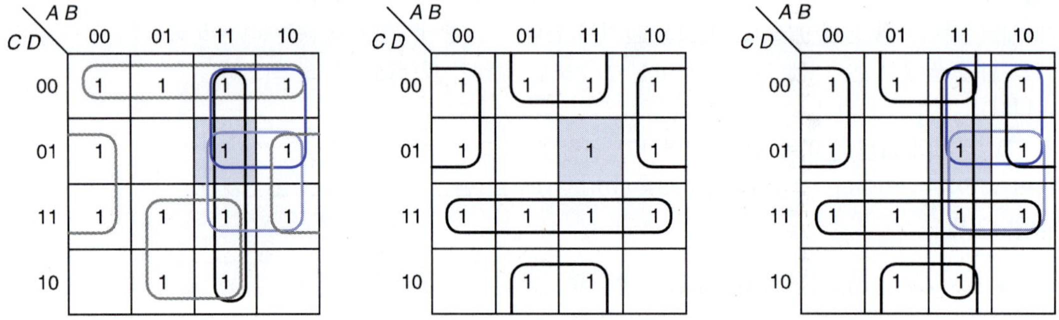

따라서, 6개의 동일한 좋은 해가 있다.

$$F = \begin{Bmatrix} C'D' + B'D + BC \\ B'C' + BD' + CD \end{Bmatrix} + \begin{Bmatrix} AB \\ AC' \\ AD \end{Bmatrix}$$

첫 번째 괄호에서 한 그룹의 항들과 추가로 두 번째 괄호에서 하나의 항을 고를 수 있다. 모두 최소 주항 개수인 4개이기 때문에 더 좋은 해는 있을 수 없다. 다른 조합을 시도해 보지 않아 명백하지는 않지만 더 이상의 최소해는 없다.

문제풀이 1에 다른 예제들이 많이 있다. 예제 3.16은 우리가 생각한 것보다 많은 항을 필요로 하는 가장 복잡한 4변수 문제 중 하나이다.

예제 3.16

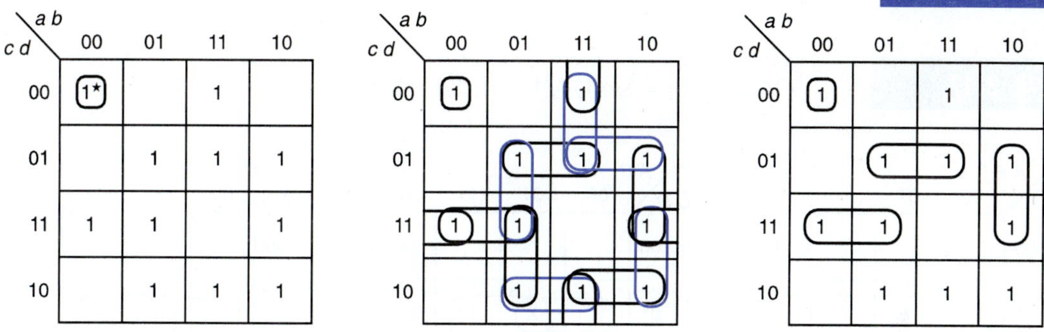

이 함수는 하나의 필수 주항(최소항)과 10개의 다른 1들을 가지고 있다. 다른 주항들은 모두 2개 그룹으로 이루어진다. 가운데 맵에는 13개의 모든 주항이 나타나 있다. 모든 1들(m_0 이외의)이 두 개 혹은 세 개의 다른 항에 커버될 수 있다.

2개로 이루어진 그룹으로 커버할 10개의 1이 있기 때문에, 최소한 5개의 항과 추가로 $a'b'c'd'$가 필요하다는 것을 알 수 있다. 함수를 커버하기 위한 시도의 시작이 오른쪽 맵에 나타나 있다. 각 항들은 아직 커버되지 않은 고립된 1을 남기지 않고 2개의 새로운 1을 커버한다.(위쪽의 1은 m_{14}와 함께 커버할 수 있다.) 4개의 남겨진 1은 3개의 항을 필요로 한다. 몇 번의 결합을 시도한 후에, 7개 이하의 항으로는 이 함수를 커버할 수 없다는 것을 알게 된다. 이 문제에 대한 서로 다른 32개의 최소해가 있다. 다음은 그 중 몇 개의 해이다. 나머지는 연습문제로 남겨둔다(Ex 2p).

$$\begin{aligned} f &= a'b'c'd' + a'cd + bc'd + ab'd + abc' + a'bc + acd' \\ &= a'b'c'd' + a'cd + bc'd + ab'd + abd' + bcd' + ab'c \\ &= a'b'c'd' + b'cd + a'bd + ac'd + abd' + acd' + bcd' \\ &= a'b'c'd' + b'cd + abc' + bcd' + a'bd + ab'c + ab'd \end{aligned}$$

3.3 DON'T CARES

don't care를 포함한 함수의 최소해를 찾는 것은 앞 절에서 개발된 방법에 많은 변경이 필요하지는 않다. 여기서 주항의 정의를 약간 수정하고, 필수 주항의 정의를 분명히 할 필요가 있다.

> 주항은 보다 큰 직사각형에 포함되지 않은 1 혹은 X의 1, 2, 4, 8, ... 개의 사각형이다. 따라서 주항을 찾는다는 점에서, X(don't care)는 1로 취급된다.

> 필수 주항은(이전과 같이) 다른 주항에 포함되지 않은 최소한 한 개의 1을

포함한 주항을 말한다. don't care(X)는 필수 주항을 만들지 않는다.

이제, 단지 이전 절의 방법을 적용하면 된다. 완료했을 때, 어떤 X는 포함되었을 수도 있고, 아닐 수도 있다. 그러나 don't care가 함수에 포함되든 포함되지 않든 상관하지 않는다.

예제 3.17 $F(A, B, C, D) = \Sigma m(1, 7, 10, 11, 13) + \Sigma d(5, 8, 15)$

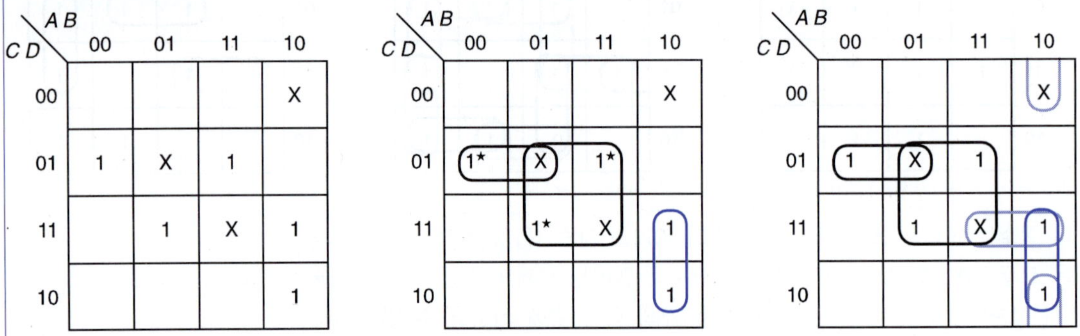

함수를 맵으로 만드는 데 있어 첫 번째로, 함수의 최소항인 1과 don't care에 대해서는 X를 기입한다. 가운데 맵에서와 같이 두 개의 필수 주항을 찾을 수 있다. 각각의 상황에서, *가 표시되어 있는 1들은 다른 주항에 의해 커버되지 않는다. 남은 두 개의 1은 함수의 남아있는 부분을 커버하기 위해 파란색 원으로 표시된다. 이 1들은 다른 주항에 의해 커버될 수 있기 때문에 필수 주항은 아니다.(오른쪽의 맵에서 밝은 파란색으로 표시된다) 그러나 $AB'C$를 사용하지 않는다면, 하나의 항 대신에 두 개의 항이 더 필요하다. 따라서 최소해는 오직 다음과 같다.

$$F = BD + A'C'D + AB'C$$

그리고 $AB'D'$와 ACD의 두 주항은 최소해에서는 사용되지 않는다. 만약 모든 don't care가 1이 된다면, m_8을 커버하기 위해 네 번째의 항이 필요하고, 다음을 만든다.

$$F = BD + A'C'D + AB'C + AB'D' \quad \text{혹은}$$
$$F = BD + A'C'D + ACD + AB'D'$$

그리고 만약 모든 don't care가 0이 된다면, 함수는 다음과 같이 될 것이다.

$$F = A'B'C'D + A'BCD + ABC'D + AB'C$$

두 상황에서, 해는 그 항들을 don't care로 다루었을 때(두 개의 don't care는 1, 하나는 0으로 간주했을 때)보다 더욱 복잡하다.

예제 3.18

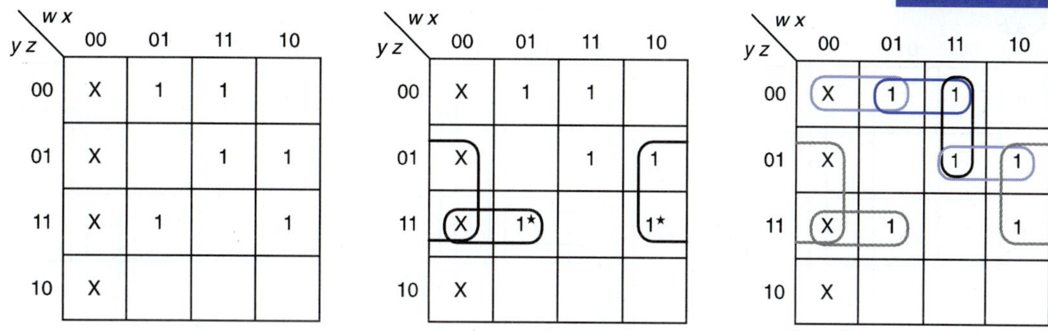

가운데 맵에 보인바와 같이, 두 필수 주항 *x'z*, *w'yz* 가 있다. 4개의 don't care로 이루어진 그룹인, *w'x'*는 주항이나(네 개의 1이나 X의 사각형이기 때문에), 필수는 아니다(다른 주항에 커버되지 않은 1을 커버하고 있지 않기 때문에). 물론, 어떠한 추가적인 1도 커버하지 않는 항을 추가하게 되는 것이기 때문에 don't care로 이루어진 주항은 사용되지 않는다. 남은 세 개의 1은 2개로 이루어진 그룹 2개가 필요하고 따라서 4개의 항과 11개의 리터럴을 사용하는 3개의 동등하게 좋은 최소해가 있다:

$$g_1 = x'z + w'yz + w'y'z' + wxy'$$
$$g_2 = x'z + w'yz + xy'z' + wxy'$$
$$g_3 = x'z + w'yz + xy'z' + wy'z$$

예제 3.18에서 살펴볼 중요한 점은 세 개의 대수학적 표현이 동일하지 않다는 것이다. 다른 두 개는(서로에게는 동일한) don't care를 0으로 다루는 반면에, 첫 번째 식은 m_0의 don't care를 1로 다룬다. 이 일은 don't care에 자주 일어난다. 함수의 분명한 부분(1과 0)은 동일하게 다루어야 하지만, don't care는 다양한 해에서 서로 다른 값이 될 수 있다. 맵 3.15의 맵들이 그러한 세 함수를 보여주고 있다.

맵 3.15 예제 3.18에 대한 서로 다른 해들

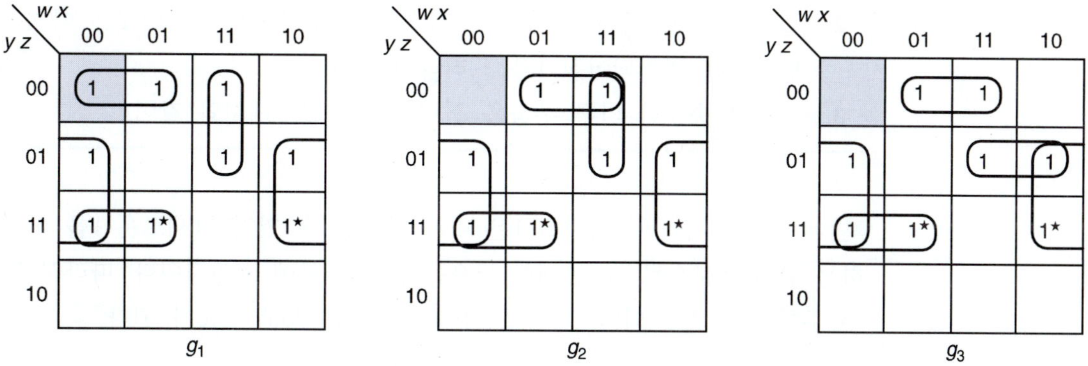

예제 3.19

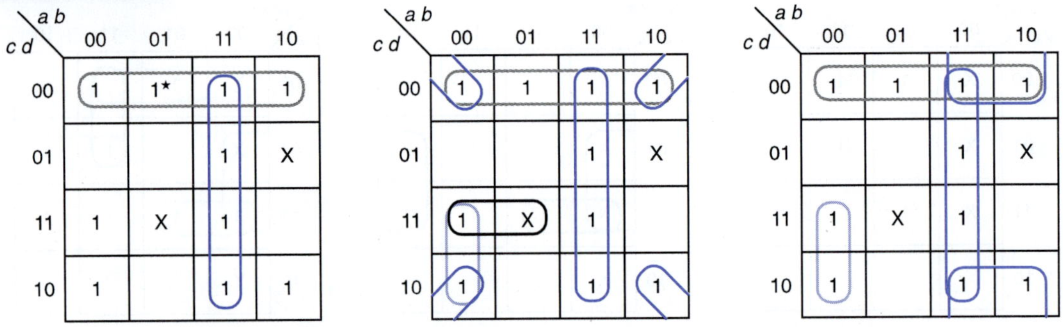

왼쪽의 맵에서, 오직 하나의 필수 주항인 $c'd'$와 모든 세 가지 해에 모두 사용되는 4개로 이루어진 그룹, ab가 나타나있다.(m_{15}를 커버하는 유일한 다른 주항인 bcd는 리터럴이 하나 더 필요하고, ab에 의해 커버되지 않은 어떠한 1도 더 이상 커버하지 않고 있기 때문에, 반드시 ab를 사용해야 한다.) 남은 3개의 1은 두 항이 필요한데, 하나는 반드시 두 개로 이루어진 그룹이어야 하고(m_3을 커버하기 위해) 다른 하나는 m_{10}을 커버하기 위해 4개로 이루어진 그룹이어야 한다. 두 번째 맵에서, 두 개의 해가 보이는데, 네 개로 이루어진 그룹 $b'd'$를 이용하였다. 오른쪽의 맵에서는, ad'를 사용한 세 번째 해가 나타나 있다. 따라서, 다음의 해를 얻을 수 있다.

$$g_1 = c'd' + ab + b'd' + a'cd$$
$$g_2 = c'd' + ab + b'd' + a'b'c$$
$$g_3 = c'd' + ab + ad' + a'b'c$$

don't care는 이들을 포함하거나 혹은 포함하고 있지 않은 함수의 맵 문제를 해결하는 데 있어 또 다른 접근방법을 제공한다.

맵 방법 2

1. 모든 필수 주항을 찾는다.
2. 필수 주항에 의해 커버되는 모든 1들을 X로 바꾼다. 이것은 아직 남아있는 커버되어질 1을 드러나게 한다.
3. 그리고 충분한 다른 주항을 선택한다.(방법 1에서와 같이).

2단계는 필수 주항에 커버된 1은 다시 사용될 수 있지만(새로운 1을 커버하는 항의 부분으로써), 존재할 필요는 없기 때문에 효과적이다. 따라서 필수 주항을 고르게 되면, 실제로 이 최소항들은 don't care가 된다.

예제 3.20

$F(A, B, C, D) = \Sigma m(0, 3, 4, 5, 6, 7, 8, 10, 11, 14, 15)$

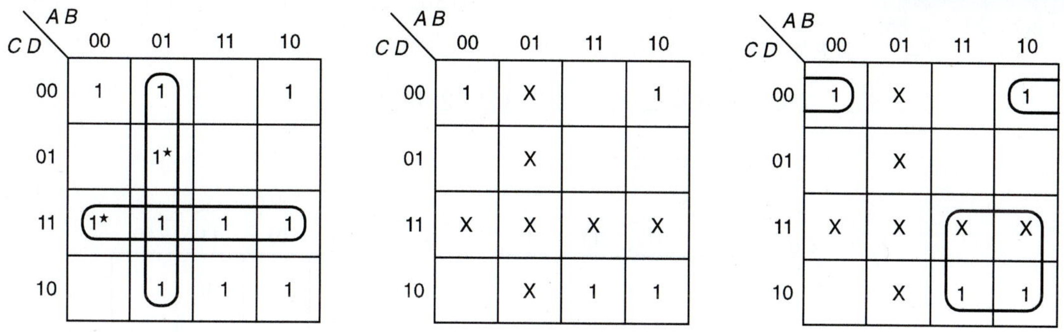

처음에 $A'B$와 CD의 두 필수 주항을 찾을 수 있다. 가운데 맵에서, 이 두 주항에 커버된 모든 1을 don't care로 변환하였다. 마지막으로, 남은 1을 AC와 $B'C'D'$로 모두 커버할 수 있고, 다음의 식을 만든다.

$$F = A'B + CD + AC + B'C'D'$$

커버된 최소항을 don't care로 교체하는 것은, 예제 3.12에서 사각형을 회색으로 칠하는 것과 동일하다; 그것은 남아있는 커버하여야 할 1을 드러나게 한다.

3.4 곱의 합(Product of Sums: POS)

최소 POS 표현을 찾는 데 새로운 이론은 필요하지 않다. 다음의 접근법이 가장 간단하다.

1. 함수의 보수 맵을 만든다.(이미 함수에 대한 맵이 있다면, 모든 0을 1로, 모든 1은 0으로 바꾸고, X는 그대로 남겨둔다.)
2. 함수의 보수에 대한 최소 SOP 표현을 찾아라.(앞의 두 절의 기법을 사용하여)
3. 그 표현을 보수화하는 드모르강의 법칙(P11)을 사용하여 POS 표현으로 만든다.

여기에 다루지 않은 또 다른 접근법은 주항의 쌍대(dual)(prime implicate라고 부르기도 하는)를 정의하고, 새로운 방법을 개발하는 것이다.

예제 3.21

$f(a, b, c, d) = \Sigma m(0, 1, 4, 5, 10, 11, 14)$

모든 최소항들이 f 혹은 f'의 최소항임에 틀림없기 때문에, 따라서, f'는 다른 최소항들의 모든 합이 되어야만 하고, 그것은 다음과 같다.

$f'(a, b, c, d) = \Sigma m(2, 3, 6, 7, 8, 9, 12, 13, 15)$

f와 f'의 맵은 다음과 같다.

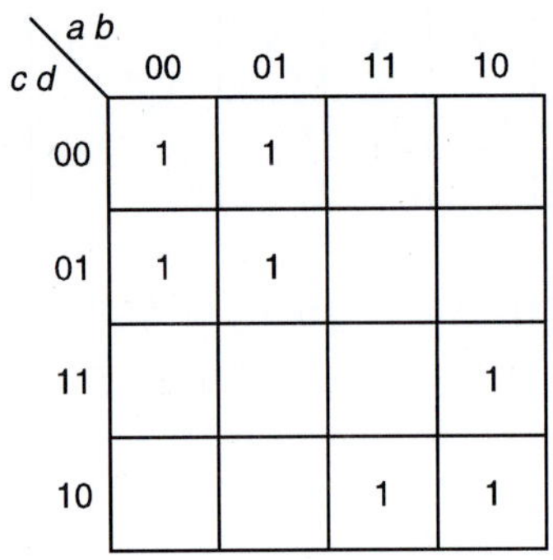

f

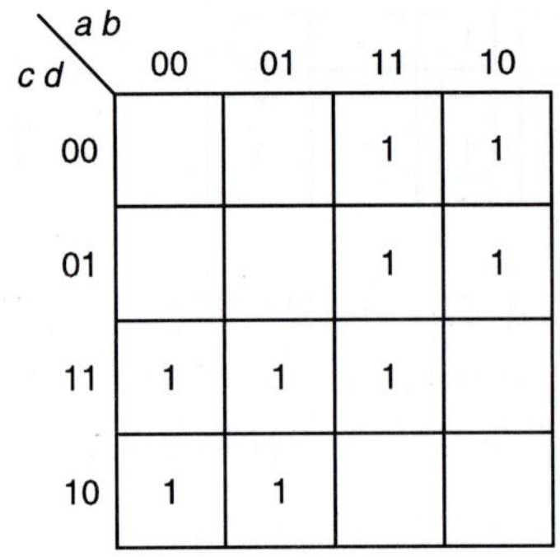

f'

SOP 표현과 POS 표현 둘 다 필요하지 않다면 f의 맵은 필요하지 않다. f를 맵으로 만들고 나면, f'의 최소항들을 모두 적을 필요는 없다; 단지 0을 1로 1을 0으로 교체하면 된다. 또한, f'를 맵으로 만드는 것 대신, f의 맵에서 0의 사각형을 찾을 수 있다. 이 함수가 훨씬 간단하다. 다음은 f와 f'에 대한 최소 SOP 표현식을 나타낸 맵이다.

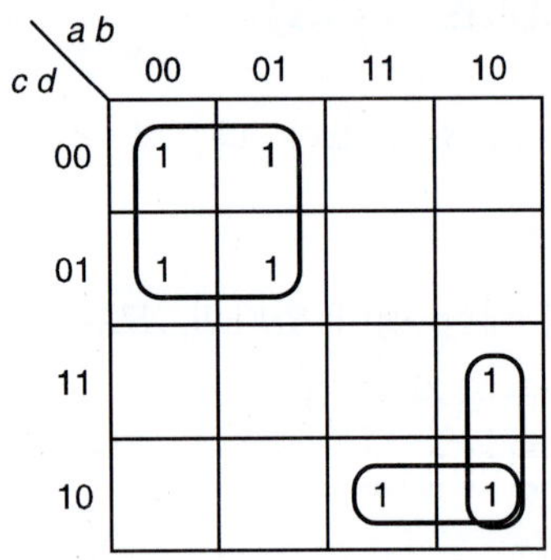

f

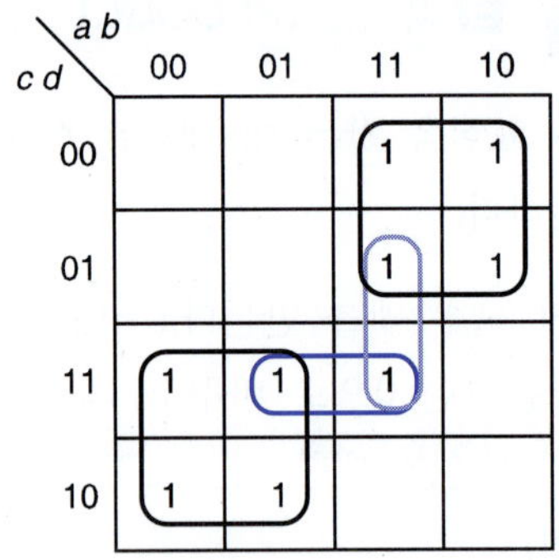

f'

f에 대한 하나의 최소해와 f'에 대한 2개의 좋은 SOP 해가 다음에 나타나있다.

$f = a'c' + ab'c + acd'$ $\qquad f' = ac' + a'c + abd$

$\qquad\qquad\qquad\qquad\qquad\quad f' = ac' + a'c + bcd$

f에 대한 2개의 최소 POS 해를 얻기 위해, f'의 해를 보수화 하면 다음을 얻을 수 있다.:

$f = (a' + c)(a + c')(a' + b' + d')$

$f = (a' + c)(a + c')(b' + c' + d')$

최소 SOP 해는 3개의 항과 8개의 리터럴을 가진다. 최소 POS 해는 3개의 항과 7개의 리터럴을 가진다.(고정된 패턴은 없다; 때로는 SOP 해가 보다 적은 항과 리터럴을 가질 수 있고, 때로는 POS가 그럴 수 있다. 그리고 때로는 같은 수의 항과 리터럴을 가질 수 있다.)

예제 3.22

다음의 식에 대한 모든 최소 SOP 해와 모든 최소 POS 해를 찾아라.

$$g(w, x, y, z) = \Sigma m(1, 3, 4, 6, 11) + \Sigma d(0, 8, 10, 12, 13)$$

g의 맵을 만들면서 최소 SOP 표현식을 찾을 수 있다. 그러나, 주항을 표시하여 맵을 복잡하게 만들기 전에, g' (g 아래)의 맵을 만들 수 있다. X는 양쪽 맵에서 모두 같다는 것을 유의하자.

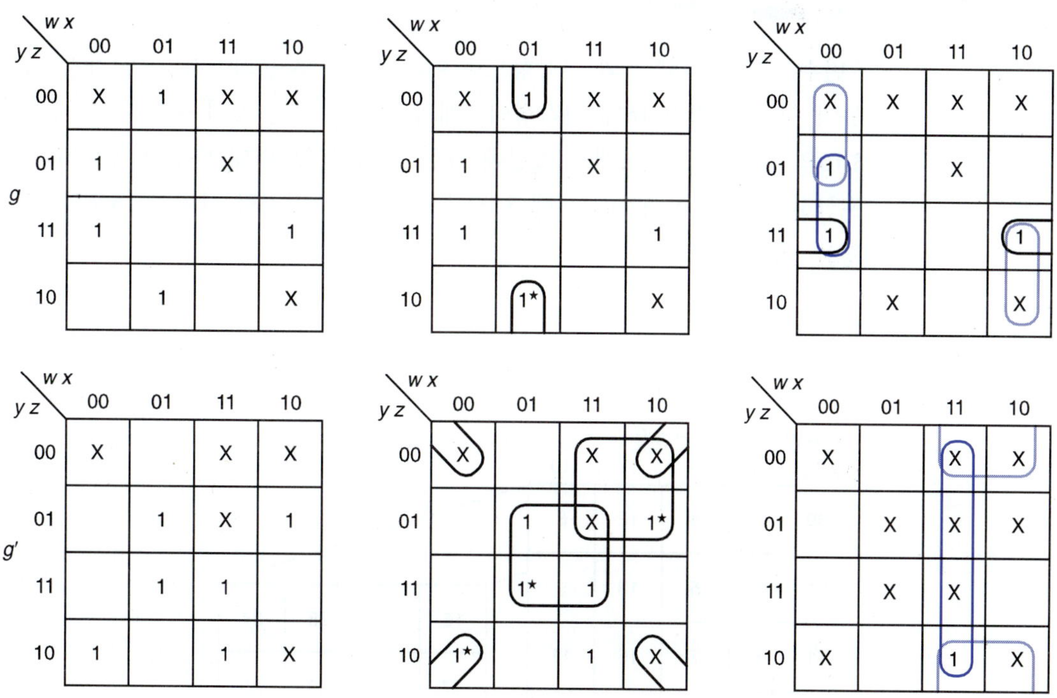

g에 대한, 오직 하나의 필수 주항인 $w'xz'$는 가운데 맵에 나타나 있다. 그것에 의해 커버된 1들은 오른쪽의 맵에서 don't care로 변환되었고, 남아있는 유효한 주항은 원으로 표시되었다. 이전의 예에서 살펴봤듯이, 3개의 1을 커버하기 위해서는 2개의 항이 필요하다. 3개의 동일한 좋은 해가 있다:

$$g = w'xz' + \begin{Bmatrix} w'x'y' + x'yz \\ w'x'z + x'yz \\ w'x'z + wx'y \end{Bmatrix}$$

g'에 대하여, 가운데 맵에 나타나 있듯이 필수 주항 세 개가 있다. 그들에 의해 커버된 1들이 모두 don't care로 교체되면, 오직 한 개의 1이 남는다. 오른쪽 맵에 나타나 있듯이 두 가지 방법으로 커버될 수 있다:

$$g' = x'z' + xz + wy' + \begin{Bmatrix} wx \\ wz' \end{Bmatrix}$$

$$g = (x + z)(x' + z')(w' + y)\begin{Bmatrix} (w' + x') \\ (w' + z) \end{Bmatrix}$$

이 예제에서, POS 해는 각자 4개의 항(8개의 리터럴)이 필요한 반면에, SOP 해는 각자 오직 3개의 항(9개의 리터럴)만이 필요하다.

3.5 5변수 맵[3)]

5변수 맵은 $2^5=32$ 개의 사각형으로 이루어진다. 사용되어지는 몇 가지 배치들이 있지만, 각각 16개 사각형의 2개의 층으로 보는 것이 좋겠다. 윗 층(맵 3.16의 왼쪽)은 첫 16개 최소항에 대한 사각형(첫 번째 변수인 A가 0인)을 포함하고 있고 아래층에는 맵 3.16에 나와 있는 것처럼 나머지 16개의 사각형을 포함하고 있다:

맵 3.16 5변수 맵

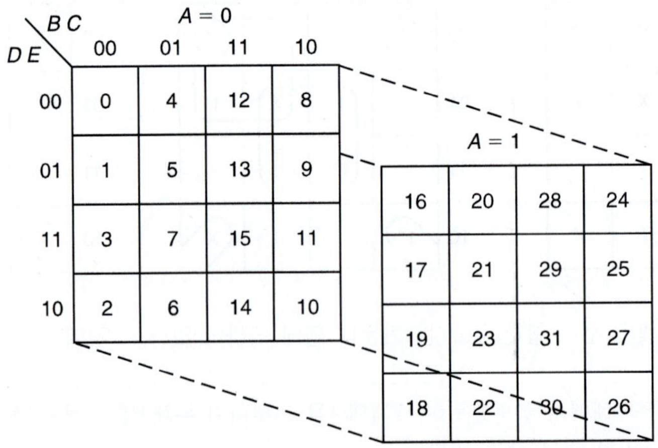

3) 6변수 맵에 대한 소개는, McGraw-Hill에서 출판된 Marcovitz, *Introduction to Logic Design*, 2판(2005)을 참조하라.

아래층의 각 사각형들은 위층의 각 사각형보다 16이 더 큰 최소항에 대응한다. 곱항은 1이나 X에 대한 1, 2, 4, 8, 16, ...과 같은 사각형 입체의 형태로 나타난다. 각 윗 층의 사각형과 아래층의 사각형은 서로 인접해 있다.

예제 3.23

$m_2 + m_5 = A'B'C'DE' + AB'C'DE' = B'C'DE'$

$m_{11} + m_{27} = A'BC'DE + ABC'DE = BC'DE$

$m_5 + m_7 + m_{21} + m_{23} = B'CE$

이 항들은 다음의 맵에 원이 그려져 있다.

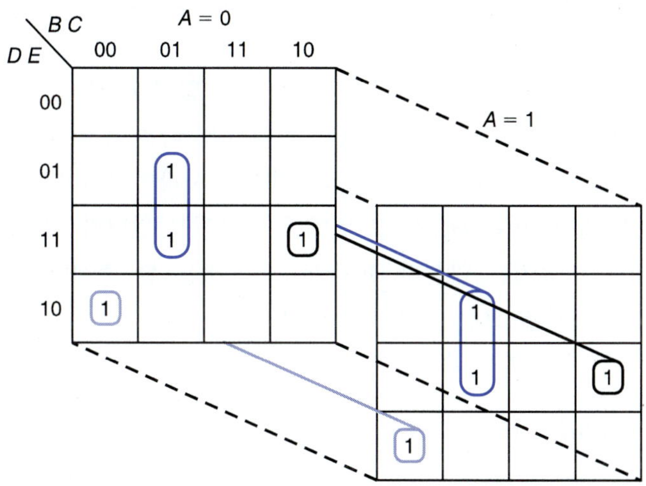

기법은 4변수 맵과 동일하다; 새로운 것은 다만 사각형을 입체적으로 표현해야 한다는 것뿐이다. 맵이 3차원으로 보이도록 그리기 보다는 옆으로 이어 그리기로 한다. 함수 *F*가 맵 3.17에 그려져 있다

$$F(A, B, C, D, E) = \Sigma m(4, 5, 6, 7, 9, 11, 13, 15, 16, 18, 27, 28, 31)$$

이제까지와 같이, 첫 번째로 필수 주항을 찾도록 하자. 좋은 시작점은 인접한 층의 대응되는 사각형에 0이 있는 1을 찾는 것이다. 그 1을 커버하는 주항은 그 층에 완전히 포함된다.(따라서, 실제로 4변수 맵의 문제로 된다.). 이 예에서, m_4는 이러한 기준에 부합한다.(그 아래에 20번 사각형에 0이 있기 때문에). 따라서, m_4를 커버하는 유일한 주항은 반드시 첫 번째 층에 있어야 한다. 사실, $A'B'C$는 필수 주항이다.($A = 0$인 층의 맵에 완전히 포함되어 있다는 사실에서 A'가 만들어졌고, $B'C$는 이 그룹이 두 번째 열에 있다는 것에서 만들어졌다는 점을 유의하자.)

맵 3.17 5 변수 문제

A = 0

DE \ BC	00	01	11	10
00		1		
01		1	1	1
11		1	1	1
10		1		

A = 1

DE \ BC	00	01	11	10
00	1		1	
01				
11			1	1
10	1			

실제로, 이 항에 있는 네 개의 1은 다른 층에 짝이 없고 m_6 또한 이것을 필수 주항으로 만든다.(그 항에 있는 다른 2개의 1은 다른 주항의 부분이 된다.) 또한 m_9, m_{16}, m_{18}과 m_{28}은 다른 층의 연결된 사각형에 0이 있고 필수주항을 만들 수 있다. 비록 m_{14}가 그 밑에 0을 가지고 있더라도(m_{30}), A' 층에 필수 주항을 만들지는 않는다. 따라서 맵 3.18은 한 층에만 포함된 필수 주항의 각각에 원을 그린 것을 나타내고 있다.

따라서 다음의 식을 얻을 수 있다

$$F = A'B'C + A'BE + AB'C'E' + ABCD'E' + \cdots$$

아직 커버되지 않고 남아있는 두 개의 1은 다른 층에 짝을 가지고 있다. 어쨌든, 맵 3.19에 파란색으로 나와 있듯이 그들을 커버하는 주항은 BDE 뿐이다. 그것 또한 하나의 필수 주항이다.(양쪽 층의 1을 모두 포함하고 있는 주항은 변수 A를 포함하고 있지 않다는 점에 주의하자.

맵 3.18 한 층에 있는 필수 주항

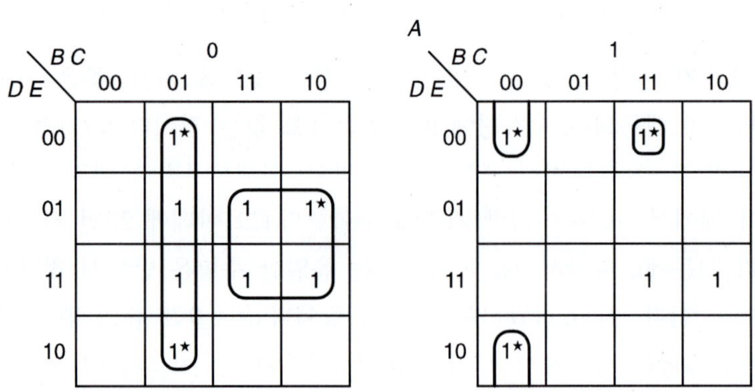

맵 3.19 양쪽 층의 1을 커버하는 주항

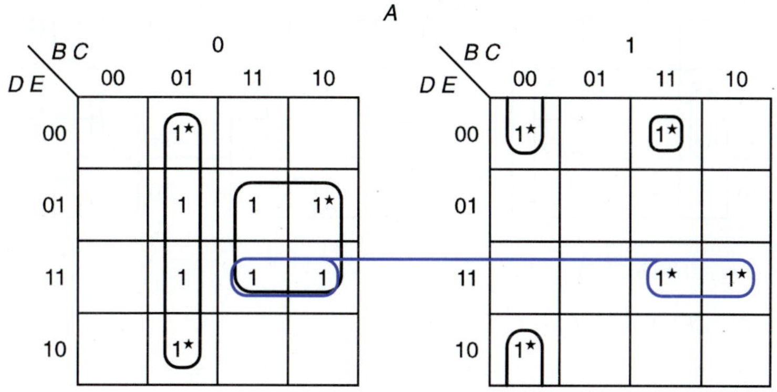

그러한 주항들은 당연히 양쪽 층에 모두 같은 수의 1을 가지고 있어야 한다; 그 외에는, 장방형이 아닌 경우이다.)

따라서 완성된 해는 다음과 같다.

$$F = A'B'C + A'BE + AB'C'E' + ABCD'E' + BDE$$

예제 3.24에 나와 있듯이, 5변수 맵에서 8개의 1로 된 그룹은, 흔하지 않다.

예제 3.24

$$G(A, B, C, D, E) = \Sigma m(1, 3, 8, 9, 11, 12, 14, 17, 19, 20, 22, 24, 25, 27)$$

첫 번째 맵에 함수의 구성이 표시되어 있다. 두 번째 맵의 오른쪽에, 다른 층의 대응된 사각형이 0인 1을 찾음으로써 알 수 있는 두 개의 필수 주항에 원으로 표시하였다. 8개의 1로 이루어진 그룹인 $C'E$ (이 또한 필수 주항인)가 3번째 맵에 파란색으로 표시 되어있다.(2번째 맵에서 찾은 필수 주항은 don't care로 나타낸다) 8개의 그룹은 3개의 리터럴이 생략된다.(두개 리터럴만 남기면서) 이 시점에서, 오직 두 개의 1만이 아직 커버되지 않았다; 그것은 4번째 맵에서 밝은 파란색으로 표시된 것처럼, 필수 주항인 $BC'D'$가 필요하다.

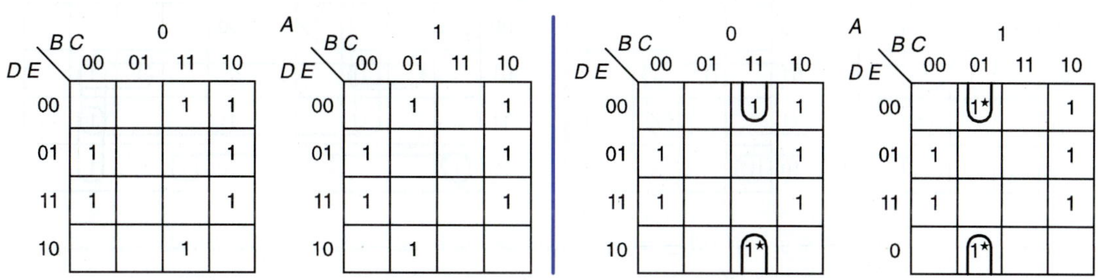

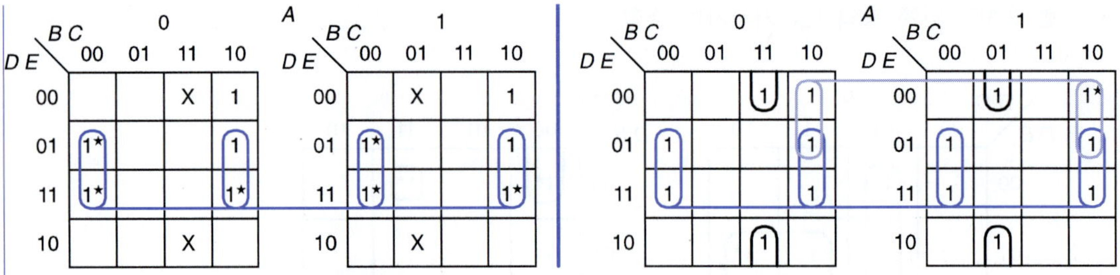

따라서 해는 다음과 같다.

$$G = A'BCE' + AB'CE' + C'E + BC'D'$$

이 함수에는 필수주항이 아닌 주항은 오직 한 개로, $A'BD'E'$가 있다; 이것은 아직 커버되지 않은 1을 커버하지 않는다.

예제 3.25 다음 문제가 아래 맵에 나와 있다. 다시 한번, 다른 층에 대응하는 0이 있는 한 층의 1에서부터 살펴보는 것으로 시작한다. $A=0$인 층에 그와 같은 1은 몇 개 있지만, 오직 m_{10}만이 필수 주항을 만든다. 비슷하게, $A=1$인 층에서도 m_{30}이 필수 주항에 의해 커버된다. 이러한 항들인, $A'C'E'$와 $ABCD$가 두 번째 맵에 나와 있다. 그 다음 맵에서는 커버된 1은 don't care로 나타낸다.

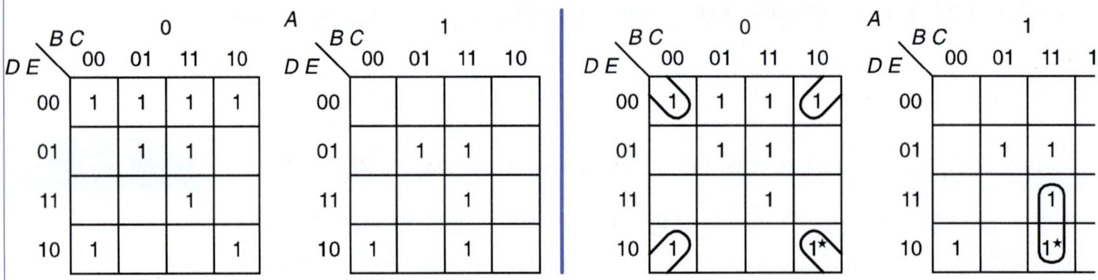

양쪽 층의 1을 모두 포함하고 있는 다른 세 개의 필수 주항이 있다; 그들은 아래 왼쪽의 맵에 나와 있듯이 $CD'E$, BCE, 그리고 $B'C'DE'$이다. 이들은 m_{21}, m_{15}과 m_{18}과 같이 고립된 1을 살펴봄으로써 찾을 수 있다.

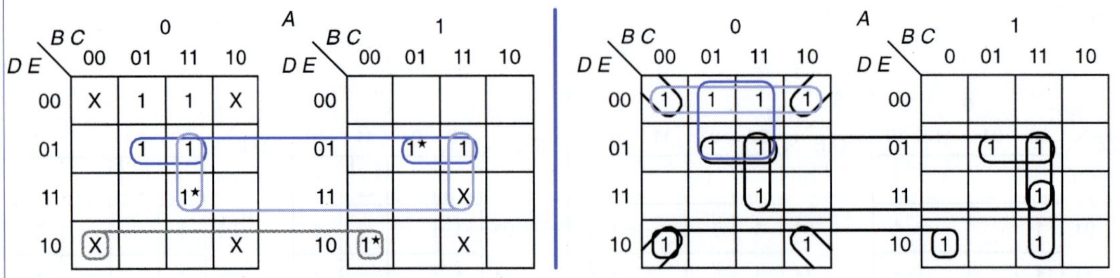

마지막으로, 남아있는 두 개의 1(m_4와 m_{12})은 오른쪽 맵에 나와 있듯이 $A'CD'$와 $A'D'E$의 두 가지 방법으로 커버될 수 있다. 따라서 두 가지 해는 다음과 같다.

$$F = A'C'E' + ABCD + CD'E + BCE + B'C'DE' + A'CD'$$
$$F = A'C'E' + ABCD + CD'E + BCE + B'C'DE' + A'D'E'$$

3.6 여러 개의 출력을 가진 문제

많은 실제적인 문제들이 시스템을 설계하는데 있어 한 개 이상의 출력을 가진다. 예를 들어, 만약 A, B, 그리고 C의 세 입력과 F와 G의 두 출력을 가진 문제가 있다면, 이것을 두 개의 분리된 문제로 다룰 수 있다.(그림 3.1의 왼쪽에 나타나 있듯이). 각 함수에 대한 맵을 만들 수 있고, 최소해를 찾을 수 있다. 그러나 세 개의 입력과 두 개의 출력을 가지는 하나의 시스템으로 다룬다면(오른쪽에 나와 있듯이), 게이트를 공유(sharing)함으로써 경제적으로 만들 수 있다.

그림 3.1 두 함수의 구현

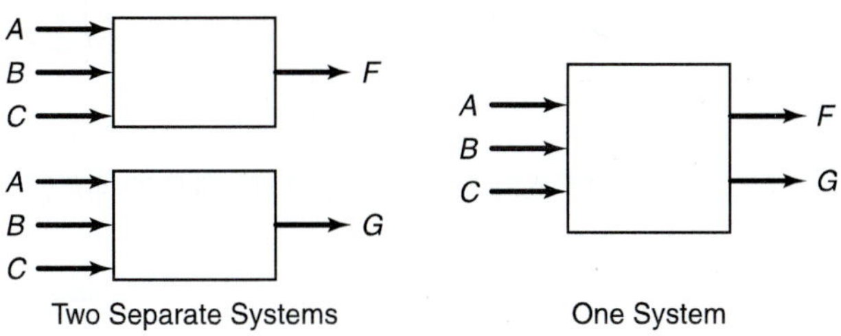

이 절에서, 모든 변수의 보수화와 비보수화가 가능하다고 가정하고 AND와 OR 게이트(SOP 해)를 사용한 2단계(level)의 해를 얻는 과정을 설명할 것이다. 이러한 해들의 각각을 NAND게이트로 변환할 수 있다.(같은 수의 게이트와 게이트 입력을 사용하여) 또한 POS 해를 얻을 수 있고(각 함수에 대한 보수를 최소화하고 드 모르강의 법칙을 이용함으로써) 이러한 것들을 NOR 게이트 회로로 변환할 수 있다.

첫 번째로 다음의 간단한 3가지 예제를 고려함으로써 이러한 것들을 살펴볼 수 있다.

예제 3.26

$F(A, B, C) = \Sigma m(0, 2, 6, 7)$ $G(A, B, C) = \Sigma m(1, 3, 6, 7)$

이들을 각자 맵으로 만들고 따로 풀이한다면,

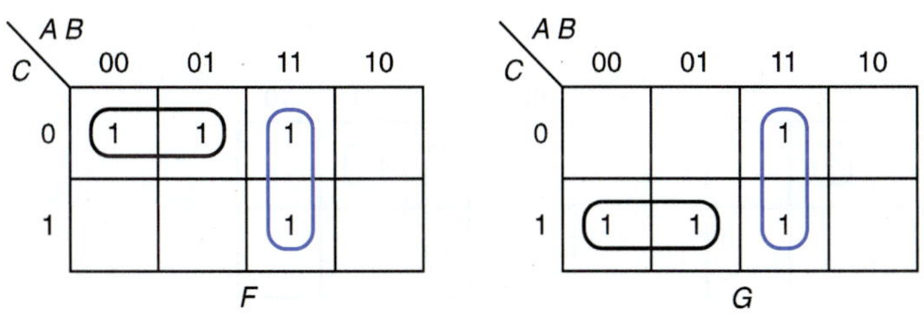

다음을 얻을 수 있다.

$$F = A'C' + AB \qquad G = A'C + AB$$

이 맵들을 살펴보면, 양쪽에 원으로 표시된 동일한 항(AB)을 발견할 수 있을 것이다. 따라서 오른쪽에 있는 두 개의 회로보다, 왼쪽에 있는 하나의 회로를 만들 수 있다.

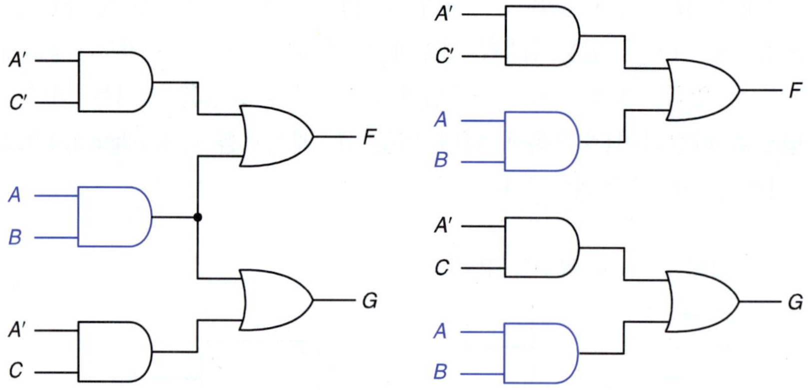

분명히, 오른쪽의 회로가 6개의 소자가 필요한 반면에, 왼쪽의 회로는 5개의 소자가 필요하다.

이것이 가장 간단한 예이다. 각 최소 SOP 표현은 동일한 항을 가진다. 이러한 것을 인식하고 비용을 절약할 수 있는 것에는 특별한 기법을 사용하는 것은 아니다.

만약 두 해가 공통된 주항을 가지지 않는다 하더라도, 다음의 예제에서 나타나듯이 공유할 수 있다:

예제 3.27

$F(A, B, C) = \Sigma m(0, 1, 6) \qquad G(A, B, C) = \Sigma m(2, 3, 6)$

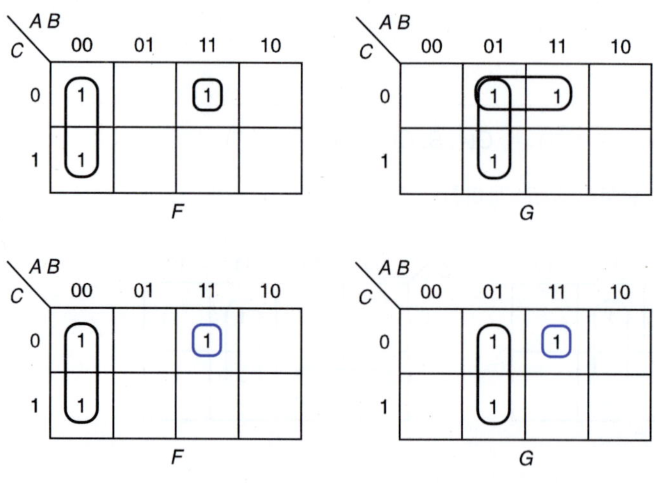

앞의 맵에서, 각각의 함수를 분리해서 생각할 수 있고 다음을 얻을 수 있다.

$$F = A'B' + ABC' \qquad G = A'B + BC'$$

이 해는 6개의 게이트(4개의 AND와 2개의 OR)와 13개의 입력을 필요로 한다. 그러나 두 번째 쌍의 맵에서 볼 수 있듯이, 항 ABC'를 공유할 수 있고 다음을 얻을 수 있다.

$$F = A'B' + ABC' \qquad G = A'B + ABC'$$

(공유를 강조하기 위해, 공유된 항을 파란색으로 표시하였고, 추후의 다른 예제에서도 그렇게 할 것이다.) 다음의 회로에서 볼 수 있듯이, 이 회로는 5개의 소자와 11개의 입력만이 필요하다.

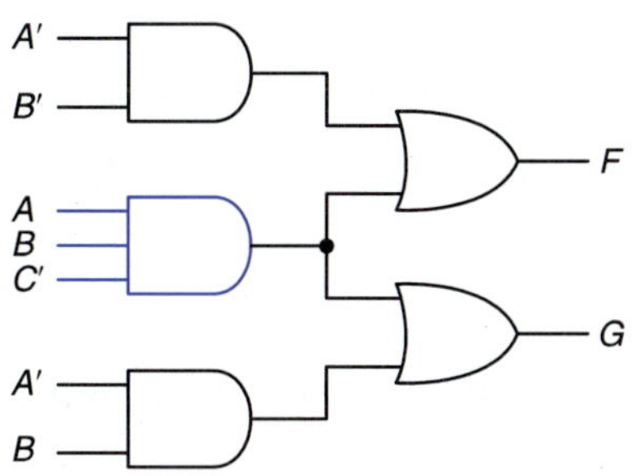

이 예제는 최소해에서 공유항이 주항이 아닐 수도 있다는 것을 보여준다.(예제 3.27에서, ABC'는 F의 주항이지만 G에서는 아니다; 예제 3.28에서는, 어떤 함수에서도 주항이 아닌 항을 공유할 것이다.)

예제 3.28

$$f(a, b, c) = \Sigma m(2, 3, 7) \qquad g(a, b, c) = \Sigma m(4, 5, 7)$$

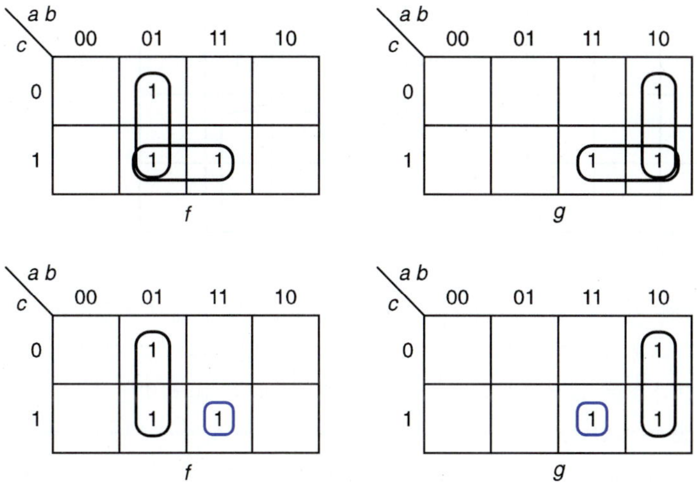

첫 번째 쌍의 맵에서, 이 두 문제를 풀었다. 각 함수의 필수 주항을 사용하여 다음을 얻을 수 있다.

$$f = a'b + bc \qquad g = ab' + ac$$

그러나 두 번째 맵들에서 볼 수 있듯이, 양쪽 함수에서 주항이 아니더라도 항 abc를 공유할 수 있고, 오직 5개의 게이트만이 필요한 해를 얻을 수 있다:

$$f = a'b + abc \qquad g = ab' + abc$$

이러한 유형의 문제를 해결하는 방법은 한 함수에서 1이 다른 함수에서 0인 것을 찾는 것부터 시작하는 것이다. 그들은 반드시 그 함수의 주항에 의하여 커버된다. 오직 공유항만이 주항이 될 필요는 없다. 마지막 예제에서, f에서 m_2가 필수 주항이 되기 때문에 $a'b$를 고를 수 있고, g에서는 m_4가 필수 주항을 만들기 때문에 ab'를 고를 수 있다. 이러한 것들로 각 함수에서 abc로 커버될 수 있는 한 개의 1(동일한 1)만 커버되지 않고 남기게 된다. 이제 보다 더 복잡한 예제를 살펴보도록 하자.

예제 3.29

$$F(A, B, C, D) = \Sigma m(4, 5, 6, 8, 12, 13)$$
$$G(A, B, C, D) = \Sigma m(0, 2, 5, 6, 7, 13, 14, 15)$$

이 함수에 대한 맵이 다음에 있다. 그들 중에서, 다른 함수에는 1이 없고 한 함수에만 있는 1을 파란색으로 표시하였다.

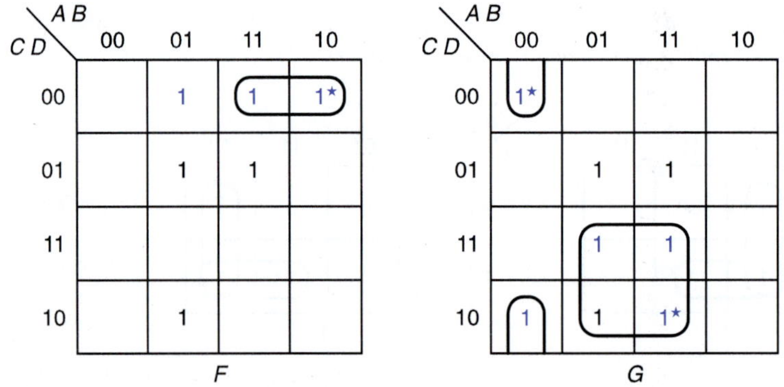

이 파란색 1에 의해 필수가 되는 주항들을 원으로 표시하였다. F에서 유일하게 원표시가 되지 않은 파란색 1은 m_4인데, 두개의 주항에 의해 커버될 수 있기 때문이다. 비록 하나의 항이 보다 적은 리터럴을 가지고 있다고 해도, 아직 기다려야만 한다. 다음, F를 위해 $A'BD'$를 사용한다. m_6이 G의 필수 주항에 커버되어 있기 때문에, 공유할 항을 더 이상 찾을 수 없다. 따라서, m_6는 F 안의 주항인 $A'BD'$에 의해 커버될 것이다. 다음 쌍의 맵에서 보이듯이, 양쪽 함수에서 커버될 m_4와 m_{12}를 남겨두게 되고, 다음의 맵에서 파란색으로 표시되어 있듯이 $BC'D$를 공유할 수 있도록 한다.

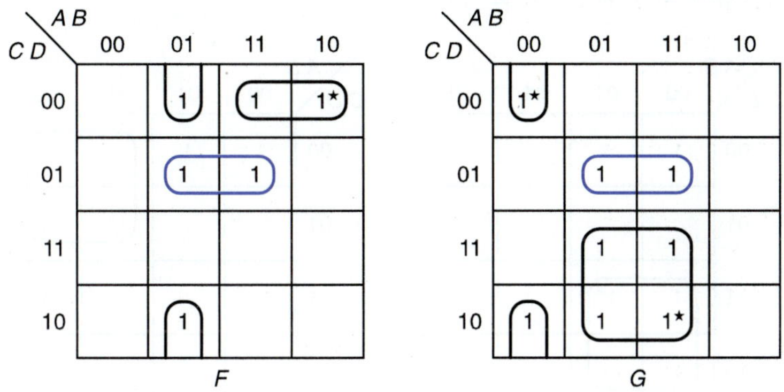

7개의 게이트와 20개의 입력을 가지는 다음의 해를 얻을 수 있다.

$$F = AC'D' + A'BD' + BC'D$$
$$G = A'B'D' + BC + BC'D$$

만약 각 함수를 독립적으로 최소화 하였다면, 각 표현식에 세 번째 항에 대하여 두 개의 서로 다른 항을 사용해야만 하며, 다음과 같이 8개의 게이트와 21개의 입력을 가지는 결과가 나온다. 분명히, 공유한 회로가 비용이 적게 든다.

$$F = AC'D' + A'BD' + BC'$$
$$G = A'B'D' + BC + BD$$

NAND 게이트를 이용한 공유 형태의 회로도가 다음에 나타나 있다.

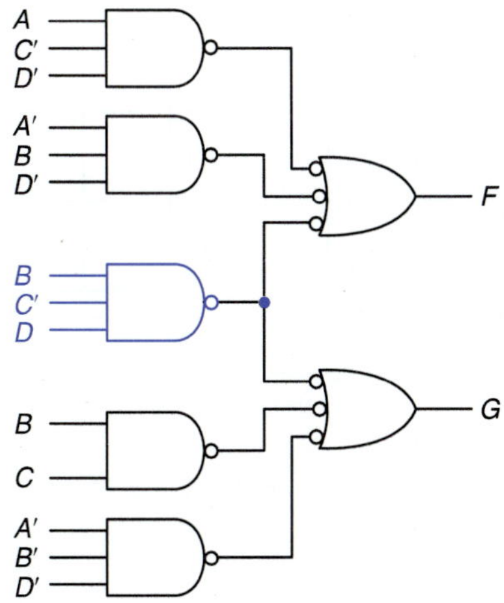

예제 3.30

$F(A, B, C, D) = \Sigma m(0, 2, 3, 4, 6, 7, 10, 11)$
$G(A, B, C, D) = \Sigma m(0, 4, 8, 9, 10, 11, 12, 13)$

이번에도 마찬가지로 공유되지 않은 1은 맵에 파란색으로 표시되어 있고 그 1들로 만들어지는 필수 주항이 원으로 표시되어 있다.

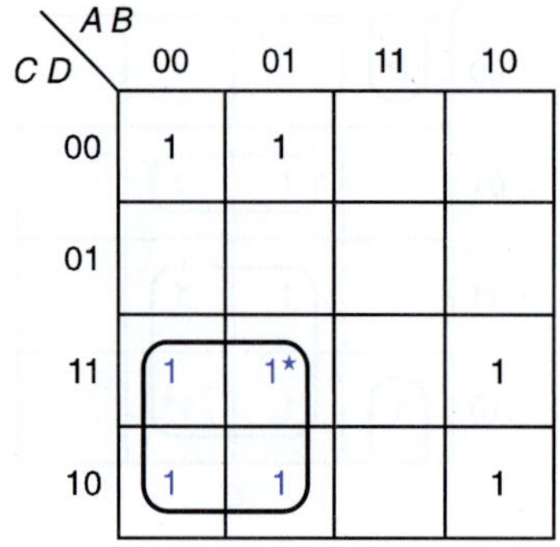

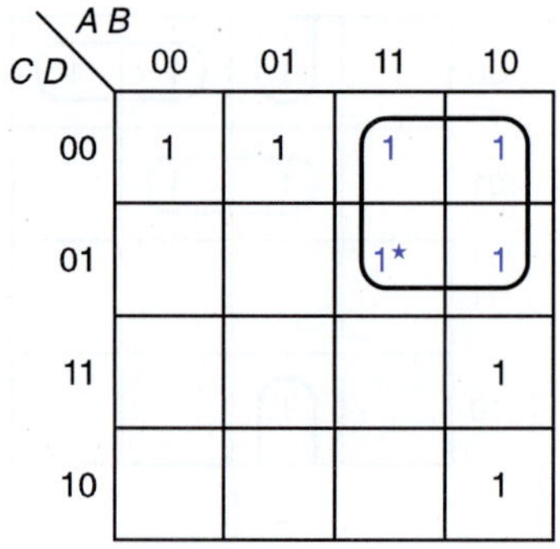

각 함수들은 4개로 이루어진 그룹 2개로 해결될 수 있고, 다음을 만든다.

$$F = A'C + A'D' + B'C \qquad G = AC' + C'D' + AB'$$

이것은 8개의 게이트와 18개의 입력을 필요로 한다. 그러나, 다음 쌍의 맵에서 나와 있듯이 2개로 이루어진 그룹을 공유하면 게이트의 개수는 6개로 입력의 개수는 16개로 줄어든다. 만약 이러한 함수들이 NAND 게이트로 구현된다면, 독립된 해들은 3개의 패키지를 필요로 하는 반면에, 공유된 해는 2개만 필요하고,

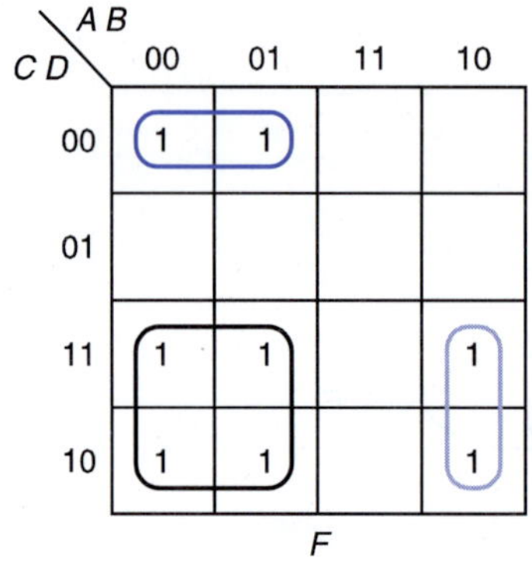

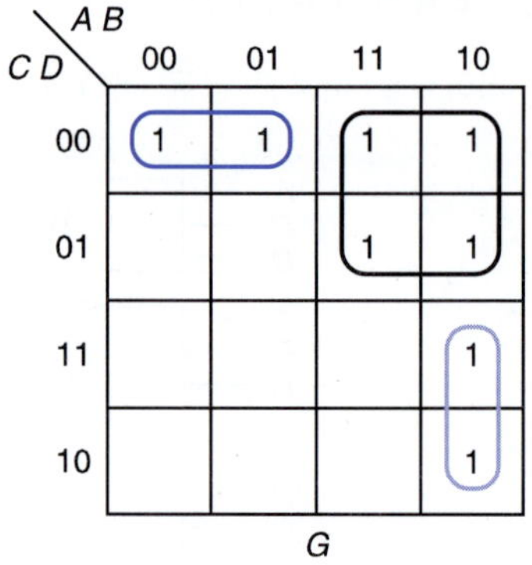

다음의 식을 얻을 수 있다.

$$F = A'C + A'C'D' + AB'C \quad G = AC' + A'C'D' + AB'C$$

같은 기법들이 출력이 3개 혹은 그 이상인 문제에도 적용될 수 있다.

예제 3.31 먼저, 세 개의 분리된 문제로 생각했을 때의 해를 나타내었다.

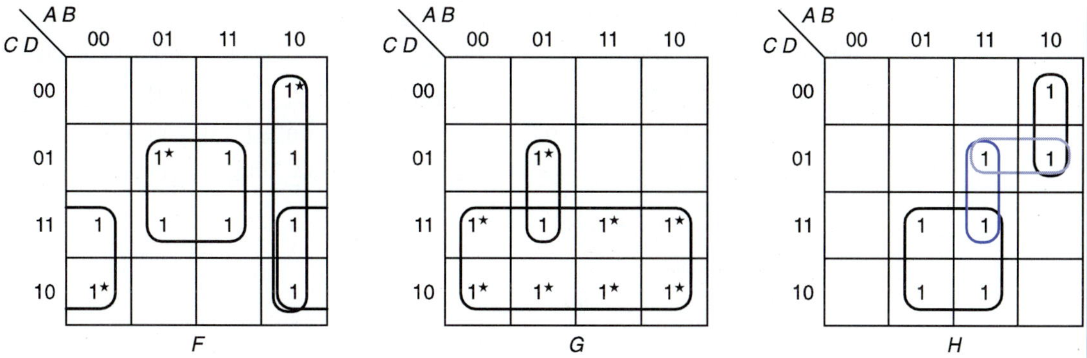

$$F = AB' + BD + B'C$$
$$G = C + A'BD$$
$$H = BC + AB'C' + (ABD \text{ or } AC'D)$$

이 해는 10개의 게이트와 25개의 입력을 필요로 한다. 여기에 공유항은 없다.(함수 G의 항 C는 AND게이트가 필요하지 않다는 점에 유의하라.)

각 1은 최소한 두 개의 함수에서 최소항이 되기 때문에, 하나의 함수에서만 유일한 최소항이 되는 1을 찾는 것으로 시작하는 기법은 이 예제에서 적용하지 않을 것이다. 대신, 시작점으로, G 함수에 대한 C를 선택한다. 한 개의 리터럴로 이루어지는 곱항은 AND 게이트를 필요로 하지 않고 OR 게이트로 가는 오직 하나의 입력만을 사용한다. F에 $B'C$를 공유하고 H에 BC를 공유하는 다른 해에서는, OR 게이트로 가는 최소한 2개의 입력을 필요로 한다. 일단, 그 선택을 한다면, 다음의 맵에서 파란색으로 표시된 1 때문에 F에서 $B'C$를, H에서 BC를 선택해야만 한다. 그 1들에 대해 더 이상 다른 공유가 가능하지 않고, 그것들은 F와 H에서 필수 주항을 만들게 한다.

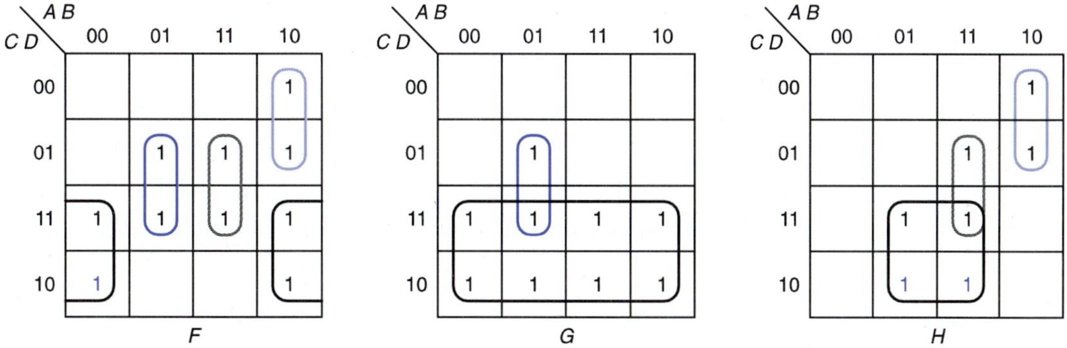

항 $AB'C'$(밝은 파란색 원으로 표시된)는 H의 필수 주항이고 공유될 수 있기 때문에, H에서 다음으로 선택할 항이다.(그것은, 그 항에 있는 모든 1들은 또한 F에 있는 1들이고, 공유가 가능한 유일한 장소이다.) 그것은 두 개의 1을 커버할 수 있고, 만약 사용하지 않는다면 추가적으로 m_8을 커버할 항 AB'가 필요하기 때문에, $AB'C'$는 F에서도 사용될 것이다.

유사한 방식으로, 항 $A'BD$는 G에 사용되며(이것은 m_5를 커버할 수 있는 유일한 방법이다.) F와 공유될 수 있다. 마지막으로, ABD(H의 주항이고, 개별적인 문제로 다루었을 때 H를 커버할 수 있는 선택 중 하나이다)로 F와 H를 커버하는 것을 끝낼 수 있다. F에서 주항 BD 혹은 AD를 만들기 위해 AND 게이트를 하나 더 사용하는 것보다는, ABD를 한번 더 사용하는 것이 좋다. 따라서 해는 다음과 같다.

$$F = B'C + AB'C' + A'BD + ABD$$
$$G = C + A'BD$$
$$H = BC + AB'C' + ABD$$

이것은 오직 8개의 게이트와 22개의 입력이 필요하다.(2개의 게이트와 3개의 입력을 절약한다.)

예제 3.32

$$F(A, B, C, D) = \Sigma m(0, 2, 6, 10, 11, 14, 15)$$
$$G(A, B, C, D) = \Sigma m(0, 3, 6, 7, 8, 9, 12, 13, 14, 15)$$
$$H(A, B, C, D) = \Sigma m(0, 3, 4, 5, 7, 10, 11, 12, 13, 14, 15)$$

아래의 맵은 이러한 함수를 나타낸다; 공유되지 않고 주항이 필수가 되도록 하는 1은 오직 G에 있는 m_9 뿐이다. 그 주항인, AC'가 원으로 표시되어 있다.

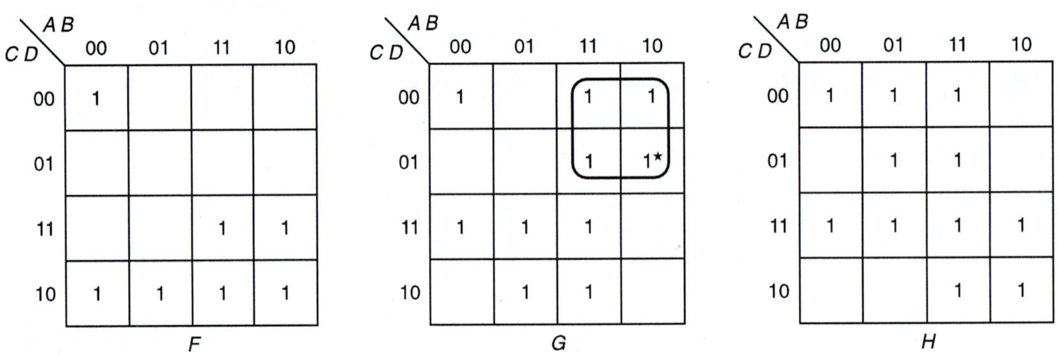

다음으로, F(m_{11}과 m_{15} 때문에)와 H(m_{10} 때문에)의 필수 주항인 AC를 주목할 것이다. 더욱이, m_{10}과 m_{11}은 G의 1이 아니다. 따라서 그 항은 F와 H에 사용된다. 다음은, H의 BC'와 G의 BC를 선택할 것이다; 그들은 각각 4개의 새로운 1을 커버하며, 그 1들 중 몇몇은 더 이상 공유되지 않는다.(다른 함수에 대응하는 1은 이미 커버되어 있기 때문에)

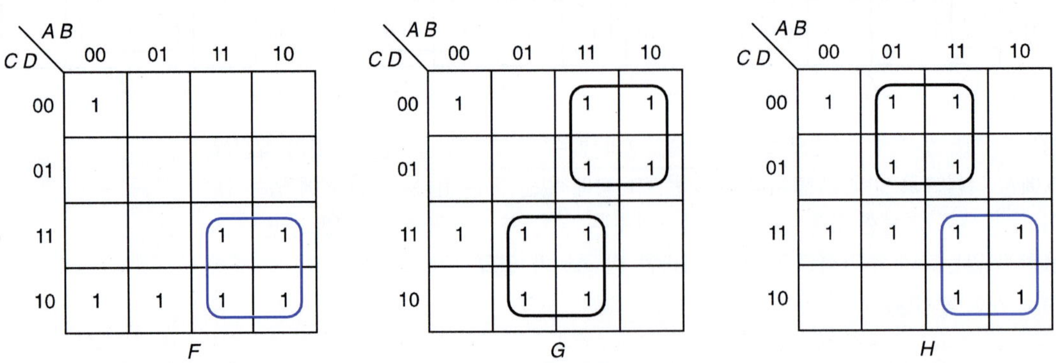

이 시점에서, 모든 3개의 함수에서 m_0를 커버하기 위해 사용되는 $A'B'C'D'$를 살펴볼 것이다; 그렇지 않다면, 3개의 리터럴을 가지는 서로 다른 3개의 항이 필요하다. $A'CD$가 함수 G와 H에 사용될 수 있으며, 마지막으로, CD'가 F에 사용될 수 있고, 다음의 맵과 대수식을 만든다.

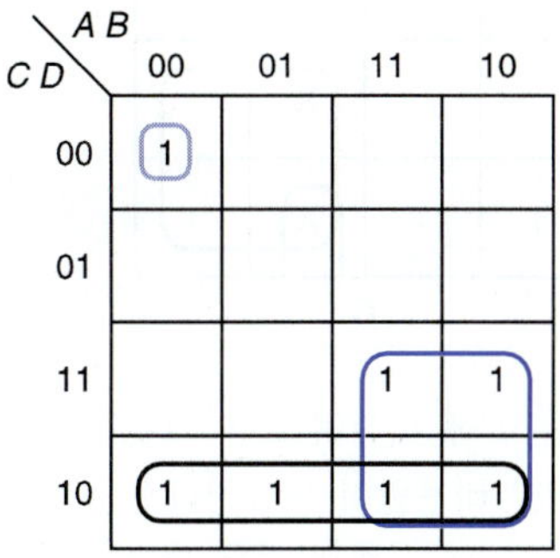

F

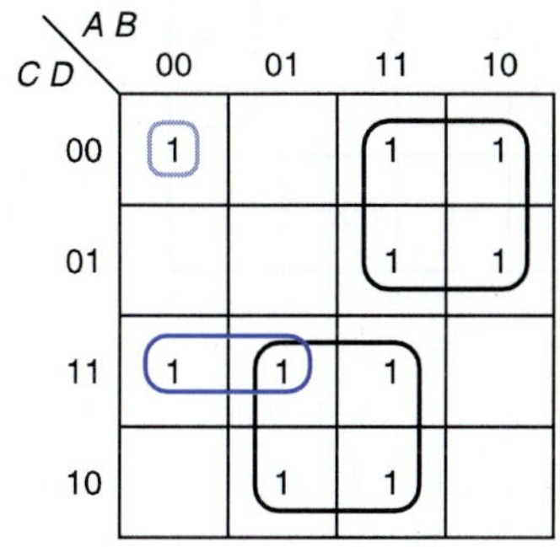

G

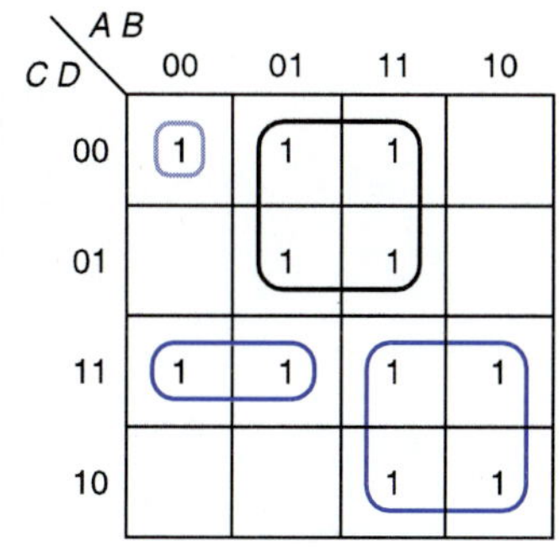

H

$$F = AC + A'B'C'D' + CD'$$
$$G = AC' + BC + A'B'C'D' + A'CD$$
$$H = AC + BC' + A'B'C'D' + A'CD$$

개별적으로 해를 구한다면, 13개의 게이트와 35개의 입력이 필요한 것에 비하여, 이 해는 10개의 게이트와 25개의 입력이 필요하다.

예제 3.33

마지막으로, don't care가 포함된 시스템에 대한 예제를 고려할 것이다:

$$F(A, B, C, D) = \Sigma m(2, 3, 4, 6, 9, 11, 12) + \Sigma d(0, 1, 14, 15)$$
$$G(A, B, C, D) = \Sigma m(2, 6, 10, 11, 12) + \Sigma d(0, 1, 14, 15)$$

공유되지 않는 1에 의해서 유일하게 필수가 되는 주항인 $B'D$가 다음 함수의 맵에 원으로 표시되어 있다.

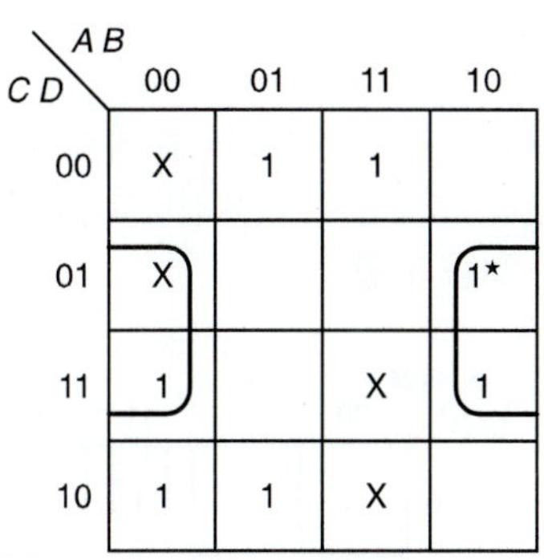

F

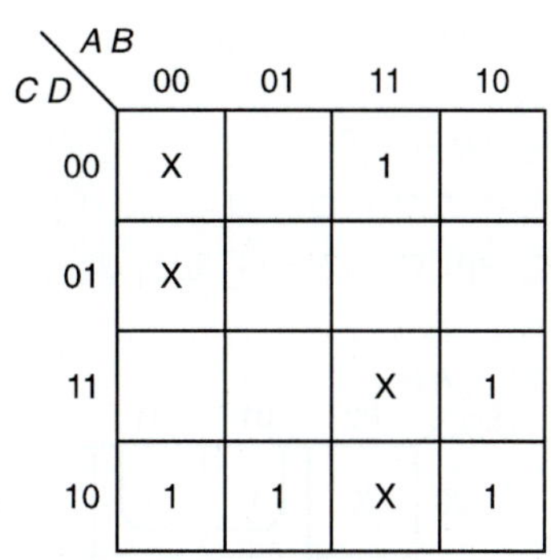

G

m_{11}이 F에서 커버되어 있기 때문에, G에서 m_{11}을 커버하기 위해서 필수 주항인 AC를 사용해야 한다. 또한, 다음 맵에서 나와 있듯이, G의 필수 주항이며 항 모두가 공유될 수 있기 때문에, ABD'가 G에 사용된다.(가장 좋은 해에서 이것을 공유할 것이다.)

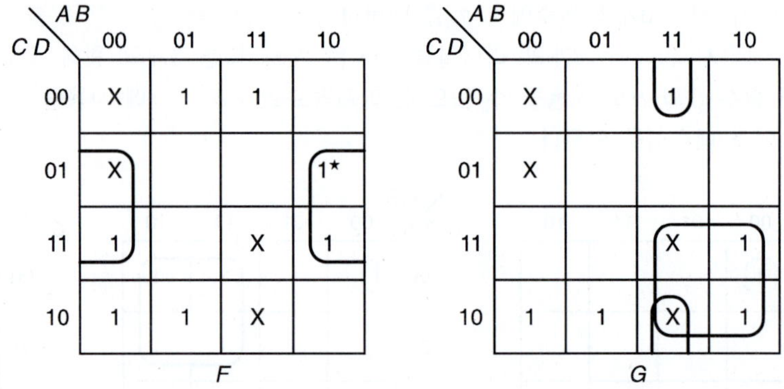

함수 G에서 항 ABD′가 필요하기 때문에, 한 접근법은 F에 대하여 또한 그것을 사용한다.(이것은 OR 게이트에 한 개의 게이트 입력에 대한 비용만이 필요하다.) 만약 그렇게 한다면, A′D′로 F의 남은 부분을 커버할 수 있고, CD′로 G의 남은 부분은 커버할 수 있다. 따라서 다음의 맵과 식을 만든다.

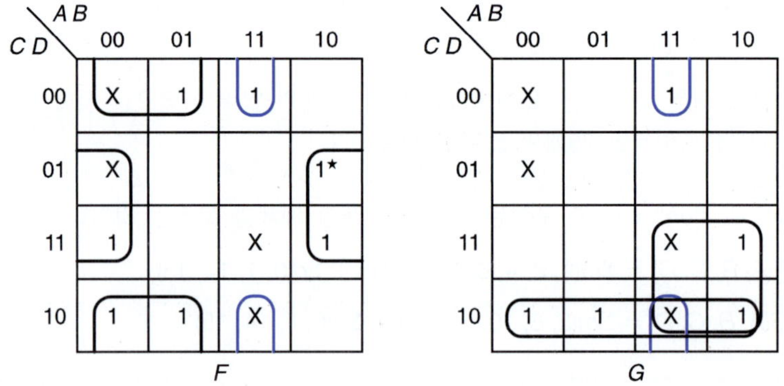

$$F = B'D + ABD' + A'D'$$
$$G = AC + ABD' + CD'$$

이 해는 7개의 게이트와 17개의 입력을 갖는다. 같은 수의 게이트를 가지고 1개 더 많은 입력을 가지는 다른 해는 A′CD′를 공유한다. 그것은 G를 완성하고 BD′를 사용하여 F의 커버를 완성한다. 따라서 맵과 식은 다음과 같다:

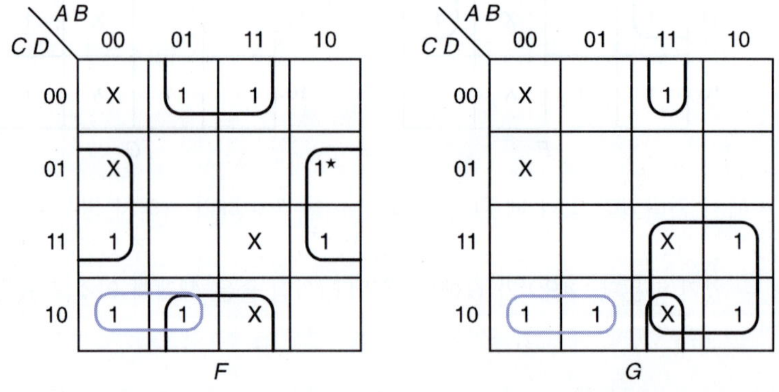

$F = B'D + A'CD' + BD'$
$G = AC + ABD' + A'CD'$

따라서, 7개의 게이트가 필요하지만, 2 입력 AND게이트 대신에 3 입력을 사용하면, 입력의 개수는 18개가 된다.

3.7 문제풀이

1. 다음의 함수를 카르노 맵에 표시하여라.:

a. $f(a, b, c) = \Sigma m(0, 1, 3, 6)$
b. $g(w, x, y, z) = \Sigma m(3, 4, 7, 10, 11, 14) + \Sigma d(2, 13, 15)$
c. $F = BD' + ABC + AD + A'B'C$

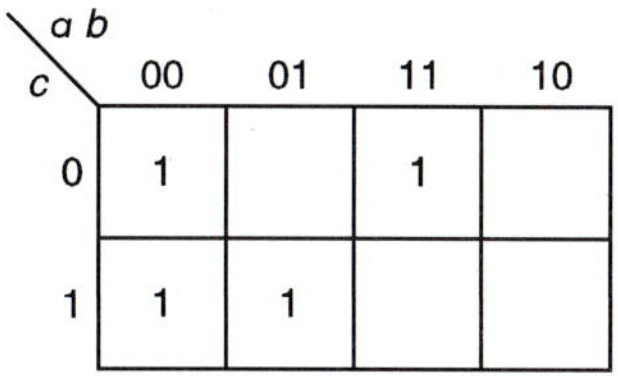

a.

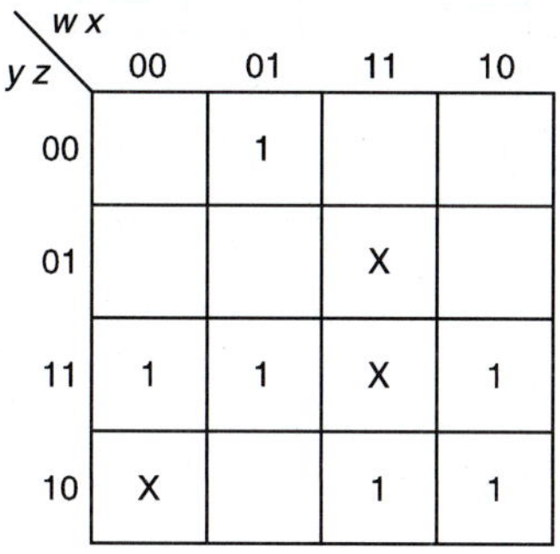

b.

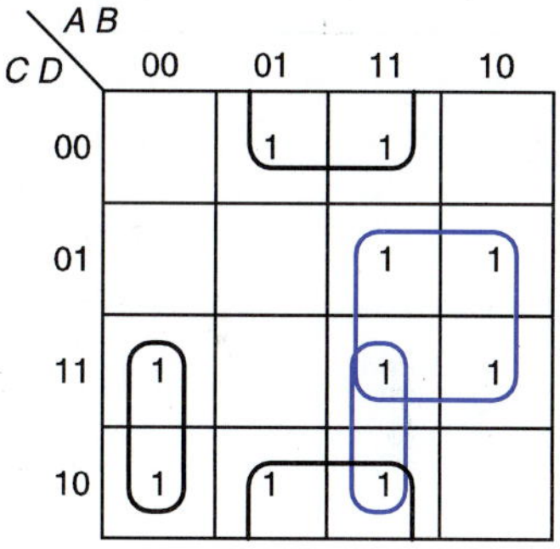

c.

2. 다음에 나오는 각 문제에 대해, 모든 최소 SOP 표현을 찾아라.(만약 하나 이상의 해가 있다면, 해의 개수가 괄호 안에 주어질 것이다.)

a. $G(X, Y, Z) = \Sigma m(1, 2, 3, 4, 6, 7)$
b. $f(w, x, y, z) = \Sigma m(2, 5, 7, 8, 10, 12, 13, 15)$
c. $g(a, b, c, d) = \Sigma m(0, 6, 8, 9, 10, 11, 13, 14, 15)$ (2개의 해)
d. $f(a, b, c, d) = \Sigma m(0, 4, 5, 6, 7, 8, 9, 10, 11, 13, 14, 15)$ (2개의 해)
e. $f(a, b, c, d) = \Sigma m(0, 1, 2, 4, 6, 7, 8, 9, 10, 11, 12, 15)$
f. $G(A, B, C, D) = \Sigma m(0, 1, 4, 5, 7, 8, 10, 13, 14, 15)$ (3개의 해)

a. 모든 주항은 오른쪽 맵에 나타나 있듯이 필수이다.

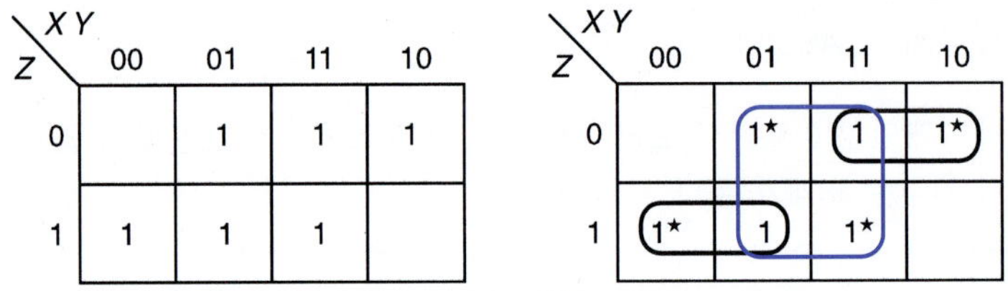

$G = Y + XZ' + X'Z$

b.

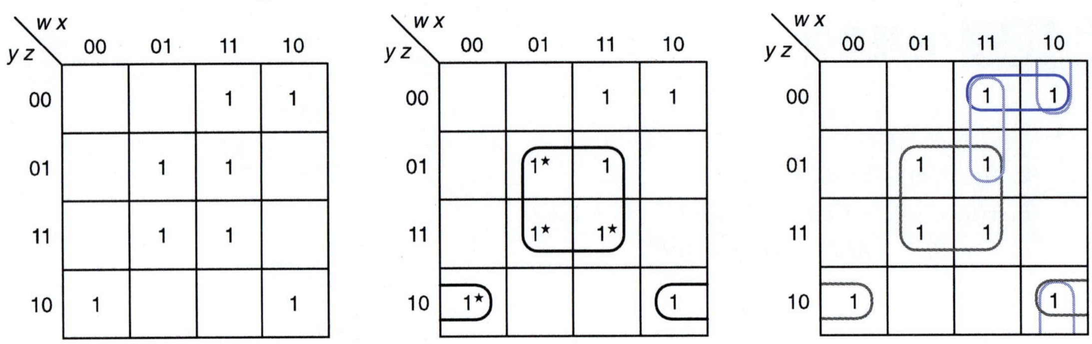

두 번째 맵에 나타나있는 필수 주항은, 두 개의 커버될 1을 남긴다. 세 번째 맵에서는 각자가 서로 다른 두 주항에 의해 커버될 수 있지만, 파란색 그룹이 두개의 1들을 하나에 커버할 수 있는 유일한 항이다. 밝은 파란색 항들 또한 필요할 수 있다. 최소해는 다음과 같다.

$$f = xz + x'yz' + wy'z'$$

c.

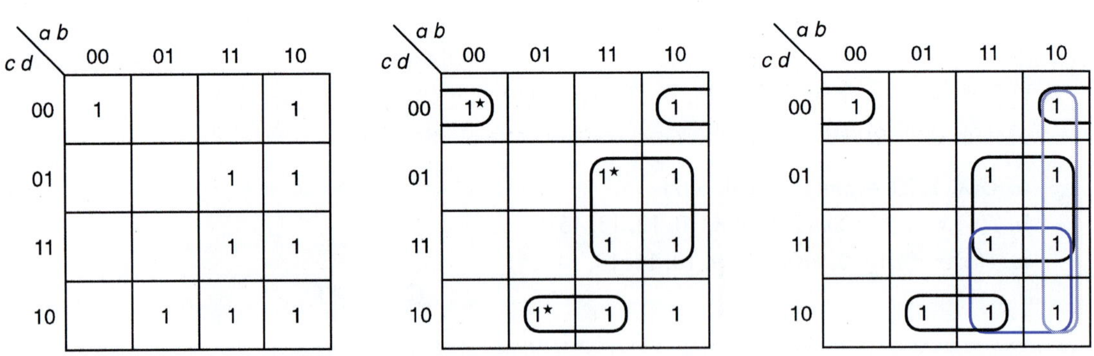

가운데 맵에 세 개의 필수 주항이 나타나 있다. 세 번째 맵에 파란색 원으로 표시되어 있듯이 아직 커버되지 않고 남아있는 1은 4개로 이루어진 그룹 두 가지 모두에 의해 커버될 수 있고, 다음을 만든다.

$g = b'c'd' + bcd' + ad + ab'$

$g = b'c'd' + bcd' + ad + ac$

d.

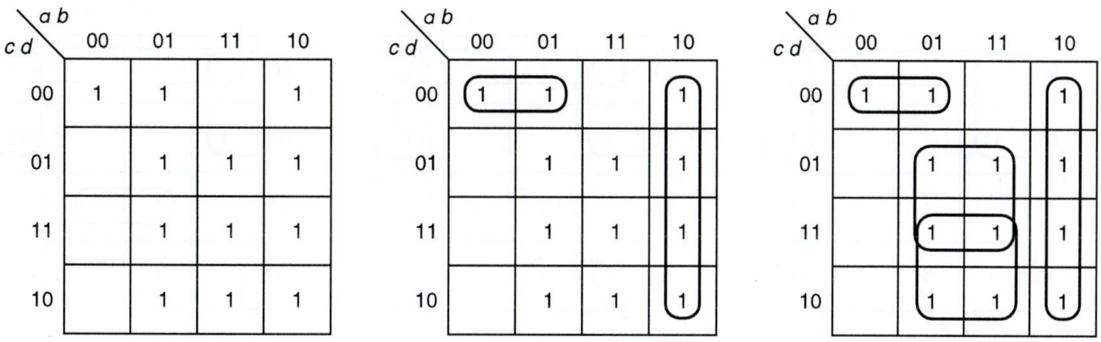

필수 주항은 없다. m_0을 커버하기 위해 두 개로 이루어진 그룹 하나가 필요하다; 나머지 1들은 네 개로 이루어진 그룹들에 의해 모두 커버된다. m_0를 커버하기 위해(가운데 맵) $a'c'd'$를 선택한다면, m_8을 커버하기 위해 ab'를 선택해야 한다.(그렇지 않다면, 그 1을 커버하기 위해 2개로 이루어진 그룹인 $b'c'd'$을 사용해야 한다. 리터럴이 더 많을 뿐만 아니라, 새로운 1을 커버하지도 않는다; 반면 ab'는 커버되지 않은 1을 3개 더 커버한다.) 일단 이것이 이루어지고 나면, 남은 두 개의 주항이 확실해지며, 다음 식을 얻을 수 있다.

$f = a'c'd' + ab' + bc + bd$

동일한 방법으로(다음의 맵에서), $b'c'd'$(m_0를 커버하는 다른 주항인)를 선택하고 나면, m_4를 커버하기 위한 적절한 선택은 $a'b$이다:

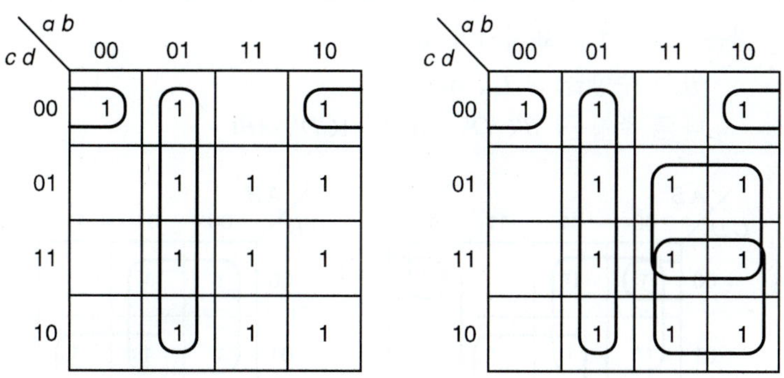

두 번째 맵에서 나타나 있듯이 남아있는 1들을 두 항으로 커버하는 유일한 방법은 ac와 ad를 사용하는 것이고, 다음을 구할 수 있다.

$f = b'c'd' + a'b + ac + ad$

e. 첫 번째 맵에 나와 있듯이, 커버되지 않은 6개의 1을 남기는 두 개의 필수 주항이 있다. 필수 주항들은 가운데 맵에 어두운 색으로 칠해져 있다.

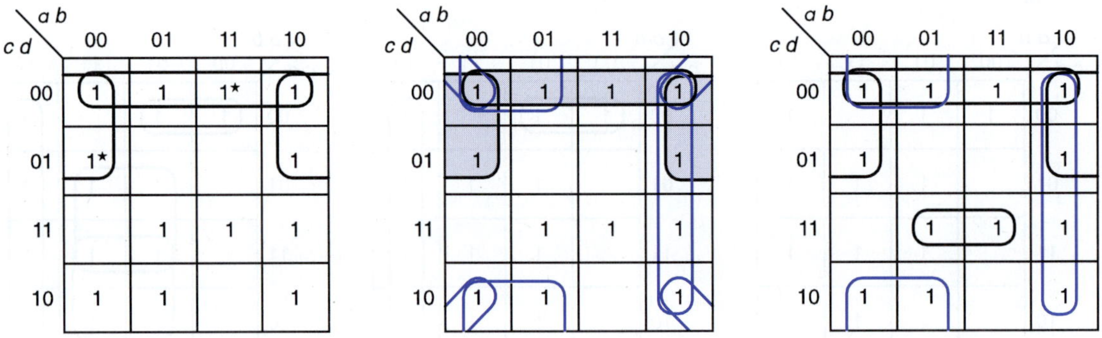

남은 1들 중 두 개 이상을 커버하는 주항은 없다; 따라서 3개의 항이 더 필요하다. 4개로 이루어진 그룹 3개(2개의 리터럴로 이루어진 항)가 두 번째 맵에 파란색 원으로 표시되어 있다. 오직 $a'd'$ 와 ab' 를 사용함으로써 4개의 새로운 1을 커버할 수 있다. m_7 과 m_{15} 가 아직 커버되지 않았다는 것을 주의하자; 그들은 두 개로 이루어진 그룹, bcd 를 필요로 한다. 5개의 항과 11개의 리터럴만을 필요로 하는 오직 하나의 최소해는 다음과 같고,

$$f = c'd' + b'c' + a'd' + ab' + bcd$$

이것은 오른쪽 맵에 나타나 있다. 5개의 항을 필요로 하는 또 다른 해가 있지만, 12개의 리터럴이 필요하고, 다음과 같다.

$$f = c'd' + b'c' + b'd' + a'bc + acd$$

f. 첫 번째 맵에 모든 주항이 원으로 표시 되어 있다; 한번 밖에 커버되지 않은 1들은 *로 표시되어 있다:

필수 주항들: $A'C'$, BD

다른 주항들: $B'C'D'$, $AB'D'$, ACD', ABC

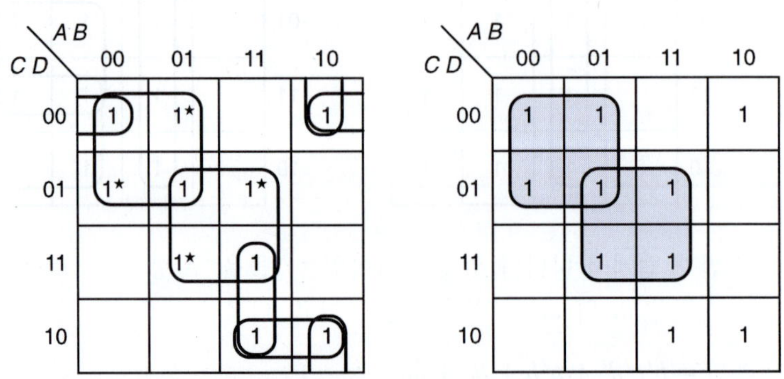

두 번째 맵에서, 필수 주항은 어두운 색으로 칠해졌고, 아직 커버되지 않고 남아있는 3개의 1들을 부각시켜 준다. 이들을 커버하기 위해선 2개의 항이 필요로 하고, 최소한 이들 중 하나는 두 개의 남아있는 1을 커버하여야 한다. 따라서 세 가지 해는 다음과 같다.

$$F = A'C' + BD + ACD' + B'C'D'$$
$$F = A'C' + BD + AB'D' + ACD'$$
$$F = A'C' + BD + AB'D' + ABC$$

3. 다음에 나오는 각 문제에 따라, 모든 최소 SOP 표현을 찾아라.(만약 하나 이상의 해가 있다면, 해의 개수가 괄호 안에 주어질 것이다.)

a. $f(a, b, c, d) = \Sigma m(0, 2, 3, 7, 8, 9, 13, 15) + \Sigma d(1, 12)$

b. $F(W, X, Y, Z) = \Sigma m(1, 3, 5, 6, 7, 13, 14) + \Sigma d(8, 10, 12)$ (2개의 해)

c. $f(a, b, c, d) = \Sigma m(3, 8, 10, 13, 15) + \Sigma d(0, 2, 5, 7, 11, 12, 14)$ (8개의 해)

d. $f(a, b, c, d) = \Sigma m(0, 1, 4, 6, 10, 14) + \Sigma d(5, 7, 8, 9, 11, 12, 15)$ (13개의 해)

a.

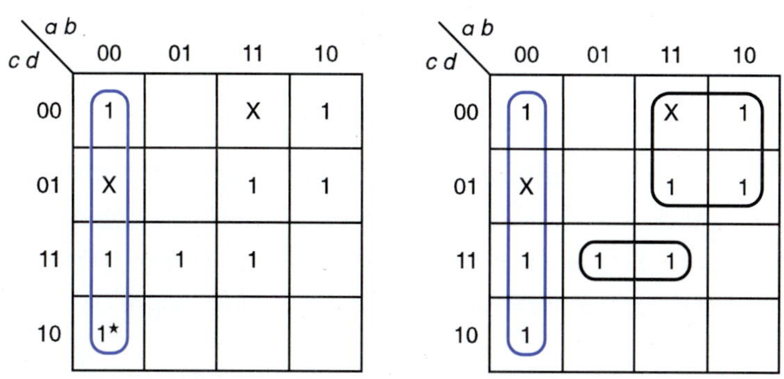

왼쪽의 맵은 필수 주항인 $a'b'$를 나타내고 있다. 남아있는 1들은 오른쪽 맵에 나와 있듯이 두 주항에 의해 커버될 수 있다. 이 예제에서, 모든 don't care는 1로 처리된다. 결과 해는 다음과 같다.

$$f = a'b' + ac' + bcd$$

$b'c'$, abd, $a'cd$와 같은 많은 다른 주항들이 있지만, 그들 중 선택되어진다면, $a'b'$를 포함한 세 개의 주항이 필요할 것이다.

b.

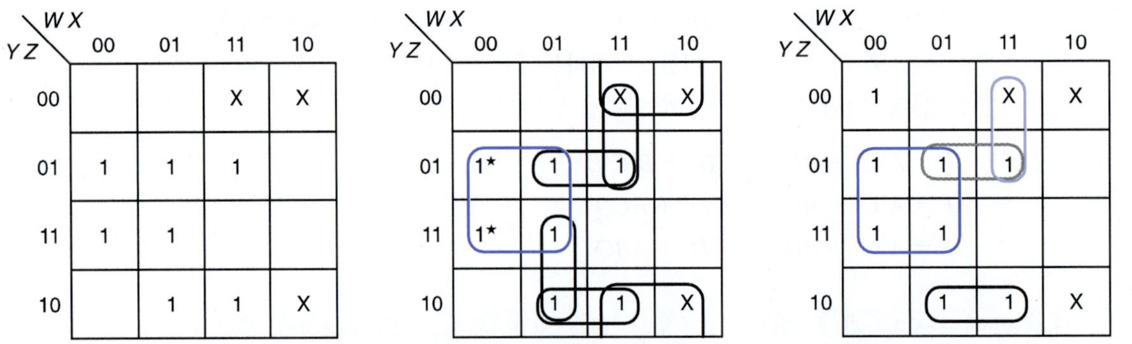

가운데 맵에 모든 주항들이 원으로 표시되어 있다. $W'Z$ 만이 필수인 것은 분명하고, 이것 후에 3개의 주항이 커버되지 않고 남는다. XYZ'가 이들 중 두 개를 커버할 수 있는 유일한 하나의 주항이고, 따라서 두 개의 최소해 양 쪽 모두에 다 사용된다. 그것은 남아 있는 하나를 커버하는 두 가지 선택을 남긴다 - WXY' (밝은 파란색) 혹은 $XY'Z$ (회색). m_{12}의 don't care는 다른 방식으로 다루었고, 따라서 밑에 나타나 있는 두 개의 해가 문제의 요구를 모두 충족하고 있으며 그 둘은 동일하지는 않다:

$$F = W'Z + XYZ' + WXY'$$
$$F = W'Z + XYZ' + XY'Z$$

또한, 네 개로 이루어진 그룹 (WZ')은 사용되지 않는다; 그것은 해에 4개의 항을 필요하게 한다.

c. 이 문제에서는 필수 주항이 없다. 왼쪽의 맵에 나와 있듯이 m_8을 커버하는 주항은 두 개 밖에 없다; 그들은 또한 m_{10}을 커버한다. 이 둘 중 하나를 선택해야 한다. 다음의 맵은 m_{13}을 커버하는 유일한 항들을 보여준다; 둘 다 또한 m_{15}를 커버한다. 또한 이 둘 중 하나를 선택해야 한다. 마지막으로, 오른쪽 맵은 m_3을 커버하는 두 개의 주항을 보여준다.

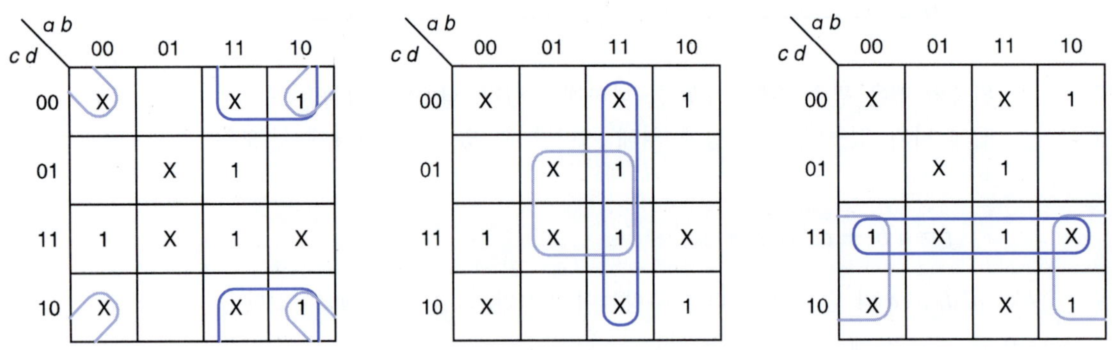

따라서 각 그룹에서 선택한 최종 해는 총 8개의 해가 된다:

$$f = \begin{Bmatrix} ad' \\ b'd' \end{Bmatrix} + \begin{Bmatrix} ab \\ bd \end{Bmatrix} + \begin{Bmatrix} cd \\ b'c \end{Bmatrix}$$

혹은 다음과 같이 쓸 수 있다.

$f = ad' + ab + cd$
$f = ad' + ab + b'c$
$f = ad' + bd + cd$
$f = ad' + bd + b'c$
$f = b'd' + ab + cd$
$f = b'd' + ab + b'c$
$f = b'd' + bd + cd$
$f = b'd' + bd + b'c$

d. 필수 주항은 없다. 가장 좋은 출발점은 두 방법으로 밖에 커버될 수 없는 1을 가진 것이다; 이 문제에서는 오직 m_1 하나뿐이다. 어떠한 해이든 항 $a'c'$(첫 번째 맵에 4개로 나타나 있는)나, 혹은 항 $b'c'$(남아있는 두 개의 맵에 나타나 있는)의 둘 중 하나를 포함하고 있어야 한다. $b'c'$가 $a'c'$에 의해 커버되지 않은 1을 커버하지 않기 때문에 둘 다를 사용할 이유가 없다. 첫 번째 맵은 $a'c'$을 나타낸다. 3개의 1이 남아있고, 항이 두 개 더 필요하다는 것을 주의하자. 최소한 이들 중 하나는 남아있는 1중 2개를 포함하고 있어야 한다.

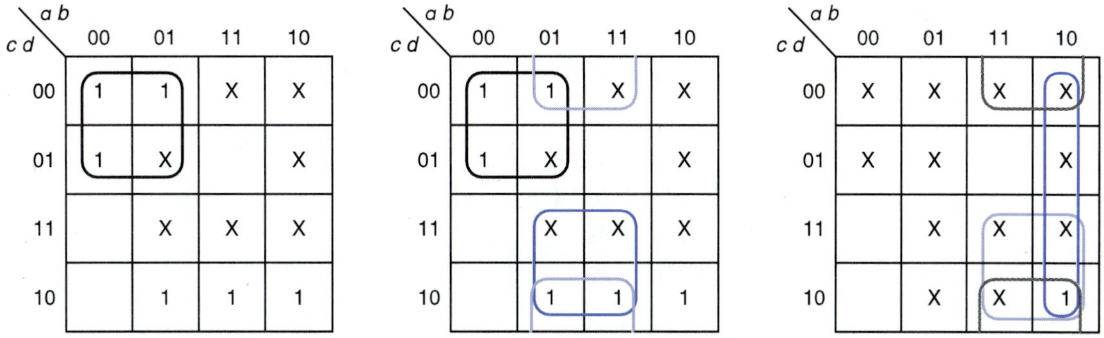

두 번째 맵은 m_6과 m_{14}를 동시에 커버할 수 있는 항인 bc와 bd'를 나타낸다: 양쪽 모두의 경우에, 오직 하나의 1이 커버되지 않고 남아있다. 세 번째 맵에서는 이전에 커버된 1의 don't care와 남은 하나의 1인 m_{10}을 커버하는 3가지 방법을 보여준다. 따라서 다음과 같은 6개의 해를 얻을 수 있다.

$f_1 = a'c' + bc + ab'$
$f_2 = a'c' + bc + ac$
$f_3 = a'c' + bc + ad'$

$$f_4 = a'c' + bd' + ab'$$
$$f_5 = a'c' + bd' + ac$$
$$f_6 = a'c' + bd' + ad'$$

다음은, m_{10} 과 m_{14} 를 어떻게 하나의 항(이미 찾아진)으로 묶을 것인가에 대해 고려할 것이다. 그것은 다음의 왼쪽 맵에서 두 가지 해를 더 보여준다.(이 항들을 사용한 다른 해들은 이미 열거되었다.)

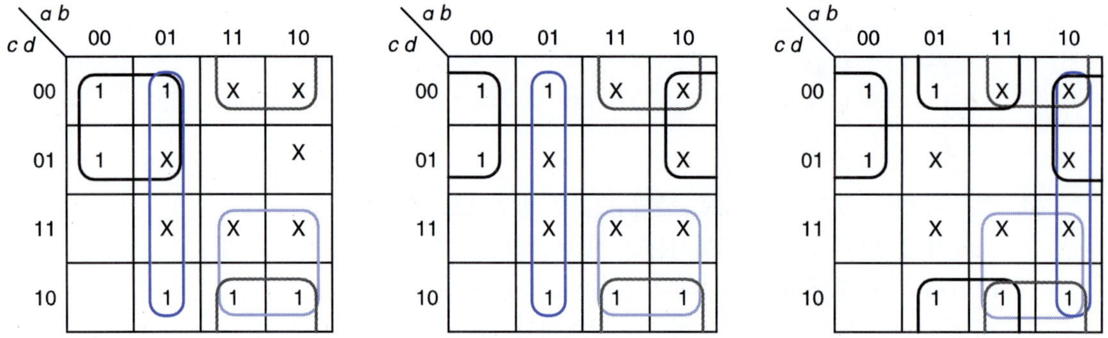

$$f_7 = a'c' + a'b + ad'$$
$$f_8 = a'c' + a'b + ac$$

다음은 $b'c'$를 사용한 해를 알아볼 것이다. 가운데 맵은 그들 중 $a'b$를 사용한 두 개를 보이고 있다. 대신 오른쪽 맵은 bd'를 사용한 마지막 3개를 보이고 있다; 그것은 처음 구한 해들과 같이 동일한 마지막 두 항을 가지고 있다. 따라서 다음을 얻을 수 있다.

$$f_9 = b'c' + a'b + ad'$$
$$f_{10} = b'c' + a'b + ac$$
$$f_{11} = b'c' + bd' + ab'$$
$$f_{12} = b'c' + bd' + ac$$
$$f_{13} = b'c' + bd' + ad'$$

4. 다음에 나오는 각 함수들에 대해, 모든 최소 SOP 표현식과 모든 POS 표현식을 찾아라:

a. $f(w, x, y, z) = \Sigma m(2, 3, 5, 7, 10, 13, 14, 15)$

(1 SOP, 1 POS 개의 해)

b. $f(a, b, c, d) = \Sigma m(3, 4, 9, 13, 14, 15) + \Sigma d(2, 5, 10, 12)$

(1 SOP, 2 POS 개의 해)

c. $f(a, b, c, d) = \Sigma m(4, 6, 11, 12, 13) + \Sigma d(3, 5, 7, 9, 10, 15)$

(2 SOP 와 8 POS 개의 해)

a. f의 맵은 다음과 같다.

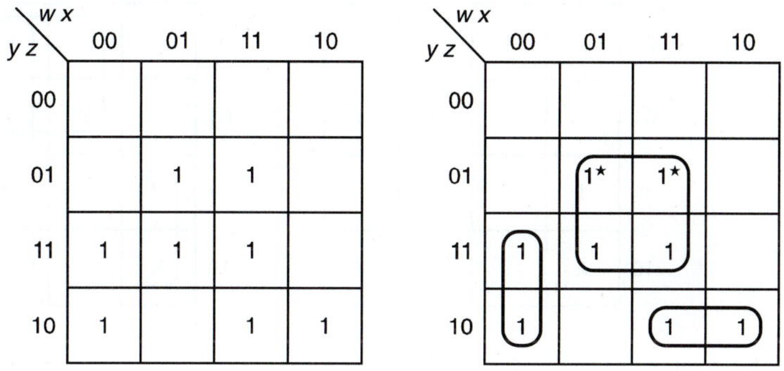

오직 하나의 필수 주항만이 있고, 추가적인 두 개의 항으로 커버를 완성하는 방법도 하나밖에 없다. 따라서

$$f = xz + w'x'y + wyz'$$

0을 1로, 1을 0으로 바꾸거나, f에 있지 않은 모든 최소항을 표시함으로써, f'에 대한 맵을 얻을 수 있다.

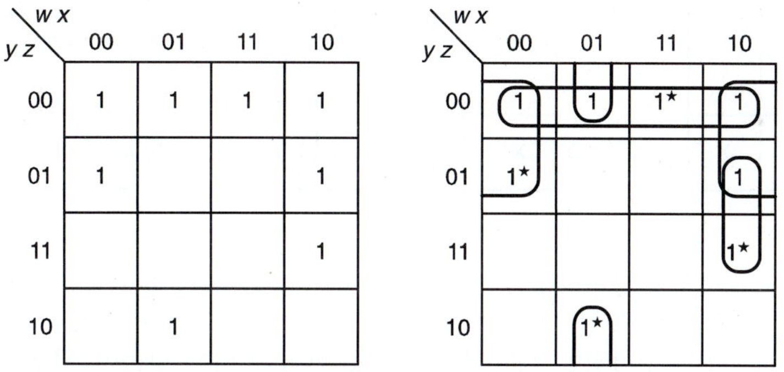

f'를 모두 커버하는 4개의 필수 주항이 있고, 다음을 얻을 수 있다.

$$f' = x'y' + y'z' + w'xz' + wx'z$$

드모르강의 정리를 사용하여 다음을 얻을 수 있다.

$$f = (x + y)(y + z)(w + x' + z)(w' + x + z')$$

이 경우에서는 SOP해가 더 적은 수의 항이 필요하다.

b. 다음에 나오는 오른쪽 맵에서 알 수 있듯이, 모든 1들은 필수 주항에 커버되어 있고, 최소 SOP 식을 만든다.

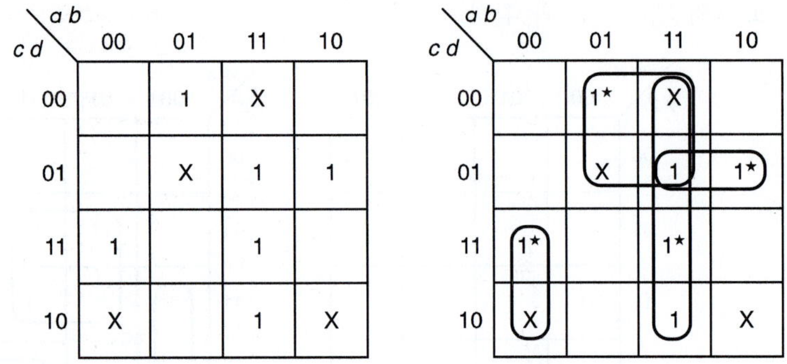

$$f_1 = bc' + ab + a'b'c + ac'd$$

이제, f'의 맵을 얻기 위해 1은 0으로, 0은 1로 변환하고 X는 그대로 남겨두면, 다음과 같은 f' 맵을 얻는다.

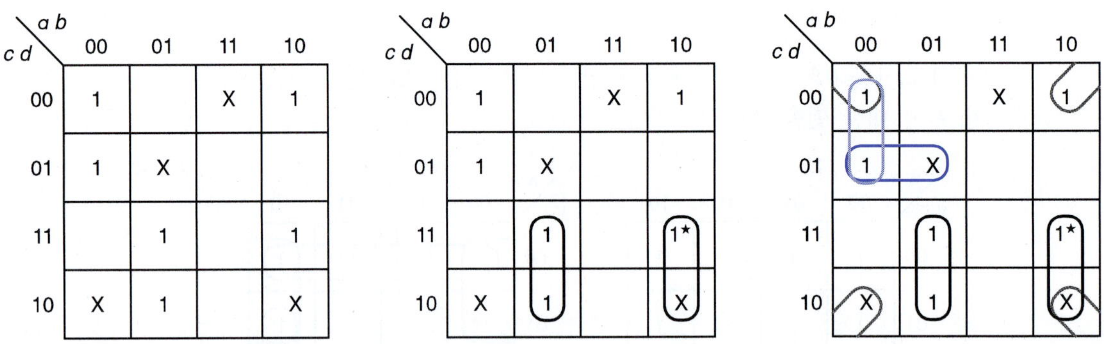

단 하나의 필수 주항 $ab'c$가 있다. 비록 m_6과 m_7이 두 가지 방법으로 커버될 수 있다 해도, 오직 $a'bc$만이 둘 다 커버할 수 있다.(그리고 다른 항들은 추가적인 1을 커버하지 못한다) 이러한 항들이 원으로 표시 되어 있는 가운데 맵에서, 커버되지 않은 3개의 1이 남아있다. 두 개의 1을 커버하고 있는(오른쪽 맵에서 나와 있듯이) 4개로 이루어진 그룹 $b'd'$가 있다. 오른쪽 맵에서 파란색 선으로 표시되어 있듯이 그것은 두 가지 방법으로 커버할 수 있는 m_1 하나만을 남긴다. 따라서, f'에 대한 최소 SOP 표현식은,

$$f_2' = ab'c + a'bc + b'd' + a'c'd$$
$$f_3' = ab'c + a'bc + b'd' + a'b'c'$$

이고 두 개의 최소 POS 해를 만든다.

$$f_2 = (a' + b + c')(a + b' + c')(b + d)(a + c + d')$$
$$f_3 = (a' + b + c')(a + b' + c')(b + d)(a + b + c)$$

c. f에 대한 맵이 다음에 나타나 있다.(왼쪽) 두 개의 필수 주항이 있고, m_{11} 만이 커버되지 않고 남는다. 오른쪽 맵에서 나와 있듯이 사용 가능한 4개로 이루어진 그룹 두 개가 있다.

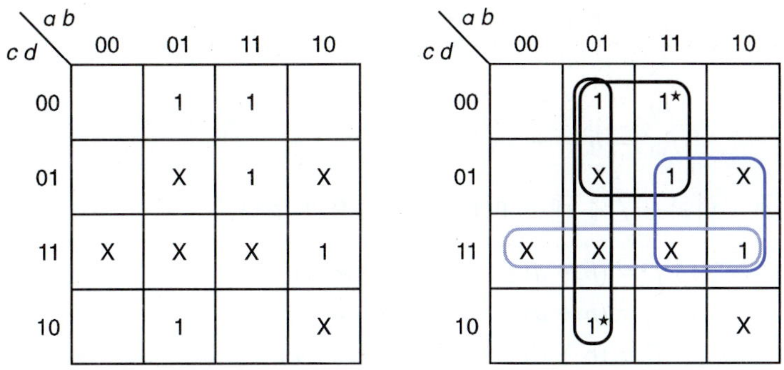

따라서 두개의 SOP 해는 다음과 같다.

$$f_1 = a'b + bc' + ad$$
$$f_2 = a'b + bc' + cd$$

f'의 맵을 그리고 나면 필수 주항은 찾을 수 없다.

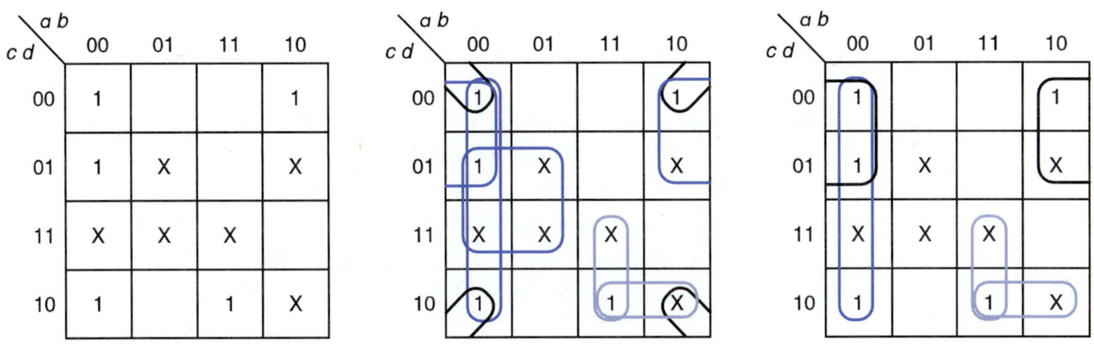

시작점으로 m_8을 선택한다. 그것은 구석에 있는 4개로 이루어진 항인 $b'd'$(가운데 맵에 나타나 있는) 혹은 $b'c'$(오른쪽 맵에 있는) 에 의해 커버될 수 있다. 어떠한 것이든 해를 고르고 나면, 다른 어떠한 1을 커버하지 않고 m_{14}를 커버하는 두 개로 이루어진 그룹(밝은 파란색으로 표시된)을 골라야 한다; 이들 중 하나를 고르고 나면(그리고 $b'd'$), 아직 커버되지 않고 남아있는 것은 m_1 뿐이다. 세 개의 파란색 선은 이것을 커버하는 것을 보여준다.(이들 중 하나가 $b'c'$라는 것에 주의하자.) $b'd'$를 고르지 않는다면, m_8 을 커버하기 위해 $b'c'$를, m_2를 커버하기 위해 $a'b'$를 선택하여야 한다.(m_2를 커버하는 유일한 주항은 $b'd'$이고 그 항을 이용한 모든 해를 찾았기 때문에). 따라서, f'의 8가지 해는 다음과 같다.

$$f_3' = b'd' + abc + a'b'$$
$$f_4' = b'd' + abc + a'd$$
$$f_5' = b'd' + abc + b'c'$$
$$f_6' = b'd' + acd' + a'b'$$
$$f_7' = b'd' + acd' + a'd$$
$$f_8' = b'd' + acd' + b'c'$$
$$f_9' = b'c' + abc + a'b'$$
$$f_{10}' = b'c' + acd' + a'b'$$

따라서 f에 대한 POS 해는 다음과 같다.

$$f_3 = (b + d)(a' + b' + c')(a + b)$$
$$f_4 = (b + d)(a' + b' + c')(a + d')$$
$$f_5 = (b + d)(a' + b' + c')(b + c)$$
$$f_6 = (b + d)(a' + c' + d)(a + b)$$
$$f_7 = (b + d)(a' + c' + d)(a + d')$$
$$f_8 = (b + d)(a' + c' + d)(b + c)$$
$$f_9 = (b + c)(a' + b' + c')(a + b)$$
$$f_{10} = (b + c)(a' + c' + d)(a + b)$$

5. 다음의 문제들에 대해 최소 SOP 표현을 찾아라:

a. $F(A, B, C, D, E) = \Sigma m(0, 5, 7, 9, 11, 13, 15, 18, 19, 22, 23, 25, 27, 28, 29, 31)$

b. $F(A, B, C, D, E) = \Sigma m(0, 2, 4, 7, 8, 10, 15, 17, 20, 21, 23, 25, 26, 27, 29, 31)$

c. $G(V, W, X, Y, Z) = \Sigma m(0, 1, 5, 6, 7, 8, 9, 14, 17, 20, 21, 22, 23, 25, 28, 29, 30)$ (3개의 해)

d. $H(A, B, C, D, E) = \Sigma m(1, 3, 10, 14, 21, 26, 28, 30) + \Sigma d(5, 12, 17, 29)$

a. 다른 층의 대응되는 위치에 0이 있는 1부터 살펴보도록 하자. 첫 번째 맵에서, 한 층에 완전히 포함되어 있는 모든 필수 주항, *A'B'C'D'E'*, *A'CE*, *AB'D*, 그리고 *ABCD'* 가 원으로 표시되어 있다.

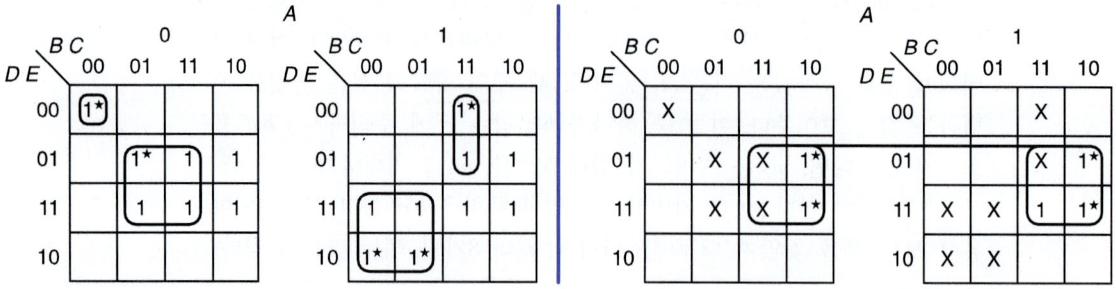

두 번째 맵에서 필수 주항에 커버되는 모든 1들은 don't care로 표시하였다. 두 번째 맵에 나와 있듯이 남아있는 1들은 모두 8개로 이루어진 그룹 *BE*에 포함된다. 따라서, 최소해는 다음과 같다.

$$F = A'B'C'D'E' + A'CE + AB'D + ABCD' + BE$$

b. 왼쪽의 맵에, 필수 주항이 원으로 표시되어 있다. *A'C'E'*가 윗 층에 있고, *AD'E*는 아래층에 있으며 *CDE*는 양층에 나누어져 있다는 것에 주의하자.

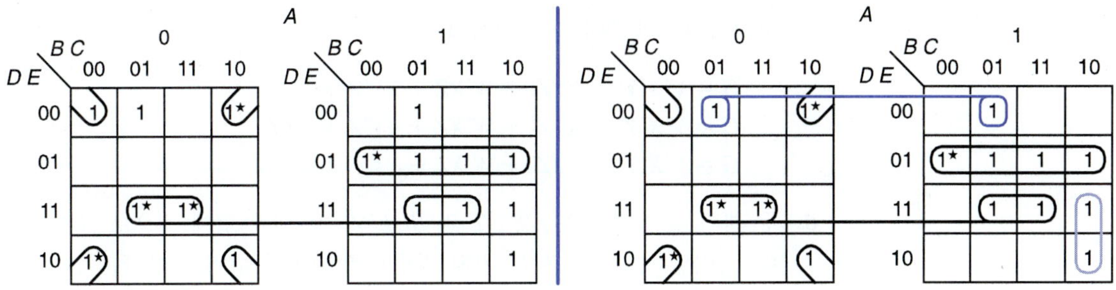

그것은 네 개의 커버되지 않은 1을 남기고, 오른쪽 맵에 나와 있듯이 2개로 이루어진 그룹 2개를 사용하여야 커버될 수 있다. 따라서 최소해는 다음과 같다.

$$F = A'C'E' + AD'E + CDE + B'CD'E' + ABC'D$$

c. 첫 번째 맵에서, 두 개의 필수 주항 *V'X'Y'*와 *XYZ'*가 원으로 표시되어 있다. 항 *W'XZ*가 두 번째 맵에 표시되어 있다; 만약 이것이 사용되지 않는다면 m_7과 m_{23}을 커버하기 위해 *W'XY*를 필요로 한다. 그러면 이때에는, 이 함수를 커버하기 위해서 3개의 항들이 더 필요하다.

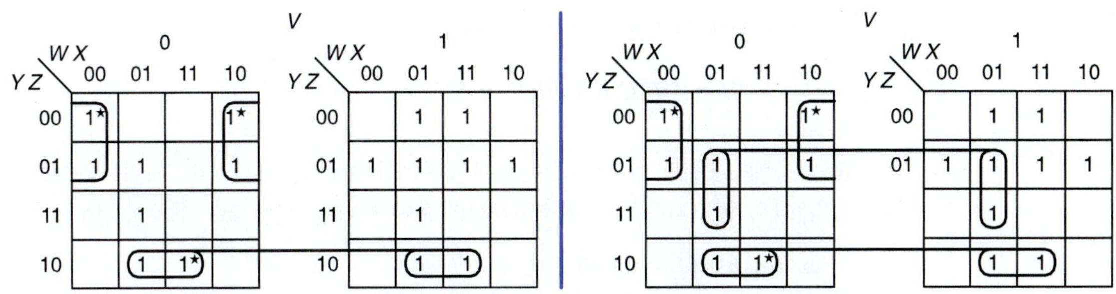

다음의 맵에 커버된 1들은 don't care로 처리되었고 남아있는 1들을 커버하는 세 가지 방법이 나와 있다. 왼쪽의 맵에서, 파란색 항인 *VY'Z*는 다른 항들인 *VXY'*, *VXZ'*과 함께 사용된다. 오른쪽 맵에서는, *VXY'*과 *X'Y'Z*가 사용되었다.

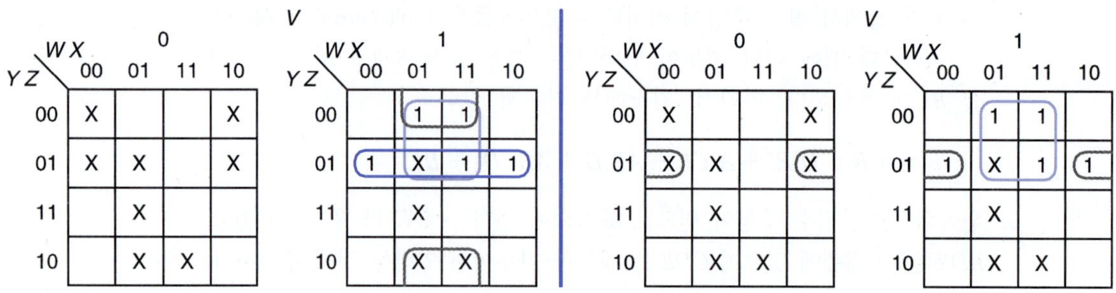

따라서 3개의 최소해는 다음과 같다.

$$G = V'X'Y' + XYZ' + W'XZ + VY'Z + VXY'$$
$$G = V'X'Y' + XYZ' + W'XZ + VY'Z + VXZ'$$
$$G = V'X'Y' + XYZ' + W'XZ + VXY' + X'Y'Z$$

d. 두 개의 필수 주항인 $A'B'C'E$ 와 BDE' 가 첫 번째 맵에 원으로 표시되었다. 남아있는 각 1들은 두 가지 방법으로 커버될 수 있는데, 하나의 층에 완전히 커버되는 두 개로 이루어진 그룹에 의한 방법과 다음에 나타나 있듯이 4개로 이루어진 그룹에 의한 방법이 있다.

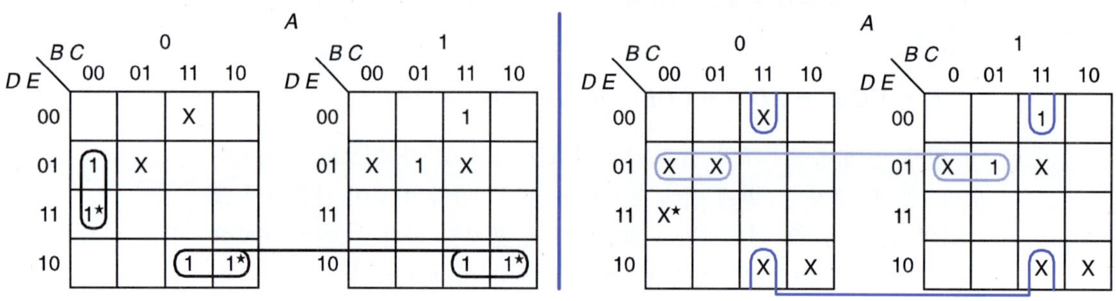

따라서 최소해는 다음과 같다.

$$H = A'B'C'E + BDE' + BCE' + B'D'E$$

6. 다음에 나오는 함수의 묶음들에서 한 함수당 한 개의 OR 게이트와 AND 게이트들을 사용하여 최소의(SOP 표현에 해당하는) 2단 회로를 찾아라:

a. $f(a, b, c, d) = \Sigma m(0, 1, 2, 3, 5, 7, 8, 10, 11, 13)$
$g(a, b, c, d) = \Sigma m(0, 2, 5, 8, 10, 11, 13, 15)$
(7게이트와 19입력)

b. $f(a, b, c, d) = \Sigma m(1, 2, 4, 5, 6, 9, 11, 13, 15)$
$g(a, b, c, d) = \Sigma m(0, 2, 4, 8, 9, 11, 12, 13, 14, 15)$
(8게이트와 23입력)

c. $F(W, X, Y, Z) = \Sigma m(2, 3, 6, 7, 8, 9, 13)$
$G(W, X, Y, Z) = \Sigma m(2, 3, 6, 7, 9, 10, 13, 14)$
$H(W, X, Y, Z) = \Sigma m(0, 1, 4, 5, 9, 10, 13, 14)$
(8게이트와 22입력)

d. $f(a, b, c, d) = \Sigma m(0, 2, 3, 8, 9, 10, 11, 12, 13, 15)$
$g(a, b, c, d) = \Sigma m(3, 5, 7, 12, 13, 15)$
$h(a, b, c, d) = \Sigma m(0, 2, 3, 4, 6, 8, 10, 14)$
(10게이트와 28입력)

e. $f(a, b, c, d) = \Sigma m(0, 3, 5, 7) + \Sigma d(10, 11, 12, 13, 14, 15)$
$g(a, b, c, d) = \Sigma m(0, 5, 6, 7, 8) + \Sigma d(10, 11, 12, 13, 14, 15)$
(7게이트와 19입력)

a. 다음의 첫 번째 쌍의 맵에서, f에서 다른 함수에 포함되지 않는 1을 커버하는 유일한 주항인 $a'd$가 나타나 있다.

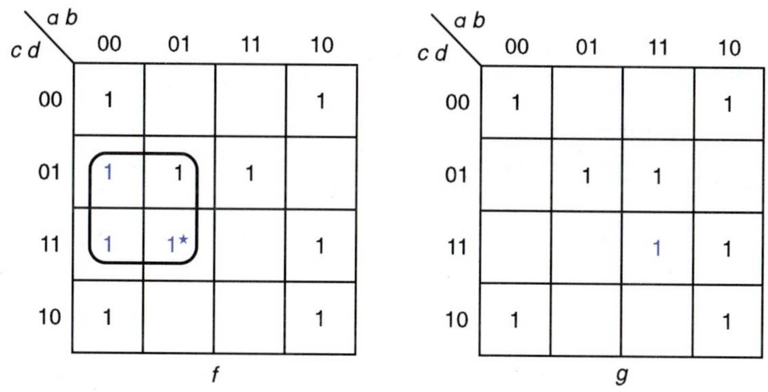

공유되지 않는 다른 어떠한 1(f와 g에서 모두)도 주항을 필수로 만들지 못한다.(f에 있는 m_1, 혹은 m_3, 혹은 g의 m_{15}) 다른 두 항인 $b'd'$와 $bc'd$는 f와 g 두 함수 모두의 필수 주항이며, 다음의 맵에서 선택되어진다.

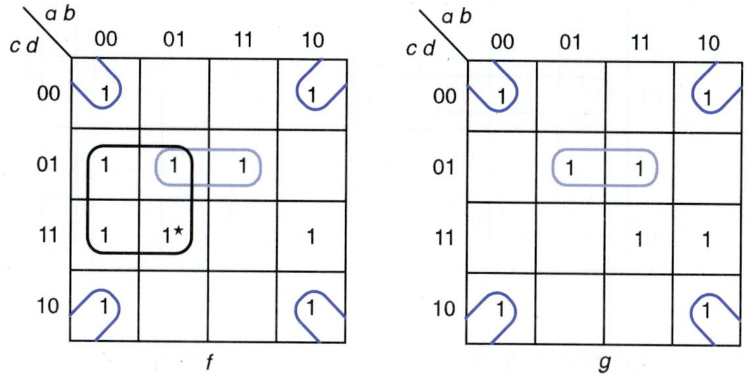

비록 항 $ab'c$ 가 공유될 수 있더라도, g에서는 또 다른 항을 필요로 한다.(abd 또는 acd) 이는 7개의 게이트와 20개의 입력을 필요로 한다.(한 입력이 너무 많다). 그러나, 만약 g 에서 acd 가 사용된다면, 다음의 맵에 나와 있듯이 f에 $b'c$ 를 사용함으로써 두 함수의 커버를 완성할 수 있다.

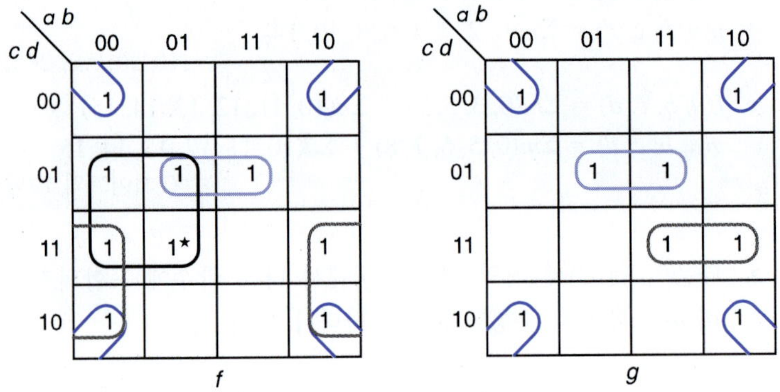

따라서,

$$f = a'd + b'd' + bc'd + b'c$$
$$g = b'd' + bc'd + acd$$

이고, 7개의 게이트와 19개의 입력이 필요하다.

b. 각 함수에서 다른 함수에 없는 1을 검색하다 보면, f에서 m_1, m_5, 그리고 m_6 을 g 에서 m_0, m_8, m_{12} 그리고 m_{14} 를 찾을 수 있다. 주항을 필수로 만드는 유일한 1들은 다음의 맵에서 나타나 있듯이 f에서 $c'd$, g에서 ab 이다.

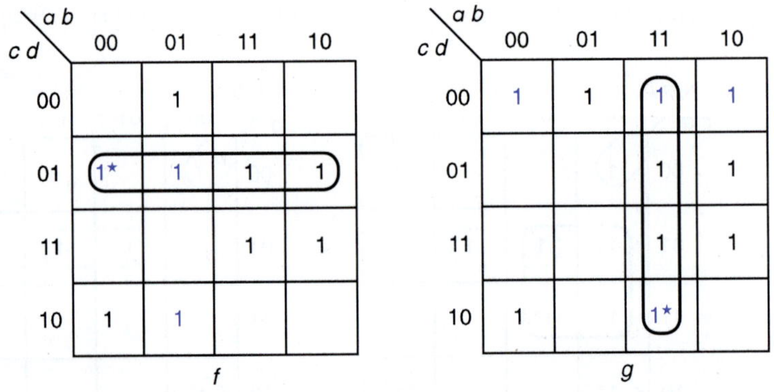

그리고 다음의 맵에 나타나 있는 두 함수들에서 필수 주항인 ad를 주목할 필요가 있다:

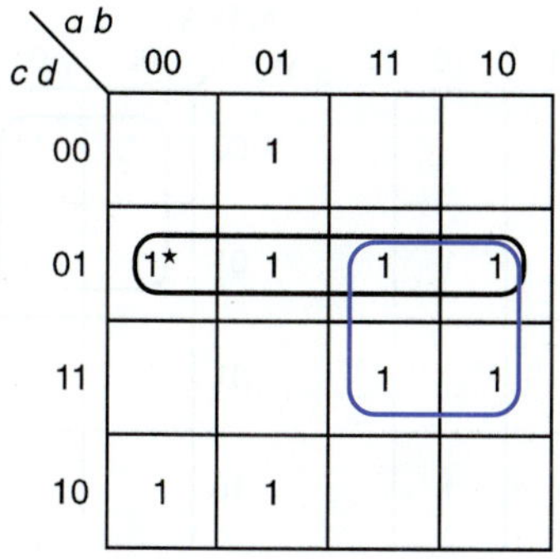

f

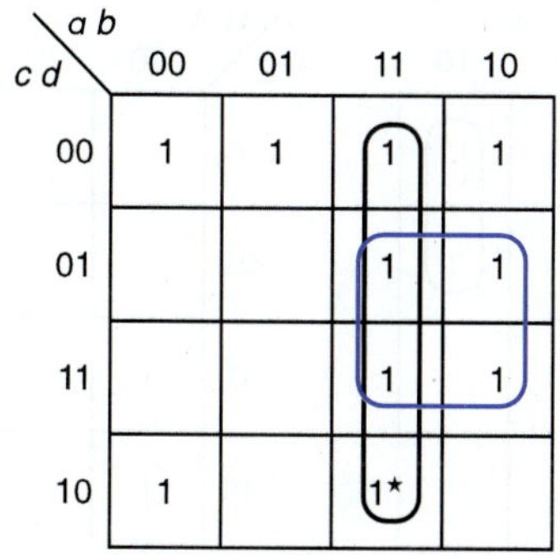

g

g의 첫 번째 줄에 남아있는 세 개의 1을 커버하기 위해 $c'd'$을 고르지 않는다면, 추가적인 다른 항을 필요로 한다. 만약 그것을 고르고 나면, 최소항으로 커버될 수 있고 f와 공유할 수 있는 g의 마지막 1(m_2)을 볼 수 있다. 그것은 항 $a'bd'$로 커버할 수 있는 f의 두개의 1만을 남긴다. 결과적인 함수와 맵이 다음에 나타나 있다:

$$f = c'd + ad + a'b'cd' + a'bd'$$
$$g = ab + ad + c'd' + a'b'cd'$$

이 해는 총 8개의 게이트와 23개의 입력을 필요로 한다.

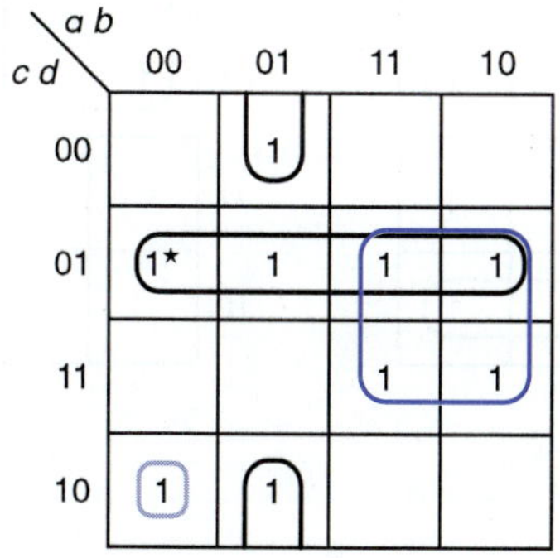

f

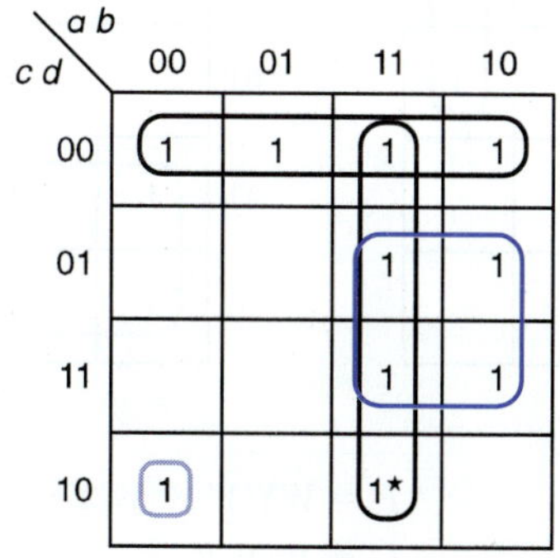

g

c. 세 함수를 최소화 할 때, 마찬가지로 함수들 중 한곳에만 포함되어있는 1을 살펴볼 것이고 그들은 필수 주항을 만든다. 이 문제에서, 이러한 조건을 만족하는 유일한 것들은, 다음의 맵에 나타나 있듯이 F에서 m_8, H에서 m_0과 m_4이다.

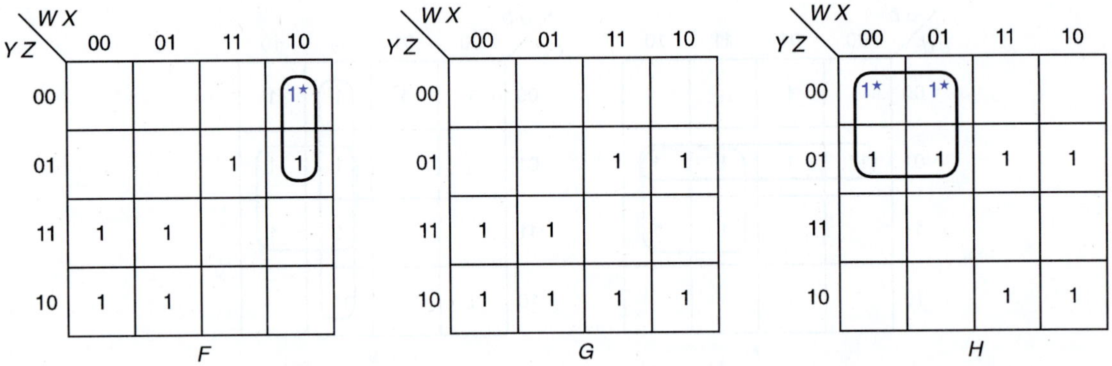

다음, $W'Y$가 F와 G 양쪽에서 모두 필수 주항이라는 것을 주의하자. 그것이 골라진다면, 항 $WY'Z$는 F의 남아있는 1과 G와 H의 두 개의 1을 커버할 수 있다.(그 항은 필수 주항이고 공유가 가능하기 때문에 F와 G에서 어떠한 상황에서든 사용될 수 있다. 그것은 또한 H에도 사용되는데, 남아있는 1들은 주항 $Y'Z$에 이미 커버되어 있기 때문이다.) 마지막으로, H의 필수 주항인 WYZ'는 G와 H의 커버를 완성한다. 다음의 맵과 함수는, 8개의 게이트와 22개의 입력을 이용한 최종 해를 나타낸다.

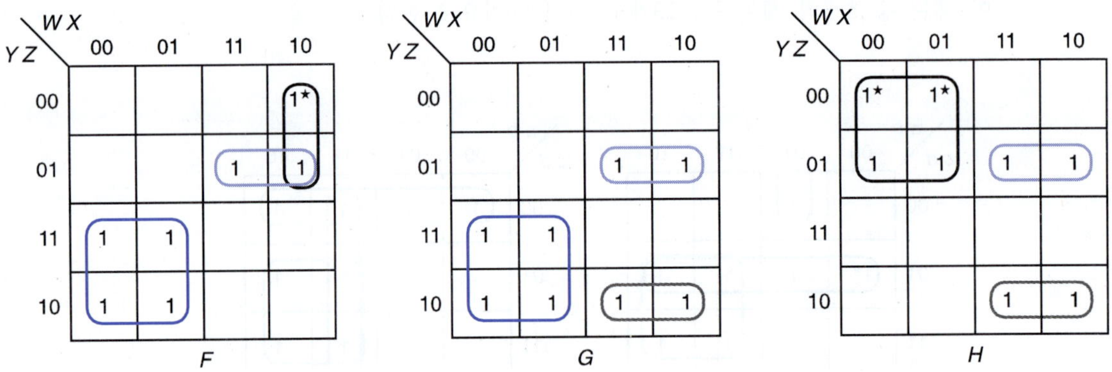

$$F = WX'Y' + W'Y + WY'Z$$
$$G = W'Y + WY'Z + WYZ'$$
$$H = W'Y' + WY'Z + WYZ'$$

d. 다음의 맵에서, 다른 함수의 부분이 아닌 1을 커버하는 필수 주항들이 원으로 표시되었다. f에서, m_9와 m_{11}은 각각 다른 3개의 주항에 의해 커버될 수 있다.

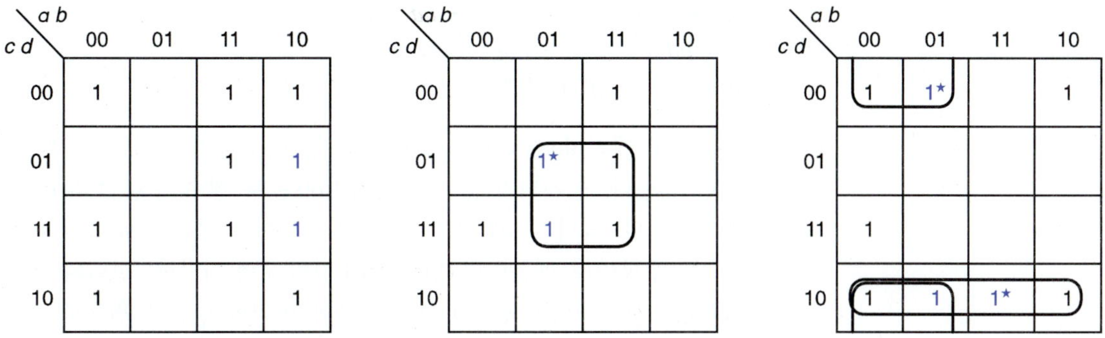

f g h

다음, h 에서 오직 $b'd'$ 에 의해서만 커버될 수 있는 m_8 을 주의하자. 그 $b'd'$ 는 f 에서 또한 필수 주항이 된다. 그리하면 h에서 오직 m_3만이 커버되지 않게 된다; 그것에 대해 그 최소항을 사용하면, f와 g에 모두 공유된다.(그렇지 않다면, 그 함수의 각각에 새 항이 필요하게 된다.) 결과에 대한 맵은 다음과 같다.

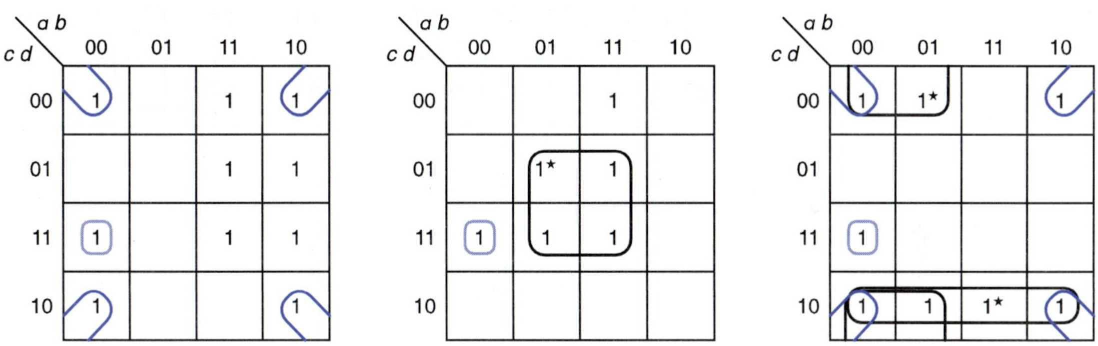

f g h

g에서 아직 커버되지 않은 유일한 1은 m_{12}이다. 그것과 f를 위해 abc'를 사용함으로써, f에 남아있는 3개의 1을 ad로 커버할 수 있다. 그리고 다음의 맵과 식을 얻을 수 있다.

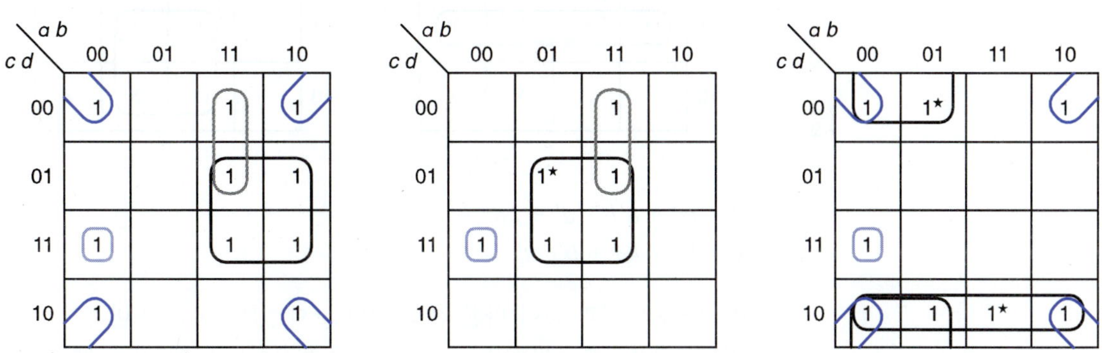

f g h

$$f = b'd' + a'b'cd + abc' + ad$$
$$g = bd + a'b'cd + abc'$$
$$h = a'd' + cd' + b'd' + a'b'cd$$

e. 이 예제는 몇 개의 don't care를 포함하고 있지만, 풀이 과정을 심각하게 바꾸지는 않는다. 공유되지 않는 1을 커버하는 두 필수 주항, f의 cd와 g의 bc가 있다. 게다가, $a'b'c'd'$는 f에 사용되어야 하는데 m_0을 커버하는 유일한 주항이기 때문이다.(만약 최소항이 주항이라면, 선택의 여지 없이 그것을 사용해야만 한다.) 아래의 맵에 이러한 항들을 원으로 표시하였다.

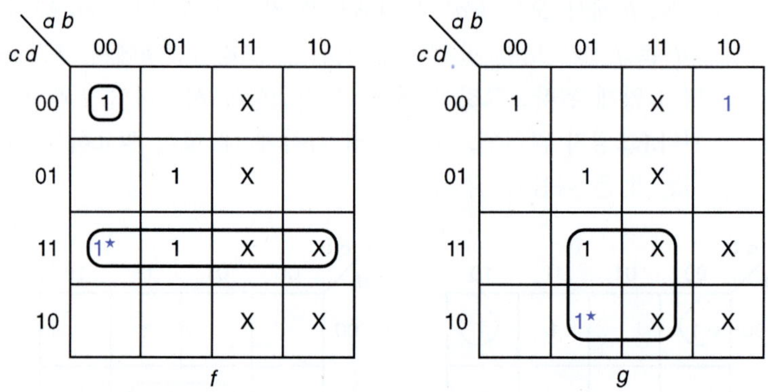

다음, m_5를 커버하기 위해 두 함수 모두에 bd를 사용하고, 함수 f의 커버를 완성할 수 있다. g의 남아있는 1을 커버하기 위한 가장 확실한 선택은 $b'c'd'$를 사용하는 것이고, 다음의 맵과 식을 얻을 수 있다.

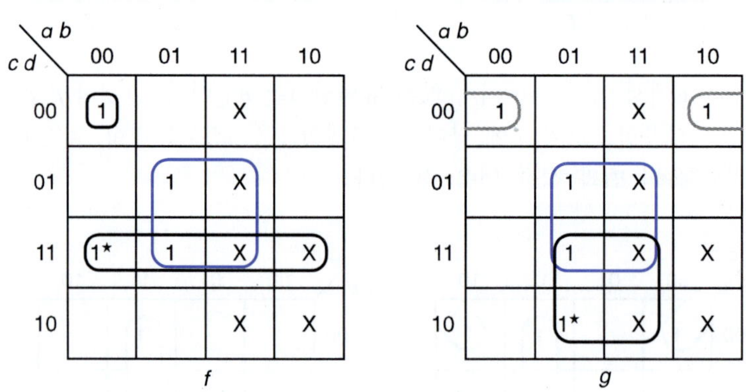

$$f = cd + a'b'c'd' + bd$$
$$g = bc + bd + b'c'd'$$

그러나 다음의 식과 같이 다른 해도 있다. g에 있는 m_0을 커버하기 위해 $a'b'c'd'$를 사용함으로써(이미 f에 이 항이 필요하다.), 네 개로 이루어진 그룹인 ad'를 사용함으로써 g에 남아있는 1을 모두 커버할 수 있고, 다음의 해를 얻을 수 있다.

$$f = cd + a'b'c'd' + bd$$
$$g = bc + bd + a'b'c'd' + ad'$$

두 해 모두 다 7개의 게이트와 19개의 입력을 필요로 한다.

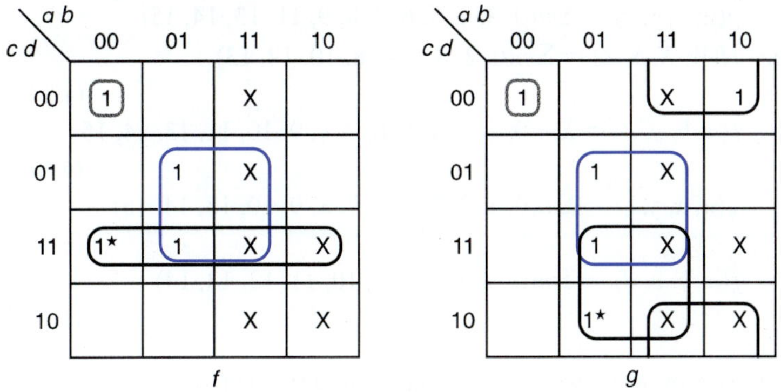

3.8 연습문제

1. 다음의 함수를 카르노 맵에 표시하여라.

a. $f(a, b, c) = \Sigma m(1, 2, 3, 4, 6)$

*b. $g(w, x, y, z) = \Sigma m(1, 3, 5, 6, 7, 13, 14) + \Sigma d(8, 10, 12)$

c. $F = WX'Y'Z + W'XYZ + W'X'Y'Z' + W'XY'Z + WXYZ$

*d. $g = a'c + a'bd' + bc'd + ab'd + ab'cd'$

e. $h = x + yz' + x'z$

2. 다음에 나오는 각 문제에 대해, 최소 SOP 표현을 모두 찾아라.(만약 한 개 이상의 해가 있다면, 괄호 안에 해의 개수가 주어질 것이다.)

a. $f(a, b, c) = \Sigma m(1, 2, 3, 6, 7)$

*b. $g(w, x, y) = \Sigma m(0, 1, 5, 6, 7)$ (2개의 해)

c. $h(a, b, c) = \Sigma m(0, 1, 2, 5, 6, 7)$ (2개의 해)

d. $f(a, b, c, d) = \Sigma m(1, 2, 3, 5, 6, 7, 8, 11, 13, 15)$

*e. $G(W, X, Y, Z) = \Sigma m(0, 2, 5, 7, 8, 10, 12, 13)$

f. $h(a, b, c, d) = \Sigma m(2, 4, 5, 6, 7, 8, 10, 12, 13, 15)$ (2개의 해)

g. $g(a, b, c, d) = \Sigma m(0, 1, 2, 3, 4, 5, 6, 8, 9, 10, 12, 15)$ (2개의 해)

h. $g(w, x, y, z) = \Sigma m(2, 3, 6, 7, 8, 10, 11, 12, 13, 15)$
(2개의 해)

*i. $h(p, q, r, s) = \Sigma m(0, 2, 3, 4, 5, 8, 11, 12, 13, 14, 15)$
(3개의 해)

j. $F(W, X, Y, Z) = \Sigma m(0, 2, 3, 4, 5, 8, 10, 11, 12, 13, 14, 15)$
(4개의 해)

k. $f(w, x, y, z) = \Sigma m(0, 1, 2, 4, 5, 6, 9, 10, 11, 13, 14, 15)$
(2개의 해)

*l. $g(w, x, y, z) = \Sigma m(0, 3, 4, 5, 6, 7, 8, 9, 11, 13, 14, 15)$

*m. $H(W, X, Y, Z) = \Sigma m(0, 2, 3, 5, 7, 8, 10, 12, 13)$
(4개의 해)

*n. $f(a, b, c, d) = \Sigma m(0, 1, 2, 4, 5, 6, 7, 8, 9, 10, 11, 13, 14, 15)$
(6개의 해)

o. $g(w, x, y, z) = \Sigma m(0, 1, 2, 3, 5, 6, 7, 8, 9, 10, 13, 14, 15)$
(6개의 해)

p. $f(a, b, c, d) = \Sigma m(0, 3, 5, 6, 7, 9, 10, 11, 12, 13, 14)$
(32개의 해)

3. 다음 함수의 맵을 만들고 최소 SOP 표현을 찾아라:

a. $F = AD + AB + A'CD' + B'CD + A'BC'D'$

*b. $g = w'yz + xy'z + wy + wxy'z' + wz + xyz'$

4. 다음에 나오는 각 문제에 대해, 최소 SOP 표현을 모두 찾아라.(만약 한 개 이상의 해가 있다면, 괄호 안에 해의 개수가 주어질 것이다.) 해를 f_1, f_2, ... 과 같이 표시하여라.

a. $f(w, x, y, z) = \Sigma m(1, 3, 6, 8, 11, 14) + \Sigma d(2, 4, 5, 13, 15)$
(3개의 해)

*b. $f(a, b, c, d) = \Sigma m(0, 2, 3, 5, 7, 8, 9, 10, 11) + \Sigma d(4, 15)$
(3개의 해)

c. $f(w, x, y, z) = \Sigma m(0, 2, 4, 5, 10, 12, 15) + \Sigma d(8, 14)$
(2개의 해)

d. $f(a, b, c, d) = \Sigma m(5, 7, 9, 11, 13, 14) + \Sigma d(2, 6, 10, 12, 15)$
(4개의 해)

*e. $f(a, b, c, d) = \Sigma m(0, 2, 4, 5, 6, 7, 8, 9, 10, 14) + \Sigma d(3, 13)$
(3개의 해)

f. $f(w, x, y, z) = \Sigma m(1, 2, 5, 10, 12) + \Sigma d(0, 3, 4, 8, 13, 14, 15)$
(7개의 해)

5. 다음에 나오는 각 문제에 대해, 최소 SOP 표현과 최소 POS 표현을 모두 찾아라:

*a. $f(A, B, C, D) = \Sigma m(1, 4, 5, 6, 7, 9, 11, 13, 15)$

b. $f(W, X, Y, Z) = \Sigma m(2, 4, 5, 6, 7, 10, 11, 15)$

*c. $f(a, b, c, d) = \Sigma m(0, 2, 4, 6, 7, 9, 11, 12, 13, 14, 15)$
(2 SOP와 1 POS개의 해)

d. $f(w, x, y, z) = \Sigma m(0, 4, 6, 9, 10, 11, 14) + \Sigma d(1, 3, 5, 7)$

e. $f(a, b, c, d) = \Sigma m(0, 1, 2, 5, 7, 9) + \Sigma d(6, 8, 11, 13, 14, 15)$
(4 SOP와 2 POS개의 해)

f. $f(a, b, c, d) = \Sigma m(0, 1, 4, 6, 10, 14) + \Sigma d(5, 7, 8, 9, 11, 12, 15)$
(13 SOP와 3 POS개의 해)

*g. $f(w, x, y, z) = \Sigma m(1, 3, 7, 11, 13, 14) + \Sigma d(0, 2, 5, 8, 10, 12, 15)$
(6 SOP와 1 POS개의 해)

6. 다음에 나오는 각 5변수 문제에 대해, 최소 SOP 표현을 모두 찾아라.(만약 한 개 이상의 해가 있다면, 괄호 안에 해의 개수가 주어질 것이다.)

a. $F(A, B, C, D, E) = \Sigma m(0, 1, 5, 7, 8, 9, 10, 11, 13, 15, 18, 20, 21, 23, 26, 28, 29, 31)$

*b. $H(A, B, C, D, E) = \Sigma m(5, 8, 12, 13, 15, 17, 19, 21, 23, 24, 28, 31)$

c. $F(V, W, X, Y, Z) = \Sigma m(2, 4, 5, 6, 10, 11, 12, 13, 14, 15, 16, 17, 18, 21, 24, 25, 29, 30, 31)$

d. $G(V, W, X, Y, Z) = \Sigma m(0, 1, 4, 5, 8, 9, 10, 15, 16, 18, 19, 20, 24, 26, 28, 31)$

*e. $H(V, W, X, Y, Z) = \Sigma m(0, 1, 2, 3, 5, 7, 10, 11, 14, 15, 16, 18, 24, 25, 28, 29, 31)$ (2개의 해)

f. $F(A, B, C, D, E) = \Sigma m(0, 4, 6, 8, 12, 13, 14, 15, 16, 17, 18, 21, 24, 25, 26, 28, 29, 31)$ (6개의 해)

*g. $G(V, W, X, Y, Z) = \Sigma m(0, 1, 5, 7, 8, 13, 24, 25, 29, 31) + \Sigma d(9, 15, 16, 17, 23, 26, 27, 30)$
(2개의 해)

h. $H(A, B, C, D, E) = \Sigma m(0, 4, 12, 15, 27, 29, 30) + \Sigma d(1, 5, 9, 10, 14, 16, 20, 28, 31)$ (4개의 해)

i. $F(A, B, C, D, E) = \Sigma m(8, 9, 11, 14, 28, 30) + d(0, 3, 4, 6, 7, 12, 13, 15, 20, 22, 27, 29, 31)$ (8개의 해)

7. 다음에 나오는 함수의 묶음들에서 한 함수당 한 개의 OR 게이트와 AND 게이트들을 사용하여 최소의(SOP 표현에 해당하는) 2단 회로를 찾아라.

*a. $f(a, b, c, d) = \Sigma m(1, 3, 5, 8, 9, 10, 13, 14)$
$g(a, b, c, d) = \Sigma m(4, 5, 6, 7, 10, 13, 14)$ (8게이트와 21입력)

b. $f(a, b, c, d) = \Sigma m(5, 8, 9, 12, 13, 14)$
$g(a, b, c, d) = \Sigma m(1, 3, 5, 8, 9, 10)$
(3개의 해, 8게이트, 25입력)

c. $f(a, b, c, d) = \Sigma m(1, 3, 4, 5, 10, 11, 12, 14, 15)$
$g(a, b, c, d) = \Sigma m(0, 1, 2, 8, 10, 11, 12, 15)$
(9게이트, 28입력)

d. $F(W, X, Y, Z) = \Sigma m(0, 2, 3, 7, 8, 9, 13, 15)$
$G(W, X, Y, Z) = \Sigma m(0, 2, 8, 9, 10, 12, 13, 14)$
(2개의 해, 8게이트, 23입력)

e. $f(a, b, c, d) = \Sigma m(1, 3, 5, 7, 8, 9, 10)$
$g(a, b, c, d) = \Sigma m(0, 2, 4, 5, 6, 8, 10, 11, 12)$
$h(a, b, c, d) = \Sigma m(1, 2, 3, 5, 7, 10, 12, 13, 14, 15)$
(2개의 해, 12게이트, 33입력)

*f. $f(a, b, c, d) = \Sigma m(0, 3, 4, 5, 7, 8, 12, 13, 15)$
$g(a, b, c, d) = \Sigma m(1, 5, 7, 8, 9, 10, 11, 13, 14, 15)$
$h(a, b, c, d) = \Sigma m(1, 2, 4, 5, 7, 10, 13, 14, 15)$
(2개의 해, 11게이트, 33입력)

g. $f(a, b, c, d) = \Sigma m(0, 2, 3, 4, 6, 7, 9, 11, 13)$
$g(a, b, c, d) = \Sigma m(2, 3, 5, 6, 7, 8, 9, 10, 13)$
$h(a, b, c, d) = \Sigma m(0, 4, 8, 9, 10, 13, 15)$
(f와 g에 대한 3개의 해, 10게이트, 32입력)

*h. $f(a, c, b, d) = \Sigma m(0, 1, 2, 3, 4, 9) + \Sigma d(10, 11, 12, 13, 14, 15)$
$g(a, c, b, d) = \Sigma m(1, 2, 6, 9) + \Sigma d(10, 11, 12, 13, 14, 15)$
(f에 대한 3개의 해, 6게이트, 15입력)

i. $f(a, c, b, d) = \Sigma m(5, 6, 11) + \Sigma d(0, 1, 2, 4, 8)$
$g(a, c, b, d) = \Sigma m(6, 9, 11, 12, 14) + \Sigma d(0, 1, 2, 4, 8)$
(g에 대한 2개의 해, 7게이트, 18입력)

3.9 이 장의 테스트(100분, 혹은 두 번의 50분 시험)

1. 다음에 나오는 각 함수의 맵을 표시하여라.(맵에 라벨 표시를 하라)

a. $f(x,y,z) = \Sigma m(1, 2, 7) + \Sigma d(4, 5)$

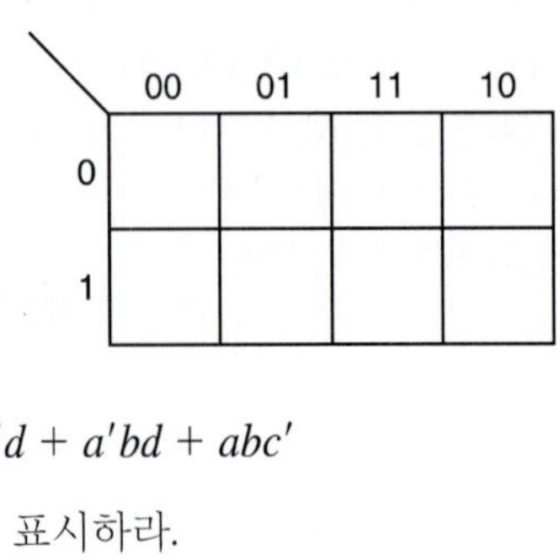

b. $g = a'c + ab'c'd + a'bd + abc'$

각 항을 원으로 표시하라.

	00	01	11	10
00				
01				
11				
10				

2. 다음의 각 함수에 대해 최소 SOP 표현을 찾아라.(맵의 항을 원으로 표시하고 대수식을 쓰라)

a.

yz \ wx	00	01	11	10
00		1		1
01		1		
11		1	1	1
10		1		

b.

cd \ ab	00	01	11	10
00	1	1	1	
01	1	1	1	
11			1	1
10	1	1	1	

3. 다음의 각 함수에 대해 최소 SOP 표현을 찾아라.(편의를 위해 두 개의 동일한 맵이 주어졌다).

cd \ ab	00	01	11	10
00	1	1	1	
01	1		1	1
11	1		1	1
10		1	1	1

cd \ ab	00	01	11	10
00	1	1	1	
01	1		1	1
11	1		1	1
10		1	1	1

4. 다음의 함수에 대해(세 개의 동일한 맵이 있다.), 4개의 최소해를 모두 찾아라.

yz \ wx	00	01	11	10
00		1	1	X
01	X	X		X
11	X			1
10			1	1

yz \ wx	00	01	11	10
00		1	1	X
01	X	X		X
11	X			1
10			1	1

yz \ wx	00	01	11	10
00		1	1	X
01	X	X		X
11	X			1
10			1	1

5. 다음의 4변수 함수인 f에 대해, 최소 SOP 표현과 최소 POS 표현을 모두 찾아라.

cd \ ab	00	01	11	10
00			X	
01	X	1	X	1
11	1	1		X
10		X		

6. 다음의 함수 f에 대해 4개의 최소 SOP 표현과 4개의 최소 POS 표현을 모두 찾아라.

yz \ wx	00	01	11	10
00	X		1	
01	X	1	1	
11	X		X	1
10	X		X	

7. 다음의 5변수 함수에 대해서, 2개의 최소 SOP 표현을 찾아라.

$A = 0$

$DE \backslash BC$	00	01	11	10
00	1		1	
01	1	1		
11	1			
10	1			

$A = 1$

$DE \backslash BC$	00	01	11	10
00			1	
01		1	1	
11		1	1	1
10				1

8. 다음의 5변수 함수에 대해서, 2개의 최소 SOP 표현을 찾아라.(5개의 항, 15개의 리터럴)

$A = 0$

$DE \backslash BC$	00	01	11	10
00	1			1
01				1
11		1	1	1
10	1			1

$A = 1$

$DE \backslash BC$	00	01	11	10
00	1	1	1	
01	1			1
11	1	1	1	1
10	1	1	1	

9. a. 다음의 두 함수에 대해, 각각의 최소 SOP 표현을 찾아라.(두 함수를 독립된 문제로 생각하라.)

$yz \backslash wx$	00	01	11	10
00		1	1	1
01				1
11				1
10			1	1

f

$yz \backslash wx$	00	01	11	10
00				
01	1	1		1
11	1	1		1
10		1		

g

b. 동일한 두 함수에 대해, 최소 SOP 표현을 찾아라.(동일한 최소 게이트 개수에서, 최소의 게이트 입력을 갖는다) (7 개의 게이트, 19 개의 입력)

10. 다음의 각 3 함수에 대해, 각각에 대해 다음과 같은 맵을 그려라.

yz \ wx	00	01	11	10
00				1
01	1	1		
11	1	1	1	1
10	1	1		1

f

yz \ wx	00	01	11	10
00		1	1	1
01				
11			1	
10	1	1	1	

g

yz \ wx	00	01	11	10
00		1		1
01	1	1		
11	1	1	1	
10		1		

h

a. 각 3 함수에 대해 최소 SOP 표현을(개별적으로) 찾아라. 어떠한 주항이 공유된다면 표시하여라.

b. 2단의 NAND 게이트로 이루어진 최소해를 찾아라. 가장 좋은 해는 10개의 게이트와 32개의 입력을 갖는다. 모든 변수는 비보수와 보수 모두가 사용 가능하다. 논리식과 블록도를 표시하여라.

조합논리 시스템 설계

4

지금까지 우리는 5개 이하의 입력과 3개 이하의 출력을 가지는 다소 작은 시스템에 대해서만 집중해 왔다. 이 장에서는 우리의 시야를 좀 더 큰 시스템으로 확장하고자 한다. 큰 시스템은 일반적으로 작은 서브시스템(부시스템)으로 분할함으로써 쉽게 설계될 수 있다. 뿐만 아니라 이러한 서브시스템들 또한 보다 작은 시스템으로 더 분할될 수도 있다.

이 장에서는 먼저 동일한 다수의 블록으로 구성된 시스템에 대하여 학습할 것이다.(이러한 시스템은 종종 반복시스템(iterative systems)이라 불린다.) 가산기와 다른 산술 연산 기능 블록이 이러한 시스템의 예이다.

큰 시스템에서 신호는 여러 층의 논리회로를 통과하기 때문에, 시스템의 지연시간은 각 게이트를 통과하는데 소요되는 지연시간의 누적으로 기술된다. 이를 설명하기 위하여 다중비트 가산기를 사용할 것이다.

다음으로 일반적으로 많이 사용되는 논리회로인 이진디코더, 인코더, 멀티플렉서에 대하여 학습할 것이다. 이 회로들은 디지털 시스템설계에 많이 사용되며, 여러가지 형태로 상용화되어 있다.

중간 및 대규모 시스템의 설계에 사용되는 다른 클래스의 회로로는 게이트 어레이가 있다. 게이트 어레이는 PLD(programmable logic device)로도 불린다. 7장에서 학습하는 대로, 어떤 PDL는 메모리를 포함하고 있다. 게이트어레이는 SOP 표현식 형태로 연결된 AND 게이트의 집합과 OR 게이트의 집합으로 구성된다. 게이트어레이의 기본 구조는 표준적인 것으로 연결의 일부분이 사용자에 의하여 변경될 수 있다. 게이트 어레이는 일반적으로 ROM, PLA, PAL의 세 가지 형태로 존재한다.

이 장에서는 조합 논리회로의 테스트와 시뮬레이션에 관한 문제도 학습할 것이다.

마지막으로 십진가산기와 7-세그먼트 표시기 구동기에 대하여 학습할 것이다. 이 두 회로의 설계를 위하여 3장과 이장에서 배운 여러가지 기술을 이용할 것이다. 연습문제 18~23번은 이에 관한 연습문제이다.

4.1 반복시스템

우리는 먼저 작은 회로의 반복으로 구현 가능한 시스템의 예로 가산기를 학습할 것이다. 가산기를 이용하여 다단계 회로의 지연시간에 대하여 설명하고 다른 반복회로에 대하여 논의할 것이다.

손으로 두 수를 더하는 경우, 가장 낮은 자리의 두 수를 더하여 합 1비트와 다음 자리로의 캐리 1 비트를 구하게 된다. 이러한 1 비트 가산기(전가산기)는 CE3로 정의하며, NAND 게이트를 이용하여 예제 2.31에서 설계하였다. ***n*** - 비트가산기를 만들기 위해서는 ***n*** 개의 1-비트 가산기를 연결하기만 하면 된다. 그림 4.1에 4-비트가산기를 보이고 있다.

그림 4.1 4-비트 가산기

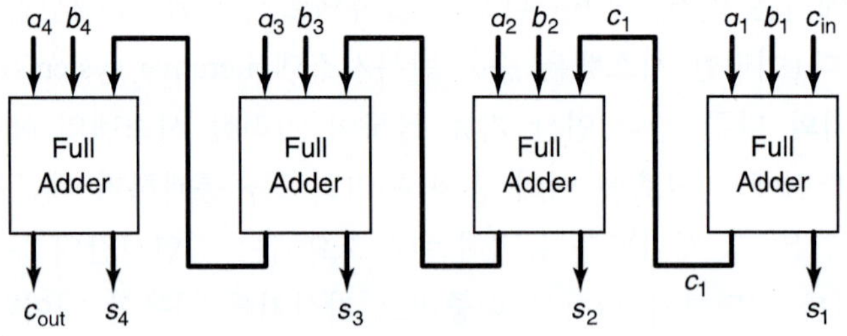

4.1.1 조합 논리회로에서의 지연시간

게이트의 입력이 변화하였을 때, 출력은 바로 변화하지 않는다. 즉 지연시간, Δ, 이 존재한다. 만약 어떤 게이트의 출력이 다른 게이트의 입력으로 사용된다면, 두 게이트의 지연시간은 더해지게 된다. 그림 4.2a에 표시된 간단한 회로의 타이밍도를 그림 4.2b에 표시 하였다.

시간 1에서의 C 신호 변화로 F가 변화하는 경우에, F는 한 단위의 지연시간, Δ, 후에 변화하게 된다. 즉 1+에 변화하게 된다. A 또는 B 신호가 변화한다면, X 지점의 신호 역시 Δ후에 변화하게 된다. F 신호는 그림 4.2의 시간 2 지점에서 표시된 대로, X 지점의 신호의 변화가 있은 후 시간이 경과한 후에 변화하게 된다. 시간 3에서의 C 신호의 변화는 F의 값에 영향을 주지 않는다. 시간 4에서의 B의 변화는 X의 값을 변경시키지만 회로의 출력인 F는 변경시키지 않는다. 마지막으로 시간 5에서 B와 C가

그림 4.2 게이트 지연 시간의 도해

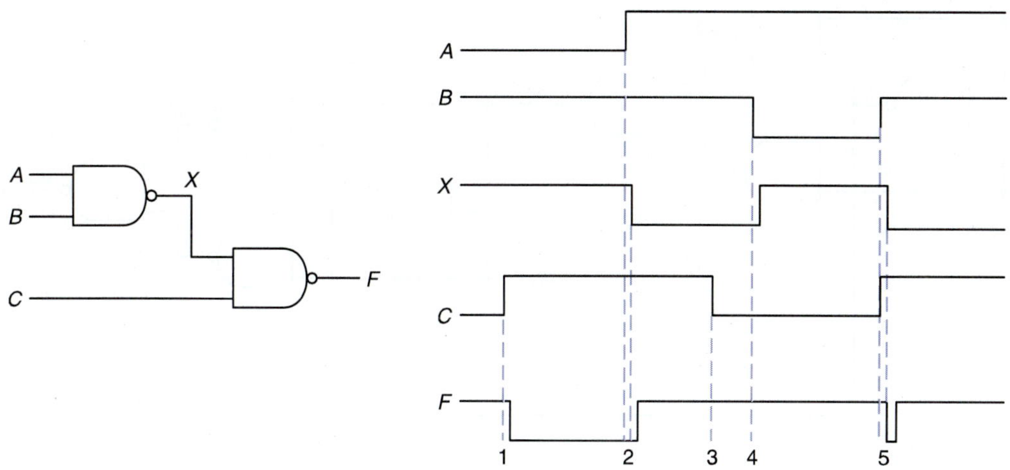

(a) (b)

동시에 변화한다. 출력 F는 C의 변화를 감지한 후 Δ 시간 후에 논리값 0으로 변화하고, B의 변화가 전파되는 2Δ 후에 논리값 1로 변화한다. 이렇게 신호의 값이 유지되지 못하고 짧은 순간동안 변화하는 것을 해저드(hazard) 혹은 glitch라 한다.

출력값은 가장 긴 경로의 지연시간 후에 안정화된다. 일반적으로 안정화되기 전까지의 출력값은 의미가 없다. 이 경우의 가장 긴 경로의 지연시간은 2Δ이다. 좀 더 복잡한 지연시간의 예로 전가산기(CE3)를 살펴보겠다. 전가산기는 2개의 1비트 숫자와 이전자리로부터의 캐리를 더하여, 다음 자리에 대한 캐리와 1비트의 합을 생성한다.

이제 전가산기에서 덧셈의 결과가 2개의 출력(합과 캐리)에 전달되기까지의 지연시간에 대하여 살펴보겠다. 여기에서 모든 입력이 동시에 가해진다고 가정한다. 그림 4.3은 예제 2.31의 가산기 회로를 입력 a와 b가 변화하는 경우의 지연시간과 함께 다시 보여주고 있다. 물론 게이트의 여러 입력이 서로 다른 시간에 변화한다면, 출력은 가장 나중에 변화하는 입력이 변한 후 Δ 시간 후에 변화하게 된다.

그림 4.3에서 볼 수 있듯이, 입력 a, b가 변화한 후 6Δ후에 정확한 합 출력값을 얻을 수 있으며, 입력이 변화한 후 5Δ후에 캐리의 정확한 값을 얻을 수 있다. a와 b의 값이 결정된 후[1]에 c_{in} 값이 정해진다면, c_{out} 까지의 지연시간은 2Δ가 된다. 이것은 c_{in}이 그림 4.3에서 녹색으로 표시된 경로를

1) 다중 비트의 두 수를 더하는 경우에는 모든 입력은 동시에 입력된다. 따라서 LSB의 덧셈이 완료된 후에는 모든 자리에서 c_{in}이 입력되기 전에 a와 b의 값이 결정된다.

그림 4.3 1비트 가산기의 지연시간

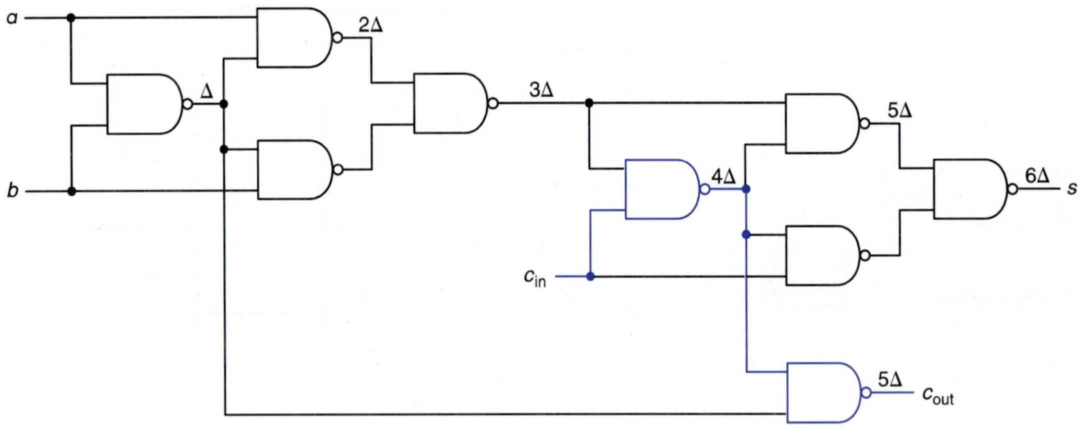

따라서 두 개의 게이트를 지나 c_{out}으로 전달되기 때문이다. 이 시간이 다중 비트 가산기의 동작속도를 결정하는 가장 중요한 시간이 된다.(c_{in}으로부터 합출력까지의 지연시간은 3Δ이다.)

그림 4.1에서와 같이 **n**-비트 가산기는 전가산기를 **n**개 이어붙임으로써 구현 가능하다. **n**-비트 가산기의 총 지연시간은 "최하위 비트 계산 전가산기의 입력에서 c_{out}까지의 지연시간 + (중간 **n** −2 단 전가산기들에서 c_{in}에서 c_{out}까지의 지연시간) * (**n**−2) + MAX[2] (최상위 비트 계산 전가산기의 c_{in}에서 c_{out}까지의 지연시간, c_{in}에서 s 출력까지의 지연시간)"으로 계산된다. 즉 5Δ + 2(**n**−2)Δ + 3Δ = (2**n** + 4)Δ 가 된다. 64-비트가산기의 경우, 총 지연시간은 132Δ가 된다.

4.1.2 가산기

4.1.1에서 설명된 대로 **n**-비트 가산기를 구현하는 한 가지 방법은 **n**개의 1-비트 가산기를 연결하는 것이다. 이러한 가산기는 리플캐리 가산기로 불린다. 가산기의 출력이 안정화되는 시간은 (2**n** + 4)Δ가 된다. 하지만 모든 경우에 대하여 지연시간이 이와 같은 것은 아니다. 만약 어떤 단의 입력, a_i 와 b_i 가 모두 1이라면, 이 단의 캐리(c_{outi})는 아래 자리로부터의 캐리에 관계없이 항상 1이 된다. 그리고 a_i 와 b_i 가 모두 0이라면, 이 단의 캐리(c_{outi})는 아래 자리로부터의 캐리에 관계없이 항상 0이 된다

2) MAX(a, b)는 a와 b의 최대값을 의미한다.

가산기의 속도를 향상시키기 위하여 여러가지 방법이 제안되었다. 그 중 한 가지 방법은 SOP 표현식을 이용한 다중 비트 가산기를 구현하는 것이다. 즉 **n**-비트 가산기는 $2n + 1$개의 입력(최하위 비트의 캐리 입력 포함)과 $2n + 1$개의 출력을 가지는 논리회로이다. 이론적으로 이 문제에 대한 진리표를 구하고, 이로부터 SOP 혹은 POS 표현식을 구할 수 있다.

표 4.1은 2-비트 가산기에 대한 진리표이다. 이 진리표는 SOP 표현식으로 구현 가능하다. 5개의 변수를 가지는 맵을 맵 4.1에 표시 하였다. 필수주항은 맵을 복잡하게 보이지 않게 하기 위하여 표시하지 않았다.

표 4.1 2-비트 가산기에 대한 진리표

a_2	b_2	a_1	b_1	c_{in}	c_{out}	s_2	s_1
0	0	0	0	0	0	0	0
0	0	0	0	1	0	0	1
0	0	0	1	0	0	0	1
0	0	0	1	1	0	1	0
0	0	1	0	0	0	0	1
0	0	1	0	1	0	1	0
0	0	1	1	0	0	1	0
0	0	1	1	1	0	1	1
0	1	0	0	0	0	1	0
0	1	0	0	1	0	1	1
0	1	0	1	0	0	1	1
0	1	0	1	1	1	0	0
0	1	1	0	0	0	1	1
0	1	1	0	1	1	0	0
0	1	1	1	0	1	0	0
0	1	1	1	1	1	0	1
1	0	0	0	0	0	1	0
1	0	0	0	1	0	1	1
1	0	0	1	0	0	1	1
1	0	0	1	1	1	0	0
1	0	1	0	0	0	1	1
1	0	1	0	1	1	0	0
1	0	1	1	0	1	0	0
1	0	1	1	1	1	0	0
1	1	0	0	0	1	0	0
1	1	0	0	1	1	0	1
1	1	0	1	0	1	0	1
1	1	0	1	1	1	1	0
1	1	1	0	0	1	0	1
1	1	1	0	1	1	1	0
1	1	1	1	0	1	1	0
1	1	1	1	1	1	1	1

맵 4.1 2 비트가산기

c_{out}

$a_2 = 0$

$c_{in}b_1$ \ b_2a_1	00	01	11	10
00				
01			1	
11			1	1
10			1	

$a_2 = 1$

$c_{in}b_1$ \ b_2a_1	00	01	11	10
00			1	1
01		1	1	1
11	1	1	1	1
10		1	1	1

s_2

$a_2 = 0$

$c_{in}b_1$ \ b_2a_1	00	01	11	10
00			1	1
01		1		1
11	1	1		
10		1		1

$a_2 = 1$

$c_{in}b_1$ \ b_2a_1	00	01	11	10
00	1	1		
01	1		1	
11			1	1
10	1		1	

s_1

$a_2 = 0$

$c_{in}b_1$ \ b_2a_1	00	01	11	10
00		1	1	
01	1			1
11		1	1	
10	1			1

$a_2 = 1$

$c_{in}b_1$ \ b_2a_1	00	01	11	10
00		1	1	
01	1			1
11		1	1	
10	1			1

최소 SOP 표현식은 다음과 같다.

$$c_{out} = a_2b_2 + a_1b_1a_2 + a_1b_1b_2 + c_{in}b_1b_2 + c_{in}b_1a_2 + c_{in}a_1b_2 + c_{in}a_1a_2$$

$$s_2 = a_1b_1a_2'b_2' + a_1b_1a_2b_2 + c_{in}'a_1'a_2'b_2 + c_{in}'a_1'a_2b_2' + c_{in}'b_1'a_2'b_2 + c_{in}'b_1'a_2b_2' + a_1'b_1'a_2b_2' + a_1'b_1'a_2'b_2 + c_{in}b_1a_2'b_2' + c_{in}b_1a_2b_2 + c_{in}a_1a_2'b_2' + c_{in}a_1a_2b_2$$

$$s_1 = c_{in}'a_1'b_1 + c_{in}'a_1b_1' + c_{in}a_1'b_1' + c_{in}a_1b_1$$

이 방정식은 23개의 항과 80개의 문자(literal)를 가지는 복잡한 방정식이다. 이 방정식을 2단계 논리회로로 구현하기 위해서는 s_1에 대하여 12개의 입력을 가지는 게이트를 사용하여야 한다. 이와 같은 과정을 3 비트 혹은 4 비트 가산기에 대해서도 반복할 수 있다. 하지만 수식이 너무 복잡해지며, 항의 수가 매우 빠르게 증가한다.(6개나 7개의 변수에 대한 맵을 그리기는 매우 힘들기 때문에 다른 방법을 사용하여야 하지만, 이 방법을 손으로 구현하기는 매우 힘들다.) 게이트 입력의 수를 줄이기 위해서는 다단계회로를 사용할 수 있다. 하지만 이 경우 지연시간은 증가한다. 실제로 가산기를 구현하는데 있어서의 다른 문제점은 게이트의 입력 수(fan-in)가 제한이 있다는 것이다. 12개의 입력을 가지는 게이트는 현실적으로 구현 불가능할 수도 있으며, 실제로 구현 가능하다 하더라도 지연시간이 보다 커지게 될 것이다.

2-비트 가산기에서 c_{out} 은 최대 입력수가 7개인 게이트를 사용하여 2단계회로 구현 가능하다. 따라서 c_{in}에서 c_{out}까지의 지연시간은 2Δ이다.(이것은 처음의 2 비트와 마지막의 2 비트에는 해당되지 않는다.) 따라서 전체 지연시간은 $2\Delta + 2(\boldsymbol{n}/2 - 2)\Delta + 3\Delta = (n+1)\Delta$ 가 된다. 이 값은 이전 결과의 1/2 정도에 해당하는 값이다.

캐리 계산 부분은 2단계로, 합 계산 부분은 덜 복잡한 다단계로 구현하는 절충이 있을 수 있다. 이 경우, 지연시간은 $\boldsymbol{n}$에 관계없으며, 마지막 합 계산에서 약간의 Δ 정도만 증가하게 된다.

7483, 7483A, 74283은 상용 칩으로 판매되는 4-비트 가산기이며, 이들은 모두 다른 형태로 구현되어 있지만, 캐리에 대하여 3단계의 회로를 사용하고 있다. 7483A와 74283은 핀 연결만 다르며, 모두 NAND, NOR, AND, NOT, XOR 게이트를 사용한 4단계 회로를 이용하여 합 결과를 출력한다. 따라서 각 4비트에 대하여 c_{in}에서 c_{out}까지의 지연시간은 3Δ이며, 총 지연시간은 $(3/4\boldsymbol{n}+1)\Delta$ (마지막 합에 대한 여분의 지연시간 추가)가 된다. 7483은 내부적으로 캐리를 전파한다. s_4에 대하여 8단계의 회로를 사용한다.

좀 더 큰 가산기가 필요한 경우, 이 4비트 가산기들을 종속 연결할 수 있다. 예를 들면 그림 4.4에서와 같이 12-비트 가산기는 3개의 4-비트 가산기를 사용하여 구현할 수 있다. 그림 4.4에서 각 블록은 4-비트 가산기를 표시한다.

그림 4.4 4-비트가산기의 종속 연결

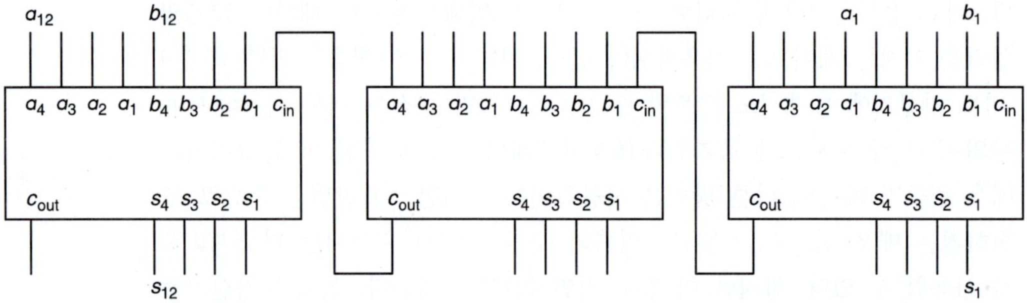

다른 구현 방법은 캐리미리보기 가산기이다. 가산기의 각 단은 2개의 출력을 생성한다. 하나는 캐리생성신호, g이며, 다른 하나는 캐리전파신호, p 이다. 캐리생성신호는 각 단에서 입력 캐리에 관계없이 출력 캐리의 값이 1이면 1이 된다. 캐리전파신호는 입력 캐리의 값이 1일 때 출력캐리의 값이 1이 되면 1이 된다. 1-비트가산기에 대하여,

$$g = ab \qquad p = a + b$$

이다. 이들 신호를 이용하여 가산기의 모든 단에서 캐리출력을 3단계로 구현할 수 있다. 예를 들면, 4-비트 가산기의 캐리출력은

$$c_{\text{out}} = g_4 + p_4g_3 + p_4p_3g_2 + p_4p_3p_2g_1 + p_4p_3p_2p_1c_{\text{in}}$$

이 된다. 캐리 출력은 마지막 자리에서 캐리가 생성되거나 아래 단에서 생성된 캐리를 전파시키기는 경우에 1이 된다. 이것은 회로 fan-in의 제약을 받지 않는다면 임의의 비트에 대하여 확장이 가능하다.(4-비트 가산기의 예에서는 fan-in이 5 이상이어야 가능하다.)[3)]

4.1.3 감산기와 가감산기

뺄셈을 하기 위해서는 1-비트 전감산기에 대한 진리표를 만들어야 한다. (4.9 해결된 문제들의 3번 참조) 그리고 전감산기를 필요한 수만큼 종속 연결하여 바로우 리플 감산기를 만들어야 한다.

감산기가 필요한 대부분의 경우에는 가산기도 필요하게 된다. 이러한 경우에는 1.2.4절에서 학습한 뺄셈 방법을 이용할 수 있다. 이 방법은 감수의 보수와 1을 피감수에 더하는 것이었다.

---

3) 캐리미리보기 가산기에 대한 보다 자세한 내용은 Brown and Vranesic의 *Fundamentals of Digital Logic with VHDL Design*, 2nd ed., McGraw-Hill, 2005를 참조하기 바람.

이러한 가감산기를 구현하기 위해, 덧셈에 대해서는 0, 뺄셈에 대해서는 1의 값을 가지는 신호가 필요하다. 이 신호를 a'/s[4] (add'/subtract의 줄임)로 부르기로 하겠다.

$$1 \oplus x = x' \quad \text{and} \quad 0 \oplus x = x$$

인 것을 기억한다면, 그림 4.5와 같이 이미 설계된 4-비트 가산기를 사용하여 가감산기를 설계할 수 있다.

그림 4.5 4-비트 가감산기

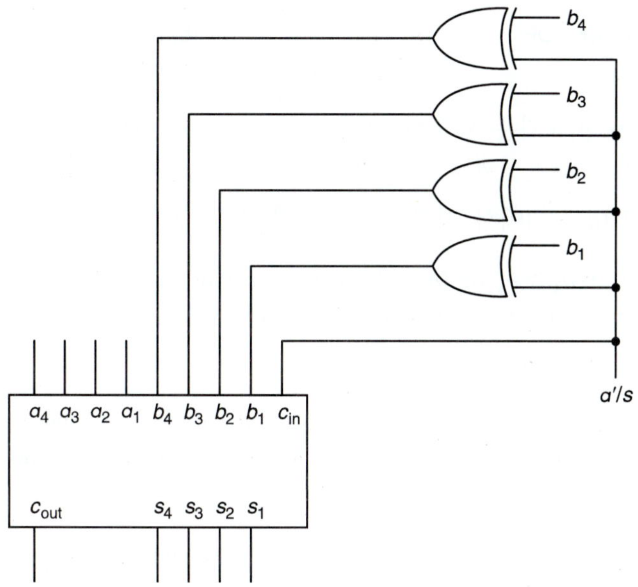

4.1.4 비교기

두 수를 비교하여, 두 수의 크기가 같은가, 한 쪽이 다른 한 쪽보다 큰 가를 알려주는 비교기는 자주 사용되는 산술 연산 블록이다. XOR 연산의 결과는 두 입력이 다른 경우에 1, 같은 경우에는 0이다. 다중 비트 수들을 비트 별로 비교하였을 때, 어떠한 비트라도 일치하지 않으면 이 수들은 다른 수이다. 그림 4.6a는 4-비트 비교기를 보여주고 있다. NOR 게이트의 출력은 두 수가 같은 경우에 1이 된다. 그림 4.6b는 같은 동작을 XNOR와 AND 게이트를 사용하여 구현하였다.

---

4) 이 표현 방법은 일반적인 것이다. a'은 이 신호의 값이 0인 경우 덧셈을 수행하며, s는 1인 경우에 뺄셈을 수행한다는 것을 의미한다.

그림 4.6 2개의 4-비트비교기

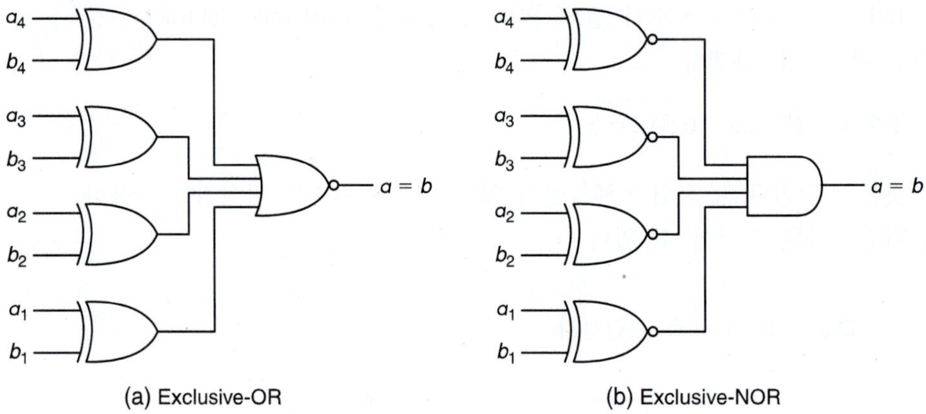

이와 같은 비교기는 임의의 크기로 확장될 수 있다.

두 수의 대소관계를 알려 주는 4-비트 비교기를 구현하기 위해서는 최상위 비트(a_4, b_4)에서 시작하여 다음과 같은 관계가 있음을 알아야 한다.

$a > b$ if $a_4 > b_4$ or $(a_4 = b_4$ and $a_3 > b_3)$ or $(a_4 = b_4$ and $a_3 = b_3$ and $a_2 > b_2)$ or $(a_4 = b_4$ and $a_3 = b_3$ and $a_2 = b_2$ and $a_1 > b_1)$

$a < b$ if $a_4 < b_4$ or $(a_4 = b_4$ and $a_3 < b_3)$ or $(a_4 = b_4$ and $a_3 = b_3$ and $a_2 < b_2)$ or $(a_4 = b_4$ and $a_3 = b_3$ and $a_2 = b_2$ and $a_1 < b_1)$

$a = b$ if $a_4 = b_4$ and $a_3 = b_3$ and $a_2 = b_2$ and $a_1 = b_1$

이 관계식은 임의의 비트로 확장 가능하며, 확장된 관계식을 이용하여 비교기를 구현할 수 있다. 또는 4-비트 비교기를 종속 연결하여 구현할 수도 있다. 이 경우 각 비교기 사이에는 보다 큼(greater than, >), 보다 작음(less than, <), 같음(equal to, =)의 3신호가 연결되어야 한다. 그림 4.7은 이와 같은 비교기를 구성하는 전형적인 1비트 회로이다.

7485는 입력과 출력이 종속 연결된 4-비트 비교기이다. 가산기와 마찬가지로 종속 연결된 신호는 낮은 자리에서 높은 자리로 전달된다. 따라서 이러한 비교기는 현재 모듈에 대한 a 입력이 b 입력 보다 큰 경우에 보다 큼 출력이 1이 된다. 또는 이들 입력이 같은 경우에는 종속 연결된 아래 단의 보다 큼 출력이 큰 경우에 보다 큼 출력이 1이 된다.

그림 4.7 전형적인 1비트 비교 회로

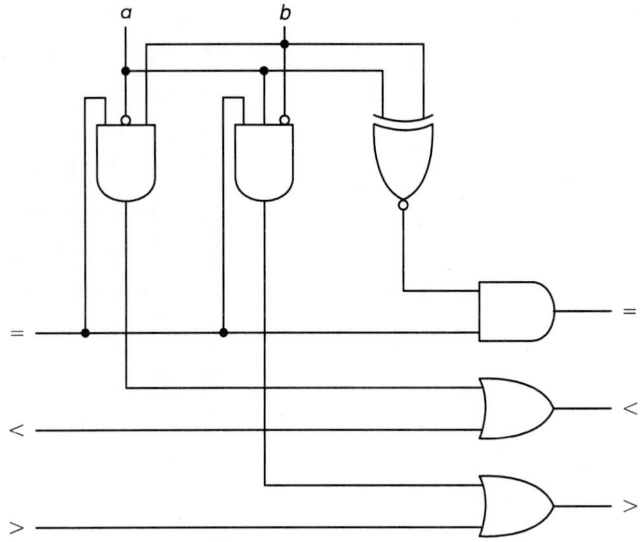

4.2 이진 디코더

이진 디코더는 활성화되었을 때, 코딩된 입력신호에 기초하여 여러 개의 출력 중에서 하나를 선택하는 장치이다. 대부분의 경우 입력은 ***n***-비트의 이진수이며 2^n의 출력이 존재한다.[5] (어떤 디코더는 디코더의 동작을 활성화 하는 enable 신호를 가지고 있다. 이에 관해서는 곧 다루게 된다.)

2개의 입력(4개의 출력)을 가지는 디코더의 진리표가 표 4.2a에 표시되었다. 입력은 이진수로 취급되고 선택된 출력은 1로 활성화되었다. 이 예에서 출력은 활성-1이다. 즉 활성화된 출력은 논리 1이며 비활성화된 출력은 논리 0이다.(입력과 출력 모두에 대하여 활성화되었다는 용어를 사용한다.) 이 디코더는 출력에 대한 AND 게이트와 입력을 반전시키기 위한 NOT 게이트로 구성된다.(여기에서 a, b가 입력으로 존재하며, a', b'은 존재하지 않는 것으로 가정한다.) 그림 4.8a는 블록도이다. 입력 0에 대한 출력은 $a'b'$, 입력 1에 대한 출력은 $a'b$이며, 입력 2와 3에 대한 출력은 각각 ab', ab이다. 각 출력은 2-변수 함수의 최소항에 해당한다.

활성-0 출력을 가지는 디코더는 입력 조합에 따라 하나의 논리 0값을 갖으며, 나머지 출력은 논리 1이 된다. 해당하는 회로와 진리표는 그림 4.8b과 표 4.2b에 표시되었다. 앞의 예에서 AND 게이트는 NAND 게이트

5) 4개의 입력은 16개의 조합이 가능하지만, 어떤 디코더는 10개의 출력만을 가진다.

표 4.2a 활성-1 디코더 진리표

a	*b*	*0*	*1*	*2*	*3*
0	0	1	0	0	0
0	1	0	1	0	0
1	0	0	0	1	0
1	1	0	0	0	1

그림 4.8a 활성-1 디코더

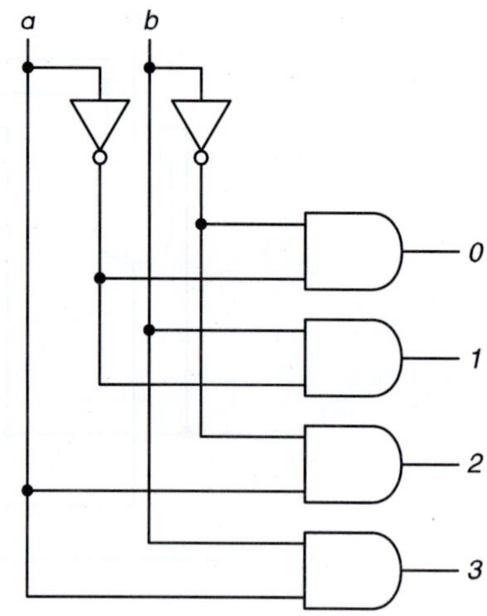

표 4.2b 활성-0 디코더 진리표

a	*b*	*0*	*1*	*2*	*3*
0	0	0	1	1	1
0	1	1	0	1	1
1	0	1	1	0	1
1	1	1	1	1	0

그림 4.8b 활성-0 디코더

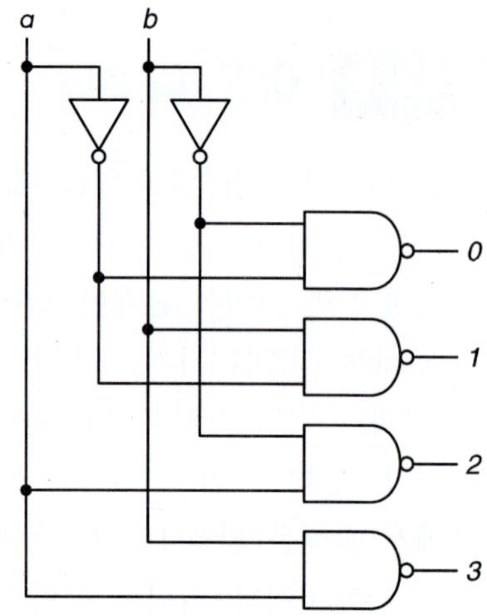

로 대체되었다.

대부분의 디코더는 하나 이상의 enable 입력을 가지고 있다. 이 입력이 활성화되는 경우 디코더는 앞에서 기술된 대로 동작하게 된다. 이 입력이 비활성화된 경우에는 디코더의 모든 출력이 비활성화 된다. 하나의 enable 신호를 가지는 디코더뿐만 아니라 대부분의 시스템에서 이 신호는 활성-0 신호이다. 활성-1 출력과 활성-0 enable 입력을 가지는 디코더의 진리표, 블록도, 회로를 그림 4.9에 보였다. Enable 신호가 반전되어 각 AND 게이트에 입력되고 있는 것에 주목하라. *EN'* 신호의 값이 1인 경우, 각 AND 게이트의 입력에는 0이 나타나고, 따라서 모든 AND 게이트의 출력은 0이 된다. *EN′* 신호의 값이 0인 경우에는 enable 신호를 가지지 않는 회로에 추가적인 신호의 값은 1이 되며, 따라서 *a*, *b* 신호에 의하여 선택되는 출력의 값은 1이 된다. 활성-0 신호는 그림 4.9에서와 같이 버블로 표시된다. 대부분의 상업용 문서에서 그러한 신호는 이름 위의 바로 표시된다. $\overline{EN}$)

그림 4.9 enable 신호를 가지는 디코더

EN′	*a*	*b*	*0*	*1*	*2*	*3*
1	X	X	0	0	0	0
0	0	0	1	0	0	0
0	0	1	0	1	0	0
0	1	0	0	0	1	0
0	1	1	0	0	0	1

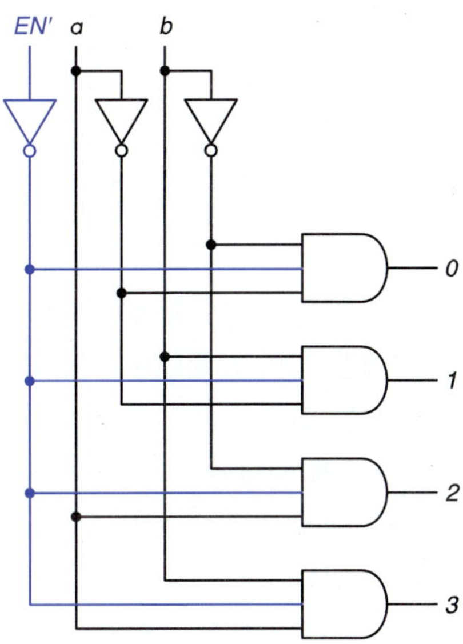

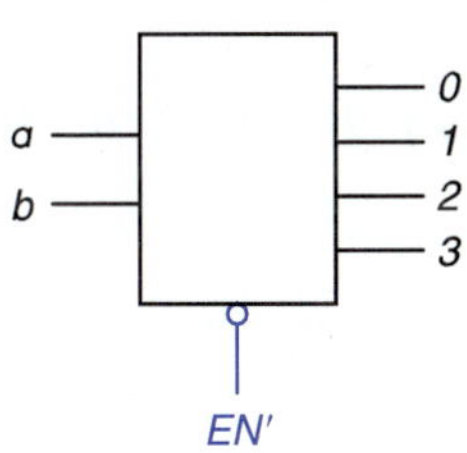

그림 4.9의 진리표에서 첫 행의 표현방법을 사용하여, 진리표를 8행에서 5행으로 줄였다. 첫 행의 의미는 만약 *EN′* = 1이면, 출력은 *a*와 *b*의 값에 관계없으며, 모든 출력의 값은 0임을 의미한다. 이러한 표현 방식은 상업적인 회로를 다루는 많은 곳에서 사용된다.

큰 디코더도 구현될 수 있으며, 4-입력, 16-출력뿐만 아니라 3-입력, 8-출력 디코더도 상업적으로 판매되고 있다. 디코더 크기에 대한 제한은 집적회로 칩으로의 연결의 수(핀의 수)에 의하여 발생한다. 3-입력 디코더는 2개의 파워 연결과 하나 이상의 enable 신호 외에 11개의 논리연결(3개의 입력, 8개의 출력) 핀이 필요하다.

그림 4.10 74138 디코더

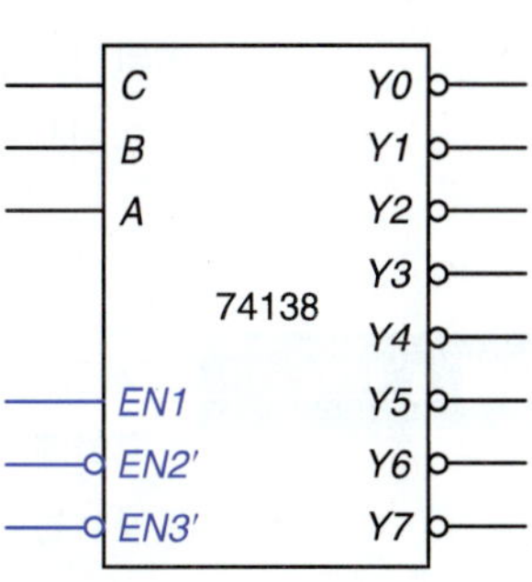

8개의 디코더 중의 하나인 74138에 대한 진리표는 표 4.3에 나타내었으며, 블록도는 그림 4.10에 표시되었다. 이 칩은 활성-0 출력과 3개의 enable 신호(따라서 16개의 핀이 필요함)를 가지고 있다. 3개의 enable 신호 중 하나 (*EN1*)은 활성-1

표 4.3 74138 디코더

Enables			Inputs			Outputs							
EN1	*EN2'*	*EN3'*	*C*	*B*	*A*	*Y0*	*Y1*	*Y2*	*Y3*	*Y4*	*Y5*	*Y6*	*Y7*
0	X	X	X	X	X	1	1	1	1	1	1	1	1
X	1	X	X	X	X	1	1	1	1	1	1	1	1
X	X	1	X	X	X	1	1	1	1	1	1	1	1
1	0	0	0	0	0	0	1	1	1	1	1	1	1
1	0	0	0	0	1	1	0	1	1	1	1	1	1
1	0	0	0	1	0	1	1	0	1	1	1	1	1
1	0	0	0	1	1	1	1	1	0	1	1	1	1
1	0	0	1	0	0	1	1	1	1	0	1	1	1
1	0	0	1	0	1	1	1	1	1	1	0	1	1
1	0	0	1	1	0	1	1	1	1	1	1	0	1
1	0	0	1	1	1	1	1	1	1	1	1	1	0

신호이며, 다른 2개는 활성-0 신호이다. 3개의 enable 신호가 모두 활성화된 경우에만 칩이 enable된다. 즉 *EN1*=1, *EN2'*=0, *EN3'*=0을 제외한 경우에는 모든 출력이 비활성화 되어 1이 출력된다.

이 회로에서(다른 많은 상용 집적회로에서도) 입력이 *C*, *B*, *A*(*C*가 최상위 비트임)로 명명된 것에 주의하여야 한다. 이 전의 예에서는 *A*를 최상위 비트의 이름으로 사용하였다. 이러한 장치를 사용할 때, 어떤 입력이 어떤 의미를 가지는가에 주의하여야 한다.

상용 디코더칩인 74154는 4개의 입력(2개의 활성-0 enable 신호 포함), 16개의 출력을 가지며, 24-핀 패키지로 구현된다. 또 다른 상용 디코더인 74155는 2개의 2-입력, 4-출력 디코더를 포함하고 있다. 이 디코더들은 공통된 입력을 가지며, 분리된 enable 신호를 가지고 있다. 따라서 74155는 3-입력, 8-입력 디코더로 사용 가능하다.

디코더는 여러 장치 중에서 하나를 선택하는 용도로 많이 사용된다. 이 경우 각 장치는 고유한 주소를 가진다. 장치의 주소는 디코더에 입력되고, 하나의 출력만이 활성화되며, 활성화된 입력에 연결된 장치만이 사용된다. 경우에 따라서는 하나의 디코더로 다수의 장치가 선택되기도 한다. 우리는 그러한 예제를 2개 학습할 것이다.

예제 4.1

74138을 이용하여 32개의 장치 중 하나를 선택하고자 한다. 이 경우, 74138이 4개 필요하게 된다. 일반적으로 디코더 하나는 8개의 장치 주소 중에서 하나를 선택하는데 사용된다. 따라서 주소가 *a*, *b*, *c*, *d*, *e*로 주어진다면, *c*, *d*, *e*가 각 4개의 디코더의 입력이 될 것이다. 그리고 a, b는 4개의 디코더중 하나를 선택하는 용도로 사용될 것이다. 첫 번째 디코더는 $a = b = 0$인 경우에 enable되며, 두 번째 디코더는 $a = 0$, $b = 1$인 경우에 선택된다. 마찬가지로 $a = 1$, $b = 0$인 경우와 $a = 1$, $b = 1$인 경우에는 세 번째와 네 번째 디코더가 각각 선택된다. 활성-0인 2개의 enable 신호와 1개의 활성-1 enable 신호가 있기 때문에, 네 번째 디코더만이 enable 입력에 NOT 게이트를 필요로 한다. 회로는 다음과 같다.

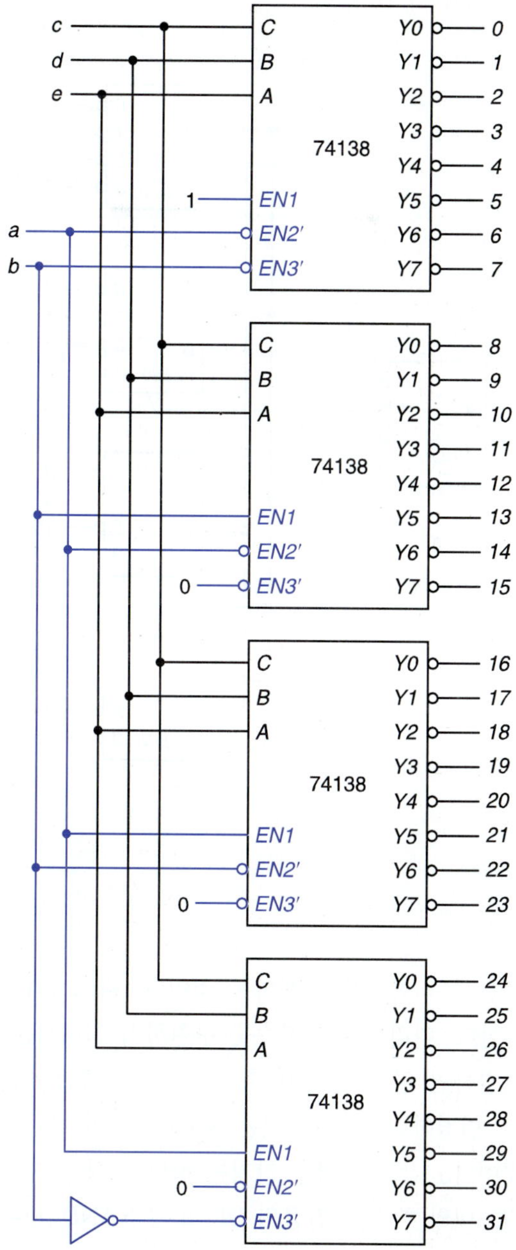

예제 4.2

때로는 여분의 디코더가 다른 디코더를 enable 시키기 위하여 필요하다. 예를 들면, 활성-0 enable을 가지는 2-입력, 4-출력 활성-0 디코더를 이용하여 16개의 장치 중 하나를 선택하여야 한다면, 하나의 디코더를 4개의 그룹으로 구성된 장치 중 하나의 그룹을 2개의 입력을 사용하여 선택하는데 사용할 수 있다. 일반적으로 상위 2개의 입력이 사용되어, 0-3, 4-7, 8-11, 12-15로 구성된 4개의 그룹중 하나를 선택하게 된다. 그리고 각 그룹 내에서는 하나의 디코더를 사용하여 4개의 장치중 하나를 선택하게 된다. 이러한 구성은 아래와 같다.

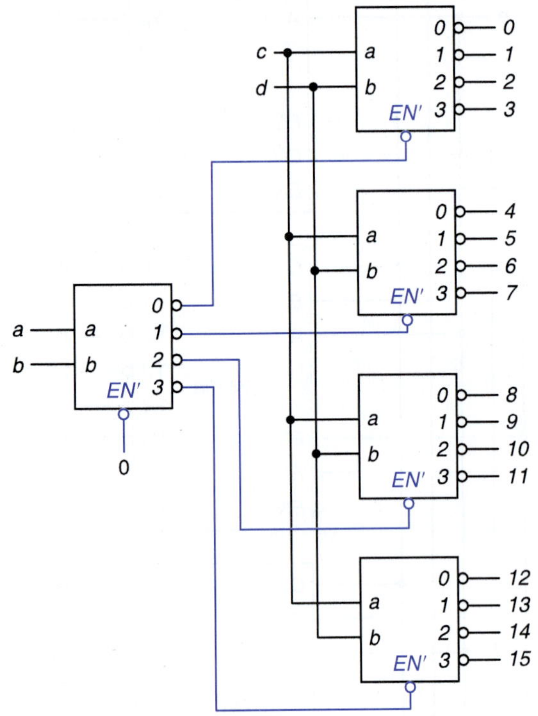

디코더의 다른 용도는 논리함수를 구현하는 것이다. 디코더의 각 활성-1 출력은 최소항에 해당한다. 따라서 논리함수를 구현하기 위해서는 적당한 출력을 OR 게이트로 연결하면 된다. 활성-0 출력 디코더의 경우에는 OR 게이트를 NAND 게이트로 변경하면 된다.(이것은 AND-OR 회로를 NAND-NAND 회로로 변환하는 것이다.) 같은 입력을 가지는 하나 이상의 함수를 구현하는 경우에도 하나의 디코더와 함수 수만큼의 OR 또는 NAND 게이를 사용하면 구현이 가능하다.

예제 4.3

$f(a, b, c) = \Sigma m(0, 2, 3, 7)$
$g(a, b, c) = \Sigma m(1, 4, 6, 7)$

두 가지 디코더 회로를 이용하여 위의 두 함수를 구현 가능하며, 회로는 다음과 같다.

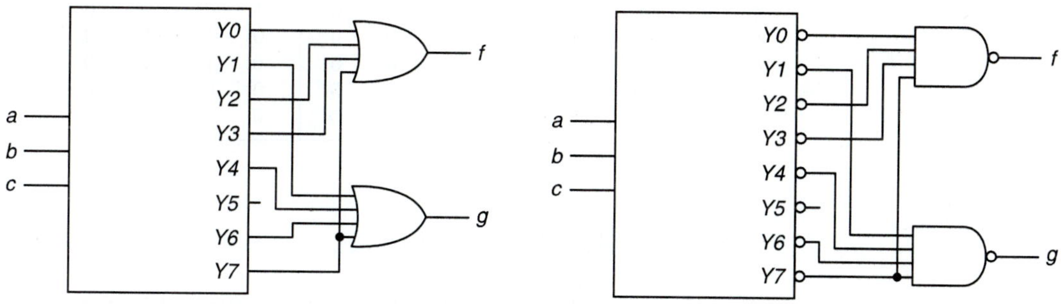

4.3 인코더와 우선순위 인코더

이진 인코더는 이진 디코더의 반대되는 동작을 하는 블록이다. 이진 인코더는 여러 개의 장치가 컴퓨터에 연결된 선에 1을 가함으로써 신호를 보내는 것과 같은 경우에 유용하다. 이 경우 인코더는 장치의 번호를 생성한다. 가령 A_0, A_1, A_2, A_3의 4개의 입력 중 하나의 입력만이 논리 1의 값을 가진다면, 표 4.4의 진리표는 해당 인코더의 동작을 기술한다. 즉 $A_0 = 1$인 경우에는 0번 장치를 표시하기 때문에 $Z_0 = 0$, $Z_1 = 0$이 된다. 마찬가지로 $A_2 = 1$인 경우에는 2번 장치를 표시하기 위하여 $Z_0 = 1$, $Z_1 = 0$이 된다.

표 4.4 4-라인 인코더

A_0	A_1	A_2	A_3	Z_0	Z_1
1	0	0	0	0	0
0	1	0	0	0	1
0	0	1	0	1	0
0	0	0	1	1	1

만약 항상 하나의 입력만이 논리-1의 값을 가진다면, 표 4.4의 Z_0, Z_1의 식은 다음과 같다.

$$Z_0 = A_2 + A_3$$
$$Z_1 = A_1 + A_3$$

그러나 위와 같이 구성된 경우에는 0번장치가 선택된 경우와 아무 장치도 선택되지 않은 경우를 구별할 수 없다.(만약 장치 0번이 존재하지 않는다면, 이것은 문제가 되지 않을 수도 있다.) 이와 같은 문제를 해결하기 위하여, 하나의 입력을 추가로 사용할 수 있다. 새로운 입력, N은 어떤 장치도 활성화되지 않았다는 것을 표시한다.

표 4.5 우선순위 인코더

A_0	A_1	A_2	A_3	A_4	A_5	A_6	A_7	Z_0	Z_1	Z_2	NR
0	0	0	0	0	0	0	0	X	X	X	1
X	X	X	X	X	X	X	1	1	1	1	0
X	X	X	X	X	X	1	0	1	1	0	0
X	X	X	X	X	1	0	0	1	0	1	0
X	X	X	X	1	0	0	0	1	0	0	0
X	X	X	1	0	0	0	0	0	1	1	0
X	X	1	0	0	0	0	0	0	1	0	0
X	1	0	0	0	0	0	0	0	0	1	0
1	0	0	0	0	0	0	0	0	0	0	0

$$N = A_0'A_1'A_2'A_3' = (A_0 + A_1 + A_2 + A_3)'$$

만약 하나 이상의 입력이 동시에 1이 될 수 있다면, 입력 간의 우선순위를 정해야 한다. 출력은 활성화된 입력(값이 1인 입력) 중 가장 높은 우선순위 입력의 번호를 표시한다. 입력의 우선순위는 내림차순(또는 오름차순)으로 정렬되어 가장 큰(자장 작은) 입력 번호에 대하여 최고의 우선순위를 배정한다. 표 4.5는 8-입력 우선순위 인코더에 대한 진리표이다. 이 진리표에서는 7번장치가 최고의 우선순위를 갖는다.

출력, NR은 어떤 입력도 활성화되지 않았다는 것을 표시한다. 이 경우에는 출력의 값이 중요하지 않다. 만약 7번장치가 활성화된 신호를 가진다면(즉 입력이 1이면), 출력은 7에 대한 이진수 표현이 된다. 이 경우 낮은 우선순위를 가지는 입력들은 모두 무시된다.(이것은 표 4.5의 두 번째 행에 해당한다.) $A_7 = 0$인 경우에는 다른 입력이 의미를 가진다. 각 출력에 대한 식은 다음과 같다.

$$NR = A_0'A_1'A_2'A_3'A_4'A_5'A_6'A_7'$$
$$Z_0 = A_4 + A_5 + A_6 + A_7$$
$$Z_1 = A_6 + A_7 + (A_2 + A_3)A_4'A_5'$$
$$Z_2 = A_7 + A_5A_6' + A_3A_4'A_6' + A_1A_2'A_4'A_6'$$

74147은 상용 BCD 인코더로서, 9개의 활성-0 입력을 받아서, 4개의 활성-0 출력을 생성한다. 입력은 *9'* 에서 *1'* 까지, 출력은 *D'* 에서 *A'* 까지의 번호를 가진다. 이 회로의 경우 모든 출력이 비활성인 경우(즉 1인 경우)는 어떤 장치도 선택되지 않았음을 표시한다. 또 이 회로에는 *0'* 으로 명명된 입력이 존재하지 않는다. 74147의 진료표는 표 4.6에 표시되었다.

표 4.6 74147 우선순위 인코더

1′	*2′*	*3′*	*4′*	*5′*	*6′*	*7′*	*8′*	*9′*	*D′*	*C′*	*B′*	*A′*
1	1	1	1	1	1	1	1	1	1	1	1	1
X	X	X	X	X	X	X	X	0	0	1	1	0
X	X	X	X	X	X	X	0	1	0	1	1	1
X	X	X	X	X	X	0	1	1	1	0	0	0
X	X	X	X	X	0	1	1	1	1	0	0	1
X	X	X	X	0	1	1	1	1	1	0	1	0
X	X	X	0	1	1	1	1	1	1	0	1	1
X	X	0	1	1	1	1	1	1	1	1	0	0
X	0	1	1	1	1	1	1	1	1	1	0	1
0	1	1	1	1	1	1	1	1	1	1	1	0

4.4 멀티플렉서와 디멀티플렉서

멀티플렉서는 줄여서 *MUX* 라고도 불리며, 다중 입력 중의 하나를 선택 입력의 값에 따라 출력에 연결하는 스위치이다. 여러 개의 다중 비트 숫자 중에서 하나를 선택하기 위하여 멀티플렉서의 집합이 사용되기도 한다.

그림 4.11은 입력이 2개인 멀티플렉서의 회로와 논리 심볼이다.

그림 4.11 2-1 멀티플렉서

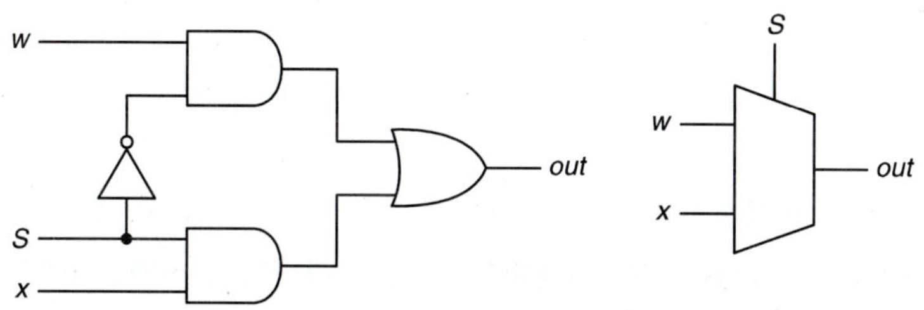

출력(out)은 $S = 0$인 경우에는 w와 같으며, $S = 1$인 경우에는 x와 같다.

그림 4.12a에서 보는 바와 같이 4-1 멀티플렉서는 AND와 OR 게이트들을 사용하여 구현이 가능하다. 또는 3개의 2-1 멀티플렉서를 사용하여 그림 4.12b와 같이 구현할 수도 있다. 그림 4.12c는 논리심볼이다.

출력은 $(S_1, S_0) = (0, 0)$인 경우에 w와 같으며, $(S_1, S_0) = 01$인 경우에는 x와 같다. 마찬가지로 (S_1, S_0)가 10, 11인 경우의 출력은 각각 y, z와 같다. 이 회로는 각 선택 입력에 AND 게이트가 하나씩 붙어있기 때문에 디코더 회로와 유사하다. 어떤 멀티플렉서는 enable 입력을 가지고 있다. 이 경우에는 enable 신호가 활성화되지 않으면 출력은 항상 0이 된다.

그림 4.12 (a) 4–1 멀티플렉서 (b) 2–1 멀티플렉서를 이용한 구현 (c) 논리심볼

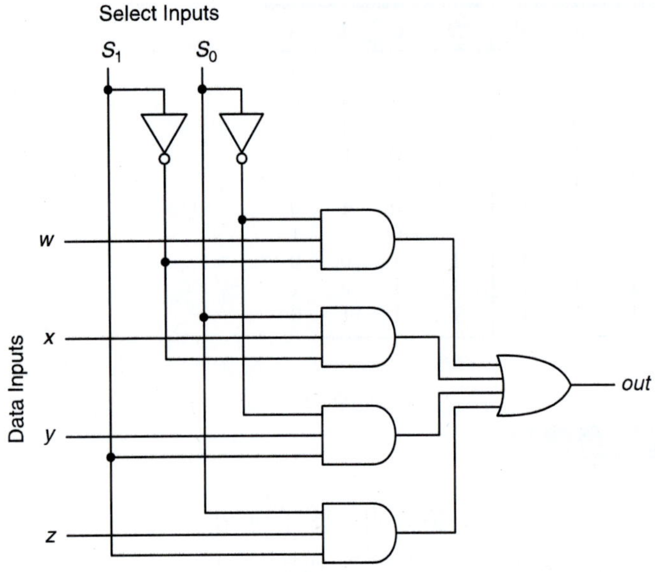

(a)

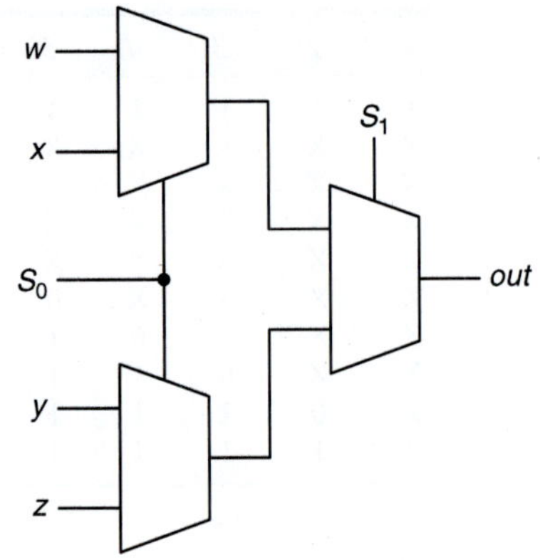

(b)

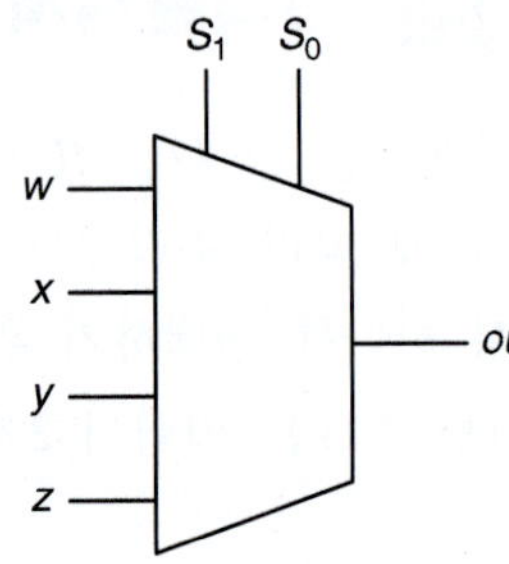

(c)

만약 입력이 16비트 숫자들로 구성되었다면, 제어 입력은 이 숫자들 중 어떤 숫자가 전달되어야 하는가를 결정하여야 한다. 따라서 비트 별로 한 개의 멀티플렉서가 필요하기 때문에 총 16개의 멀티플렉서가 필요하다. 그림 4.12a의 회로를 16개 사용하여 이를 구현하기 위해서는 64개의 3-입력 AND 게이트, 16개의 4-입력 OR 게이트가 필요하다.(이 경우 모든 게이트를 NAND 게이트로 변환할 수 있다.) 다른 방법으로는 모든 멀티플렉서를 구동할 수 있는 디코더를 사용하는 것이다. 그림 4.13을 이 회로의 첫 3비트에 대한 그림이다.

디코더를 사용하는 그림 4.13 회로의 경우 여전히 16개의 4-입력 OR 게이트를 사용하지만, AND 게이트의 입력수는 2개로 줄었다. 디코더에는 4개의 2-입력 AND 게이트가 사용되었다. 따라서 16-비트 멀티플렉서를 구현하기 위해서는 총 68개의 2-입력게이트가 사용된다. 만약 이 회로를 7400 시리즈의 IC로 구현하려 한다면, 2-입력 AND 게이트칩이 17개 필요할 것이다. 반면에 디코더를 사용하지 않는 경우에는 3-입력AND 게이트칩이 22개 필요할 것이다.

그림 4.13 다중 비트 멀티플렉서

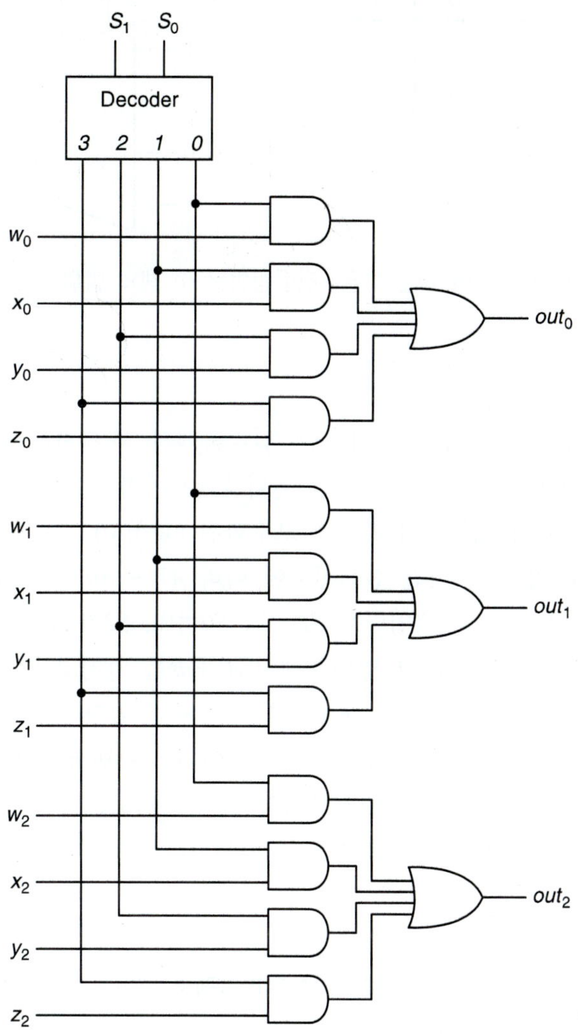

멀티플렉서는 논리함수 구현에 사용될 수 있다. 멀티플렉서를 이용한 가장 간단한 구현 방법은 선택 입력을 디코더처럼 사용하고, 데이터 입력에 0 또는 1을 연결하는 것이다.

예제 4.4

$$f(a, b) = \Sigma m(0, 1, 3)$$

을 4-1 멀티플렉서를 이용하여 구현하시오. 이 함수의 진리표와 회로는 다음과 같다.

a	*b*	*f*
0	0	1
0	1	1
1	0	0
1	1	1

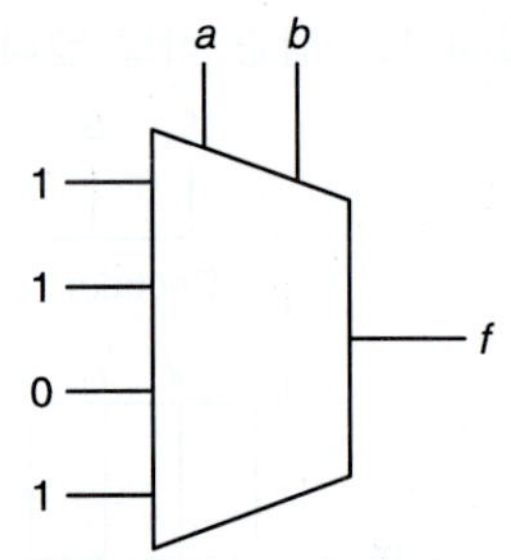

보다 복잡한 함수들에 대한 다른 구현 방법은 이 책의 범위를 벗어나기 때문에 여기서는 논의하지 않는다.

3가지의 상업적으로 가용한 멀티플렉서 패키지에 대하여 설명한다. 74151은 1비트의 입력이 8개인 멀티플렉서이며, 활성-0 enable 입력, *EN′*, 과 보수화되지 않은 (활성-1)과 보수화된 (활성-0) 출력을 모두 가지고 있다. 데이터 입력은 이진 선택신호에 따라 *A7* ~ *A0*로 이름이 주어지며, 출력은 *Y*와 *Y′*이다. 선택입력은 *S2*, *S1*, *S0*이며, *S2*가 MSB이다.

74153은 2개의 4 × 1 멀티플렉서 *A*와 *B*를 가지고 있으며, 이들 각각은 활성-0 enable 신호, *ENA′* 와 *ENB′* 를 가지고 있다. 4 × 1 멀티플렉서 *A*에 대한 입력은 *A3* ~ *A0*이며 출력은 *YA* 이다. 두 번째 멀티플렉서의 입력은 *B0* ~ *B3*이며 출력은 *YB*이다. 2개의 선택신호 *S1*, *S0*가 있으며, 이 신호는 두 멀티플렉서 모두의 선택신호로 사용된다. 이 선택입력을 통하여 4개의 입력 중 하나를 선택하게 된다.

그림 4.14 2-1 멀티플렉서

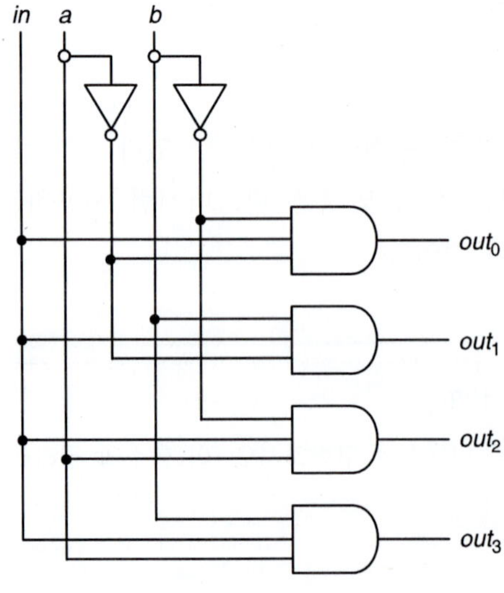

74157은 4개의 2 × 1 멀티플렉서를 가지고 있으며, 활성-0 enable 신호, *EN'*, 및 선택입력 (S)를 공유하고 있다. 이 멀티플렉서들은 *A*, *B*, *C*, *D*이고 첫 번째 멀티플렉서 *A*의 입력은 *A0*, *A1*이고 출력은 *YA*이다. 따라서 74157은 2개의 입력 중 하나를 4비트의 선택 시스템을 제공한다.

디멀티플렉서(demux)는 멀티플렉서의 반대되는 동작을 수행하여, 신호를 한 장소에서 여러 장소 중의 하나로 배선한다. 그림 4.14는 1비트 1 × 4 디멀티플렉서를 보이고 있다. 여기서 *a*와 *b*는 선택신호이며, 입력신호 *in*이 여러 방향으로 전환된다. 이 회로는 *in* 신호를 enable 신호로 사용한다면 출력이 4개인 디코더와 같은 회로이다.

4.5 3상 게이트

지금까지는 모든 논리수준을 0 또는 1로 가정하였다. 이전 회로에서 우리는 don't care 값을 볼 수 있었다. 그러나 실제 회로 구현에서 don't care 값은 0 또는 1이 된다. 더욱이 어떤 게이트의 출력을 다른 게이트의 출력과 직접 연결하지 않는다. 이것은 만약 두 게이트가 서로 다른 값을 출력한다면, 충돌이 발생할 수 있기 때문이다.(어떤 회로 구현 기술에서는 두 게이트의 출력을 연결하여 wired-AND 또는 wired-OR를 구현할 수 있다. 하지만 다른 구현기술에서는 두 게이트가 파괴될 가능성이 있다. 따라서 지금까지 이러한 가능성에 대하여 기술하지 않았다.)

출력을 서로 연결하는 것을 가능하게 하는 설계기술이 사용되어 왔다. 보다 많이 사용되는 기술 중의 하나는 3상(혹은 tristate) 출력 게이트이다. (이 책에서는 다른 구현 방법들, 트랜스미션게이트와 오픈-콜렉터 게이트에 대해서는 다루지 않는다.)

3상 게이트에는 게이트의 옆에 보인 하나의 enable 입력이 있다. 만약 이 입력이 활성화되면(이 신호는 활성-1 또는 활성-0이 될 수 있다.) 게이트는 보통의 게이트와 같이 동작한다. 만약 이 제어입력이 비활성화되면, 출력은 연결되지 않은 것처럼(회로가 오픈된 것처럼) 동작한다. 이러한 출력은 일반적으로 Z로 표시된다. 활성-1 enable 신호를 가진 3상 버퍼의 진리표와 회로 표현이 그림 4.15에 표시되었다.

3상 버퍼는 활성-0 enable 신호와 활성-0 출력 또는 활성-1 출력을 가질 수 있다. 활성-0 출력을 가진 경우는 3상 NOT 게이트이다. 3상 출력은 다른 복잡한 게이트에서도 존재할 수 있다. 각 경우에 enable 신호가 활성화된 경우에 게이트는 정상적으로 동작하지만, enable 신호가 비활성화된

그림 4.15 3상 퍼버

EN	a	f
0	0	Z
0	1	Z
1	0	0
1	1	1

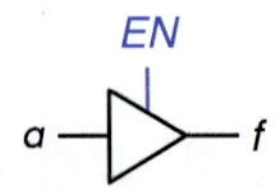

그림 4.16 3상 퍼버를 이용한 멀티플렉서

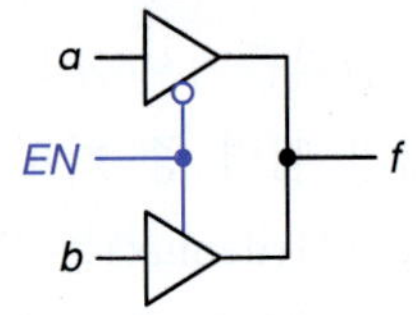

경우에는 출력은 개회로가 된다. 3상 게이트를 사용하게 되면, OR 게이트를 사용하지 않고 멀티플렉서를 구현할 수 있다. 예를 들면, 그림 4.16은 2×1 멀티플렉서이다. Enable 신호는 제어입력으로 $f = a(EN' = 0)$ 또는 $f = b\ (EN' = 1)$을 결정한다. 3상 게이트는 시스템 사이의 신호전달에 사용된다. 버스는 데이터가 전송되는 라인의 집합이다. 때로는 물리적으로 멀리 떨어진 장치들 사이에서 데이터가 양쪽으로 전송된다. 버스 자체는 멀티플렉서의 집합으로 한 비트 당 멀티플렉서 하나가 사용된다.

예제 4.5

다음 회로는 한 비트에 대한 버스의 두 가지 구현 방법을 보이고 있다. 하나는 AND, OR 게이트를 사용한 방법이며, 다른 하나는 3상 게이트를 사용한 방법이다.

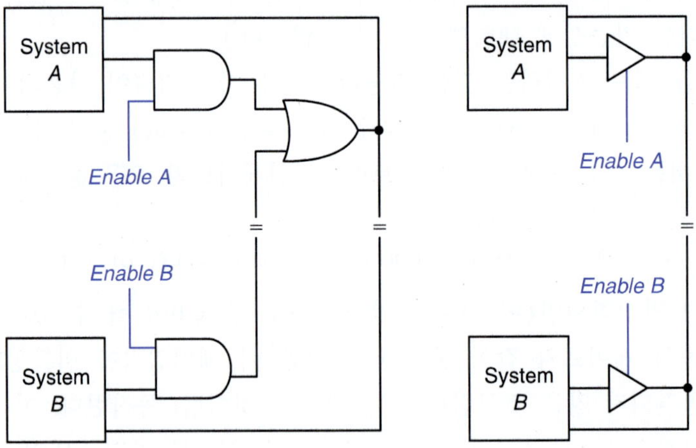

(a) AND/OR 게이트 사용 (b) 3상 게이트 사용

이 두 가지 구현 방법의 주요한 차이는 AND-OR 멀티플렉서에서는 2개의 긴 전선이 사용되지만 3상 게이트 멀티플렉서에서는 하나의 전선만이 사용된다는 것이다.

게이트 배열에 대하여 설명하는 7장과 이 장에서 많은 시스템이 3상 버퍼를 가지고 있는 것을 알게 될 것이다.

4.6 게이트 어레이[6]- ROM, PLA, PAL

게이트 어레이는 상당히 복잡한 시스템을 빨리 구현하는 방법 중의 하나이다. 게이트 어레이는 다양한 형태로 사용되지만, 모두 공통점을 가지고 있다. 기본 개념은 그림 4.17에 설명되었다. 그림 4.17은 3개의 입력과 3개의 출력을 가지고 있으며, 점선은 가능한 연결을 표시하고 있다.(그림 4.17은 실제 게이트 어레이 보다는 상당히 작은 크기이다.)

그림 4.17 게이트 어레이의 구조

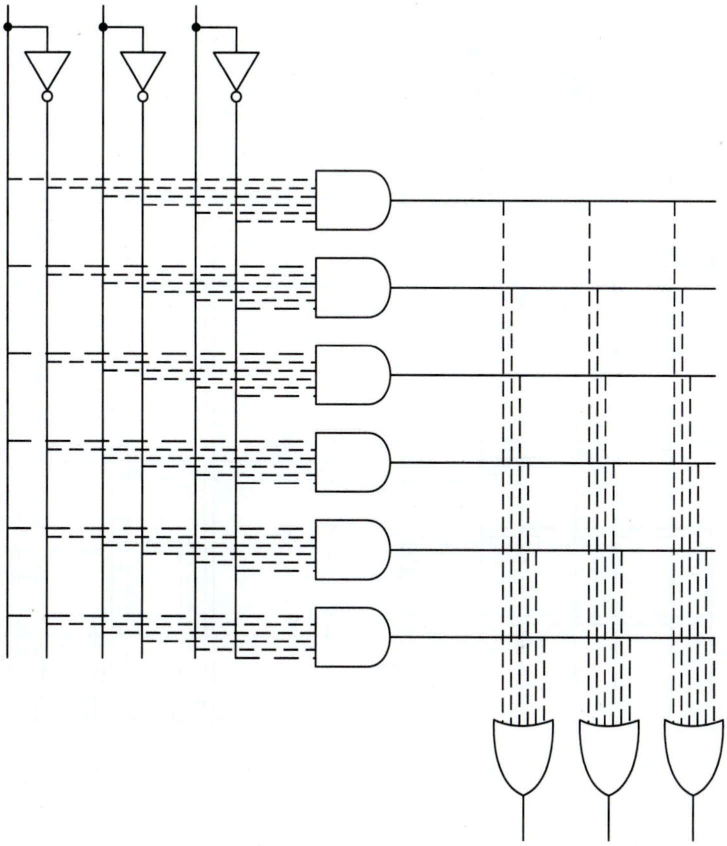

6) 보다 일반적인 용어는 프로그램 가능한 논리 장치 (programmable logic device, PLD)이다. PLD는 모든 종류의 게이트 어레이와 메모리를 포함하는 용어이다. *Field programmable gate array* (*FPGA*) 또한 그러한 장치에 대하여 일반적으로 사용되는 용어이다.

이러한 장치들이 구현하는 것은 SOP 식이다.(이 경우 3개의 변수로 구성되는 3개의 함수가 구현되었다. 그러나 6개의 AND 게이트만이 존재하기 때문에 최대 6개의 AND 항이 3개의 함수에서 사용될 수 있다.) 이 어레이는 보수화되지 않은 입력만을 필요로 한다. 즉 내부에 보수를 취하는 회로가 포함되어 있다.

예제 4.6a 아래의 회로는 게이트 어레이를 사용하여

$$f = a'b' + abc$$
$$g = a'b'c' + ab + bc$$
$$h = a'b' + c$$

를 구현한 회로이다. 이 회로에서 실선은 실제 연결을 표시한다.

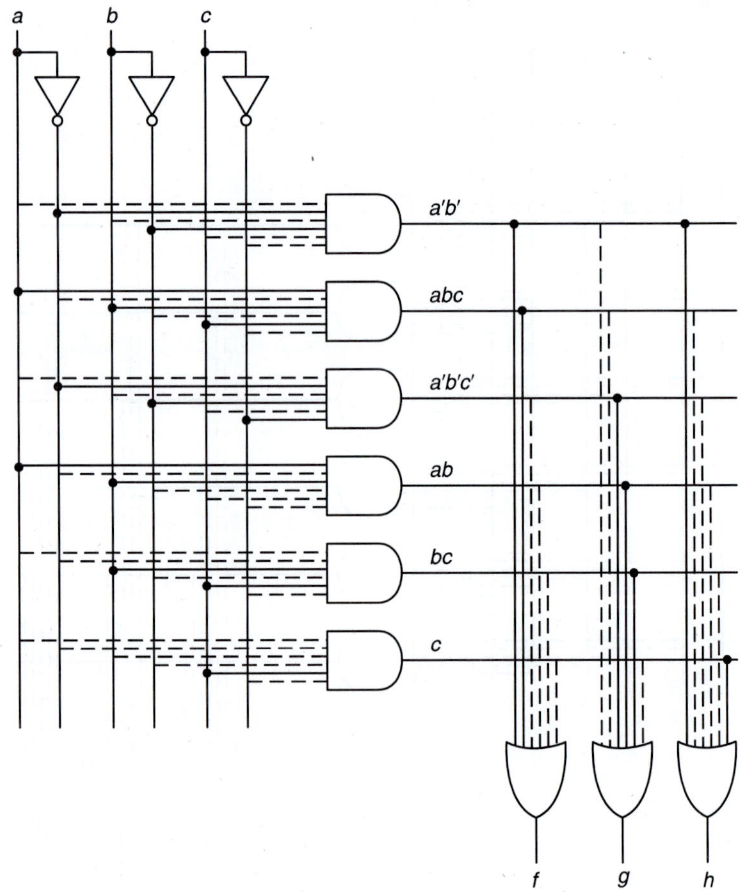

이 회로도에서 2 가지 사실에 주목하여야 한다. 첫째, $a'b'$ 을 생성하는 AND 게이트의 출력은 2개의 OR 게이트의 입력에 연결된다. 이것은 $a'b'$이 공유되는 항이기 때문이

다. 두 번째로 NAND 구현 또는 AND/OR 구현에서 게이트를 필요로 하지 않는 항 *c*는 논리 어레이내에서 항을 필요로 한다는 것이다. 따라서 *c*의 값을 출력으로 꺼내는 방법은 존재하지 않는다.

예제 4.6a와 같은 회로도는 입력의 수와 게이트의 수가 증가하는 경우에 표현이 용이하지 않다. 따라서 모든 전선을 표시하지 않고, 각 게이트에 대하여 하나의 선만을 사용하게 되며, 교점에 X 또는 점을 표시하여 연결됨을 표시한다. 이 방법으로 예제 4.6a의 회로를 예제 4.6b에 다시 그렸다.

예제 4.6b

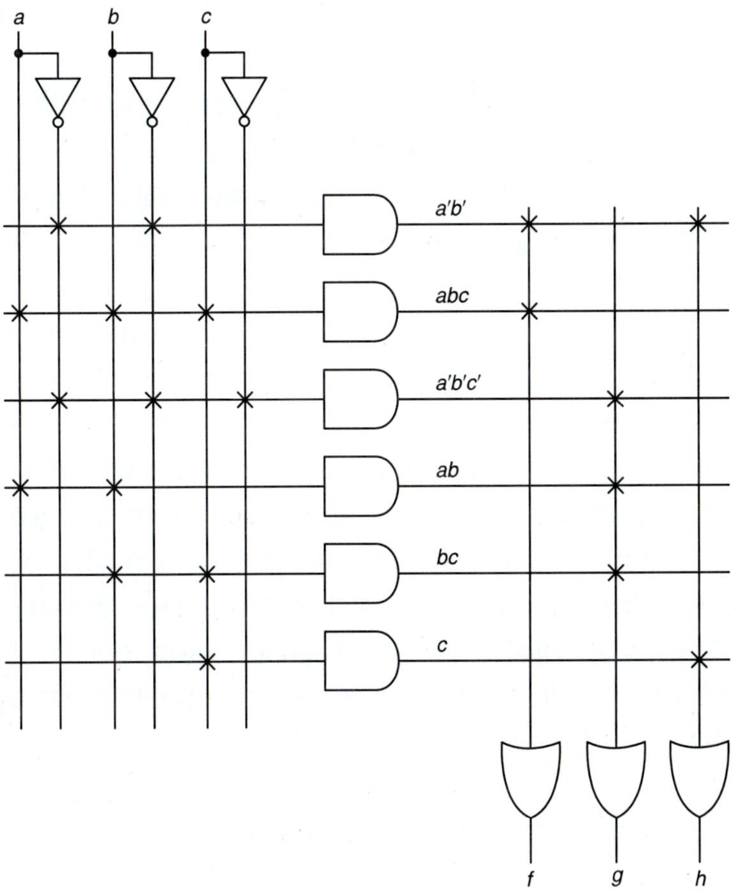

때로는 AND, OR 게이트를 생략하고 회로를 그리기도 한다.(이러한 예를 학습하게될 것이다.) 조합 논리어레이는 일반적으로 3가지 종류가 있다.(메모리를 가지는 논리어레이에 대해서는 7장에서 학습하게 될 것이다.) 가장 일반적인 형태는(우리가 이제까지 학습한 형태이다.) PLA이다. PLA에서는 AND 어레이와 OR 어레이 모두에서 연결을 표시하여야 한다. 따라서 어떤 형태의 SOP 식(공유항을 포함하여)도 구현가능하다. 두 번째 형태는 ROM이다. ROM에서는 AND 어레이가 고정된다. ROM은 n-비트입력에 대하여 2^n AND 게이트로 구성된 디코더이다. 사용자는 OR 게이트에 대한 연결만을 표현할 수 있다. 따라서 ROM을 이용하여 최소항의 합을 구현할 수 있다. 세 번째 형태는 PAL이다. PAL에서는 OR 게이트에 대한 연결만이 표현될 수 있다. 사용자는 AND 게이트의 입력을 결정할 수 있다. 각 논리곱항은 논리합 중 하나로만 연결된다. 각 형태에 대하여 다음부터 자세하게 다룰 것이다.

모든 형태에서 기본 어레이가 먼저 제조되며, 추후에 연결이 추가된다. 하나의 선택사양은 사용자의 스펙에 따라서 제조자가 연결을 추가하는 것이다. 또한 사용자가 특수한 프로그래밍장치를 사용하여 연결을 추가하는 현장 프로그래머블(field programmable) 형태도 가능하다. 현장 프로그래머블 장치의 개념은 연결선에 퓨즈를 도입함으로써 가능하다. 만약 사용자가 연결을 원하지 않으면, 퓨즈를 끊으면 된다.(끊어진 퓨즈는 AND 게이트에는 1 입력을 OR 게이트에는 0 입력을 생성한다. 퓨즈는 전기적 장치로 구현되어 리셋이 가능하게 할 수도 있다.) 이러한 설명은 실제보다 복잡하게 들린다. 그러나 실제로는 프로그래밍장치가 원하는 어레이에 대한 기술에 따라서 자동적으로 모든 과정을 수행하게 된다. 이러한 아이디어는 ROM의 경우에 좀더 발전하게 된다. EPROM이 있다.(쓰기가 가능한 읽을 수만 있는 메모리는 모순처럼 들린다. 그러나 이런 메모리는 실제로 존재한다.) EPROM의 구현하는데 사용되는 퓨즈 중 한 종류는 소자를 자외선에 수분간 노출함으로써 리셋 할 수 있다. 다른 종류의 경우에는 전기적으로 리셋 할 수 있다.

그림 4.18 프로그램 가능한 출력회로

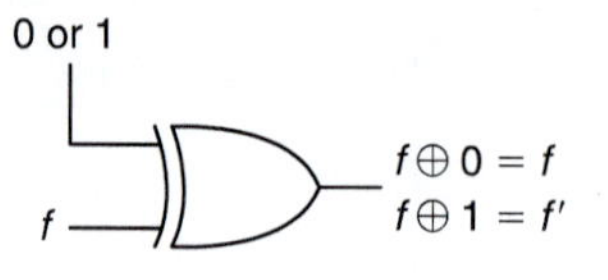

위에서 보인 많은 현장 프로그래머블 소자들은 활성-1 또는 활성-0 출력을 가능하게 한다.(활성-0 출력이란 출력에 대한 보수를 의미한다. 즉 f 대신 f'이 출력된다.) 이것은 출력에 XOR 게이트를 필요로 하며, XOR 게이트의 하나의 입력에 대하여 0 또는 1을 입력할 수 있어야 한다. 이러한 경우에 대한 출력논리는 그림 4.18에 표시하였다.

어떤 프로그래머블 소자들은 출력 부분에 3상 버퍼를 가지고 있으며, 이 버퍼들은 enable 신호 또는 AND 논리 게이트에 의하여 활성화된다. 이렇게 하여 출력이 쉽게 버스에 연결될 수 있도록 해준다. 때로는 출력이 AND 배열의 입력으로 연결되기도 하는데, 이런 방식으로 2 단계 이상의 논리회로를 구성할 수 있다.(이것은 우리가 뒤에 논의할 PAL에서 사용되는 방식이다.) 만약 그림 4.19에 보인 것과 같이 3상 출력 게이트가 더해진다면 3상 버퍼 출력은 입력으로 사용될 수도 있다.

그림 4.19 3상 출력

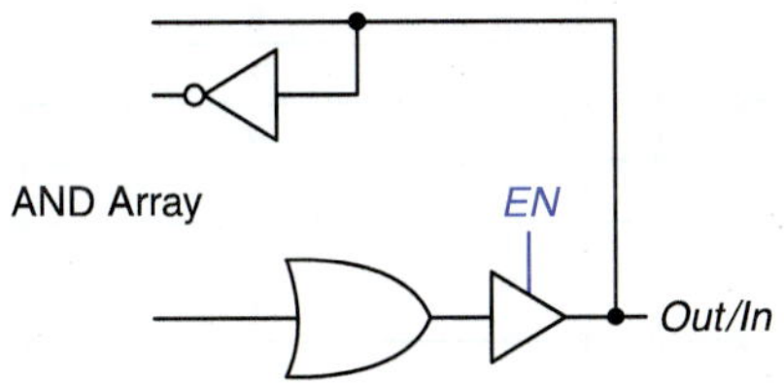

만약 3상 게이트가 활성화된다면, OR 배열로부터 출력까지의 연결과 AND 배열 입력까지의 연결이 완성된다. 만약 3상 게이트가 활성화되지 않으면, OR 게이트들과 연결된 회로부분이 끊어진다. 그리고 *Out* / *In*은 AND 배열에 대한 다른 입력으로 사용된다.

4.6.1 ROM을 이용한 설계

ROM을 이용하여 시스템을 설계하기 위해서는 각 함수에 대한 최소항들을 알아야 한다. ROM은 각 최소항에 대하여 사용할 수 있는 하나의 AND 게이트를 가지고 있으며, 적절한 최소항 게이트를 각 출력에 연결하여야 한다. 이것은 예제 4.3에서 소개된 곱의 합 꼴을 이용한 디코더 구현과 같은 형태의 회로이다.

예제 4.7

$W(A, B, C, D) = \Sigma m(3, 7, 8, 9, 11, 15)$
$X(A, B, C, D) = \Sigma m(3, 4, 5, 7, 10, 14, 15)$
$Y(A, B, C, D) = \Sigma m(1, 5, 7, 11, 15)$

아래의 보인 ROM의 각 행은 0 ~ 15까지 번호를 가진다. X나 점은 적절한 연결점에 위치한다. 다음 회로에서 X로 표현된 연결이 ROM에 구현된다.(즉 X는 16개의 가능한 최소항을 나타낸다.) 사용자는 위 함수를 구현하기 위하여 각 함수의 최소항에 해당하는 부분에 점을 표시한다.

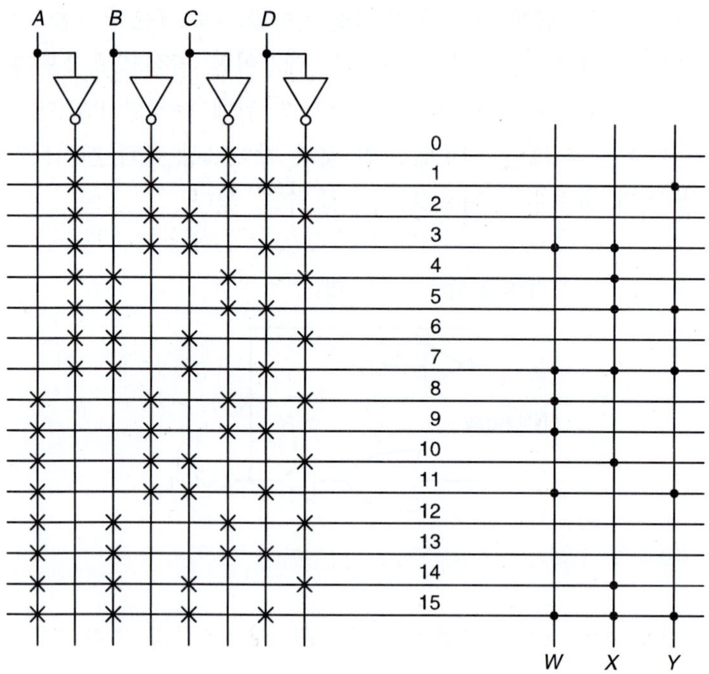

이러한 회로를 ROM이라는 메모리로 지칭하지만, 실제 회로에서는 조합논리 소자로 사용된다. 출력은 현재 입력의 함수이다. 7장에서 우리는 내부에 메모리를 가지는 프로그래머블 소자를 공부할 것이다. 전형적인 상용 프로그래머블 ROM은 8 ~ 12개의 입력과 4 ~ 8개의 출력을 가진다.

4.6.2 PLA(Programmable Logic Array)를 이용한 설계

PLA를 이용하여 시스템을 설계하기 위해서는 구현하려는 함수의 SOP 식을 얻어야 한다. PLA를 이용한 설계에서의 제한 사항은 PLA에서 지원되는 AND 게이트의 수(곱항의 수)이다. 각 함수를 최소화하는 SOP 식이나 함수들 사이의 공유되는 부분을 최대로 하는 SOP 식 중 어떤 것이라도 사용할 수 있다.(3.6절에서 소개된 방법을 사용한다.)

예제 4.8

ROM을 이용한 설계를 설명하였던 예제 4.7의 회로를 고려하자.

$W(A, B, C, D) = \Sigma m(3, 7, 8, 9, 11, 15)$
$X(A, B, C, D) = \Sigma m(3, 4, 5, 7, 10, 14, 15)$
$Y(A, B, C, D) = \Sigma m(1, 5, 7, 11, 15)$

다음의 맵들은 각 함수를 최호화하는 해를 구하고 있다. X와 Y는 각각 2개의 해가 가능하다.

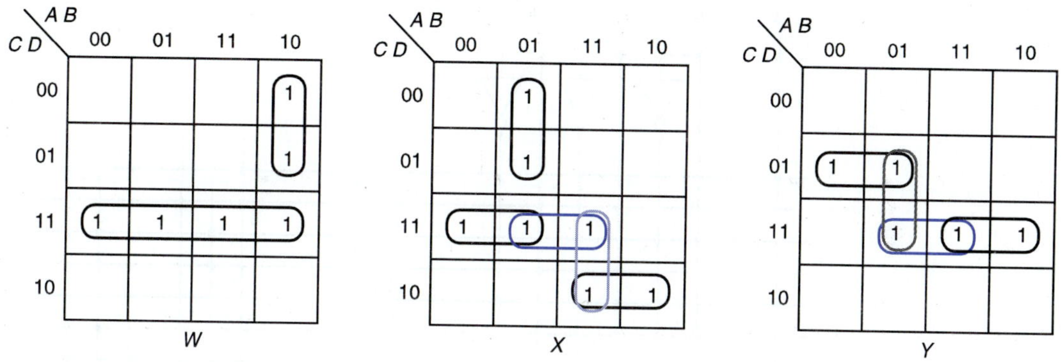

$W = AB'C' + CD$
$Y = A'BC' + A'CD + ACD' + \{BCD \text{ or } ABC\}$
$Z = A'C'D + ACD + \{A'BD \text{ or } BCD\}$

만약 Y와 Z에서 BCD를 선택한다면, 이 해는 8개의 항으로 구성된다. 만약, 선택하지 않는다면 9개의 항이 된다.

이 문제를 여러 개의 출력을 가지는 문제로 생각한다면, 우리는 다음의 맵을 이용하여 보다 적은 수의 항을 가지는 해를 구할 수 있다.

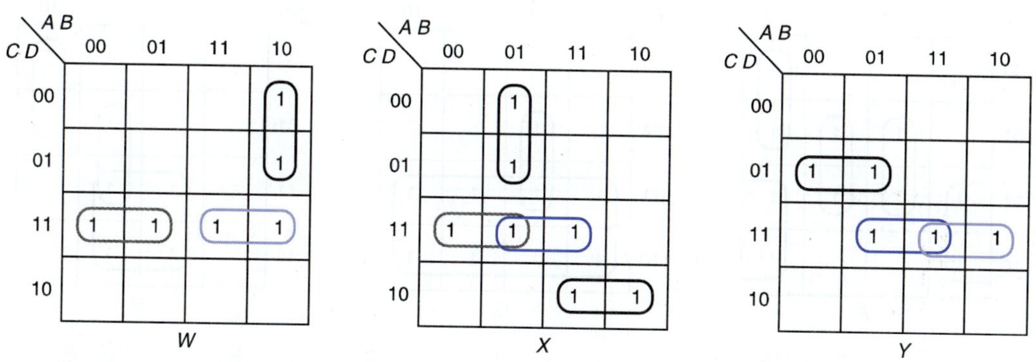

$W = AB'C' + A'CD + ACD$
$X = A'BC' + ACD' + A'CD + BCD$
$Y = A'C'D + ACD + BCD$

이 해는 7개의 항만으로 구성된다.

다음의 PLA는 두 경우 해에 대한 구현을 보이고 있다. 첫 번째 출력열(좌측의 *X*, *Y*, *Z*)에서는 첫 번째 해에 의한 회로 구성을 보이고 있다. 이 구성에서는 처음 8개의 항을 이용하거나, 또는 *BCD* 항(파란점) *X*로 표시된 출력 *X*의 *ABC* 항과 출력 *Y*의 *A'BD* 항으로 변경하여 구현할 수 있다. 이 경우에 사용되는 항의 수는 9개이다. 두 번째 해에서는 두 번째 항 *CD*는 사용되지 않으며, 7개의 항만이 사용된다. 만약 사용하는 PLA의 크기가 이 예에서와 같은 크기라면, 어떤 해를 사용하여도 무방하다.

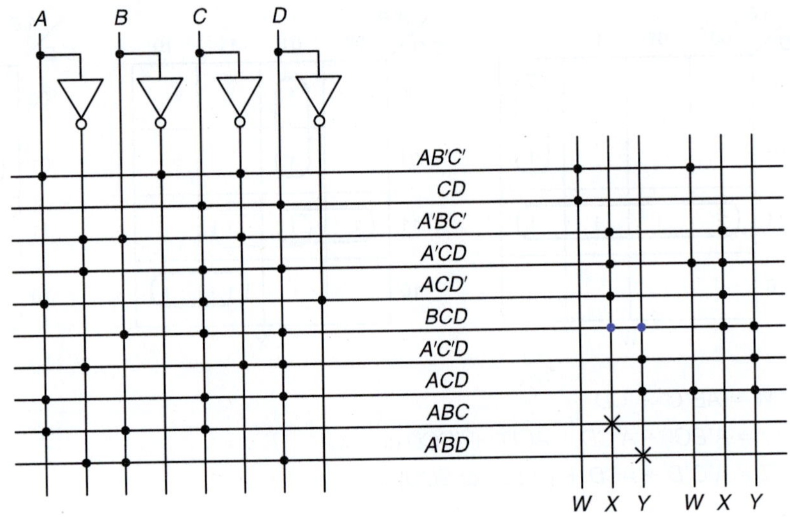

예제 4.9 이 예제에서는 하나의 문자로 구성된 항이 있는 경우에 대하여 보게 될 것이다. 다음은 예제 3.31에서 사용된 맵이다.

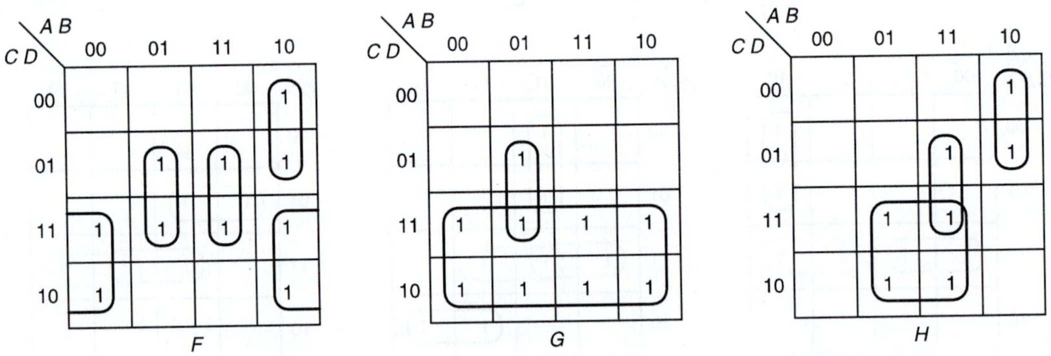

G 출력을 위하여 8개의 1을 묶어서 *C*로 간략화 하였다. 이렇게 하면 AND 게이트가 필요없고 OR 게이트의 입력으로만 사용되기 때문이다. 하지만 PLA에서는 하나의 문자로 구성된 항도 게이트가 필요하며, 게이트 입력의 수는 중요하지 않다. 따라서 *G* 출력을 위하여 *BC* + *B'C*를 사용하여 항의 수를 줄일 수 있다. 이것은 *B'C*는 *F*, *BC*는 *H*에서 사용되기 때문이다. 따라서 2개의 출력열 모두 사용가능하지만 *C*항이 첫 번째 출력열에서만 사용되었으며, 두 번째 출력열에서 사용된 항의 수가 하나 적다.

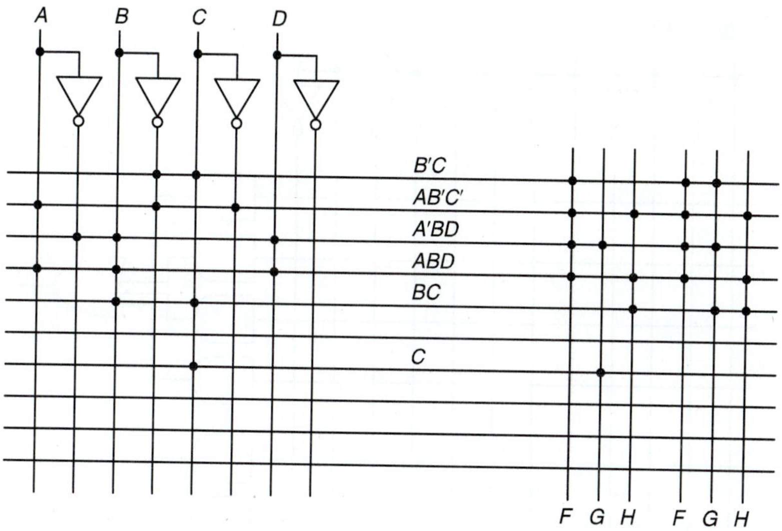

전형적인 상용 PLA인 PLS100은 16개의 입력, 48개의 곱항, 8개의 출력을 가지고 있다. 각 출력은 활성-1 또는 활성-0으로 프로그래밍 가능하고 공통 활성-0 enable 입력에 의하여 제어되는 3상 버퍼를 가지고 있다. 이것은 16개 입력을 ROM으로 구현하는 경우의 1/1000에 해당하는 크기이다.

4.6.3 PAL(Programmable Array Logic)을 이용한 설계

PAL에서는 각 출력은 OR 게이트로부터 나오며, 각 OR 게이트는 자신에만 연결된 AND 게이트를 가지고 있다. 그림 4.20은 작은 PAL의 레이아웃이다. 이 PAL은 6개의 입력과 4개의 출력을 가지고 있으며, 각 OR 게이트는 4개의 입력을 가지고 있다.(즉 각 OR 게이트는 4개의 AND 게이트와 연결된다.) PAL을 사용할 때, 각 AND 게이트의 출력은 하나의 OR 게이트로만 연결된다. 따라서 공유되는 항이 없으며 각 함수를 독립적으로 간략화하게 된다. 그러나 대부분의 PAL들은 출력 전체 혹은 부분에 대하여 입력으로 feedback 할 수 있는 경로를 제공하고 있다. 어떤 경우에는 이 feedback 경로가 내부에 있어서 OR 게이트의 출력이 AND 게이트의 입력으로 사용할 수 있게 되어 있다. 다른 경우에는 외부 결선에 의하여 feedback이 이루어진다.(이런 상황이 예제 4.11에 내포되어 있다). 이것은 합의 곱 식에서 보다 많은 항(이 예에서는 4개 이상)을 사용할 수 있도록 해준다. 이러한 이점은 합의 곱 형태가 아닌 식이나 항을 공유하도록 구성된 식에서도 유효하다. 많은 PAL들은 출력(입력으로의 feedback 전)에 3상 버퍼를 가지고 있어서, 출력을 입력으로 사용할 수도 있다.

그림 4.20 PAL

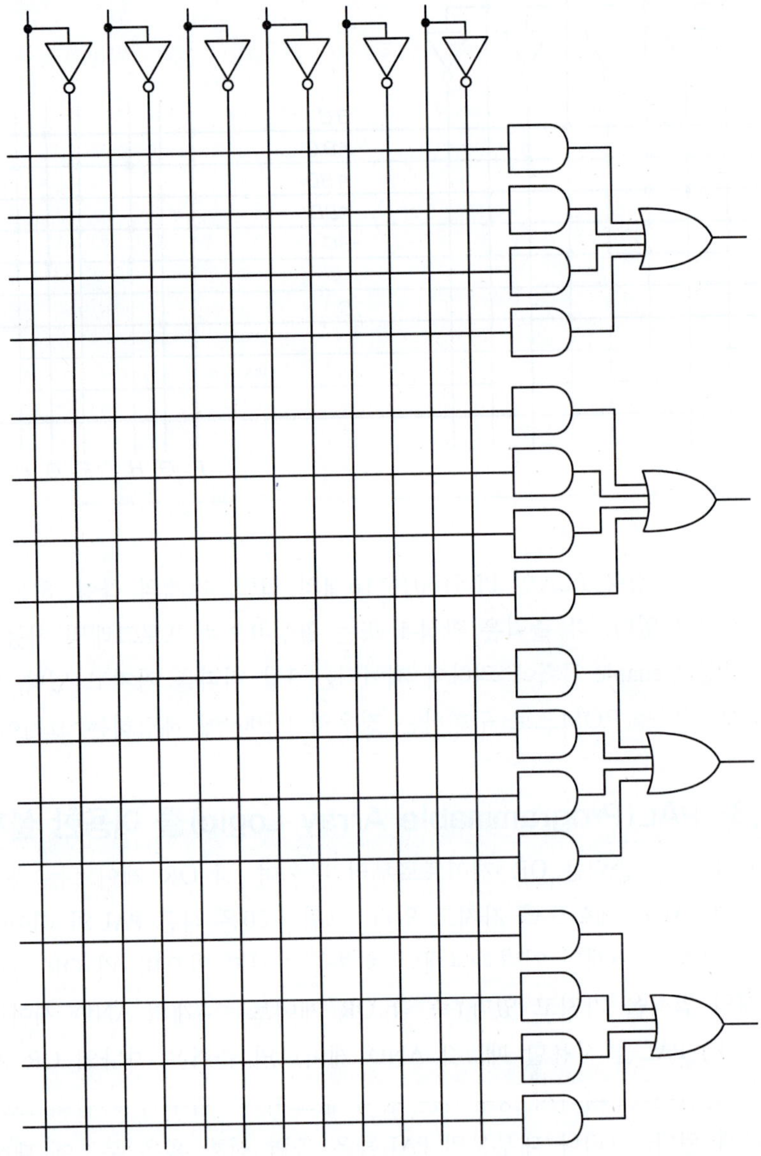

예제 4.10

이 예제에서는 ROM과 PLA에서 사용되었던 예를 이용한다. 즉

$$W = AB'C' + CD$$
$$X = A'BC' + A'CD + ACD' + \{BCD \text{ or } ABC\}$$
$$Y = A'C'D + ACD' + \{A'BD \text{ or } BCD\}$$

항을 공유하는 것을 고려할 필요가 없기 때문에, 선택 가능한 항들 중 첫 번째 항을 선택한 경우의 구현은 다음과 같다.

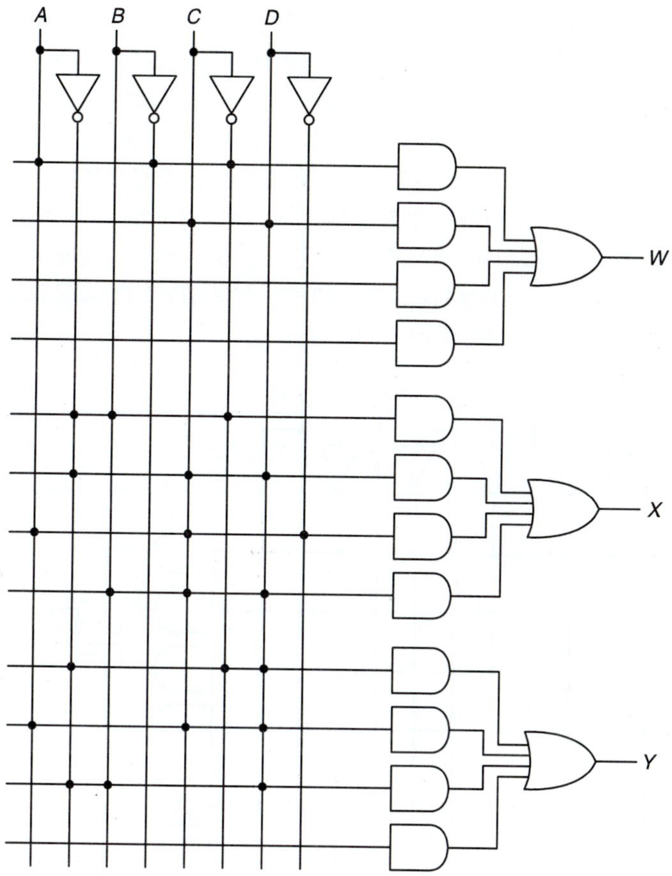

예제 4.11

다음은 feedback이 유용하게 사용되는 예이다. 다음 맵에 표현된 함수를 고려하자.

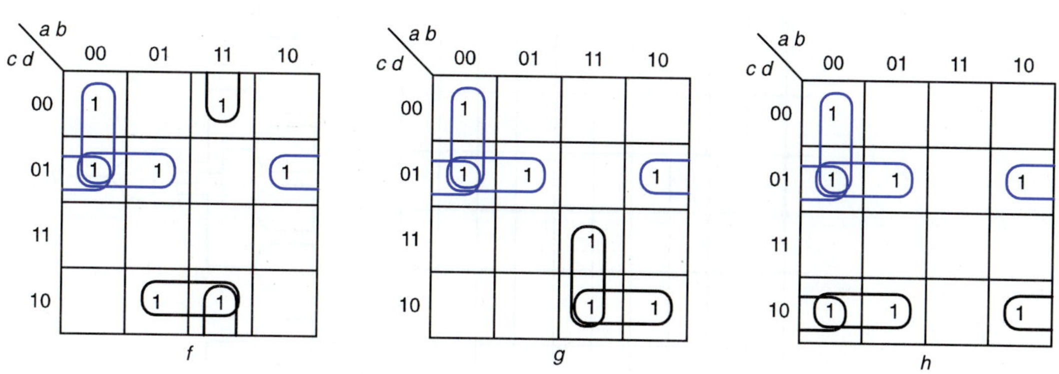

3개의 파란색 항들은 각 함수의 필수 주항이며, 나머지 2개의 항은 필수 주항이 아니다. 간략화 결과는 다음과 같다.

$$f = a'b'c' + a'c'd + b'c'd + abd' + bcd'$$

$$g = a'b'c' + a'c'd + b'c'd + abc + acd'$$

$$h = a'b'c' + a'c'd + b'c'd + a'cd' + b'cd'$$

(이 결과는 각 함수를 개별적으로 고려하여 얻은 것이다. 이 문제를 다중 출력 문제로 생각한다면, *g*와 *h*에서 *acd′*과 *b′cd*를 각각 사용하는 것보다 *ab′cd′*를 두 함수가 공유하도록 할 것이다. 이렇게 하면 대수적인 해에서 다른 항의 수를 줄일 수 있다. 하지만 PAL에서 사용된 게이트의 수는 줄이지 못한다.) PAL 구현은 다음과 같다. 앞의 3 항은 첫 번째 OR 게이트로 구현되었으며, 출력, *t*는 다른 3 부분의 AND 게이트 입력으로 feedback 되고 있다. *t* 회로의 네 번째 AND 게이트는 입력으로 *a*와 *a′*을 모두 가지고 있다. 따라서 이 AND 게이트의 출력은 0이 된다. 구현에 따라서는 사용되지 않는 AND 게이트를 이런 방식으로 연결하는 것이 필요하다.(사용되지 않는 다른 AND 게이트에 대해서는 이렇게 처리하지 않았다).

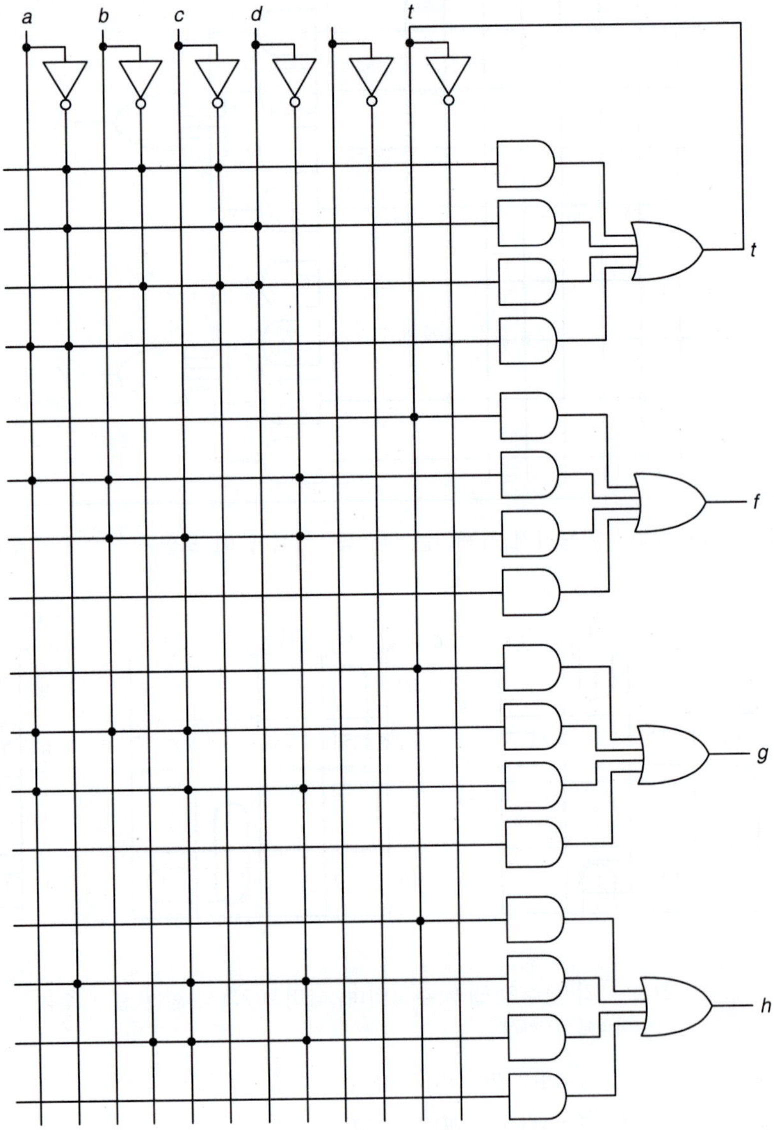

4.7 조합시스템의 테스트와 시뮬레이션

시스템을 설계한 후에, 설계가 원하는 대로 되었다는 것을 확인하기 위하여 테스트하는 것이 필요하다. 작은 시스템에 대해서 이것은 가능한 모든 입력의 조합을 가하고 출력을 원하는 값과 비교하는 것을 의미한다. 시스템이 커짐에 따라 이 과정은 시간이 많이 소요하는 작업이 된다. 예를 들면 4 비트 덧셈기의 동작을 테스트해야 한다면(캐리 입력을 포함하여) 2^9 개의 테스트해야 할 조합이 있다. 그러나 우리가 합과 캐리를 생성하는 회로의 모든 부분이 테스트되었다고 확인할 수 있다면, 보다 적은 입력에 대하여 테스트 하는 것으로 회로의 동작을 확인할 수도 있다. 큰 시스템을 개발하는 과정에서 시스템을 작은 여러 개의 부시스템으로 분할하여, 각 부시스템을 개별적으로 설계하고 테스트하는 것이 필요한 경우가 종종 있다. 많은 수의 특정 시스템을 개발하여야 한다면 집적회로로 설계하게 된다. 설계를 완료하기 전에 작은 크기의 부품들로 회로를 구성하거나 시뮬레이션을 통하여 테스트 해야만 한다.

4.7.1 Verilog의 소개

대부분의 주요한 디지털 시스템 설계는 컴퓨터의 도움을 받는 도구를 이용하여 수행된다. 이 도구들은 사용자가 시스템의 동작이나 구조를(혹은 이 둘의 혼합) 프로그래밍 언어와 유사한 표현 방법으로 기술할 수 있도록 한다. 가장 많이 사용되는 2개의 시스템은 Verilog와 VHDL이다. 이 둘은 많은 유사성이 있지만, 세부적으로는 다르다. 이 절에서는 동작과 구조를 기술한 Verilog 코드의 예를 보일 것이다. 하지만 HDL을 사용하여 설계하는 것을 논의하는 것은 이 책의 범위를 벗어난다.[7] 먼저 예제 2.31과 그림 4.21의 전가산기를 이용하여 구조적인 Verilog 기술을 설명한다.

그림 4.22는 그림 4.21에 해당하는 Verilog 코드(기술)이다.

첫 줄은 예약어인 “`module`”이 모듈의 이름과 인자 앞에 기술되었다. 인자는 모듈의 입력과 출력이다. 이름은 공백이 아닌 문자를 포함할 수 있다. Verilog는 대소문자를 구별한다. 즉 x1은 X1과 다른 이름이다.(“_” 기호가 여러 개의 단어 이름을 연결하는데 사용된다.) 각 모듈은 “`endmodule`”

7) Verilog나 VHDL에 대한 자세한 논의는 Brown and Vranesic, *Fundamentalsof Digital Logic with Verilog Design*, McGraw-Hill, 2003 또는 Brown and Vranesic, *Fundamentals of Digital Logic with VHDL Design*, 2nd ed. McGraw-Hill, 2005를 참고하기 바람.

그림 4.21 전가산기

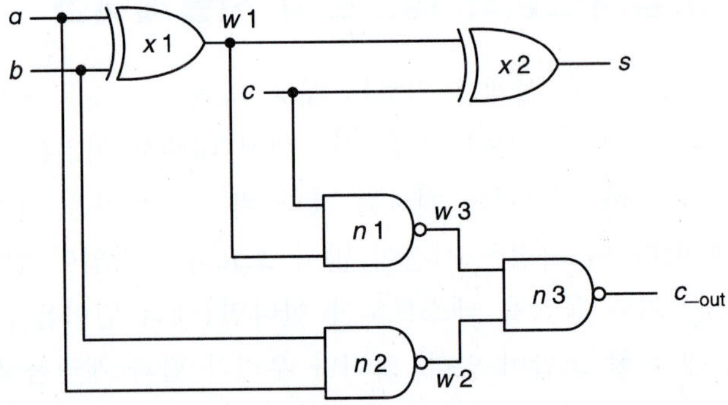

그림 4.22 전가산기의 Verilog 구조적 기술

```
module full_adder (c_out, s, a, b, c);
      input a, b, c;
      wire a, b, c;
      output c_out, s;
      wire c_out, s;
      wire w1, w2, w3;
      xor x1 (w1, a, b);
      xor x2 (s, w1, c);
 nand n1 (w2, a, b);
      nand n2 (w3, w1, c);
      nand n3 (c_out, w3, w2);
endmodule
```

문장으로 끝난다. "endmodule"을 제외한 Verilog 문장은 세미콜론 (;)으로 끝나야 한다. 입출력의 목록이 포함되어야 하며, 각 게이트의 출력은 "wire"로 선언되어야 한다. 구조적인 Verilog 코드는 "and, or, not, nand, nor, xor" 같은 대부분의 표준 게이트를 포함한다. 이 게이트들은 그림 4.22와 같이 "xor"와 같은 예약어, 각 소자 복사본의 고유한 이름, 출력을 나열함으로써 사용된다. 회로는 정확히 그림 4.21과 같이 연결된다. 논리 문장이 기술된 순서는 중요하지 않다.(이것은 동작을 기술한 Verilog 코드에서는 맞지 않는다.)

4 비트 가산기는 그림 4.23과 같이 전가산기를 구성 블록으로 하여 구현된다.(최하위 비트는 반가산기를 사용할 수 있지만, 예에서는 최하위 비트에 대해서도 전가산기를 사용한다.)

그림 4.23 비트 가산기

```
module  adder_4_bit (c, sum, a, b);
     input a, b;
     output c, sum;
     wire [3:0] a, b, sum;
     wire c0, c1, c2, c;
     full_adder f1 (c0, sum[0], a[0], b[0], 'b0);
     full_adder f2 (c1, sum[1], a[1], b[1], c0);
     full_adder f3 (c2, sum[2], a[2], b[2], c1);
     full_adder f4 (c, sum[3], a[3], b[3], c2);
endmodule
```

이 예에서는 추가적인 표현이 있다. 다중 비트 "wire"는 대괄호를 사용하여 표시된다. "wire [3:0] a, b, sum" 선언문은 각 입력과 합 출력이 4 비트임을 기술한다.(최상위 비트가 왼쪽에 있음.) "full_adder"와 같은 모듈이 사용되면, 인자의 이름이 아닌 순서가 중요하다. 따라서 첫 번째 전가산기의 복사본은 최하위 비트인 a[0]과 b[0] 및 캐리 0을 더하게 된다.(캐리 0은 "'b0"로 표시되는데, 여기서 "'b"는 뒤에 오는 수가 이진수임을 표시한다.)

그림 4.24 전가산기의 Verilog 동작 기술

```
module full_adder (c_out, s, a, b, c);
     input a, b, c;
     wire a, b, c;
     output c_out, s;
     reg c_out, s;
     always
          begin
               s = a ^ b ^ c;
               c_out = (a & b) | (a & c_in) | (b & c_in);
          end
endmodule
```

(a) 논리 방정식을 이용한 기술

```
module full_adder (c_out, s, a, b, c);
     input a, b, c;
     wire a, b, c;
     output c_out, s;
     reg c_out, s;
     always
          {c_out, s}  =  a + b + c;
endmodule
```

(b) 산술 방정식을 이용한 기술

Verilog는 구조에 대한 자세한 기술 없이 시스템의 동작에 대한 기술을 할 수 있도록 지원한다. 이것은 종종 여러 개의 모듈로 구성된 복잡한 시스템을 설계하는 첫 번째 단계가 된다. 각 모듈에 대한 동작 기술은 완성되고 테스트된다. 이 작업은 보다 간단하다. 각 모듈의 동작 기술이 테스트된 후에는 구조적 설계되고 기술이 작성된다. 구조적 기술은 동작 기술을 한 번에 한 모듈씩 대체하게 된다. 동작 기술 Verilog는 C 언어와 매우 유사하다. 양쪽 모두 +, −, *, /과 같은 통상적인 수학 연산자와 not:~, and:&, or: |, exclusive or: ^ 같은 비트별 논리 연산자를 사용할 수 있다. 그림 4.24는 전가산기의 Verilog 동작 기술이다.

동작 모델의 값들은 "wire"가 아닌 "reg" 사용되는 것에 주목해야 한다.

4.8 보다 큰 예제들

이 절에서는 이제까지 학습한 예제들 보다 다소 큰 2개의 시스템을 학습한다. 컴퓨터와 같이 더 큰 시스템의 설계는 교재의 2부로 미룰 것이다.

4.8.1 한자리 십진 가산기

2개의 십진수와 캐리를 받아서 덧셈을 하는 가산기를 설계하고자 한다. 이때 십진수는 8421 코드로 저장된다. 이 시스템은 9개의 입력(2개의 부호화된 입력과 캐리)과 5개의 출력(한자리 십진수와 캐리 출력)을 갖는다. 9개의 입력을 가지는 문제를 푸는 대신에, 이 문제를 이미 설계했던 4 비트 이진 가산기를 이용하여 보다 작은 부분으로 나눌 수 있다.(4 비트 이진 가산기는 칩으로도 구할 수 있다.) 사용되지 않는 입력은 발생하지 않는 것으로 가정한다.

십진수 덧셈은 이진수 덧셈을 먼저 진행하여 수행할 수 있다. 만약 합이 9보다 크면, 캐리가 발생하고, 합에 6이 더해진다.(이것은 사용되지 않는 6개의 입력 조합을 보충하기 위한 것이다.) 예를 들면,

		0		1	1
0011	3	0111	7	1000	8
0101	5	0101	5	1001	9
0 1000	8	0 1100	--	1 0010	1 2
sum ≤ 9		0110	6	0110	6
보정없음		1 0010	1 2	1 1000	1 8

먼저 2개의 수를 이진 가산기를 이용하여 더한 후에 합이 10보다 큰가를 검사한다. 만약 그렇다면 결과에 6 (0110)을 더한다. 그림 4.25는 2개의 이진 가산기를 사용한 십진 가산기의 블록도이다.

캐리 검출 회로는 첫 번째 이진 가산기의 출력(캐리 포함)을 받아 9보다 크면 1을 출력한다. 이 출력이 십진 가산기의 캐리가 되며, 수정해야 하는 것을 나타낸다. 캐리가 발생하면, 6이 첫 번째 가산기의 출력에 더해진다. 그렇지 않으면 0이 더해진다. 캐리 검출 회로에 대한 맵은 맵 4.2에 표시되었다.

그림 4.25 십진 가산기

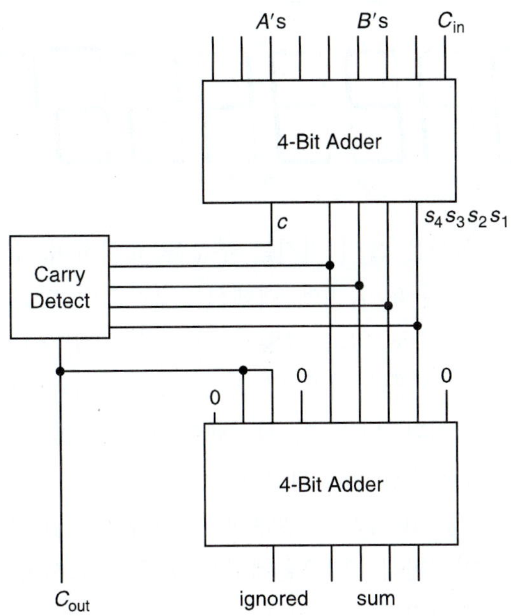

맵 4.2 캐리 검출

s_4 = 0:

$s_2 s_1$ \ $s_4 s_3$	00	01	11	10
00			1	
01			1	
11			1	1
10			1	1

s_4 = 1:

$s_1 s_3$ \ $s_4 s_3$	00	01	11	10
00	1	X	X	X
01	1	X	X	X
11	1	X	X	X
10	1	X	X	X

$c_{out} = c + s_4 s_3 + s_4 s_2$

4.8.2 7-세그먼트 표시기 구동기

2장에서 7-세그먼트표시기가 십진수의 표시에 많이 사용된다고 소개하였다. 그림 4.26은 표시기 시스템의 블록도를 다시 보여주고 있다.

그림 4.26 7-세그먼트 표시기와 구동기

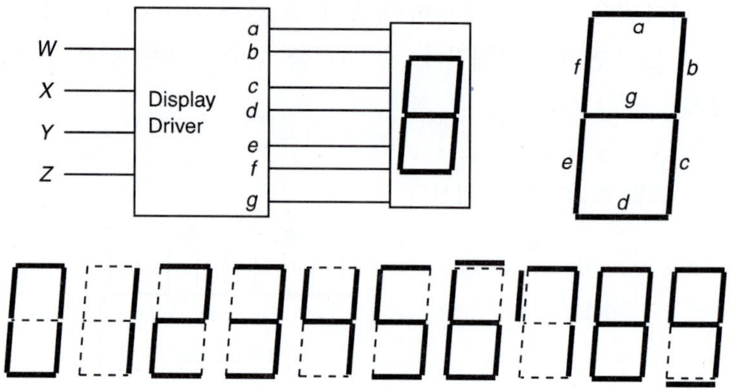

위 그림에서 실선은 불이 켜지는 부분을 표시하며, 점선은 불이 켜지지 않는 부분이다. 숫자 6, 7, 9에 대해서는 2가지의 다른 표현이 가능하다.(즉 한 부분이 켜질 수도 있고 그렇지 않을 수도 있다.)

이 구동기는 4개의 입력 W, X, Y, Z과 7개의 출력 a, b, c, d, e, f, g을 가지는 문제이다. 만약 이 시스템이 한자리 십진수만을 표시한다면, 입력은 한자리 십진수를 표시하는데 필요한 것으로 한정되기 때문에 가능한 16개의 입력 중 10개만이 발생하게 된다. 발생하지 않는 다른 입력은 don't care로 처리한다. 2.1.2절에서 십진수를 표시하기 위하여 8421 코드를 선택하고 표시기의 입력이 1이면 해당 부분이 켜지는 것으로 가정하여 진리표를 만들었다. 이 가정이 자연스러운 것 같지만, 어떤 부분을 켜기 위하여 0일 입력되도록 요구하는 표시기가 있다.

이 설계에는 몇 가지의 접근 방법이 있을 수 있다. 7449와 같이 BCD 코드를 7-세그먼트로 변환하는 변환기가 이 문제를 해결하기 위하여 사용될 수 있다.(활성-0 출력을 생성하는 칩도 있다.)

3.3절과 같이 각 출력 함수에 대하여 논리함수를 구성하거나 3.6절과 같이 다중 출력 문제로 다룰 수도 있다. ROM, PLA, PAL을 사용할 수도 있다. 여기서는 ROM과 PLA를 사용하여 구동기를 설계한다.

각 출력함수를 구현하는 것은 매우 수월하다. 공유 가능한 필수 주항이 몇 개 있다. 최소의 결과는 g에 대한 여러 가지 해 중에서 공유가 가능

맵 4.3 7-세그먼트 표시기 구동기

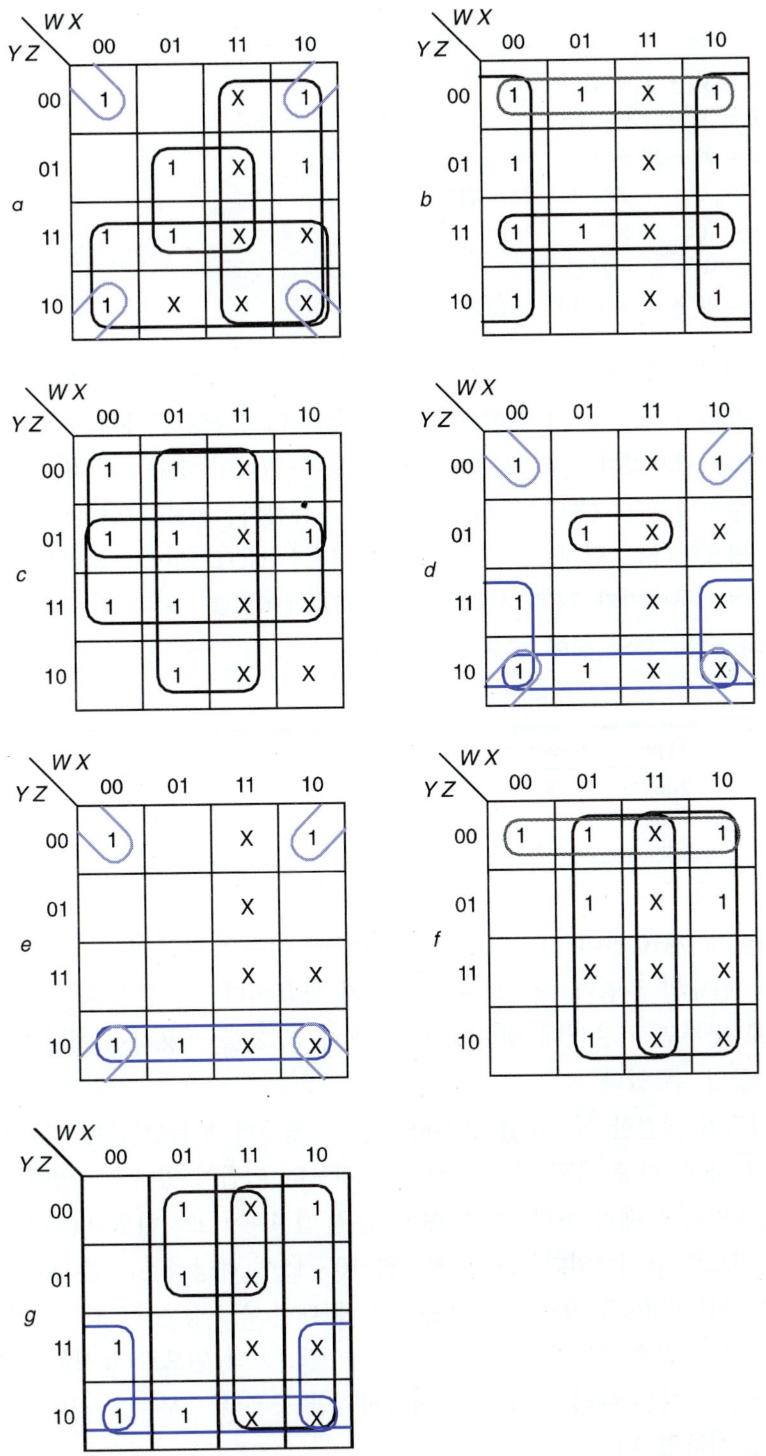

한 해를 선택함으로써 얻을 수 있다. 맵 4.3에 보인 최소의 결과는 다음과 같다.

$$a = W + Y + XZ + X'Z'$$
$$b = X' + YZ + Y'Z'$$
$$c = X + Y' + Z$$
$$d = X'Z' + YZ' + X'Y + XY'Z$$
$$e = X'Z' + YZ'$$
$$f = W + X + Y'Z'$$
$$g = W + X'Y + XY' + \{XZ' \text{ or } YZ'\}$$

위 맵에서 공유된 항은 파란색 및 밝은 파란색, 회색으로 표현되었다. 8개의 공유되지 않는 항이 게이트를 필요로 한다.(하나의 문자로 구성된 항은 게이트가 필요없다.) 따라서 위 식들은 모든 입력이 정규형태(W, X, Y, Z)와 보수화된 형태 (W', X', Y', Z')로 사용가능하다는 가정하면 15개의 게이트가 필요하다.(그렇지 않다면 4개의 추가적인 NOT 게이트가 필요하게 된다.) 만약 구동기가 7400 시리즈의 NAND 게이트를 사용하여 구현된다면, 다음과 같은 수의 칩이 필요할 것이다.

Type	Number	Number of modules	Chip number
2-in	8	2	7400
3-in	4	1	7410
4-in	3	2	7420

위 표에서 7410 만이 하나의 칩이 필요한데 이것은 여분의 4-입력 게이트가 네 번째의 3-입력 게이트로 사용되기 때문이다. 이 문제를 다중 출력 문제로 다루면 a 출력에 대하여 XZ 대신에 $XY'Z$를 사용하여 하나의 게이트를 줄일 수 있다.

입력이 적절한 십진수를 표시하는 않는 경우에 모든 부분이 켜지지 않는다고 하면, 다중 출력 문제로 해결한 것보다 이점이 있다는 측면에서 좀 더 재미있는 문제가 된다. 이에 대한 맵은 맵 4.4에 표시하였다.(최소의 결과를 원으로 표시하였다). 모든 최소항 10 ~ 15에 해당하는 모든 don't care는 0이 되었다.(6, 7, 9를 표현하는 경우에 대한 최소항은 그대로 유지되었다.) 공유된 필수 주항은 파란색, 밝은 파란색, 회색 원으로 표시하였다.(몇 함수에 대해서는 여러 개의 해가 가능하지만 공유되는 부분을 최대로 하는 해를 표시하였다.)

맵 4.4 7-세그먼트 표시기 구동기(각 함수별로 표시)

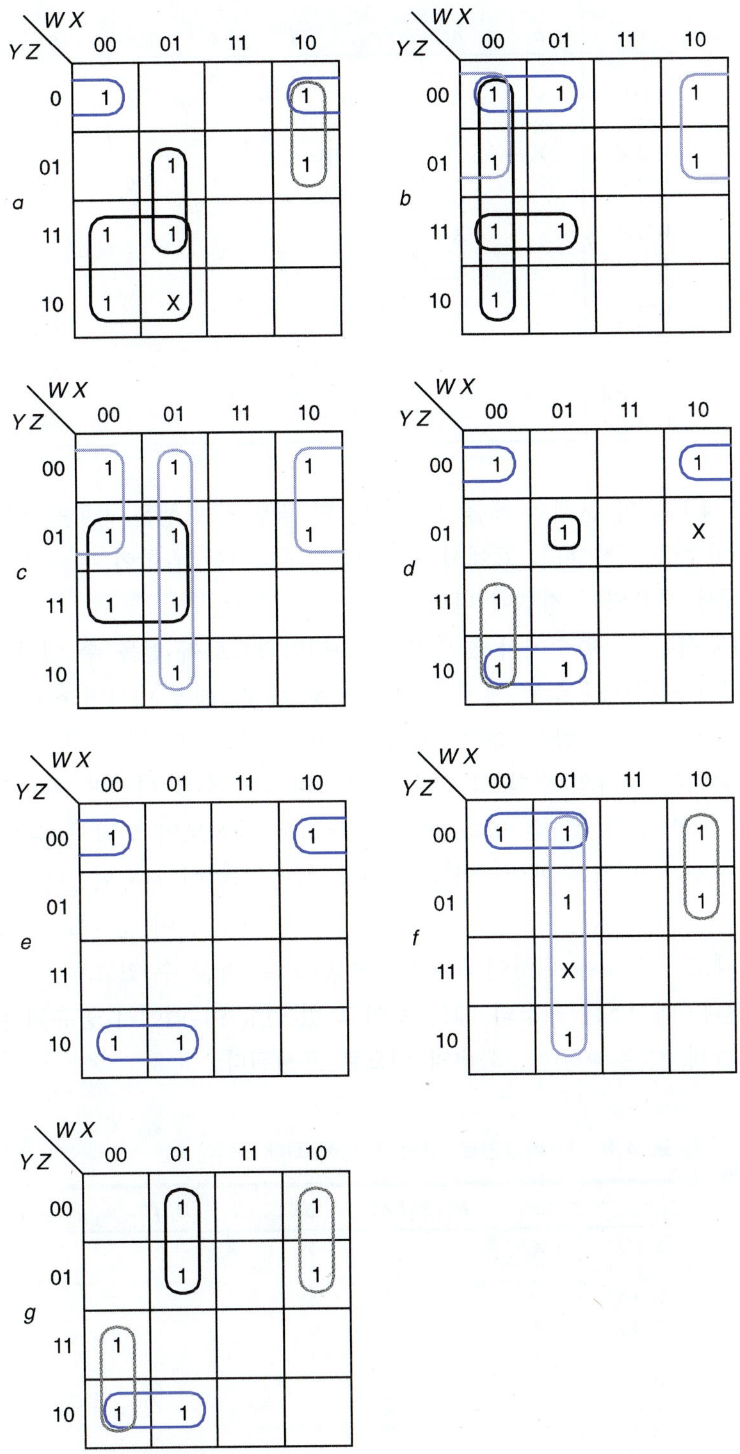

표 4.7 7-세그먼트 표시기 구동기(주항만을 표시)

	a	*b*	*c*	*d*	*e*	*f*	*g*
X'Y'Z'	X			X	X		
WX'Y'	X					X	X
W'Y	X						
W'XZ	X						
W'Y'Z'		X				X	
W'X'		X					
W'YZ		X					
X'Y'		X	X				
W'X			X			X	
W'Z			X				
W'YZ'				X	X		X
W'X'Y				X			X
W'XY'Z				X			
W'XY'							X

표 4.7은 이 문제의 해를 표현하는 한 방법으로 행은 곱항을 나타내고 열은 함수를 나타낸다. 표에서 X 표시는 해당하는 곱항이 열에 해당하는 함수에서 사용되는 경우에 나타난다.

대수식은 각 함수에서 찾은 항을 논리합함으로써 얻을 수 있다. 이 대수식에서 게이트의 수를 셀 수 있다.(각 항 즉 각 행에 대하여 하나의 게이트가 사용되며, 각 함수 즉 각 열에 대하여 하나의 게이트가 사용된다.) 각 항에 속하는 문자의 수와 각 함수에 표시된 X의 수를 더하면 게이트의 입력 수 또한 쉽게 셀 수 있다. X 수는 논리합 게이트의 입력의 수가 된다. 이 예에서는 21개의 게이트와 62개의 게이트 입력이 사용되었다.

다음으로 우리는 주항이 아닌 항들도 공유하도록 이 문제를 풀 것이다. 첫 번째로 출력 *a*에 대하여 *W'XZ* 를 *W'XY'Z* 로 바꿀 수 있고, 이 항은 d와 공유된다. 맵 4.5는 최소의 해를 보이고 있으며, 이 맵에서 공유되는 항들은 파란색, 밝은 파란색, 회색의 원으로 표시된다.

표 4.8 7-세그먼트 구동기 표식(최대 공유)

	a	*b*	*c*	*d*	*e*	*f*	*g*
X'Y'Z'	X			X	X		
WX'Y'	X					X	X
W'XY'Z	X			X			
W'YZ	X	X	X				
W'X'Y	X	X		X			X
W'Y'Z'		X				X	
X'Y'		X	X				
W'X			X			X	
W'YZ'				X	X		X
W'XY'							X

맵 4.5 7-세그먼트 구동기 표식 (최대 공유)

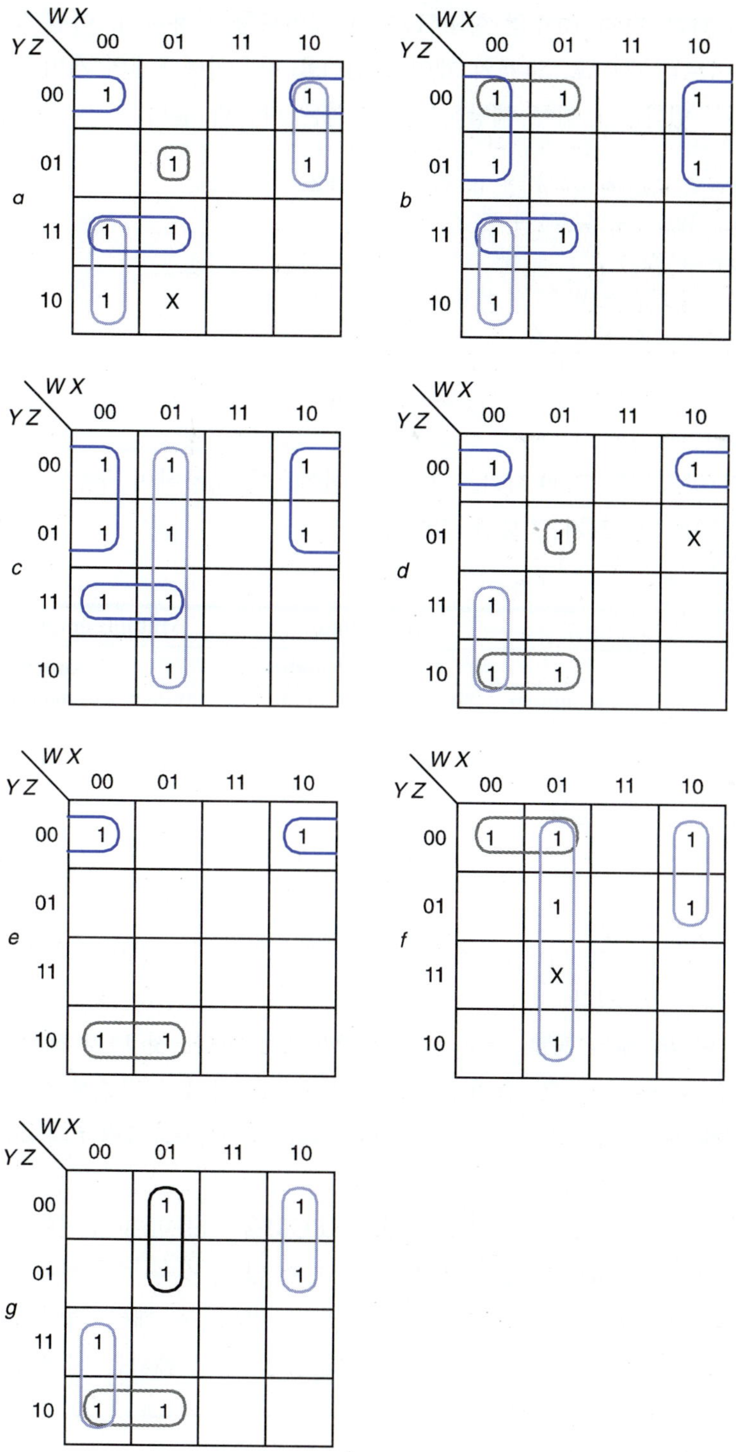

표 4.8은 이렇게 최소화한 결과이다.

이 해는 단지 10개의 항과 17개의 게이트를 사용하여, 이전 보다 4개의 게이트를 줄이고, 54개의 게이트 입력을 사용하여 8개의 게이트 입력을 줄일 수 있다. 이 해에 해당하는 방정식은 다음과 같다.

$$a = X'Y'Z' + WX'Y' + W'XY'Z + W'YZ + W'X'Y$$
$$b = W'YZ + W'X'Y + W'Y'Z' + X'Y'$$
$$c = W'YZ + X'Y' + W'X$$
$$d = X'Y'Z' + W'XY'Z + W'X'Y + W'YZ'$$
$$e = X'Y'Z' + W'YZ'$$
$$f = WX'Y' + W'Y'Z' + W'X$$
$$g = WX'Y' + W'X'Y + W'YZ' + W'XY'$$

위 방정식을 7400 시리즈 NAND 게이트를 사용하여 구현하면 다음과 같은 수의 게이트가 필요할 것이다.

		Individually		Multiple output	
Type	Chip number	Number	Number of modules	Number	Number of modules
2-in	7400	6	2	3	1
3-in	7410	10	3	9	3
4-in	7420	5	3	4	2
8-in	7430	0		1	1
Total		21	8	17	7

따라서 이 문제를 다중 출력 문제로 해결하면, 4개의 게이트와 하나 모듈을 절약할 수 있다.

앞의 두 해는 서로 같지 않음을 주목해야 한다. 첫 번째 해는 출력 d의 don't care를 0으로, 출력 a 와 f 의 don't care를 1로 간주하였다. 그러나 두 번째 해에서는 출력 a 와 d 의 don't care를 0으로, 출력 f 의 don't care를 1로 간주하였다.

이 문제의 해를 그림 4.27에 보인 ROM을 사용하여 구현할 수 있다. 이 과정에서 don't care를 하나도 포함하지 않은 것을 주목해야 한다. 즉 모든 don't care를 0으로 간주할 수 있다. 앞의 두 해는 적어도 하나의 don't care를 1로 다루었기 때문에 이 해는 앞의 두 해와는 완전히 다르다.

그림 4.27 7-세그먼트 표시기 구동기의 ROM 구현

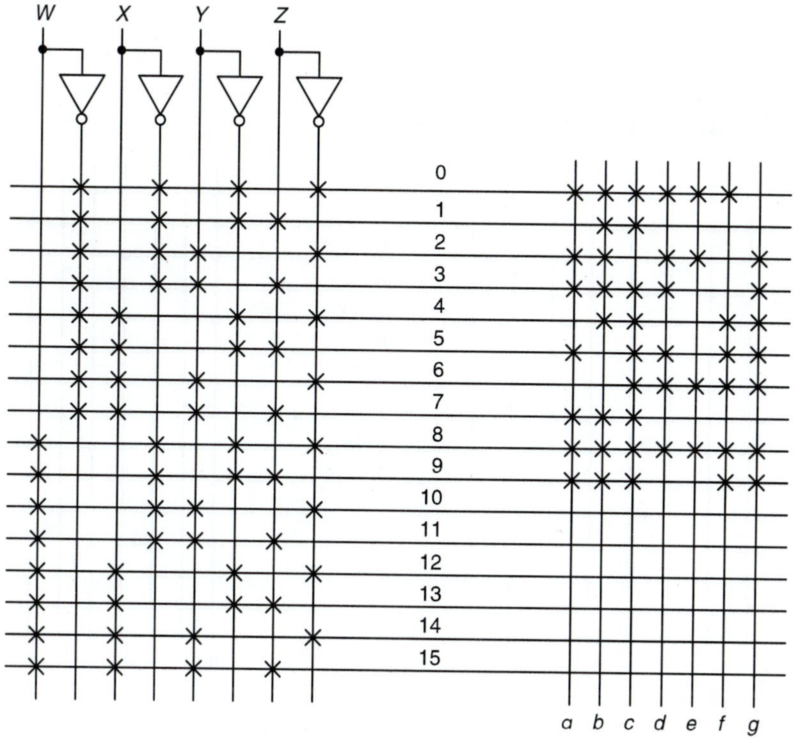

또한 이 시스템을 그림 4.28과 같이 4개의 입력, 7개의 출력, 14개의 곱항을 지원하는 PLA를 사용하여 구현할 수 있다. 만약 10개의 곱의 항을 구현해야 한다면, NAND 구현에서 찾은 최소의 해를 사용하여야 한다. 만약 항이 더 있다면, 보다 작은 해가 사용되어야 한다.

만약 PAL을 구동기를 구현한다면, 7개의 논리합 게이트(이전 절에서 논의된 2개의 회로)가 필요하다. 이 문제에 대한 다양한 변형이 있을 수 있다. 각 변형은 완전히 새로운 문제가 된다. LED를 켜기 위하여 0이 입력되어야하는 경우가 있다. 이 경우에는 앞에서 찾은 함수들의 보수화된 함수를 찾아야 한다. 이 과정에서 이용되는 맵은 앞에서 소개된 맵들과는 다를 것이다. 사용되지 않는 조건에서는 모든 LED가 꺼진다고 하면, 해당하는 모든 입력을 don't care로 처리할 수 있다. 6, 7 또는 9에 대한 표시 형태를 적절히 선택하여 don't care의 수를 줄일 수도 있다. 이렇게 하면 문제를 약간 바꾸게 된다. 십진수가 16진수 표시기로 바뀐다면 사용되지 않았던 6개의 입력은 *A*, *B*, *C*, *D*, *E*, *F*를 나타내게 된다. 마지막으로 다른 코드는 앞에서 언급된 변형을 포함한 십진수 표시에 사용될 수 있을 것이다. 이들에 대해서는 해결된 문제와 연습문제에서 다루게 될 것이다.

그림 4.28 7-세그먼트 표시기 구동기의 PLA 구현

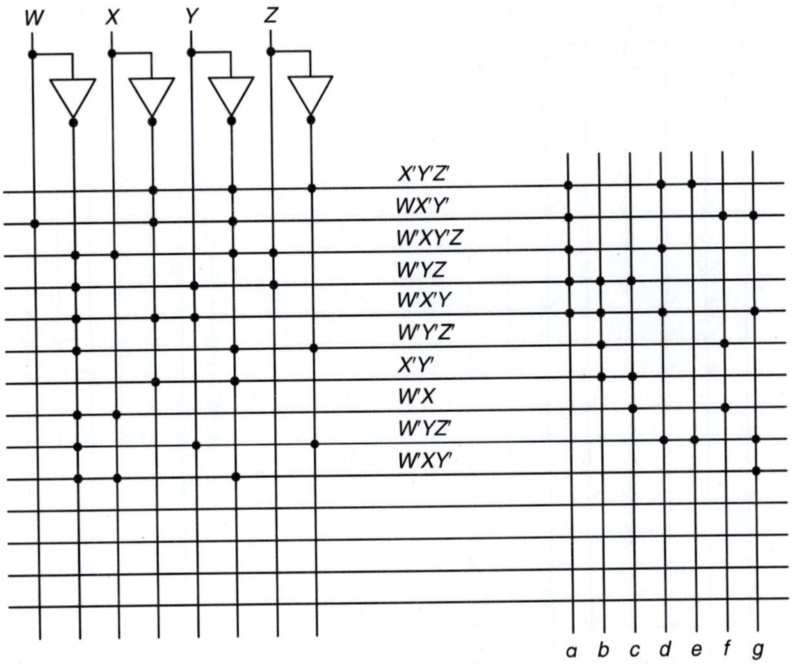

4.9 문제풀이

1. 다음 회로에 대하여

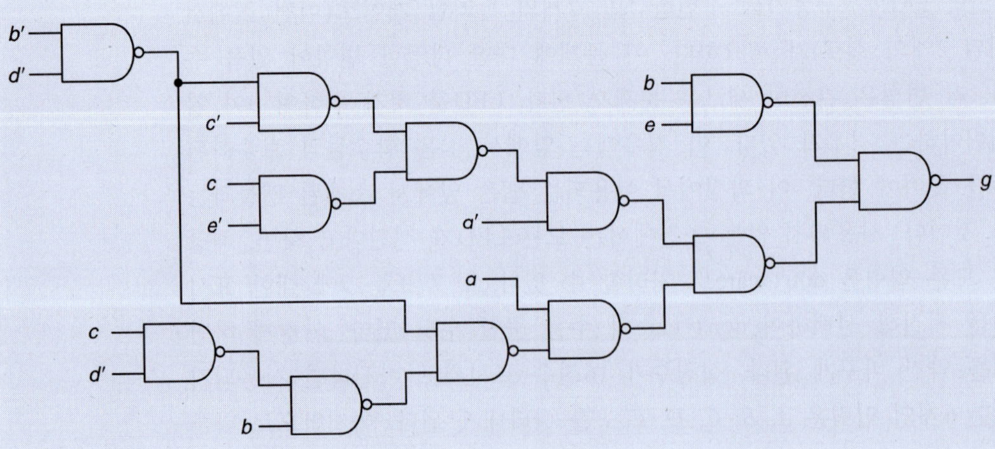

a. 최대 지연시간을 계산하라

i. 모든 입력이 정규 형태와 보수화된 형태로 사용가능하다고 가정하라.
ii. 정규 입력만이 사용가능하며, 보수화된 형태를 얻기 위하여 추가적인 게이트가 필요하다고 가정하라.

b. 입력 a로부터 출력까지의 최대 지연시간을 계산하라. 이때 모든 입력이 정규 형태와 보수화된 형태로 사용가능하다고 가정하라.

a. i. 신호는 입력이 b'과 d'인 게이트로부터 6개의 게이트를 통과해야 한다.
ii. 입력 b, d가 보수화되어야 하고 따라서 7번째 게이트 지연이 존재한다.

b. 신호 a가 3개의 게이트를 통과한다.

2. n 비트 수의 패러티를 검사하는 NAND 게이트 회로를 구현하고자 한다. 패러티는 n 비트 숫자 중 홀수 개의 1이 있으면 1이 된다.[8] 이 회로를 구성하는 한 방법은 한 번에 1비트 구현하는 것이다. 즉 구현된 회로는 현재의 패러티 비트를 이전까지의 패러티 비트와 새로운 입력 1 비트의 함수이다. 처음 3비트의 블록도는 다음과 같다.

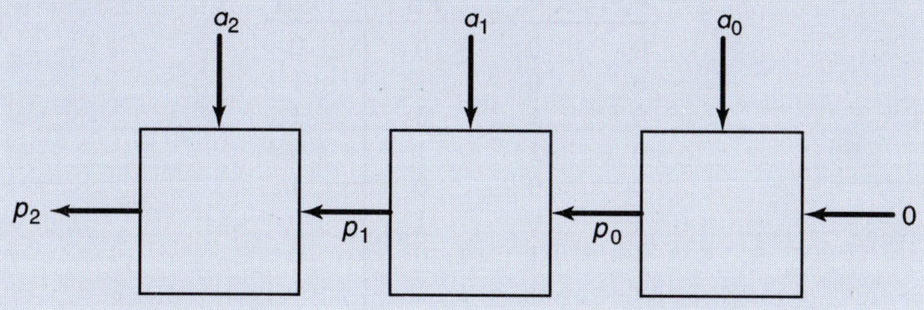

a. 1 비트에 대한 NAND 게이트 회로 구현을 보이고, n 비트 회로의 지연시간을 계산하시오.

b. 2 비트를 한번에 구현하여 지연시간을 줄이시오.

a. 각 블록은 다음과 같은 진리표를 갖는다.

p_{i-1}	a_i	p_i
0	0	0
0	1	1
1	0	1
1	1	0

즉 출력 패러티는 현재까지의 1의 수가 짝수이며 ($p_{i-1} = 0$) 현재의 비트 (a_i)가 1이거나 현재까지의 1의 수가 홀수이며 ($p_{i-1} = 1$) 현재의 비트(a_i)가 0인 경우에 1이 된다. 따라서 논리식은

8) 이런 패러티는 홀수 패러티라고 불린다. 그러나 이 용어는 두 가지의 다른 의미로 사용된다. 어떤 사람들은 홀수 패러티를 패러티 비트를 포함하여 홀수 개의 1이 있는 경우를 의미한다.(즉 우리의 정의와는 반대이다.) 우리의 목적을 위하여 우리는 위의 정의를 사용한다.

$$p_i = p'_{i-1}a_i + p_{i-1}a'_i$$

이 된다. 이 식은 다음과 같이 3단계의 NAND 게이트로 구현이 가능하며, 이 회로는 XOR 회로이다.

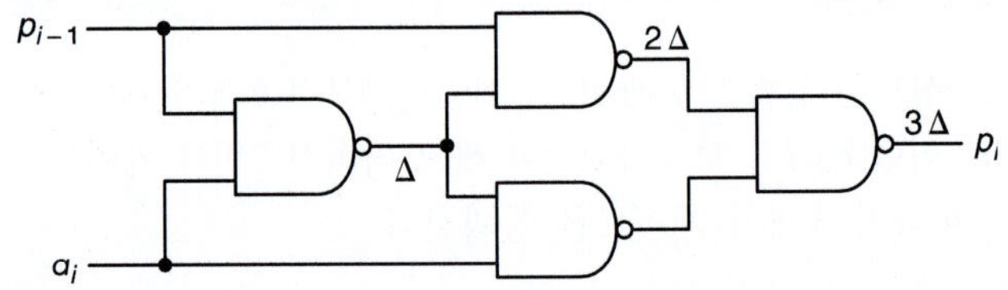

입력에서 출력까지의 지연시간은 3Δ이다. 따라서 ***n*** 비트 회로의 지연시간은 3***n***Δ가 된다.

b. 2 비트에 대하여 패러티를 생성하는 회로를 다음과 같이 구현할 수 있다. 입력은 a, b, p_{in} 그리고 출력은 p_{out} 이다. 진리표는 다음과 같다.

a	b	p_{in}	p_{out}
0	0	0	0
0	0	1	1
0	1	0	1
0	1	1	0
1	0	0	1
1	0	1	0
1	1	0	0
1	1	1	1

p_{out} 에 대한 식과 해당 회로는 다음과 같다.

$$p_{out} = a'b'p_{in} + a'bp'_{in} + ab'p'_{in} + abp_{in}$$

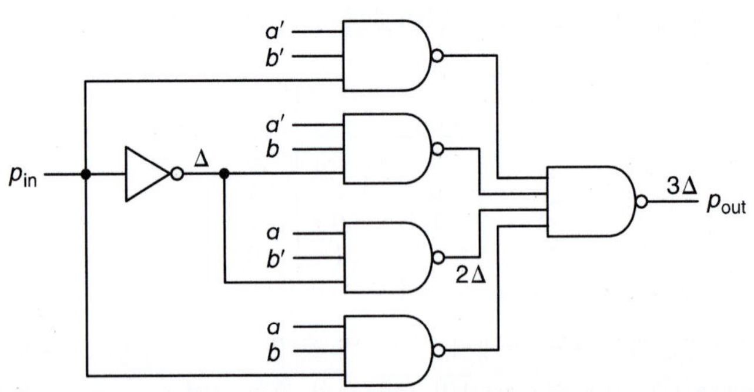

이 회로에서 NOT 게이트는 p_{in}을 반전하기 위하여 사용하였다.(a와 b에는 사용되지 않았다.) 총 지연시간은 3Δ이고, 따라서 ***n*** 비트의 총 지연은 1.5***n***Δ가 된다.

$$p'_{\text{out}} = a'b'p'_{\text{in}} + a'bp_{\text{in}} + ab'p_{\text{in}} + abp'_{\text{in}}$$

이기 때문에 각 박스 내의 p'_{out} 에 대하여 개별적으로 회로를 구현함으로써 지연시간을 줄일 수 있다. 그러나 이 경우에는 NOT 게이트가 필요하지 않고, 모든 회로가 2 단계로 구현되어 2 비트 당 지연은 2Δ가 된다. 총 지연은 **n**Δ이다.

3. 전감산기를 설계하시오. 전감산기는 $a-b-c$ 연산을 수행하며, c는 아래 자리에서 발생한 자리내림수이다. 전감사기의 결과는 차이 d와 자리내림수 p이다.

전감산기의 진리표는 다음과 같다.

a	*b*	*c*	*p*	*d*
0	0	0	0	0
0	0	1	1	1
0	1	0	1	1
0	1	1	1	0
1	0	0	0	1
1	0	1	0	0
1	1	0	0	0
1	1	1	1	1

위 진리표에서 두 수의 차는 전가산기의 합과 같은 것을 알 수 있다. 자리내림수는 a 보다 b와 c에 많은 1이 있는 경우에 1이 된다. 따라서 논리식은 다음과 같다.

$$d = a'b'c + a'bc' + ab'c' + abc$$
$$p = bc + a'c + a'b$$

d 출력은 전가산기에서 사용되었던 8 개의 NAND 게이트를 이용한 회로로 생성 가능하다. 그러나 p 회로는 전가산기의 c_{out} 과는 다르다.

$$\begin{aligned} p &= bc + a'c + a'b = c(b + a') + a'b = c(a' \oplus b) + a'b \\ &= c(a \oplus b)' + a'b \end{aligned}$$

위 식은 2 개의 NAND 게이트와 2 개의 NOT 게이트가 필요하다. 자리내림수의 지연시간이 6Δ(Δ 증가)인 것을 제외하면 타이밍은 전가산기와 동일하다.

최소의 게이트를 사용하려 하면, 두 함수에서 a를 공통인자로 사용할 수 있다. 이렇게 하면 전가산기에 비하여 NAND와 NOT를 하나씩 추가로 사용하게 된다. 다음은 구현 예이다.

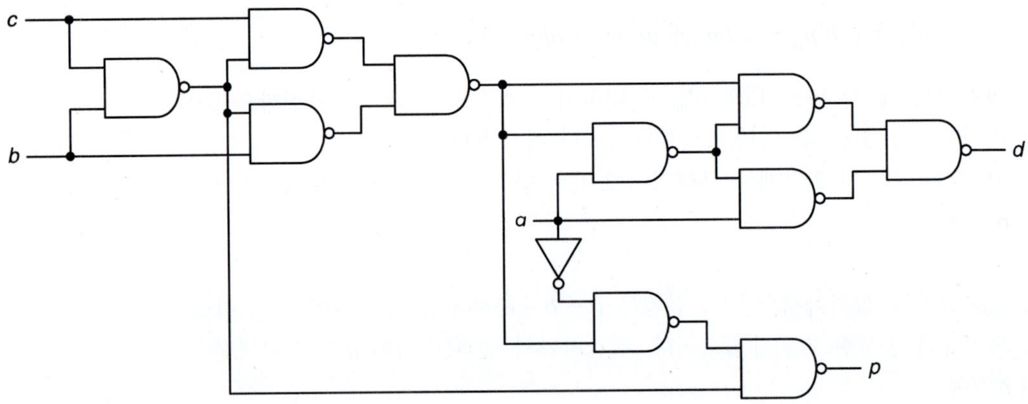

이 회로의 단점은 자리내림 입력에서 자리내림 출력까지의 지연시간이 5Δ 라는 것이다.

4. 우리는 2개의 4비트 비교기를 가지고 있으며, 각 비교기는 보다 큼(>), 같음(=), 보다 작음(<) 출력을 낼 수 있다. 외부에 회로를 추가하여 2개를 이어서 8비트 비교기로 사용할 수 있음을 보여라.

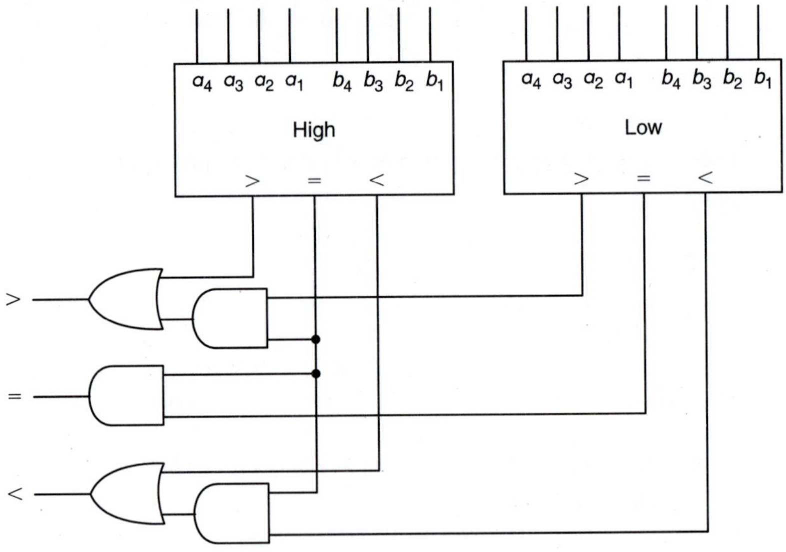

두 4비트 비교기의 같음 출력이 모두 1인 경우에, 8비트 가산기의 출력 중 같음 출력이 1이 된다. 8비트 비교기의 보다 큼 출력은 상위 4비트 비교기의 보다 큼 출력이 1이거나 상위 4비트 비교기의 같음 출력이 1이고 하위 4비트 비교기의 보다 큼 출력이 1인 경우에 1이 된다. 마지막으로 8비트 비교기의 보다 작음 출력은 상위 4비트 비교기의 보다 작음 출력이 1이거나 상위 4비트 비교기의 같음 출력이 1이고 하위 4비트 비교기의 보다 작음 출력이 1인 경우에 1이 된다.(7485 칩이 이렇게 동작한다. 그러나 회로의 실제 구현은 다르다.)

5. 입력 a, b, c를 가지는 디코더가 있다. 이 디코더는 8개의 활성-0 출력을 가지며, 8개의 출력은 0~7까지 번호로 구분된다. 또한 활성-0 enable 신호, EN'이 있다. 다음 함수를 이 디코더와 가장 적은 수의 NAND 게이트를 이용하여 구현하고자 한다. 블록도를 그리시오.

$$f(a, b, c, e) = \Sigma m(1, 3, 7, 9, 15)$$

모든 최소항들이 홀수이다. 따라서 이 최소항들에 대해서는 e 입력의 값이 1이다. 만약 $e = 1$인 경우에 디코더를 활성화한다면, 즉 e'을 EN'에 연결한다면, 입력 a, b, c를 디코더 제어 입력에 연결할 수 있다. 이렇게 연결하면 디코더의 출력은 최소항 1, 3, 7, 9, 15에 해당할 것이다. 따라서 다음과 같이 회로를 구성할 수 있다.

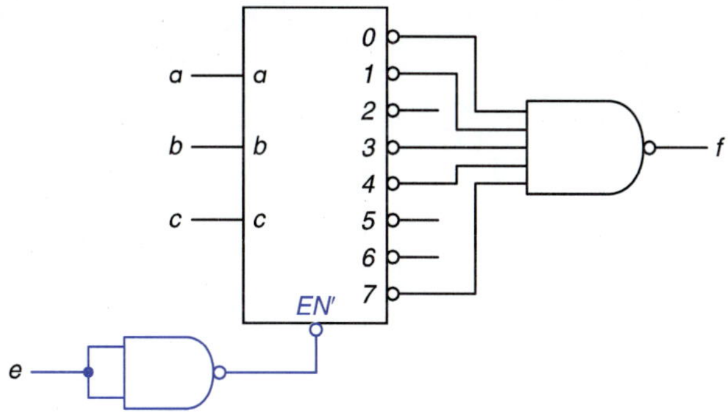

6. 출력이 4개인 디코더를 이용하여 32개의 출력을 가지는 디코더를 구현하라. 사용할 디코더의 진리표와 블록도는 다음과 같다.

EN	*a*	*b*	*0*	*1*	*2*	*3*
0	X	X	0	0	0	0
1	0	0	1	0	0	0
1	0	1	0	1	0	0
1	1	0	0	0	1	0
1	1	1	0	0	0	1

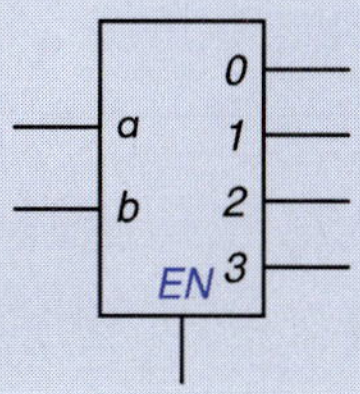

회로 구성을 위해서는 8개의 디코더를 사용하여야 한다. 각 디코더는 입력의 처음 3비트에 의하여 활성화되어야 한다. 따라서 활성화 신호를 만들기 위하여 출력 8개인 디코더가 필요하다. 따라서 다음과 같이 2단계로 구성할 수 있다.

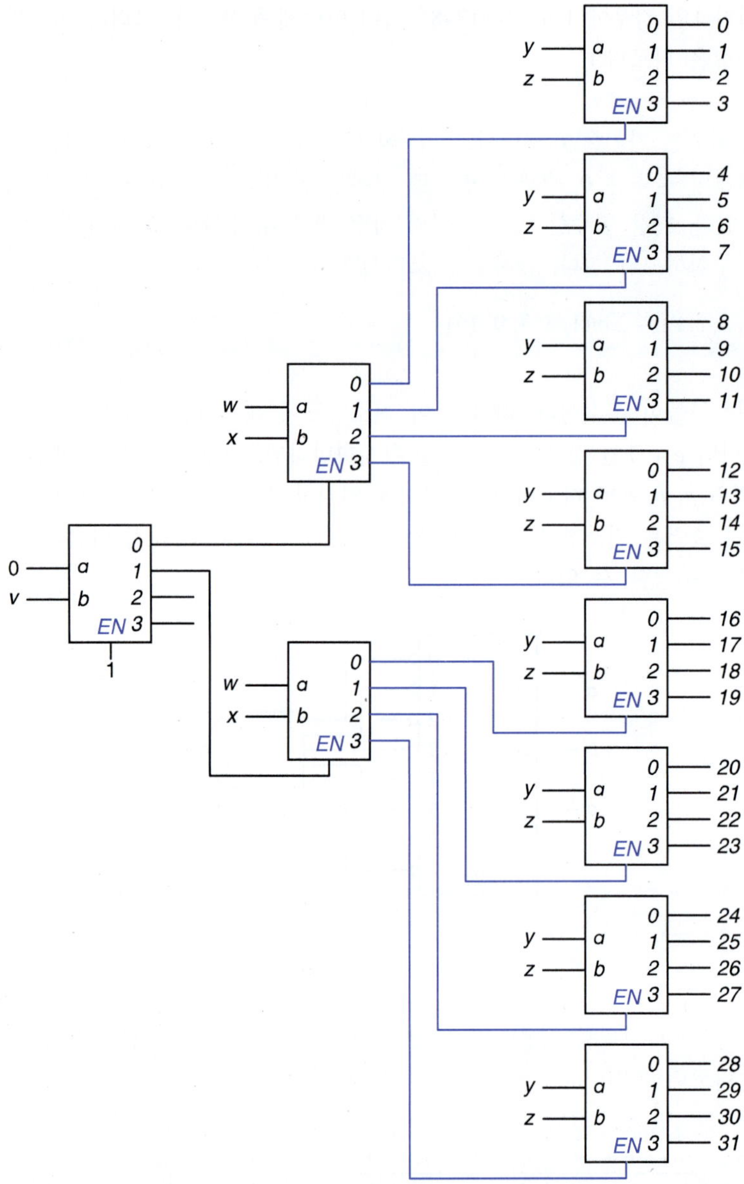

7. 스미스 교수는 시험 점수의 첫 자리만을 보고 학점을 계산한다. 즉 점수가 90 ~ 99 점까지의 점수는 9 가 된다. 학생들의 시험 점수는 100 점이 될 수 없다. 60 점 이상을 받은 학생은 PASS 이며, 60 점 미만을 받은 학생은 FAIL 이다. 시험 점수의 첫 자리가 8421 코드를 사용하여 코딩되었으며, 이들이 입력 w, x, y, z 이다. 다음의 진리표와 같이 활성-0 enable 신호와 활성-1 출력을 가지는 디코더를 2 개 혹은 1 개, NOT 게이트 1 개, OR 게이트 1 개 사용하여 학생이 PASS인 경우에 1 을 출력하는 회로를 설계하시오.

EN'	*a*	*b*	*c*	*0*	*1*	*2*	*3*	*4*	*5*	*6*	*7*
1	X	X	X	0	0	0	0	0	0	0	0
0	0	0	0	1	0	0	0	0	0	0	0
0	0	0	1	0	1	0	0	0	0	0	0
0	0	1	0	0	0	1	0	0	0	0	0
0	0	1	1	0	0	0	1	0	0	0	0
0	1	0	0	0	0	0	0	1	0	0	0
0	1	0	1	0	0	0	0	0	1	0	0
0	1	1	0	0	0	0	0	0	0	1	0
0	1	1	1	0	0	0	0	0	0	0	1

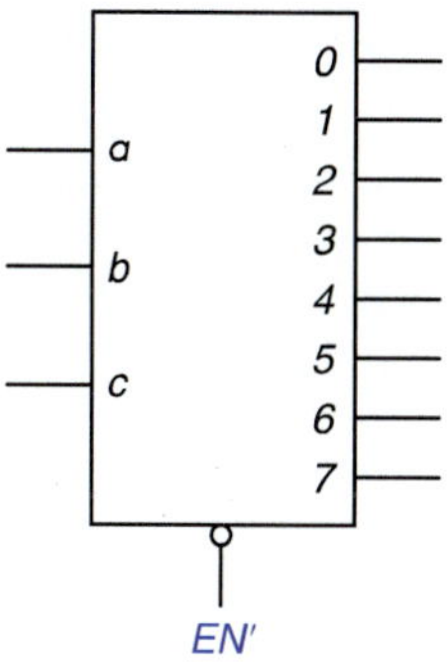

이 문제는 2개의 해답이 가능하다. 보다 간단한 방법은 2개의 디코더를 사용하는 것이다. 이 경우 하나의 디코더는 $w = 0$인 경우에 활성화되어 최소항 0 ~ 7에 해당하는 출력을 생성한다. 다른 하나의 디코더는 $w = 1$인 경우에 활성화되어 최소항 8 ~ 15에 대하여 출력을 생성한다. (실제로는 최소항 8과 9과 가능하다.) 출력은 최소항 6, 7, 8, 9에 대하여 1이 된다.

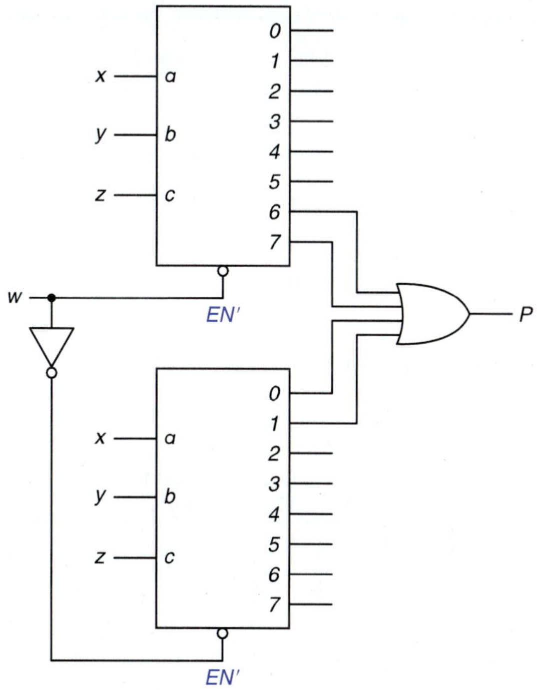

다른 방법은 $P = 0$인 입력은 최소항 0, 1, 2, 3, 4, 5이라는 관찰에 기반한다. 따라서 하나의 디코더를 사용하여 다음과 같이 회로를 구현할 수 있다.

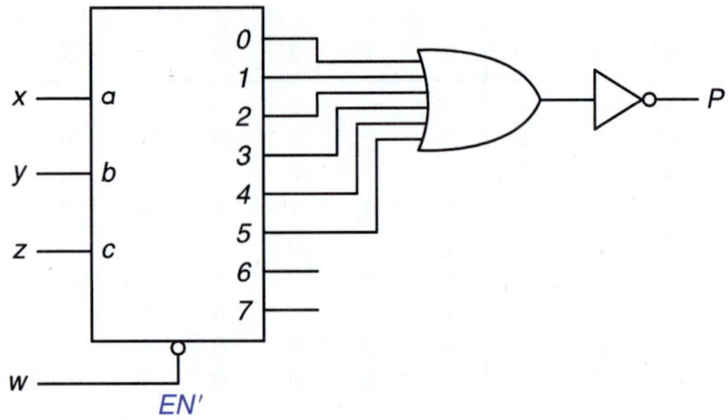

이 경우에는 디코더의 처음 6개 출력을 OR하여, 점수가 0 ~ 59까지인 경우에 $P = 1$이 되도록 하였다.(따라서 PASS인 점수에 대하여 0을 출력한다.) 원하는 입력을 위하여 이 값에 보수를 취하였다.

8. 4개의 활성-1 입력 *0, 1, 2, 3*과 3개의 활성-1 출력 *A, B, N*을 가지는 우선순위 인코더를 설계하라. 출력 *A, B*는 서비스를 요청한 가장 높은 우선순위의 장치를 나타내며, *N*은 활성화된 요구가 없음을 나타낸다. 입력 0이 가장 높은 우선순위를 3이 가장 낮은 우선순위를 나타낸다.

0	*1*	*2*	*3*	*A*	*B*	*N*
0	0	0	0	X	X	1
1	X	X	X	0	0	0
0	1	X	X	0	1	0
0	0	1	X	1	0	0
0	0	0	1	1	1	0

*N*은 분명히 $N = 0'\,1'\,2'\,3'$이다. 따라서 다음 맵을 통하여 *A, B*의 식을 얻을 수 있다.

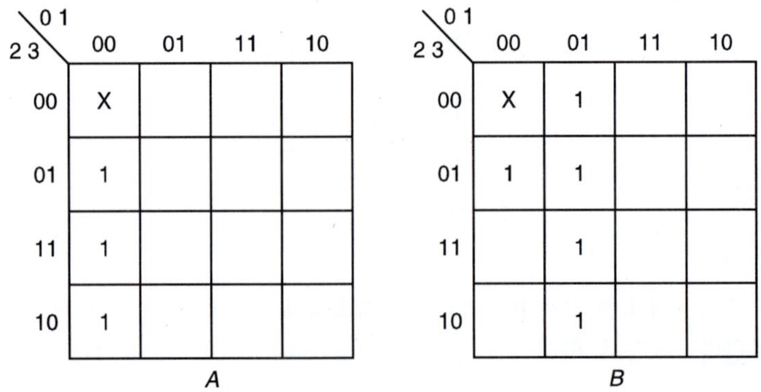

$A = 0'\,1'$
$B = 0'\,1 + 0'\,2'$

9. 4개의 3 비트 숫자 $w(w_2 - w_0)$, $x(x_2 - x_0)$, $y(y_2 - y_0)$, $z(z_2 - z_0)$가 있다. 입력 s, t에 기반하여 이들 수 중 하나를 선택하려 한다.(즉 $st = 00$인 경우에는 w를 선택하고 $st = 01$인 경우에는 x를 선택하는 방식이다.) 출력은 f ($f_2 - f_0$)에 나타난다. 74153 멀티플렉서 칩을 사용하여 이 회로를 구현하시오.

74153 칩은 2개의 4-1 멀티플렉서를 가지고 있다. 회로 구성을 위하여 4개의 멀티플렉서가 필요함으로 2개의 74153 칩을 사용하여 다음과 같이 구현할 수 있다. 두 번째 칩의 절반을 사용되지 않는다.

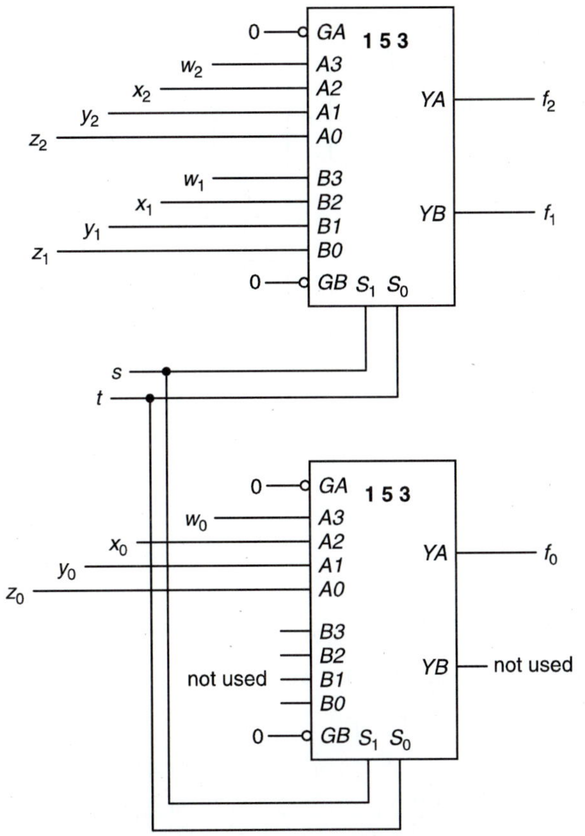

10. 그림 4.11의 2-1 멀티플렉서를 사용하여 8-1 멀티플렉서를 구현하시오.

그림 4.12b와 같이 2개의 4-1 멀티플렉서를 만든다. 그리고 이 2개의 멀티플렉서의 출력 중에서 원하는 것을 선택할 수 있도록 3번째 단계에 2-1 멀티플렉서를 하나 더 사용한다. 이때 S_2가 상위의 선택 비트로 가정한다.

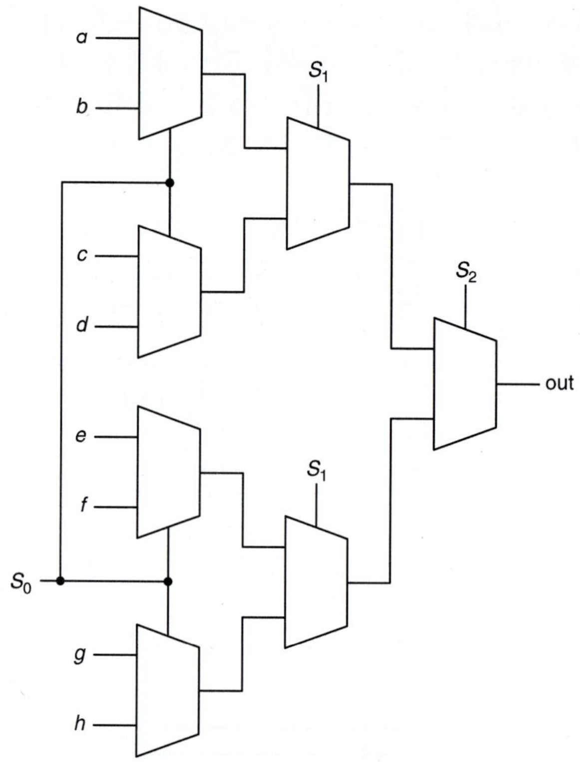

11. F와 G 함수의 공유항을 고려하지 않게 개별적으로 최소화하여 다음과 같은 최소의 SOP 식을 얻었다.

$$F = WY' + XY'Z$$
$$G = WX'Y' + X'Z + W'Y'Z$$

a. PAL을 이용하여 구현하시오.

b. ROM을 이용하여 구현하시오.

c. 4개 이상의 항을 사용하지 않으면서 PLA를 사용하여 구현하시오.

d. 같은 함수들에 대하여, 아래에 기술된 디코더를 원하는 대로 사용할 수 있고 입력이 8개인 디코더를 2개까지 사용할 수 있다고 할 때, 구현된 블록도를 그리시오. 정규 입력과 보수화된 입력이 모두 사용가능하다고 가정하라.

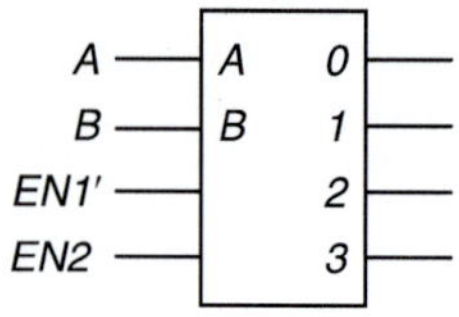

EN1′	***EN2***	***A***	***B***	***0***	***1***	***2***	***3***
X	0	X	X	0	0	0	0
1	X	X	X	0	0	0	0
0	1	0	0	1	0	0	0
0	1	0	1	0	1	0	0
0	1	1	0	0	0	1	0
0	1	1	1	0	0	0	1

위의 칩은 $EN1' = 0$, $EN2' = 1$인 경우에만 활성화된다.

a. PAL을 사용하기 위하여, 주어진 최소 SOP 식을 그대로 사용한다.

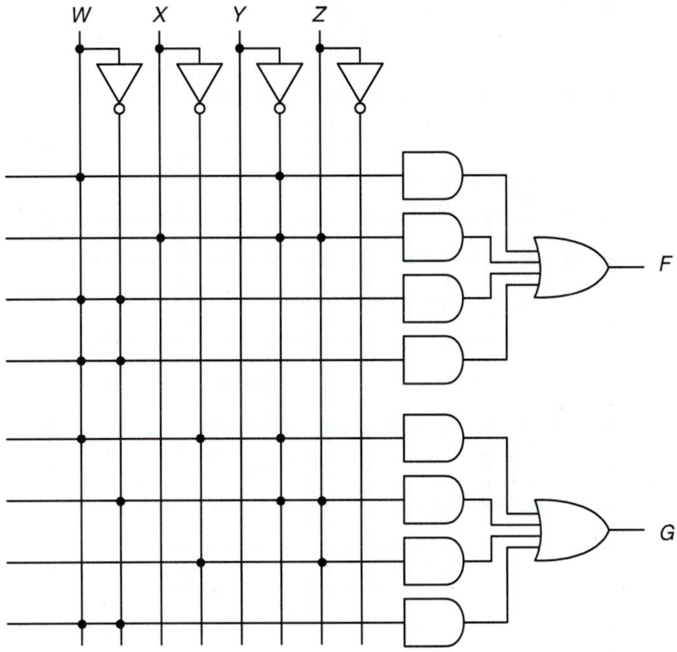

b. 첫 번째 단계는 최소의 수를 구하는 것이다. c번 문제를 위해서도 맵이 필요함으로 여기에서 맵을 그리도록 하겠다.(맵을 사용하지 않고 대수적으로 최소항들을 찾을 수도 있다.)

YZ \ WX	00	01	11	10
00			1	1
01		1	1	1
11				
10				

F

YZ \ WX	00	01	11	10
00				1
01	1	1		1
11	1			1
10				

G

위 맵으로부터 다음 식을 얻을 수 있다.

$$F(W, X, Y, Z) = \Sigma m\,(5, 8, 9, 12, 13)$$
$$G(W, X, Y, Z) = \Sigma m\,(1, 3, 5, 8, 9, 11)$$

위 식으로부터 다음의 ROM 구현을 얻을 수 있다.

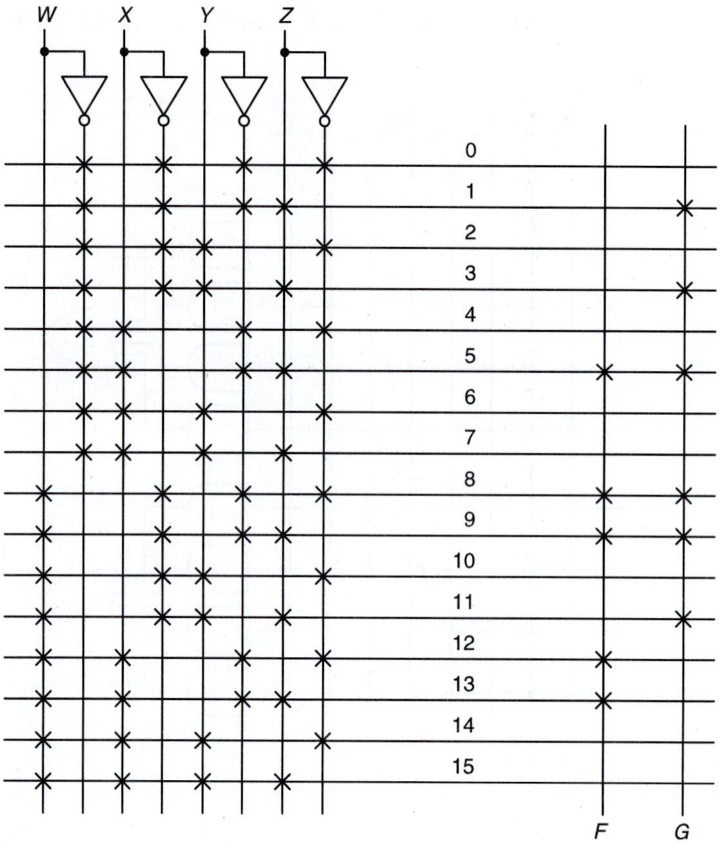

c. PLA를 사용하기 위해서는 4개의 항만으로 구성된 SOP 식을 찾아야 한다. 다음 맵은 그러한 해를 보여준다.

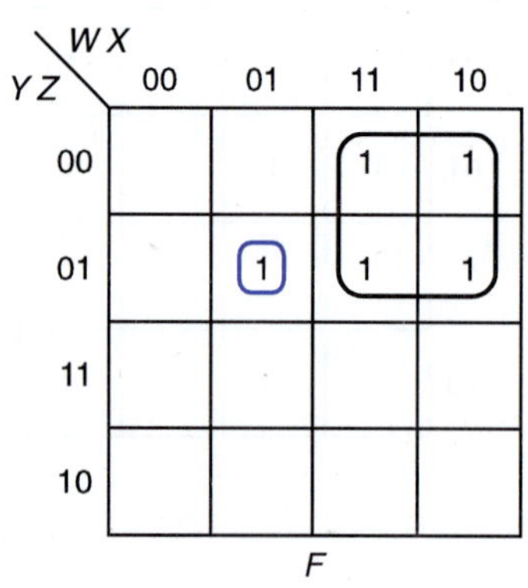

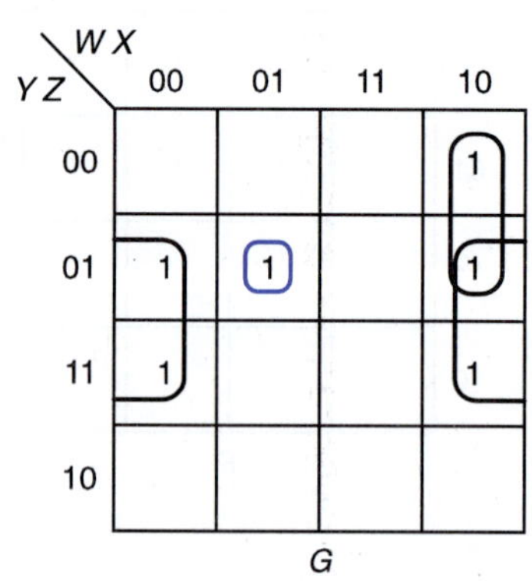

$F = WY' + W'XY'Z$

$G = X'Z + WX'Y' + W'XY'Z$

위와 같이 4개의 항을 가진 함수에 대한 PLA 구현은 다음과 같다.

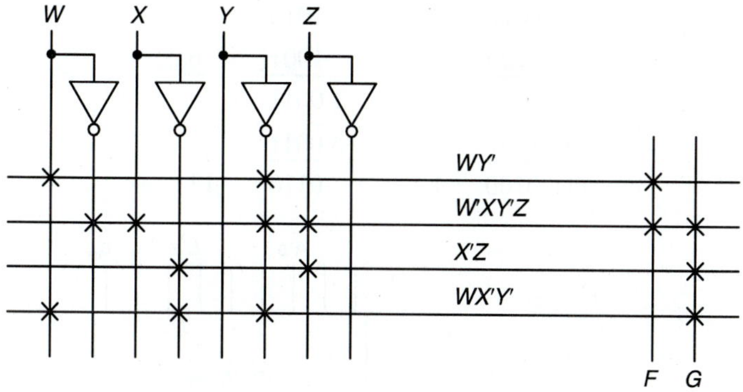

d. 간단한 접근 방법은 *W*와 *X*를 각 디코더의 활성화 신호로 사용하는 것이다. 그러나 맵을 관찰하면 마지막의 두 행은 1을 포함하지 않는 것을 알 수 있다. *Y*와 *Z*를 활성화 신호로 사용하면 3개의 디코더 만으로 구현이 가능하다. 각 디코더는 00, 01, 11에 활성화된다. 첫 번째 디코더는 모든 00으로 끝나는 최소항 (0, 4, 8, 12가 여기에 해당한다.)에 대하여 활성-1 출력을 가진다. 다음과 같은 회로가 구현된다.

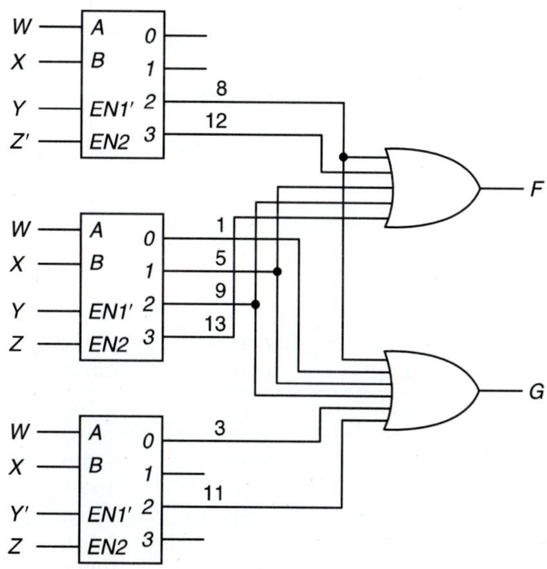

12. 3-초과 코드로 표현된 십진수를 받아 덧셈을 수행하는 한자리 십진 가산기를 설계하라.

이진 가산기를 이용하여 두 코드를 더하는 경우에 캐리는 항상 정확하다. 하지만 합은 캐리가 없는 경우에는 +3을 더하여 보정되어야 하고, 캐리가 있는 경우에는 −3을 더하여 보정되어야 한다.

	0011	0		1010	7
	0100	1		1001	6
0	0111		1	0011	
−3	1101		+3	0011	
(1)	0100	1		0110	13

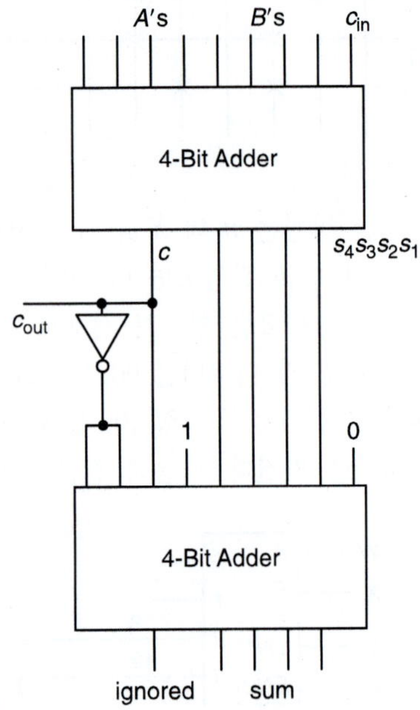

13. 아래에 보인 것과 같이 십진수를 표시하는 두 가지 코드인 3-초과 코드와 2-of-5 코드가 있다.

Digit	*Excess-3* *wxyz*	*2 of 5* *abcde*
0	0011	11000
1	0100	10100
2	0101	10010
3	0110	10001
4	0111	01100
5	1000	01010
6	1001	01001
7	1010	00110
8	1011	00101
9	1100	00011

위에 표시된 이외의 입력은 발생하지 않는다. 3-초과 코드를 2-of-5 코드로 변환하는 회로를 만들고자 한다. 이 회로는 입력 w, x, y, z를 가지며, 5개의 출력 a, b, c, d, e를 가진다. 모든 입력을 부정된 형태와 부정되지 않은 형태로 사용 가능하다.

a. 다섯 개의 출력에 대한 맵을 그리고 다섯 개의 함수 모두에 대하여 개별

적으로 최소의 SOP와 POS 식을 구하시오.

b. 74 시리즈의 칩을 사용하여 구현하고자 한다. 우리는 다음과 같은 칩을 살 수 있다.

7404: 6개의 인버터
7400: 4개의 2 입력 NAND 게이트
7402: 4개의 2 입력 NOR 게이트
7410: 3개의 3 입력 NAND 게이트
7427: 4개의 2 입력 NOR 게이트
7420: 2개의 4 입력 NAND 게이트
7425: 2개의 4 입력 NOR 게이트

모든 칩의 가격은 25센트이다.

다섯 개의 출력에 대하여 1.25 달러를 사용하여 가장 비용이 적게 들도록 구현하시오.(모든 칩에 있는 게이트들은 하나 이상의 출력에 대한 구현의 일부로서 사용될 수 있다.) 대수식을 보이고 블록도를 그리시오.

c. 7400과 7410 만을 사용하는 해, 7420만을 사용하는 해(적어도 하나의 4 입력 게이트를 사용하여야 함), 그리고 NOR 게이트만을 사용하는 해를 구하시오. 각 해는 1.25 달러보다 많은 비용이 들어서는 안된다.(물론 이 해중 하나는 b번의 해이다.)

d. ROM을 사용하여 구현하시오.

e. PLA를 사용하여 구현하시오.

a. 각 출력과 출력의 부정에 대한 맵은 다음과 같다.

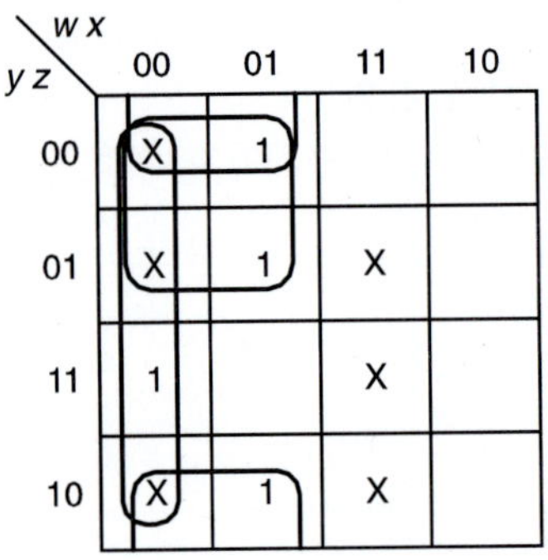

$a = w'x' + w'y' + w'z'$

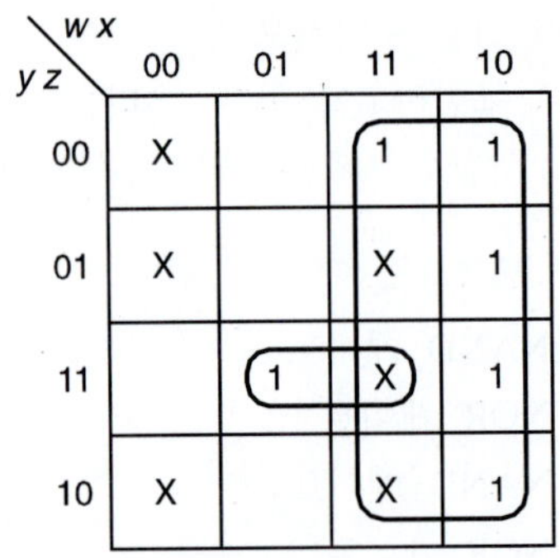

$a' = w + xyz$

$a = w'(x' + y' + z')$

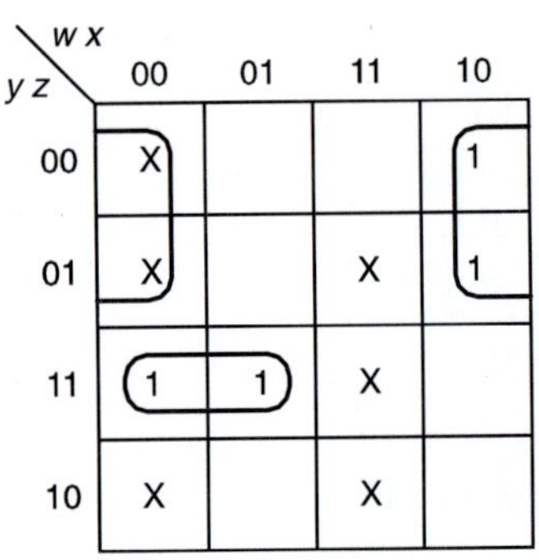

$b = x'y' + w'yz$

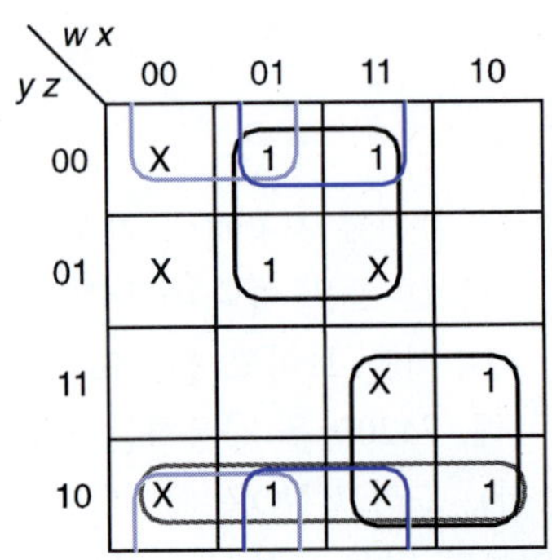

$b' = wy + xy' + \begin{Bmatrix} xz' \\ w'z' \\ yz' \end{Bmatrix}$

$b = (w' + y')(x' + y)\begin{Bmatrix} (x' + z) \\ (w + z) \\ (y' + z) \end{Bmatrix}$

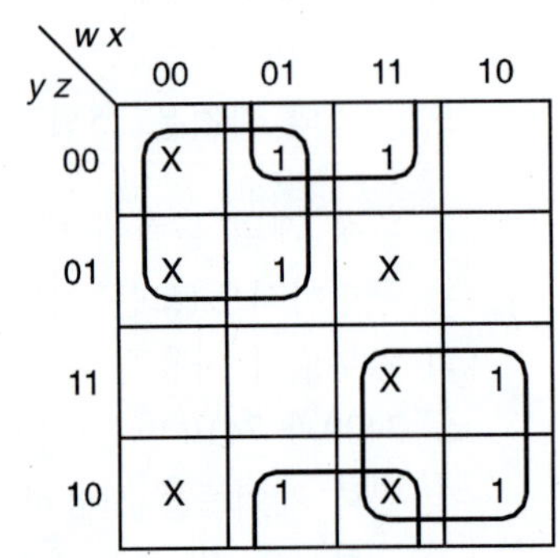

$b' = wy + xz' + w'y'$

$b = (w' + y')(x' + z)(w + y)$

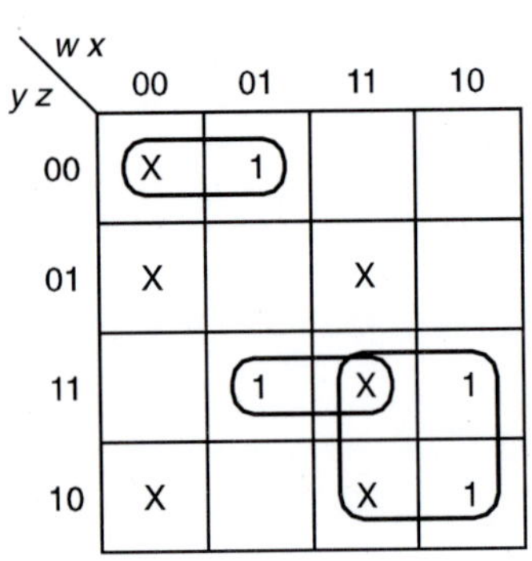

$c = w'y'z' + xyz + wy$

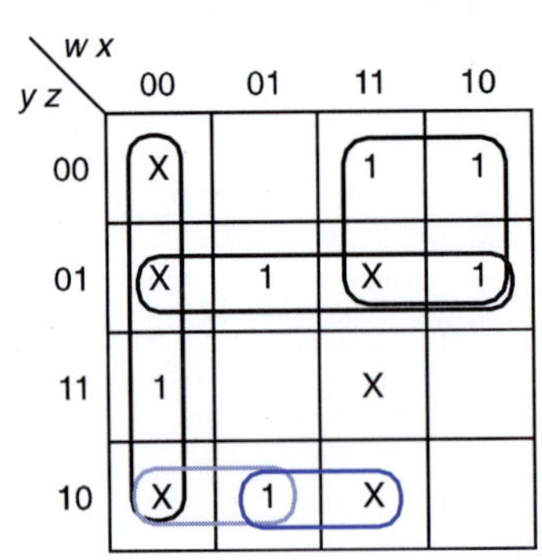

$c' = w'x' + wy' + y'z + \begin{Bmatrix} xyz' \\ w'yz' \end{Bmatrix}$

$c = (w + x)(w' + y)(y + z')\begin{Bmatrix} (x' + y' + z) \\ (w + y' + z) \end{Bmatrix}$

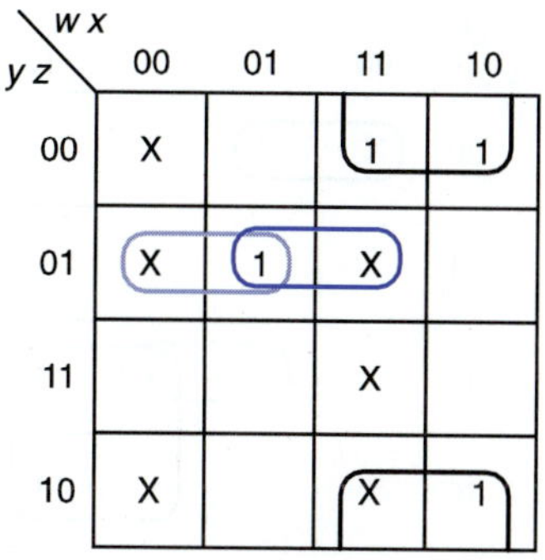

$$d = wz' + \left\{\begin{matrix} xy'z \\ w'y'z \end{matrix}\right\}$$

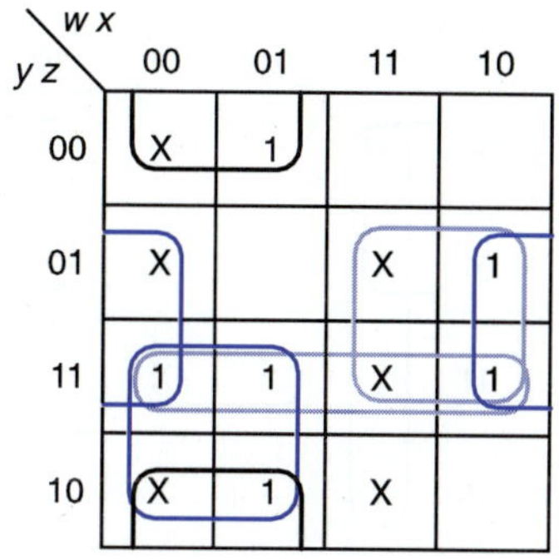

$$d' = w'z' + \left\{\begin{matrix} x'z \\ wz \end{matrix}\right\} + \left\{\begin{matrix} w'y \\ yz \end{matrix}\right\}$$

$$d = (w + z) \left\{\begin{matrix} (x + z') \\ (w' + z') \end{matrix}\right\} \left\{\begin{matrix} (w + y') \\ (y' + z') \end{matrix}\right\}$$

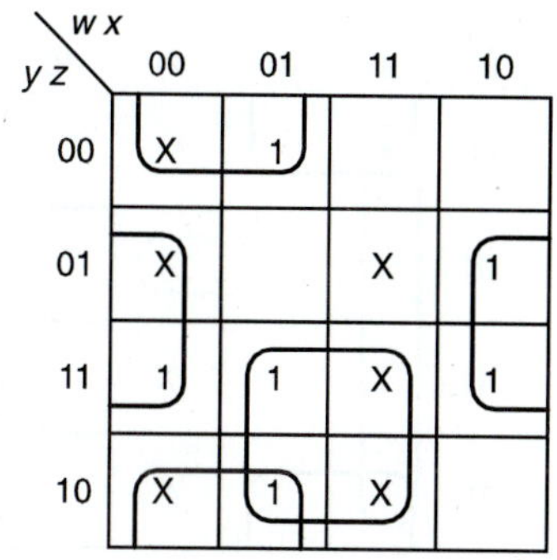

$$d' = w'z' + x'z + xy$$
$$d = (w + z)(x + z')(x' + y')$$

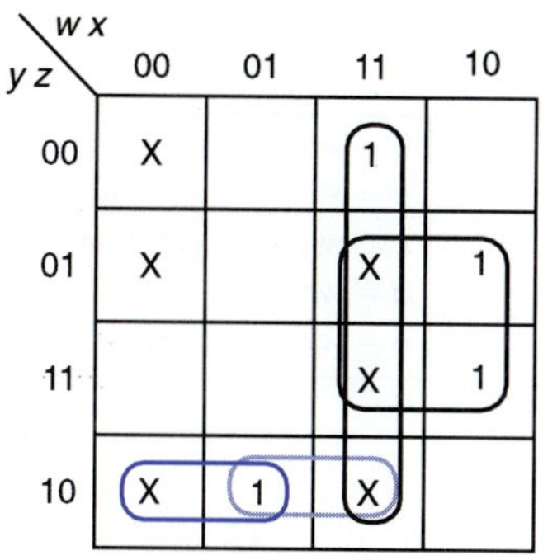

$$e = wz + wx + \left\{\begin{matrix} w'yz' \\ xyz' \end{matrix}\right\}$$

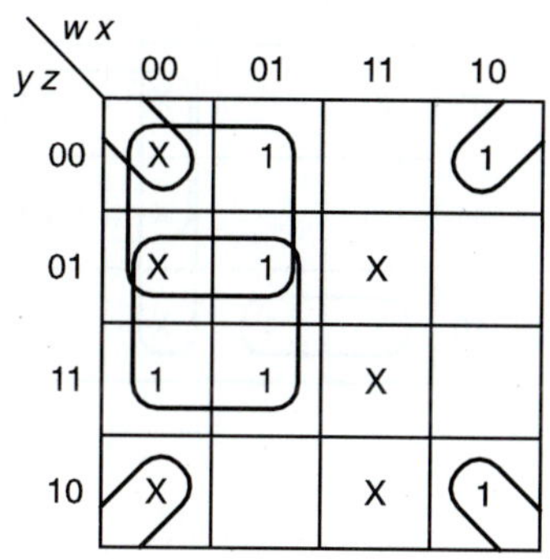

$$e' = x'z' + w'y' + w'z$$
$$e = (x + z)(w + y)(w + z')$$

d와 e에 대해서는 2개의 SOP 식이 가능하며, b, c, d에 대해서는 각각 4, 2, 5개의 POS 식이 가능하다.

b. a번의 해를 사용하게 되면, NAND 게이트를 이용한 구현에서 각 함수에서 동일한 곱항이 없기 때문에 공유되는 부분이 없다. 이를 구현하기 위해서는 10개의 2 입력 게이트, 8개의 3 입력 게이트가 필요하며, 이때 비용은 1.50 달러가 된다. NOR 게이트를 이용한 구현에서는 합의 곱 형태를 이용한다. 이 경우에는 b와 e에서 $(w+y)$를 공유한다. 따라서 1개의 4 입력 게이트, 5개의 3 입력 게이트, 12개의 2 입력 게이트가 필요하며, 칩이 6개 필요하게 된다.

따라서 공유되는 항을 늘려야 한다. 다음 맵은 SOP 해를 그린 것이다.

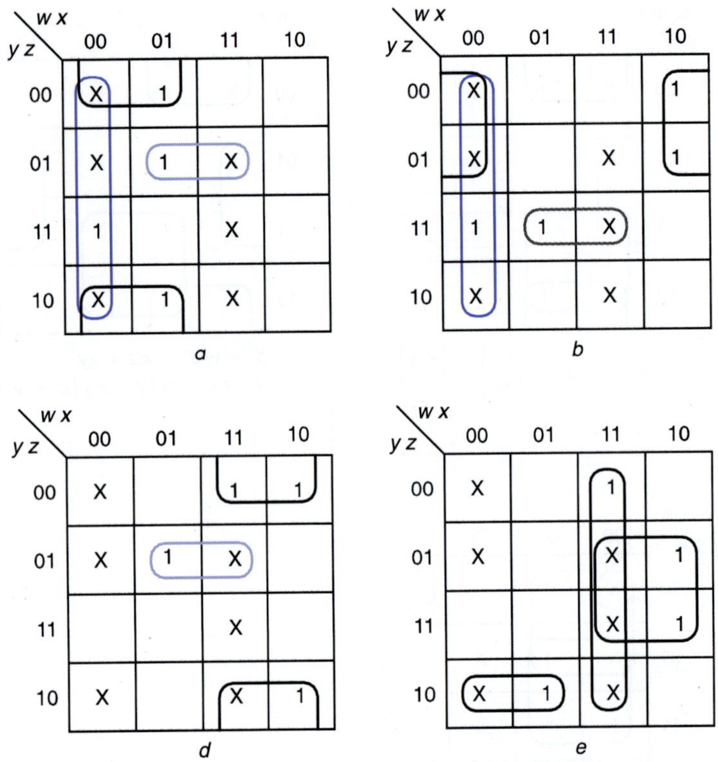

$a = w'x' + xy'z + w'z'$
$b = x'y' + w'x' + xyz$
$c = w'y'z' + xyz + wy$
$d = wz' + xy'z$
$e = wz + wx + w'yz'$

이 해에서는 색깔있는 원으로 표시된 3개의 항이 공유된다. a와 d에서 $xy'z$ 대신 $w'y'z$를 사용할 수 있고, e에서 $w'yz'$ 대신 xyz'을 사용할 수 있으나, 그렇게 하는 것이 게이트 수를 줄이지는 못한다. 이 해는 2 입력 게이트와 3 입력 게이트를 각각 8개씩 사용하여, 2개의 7400 칩과 3개의 7410 칩을 사용한다.(비용은 1.25 달러이다.)

c. b번의 해는 이 문제에 대한 해답의 하나로 사용할 수 있고, 이 문제의 해답 중 하나 역시 b번의 해가 될 수 있다. 하나의 곱항이 작은 해는 다음과 같다.

$$a = w'x' + xy'z + w'y'z' + w'yz'$$

위 식에서 마지막 두 항은 c와 e에서 필요하며 공유될 수 있다. 이 식을 사용하면 a를 구현하는 과정에서 하나의 2 입력 게이트를 줄일 수 있다. 하지만 3 입력 게이트가 4 입력 게이트로 바뀌어야 한다. 이 해를 구현하기 위해서는 한 개의 4 입력 게이트와 7개의 3 입력 게이트와 2 입력 게이트가 각각 필요하다. 그러므로 7420 한 개, 7430 두 개(여분의 4 입력 게이트는 7번째 3 입력 게이트로 사용) 그리고 7400 두 개가 필요하며, 이 경우의 비용은 1.25 달러이다.

POS 식과 NOR 게이트를 이용한 다른 해도 가능하다. 함수들을 보수화한 아래의 맵들은 또 다른 하나의 해가 될 수 있다.

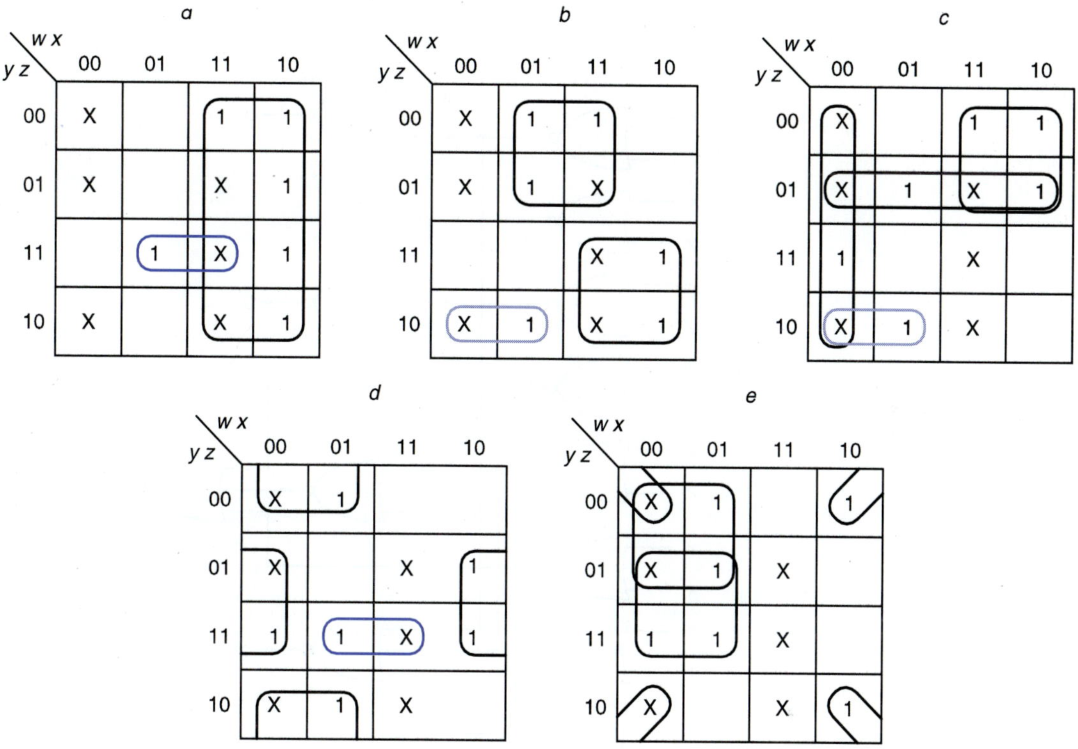

$a = w'(x' + y' + z')$
$b = (x' + y)(w' + y')(w + y' + z)$
$c = (w + x)(w' + y)(y + z')(w + y' + z)$
$d = (w + z)(x + z')(x' + y' + z')$
$e = (x + z)(w + y)(w + z')$

이 해는 한 개의 4 입력 게이트, 다섯 개의 3 입력 게이트 그리고 11개의 2 입력 게이트를 이용한다.(이때 사용되는 칩의 수는 6개이다.)

그러나 2 단계 회로로만 한정한다면 c를 다음과 같이 변형하여 4 입력 게이트를 사용하지 않을 수도 있다.

$c = (w + x)(y + w'z')(w + y' + z)$

이제 게이트 수는 6개의 3 입력 게이트와 10[9])개의 2 입력 게이트가 된다.(이 경우 5개의 칩을 사용한다.) (같은 방식으로 e에 대하여 3 입력 게이트 하나를 2 입력 게이트로 변경할 수 있지만, 이것이 칩의 수를 줄이지는 않는다.)

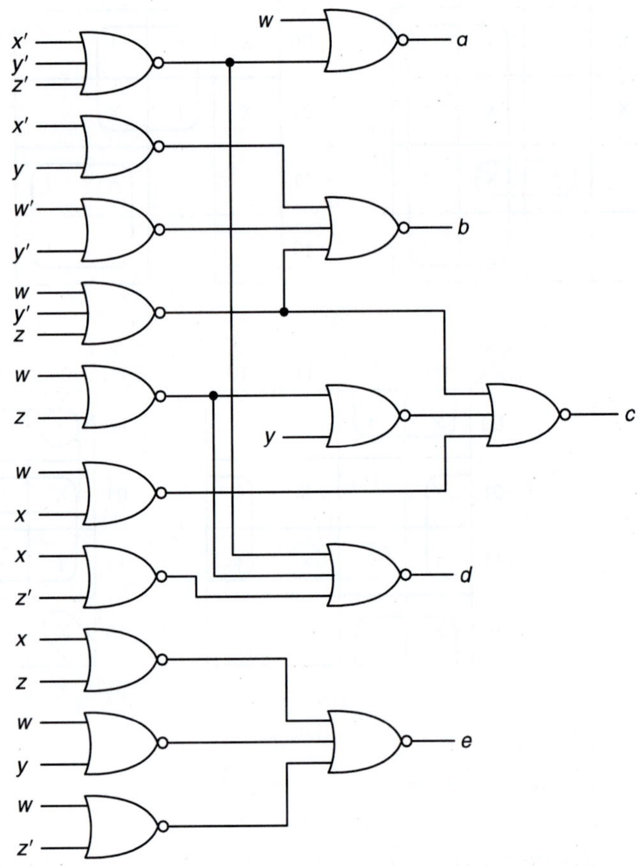

d, e. ROM과 PLA를 이용한 구현은 간단하다. ROM 구현을 위해서는 최소항만을 찾으면 되며, don't care는 무시 할 수 있다. PLA에 대해서는 SOP 식 중 PLA의 제한 보다 적은 수의 항을 가지는 식을 이용하면 된다.

9) 이렇게 함으로써, $w'z'$이 $w + z$와 같은 NOR 게이트를 사용하기 때문에 하나의 2 입력 게이트를 줄일 수 있다.

d.

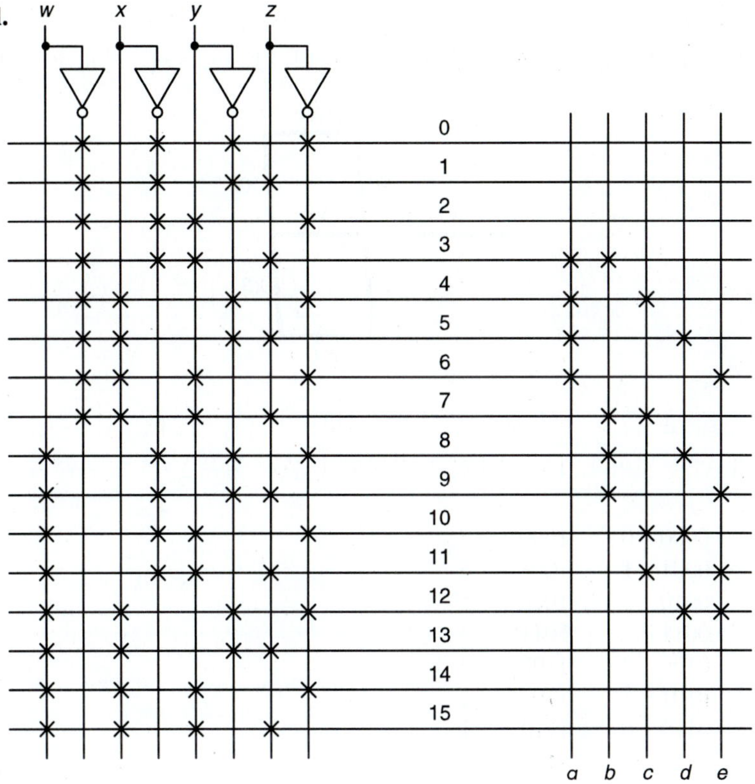
w
x
y
z
0
1
2
3
4
5
6
7
8
9
10
11
12
13
14
15
a
b
c
d
e

e.

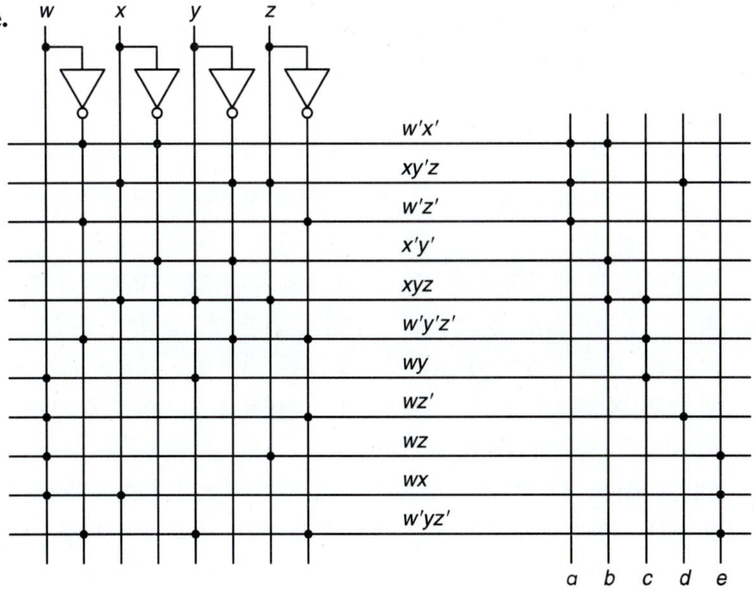
w
x
y
z
w′x′
xy′z
w′z′
x′y′
xyz
w′y′z′
wy
wz′
wz
wx
w′yz′
a
b
c
d
e

14. 아래와 같은 8-세그먼트 표시기에 대한 구동기를 설계하고자 한다. 이 구동기는 4개의 입력 *a*, *b*, *c*, *d*와 8개의 출력 *X*1, …, *X*8을 가지고 있다.

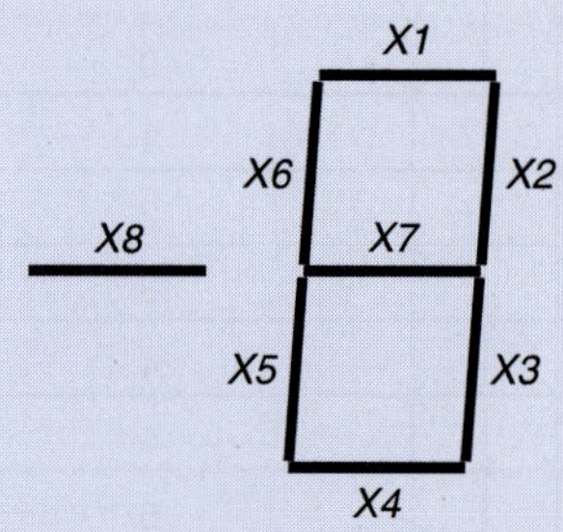

이 표시기는 1의 보수로 표현된 4비트 이진수에 대한 십진수를 표시하기 위한 것이다. 1의 보수를 이용하면 다음과 같은 수를 표현할 수 있다.

0000	0	1000	−7
0001	1	1001	−6
0010	2	1010	−5
0011	3	1011	−4
0100	4	1100	−3
0101	5	1101	−2
0110	6	1110	−1
0111	7	1111	0

(음수 부호를 나타내는 *X*8은 −1 ~ −7까지만 켜지고, 나머지 경우에는 켜지지 않는다.) *X*1은 6을 표시하는 경우에 켜질 수도 있고 켜지지 않을 수도 있다. *X*6은 7을 표시하는 경우에 켜지지 않는다. 모든 입력은 부정되지 않은 형태와 부정된 형태로 사용 가능하다.

a. 이 문제를 8개의 개별적인 문제로 취급하여 최소의 2단계 NAND 회로로 구현하기 위한 맵, 방정식, 블록도를 작성하시오. 이 과정에서 주항만을 사용하며, 가능한 경우에는 각 함수들이 게이트를 공유할 수 있도록 한다.(최소의 게이트 수와 게이트 입력의 수는 각각 36개와 107개이다.)

b. 최소의 2단계 NAND 회로로 구현하기 위한 맵, 방정식, 블록도를 작성하시오. 이 경우에는 가능한 경우에 모든 게이트를 공유하도록 한다.(제한 조건: 8개를 초과하는 입력을 받는 게이트는 없어야 한다. 또한 몇 개의 모듈을 사용하였는가 표시하라.)

c. *X*4가 적어도 8개의 항을 필요로 하기 때문에 2단계 회로에서는 8입력 NAND 게이트가 필요하다. 2입력 게이트만을 사용하여 *X*4를 구현하라. (이 경우는 당연히 2단계 이상의 회로가 사용되어야 한다.) (주: 이 문제는 b번 문제와는 연관성이 없다. 어떤 게이트도 NOT로 사용되지 않는다.)

d. 가능한 적은 수의 항을 이용하여 PLA로 구현하고 PLA 연결을 그리시오.

a. *X*3와 *X*7을 제외한 함수들은 고유한 해를 가진다. *X*3에 대해서는 6개의 가능한 해가 존재하며, 이 중 처음 세 개는 다른 함수와 2개의 항을 공유할 수 있다. 가장 좋은 해에 대한 맵에서는 36개의 게이트와 107개의 게이트 입력이 필요하다. 이 맵은 아래에 표시되었다. 공유되는 항들은 녹색으로 표시되었다. 가능한 해들은 아래에 표시하였다. 밑줄로 표시된 첨자를 가진 항들은 이 해에서 공유된다. 다른 해에서 공유 가능한 항들은 밑 줄로만 표시하였다.

$$
\begin{aligned}
X1 &= b'd' + bd + \underline{ac'}_7 + a'c \\
X2 &= a'b' + ab + \underline{c'd'}_6 + \underline{cd} \\
X3 &= \underline{ab'}_5 + \underline{c'd'}_6 + a'd + bc \\
&= \underline{ab'} + bd' + \underline{cd} + a'c' \\
&= a'b + \underline{cd} + \underline{ad'} + b'c' \\
&= b'd + \underline{c'd'} + a'b + ac \\
&= a'c' + \underline{ad'} + b'd + bc \\
&= b'c' + ac + bd' + a'd \\
X4 &= \underline{a'b'd'}_4 + b'cd' + a'b'c + \underline{a'cd'}_3 + abc' + \underline{abd}_2 \\
&\quad + bc'd + \underline{ac'd}_1 \\
X5 &= \underline{ac'd}_1 + \underline{abd}_2 + \underline{a'cd'}_3 + \underline{a'b'd'}_4 \\
X6 &= a'c'd' + a'bc' + \underline{a'bd'} + \underline{ab'd} + ab'c + acd \\
X7 &= bc' + b'c + \{\underline{a'cd'}_3 \text{ or } \underline{a'bd'}\} + \{\underline{ac'd}_1 \text{ or } \underline{ab'd}\} \\
X8 &= \underline{ab'}_5 + \underline{ac'}_7 + \underline{ad'}
\end{aligned}
$$

이 해에 대한 게이트 수는 다음과 같다.

*X*1:	2	2	2	2					4
*X*2:	2	2	2	2					4
*X*3:	2	(2)	2	2					4
*X*4:	3	3	3	3	3	3	3	3	8
*X*5:	(3)	(3)	(3)	(3)					4
*X*6:	3	3	3	3	3	3			6
*X*7:	2	2	(3)	(3)					4
*X*8:	(2)	(2)	2						3

2′s:	14	7430s:	2	36 gates/107 inputs
3′s:	15	7420s:	3	
4′s:	5	7410s:	5	
6′s:	1	7400s:	4	
8′s:	1			
		14 chips		

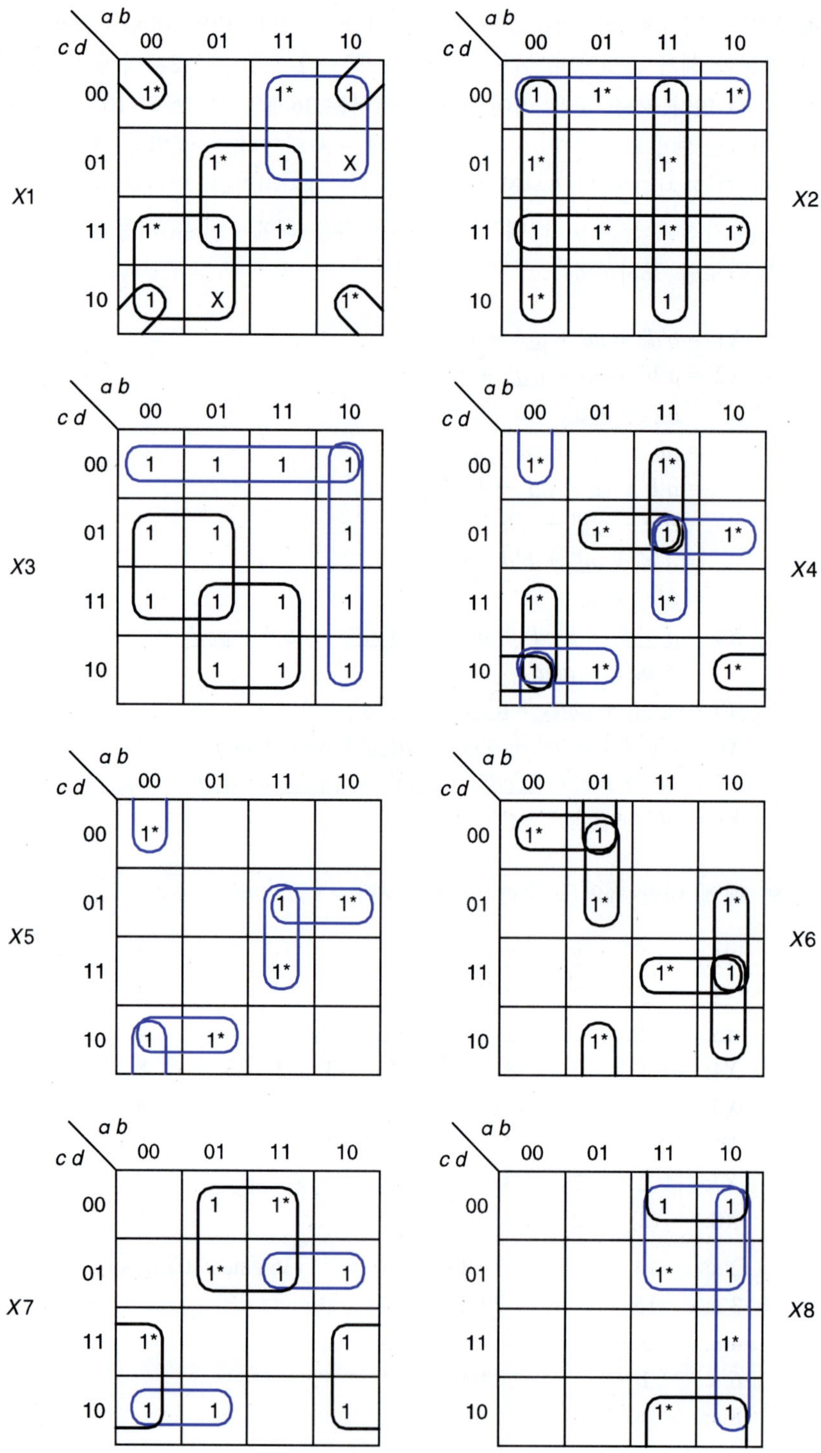
X1
X2
X3
X4
X5
X6
X7
X8
a b
c d
00 01 11 10

b. 가장 좋은 해는 다음의 표에 표시한 것과 같다. 이 해는 24개의 게이트, 95개의 게이트 입력 그리고 13개의 칩을 이용한다.

	$X1$	$X2$	$X3$	$X4$	$X5$	$X6$	$X7$	$X8$	
$a'b'c'd'$	X			X	X	X			4
abc'	X	X		X			X	X	3
$a'b'c$	X	X		X			X		3
bd	X								2
$ab'd'$	X		X					X	3
$a'b'c'$		X	X						3
abd'		X	X					X	3
$c'd'$		X							2
cd		X	X						2
$a'bd'$			X			X	X		3
$a'bc'd$			X	X		X	X		4
$ab'd$			X			X	X	X	3
$ac'd$				X	X				3
$a'cd'$				X	X				3
$abcd$				X	X	X			4
$ab'cd'$				X		X	X		4
	5	6	7	8	4	6	6	4	

8-in	1	1	
7-in	1	1	
6-in	3	3	
5-in	1	1	
4-in	6	3	
3-in	9	3	
2-in	3	1	
Total	24	13 칩	95 입력

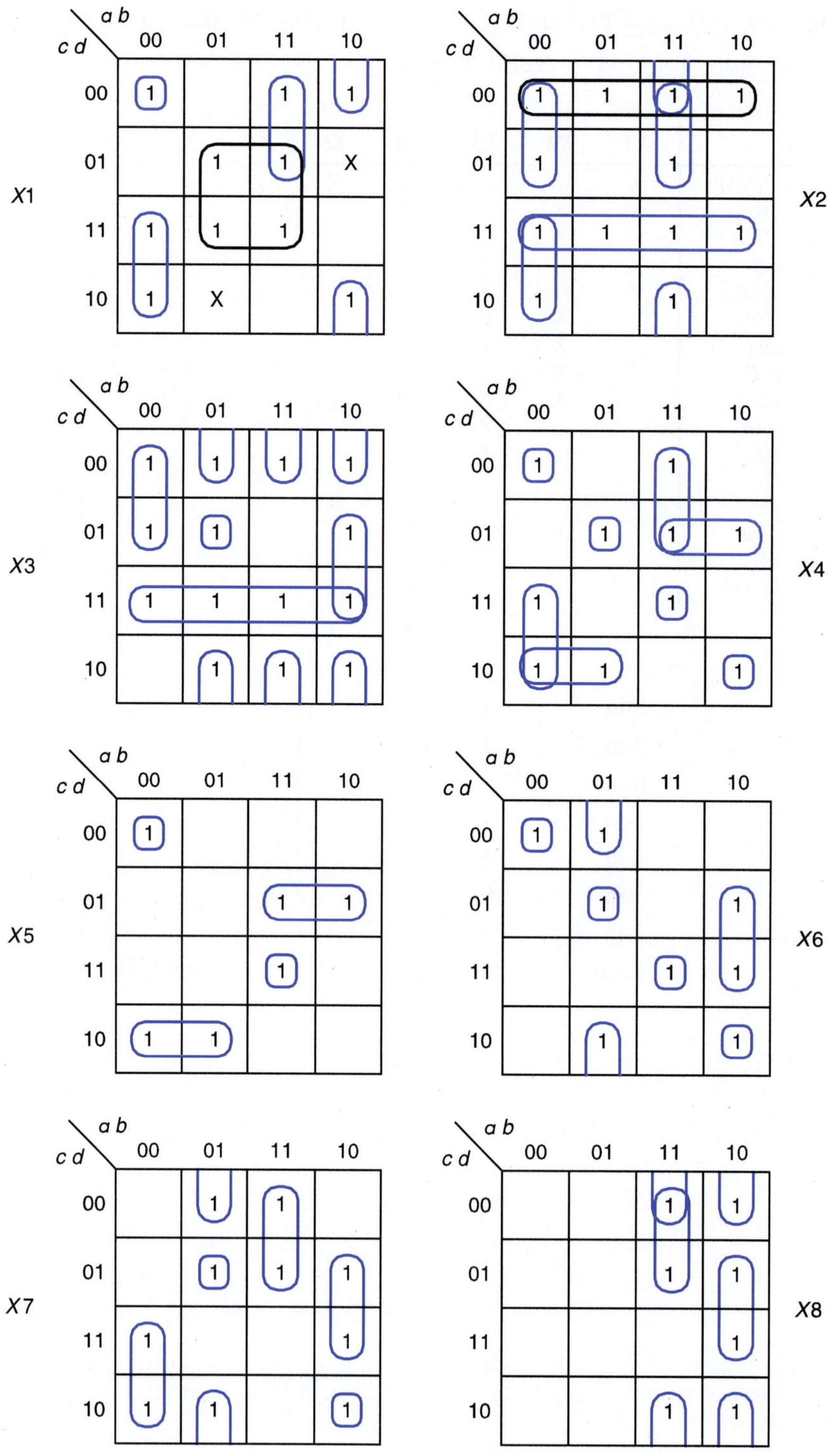
X1
X2
X3
X4
X5
X6
X7
X8

c.

$$
\begin{aligned}
X4 &= a'b'd' + b'cd' + a'b'c + a'cd' + abc' + abd + bc'd + ac'd \\
&= a'b'(c + d') + ab(c' + d) + cd'(a' + b') + c'd(a + b) \\
&= [a' + b(c' + d)][a + b'(c + d')] \\
&\quad + [c + d(a + b)][c' + d'(a' + b')]
\end{aligned}
$$

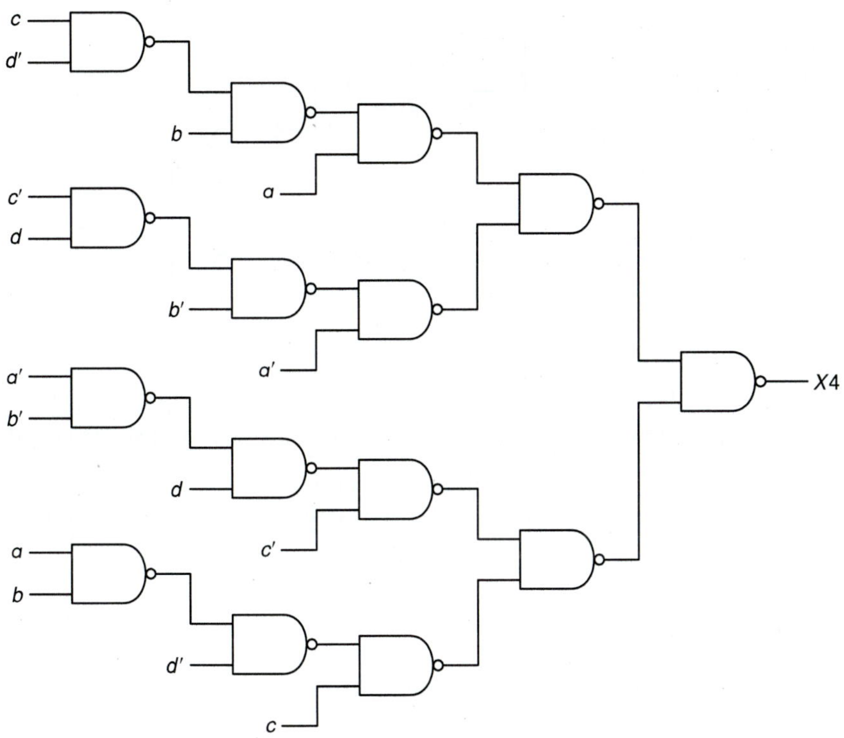

d. b번 문제 해는 16개의 곱항을 가진 PLA로 변환 가능하다.(각 행이 곱항에 해당한다.) 같은 정도로 우수한 해가 ROM을 이용한 설계에서도 얻어 질 수 있다. ROM을 이용한 경우 역시 16개의 항이 이용된다.(주: *X*3를 위하여 14개의 입력을 가진 게이트가 필요하기 때문에 ROM을 이용한 해는 b번에 대해서는 만들 수 없다.)

4.10 연습문제

1. 아래의 회로에 대하여

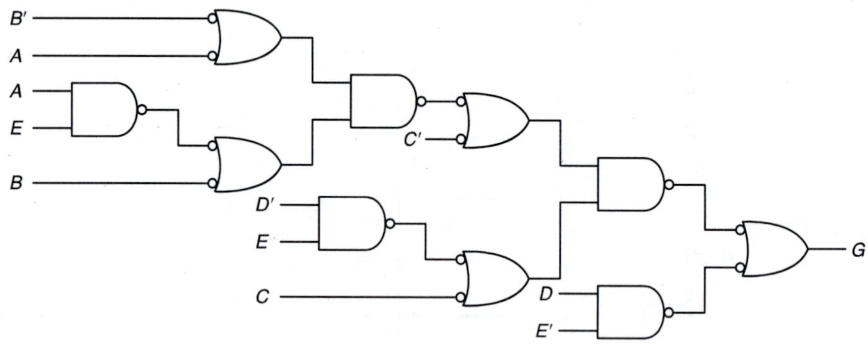

a. 최대 지연시간을 다음과 같이 가정하여 계산한라.
   i. 모든 입력이 부정되지 않은 형태와 부정된 형태로 입력된다.
   ii. 부정되지 않은 입력만이 사용 가능하며, 각 입력의 부정을 취하기 위하여 여분의 게이트가 필요하다.

b. 모든 입력이 부정되지 않은 형태와 부정된 형태로 사용가능하다고 가정할 때, 입력 C로부터 출력까지의 최대 지연시간을 구하시오.

***2.** 32 비트 이진수

10101010101010101010101010101010

을 임의의 32 비트 이진수에 더하는 가산기를 설계하려 한다. 이 회로를 16개의 가산기 모듈을 사용하여 구현할 것이며, 각 가산기 모듈은 2 비트 2진수와 상수 "10"을 더하여 합과 다음 단의 캐리를 생성한다. 설계하는 회로의 부분은 다음과 같다.

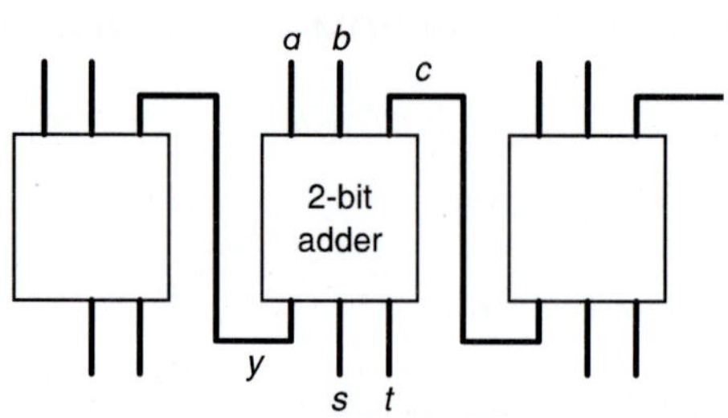

각 2 비트 가산기는 다음과 같은 계산을 수행한다.

$$\begin{array}{rrr} & & c \\ & a & b \\ & 1 & 0 \\ \hline y & s & t \end{array}$$

a. 이 가산기에 대한 진리표를 구하시오.(이 가산기는 3 개의 입력, a, b, c. 와 3개의 출력 y, s, t를 가진다.) 또한 각 출력에 대한 최소의 SOP 식을 구하시오.

b. 이 가산기 모듈에서 입력 c로부터 출력 y까지의 지연시간을 구하고, 32 비트 전체에 대한 지연시간을 구하시오.

3. n 비트 이진수에 대한 2의 보수 표현을 구하는 회로를 설계하려 한다. 이 회로를 설계하기 위하여 n 개의 모듈을 사용하며, 각 모듈은 한 비트의 보수를 취하고 아래 자리에서 발생하는 캐리를 더하게 된다. 따라서 처음 3 모듈은 다음과 같다.

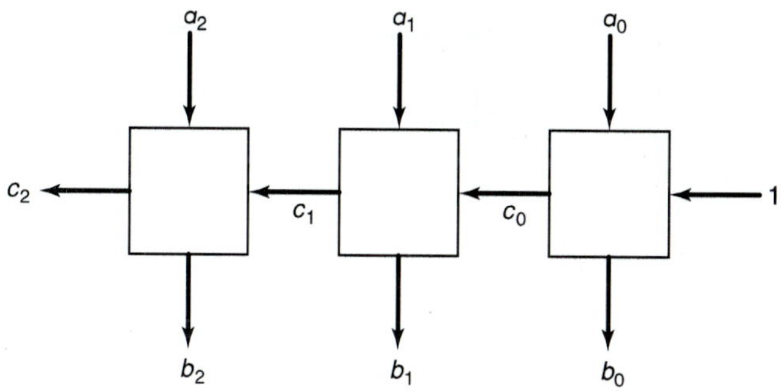

a. 위 그림에서 각 모듈의 회로를 NAND 게이틀 사용하여 설계하고 블록도를 그리시오.(가장 오른쪽에 있는 모듈을 다른 모듈과 다름으로 다르게 설계하여야 한다.)

b. n 비트에 대한 지연시간을 계산하시오.

c. 2 비트를 처리할 수 있는 모듈을 설계하여 회로의 동작 속도를 높이시오. (즉 지연시간을 줄이시오.) NAND 게이트로 구성된 회로를 보이고 전체 지연시간을 계산하시오.

4. 3개의 다중 비트 수를 동시에 더하는 가산기를 설계하려 한다. 이러한 1 비트 가산기를 설계하시오. 이 가산기는 숫자 입력 x, y, z와 캐리 입력 u, v를 가진다.(캐리의 값이 0, 1, 2까지 가능함으로 캐리는 2 비트이어야 한다.) 출력은 s (합), f와 g (캐리)이다. 진리표를 보이고 각 출력에 대한 최소의 SOP 식을 구하시오.

5. 2개의 2 비트 수, (a, b)와 (c, d)를 곱하는 곱셈기를 설계하시오. 이 곱셈기는 출력은 4 비트 (w, x, y, z)이다. 진리표와 방정식을 보이시오.

6. 3 비트 이진수 a_3, a_2, a_1이 다른 3 비트 이진수 b_3, b_2, b_1과 같거나 혹은 크거나 같은 가를 판별하여야 한다.(작거나 같은가를 판별할 필요가 없다.)

a. 7485를 적절히 연결하면 이 회로를 구현할 수 있음을 보이시오.

b. 이 회로를 AND와 OR 게이트를 사용하여 구현하시오.

c. 7485의 가격이 1달러라고 가정할 때, 7400 시리즈의 칩 가격이 얼마 이하이어야 AND/OR를 사용하여 구현한 것이 7485를 사용하여 구현한 것보다 비용이 적게 드는가?

***7.** 아래와 같이 활성-1 출력을 가진 디코더 회로에 대하여 입력 *a*, *b*, *c*에 대한 출력 *X*, *Y*의 진리표를 만드시오.

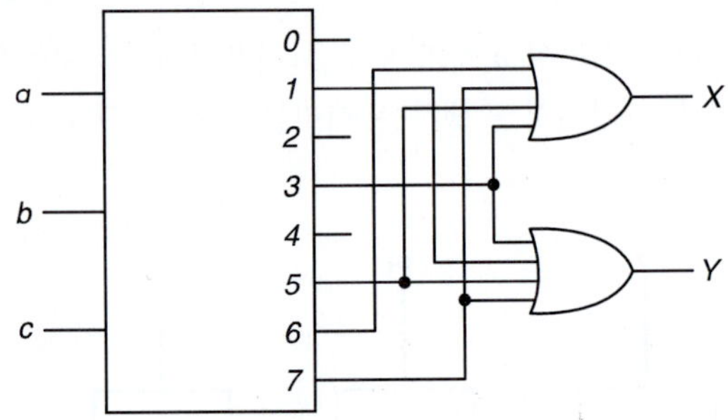

8. 입력 *x*, *y*, *z*과 8개의 활성-1 출력, 0, 1, 2, 3, 4, 5, 6, 7을 가지는 디코더 회로를 설계하려 한다. 이 회로에서 enable 입력은 필요하지 않다.(예를 들면, $xyz = 011$이면 출력 3만이 1이고 나머지는 모두 0이다.) 사용할 수 있는 블록은 아래와 같이 2개의 입력, 4개의 출력, 활성-1 enable 신호를 가지는 디코더이다.

EN	*A*	*B*	*0*	*1*	*2*	*3*
0	X	X	0	0	0	0
1	0	0	1	0	0	0
1	0	1	0	1	0	0
1	1	0	0	0	1	0
1	1	1	0	0	0	1

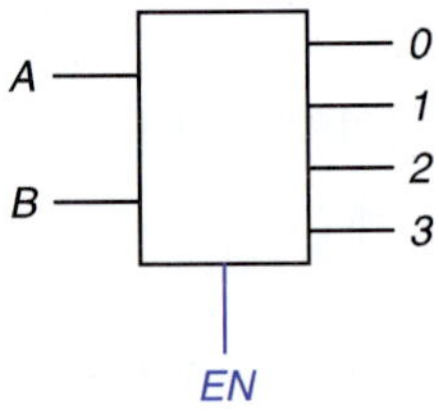

위의 디코더를 필요한 만큼 사용한 시스템의 블록도를 그리시오.

***9.** 전가산기를 설계하려 한다. 입력은 *a*, *b*, *c*이며, 출력은 *s*, c_{out}이다. 가산기는 다음과 같은 방정식에 의하여 기술된다.

$$s(a, b, c) = \Sigma m(1, 2, 4, 7)$$
$$c_{out}(a, b, c) = \Sigma m(3, 5, 6, 7)$$

위 식을 구현하기 위하여, 우리가 사용할 수 있는 것은 아래의 디코더와 2개의 OR 게이트뿐이다. 입력 *a*, *b*는 부정되지 않은 형태와 부정형태로 사용 가능하다. 입력 C는 부정되지 않은 상태로 사용 가능하다. 이 시스템의 블록도를 보이시오. 디코더의 모든 입력에 대하여 표시하시오.

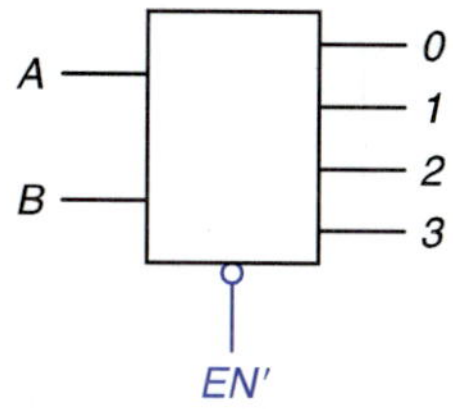

EN'	A	B	0	1	2	3
1	X	X	0	0	0	0
0	0	0	1	0	0	0
0	0	1	0	1	0	0
0	1	0	0	0	1	0
0	1	1	0	0	0	1

10. 아래의 진리표에 해당하는 디코더의 블록도를 보이시오. 사용 가능한 부품은 1, 2, 3 입력 NAND 게이트이다.(1 입력 NAND 게이트는 인버터이다.)

Inputs				Outputs		
E1	E2	a	b	1	2	3
0	X	X	X	1	1	1
X	0	X	X	1	1	1
1	1	0	0	1	1	1
1	1	0	1	0	1	1
1	1	1	0	1	0	1
1	1	1	1	1	1	0

11. AND, OR, NOT 게이를 사용하여 우선순위 인코더를 설계하시오. 이 인코더는 7개의 활성-1 입력, $1'$, ⋯, $7'$을 가지며, 3개의 활성-1 출력, CBA를 가지며, 이 출력은 입력 중 가장 높은 우선순위를 가지는 입력을 표시한다. 입력 $1'$이 가장 높은 우선순위를 가지며, $7'$이 가장 낮은 우선순위를 가진다. 모든 입력이 활성화되지 않으면, 출력은 000이 된다. 네 번째 출력 M은 여러 개의 입력이 동시에 활성화된 경우에 1이 된다.

***12.** 다음 함수를 2-1 멀티플렉서를 이용하여 구현하시오.

$$f(x, y, z) = \Sigma m(0, 1, 3, 4, 7)$$

13. 다음 회로에서 디코더 (DCD)는 2개의 입력과 4개의 활성-1 출력을 가진다. (예를 들면 입력 A와 B가 모두 0인 경우에 출력 0이 1이 된다.) 3개의 멀티플렉서 (MUX)는 2개의 선택 입력(상자의 상단에 표시), 4개의 데이터 입력(상자의 좌측에 표시), 그리고 활성-1 enable 신호를 가진다. 입력 A, B, C, D는 선택 입력이며, 입력 $N \sim Z$는 데이터 입력이다. 16개의 선택 입력 조합에 대한 출력 F의 값을 보이는 진리표를 완성하시오.(주석: 어떤 값에 대해서는 $F = 0$이다. 또한 특정 값에서는 $F = W$이다.)

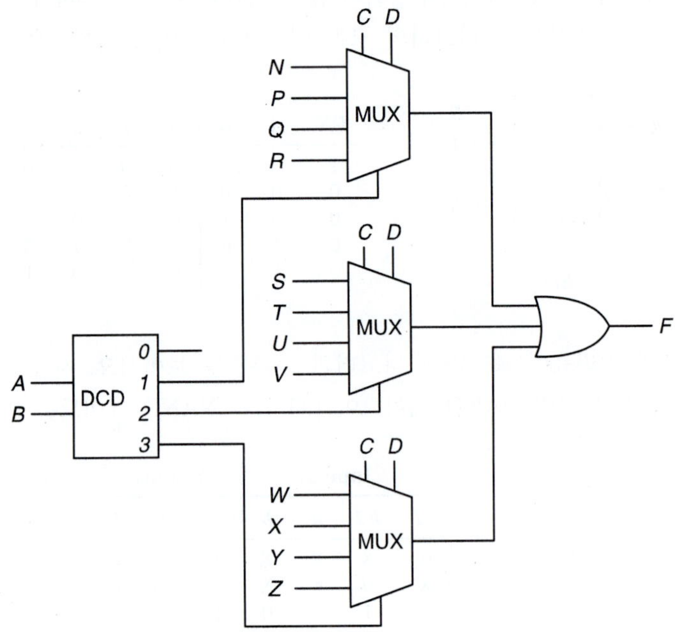

14. 다음의 방정식들에 대하여, 각 시스템을

i. ROM

ii. 주어진 수의 곱의 항 만을 사용한 PLA

iii PAL을 사용하여 설계하시오.

a. $F(A, B, C) = \Sigma m(3, 4, 5, 7)$
$G(A, B, C) = \Sigma m(1, 3, 5, 6, 7)$
$H(A, B, C) = \Sigma m(1, 4, 5)$ (4 product terms)

b. $W(A, B, C) = \Sigma m(0, 1, 4)$
$X(A, B, C) = \Sigma m(0, 3, 4, 7)$
$Y(A, B, C) = \Sigma m(1, 2, 6)$
$Z(A, B, C) = \Sigma m(2, 3, 6, 7)$ (4 product terms)

c. $f(a, b, c, d) = \Sigma m(3, 5, 6, 7, 8, 11, 13, 14, 15)$
$g(a, b, c, d) = \Sigma m(0, 1, 5, 6, 8, 9, 11, 13, 14)$
(6 product terms)

d. $F(A, B, C, D) = \Sigma m(1, 2, 6, 7, 8, 9, 12, 13)$
$G(A, B, C, D) = \Sigma m(1, 8, 9, 10, 11, 13, 15)$
$H(A, B, C, D) = \Sigma m(1, 6, 7, 8, 11, 12, 14, 15)$
(8 product terms)

15. 입력 a, b, c, d에 대한 함수 f, g, h에 대하여 물음에 답하시오. 다음은 각 함수를 개별적으로 처리하여 얻은 최소의 해이다. 모든 입력은 보수화되지 않은 형태로 사용가능하다.

$$f = b'c'd' + bd + a'cd$$
$$g = c'd' + bc' + bd' + a'b'cd$$
$$h = bd' + cd + ab'd$$

a. ROM을 이용하여 구현하시오.
b. 6개의 항을 가진 PLA를 이용하여 구현하시오.
c. 아래의 보인 디코더와 OR 게이트 3개를 이용하여 구현하시오. 사용 가능한 디코더의 수와 OR 게이트의 입력의 수는 제한이 없다. 논리값 1과 0을 사용할 수 있다.

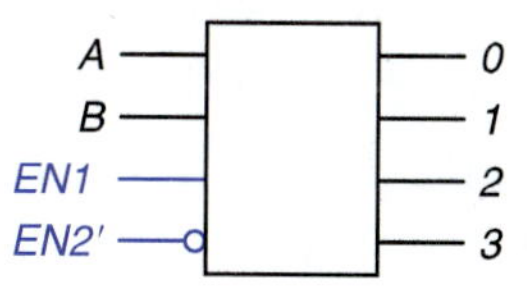

EN1	*EN2′*	*A*	*B*	*0*	*1*	*2*	*3*
0	X	X	X	0	0	0	0
X	1	X	X	0	0	0	0
0	1	0	0	1	0	0	0
0	1	0	1	0	1	0	0
0	1	1	0	0	0	1	0
0	1	1	1	0	0	0	1

***16.** 입력 A, B, C, D에 대한 함수 X, Y, Z에 대하여 다음 물음에 답하시오.(주: 이 함수들은 다른 함수에 대하여 고려하지 않고 구한 해이다.)

$$X(A, B, C, D) = \Sigma m(0, 2, 6, 7, 10, 13, 14, 15)$$
$$Y(A, B, C, D) = \Sigma m(2, 6, 7, 8, 10, 12, 13, 15)$$
$$Z(A, B, C, D) = \Sigma m(0, 6, 8, 10, 13, 14, 15)$$

a. 2 단계 NAND 게이트 회로를 설계하시오. 이것은 각 함수를 주항만을 이용하여 13 게이트를 사용하면 구현이 가능하다. 함수 간의 항을 공유하게 되면, 10 개의 게이트를 이용하여 구현 가능하다. 모든 입력이 보수화된 형태와 보수화되지 않은 형태로 사용가능하다고 가정한다.
b. ROM을 이용하여 구현하시오.
c. 아래의 2 입력 디코더(활성-1 enable 신호 포함)와 최소의 AND, OR, NOT 게이트를 사용하여 구현하시오.

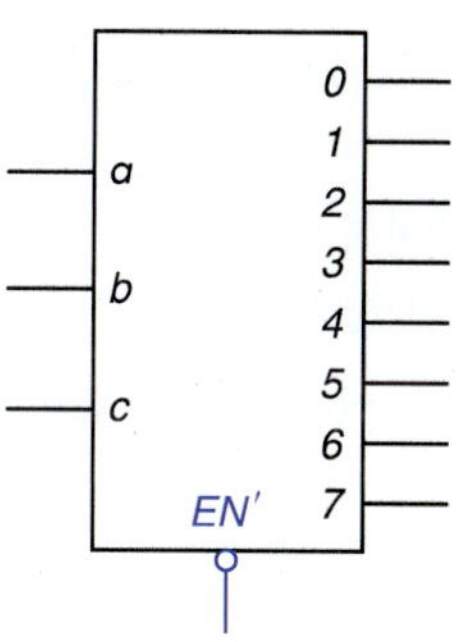

d. 8개의 항을 이용하는 PLA를 이용하여 구현하시오.(8개의 항 모두를 사용하지 않고도 구현 가능할 수 있다.)
e. 본문에서 사용된 PAL을 사용하여 구현하시오.

17. 4.6.3 절의 PAL을 사용하여 4.1.2 절의 2 비트 가산기를 구현하시오. 이 설계에서의 문제는 출력 함수 중 하나는 7개의 항이 필요하고, 나머지는 12개의 항이 필요하다는 것이다. 이 문제의 해결책은 2 비트 사이의 캐리를 만들고 이를 s_1과 c_{out}를 계산하는 입력으로 사용하는 것이다.

18. 4.9 절의 13번 문제에서 3-초과 코드를 2-of-5 코드로 변환하는 변환기를 설계하였다. 이 문제에서는 이와 반대로 2-of-5 코드를 3-초과 코드로 변환하는 변환기를 설계한다. 이 회로는 5개의 변수로 구성된 4개의 함수로 기술 가능하다. 적법한 코드만이 입력된다고 가정하면, 각 맵에는 22개의 don't care가 존재한다. 모든 입력은 보수화되지 않은 형태와 보수화된 형태로 사용 가능하다.

a. 4개의 함수에 대하여 개별적으로 맵을 그리고, 최소의 SOP와 POS 식을 구하시오.
b. 다음과 같은 집적회로 칩을 사용하여 구현한다.

7404: 6개의 인터터
7400: 4개의 2 입력 NAND 게이트
7402: 4개의 2 입력 NOR 게이트
7410: 3개의 3 입력 NAND 게이트
7427: 3개의 3 입력 NOR 게이트
7420: 2개의 4 입력 NAND 게이트
7425: 2개의 4 입력 NOR 게이트

모든 칩의 가격은 25센트이다.

4개의 입력에 대한 가장 비용이 적은 구현 방법을 찾으시오.(칩의 게이트들은 하나 이상의 입력에 대한 구현의 부분으로 사용될 수 있다.) 위 해에 대한 대수식과 블록도를 보이시오.

c. 7400과 7410 만을 사용한 해와 NOR 게이트만을 사용한 해를 보이시오. 각 해는 1 달러 이상의 비용이 사용되면 안된다.(물론 이 해 중 하나는 b 번의 해이다.)
d. ROM을 사용하여 구현하시오.
e. PLA를 사용하여 구현하시오.
f. 교재에 기술된 PAL을 사용하여 구현하시오.

***19.** 다음에 보인 특별한 8-세그먼트 표시기에 대하여 물음에 답하시오.

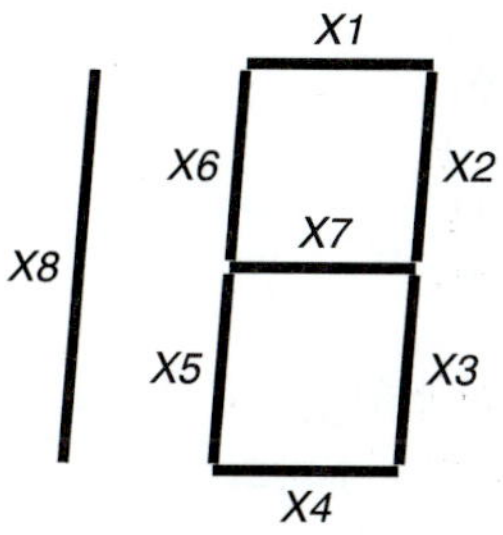

위 표시기를 이용하여 0 ~ 15까지 표시하려 한다. 이 그림에서 점선은 꺼진 LED를 의미하며 실선은 켜진 것을 의미한다.

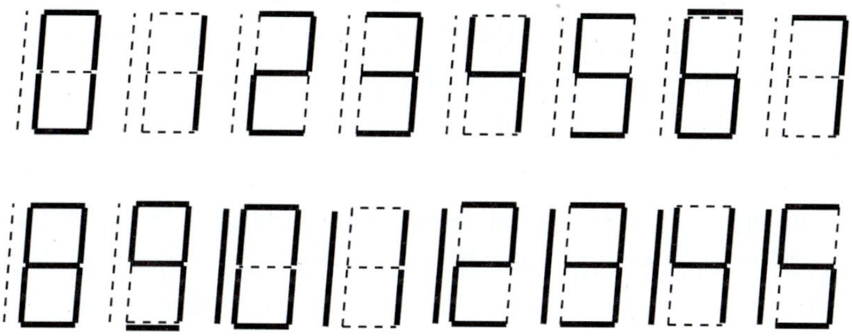

입력 *A*, *B*, *C*, *D* 를 받아 8개의 출력, *X1*, ⋯, *X8*을 생성하는 회로를 3가지 설계하시오.(모든 입력은 보수화된 형태와 보수화되지 않은 형태로 사용 가능하다.) a와 b번에 대해서는 맵, 방정식, 블록도를 보이시오.

a. 각 출력이 2 단계 NAND 게이트 회로로 최소화된 경우에 대하여 회로를 구현하시오. 여기서 최소란 최소의 게이트를 사용하거나 같은 게이트 수에 대해서는 최소의 게이트 입력을 사용한 것을 말한다.(각 함수는 해당 함수의 주항의 합으로 표시되어야 한다. 각 함수의 주항을 표시하는 게이트만이 공유가 가능하다).(최소 해: 31개의 게이트와 93개의 게이트 입력)

b. 다음의 칩들을 최소로 이용하여 2단계 NAND 게이트 회로를 구현하시오.

7400: 4개의 2 입력 NAND 게이트
7410: 3개의 3 입력 NAND 게이트
7420: 2개의 4 입력 NAND 게이트
7430: 1개의 8 입력 NAND 게이트

(해는 11개의 모듈을 사용한다.) (a번의 해는 13개의 모듈을 사용한다.)

c. 최소 수의 항을 이용하여 PAL로 구현하시오.

20. 다음과 같이 3-초과 코드로 표현된 십진수에 대하여 물음에 답하시오.

0	0011	5	1000
1	0100	6	1001
2	0101	7	1010
3	0110	8	1011
4	0111	9	1100

입력 코드는 w, x, y, z(좌측에서 우측으로)이다. 입력 코드를 7-세그먼트에 표시하고자 한다. 표시되는 숫자의 모양은 그림 4.26과 같다. 6, 7, 9를 표시하는 방법은 한 가지 이상이며, 편리한 방법을 선택하면 된다. 이 표시기에서는 세그먼트를 켜기 위하여 0을 입력하고, 끄기 위해서는 1을 입력하여야 한다.

4개의 입력을 받아 7-세그먼트를 구동할 수 있는 7개의 신호를 출력하는 구동기를 설계하라. 만약 표시할 수 없는 수가 입력되면, 표시기의 세그먼트는 모두 꺼져야 한다. 즉 모든 출력의 값이 1이 되어야 한다. 4개의 입력으로는 보수화된 값과 보수화되지 않은 값이 모두 입력될 수 있는 것으로 가정한다.

이 회로를 위하여 3 가지의 다른 설계를 수행하고 한다. 각 설계에 대하여 맵, 불 대수 방정식, 블록도를 보여라. 해를 읽기 용이하게 하기 위하여 색을 사용하라. 처음 두 부분에 대하여 7400, 7410, 7420, 7430 칩들이 각각 몇 개씩 사용되는 가를 보여라. 최소 회로란 최소의 게이트를 사용하는 회로이거나 같은 수의 게이트를 사용한다며 게이트 입력의 수가 최소인 경우를 말한다.

a. 각 함수의 주항을 사용하는 최소의 2단계 NAND 구현을 찾아라. 각 함수의 주항들만이 공유된다. 여러 가지 해가 있는 경우에는 하나의 해다 다른 해보다 공유되는 부분이 많을 것이다.
b. 공유되는 항의 수를 늘려서 회로를 좀 더 간략화 하라.(주항이 아닌 항들도 공유하도록 하라.)
c. 4개의 입력, 7개의 출력과 12개의 곱항을 지원하는 PLA를 이용하여 회로를 구현하라.

21. 5개의 변수로 구성된 다음 3개의 함수에 대하여 다음 물음에 답하시오.

$$f(a, b, c, d, e) = \Sigma m(0, 2, 5, 7, 8, 10, 13, 15, 16, 21, 23, 24, 29, 31)$$
$$g(a, b, c, d, e) = \Sigma m(2, 5, 7, 10, 13, 15, 16, 18, 20, 21, 22, 23, 25, 27)$$
$$h(a, b, c, d, e) = \Sigma m(2, 9, 10, 12, 13, 14, 16, 18, 20, 22, 28, 29, 30, 31)$$

a. 각 함수에 대하여 최소 SOP 식을 구하시오. 각 함수에 대하여 맵과 불

대수 방정식을 보이시오.

b. 2단계 NAND 게이트 회로를 가정하고 최소의 해를 구하시오. 모든 변수는 보수화되지 않은 상태와 보수화된 상태로 입력된다고 가정한다. 맵, 방정식, 블록도를 보이시오. 또한 사용되는 7400 시리즈 칩의 수를 보이시오.(사용 가능한 칩은 7400, 7410, 7420, 7430이다.) (12개의 게이트 이하로 구현이 가능하다.)

c. 5개의 입력, 3개의 출력, 10개의 곱 항을 지원하는 PLA를 이용하여 구현하시오.

22. 다음 3개의 함수에 대하여 물음에 답하시오.

$$f(a, b, c, d, e) = \Sigma m(2, 3, 4, 5, 8, 9, 12, 20, 21, 24, 25, 31)$$
$$g(a, b, c, d, e) = \Sigma m(2, 3, 4, 5, 6, 7, 10, 11, 12, 20, 21, 26, 27, 31)$$
$$h(a, b, c, d, e) = \Sigma m(0, 2, 3, 4, 5, 8, 10, 12, 16, 18, 19, 20, 21, 22, 23, 24, 28, 31)$$

모든 변수는 보수화되지 않은 상태와 보수화된 상태로 입력된다고 가정한다.

a. 각 함수를 별개의 문제로 생각하고 최소의 SOP 식을 구하시오. f와 h는 여러 개의 해를 가진다.

b. 7400, 7410, 7420, 7430 칩의 가격이 25센트라고 가정하자. 각 게이트의 수를 보이고, 각 칩이 몇 개씩 사용되는가 보여라. 또한 2단계 해의 총 비용을 계산하라.(하나이 항이 2개 이상의 함수의 주항인 경우에만 공유하도록 하라.)

c. 각 함수에 대하여(a번의 결과를 다시 이용한다.) 7400과 7410만을 사용하는 해를 구하라.(4 입력, 8 입력 게이트를 사용하지 않는다.) 공유되는 항을 표시하는 방정식과 맵을 보여라. 각 크기의 게이트의 수를 보이고, 각 칩이 몇 개가 사용되는 가를 보여라. 그리고 2 단계 구현의 총 비용을 계산하라.

d. 2단계 구현의 비용을 줄이기 위하여 각 함수간의 공유항을 최대로 하여라. 7400, 7410, 7420, 7430 (각 칩의 가격은 25센트)를 사용하라. 각 크기의 게이트의 수를 보이고, 각 칩이 몇 개가 사용되는 가를 보여라. 그리고 2단계 구현의 총 비용을 계산하라.

e. ROM과 5개 입력, 3개의 출력, 12개의 곱항을 지원하는 PLA를 사용하여 구현하라.

23. 입력으로 1 ~ 10까지의 수를 받으며, 다음에 설명되는 표시기를 구동할 수 있는 출력(전체 출력 중 8개)을 내는 회로를 설계하시오. 입력은 W, X, Y, Z이며 일반적인 이진수 값이다. 입력 조합 중 0000, 1011, 1100, 1101, 1110, 1111은 발생하지 않는다. 따라서 이들은 don't care로 간주된다. 사용가능한

칩은 7400, 7410, 7420이다. 설계는 최소의 칩을 사용하여야 한다.(이 설계에서 최소의 칩수는 5개이다.) 해는 각 함수에 대한 맵과 회로의 블록도를 포함하여야 한다.

이 표시기는 로마자 표기를 표시할 수 있다.(일반적으로 8은 VIII로 표시되지만, 여기서는 IIX로 표시된다.)

아래 그림과 같이 이 표시기에는 8개의 세그먼트가 있으며, 이들은 A ~ H이다.

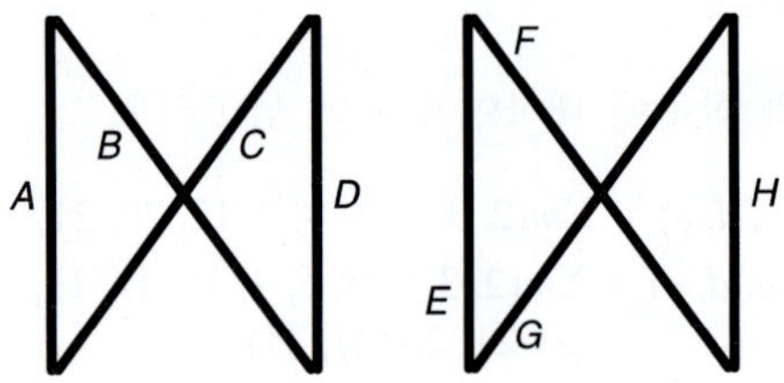

하이 버전: 세그먼트를 켜기 위해서는 해당하는 세그먼트에 1이 입력되어야 한다.

로우 버전: 세그먼트를 켜기 위하여 0이 입력되어야 한다. 이 버전의 입력은 하이 버전 입력의 보수와 같다.

5를 표시하는 방법은 다음의 2가지가 있다.
좌측: 세그먼트 A와 C를 켠다.(또는 E와 G)
우측: 세그먼트 B와 D를 켠다.(또는 F와 H)

다음의 그림은 각 수에 대하여 표시기가 어떻게 구동되어야 하는 가를 표시한다. 이 그림에서 점선은 켜지지 않는 세그먼트이며, 굵은 실선은 켜진 세그먼트이다.

Left

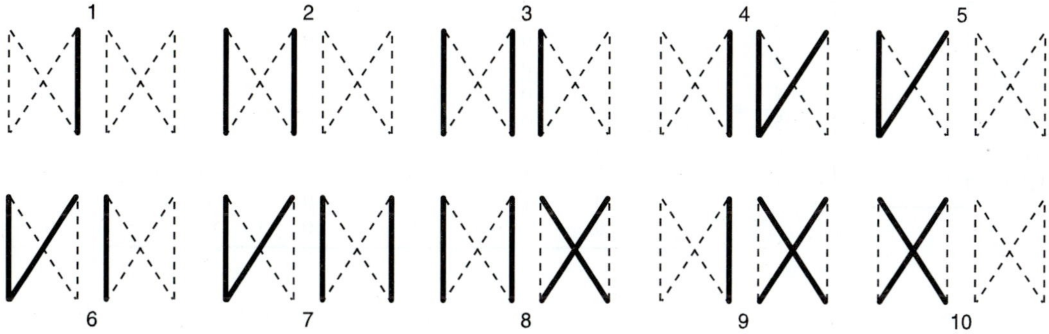

Right

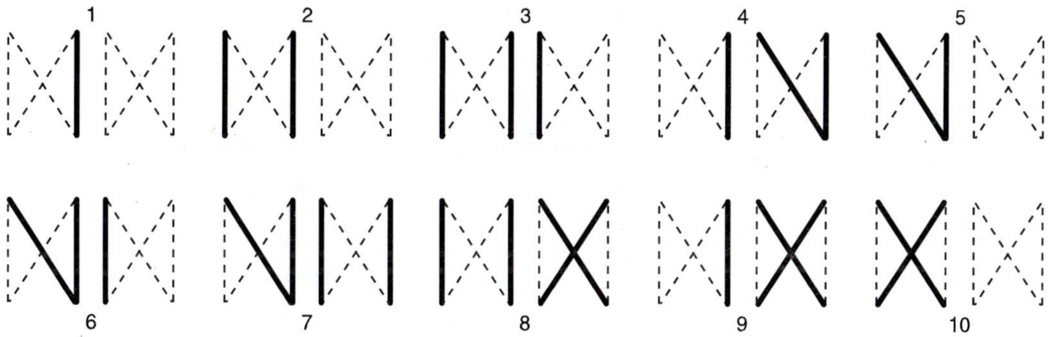

이 문제는 각 버전에 대한 4개의 개별적인 문제로 볼 수 있다

4.11 이 장의 테스트

1. 다음 함수들을 아래의 기술된 디코더 2개와 2개의 8 입력 OR 게이트를 이용하여 구현하시오.

$$f(w, x, y, z) = \Sigma m(0, 4, 5, 6, 7, 12, 15)$$
$$g(w, x, y, z) = \Sigma m(1, 3, 12, 13, 14, 15)$$

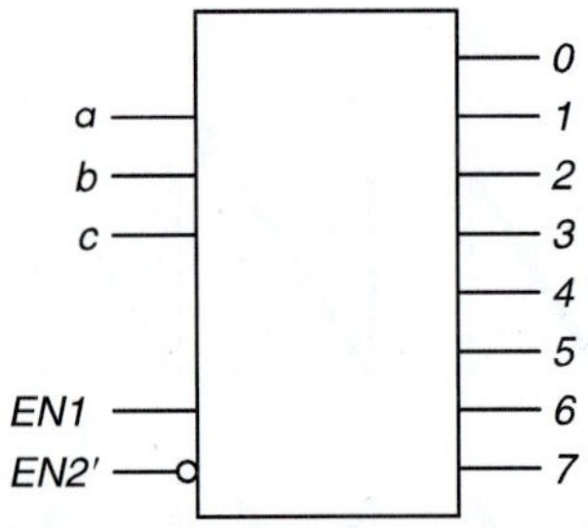

EN1	*EN2′*	*a*	*b*	*c*	*0*	*1*	*2*	*3*	*4*	*5*	*6*	*7*
0	X	X	X	X	0	0	0	0	0	0	0	0
X	1	X	X	X	0	0	0	0	0	0	0	0
1	0	0	0	0	1	0	0	0	0	0	0	0
1	0	0	0	1	0	1	0	0	0	0	0	0
1	0	0	1	0	0	0	1	0	0	0	0	0
1	0	0	0	1	0	0	0	1	0	0	0	0
1	0	1	0	0	0	0	0	0	1	0	0	0
1	0	1	0	1	0	0	0	0	0	1	0	0
1	0	1	1	0	0	0	0	0	0	0	1	0
1	0	1	0	1	0	0	0	0	0	0	0	1

2. 2개의 74151 8-1 멀티플렉서(활성-0 enable 입력, *EN′*, 활성-0 및 활성-1 출력)을 이용하여 다음의 함수를 2가지 방법으로 구현하라.

$W(A, B, C) = \Sigma m(1, 2, 3, 6, 7)$

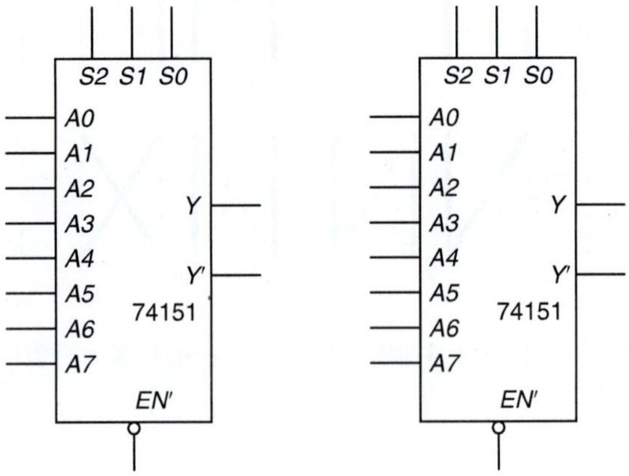

3. 다음 맵에 보인 함수를 아래의 PLA를 사용하여 구현하라. 모든 입력과 출력의 이름을 표시하라.

yz \ wx	00	01	11	10
00				1
01	1	1		
11	1	1	1	1
10	1	1		1

f

yz \ wx	00	01	11	10
00		1	1	1
01				
11			1	
10	1	1	1	

g

yz \ wx	00	01	11	10
00		1		1
01	1	1		
11	1	1	1	
10		1		

h

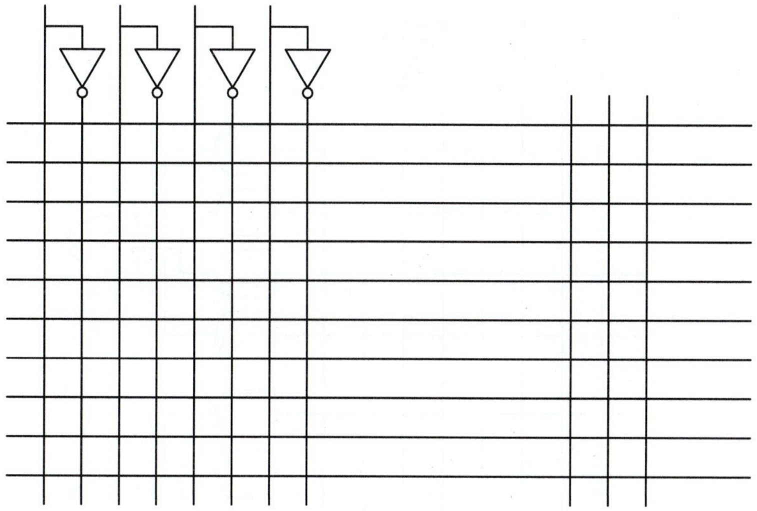

4. 3번의 함수를 아래의 ROM을 이용하여 구현하시오.

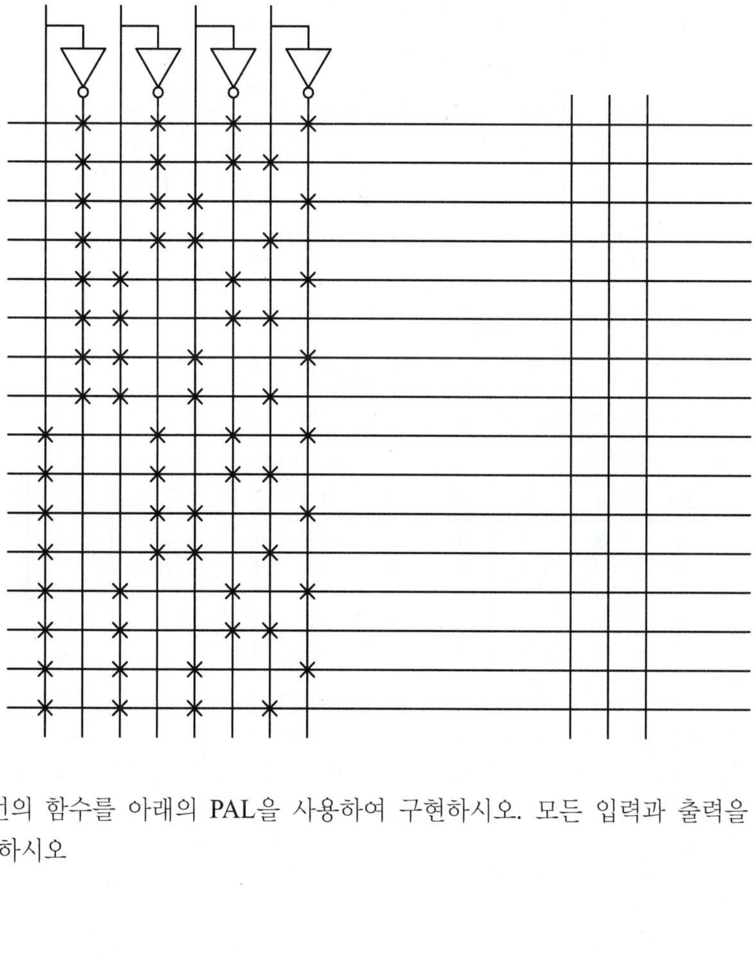

5. 3번의 함수를 아래의 PAL을 사용하여 구현하시오. 모든 입력과 출력을 표시하시오

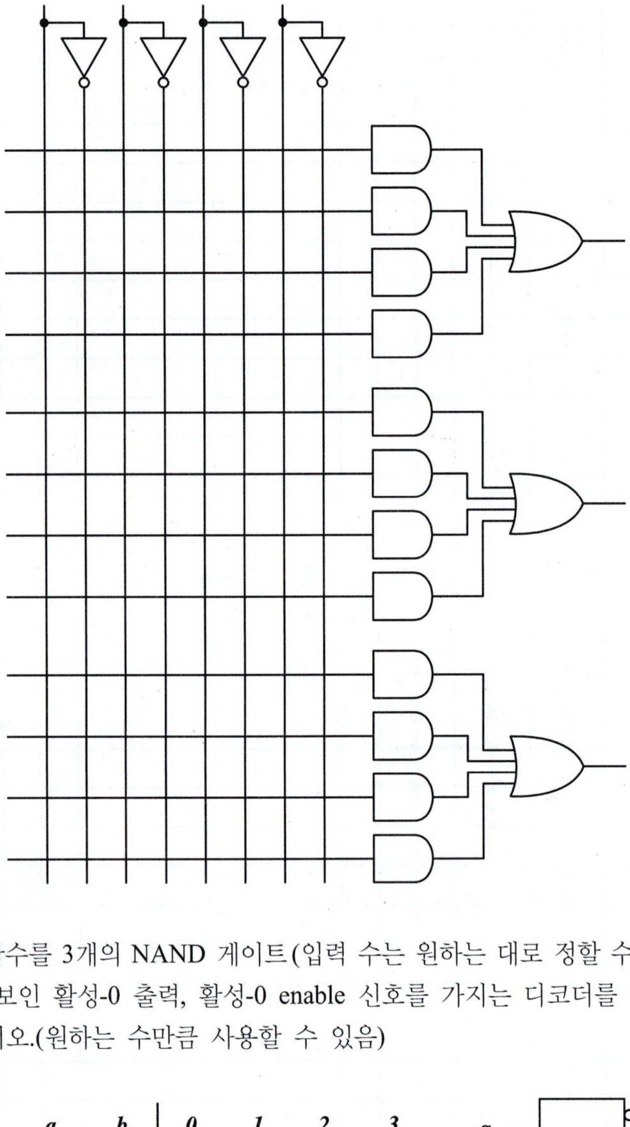

6. 3번의 함수를 3개의 NAND 게이트(입력 수는 원하는 대로 정할 수 있음)와 아래에 보인 활성-0 출력, 활성-0 enable 신호를 가지는 디코더를 이용하여 구현하시오.(원하는 수만큼 사용할 수 있음)

EN	*a*	*b*	*0*	*1*	*2*	*3*
1	X	X	1	1	1	1
0	0	0	0	1	1	1
0	0	1	1	0	1	1
0	1	0	1	1	0	1
0	1	1	1	1	1	0

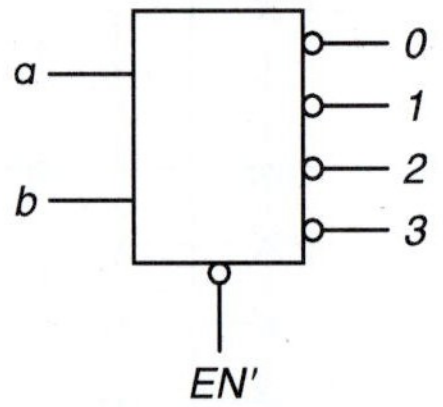

이러한 블록으로 구성된 회로의 블록도를 보이시오. 3개의 8 입력 NAND 게이트와 디코더 4개를 사용한 회로의 블록도를 그리시오.

5 순차 시스템의 분석

지금까지의 모든 회로는 어떤 순간의 출력이 그 시간의 입력에만 의존하는 조합회로에 관한 것이었다.(여기서 어떤 회로의 입력이 변하는 것과 출력이 변하는 시간 사이의 작은 지연시간은 무시한다.) 파트 I의 나머지 부분에서는, 메모리를 가지고 있으며, 순차 시스템 혹은 유한 상태 머신(FSM, Finite State Machine)이라고 언급되는 시스템을 살펴볼 것이다. 따라서 그 출력은 현재 입력뿐만 아니라 또한 이전에 일어났던 입력에 의해서도 영향을 받는다.

첫째로 클럭 시스템(때로는 동기형이라고 언급하기도 한다)에 대해 알아보자. 클럭은 주기적인 비율로 0과 1 사이를 (모든 시간에 걸쳐) 교대로 변하는 신호이다.[1)] 두 가지 유형의 클럭 신호가 그림 5.1에 나와 있다. 첫 번째 그림에서 한 사이클의 반은 0이고 나머지 반은 1이다. 두 번째에서는 사이클에서 보다 짧은 부분이 1이다. 모든 플립플롭(Flip Flop)에는 보통 이와 같은 클럭이 연결되어 있다.

그림 5.1 클럭 신호

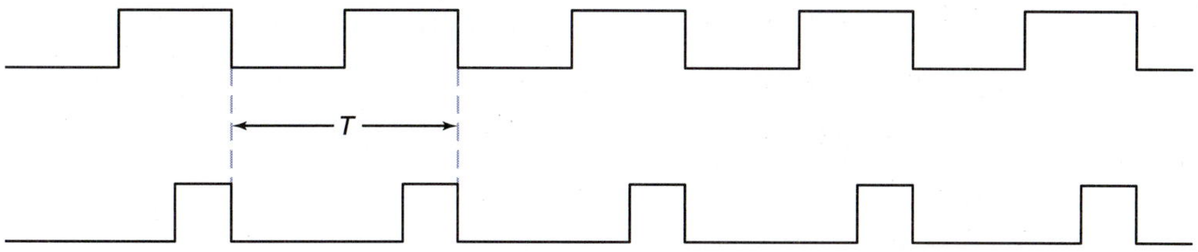

1) 클럭은 보여진 바와 같이 보통 주기적인 파형이지만, 클럭의 주기성은 대부분의 순차 시스템의 동작에 중요하지는 않다.

신호의 주기는(그림의 T) 한 사이클의 길이이다. 주파수는 그 역수$(1/T)$이다. 200 MHz(메가헤르쯔, 초당 백만 사이클)의 주파수는 그 주기가 5 nsec[2] (5 나노초, 1억분의 5초)이다. 이후에 나오는 대부분의 논의에서 정확한 값은 중요하지 않다.

대부분의 동기형 시스템에서 변화는 클럭 신호의 천이시점에서 일어난다. 이는 클럭형 이진 기억소자인 플립플롭의 몇 가지 종류를 소개할 때 좀 더 자세하게 살펴볼 것이다.

그림 5.2의 블록도는 동기형 순차시스템에 대한 개념적인 모양을 보여준다. 순차시스템은 기억소자 부분과 조합논리회로 부분으로 구성된다. 이 블록도에는 n개의 입력$(x's)$, 클럭, k개의 출력$(z's)$ 및 m개의 이진기억소자$(q's)$가 표시되어 있다. 각 기억소자는 한 개 또는 두개의 입력 신호를 필요로 한다. 많은 시스템은 단지 한 개의 입력과 출력을 가지지만, 우리는 각각 여러 개의 입력과 출력들을 가지거나 혹은 클럭 외에는 입력이 없는 예제들을 살펴 볼 것이다.

그림 5.2 순차 시스템의 개념도

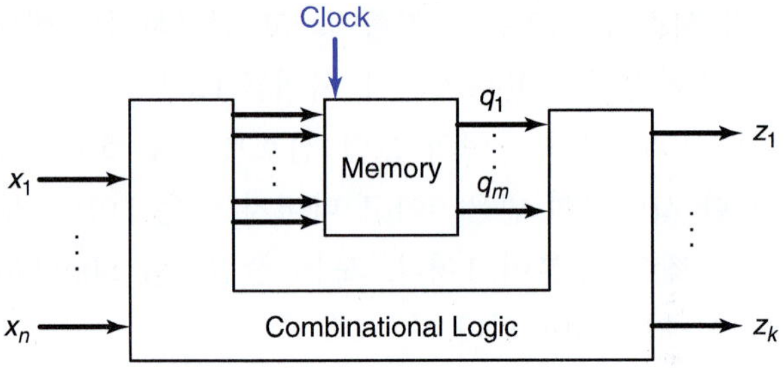

조합논리회로의 출력은 시스템 입력과 메모리 내용에 관한 함수이다; 조합논리 출력은 시스템 출력 및 메모리 내용을 변화시키는 신호이다.

5.2절에서 가장 단순한 기억소자인 래치(latch)를 소개할 것이다. 이것은 게이트들로 구성되는 정적 소자이다. 그 출력은 입력이 변할 때마다 즉시 변하며 여기에 클럭은 관여하지 않는다. 래치는 주로 임시(버퍼) 소자로 사용된다.

5.3절에서는 가장 보편적인 기억소자이자 클럭에 의한 동작을 하는 플립플롭을 공부할 것이다. 플립플롭은 대부분 q와 q'의 두 개의 출력을 가지는데 그것은 각각 저장된 비트와 그 반전값이다. 그것은 한 개 혹은 두

---

2) $1/(200 \times 10^6) = (1000/200) \times 10^{-9} = 5 \times 10^{-9} = 5$ nsec.

개 입력(실제는, 3개로서 한 개를 만들기 위해 사용된다.)을 가질 수 있다; 몇 가지 종류의 플립플롭을 이 장에서 설명할 것이다.

5.1절에서, 상태표, 상태도 및 타이밍 트레이스를 설명할 것이다. 5.4절에서는 순차시스템의 분석에 대하여 논의할 것이다.

5.1 상태표와 상태도

순차시스템의 간단한 예는 순차시스템에 대한 연속적인 예들의 첫 번째 예이다.(다른 예들은 6장에서 소개할 것이다.)

CE6. 입력 x와 출력 z를 가지며, 적어도 3개의 연속적인 클럭 시간 동안 $x=1$ 이면 $z=1$이 되는 시스템을 생각하여 보자.[3)]

이 예에서, 이 시스템은 마지막 최근의 3개 입력에 대한 정보를 메모리에 저장하여야 하고 그것에 근거하여 출력을 만들어야 한다. 메모리에 저장되는 것은 시스템의 상태이다. 메모리는 이진 소자의 집합으로 구성한다. 그것들은 바로 최근의 몇 개의 입력일수도 있지만, 다른 방법으로 정보를 부호화하면 종종 더 경제적일 수도 있다. 때때로, 최근 입력들의 유한 개수는 충분하지 않다.

타이밍 트레이스는 연속적인 클럭 시간에서 입력과 출력(때때로 상태나 시스템의 다른 변수)에 대한 값의 집합이다. 이것은 주어진 시스템의 행동을 기술하거나 시스템 행동의 의미를 규정하는데 자주 사용된다. 입력들은 그 시스템에 인가될 수 있는 값의 임의 집합이고 시스템의 행동을 보여주기 위하여 선택된다. CE6에 대한 타이밍 트레이스는 트레이스 5.1에 보여준다.

트레이스 5.1 3개의 연속적인 1's

x	0	1	1	0	1	1	1	0	0	1	0	1	1	1	1	1	0	0			
z	?	0	0	0	0	0	0	1	0	0	0	0	0	0	1	1	1	0	0	0	0

CE6에 대한 출력은 단지 시스템의 상태(현재 입력에는 무관)에만 의존하고, 그러므로 요구되는 입력 모양이 발생한 후에 발생한다. 이 같은 시스템을 E. F. 무어 이름을 따라서 무어(Moore) 모델이라고 한다. 첫 번째 입력

3) 5.3절에서, 클럭 사이에 입력이 관계되는 것을 정확히 정의할 것이다.

에 대한 출력은 이전에 무엇이 일어났는지에 대한 이력이 없기 때문에 미지의 값이다.(시스템에서 1이 발생하지 않도록 초기화 되었다면, 그때의 출력은 0이 될 것이다.) 3개의 연속적인 입력이 1이 된 후에, 시스템은 출력이 1이 되는 상태로 가고, 입력이 1인 동안에는 그 상태에 머무른다.

이 시스템에 대한 몇 가지의 설계가 가능하다. 언어적인 서술로부터 시스템을 설계하는 기법은 6장에서 취급할 것이다. 여기에서는, 순차 시스템을 서술하는 두 가지 도구를 소개하고자 한다.

상태표는 각 입력 조합과 각 상태에 대하여, 다음 클럭 후에 메모리에 저장될 값이 무엇인지를 나타내는 차기 상태와 출력이 무엇인지를 보여준다.

상태도(혹은 상태그래프)는 시스템의 행동에 대하여 각 입력조합과 각 상태에 대하여 다음 클럭 후에 메모리에 저장될 차기 상태와 출력이 무엇인지를 보여주는 도식적인 표현 방법이다.

표 5.1은 이 시점에서 명확하지는 않겠지만, CE6을 서술하는 상태표의 예이다.

표 5.1 상태표

Present state	Next state $x = 0$	Next state $x = 1$	Present output
A	A	B	0
B	A	C	0
C	A	D	0
D	A	D	1

현재상태를 q, 차기상태를 q^*으로 표시할 것이다.(몇몇 책에서는 차기상태를 Q 또는 $q+$, 혹은 $q(t+\Delta)$로 쓰기도 한다.) 차기 상태는 이번 클럭이 천이된 후에 메모리에 저장된다. 그리고 다음 클럭시간에는 그 상태가 현재상태가 될 것이다. 차기상태는 현재상태와 입력 x의 함수이다. 이 예제에 있어서 출력은 현재의 입력에 영향을 받는 것이 아니라 현재상태에 영향을 받는다. 클럭이 천이되는 시간에 상태가 변할 때만 출력이 변할 것이다. 상태표의 첫 번째 줄은 메모리에 A가 저장되어 있고 입력이 0이라면 차기상태는 A이다.(즉, A가 다시 메모리에 저장될 것이다.) 그리고 메모리에 A가 저장되어 있고 입력이 1이라면, 차기상태는 B이다. 만약 시스템이 A(혹은 B나 C)에 있다면 출력은 0이다.

이 상태표에 해당하는 상태도가 그림 5.3에 보여진다. 각 상태는 하나의 원으로 표시된다. 원에는 또한 그 상태에서의 출력이 표시되어 있다. 원으로부터 나오는 선은 가능한 천이를 나타낸다. 선 위에 표시되어있는 숫자는 그 천이를 일으키게 하는 입력을 의미한다. 각 상태로부터 가능한 각 입력 조합에 대하여 연결되는 선은 하나만 있어야 한다.(이 예제에서는 하나의 입력만이 있다. 따라서 2개의 연결선이 있다.) 때때로, 가능한 입력조합과 두 개의 수가 표시되어 있거나 무관조건(X)이 표시되어 있는 단일 선이 동일한 차기상태로 귀결될 때가 있다. 이 상태도는 상태표와 동일한 정보를 포함하고 있다.

그림 5.3 상태도

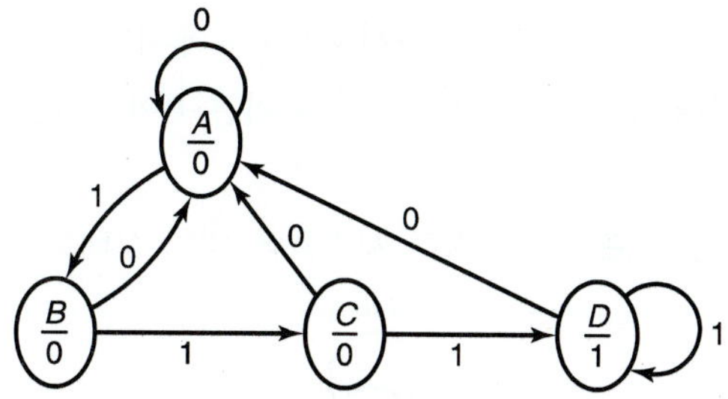

만약 상태도나 상태표가 주어진다면 타이밍 트레이스를 할 수 있을 것이다. 트레이스 5.2에서는 상태를 포함하고 있는 이전과 같은 트레이스를 반복한다.

트레이스 5.2 3상태를 포함한 트레이스

x	0	1	1	0	1	1	1	0	0	1	0	1	1	1	1	1	0	0		
q	?	A	B	C	A	B	C	D	A	A	B	A	B	C	D	D	D	A	A	?
z	?	0	0	0	0	0	0	1	0	0	0	0	0	0	1	1	1	0	0	0	0

초기 상태를 알거나 모르거나 상관없이, 입력에 0이 들어오면 어떠한 상태에서든 시스템을 A의 상태로 만든다는 것이 상태도에 나타나 있다. 1이 입력되면 상태 A에서는 상태 B로, 상태 C에서는 상태 D로, 상태 D에서는 상태 D로 유지됨을 알 수 있다.

몇몇 시스템에서는 출력이 현재의 상태뿐만 아니라, 현재의 입력에 의해서도 영향을 받는다. 이러한 시스템은 밀리(Mealy) 모델(G. B. Mealy의 이름으로부터 유래한다.)라 부른다. 상태표는 차기상태 부분과 같이 여러 개의 열을 가진다.(가능한 입력 조합마다 하나씩) 표 5.2에 하나의 예제를 보여준다.(다음 장에서 살펴볼 것이다.)

표 5.2 밀리 모델 시스템의 상태표

q	$q^\star$ $x=0$	$q^\star$ $x=1$	z $x=0$	z $x=1$
A	A	B	0	0
B	A	C	0	0
C	A	C	0	1

밀리 모델의 상태도는 무어 모델의 상태도와는 다르다. 그림 5.4에 나와 있듯이 출력은 상태보다 천이와 연관되어 있다. 각 선은 두개의 표시를 가진다. 입력은 변화를 일으키고, / 뒤에 나오는 출력은 그 상태에서 그 입력이 들어올 때의 출력값이다. 따라서 상태 A에서 상태 B로 가는 선에는 1/0 이라고 표시되어 있고, $x = 1$일 때, 출력은 0이 됨을 의미한다.

그림 5.4 표 5.2의 밀리 시스템에 대한 상태도

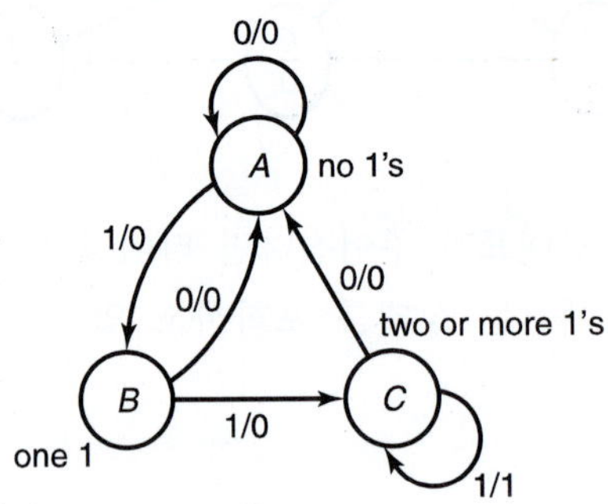

타이밍 트레이스(트레이스 5.3)는 무어 모델과 매우 유사한 형태로 만들어졌지만, 현재 출력이 현재의 상태뿐 아니라 현재의 입력에 의해서도 변한다는 점이 다르다.

트레이스 5.3 타이밍 트레이스

x	0	1	1	0	1	1	1	0	0	1	0	1	0	1	1	1	1	1	0	0	
q	?	A	B	C	A	B	C	C	A	A	B	A	B	A	B	C	C	C	C	A	A
Z	0	0	0	0	0	0	1	0	0	0	0	0	0	0	0	1	1	0	0	0	0

무어 머신과 밀리 머신의 분석과 설계과정은 매우 비슷하다. 이 문제에 관해서는 5.4절과 6장에서 다시 살펴보기로 하자.

5.2 래치

래치는 2진 저장소자로 2개 혹은 그 이상의 게이트가 피드백으로 구성되어 있다. 가장 간단한 2게이트 래치는 각각의 게이트 출력이 다른 게이트의 입력으로 연결되어 있다. 그림 5.5는 2개의 NOR 게이트로 구성된 간단한 래치를 보여준다.

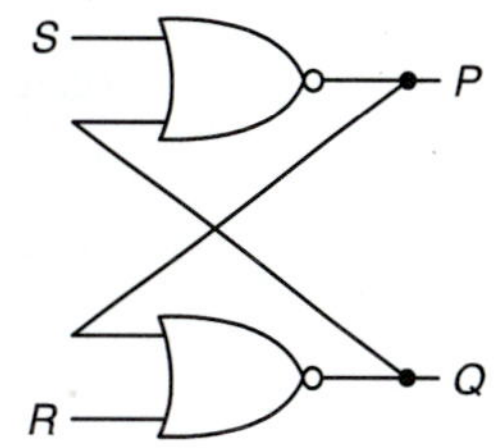

그림 5.5 NOR 게이트 래치

다음은 이 시스템에 대한 수식이다:

$$P = (S + Q)'$$
$$Q = (R + P)'$$

정상적인 저장상태는 두 입력이 0일 때이다.(비활성) S와 R이 둘 다 0이면, 두 수식 상태는 P는 Q의 보수이며 이는 다음과 같이 표시 할 수 있다.

$$P = Q' \qquad Q = P'$$

이 래치는 0(Q=0, P=1)이거나, 혹은 1(Q=1, P=0)을 저장 할 수 있다. 따라서 P는 보통 Q'로 표시된다. 글자 S는 *set*을 표시하기 위해 사용하는데, 즉 래치에 1을 저장한다. 만약 S=1이고 R=0이면,

$$P = (1 + Q)' = 1' = 0$$
$$Q = (0 + 0)' = 0' = 1$$

이다. 따라서 래치에 1이 저장된다.(Q선에) 비슷하게 *reset* 선인, R이 1이고 S=0 이라면,

$$Q = (1 + P)' = 1' = 0$$
$$P = (0 + 0)' = 0' = 1$$

마지막으로 S=1, R=1이면, S와 R이 동시에 활성화되어 래치는 동작하지 않는다.

$$P = (1 + Q)' = 1' = 0$$
$$Q = (1 + P)' = 1' = 0$$

두 출력은 모두 0이 될 것이다.(서로의 보수가 아닌) 게다가 만약 S와 R이 둘 다 동시에 0이 된다면 래치가 어떠한 상태가 될 것인지 명확하지가 않다.(논리식으로 보면 Q=0과 Q=1 둘 다 만족한다.) 무엇이 일어나는가는 둘 다 동시에 0이 되었는가 혹은 어느 한쪽이 다른 한쪽보다 먼저 0이 되었는가(이 경우 마지막 1이 결정적이다)에 달려있다. 그렇지 않다면 논

리회로 설계자의 관심 밖의 요인들(부유 캐패시터나 각 트랜지스터의 이득과 같은)이 마지막 상태를 결정할 것이다. 이러한 문제점을 피하기 위해 두 입력이 동시에 1이 되지 않도록 해야 한다.

보다 복잡한 래치도 만들어 질 수 있다. 그림 5.6에 나와 있는 제어(gated) 단자가 있는 래치를 살펴보자. Gate 신호가 0이면 *SG*와 *RG*는 모두 0이 되며, 래치는 변하지 않는다. 오직 Gate 신호가 1이 될 때에만 그림 5.5의 단순 래치와 같이 0 혹은 1이 래치에 저장 될 수 있다.

그림 5.6 제어단자가 있는 래치

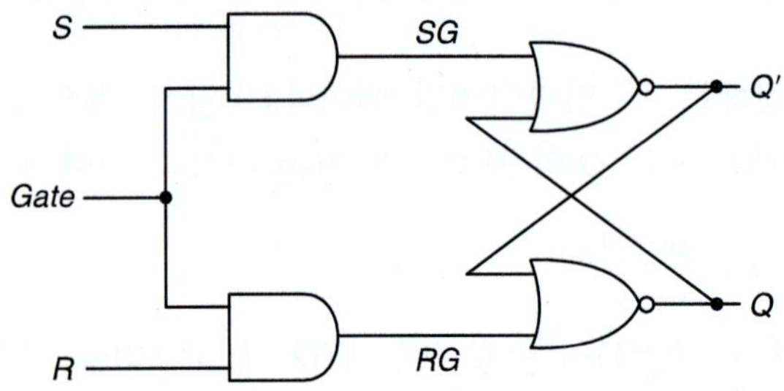

5.3 플립플롭

플립플롭은 0과 1을 저장할 수 있는 클럭이 있는 2진 저장 장치이다. 정상적인 동작 하에서, 그 값은 오직 클럭의 적합한 천이에서만 바뀔 수 있다.[4)] 그 시스템의 상태(즉, 메모리에 있는)는 클럭의 천이시에만 바뀐다. 어떤 플립플롭은 클럭이 트레일링 에지 트리거(trailing-edge triggered)라고 하는, 1에서 0으로 천이할 때에만 변화가 일어난다. 또 다른 플립플롭은 클럭이 리딩 에지 트리거(leading-edge triggered)라고 하는, 0에서 1로 천이할 때에만 변화가 일어난다. 천이 이후에 플립플롭에 어떤 값이 저장되는가는 플립플롭 입력 데이터와 천이 이전의 플립플롭에 어떠한 값이 저장되어 있었는가에 따라 결정된다.

4) 많은 플립플롭은 비동기 리셋이나 혹은 동시에 프리셋 입력을 가지고 있다. 이 입력들은 간단한 SR 래치에 있는 시스템과 같은 방법으로, 클럭을 무시하고 플립플롭에 0(클리어)이나 1(셋)을 즉시 덮어쓰게 할 수 있다. 그것은 차후 간단히 언급할 것이다.

플립플롭은 하나 혹은 두 개의 출력을 가진다. 하나의 출력은 플립플롭의 상태이다. 만약 두개의 출력이 있다면, 다른 하나의 출력은 그 상태의 보수이다. 각각의 플립플롭은 거의 항상 2개의 출력을 지닌다. 그러나 IC(Integrated Circuit) 패키지에 포함되어 있는 몇몇 플립플롭은 핀 수의 제한으로 인해 비반전 출력만 가진다.

D 플립플롭과 *JK* 플립플롭에 대해서 알아보자. *D* 플립플롭은 가장 간단하게 동작하며 프로그램 가능한 논리회로 소자 (7장)에 가장 많이 사용되고 있다. *JK* 플립플롭은 거의 항상 가장 단순한 조합논리회로를 생성한다. *D* 플립플롭과 *JK* 플립플롭에 대해 언급하면서 *SR*과 *T* 플립플롭도 소개할 것인데, 이것은 자연적으로 *JK* 플립플롭으로 연결된다.

가장 간단한 플립플롭은 *D* 플립플롭이다. 그 이름은 딜레이(Delay)로부터 유래하였는데, 출력은 입력이 다음 유효 클럭 천이까지 지연(delay)된 것이기 때문이다. *D* 플립플롭의 차기상태는 유효 클럭천이가 일어나기 전의 *D* 입력값이다. 그림 5.7에는 하강 에지 트리거와 상승 에지 트리거 2종류의 *D* 플립플롭 블록도가 나와있다. 삼각형은 입력되는 것이 클럭이라는 것을 의미한다. 하강 에지 트리거 플립플롭에는 클럭 입력부에 원이 사용된다.(앞으로 이것은 변함없이 사용될 것이다.) 그러나 어떤 출판물에서는 블록도에서 이것을 구별하지 않는다.

그림 5.7 D 플립플롭 블록도

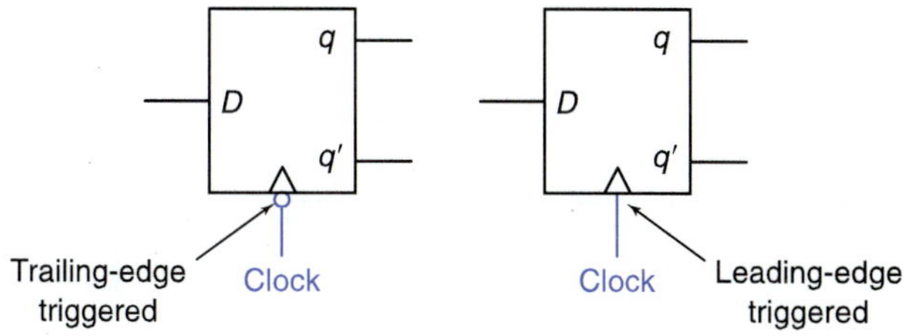

플립플롭 각 종류의 행동을 설명하기 위하여 진리표(표 5.3)와 상태도의 두 가지 형식을 사용할 것이다. *D* 플립플롭은 매우 간단하지만, 위와 같이 살펴보도록 하자. 진리표의 첫 번째 형식에서 플립플롭 입력과 현재 상태가 입력 열에 있고, 두 번째에는 단지 플립플롭 입력만 필요하다. 그림 5.8에 *D* 플립플롭의 상태도가 나와 있다. 모든 형태의 플립플롭과 마찬가지로 2가지의 상태만 있다. 천이 경로는 그 천이를 일으키게 하는 입력으로 표시되어 있고, 플립플롭의 출력은 바로 상태와 동일하다.(출력은 상태와 같기 때문에 원에 표시하지 않았다.)

그림 5.8 *D* 플립플롭 상태도

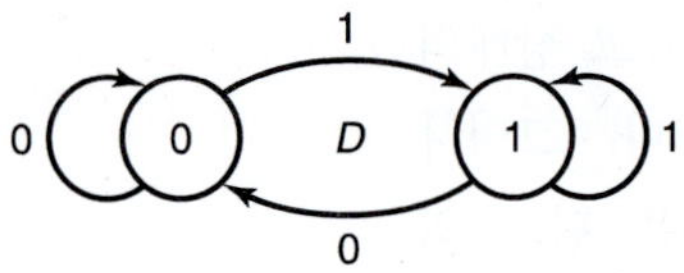

표 5.3 *D* 플립플롭의 특성표

D	q	$q^\star$
0	0	0
0	1	0
1	0	1
1	1	1

D	$q^\star$
0	0
1	1

플립플롭의 차기상태는 첫 번째 진리표에서 바로 수식을 구함으로써 입력과 현재상태의 함수로 대수적으로 서술될 수 있다. D 플립플롭의 경우 수식은 다음과 같다.

$$q^\star = D$$

하강 에지 트리거 D 플립플롭의 동작은 그림 5.9에 있는 타이밍도에 나타나 있다. 타이밍도의 관찰을 시작하기 전에 플립플롭에 저장되어 있던 q의 초기값을 알지 못한다면, 첫 번째 하강클럭 천이가 일어날 때까지 q의 값을 알 수 없을 것이다. 그것은 타이밍도에 빗금 쳐진 영역으로 표시되어 있다. 처음 하강 에지가 일어날 때, 비로서 플립플롭의 상태가 확정된다. 클럭이 천이되는 그 시간에 D가 0이었기 때문에, q는 0이 된다.(q'은 당연히 1이 된다.) 출력에 약간의 딜레이가 있다는 것에 유의하라.

그림 5.9 *D* 플립플롭 타이밍도

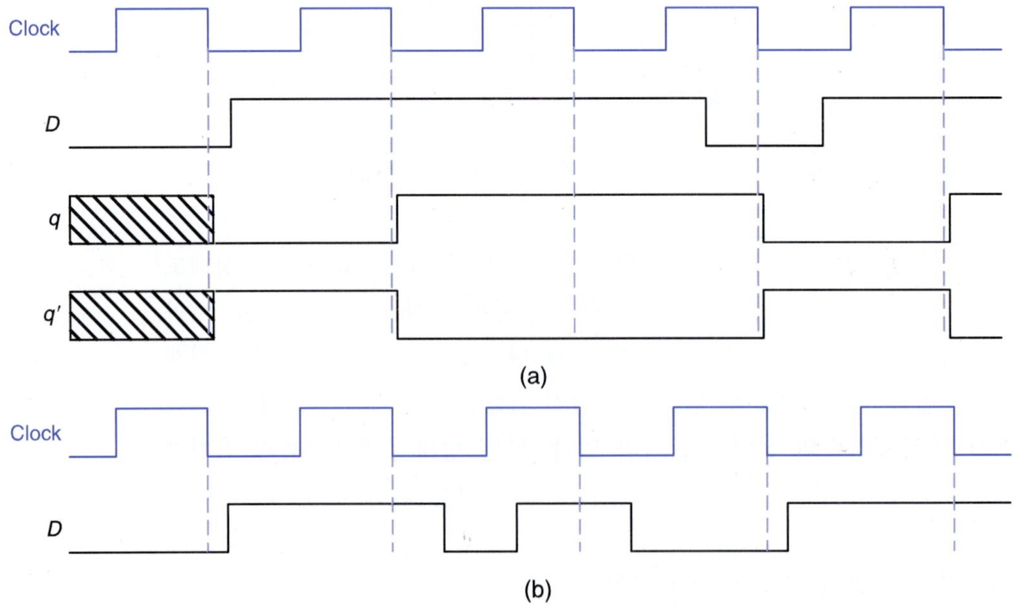

D에서 첫 번째 값의 변화에서처럼 천이 이후에 바로 입력값이 바뀌지만, 다음 유효 천이 클럭에 도달하기 바로 전에 안정된 값으로 도달한다면 D 값은 어느 때이건 바뀔 수 있다.(D값의 두 번째, 세 번째 변화가 클럭 주기에서 늦게 나타나는 것에 유의하라.) 그림에 나타나 있듯이 q'의 출력은 (이름이 의미하는 바와 같이) q출력의 반전이다. 두 번째 하강 에지에서 D는 1이고, 따라서 q는 다음 클럭 주기까지 q의 상태이다. 세 번째 하강 에지에서 D는 여전히 1이기 때문에 q는 한 주기 더 1의 상태가 된다. 그림 5.9에 나와있는 것처럼 D의 값이 클럭 천이 사이에서 0이 되었다가 1로 다시 돌아왔더라도 출력 값은 영향을 받지 않는다. 그 이유는, D값은 하강 에지 부근에서만 의미가 있기 때문이다. 출력은 그림 5.9a 와 동일하다.

다음은 상승 에지 트리거 형태의 플립플롭의 특징에 대해 살펴보자. 플립플롭의 특성표는 변경될 필요가 없다. 차이점은 클럭에 관하여 출력이 언제 바뀌느냐 뿐이다. 이전과 동일한 입력을 사용한 상승 에지 트리거 D 플립플롭의 타이밍도가 그림 5.10에 나와 있다. 출력(플립플롭의 상태)은 클럭이 0에서 1로 변한 바로 직후에 (천이 직전의 입력값에 대해) 변한다.

그림 5.10 상승 에지 트리거 D 플립플롭

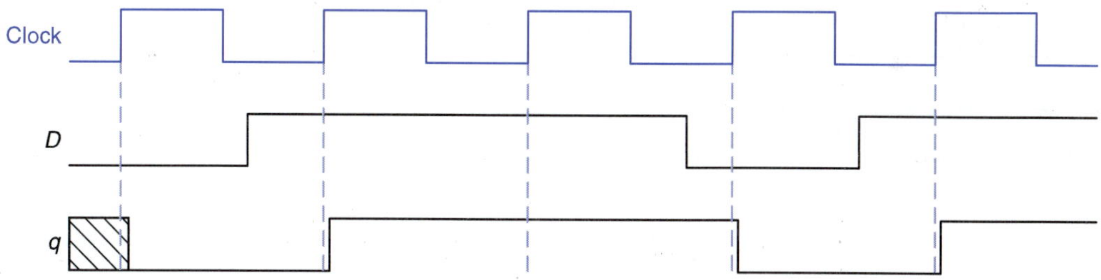

클럭 천이 때의 플립플롭의 동작은 그 천이 이전의 플립플롭 입력값에 의해 결정되기에, 그림 5.11(하강 에지 트리거 플립플롭)에 나와있는 것처럼 한 플립플롭의 출력을 다른 플립플롭의 입력에 연결하고 클럭을 두 플립플롭에 동시에 연결할 수 있다. 클럭 천이시 플립플롭의 q가 바뀌게 되면 바뀌기 전의 q값은 그림 5.12에 나와있는 타이밍도 처럼 r값을 계산하는데 사용된다. 마지막 예제로부터 첫 번째 플립플롭의 입력은 바뀌지 않았기 때문에 q는 그림 5.9와 동일하다.(q'는 표시하지 않았다.) 첫 번째 하강 에지에서 r로 들어가는 입력(q 플립플롭의 출력)은 알 수 없다. 따라서 하강 에지 이후에도 출력은 모르는 상태로 남는다. 두 번째 하강 에지에서 r로의 입력은 0이기 때문에 r은 0이 된다. 동일한 클럭 에지에서 플립플롭

q가 0에서 1로 변하는 것과는 무관하다. r의 특성을 결정하는 것은 클럭 에지 이전의 입력값이다. q의 새로운 값은 다음 클럭 천이 때 r의 동작을 결정할 것이다. 플립플롭 r의 값은 q가 한 클럭 주기만큼 딜레이 된 것과 동일하다.

그림 5.11 두 개의 플립플롭

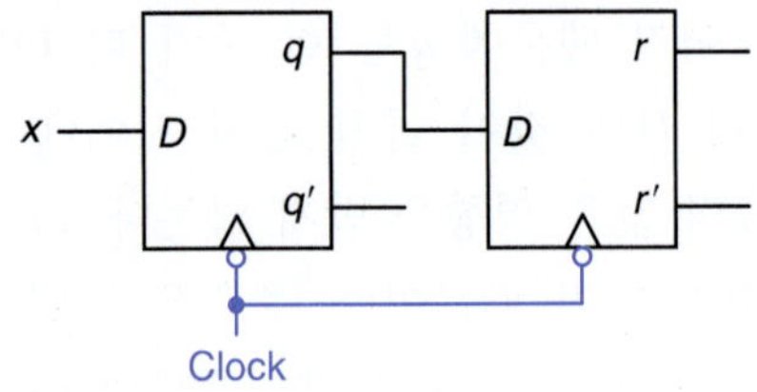

그림 5.12 두 개의 플립플롭에 대한 타이밍도

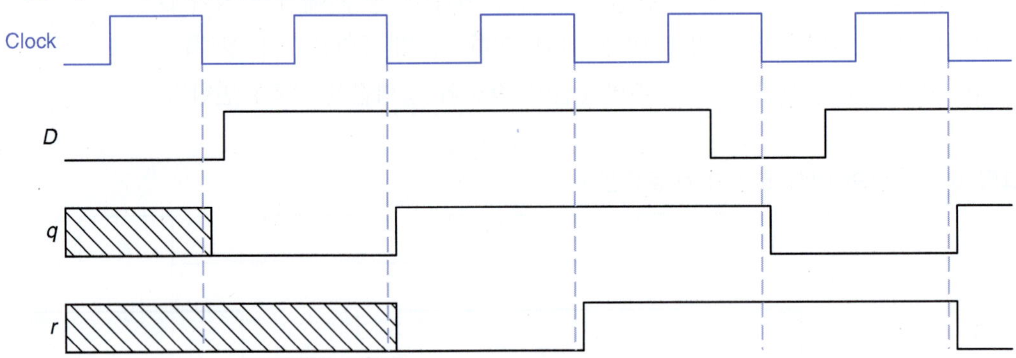

이러한 특성은 순차 시스템 전반에 걸쳐 동일하다. 대부분의 순차 시스템에서 모든 플립플롭들은 동일한 클럭에 의해 동작한다. 때때로 플립플롭으로의 입력은, 이 장의 도입부에서 순차 시스템에 대해 대충 살펴본 바와 같이 순차 시스템에 있는 플립플롭 값의 함수이다.

다른 타입의 플립플롭을 살펴보기 전에 정적인(비동기) 프리셋과 클리어[5] 입력이 있는 플립플롭의 동작을 살펴보자. 어떤 타입의 플립플롭이든 둘중 하나 혹은 둘 다 가질 수 있다. 그림 5.13에 가장 공통적인 배열인 액티브 로우(active low))의 클리어와 프리셋 입력이 있는 D 플립플롭이 나와있다. 왼쪽 그림에서는 상단에 줄을 표시(IC 문서에서 가장 많이 쓰이는 표기법)함으로써 반전을 나타내었지만, 이 책에서는, 오른쪽 그림과 플립플롭의 특성을 나타낸 표 5.4에서 사용한 것처럼 프라임(')으로 반전을 표시

5) 프리셋은 때로는 셋(set), 이라고 쓰기도 하고, 클리어는 리셋(reset)이라고 쓰기도 한다.

할 것이다. 클리어와 프리셋 입력은 클럭에 상관없이 즉시 동작(회로 딜레이를 제외한다면)하여 각각 출력을 0과 1로 만든다. 이러한 비동기 입력이 둘 다 1일 때만 이전의 플립플롭과 같이 클럭 천이와 플립플롭 *D*의 입력이 동작을 결정한다.

그림 5.13 클리어와 프리셋 입력이 있는 플립플롭

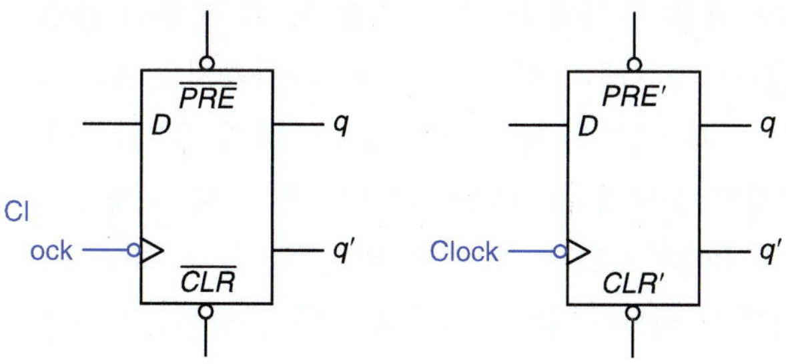

표 5.4 클리어와 프리셋 입력이 있는 *D* 플립플롭 특성표

PRE′	*CLR′*	*D*	*q*	$q^{\star}$	
0	1	X	X	1	static
1	0	X	X	0	immediate
0	0	X	X	—	not allowed
1	1	0	0	0	
1	1	0	1	0	clocked
1	1	1	0	1	(as before)
1	1	1	1	1	

그림 5.14에 플립플롭의 타이밍의 예를 보여준다. 관찰 시간이 시작할 때 클리어 입력이 활성화 되어 *q*를 0으로 만든다. 클럭의 첫 하강 에지에서 클리어 입력이 0으로 유지되기 때문에 클럭과 *D*는 무시되고, 아무것도 변하지 않는다. 클리어 입력이 1로 돌아가게 되면, 클럭과 *D*는 다시 동작하지만 다음 하강 에지 전까지는 아무런 영향을 미치지 않는다. 출력 *q*는 *CLR′*(혹은 *PRE′*)가 1로 돌아가면 변하지 않는다.

그림 5.14 클리어와 프리셋이 있는 플립플롭 타이밍

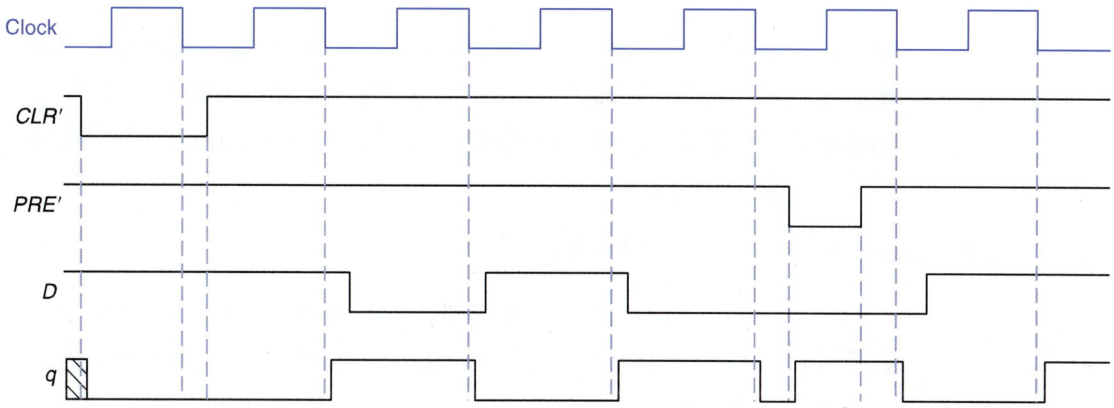

D 입력은 다음 4번의 하강 에지에서 플립플롭의 특성을 결정한다. 프리셋 입력이 0이 되면, 플립플롭의 출력은 1이 된다. 프리셋 입력이 다시 1로 돌아가면 클럭과 입력 *D*가 다시 동작한다.

다음에 살펴볼 것은 *SR*(Set-Reset) 플립플롭이다. *SR* 플립플롭은 *SR* 래치와 동일한 의미를 가지는 *S* 및 *R*의 두 입력을 가지고 있다. 그 동작은 표 5.5에 있는 진리표와 그림 5.15에 있는 상태도로 나타내었다. 셋(*S*) 입력은 다음 유효 클럭 에지에서 플립플롭에 1을 저장하게 하고, 리셋(*R*)입력은 0을 저장하게 한다. *S*와 *R*은 동시에 1이 될 수 없다. 그 상황이 플립플롭에 손상을 가하지는 않더라도, 래치에서의 상황과 마찬가지로 *S*와 *R*이 동시에 다시 0으로 되었을 때 어떤 상황이 일어날 지 알 수 없게 된다. 상태도에서 화살선 위에 2개의 숫자가 표시되어있는데, 첫 번째 숫자는 *S*이고 두 번째 숫자는 *R*이다. 0에서 0으로 가는 선 위의 두 숫자, 00과 01은 플립플롭이 다시 0의 상태가 되도록 한다.(그리고 또한 플립플롭이 1에서 1의 상태가 되도록 하는 두 가지 입력 조합이 있다.)

그림 5.15 *SR* 플립플롭 상태도

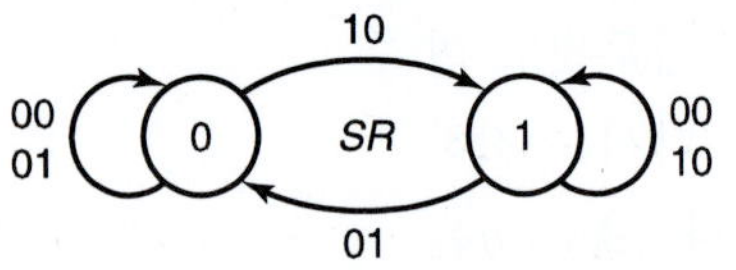

표 5.5 *SR* 플립플롭 특성표

S	*R*	*q*	*q*★	
0	0	0	0	
0	0	1	1	
0	1	0	0	
0	1	1	0	
1	0	0	1	
1	0	1	1	
1	1	0	—	not
1	1	1	—	allowed

S	*R*	*q*★	
0	0	*q*	
0	1	0	
1	0	1	
1	1	—	not allowed

맵 5.1에 첫 번째 진리표를 사용하여 q^*의 카르노 맵을 나타내었다. *S*와 *R*은 동시에 1이 될 수 없기 때문에 무관조건으로 표시하였다. 이것은 플립플롭의 차기상태인 q^*을 현재상태인 *q*와 두 입력 *S*와 *R*을 사용하여 나타낼 수 있도록 한다.

맵 5.1 *SR* 플립플롭의 특성 맵

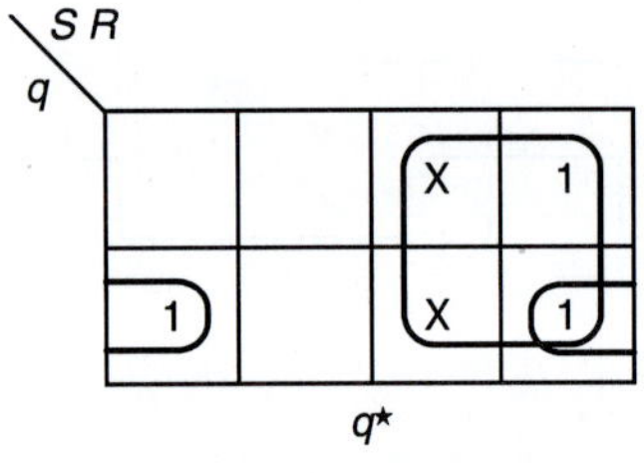

$$q^\star = S + R'q$$

위 식에서 클럭 후에 플립플롭을 셋($S = 1$)하거나 혹은 이미 이것이 1이 되어있고 이것을 리셋하지 않는다면($R = 0$) 플립플롭에 1이 저장될 것이라는 것을 알 수 있다. 비동기클리어 입력만 포함되어 있는 타이밍도가 그림 5.16에 주어져 있다. *S*와 *R*에 동시에 1을 주지 않았음을 유의하자. 그리고 또한

그림 5.16 *SR* 플립플롭의 타이밍도

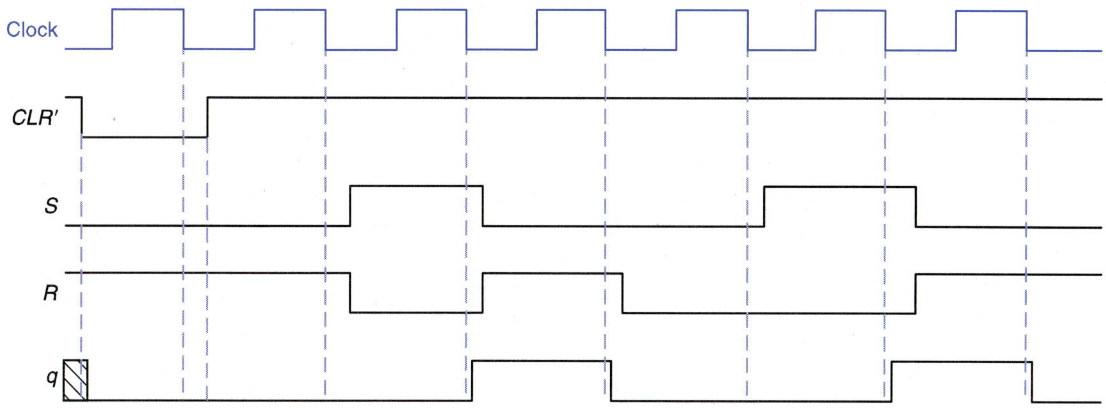

*S*와 *R*이 동시에 0이면, *q*는 변하지 않는다.

세 번째 플립플롭의 종류는 *T*(Toggle) 플립플롭이다. *T* 플립플롭은 *T* 입력 하나만을 가지는데, 만약 $T=1$이라면 플립플롭은 상태를 변화(토글)시키고, $T=0$이라면, 상태는 유지된다. *T* 플립플롭의 동작을 설명하는 진리표는 표 5.6에 주어지며, 상태도는 그림 5.17에 보여준다.

표 5.6 *T* 플롭플롭의 특성표

T	q	$q^\star$
0	0	0
0	1	1
1	0	1
1	1	0

T	$q^\star$
0	q
1	q'

그림 5.17 *T* 플립플롭의 상태도

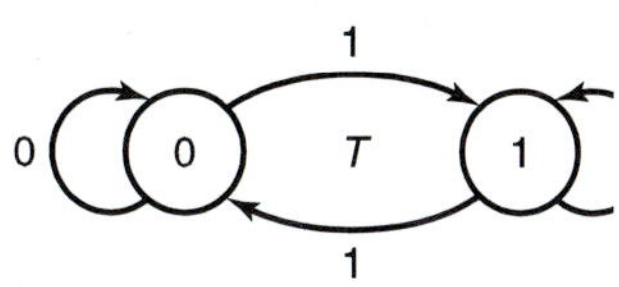

동작에 대한 수식은

$$q^\star = T \oplus q$$

이고 타이밍도는 그림 5.18에 나와 있다.[6)]

6) *T* 플립플롭은 차기상태가 항상 이전 상태에 영향을 받기 때문에, 반드시 비동기 클리어나 혹은 프리셋 입력을 가지고 있어야 한다. 어떠한 타입의 플립플롭이라도, 플립플롭의 상태를 0으로 만드는 입력 조합이 최소한 한 개는 있어야 한다.

그림 5.18 *T* 플립플롭 타이밍도

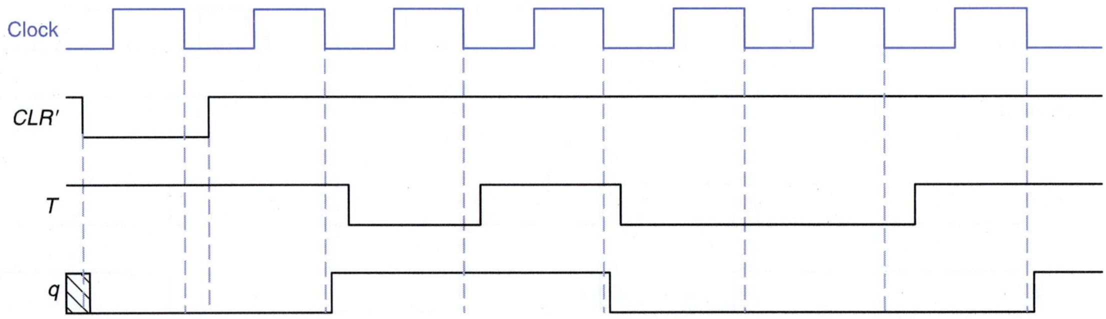

마지막으로 살펴볼 것은 *JK*(두문자로 구성된 약어는 아닌) 플립플롭인데, *SR*과 *T*의 조합으로 이루어져 있으며, $J = K = 1$ 일 때 플립플롭의 상태를(T 플립플롭에서 $T = 1$일 때처럼) 변화시킨다는 것을 제외하고는 *SR* 플립플롭의 동작과 같다. 진리표는 표 5.7에, 상태도는 그림 5.19에 나와 있다.

그림 5.19 *JK* 플립플롭 상태도

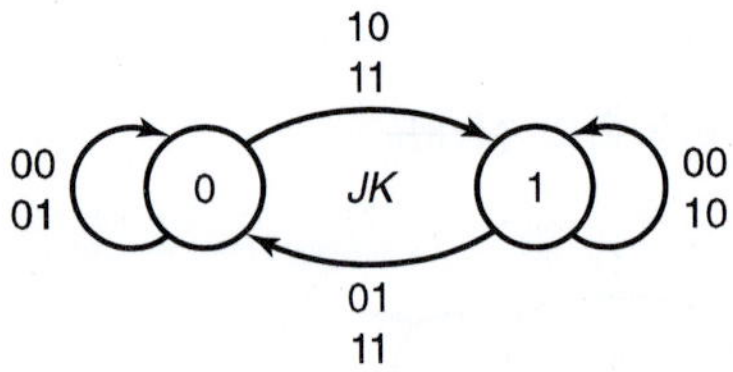

표 5.7 *JK* 플립플롭 특성표

J	K	q	q★
0	0	0	0
0	0	1	1
0	1	0	0
0	1	1	0
1	0	0	1
1	0	1	1
1	1	0	1
1	1	1	0

J	K	q★
0	0	q
0	1	0
1	0	1
1	1	q'

맵 5.2 *JK* 플립플롭 특성 맵

q \ JK	00	01	11	10
0			1	1
1	1			1

q★

첫 번째 진리표로부터 맵 5.2와 q^*의 등식을 다음과 같이 유도해 낼 수 있다.

$$q^{\star} = Jq' + K'q$$

JK 플립플롭에 대한 타이밍도가 그림 5.20에 나와 있다. *J*와 *K*가 동시에 1이 되는 시간이 있는데, 바로 그 때 플립플롭의 상태가 변하는 것에 유의하라.

그림 5.20 *JK* 플립플롭 타이밍도

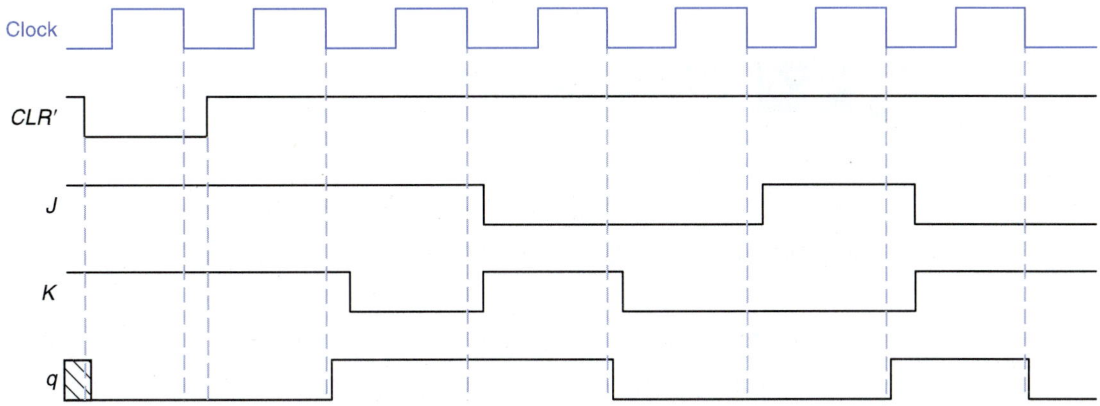

지금까지 모든 플립플롭의 동작에 대해 살펴보았고, 보다 복잡한 시스템을 분석할 수 있다. 앞으로 진행하기에 앞서 상업적으로 유용한 플립플롭 소자 패키지 몇 가지를 살펴보자. *D* 플립플롭과 *JK* 플립플롭이 가장 많이 사용된다. 네 가지 종류의 플립플롭의 상태도와 진리표가 다음 장에서 살펴보게 될 설계표와 같이 마지막 책 표지 안쪽에 정리되어있다. 이제 흔하게 사용되는 4가지 패키지들을 살펴보도록 하자.

7473은 *JK* 플립플롭 패키지이다. 이것은 두개의 독립적인 *JK* 플립플롭을 가지고 있으며, 각 플립플롭은 액티브 로우(active low) 클리어 입력과 q 및 q'의 두 출력을 가지고 있다. 각 플립플롭은 하강 에지로 동작하는 독립된 클럭 입력을 가진다. 각 플립플롭은 네 개의 입력(*J*, *K*, 클리어 및 클럭)과 두 개의 출력(q 와 q')을 지니고 있으며 14핀 집적회로 패키지에 들어 있다.

7474는 또한 14핀 패키지로, 두개의 *D* 플립플롭이다. 각 플립플롭에 1개의 입력(*D*)만이 있기 때문에 2개의 사용 가능한 핀이 있는데, 이것은 액티브 로우 프리셋 입력으로 사용된다. 이 플립플롭은 각각의 독립된 클럭 입력을 가지며 상승 에지에서 동작한다.

D 플립플롭이 4개 혹은 6개가 들어있는 패키지가 있다. 74174는 6개(hex)의 *D* 플립플롭 패키지로, 각 플립플롭마다 단지 q 출력만을 가지고 있고 공통으로 사용하는 상승 에지 클럭을 갖는다. 그리고 공통 액티브 로우 클리어 입력(마스터 리셋이라고도 불림)을 가지고 있으며, 16핀 패키지 소자이다.

마지막으로 74175 패키지는 4개(quad)의 *D* 플립플롭을 가진다. 각 플립플롭은 q 와 q'의 두 출력을 가진다. 공통의 상승에지 트리거 클럭과 액티브 로우 클리어 입력을 가지고 있으며 16핀 패키지이다.

5.4 순차 시스템의 분석

이 절에서는, 플립플롭과 게이트로 이루어진 작은 상태 머신을 살펴보고 그것의 동작을 분석 할 것이다. 이것은 타이밍도, 타이밍 트레이스, 상태표 및 상태도를 만드는 것과 같다. 또한 타이밍과 상태표 간의 관계를 살펴볼 것이다.

그림 5.21에 나와있는 첫 번째 예제는 두 개의 하강 에지 D 플립플롭으로 구성된 회로이다.(두 플립플롭을 q_1 및 q_2라 부르자. 때때로 A와 B와 같은 이름을 사용할 수도 있다).

그림 5.21 *D* 플립플롭 무어 회로

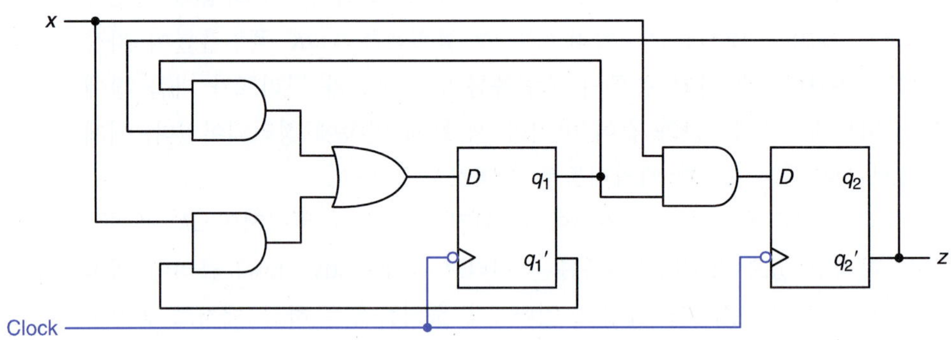

이 회로에서 다음을 알 수 있다.

$$D_1 = q_1q_2' + xq_1'$$
$$D_2 = xq_1$$
$$z = q_2'$$

먼저 상태표를 만들 것이다. 무어 회로이기 때문에 출력은 단지 상태에 의해서만 결정되고, 따라서 표에 오직 하나의 출력 열이 있다. 표에 들어갈 다음 부분은 D 플립플롭에서는 $q^* = D$로 매우 쉽다. 먼저 출력 (z) 열과 표의 q_1^* 부분을 작성한 것은 표 5.8a에 보여준다.

마지막으로, 표 5.8b의 표를 완성하기 위해 q_2^* (D_2)를 더하면 된다.

표 5.8 (a) 부분적인 상태표 (b) 완성된 상태표

q_1q_2	$q_1^\star q_2^\star$ $x=0$	$x=1$	z
0 0	0	1	1
0 1	0	1	0
1 0	1	1	1
1 1	0	0	0

q_1q_2	$q_1^\star q_2^\star$ $x=0$	$x=1$	z
0 0	0 0	1 0	1
0 1	0 0	1 0	0
1 0	1 0	1 1	1
1 1	0 0	0 1	0

그림 5.22 무어 머신 상태도

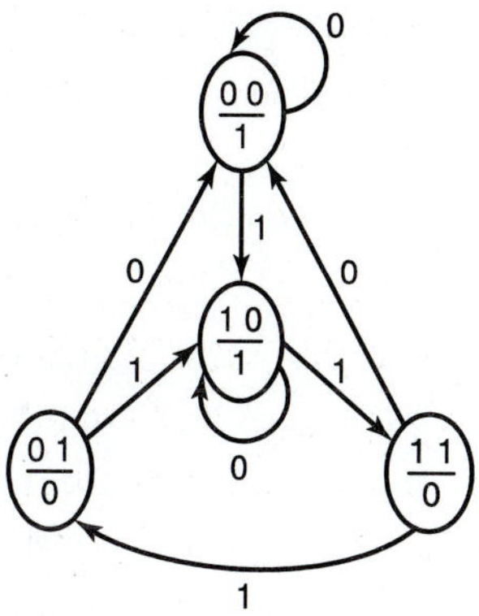

이것에 대응하는 상태도가 그림 5.22에 나와 있다.

이제 *JK* 플립플롭으로 이루어진 무어 회로를 살펴볼 것이다.

그림 5.23 무어 모델 회로

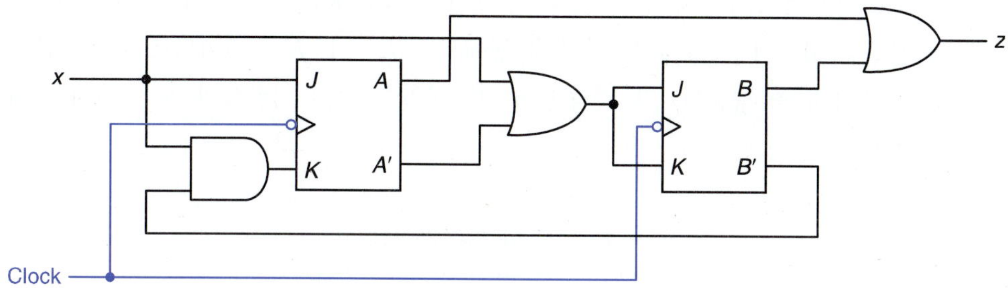

무어회로이기 때문에 출력 z는 $A + B$와 동일하고, 입력 x와는 상관없이 현재 상태(플립플롭에 저장되어 있는)에만 의존하는 함수이다.

플립플롭의 입력과 출력에 대한 수식을 쓰고, 그 식으로부터 상태표를 구성할 것이다.

$$J_A = x \qquad K_A = xB'$$
$$J_B = K_B = x + A'$$
$$z = A + B$$

출력 열은 z의 식으로부터 바로 얻을 수 있다. 그 다음으로 한번에 하나씩 표를 채워 넣을 것이다. 처음에 들어갈 요소는 $x=A=B=0$, $J_A=K_A=0$ 그리고 $J_B = K_B = 1$이다. *JK* 플립플롭의 특성표 5.7(5.2절)로부터, A의 상태는 변하지 않고 B는 토글한다는 것을 알 수 있다. 따라서 차기상태는 0 1이다. 그리고 다음은, $x=A=0$, $B=1$(첫 번째 열의 두 번째 행), $J_A=K_A=0$ 및 $J_B=K_B=1$이다. 이번에도 A는 변하지 않지만 B는 변한다. 차기 상태의 결과는 0 0이다. 지금까지, 상태표 5.9a를 만들게 된다.

표 5.9a 처음 두 상태 입력에 대한 상태표

A B	$A^\star B^\star$ x = 0	x = 1	z
0 0	0 1		0
0 1	0 0		1
1 0			1
1 1			1

남은 과정을 진행하거나 D 플립플롭에서 했던 것처럼 하나의 플립플롭에 대한 수식을 살펴 볼 수 있다. $x = 0$이면(A와 B가 무슨 값이든 상관없이) $J_A = K_A = 0$이고 플립플롭 A는 상태가 변하지 않는다. 따라서 표 5.9b 처럼 $x = 0$일 때의 A^* 열에 값을 완성할 수 있다. $x = 1$일 때, $J_A = 1$, $K_A = B'$이다. $B = 0$인 두 줄(첫째 행과 셋째 행)에서는 J_A와 K_A는 둘 다 1이므로 A는 토글된다. $B = 1$인 둘째 행과 넷째 행에서는 $J_A = 1$, $K_A = 0$이므로 플립플롭 A에 1의 값을 넣는다. 그 결과는 A^*가 채워져 있는 미완성의 표 5.9b에 나와 있다.

표 5.9b A^*이 들어간 상태표

A B	$A^\star B^\star$ x = 0	x = 1	z
0 0	0	1	0
0 1	0	1	1
1 0	1	0	1
1 1	1	1	1

이제, 위 표에 B^* 부분을 채워 넣도록 하자. $A = 0$(A열의 처음 두 행)이면, $J_B = K_B = 1$이므로 B가 토글된다. $A = 1$이면, $J_B = K_B = x$ 이다. $x = 0$(A 열의 마지막 두 행)이면, B는 유지된다. 마지막으로 $A = 1$ 일 때, $J_B = K_B = 1$이므로 B가 변하고, 완성된 표 5.9c를 얻을 수 있다.

표 5.9c 완성된 상태표

A B	$A^\star B^\star$ x = 0	x = 1	z
0 0	0 1	1 1	0
0 1	0 0	1 0	1
1 0	1 0	0 1	1
1 1	1 1	1 0	1

상태표를 만드는 또 다른 방법은 차기 상태에 대하여 5.3장에서 유도한 수식을 사용하는 것이다. 다음과 같이

$$q^\star = Jq' + K'q$$

이 예제에 있는 값들을 사용하면 다음의 식을 얻을 수 있다.

$$\begin{aligned} A^\star &= J_A A' + K'_A A = xA' + (xB')'A = xA' + x'A + AB \\ B^\star &= J_B B' + K'_B B = (x + A')B' + (x + A')'B \\ &= xB' + A'B' + x'AB \end{aligned}$$

이제 우리가 D 플립플롭에서 했던 것처럼 상태표를 구할 수 있다. 이 수식은 이전과 동일한 결과를 보여준다.

이제 이 예제에 대해서, 주어진 입력 x와 초기상태로부터, 타이밍도와 타이밍 트레이스를 만들어보자.7) x의 값과 A, B의 초기 값은 트레이스 5.4에 주어진다.

트레이스 5.4 표 5.9에 대한 트레이스

x	0	0	1	0	1	1	0		
A	0	0	0	1	1	1	0	0	
B	0	1	0	1	1	0	1	0	1
z	0	1	0	1	1	1	1	0	1

첫 번째 클럭 에지에서 음영 처리된 사각형내의 값들이 출력(아래쪽 사각형)과 차기상태(오른쪽 사각형)를 결정한다. 차기 상태는 표 5.9c에서 음영 처리된 사각형 안에 첫 번째 행(A $B = 0$ 0)과 첫 번째 열($x = 0$)로부터 얻어진다. 출력은 첫 번째 행의 z값이다.(출력을 얻기 위해서는 상태만이 필요하다.) 타이밍 트레이스의 두 번째 열에서 이러한 과정을 다시 한번 적용한다. 이것은 사실상 새로운 문제이다. 상태가 0 1 (상태표에서 두 번째 행)에 있을 때, 입력이 0이면 차기 상태는 0 0이다. 이는 입력이 지속됨에 따라 계속된다. 시스템의 상태가 0 1 일 때, 최근의 입력이 0이라면, 시스템의 상태는 0 0이 된다. 더 이상의 입력을 모르더라도, 상태와 출력을 알 수 있다. 마지막으로, 이 예제에서 한 클럭 시간 동안 B의 값을 결정 할 수 있다. 왜냐하면, 상태 0 0 으로부터, 다음의 상태가 0 1 이거나 혹은 1 1 이거나 어느 쪽이든 $B = 1$과 $z=1$의 출력을 알 수 있다.

7) 그 과정은 타이밍 트레이스 5.3에서 했던 것을 반복하는 것이다. 주요한 차이점은 상태 이름과 상태 변수들(플립플롭)의 값을 가지고 있다는 점이다.

그림 5.24에서 동일한 시스템에 대하여 동일한 연속적 입력을 가지는 타이밍 트레이스를 살펴 볼 것이다. 하강에지 바로 이전의 변수들(A, B, x)의 값을 추적하여야 한다. 그 변수값에서 현재의 상태와 입력을 알면 다음 클럭 주기 동안 A와 B의 값을 결정할 수 있다. A와 B를 알고 있으면 어느 때이든 z의 값을 결정할 수 있다.

타이밍도나 타이밍 트레이스를 위해 상태표를 구성할 필요는 없다. 클럭의 각 하강 에지에서 각 플립플롭의 값을 결정할 수 있다. 출력은 두 상태 변수(A와 B)의 논리적 OR이기 때문에 마지막에 만들 수 있다. 그러므로, 첫 번째 클럭 에지가 도달하였을 때, $A = B = x = 0$이므로, $J_A = K_A = 0$이고 A는 0으로 유지된다. 동시에 $J_B = K_B = 1$이므로 B는 반전되어 1이 된다. 이제 차기 클럭으로 진행할 수 있고 이러한 과정은 반복된다.

그림 5.24 표 5.9에 대한 타이밍도

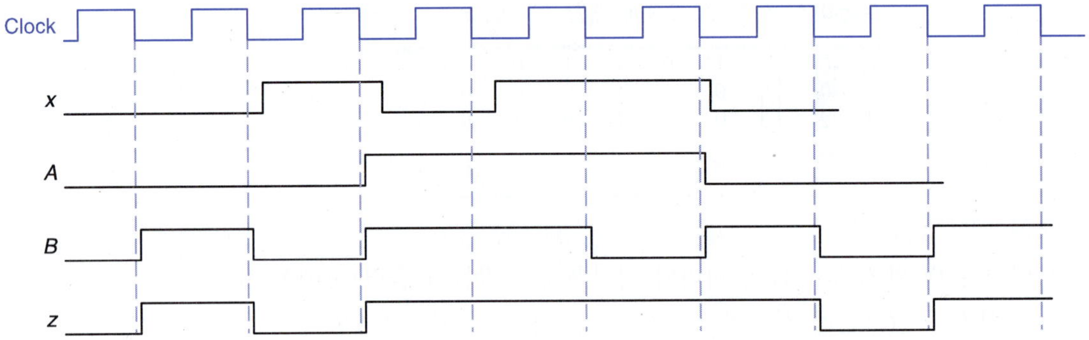

이 시점에서, 시작 값에는 하나의 단어가 미리 정렬되어 있어야 한다. 이 예제에서 첫 번째 클럭이 들어올 때 A와 B에 어떤 값이 저장되어 있는지 알고 있다고 가정한다. 예제를 간단히 하기 위해 보이지는 않았지만, 비동기 클리어 입력을 사용해서 일 수도 있다. 어떤 경우에는, 초기값을 모르더라도 한 클럭 혹은 두 클럭 이후의 시스템의 동작을 결정할 수 있다.(다음 예제가 이런 경우이다.) 그러나 이 예제에서는 시스템을 초기화 해줘야 한다.(다른 초기 상태를 시도하면 시간 주기가 지남에 따라 완전히 다른 순서를 따르게 된다.) 마지막으로 이 예제(무어 모델)에서 그림 5.25에 상태도가 주어져 있다.

그림 5.25 표 5.9에 대한 상태도

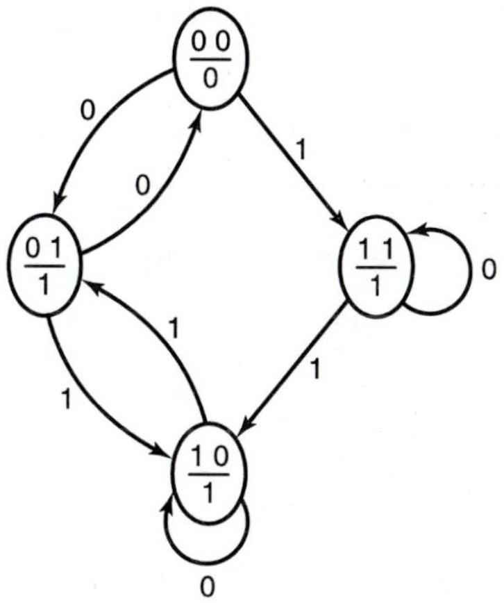

어떤 시스템에서는, 출력이 상태 및 현재 입력의 영향을 받는다. 회로의 시점에서 보면, z는 상태변수 및 x의 함수라는 것을 의미한다. 이러한 회로의 형태는 밀리모델이다. 이 시스템에 대한 예를 그림 5.26에 보여준다.

그림 5.26 밀리 모델

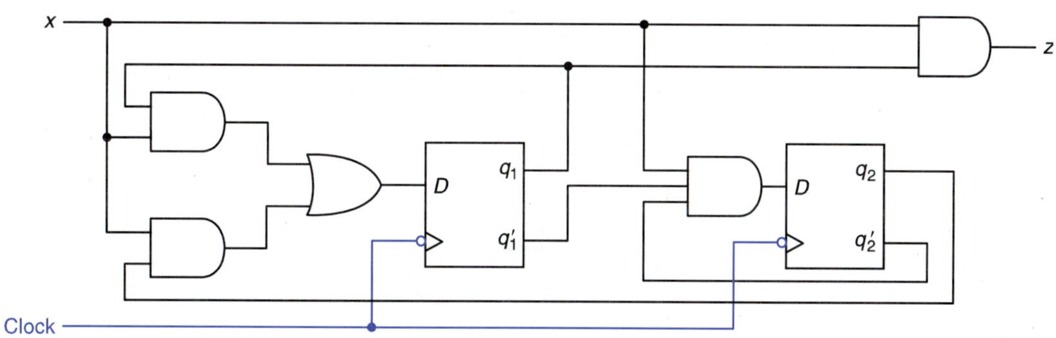

플립플롭 입력과 출력에 대한 수식은 다음과 같다.

$$D_1 = xq_1 + xq_2$$
$$D_2 = xq_1'q_2'$$
$$z = xq_1$$

물론, D 플립플롭이므로 $q^* = D$이다. 따라서

$$q_1^\star = xq_1 + xq_2$$
$$q_2^\star = xq_1'q_2'$$

이다. 이로부터 표 5.10에 나와 있는 상태표를 얻을 수 있다. 두 개의 출력 열을 필요로 하는데, $x = 0$ 일 때와 $x = 1$일 때이다.

표 5.10 밀리 시스템의 상태표

q	$q^\star$ $x = 0$	$x = 1$	z $x = 0$	$x = 1$
0 0	0 0	0 1	0	0
0 1	0 0	1 0	0	0
1 0	0 0	1 0	0	1
1 1	0 0	1 0	0	1

상태가 결코 1 1이 되지 않는다는 점에 유의하자. 이 시스템은 실제로 세 가지 상태만을 가지고 있다.(시스템에 처음 전원이 들어왔을 때, 1 1의 상태로 시작 할 수 있다.) 하지만 첫 클럭이 입력되고 난 후, 그 상태에서 벗어나 다시는 돌아가지 않는다. 이것은 그림 5.27에 있는 상태도를 보면 더욱 명확해진다.

그림 5.27 밀리 모델의 상태도

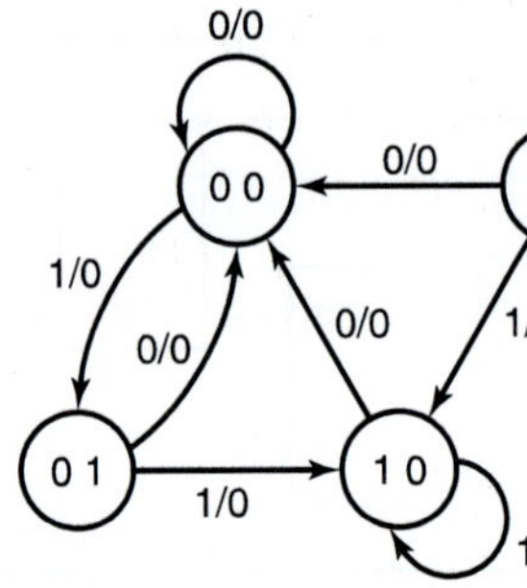

상태 1 1로 들어가는 선이 없다는 것에 유의하라. 그리고 0 입력이 있을 때 마다, 0 0 상태로 되돌아간다는 것도 유의하자. 따라서 이 시스템을 초기화하지 않더라도, 첫 번째 0 입력이 들어간 후에 적절하게 동작할 것이다.

다음으로 이 시스템에 대한 타이밍 트레이스(트레이스 5.5에 나와 있으며, 입력은 밝은 파란색으로 주어져 있다.)와 타이밍도에 대해 알아보자.

트레이스 5.5 밀리 모델 타이밍

x	0	1	1	0	1	1	1	1	0		
q_1	?	0 →	0	1	0	0	1	1	1	0	
q_2	?	0	1	0	0	1	0	0	0	0	
		↓									
z	0	0	0	0	0	0	1	1	0	0	0

만약 초기 상태에 대해 모르더라도(q_1과 q_2의 ?), 입력에 0이 들어오면 그 다음 클럭에 상태를 0 0으로 만들고 타이밍 트레이스를 완성할 수 있다. 입력이 들어온지 두 클럭 주기가 지나기 전까지는 시스템이 1 0의 상태(출력이 1이 되는 유일한 상태)가 될 수 없다는 점을 유의하자. 다시 한번 주의하지만, 현재의 상태와 현재의 입력은 현재의 출력과 차기 상태를 결정한다.

이 예제에 대한 타이밍도가 그림 5.28에 나와 있다. 타이밍도에는 밀리 시스템의 특성이 잘 나타나 있다.[8] 잘못된 출력(글리치, glitch라고도 하는)이 있다는 점에 유의하자. 그것은 타이밍 트레이스나 상태도에서는 보이지 않았지만 아주 짧은 시간 동안 출력이 1이 되는 것이다.

출력은 xq_1이라는 논리조합으로 구성된다. 입력 x가 클럭의 하강 에지와 동시에 변하지 않고(여기에 나와있는 바와 같이), q_1이 1이 된 후에도 1의 상태로 유지된다면, 출력은 1이 될 것이다.

그림 5.28 잘못된 출력 예

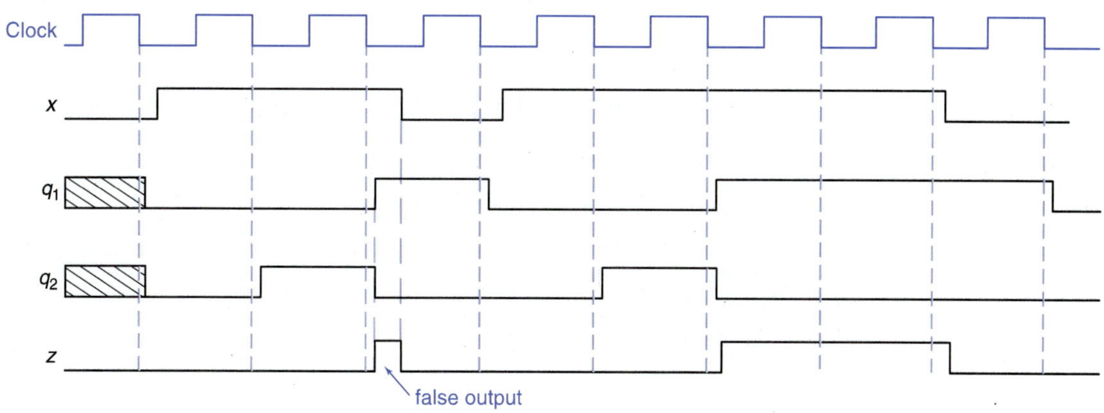

8) 타이밍도에서, AND 게이트의 출력 딜레이는 플립플롭의 딜레이보다 짧기 때문에 무시된다.

그러나 타이밍 트레이스나 상태표에 주어진 출력은 다음 클럭 시간에서의 q_1의 값에 근거하여 정해진다. 밀리시스템에서 출력은(플립플롭이 상태를 바꾸게 되는 클럭 에지의 바로 이전인) 클럭 시간에 대해서만 관심이 있기 때문에, 잘못된 출력은 그다지 중요하지 않다. 게다가, 대부분 하강 에지와 동시에 입력값이 변하게 된다.[9] 플립플롭의 값이 바뀐 다음에 입력 x가 변하기 때문에 글리치가 생기게 된다. 입력 x의 변화가 q의(클럭에지에 의한) 변화에 시간적으로 근접함으로써 글리치는 좁아지게 되고, 만약 q_1이 1이 됨과 동시에 x가 0이 된다면 잘못된 출력은 사라질 것이다.

예제 5.1a 한 개의 JK와 한 개의 D 플립플롭으로 이루어진 다음의 회로를 살펴보자.

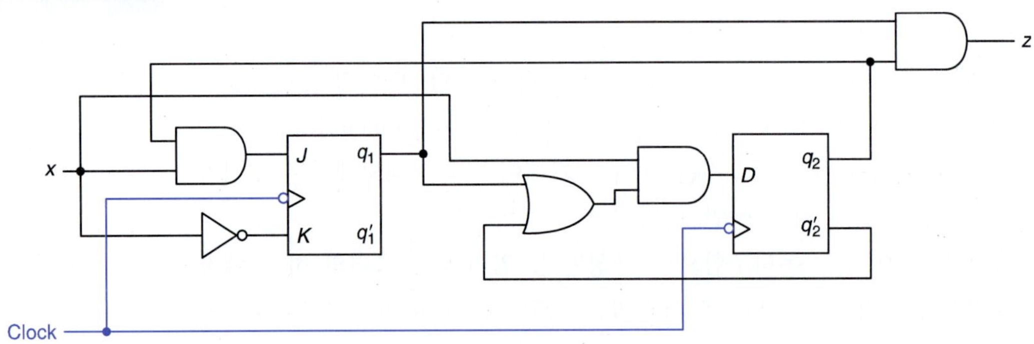

출력 $z = q_1q_2$로, 입력 x의 영향을 받지 않는다. 따라서 이것은 무어 회로이다.(이 회로는 CE6과 같이, 3 클럭 이상의 연속적인 입력 1이 들어오면 출력이 1이 된다.)

이 회로에 대한 입력 수식은 다음과 같다.

$$J_1 = xq_2 \qquad K_1 = x'$$
$$D_2 = x(q_1 + q_2')$$

$x = 0$이면, J_1은 0, K_1은 0, 그리고 D_2는 0이다. 따라서 0 0의 상태가 된다. $x = 1$이면

$$J_1 = q_2 \qquad K_1 = 0 \qquad D_2 = q_1 + q_2'$$

이다. 플립플롭 q_1은 $q_2 = 1$일 때 1이 되고, 다른 때에는 변하지 않는다.(물론 상태가 1 0 일 때도 q_1은 1에 머문다.) 플립플롭 q_2는 $q_1 = 1$이나 $q_2 = 0$일 때 1이 되며, $q_1 = 0$ 그리고 $q_2 = 1$일 때만 0이 된다.

또한 q_1에 대해 다음의 수식을 쓸 수 있다.

9) 때로는, 입력이 클럭 에지와 동시에 변할 수 있게 하는 회로를 추가하기도 한다.

$$q^\star = Jq' + K'q$$

그리고 다음을 얻을 수 있다.

$$q_1^\star = xq_2q_1' + xq_1 = x(q_2 + q_1)$$

두 수식으로부터 다음의 상태표를 얻을 수 있다.

$q_1\,q_2$	$q_1^\star q_2^\star$ $x = 0$	$x = 1$	z
0 0	0 0	0 1	0
0 1	0 0	1 0	0
1 0	0 0	1 1	0
1 1	0 0	1 1	1

이것은 A = 0 0, B = 0 1, C = 1 0, D =1 1 로 부호화 표 5.1의 상태표와 동일한 것이다.

이 시스템에서 다음과 같은 타이밍도를 만들 수 있다.

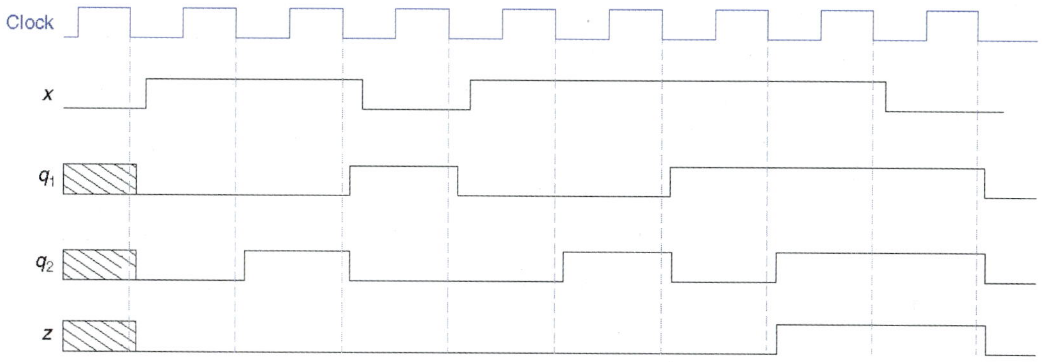

무어 회로는 출력이 플립플롭의 상태에 의해서만 변하고, 상태는 하강 에지에서 동시에 변하기 때문에 잘못된 출력이 일어나지 않는다. 출력은 하나의 하강 에지 천이로부터 뒤따르는 다음 하강에지까지 한 클럭의 전 주기 구간 동안 유효하다.

예제 5.1b

예제 5.1a의 예제에서 AND 게이트가 세 번째 입력 x'를 가진다면, $z = x'q_1q_2$ 가 되고 밀리 회로가 될 것이다. 상태표와 타이밍도의 차기 상태 부분은 변하지 않을 것이다. 상태표에는 두개의 열이 있을 것이다.

$q_1\,q_2$	$q_1^\star q_2^\star$ $x = 0$	$x = 1$	z $x = 0$	$x = 1$
0 0	0 0	0 1	0	0
0 1	0 0	1 0	0	0
1 0	0 0	1 1	0	0
1 1	0 0	1 1	1	0

타이밍도의 z는 x가 0으로 변한 다음까지 0에 있을 것이다.(예제 5.1a보다 한 클럭 시간 늦다.)

예제 5.2

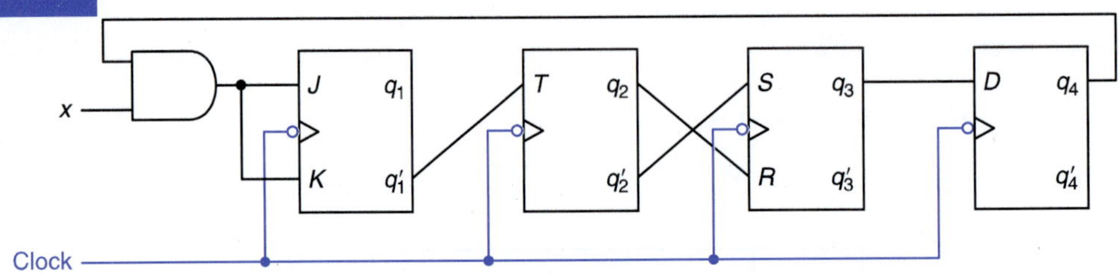

타이밍 트레이스를 할 수 있는 데까지 완성해 보아라. 시스템의 처음 상태가 0 0 0 0 이라고 가정하라. 주어진 값들은 파란색으로 표시되었다.

$J_1 = K_1 = xq_4$

$T_2 = q_1'$

$S_2 = q_2' \quad R_2 = q_2$

$D_4 = q_3$

따라서

q_1 은 $xq_4 = 1$ 일 때만 상태가 변한다.

q_2 는 $q_1 = 0$ 일 때만 상태가 변한다.

$q_3^\star = q_2'$

$q_4^\star = q_3$

x	1	1	1	0	1	1						
q_1	0	0	0	1	1	0	0	0	0			
q_2	0	1	0	1	1	1	0	1	0	1		
q_3	0	1	0	1	0	0	0	1	0	1	0	
q_4	0	0	1	0	1	0	0	0	1	0	1	0

첫 클럭 이후에 q_1 은 0으로 유지되고, q_2는 토글, q_3에는 1이 입력되며(q_2'), q_4는 0(q_3)이 된다. 이 회로의 마지막 입력 후에, q_4의 현재 값이 0(xq_4가 0이 되기 때문에)으로 유지되는 한 q_1의 다음 값을 결정할 수 있다. 다른 플립플롭의 각 차기 상태는 단지 그 플립플롭의 왼쪽에 있는 플립플롭의 현재 상태에 의존한다. 따라서 q_2는 q_1값이 알려진 후 한 클럭 시간 뒤에 결정되며, q_3는 그 다음의 클럭 시간 후에, q_4는 또 다음 클럭 시간 후에 결정된다.

5.5 문제풀이

1. 주어진 각각의 상태표로부터 상태도를 그리고 타이밍 트레이스를(입력값을 더 이상 알 수 없더라도) 가능한 한 완성해보라.

a.

q_1q_2	$q_1^\star q_2^\star$ $x=0$	$x=1$	z $x=0$	$x=1$
0 0	0 0	1 0	0	1
0 1	0 0	0 0	0	0
1 0	1 1	0 1	1	1
1 1	1 0	1 0	1	0

x 0 1 0 0 1 1 1 0
q_1 0
q_2 0
z

b.

q	$q^\star$ $x=0$	$x=1$	z
A	A	B	1
B	D	C	1
C	D	C	0
D	A	B	0

x 0 1 0 1 0 1 1 1 0 1 0 0 0 0
q A
z

a.

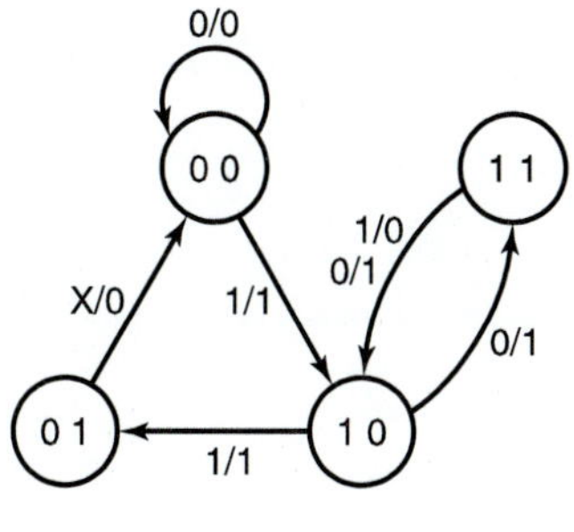

b.

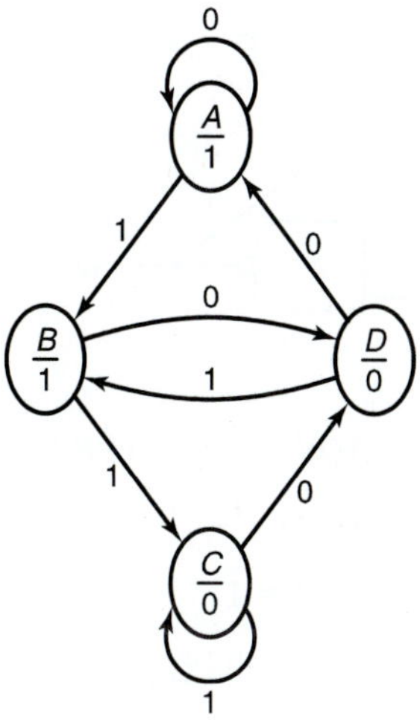

a에서 0 1의 상태는 항상 0 0으로 가고(입력에 무관하게) 출력은 항상 0임에 주목하자. 상태 1 1은 항상 1 0의 상태로 가지만, 출력은 두 개의 서로 다른 입력값에 의해 다르다. 따라서 두 가지의 표시법을 화살선 위에 나타내었다.

타이밍 트레이스는 다음과 같다.

a. x 0 1 0 0 1 1 1 0
q_1 0 0 1 1 1 0 0 1 1 1
q_2 0 0 0 1 0 1 0 0 1 0 1
z 0 1 1 1 1 0 1 1 ? 1

상태 1 1은 항상 1 0로 가기(입력과 관계없이) 때문에 입력이 더 이상 주어지지 않는다고 하더라도, 그 후의 두 번째 클럭까지의 차기 상태를 결정할 수 있다. 마지막 입력이 주어진 후 첫 번째 클럭에서, 출력은 알 수 없지만, 그 다음의 출력은 입력이 무엇이든 상관없이, 1 0의 상태로부터 출력이 1이 된다는 것을 알 수 있다. 그 다음 두 클럭 시간 동안의 q_2까지 결정할 수 있다.

b. x 0 1 0 1 0 1 1 1 0 1 0 0 0 0
q A A B D B D B C C D B D A A A
z 1 1 1 0 1 0 1 0 0 0 1 0 1 1 1 1

상태 A는 A 혹은 B로 가고, 그 상태들의 각 출력은 1이 되기 때문에, 한 클럭 후의 출력을 알 수 있다.

2. 다음의 래치를 분석하여, 적합한 입력과 출력의 의미 있는 이름을 부여하라.

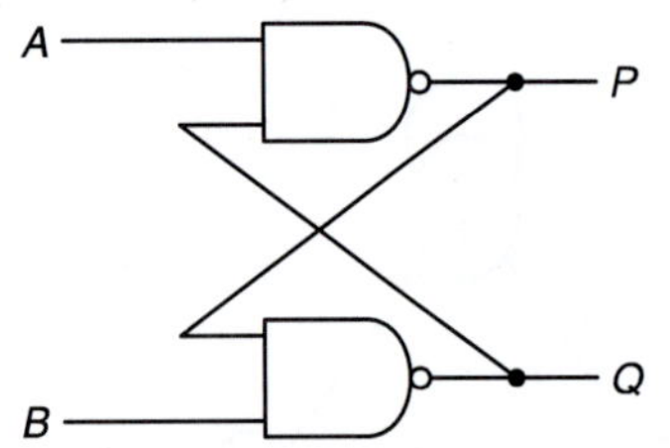

$$P = (AQ)' \qquad Q = (BP)'$$

만약 $A = B = 0$ 이라면,

$$P = Q = 1$$

만약 $A = B = 1$ 이라면,

$$P = Q' \qquad Q = P'$$

만약 $A = 0$ 이고 $B = 1$ 이라면

$$P = 1 \qquad Q = 0$$

만약 $A = 1$ 이고 $B = 0$ 이라면

$$Q = 1 \qquad P = 0$$

이것은 두 입력의 활성화($A = 0$, $B = 0$)가 금지된 액티브 로우 입력 래치이다. 출력이 서로 반전일 때인 저장 상태는 $A = B = 1$ (비활성)이다. A가 동작하면 P는 1(Q는 0)이 된다. B가 동작하면 $Q = 1$, $P = 0$ 이다. 따라서 다음과 같이 표시할 수 있다.

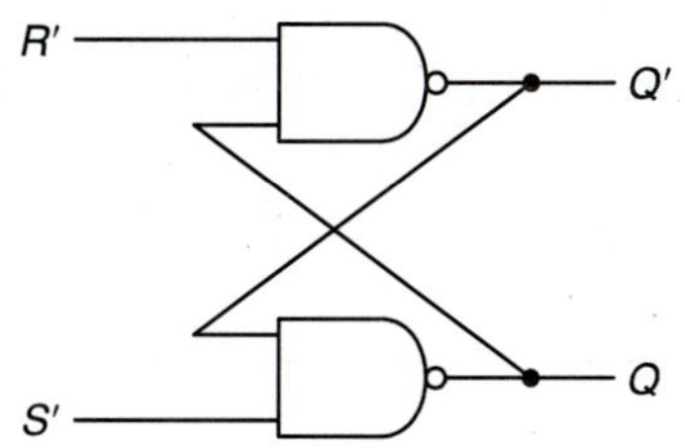

3. 다음에 주어진 하강 에지 트리거 플립플롭들을 고려하여 보자.

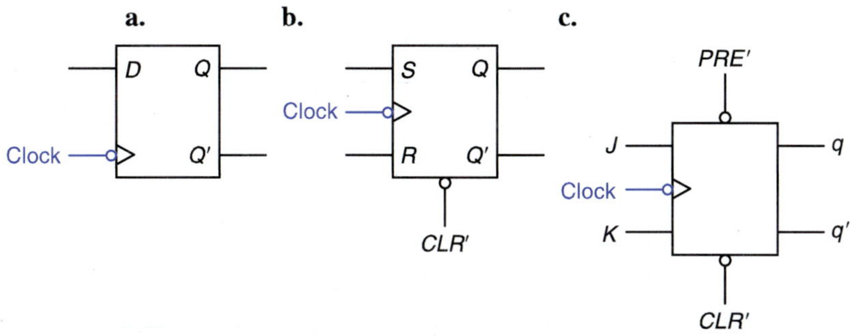

a. Q에 대한 타이밍도를 그려라.

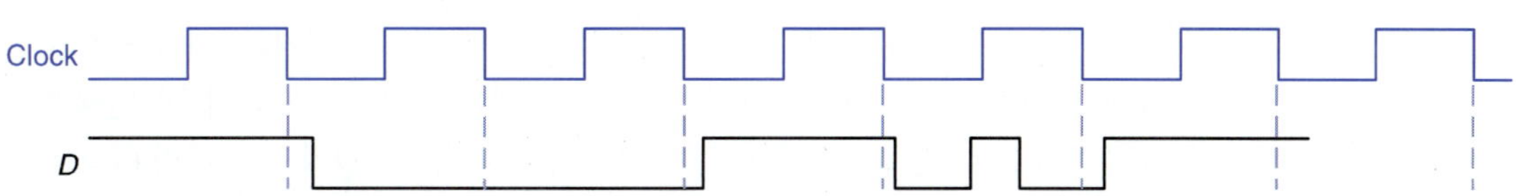

b. Q의 타이밍도를 그려라.

(i) CLR'의 입력이 없을 때

(ii) CLR'의 입력이 주어진 것과 같이 있을 때

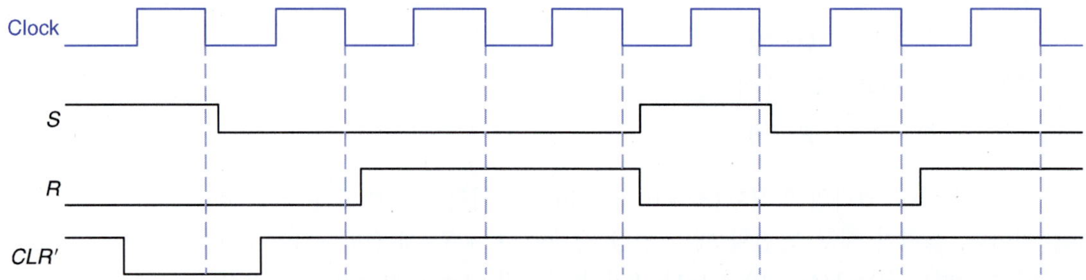

c. Q의 타이밍도를 그려라.

(i) PRE'의 입력이 없을 때

(ii) PRE'의 입력이(CLR' 입력을 포함해서) 주어진 것과 같이 있을 때

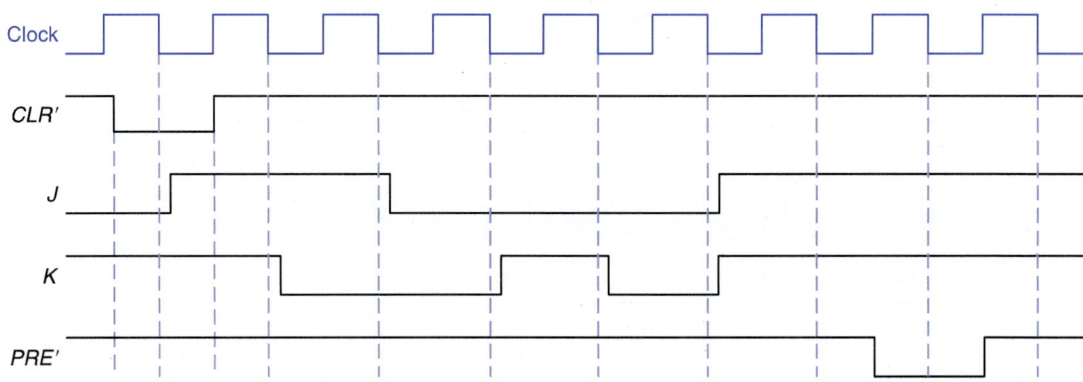

a.

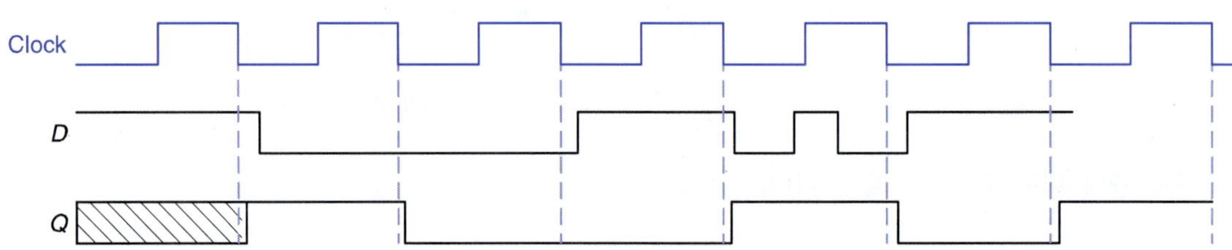

첫 번째 하강 에지까지 플립플롭의 상태는 알 수 없다. 하강 에지가 들어오는 시점에서, D에 어떤 값이 저장되어지는지 결정할 수 있다. 따라서 첫 번째에 Q는 1이 되고, 두 번째에는 Q가 0이 되며, 세 번째에는 Q가 0이 된다.(유지) 클럭과 클럭 사이에서 D의 값이 바뀌더라도 동작에는 영향을 미치지 않는다. 하강 에지 바로 직전의 값이 영향을 미친다.

b.

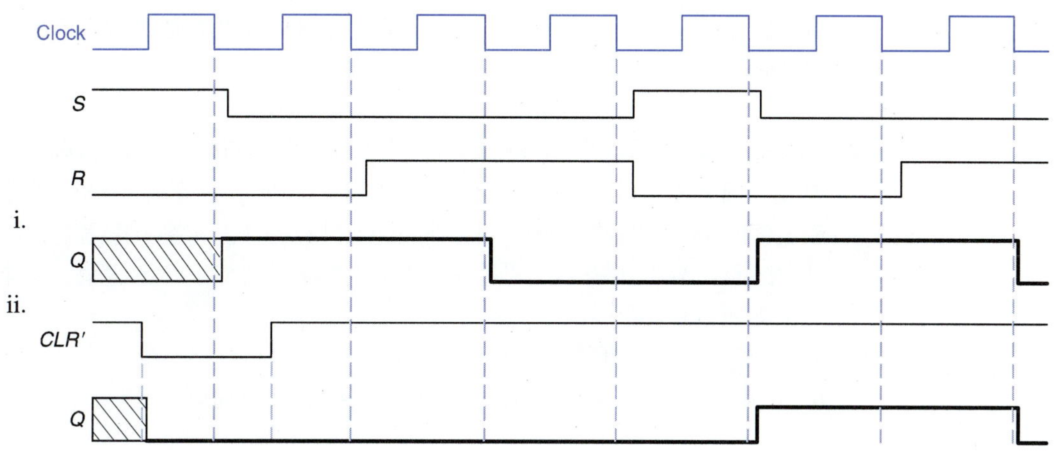

클리어가 없다면, 첫 번째 하강 에지까지 Q의 값을 알 수 없다. 하강 에지가 들어오는 시점에서, $S = 1$이므로 Q는 1이 된다. 다음 클럭에서는 S와 R이 모두 0이므로 Q는 변하지 않는다. 다음 두 클럭동안 $R = 1$이므로 Q는 0이 된다. 그 후에 $S = 1$이므로 $Q = 1$이 되고, 그 다음 둘 다 0이므로 Q는 1로 유지되며, 마지막으로 $R = 1$이므로 Q는 다시 0으로 간다. 클리어가 있다면, Q는 첫 번째 하강 에지보다 일찍 0이 되며, 첫 번째 하강 에지는 무시된다. 따라서 다음 세 주기 동안 Q는 0으로 유지된다. 그리고 그 후는 앞부분의 클리어가 없는 Q와 동일하게 동작한다. (일단, 두 번째 부분의 Q가 첫 번째 부분 Q와 같아지면, 그 후의 동작은 동일해진다.)

c.

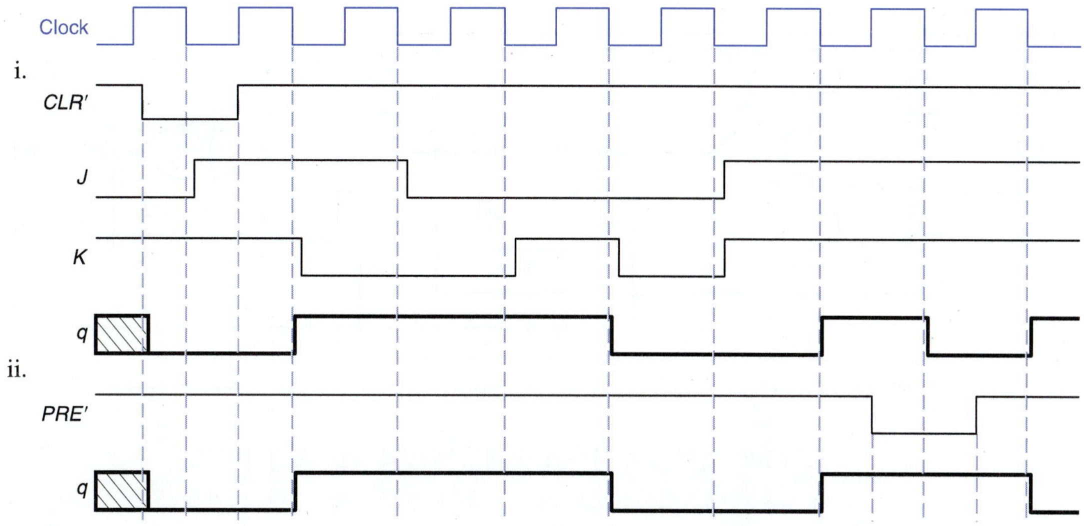

프리셋 입력이 동작하기까지 두 부분은 동일하다. 두 번째 경우, 프리셋은 클럭을 무시하고 출력을 1로 유지한다. 그 후, 출력이 토글될 때($J = K = 1$ 이므로), 두 타이밍 도는 서로 반대가 된다.

4. S와 R, 그리고 T의 세 입력으로 이루어진 새로운 플립플롭이 있다.(하강에지 클럭에서 동작한다.) 동시에 1개 이상의 1은 들어갈 수 없다고 하자. S와 R 입력은 SR 플립플롭에서의 역할과 동일하다.(S는 1을, R은 0을 플립플롭에 저장한다.) T입력도 T플립플롭에서의 역할과 동일하다.(T는 플립플롭의 상태를 반전시킨다.)

a. 이 플립플롭에 대한 상태도를 그려라.

b. S, R, T, 그리고 Q를 사용하여 Q^*의 수식을 작성하라.

a.

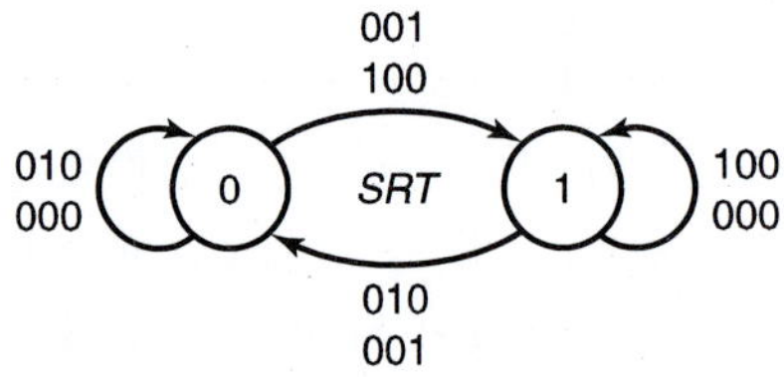

b.

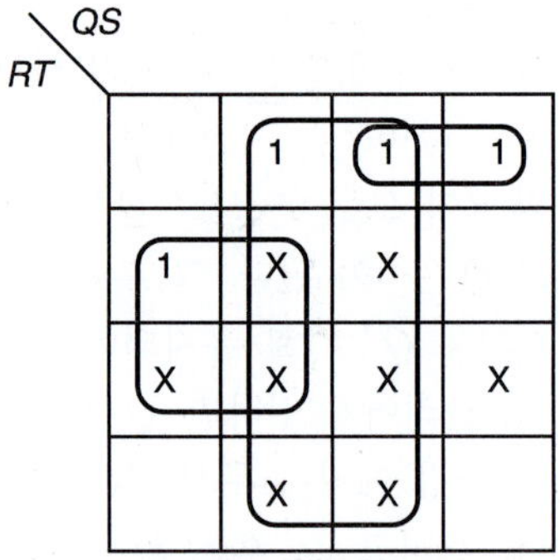

$Q^\star = S + Q'T + QR'T'$

5. 다음의 회로에서,

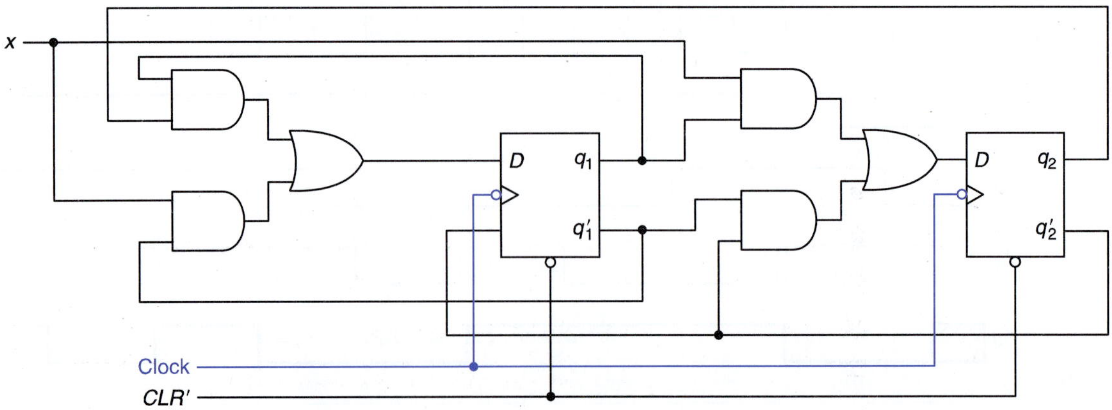

a. CLR' 입력을 무시하고 상태도와 상태표를 작성하여라.

b. 각 플립플롭이(CLR' 없이) 초기 상태 0에 있다고 가정하고, 가능한 한

플립플롭의 상태에 대한 다음의 타이밍 트레이스를 완성하여라.

x 1 0 1 1 1 0

c. 다음의 x와 CLR'의 입력에 대해, 각 플립플롭의 상태에 대한 타이밍도를 완성하여라.

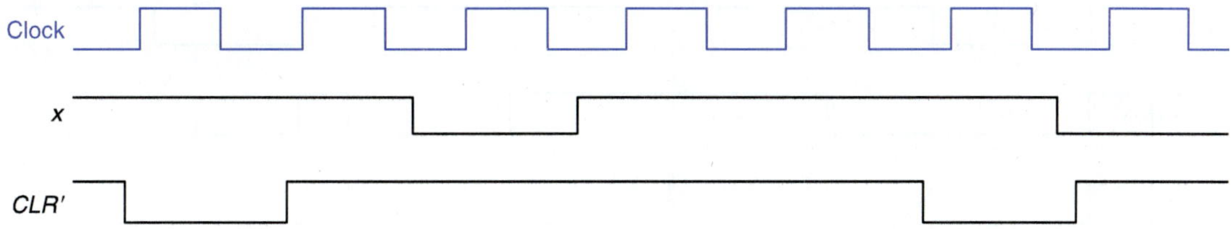

a. 이 회로에서

$$D_1 = q_1q_2 + xq_1' \qquad D_2 = xq_1 + q_1'q_2'$$

와 같고 상태표는 다음과 같다.

q_1q_2	$q_1^\star q_2^\star$ $x = 0$	$x = 1$
00	01	11
01	00	10
10	00	01
11	10	11

출력이 없기 때문에 상태를 유일한 출력이라 가정하면, 상태도는 다음과 같다.

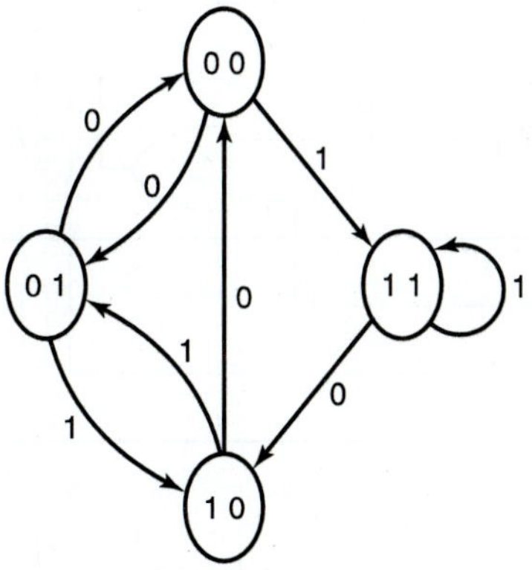

b. 주어진 입력에 대한 타이밍 트레이스이다.

x	1 0 1 1 1 0
q_1	0 1 1 0 1 0 0
q_2	0 1 0 1 0 1 0 1

c. 주어진 입력에 대한 타이밍도이다.

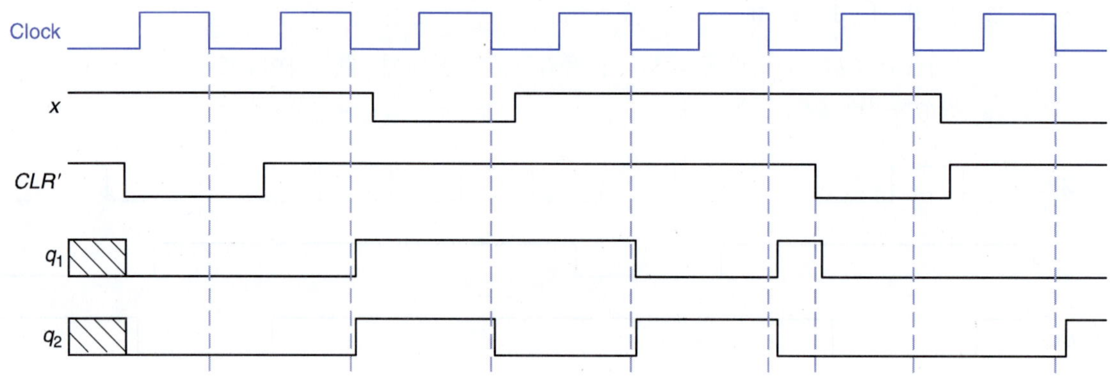

*CLR′*가 0이 되기 전까지 플립플롭의 상태는 알 수 없다. 첫 번째 클럭천이는 영향을 미치지 않는다. 두 번째 하강 에지에서 $x = 1$ 이 되고, 두 플립플롭 모두 다 1이 된다. *CLR′*가 다시 0이 되기 전까지, 다음 세 클럭의 하강에지에서 플립플롭의 입력 값을 구할 수 있고, 타이밍도의 나머지 부분을 그릴 수 있다. *CLR′*가 0이 될 때 q_1과 q_2가 0이 된다. 마지막 천이 시 클럭은 다시 플립플롭의 상태에 대한 결정권을 가진다.

6. 다음의 회로에 대해 각 플립플롭의 상태와 출력에 대한 타이밍도를 완성하여라. 모든 플립플롭은 하강 에지에서 동작한다.

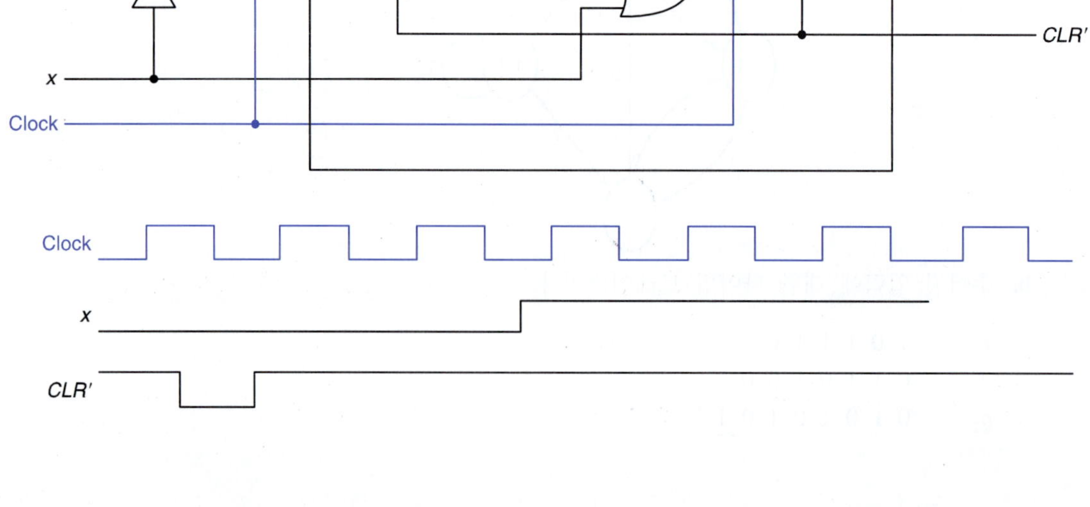

이 회로에서

$$J_1 = x'Q_1' \quad K_1 = Q_2' \quad J_2 = K_2 = x + Q_1' \quad z = Q_1Q_2$$

이다. 출력 z는 플립플롭의 상태에 대한 함수이다. 출력 z는 플립플롭의 출력을 완성한 뒤에 결정하면 된다. 마지막 클럭 천이에서, 입력을 모르기 때문에 J_1을 알 수 없다.($Q'_1 = 1$이지만) 따라서 다음의 Q_1 값을 결정할 수 없다. 그러나 $J_2 = K_2 = 1$이므로, 입력에 상관없이 Q_2의 값은 결정할 수 있다.

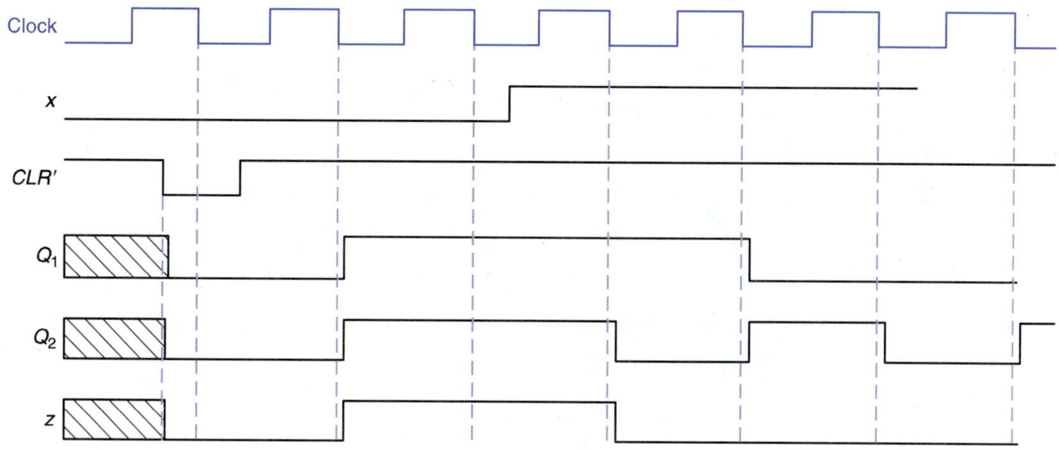

7. 다음의 각 회로와 입력에 대해

i. 상태표를 구성하여라.(각 상태는 0 0, 0 1, 1 0, 1 1로 표기한다.)

ii. 각 플립플롭의 값과 출력에 대해 가능한 한 타이밍 트레이스를 하여라. 모든 플립플롭의 초기 상태는 0이라고 가정한다.

a.

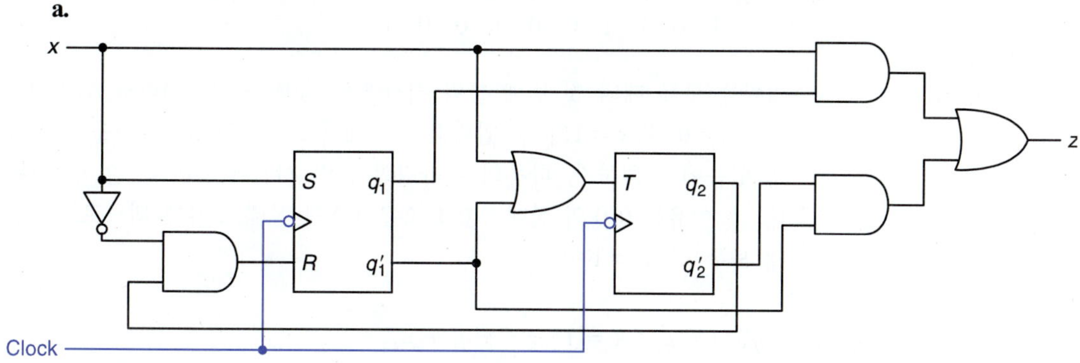

x 0 0 1 1 0 0 1 0 0

b.

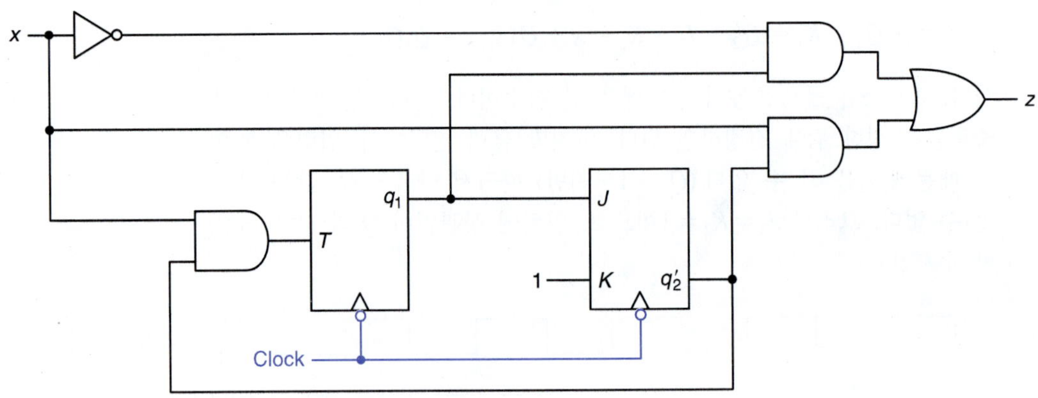

x 1 1 0 0 1 0 0 0 1

a. $S = x \qquad R = x'q_2 \qquad T = q_1' + x \qquad z = xq_1 + q_1'q_2'$

$x = 0$이면, $S = 0$ 이고 $R = q_2$이다. 따라서 q_1은 $q_2 = 0$ 일 때는 변하지 않으며 그 외에는 클리어 된다. $x = 1$이면, q_1이 셋 된다. $x = 1$ 이거나 $q_1 = 0$이면 q_2는 토글되고, 그 외에는 값이 유지된다. 이것으로부터 다음의 상태표를 만들 수 있다.

q_1q_2	$q_1^\star q_2^\star$ $x = 0$	$x = 1$	z $x = 0$	$x = 1$
0 0	0 1	1 1	1	1
0 1	0 0	1 0	0	0
1 0	1 0	1 1	0	1
1 1	0 1	1 0	0	1

x 0 0 1 1 0 0 1 0 0
q_1 0 0 0 1 1 1 1 1 0 0
q_2 0 1 0 1 0 0 0 1 1 0 1
z 1 0 1 1 0 0 1 0 0 1

입력을 모를 때의 첫 번째 클럭 시간에서, 입력을 모르더라도 상태 0 0에서 $x = 0$ 및 $x = 1$의 두 입력값 모두에서 $z = 1$이므로, 출력을 결정할 수 있음에 유의하자. 다음의 추가적인 클럭 시간에서 q_2도 알 수 있는데, 그 이유는 0 0 의 상태가 0 **1** 혹은 1 **1**의 상태로 가게 되므로, 두 상태 모두 다 $q_2 = 1$ 이 된다.

b. $T = xq_2' \quad J = q_1 \quad K = 1 \quad z = x'q_1 + xq_2'$

$x = 1$ 및 $q_2 = 0$일 때만 q_1이 토글되고, q_2는 $q_1 = 1$일 때만 토글되고 그 외에는 0이 된다는 것에 유의하라.

q_1q_2	$q_1^\star q_2^\star$ $x = 0$	$x = 1$	z $x = 0$	$x = 1$
0 0	0 0	1 0	0	1
0 1	0 0	0 0	0	0
1 0	1 1	0 1	1	1
1 1	1 0	1 0	1	0

x 1 1 0 0 1 0 0 0 1 1

q_1 0 1 0 0 0 1 1 1 1 1 0 0

q_2 0 0 1 0 0 0 1 0 1 0 1 0 0

z 1 1 0 0 1 1 1 1 0 1 0

이 예제에서 입력이 더 이상 주어지지 않더라도 마지막 입력에 대해, 다음 두 클럭 동안 상태를 결정할 수 있다. 또한 그 입력의 세 번째 클럭에 대한 q_2 값 (상태 0 0으로부터, 0 **0** 혹은 1 **0**으로 갈 수 있다.)과 그 입력으로부터 한 클럭 더 진행한 출력을 결정할 수 있다.

8. 다음 주어진 회로에서 가능한 한 타이밍 트레이스를 하여라. 어떤 플립플롭의 상태는 입력이 더 이상 주어지지 않은 후에도 5 ~ 6 클럭 더 트레이스가 가능하다. 모든 플립플롭의 초기상태는 0이라 가정하자.

a.

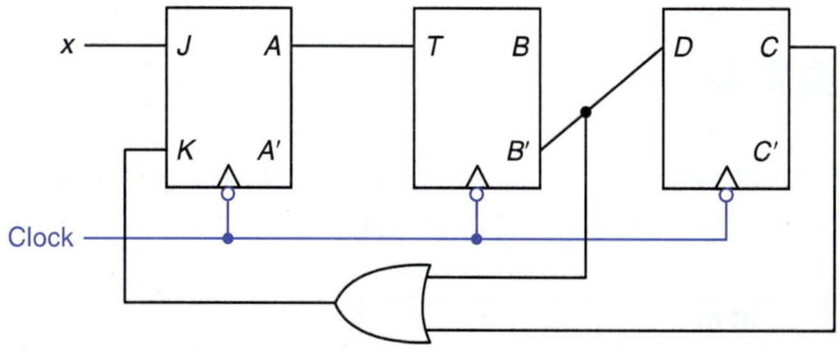

x 0 1 1 1

b.

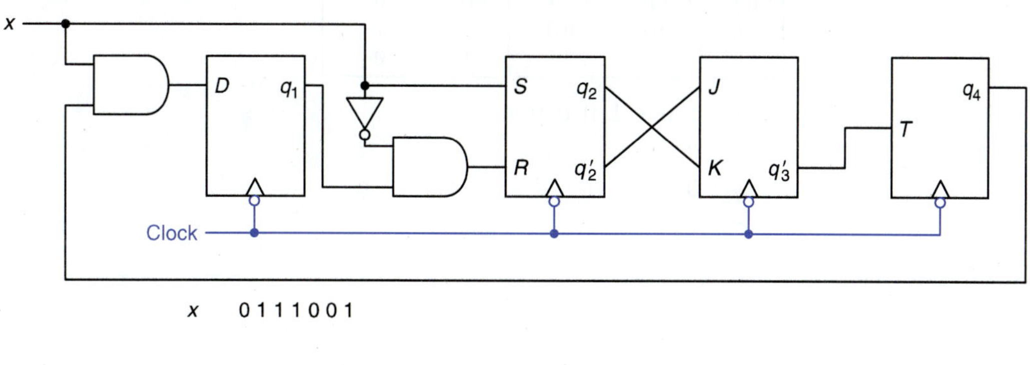

x 0 1 1 1 0 0 1

a. $J = x \qquad K = B' + C \qquad T = A \qquad D = C^\star = B'$

x 0 1 1 1
A 0 0 1 0 1 1 0
B 0 0 0 1 1 0 1 1
C 0 1 1 1 0 0 1 0 0

플립플롭 B는 A에 의해서만 결정되고, 플립플롭 C는 B에 의해서만 결정되므로, C의 값은 B의 한 클럭 뒤에서, B는 A의 한 클럭 뒤에서 알 수 있다. x(따라서, J) 값을 모르는 첫 번째 클럭 시간에서, A는 1의 값을 가지고 있다. 만약 K가 0이라면(J와는 독립적으로), 플립플롭 A는 여전히 1의 값을 가질 것이고, $K = 1$이라면 0이 될 것이다. 따라서 이 순서에 대하여 입력값 x를 모르는 두 클럭 시간 동안의 A값을 결정할 수 있다.

b. $D = xq_4 \qquad S = x \qquad R = x'q_1 \qquad q_3^\star = q_2' \qquad T = q_3'$

x 0 1 1 1 0 0 1
q_1 0 0 1 1 1 0 0 0 0 0
q_2 0 0 1 1 1 0 0 1 1 1 1
q_3 0 1 1 0 0 0 1 1 0 0 0 0
q_4 0 1 1 1 0 1 0 0 0 1 0 1 0

5.6 연습문제

1. 다음의 각 상태표로부터, 상태도를 그리고(더 이상 입력이 들어오지 않더라도) 가능한 한 타이밍 트레이스를 완성하여라.

a.

q_1q_2	$q_1^\star q_2^\star$ $x = 0$	$q_1^\star q_2^\star$ $x = 1$	z $x = 0$	z $x = 1$
0 0	0 1	0 0	0	1
0 1	1 0	1 1	0	0
1 0	0 0	0 0	1	1
1 1	0 1	0 1	1	0

x 1 0 1 1 0 0 0 1
q_1 0
q_2 0
z

*b.

q	$q^\star$ $x = 0$	$x = 1$	z
A	A	B	0
B	C	B	0
C	A	D	0
D	C	B	1

x 1 1 0 1 0 1 0 1 0 0 1 0 1 1
q A
z

c.

q	$q^\star$ $x = 0$	$x = 1$	z $x = 0$	$x = 1$
A	B	C	0	1
B	C	A	0	0
C	A	B	1	0

x 0 0 1 1 1 0 0 0 0 0 1 0
q A
z

d.

q	$q^\star$ $x = 0$	$x = 1$	z $x = 0$	$x = 1$
A	A	B	1	0
B	C	D	0	0
C	A	B	0	0
D	C	D	1	0

x 0 1 0 0 0 1 1 1 1 0 1
q A
z

2. NAND 게이트 만을 사용하여, 그림 5.6의 회로와 유사한 동작을 하는 제어 단자가 있는 래치에 대한 블록도를 그려라.

3. 다음에 주어진 입력에 대해, 플립플롭 출력을 그려라.

a. 비동기 클리어나 프리셋 입력이 없는 D 플립플롭
b. 액티브 로우 클리어 입력이 있는 D 플립플롭
c. 액티브 로우 클리어와 프리셋 입력이 있는 D 플립플롭
d. a와 같은 입력을 가지고 있으며 Q의 초기상태가 0인 T 플립플롭
e. b와 같은 입력을 가지고 있으며 액티브 로우 클리어가 있는 T 플립플롭

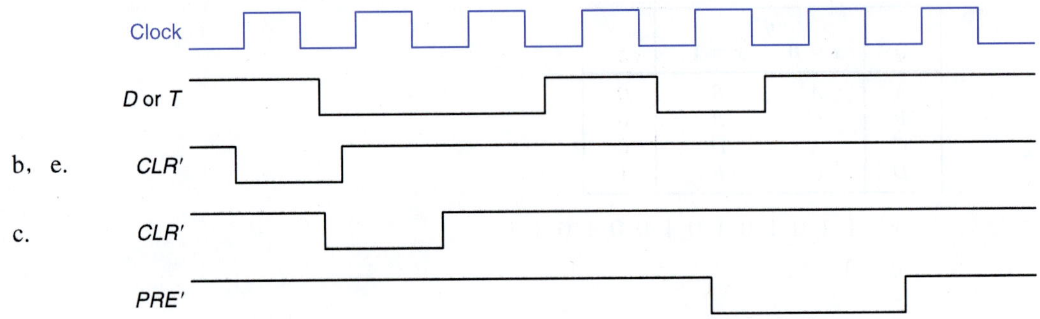

4. 다음 *JK* 플립플롭의 각 타이밍도를 완성하여라. *CLR′*와 *PRE′*는 비활성화(1) 되었다고 가정하고 주어진 다음 값들을 사용하라.

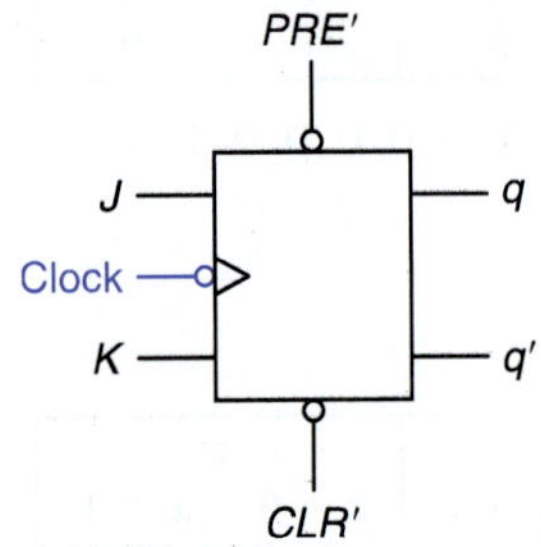

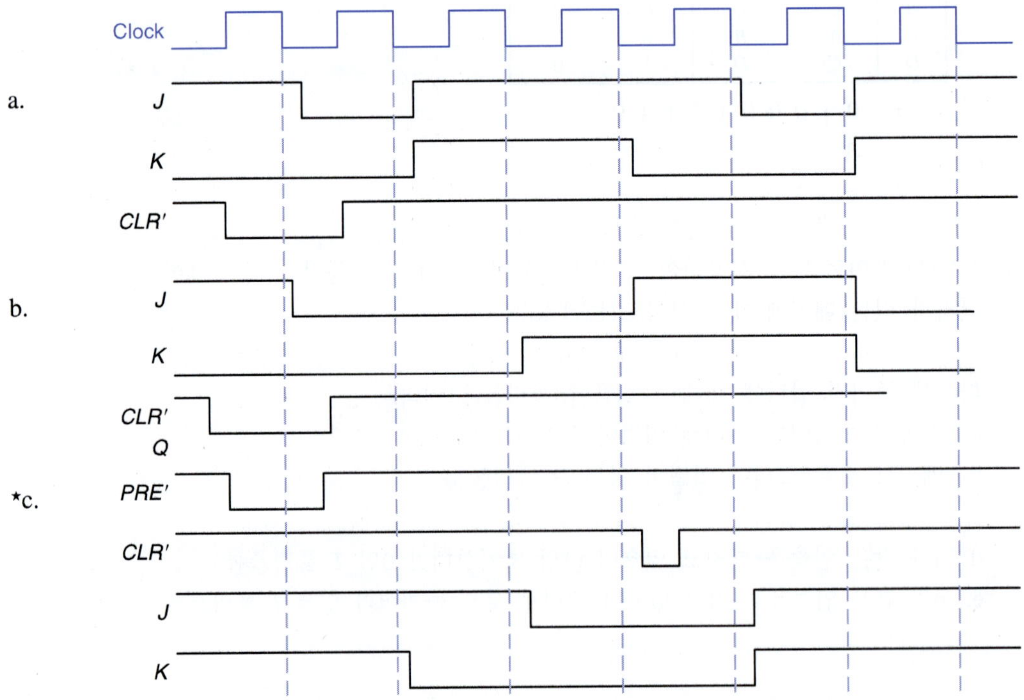

5. 다음 플립플롭 회로를 살펴보자.

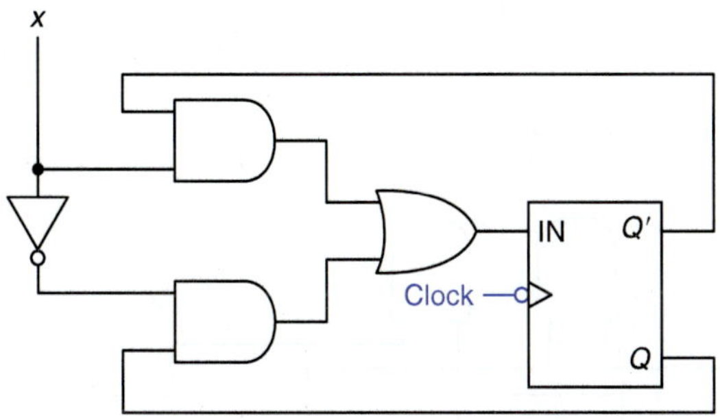

아래의 타이밍도를 완성하여라.

a. *D* 플립플롭일 때,

b. *T* 플립플롭일 때,

두 문제 모두, 플립플롭은 0에서 시작한다.

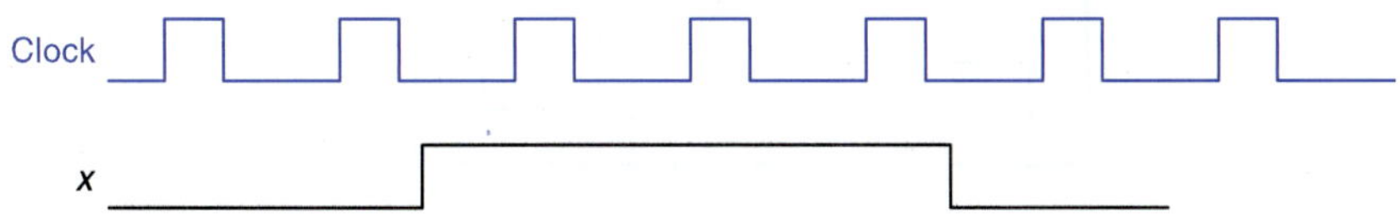

6. *A*와 *B* 두 입력으로 이루어진 새로운 형태의 플립플롭이 있다. $A=0$이면 $Q^* = \text{B}$이고, $A=1$이면 $Q^* = B'$ 이다.

a. 이 플립플롭의 상태도를 그려라.

b. *A*, *B*, 그리고 *Q*를 사용하여 Q^*의 수식을 구하여라.

7. 다음에 주어진 각 회로에 대해, 각 플립플롭의 상태와 출력에 대한 타이밍도를 완성하여라. 모든 플립플롭은 하강에지에서 동작한다. 클리어 입력이 없는 회로는, 각 플립플롭의 초기상태는 0이라 가정하라.

a.

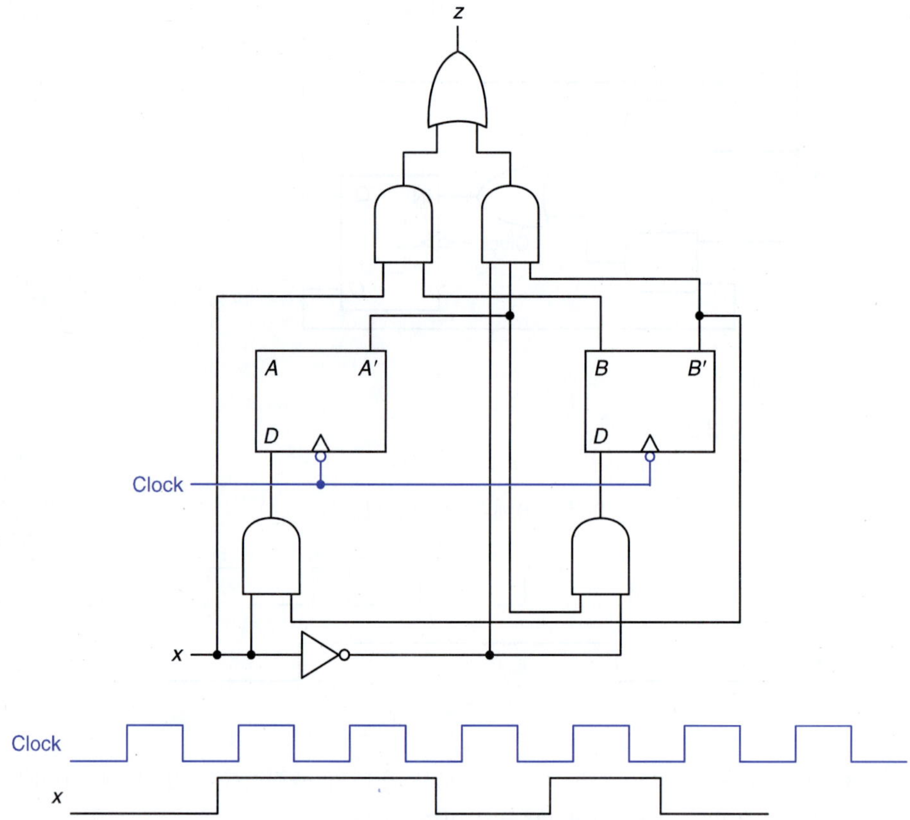

*b.

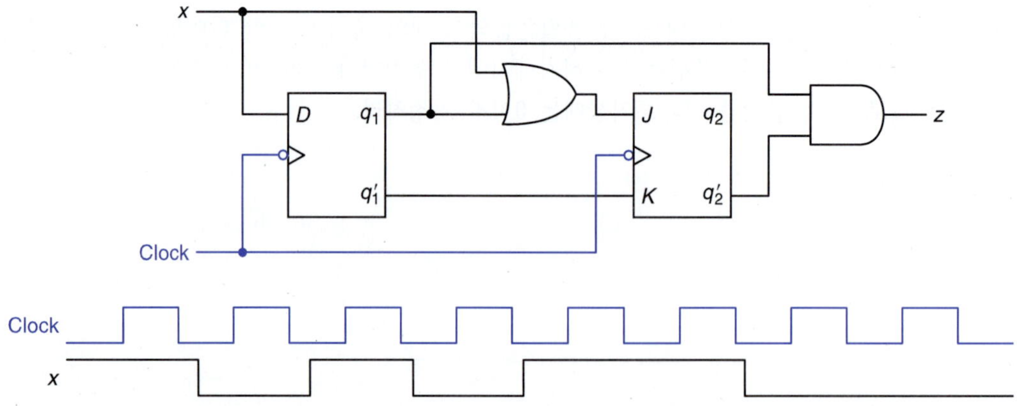

c.

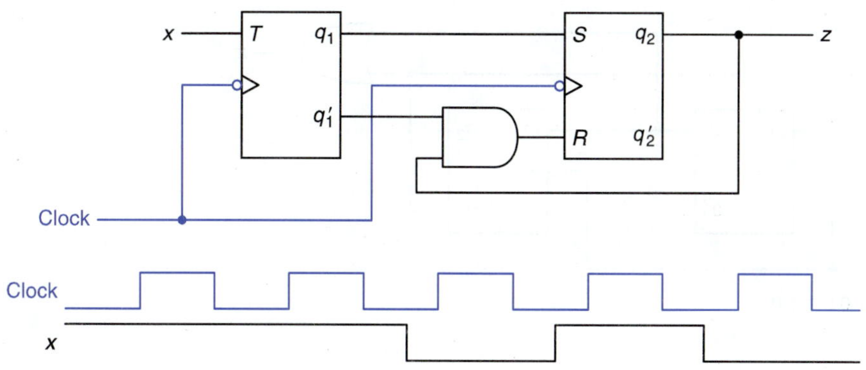

d.

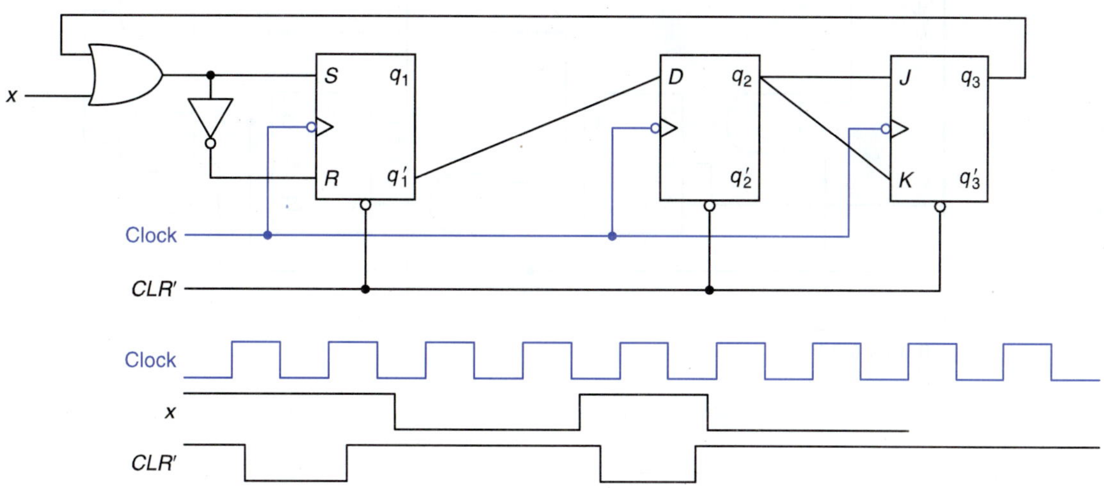

8. 다음에 주어진 회로와 입력열의 각각에 대하여

i. 상태표를 만들어라.(상태는 11, 01, 10, 11로 하라)

ii. 플립플롭과 출력의 값에 대한 타이밍 트레이스를 가능한 한 보여라. 각 플립플롭의 초기값은 0으로 가정하라.

*a.

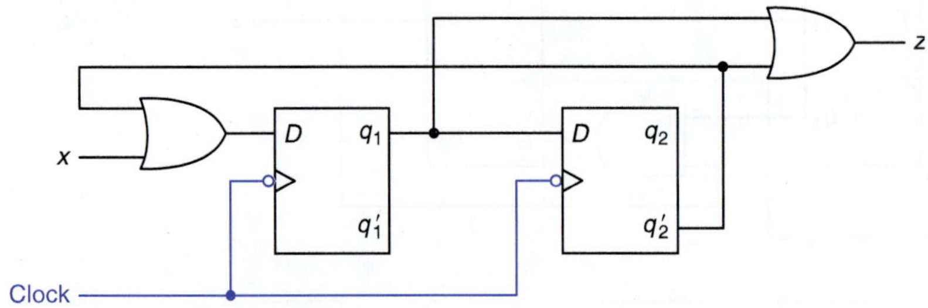

x 0 0 1 1 0 0 1 1 0

b.

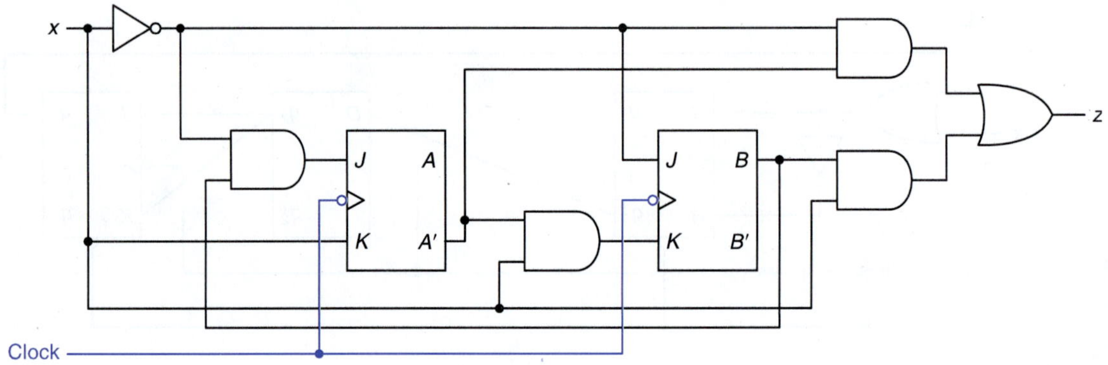

x 0 0 1 1 0 0 1 1 0

c.

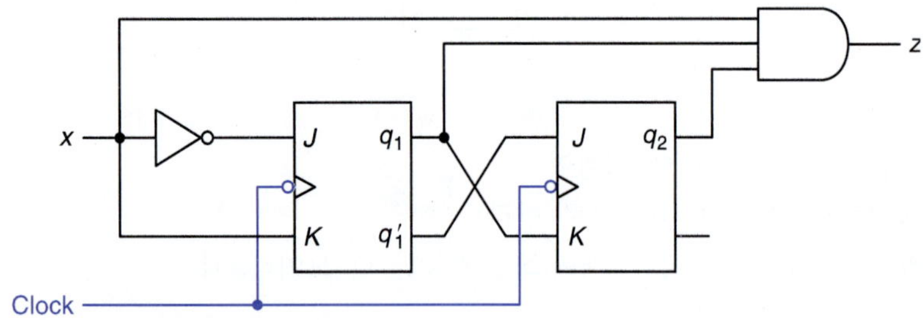

x 0 1 1 0 1 1 1 1 1

d.

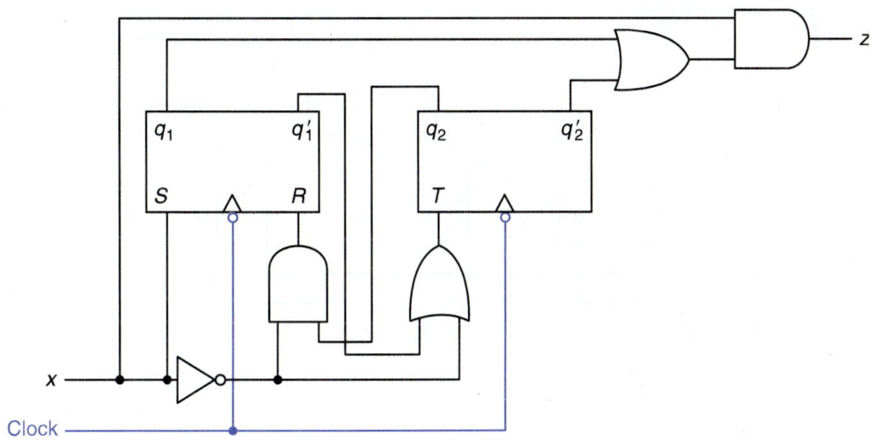

x 0 0 1 1 0 0 1 1 0

9. 다음의 회로에 대하여, 가능한 한 타이밍 트레이스를 완성하여라. 어떤 플립플롭의 상태와 출력은 입력이 더 이상 알려지지 않은 후에 3 클럭까지도 결정되어질 수 있다. 모든 플립플롭은 초기에는 0이라고 가정하라.

a.

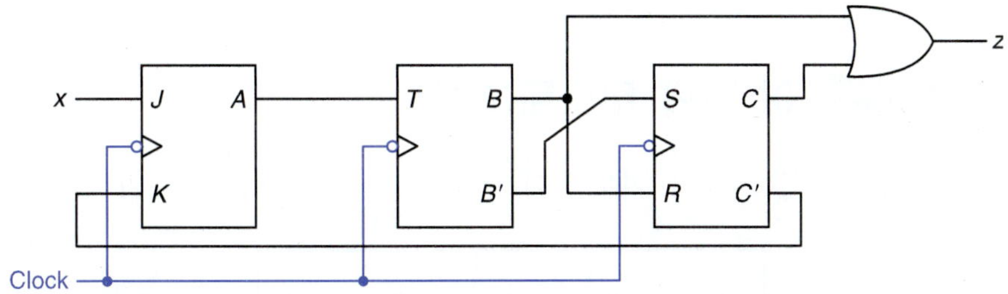

x 0 1 1 0 1 0 1

b.

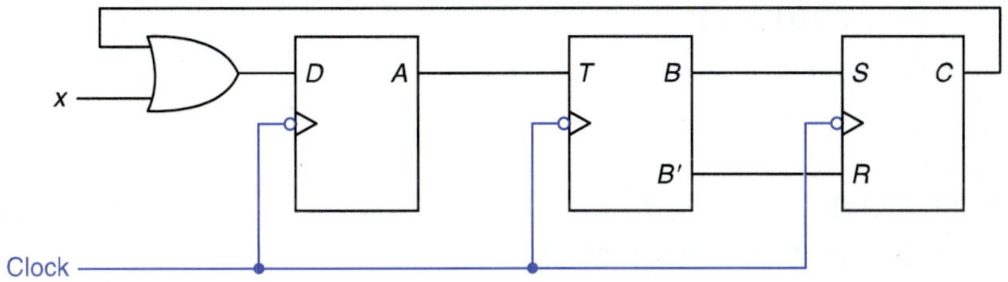

x 0 1 0 1 0 1 0

*c.

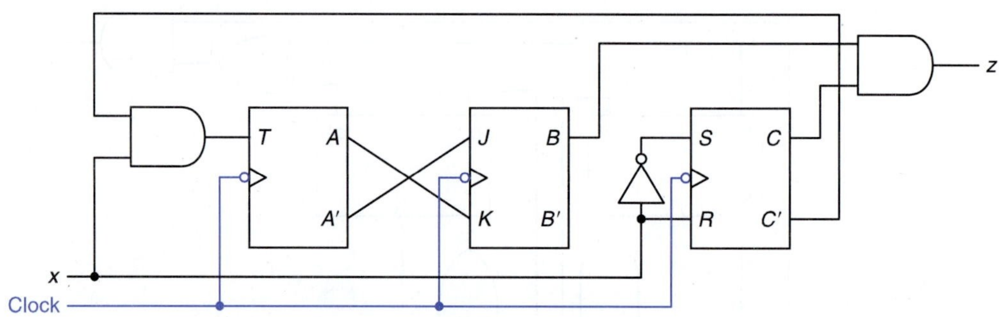

x 0 1 1 0 0 1 1 1 0

d.

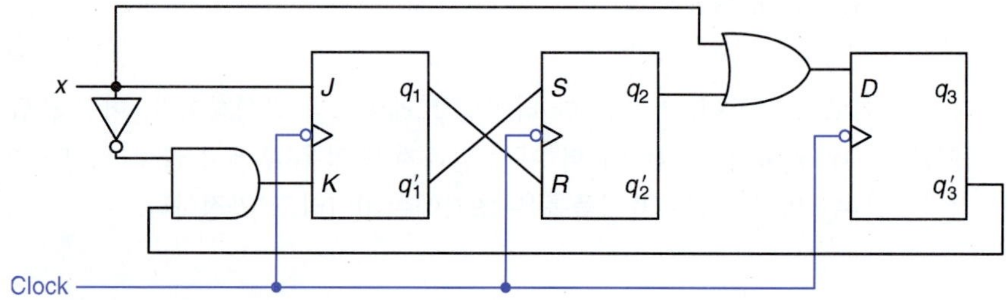

x 0 0 1 0 0 0

5.7 이 장의 테스트(50분)

1. 다음 상태표로부터, 가능한 하나의 타이밍 트레이스를 해보자.

q	$q^\star$ $x = 0$	$x = 1$	z $x = 0$	$x = 1$
A	C	A	0	0
B	A	D	1	1
C	B	C	0	1
D	B	B	0	0

x 0 0 1 1 0 0 0 1 0 1

q A

z

2. 하강 에지에서 동작하고 액티브 로우 클리어 입력을 지닌 다음의 *JK* 플립플롭에서, *Q*의 타이밍도를 완성하라.

a. *CLR′* 입력이 없을 때

b. 주어진 것과 같은 *CLR′* 입력이 있을 때

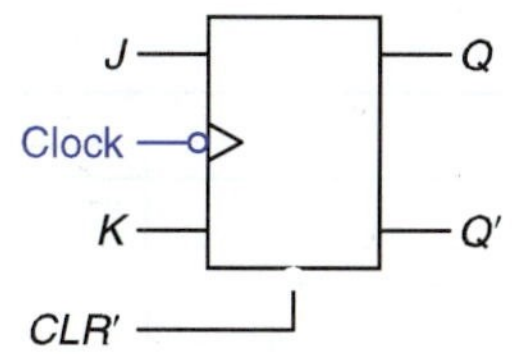

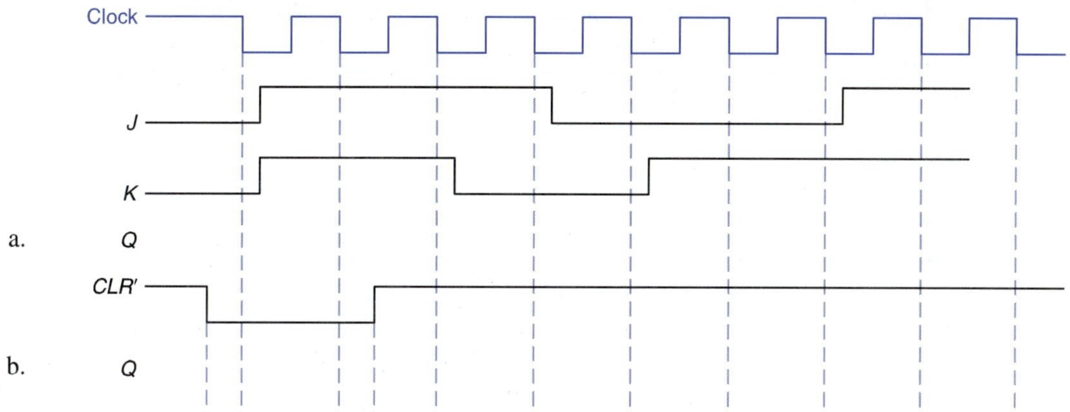

3. 다음 회로에 대한 상태표를 작성하여라.

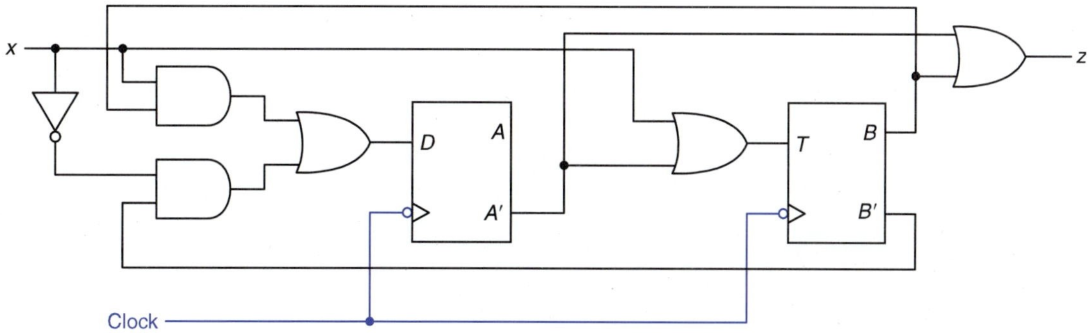

4. 다음 회로에 대한 타이밍도를 완성하여라.

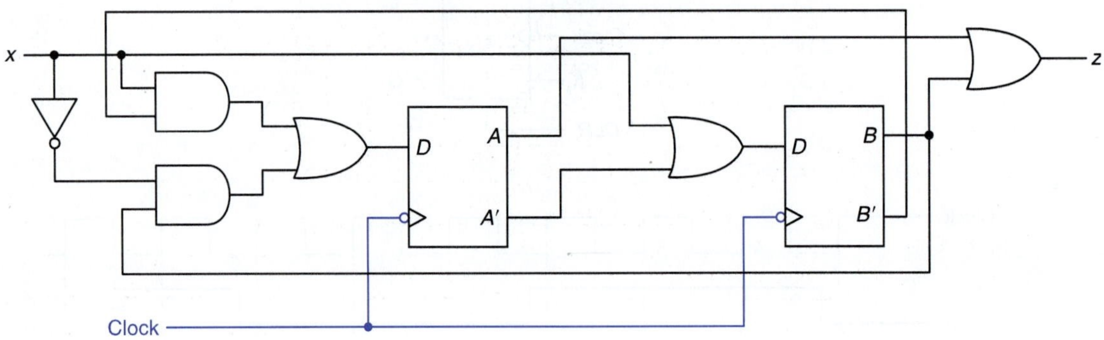

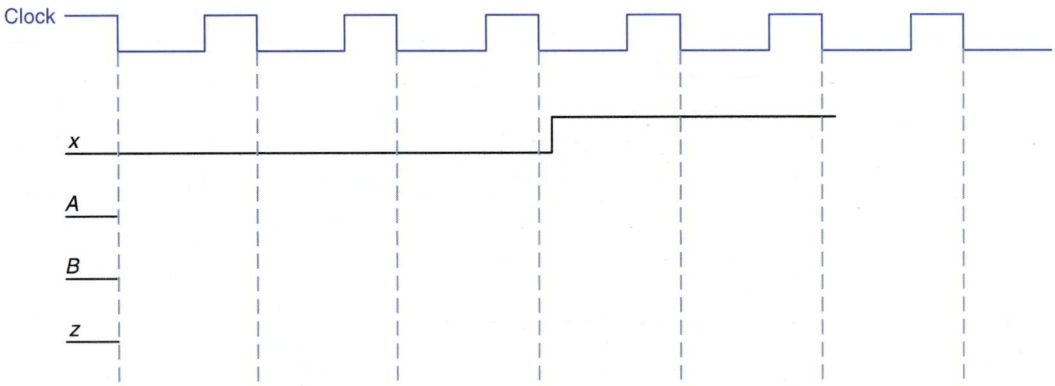

6 순차 시스템 설계

조합 시스템의 경우와 마찬가지로, 설계 과정은 보통 시스템의 요구동작을 말로 기술한 문제기술(problem statement)로부터 시작된다. 그 목표는 설계 목적과 제약사항을 고려하여 사용가능한 컴포넌트의 활용을 통해 시스템의 블록 다이어그램을 개발하는 것이다.

먼저 본 장에서 설계 테크닉을 설명하는데 활용할 다섯 개의 추가적인 계속예제에 대해 다음과 같이 설명한다.

계속 예제(CE)

CE7. 하나의 입력 x와 하나의 출력 z로 이루어진 밀리 시스템. 이때 x가 현재 1이고 지난 두 클럭 시간동안 1이었다면 현재 클럭 시간에 $z=1$ 값을 가짐.[1)]

CE8. 하나의 입력 x와 하나의 출력 z로 이루어진 무어 시스템. 이때 x가 세 번 연속해서 1 값을 가지고 그다음 세 번 연속적으로 0값이 나오는 경우 출력이 1이 됨.

CE9. 입력 없이 세 개의 출력만을 가지고 숫자 0~7을 표현하는 무어 시스템. 연속되는 클럭 입력에 따라 출력값은 0 3 2 4 1 5 7의 시퀀스를 반복함.

CE10. 두 개의 입력 x_1, x_2와 세 개의 출력 z_1, z_2, z_3를 가지고 숫자 0~7을 표현하는 무어 시스템. 출력은 $x_1=0$이면 상승 카운트 동작을 하고 $x_1=1$이면 하강 카운트 동작을 하며, $x_2=0$이면 카운트가 재반복되고 $x_2=1$이면 카운트의 포화값이 유지된다. 그러므로 다음과 같은 출력 시퀀스가 발생할 것이다.

$x_1=0, x_2=0$: 0 1 2 3 4 5 6 7 0 1 2 3 4 5 6 7 . . .
$x_1=0, x_2=1$: 0 1 2 3 4 5 6 7 7 7 7 7 7 7 7 7 . . .
$x_1=1, x_2=0$: 7 6 5 4 3 2 1 0 7 6 5 4 3 2 1 0 . . .
$x_1=1, x_2=1$: 7 6 5 4 3 2 1 0 0 0 0 0 0 0 0 0 . . .

---

1) 이 예제는 CE6(5장에서 소개됨)와 유사하나, 세 번 연속되는 1이 나오는 경우에 출력이 1이 되는 점만 다르다.(CE6에서는 세 번째 1을 수신한 경우에 출력이 1이 되었다.)

(물론, x_1과 x_2는 출력 시퀀스를 변경하기 위해 임의의 시점에서 값을 바꿀 수 있다.)

CE11. 버스를 사용하기 원하는 4개의 장치로부터 구분된 회선 R_0~R_3을 통해 사용 요청을 수신하는 버스 제어기. 4개의 출력 G_0~G_3를 가지며 동시에 그 중 하나만 1 값을 가진다. 이때 1 값을 가진다는 것은 그 클럭 구간동안 그 장치가 버스를 이용할 권한을 가진다는 것을 뜻한다.(6.4절에서, 하나 이상의 장치가 동시에 버스 사용권한을 요청하는 경우 낮은 번호를 가진 장치가 더 높은 우선순위를 가지는 우선순위 제어기의 설계에 대해 다룰 것이다.(높은 우선순위를 가진 장치가 버스를 선점할 수 있는) 인터럽팅 제어기와 장치가 버스의 제어권한을 얻으면 더 이상 필요 없을 때까지 제어 권한을 유지하는 제어기에 대해 모두 살펴볼 것이다.)

지금부터, 이전의 장에서 논의했던 것과 유사한 시스템의 설계 과정에 관해 살펴볼 것이다. 7장과 9장에서는 대규모의 시스템 설계에 적합한 또 다른 기법들에 대해 다루게 된다.

단계 1: 주어진 문제의 설명으로부터 씌여진 묘사로부터, 메모리에 저장되어야 하는 것, 즉 가능한 상태들을 결정하라.

필요한 상태 정보를 저장하는데는 여러 가지 방법들이 존재한다. CE7에서 우리는 마지막 두개의 입력 값을 저장 할 수 있었다. 만일 우리가 그 값들을 알고, 현재 입력을 안다면, 이 세 개의 값들이 모두 1이 될 때를 알 수 있다. 그러나, 우리는 또한 얼마나 많은 연속적인 1이 발생했는지를 저장할 수도 있다.−하나도 없거나, 하나 또는 두개 또는 그 이상. 우리는 이런 두 가지 방법으로 상태표를 그릴 수 있고 각각으로부터 적절히 동작하는 회로를 만들 수 있을 것이다. 그러나, 비용은 큰 차이가 날 수 있다. 입력이 현재 1이고 이전의 27개의 연속적인 클록동안 1인 경우에만 출력이 1이 되도록 하는 문제를 생각해 보자. 첫 번째 방법은 지난 27개의 입력을 27개의 플립플롭에 모두 저장하는 것이다. 두 번째 방법은 연속적인 1이 하나도 없는 경우부터 27개 또는 더 많은 연속적인 1 있는 경우까지 모두 28가지의 경우에 대해 추적하는 것이다. 이 28가지의 경우는 연속적인 1이 하나도 없는 경우를 00000, 그리고 27개 이상의 연속적인 1을 가진 경우를 11011로 코드화 함으로써, 단지 5개의 이진 저장 장치를 이용해 저장할 수 있다.

단계 2: 필요한 경우 입력과 출력들을 2진수로 코드화하라.

이는 조합 시스템의 경우와 같은 문제이다. 많은 문제들의 경우 이런 단계가 필요없을 수도 있다.

단계 3: 시스템의 동작을 묘사하는 상태표나 상태도를 유도하라.

CE6과 CE8과 같은 무어 시스템에서, 출력은 시스템의 현재 상태에 의해서만 결정된다.(출력을 만들어내는 조합 논리는 단순히 여러 가지 플립플롭에 저장되어 있는 내용의 함수이다.) 상태가 입력에 의해 결정되기 때문에, 당연하겠지만 출력은 입력에 의해 결정된다. 하지만 출력에 미치는 영향은 다음 클록 이후로 지연된다. CE7에서처럼 출력이 메모리의 내용뿐만 아니라 현재 입력에 의해서도 영향을 받는 경우도 있다.

단계 4: 상태 감쇄 기법을 활용해, 동일한 입,출력 동작을 하지만 더 적은 상태를 가지는 상태표를 찾아라.

더 적은 상태란 더 적은 저장 장치를 사용한다는 의미이다. 플립플롭의 개수를 줄임으로써 우리는 조합 논리에 들어가는 입력의 개수도 줄일 수 있다. 그러므로 예를 들어 하나의 입력과 세 개의 플립플롭으로 이루어진 시스템은 4 개의 변수를 가지는 조합 논리가 필요하지만, 하나의 입력과 두개의 플립플롭으로 이루어진 시스템은 단지 세 개의 변수를 가지는 논리가 사용될 수 있다. 이는 일반적으로 더 저렴한 회로라는 뜻이 된다.(이 단계는 제외될 수도 있다)

단계 5: 상태를 이진수로 코드화한 상태 배치를 선택하라.

어떤 코드화 방식을 사용하든지 회로의 동작 결과는 달라지지 않는다. 하지만 적절한 방식을 선택한다면 조합 논리를 더 단순하게 만들 수 있다.

단계 6: 플립플롭 타입을 선택하고, 플립플롭 입력맵이나 입력표를 구하라.

상태표와 상태배치로부터, 각 플립플롭에 저장될 값의 표를 현재 메모리의 값과 시스템 입력의 함수형태로 구한다. 이 단계는 발생해야 할 상태 천이를 시키기 위해 각 플립플롭에 어떤 입력을 가해야 하는지를 결정하는 부분이다. 이 장에서는 일반적으로 사용되는 다양한 플립플롭 타입에 필요한 테크닉에 대해 살펴본다.

단계 7: 논리 방정식(logic equation) 을 산출하고 이로부터 블록도를 그려라.(조합 시스템의 경우와 동일)

이제부터 이진수로 할당된 상태를 이용한 상태표가 완성되어 있다는 가정 하에 단계 6과 7에 대한 내용을 살펴본다. 그런 후에, 6.4절에서 말로 된 문제 기술로부터 상태표를 그리는 것에 대한 첫 세 개의 단계에 대해 논한다. 상태 감쇄와 상태 배치 기술에 관해서는 Marcovitz, *Introduction to Logic Design*, 2nd ed., McGraw-Hill, 2005를 참조하라.

표 5.1의 상태표와 그림 5.3의 상태도가 그림 6.1로 다시 주어진다.

그림 6.1 설계 예

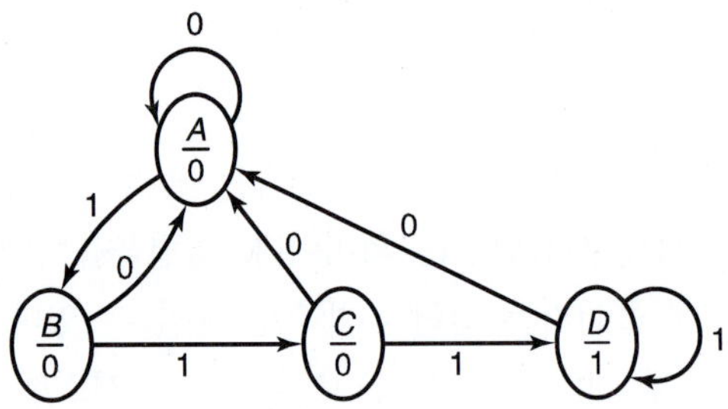

q	$q^\star$ $x=0$	$x=1$	z
A	A	B	0
B	A	C	0
C	A	D	0
D	A	D	1

세 가지의 상태 배치가 표 6.1에 나타나 있다.

표 6.1 상태 배치

(a)

q	q_1	q_2
A	0	0
B	0	1
C	1	0
D	1	1

(b)

q	q_1	q_2
A	0	0
B	1	1
C	1	0
D	0	1

(c)

q	q_1	q_2
A	0	0
B	0	1
C	1	1
D	1	0

이 상태 배치들은 임의로 선택되어진 것이다. 그러므로, 최적의 조합 논리를 만들기 위해 어떤 배치가 선택되어야 하는지는 불확실하다.[2)]

2) 가능한 모든 다른 상태 배치들도 위의 세 가지와 마찬가지로 동일한 양의 조합 논리를 만들 것으로 보인다. 각 상태 배치들은 플립플롭의 번호를 바꾸거나 변수들을 보수화 하거나 또는 둘 다를 수행함으로써 만들 수 있다.

상태도나 상태표로부터 다음 상태에 대한 진리표를 표 6.2처럼 만들 수 있다. 이 첫 번째 예제를 위해 표 6.1a의 상태 배치를 사용했다.

q 열은 실제 꼭 필요하지는 않지만 표 6.1b와 6.1c처럼 숫자 시스템의 순서가 아니라 다른 순서로 상태가 할당되는 경우에 진리표를 구하는데 도움이 되기 때문에 사용했다. 진리표의 첫 반 부분은 상태표 (x=0)의 첫 열과 관련되어 있다. 첫 네 열에 대한 다음상태 0 0은 0 입력에 대해 상태 A로 가는 상태들을 의미한다. 진리표의 두 번째 반 부분은 x =1과 관련된 부분이다.

무어 시스템의 경우, 출력은 두개의 상태 변수에 의해서만 결정되기 때문에 우리는 표 6.3처럼 출력에 대한 독자적인 표를 만들었다.(여기서, z열은 밀리 시스템을 위한 설계 진리표에도 하나의 열로써 포함될 것이다.)

이제, q_1^*, q_2^*와 z를 map 6.1에 보이는 것처럼 매핑할 수 있다. 열은 입력과 관련되어 있고 행은 상태와 관련되어 있기 때문에, 이런 형태의 문제는 카르노 맵을 직립 형태로 그리는 것이 좋다.

표 6.2 시스템설계를 위한 진리표

q	x	q_1	q_2	$q_1^\star$	$q_2^\star$
A	0	0	0	0	0
B	0	0	1	0	0
C	0	1	0	0	0
D	0	1	1	0	0
A	1	0	0	0	1
B	1	0	1	1	0
C	1	1	0	1	1
D	1	1	1	1	1

표 6.3 출력 진리표

q	q_1	q_2	z
A	0	0	0
B	0	1	0
C	1	0	0
D	1	1	1

맵 6.1 다음 상태와 출력법

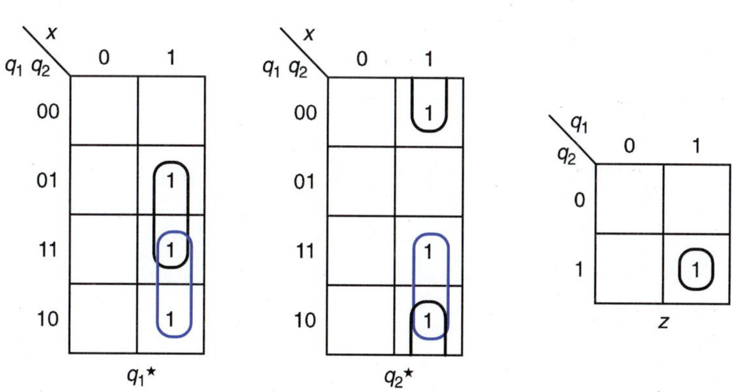

이로부터 다음과 같은 수식을 얻는다.

$$q_1^\star = xq_2 + xq_1$$
$$q_2^\star = xq_2' + xq_1$$
$$z = q_1q_2$$

(비록 이 예제에서는 공유기법(sharing)을 사용하여 문제를 쉽게 해결하지만, 플립플롭 입력식의 개발 시 공유기법의 사용을 권하는 것은 아니다.) 이런 SOP 해법은 4개의 two-input AND 게이트와 2개의 two-input OR 게이트(또는 6개의 two-input NAND 게이트와 하나의 NOT)가 필요하다는 것에 주목하라.(왜냐하면 z는 NAND와 NOT에 의해 만들어지는 AND에 의해 산출되기 때문이다.)[3]

예제 6.1

표 6.1b의 상태 배치를 사용한다면, 다음과 같은 설계 진리표를 얻을 수 있다.

	x	q_1	q_2	$q_1^\star$	$q_2^\star$
A	0	0	0	0	0
D	0	0	1	0	0
C	0	1	0	0	0
B	0	1	1	0	0
A	1	0	0	1	1
D	1	0	1	0	1
C	1	1	0	0	1
B	1	1	1	1	0

q	q_1	q_2	z
A	0	0	0
D	0	1	1
C	1	0	0
B	1	1	0

이로부터 q_1^*과 q_2^*에 대한 카르노 맵은 다음과 같이 주어진다.

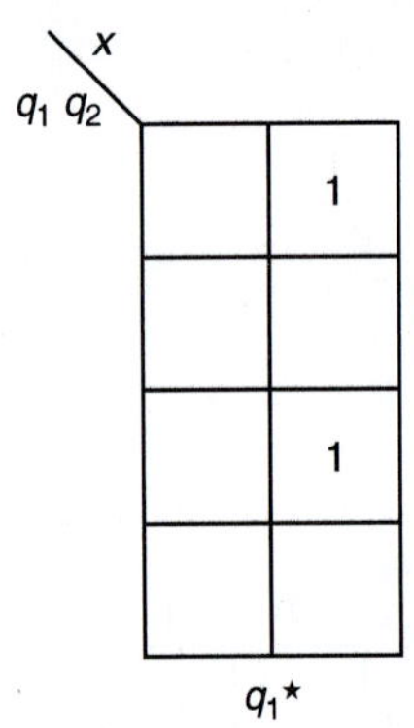

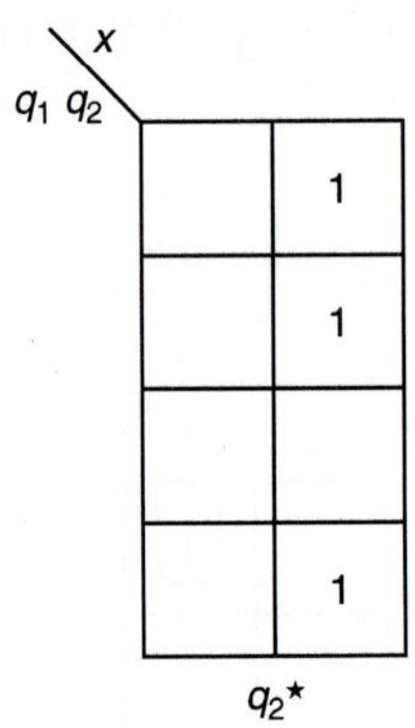

$$q_1^\star = xq_1'q_2' + xq_1q_2$$
$$q_2^\star = xq_1' + xq_2'$$
$$z = q_1'q_2$$

이를 구현하기 위해서는 하나의 추가적인 게이트와 세 개의 추가적인 게이트 입력이 필요하다.

---

3) 여기서 q_1과 q_2는 비보수화(uncomplemented)되거나 보수화(complemented) 될 수 있지만, x는 비보수화만 된다고 가정한다.(단, 이 예제에서는 후자에 대한 가정은 상관없다.)

표 6.1c의 상태 배치를 이용한 설계는 연습문제로 남겨둔다.

지금까지 우리는 시스템을 구현하는데 사용되는 플립플롭의 타입과 무관하게 설계를 수행해왔다. 6.1절에서 이런 결과를 이용해 설계를 완료하게 된다.

6.1 플립플롭 설계 기법

다음 상태에 대한 진리표는 플립플롭 입력에 대한 진리표를 얻기 위한 플립플롭 설계표에 적절히 사용된다. 우리는 이런 접근방식에 대해 먼저 기술하고, 진리표가 필요없는 맵 접근방식을 살펴본다. 그리고 나서, 최종적으로 *JK* 플립플롭에만 적용 가능하지만 작업량을 상당히 줄일 수 있는 신속법(quick method)에 대해 다룬다.

플립플롭 설계표는 상태도로부터 가장 쉽게 얻을 수 있다. 플립플롭 설계표의 일반적인 형태는 표 6.4에 나타나 있다. 상태표와 동일한 진리표의 각 라인과 각 플립플롭에 대해서, 우리는 현재의 값과 예상되는 다음 상태를 알고 있다. 그리고, 입력을 결정하여 이 표에 채워 넣으면 된다.

D 플립플롭은 잘 사용되지 않지만, 여기서는 이를 이용해 이 과정을 설명한다. *D* 플립플롭의 상태도가 그림 6.2에 나와 있다. 이 상태도에서, 플립플롭이 상태 0에 있고 예상되는 다음 상태가 또한 0이라면 *D*는 0이 되어야 한다. 또한, 상태가 0에서 1로 변하기 위해서는 $D=1$이, 상태가 1에서 0으로 변하기 위해서는 $D=0$이, 상태가 1에서 1로 변하기 위해서는 $D=1$이 되어야 한다. 이를 이용해 표 6.5와 같이 *D* 플립플롭을 위한 설계표를 만들 수 있다.

D 플립플롭에 대한 진리표에서 D_1과 D_2에 대해 각각의 열을 구지 구분할 필요는 없다. 왜냐하면 D_1과 D_2를 위한 열은 q_1^*과 q_2^* 열과 일치하기 때문이다. 여기서는 하나의 예로 표 6.2의 진리표를 사용한다. 그러면, *D* 플립플롭에 대해서 다음과 같은 식을 유도할 수 있다.

그림 6.2 *D* 플립플롭 상태도

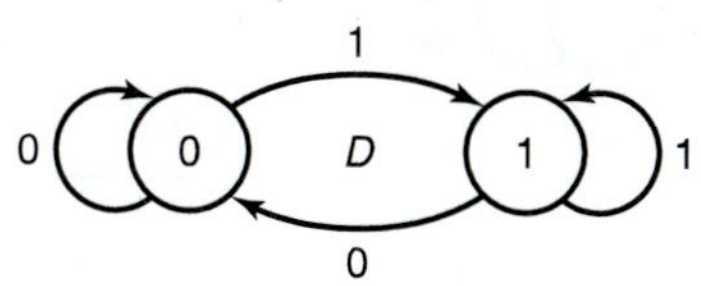

표 6.4 플립플롭 설계표

q	$q^\star$	**Input(s)**
0	0	
0	1	
1	0	
1	1	

표 6.5 *D* 플립플롭 설계표

q	$q^\star$	D
0	0	0
0	1	1
1	0	0
1	1	1

그림 6.3 *D* 플립플롭을 이용한 구현

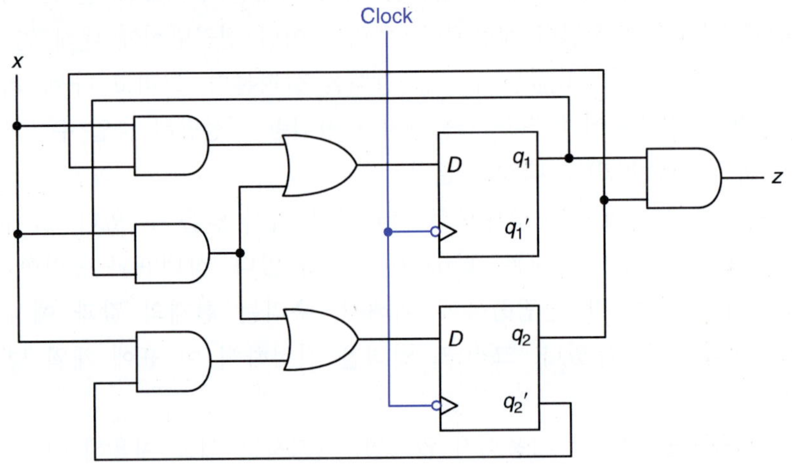

$$D_1 = xq_2 + xq_1$$
$$D_2 = xq_2' + xq_1$$

이 결과에 대한 블록도를 *D* 플립플롭과 AND, 그리고 OR 게이트를 활용해 만든 것이 그림 6.3에 나와 있다.

지금부터는 이와 같은 과정을 *JK* 플립플롭에 대해서 다시 수행해 보자. *JK* 플립플롭에 대한 상태도는 그림 6.4에 나와 있다.

그림 6.4 *JK* 플립플롭 상태도

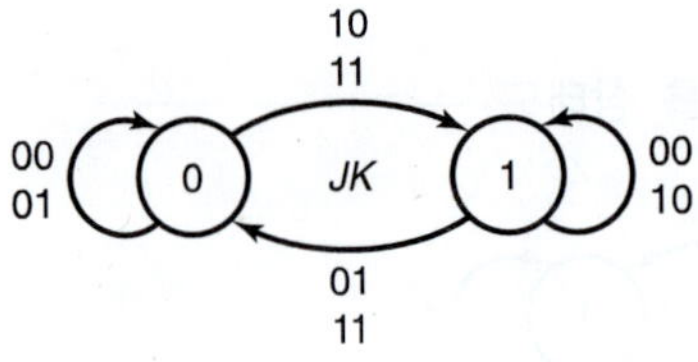

표 6.6 *JK* 플립플롭 설계표

q	$q^\star$	J	K
0	0	0	X
0	1	1	X
1	0	X	1
1	1	X	0

현재 상태 0에서 다음 상태 0으로 보내기 위해서는 두 가지 방법이 있다; 하나는 $J=0$과 $K=0$ 입력을 주는 것이고 다른 하나는 $J=1$, $K=1$ 입력을 주는 것이다. 다시 말하면, J는 반드시 0이 되어야 하며 K 값은 상관없다는, 즉 K는 don't care라는 뜻이다. 이와 마찬가지로, 현재 상태 1에서 다음 상태 1로 보내기 위해서는 K는 0이 되어야 하며 J는 don't care이다. 현재 상태 0에서 다음 상태 1로 보내기 위해서는 J는 1이 되어야 하며 K는 don't care이고, 현재 상태 1에서 다음 상태 0로 보내기 위해서는 K는 1이 되어야 하며 J는 don't care이다. 이를 JK 플립플롭의 설계표로 나타낸 것이 표 6.6이다. 이로부터 시스템 설계를 위한 진리표를 표 6.7처럼 그릴 수 있다. 설계를 위한 진리표에서 네 개의 플립플롭 입력을 위해 네 개의 열이 추가되었다.(표 6.2에서 상태의 이름을 나타내던 q 열이 표 6.7에서는 생략되었는데, 그 이유는 표 6.7의 첫 5개의 열이 표 6.2의 나머지 열과 동일하기 때문이다.)

표 6.7 플립플롭 입력표

x	q_1	q_2	$q_1^\star$	$q_2^\star$	J_1	K_1	J_2	K_2
0	0	0	0	0	0	X	0	X
0	0	1	0	0	0	X	X	1
0	1	0	0	0	X	1	0	X
0	1	1	0	0	X	1	X	1
1	0	0	0	1	0	X	1	X
1	0	1	1	0	1	X	X	1
1	1	0	1	1	X	0	1	X
1	1	1	1	1	X	0	X	0

위의 표에서 짙게 칠해진 열 q_1과 q_1^*은 표 6.6을 참조해서 짙게 칠해진 플립플롭 입력 열의 값을 만들어 낸다. 마찬가지로 밝게 표시된 열, q_2와 q_2^*는 밝게 표시된 플립플롭 입력열의 값을 만들어 낸다. 첫 두 행을 보면, q_1은 0에서 0으로 이동하며, 그러므로 플립플롭 설계표의 첫 행의 값인 $J_1=0$, $K_1=$X가 나타난다. 첫 행에서 q_2는 0에서 0으로 이동하므로 $J_2=0$, $K_2=$X가 된다. 두 번째 행에서 q_2는 1에서 0으로 이동하므로 플립플롭 설계표의 세 번째 행의 값인 $J_2=$X, $K_2=1$이 나타난다. 표의 나머지 부분들도 같은 방식으로 완성될 수 있다.

결과로 나온 맵이 맵 6.2에 보여진다.

맵 6.2 *JK* 입력맵

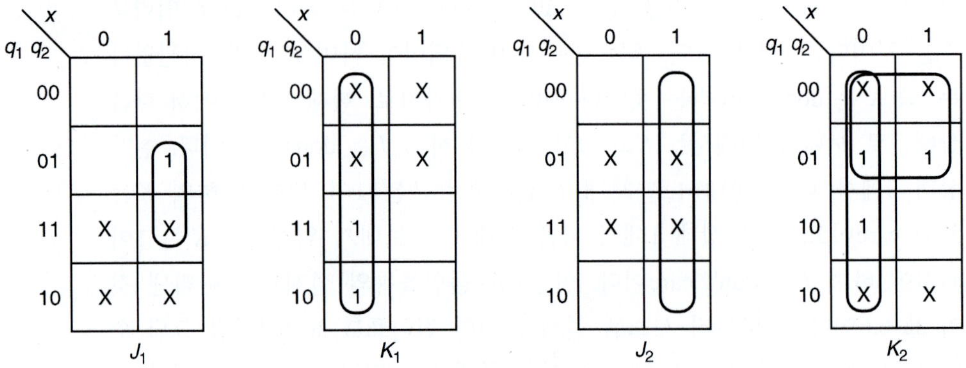

플립플롭 입력식은 다음과 같다.

$$J_1 = xq_2 \qquad K_1 = x' \qquad z = q_1q_2$$
$$J_2 = x \qquad K_2 = x' + q_1'$$

이 식들은 단지 2개의 two-input AND 게이트(출력 게이트를 포함하여)와 1개의 two-input OR 게이트, 그리고 x'를 위한 한 개의 NOT만을 필요로 한다. 이것이 이 문제에 대한 다양한 플립플롭을 이용한 해결방법 중 최소의 비용이 드는 방법이다.(NAND 게이트를 사용하는 경우는 세 개의 two-input NAND 게이트와 2개의 NOT이 필요하다.)

예제 6.2와 6.3은 지금까지 살펴본 과정들을 *SR* 플립플롭과 *T* 플립플롭에 대해서 수행하는 문제이다.

예제 6.2

SR 플립플롭의 상태도가 다음과 같이 주어진다.

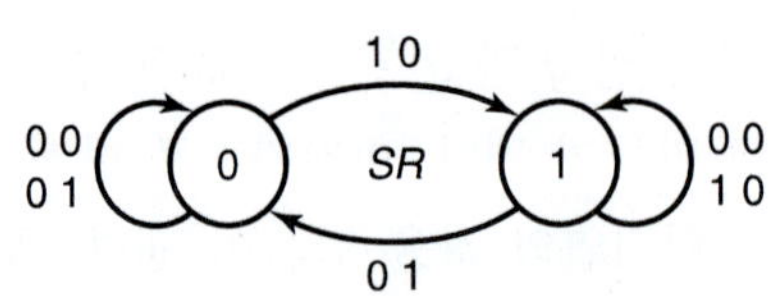

상태 0에서 상태 0으로 또는 상태 1에서 상태 1로 이동하기 위해서는, *JK* 플립플롭의 경우와 동일한 두 가지의 방법이 가능하다. 상태 0에서 상태 1로 보내기 위해서는 $S = 1$, $R = 0$이 되어야 한다. 상태 1에서 상태 0으로 보내기 위해서는 $S = 0$, $R = 1$이 되어야 한다. 이를 *SR* 플립플롭의 설계표로 나타내면 다음과 같다.

q	$q^\star$	S	R
0	0	0	X
0	1	1	0
1	0	0	1
1	1	X	0

S와 R은 동시에 1이 될 수 없다는 점에 주의하라.(don't care인 경우도 마찬가지다.) JK 플립플롭과 동일한 방법으로 다음 표를 얻을 수 있다.

x	q_1	q_2	$q_1^\star$	$q_2^\star$	S_1	R_1	S_2	R_2
0	0	0	0	0	0	X	0	X
0	0	1	0	0	0	X	0	1
0	1	0	0	0	0	1	0	X
0	1	1	0	0	0	1	0	1
1	0	0	0	1	0	X	1	0
1	0	1	1	0	1	0	0	1
1	1	0	1	1	X	0	1	0
1	1	1	1	1	X	0	X	0

플립플롭 입력을 위한 맵은 다음과 같이 그려진다.(출력 z는 여전히 q_1q_2이다.)

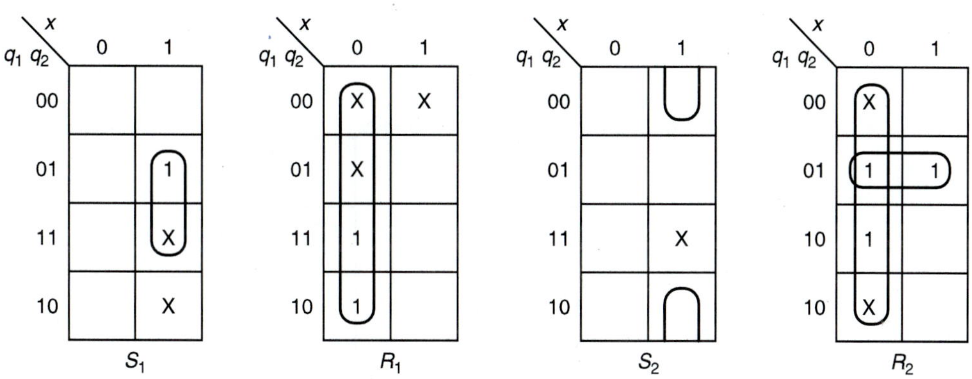

이로부터 입력식은 다음과 같이 얻어진다.

$$S_1 = xq_2 \qquad R_1 = x' \qquad z = q_1q_2$$
$$S_2 = xq_2' \qquad R_2 = x' + q_1'q_2$$

이 식들은 4개의 two-input AND 게이트(출력을 위해 필요한 한 개를 포함하여)와 1개의 two-input OR 게이트, 그리고 x를 위한 한 개의 NOT을 필요로 한다.(NAND 게이트를 사용하는 경우는 S_1, S_2와 z를 위한 세 개의 추가적인 NOT이 필요하다.)

예제 6.3

T 플립플롭의 상태도가 다음과 같이 주어진다.

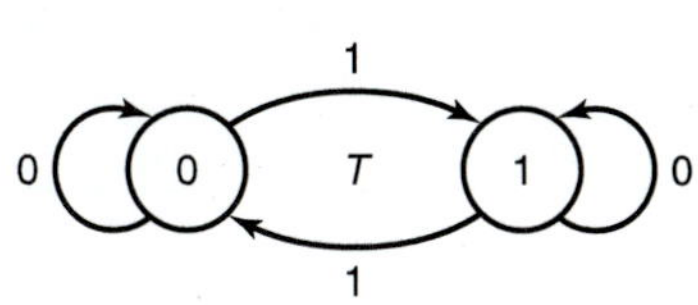

임의의 상태에서 다른 상태로 이동하는 데는 한 가지 방법만 존재한다. 그러므로 T 플립플롭의 설계표는 다음과 같다.

q	$q^\star$	T
0	0	0
0	1	1
1	0	1
1	1	0

그리고 시스템 설계를 위한 진리표는 다음과 같다.

x	q_1	q_2	$q_1^\star$	$q_2^\star$	T_1	T_2
0	0	0	0	0	0	0
0	0	1	0	0	0	1
0	1	0	0	0	1	0
0	1	1	0	0	1	1
1	0	0	0	1	0	1
1	0	1	1	0	1	1
1	1	0	1	1	0	1
1	1	1	1	1	0	0

T 플립플롭 입력을 위한 맵과 입력식은 다음과 같다.

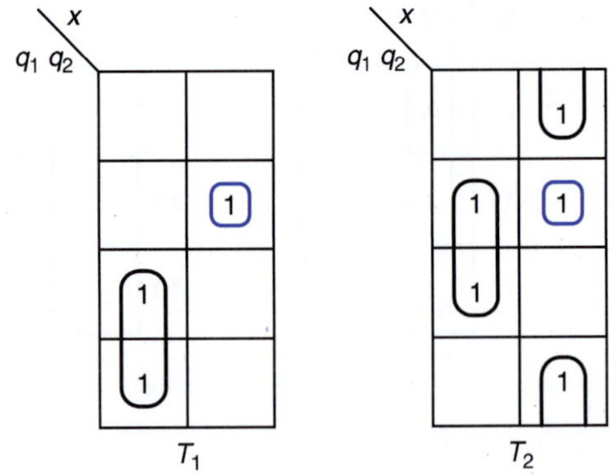

$$T_1 = x'q_1 + xq_1'q_2$$
$$T_2 = x'q_2 + xq_2' + xq_1'q_2$$
$$z = q_1q_2$$

이 식들은 4개의 two-input AND 게이트와 1개의 three-input AND 게이트, 각 1개씩의 two-input과 three-input OR 게이트, 그리고 x를 위한 한 개의 NOT을 필요로 한다. 이것이 여러가지 플립플롭을 사용한 이 예제들 중 가장 비용이 많이 드는 해법이다.(그러나 *D*나 *SR* 플립플롭을 사용할 때보다 *T* 플립플롭을 사용할 때 더 비용이 적게 드는 경우도 있다.)

JK 플립플롭을 이용한 해법은 *SR*이나 *T* 플립플롭을 이용한 해법보다 항상 더 적은 수의 논리를 필요로 한다. *SR*과 *JK* 플립플롭을 이용한 해법에 대한 맵을 비교해 보면, 동일한 위치에 1이 존재함을 볼 수 있다. 또한 *SR* 맵에 나타난 모든 don't care들은 *JK* 맵에서도 동일하게 don't care이다.

JK 맵에서는 이 외에 추가적인 don't care들이 존재하고 이 don't care를 0으로 간주함으로써 *SR* 맵처럼 될 수도 있다. 하지만 앞에서 살펴본 바와 같이, don't care들은 더 큰 그룹핑을 가능하게 하고 이는 논리를 더 간단하게 만든다. 다른 관점에서, *SR* 플립플롭을 이용한 시스템 설계를 하고 조합 논리로 이를 구현했다고 하자. 이때 우리가 *JK* 플립플롭만 사용 가능하도록 상황이 바뀌었다고 하면, 동일한 논리를 재활용할 수 있고 그것은 잘 동작할 것이다. 이와 유사하게 *T* 플립플롭을 이용해서 시스템을 구현한 경우에 동일한 상황이 발생하면, 구현된 논리를 *J*와 *K* 모두에 연결함으로써 해결할 수 있을 것이다. 이때 *JK* 플립플롭은 *T* 플립플롭처럼 동작하게 될 것이다.(물론 *SR* 플립플롭의 경우와 마찬가지로, 이런 방법을 통하면 더 많은 논리를 사용하게 될 가능성이 많다.) *D* 플립플롭과 *JK* 플립플롭 사이의 관계는 다른 경우와 같이 단순하지는 않다. 하지만 *D* 플립플롭을 위한 논리를 *J*와 연결하고, 논리의 보수를 *K*와 연결하면 제대로 동작할 것이다.(다시 말하지만, 이는 *JK* 플립플롭을 사용한 설계 중 최선은 아닐 가능성이 많다. 이런 내용들은 이 예제에서는 포함시키지 않았다.)

여기서 주목해야 할 중요한 점은, 어떤 플립플롭을 위한 입력식은 그 플립플롭의 q와 q^* 열로부터 유도된다는 점이다. 그러므로 만일 두 개나 그 이상의 서로 다른 타입의 플립플롭이 사용된다 하더라도, 우리가 했던 것과 동일한 진리표가 만들어 질 것이다. 그리고 나서 각 플립플롭에 대한 적절한 플립플롭 설계표가 사용될 것이다. 예를들어, *JK* 플립플롭이 q_1에 대해 사용되고 *D* 플립플롭이 q_2에 대해 사용된다면, 논리식은 다음과 같이 만들어질 것이다.

$$J_1 = xq_2 \qquad K_1 = x'$$
$$D_2 = xq_2' + xq_1$$
$$z = q_1q_2$$

이는 이 절에서 우리가 구했던 J_1, K_1, 그리고 D_2에 대한 식과 동일하다.

이제 다시 앞으로 돌아가서 진리표를 사용하지 않고 문제를 해결하는 또 다른 접근방식에 대해 살펴보자. 만일 상태가 이진 코드화되어 있다면, 우리는 그림 6.5에 나오는 상태표로부터 바로 q_1^*과 q_2^*에 대한 맵을 구할 수 있다.(여기서 표 6.1a의 상태 배치를 이용한 그림 6.1의 상태표를 사용했다.)

그림 6.5 맵을 위한 상태표

$q_1 q_2$	$q_1^\star q_2^\star$ $x = 0$		$q_1^\star q_2^\star$ $x = 1$		z
00	0	0	0	1	0
01	0	0	1	0	0
10	0	0	1	1	0
11	0	0	1	1	1

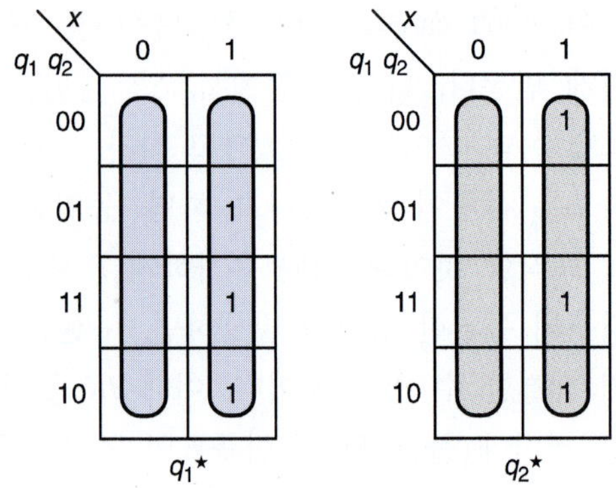

상태표에서 밝은 파란색으로 칠해진 열은 q_1^*에 대한 맵을 만드는데 사용되고, 회색 열은 q_2^*에 대한 맵을 만드는데 사용된다. 여기서 눈여겨 봐야 할 사항은 상태의 표기 순서이다. 상태표에서는 현재 상태의 번호가 이진수 순서에 따라 매겨진다; 하지만 맵에서는 이를 적절히 재배치하여 사용한다. 상태표의 마지막 두 행은 맵으로 표현될 때 순서가 뒤바뀌어야 한다. (상태표에서도 00, 01, 11, 10 처럼 맵에서의 순서대로 상태를 표기하는 사람들도 있다. 물론 아무 문제없다.)

D 플립플롭의 경우에 대해서는 q_1^*과 q_2^*에 대한 맵이 D_1과 D_2에 대한 맵과 동일하기 때문에 여기서는 다루지 않는다. 맵 6.3a는 q_1^*, J_1 그리고 K_1에 대한 맵을 보여준다.

맵 6.3a J_1과 K_1에 대한 첫 번째 열

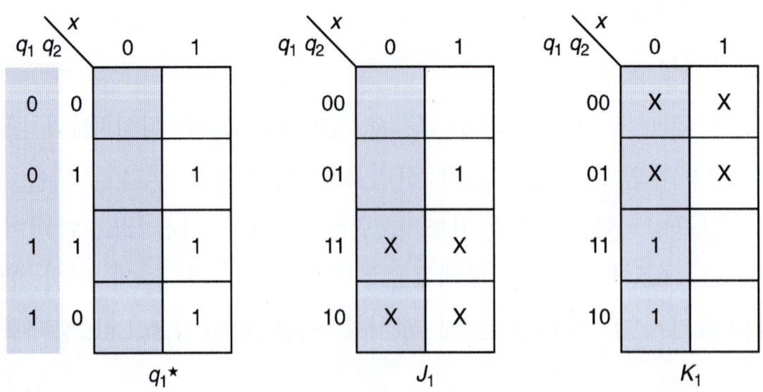

J_1과 K_1에 대한 맵의 짙게 칠해진 열의 내용은 q_1^* 맵에서 짙게 칠해진 열과 JK 플립플롭 설계표(표 6.6)로부터 행 단위로 산출된다. 예를 들어, 첫

두 개의 행은 q_1이 0에서 0으로 가는 경우에 대한 것으로, $J=0$, $K=X$이 된다. 마지막 두 개의 행은 q_1이 1에서 0으로 가는 경우로, $J=X$, $K=1$이 된다. J_1과 K_1 맵의 두 번째 열에 대한 값을 얻기 위해서는 q_1^*의 두 번째 열과 맵 6.3b에서 짙게 표시된 q_1열(첫 번째 열)을 이용한다.

맵 6.3b J_1과 K_1에 대한 두 번째 열

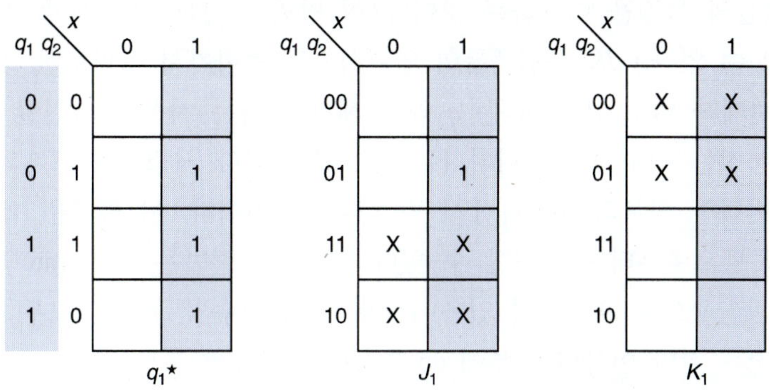

첫 번째 행에서처럼 0이 0으로 가면 $JK=0X$가 된다; 두 번째 행에서처럼 0이 1로 가면 $JK=1X$가 된다; 세 번째와 네 번째 행에서처럼 1이 1로 가면 $JK=X0$이 된다. 물론 결과는 이전과 같다.

플립플롭 q_2에 대한 J와 K를 찾기 위해서, q_2^*맵의 첫 번째 열과 q_2열을 이용하여 맵 6.3c의 J_2맵과 K_2맵의 짙게 칠해진 첫 번째 열을 구한다. 또한 q_2열과 q_2^*의 다른 열을 이용해 J_2맵과 K_2맵의 두 번째 열을 산출한다.

맵 6.3c J_2과 K_2의 계산

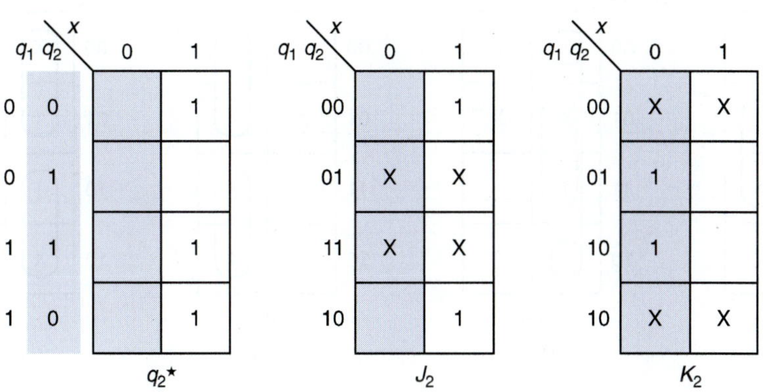

동일한 기법을 다른 플립플롭 타입의 경우에도 적용할 수 있다.(적절한 플립플롭 설계표를 사용하여) **주의:** 첫 번째 플립플롭에 대한 입력값을 구하기 위해 q_1 입력(입력의 첫 번째 열)은 q_1^*의 첫 번째 열과 두 번째 열에 모두 사용된다. q_2 입력(입력의 두 번째 열) 또한 두 번째 플립플롭에 대한 입력값을 구하기 위해 q_2^*의 첫 번째 열과 두 번째 열에 모두 사용된다.

JK 플립플롭 설계를 위한 신속법은 아직 우리가 주목하지 않았던 *JK* 플립플롭의 특징을 이용하는 것이다.(이 방법은 다른 타입의 플립플롭에는 적용할 수 없다.) *JK* 플립플롭의 입력식으로 돌아가서 살펴보면, J_1과 K_1은 q_1과 관계가 없고, J_2와 K_2는 q_2와 관계가 없다는 사실을 발견할 수 있다. 이는 특정한 경우에서만 나타나는 특징이 아니라 시스템의 크기와 관계없이 일반적인 경우의 최소해에서 발견되는 특징이다. 이 특징은 맵 6.4의 *J* 맵과 *K* 맵으로부터도 발견할 수 있다. 각 맵의 절반은 don't care임에 주목하라.(파란색으로 표시되어 있음) (때로 상태 변수의 조합이 모두 사용되지 않는 경우 절반 이상의 부분에 don't care가 사용될 수도 있다. 이런 경우에 대해서는 뒤에 다루도록 한다.) 맵상의 각 1은 인접한 위치에 don't care를 가지고 있어서, 그룹으로 묶어 변수를 제거할 수 있다. 맵 6.4에서는 이런 그룹들을 묶어서 표시하고 각각에 해당되는 항을 아래에 나열했다. 이런 항은 프라임 임플리컨트(prime implicant)일 필요는 없으며, q_1을 포함하지 않는 J_1과 K_1, 그리고 q_2를 포함하지 않는 J_2와 K_2에 대한 것이다.

맵 6.4 *JK* 플립플롭 입력에서 1과 don't care에 대한 묶음쌍(pairing)

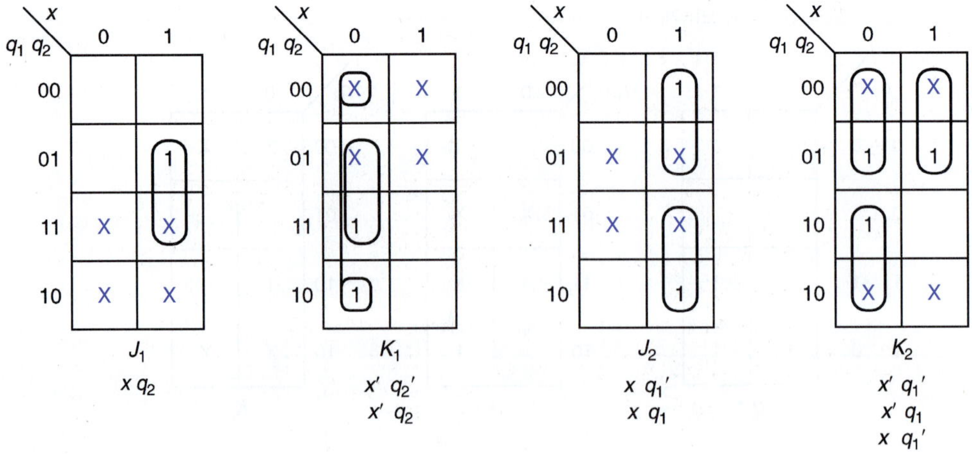

맵 6.5a 신속법을 사용한 J_1과 K_1의 계산

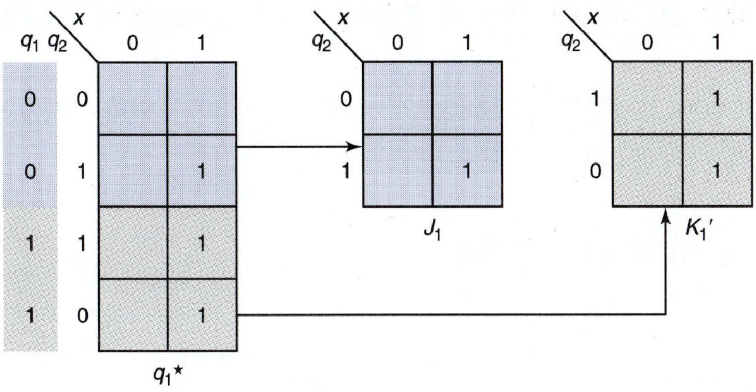

5.3절에서 유도한 수식을 활용함으로서 이런 특성을 이용해 이득을 얻을 수 있다.

$$q^{\star} = Jq' + K'q$$

q=0인 경우,

$$q^{\star} = J \cdot 1 + K' \cdot 0 = J$$

q=1인 경우,

$$q^{\star} = J \cdot 0 + K' \cdot 1 = K'$$

그러므로, q^*맵의 각 변수에 대해서 그 변수의 값이 0인 부분은 J에 대한 맵이고, 그 변수의 값이 1인 부분은 K'에 대한 맵이다. 맵 6.5a에서는 q_1^* 맵 중 q_1=0인 부분은 밝은 파란색으로, q=1인 부분은 회색으로 표시되어 있다. 이 각각의 부분은 오른쪽 부분에 작은 독립적인 맵 형태로 다시 도시하였다.(이 과정은 꼭 필요한 과정은 아니다) 그 결과로 세 개의 변수를 가진 맵이 두 개의 변수를 가진 두 개의 맵–각각이 J와 K'에 대해서 만들어진–으로 축소되었다. 원래의 맵에서 각 부분을 선택하는데 사용되던 변수 q_1이 제거된 것이다.(K'에 대한 맵에서 0을 1로, 1을 0으로 값을 바꾼다면 K에 대한 맵이 되고 이를 이용할 수도 있다.) 위의 맵들에 의해서 다음과 같은 식이 얻어진다.

$$J_1 = xq_2 \qquad K_1' = x \qquad \text{or} \qquad K_1 = x'$$

이 식들은 물론 맵 6.2와 6.3a, 6.3b를 통해 수행한 다른 방법에 의해 얻어진 결과와 동일하다. K'_1에 대한 맵에서 q_2에 대한 두 개의 행이 뒤바뀌어

있다는 점에 주의하기 바란다. 이 점은 문제를 해결하는 데는 아무런 영향을 미치지 않으나 표를 읽을 때 혼동의 여지가 있으므로 여기에 명시하는 것이다.

두 번째 플립플롭에 대한 것은 맵의 구성이 약간 달라지므로 맵 6.5b에 다시 나타내었다.

맵 6.5b 신속법을 사용한 J_2와 K_2의 계산

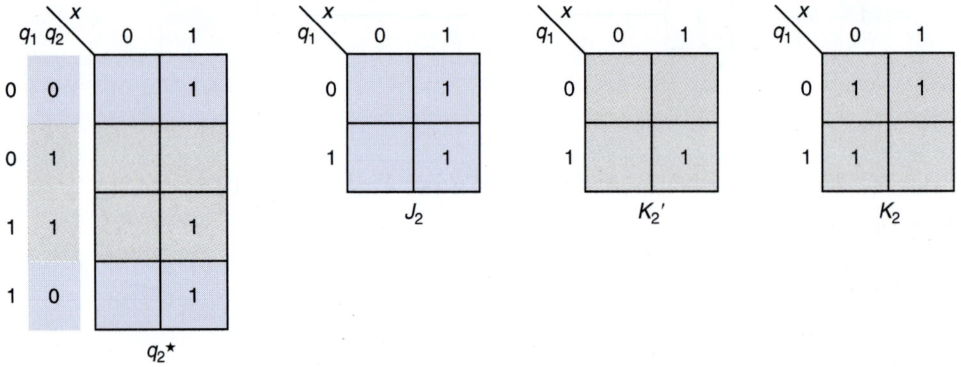

q_2=0에 대한 부분은 맵의 첫 번째와 마지막 행에 해당되고, q_2=1에 대한 부분은 중간의 두 행으로 이루어져 있다. J_2, K_2' 그리고 K_2에 대한 맵이 맵 6.5b에 나타나 있다. 이로부터 다음과 같은 식을 도출한다.

$$J_2 = x \qquad K_2 = x' + q_1'$$

이 방식에서는 시스템 진리표나 각 플립플롭 입력에 대한 맵은 필요하지 않고 단지 q^*에 대한 맵만 있으면 된다.

예제 6.4 상태표와 상태 배치가 다음과 같이 주어진다.

q	$q^\star$		z	
	x = 0	x = 1	x = 0	x = 1
A	B	C	1	1
B	A	B	1	0
C	B	A	1	0

q	q_1	q_2
A	1	1
B	1	0
C	0	1

이로부터 상태의 이름을 명기한 열을 포함시킨 다음과 같은 진리표를 얻을 수 있다.

	x	q_1	q_2	$q_1^\star$	$q_2^\star$	z
—	0	0	0	X	X	X
C	0	0	1	1	0	1
B	0	1	0	1	1	1
A	0	1	1	1	0	1
—	1	0	0	X	X	X
C	1	0	1	1	1	0
B	1	1	0	1	0	0
A	1	1	1	0	1	1

결과로 나온 출력과 D 플립플롭 입력에 대한 맵은 다음과 같다.

$q_1 q_2 \backslash x$	0	1
00	X	X
01	1	
11	1	1
10	1	

z

$q_1 q_2 \backslash x$	0	1
00	X	X
01	1	1
11	1	
10	1	1

$q_1^\star$

$q_1 q_2 \backslash x$	0	1
00	X	X
01		
11		
10		

$q_2^\star$

결과 식은 다음과 같다.

$$z = x' + q_1 q_2$$
$$D_1 = x' + q_1' + q_2'$$
$$D_2 = xq_2' + x'q_2$$

이때 상태 변수의 조합중 하나가 사용되지 않음으로 인해 D 플립플롭에 대한 맵이 don't care를 가지고 있는 것에 주의하기 바란다.

J와 K에 대한 열이 진리표에 다음과 같이 추가되었다.

	x	q_1	q_2	$q_1^\star$	$q_2^\star$	z	J_1	K_1	J_2	K_2
—	0	0	0	X	X	X	X	X	X	X
C	0	0	1	1	0	1	1	X	X	1
B	0	1	0	1	1	1	X	0	1	X
A	0	1	1	1	0	1	X	0	X	1
—	1	0	0	X	X	X	X	X	X	X
C	1	0	1	1	1	0	1	X	X	0
B	1	1	0	1	0	0	X	0	0	X
A	1	1	1	0	1	1	X	1	X	0

위의 진리표에서 J_1은 항상 1의 값을 가지는 것을 볼 수 있다. JK 플립플롭의 입력 중 하나(또는 모두)가 1이 되는 경우는 흔히 있는 일이지만, 진리표의 반 이상이 don't care로 채워져 있는 것은 주목할 만하다. 플립플롭 입력식은 다음과 같다.(출력은 모든 형태의 플립플롭에 대해 동일하다.)

$$J_1 = 1 \qquad K_1 = xq_2$$
$$J_2 = x' \qquad K_2 = x'$$

예제 6.5

이 절을 마무리하기 전에 좀 더 큰 규모의 문제를 살펴보자. 다음과 같은 시스템을 설계해 보기로 하자.

q	$q^\star$ $x=0$	$q^\star$ $x=1$	z
S_1	S_2	S_1	0
S_2	S_3	S_1	0
S_3	S_4	S_1	0
S_4	S_4	S_5	1
S_5	S_4	S_6	1
S_6	S_4	S_1	1

처음 해야 할 일은 상태 배치를 만드는 것이다. 두 가지 배치를 생각해 보자.

1.

q	A	B	C
S_1	0	0	0
S_2	0	0	1
S_3	0	1	0
S_4	0	1	1
S_5	1	0	0
S_6	1	0	1

2.

q	A	B	C
S_1	0	0	0
S_2	1	0	1
S_3	1	0	0
S_4	1	1	1
S_5	0	1	1
S_6	0	1	0

첫 번째 것은 여섯 개의 이진수를 사용했다. 두 번째 것은 조합 논리를 줄이기 위한 배치이다.(이 배치를 만들어 내는 내용은 이 책에서는 다루지 않는다.)

첫 번째 배치를 위해 여기서는 D 플립플롭과 JK 플립플롭을 사용할 것이다. 진리표를 그리지 않고도 우리는 쉽게 다음상태 A^*, B^*와 C^*에 대한 맵을 만들 수 있다. 각 맵에서 각 칸에 들어갈 값들은 다음과 같이 현재 상태와 연관되어 있다.(S_1은 000; S_6은 101; 110과 111은 사용되지 않는다.) 맵의 왼쪽 반쪽은 $x=0$에 대한 것이고, 오른쪽 반쪽은 $x=1$에 대한 것이다.

BC \ xA	00	01	11	10
00	S_1	S_5	S_5	S_1
01	S_2	S_6	S_6	S_2
11	S_4	—	—	S_4
10	S_3	—	—	S_3

이제 상태표로부터 곧바로 다음 상태에 대한 맵을 완성할 수 있다. $x=0$일 때 S_1은 S_2로 가기 때문에, 각 맵의 일열 일행에 대한 값은 0, 0, 1이 된다. 완성된 맵은 아래와 같다. 다음상태에 대한 맵과 D 플립플롭 입력에 대한 식이 모두 도출되어 있다. 출력은 상태 변수에 대한 함수로만 이루어져 있다.(왜냐하면 이 예제의 시스템은 무어 모델이기 때문이다.) 이제 입력식과 출력에 대해 구할 수 있다.

BC \ xA	00	01	11	10
00			1	
01				
11		X	X	1
10		X	X	

$A^\star$

BC \ xA	00	01	11	10
00		1		
01	1	1		
11	1	X	X	
10	1	X	X	

$B^\star$

BC \ xA	00	01	11	10
00	1	1	1	
01		1		
11	1	X	X	
10	1	X	X	

$C^\star$

$$D_A = xAC' + xBC$$
$$D_B = x'A + x'B + x'C$$
$$D_C = x'A + x'B + x'C' + AC'$$
$$z = A + BC$$

AND와 OR 게이트를 이용한다면, 모두 30개의 입력(1개의 four-input 게이트와 3개의 three-input 게이트를 포함하여)으로 이루어진 게이트 13개(x'를 위한 NOT을 포함하여)가 필요하다.

이를 *JK* 플립플롭을 이용해 구현한다면, 각 플립플롭의 $Q^\star$에 대한 맵으로부터 *J*와 *K*에 관한 맵을 직접 만들어 낼 수 있다.

BC \ xA	00	01	11	10
00			1	
01				
11		X	X	1
10		X	X	

$A^\star$

BC \ xA	00	01	11	10
00		X	X	
01		X	X	
11		X	X	1
10		X	X	

J_A

BC \ xA	00	01	11	10
00	X	1		X
01	X	1	1	X
11	X	X	X	X
10	X	X	X	X

K_A

BC \ xA	00	01	11	10
00		1		
01	1	1		
11	1	X	X	
10	1	X	X	

$B^\star$

BC \ xA	00	01	11	10
00		1		
01	1	1		
11	X	X	X	X
10	X	X	X	X

J_B

BC \ xA	00	01	11	10
00	X	X	X	X
01	X	X	X	X
11		X	X	1
10		X	X	1

K_B

BC \ xA	00	01	11	10
00	1	1	1	
01		1		
11	1	X	X	
10	1	X	X	

$C^\star$

BC \ xA	00	01	11	10
00	1	1	1	
01	X	X	X	X
11	X	X	X	X
10	1	X	X	

J_C

BC \ xA	00	01	11	10
00	X	X	X	X
01	1		1	1
11		X	X	1
10	X	X	X	X

K_C

J_A에 대한 맵은 $A=1$에 대한 두 개의 열에서 don't care 값을 가지며, K_A 맵에서는 $A=0$에 대한 두 개의 열에서 don't care 값을 가진다. B^*와 C^*와 관련된 J맵과 K맵에서는 don't care로 이루어진 열이 존재한다.

$$J_A = xBC \qquad JB = x'A + x'C \qquad J_C = x' + A$$
$$K_A = x' + C \qquad K_B = x \qquad K_C = x + A'B'$$

물론 출력은 플립플롭의 타입과 관계없이 다음과 같이 동일하다.

$$z = A + BC$$

이 케이스는 11개의 게이트(x'를 위한 NOT 포함)와 22개의 입력(하나의 three-input 게이트 포함)을 필요로 한다.

다른 상태 조합에 대한 내용을 살펴보기 앞서, 이와 연관된 문제를 하나 살펴보자. 어떤 시스템을 설계했는데, 우리에게 주어진 것은 두 개의 D 플립플롭으로 이루어진 패키지 하나와 두 개의 JK 플립플롭으로 이루어진 패키지 하나뿐이라고 해보자. 이미 우리는 설계를 완료했으며, D 플립플롭 또는 JK 플립플롭에 대해 산출해낸 수식을 서로 다른 플립플롭 타입에 대해 활용할 수 있다. 아래의 표에서 플립플롭을 사용하는 다양한 경우(이때 단지 D 또는 JK 플립플롭만 사용하는 경우도 포함)에 대한 필요 게이트 수와 게이트 입력 수(출력 게이트 포함)에 대해 살펴볼 수 있다.

A	B	C	Gates	Inputs
D	D	JK	13	28
D	JK	D	13	29
JK	D	D	12	27
D	JK	JK	12	25
JK	D	JK	12	25
JK	JK	D	12	26
D	D	D	13	30
JK	JK	JK	11	22

누구나 예상하듯이, 최고의 해법은 두 개의 JK 플립플롭을 사용하되, 하나의 D 플립플롭은 A 또는 B에 사용하는 것이다. 두 개의 D 플립플롭을 B와 C를 위해 사용하는 경우에는 더 많은 게이트 입력이 필요하다. 다른 경우들도 추가적인 게이트 또는 게이트 입력을 필요로 하게 된다.

다음으로, 두 번째 상태 배치를 사용한 경우에 대해 살펴보자. 이를 위해 우리는 진리표 방식을 사용할 것이다. 숫자 순서대로가 아닌 상태 배치를 이용하는 경우에도, 진리표의 순서를 이진수 순서로 배치하는 것이 여전히 최선이다. 이런 방식으로 적당한 함수들을 직접 배치할 수 있다.

아래의 진리표는 다음상태와 각 플립플롭을 위한 *JK* 입력을 보여준다. z는 입력 x의 함수가 아니기 때문에, 첫 8개의 행만 출력열 z에 대한 것이라는 것에 주의하기 바란다.

이제 출력(변수 3개짜리 맵을 통해)과 D 플립플롭 입력(A^*, B^*, 그리고 C^* 열을 사용해서) 또는 *JK* 플립플롭 입력에 대한 표현식을 도출할 수 있다. 우선 이 상태 배치 하에서 임의의 플립플롭 타입을 사용한 해법을 도출하는데 필요하기 때문에, 출력 맵과 수식을 아래와 같이 구한다.

	x	A	B	C	z	$A^\star$	$B^\star$	$C^\star$	J_A	K_A	J_B	K_B	J_C	K_C
S_1	0	0	0	0	0	1	0	1	1	X	0	X	1	X
—	0	0	0	1	X	X	X	X	X	X	X	X	X	X
S_6	0	0	1	0	1	1	1	1	1	X	X	0	1	X
S_5	0	0	1	1	1	1	1	1	1	X	X	0	X	0
S_3	0	1	0	0	0	1	1	1	X	0	1	X	1	X
S_2	0	1	0	1	0	1	0	0	X	0	0	X	X	1
—	0	1	1	0	X	X	X	X	X	X	X	X	X	X
S_4	0	1	1	1	1	1	1	1	X	0	X	0	X	0
S_1	1	0	0	0		0	0	0	0	X	0	X	0	X
—	1	0	0	1		X	X	X	X	X	X	X	X	X
S_6	1	0	1	0		0	0	0	0	X	X	1	0	X
S_5	1	0	1	1		0	1	0	0	X	X	0	X	1
S_3	1	1	0	0		0	0	0	X	1	0	X	0	X
S_2	1	1	0	1		0	0	0	X	1	0	X	X	1
—	1	1	1	0		X	X	X	X	X	X	X	X	X
S_4	1	1	1	1		0	1	1	X	1	X	0	X	0

BC \ A	0	1
	X	
	1	1
	1	X

$z = B$

$A^\star$

BC \ xA	00	01	11	10
00	1	1		
01	X	1		X
11	1	1		
10	1	X	X	

$B^\star$

BC \ xA	00	01	11	10
00		1		
01	X			X
11	1	1	1	1
10	1	X	X	

$C^\star$

BC \ xA	00	01	11	10
00	1	1		
01	X			X
11	1	1	1	
10	1	X	X	

$$D_A = x'$$
$$D_B = x'B + BC + x'AC'$$
$$D_C = AB + x'C' + \{x'B \text{ or } x'A'\}$$

x'를 위한 NOT을 포함해서 모두 9개의 게이트와 20개의 입력이 필요하다.

신속법을 이용해 JK 플립플롭을 이용한 해법을 구할 수도 있지만, 이 예제에서는 J와 K에 대한 진리표로부터 해법을 찾는 방법을 사용한다. 맵을 그리는 일은 독자를 위한 연습으로 남기고, 수식을 바로 써보면 다음과 같다.

$$J_A = x' \qquad K_A = x$$
$$J_B = x'AC' \qquad K_B = xC'$$
$$J_C = x' \qquad K_C = B' + xA'$$
$$z = B$$

이것은 모두 5개의 게이트와 10개의 입력을 필요로 하며, D 플립플롭을 이용한 해법보다 훨씬 괜찮은 결과임을 알 수 있다. 또한 이 결과로부터, 두 번째 상태 배치를 이용한 D 또는 JK 해법이 첫 번째 상태 배치를 이용한 해법에 비해 훨씬 저렴한 방법이라는 것도 알 수 있다.

6.2 동기 카운터 설계

클럭을 사용하는 동기 순차 시스템의 설계 과정에 대한 또 다른 예로, 카운터라고 불리는 회로 타입에 대한 설계에 대해 살펴본다. 다음 절에서는 클럭 입력이 필요하지 않는 비동기 카운터의 설계에 대해 대략적으로 살펴보게 될 것이다. 다음 장에서는 상용 가능한 카운터 몇 가지와 대규모 시스템의 한 부분으로 카운터를 활용하는 것에 대해 살펴볼 것이다.

대부분의 카운터는 데이터 입력이 없는, 즉 연속적인 클럭 입력에 따라 상태가 고정된 시퀀스에 따른 움직임을 보이는 장치이다. 출력은 주로 플립플롭에 저장된 내용인 시스템의 상태로 표현되어진다.(이런 경우, 상태표에서 출력열은 필요없게 된다.) 지금부터 우리는 시퀀스가(더 큰 숫자로) 상승(up)하거나 하강(down)할지를 결정하는데 한 개나 두 개의 입력을 사용하는 카운터를 개발할 것이다.

우선, 다음과 같은 시퀀스를 반복하는 네 개의 플립플롭으로 이루어진 4 비트 이진 카운터부터 시작해 보자.

0, 1, 2, 3, 4, 5, 6, 7, 8, 9, 10, 11, 12, 13, 14, 15, 0, 1, . . .

이 설계에서 새로운 기술은 필요치 않다. 상태표와 진리표는 동일하다; 표 6.8처럼 모두 16개의 행과 4개의 입력열, 그리고 4개의 출력열을 가진다. 여기서 플립플롭은 D, C, B, A로 이름 붙였다.

아래의 그림처럼, 상태 0(0000)의 다음 상태는 1(0001)이고, 상태 1의

표 6.8 16진수 카운터

D	C	B	A	$D^\star$	$C^\star$	$B^\star$	$A^\star$
0	0	0	0	0	0	0	1
0	0	0	1	0	0	1	0
0	0	1	0	0	0	1	1
0	0	1	1	0	1	0	0
0	1	0	0	0	1	0	1
0	1	0	1	0	1	1	0
0	1	1	0	0	1	1	1
0	1	1	1	1	0	0	0
1	0	0	0	1	0	0	1
1	0	0	1	1	0	1	0
1	0	1	0	1	0	1	1
1	0	1	1	1	1	0	0
1	1	0	0	1	1	0	1
1	1	0	1	1	1	1	0
1	1	1	0	1	1	1	1
1	1	1	1	0	0	0	0

다음 상태는 2이며, 이런 식으로 상태가 변하게 되고, 마지막으로 상태 15(1111)의 다음 상태는 0(0000)이 됨으로써 순환된다.

네 개의 다음 상태식에 관한 맵이 맵 6.6에 다음과 같이 보여진다.

맵 6.6 16진수 카운터를 위한 *D* 플립플롭 입력

BA \ DC	00	01	11	10
00			1	1
01			1	1
11		1		1
10			1	1

D★

BA \ DC	00	01	11	10
00		1	1	
01		1	1	
11	1			1
10		1	1	

C★

BA \ DC	00	01	11	10
00				
01	1	1	1	1
11				
10	1	1	1	1

B★

BA \ DC	00	01	11	10
00	1	1	1	1
01				
11				
10	1	1	1	1

A★

맵으로부터 다음 식을 산출할 수 있다.

$$D_D = DC' + DB' + DA' + D'CBA$$
$$D_C = CB' + CA' + C'BA$$
$$D_B = B'A + BA'$$
$$D_A = A'$$

이 해법은 12개의 게이트와 30개의 게이트 입력이 요구된다. 우리가 Exclusive-OR 게이트를 사용할 수 있다면, 위의 식을 다음과 같이 단순화할 수 있다.

$$D_D = D(C' + B' + A') + D'CBA = D(CBA)' + D'(CBA)$$
$$= D \oplus CBA$$
$$D_C = C(B' + A') + C'BA = C(BA)' + C'(BA) = C \oplus BA$$
$$D_B = B'A + BA' = B \oplus A$$
$$D_A = A'$$

이는 단지 두 개의 AND 게이트와 세 개의 Exclusive-OR 게이트만을 필요로 한다.

다음으로, 맵 6.7을 이용해 *JK* 플립플롭을 이용한 설계를 살펴보자. (*SR* 플립플롭이나 *T* 플립플롭을 이용한 설계는 연습문제에서 다룬다.) 신속법을 적용하면, 다음 상태 맵에서 짙게 칠해진 부분은 *J*를 위한 맵이고, 나머지 부분은 *K*′를 위한 맵이다.

맵 6.7 *JK* 플립플롭 설계를 위한 맵

BA \ DC	00	01	11	10
00			1	1
01			1	1
11		1		1
10			1	1

$D^\star$

BA \ DC	00	01	11	10
00		1	1	
01		1	1	
11	1			1
10		1	1	

$C^\star$

BA \ DC	00	01	11	10
00				
01	1	1	1	1
11				
10	1	1	1	1

$B^\star$

BA \ DC	00	01	11	10
00	1	1	1	1
01				
11				
10	1	1	1	1

$A^\star$

이로부터 다음 수식이 도출된다.

$$J_D = K_D = CBA$$
$$J_C = K_C = BA$$
$$J_B = K_B = A$$
$$J_A = K_A = 1$$

지금가지 수행한 설계를 5개의 플립플롭을 사용하여 31까지 카운트 할 수 있도록 확장할 수 있다. 이를 위해 플립플롭 *E*를 추가한다면, 그 입력은 다음과 같다.

$$J_E = K_E = DCBA$$

이 시스템을 *JK* 플립플롭을 이용해 구현한 회로는 아래 그림 6.6과 같다.

그림 6.6 4비트 카운터[4]

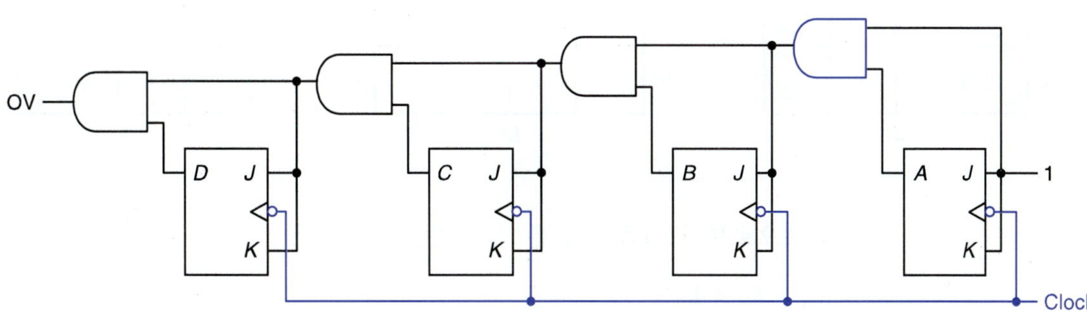

4) 조합 논리가 멀티레벨(multilevel)임에 주목하기 바란다. *CBA* 항은 *BA* AND 게이트의 출력을 이용해 만들어진다. 이런 식으로 필요한 플립플롭과 AND 게이트들을 추가함으로써 카운터의 무한확장이 가능하다.

표 6.9 상승/하강 카운터

x	C	B	A	C^*	B^*	A^*
0	0	0	0	0	0	1
0	0	0	1	0	1	0
0	0	1	0	0	1	1
0	0	1	1	1	0	0
0	1	0	0	1	0	1
0	1	0	1	1	1	0
0	1	1	0	1	1	1
0	1	1	1	0	0	0
1	0	0	0	1	1	1
1	0	0	1	0	0	0
1	0	1	0	0	0	1
1	0	1	1	0	1	0
1	1	0	0	0	1	1
1	1	0	1	1	0	0
1	1	1	0	1	0	1
1	1	1	1	1	1	0

이것이 stand-alone 카운터라면 그림에서 파란색의 AND 게이트는 필요없다 ; A 플립플롭의 출력이 바로 J_B와 K_B로 연결된다. 카운터가 상태 15(1111)이 되면 OV 출력값은 1이 된다. OV는 또 다른 플립플롭의 JK 입력으로 연결될 수 있다. 만일 우리가 두 개의 4 비트 카운터를 연결하여 8 비트 카운터를 만들려고 한다면, 하나의 4 비트 카운터의 OV 출력값을 또 다른 4 비트 카운터의 입력(현재 그림에서는 1과 연결되어 있는 부분)과 연결시키면 된다.

다음으로, 제어 입력에 따라 두 방향으로 카운트 동작을 수행하는 상승/하강 카운터에 대해 살펴보자. 제어 입력을 x라 하고, $x=0$일 때 카운트 상승, $x=1$일 때 카운트 하강을 한다고 하자.5) 이와 같은 카운터에 대한 상태표가 표 6.9에 나타나 있다.

C^*, B^*, A^*에 대한 맵은 맵 6.8에 보여진다. 맵에서 JK 플립플롭에 대해 신속법을 적용해서 $q=0$에 대한 것을 짙게 칠해진 부분에 표시했다.

맵 6.8 상승/하강 카운터

C^*

BA \ xC	00	01	11	10
00		1		1
01		1	1	
11	1		1	
10		1	1	

B^*

BA \ xC	00	01	11	10
00			1	1
01	1	1		
11			1	1
10	1	1		

A^*

BA \ xC	00	01	11	10
00	1	1	1	1
01				
11				
10	1	1	1	1

위의 맵으로부터 다음과 같은 식을 얻을 수 있다.

$$J_A = K_A = 1$$
$$J_B = K_B = x'A + xA'$$
$$J_C = K_C = x'BA + xB'A'$$

5) 상용 카운터에서는 이런 입력을 D/U'라고 부른다. 그 뜻은 하강(Down)이 액티브 하이(active high)이고, 상승(Up)이 액티브 로우(active low)라는 뜻이다.

4 비트와 5 비트 상승 카운터의 경우처럼, 이 패턴으로 계속 확장이 가능하다. 두 개의 플립플롭을 더 사용하는 경우에 대한 예를 보면 다음과 같다.

$$J_D = K_D = x'CBA + xC'B'A'$$
$$J_E = K_E = x'DCBA + xD'C'B'A'$$

3 비트 카운터에 대한 블록도는 다음 그림 6.7과 같다.

그림 6.7 상승/하강 카운터

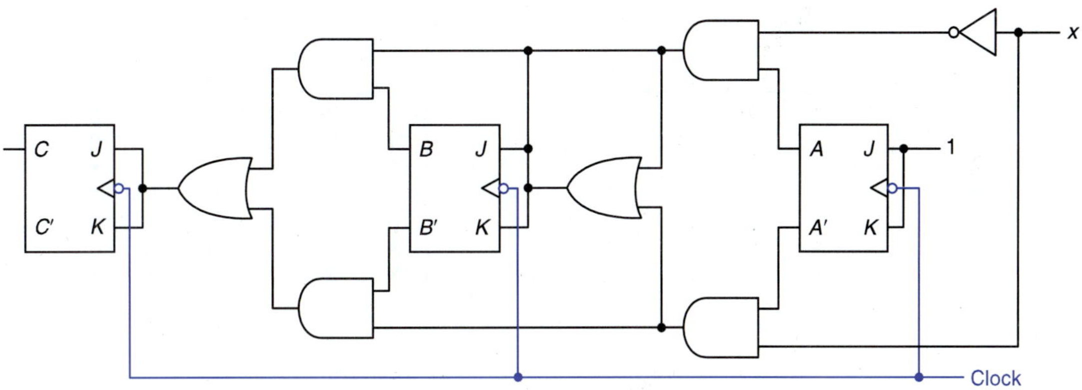

예제 6.6

여기서는 숫자의 순서대로가 아니라 다음과 같이 불규칙적인 시퀀스대로 상태가 변하는 카운터를 설계해 본다.

0, 3, 2, 4, 1, 5, 7, and repeat

(이것이 CE9이다.) 한 사이클이 7개의 상태로 이루어져 있고 상태 6은 통과하기 않는 것에 주의하기 바란다. 이와같이 사용되지 않는 상태에 대한 행도 포함시켜서 상태표를 그리거나, 곧바로 진리표를 그린다.

q_1	q_2	q_3	$q_1^\star$	$q_2^\star$	$q_3^\star$
0	0	0	0	1	1
0	0	1	1	0	1
0	1	0	1	0	0
0	1	1	0	1	0
1	0	0	0	0	1
1	0	1	1	1	1
1	1	0	X	X	X
1	1	1	0	0	0

표는 상태 0이 3으로 가고, 상태 1이 5로 가는 등 현재 상태의 숫자 순서대로 해당되는 다음상태를 각 행별로 표시하는 방식으로 만들 수도 있고, 시퀀스 순서대로 우선 상태 0일 때의 다음 상태 3을 채우고 다음으로 상태 3일 때의 다음 상태 2를 채우는 식으로 표의 각 부분을 채워나가면서 만들 수도 있다. 첫 번째 방식에서는 상태 6의 각 부분을 채울 순서가 되면 해당되는 다음 상태가 없으므로 don't care로 채우면 되고, 두 번째 방식에서는 시퀀스 순서대로 모든 현재 상태에 대한 값을 채우고 나면 상태 6에 대한 부분이 비어 있게 되므로 거기에 don't care를 채워 넣으면 된다. 두 가지 방식 중 어떤 것을 사용하든지, 진리표의 표기는 숫자 순서대로 한다.

아래의 표는 *SR* 플립플롭의 입력에 관한 표이다. *JK* 플립플롭에 대해서는 신속법을 사용할 것이다.

q_1	q_2	q_3	$q_1^\star$	$q_2^\star$	$q_3^\star$	S_1	R_1	S_2	R_2	S_3	R_3
0	0	0	0	1	1	0	X	1	0	1	0
0	0	1	1	0	1	1	0	0	X	X	0
0	1	0	1	0	0	1	0	0	1	0	X
0	1	1	0	1	0	0	X	X	0	0	1
1	0	0	0	0	1	0	1	0	X	1	0
1	0	1	1	1	1	X	0	1	0	X	0
1	1	0	X	X	X	X	X	X	X	X	X
1	1	1	0	0	0	0	1	0	1	0	1

D 플립플롭의 경우에는 q_1^*, q_2^*, q_3^* 열만 사용하여 아래와 같은 맵과 수식을 유도한다.

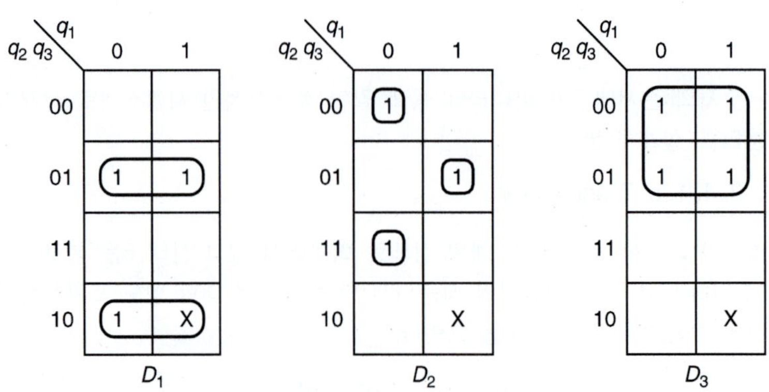

$$D_1 = q_2'q_3 + q_2q_3'$$
$$D_2 = q_1'q_2'q_3' + q_1'q_2q_3 + q_1q_2'q_3$$
$$D_3 = q_2'$$

이 해법은 4개의 three-input 게이트와 3개의 two-input 게이트가 필요하다.

SR 플립플롭을 이용한 해법에 대한 맵과 수식은 다음과 같다. 여기서 상태 6에 대해서는 다음 상태가 무엇이 되든 상관없고, 그렇기 때문에 어떤 입력이 들어오든지 상관없다는 점에 주목하기 바란다. 그러므로 *S*와 *R*은 세 개의 플립플롭 모두에서 don't care 값을 가진다.

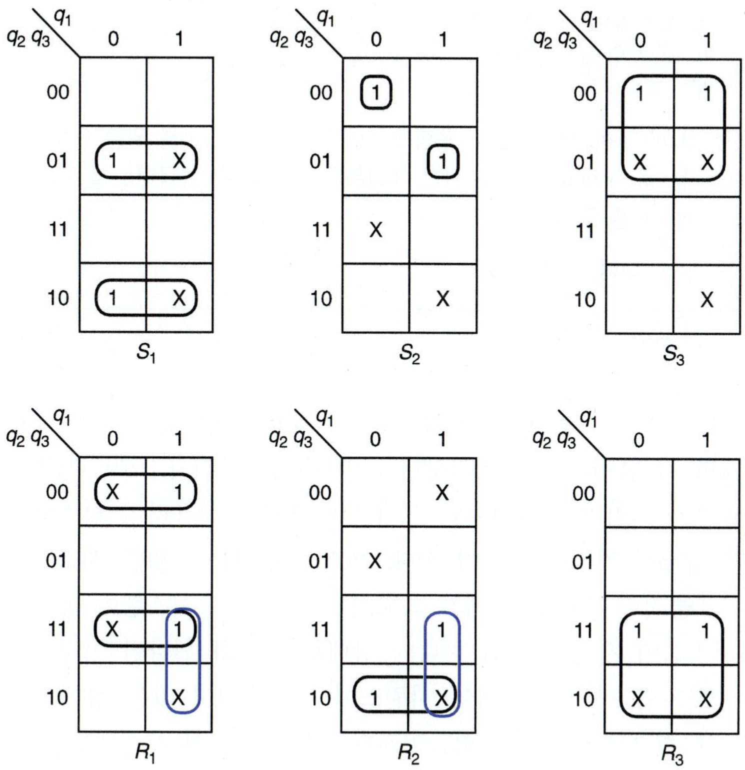

$$S_1 = q_2'q_3 + q_2q_3' \qquad R_1 = q_2'q_3' + q_2q_3 = S_1'$$
$$\qquad\qquad\qquad\qquad\qquad = q_2'q_3' + q_1q_2$$
$$S_2 = q_1'q_2'q_3' + q_1q_2'q_3 \qquad R_2 = q_1q_2 + q_2q_3'$$
$$S_3 = q_2' \qquad R_3 = q_2$$

R_1과 R_2에서 같은 항을 공유하고, R_1을 S_1과 NOT을 사용해서 구현하는 등의 기법을 통한 이득을 얻을 수 있음에도 불구하고, 이 해법은 *D* 플립플롭을 사용하는 해법에 비해 더 많은 논리를 필요로 한다.(10개나 11개의 게이트가 필요하다.)

마지막으로, *JK* 플립플롭에 대한 신속법을 통해 다음 맵과 수식과 같은 해법을 도출해 낼 수 있다.

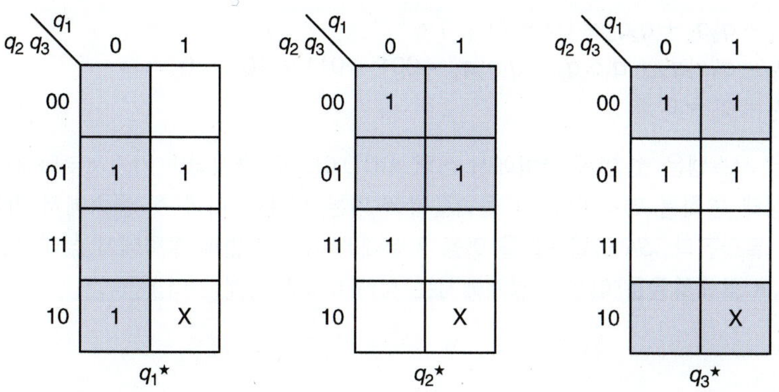

$$J_1 = q_2' q_3 + q_2 q_3' \qquad K_1 = q_3' + q_2$$
$$J_2 = q_1' q_3' + q_1 q_3 \qquad K_2 = q_1 + q_3'$$
$$J_3 = q_2' \qquad K_3 = q_2$$

이 해법은, don't care 대신 1을 사용함으로써 아래와 같이 K_1를 위한 게이트를 한 개의 NOT 게이트로 대체하고 K_2를 위한 게이트를 제거할 수 있음에도 불구하고, 8개의 two-input 게이트를 필요로 한다.

$$K_1 = J_1' \quad \text{and} \quad K_2 = J_2$$

정적 클리어 기능이 없는 경우(또는 사용할 수 없는 경우) 시스템을 켜게 되면 각 플립플롭의 초기상태를 알 수 없게 된다. 이런 경우 플립플롭을 클리어 시키거나 클리어와 프리셋의 조합을 사용하여 시스템이 적절한 초기 상태를 가지도록 해야 한다. 우리가 원하는 상황은 시스템이 켜진 후 한 두 클럭이 지나면 우리가 의도한 시퀀스대로 시스템이 동작하는 것이다. 시스템이 시퀀스 중의 하나의 상태로 초기화 된다면 이렇게 동작할 것이다. 하지만 만약 시스템이 시퀀스에서 사용되지 않는 상태로 초기화 된다면 그 결과를 예측하기 힘들어진다. 예제 6.6에서 시스템을 설계할 때는, 이런 일이 전혀 발생하지 않는다고 가정하고, 이런 경우의 다음 상태로 don't care를 사용했다.

일단 설계가 완료되면 더 이상 don't care라는 것은 존재하기 않게 된다. 대수적 표현이나 블록도에서는 사용되지 않는 상태(상태 6)를 포함하여 모든 변수들의 가능한 조합에 대한 동작들을 기술하고 있다.

예제 6.6 (계속)

현재 상태 110에 있다고 가정하고 어떤 일이 일어나는지를 살펴보자. 우리는 수식에서 $q_1 = 1$, $q_2 = 1$, $q_3 = 0$을 대입하면 된다. 그러면 D 플립플롭에 대해서 다음과 같은 값을 얻을 수 있다.

$$D_1 = q_2'q_3 + q_2q_3' = 00 + 11 = 1$$
$$D_2 = q_1'q_2'q_3' + q_1'q_2q_3 + q_1q_2'q_3 = 001 + 011 + 100 = 0$$
$$D_3 = q_2' = 0$$

이 경우 시스템은 첫 번째 클럭에서 상태 4 (1 0 0)으로 가게되며 거기서부터 시퀀스에 따라 상태 변화를 계속한다.(각 플립플롭에 따른 설계에 따라 첫 클럭에서 가게되는 상태가 달라진다. SR 플립플롭을 이용한 설계에서는 첫 번째 클럭에서 상태 4로 가게 되며, JK 플립플롭을 이용한 설계에서는 상태 0으로 가게 된다.)

이런 동작이 마음에 들지 않는다면 다시 설계과정으로 되돌아가서 진리표 상의 현재 상태 110 행에 대한 다음상태로 don't care 대신 원하는 다음상태 값을 집어넣고 시스템을 재설계하면 된다.

D 플립플롭이나 *SR* 플립플롭을 사용하여 설계한 시스템의 동작을 보여주는 상태도가 다음 그림에 나와 있다. 이 상태도에서는 시퀀스에서 사용되지 않는 상태에서 시스템이 시작하는 경우에 대한 동작도 포함되어 있다.

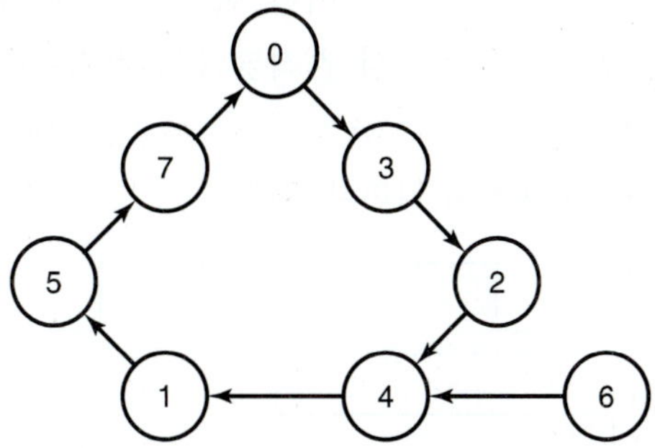

시스템에 입력이 따로 존재하지 않고 출력은 상태와 동일하기 때문에(즉, 무어 시스템이기 때문에) 각 상태 이동 경로에 라벨이 붙어있지 않다.

6.3 비동기 카운터 설계

이진 카운터는 때때로 클럭 입력 없이 설계되기도 한다. 이 경우 동기 카운터에서 사용된 것과 동일하게 클럭에 의해 동작하는 플립플롭을 이용하지만, 각 플립플롭은 이전 플립플롭의 천이에 의해 트리거 된다. 두 개의 플립플롭으로 구성된 아래 그림 6.8과 같은 회로를 참고하기 바란다.

그림 6.8 2비트 비동기 카운터

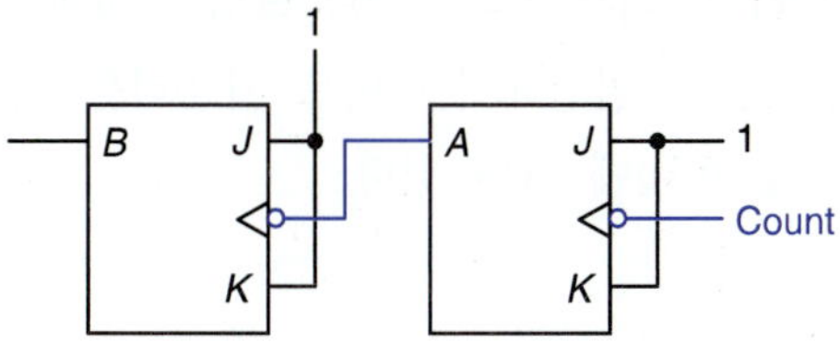

Count 신호가 1에서 0으로 바뀌면, 플립플롭 *A*가 트리거 된다. 이 플립플롭이 상태 0에 있었다면 상태 1로 바뀌고, *A*의 출력이 0에서 1로 천이되

며, 그러므로 B의 클럭입력은 아무런 영향도 받지 않는다. 다음에 Count 신호의 값이 0에서 1로 바뀌면, A가 1에서 0으로 바뀌게 되고, 이는 B의 클럭 입력으로 들어가게 된다. J와 K가 1이므로 플립플롭 B는 상태가 변하게 된다. 클럭 에지에서 출력 변화까지의 지연 때문에, 플립플롭 B는 A에 비해 조금 늦게 클럭이 적용되게 되며, 그 출력도 그만큼 늦게 변하게 된다. 아래 그림 6.9의 타이밍도에 이런 현상이 잘 나타나 있다. 그림에서 각 플립플롭 A와 B는 모두 0에서 시작된다고 가정했다.

그림 6.9 비동기 카운터에서의 타이밍 지연

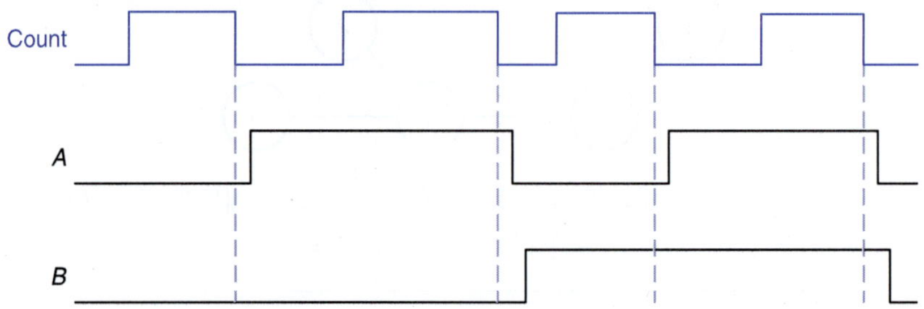

이 타이밍도가 이전의 경우와 달라진 점이 두 가지가 있다. 우선, Count 신호는 꼭 클럭일 필요는 없기 때문에, 신호가 비정기적으로 발생할 수도 있다.[6] 두 번째로 첫 플립플롭 (A)는 클럭의 네가티브 에지(그림에서 점선으로 표시되어 있음)보다 조금 뒤에 변하고, 두 번째 플립플롭(B)은 A의 변화 후 조금 뒤에 변한다. 그러므로 B의 경우 클럭으로부터의 지연이 더 길어진다. 이런 지연은 여러 개의 플립플롭이 이런 식으로 연결된 경우 굉장히 커지게 된다.

플립플롭 B와 A의 상태가 00, 01, 10, 11의 시퀀스를 이루며 변하고 이것이 반복된다고 하자. 이는 2 비트 카운터의 동작과 동일하다. 같은 방식으로 4개의 플립플롭을 연결해서 4 비트 카운터를 만들 수도 있다. 이 경우의 블록도가 그림 6.10에 나와 있다.

---

6) 동기 카운터에서의 Clock 입력도 실제로는 Count 입력이라고 볼 수 있다. 클럭 신호는 보통 정기적으로 발생되지만, 반드시 그런 것은 아니다. 카운터에서의 상태변화는 네가티브 천이(클럭이 1에서 0으로 변할 때)인 경우 발생된다.

그림 6.10 4비트 비동기 카운터

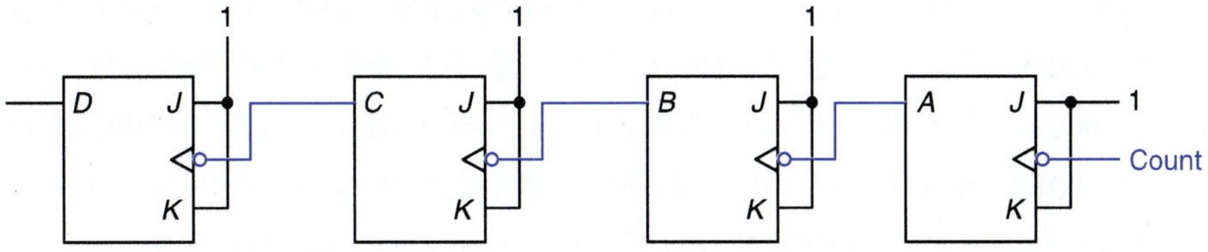

클럭의 구간이 10 unit으로 이루어져 있고 각 플립플롭을 통과할 때 1 unit의 딜레이가 발생한다고 할 때의 타이밍이 그림 6.11에 나와 있다.

그림 6.11 4비트 카운터의 타이밍

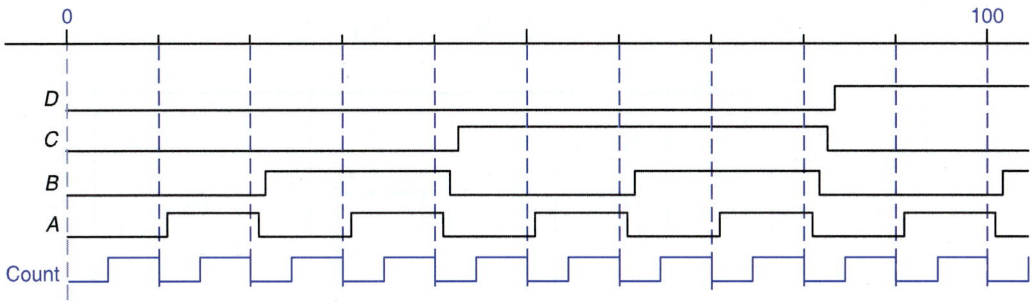

*A*는 클럭의 후행 에지로부터 1 unit 후에 상태가 변하고, *B*는 *A*로부터 1 unit 후에, *C*는 *B*로부터 1 unit 후에, *D*는 *C*로부터 1 unit 후에 상태가 변함을 볼 수 있다. 그러므로 *D*는 클럭으로부터 4 unit 후에 상태가 변한다. (그 시점은 이 예에서 다음 선행 에지와 거의 같은 시점이다.)

또한 이 카운터는 0, 1, 2, 3, 4, 5, 6, 7, 8, 9, 10, 11, 12, 13, 14, 15, 0, ...의 시퀀스에 따라 움직인다.(이 타이밍도에서는 0에서 10까지만 보여진다.)

비동기 카운터의 장점은 간단한 하드웨어로 구현할 수 있다는 점이다. 이 카운터는 조합 논리가 필요 없다. 단점은 속도가 느리다는 점이다. 시스템의 상태는 모든 플립플롭이 상태천이를 마쳐야만 확정된다. 위의 경우에는 네 개의 플립플롭 지연만큼 기다려야 한다. 카운터의 규모가 커지거나 빠른 클럭이 사용되게 되면 다음 네가티브 클럭 천이 이후까지 최종상태가 확정되지 않게 될 수도 있다. 그렇게 되면 다음 클럭에서 시스템의 다른 부분에서 그 카운터의 상태값을 사용할 수 없게 된다. 또한 이 카운터가 의도하지 않은 잘못된 상태를 출력으로 내보낼 가능성이 있으므로 주의를 기울여야 한다. 예를 들어, 위의 타이밍도에서 상태 7(0111)에서 상태 8(1000)로 가는 경우를 살펴보자. 플립플롭 *D*가 0에서 1로 바뀌어서 상태 8(1000)이 나올 때까지 상태 7(0111)에서 상태 6(0110), 상태 4(0100), 상태 0(0000)을 거치게 된다. 이런 상태들은 굉장히 짧은 구간동안만 나타나기 때문에, 출력이 디스플레이 장치의 라이트(light)나 클럭에 의해 동작하는 플립플롭의 입력으로 사용되는 경우에는 별 문제가 없지만, 플립플롭을 트리거하는 클럭 입력으로 사용되는 경우에는 스파이크를 발생시킬 수도 있다.

예제 6.7 액티브 로우 클리어를 가진 *JK* 플립플롭과 NAND 게이트를 사용해서 비동기 12진수 카운터를 설계하자.

가장 쉬운 방법은 4 비트 이진 카운터를 사용하되 값이 12가 되면 리셋시키는 것이다. 즉, 아래 회로처럼 (*DC*)'를 사용해 카운터를 리셋시키면 된다.

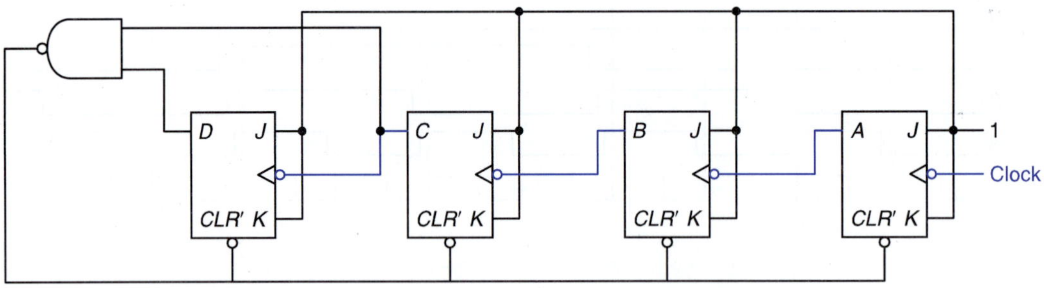

아래의 타이밍도처럼 카운터는 다음과 같은 값의 시퀀스를 반복한다.

0, 1, 2, 3, 4, 5, 6, 7, 8, 9, 10, 11, (12), 0

이 경우 상태 12에 아주 짧은 시간동안 머물러 있게 된다. 이는, *A*의 상태 변화로부터 *B*의 상태변화까지 지연이 발생하고, 이런 지연이 *B*와 *C* 사이, *C*와 *D* 사이에도 동일하게 나타나기 때문이다. 플립플롭 *D*가 0으로 변하고 나서야 제대로 된 동작(0으로 리셋)이 이루어지게 된다.

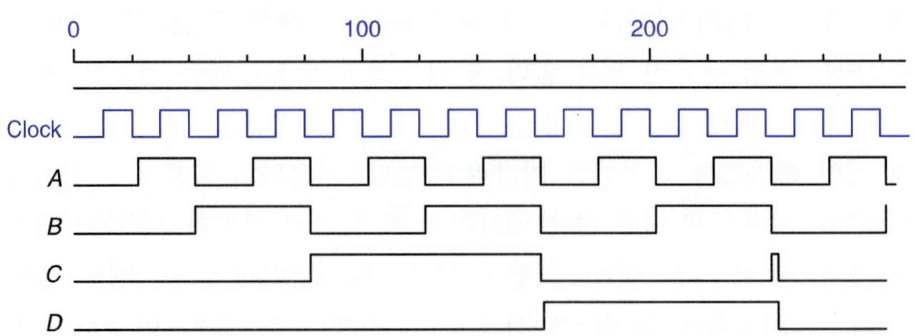

6.4 상태표와 상태도의 유도

이 절에서는 먼저 순차 시스템에 대한 말로된 설명(verbal description)과 이로부터 상태도나 상태표를 그리는 것에 대해 살펴본다. 몇 가지 경우에 대해 그 이후 단계에 대한 설계를 수행하기도 하겠지만, 이전 절에서 다루었던 내용을 재고하는 차원에 그칠 것이다.

먼저 CE6과 CE7에 대해서 살펴보자. CE6에 대한 설명에서 "무어"라는 단어가 포함되어있지는 않지만, 설명 내용을 보면 무어 시스템이라는 것을 알 수 있다. CE7도 마찬가지 경우로 밀리 시스템에 대한 것이다. CE6에 대한 설명을 여기서 다시 살펴보면 다음과 같다.

CE6. 하나의 입력 x와 하나의 출력 z로 이루어진 시스템. x가 적어도 세 개의 연속적인 클럭 시간동안 1을 유지하는 경우에만 z가 1이 된다.

트레이스 5.1의 타이밍 트레이스를 트레이스 6.1에 다시 나타내었다.

트레이스 6.1 세 개의 연속적인 1

x	0	1	1	0	1	1	1	0	0	1	0	1	1	1	1	1	0	0			
z	?	0	0	0	0	0	0	1	0	0	0	0	0	0	1	1	1	0	0	0	0

CE6과 같이 많은 단어로 이루어진 문제를 해결하기 위한 첫 번째 단계는 메모리에 저장될 필요가 있는 것을 결정하는 것이다. 이때 출력이 1이나 0이 되도록 하기 위해서 또는 메모리를 갱신하기 위해서 어떤 이전 입력이 필요한지를 알아야 한다.

단계 1에 대한 두 가지 방법이 있다. 첫 번째 방법은 최근의 세 개의 입력을 저장하고 이로부터 출력을 결정하는 것이다. 메모리에서는 저장된 것 중 가장 오래된 입력을 제거하고 남아있는 최근 두 개의 입력에 더해 현재 입력을 새로 저장하면 된다. 입력값은 이미 이진화 되어있다(단계 2). 가장 오래된 입력값이 q_1에 저장되어 있고, 그다음 오래된 값은 q_2에, 가장 최근의 값은 q_3에 저장한다고 하면, 표 6.10과 같은 상태표를 얻을 수 있다.

q_3에 들어갈 새로운 값 q_3^*는 x와 같다; 가장 최근의 입력을 반영하기 때문이다. 이와 유사하게, $q_2^*=q_3$이고 $q_1^*=q_2$가 된다. 출력은 시스템이 상태 111에 있는 경우에만 1이 된다.

표 6.10 세 개의 플립플롭 상태도

q_1	q_2	q_3	$q_1^\star q_2^\star q_3^\star$ $x = 0$	$x = 1$	z
0	0	0	000	001	0
0	0	1	010	011	0
0	1	0	100	101	0
0	1	1	110	111	0
1	0	0	000	001	0
1	0	1	010	011	0
1	1	0	100	101	0
1	1	1	110	111	1

두 번째 방법은 다음과 같이 메모리에 연속된 1의 개수를 저장하는 것이다.7)

A none, that is, the last input was 0
B one
C two
D three or more

출력은 메모리에 3 이상의 수가 있는 경우에만 1이 되기 때문에, 이것만으로도 충분한 정보가 된다.

상태도와 상태표는 그림 6.1과 같으며, 이것을 여기에 그림 6.12로 다시 나타내었다.

그림 6.12 상태도와 상태표

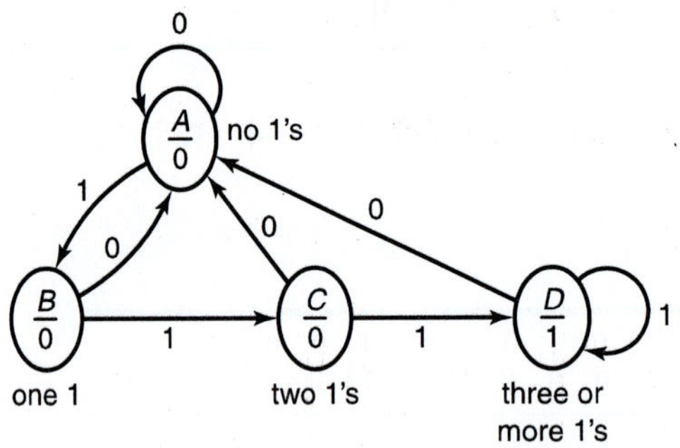

q	$q^\star$ $x = 0$	$x = 1$	z
A	*A*	*B*	0
B	*A*	*C*	0
C	*A*	*D*	0
D	*A*	*D*	1

첫 번째 방법이 8개의 상태를 필요로 하는 것에 비해 이 방법은 단지 4개의 상태만 필요로 한다. 첫 번째 방법은 3개의 플립플롭이 필요한데, 두 번째 방법은 단지 두 개의 플립플롭만 있으면 된다. 여기서 이것이 큰 차이는 아니다. 하지만, 출력 1을 위해 25개나 그 이상의 연속되는 입력 1이 필요하다는 문제가 주어진다고 생각해 보자. 첫 번째 방법으로 이 문제를 해결하기 위해서는 25개의 최근 입력값을 저장하기 위해 25개의 플립플롭이 필요하다. 상태표는 2^{25}개의 열이 있어야 한다. 두 번째 방법의 경우, 1이 하나도 없는 상태부터 1이 25개 이상이 있는 상태까지 모두 26개의 상태를 표현하기 위해 5개의 플립플롭만 있으면 된다.

설계 과정에서의 다음 단계는 상태표를 가능한한 줄이는 것이다. 이는 이 책의 범위를 벗어나기 때문에 이 단계를 건너뛰고 상태 배치를 선택하여 설계를 마무리한다.(첫 번째 상태표에서는 상태를 하나씩 줄여 4개의

7) 메모리의 내용인 상태에 영문자 *A*, *B*, *C*,...을 이용해 이름을 붙인다. 이 이름을 이진수로 코드화 하는 것은 나중에 다룰 것이다.

상태로 만들 수 있고, 두 번째 상태표에서는 더 줄일 수 없다.)

첫 번째 방법에서는 상태 배치가 이미 되어 있다. 각 플립플롭을 q_1, q_2, q_3로 명명했다. D 플립플롭을 위한 입력은 추가적인 논리는 필요없고 다음과 같이 쓸 수 있다.

$$D_1 = q_2 \qquad D_2 = q_3 \qquad D_3 = x$$

JK 플립플롭을 위한 입력은 다음과 같다.

$$J_1 = q_2 \qquad J_2 = q_3 \qquad J_3 = x$$
$$K_1 = q_2' \qquad K_2 = q_3' \qquad K_3 = x'$$

x'를 위한 NOT 게이트가 필요하다. 위의 각 타입의 플립플롭을 사용하는 경우, z를 위해 하나의 AND게이트가 필요하다.

$$z = q_1 q_2 q_3$$

두 번째 방법에 대해서 하나의 상태 배치에 대한 진리표가 이미 표 6.2에 완성되어있다.

$$D_1 = q_1^\star = xq_2 + xq_1 \quad \text{or} \quad J_1 = xq_2 \quad K_1 = x$$
$$D_2 = q_2^\star = xq_2' + xq_1 \quad \text{or} \quad J_2 = x \quad K_2 = x' + q_1$$
$$z = q_1q_2$$

다음과 같이 밀리 시스템에 대한 예가 CE7에 보여진다.

CE7. 하나의 입력 x와 하나의 출력 z로 이루어진 시스템. 이때 x가 현재 1이고 지난 두 클럭 시간동안 1이었다면 현재 클럭 시간에 z=1 값을 가짐.

같은 문제를 다음과 같이 다른 식으로 기술할 수 있다.

CE7#. 하나의 입력 x와 하나의 출력 z로 이루어진 밀리 시스템. x가 세 개의 연속된 클럭 시간동안 1을 유지하는 경우에만 z가 1이 된다.

이 문제에 대한 타이밍 트레이스를 트레이스 6.2에 나타내었다.[8)]

8) CE7#에 기술된 문장에서 "세 개의 연속된 클럭 시간"이 세 개 이상을 의미하는지 아니면 정확히 세 개만 의미하는지에 대해 논란의 여지가 있다. 타이밍 트레이스는 첫 번째 해석이 맞다는 점을 명확히 보여준다. 그렇지 않다면, 연속적인 5개의 1 입력이 들어온 경우 연속 4개째와 5개째 클럭에 출력은 0이 되어야 한다.

트레이스 6.2 CE7에 대한 타이밍 트레이스

x	0 1 1 0 1 1 1 0 0 1 0 1 1 1 1 1 0 0
z	0 0 0 0 0 0 1 0 0 0 0 0 0 1 1 1 0 0 0 0

이 문제에 대해서도 두 가지 해결 방법이 있다. 첫 번째 방법은 최근의 두 개 입력만을 저장하는 것이다.(무어 모델의 경우는 최근 세 개의 입력을 저장했다.) 이 방법에 대한 상태표는 표 6.11과 같다.

표 6.11 마지막 2개의 입력을 저장하기 위한 상태도

		$q_1^\star q_2^\star$		z	
q_1	q_2	$x = 0$	$x = 1$	$x = 0$	$x = 1$
0	0	0 0	0 1	0	0
0	1	1 0	1 1	0	0
1	0	0 0	0 1	0	0
1	1	1 0	1 1	0	1

두 번째 방법은 다음과 같이 메모리에 연속된 1의 개수를 저장하는 것이다.

A none, that is, the last input was 0
B one
C two or more

출력은 메모리에 2 이상의 수가 저장되어 있고 현재 입력이 1인 경우에만 1이 되기 때문에, 이것만으로도 충분한 정보가 된다. 현재 입력이 0이라면, 다음 상태는 *A*가 된다. 그렇지 않으면 상태가 *A*에서 *B*로, 또는 *B*에서 *C*로 넘어간다. 상태도는 다음 그림 6.13과 같다.

표 6.12 세 개의 연속적인 1에 대한 상태표

	$q^\star$		z	
q	$x = 0$	$x = 1$	$x = 0$	$x = 1$
A	*A*	*B*	0	0
B	*A*	*C*	0	0
C	*A*	*C*	0	1

그림 6.13 세 개의 연속적인 1에 대한 상태도

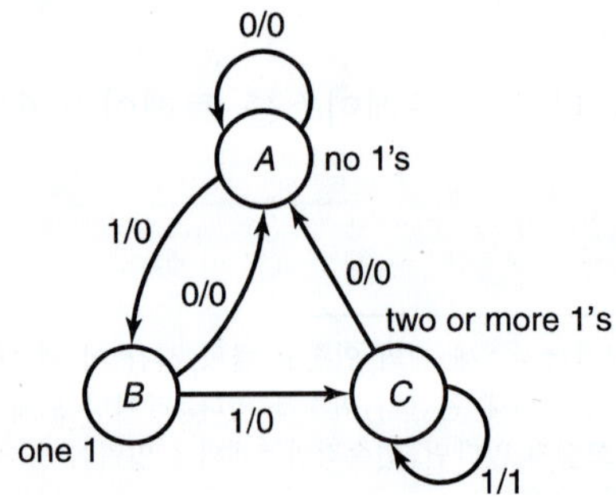

이는 표 6.12처럼 상태표로 기술될 수 있다.

밀리와 무어 모델의 동작을 비교하기 위해, 각각에 대한 타이밍도를 살펴보자.(4개의 상태를 가진 무어 모델과 3개의 상태를 가진 밀리 모델을 사용했다.)

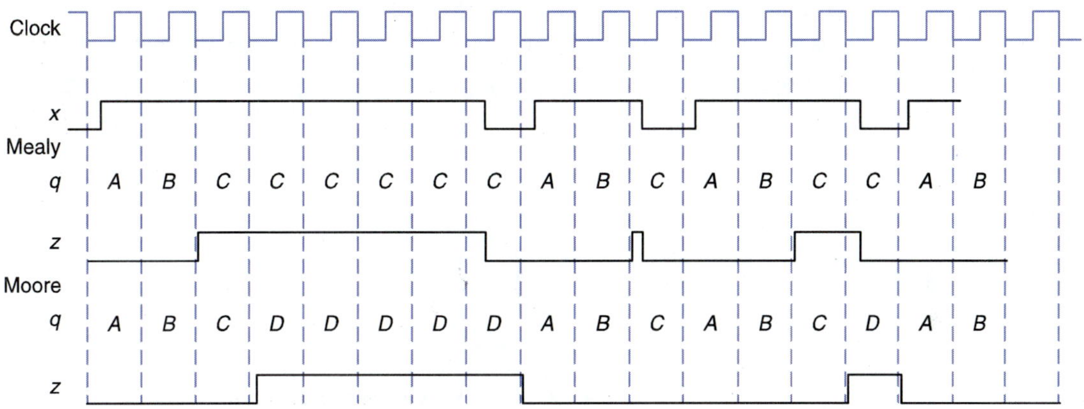

기본적으로, 무어 모델의 출력은 밀리 모델과 동일하지만, 한 클럭 구간만큼 지연되어 있다. 밀리 모델은 상태 C에서 x가 여전히 1인 경우 글릿치(glitch)를 가지지만 무어 모델은 어떠한 잘못된 출력도 발생하지 않는다. 왜냐하면 동시에 모두 값이 바뀌는 플립플롭에 의해 z값이 결정되기 때문이다.

예제 6.8

하나의 입력 x와 하나의 출력 z를 가지고, x가 3개의 연속적인 클럭 시간동안에만 1을 가지는 경우에 z=1이 되는 무어 시스템과 밀리 시스템을 설계하라.

각 시스템에 대한 입출력 트레이스의 샘플은 다음과 같다.

x	0 1 1 1 1 1 1 1 0 1 1 0 1 1 1 0 1
z-Mealy	0 0 0 0 0 0 0 0 0 0 0 0 0 0 0 0 0 1 0 0 0*
z-Moore	0 0 0 0 0 0 0 0 0 0 0 0 0 0 0 0 0 0 1 0 0 0
	↑ ↑

세 번째 연속된 1 입력이 들어왔을 때마다 출력이 1이 된다고는 할 수는 없다. 위의 트레이스에서 화살표로 표시된 두 부분은 과거와 현재의 입력값에 있어서 동일하다. 하지만 다음 입력이 들어와야만 정확히 세 개만의 연속적인 1을 가지는지에 대한 유무를 알 수 있다. 밀리 모델에서는 아래와 같이 다섯 개의 상태가 필요하다.

9) 이 예제에서는 입력이 더 이상 들어오지 않더라도 그 이후 둘 또는 세 클럭 정도까지는 출력을 만들어 낼 수 있다. 왜냐하면, 마지막으로 받은 두개의 입력이 모두 1이었다고 하더라도, 마지막으로 1이 들어온 후 둘 또는 세 클럭 시간 동안까지는 출력은 0을 유지할 것이기 때문이다.

A	none, that is, the last input was 0
B	one 1 in a row
C	two 1's in a row
D	three 1's in a row
E	too many (more than 3) 1's in a row

상태도는 이전 해법의 경우와 비슷하게 시작한다. 하지만, 세 번째 1 입력이 들어왔을 때는 상태 *D*로 간다. 상태 *D*에서는, 입력 0이 들어오면 출력 1이 나오고, 입력 1이 들어오면 새로운 상태 *E*로 가게 된다. 보통, 상태 *A*는 출력 1을 만들기 위한 연속적인 1 입력 중 첫 번째 1 입력이 들어올 때의 임의의 상태로 사용된다. 이 경우, 상태 *E*는 이 임의의 상태보다 더 안좋은 상황이다. 왜냐하면 상태 *E*에서는 입력 0이 들어와야만 임의의 상태인 *A*로 갈 수 있기 때문이다. 완성된 상태도는 아래와 같다.

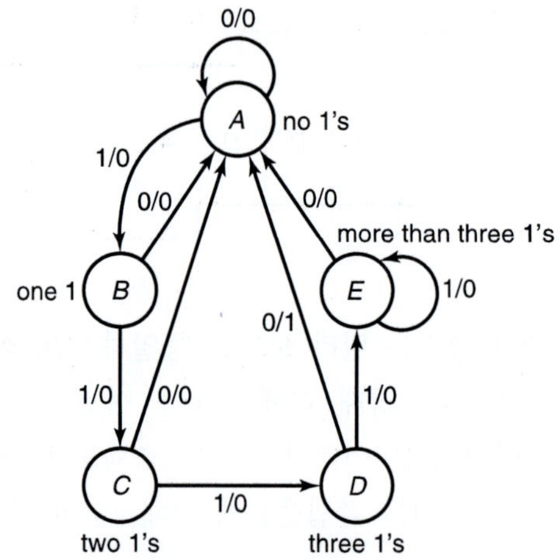

시스템을 구현하기 위해서는 세 개의 플립플롭이 필요하다. 시스템의 설계는 연습문제로 남겨두겠다.

무어 모델의 경우, 상태 *D*는 정확히 세 개의 연속적인 1 입력이 들어온 경우를 나타내기 위해 사용된다. 상태 *D*에서 입력 1이 들어오면, 너무 많은 연속적인 1이 발생한 경우인 상태 E로 가게 된다. 상태 *D*에서 입력 0이 들어오면, 출력 1을 내는 상태 *F*로 가게 된다. 상태표는 아래 그림과 같다.(상태도는 이 상태표 또는 밀리 모델의 상태표를 이용해서 만들 수 있다.)

	$q^\star$		
q	$x = 0$	$x = 1$	z
A	*A*	*B*	0
B	*A*	*C*	0
C	*A*	*D*	0
D	*F*	*E*	0
E	*A*	*E*	0
F	*A*	*B*	1

예제 6.9

세 개의 연속적인 클럭시간 동안에 입력 1이 들어오는 경우에 출력이 1이 되는 밀리 시스템을 설계하라. 이때 입력은 겹쳐져서는 안된다.(즉, 하나의 입력 1은 하나의 출력 1을 만드는데만 사용되어야 한다.)

이 시스템에 대한 입출력 트레이스의 샘플은 다음과 같다.

x	0	1	1	1	1	1	1	1	0	1	1	0	1	1	1	0	1
z	0	0	0	1	0	0	1	0	0	0	0	0	0	0	1	0	0	0

CE7의 경우와 마찬가지로, 단지 세 개의 상태만 필요하다. 상태 *C*에서는 입력에 상관없이 무조건 상태 *A*로 돌아간다. 단 입력이 1인 경우는 출력이 1이 되며 입력이 0인 경우는 출력도 0이 된다.

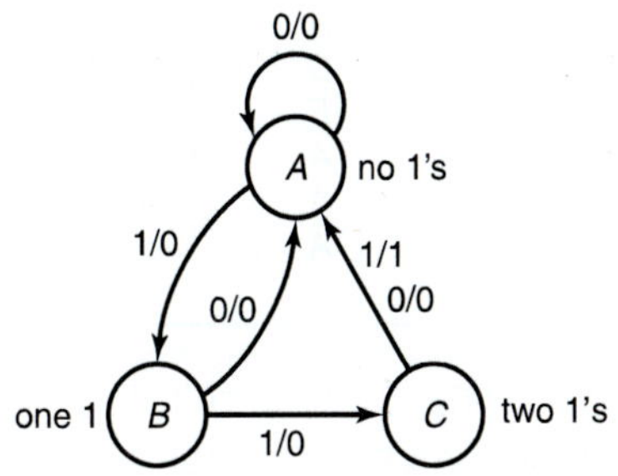

세 번째 1 입력이 발생하면 다시 한번 아무것도 아닌 상태로 들어가게 된다. 새로운 출력 1을 얻기 위해서는 추가적인 세 개의 연속 1 입력이 필요하다.

지금까지 살펴본 각 시스템에서, 시스템의 초기화에 대해서는 신경쓰지 않아왔었다. 일단 첫 번째 0 입력이 들어오면 이 시스템들은 제대로 동작했다. 첫 입력이 들어오기 전에 출력으로 발생하는 값들을 무시한다면, 초기화에 대해서 고려할 필요가 없다. 하지만, 첫 입력에 대한 출력값을 알아야 한다면, 시스템을 상태 *A* (첫 번째 예제에서는 상태 000)로 초기화 해야 한다. 다음에 나오는 두 개의 예제에서는 상태 *A*로 시스템을 초기화한다. 이를 위해 시작점이 어디인지 알아야 한다.

예제 6.10

세 개의 입력을 하나의 블록으로 묶어 이를 기반으로 동작하는 밀리 시스템을 설계하라. 이 시스템에서는 하나의 블록 내의 세 개의 입력이 모두 1인 경우에만 출력이 1이 된다; 당연하겠지만 출력 1은 하나의 블록을 구성하는 세 번째 입력이 수신되기 전까지는 나타날 수 없다.

이 시스템에 대한 입출력 트레이스의 샘플은 다음과 같다.

x	0 1 1	1 1 1	1 0 1	1 1 0	1 1 1	0 1
z	0 0 0	0 0 1	0 0 0	0 0 0	0 0 1	0 0 0

여기서 각 블록간은 띄어서 표기했다.

시스템이 처음 켜졌을 때와,(어떤 블록의 세 번째 입력이 수신되고 바로 다음 상태처럼) 새로운 블록으로 들어가기 전에는 초기상태 *A*에 머무른다. 한 블록의 첫 번째 입력이 도착하면, 입력이 1인 경우 시스템은 상태 *B*로 이동하고 입력이 0인 경우 상태 *C*로 이동한다; 이 모든 경우에서 출력은 0이 된다. 두 번째 입력이 들어오면(그 값이 1인 경우와 0인 경우에) 상태 *B*에서는 상태 *D*와 *E*로, 상태 *C*에서는 상태 *F*와 *G*로, 모두 네 개의 상태로 분기될 수 있다.

7개의 상태를 가진 이런 형태에 대한 상태표는 다음과 같다.

	$q^\star$		z	
q	$x = 0$	$x = 1$	$x = 0$	$x = 1$
A	*C*	*B*	0	0
B	*E*	*D*	0	0
C	*G*	*F*	0	0
D	*A*	*A*	0	1
E	*A*	*A*	0	0
F	*A*	*A*	0	0
G	*A*	*A*	0	0

하지만 여기서 두 개의 상태는 필요없게 된다. 다음 상태도처럼, 상태 *D*는 첫 번째 두 개의 입력이 1인 경우에 사용되고, 그 외의 모든 경우에는 상태 *E*를 사용해서 처리할 수 있다.

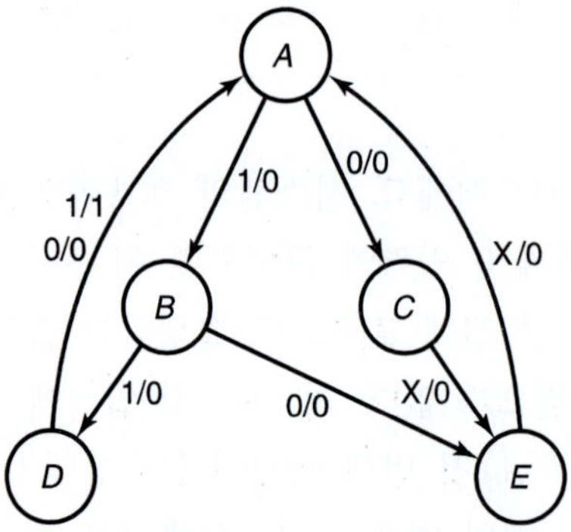

*C*로부터의 경로와 *E*로부터의 경로가 X/0로 표시되는 것에 주목하기 바란다. 이것의 의미는 입력이 무슨 값을 가지든 상관없으며, 이때의 출력은 0이 된다는 뜻이다.

상태표의 마지막 세 개의 행의 다음 상태와 출력 부분이 동일하다는 점에도 주의하기 바란다. 이는 상태 *E*, *F*, *G* 에서의 시스템 동작이 동일하기 때문에, 시스템이 이 중 어디에 머물러 있든지 상관없다는 뜻이다. 그러므로 상태표에서 이 세 개의 행을 하나로 줄일 수 있다.(상태도에서는 이미 이렇게 했다.)

예제 6.11

입력 1이 세 번 들어올 때마다 출력이 1이 되는 밀리 시스템을 설계하라.(이때 1 입력은 연속적으로 들어올 필요는 없다.)

초기 상태 *A*는 1 입력이 하나도 없는 경우나 세 개의 1이 이미 만들어진 경우에 사용된다. 임의의 상태에서 입력 0이 들어오면, 시스템은 초기상태로 가지 않고 현재 자기가 머무르고 있는 상태에 그대로 대기한다. 왜냐하면 입력 0은 세 개의 1을 세는 데 아무런 영향을 미치지 않기 때문이다.

이 시스템에 대한 입출력 트레이스의 샘플은 다음과 같다.

x 0 1 1 1 1 1 1 1 0 1 1 0 1 0 1 0 0 1 0 1
z 0 0 0 1 0 0 1 0 0 0 1 0 0 0 0 0 0 1 0 0 0

그러므로 상태도는 다음과 같이 그려진다.

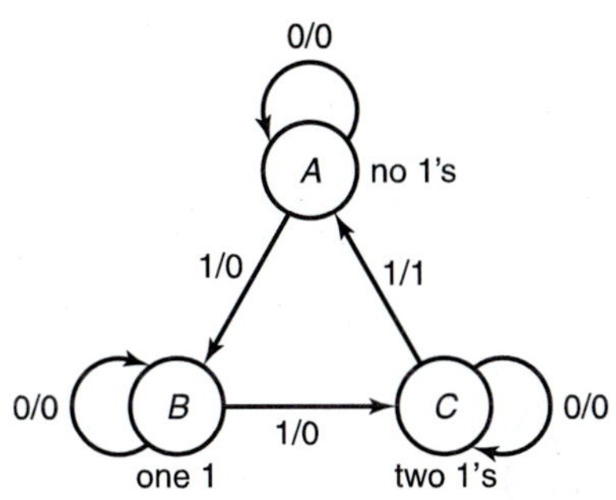

예제 6.12

세 개의 연속적인 1 입력이 들어온 후 세 개의 연속적인 0 입력이 들어오는 경우에 출력이 1이 되는 무어 시스템을 설계하라.[10] 이 시스템에 대한 입출력 트레이스의 샘플은 다음과 같다.

x 1 1 1 0 0 1 0 1 1 1 0 0 1 0 0 0 0 1 1 1 1 0 1
z ? ? ? 0 0 0 0 0 0 0 0 0 0 0 0 0 0 1 1 1 1 0 0 0 0 0

시스템이 동작하는 임의의 시점에 시스템을 살펴보기 시작했거나 시스템을 켜고 어떤 상태에 시스템이 있는지를 모른다고 가정하고, 처음 세 개의 출력은 unknown으로 표시했다. 이 말은, 시스템을 처음 켰을때는 세 개의 연속적인 1 입력이 있을 수 없으므로 시스템 출력은 0이 되어야 한다는 의미이다.(이는 6.1절의 마지막 부분에 우리가 살펴보았던 예제의 경우와 동일하다.)

초기상태를 S_1이라고 하자. 우선 출력이 0에서 1로 바뀌는 경로를 만들어 보면, 이에 대한 상태도는 다음과 같다.

10) 여기서 세 개의 의미는 정확히 세 개가 아니라 세 개 이상을 뜻한다고 가정하자.

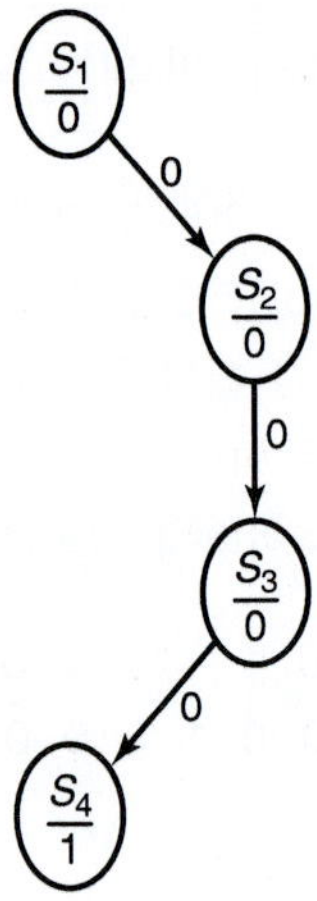

입력이 1일 때 마다 S_1으로 가고 이때의 출력은 0이 된다. 출력 1을 얻기 위해서는 세 개의 연속적인 0 입력이 필요하며 이때 S_4로 가게 된다. 거기에서 세 개의 1이 들어오면 아래 왼쪽 그림처럼 다시 S_1로 돌아간다. 여기에, 0 입력을 기다렸으나 1 입력이 들어오는 경우에 S_1으로 되돌아가는 경로와, 1 입력을 기다렸으나 0 입력이 들어오는 경우에 S_4로 되돌아가는 경로를 추가함으로써 오른쪽 그림처럼 상태도를 완성할 수 있다.

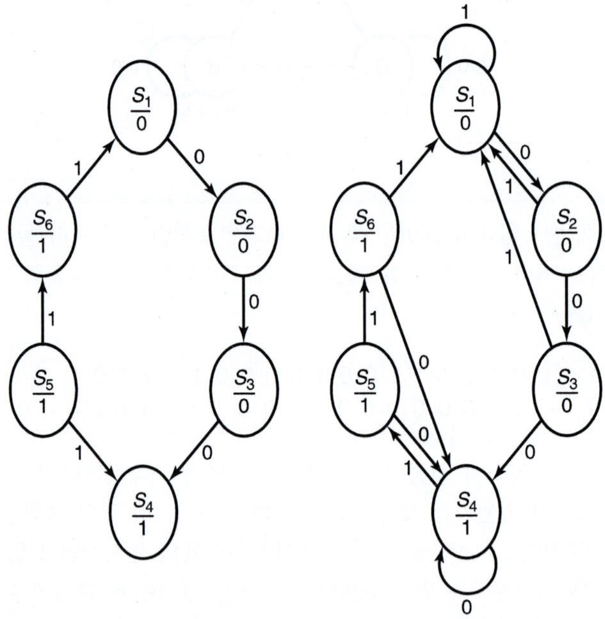

예제 6.13 2개의 1 입력이 들어오고 바로 0 입력과 1 입력이 차례로 따라 들어오는 경우에 출력 1을 내보내는 밀리 시스템을 설계하라.

a. 겹침이 인정된다고 가정한다.

b. 겹침을 인정하지 않는다.

다음 타이밍 트레이스는 겹침이 허용되는 경우에 대한 예상 동작을 보여준다:

a. x 0 0 1 1 0 1 1 0 1 1 0 1 1 1 0 1 1 0 1 1 0 1

z 0 0 0 0 0 1 0 0 1 0 0 1 0 0 0 0 0 0 1 0 0 1 0 0

발견된 1101 패턴을 밑줄을 그어 표시했다; 이중선으로 밑줄 그어진 것은, 정확히 두 개의 연속된 1로부터 패턴이 시작한 것이 아니므로 인정되지 않는 패턴임을 나타낸다. 겹치는 경우에 대한 동작은 아주 명확하다. 출력 1을 만들어내는 마지막 1입력이 다음 출력 1을 만들어내는 첫 번째 1 입력으로 사용되는 것이다. 위의 트레이스에서 두 개의 파란색 밑줄이 겹치는 패턴을 표시한 것이다.

아래 그림처럼 출력 1을 만드는 성공 경로에 따라 상태도를 만들기 시작하는 것이 종종 가장 쉬운 방법이 된다.

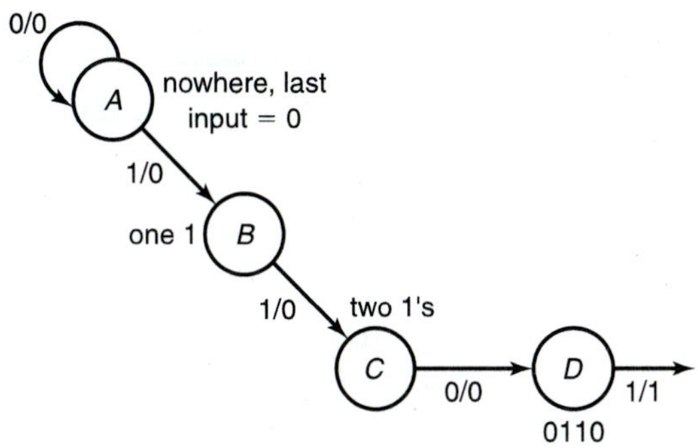

상태 A는 첫 번째 1 입력을 기다리는 임의의 상태이다. 연속된 1 입력이 들어오면, 상태는 B와 C로 이동한다; 그 다음 0이 들어오면 D로 이동하고 거기서 1이 들어오면 출력 1이 만들어진다. 겹침이 허용되기 때문에, 마지막 들어온 1은 새로운 시퀀스의 첫 1이 되기 때문에 D에서 B로 이동한다. 실패하는 경우에 대한 경로도 만들어야 한다. C을 제외한 나머지 상태에서 입력 0이 들어오면 A로 되돌아간다. 두 개의 연속 1 입력이 들어온 후 또 1 입력이 들어오면 너무 많은 1 입력이 들어온 상태를 뜻하는 E로 가게 되고, 거기서 0 입력이 들어오면 A로 되돌아가서 과정을 다시 시작할 수 있게 된다. 겹침이 허용된 경우에 대한 완성된 상태도는 다음 그림과 같다.

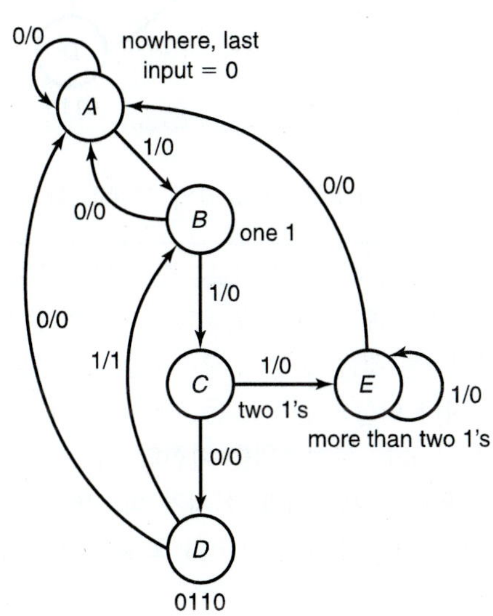

겹침이 허용되지 않는 경우에 대해서는 두 가지 해석이 존재할 수 있다. 첫 번째 해석을 *b*−1이라고 하자. 이 경우 출력 1이 발생하면, 그 이후에 연속된 1 입력이 정확히 두 개가 들어오기 전에 0 입력이 있어야만 한다. 그러므로 첫 번째 1 출력이 나온 이후, 0 입력이 들어오기 전까지는 새로운 1 출력을 위한 시퀀스를 시작할 수 없다.

x	0 0 1 1 0 1 1 0 1 1 0 1 1 1 0 1 1 0 1 1 0 1
b-1	0 0 0 0 0 1 0 0 0 0 0 1 0 0 0 0 0 0 1 0 0 0 0 0 0

두 번째 해석은, 일단 하나의 패턴이 완성된 후 두 개의 추가적인 1 입력에 이어 01이 오는 경우를 하나의 패턴으로 인정하는 것이다. 이것이 아래 그림에서 두 줄로 밑줄 그어진 시퀀스이다.

x	0 0 1 1 0 1 1 0 1 1 0 1 1 1 0 1 1 0 1 1 0 1
b-2	0 0 0 0 0 1 0 0 0 0 0 1 0 0 0 1 0 0 0 0 0 1 0 0 0

겹침을 허용하지 않는 경우에 대한 이 두 가지 해법이 다음 그림에 보여진다. 시작은 겹침을 허용하는 경우와 동일하지만, 1 출력을 만들고 난 이후의 동작이 달라진다.

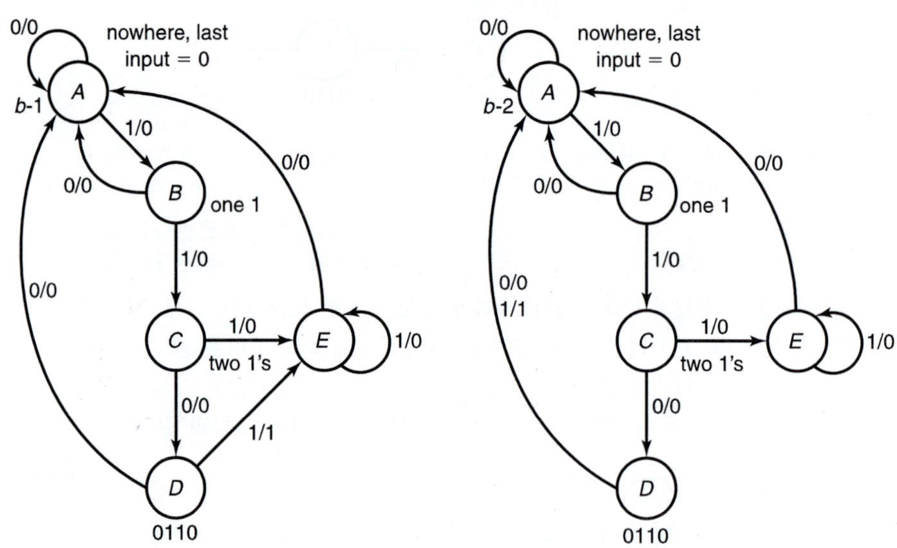

마지막으로 버스 제어기(Bus controller) CE11의 설계에 대해 살펴보자.

예제 6.14

CE11. 버스를 사용하기 원하는 4개의 장치로부터 구분된 회선 $R_0 \sim R_3$을 통해 사용요청을 수신하는 버스 제어기. 4개의 출력 $G_0 \sim G_3$를 가지며 동시에 그 중 하나만 1값을 가진다. 이때 1 값을 가진다는 것은 그 클럭 구간동안 그 장치가 버스를 이용할 권한을 가진다는 것을 뜻한다. 하나 이상의 장치가 동시에 버스 사용권한을 요청하는 경우 낮은 번호를 가진 장치가 더 높은 우선순위를 가진다. 높은 우선순위를 가진 장치가 버스를 선점할 수 있는 인터럽팅 제어기와, 장치가 버스의 제어권한을 얻으면 더 이상 필요 없을 때까지 제어권한을 유지하는 제어기 모두에 대해 살펴본다.

버스 제어기는 다섯 개의 상태를 가진다.

A: 휴지상태, 버스를 이용하는 장치가 없다.
B: 장치 0이 버스를 이용한다.
C: 장치 1가 버스를 이용한다.
D: 장치 2이 버스를 이용한다.
E: 장치 3가 버스를 이용한다.

먼저 장치 *i*가 버스의 제어권한을 획득하는 경우를 생각해 보자. (G_i=1)이 장치는 더 이상 필요 없을 때까지 (R_i=0일 때까지) 제어권을 유지한다. 또한, 제어권을 할당하는 사이인 한 클럭 구간동안에는 휴지 상태로 가 있어야 한다고 가정하자. 그렇다면 다음과 같은 상태도가 그려진다.

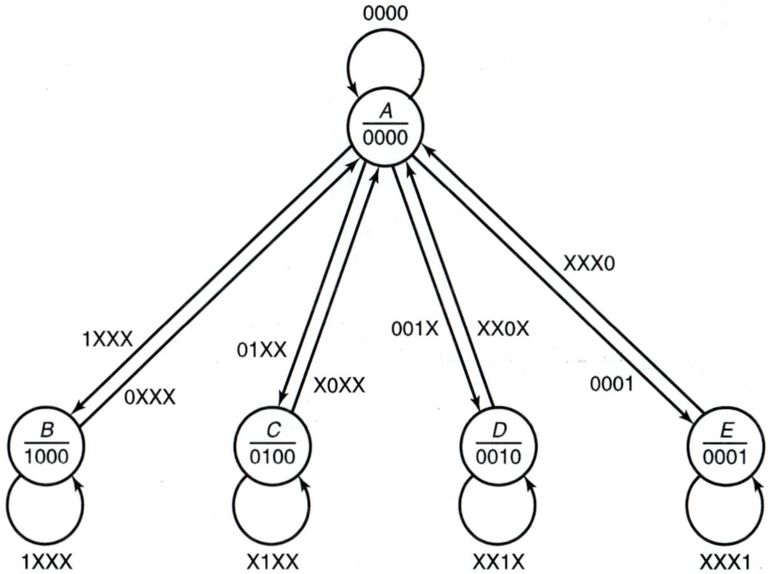

시스템은 아무 요청이 없으면 휴지 상태에서 머무른다. 하나 이상의 요청이 있으면 그 중 가장 우선순위가 높은 상태로 이동한다. 그러므로 1 값을 가지는 다른 *R*이 존재하더라도 R_0=1이면 상태 *B*로 간다. 일단 버스 사용권을 얻으면, 장치가 요청하는 한 계속 그 상태에 머물러 있다가, 더 이상 요청이 없으면 휴지 상태로 돌아간다. 다른 장치의 요청이 계속 있더라도 일단 한 클럭 구간동안 휴지 상태로 돌아갔다가 요청한 장치 중 우선순위가 가장 높은 장치의 요청을 승인하게 된다.

휴지 구간을 사용하지 않는다면, 상태도는 훨씬 복잡해지게 된다. 현재 버스를 사용중인 어떤 장치가 버스를 더 이상 필요로 하지 않게 되었다고 했을 때, 버스를 사용하기 원하는 다른 장치가 없다면 제어기는 상태 *A*로 돌아가게 된다. 하지만 그때 버스를 사용하기 원하는 다른 장치들이 있다면 그 중 우선순위가 가장 높은 장치에게 제어권이 주어지게 된다. 이런 경우에 대한 상태표는 다음과 같다.

q	q^*	$G_0G_1G_2G_3$
R_0 R_1 R_2 R_3	0 0 0 0 0 0 0 0 1 1 1 1 1 1 1 1 0 0 0 0 1 1 1 1 0 0 0 0 1 1 1 1 0 0 1 1 0 0 1 1 0 0 1 1 0 0 1 1 0 1 0 1 0 1 0 1 0 1 0 1 0 1 0 1	
A	$A\ E\ D\ D\ C\ C\ C\ C\ B\ B\ B\ B\ B\ B\ B\ B$	0 0 0 0
B	$A\ E\ D\ D\ C\ C\ C\ C\ B\ B\ B\ B\ B\ B\ B\ B$	1 0 0 0
C	$A\ E\ D\ D\ C\ C\ C\ C\ B\ B\ B\ B\ C\ C\ C\ C$	0 1 0 0
D	$A\ E\ D\ D\ C\ C\ D\ D\ B\ B\ D\ D\ B\ B\ D\ D$	0 0 1 0
E	$A\ E\ D\ E\ C\ E\ C\ E\ B\ E\ B\ E\ B\ E\ B\ E$	0 0 0 1

이 경우, 하나의 상태에서 어떤 다른 상태로든 이동이 가능하므로, 상태도에서 20개의 상태 이동 경로가 가능하게 된다. 아래 그림은 상태도 중 일부분으로, 상태 C로 들어오거나 나가는 경로만 표시한 것이다.

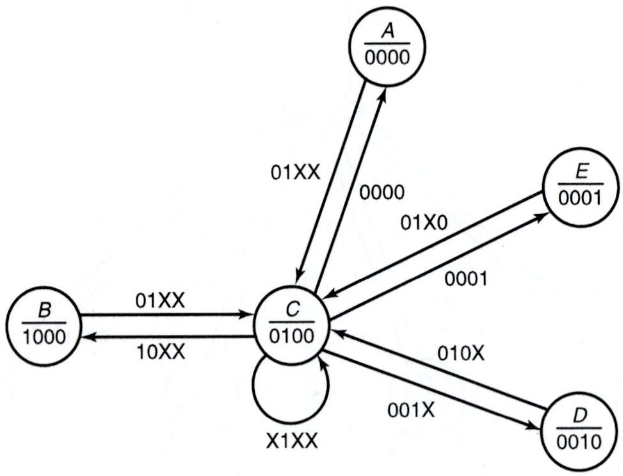

마지막으로, 낮은 우선순위를 가진 장치가 버스를 사용 중일지라도 높은 우선순위를 가진 장치가 원하면 제어권을 가지고 올 수 있는 선점형 제어기를 살펴보자. 이 경우(제어권 이동시 휴지 상태로 되돌아가는 절차가 필요한 경우인지 필요 없는 경우인지에 상관없이), 상태 C, D, E에 머물러 있기 위해서는 해당 장치가 버스 제어권을 요청하고 있고 동시에 버스 제어권을 요청하는 우선순위가 더 높은 장치가 존재하지 않아야만 한다. 제어권 이동시 휴지 상태로 되돌아가는 절차가 필요한 경우에 대한 이 시스템의 상태도와 필요 없는 경우에 대한 상태표는 다음과 같다.

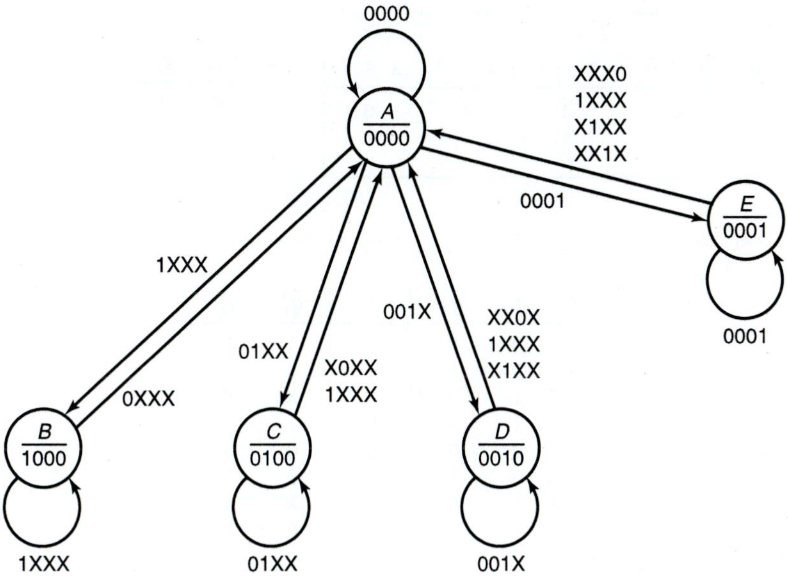

q	$q^\star$	$G_0\,G_1\,G_2\,G_3$
R_0	0 0 0 0 0 0 0 0 1 1 1 1 1 1 1 1	
R_1	0 0 0 0 1 1 1 1 0 0 0 0 1 1 1 1	
R_2	0 0 1 1 0 0 1 1 0 0 1 1 0 0 1 1	
R_3	0 1 0 1 0 1 0 1 0 1 0 1 0 1 0 1	
A	*A E D D C C C C B B B B B B B B*	0 0 0 0
B	*A E D D C C C C B B B B B B B B*	1 0 0 0
C	*A E D D C C C C B B B B B B B B*	0 1 0 0
D	*A E D D C C C C B B B B B B B B*	0 0 1 0
E	*A E D D C C C C B B B B B B B B*	0 0 0 1

비록 제어권 이동시 휴지 상태로 되돌아가는 절차가 필요한 경우에 대한 상태도에서도, 그 절차가 필요없는 경우와 동일하게, 20개의 상태이동 경로를 필요로 하지만 논리는 훨씬 단순하다. 각 상태에서 상태 *B*로 가기 위한 조건은 1XXX (R_1)이고, 상태 *C*로 가기 위한 조건은 01XX ($R_1'R_2$), 상태 *D*로 가기 위한 조건은 001X ($R_1'R_2'R_3$), 그리고 상태 *E*로 가기 위한 조건은 0001 ($R_1'R_2'R_3'R_4$)이다.(위의 두 경우에서 상태 *A*로부터 각 상태로 이동하기 위한 조건도 이와 동일하다.)

6.5 문제풀이

1. 다음과 같은 상태표와 상태 배치에 대해서, 다음상태와 출력에 대한 수식을 보여라.

q	$q^\star$ $x=0$	$x=1$	z $x=0$	$x=1$
A	C	A	1	0
B	B	A	0	1
C	B	C	1	0

q	q_1	q_2
A	0	1
B	1	1
C	0	0

먼저 다음과 같이 진리표와 각 펑션에 대한 맵을 만들었다.

q	x	q_1	q_2	z	$q_1^\star$	$q_2^\star$
C	0	0	0	1	1	1
A	0	0	1	1	0	0
—	0	1	0	X	X	X
B	0	1	1	0	1	1
C	1	0	0	0	0	0
A	1	0	1	0	0	1
—	1	1	0	X	X	X
B	1	1	1	1	0	1

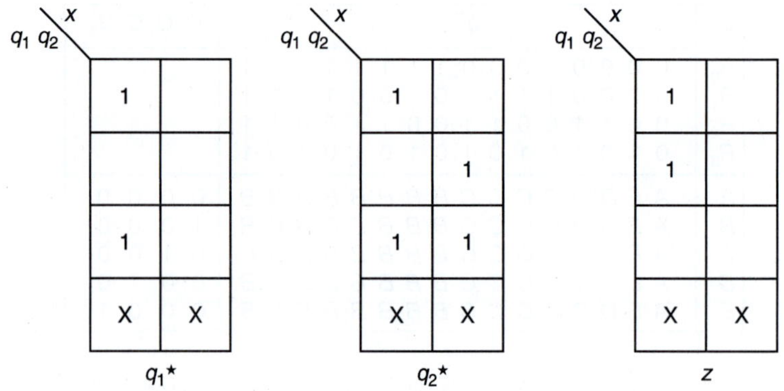

$$q_1^\star = x'q_2' + x'q_1$$
$$q_2^\star = q_1 + x'q_2' + xq_2$$
$$z = x'q_1' + xq_1$$

2. 아래와 같은 상태표 각각에 대해서 다음과 같이 주어진 플립플롭을 사용하여 시스템을 설계하라.

i. *D* flip flops
ii. *SR* flip flops
iii. *T* flip flops
iv. *JK* flip flops

각각에 대한 수식과 *JK* 플립플롭을 이용한 설계에 대한 블록도를(AND, OR와 NOT 게이트를 사용하여) 보여라.

a.

$A\,B$	$A^\star B^\star$ $x=0$	$x=1$	z $x=0$	$x=1$
0 0	0 1	0 0	1	0
0 1	1 1	0 0	1	1
1 1	1 1	0 1	0	1

b.

$A\;B$	$A^\star B^\star$ $x=0$	$x=1$	z
0 0	1 0	0 0	0
0 1	0 0	1 1	1
1 0	0 1	1 1	1
1 1	1 0	0 1	1

a. 상태 10은 사용되지 않으므로 맵의 마지막 열을 don't care로 표시하면, 상태표로부터 맵 A^*, B^*와 z를 다음과 같이 바로 그릴 수 있다.

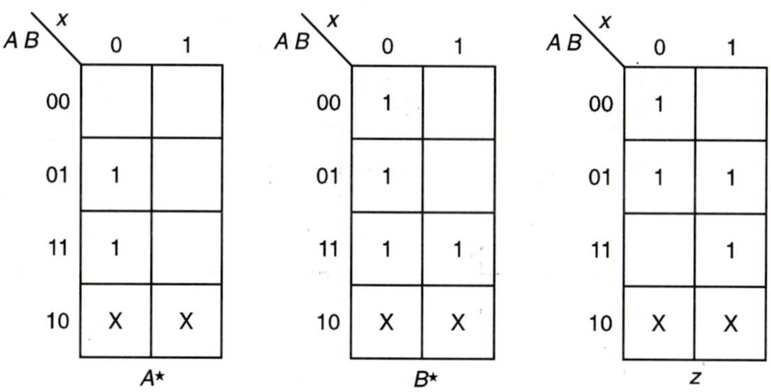

모든 타입의 플립플롭에 대해 z는 다음과 같이 동일하다.

$$z = x'A' + xB$$

i. D 플립플롭에 대한 식은 다음과 같다.

$$D_A = A^\star = x'B \qquad D_B = B^\star = x' + A$$

ii. SR 플립플롭에 대해서 다음과 같이 진리표와 플립플롭 설계표를 사용한다.

x	A	B	$A^\star$	$B^\star$	S_A	R_A	S_B	R_B
0	0	0	0	1	0	X	1	0
0	0	1	1	1	1	0	X	0
0	1	0	X	X	X	X	X	X
0	1	1	1	1	X	0	X	0
1	0	0	0	0	0	X	0	X
1	0	1	0	0	0	X	0	1
1	1	0	X	X	X	X	X	X
1	1	1	0	1	0	1	X	0

그 결과로 도출된 맵은 다음과 같다.

AB \ x	0	1
00		
01	1	
11	X	
10	X	X

S_A

AB \ x	0	1
00	X	X
01		X
11		1
10	X	X

R_A

AB \ x	0	1
00	1	
01	X	
11	X	X
10	X	X

S_B

AB \ x	0	1
00		X
01		1
11		
10	X	X

R_B

$S_A = x'B \quad R_A = x \quad S_B = x' \quad R_B = xA'$

다음상태 맵으로부터 T 맵을 바로 만들 수 있다. 플립플롭이 변하면 T는 1이고 아니면 0이다.

AB \ x	0	1
00		
01	1	
11	1	
10	X	X

$A\star$

AB \ x	0	1
00		
01	1	
11		1
10	X	X

T_A

AB \ x	0	1
00	1	
01	1	
11	1	1
10	X	X

$B\star$

AB \ x	0	1
00	1	
01		1
11		
10	X	X

T_B

$T_A = x'A'B + xA$ $\quad T_B = x'B' + xA'B$

마지막으로 신속법을 사용해 JK 입력을 유도한다. 다음 맵에서 J 입력과 관계된 부분은 짙게 칠해져 있다.

AB \ x	0	1
00		
01	1	
11	1	
10	X	X

$A\star$

AB \ x	0	1
00	1	
01	1	
11	1	1
10	X	X

$B\star$

$J_A = x'B \qquad K_A = x \qquad J_B = x' \qquad K_B = xA'$

위의 결과가 *SR* 플립플롭의 경우와 동일한 수식 형태이고, 논리의 양도 *D* 플립플롭의 경우와 동일하다는 점에 주목하기 바란다. *T* 플립플롭을 사용한 경우에만 훨씬 많은 논리가 필요하게 된다.

JK 플립플롭을 이용한 시스템의 블록도는 다음과 같다.

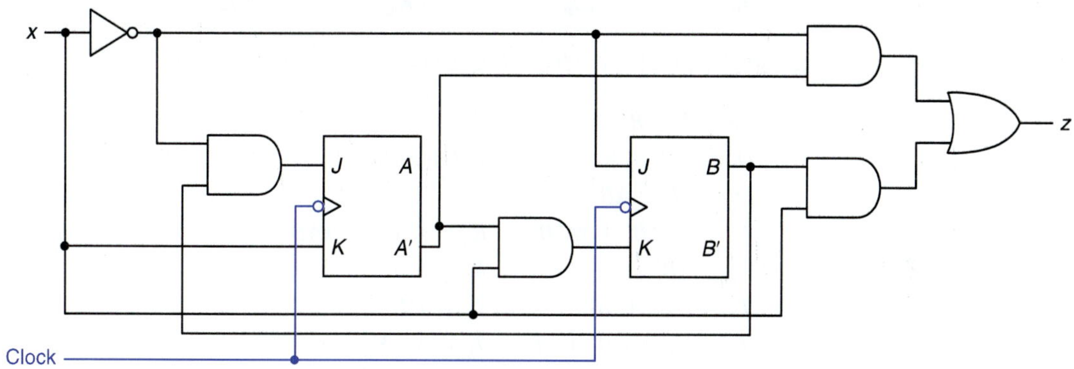

b. 진리표를 그릴수도 있고, 먼저 *D* 입력을 찾기 위해 A^*와 B^*에 대한 맵을 그릴 수도 있다. 출력은 두 개의 변수에 대한 문제이므로 구지 맵을 그릴 필요없이 다음과 같이 바로 도출할 수 있다.

$$z = A + B$$

진리표는 다음과 같다.(모든 플립플롭 타입에 대해 도출하였다.)

x	A	B	$A^\star$	$B^\star$	S_A	R_A	S_B	R_B	T_A	T_B	J_A	K_A	J_B	K_B
0	0	0	1	0	1	0	0	X	1	0	1	X	0	X
0	0	1	0	0	0	X	0	1	0	1	0	X	X	1
0	1	0	0	1	0	1	1	0	1	1	X	1	1	X
0	1	1	1	0	X	0	0	1	0	1	X	0	X	1
1	0	0	0	0	0	X	0	X	0	0	0	X	0	X
1	0	1	1	1	1	0	X	0	1	0	1	X	X	0
1	1	0	1	1	X	0	1	0	0	1	X	0	1	X
1	1	1	0	1	0	1	X	0	1	0	X	1	X	0

각 플립플롭 입력과 출력에 대한 맵은 다음과 같다.

AB \ x	0	1
00	1	
01		1
11	1	
10		1

D_A

AB \ x	0	1
00		
01		1
11		1
10	1	1

D_B

AB \ x	0	1
00	1	
01		1
11	X	
10		X

S_A

AB \ x	0	1
00		X
01	X	
11		1
10	1	

R_A

AB \ x	0	1
00		
01		X
11		X
10	1	1

S_B

AB \ x	0	1
00	X	X
01	1	
11	1	
10		

R_B

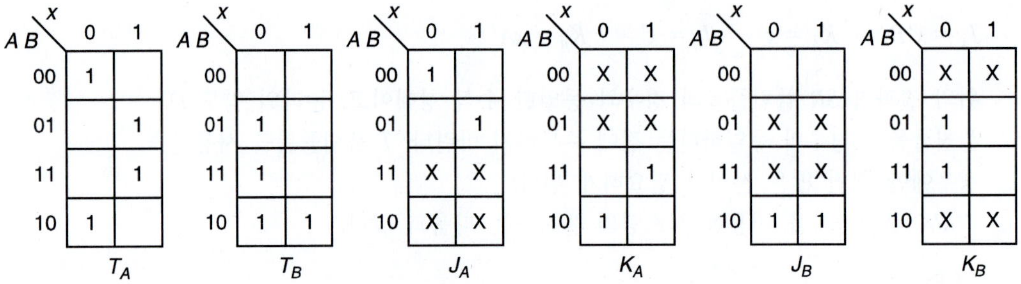

이것으로부터 다음과 같은 수식을 유도할 수 있다.

$$z = A + B$$
$$D_A = x'A'B' + x'AB + xA'B + xAB'$$
$$D_B = xB + AB'$$
$$S_A = x'A'B' + xA'B \qquad R_A = x'AB' + xAB$$
$$S_B = AB' \qquad R_B = x'B$$
$$T_A = x'B' + xB \qquad T_B = x'B + AB'$$
$$J_A = K_A = x'B' + xB \qquad J_B = A \quad K_B = x'$$

논리로 구현하는데는 *JK* 플립플롭을 사용하는 경우가 가장 적은 비용을 필요로 하고, 그 다음이 *T*, *SR*, *D* 의 순서이다. *JK* 해법에 대한 블록도가 다음 그림에 나와 있다. 보기 쉽도록 플립플롭 *B*를 왼쪽에 배치했다.

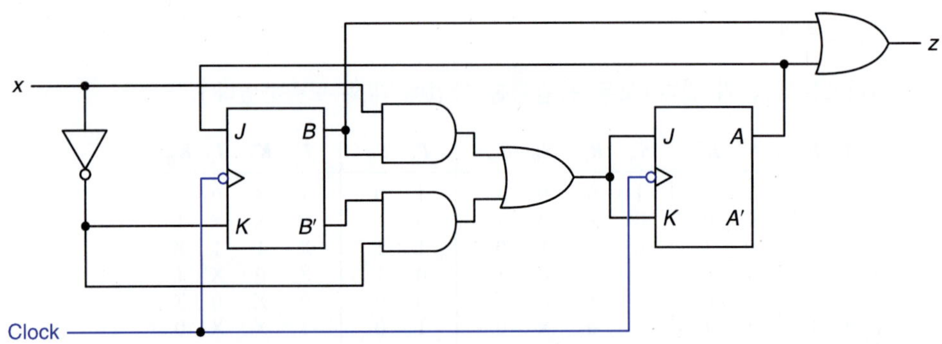

참고: 문제의 각 부분에서, 플립플롭 *A*와 나머지 플립플롭을 서로 다른 타입으로 사용할 수도 있다.(예를 들어 플립플롭 *A*는 *T*로, 나머지는 *JK*로 사용할 수 있다.) 지금까지 구했던 해법들은 각각의 플립플롭을 사용할 때 적절히 적용할 수 있다.

3. 다음과 같이 주어진 상태표와 각 상태 배치에 대해서 *D* 플립플롭을 이용한 시스템을 설계하라.

q	$q^\star$ $x=0$	$q^\star$ $x=1$	z $x=0$	z $x=1$
A	B	C	1	0
B	D	A	0	0
C	B	C	1	1
D	D	A	1	0

a.

q	q_1	q_2
A	0	0
B	0	1
C	1	0
D	1	1

b.

q	q_1	q_2
A	0	0
B	0	1
C	1	1
D	1	0

c.

y	q_1	q_2
A	0	0
B	1	1
C	1	0
D	0	1

이 문제는 각 상태 배치에 따라서 서로 독자적인 문제가 된다.(상태 배치에는 여러 가지가 있을 수 있지만, 제작시에 하드웨어가 크게 달라지는 상태 배치는 단지 세 가지 뿐이다. 그 외의 상태 배치들은 이들로부터 변수를 교환한다든지 보수화 한다든지 둘 다를 적용하든지 해서 만들 수 있다.) 각 상태 배치에 대해 조합 논리의 양을 비교하라.

a. 상태 배치가 일반적인 이진수 순서를 따르기 때문에, 쉽게 맵으로 바로 변환할 수 있다.

D_1:

$q_1 q_2$ \ x	0	1
00		1
01	1	
11	1	
10		1

D_2:

$q_1 q_2$ \ x	0	1
00	1	
01	1	
11	1	
10	1	

z:

$q_1 q_2$ \ x	0	1
00	1	
01		
11	1	
10	1	1

$D_1 = x'q_2 + xq_2'$ $D_2 = x'$ $z = x'q_1 + x'q_2' + q_1q_2'$

b. 이 상태 배치는 맵의 순서대로 되어 있기 때문에, 이것 역시 진리표를 거치지 않고 바로 맵을 그릴 수 있다.

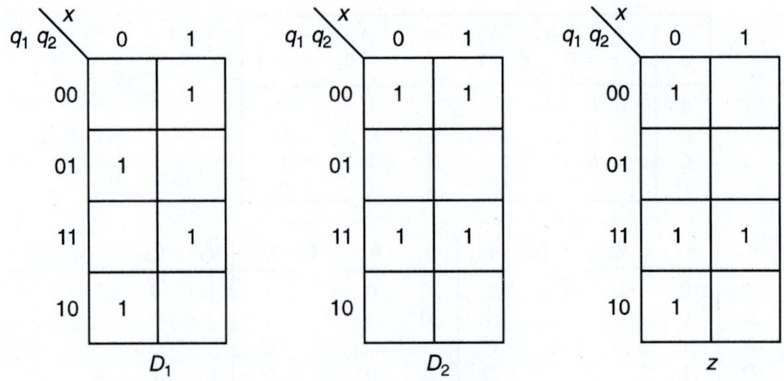

$$D_1 = x'q_1'q_2 + x'q_1q_2' + xq_1'q_2' + xq_1q_2$$
$$D_2 = q_1'q_2' + q_1q_2 \qquad z = x'q_2' + q_1q_2$$

수식에서 파란색으로 표시된 항은 D_2와 z에서 공유되는 부분이다.

c. 이 경우, 일단 진리표를 그리고 그로부터 맵을 그린다.

q	x	q_1	q_2	z	$q_1^\star$	$q_2^\star$
A	0	0	0	1	1	1
D	0	0	1	1	0	1
C	0	1	0	1	1	1
B	0	1	1	0	0	1
A	1	0	0	0	1	0
D	1	0	1	0	0	0
C	1	1	0	1	1	0
B	1	1	1	0	0	0

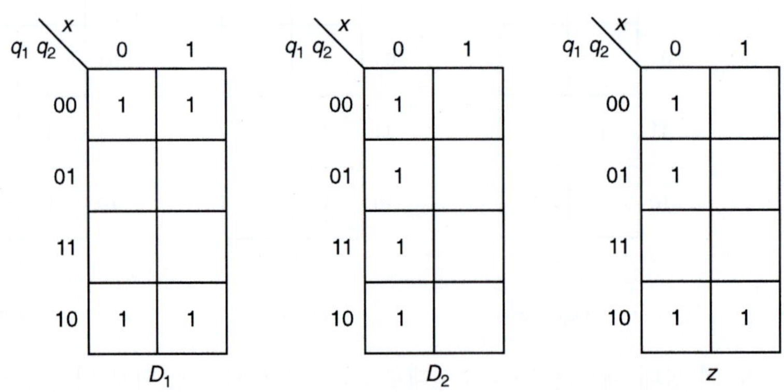

$D_1 = q_2'$ $\qquad$ $D_1 = x'$ $\qquad$ $z = x'q_1' + q_1q_2'$

사실 D_1과 D_2 맵은 필요가 없었다; 진리표로부터 바로 유도할 수 있기 때문이다.

이 세 가지 해법을 비교해보면 다음과 같은 큰 차이를 발견할 수 있다.

a. 8 gates 16 inputs
b. 11 gates 27 inputs
c. 4 gates 7 inputs

4. 다음과 같은 시퀀스를 따르는 십진 카운터를 설계하라.

0, 1, 2, 3, 4, 5, 6, 7, 8, 9, 0, 1, . . .

상태표(진리표)는 다음과 같이 이진 카운터와 유사한 형태를 보인다.

D	C	B	A	$D^\star$	$C^\star$	$B^\star$	$A^\star$
0	0	0	0	0	0	0	1
0	0	0	1	0	0	1	0
0	0	1	0	0	0	1	1
0	0	1	1	0	1	0	0
0	1	0	0	0	1	0	1
0	1	0	1	0	1	1	0
0	1	1	0	0	1	1	1
0	1	1	1	1	0	0	0
1	0	0	0	1	0	0	1
1	0	0	1	0	0	0	0
1	0	1	0	X	X	X	X
1	0	1	1	X	X	X	X
1	1	0	0	X	X	X	X
1	1	0	1	X	X	X	X
1	1	1	0	X	X	X	X
1	1	1	1	X	X	X	X

9(1001) 열에 대한 다음상태는 0(0000)이고, 10부터 15의 값은 나올 수 없기 때문에 각 열에 대한 다음상태는 모두 don't care로 표시된다. 이렇게 사용되지 않는 상태들에 대한 열도 표시한 이유는 맵에서 don't care를 표시하는 데 필요하기 때문이다. 상태표에는 이런 열을 표시하지 않고 진리표에만 표시하는 경우도 있다.(이전 절에서는 이렇게 했었다.) 신속법을 사용한 다음상태에 대한 *JK* 맵은 다음과 같다. *J* 입력에 관한 부분은 짙게 표시되어 있다.

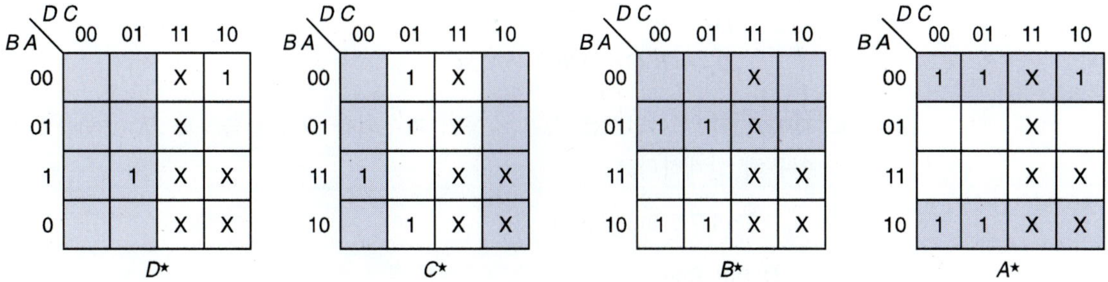

이로부터 다음과 같은 식을 도출할 수 있다.

$J_D = CBA \qquad K_D = A$
$J_C = K_C = BA$
$J_B = D'A \qquad K_B = A$
$J_A = K_A = 1$

5. 다음과 같은 시퀀스를 가지는 동기 카운터를 D 플립플롭을 이용해 설계하라.

1 3 5 7 4 2 0 6 and repeat

진리표는 다음과 같다.

A	B	C	$A^\star$	$B^\star$	$C^\star$
0	0	0	1	1	0
0	0	1	0	1	1
0	1	0	0	0	0
0	1	1	1	0	1
1	0	0	0	1	0
1	0	1	1	1	1
1	1	0	0	0	1
1	1	1	1	0	0

D 입력에 대한 맵과 수식은 다음과 같다.

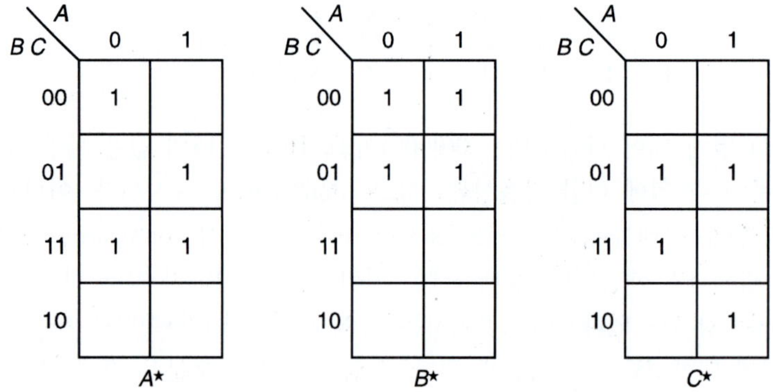

$$D_A = A'B'C' + AC + A'BC$$
$$D_B = B'$$
$$D_C = B'C + ABC' + A'BC$$

6. 다음과 같은 시퀀스를 가지는 동기 카운터를 D 플립플롭과 JK 플립플롭을 이용해 설계하라.

2 6 1 7 5 and repeat

i. D flip flops.
ii. JK flip flops.

각 경우에 대한 설계에서 초기 상태가 사용되지 않는 상태인 (0, 3, 4) 중의 하나일 때 일어나는 일들을 표시하는 상태도를 보여라.

진리표는 다음과 같다. 사용되지 않는 상태에 대한 다음 상태는 don't care로 표기되었다.

A	B	C	$A^\star$	$B^\star$	$C^\star$
0	0	0	X	X	X
0	0	1	1	1	1
0	1	0	1	1	0
0	1	1	X	X	X
1	0	0	X	X	X
1	0	1	0	1	0
1	1	0	0	0	1
1	1	1	1	0	1

D 입력에 대한 맵과 수식은 다음과 같다.

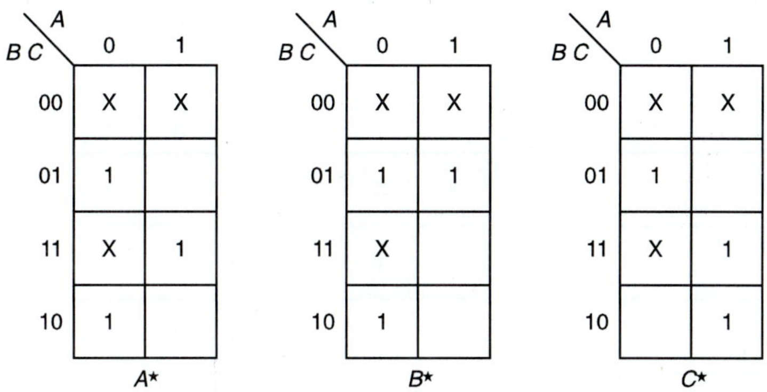

$$D_A = A' + BC$$
$$D_B = A' + B'$$
$$D_C = AB + \{A'B' \text{ or } A'C\}$$

D_C 에 대해서는 두 가지의 해법이 있다. 이 해법들은 둘 중 어느 것을 선택해도 괜찮지만, 사용되지 않는 상태가 초기 상태로 주어지게 되면 서로 다른 시스템 동작을 보이게 된다.

사이클에서 사용되지 않는 세 가지의 상태에 대한 각 입력값은 다음과 같이 주어지게 된다.

0 (0 0 0): $D_A = 1, D_B = 1, D_C = 1$ or $D_C = 0$
3 (0 1 1): $D_A = 1, D_B = 1, D_C = 0$ or $D_C = 1$
4 (1 0 0): $D_C = 0, D_B = 1, D_C = 0$

여기서 각 색깔은 D_C 의 두 번째 항을 무엇으로 선택하는가에 의해 결정되는 다음 상태를 나타낸다.

두 가지 해법에 대한 상태도는 다음과 같다.

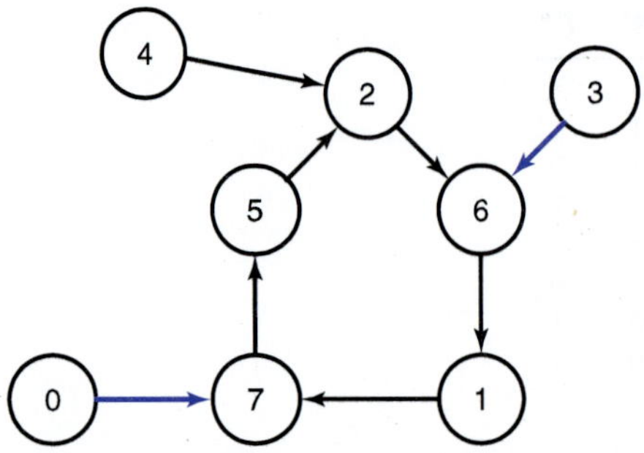
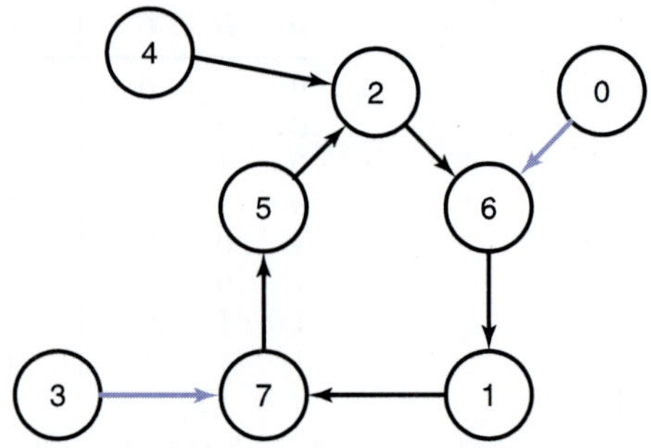

ii. J에 해당되는 부분이 짙게 칠해진 JK 해법에 대한 맵과 수식은 다음과 같다.

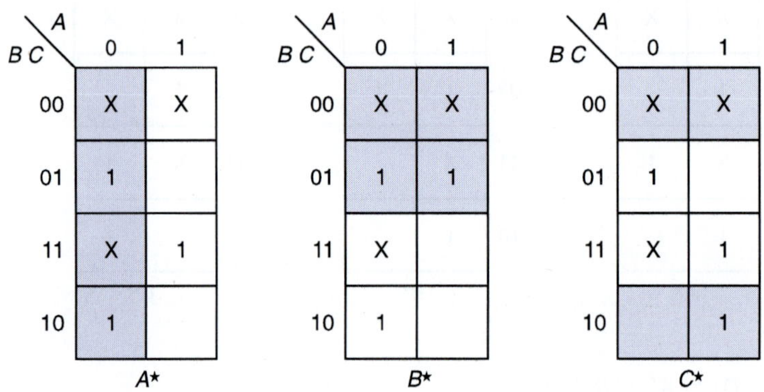

$$J_A = 1 \qquad K_A = B' + C'$$
$$J_B = 1 \qquad K_B = A$$
$$J_C = A \qquad K_C = AB'$$

사이클에서 사용되지 않는 세 가지의 상태에 대한 각 입력값은 다음과 같이 주어지게 된다.

0 (0 0 0): $J_A = K_A = 1, J_B = 1, K_B = 0,$
$J_C = K_C = 0 \Rightarrow 1\ 1\ 0$

3 (0 1 1): $J_A = 1, K_A = 0, J_B = 1, K_B = 0,$
$J_C = K_C = 0 \Rightarrow 1\ 1\ 1$

4 (1 0 0): $J_A = K_A = 1, J_B = K_B = 1,$
$J_C = K_C = 1 \Rightarrow 0\ 1\ 1$

여기서도 사용되지 않는 상태에 대한 동작이 각각 다르다. 상태 4는 3으로 가고 그 다음 클럭에 사이클로 들어간다. 상태도는 다음과 같다.

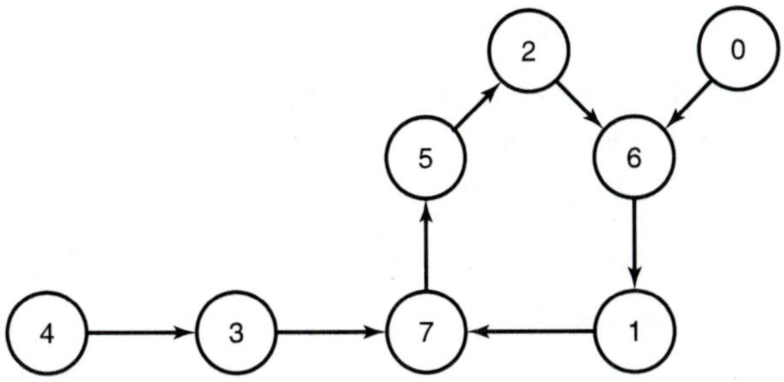

7. 2 비트의 상승/하강, 회전/포화(cycling/saturating) 카운터를 설계하라. 이 카운터는 두 개의 플립플롭 *A*, *B*로 구성되고 그러므로 4개의 상태를 가진다. 두 개의 제어 입력 *x*, *y*도 가진다. $x = 0$이면 상승 카운터로 동작하고, $x = 1$이면 하강 카운터로 동작한다. $y = 0$이면 0, 1, 2, 3, 0, 1, ...이나 3, 2, 1, 0, 3, 2, 000 처럼 회전 카운터로 동작하고, $y = 1$이면 0, 1, 2, 3, 3, 3, ... 또는 3, 2, 1, 0, 0, 0... 처럼 포화 카운터로 동작한다.(이것은 CE10 내용을 두 개의 카운터를 이용한 시스템으로 구현하는 것이다.) 이 카운터의 상태표는 다음과 같다.

	$A^{\star}B^{\star}$			
A B	**xy = 00**	**xy = 01**	**xy = 10**	**xy = 11**
0 0	0 1	0 1	1 1	0 0
0 1	1 0	1 0	0 0	0 0
1 0	1 1	1 1	0 1	0 1
1 1	0 0	1 1	1 0	1 0

두 개의 입력을 사용하는 문제이므로 네 가지의 입력 조합이 발생하며, 이에 따라 다음상태 부분에 네 개의 행이 존재한다.(밀리 시스템이라면 출력행도 네 개가 되어야 한다.) 이 상태표는 쉽게 16개의 열을 가지는 진리표나 맵으로 쉽게 변환할 수 있다. *D*나 *JK* 플립플롭을 이용해 구현하기 위해서는 맵으로 직접 변환하는 것이 더 쉬울 것이다. 맵으로 변환할 때 상태표의 행과 열이 맵의 순서가 아니라 이진수 순서로 배치되어 있는 것에 주의해야 한다. $D_A\,(A^*)$와 $D_B(B^*)$에 대한 맵을 다음과 같이 만들 수 있다.

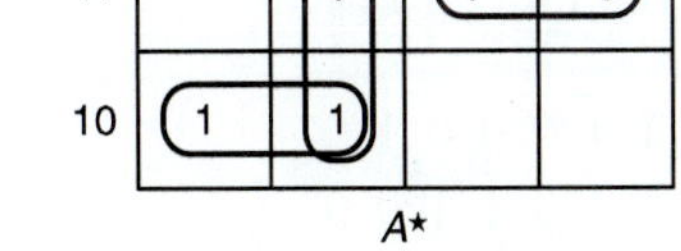

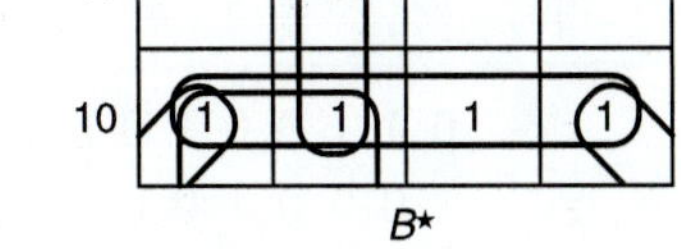

수식은 다음과 같이 조금 복잡하다.

$$D_A = x'A'B + x'AB' + x'yA + xAB + xy'A'B'$$
$$D_B = x'yA + AB' + x'B' + y'B'$$
$$= x'yA + AB' + x'B' + xy'A'B'$$

이 카운터를 *JK* 플립플롭으로 구현하는 경우에도 다음과 같이 상당한 양의 조합 논리가 필요하게 된다.

AB \ xy	00	01	11	10
00				1
01	1	1		
11		1	1	1
10	1	1		

$A^\star$

AB \ xy	00	01	11	10
00	1	1		1
01				
11		1		
10	1	1	1	1

$B^\star$

$$J_A = x'B + xy'B' \qquad K_A = xB' + x'y'B$$
$$J_B = x' + y' + A \qquad K_B = x + y' + A'$$

8. 60진수(0부터 59까지) 비동기 카운터를 *JK* 플립플롭을 이용해 만들어라.

여섯 개의 플립플롭이 필요하며, 카운트가 60에 도달하면 이를 감지하고 카운터를 리셋시켜야 한다.($FEDC = 1$일 때 이런 일이 발생한다.)

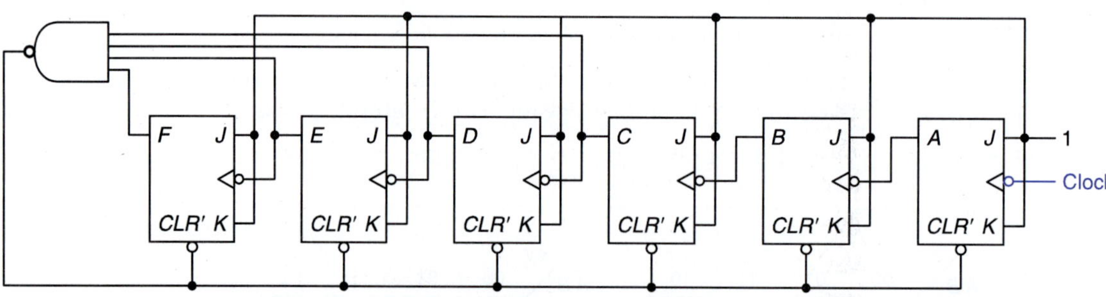

9. 다음의 각 문제에 대해 상태표나 상태도를 그려라.(각각에 대한 입출력 트레이스의 예가 주어져 있다.)

a. 네 개 이상의 연속적인 1 입력이 들어올 때나 두 개 이상의 연속적인 0입력이 들어올 때 1 출력을 내보내는 밀리 시스템

x 0 1 1 0 0 1 0 0 1 1 1 1 1 0 0 0 1
z ? 0 0 0 1 0 0 1 0 0 0 1 1 0 1 1 0 0

b. 최근 3개의 입력이 010 일 때 1 출력을 내보내는 밀리 시스템

i. 겹침이 허용된다고 가정

ii. 겹침이 허용되지 않는다고 가정

x	1 1 0 1 0 1 0 1 0 0 1 0 0 1 0 0 1 1 0
z-i	0 0 0 0 1 0 1 0 1 0 0 1 0 0 1 0 0 0 0 0
z-ii	0 0 0 0 1 0 0 0 1 0 0 1 0 0 1 0 0 0 0 0

c. 최근의 입력 네 개가 1100 인 경우나, 최근 출력이 1이었고 입력이 1100 패턴을 계속 만들어가는 경우에 출력이 1이 되는 밀리 시스템

x	1 0 1 1 0 0 1 0 1 1 0 0 1 1 0 0 1 1 1 0 0 1 0
z	? ? 0 0 0 1 1 0 0 0 0 1 1 1 1 1 1 1 0 0 1 1 0 0 0 0

d. 입력 시퀀스 110 을 감지할 때마다 출력이 변하는 무어 시스템.(출력의 초기상태는 0 이라고 가정한다.)

x	0 0 1 0 1 1 1 0 1 1 0 0 1 1 0 1 0 1
z	0 0 0 0 0 0 0 0 1 1 1 0 0 0 0 1 1 1 1 1

e. 입력이 최소한 네 클럭 구간동안 계속 변하는 경우에만 출력이 1이 되는 무어 시스템

x	0 0 1 0 1 1 0 1 0 1 0 1 0 0
z	? ? 0 0 0 1 0 0 0 1 1 1 1 1 0

a.

q	$q^\star$ $x = 0$	$x = 1$	z $x = 0$	$x = 1$
A	*A*	*B*	1	0
B	*A*	*C*	0	0
C	*A*	*D*	0	0
D	*A*	*D*	0	1

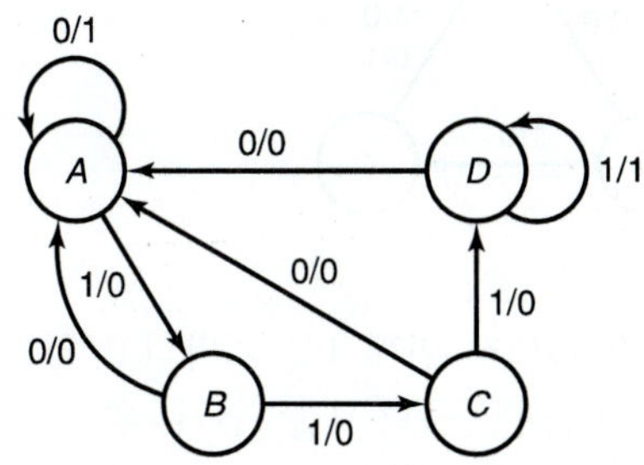

최근 입력이 0인 상태부터 시작한다. 그 상태로부터 네 개의 연속적인 1이 들어오면 출력 1을 얻게 되고, 그 외의 경우에는 출력 0이 된다. 그러므로 그 상태에서 추가적인 0이 들어오면 상태 *A*로 돌아간다. 1이 들어오면 상태 *B*로 가고, 다시 1이 들어오면 상태 *C*로, 세 번째 1

이 들어오면 상태 D로 간다. 상태 D에서 1이 들어오면 출력 1이 나오게 되고 0이 들어오면 상태 A로 되돌아간다.

b. i.

q	$q^\star$ $x = 0$	$x = 1$	z $x = 0$	$x = 1$
A	B	A	0	0
B	B	C	0	0
C	B	A	0	1

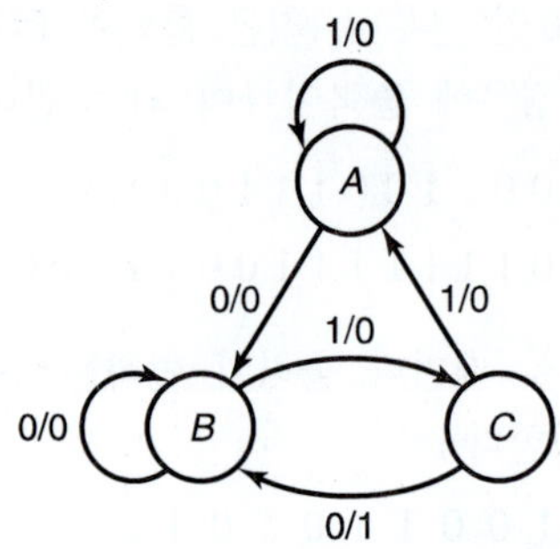

상태 A는 패턴 중 첫 번째 0이 나오길 기다리는 임의의 상태이다. 여기서 0이 들어오면 B로 가고 또 1이 들어오면 C로 간다. 거기서 0이 들어오면 출력 1이 나온다. 겹침이 허용되기 때문에 0 입력은 새로운 수열의 첫 번째 0이 될 수 있고 그러므로 상태 B로 되돌아간다.

겹침이 허용되지 않는 경우에는, 상태 C에서 0 입력이 들어오면 상태 A로 돌아간다. 왜냐하면 아래 상태도처럼 이제 010 패턴을 기다리는 임의의 상태가 되었기 때문이다.

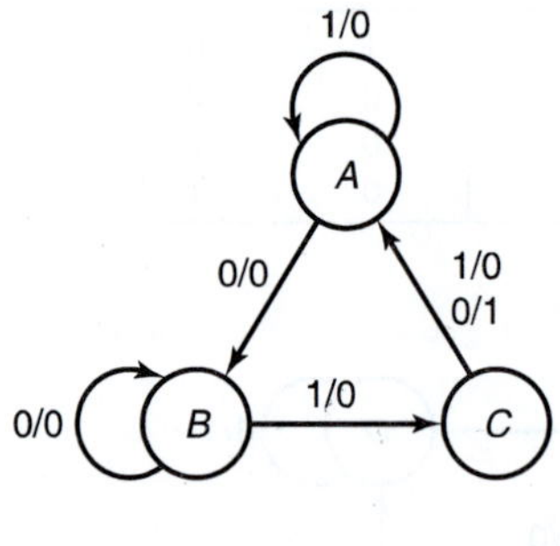

c. 출력이 0이고 첫 번째 1을 기다리고 있는 임의의 상태에서 시작한다면, 출력 1을 얻기 위한 성공적인 경로는 1100 패턴을 통해 만들 수 있다. 출력이 1이 된 후 이어서 1 입력이 들어온다면 출력은 1을 유지한다. 이어서 또 다시 1이 그리고 0이 이어서 들어올 때도 출력은 계속 1을 유지한다.(시스템은 상태 D로 돌아간다.) 이런 과정은 상태도와 같다.

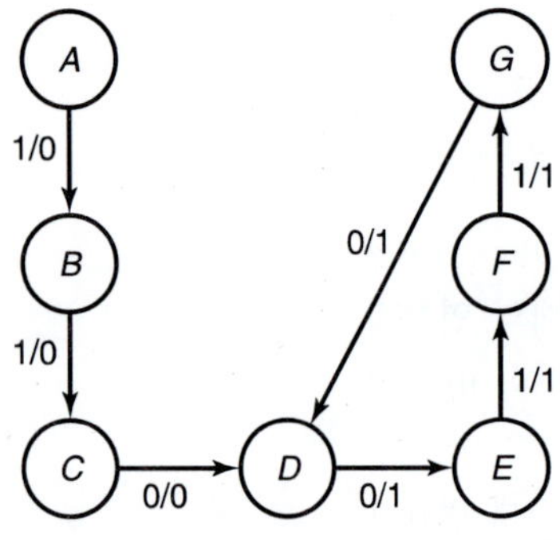

이제 패턴 만들기에 실패한 경로를 완성해보자. 상태 A, B, E, F에서 1을 기다렸으나 0이 들어오면 상태 A로 되돌아간다. C와 G에서는 1이 들어오면 상태 C로 되돌아가고, 상태 D에서는 1이 들어오면 상태 B로 간다. 물론 실패한 경로를 만드는 이 모든 입력은 0 출력을 만들어낸다. 상태표와 상태도는 다음과 같다.

q	$q^\star$ $x = 0$	$x = 1$	z $x = 0$	$x = 1$
A	A	B	0	0
B	A	C	0	0
C	D	C	0	0
D	E	B	1	0
E	A	F	0	1
F	A	G	0	1
G	D	C	1	0

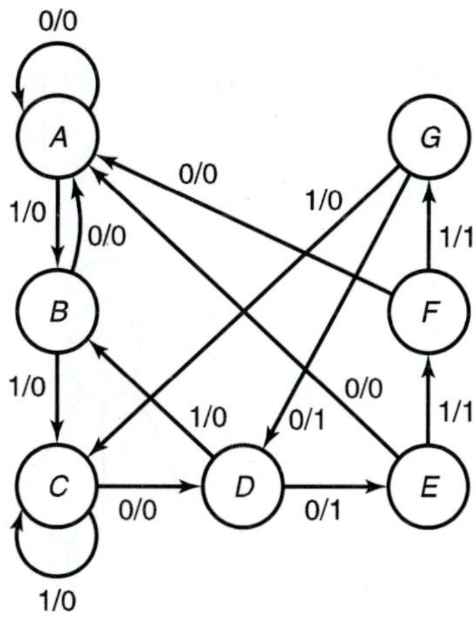

d. 무어 시스템에서 출력은 상태와 결합되어 있다. 그러므로 출력 0과 1에 관련된 두 개의 임의의 상태 A와 D가 있어야 한다. 상태도와 상태표는 다음과 같다.

q	$q^\star$ $x = 0$	$x = 1$	z
A	A	B	0
B	A	C	0
C	D	C	0
D	D	E	1
E	D	F	1
F	A	F	1

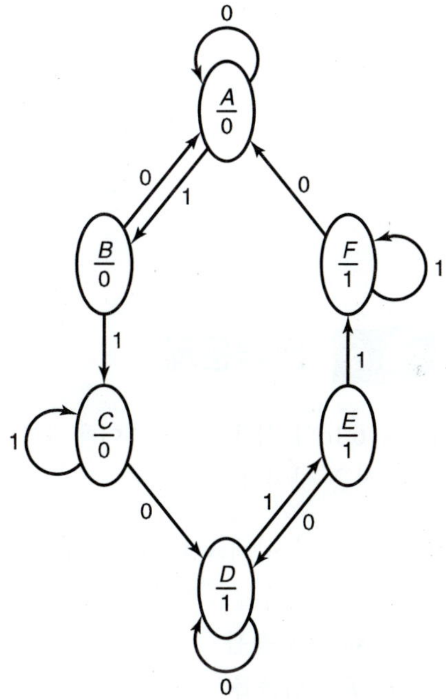

임의의 상태에서 입력 0이 들어오면 시스템은 그 상태에 그대로 머문다. 입력 1이 들어오면 각 임의상태에서 B 또는 E로 이동하고, 거기서 또 1

입력이 들어오면 C 또는 F로 이동한다. 1 입력이 계속 들어오면 C 또는 F에 계속 머무르다가, 0 입력이 들어오면 지금과 다른 출력을 가지는 임의상태로 이동한다.

e. 두 개의 임의 상태로부터 시작한다: 두 번 이상 연속적으로 입력 0이 들어온 상태 A와, 두 번 이상 연속적으로 입력 1이 들어온 상태 B의 두 개의 임의 상태가 있다. 각 상태로부터 독자적인 성공 경로가 존재한다.(A에서는 C, E, G로 이어지고, B에서는 D, F, H로 이어진다.) 상태 G와 H는 출력 1을 가진다. 입력이 계속 바뀌면, 시스템은 이 두 상태 사이를 왔다갔다 한다.

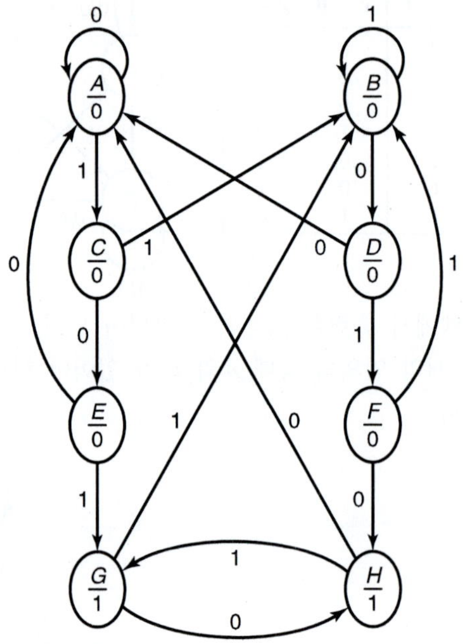

6.6 연습문제

1. 표 6.1c의 상태 배치를 이용해서 그림 6.1의 상태표의 q_1^*, q_2^*와 Z에 대한 수식을 찾아라.

2. 주어진 각 상태표에 대해 다음 각 플립플롭을 사용하여 시스템을 설계하라.

i. D 플립플롭

ii. SR 플립플롭

iii. T 플립플롭

iv. JK 플립플롭

각각에 대한 수식을 보여라. *JK* 플립플롭을 이용한 설계에서는 AND, OR 와 NOT 게이트를 이용해서 블록도도 그려라.

*a.

A B	$A^\star B^\star$ $x=0$	$A^\star B^\star$ $x=1$	z $x=0$	z $x=1$
0 0	1 1	0 0	0	1
0 1	0 1	0 0	1	0
1 1	0 1	1 1	1	0

b.

A B	$A^\star B^\star$ $x=0$	$A^\star B^\star$ $x=1$	z $x=0$	z $x=1$
0 0	1 0	1 1	0	0
0 1	0 0	0 1	0	0
1 0	0 1	1 1	1	0
1 1	0 0	0 0	1	1

c.

A B	$A^\star B^\star$ $x=0$	$A^\star B^\star$ $x=1$	z
0 0	0 1	0 0	0
0 1	1 1	0 0	1
1 1	0 0	0 1	1

d.

A B	$A^\star B^\star$ $x=0$	$A^\star B^\star$ $x=1$	z
0 0	1 0	0 0	0
0 1	0 0	1 1	1
1 0	0 1	0 1	1
1 1	0 0	0 1	1

e.

A B	$A^\star B^\star$ $x=0$	$A^\star B^\star$ $x=1$	z
0 0	1 1	1 0	0
0 1	1 0	1 0	1
1 0	1 1	0 0	1
1 1	0 1	1 1	1

*f.

A B	$A^\star B^\star$ $x=0$	$A^\star B^\star$ $x=1$	z
0 0	1 0	0 1	1
0 1	1 1	0 0	1
1 0	0 0	1 1	0
1 1	0 1	0 0	0

g.

$A\ B\ C$	$A^\star B^\star C^\star$ $x = 0$	$x = 1$	z $x = 0$	$x = 1$
0 0 0	0 0 1	0 0 0	1	1
0 0 1	0 1 0	0 0 0	1	1
0 1 0	0 1 1	0 0 0	1	1
0 1 1	1 0 0	0 0 0	1	1
1 0 0	1 0 1	0 0 0	1	1
1 0 1	1 0 1	0 0 0	0	1

3. 주어진 상태표와 상태 배치에 대해서, 다음 각 플립플롭을 이용하여 구현하기 위한 플립플롭 입력식과 시스템 출력식을 구하라.

i. *D* 플립플롭

ii. *JK* 플립플롭

a.

q	$q^\star$ $x = 0$	$x = 1$	z
A	*C*	*B*	0
B	*C*	*A*	1
C	*A*	*C*	1

q	$q_1 q_2$
A	1 1
B	0 1
C	1 0

b.

q	$q^\star$ $x = 0$	$x = 1$	z $x = 0$	$x = 1$
A	*C*	*B*	1	1
B	*A*	*A*	1	0
C	*C*	*A*	1	0

q	$q_1 q_2$
A	0 0
B	1 1
C	0 1

★c.

q	$q^\star$ $x = 0$	$x = 1$	z
A	*B*	*C*	1
B	*A*	*B*	0
C	*B*	*A*	0

q	$q_1 q_2$
A	0 0
B	1 0
C	0 1

d.

q	$q^\star$ $x = 0$	$x = 1$	z $x = 0$	$x = 1$
A	*B*	*B*	0	0
B	*D*	*A*	1	0
C	*D*	*B*	0	0
D	*C*	*D*	1	0

q	$q_1 q_2$
A	0 0
B	1 1
C	1 0
D	0 1

e.

q	$q^\star$ $x=0$	$x=1$	z $x=0$	$x=1$
A	B	D	0	0
B	D	C	1	0
C	A	B	0	0
D	C	A	1	0

q	q_1q_2
A	0 0
B	0 1
C	1 1
D	1 0

4. a. 아래의 상태표와 각 주어진 상태 배치에 대해서 D 플립플롭을 이용한 시스템을 설계하라.

q	$q^\star$ $x=0$	$x=1$	z
A	B	D	0
B	C	A	1
C	B	B	1
D	D	C	1

i.

q	q_1	q_2
A	0	0
B	0	1
C	1	0
D	1	1

ii.

q	q_1	q_2
A	0	0
B	0	1
C	1	1
D	1	0

iii.

q	q_1	q_2
A	0	0
B	1	1
C	1	0
D	0	1

b, c. 주어진 각 상태표와 각 상태 배치에 대해 D 플립플롭을 이용한 시스템을 설계하라.

*b.

q	$q^\star$ $x=0$	$x=1$	z $x=0$	$x=1$
A	B	C	1	0
B	A	B	0	1
C	B	B	0	0

c.

q	$q^\star$ $x=0$	$x=1$	z $x=0$	$x=1$
A	A	C	0	0
B	C	B	1	1
C	A	B	1	0

i.

q	q_1	q_2
A	0	0
B	0	1
C	1	0

ii.

q	q_1	q_2
A	0	0
B	0	1
C	1	1

iii.

q	q_1	q_2
A	0	0
B	1	1
C	1	0

5. (6.2절 초반부의 표 6.8로부터) 4 비트 이진 카운터를 SR 플립플롭과 T 플립플롭을 이용해 설계하라.

6. 문제풀이 4의 십진 카운터를 *JK* 플립플롭을 이용해 만든다고 할 때, 초기상태로 사용되지 않는 상태 (10,11,12,13,14,15) 중 하나가 사용될 때의 동작을 포함하여 상태도를 그려라.

7. 다음 플립플롭을 이용해 설계하라.

i. *D* 플립플롭

ii. *JK* 플립플롭

a. 다음과 같은 시퀀스를 가지는 동기 12진수 카운터

0, 1, 2, 3, 4, 5, 6, 7, 8, 9, 10, 11, . . .

b. 다음과 같은 시퀀스를 가지는 동기 이진 하강 카운터

15, 14, 13, 12, 11, 10, 9, 8, 7, 6, 5, 4, 3, 2, 1, 0, . . .

8. 다음과 같은 시퀀스를 가지는 동기 카운터를 설계하라.

a. 1 3 5 7 6 4 2 0 and repeat
*b. 1 3 4 7 6 and repeat
c. 6 5 4 1 2 3 and repeat
d. 6 5 1 3 7 and repeat
e. 7 4 3 6 1 2 and repeat

이때 다음 플립플롭을 이용하라.

i. *JK* 플립플롭

ii. *D* 플립플롭

각 설계에서 초기상태로 사용되지 않는 상태 중 하나가 사용될 때의 동작을 포함하여 상태도를 그려라.

9. 두 개의 *JK* 플립플롭 *A*, *B*와 하나의 입력 *x*로 이루어진 카운터를 설계하라. 이 카운터는 $x=0$이면 1, 3, 0 을 반복해서 카운트하고, $x=1$이면 1, 2, 3 을 반복해서 카운트한다.

a. *x*는 상태 1이나 3에 있는 경우에만 값이 변한다고 가정한다.(이 경우 두 가지 조합, 즉 상태 2와 $x=0$, 상태 0과 $x=1$의 조합은 절대로 발생하지 않는다.)

b. 두 개의 don't care를 이용해 a에 대한 설계를 끝냈다고 하자. 설계된 시스템에서 상태 2에서 *x*가 0이 될 때와 상태 0에서 *x*가 1이 될 때 어떤 일이 일어날지에 대해 기술하라.

***10.** a. 두 개의 *JK* 플립플롭 *A*, *B*와 하나의 입력(*x*)로 이루어진 카운터를 설계하라. 이 카운터는 $x=0$이면 0, 1, 2, 3을 반복해서 카운트하고, $x=1$이면 0, 1, 2를 반복해서 카운트한다. 카운트가 3일 때 *x*는 절대로 1이 될 수 없다고 가정하고 설계를 수행하라. 각각에 대한 최소화된 수식을 보여라.

b. 카운트가 3일때 *x*가 1이 되면 어떤 일이 일어날지에 대해 기술하라.

11. 정적 액티브 하이 클리어(static active high clear)를 가지는 T 플립플롭을 이용해 비동기 십진 카운터를 설계하라.

12. 표 6.1에 나타난 세 개의 상태 배치에 대해서 JK 플립플롭을 사용하여 CE6의 설계를 완성하라.

13. 다음의 상태 배치와 D 플립플롭을 이용하여 CE7을 세 개의 상태를 가지는 형태로 설계하라.

q	q_1	q_2
A	0	0
B	0	1
C	1	0

(a)

q	q_1	q_2
A	0	0
B	0	1
C	1	1

(b)

q	q_1	q_2
A	0	0
B	1	1
C	0	1

(c)

14. 정확히 세 개의 연속적인 1 입력을 가지는 경우에만 출력 1을 만들어내는 시스템을 JK 플립플롭을 이용해 설계하라.(예제 6.8 참조)

a. 밀리 상태도를 사용하라.

b. 무어 상태표를 사용하라.

15. 다음의 각 문제에 대해 상태표나 상태도를 그려라.(입출력 트레이스에 대한 샘플과 상태의 최소 개수는 각각에 대해 주어진다.)

a. 적어도 두 개의 연속된 클럭 동안 0 입력을 유지한 후 두 개 이상의 연속된 1 입력이 들어오는 경우에만 출력 1이 나오는 무어 시스템(5개의 상태 사용)

x 0 1 0 0 1 0 0 1 1 0 0 0 1 0 1 0 0 0 1 1 1 1 0
z 0 0 0 0 0 0 0 0 0 1 0 0 0 0 0 0 0 0 0 0 0 1 1 1 0 0

*b. 두 개 이상의 연속된 1 입력이나 세 개 이상의 연속된 0 입력이 들어오는 경우에만 출력 1이 나오는 무어 시스템(5개의 상태 사용)

x 0 0 0 0 1 0 1 1 0 0 1 1 1 0 0 0 1 0
z ? ? ? 1 1 0 0 0 1 0 0 0 1 1 0 0 1 0 0 0

c. 세 개 이상의 연속되는 클럭 시간동안 1 입력이 들어오든지 세 개 이상의 연속되는 클럭 시간동안 0 입력이 들어오는 경우에만 출력 1이 나오는 밀리 시스템. 시스템이 처음 켜지면 초기상태 A를 가진다.(A 외에 네 개의 추가 상태가 존재)

x 0 0 0 0 1 0 1 1 0 0 0 1 1 1 1 1 0 0 1
z 0 0 1 1 0 0 0 0 0 0 0 1 0 0 1 1 1 0 0 0 0

d. 입력이 010 또는 101을 가질 때만 출력 1이 나오는 밀리 시스템. 겹침이 허용된다. 시스템이 처음 켜지면 초기상태 A를 가진다.(A 외에 네 개

의 추가 상태가 존재)

x 0 0 1 0 0 1 0 1 0 0 1 1 0 1 1 0 1 0 0
z 0 0 0 1 0 0 1 1 1 0 0 0 0 1 0 0 1 1 0 0

e. 최소한 두 개의 연속된 클럭 동안 1 입력이 들어오다가 0 입력이 들어오는 경우나, 최소한 두 개의 연속된 클럭 동안 0 입력을 가지다가 처음으로 1 입력을 가지는 경우에만 출력 1이 나오는 밀리 시스템. 겹침이 허용된다. 시스템이 처음 켜지면 초기상태 *A*를 가진다.(*A* 외에 네 개의 추가 상태가 존재)

x 0 1 0 0 0 1 1 1 1 1 0 0 1 1 0
z 0 0 0 0 0 1 0 0 0 0 1 0 1 0 1 0

*f. 두 개 이상의 연속된 0 입력 직후에 정확히 두 개의 1 입력이 들어오고 그 직후에 0이 들어오는 경우에만 출력 1이 나오는 밀리 시스템. 겹침은 허용되지 않는다.(5개의 상태 사용)

x 1 1 1 0 0 0 1 1 0 0 1 1 0 0 1 1 1 0 0 0 1 1 0 0
z 0 0 0 0 0 0 0 0 1 0 0 0 0 0 0 0 0 0 0 0 0 0 0 0 1 0 0 0

g. 정확히 두 개의 연속된 1 입력이 들어오고 그 직후에 두 개 이상의 연속된 0이 들어올 때만 출력 1이 나오는 밀리 시스템.(5개의 상태 사용)

x 0 1 1 0 0 0 1 1 0 0 1 1 0 0 1 1 1 0 0 0 0 1 1 0 0
z ? 0 0 0 1 1 0 0 0 1 0 0 0 1 0 0 0 0 0 0 0 0 0 0 1

h. 정확히 두 개의 연속된 0 입력이나 정확히 두 개의 1 입력이 들어오는 경우에만 출력 1이 나오는 밀리 시스템.
  i. 겹침이 허용된다.(6개의 상태 사용)
  ii. 겹침이 허용되지 않는다.(6개의 상태 사용)

x 0 1 1 1 0 1 1 0 0 1 1 0 1 0 1 0 0 1
z-i ? ? 0 0 0 0 0 1 0 1 0 1 0 0 0 0 0 1 0
z-ii ? ? 0 0 0 0 0 1 0 0 0 1 0 0 0 0 0 1 0 0

i. 입력이 1011의 패턴으로 들어오는 경우에만 출력 1이 나오는 밀리 시스템.
  i. 겹침이 허용된다.(4개의 상태 사용)
  ii. 겹침이 허용되지 않는다.(4개의 상태 사용)

x 0 0 1 0 1 1 0 1 1 0 1 1 1 0 0 1 0 1 0 1 1
z-i 0 0 0 0 0 1 0 0 1 0 0 1 0 0 0 0 0 0 0 1 0 0
z-ii 0 0 0 0 0 1 0 0 0 0 0 1 0 0 0 0 0 0 0 0 1 0 0 0

j. 입력이 1101의 패턴으로 들어오는 경우에만 출력 0이 나오는 밀리 시스템.(출력은 대부분의 시간동안 1이 나온다.)
  i. 겹침이 허용된다.(6개의 상태 사용)

ii. 겹침이 허용되지 않는다.(6개의 상태 사용)

x 0 0 1 0 1 1 0 1 1 0 1 1 1 0 0 1 0 1 1 0 1 1
z-i 1 1 1 1 1 1 1 0 1 1 0 1 1 1 1 1 1 1 1 1 1 0 1 1
z-ii 1 1 1 1 1 1 1 0 1 1 1 1 1 1 1 1 1 1 1 1 1 0 1 1 1

*k. 입력열이 가지고 있는 0이 짝수개이고(0이 없는 경우도 포함) 가지고 있는 1의 갯수가 4의 배수일 때 (0개 포함) 출력 1이 나오는 밀리 시스템. 시스템이 처음 켜지면, 0과 1이 하나도 없는 상황을 뜻하는 상태로 초기화된다.(하지만 나중에도 다시 이 상태로 들어올 수 있다.) (8개의 상태 사용)

x 0 1 1 0 1 1 0 0 0 0 1 0 1 0 0 0 1 0 1 0
z 0 0 0 0 0 1 0 1 0 1 0 0 0 0 0 0 0 0 0 0 1 0

*l. 입력이 1 1 1 패턴보다 더 최근에 1 0 1 패턴을 가지는 경우에만 출력 1이 나오는 무어 시스템.

x 1 0 1 0 1 1 0 1 0 1 1 1 1 0 0 1 0 1 1 1
z ? ? ? 1 1 1 1 1 1 1 1 1 0 0 0 0 0 0 1 1 0 0

샘플로부터 겹침이 허용되어 있는지 유무를 판별하라.

m. 입력이 정확히 두 개의 1 값을 가지고 직후에 정확히 한 개나 두 개의 0을 가지는 경우에만 출력이 1이 되는 밀리 시스템. 6개 이하의 상태를 사용하여 신뢰성 있는 해답을 구하라.

x 1 0 0 1 1 0 0 1 1 0 1 1 1 0 0 1 1 0 0 0 0 0
z ? 0 0 0 0 0 0 1 0 0 1 0 0 0 0 0 0 0 0 0 0 0 0 0 0 0 0

n. 1 1 0 0 0 패턴의 입력이 들어오는 경우에만 출력 1이 나오는 밀리 시스템(5개의 상태 사용)

x 0 0 0 0 1 0 1 1 0 0 0 0 1 1 1 1 0 0 0 1
z ? ? ? 0 0 0 0 0 0 0 0 1 0 0 0 0 0 0 0 0 1 0 0 0 0

o. 이 밀리 시스템은 두 개의 입력 a, b를 가진다; 이 두 개의 입력은 이진수처럼 취급되어 00은 0, 01은 1, 10은 2, 11은 3을 나타낸다. 현재의 입력에 의해 만들어진 숫자가 바로 이전에 만들어진 숫자보가 크거나 같고, 바로 이전에 만들어진 숫자는 그 직전에 만들어진 숫자보다 크거나 같을 때만 출력 1이 나오게 된다. 이외의 경우에서는 출력 0이 나온다. 이전 숫자들이 없는 상태를 초기상태로 한다. 설계시 각 상태의 의미를 반드시 설명하기 바란다.(초기상태 외에 8개의 상태 추가 사용)

a 0 0 1 0 1 0 0 0 1 1 1 0 1 1
b 1 0 0 1 1 0 0 1 0 1 0 0 1 1
z 0 0 0 0 0 0 0 1 1 1 0 0 0 1

6.7 이 장의 테스트(75분)

1. 주어진 상태표에 대해, A는 D 플립플롭을 B는 JK 플립플롭을 이용해서 AND, OR, NOT 게이트와 함께 시스템을 설계하라. 플립플롭 입력식과 출력식을 보여라; 블록도는 꼭 그릴 필요는 없다.

	$A^\star B^\star$		z	
A B	$x=0$	$x=1$	$x=0$	$x=1$
0 0	1 1	0 1	0	1
0 1	0 0	1 0	0	0
1 0	1 0	0 1	1	1
1 1	0 1	1 0	1	0

2. 다음 상태표와 상태 배치에 대해, q_1은 SR 플립플롭을 q_2는 JK 플립플롭을 이용해서 시스템을 설계하라. 플립플롭 입력식과 출력식을 보여라; 블록도는 꼭 그릴 필요 없다.

	$q^\star$		
q	$x=0$	$x=1$	z
A	A	B	1
B	B	C	1
C	A	C	0

q	q_1	q_2
A	0	0
B	1	0
C	1	1

3. 주어진 상태표와 각 상태 배치에 대해 D 플립플롭을 이용해 시스템을 설계하라. D_1, D_2와 z에 대한 수식을 보여라.

	$q^\star$		
q	$x=0$	$x=1$	z
A	C	B	1
B	D	D	0
C	A	D	0
D	C	B	0

a.

q	q_1	q_2
A	0	0
B	0	1
C	1	0
D	1	1

b.

q	q_1	q_2
A	0	0
B	1	1
C	0	1
D	1	0

c. b의 답을 AND, OR, NOT 게이트를 사용해 블록도로 그려라.

4. 다음 시퀀스를 가지는 카운터를 설계하라.

1 4 3 6 2 5 and repeat

설계시 A는 D 플립플롭을, B는 JK 플립플롭을, C는 T 플립플롭을 사용하라.

보너스 5점: 시스템이 상태 0 또는 7을 초기상태로 가질 때의 동작을 포함하여 상태도를 그려라.

5. a. 최근 네 개의 클럭 타임에 1010의 입력이 들어오는 경우에만 출력 1을 내보내는 밀리 시스템에 대한 상태표나 상태도를 그려라. 겹침이 허용된다.(4개의 상태 사용)

b. 최근 네 개의 클럭 타임에 1010의 입력이 들어오는 경우에만 출력 1을 내보내는 밀리 시스템에 대한 상태표나 상태도를 그려라. 겹침이 허용되지 않는다.(4개의 상태 사용)

예시:

x	1 1 0 1 0 1 1 1 0 1 0 1 0 1 0 0
z-a	0 0 0 0 1 0 0 0 0 0 1 0 1 0 1 0
z-b	0 0 0 0 1 0 0 0 0 0 1 0 0 0 1 0

6. 최근 세 개의 클럭 타임에 011의 입력이 들어오는 경우에만 출력 1을 내보내는 무어 시스템에 대한 상태표나 상태도를 그려라.(4개의 상태 사용)

예시:

x	0 0 1 0 1 1 1 0 0 1 1 0 1 1
z	? 0 0 0 0 0 1 0 0 0 0 1 0 0 1

7 대규모 순차 문제의 해결

대규모 문제에서는 데이터가 개개의 플립플롭 보다는 주로 레지스터에 저장된다. 레지스터는 플립플롭들을 단순히 모아놓은 것으로, 각 플립플롭은 보통 공통의 클럭을 사용하며 레지스터 이름에 첨자를 사용하여 구분한다. 예를 들어 하나의 컴퓨터에서 두 개의 32 비트 입력을 가진 덧셈기가 두 개의 레지스터를 이용해 만들어진다고 하면 각 레지스터는 32 개의 플립플롭으로 구성된다. 이때 시스템을 구성하는 개개의 플립플롭과 게이트 모두를 블록도로 표현하는 것은 거의 불가능하다. 그렇기 때문에 레지스터라는 것을 정의하여 하나의 블록으로 표현하는 것이다.

이 장에서는 먼저 쉬프트 레지스터와 카운터라는 두 종류의 상용 MSI 회로[1)]를 살펴본다. 우리는 CPLD나 FPGA와 같은 더 복잡한 문제들을 구현할 수 있는, 메모리를 갖춘 프로그램 가능한 논리 장치(PLD)에 대해 소개할 것이다. 다음으로 이런 대규모 시스템을 다룰 수 있는 ASM (Algorithmic State Machine) 다이어그램과 같은 툴에 대해 간략히 살펴볼 것이다. 순차 시스템에 대한 Verilog 기술에 대한 몇 개의 예제에 대해서도 살펴볼 것이다. 마지막으로 6장에서 다루었던 것보다 더 규모가 큰 설계문제에 대해서 살펴볼 것이다. 이 장에서는 동기식 시스템에 대해서만 다룬다.

7.1 쉬프트 레지스터(Shift register)

쉬프트 레지스터의 가장 단순한 형태는, 쉬프트 입력이 들어오거나 각 클럭에 맞춰 데이터가 한 장소에서 오른쪽의 다른 장소로 이동하도록 플립

1) 이런 회로들을 좀 더 자세히 살펴본다면, 하나의 비트에 대해서만 관심을 기울이고 로드를 줄이기 위해 두 개의 NOT 게이트가 이어지는 경우를 제거하는 방법으로 논리를 어느 정도 단순화할 수 있을 것이다.

그림 7.1 간단한 쉬프트 레지스터

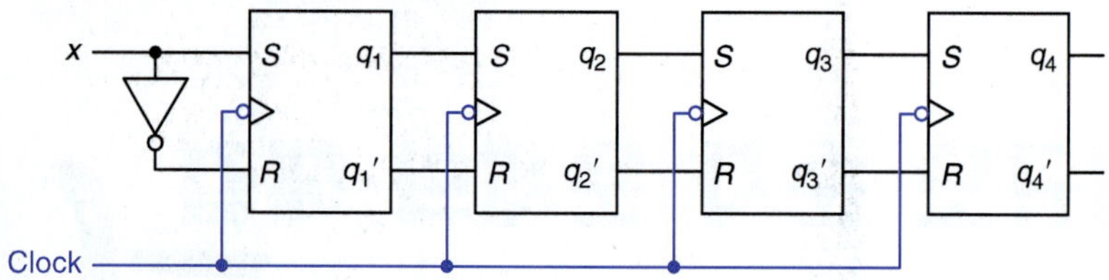

플롭들을 배치해 놓은 형태이다. *SR* 플립플롭을 이용한 간단한 4비트 쉬프트 레지스터가 그림 7.1에 나와 있다.(일반적으로 대부분의 쉬프트 레지스터는 *SR* 플립플롭을 이용해 구현되지만, *JK* 플립플롭을 *SR* 플립플롭 대신에 끼워넣어서 구현할 수도 있다. *D* 플립플롭도 사용할 수 있다: 하나의 플립플롭의 출력 q을 다음 플립플롭의 *D* 입력으로 연결하면 된다.) 각 클럭에서 입력 x는 q_1으로 이동하고 각 플립플롭의 내용은 한 칸씩 오른쪽으로 이동한다. 모든 플립플롭의 초기상태가 0이라고 가정했을 때에 대한 타이밍 트레이스의 예가 트레이스 7.1에 나와 있다. 이 예에서 입력은 파란색으로 표시되어 있다.

트레이스 7.1 쉬프트 레지스터 타이밍

x	1	0	1	1	1	0	1	1	1	1	0	0	0				
q_1	0	1	0	1	1	1	0	1	1	1	1	0	0	0			
q_2	0	0	1	0	1	1	1	0	1	1	1	1	0	0	0		
q_3	0	0	0	1	0	1	1	1	0	1	1	1	1	0	0	0	
q_4	0	0	0	0	1	0	1	1	1	0	1	1	1	1	0	0	0

일부 상용 쉬프트 레지스터에서는 그림 7.2처럼 NOT 게이트가 클럭 입력에 추가되어 사용된다.

그림 7.2 선행 에지 트리거드 쉬프트 레지스터

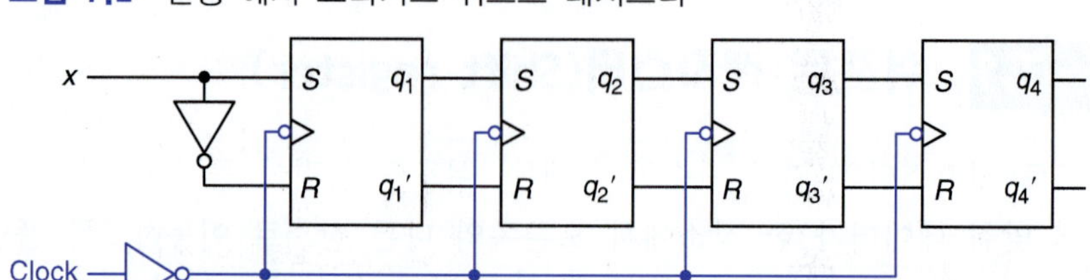

이렇게 함으로써 두 가지를 얻을 수 있다. 우선, 클럭의 선행 에지(leading-edge)는 플립플롭 클럭 입력의 후행 에지(trailing-edge)가 되기 때문에, 쉬

프트 레지스터를 선행 에지에서 트리거링 시킬 수 있다. 또한 클럭 입력 신호가 NOT 게이트로만 들어가기 때문에 클럭에 대해서 1의 부하(load)만 부가시킬 수 있다.(그렇게 하지 않고 클럭 신호가 네 개의 플립플롭에 직접 들어간다면 클럭에 대해 4의 부하가 걸리게 된다.) 후행 에지에서 트리거링 시키고 싶다면 아래 그림 7.3처럼 NOT을 두 개 연속으로 연결시키면 된다. x 입력에 대해서도 아래 그림 7.3처럼 NOT을 걸어줌으로써 부하를 1로 만들어 줄 수 있다.

그림 7.3 NOT 게이트로 부하를 감소시킨 쉬프트 레지스터

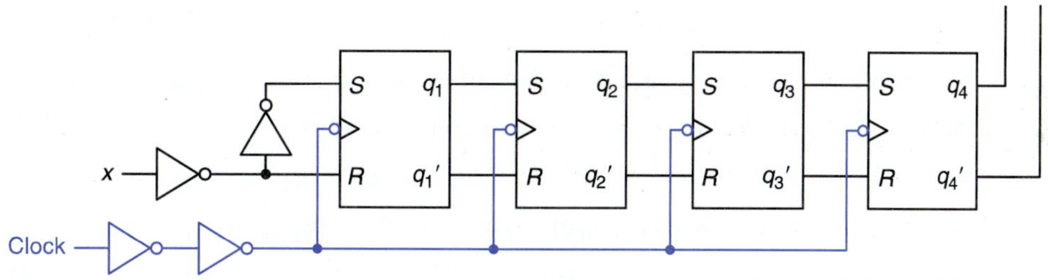

이런 형태의 쉬프트 레지스터를 직렬-입력 직렬-출력(serial-in, serial-out)이라고 부른다. 보이는 바와 같이 한 순간에 레지스터에 한 비트(가장 왼쪽의 비트)만 부가되고 한 비트(가장 오른쪽의 비트)만 읽혀지기 때문이다.(보수화되지 않은 값 q_4만 출력으로 사용될 수도 있고, $q4$와 q_4' 모두가 출력이 될 수도 있다.) 논리를 하나의 칩으로 만들려고 할 때의 양적인 면에서의 주요 제약 요인은 입출력 연결의 개수이다. 그러므로 거의 무한개의 비트로 이루어진 직렬-입력 직렬-출력 쉬프트 레지스터를 하나의 칩으로 만들 수 있다. 왜냐하면 아무리 많은 비트값을 지원한다고 하더라도 이 레지스터에는 단지 세 개 또는 네 개의 논리 연결만 존재하기 때문이다.

대규모 직렬-입력 직렬-출력 쉬프트 레지스터의 어플리케이션으로 디스크와 유사한 메모리를 생각해 볼 수 있다. 그림 7.4처럼 Load가 0일 때 출력 비트가 입력과 연결된다면 데이터는 n개의 플립플롭을 순환할 것이다. 이 출력 비트는 매 n클럭 사이클마다 한번씩 q_n에 있을 때만 사용가능하다. 그리고 그 순간에 Load에 1을 넣고, 새로운 값을 x를 통해 공급해줌으로써 그 값을 갱신될 수 있다. 8 비트 숫자의 시리즈가 필요하다면, 이와같은 쉬프트 레지스터 8개를 사용해서 각각에 한 비트씩을 저장하면 된다. 모든 쉬프트 레지스터에 클럭 입력을 넣어주면 동시에 1 바이트(8 비트)값을 얻을 수 있게 된다.

그림 7.4 쉬프트 레지스터 저장장치

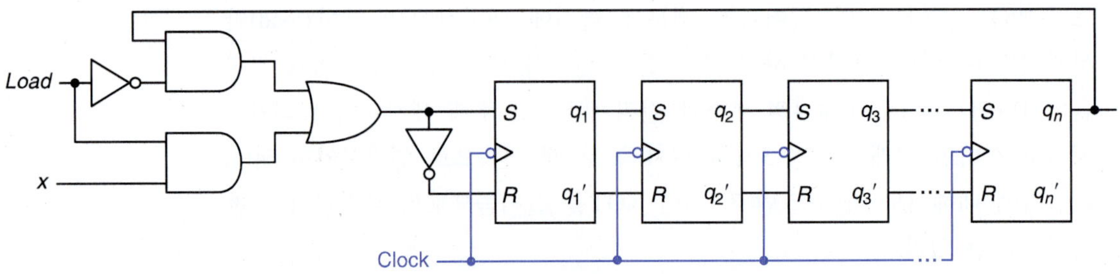

4 비트 직렬-입력 직렬-출력 쉬프트 레지스터를 0으로 초기화 시키기 위해서 4번의 클럭 타임동안 매번 0 값을 x 입력을 통해 넣어주어야만 한다. 대부분의 쉬프트 레지스터에서는 이런 방법을 사용하지 않으려고(일반적으로 정적인) 액티브 로우 클리어(active low clear) 입력을 가지고 있다. 많은 쉬프트 레지스터는 각 플립플롭이 저장하고 있는 값을 병렬 출력의 형태로 내보내기도 한다.(개개의 독립적인 플립플롭을 가지고 이런 병렬 출력 형태를 만든다면 각 플립플롭의 출력에 선을 연결하는 것만으로 구현할 수 있을 것이다. 하지만 쉬프트 레지스터가 하나의 집적회로 형태로 되어 있다면 각 출력마다 하나의 핀이 필요하게 된다.) D 플립플롭을 이용하여 하나의 칩으로 구현한 8 비트 직렬-입력 병렬-출력 쉬프트 레지스터가 있다(74164); 이것은 그림 7.5에서와 같이 8개의 출력, 클럭, 클리어 그리고 2개의 직렬 입력을 위해 12개의 논리 연결을 사용한다.(x는 내부의 AND게이트로 들어가는 두 개의 입력인 A B로 대체되었다.)

직렬-입력 병렬-출력 쉬프트 레지스터의 어플리케이션으로 모뎀의 입력 포트를 생각해 볼 수 있다. 데이터는 전화선을 타고 직렬로 전달된다. 이 데이터 열은, 모든 바이트 또는 워드가 수신될 때까지, 쉬프트 레지

그림 7.5 74164 직렬-입력 병렬-출력 쉬프트 레지스터

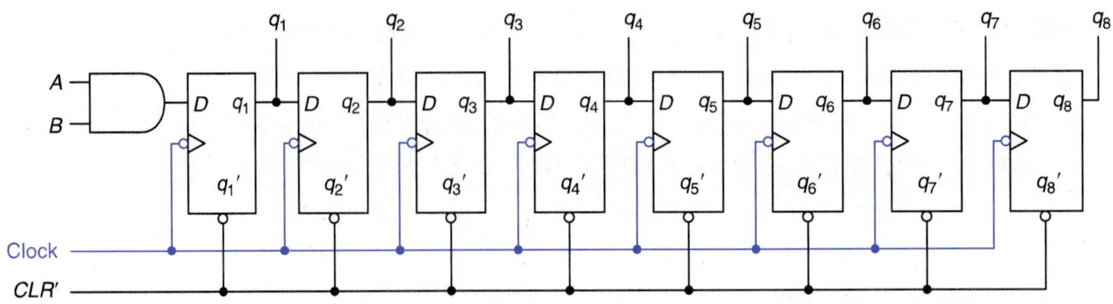

스터로 클럭에 따라 들어간다. 그 다음은 컴퓨터의 메모리와 연동하여 동작한다; 즉, 비트들의 그룹이 쉬프트 레지스터에서 병렬로 읽혀져서 메모리에 저장된다.

병렬-입력 쉬프트 레지스터에서는 입력값들이 한 번에 레지스터로 인가된다. 물론 이렇게 되기 위해서 각 플립플롭마다 인가를 지시하기 위한 제어선과 입력 선이 필요하다. 인가 동작은 그림 7.6a의 q_2를 통해 나타난 것처럼 고정적으로 이루어질 수도 있고(74165), 그림 7.6b처럼 동시에 이루어 질 수도 있다(74166). 어떤 경우라도 출력은 직렬로 이루어진다. 즉 가장 오른쪽의 플립플롭으로부터의 하나의 출력 연결밖에 없다.(아래처럼 q_1이 q_2로 가는 첫 번째 플립플롭 논리의 동일한 장소로 가는) 쉬프트 동작의 제일 왼쪽 비트에는 직렬 입력이 들어간다.

74165에서는 플립플롭의 클럭 입력이 *Load'* 값이 하이(high, 인가하지 말라는 의미)이고 *Enable'* 값이 로우(low, 쉬프트를 허용한다는 의미)일 때만 회로를 통과하여 플립플롭으로 들어간다. 이때 그 값은 칩으로 들어온 입력 값이 반전되어 들어가게 된다. *Load'* 가 하이이고 *CLR'* 와 *PRE'* 가 모두 하이이면 쉬프트 동작이 일어난다. *Load'* 가 로우이고 클럭이 불능이면, IN_2' 가 PRE'로 들어가고 IN_2가 CLR'로 들어가서 IN_2를 그 플립플롭으로 인가하게 된다.

그림 7.6 병렬-입력 쉬프트 레지스터

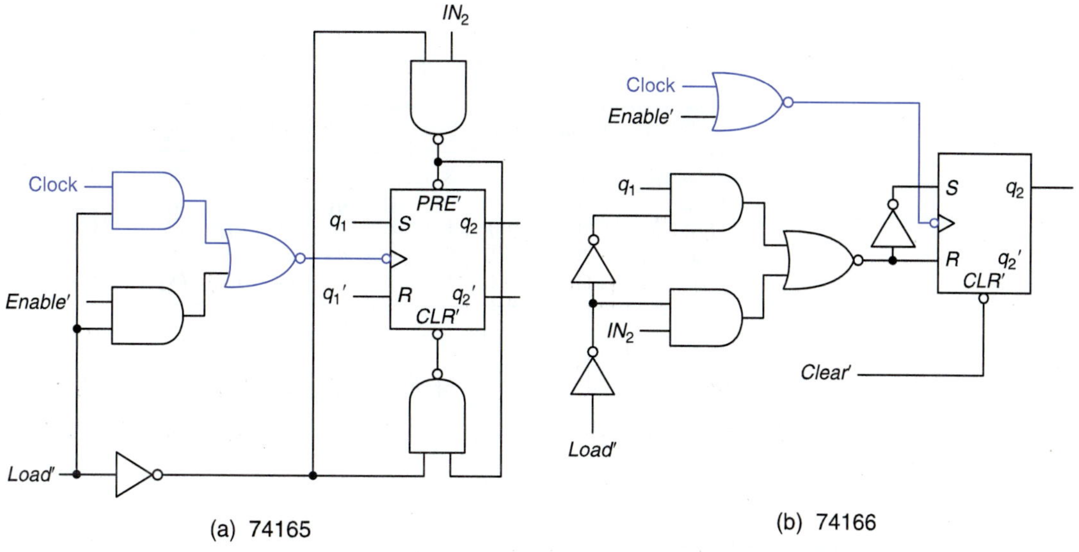

74166에서는 액티브 로우 정적 클리어(active low static clear)가 load와는 독립적으로 존재한다. *Enable'* 이 0이면 클럭이 반전된다; *Enable'* 이 1이면 플립플롭에 클럭이 들어가지 않고 그러므로 아무 변화도 일어나지 않는다. *Enable'* 이 0이고 *Load'* 가 0이면, IN_2가 q_2에 저장된다; *Load'* 가 1이면 q_1이 q_2로 쉬프트 한다.

병렬-입력 직렬-출력 쉬프트 레지스터는 직렬 데이터를 위한 출력 프로세스에서 사용된다. 한 워드가 컴퓨터에서 쉬프트 레지스터로 동시에 인가되면, 쉬프트 레지스트의 제일 오른쪽 끝에서 모뎀으로 한번에 한 비트씩 전달된다.

병렬-입력 병렬-출력 쉬프트 레지스터는 요구되는 연결의 개수 때문에 4개나 5개의 비트까지만 처리할 수 있도록 제한된다. 7495는 제어 구조면에서 74166과 흡사하나, 시프팅과 로딩을 위한 개별 클럭 입력을 사용한다는 차이점이 있다.

대부분의 컴퓨터에서는 왼쪽 쉬프트, 오른쪽 쉬프트, 그리고 순환[2] 명령어가 사용된다. 이런 명령어를 구현하기 위해서, 좌우 쉬프트 레지스터(74194와 같은 동기식 병렬-입력 병렬-출력 4 비트 쉬프트 레지스터)를 사용할 수 있다. 여기서 각 비트에 대해 입력이 세 개인 멀티플렉서가 필요하다. 왜냐하면 왼쪽에서 온 한 비트를 받을지, 오른쪽에서 온 한 비트를 받을지, 아니면 입력으로 들어온 비트를 받을지를 결정해야 하기 때문이다. 쉬프트 레지스터의 이런 동작을 나타낸 진리표가 다음 표 7.1에 나와 있다. 여기서 각 비트는 왼쪽에서 오른쪽으로 1번부터 4번까지의 번호를 붙였다.

표 7.1 우향/좌향 쉬프트 레지스터

	Clear'	S_0	S_1	$q_1^\star$	$q_2^\star$	$q_3^\star$	$q_4^\star$
Static clear	0	X	X	0	0	0	0
Hold	1	0	0	q_1	q_2	q_3	q_4
Shift left	1	0	1	q_2	q_3	q_4	*LS*
Shift right	1	1	0	*RS*	q_1	q_2	q_3
Load	1	1	1	IN_1	IN_2	IN_3	IN_4

IN_i는 병렬로 인가된 입력을 나타내고, *RS*는 오른쪽 쉬프트를 위한 직렬 입력, *LS*는 왼쪽 쉬프트를 위한 직렬 입력을 나타낸다. 홀드를 위한

2) 한 칸 오른쪽 순환은 모든 비트가 한 칸씩 오른쪽으로 이동하고 제일 오른쪽에 있던 비트는 제일 왼쪽 플립플롭으로 돌아가는 동작을 말한다.

그림 7.7 우향/좌향 쉬프트 레지스터

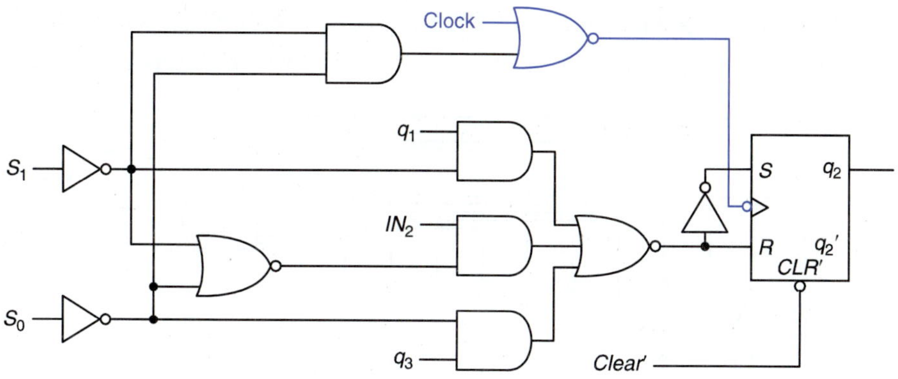

조합은 "쉬프트도 하지 말고 로드도 하지 말아라"라는 입력으로 표현된다. 제어 회로를 포함한 typical bit가 그림 7.7에 나와 있다.

S_0와 S_1이 모두 0일 때 플립플롭의 클럭 입력이 0이 된다는 점에 주목하기 바란다. 이 경우 클럭 값에 에지가 발생하지 않기 때문에 플립플롭은 이전 값을 홀드하게 된다. 이외의 경우에서는 클럭이 반전되며, 그래서 이 쉬프트 레지스터는 선행 에지 트리거드 쉬프트 레지스터가 된다.(가장 왼쪽의 플립플롭 q_1으로 *RS*가 멀티플렉서의 상위 입력으로 들어가게 되고, q_4로는 *LS*가 하위 입력으로 들어가게 된다.)

이 쉬프트 레지스터의 q_4를 또하나의 쉬프트 레지스터의 *RS* 입력으로 연결하고 q_1을 또 다른 쉬프트 레지스터의 *LS* 입력으로 연결하는 식의 캐스케이드 연결을 통해서 대규모 쉬프트 레지스터를 만들 수 있다.

쉬프트 레지스터의 활용 예로써 다음의 문제를 생각해 보자.

예제 7.1

입력 *x*가 현재 시점을 포함해서 7개의 클럭 시간동안 매 클럭마다 계속적으로 반전되는 경우에 1을 내보내는 하나의 출력 *z*를 가지는 시스템을 설계한다. 다음과 같은 8 비트의 직렬-입력 병렬-출력 쉬프트 레지스터를 사용하라.

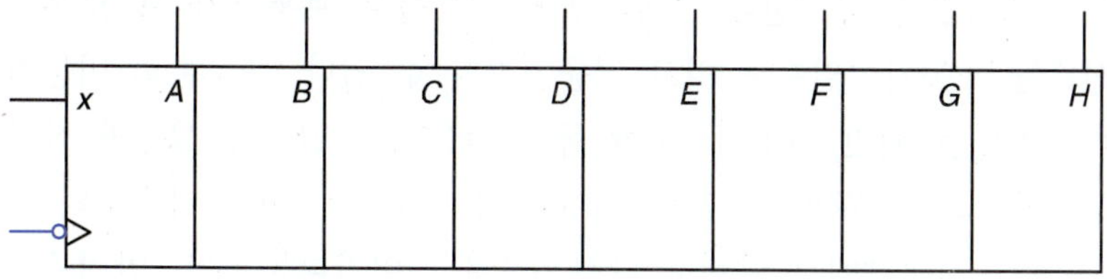

(이 쉬프트 레지스터는 정적 클리어 입력을 가지고 있지만 이 문제에서는 사용되지 않는다.)

임의의 시점에 이 레지스터는 최근 8 클럭 시간동안의 *x* 값을 가지고 있을 것이다. 가장 최근의 *x*값을 *A*라고 하고 가장 오래된 값을 *H*라고 하자. 이 문제에서는 이 중에서 여섯 개의 값만 사용되므로, 아래의 회로처럼 이 문제의 답을 얻을 수 있다.

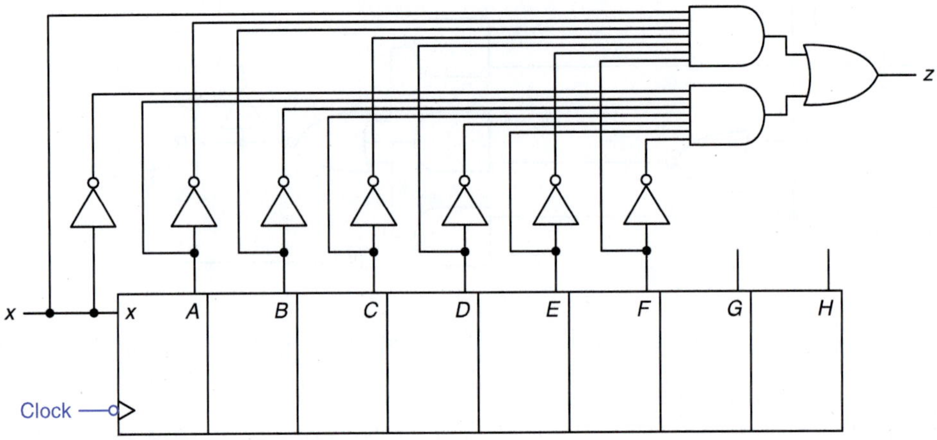

7.2 카운터

6장에서 이미 카운터의 설계에 대해서는 살펴보았다. 이 절에서는 몇 가지 상용 카운터와 카운터의 어플리케이션에 대해 살펴볼 것이다. 카운터는 레지스터와 부가 논리로 구성된다.

카운터는 동기적 또는 비동기적으로 동작할 수 있고, 10진, 12진 또는 16진으로 동작할 수 있다.(즉 하나의 사이클이 연속되는 클럭 펄스에 의해 10, 12 또는 16개의 상태를 가지고 이루어질 수 있다.) 대부분의 동기 카운터는 병렬 로드를 가진다. load 신호와 각 비트에 대한 입력 라인을 이용해 원하는 값으로 프리셋 시키는데 사용된다. 대부분의 동기 카운터는 또한 클리어(또는 매스터 리셋(master reset) 신호를 가지며 이를 이용해 레지스터를 모두 0값을 로드한다. 이런 제어 신호들은 보통 액티브 로우이다; 이 신호들은 동기적일수도 있고 비동기적일 수 있다. 대부분의 비동기 카운터는 정적 클리어만 가진다. 또한 동기 카운터의 일부는 상승과 하강 카운트 동작을 모두 수행할 수 있다. 대부분의 카운터는(상승 카운터의 경우에) 카운터가 최대값에 도달했고 다시 0으로 돌아간다는 것을 알려주는 캐리나 오버플로우 출력을 가진다. 이런 출력값은 0으로 되돌아갈 때의 펄스와 연동된 클럭 펄스나 논리 1의 형태로 나타난다.

먼저 동기적인 카운팅과 로딩 동작을 하며 비동기적인 클리어(액티브 로우) 동작을 하는 74161 카운터를 살펴본다. 이 카운터는 두 개의 카운트 인에이블(enable) 신호를 가진다: *ENT*와 *ENP*[3])(둘 다 1값으로 카운팅이 가능함을 나타낸다.). 각 비트를 *D*(최상위), *C*, *B*, *A*로 이름 붙였을 때, 카운터의 블록 표현과 typical bit로 설정한 비트 *C*에 대한 논리는 그림 7.8에 보여진다. 클럭이 후행 에지 트리거드 플립플롭으로 들어가기 전에 반전되어 있기 때문에 카운터는 선행 에지 트리거드로 동작한다. 각 비트들에 대한 유일한 차이점은 파란색으로 표시된 AND 게이트의 입력부분이다. 이 값들이 인에이블 신호와 AND되어, 카운팅 동작이 이루어질 때 각 비트에 대한 *J*와 *K* 입력으로 들어가는 값들이다.(그러므로 *D*의 입력은 *ABC*이고 *C*의 입력은 *AB*, *B*의 입력은 *A*, 그리고 *A*의 입력은 1이 된다.) *Load'*=0이 되어 로딩이 될 때, 포인트 *x*가 1, 포인트 *y*가 1, 포인트 *z*가 IN_C', 그리고 포인트 *w*가 IN_C가 된다. 그러므로 플립플롭에는 IN_C의 값이 로드된다. *Load'*=1일 때는 포인트 *x*가 0, 포인트 *w*와 *z*가 1, 그리고 포인트 *y*는 파란색 AND 게이트의 출력값이 된다. 그러므로 파란색 게이트의 출력이 1일 때 *J*와 *K*는 1이 되며, 이는 이 플립플롭이 카운트하는 동안 값이 바뀐다는 뜻이다.

이와같은 카운터 두 개를 이용하여 255(2^8-1)까지 카운트 할 수 있는 카운터를 만들 수도 있고 세 개를 이용하여 4095($2^{12}-1$)까지 카운트 할 수 있는 카운터를 만들 수도 있다. 그림 7.9의 블록도는 병렬 로드 입력을 가지지 않은 8 비트 카운터를 보여준다.

이 카운터가 초기화된다면, 첫 15 클럭 동안(그림의 오른편에 있는) 하순위(low-order) 카운터만 활성화된다. 카운터가 15(1111)에 도달하면, 오버플로우 출력 (*OV*)가 1이 되고 이것이 두 번째 카운터를 활성화시키게 된다. 다음 클럭에 오른쪽 카운터는 0으로 가고(*OV*값도 0으로 바뀐다) 왼쪽 카운터는 1만큼 값을 증가시키게 된다.(그러므로 전체 카운터의 카운트 값은 16이 된다.) 그 다음 15클럭 동안에 다시 하순위 카운터만 값을 증가시키고 이는 전체 카운터의 카운트 값이 31이 될 때까지 계속된다. 그리고 32번째 클럭에서 상순위(high-order) 카운터가 다시 활성화된다.

3) *ENT*만이 오버플로우 출력을 활성화시킨다.

그림 7.8 74161 카운터

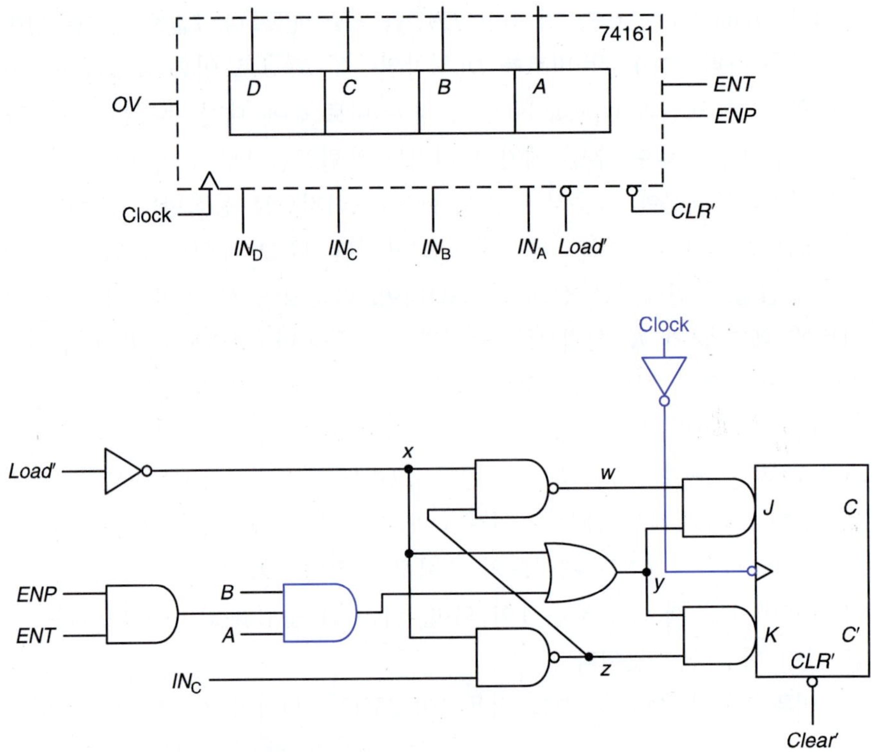

그림 7.9 8비트 카운터

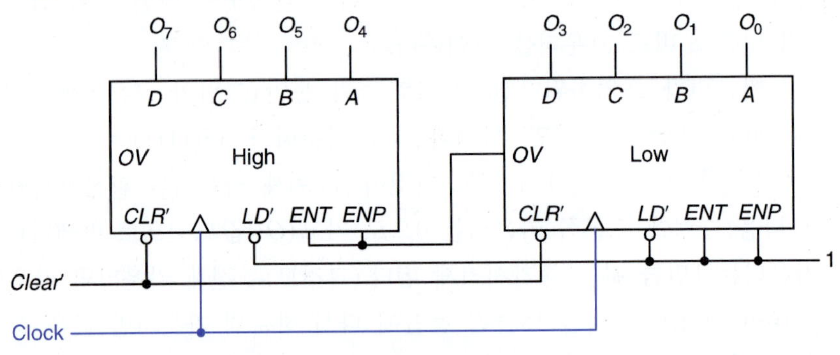

예제 7.2

만일 16의 지수를 제외한 상태의 모든 개수를 세려고 한다면, 카운터가 의도한 최대값에 도달하면 카운터를 리셋 시켜야 할 것이다. 74161 카운터는 정적 클리어를 가지기 때문에(예제 6.7의 비동기 카운터 예제와 유사하게), 의도한 최대값에 도달할 때까지 카운트를 하고 이를 이용해 카운터를 클리어 시켜야 한다. 그러므로 (클리어가 효력을 발휘하기 전의) 짧은 시간동안 추가 상태에 도달하게 될 것이나, 다음 클럭 시간 전에 정상적인 상태로 돌아갈 것이다. 예를 들어 그림 7.9의 카운터는 120(01111000)에 도달하면 NAND 게이트를 이용해 클리어를 시킴으로써 120개의 상태(0부터 119까지)를 세는데 사용할 수 있다.

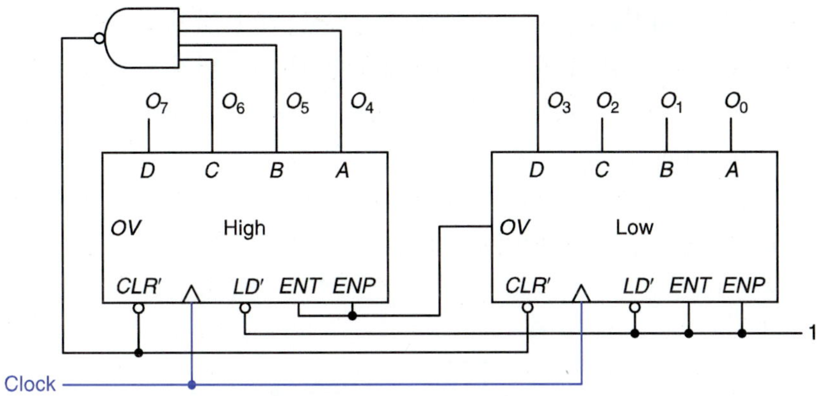

여기서 O_2', O_1', O_0' 또는 O_7'를 AND 시킬 필요는 없다. 왜냐하면 120 이상은 카운트 하지 않을 것이고, 그러므로 O_6, O_5, O_4와 O_3가 모두 1일 때 O_2', O_1', O_0' 그리고 O_7'은 1 값을 갖지 않을 것이기 때문이다.

예제 7.3

74163은 74161과 유사하나 클리어가 클럭에 따라 동작한다는 것이 다르다. 이 회로의 내부구조는 클럭에 맞춰 활성 클리어 입력이 각 플립플롭으로 0을 로드 하도록 개선 되었다. 120개의 상태를 가지는 카운터에 이 회로를 사용하기 위해서는 아래 그림처럼 119를 감지하고 그 다음 클럭 펄스에 맞춰 리셋시키는 동작이 필요하다. 이렇게 하면 카운터가 120에 도착하는 구간이 조금도 발생하지 않는다는 장점을 얻을 수 있다.

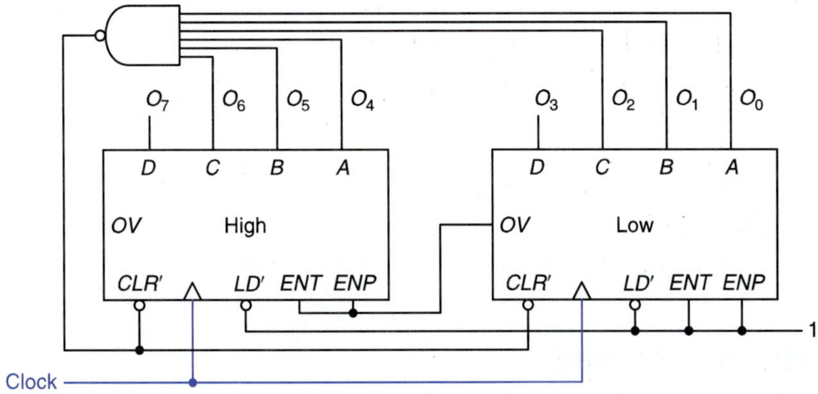

조금전에 살펴보았던 (정적 클리어를 가진 74160과 클럭화된 클리어를 가진 74162라는) 두 개의 이진 카운터와 유사한 십진 카운터 (0부터 9까지를 세는)가 있다.

이진 (74191과 74193)과 십진 (74190과 74192) 상승/하강 카운터가 있다. 각 타입의 첫 번째 것은 하나의 클럭 입력과 (1이 하강을, 0이 상승을 의미하는) D/U' 입력을 가진다. 각 타입의 두 번째 것은 두 개의 독립된 클럭 입력을 가지는데 하나는 하강 카운팅을 위한 것이고 나머지 하나는 상승 카운팅을 위한 것이다. 하나가 동작할 때는 나머지 하나가 논리 1이 되어야 한다. 이들 모두는 정적 로드 입력을 가진다. 74191 이진 카운터의 비트 C에 대한 회로가 그림 7.10에 나와 있다.

그림 7.10 74191 하강/상승′ 카운터의 typical bit

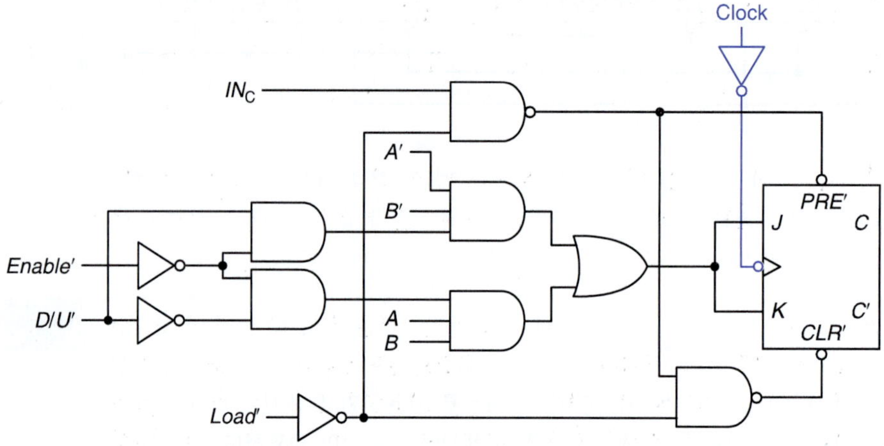

Load′가 0일 때, IN_C가 1이면 현재 입력은 로우(액티브)가 되고, IN_C가 0이면 클리어 입력이 로우(액티브)가 된다.(카운터에 클리어 입력은 없다; 각 비트에 0을 로딩함으로써 클리어 동작을 시키게 된다.) *Load*′가 1이면 프리셋과 클라어가 모두 1(비활성)이 되고 클럭이 카운터를 제어하게 된다. *J* 와 *K*가 상승 카운트를 할 때는 *BA*이고 하강 카운트를 할 때는 *B'A'* 가 된다는 점에 주의하라.

74191 카운터에 대한 블록도와 진리표가 그림 7.11에 나와 있다.

그림 7.11 74191 카운터

LD′	*EN*′	*D/U*′	
0	X	X	Static load
1	1	X	Do nothing
1	0	0	Clocked count up
1	0	1	Clocked count down

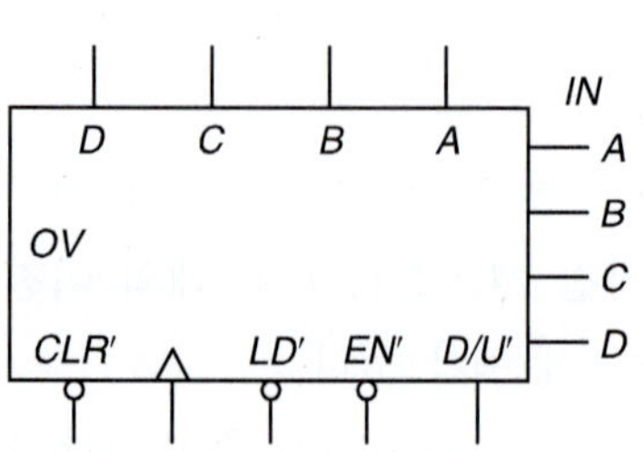

마지막으로 논할 카운터의 종류는 비동기 카운터이다.

7490	Base 10	(2 × 5)
7492	Base 12	(2 × 6)
7493	Base 16	(2 × 8)

이들 각각은 후행 에지 트리거드로 동작하며 하나의 플립플롭과 3비트의 (각각 5진, 6진 그리고 8진) 카운터로 구성되어 있다. 풀 카운트(full count)를 위해 플립플롭의 출력은 3 비트 카운터의 클럭과 외부에서 연결되어 있어야 한다. 이들 각각은 두 개의 정적 클리어 입력을 가지는데 이 입력들은 네 개의 클립플롭 모두를 클리어 시키기 위해 모두 1의 값을 가져야 한다. 십진 카운터도 둘다 1일 때 카운터를 9(1001)로 세트하는 정적 세트 입력쌍을 가진다. 세트는 클리어 보다 우선순위가 높다.

7493의 간단한 블록도가 그림 7.12에 보여진다.

그림 7.12 7493 비동기 이진 카운터

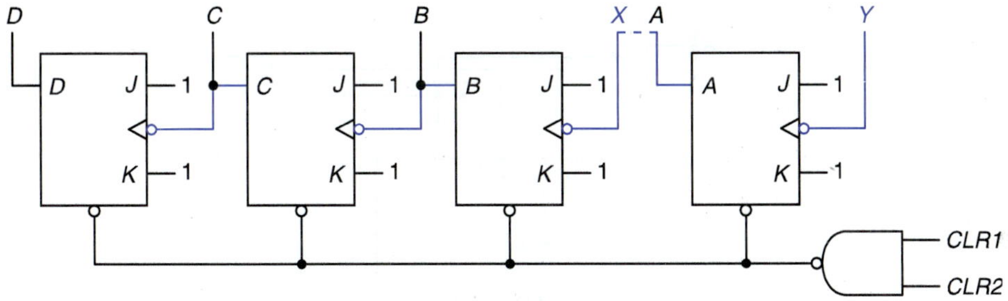

8을 카운트 할 때, 클럭이 포인트 X와 연결되고 출력은 D, C 그리고 B로부터 나온다는 점에 주목하라. 16을 카운트 할 때는, 클럭이 포인트 Y와 연결되고(그림에서 점선으로 표시된 것과 같이 집적회로의 외부에서) 포인트 A와 X도 서로 연결되어야 한다.

예제 7.4

다음 문제에 대해 이진 카운터를 사용한 네 가지의 해법에 대해 살펴본다.

매 아홉 번째 입력 클럭 펄스마다 클럭펄스가 출력이 되는 시스템을 설계하라.

이를 위해 카운터는 9개의 상태를 가져야 한다. 출력은 아홉 개의 상태 중 임의의 하나를 감지하는 회로와 클럭을 AND 시킴으로써 얻을 수 있다. 한 가지 해법은 다음과 같은 카운터 시퀀스를 가진다.

0 1 2 3 4 5 6 7 8 0 . . .

클럭화된 클리어를 가지는 74163을 사용한다면 회로가 다음과 같이 나타난다.

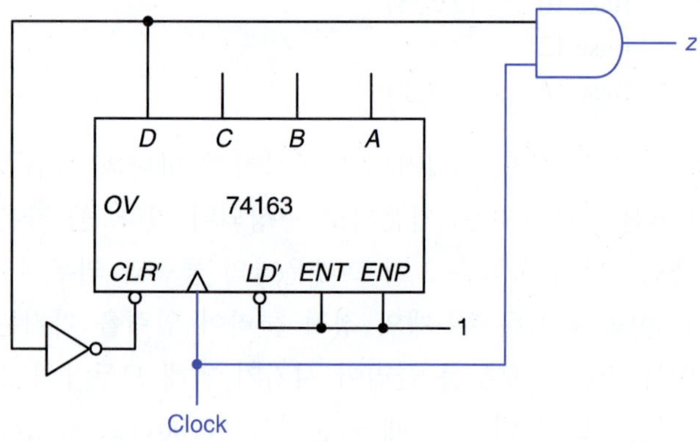

*D*는 상태 8에서만 1이다; 그러므로 카운터를 0으로 리셋시키는데 사용될 수 있고 출력을 위해서도 사용될 수 있다.

정적 클리어를 가지는 74161을 사용한다면, 다음 그림처럼 클리어 시키기 전에 9까지 카운트해야 한다.

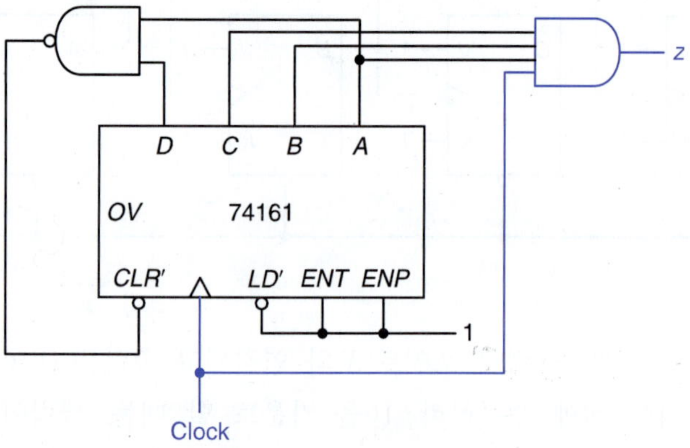

이 회로는 상태 9에서 짧은 시간동안 머물러 있게 된다.(머무르는 시간은 회로의 시간 지연에 의해 결정된다.) 이 회로에서는 이전 회로에서와 동일한 출력 회로를 사용할 수 없는데, 그 이유는 다음의 타이밍도에서 보이는 것처럼(상태 8에서와 더불어) 상태 9의 시작점에서 짧은 출력 펄스를 얻기 때문이다.

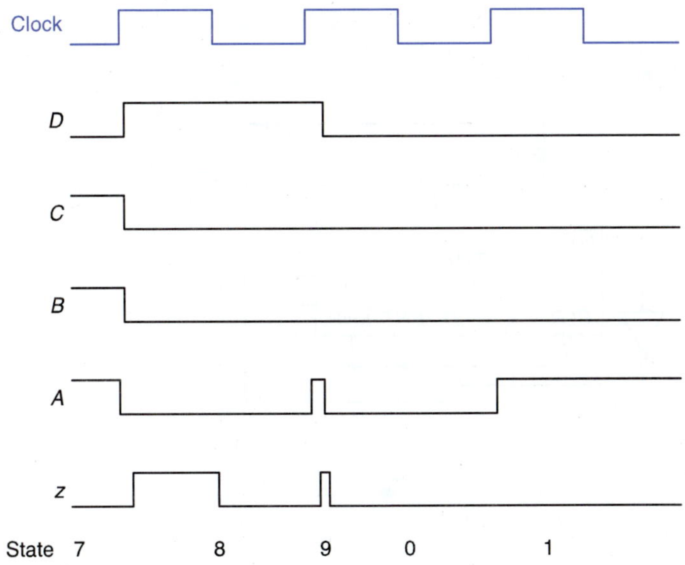

첫 번째 카운터(74163)을 이용한 이 문제에 대한 또 다른 접근방법은 다음과 같이 카운트하는 것이다.

8, 9, 10, 11, 12, 13, 14, 15, 0, 8 . . .

이전에 이 카운터는 9개의 상태를 순환했다. 이를 이용해 카운트 값이 0이 되면 8을 카운터로 로드한다. 로딩동작은 동기적으로 이루어지기 때문에, 이 동작은 다음 클럭 펄스에서 이루어진다. 출력은 상태 0(또는 다른 임의의 상태)에 있을 때 같이 얻을 수 있다. 이런 동작을 하는 회로가 다음 그림처럼 주어진다. 이 회로에서 블록의 오른쪽 편에 있는 값은 로드 입력 IN_D, IN_C, IN_B 그리고 IN_A를 나타낸다. $D = 0$이 되는 유일한 상태는 상태 0이다; 그러므로 그 상태에서 로드가 활성화되고 출력은 그 상태 동안의 클럭 펄스와 동시에 나타나게 된다.

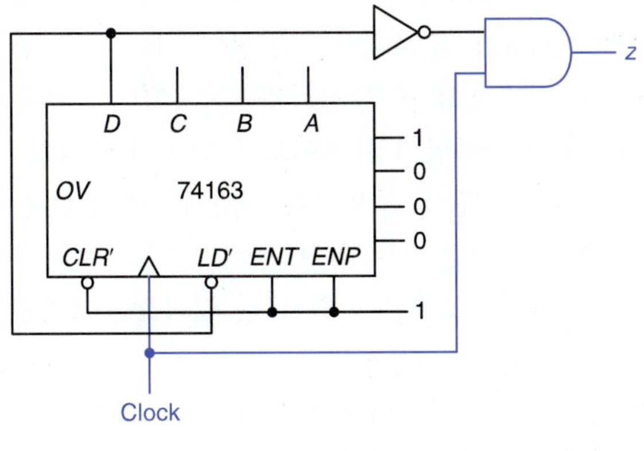

마지막으로, 74163에 *OV* 출력을 이용해서 다음과 같은 시퀀스를 카운트하도록 구현할 수도 있다.

7, 8, 9, 10, 11, 12, 13, 14, 15, 7, . . .

OV 출력은 카운트값이 15일 때를 나타내므로, 액티브 로우 로드 시그날을 만들기 위해 아래 그림처럼 이를 반전시키고 0111을 병렬 입력 라인과 연결시키면 된다.

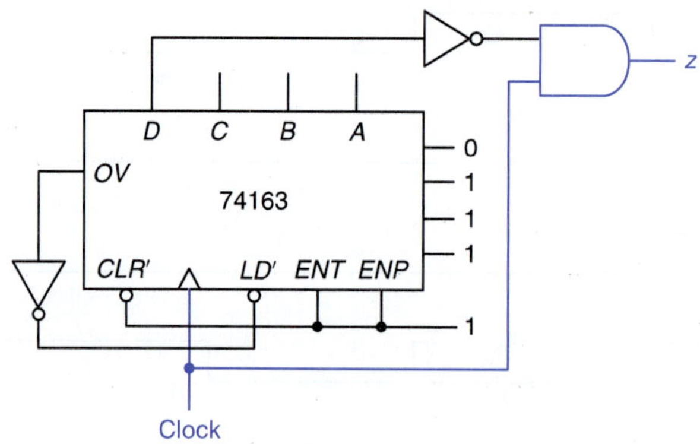

7.3 프로그램이 가능한 논리 디바이스(PLDs)

순차 시스템은 메모리와 조합 논리로 구성되기 때문에, 이를 구현하기 위한 한 방법은 PAL(또는 4장에서 다루었던 다른 논리 어레이)과 (메모리를 위한) 몇 개의 플립플롭을 사용하는 것이다. PAL과 몇 개의 *D* 플립플롭을 결합한 다양한 디바이스가 존재한다. 이런 디바이스들의 한 가지 군은 16R8,[4] 16R6과 16R4이다. 16R4의 일부분에 대한 간단한 스키메틱에 대한 그림이 그림 7.13에 나타나 있다. 16R4에는 8개의 외부 입력이 있는데 그림에서는 그중 두 개만 보여진다. PAL(그림 7.13에서는 첫 두 개의 출력에 대해서만 나타내었다)로부터 유도된 플립플롭에서 레지스터화된 출력(16R8의 8개와 16R4의 4개)이 나온다. 각 PAL출력 회로는 8개의 AND 게이트로 구성되어 있다.(그 중 4개가 그림상에 나타나 있다) 액티브 로우 플립플롭 출력을 만들기 위해 공통 클럭과 공통(액티브 로우) 출력 인에이블 신호가 존재한다.(왜냐하면 3상 게이트가 반전되어 있기 때문이다.) *Q'*가 AND 어레이로 피드백됨에 주의하기 바란다; 이때 *Q'*는 마치 외부의 AND 어레이 입력인 것처럼, 보수화된 형태와 비보수화 된 형태 모두로 제공될 수 있다. 그러므로 조합 논리의 모든 입력값은 보수화된 형태와 비보수화된 형태 모두로 사용 가능해진다.

16R8은 그 자체만으로 카운터처럼 플립플롭의 상태가 출력이 되는 순차 시스템을 충분히 구현할 수 있다.

4) 16은 AND 어레이의 입력 개수이고, R은 출력 중의 일부 또는 전체가 레지스터화, 즉 플립플롭으로부터 나왔다는 것을 나타낸다. 8은 플립플롭의 개수를 말한다.

그림 7.13 PLD

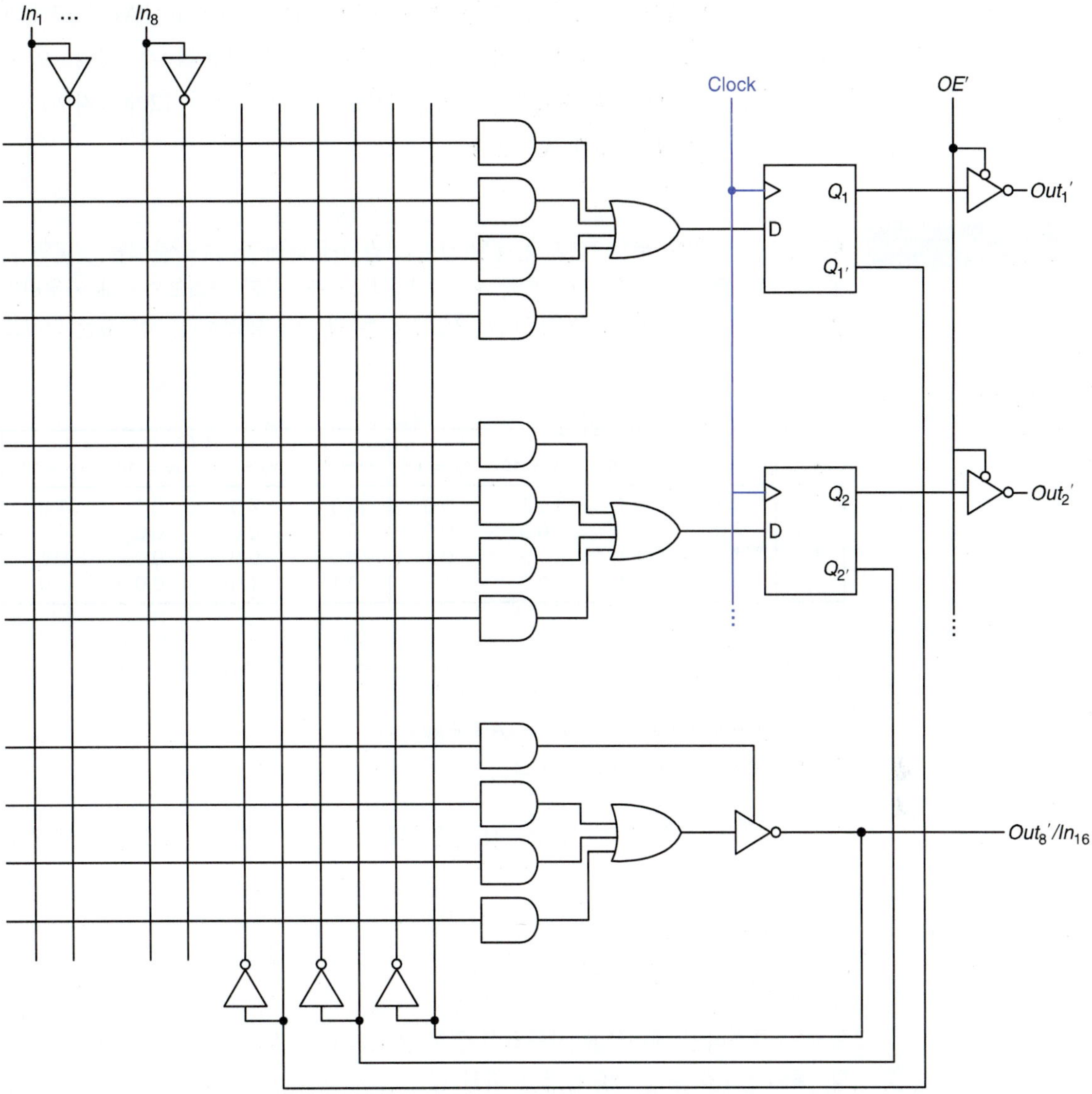

그림 7.13의 아래부분에서 처럼 레지스터화 되지 않은 출력들은 AND 게이트 중의 하나에 의해 사용가능 여부가 허락된다.(그리고 PAL은 7개의 텀만을 가진다.) 이와같은 출력은 밀리 시스템에서 사용될 수 있다. 만일 이 출력들이 허락되지 않는다면, 핀을 통해 (16R4에 최대 12개까지의) 추가적인 입력을 받아들일 수 있다.

예제 7.5

6장의 해답이 있는 문제 7에서 사용된 상승/하강 카운터에 두 개의 출력을 덧붙인 카운터를 설계해 보자. 두 개의 출력 F와 G는 각각 카운터가 포화되었음과 카운터가 순환됨(즉 3에서 0으로 가거나 0에서 3으로 가는 경우)을 알려준다. 상태표는 다음과 같다.

	$A^{\star}B^{\star}$				FG			
AB	$xy = 00$	$xy = 01$	$xy = 10$	$xy = 11$	$xy = 00$	$xy = 01$	$xy = 10$	$xy = 11$
0 0	0 1	0 1	1 1	0 0	0 0	0 0	0 1	1 0
0 1	1 0	1 0	0 0	0 0	0 0	0 0	0 0	0 0
1 0	1 1	1 1	0 1	0 1	0 0	0 0	0 0	0 0
1 1	0 0	1 1	1 0	1 0	0 1	1 0	0 0	0 0

해답이 있는 문제 7에서는 D 입력에 대한 수식을 다음과 같이 만들었었다.

$$D_A = x'A'B + x'AB' + x'yA + xAB + xy'A'B'$$
$$D_B = x'yA + AB' + x'B' + y'B'$$

(PAL이 허용하지 않기 때문에 여기서는 공유에 대해서는 고려되지 않았다.) 상태표(또는 맵)으로부터 다음과 같은 출력식을 얻을 수 있다.

$$F = x'yAB + xyA'B'$$
$$G = x'y'AB + xy'A'B'$$

외부의 추가적인 게이트를 사용하지 않은 PAL에 대한 블록도가 다음에 나타나 있다. 플립플롭의 출력 게이트가 보이지 않는 것에 주목하기 바란다. 8개 입력 라인(두개의 출력을 가능하게 하는 1을 위한 라인 하나를 포함해서) 중에서 5개만 사용했으며 플립플롭 중에서 두 개만 사용했다. 이를 16R6나 16R4를 이용해 구현할 수 있었다.

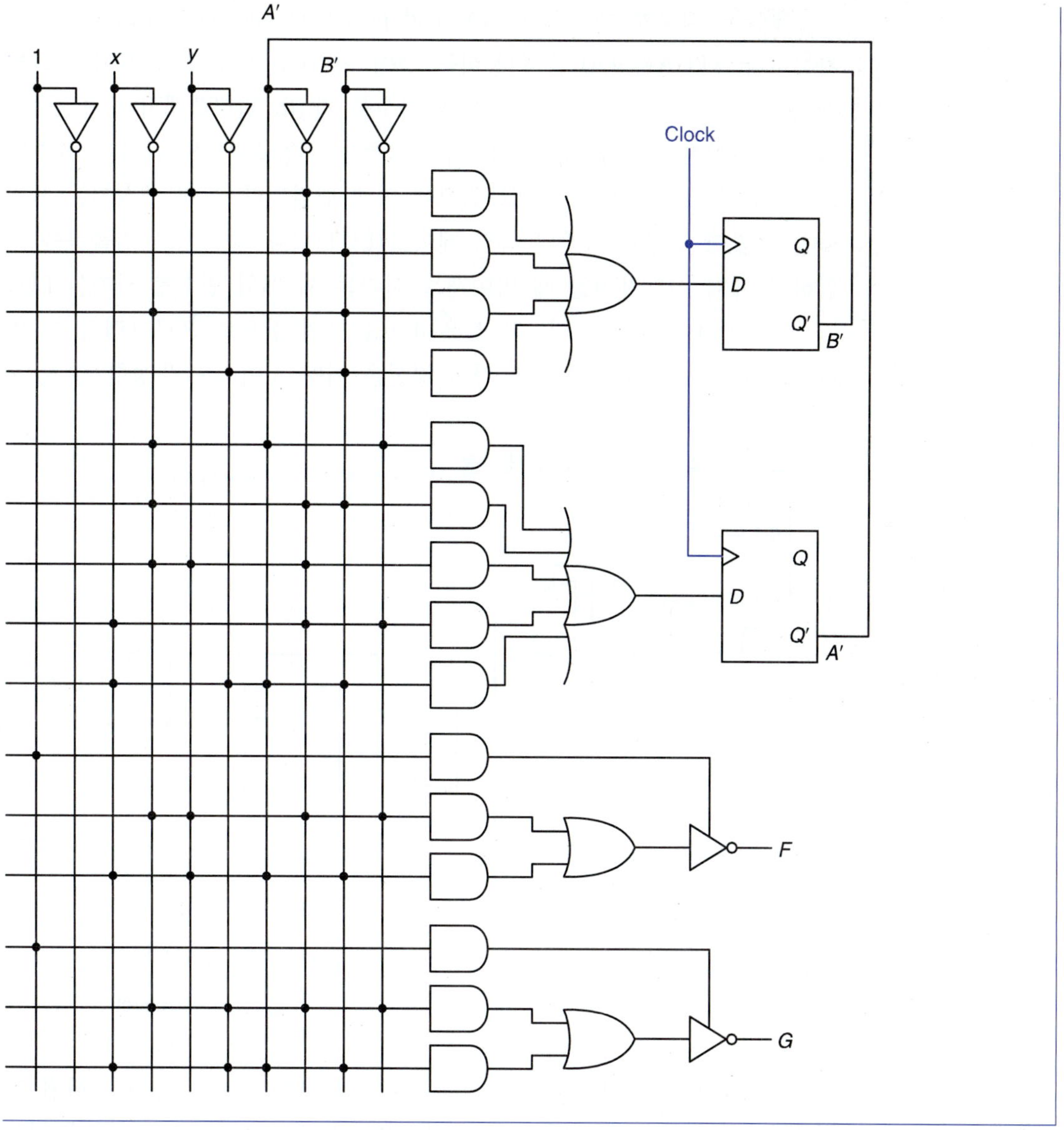

지금까지 살펴본 PLD는 비교적 작은 규모(일반적으로 입출력이 32개를 넘지 않는)의 회로에 적합하다. 비록 이론적으로는 더 큰 규모에도 적용할 수 있지만, 그 경우에는 다른 방법을 사용한다.

CPLD[5](complex programmable logic device)는 PLD와 유사한 블록의 어레이와 프로그램이 가능한 연결망을 결합한 것이다. 상용 CPLD는 수백 개의 PLD 블록으로 구성되어 있다.

5) CPLD와 FPGA에 대한 더 상세한 설명은 Brown and Vrancsic, *Fundamentals of Digital Logic with WHDL Design*, 2nd ed. McGraw-Hill, 2005를 참조하기 바란다.

대규모 회로에 대해서 FPGA(field programmable gate arrays)도 사용 가능하다. FPGA는 PAL을 이용하는 것이 아니라, 기본 빌딩 블록으로 범용 논리 생성기(일반적으로 3-5개의 변수를 가짐), 멀티플렉서와 플립플롭으로 이루어진 조합을 사용한다. 이런 블록들은 입출력 블록들을 연결하는, 프로그램이 가능한 라우팅 네트워크에 의해 연결된다. 논리 생성기는 플립플롭과 함께 구성된 일종의 룩업 테이블(LUT)이다. 하나의 플립플롭을 포함하고 제어 신호가 0일 때 바이패스 시키는 세 개의 변수를 가지는 LUT가 그림 7.14에 나와 있다. 각 셀은 0 또는 1의 값으로 프로그램될 수 있다; 그러므로 세 개의 변수를 가진 펑션은 어떤 것이라도 생성할 수 있다.

그림 7.14 3-입력 룩업 테이블

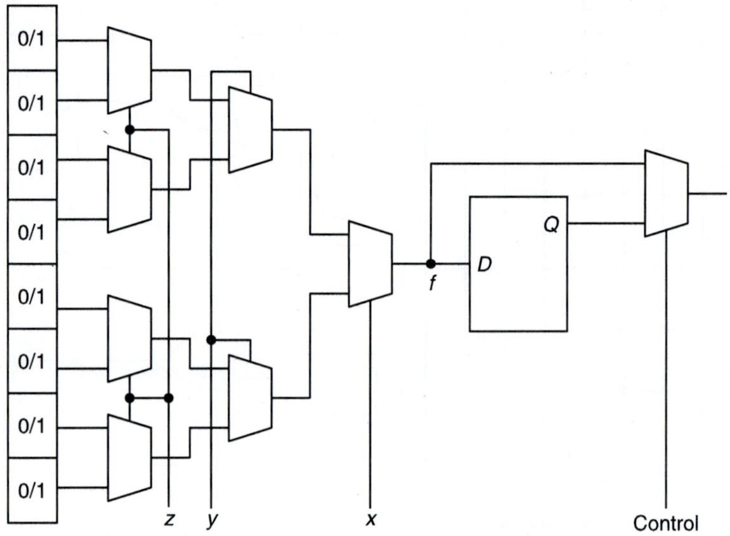

예를들어 셀이 0, 0, 0, 1, 0, 0, 1, 1로 프로그램 된다면 이를 통해 표현된 펑션은 $f = x'yz + xyz' + xyz = yz + xy$ 이 된다. 연결망 부분을 보여주기 위해 그림 7.15는 다음과 같은 펑션을 2개의 입력을 가지는 LUT를 이용해서 구현한 것을 보여준다.

$$f = x_1x_2' + x_2x_3$$

파란색으로 표시된 입출력 연결, 연결(X) 그리고 LUT는 활성화된 것이다. 나머지들은 모두 비활성화 되어 있다. 하나의 LUT는 $f_1 = x_1x_2'$ 을 두 번째 LUT는 $f_2 = x_2x_3$ 를 그리고 세 번째 LUT는 $f = f_1 + f_2$ 를 각각 만들어 낸다.

그림 7.15 프로그램된 FPGA의 섹션일부

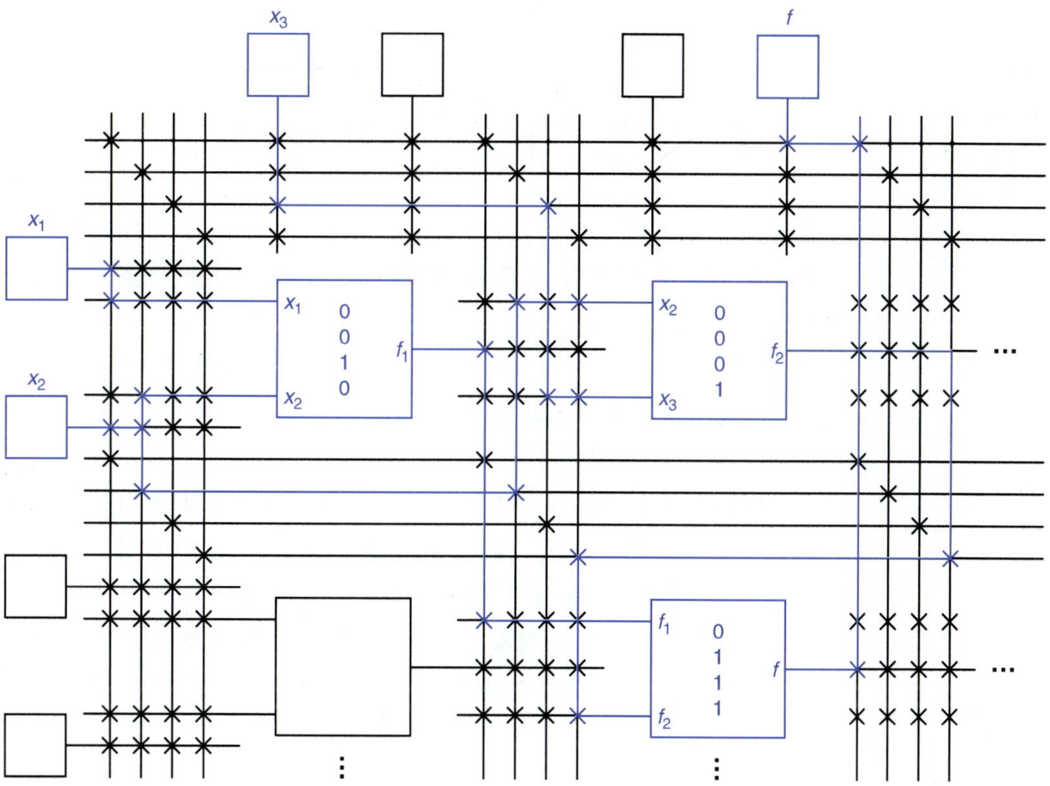

7.4 ASM도를 이용한 설계

5장에서 언급했듯이, 유한 상태 머신 또는 ASM(Algorithmic state machine)이라고도 불리는 상태 머신은 순차 시스템과 동일하다. 상태도와 흐름 차트 사이의 연결고리 역할을 하는 도구가 ASM도(ASM 차트라고도 불림)이다. 먼저 기본 요소를 살펴보고 그 구조를 상태도와 비교한다. 그리고나서 이 도구를 레지스터로 이루어진 작은 시스템을 위한 제어기를 만드는데 적용해본다.(이 예제가 이 도구를 가장 효율적으로 사용할 수 있는 예제이다.)

ASM도에는 세 가지 타입의 블록이 있다. 첫 번째 것은 상태 박스이다. 이것은 그림 7.16a와 같이 직사각형으로 표시되며 하나의 입구점과 하나의 출구점을 가진다.

그림 7.16a 상태 박스

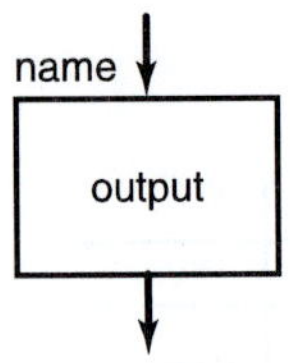

그림 7.16b 결정 박스

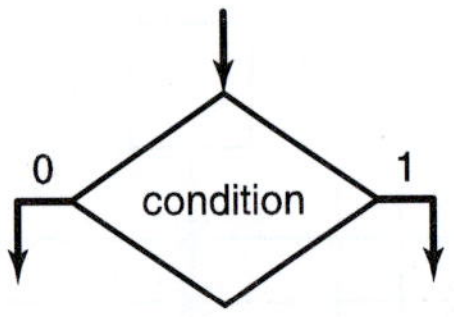

그림 7.16c 밀리 출력 박스

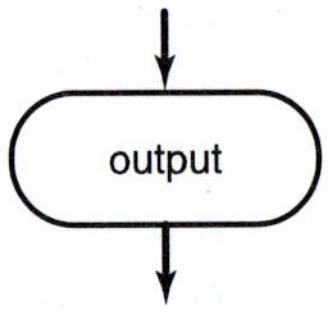

상태의 이름은 박스의 위쪽에 표시되고, 상태와 연관된 출력이 박스 내에 표기된다.(이는 어떤 상태에 있을 때 출력이 결정되는 무어 타입의 출력과 같다. 밀리 출력을 표시하는 방법은 뒤에서 간단히 살펴볼 것이다.) 표시된 출력은 그 값이 1이라는 것을 나타내며, 표시되지 않은 출력은 그 값이 0이라는 것을 나타낸다.

두 번째 타입의 박스는 결정 박스이며 그림 7.16b처럼 스위칭 표현에 기반한 두 방향의 분기를 가지도록 표시된다. 이것은 하나의 입구점과 두 개의 출구점을 가지며, 각 출구점은 표현에 연관된 값이 0일 때와 1일 때를 각각 나타낸다. 두 개 이상의 분기가 필요한 경우 결정 박스의 출구를 또다른 결정 박스의 입구로 연결하는 방식으로 구현할 수 있다.

세 번째 타입의 박스는 조건 출력 박스이다.(그림 7.16c 참조) 이것은 하나의 입구점과 하나의 출구점을 가지며, 상태 천이가 일어 날 때 발생되는 출력을 나타낸다.(이것이 밀리 출력이다.)

ASM 블록은 상태 박스와 이와 연결된 결정 박스, 조건 출력 박스들로 구성된다. 블록에는 하나의 입구가 있지만 출구는 하나 이상이 있을 수 있다; 각 출구는 다른 상태 박스의 입구로 연결된다.

그림 7.17 ASM 블록

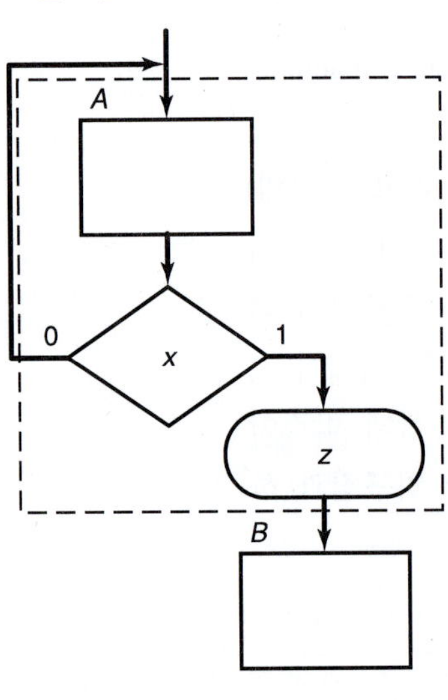

합류점에 대해서는 나타내는 심볼이 없다. 다음에 나오는 몇 개의 예제에서 볼 수 있듯이 두 개 이상의 출구 경로가 동일한 입구점으로 들어갈 수 있다.(상태 A와 관련된) 전형적인 ASM 블록이 그림 7.17에 보여진다. 시스템의 출력 z는 시스템이 상태 A에 있고 입력 x가 1일 때 1 값을 가진다. 이 시스템은 $x=1$일 때 상태 B로 가며 $x=0$이면 상태 A로 돌아간다.

입력이 세 개 이상의 연속적인 클럭동안 1인 경우에만 출력이 1이 되는 무어 시스템에 대한 ASM도를 살펴보자(5.1절에서 이미 다루었던 경우이다). 상태도는 그림 7.18의 첫 부분에 나오고 그 다음에 ASM도가 나타나 있다.

그림 7.18 무어 상태도와 ASM도

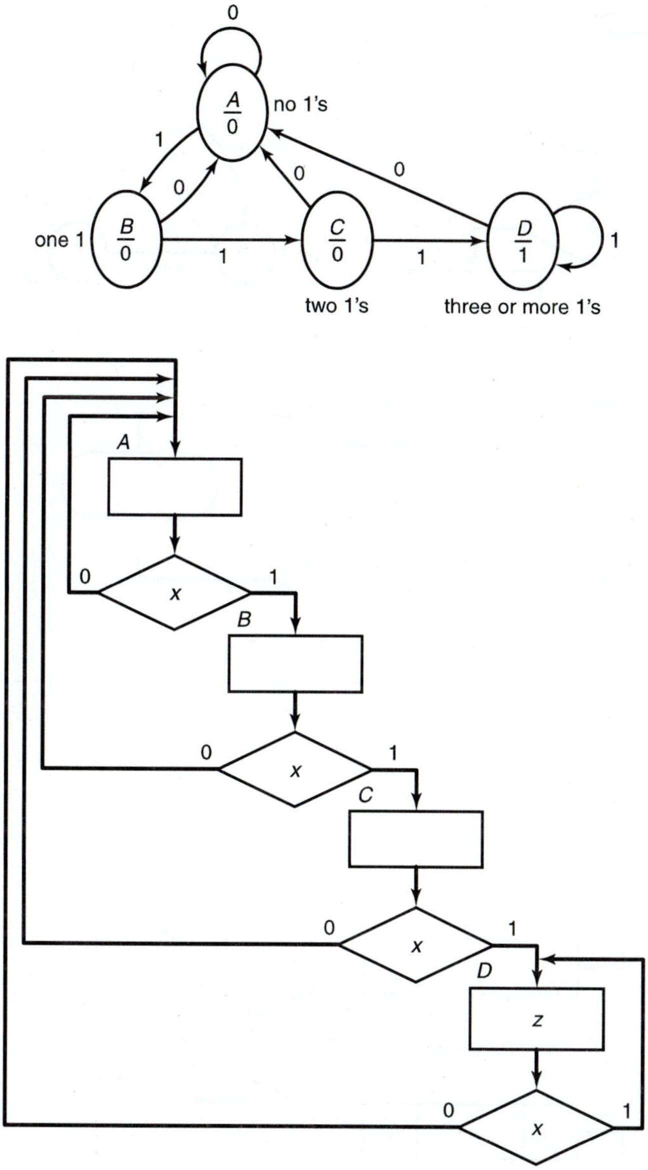

세 개의 연속된 클럭 시간동안 입력 $x=1$인 경우에만 출력 $z=1$이 되는 밀리 시스템에 대한 문제에 대한 상태도와 ASM도가 각각 그림 6.13과 그림 7.19에 나타나 있다. 상태 배치는 상태 박스 바깥의 상태 이름 오른쪽에 표시되어 있다는 점에 주의하기 바란다.

그림 7.19 밀리 상태도와 ASM도

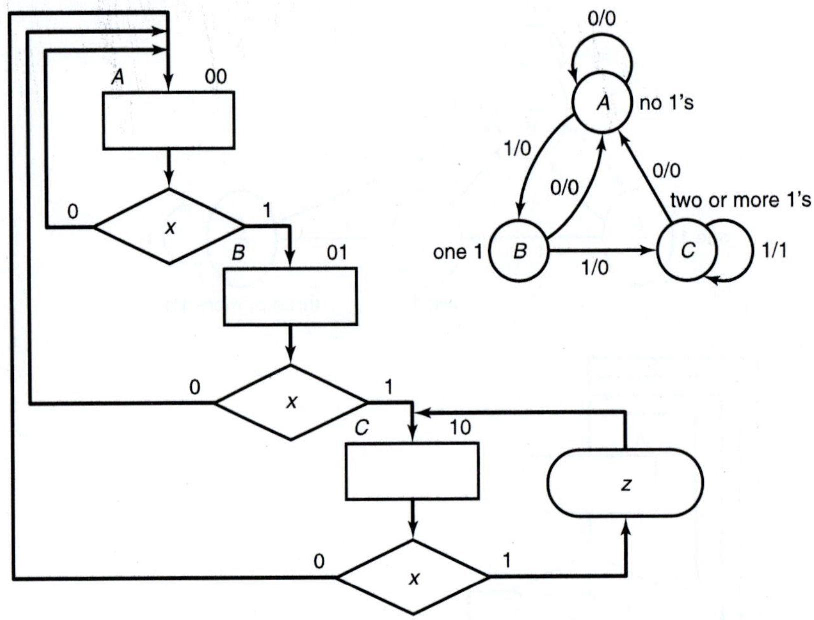

예제 7.6

마지막으로, 직렬 덧셈기의 제어기에 대한 설계를 해보자. 아래 그림과 같이, 숫자는 각각 쉬프트 능력을 가진 8 비트 레지스터에 저장되며, 덧셈의 결과는 이 중 하나의 레지스터에 다시 저장된다. 두 개의 연산수가 이미 각 레지스터 *A*와 *B*에 로드되어 있다고 가정하자.

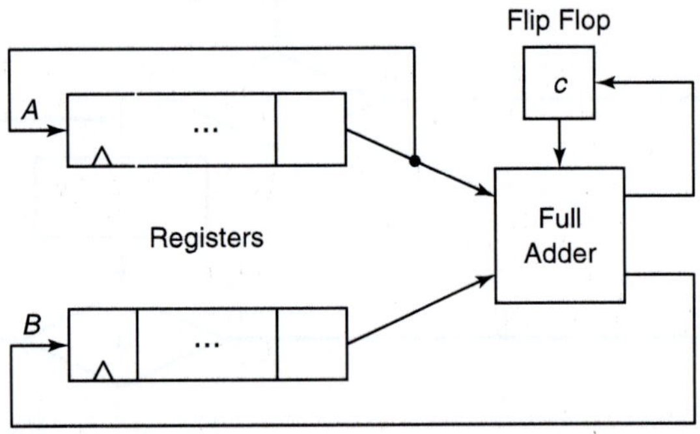

라인 *s*에 1 시그날이 들어가면 시스템이 덧셈 프로세스를 시작한다. 라인 *d*에 한 클럭동안 1이 나타나면 이는 덧셈 프로세스가 끝난다는 것을 나타낸다. 이런 시스템의 제어기를 위한 ASM도가 다음과 같다. 레지스터의 비트는 7부터 0까지 표시된다.(제일 왼쪽의 수가 7이고 이것이 MSB이다.) 각 숫자의 비트 0과 캐리(c)가 더해지면 각 레지스터가 오른쪽으로 한칸 쉬프트를 하고 덧셈의 결과가 레지스터 B의 제일 왼쪽 비트(비트 7)에 로드된다.

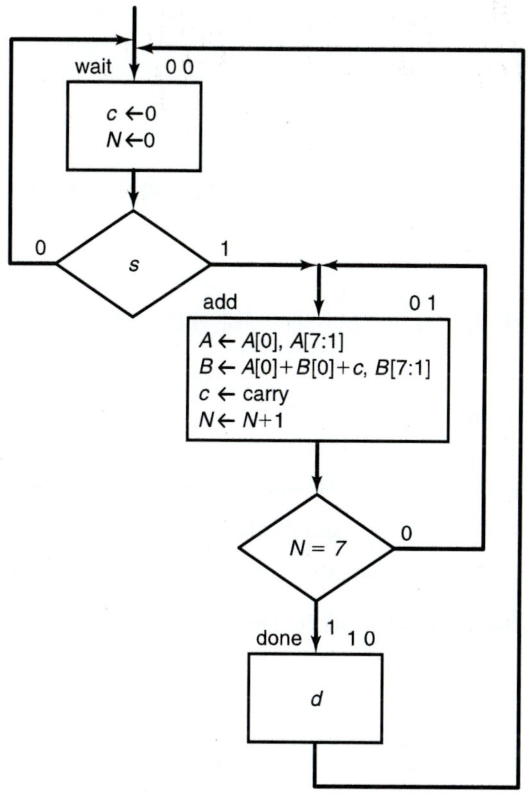

이 제어기는 세 개의 상태를 가진 순차 머신을 이용해 구현될 수 있다. 이때 3 비트의 레지스터 N과 여덟 번의 덧셈/쉬프트 단계를 카운트하기 위한 인크리멘터(incrementer)가 필요하다. 이 제어기는 $s=1$일 때 상태 00에서 상태 01로 가며, $s=0$이면 상태 00에 머무른다. 그리고 레지스터 N이 세 개의 1을 가지게 되면 상태 01에서 상태 10으로 가게 되고 그 외의 경우에는 상태 01로 되돌아간다. 상태 10에서는 다음 클럭에 무조건 상태 00으로 이동하게 된다. 순차 회로를 이용한 구체적인 설계는 연습문제로 남겨둔다.

7.5 원 핫(one-hot) 인코딩

지금까지 우리는 최소한의 플립플롭을 사용하여 상태를 인코딩해 왔다. ASM 도를 사용하여 설계하는 경우 특히 간단하게 상태를 구현할 수 있는 또 다른 방법은 각 상태에 대해 하나의 플립플롭을 사용하는 것이다. 이 경우 시스템이 어떤 상태에 있으면 그 상태에 해당되는 플립플롭은 1(또는 핫)이 되며 이외의 플립플롭은 모두 0이 된다.

그림 7.18의 무어 시스템에는 네 개의 상태가 있고 그러므로 네 개의

플립플롭을 가진다. 각각의 플립플롭을 A, B, C, D라고 하면 다음과 같은 관계가 있음을 알 수 있다.

$$A^\star = x'(A + B + C + D) = x'$$

(왜냐하면 상태 변수 중 하나는 반드시 1이 되기 때문이다.)

$$B^\star = xA$$

(왜냐하면 조건 박스가 $x=1$일 때 상태 B로 간다고 되어 있기 때문이다.)

$$C^\star = xB$$
$$D^\star = x(C + D)$$

(비록 조합 논리가 간단해짐에 따른 비용의 감소가 추가적인 플립플롭을 사용함에 따른 추가 비용을 상쇄하지는 못하지만) 이런 방식은 다음상태에 대한 조합 논리를 아주 간단하게 구성할 수 있게 해준다.

출력은 상태 D에 있을 때만 1이 되므로 출력식은 다음과 같다.

$$z = D$$

이 방식은 대부분의 상태가 출력 신호를 만들어내는 대규모 제어기를 설계할 때 종종 사용된다. 이 경우 위의 예에서처럼 출력 신호가 상태를 디코딩하는 조합 논리로부터 나오는 것이 아니라 플립플롭으로부터 바로 나오게 된다. 9장에서 이에 대해 다시 다루도록 한다.

7.6 순차 시스템에 대한 Verilog[6)]

4.7.1절에서 조합 시스템에 대한 Verilog 코딩에 대해 소개한 바가 있다. 여기서는 순차 시스템에 Verilog를 사용하는 것에 대한 예를 살펴보기로 한다.

액티브 로우 입력 CLR'을 가지는 후행 에지 트리거드 D 플립플롭에 대한 구조 모델에 대해서 그림 7.20을 통해 살펴보자.

---

6) Verilog에 대한 상세한 내용은 Brown and Vranesic, *Fundamentals of Digital Logic with Verilog Design*, McGraw-Hill, 2003을, VHDL에 대한 상세한 내용은 Brown and Vranesic, *Fundamentals of Digital Logic with VHDL Design*, 2nd ed. McGraw-Hill, 2005을 참조하기 바란다.

그림 7.20 *D* 플립플롭에 대한 구조 모델

```
module D_ff (q, ck, D, CLR);
     input ck, D, CLR;
     output q;
     reg q;
     always @ (negedge ck or negedge CLR)
          begin
               if (!CLR)
                    q <= 0;
               else
                    q <= D;
          end
endmodule
```

q는 저장장치이기 때문에 선이라기 보다는 레지스터(reg)를 나타낸다는 점에 주의하기 바란다. 심볼 @은 이후의 단계가 실행되는 시간을 나타낸다. 이때 클럭의 후행 에지(negedge)나 CLR 입력에서만 동작이 이루어질 것이다. 심볼 !는 not을 의미하며 <=는 시간 종속을 나타낼 때 사용된다. 이 경우 조합 모델에서는 =를 사용했었다. 왜냐하면 조합 모델에서는 일이 일어나는 순서는 상관이 없었기 때문이다.

그림 7.21a는 플립플롭을 사용하여(오른쪽 쉬프트 동작을 하는) 8 비트 후행 에지 트리거드 쉬프트 레지스터를 설계한 것이다.

그림 7.21a 플립플롭 모듈을 사용한 쉬프트 레지스터

```
module shift (Q, x, ck, CLR);
     input x, clock, CLR;
     output [7:0]Q;
     wire [7:0]Q;
     D_ff Stage 7 (Q[7], x, ck, CLR);
     D_ff Stage 6 (Q[6], Q[7], ck, CLR);
     D_ff Stage 5 (Q[5], Q[6], ck, CLR);
     D_ff Stage 4 (Q[4], Q[5], ck, CLR);
     D_ff Stage 3 (Q[3], Q[4], ck, CLR);
     D_ff Stage 2 (Q[2], Q[3], ck, CLR);
     D_ff Stage 1 (Q[1], Q[2], ck, CLR);
     D_ff Stage 0 (Q[0], Q[1], ck, CLR);
endmodule
```

또다른 방식은 쉬프트 레지스터를 하나의 모듈로 정의하는 것이다.

그림 7.21b 단일 모듈 쉬프트

```
module shift (Q, x, ck, CLR);
     input x, clock, CLR;
     output [7:0]Q;
     wire [7:0]Q;
     reg [7:0]Q;
always (@ negedge ck)
     begin
          Q[0] <= Q[1];
          Q[1] <= Q[2];
          Q[2] <= Q[3];
          Q[3] <= Q[4];
          Q[4] <= Q[5];
          Q[5] <= Q[6];
          Q[6] <= Q[7];
          Q[7] <= x;
     end
endmodule
```

7.7 더 복잡한 예제들[7)]

첫 번째 예제로 다음과 같은 시스템을 설계해 보자.

> 입력 라인 x에 얼마나 많은 연속된 1 입력이 발생하는지를 감지하고 있다가, 입력 x에 0이 들어오기 시작하면 그때부터 그동안 감지했던 연속된 1 입력 개수만큼의 1을 출력 z로 내보내는 시스템(그 외의 모든 경우에 z는 0 값을 가짐)

이 시스템의 입출력 타이밍 트레이스의 일례가 다음 트레이스 7.2에 보여진다.

트레이스 7.2 입출력 트레이스 샘플

x	0	0	0	1	0	0	0	0	1	1	1	1	0	0	0	0	0	0	0	1	1	0	0	0
z	0	0	0	0	1	0	0	0	0	0	0	0	1	1	1	1	0	0	0	0	0	1	1	0

이 시스템을 설계하는데 사용가능한 소자가 AND, OR, NOT 게이트와 *JK* 플립플롭, 그리고 4개의 출력 *D*, *C*, *B*, *A*(*D*가 최고순위)를 가지는 74191 상승/하강 카운터로 제한된다고 하자. 이때 카운터는 연속된 1 입력의 개수를 카운트하는데 사용되어 연속된 1 입력이 들어오면 상승 카운트 동작을

7) 더 대규모의 예제는 9장과 10장에서 다룬다.

하고, 1 출력이 나오면 하강 카운트 동작을 하여 0이 될 때까지 동작을 지속하게 된다.

먼저 가장 단순화된 해법을 살펴보고 나서 그 해법에서 사용된 가정이 맞게 된 것인지의 유무를 판별해본다. 그리고나서 그 시스템을 좀더 일반적인 경우에도 동작하도록 회로를 추가해 볼 것이다. 그림 7.22의 회로가 이 해법에 대한 첫 번째 시도이다. 이 회로에서는 클리어가 사용되지 않는다.

그림 7.22 카운터의 단순한 설계 예

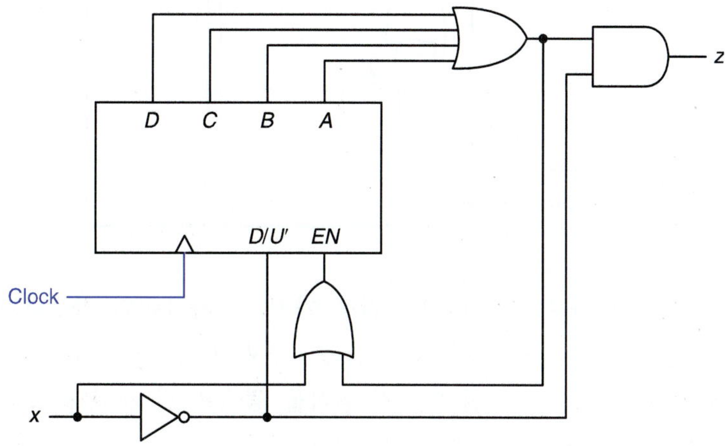

시스템이 1 출력들을 처음 내어놓기 시작하면, 카운터가 0 이 될 때까지 계속될 것이기 때문에 따로 클리어 시킬 필요가 없다. *x*가 1이면 *D*/*U'*는 0으로 세트되며 카운터가 인에이블 되면서 상승 카운트 동작을 수행하게 된다. *x*가 0으로 바뀌면 카운터가 인에이블 되어 있는 동안(즉 카운터에 0보다 큰 값이 들어있는 동안) 하강 카운트 동작을 수행한다. *x*가 0이고 카운터에 0보다 큰 값이 들어있으면, 출력이 1이 된다. 이 해법은 카운터가 15이하의 값을 가지는 경우에만 제대로 동작한다. 왜냐하면 16번째 연속된 1 입력이 들어오면 이 카운터가 0으로 돌아가 버리기 때문이다. 그러므로 더 많은 개수의 연속된 1 입력을 처리해 주려면 하나 이상의 카운터를 추가해서 15보다 더 큰 수를 카운트 할 수 있도록 해주면 된다. 이를 해결하기 위한 대안으로는 연속된 1 입력의 개수가 15를 넘어가더라도 출력은 최대 15개의 1만 나올 수 있도록 제한을 두는 방법이 있다. 이렇게 하기 위해서는 카운터가 15에 도달했는데도 *x*가 계속 1값을 가지면, 카운터를 디스에이블 시키면 된다. 그림 7.23에 이런 동작을 하는 회로를 나타내었다.

그림 7.23 최대 16개의 1 출력을 가지는 예

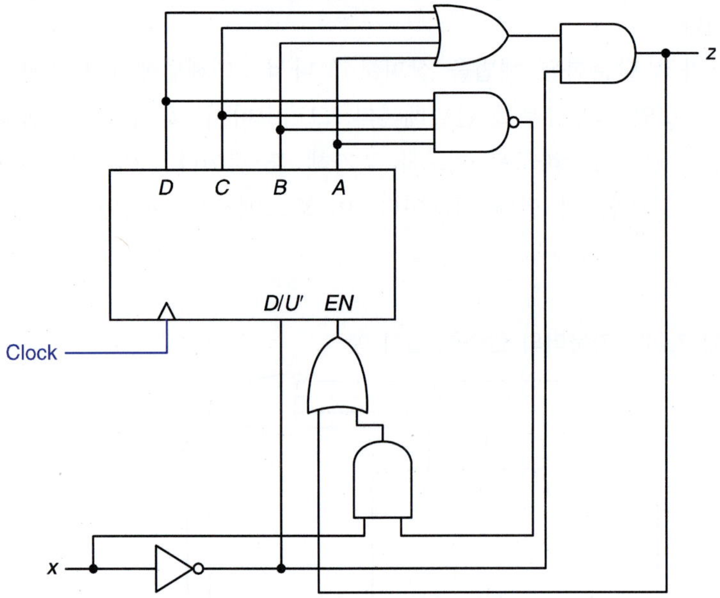

이렇게 하면 카운터가 15(1111)값을 가지고 x가 1이면 카운터가 인에이블되지 않는다. 그러므로 더 많은 연속 1 입력이 들어오더라도 그것들은 카운트되지 않고 x가 0 이 될 때까지 동작을 멈추게 될 것이다. 그리고 나서는 15개의 1을 출력으로 내보내게 된다.

위의 방법에서 언급하지 않고 사용한 또 다른 가정은 1 출력이 완료될 때 까지 x는 0값을 유지해야 한다는 것이다. 앞에서 제시한 트레이스 예제에서도 이 가정이 사용됨을 볼 수 있다. 만일 이 가정이 사용되지 않는다면, 출력에서 계속 1이 나오고 있는 동안 입력 x가 1이 될 수 있고 그 경우 카운터가 상승 카운트 동작을 시작하게 될 것이다. 1 출력이 완료되기 전에 들어오는 1 입력을 무시한다고 가정한다면, 시스템이 하강 카운트 동작을 하고 있으며 그래서 입력 x가 무시되어야 하는 상황을 감지하기 위한 용도로 하나의 플립플롭 Q가 필요하게 된다. 이를 통해 다음과 같이 발생할 수 있는 상황을 고려해 보아야 한다.

$x = 0$	$Q = 0$	count = 0	$EN = 0$	$z = 0$	$D/U' = \text{X}^*$	
$x = 0$	$Q = 0$	count = $1^\dagger$	$EN = 1$	$z = 1$	$D/U' = 1$	
$x = 0$	$Q = 0$	count > 1	$EN = 1$	$z = 1$	$D/U' = 1$	$Q \leftarrow 1$
$x = 1$	$Q = 0$	count ≠ 15	$EN = 1$	$z = 0$	$D/U' = 0$	
$x = 1$	$Q = 0$	count = 15	$EN = 0$	$z = 0$	$D/U' = \text{X}$	
$x = \text{X}^\ddagger$	$Q = 1$	count > 1	$EN = 1$	$z = 1$	$D/U' = 1$	
$x = \text{X}$	$Q = 1$	count = 1	$EN = 1$	$z = 1$	$D/U' = 1$	$Q \leftarrow 0$

플립플롭 Q는 x가 0이고 카운트 값이 1일 때 켜지며, 그 값이 1이고 출력이 1이 되면 꺼지게 된다. 그러므로 다음과 같이 입력식을 구할 수 있다.

$$J = x'(D + C + B) \qquad K = D'C'B'A$$

출력은 Q가 1이거나, x가 0이고 Q가 0이나 카운트 값이 0이 아닐 때 1이 된다. 그러므로 출력식은 다음과 같다.

$$z = Q + x'Q'(D + C + B + A) = Q + x'(D + C + B + A)$$

카운터는 x=1이고 카운트 값이 15에 도달하지 않았거나(최근의 예제에서 15개 이상의 1 입력을 허용하기 위한 동작에서처럼), z=1일 때 인에이블된다. 그러므로,

$$EN = x(ABCD)' + z$$

마지막으로,

$$D/U' = Q + x'(D + C + B + A)$$

D/U'와 z가 서로 다른 값을 가지는 경우에는 카운터가 인에이블되지 않음으로 인해서 D/U'가 don't care가 되기 때문에, D/U'와 z는 동일한 수식으로 정의된다.

이제, 동일한 문제를 카운터 대신에 쉬프트 레지스터를 사용해서 해결해 보자. 몇 개의 좌우 쉬프트 레지스터가 필요하다.(4개 이상의 연속 1 출력을 허용한다고 하면 하나 이상의 레지스터가 필요하다.) 한계값을 12로 설정하면, 세 개의 74194 쉬프트 레지스터를 사용할 수 있으며, 이들은 그림 7.24처럼 연결된다. 그림에서 병렬 입력은 사용되지 않기 때문에 나타나 있지 않다.

---

8) 카운터가 인에이블되지 않기 때문에, 카운터가 상승 카운트 또는 하강 카운트 동작 중 어느 것을 하도록 설정되든지 상관없다.

9) 1이 하나밖에 없다면, 카운터가 1 증가할 것이나 Q는 다음 클럭에 세트되지 않을 것이다. 왜냐하면 그때는 출력이 마지막으로 1이 되는 시간일 것이기 때문이다. Q를 세트시키는 조건은 카운트 값이 2에서 15사이의 값을 가지는 경우이며, 그러므로 맵으로부터 $D+C+B$를 구할 수 있다.

10) 하강 카운트 동작을 할 때(그리고 출력에 1이 나오고 있을 때), 입력은 무시된다.

그림 7.24 세 개의 우향/좌향 쉬프트 레지스터를 사용한 회로

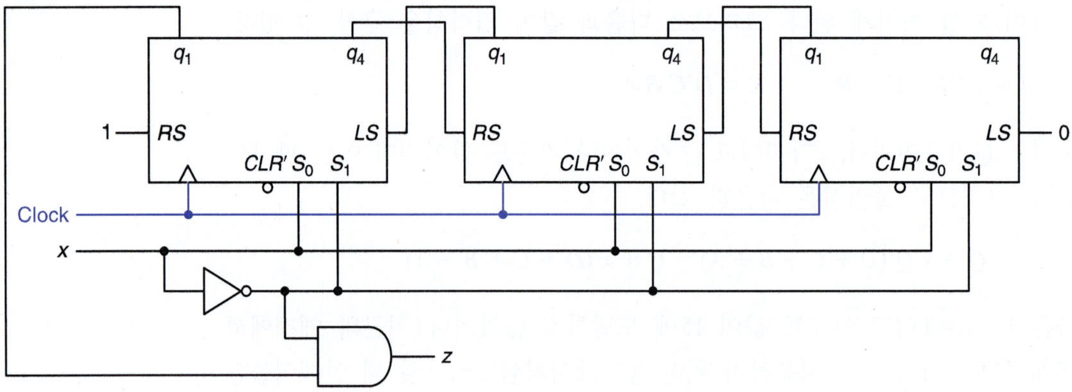

세 개의 쉬프트 레지스터가 연결되어 하나의 12 비트 쉬프트 레지스터인 것처럼 동작하게 된다. $x=1$, $S_0=1$, $S_1=0$일 때 이 레지스터는 우향 쉬프트 동작을 하며, 1이 비어있는 제일 왼쪽 비트로 쉬프트 된다. $x=0$일 때 레지스터는 좌향 쉬프트를 하고 비게되는 제일 오른쪽 비트는 0으로 채운다. 그러므로 입력이 몇 개의 클럭동안 0이면(또는 쉬프트 레지스터가 클리어 되면), 모든 비트값이 0이 된다. 쉬프트 레지스터의 왼쪽 비트가 1이고 x가 0이면 출력은 1이 된다. 12개보다 많은 연속 1 입력이 들어오면 쉬프트 레지스터는 모두 1로 채워질 것이다. 그 다음에 입력이 0이 되면 출력은 12개의 클럭 시간동안 1을 내보낼 것이다. 그러므로 이 해법은(위의 두 번째 카운터 설계 경우와 마찬가지로) 레지스터가 담을 수 있는 것보다 더 많은 1 입력이 들어왔을 때도 적절히 처리할 수 있다.

출력이 1인 동안에 입력이 1로 갈 수 있다면, 여기서도 플립플롭 Q를 추가 사용해야 한다. 이 플립플롭은 $x=0$ 이고 왼쪽 쉬프트 레지스터의 q_2 가 1일 때(즉 적어도 두 개의 1이 있을 때) 세트($J=1$)된다. 또한 이 플립플롭은 $q_2=0$일 때(즉 출력에 하나의 추가 1이 있는 경우) 클리어($K=1$) 된다. 그러므로 S_0는 xQ' 가 되고 S_1은 $x'+Q$ 가 된다.

예제 7.7

다음과 같은 16개의 상태 시퀀스를 가지는 카운터를 설계하라.

1 2 4 7 11 0 6 13 5 14 8 3 15 12 10 9, and repeat

시작점이 어디인지는 중요하지 않다. 조합 논리에서 사용할 수 있는 개당 50센트짜리 NAND 게이트 패키지(7400, 7404, 7410, 7420, 그리고 7430)가 주어진다. 여기서는 두 가지 방식으로 설계하고 각각을 비교할 것이다. 첫 번째 방식은 총 2달러짜리의 네 개의 *JK* 플립플롭을 사용한다. 두 번째 방식은 74161과 같은 4비트 동기 카운터와 조합

디코더 블록을 사용한다. 이 블록은 0, 1, 2, 3, 4, ...로 나오는 카운터의 출력을 받아들여 0을 1로, 1을 2로, 2를 4로 변환한다.

먼저 *JK* 플립플롭을 이용한 카운터를 설계한다. 상태표는 다음과 같다.

D	*C*	*B*	*A*	*D*★	*C*★	*B*★	*A*★
0	0	0	0	0	1	1	0
0	0	0	1	0	0	1	0
0	0	1	0	0	1	0	0
0	0	1	1	1	1	1	1
0	1	0	0	0	1	1	1
0	1	0	1	1	1	1	0
0	1	1	0	1	1	0	1
0	1	1	1	1	0	1	1
1	0	0	0	0	0	1	1
1	0	0	1	0	0	0	1
1	0	1	0	1	0	0	1
1	0	1	1	0	0	0	0
1	1	0	0	1	0	1	0
1	1	0	1	0	1	0	1
1	1	1	0	1	0	0	0
1	1	1	1	1	1	0	0

이 펑션들에 대한 맵을 그리고 신속법을 사용해 *JK* 플립플롭의 입력식을 다음과 같이 구할 수 있다.

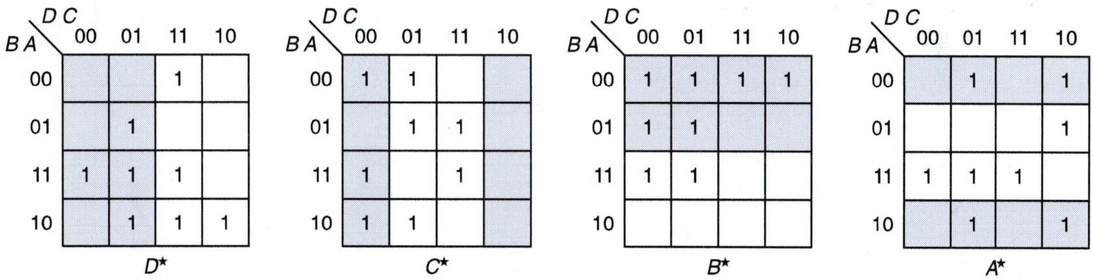

$J_D = CA + CB + BA$ $K_D = C'B' + C'A + B'A$

$J_C = D'A' + D'B$ $K_C = DA' + D'BA$

$J_B = D' + A'$ $K_B = D + A'$

$J_A = D'C + DC'$ $K_C = D'B' + CB' + DC'B$

18개의 two-input 게이트와 5개의 three-input 게이트 또는 총 7개의 50센트짜리 집적회로 패키지가 필요하다. 그러므로 총 비용은 5.50달러가 된다.

두 번째 방식에 대해서 다음과 같이 디코더 블록에 대한 진리표를 만들었다.

D	*C*	*B*	*A*	*W*	*X*	*Y*	*Z*
0	0	0	0	0	0	0	1
0	0	0	1	0	0	1	0
0	0	1	0	0	1	0	0
0	0	1	1	0	1	1	1
0	1	0	0	1	0	1	1
0	1	0	1	0	0	0	0
0	1	1	0	0	1	1	0
0	1	1	1	1	1	0	1
1	0	0	0	0	1	0	1
1	0	0	1	1	1	1	0
1	0	1	0	1	0	0	0
1	0	1	1	0	0	1	1
1	1	0	0	1	1	1	1
1	1	0	1	1	1	0	0
1	1	1	0	1	0	1	0
1	1	1	1	1	0	0	1

출력 맵은 다음과 같다.

BA \ *DC*	00	01	11	10
00		1	1	
01			1	1
11		1	1	
10			1	1

W

BA \ *DC*	00	01	11	10
00			1	1
01			1	1
11	1	1		
10	1	1		

X

BA \ *DC*	00	01	11	10
00		1	1	
01	1			1
11	1			1
10		1	1	

Y

BA \ *DC*	00	01	11	10
00	1	1	1	1
01				
11	1	1	1	1
10				

Z

$$W = CB'A' + DB'A + CBA + DBA'$$
$$X = DB' + D'B$$
$$Y = C'A + CA'$$
$$Z = B'A' + BA$$

이 방식은 9개의 tow-input 게이트, 4개의 three-input 게이트, 그리고 하나의 four-input 게이트가 필요하다. 또한 네 개의 NOT 게이트(7404 패키지)가 필요한데, 왜냐하면 카운터(*D*, *C*, *B*, *A*)에서는 보수화되지 않은 출력만 나올 수 있기 때문이다. 모두 6개의 패키지가 필요하다. 그러므로 이 방식은 3달러에 카운터의 값을 더한 만큼의 비용이 들어간다. 만일 카운터의 값이 2.50달러보다 싸다면 이 방식이 더 저렴한 방식이 된다.

카운터를 4개의 *JK* 플립플롭으로 만든다면 *BA*와 *CBA* 펑션만 만들면 된다는 점이 재미있다. 이때 $(BA)'$와 $(CBA)'$가 *W*와 *Z*에서 사용되어야 하므로 2개의 NOT 게이트가 추가로 필요하게 된다. 그러므로 이 경우 5달러를 들여 단지 여섯 개의 패키지만 사용하면 되므로, 첫 번째 해법보다 훨씬 저렴하게 만들 수 있다. 카운터의 값이 2달러보다 비싸다면 이 해법이 최적의 해법이 된다.

7.8 문제풀이

1. 74164 쉬프트 레지스터와 원하는 게이트를 사용해서, 최근 여섯 개의 입력이 1이면 출력 1을 내보내고 그 외의 경우에는 0을 내보내는 밀리 시스템을 설계하라.

74164 쉬프트 레지스터는 이전의 여덟 개의 입력을 저장한다; 이 문제에서는 최근 다섯 개의 입력만 알면 된다. 그러므로 회로는 다음과 같다.

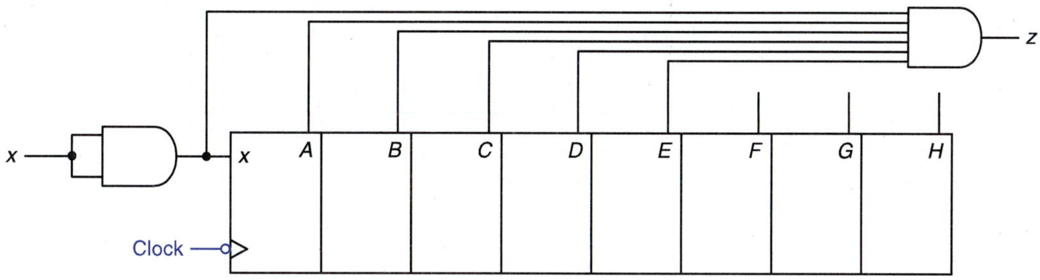

(이 경우 5비트 쉬프트 레지스터만 있으면 되지만, 8비트 쉬프트 레지스터 하나를 사용하는 것이 5비트 레지스터와 플립플롭 조합을 사용하는 것보다 쉽고 싸게 만들 수 있다.)

2. 74164 쉬프트 레지스터와 AND, OR, NOT 게이트를 사용하여, 매 8번째 1 입력(연속적이지 않아도 됨)이 나올 때마다 출력 1을 내보내는 무어 회로를 설계하라. 언제 첫 번째 출력이 나오는지는 상관하지 않는다. 다만 첫 번째 출력 이후에 들어오는 8개의 1 입력마다 출력이 1이 나오기만 하면 된다.

입력이 1일 때만 클럭이 들어가는 쉬프트 레지스터에 입력 1을 집어넣는다. 마지막 플립플롭 H에 1이 도착하면, 쉬프트 레지스터는 클리어될 것이다. 출력은 G로부터 얻을 수 있다; 7번째 1이 들어오면 그 값은 1이 되고 8번째 1이 들어오면 바로 클리어된다. 블록도는 다음과 같다.

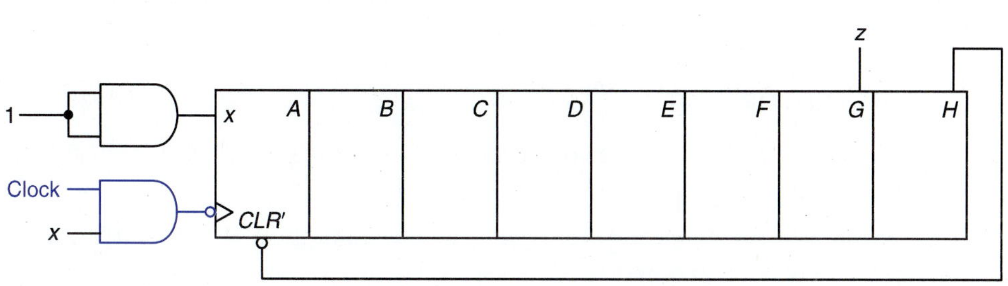

3. 74161 카운터와 AND, OR, NOT 게이트를 이용하여, 입력이 최소 12번 이상의 연속 클럭 타임동안 1일 때 출력 1이 나오는 밀리 시스템을 설계하라.

이 카운터는 입력이 0일 때마다 리셋되고, 카운트 값이 11에 도달할 때까지 입력 1이 들어오면 카운트한다. 카운트 값이 11이 되었을 때 입력이 1이 들어오면 출력 1이 나가게 된다. 블록도는 다음과 같다.

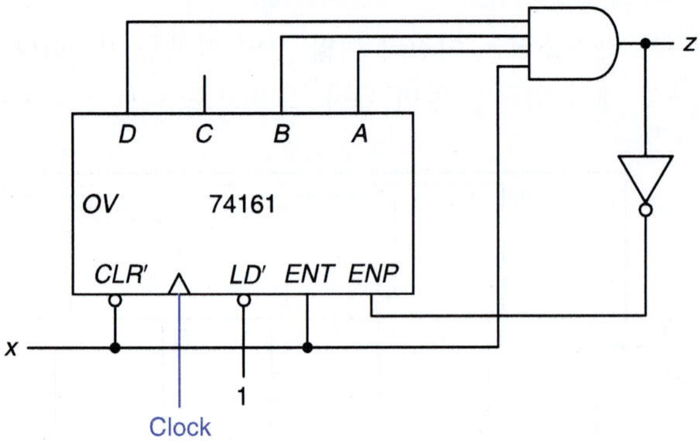

이 카운터는 $x=1$이고 출력이 1이 아닌 경우에 인에이블 된다는 점에 주의하기 바란다; 11 이상의 값이 카운팅 될 때부터에도 이 조건이 적용되게 된다.

4. 입력 x가 한 클럭 구간동안 1일 때 출력 z가 이후 8개의 연속된 클럭동안 1이 되는 시스템을 설계하라. 그 외의 시간에서는 z가 0이 된다. x는 출력 1이 나오는 동안에는 0값을 유지한다고 가정한다. 블록도를 그려라.

예:

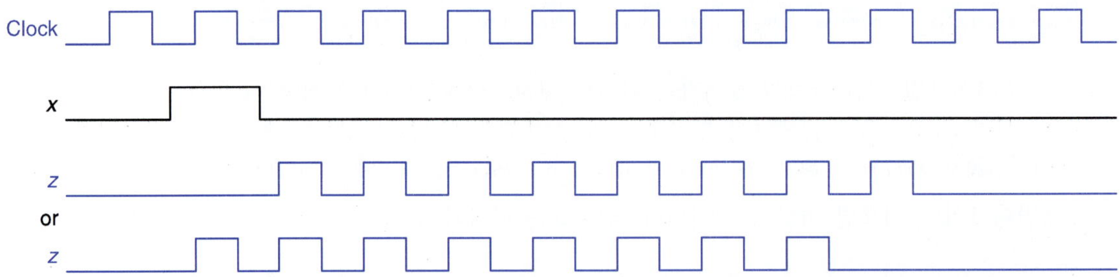

AND, OR, NOT 게이트와 아래의 회로 중 하나를 사용하여 설계하라.

a. 정적 액티브 로우 클리어, CLR'을 가지는 8 비트 직렬-입력 직렬-출력 후행 에지 트리거드 쉬프트 레지스터, 또는

b. 정적 액티브 로우 클리어 CLR'을 가지는 4 비트 후행 에지 트리거드 카운터.

이 회로들을 사용할 때, 한동안 동작을 수행해 왔다고 가정하거나 $x=1$이 처음 나타나기 전에는 출력을 볼 수 없다고 가정하고 문제를 해결하라.

a. x를 활용해 쉬프트 레지스터를 클리어 시키고 그 이후에 각 클럭 시간마다 1을 제일왼쪽 비트로 집어넣는다. 출력은 제일 오른쪽 비트를 이용해 얻을 수 있다; 제일 오른쪽 비트의 값이 0이면 클럭 펄스가 출력으로 나오게 된다.

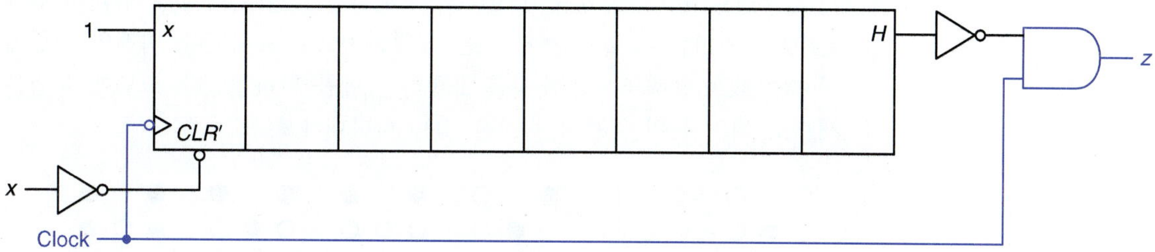

첫 번째 출력은 $x=1$인 동안 발생하게 되기 때문에 이 회로는 문제에서 주어진 z의 타이밍 중 두 번째 타이밍의 형태를 만들어 낸다. 여기서 직렬 출력만을 사용한다는데 주목하라; H'를 만들 수 있다면 출력에 NOT 게이트를 사용하지 않아도 된다.

b. 카운터를 이용한 설계에서는 x를 이용해 카운터를 클리어 시키고 카운트 값이 8미만이 될 때까지(즉 $D=0$인 동안) 카운트한다. 아래의 회로들은 클리어가 정적이고 타이밍이 문제에서 주어진 z의 타이밍 중 두 번째 것과 같을 때 사용 가능하다. 클럭화된 클리어는 오른쪽의 회로에서만 사용할 수 있다; 이 경우 이 회로는 문제에서 주어진 z의 타이밍 중 첫 번째 타이밍을 만들어 낸다.

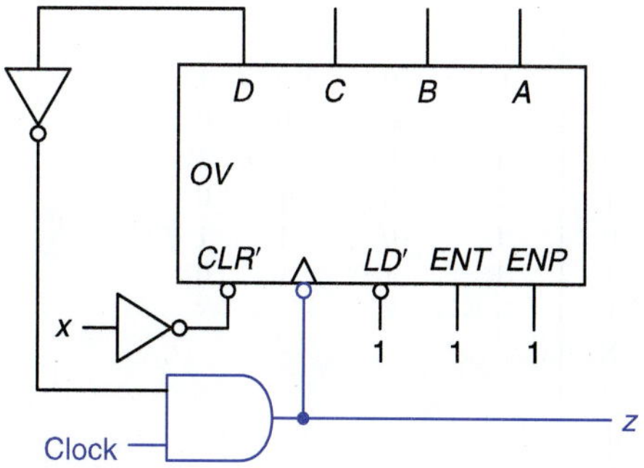

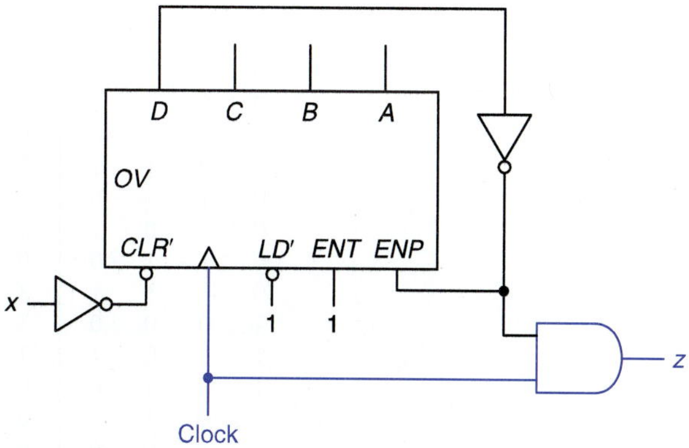

5. 입력 x가 0일 때는 1부터 6까지(반복해서) 상승 카운트 동작을 하고 $x=1$일 때는 6에서 1로 하강 카운팅 동작을 하며 그 결과를 아래의 다이(die)에 디스플레이 해주는 시스템을 설계하라. 다이는 다음 그림처럼 7개의 전구로 구성되어 있다.

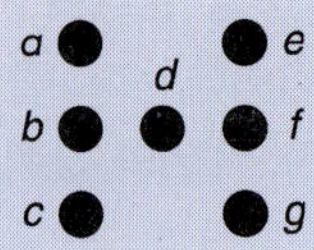

각 세그먼트 (*a*, *b*, *c*, *d*, *e*, *f*, *g*)가 1이 된다는 것은 거기에 불이 켜져 있다는 것을 의미한다. 불이 꺼져 있는 상태는 0으로 표시된다. 아래의 그림에 이 다이를 이용해 6개의 숫자를 표현하는 예를 나타내었다. 그림에서 검은색으로 채워진 원은 불이 들어온 것을 나타낸다.

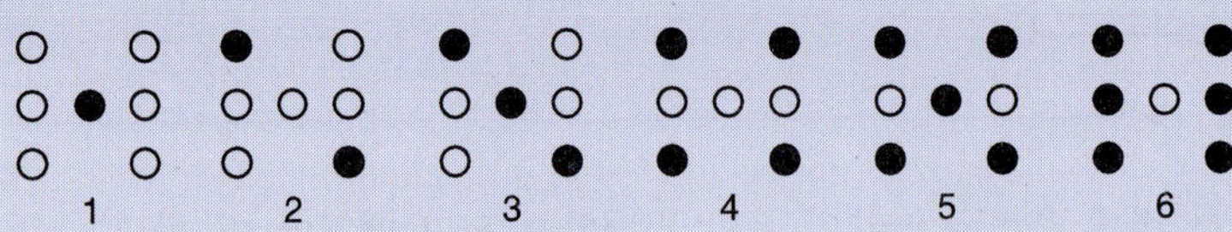

세 개의 *D* 플립플롭을 이용해 1(001)에서 6(110)까지를 카운트하고 이를 반복하는 카운터를 설계하라. 그다음으로 카운터로부터 출력을 받아서 그 값을 디스플레이해주기 위해 7개의 신호(*a*, *b*, *c*, *d*, *e*, *f*, *g*)를 만들어내는 디코더/드라이버를 설계하라. 설계시 16R4 PLD를 사용하라.(*a*와 *g*, *b*와 *f*, *c*와 *e*는 항상 같은 값을 가지므로 실제로는 단지 4개의 서로 다른 출력만 있으면 되기 때문에 이것만 사용해도 된다.)

플립플롭을 *F*, *G*, *H*라고 하면 다음과 같은 진리표를 얻을 수 있다. 디스플레이 출력은 *x*와 상관없기 때문에 여기서는 8개의 열밖에 나타나지 않는다.

x	F	G	H	D_F	D_G	D_H	$a = g$	$b = f$	$c = e$	d
0	0	0	0	X	X	X	X	X	X	X
0	0	0	1	0	1	0	0	0	0	1
0	0	1	0	0	1	1	1	0	0	0
0	0	1	1	1	0	0	1	0	0	1
0	1	0	0	1	0	1	1	0	1	0
0	1	0	1	1	1	0	1	0	1	1
0	1	1	0	0	0	1	1	1	1	0
0	1	1	1	X	X	X	X	X	X	X
1	0	0	0	X	X	X				
1	0	0	1	1	1	0				
1	0	1	0	0	0	1				
1	0	1	1	0	1	0				
1	1	0	0	0	1	1				
1	1	0	1	1	0	0				
1	1	1	0	1	0	1				
1	1	1	1	X	X	X				

7개의 함수에 대한 맵이 다음과 같이 보여진다.

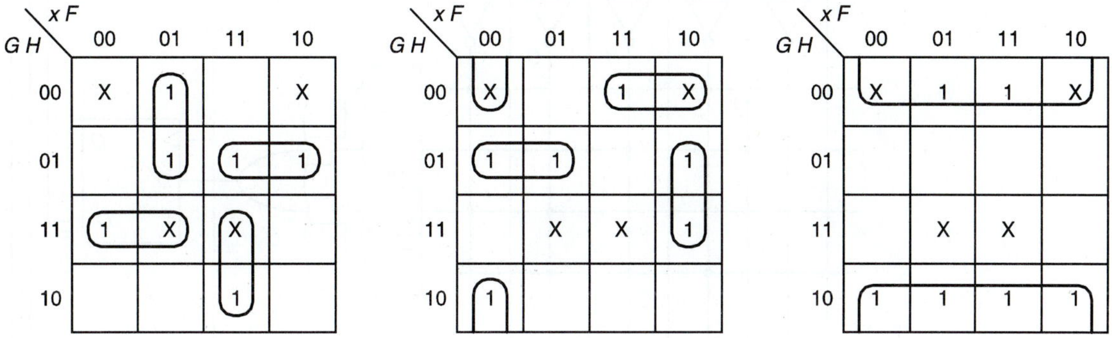

D_F D_G D_H

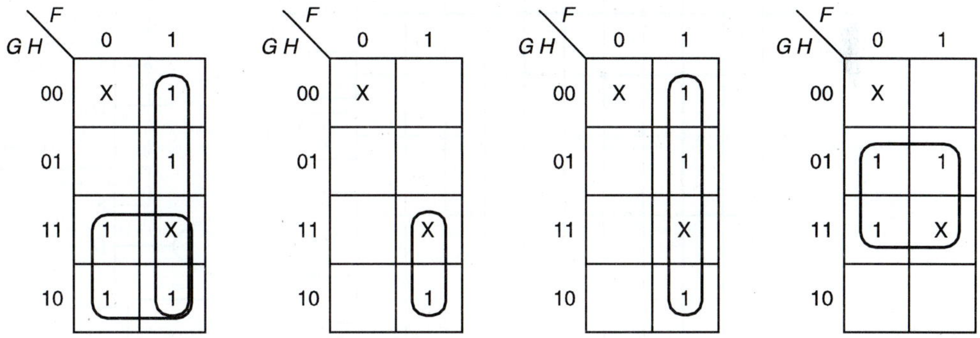

$a = g$ $b = f$ $c = e$ d

$$D_F = x'FG' + xG'H + xFG + x'GH$$
$$D_G = x'F'H' + x'G'H + xG'H' + xF'H$$
$$D_H = H'$$
$$a = g = F + G \qquad c = e = F$$
$$b = f = FG \qquad d = H$$

PLD도는 다음 페이지에 나타나 있다.(사용되는 게이트만 표시했다.)

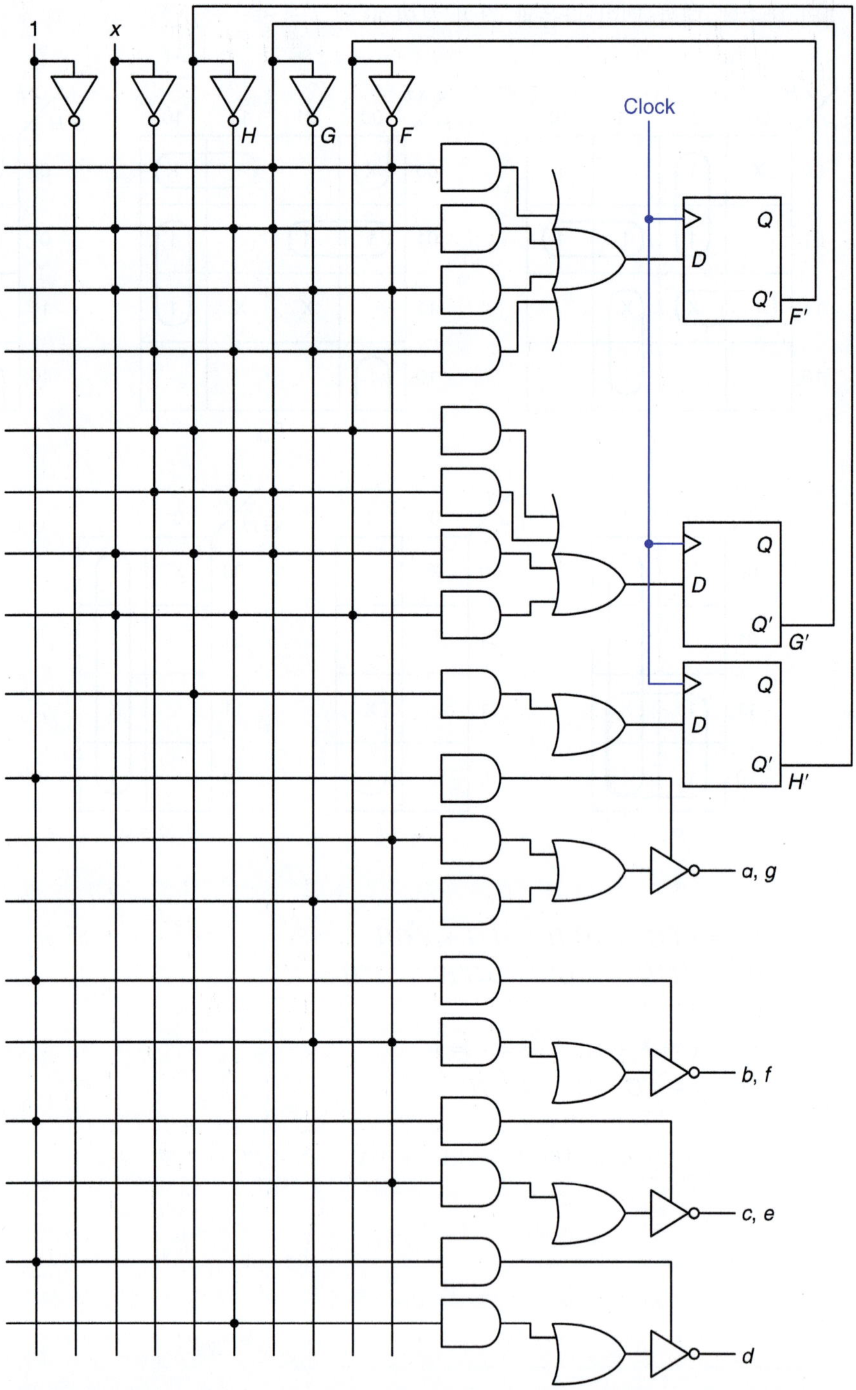

6. 기본적인 알람 시스템을 설계한다. 시스템의 첫 번째 부분은 알람이 켜지면 1을, 아니면 0을 가지는 플립플롭 A와 키패드(10개의 키(key)와 4개의 출력선을 가짐)로 구성된다. 이 키패드는 어떤 키도 눌러지지 않으면 1111을,

키 0부터 9까지 중의 하나가 눌러지면 0000부터 1001의 값을 출력으로 내보낸다.(두개 이상의 키는 동시에 눌려지지 않으며 키패드의 출력은 1010부터 1110까지의 출력값은 내보내지 못한다고 가정하자.)

알람을 세트하거나 클리어하기 위해 숫자 3개의 조합이 입력되어야 한다.(숫자 3개로 이루어진 알람 코드를 포함하고 있는) 세 개의 10자리 스위치가 제어 박스 내에 숨겨져 있다. 이 세 개의 스위치는 각각 4비트 숫자 $R_{1:4}$, $S_{1:4}$, $T_{1:4}$ 를 만들어낸다. 누군가 버튼을 눌러 알람 코드를 입력하면, 첫 번째 숫자가 몇 개의 클럭 구간에 걸쳐 키패드 출력으로 나타나고, 그다음에 (어떤 키도 눌리지 않았음을 나타내는) 16진수 F 가 또 몇 개의 클럭 구간에 걸쳐 나타나고, 이어서 두 번째 숫자가 나타나고, 마찬가지의 동작이 그 이후에 반복된다. 키패드를 관찰해서 만일 올바른 코드가 수신되면 A를 반전시키도록 시스템을 설계해야 한다.(주의: 대부분의 알람 시스템처럼, 알람을 키고 끌 때 동일한 코드를 사용한다.) 알람 코드의 입력 시 각 숫자의 입력 사이에는 적어도 하나 이상의 클럭 구간만큼의 휴지기간이 있다고 가정하자. 하지만 각 숫자의 입력 사이의 휴지기간이 100 클럭을 넘어가면 안된다. 100 클럭이 넘어가는 경우 시스템은 첫 번째 숫자의 입력을 기다리는 상태로 되돌아가게 된다.

이 시스템의 두 번째 부분은 알람을 울리는 부분이다. 입력 신호 D 는 1일 때 문이 열려있음을 0일 때 문이 닫혀있음을 나타낸다. 출력신호 N 은 1일 때 알람이 울림을, 0일 때 그렇지 않음을 나타낸다.(물론, A가 또한 시스템의 이 부분에 대한 입력이 된다.) 알람이 처음 켜지면 문은 1000 클럭 펄스동안 닫혀 있어야 하며 그렇지 않으면 알람이 울리게 된다.(이런 기능을 통해 사용자는 알람이 울려지지 않으면서 알람을 키고 밖으로 나갈 수 있게 된다.) 또한, 문이 열려있는 상태로 알람이 1000 클럭 구간 이상 켜져 있으면, 알람을 끄지 않는 이상 1000 클럭 구간동안 알람이 울리게 된다.

이 시스템의 두 부분을 설계하라. 사용가능한 부속으로는 후행 에지 트리거드 JK 플립플롭, 동기 4 비트 이진 또는 10진 카운터 그리고 모든 타입의 게이트가 제공된다. 각 부분이 포함된 모듈도(modular diagram)를 그리고, 각 부분에 대한 세부 블록도나 수식, 그리고 첫 번째 부분에 대한 ASM도를 그려라.

첫 번째 부분에 대한 한 가지 접근방식은 다음과 같은 상태 조합을 사용하는 것이다.

1. 첫 번째 숫자 입력을 기다린다.
2. 첫 번째 입력된 숫자를 획득하고 키가 해제될 때까지 기다린다.
3. 첫 번째 숫자는 획득했으나 이후에 아무것도 입력되지 않는다.- 잠시 기다린다.
4. 첫 두 개의 숫자를 획득하고 키가 해제될 때까지 기다린다.
5. 두 개의 숫자를 획득했으나 이후에 아무것도 입력되지 않는다.- 잠시 기

다린다.

6. 세 번째 숫자를 획득하고 키가 해제될 때까지 기다린다.

100 클럭의 타임아웃을 무시한 ASM도는 다음과 같다.

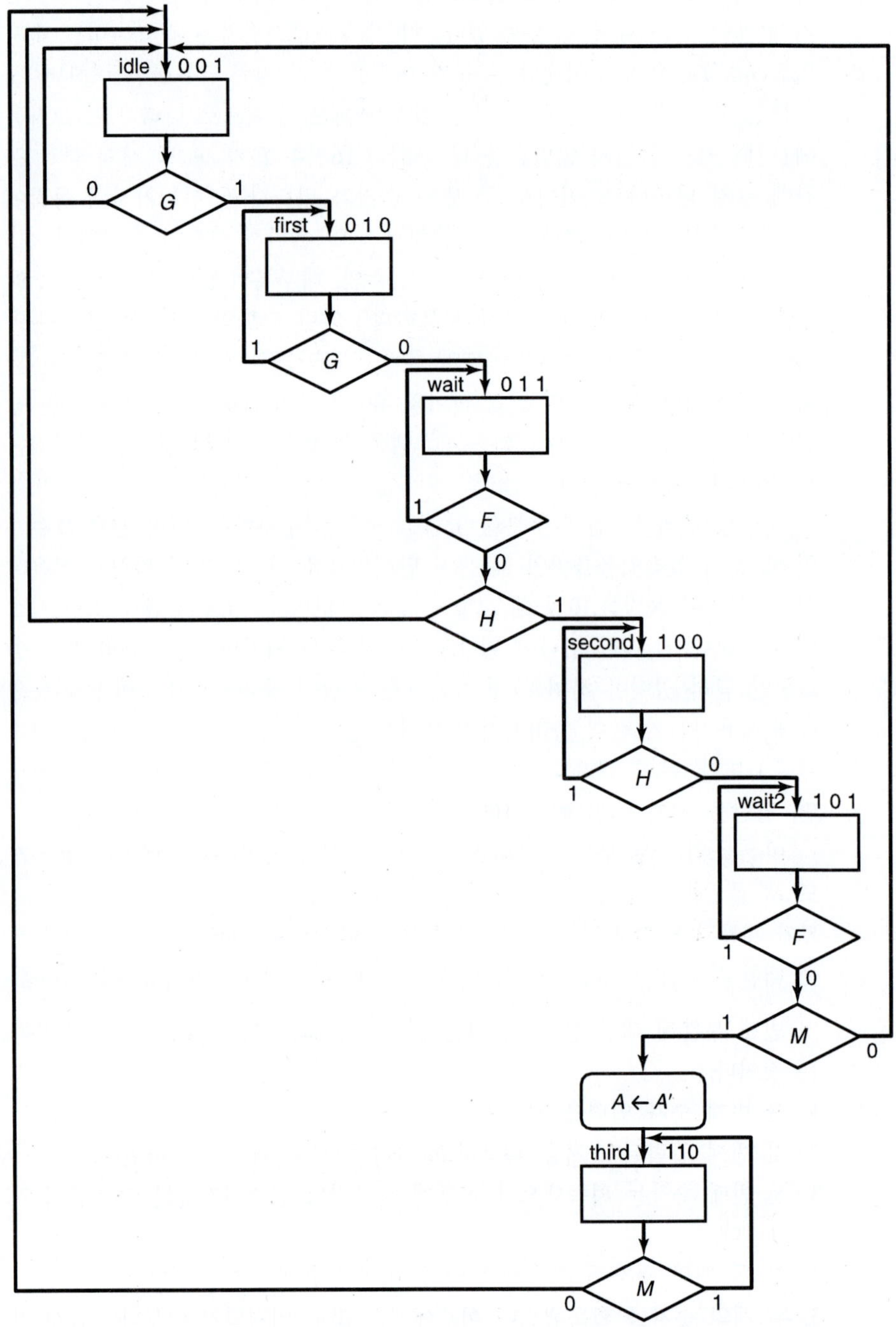

키보드 $X_{1:4}$ 을 통해 입력을 받는다면,

$$\text{Nothing pushed} = X_1X_2X_3X_4 = F$$
$$\text{First Digit} = (X_1 \oplus R_1)'(X_2 \oplus R_2)'(X_3 \oplus R_3)'(X_4 \oplus R_4)' = G$$
$$\text{Second digit} = (X_1 \oplus S_1)'(X_2 \oplus S_2)'(X_3 \oplus S_3)'(X_4 \oplus S_4)' = H$$
$$\text{Third digit} = (X_1 \oplus T_1)'(X_2 \oplus T_2)'(X_3 \oplus T_3)'(X_4 \oplus T_4)' = M$$

이것은 7개의 변수를 가진 문제이다: 3개의 상태 q_1, q_2, q_3. 그리고 입력 F, G, H, M 으로부터 산출된 함수. 상태를 이진수로 코드화 한다.(예를들어 3을 011로 코드화 한다.) 그리고 나서 세 개의 플립플롭의 다음 상태 부분을 구분해서, 이진수로 표를 그린다.

					$q_1^\star$					$q_2^\star$					$q_3^\star$		
q_1	q_2	q_3	F	G	H	M	#	F	G	H	M	#	F	G	H	M	#
0	0	0	X	X	X	X	X	X	X	X	X	X	X	X	X	X	X
0	0	1	0	0	0	0	0	0	1	0	0	0	1	0	1	1	1
0	1	0	0	0	X	X	X	1	1	X	X	X	1	0	X	X	X
0	1	1	0	0	1	0	0	1	0	0	0	0	1	1	0	1	1
1	0	0	1	X	1	X	X	0	X	0	X	X	1	X	0	X	X
1	0	1	1	0	0	1	0	0	0	0	1	0	1	1	1	0	1
1	1	0	0	X	X	1	X	0	X	X	1	X	1	X	X	0	X
1	1	1	X	X	X	X	X	X	X	X	X	X	X	X	X	X	X

표에서 # = $F'G'H'M'$ 를 뜻한다. 여기서 F, G, H, M 중의 하나만 1이 될 수 있다.

한 순간에 하나의 행만 고려한 다음 상태에 대한 표현식을 찾는다. 찾은 것이 최적화된 형태는 아니지만 여기서 중단한다.

$$q_1^\star = Fq_1q_2' + H(q_2 + q_3') + Mq_1$$
$$q_2^\star = Fq_1'q_2 + G(q_1'q_2' + q_3') + Mq_1$$
$$q_3^\star = F + G(q_1 + q_2q_3) + H(q_1'q_2' + q_1q_3) + Mq_1' + F'G'H'M'$$

제어 플립플롭 A는 제어기가 상태 5에서 6으로 갈 때, 즉 $q_1q_2'q_3M$일 때 보수화된다. 지금까지 진행해 오면서 타임아웃에 대한 것은 고려하지 않았다. 100진수 카운터를 2개의 십진 카운터를 이용해 만든다. 이 카운터는 상태 2에서 3으로 갈 때나 4에서 5로 갈 때 클리어되고, 제어기가 상태 2나 4에 있으면 인에이블 된다. 카운터가 롤오버되는 경우, 즉 99에서 00으로 가는 경우, 제어기를 상태 1로 설정해주기 위해 제어기 플립플롭의 정적 클리어와 프리셋 입력을 사용한다.

다음으로 알람 제어 부분을 설계한다. A가 1로 가면, 세 자릿수 십진 카운터가 클리어 된다. 카운터가 1000에 도달하면 두 번째 플립플롭 B가 세트된다. B가 세트되고 D가 1로 가면, 1000까지 세는 동작을 다시 시작한다. 카운터가 1000에 도달할 때까지 A가 0으로 가지 않으면, 알람이 울리게 된다. 즉, 플립플롭 N이 1로 간다. A가 0으로 가면 B와 N 모두 클리어된다. 이 시스템에 대한 그림이 다음과 같이 나타난다.

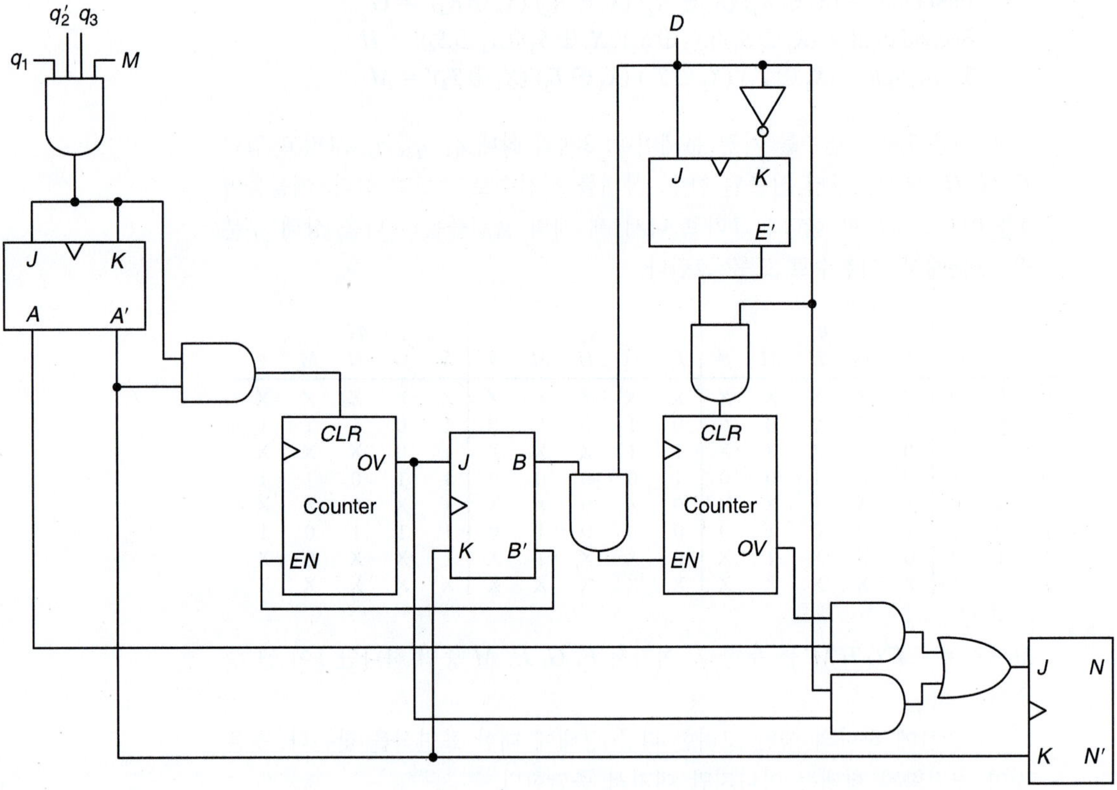

이 그림에서 모든 클럭 입력은 시스템 클럭과 연결되어 있다.(하지만 그림에서는 복잡해지는 것을 피하기 위해 나타내지 않았다.) 두 개의 카운터는 1000진수 카운터이다(즉 3개의 십진 카운터를 캐스케이드로 연결했다); 모든 입력은 액티브 하이라고 가정한다. A가 1로 가면 첫 번째 카운터가 클리어된다. A가 0이면 플립플롭 B가 클리어되므로 0이 된다. B는 카운터가 1000에 도달하면 1로 세트된다. 하지만 이때 문이 여전히 열려있으면(즉, 첫 번째 카운터가 오버플로우되고 문이 열려있는 상태이면), 알람이 울린다. 알람 플립플롭 (N)은 A를 클리어시키기 위해 코드가 입력될 때까지 세트된 상태를 유지한다. E 플립플롭은 문이 처음 열렸을 때 두 번째 카운터를 클리어시키는데 사용된다. 이 카운터는 문이 열려있고 $B=1$이면 인에이블된다. 1000 클럭동안 알람이 꺼지지 않으면(A와 B를 0으로 보냄) 알람이 계속 울리게 된다.

7.9 연습문제

1. 74164 쉬프트 레지스터를 사용하여, 최근 9개의 입력이 0일 때 출력 1을 내보내는 밀리 시스템을 설계하라.

2. 두 개의 74164 쉬프트 레지스터를 사용하여, 정확히 6개의 1 이후에 정확히 8개의 0 입력이 들어오는 경우에 출력이 1이 되는 무어 시스템을 설계하라.

3. 카운터를 사용하여 8개 이상의 연속된 클럭동안 1 입력이 들어올 때 출력 1이 나오는 시스템을 설계하라.

a. 클럭화된 액티브 로우 클리어를 가지고 인에이블 입력은 없는 카운터를 사용하라.

b. 정적 액티브 로우 클리어와 액티브 하이 인에이블을 가지는 카운터를 사용하라.

***4.** 정확히 7개의 클럭 시간동안 0 입력을 가질 때 출력 1이 나오는 시스템을 설계하라. 조합 논리 외에 다음의 부속 중 하나를 사용할 수 있다.

a. 클럭화된 액티브 로우 *CLR'*을 가지는 4비트 카운터

b. 8비트 쉬프트 레지스터

5. 클럭 펄스를 입력으로 가지고 매 25번째 클럭 펄스와 동시에 출력 펄스를 내보내는 순차 시스템을 설계하라.(시스템의 초기화는 다루지 않는다.)
사용가능한 부속은 다음과 같다.

1. AND 게이트(입력 개수는 상관없음)
2. 인버터(NOT 게이트)
3. 두 개의 16진수 카운터(자세한 설명은 아래에 있음)

이 카운터는 후행 에지 트리거드로 동작한다. *D*, *C*, *B*, *A*의 4개의 입력이 있는데 *D*가 제일 상위 비트이다. 이 카운터는 클럭 입력과 액티브 로우 정적 클리어 *Clear'* 입력을 가지고 있다. 또한 데이터 입력선 IN_D, IN_C, IN_B, IN_A와 더불어 액티브 로우 정적 *Load'* 입력도 가지고 있다.
(*Clear'*와 *Load'*는 동시에 0이 될 수 없다고 가정한다. 둘 중 하나가 0이면 클럭이 무효화된다.)

a. 위의 부속을 사용해 시스템을 설계하되 *Clear'* 입력은 사용가능 하지만 *Load'* 입력은 사용 할 수 없다.

b. 위의 부속을 사용해 시스템을 설계하되 *Load'* 입력은 사용가능 하지만 *Clear'* 입력은 사용할 수 없다.

6. 시스템을 다음을 이용해 설계하라.

a. 74190 1개

b. 74192 1개

위의 부속외에(플립플롭을 포함해서) 필요한 어떤 논리이라도 사용할 수 있다. 이들을 사용해서 다음과 같은 시퀀스를 가지는 시스템을 설계하라.

0 1 2 3 4 5 6 7 8 9 8 7 6 5 4 3 2 1 (0 1) and repeat.

7. 예제 7.6의 시스템에 사용되는 제어기를 *D* 플립플롭과 NAND 게이트를 이용해 구현하라.

***8.** 16비트 레지스터 *A*와 4비트 레지스터 *N*을 가지는 어느 시스템의 제어기에 대한 ASM도를 그려라. 입력선 *s*에 신호 1이 들어오면 레지스터 *A*는 *N* 자릿수 만큼 오른쪽으로 쉬프트한다.(쉬프트 할 수 있는 자릿수는 0-15 사이의 값을 가질 수 있으며, 오른쪽 쉬프트시 왼쪽 빈공간에는 0이 삽입된다.) 레지스터 *A*는 한번에 한자리만큼 쉬프트 할 수 있다. 레지스터 *N*은 1씩 감소될 수 있다. 쉬프트 동작이 완료되면 출력선 *d*에 1이 두 클럭동안 나타난다.

9. 아래 그림처럼 카운터, 디스플레이 드라이버, 7세그먼트 디스플레이의 세 가지 부속으로 구성된 시스템을 설계하라.

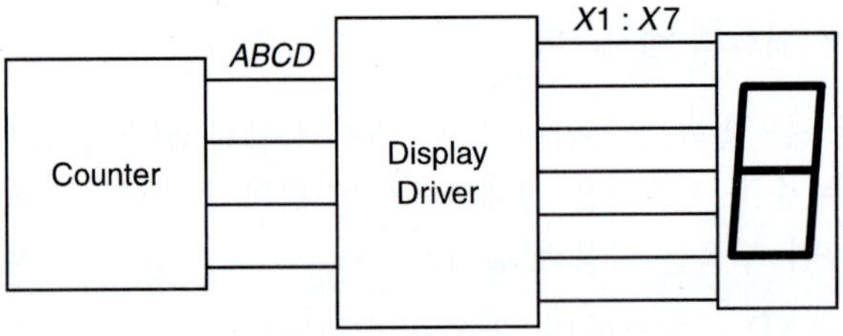

a. 네 개의 *JK* 플립플롭 *A*, *B*, *C*, *D*와 최소 개수의 NOR 게이트를 사용해 카운터를 설계하라. 이 카운터에서는(표 1.7에 나오는) 2421코드를 이용해 십진수를 이진수 코드화했다.(binary-coded-decimal) 이 카운터는 다음과 같은 시퀀스를 가진다.

0 3 6 9 2 5 8 1 4 7 and repeat

그러므로 이 카운터는 0000, 0011, 1100, 1111, 0010 등의 시퀀스를 가진다. 이 카운터에 대한 설계를 완성하고, 상태 그래프를 그려라. 상태 그래프에서는 카운터가 켜지고 사용되지 않는 상태(예를 들면 0101) 중 하나에 도착한다면 어떤 일이 일어나는지에 대해 확실히 보여야 한다.

b. 카운터의 출력은 디스플레이 드라이버의 입력으로 들어간다. 이 드라이버는 4개의 입력과 7개의 출력을 가진 조합 회로이다. 사용되지 않는 코드 중 하나가 발견된다면(예를 들면 카운터가 켜지고 *ABCD*=0111인 경우), 디스플레이의 7개 입력이 모두 0이 되어야 한다. *X1*, *X2*, *X3*, *X4*, *X5*, *X6*, *X7*를 근사 최소(near minimum) SOP를 사용하여 구현하라.(추

가 세그먼트에 불이 켜지지 않도록 하여 6, 7, 9의 버전을 사용하라.) (17개의 게이트와 56개의 입력을 가지는 해법이 존재한다.)

10. 앞에서 이미 다음과 같은 시퀀스를 가지는 십진 카운터를 만들었다.

0000 0001 0010 0011 0100 0101 0110 0111 1000 1001 and repeat.

이 카운터는 플립플롭 *W*, *X*, *Y*, *Z*로 구성되어 있다. 이를 이용해 연습문제 9에서처럼 0, 3, 6, 9, 2, 5, 8, 1, 4, 7을 반복하는 사이클을 디스플레이하려고 한다. 이런 동작을 수행하도록, 연습문제 9b의 카운터와 디스플레이 드라이버 사이에 들어갈 추가적인 박스를 설계하라. 예를 들어, 카운터가 $WXYZ = 0010$을 가질 때 6을 디스플레이 하려고 $ABCD = 1100$(왜냐하면 2421 코드로 6이 1100이므로)이 되도록 동작해야 한다. 이 박스를 4개의 입력과 4개의 출력을 가진 PLA를 사용하여 구현하라.

11. (현재 입력을 포함해서) 최근의 입력 3개 중 적어도 2개 이상이 0인 경우에만 출력 z가 1이 되는 시스템의 블록도를 그려라. 상태표나 상태도는 그릴 필요 없다. 어떤 타입의 플립플롭이나 게이트도 사용 가능하다.

12. 하나의 입력선 x와 세 개의 플립플롭 *A*, *B*, *C*로 구성된 순차 시스템(카운터)를 설계하라. x=0이면 시스템은 상태 (0, 1, 2, 3, 4), 0, ...의 시퀀스를 가지며, x=1이면 시스템은 상태 (2, 3, 4, 5, 6, 7), 2, ...의 시퀀스를 가진다. 시스템이 상태 5, 6 또는 7일 때 x=0이거나, 상태 0 또는 1에 있을 때 x=1이 되면 시스템은 다음 클럭에 상태 3으로 간다.

a. 사용가능한 부속은 다음과 같다.

7400, 7404, 7410, 7420과 7430(NAND 게이트 패키지)	각 25센트
후행 에지 트리거드 *JK* 플립플롭 패키지 쌍	각 1달러
D 플립플롭 패키지 쌍	가격은 추후 결정

이 시스템을 두 가지 방법으로 설계하라:

i. 첫 번째 방법: *JK* 플립플롭을 이용
ii. 두 번째 방법: *D* 플립플롭을 이용

각 설계에 대한 수식을 보이고, 둘 중 하나에 대한 블록도를 그려라.

b. 이 설계가 다음 부속을 사용하는 경우보다 더 저렴해지기 위한 *D* 플립플롭 패키지의 가격 범위를 결정하라.

JK 플립플롭만 이용하는 경우
JK 패키지 하나와 *D* 패키지 하나를 이용하는 경우
D 플립플롭만 이용하는 경우

c. 시스템이 시퀀스에서 벗어나서(즉 상태 5, 6 또는 7일 때 x=0이거나, 상

태 0 또는 1에 있을 때 $x=1$인 경우) 상태 3에 오게 될 때 1값을 내보내는 출력을 추가하려고 한다. 이를 위해서 추가적인 플립플롭이 필요하다.

d. c의 시스템을 PLD를 이용해 설계하라.(원하는 타입의 PLD를 사용하라.)

13. 현재 시간의 시, 분, 초를 보여주는 클럭 디스플레이를 설계하라. 클럭은 정확히 1 KHz(즉 1초에 1000 클럭 펄스가 발생됨)를 가진다고 가정하자. 6개의 7 세그먼트 디스플레이를 사용해서 군용시간(시간이 00부터 23까지 존재)이나 정규시간(시간이 AM, PM에 각각 1부터 12까지 존재) 타입으로 동작한다. 입력선 x을 통해 군용시간 타입인지 정규시간 타입인지를 구분한다. 7번째 디스플레이는 정규시간 타입인 경우 AM, PM을 나타내 주기 위해 사용되며 각 경우에 A와 P로 표시된다; 이 디스플레이는 군용시간 타입인 경우에는 꺼져있게 된다. 여기서 BCD-to-seven-segment 디코더 드라이버가 사용가능하다고 가정하자; 하나는 각 디스플레이에 사용되고 또 다른 하나는 AM/PM 표시용으로 사용된다.

a. 비동기 카운터(7490과 7492를 활용하여)를 사용해 설계하라. 이 카운터들은 임의의 시간으로 세트시킬 수 없다는 문제점을 가지고 있다.

b. 정적 로드 입력을 가지는 동기 카운터를 사용하여 설계하라.(이 경우 임의의 시간으로 세트시키기 위해서는 각 숫자에 대해서 4개씩 많은 수의 스위치가 필요하게 된다.)

c. 위의 각 설계에 대해서 다음과 같이 시간과 분을 세트시키는 기능을 포함시켜라.

입력 f가 0일 때 클럭은 정상적으로 동작한다; $f=1$일 때 시간을 조정할 수 있다.

$f=1$이고 $g=1$일 때 시간은 매초마다 한 시간씩 증가한다.

$f=1$이고 $h=1$이면 분이 매초마다 1분씩 증가한다.

또한 $f=1$이면 초는 00으로 간다.

14. 다음 12개의 상태 시퀀스를 가지는 카운터를 설계하라.

10 4 5 1 2 8 11 3 9 12 13 0, and repeat.

시퀀스의 시작점이 어디인지는 중요하지 않다. 사용가능한 패키지로는 각 50센트짜리 NAND 게이트(7400, 7404, 7410, 7420, 7430)와 아래에 설명된 저장 디바이스가 있다.

세 가지 방식의 설계를 수행하고 각각을 비교하라. 각각에 대해서 수식과 블록도를 그려라. 각 설계에서 4개의 출력은 W(최상위비트), X, Y, Z로 통일한다.

a. 사용가능한 저장 디바이스는 4개의 JK 플립플롭으로 모두 합해 2.50달러이다.

b. 사용가능한 저장 디바이스는 4개의 D 플립플롭으로 가격은 미정이다.

c. 하나의 74161 4비트 동기 카운터를 사용할 수 있고 조합 디코더 블록을 만들어야 한다. 이 블록은 카운터의 출력이 0, 1, 2, 3, 4, ...이 나올 때 이를 0은 10으로, 1은 4로, 2는 5로, 3은 1로, 4는 2로 등등과 같이 변환하는 동작을 수행한다. 상태 11에서는 상태 0으로 되돌아가야 한다.

위의 세 가지 설계를 비교해서, 설계 b가 설계 a보다 저렴하게 구현되려면 *D* 플립플롭이 얼마가 되어야 하는지, 그리고 설계 c가 설계 a보다 저렴하게 구현되려면 카운터 가격이 얼마가 되어야 하는지를 결정하라.

15. a. 문제풀이 5에서, 7까지 카운트할 수 있고, 7일 때는 다이 디스플레이의 모든 전구에 불이 들어오도록 하였을 때, 문제풀이 5를 다시 해결하라.

b. 문제풀이 5에서, 0(모든 전구가 꺼짐)에서 7까지 카운트 할 수 있지만 카운터가 포화된다고 할 때(즉, 상승 카운트 시에는 카운터가 7에 도착한 후 0으로 돌아가는 것이 아니라 7에 그대로 머물러 있고, 하강 카운트 시에는 카운터가 0에 도착한 후 7로 가는 것이 아니라 0에 머물러 있다고 할 때), 문제풀이 5를 다시 해결하라.

7.10 이 장의 테스트(25분)

입력이 정확히 7개의 연속된 클럭 시간동안 0일 때만 출력이 1이 되는 밀리 시스템을 설계하라. AND, OR, NOT 게이트 외에 하나의 8비트 직렬-입력 병렬-출력 쉬프트 레지스터와 하나의 4비트 카운터를 사용할 수 있다. 8비트 카운터는 액티브 로우와(카운터가 인에이블될지 유무를 결정하는) 클럭화된 클리어를 가지며, 4비트 카운터는 액티브 로우, 정적 클리어와 액티브 로우 인에이블을 가진다. 이 문제에서는 주어진 시스템을 두 가지 방식으로 설계해야 하는데, 첫 번째 방식은 주어진 8비트 카운터를 사용하는 것이고 두 번째 방식은 주어진 4비트 카운터를 사용하는 것이다.

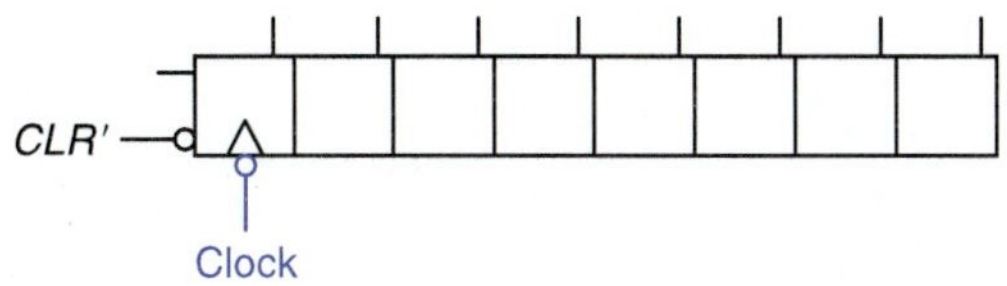

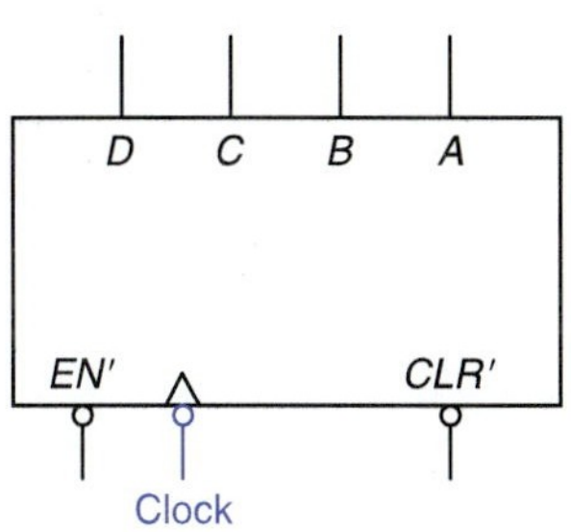

PART II 컴퓨터 설계

8 컴퓨터 구조

지금까지 우리는 일반적인 디지털 시스템을 공부했다. 책의 남은 부분은 디지털 컴퓨터 설계에 초점을 두었다. 본 8장에서는 컴퓨터의 다양한 구성에 대해서 살펴 볼 것이다. 제 10장에서는 MODEL이라는 이름을 갖는 간단한 컴퓨터의 설계를 더 자세히 살펴 볼 것이다.

그림 8.1은 컴퓨터의 블록 다이어그램이다. 중앙처리장치인 CPU (Central Processing Unit)는 상태기, 산술 및(덧셈기와 같은) 논리회로의 전체 내부 레지스터와(계산기의 동작을 통합하여 타이밍 신호를 발생시키는) 제어기를 포함하고 있다. 버스(BUS)는 데이터, 어드레스, 그리고 컨트롤 시그널을 CPU와 상태기 사이에서 전달하는 도선들의 집합이다.(대부분의 컴퓨터는 CPU 내부에 하나 혹은 그 이상의 버스가 있다.) 우리는 제 9장에서 버스의 구조를 살펴 볼 것이다.

주기억장치는 고속 동작의 임의 접근방식(Random access)의 기억장치이다.[1] 보통 BUS에 연결되고 조절기를 포함하는 디스크와 같은 2차 메모리를 갖는다. 입/출력(I/O) 제어기는 버스와 외부주변장치 사이를 접속한다.

그림 8.1 일반적인 컴퓨터 구조

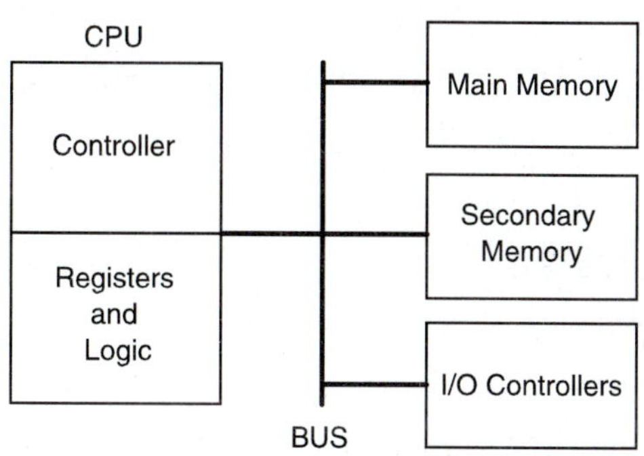

1) 임의적 접근(Random Access)에 의해 메모리에서 각 워드에 접근하는(읽거나 쓰는) 시간은 같다는 것을 의미한다. 디스크와 같은 다른 장치에서 접근 시간은 read/write head에 관련된 워드의 자리에 달려있다.

우리는 제 11장에서 기억장치와 I/O의 접속에 관해서 자세하게 다룰 것이다.

기억장치의 워드(word)는 주소로 지정하는 가장 작은 저장단위를 의미한다. 가끔 더 작은 크기와 더 큰 크기가 사용되기도 하지만,[2] 워드의 크기는 일반적으로 16 bit에서 64 bit 사이이다. 현재의 컴퓨터는 수백만 번지 이상의 워드를 갖는데, 일반적으로 24비트(2^{24}=1천6백만) 이상의 번지가 필요하다. 실제로는 수 기가 바이트의 메모리가 보통이다.

주기억장치가 빠르게 동작한다고 하더라도 CPU는 메모리로부터 정보를 검색할 수 있는 것보다 훨씬 빨리 정보를 처리할 수 있다. 컴퓨터의 레지스터와 논리회로영역에는 명령이 수행되는 동안 정보를 저장하기 위한 많은 내부 레지스터가 있다. 또한 적은 양의 사용자 메모리가 있다. 대부분의 컴퓨터에는 데이터의 임시 저장을 위하여 프로그래머가 번지를 지정 할 수 있는 레지스터(종종 16~64개의 레지스터로 구성) 세트가 있다. 이 레지스터들에의 읽기 쓰기 접근 동작은 보통 주기억장치보다 더 빠르며 버스를 거치지 않으며, 레지스터 접근 동안에 버스가 다른 동작을 수행하는 것이 가능하도록 한다. 레지스터 번지는 주 메모리 번지보다 더 짧다. 예로서, 32개 레지스터에는 오직 5비트(2^5)의 번지만 필요하다. 많은 컴퓨터에는 물론 캐쉬(Cache) 메모리도 있다.(그림 8.1에는 도시하지 않음) 캐쉬는 최근에 사용된 메모리 워드(명령어와 데이터)를 저장하기 위한 복잡한 하드웨어로 구성된 작은 메모리이다.

레지스터와 논리 부분의 작업을 수행하는 부분은 산술논리장치(ALU)이다. ALU(Arithmetic and Logic Unit)는 고정소수점 수의 덧셈과 뺄셈을 위한 회로, AND나 OR와 같은 비트의 논리 연산 회로, 비트들의 집합을 자리 이동 동작연산인 순환연산(rotating) 또는 쉬프트 연산(Shift)하기 위한 회로가 있다. ALU는 곱셈기와 나눗셈기의 하드웨어를 포함하는 것도 있고, 일련의 덧셈, 뺄셈과 자리 이동의 동작을 수행하여 곱셈과 나눗셈을 수행하기도 한다. ALU는 부동 소수점 연산을 위한 논리회로를 포함하는 구조도 있고, 부동 소수점 연산을 위한 독립된 장치를 갖는 것도 있다. ALU의 피연산자는 모두 레지스터로부터 온다.

컴퓨터는 메모리에 저장된 명령어를 순차적으로 수행한다.(특별한 목적의 제어기는 명령어와 데이터를 위한 메모리를 별개로 구별하기도 하지만, 대부분의 컴퓨터는 단일 주기억장치를 갖는다.) 컴퓨터는 주기억장치에서 차례로 명령어를 저장한다. 프로그램 카운터라고 불리는 특정된 레지스

---

2) 몇몇 컴퓨터는 바이트(8비트) 주소를 번지 지정하고 다양한 크기의 데이터와 함께 작동하는 명령어를 제공할 것이다.

터는 다음 명령어 처리를 위한 명령어의 시작 번지를 기억한다. 각 명령어가 수행될 때 프로그램 카운터는 자동적으로 업데이트 된다.

컴퓨터 명령어의 예를 들면,

두 수를 더하고 결과를 저장한다.(ADD)
수를 1 증가시킨다.(INC)
플래그 비트가[3] 0이라면 순서를 건너뛰어라.(프로그램 카운터를 변경한다.)

각 명령어는 수행될 동작을 표시하는 동작 코드(op-code)를 포함하고 있다. 동작 코드(op-code)는 데이터를 어디서 찾고 결과를 어디에 기억하고 때로는 다음 명령어의 번지를 지정하는 코드이다.[4] 대부분의 컴퓨터의 아키텍처에서 명령어는 메모리 워드 크기와 비트수가 일치한다. 다음 섹션에서 살펴볼 일부 명령어는 다수의 워드를 요구한다. 어떤 구조에서는 하나의 워드에 하나 이상의 명령을 채운다.

순차적인 일련의 명령들을 수행하기 위해서 컴퓨터는 다음 과정을 단계적으로 수행한다.(각 명령을 수행완료한 후에는 1단계로 되돌아간다.)

1. 명령어 불러내기 동작(fetch operation): 명령어 불러내기 동작을 위해서 프로그램 카운터로부터 지정된 메모리 번지를 읽어내어, 명령어 레지스터(Instruction register)라 불리는 CPU의 내부 레지스터에 워드를 저장한다.(명령어가 여러 개의 워드로 구성되는 경우에는 프로그램 카운터가 이에 맞추어서 증가된다.;이런 경우는 8.1.1절을 참조하라)
2. 프로그램 카운터 증가 동작: 다음 명령(의 첫 워드)을 지시하기 위해 프로그램 카운터를 업데이트 한다.(이는 프로그램 카운터를 증가시키는 것을 의미한다. 만일 현재 명령이 하나 이상의 워드를 요구하면 다시 프로그램 카운터를 증가시킨다.)
3. 명령 디코딩 동작: 명령 디코딩은 명령어의 동작을 수행하기 위해 어떤 동작이 필요하고 어떤 피연산자가 필요한지 여부를 결정한다.(가변 길이의 명령어 체계를 갖는 CPU에서는 1단계 동작의 일부로 디코딩이 수행된다.)

---

3) 플래그 비트는 연산기의 동작에 관한 정보를 저장하는 레지스터와 논리부의 일부 비트이다. 플래그 비트의 내용은 때때로 조건 코드로 간주된다. 예를 들면, 마지막 산술적 동작이 음수인지를 나타내는 비트일 것이다.

4) 대부분의 최근 컴퓨터에서 다음 명령어의 첫 번째 워드는 분기명령을 제외하고는, 현재 명령어 뒤에 오는 위치에 저장된다고 가정한다. 이전 컴퓨터 일부에서는 모든 명령어는 다음 명령어의 번지를 포함하였었다.

4. 피연산자 가져오기 : 피연산자는 몇몇의 경우에는 레지스터에 있고 나머지는 주 메모리에 있다. 주 메모리에 피연산자가 있는 경우에는 피연산자가 저장된 번지가 계산되어야 하고 메모리로부터 CPU 레지스터로 정해진 데이터를 불러오는 과정이 필요하다.
5. 명령어 수행 : 요구되는 연산을 수행한다.
6. 결과 저장 : 메모리나 레지스터에 결과를 저장한다.(점프 명령어에서는 명령어 수행 결과가 다음 명령어의 주소이고 이는 프로그램 카운터에 저장된다.)

8.1 워드의 구조

컴퓨터 구조의 설계에서 두 요인이 워드의 비트 수에 영향을 미친다. 하나는 명령어를 지정하는데 필요한 비트 수이고, 다른 하나는 처리될 데이터 크기이다. 명령어의 워드와 처리되어야하는 데이터 타입은 서로 상반되는 이유로 워드 사이즈에 영향을 준다.

대부분의 CPU의 내부 레지스터는 워드 하나의 크기를 갖는다. 일반적으로 내부와 외부버스는 한 번의 수행을 통해서 워드 하나 크기의 데이터를 이동시킬 수 있다. 따라서 워드 크기를 크게 하면 CPU 하드웨어와 버스를 구현하는 비용이 증가될 것이다. 반면에, 큰 워드 크기는 처리 속도를 높이는 데 도움이 될 것이다. 어떤 CPU에서는 동시에 메모리의 여러 개의 워드에 접근 가능하도록 설계하며, 이 경우에는 CPU의 버스는 워드 크기보다 커지지만, CPU 레지스터는 워드 크기를 갖는다. CPU 설계의 최종 고려사항은 구현 비용, 처리 속도, 효율 사이에서 일반적으로 절충점을 찾는 것이다.

8.1.1 명령어 형식(Instruction format)과 워드 크기

ADD와 같은 전형적 2-피연산자 명령은 피연산자와 연산 결과가 기억되는 곳을 지정해야 한다. 한 가지 접근은 그림 8.2a에서 제시한 것처럼, 연산자 명령에서 세 개 번지를 위한 주소를 정하는 것이다. 명령어에서 각 주소 필드는 메모리 위치, 레지스터의 번호, 실제 데이터 또는 유효 번지(데이터가 있거나 결과가 저장될 메모리 번지)를 계산하기 위한 정보를 규정한다. 따라서 주소 필드는 대부분의 경우 주소지정 모드와 실제 주소의 두 부분으로 구성된다. 본 교재 8.3절에서는 다양한 주소 지정 모드에 관해서 다룰 것이다. 만약 세 개의 자리가 모두 메모리 번지라면, 명령어는 매우

그림 8.2a 명령어 형식

a. Three-Address Instruction

OP	Destination	Source1	Source2

b. Two-Address Format

OP	Destination/Source1	Source2

c. One-Register/ One-Memory Address

OP	RN	Source2

길어질 것이다. 예를 들어, 만약 op-code가 8비트인데, 4비트가 주소 모드이고 메모리 주소길이가 28 bit이면 명령어는 104 bit 일 것이다.(즉, (4+32)×3+8=104비트) 이 접근은 다음 두 가지 이유로 널리 사용되지 않는다. 첫째로, 매우 긴 명령어를 요구한다. 두 번째로는 두 연산자 데이터는 주기억장치로부터 불러와야하며, 연산 결과 또한 주기억장치에 저장되어야만 한다. 메모리 참조 동작은 CPU의 속도보다 느리기 때문에, 이런 경우 컴퓨터의 동작 수행이 느려진다.

이 문제를 다루기 위해서 몇 가지 접근 방법을 시도하였다. 명령어를 짧게 하는 한 가지 방법은 연산 결과를 하나의 피연산자 주소에 저장하는 것이다. 이 경우, 첫 번째 번지는 그림 8.2b에 나타낸 듯 Destination/Source1이 될 것이다.(덧붙여, 합은 덧셈 명령어에서 첫 번째 연산수를 대체할 것이다.)

두 번지 수 지정방식은 처리 속도가 문제되지 않는 경우에 적용하는 것이 바람직하다. 두 번지 수 지정방식은 명령어의 크기를 약 30%까지 줄이게 된다.

우리는 제10장에서 MODEL 이름의 CPU를 예제로 다룰 것인데, MODEL에서는 Destination/Source1가 메모리 주소가 아니고 내부 레지스터 주소를 지정하게 함으로써 명령어 길이를 더 줄인다. 이는 그림 8.2c에서 보여주듯, 첫 번째 주소를 32~36 비트에서 6~8 비트로 줄인다.(그림

그림 8.2d MODEL의 명령어 형식

0 – 5	6 – 11	12 – 15	16 – 31
Op-Code	RN	Mode	Address

8.2c에서 첫 번째 주소인 RN 필드는 레지스터 번지를 지정한 곳이다.) 이 방식에서는 데이터를 불러오는데 단지 한 개의 메모리 참조 주소를 사용한다.

어떤 CPU는 모든 계산을 레지스터에 저장된 데이터에서 하고 결과는 그 레지스터로 되돌려 저장하는 방식을 사용한다. 단지 Read와 Store 명령어가 메모리를 참조하는데 쓰인다. 비록 ADD 명령어의 형식은 그림 8.2a와 비슷할지라도 모든 번지 필드는 짧게 될 것이다.

그림 8.2의 b, c의 형식도 두 주소지정 명령어로 사용될 수 있는데, 데이터를 한 번지에서 다른 번지로 이동시키는 move 명령어 등에 적용된다. (그림 8.2c와 같은 구조는 메모리로부터 레지스터로 데이터를 Load하거나, 레지스터를 메모리로 Store하는 명령어에 사용된다.)

또한, 많은 CPU들은 메모리 번지가 필요 없으며, 단지 하나 혹은 그 이상의 레지스터만을 참조하는 명령어를 갖는다. 이러한 명령어들은 16비트 정도의 작은 명령어 크기만 요구한다.

직설적인 CPU 구조에서는 명령어 크기를 워드 하나의 크기로 제한할 수 있다. 그러나 이 경우 두 개 혹은 세 개의 주소 필드를 갖는 명령어를 위해서 매우 긴 워드가 필요해진다. 실제로 그림 8.2c의 한 개의 주소를 갖는 구조에서 조차도 워드는 48 bit(8 + 8 + 32)나 더 길게 될 것이다. 하지만 모든 명령어에서 이러한 긴 비트 크기를 요청하지 않으므로, 메모리 공간의 낭비에 대해서 심각한 고려가 필요하게 된다.

두 번째 접근방법은 메모리 워드 길이를 짧은 명령어에 맞도록 설정하고, 긴 명령어를 위해서는 두 개 또는 3개의 워드를 사용하는 것이다. 그림 8.2d는 MODEL 명령어의 첫 번째 워드 형식이다. Mode 필드에서는 두 번째 워드가 필요한지에 대한 정보를 담고 있다.

세 번째 접근방법은, 예를 들어 64비트와 같은 긴 워드를 갖도록 하는 것이다. 각각의 명령어는 필요한 만큼 16비트 단위의 세그먼트를 이용한다. 그림 8.3a에서 명령어 A는 2 세그먼트, 명령어 B는 1 세그먼트, 명령어 C는 3 세그먼트, 명령어 D는 2 세그먼트를 사용하는 예를 보여준다.

그림 8.3a 가변길이 명령어

A	A	B	C
C	C	D	D

그림 8.3b 명령어 D에 점프기능을 추가

A	A	B	C
C	C	no-op	no-op
D	D		

이러한 명령어 배열의 문제는 명령어 B, C, D가 워드의 중간에서 시작하는 것이다. 만약 CPU가 전체 워드를 지정할 수 있다면, 모든 목적지의 번지는(A와 같은) 워드의 초기에서 시작하는 명령어에 지정되어 있어야 한다. 만약 우리가(B 나 C는 제외하고) 명령어 D로 건너뛰기를 바란다면 우리는 두개의 세그먼트를 낭비하면서, 그림 8.3b에서 보여주듯 연속해서 두 개의 명령어 배열이 추가되며, 추가된 두 명령어에는 2 세그먼트에서 no-op(동작없음)을 삽입하는 명령어를 삽입해야 한다.

예제 8.1

최고 1 GWord(2^{30} word) 크기의 메모리, 32 레지스터, 200가지의 명령어 형태(op-code는 8 bit를 요구)의 컴퓨터가 있다. 추가로, 4 비트가 주소지정 형태를 규정하는데 소요된다. CPU가 하나의 레지스터와 하나의 메모리 번지를 참조할 수 있다면, 명령어의 길이는 8+5+4+30=47 bit가 필요하다.

만약 24 bit의 워드 크기를 갖는 CPU라면 이 명령어들은 주소지정에 2 워드가 필요할 것이다.(주소지정을 30 bit 메모리 번지 대신에 5 bit 레지스터 번호로 기술하는) 명령어들은 한 개의 워드에 채울 수 있다.

8.1.2 데이터와 워드 크기

가장 간단한 구조는 요구되는 가장 큰 데이터를 충분히 담을 수 있도록 워드를 크게 만드는 것이다.

> ASIDE(여담): 명령어를 위한 워드의 길이와는 완전히 별개의 사항으로 고려해야 한다. 실제로 데이터와 명령어의 워드 길이의 두 가지 요청 사항을 결정하는데는 절충이 필요하다.

데이터를 위한 비트의 수에 의해서 그 데이터의 정밀도가 결정된다. 고정 소수점의 데이터에서, 32비트는 약 9.5 자리수의 10진수 정밀도, 정수 범위에서는 ±20억을 표시할 수 있다. 만약 소수가 필요하다면(달러와 센트 경우처럼[5])), 더 작은 범위로도 표시가능하다. 대부분의 컴퓨터에서는 정수와 함께 부동 소수점을 지원한다. 부동 소수점 표시에서는 전체의 1/3이 지수 표시에 나머지가 크기 표시에 사용된다.(1.2.5절 참고) 부동 소수점수 표시에는 보통 최소 32비트의 워드 길이가 요구된다.

보다 큰 정밀도와 표시 범위를 모두 만족하기 위해서는 데이터 표현에 2 워드(혹은 그 이상)를 사용함으로써 성취할 수 있다. 어떤 CPU는 단일 정밀도 명령어와 2배 정밀도 명령어를 제공한다. 나머지는 대부분 CPU는 덧셈기의 최상위 비트로부터의 캐리를 저장하고 다음 덧셈(혹은 뺄셈)에서는 저장된 캐리를 최하위 비트에 입력으로 사용도록 명령어를 제공함으로써 2배 정밀도 덧셈기와 뺄셈기를 제공한다. 이 방식은 두 명령어의 읽기와 해독이 요구되기 때문에 더 느리다.

명령어의 경우 종종 다른 데이터 사이즈를 필요로 한다.(즉, 때때로 더 많은 비트 또는 때로는 더 적은 비트를 요구한다.)

예제 8.2

24-bit 워드를 갖는 CPU에서 정수의 표시범위는

Unsigned integers	0 to $2^{24}-1$	(≈ 16 million)
Signed integers	-2^{23} to $2^{23}-1$	(≈ ±8 million)

의 범위를 가질 것이다.

부동소수점에서는 지수표시에 8 비트를 사용하여 약 $10^{\pm 38}$ 또는 약 $2^{\pm 128}$의 표시범위를 갖는다. 16 비트를 크기 표시(양음수 부호 포함)에 할당하여, 정밀도는 약 10진수 4.5 자리정도가 된다.

8.2 레지스터 집합

대부분의 CPU에는 데이터와 메모리 번지 저장하기 위한 목적으로 사용되는 레지스터 집합이 있다. 이 레지스터들은 번호가 매겨져 있으며, 레지스터 집합에는 $32(2^5)$나 $64(2^6)$ 개의 레지스터가 일반적이다. 어떤 CPU는 부동 소수점 데이터를 위한 별도의 레지스터 집합이 있는 경우도 있고, 몇몇 CPU에는 레지스터 집합이 매우 많은 수의 레지스터를 갖는 것도 있다. 레지스터는 메모리 워드와 동일한 크기를 갖는다. 데이터를 레지스터에 두는

5) 센트(센트는 분수)는 정확히 2진수로 나타낼 수 없기 때문에(1.2.5절을 참고하라), BCD가 재무 데이터를 표시하는데 사용되기도 한다.

것은 두 가지 장점이 있다. 하나는, 일반적으로 1 CPU 클럭 주기 동안에 접근할 수 있다. 반면 메모리 안의 데이터는 종종 2-3개의 CPU 클럭 주기를 요구한다.(심지어 몇 번까지도) 두 번째는 레지스터 번지를 지정하는 비트 수는 메모리 주소를 지정하는 20~32비트와 비교하여 훨씬 더 작다.(5 혹은 6) 이 레지스터들은 프로그래머(사용자)에 의해서 제어된다.

스택 포인터와 프로그램 카운터와 같은 추가적으로 사용자 접근가능 레지스터가 있다.[6] 덧붙어 인스트럭션 레지스터와 같은 명령의 실행을 하는 동안 정보를 저장하는데 사용되는 내부 레지스터가 있다.

일반적으로 상태 레지스터 또는 플래그 비트(flag bit) 세트가 있다. 상태 비트들 중에서 몇 개는 마지막 명령(bit를 변경하는)의 결과가 0이나 음수를 산출하는지 오버플로우나 올림수(뺄셈으로부터 꿔오기나 덧셈으로부터)가 발생했는지 나타낸다. 다른 상태 비트는 입출력의 정보에 사용될 것이다.

사용자 접근가능 레지스터는(상태 레지스터를 포함하여) 제어기의 상태로서 참조된다. 그것들은 명령어들이 수행되는 사이에 유용한 정보가 저장되어 있는 레지스터들이다.

예제 8.3

User Registers of Model	**Internal Registers of Model**
Register set ($REG^{0:63}$)	Instruction register (IR)
Stack pointer (SP)	Effective address register (EA)
Program counter (PC)	Working data (WORK)
Flags (z, n, c, v)	

8.3 주소 지정 모드(Addressing Mode)

번지 필드는 사용될 메모리의 실제번지수인 유효 주소(effective address, EA) 또는 명령어에 필요한 데이터를 얻기 위해서 사용된다. 유효 주소는 주소지정모드를 기본으로 해서 여러 가지 방법으로 얻어진다. 주소 모드를 설명하기 위해서 Load 명령어(LOD)와 10장에서 설계하게 될 MODEL 컴퓨터 구조, 그림 8.2d의 명령어 구조를 예로써 사용할 것이다. Load는 주소지정모드와 번지에 의해서 지정된 메모리에서 RN 필드에 의해서 규정된 레지스터로 데이터를 옮기는 명령어이다.

---

6) 사용자는 프로그램 시에 Jump와 같은 change-of-flow 명령을 통해 프로그램 카운터를 제어한다.

예제 8.4

시스템 기술의 정의를 설명하기 위해서 다음과 같이 가정하자.(번지, 레지스터 수, 데이터는 16진수로 표시한다.)

RN = 6
REG^{23} = 45361287
ADDRESS = 0123
second word (if needed) = 456789AB
PC = 98765432
M[00000123][7] = 12345678
M[00001357] = 12312312
M[12345678] = CDEF0123
M[45361287] = 00112233
M[456789AB] = 91919191
M[91919191] = FFFFFFFF
M[98760123] = 44445555
M[98765556] = 00000000

가장 간단한 모드는 직접 주소 지정(direct addressing)방식이다. 주소 필드는 완전한 번지주소를 포함하고 있다. 주소 필드는 메모리 위치를 지정하기에 충분히 커야한다.(MODEL의 경우 32비트). 그림 8.2d에서 보여진 형식에서는 주소는 명령의 두 번째 워드에 포함된다. 첫 번째 워드에서 번지 필드는 사용되지 않는다. 만약 번지가 충분히 짧다면 그것들은 첫 번째 워드의 나머지에 맞추어 넣을 수도 있다.(그러나 32비트 워드 사이즈인 경우 메모리 번지는 매우 작을 것이다.) 연습문제 3을 참고하라. 만약 주소가 32비트보다 더 길다면 번지의 일부만 첫 번째 워드에 포함되거나 명령은 세 번째 워드가 필요하게 될 수 있다.(예제 8.6의 예를 참조)

예제 8.4a

Direct

EA = 456789AB $\quad$ $REG^6 \leftarrow$ 91919191[8]

페이지 제로(때때로 page zero direct라 불리는) 주소지정방식은 메모리를 페이지 구조로 접근한다. 주소에서 첫 번째 비트들은 메모리의 페이지 번지를 지정하고, 나머지 비트들은 선택된 페이지 내에서 워드를 지정한다. 페이지 제로는 주소의 시작 번지 비트가 모두 0인 페이지이다. MODEL에서는 첫 번째 워드의 16~31비트는 페이지 제로 번지의 마지막 16비트를

7) 표기법 M[00000123]은 메모리 자리 00000123을 말한다.
8) 화살표(←)는 왼쪽 자리에 오른쪽 값에 넣는 것, 즉 REG^6에 91919191이 채워짐을 의미한다.

지정한다. 이런 방식을 번지를 0을 이용한 확대(zero-extending)한다고 한다. 페이지 제로 번지 지정의 이점은 사용자가 하나의 명령어 워드로도 직접 번지 지정이 가능하다는 것이다. 프로그램 수행 시에 자주 참조되는 정보는 페이지 제로에 위치된다.

Page zero **예제 8.4b**

EA = 00000123 REG^6 ← 12345678

페이지 제로를 변형한 것이 현재 페이지 지정 방식이다. 현재 페이지 지정에서는 주소의 시작비트들은 현재 명령어의 주소의 시작 비트들(즉 프로그램 카운터의 시작 비트들)과 같다. 현재 페이지 방식은 현재 명령어에 근접한 워드들의 참조를 가능하게 한다.

현재 페이지 지정 방식 **예제 8.4c**

EA = 98760123 REG^6 ← 44445555

간접 주소지정(indirect addressing)에서는 명령어에 포함된 주소는 유효 번지를 지정하는 포인터이다. 간접 주소 지정은 포인터 지정에서 전체 주소 지정 또는 페이지 제로 방식으로 사용할 수 있다. 지정된 메모리에 있는 내용은 주소로 사용된다.(몇몇 시스템에서(MODEL은 제외), 불러온 번지의 1비트는 실제로 메모리 내용이 아직 간접 주소인지 여부를 나타내는데 사용된다. 이것은 다단계의 간접주소 지정이라고 하며, 무한히 많은 단계로 계속 지정할 수도 있다.) 주소가 단일 워드를 만족하지 않는 CPU에서는(예제 8.6), 간접 주소지정은 두 메모리 읽기를 요구한다.

전체 번지의 간접 주소 **예제 8.4d**

EA ← M[456789AB] = 91919191 REG^6 ← FFFFFFFF

페이지 제로 간접 주소 **예제 8.4e**

EA ← M[456789AB] = 91919191 REG^6 ← CDEF0123

즉시 번지 지정(Immediate addressing) 방식은 상수를 제공하는 것이다. 즉, 데이터가 명령에 포함되어 있다. 이 모드는 유효 번지가 아니라 데이터를 바로 제공한다. 즉시 번지 지정 방식은 결과를 저장하는 명령어나 분기 명령어에는 사용되지 못한다. 두 가지 유형의 즉시 번지 지정 방식이 종종 이용된다. 전체 데이터의 즉시 지정 방식(Full immediate)에서는, (즉시 지정 방식이라고 지금까지 언급된 방식) 두 번째 워드에 데이터가 있다. 단축형 즉시 지정(Short immediate)은 주소필드를 확장하여 전체 데이터 워드를 생성한다. 이 경우 일반적으로 보통 부호 확장 즉 부호비트는 맨 앞의 비트에 추가된다.

예제 8.4f **즉시 번지 지정**

REG^{6} ← 456789AB

예제 8.4g **단축형 즉시 번지 지정**

REG^{6} ← 00000123

예제 8.4h **단축형 즉시 번지 지정**

만약 대신 Address = 98760|라면 이끄는 bit가 1이고 이끄는(2진) 1's와 함께 확장된다.

REG^{6} ← FFFF9876

레지스터 주소 지정(register addressing)은 (MODEL에서 64개) 레지스터들 중의 하나로부터 데이터를(저장하거나) 얻는다. 번지필드의 6비트는 레지스터를 지정하는데 사용된다. MODEL에서 주소 영역의 마지막 6비트이다. 이러한 번지 지정방식은 유효 번지를 계산하지 않고 데이터를 얻거나 저장하는데 사용될 수 있다.(레지스터 주소지정에서 명령어의 메모리 번지는 해당되지 않는다.)

예제 8.4i **레지스터 주소 지정**

REG^{6} ← 45361287

레지스터 간접(register indirect) 또는 주소 레지스터 지정방식(address register)은 주소 필드의 6비트에 의해 지정된 레지스터로부터 유효 번지를 얻는다.

예제 8.4j **레지스터 간접주소 지정 방식**

EA = 45361287 REG^{6} ← 00112233

참조 후 자동 증가 레지스터 간접 지정(Register indirect with auto-post-increasing)방식은 지정된 레지스터의 내용을 명령어의 유효 주소로 사용하지만, 사용 후에 레지스터의 내용을 1증가시킨다. 이는 연속되는 메모리 번지에 정보가 저장되어 있는 배열 데이터를 처리하는데 유용하다. 레지스터는 배열의 첫 번째 메모리 번지로 초기화 될 것이다. 레지스터의 내용을 참조할 때마다 자동으로 내용이 증가된다. 어떤 경우에는 자동증가 대신에 자동 감소(빼기 1)되는 CPU도 있다. 몇몇 CPU는 사전 증가나 사전감소(pre-increment or pre-decrement), 즉, 레지스터의 내용이 참조되기 전에 레지스터를 업데이트 하도록 된 것도 있다.(정밀도를 두 배 갖는 CPU에서는 자동 증가 시에 레지스터에 2를 더할 것이다.)

예제 8.4k

참조 후 자동 증가 레지스터 간접 지정(Register indirect with auto-post-incrementing)

EA = 45361287 $REG^6 \leftarrow 00112233$

$REG^{23} \leftarrow 45361288$

상대 번지 지정(Relative addressing)은 다음 명령(이번 명령의 부름 동안 증가되어진 후, 프로그램 카운터에 저장된)의 번지에 주소 필드에 포함된 상수를 더함으로써 유효 번지를 계산한다. 상대 번지지정은 일반적으로 1-워드 명령이고, 이 주소 필드는(다음 명령 전후 번지를 따르는) 부호 확장 형식이다. 주소 필드의 음수는 이전 번지로 분기하고 양수는 이후 번지로 분기하는 것을 의미한다. 이 주소 모드는 대부분 공통적으로 분기 명령어와 함께 사용되지만, 어떤 번지 계산에도 사용될 수 있다.

예제 8.4l

상대 번지 지정(Relative)

EA = 98765432 + 1 + 00000123 = 98765556

$REG^6 \leftarrow 00000000$

색인 레지스터 주소지정 방식(index register addressing)은 레지스터 저장 값을 주소로부터의 오프셋 값으로 사용한다. 유효 번지는 명령어의 주소 부분과 색인 레지스터의 내용을 더해서 계산한다. 색인 레지스터는 특별한 레지스터, 레지스터 집합 중에서 하나의 레지스터, 또는 아무 레지스터일 수 있다. 마지막 경우에는 6비트 필드가 그 레지스터를 기술하는데 필요 된다. 이는 배열의 특정한 요소에 접근하는 또 다른 방법이다; 첫 번째 요소의 번지는 번지필드에 포함된다. 그리고 오프셋 또는 구성 요소 개수 등 색인 값은 색인 레지스터에 저장된다.(색인 레지스터 이라는 이름은 색인 값을 저장한다는 의미로 사용되며, 페이지 제로의 데이터를 위해서는 두 번째 워드에 주소 지정을 위해서 1워드나 2워드를 사용할 수 있다.) 이 번지 지정 모드는 두 개의 다른 배열에서 비슷한 요소를 참조할 때 유용하다.

베이스 레지스터 주소지정 방식(Base register addressing)은 색인 레지스터 주소지정 방식과 똑같은 하드웨어를 사용한다. 베이스 레지스터라는 용어는 레지스터가 주소를 저장하고, 명령어의 주소 구역이 오프셋 값일 때 사용된다. 오프셋은 꽤 작은 값일 수 있기 때문에 오프셋 값은 번지필드의 남아있는 비트에 부호 확장형식으로 포함될 수 있다.

예제 8.4m **색인 또는 베이스 레지스터(Index or base register)**

만약 색인이나 베이스 레지스터가 1234를 포함하면 페이지 제로는 다음과 같이 사용된다.

EA = 00001234 + 00000123 = 00001357

$REG^6 \leftarrow 12312312$

스택 주소지정(Stack addressing)은 최종 입력이 처음 출력을 갖는(last-in/first-out) 데이터 구조를 활용한다. 스택은 식당에서 쌓아올린 식판 더미와 같이 동작한다. 데이터는 밀어 넣기(push)에 의해서 스택에 저장되고, 밀어 넣기 동작에 의해서 스택의 모든 항목은 위에서 아래로 밀려 내려온다. 데이터는 꺼내기(pop)에 의해서 스택으로 불러낸다. 꺼내기 동작에서 스택의 맨 위의 아이템은 제거되고 다른 모든 아이템이 위로 올라온다. 그림 8.4에서는 비어있는 스택에서 시작해서, 두 개의 밀어 넣기 동작, 한 번의 꺼내기, 또 다른 한 번의 밀어 넣기 동작에 의한 스택의 모습을 보여준다.

스택은 보통 스택 포인터라 불리는 레지스터와 주 메모리의 일정 부분을 할당함으로써 구현된다. 스택 포인터는 스택의 최상위 위치의 주소를 지정한다. 스택에 관해서는 제10에서 더 상세하게 다룰 것이다.

그림 8.4 스택의 동작

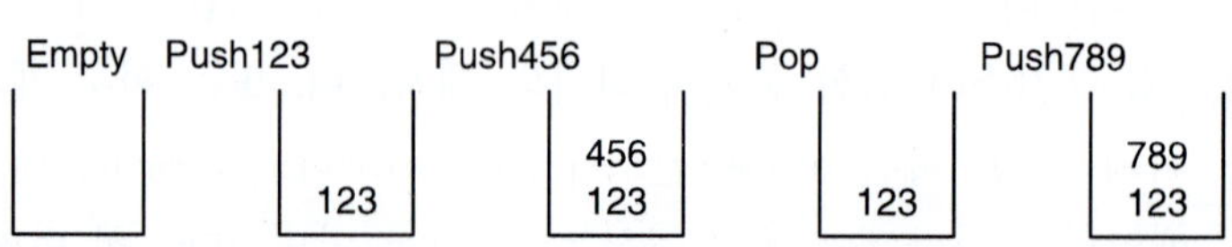

예제 8.5

예제 8.4의 각 부분에 대해서, 명령어를 불러오기 위해서 메모리를 참조해야 하는 횟수, 유효 번지를 계산하기 위해서 메모리를 참조해야하는 횟수, 데이터를 불러오는 횟수를 합해서 정리하였다.

a. 2 + 1 = 3
b. 1 + 1 = 2
c. 1 + 1 = 2
d. 2 + 1 + 1 = 4
e. 1 + 1 + 1 = 3
f. 2
g. 1
h. 1
i. 1
j. 1 + 1 = 2
k. 1 + 1 = 2
l. 1 + 1 = 2
m. 1 + 1 = 2 for page zero
   2 + 1 = 3 for full address

간접 주소 지정 모드(d 와 c)에서는 간접주소를 불러오기 위해서 메모리 참조가 요구된다. 직접 번지 지정과 레지스터 번지 지정은 (f, g, h 와 i)에서 메모리로부터 데이터를 꺼내는 것이 불필요하다. 다음 절에서는 load 이외의 명령어에 대해서 어떻게 이 계산이 변경되는지 살펴볼 것이다.

예제 8.6

20 비트 워드, 16 레지스터, 2^{28}워드의 주 메모리를 갖는 컴퓨터를 생각해 보자. 명령어의 첫 번째 워드의 명령어 형식은 아래 그림과 같다.

0 3	4 7	8 11	12 19
Op	Reg	Mode	Address

그 워드의 마지막 8 비트는 28 비트 주소의 최하위 비트들이다. 아래의 숫자는 16 진수로 표시하였다. 주소를 생성하는 주소 모드에서는 주소 값을, 데이터를 생성해야하는 경우에는 데이터 값을 보였다. 간접 번지 지정과 레지스터 간접 번지 지정에서는, 지정된 워드는 주소의 최종 8 비트(즉 오른쪽 8 비트)를 나타내다. 처음 20 비트는 다음 메모리 자리나 레지스터에서 보인다. 레지스터 수는 주소 비트의 마지막 4 비트에 있다.

Address = 98

PC = 1234567

Second word (M[1234568]) = 34567

M[0000098] = 9ABCD
M[0000099] = 01234
REG^8 = 20304
REG^9 = 44444

유효 번지

Direct:	3456798
Page zero:	0000098
Current page:	1234598
Page zero indirect:	01234CD
Register indirect:	4444404

Register indirect, auto-post-incrementing:

4444404, REG[8] ← 20305

Relative: 1234567 + 1 + 0000098 = 1234600

데이터

Immediate:	34567
Short immediate:	FFF98
Register:	20304

8.4 명령어 집합(Instruction set)

명령은 수행하는 동작의 유형, 요구된 피연산자의 개수, 요구되는 번지의 수에 의해 구별될 수 있다. 우리는 첫 번째 접근을 이용할 것이고, 처음에 데이터 이동 명령을 살펴보고, 그리고 나서 산술 명령, 논리와 Shift 명령어, 분기 명령어, 입/출력 명령어를 살펴 볼 것이다.

물론 많은 명령어들은 동작의 결과에 기초하여 하나 혹은 그 이상의 플래그 비트에 영향을 준다. 예를 들어, 만약 연산 결과가 0이면, 제로 플래그는 설정(1이 된다)되고 결과가 0이 아니면 지워진다. 제10장에서는 MODEL 명령어 집합의 기술에서 영향 받게 되는 플래그를 설명될 것이다.

8.4.1 데이터 이동 명령

컴퓨터에서 가장 기초 동작은 어떤 자리에서 다른 자리로 데이터를 이동하는 것이다. 데이터의 원천지와 목적지는 각각 레지스터, 메모리 번지나 스택이 될 것이다. 원천지는(직접 번지 지정에서는) 상수가 될 수도 있다. *주의사항:* 컴퓨터 용어에서 데이터를 이동하는 것은 원래 데이터는 변하지 않고, 새 자리에 데이터를 복사하는 것을 의미한다.(몇몇 컴퓨터는 두 레지스터 사이에서 데이터를 교환하는 교환 명령을 갖는다.)

(MODEL과 같은) 단일 메모리 주소 체계를 갖는 컴퓨터는 보통 별개의 두 명령어를 갖는다. Load는 주소필드9)에 의해 지정된 메모리 자리로

9) 이는 다른 레지스터가 될 수 있다. 이 경우에는 Load와 Store는 동일한 데이터 이동이 수행될 것이다. 그러나 플래그에 다르게 영향을 줄 것이다.

부터 레지스터 필드에 의해 지정된 레지스터로 데이터를 이동한다. 그리고 Store는 레지스터로부터 주소 필드에 의해 지정된 자리로 데이터를 이동한다. 2개의 주소지정을 갖는 컴퓨터는 하나의 Move 명령을 갖는다. 즉시 번지 지정은 상수를 함축하기 때문에, 직접 번지 지정에서는 store명령어(혹은 increment와 같이 동일 위치에서 데이터를 읽고 동일 자리에 저장하는 명령어)는 허용되지 않는다.

Pop과 Push는 스택으로부터 레지스터로 데이터를 가져오고 레지스터의 데이터를 스택에 저장하는 명령어이다.

많은 컴퓨터는 특정한 레지스터와 데이터를 이동시키기 위해서 특별한 load와 store 명령어를 가지고 있다.(부분적 레지스터 집합 제외)

예제 8.7a

레지스터 8과 페이지 제로 주소 지정과 함께, 예제 8.6의 값을 사용하여

Load REG^8: $REG^8 \leftarrow$ 9ABCD
Store REG^8: M[0000098] $\leftarrow$ 20304

만약 스택의 위가 FFFFF를 갖는다면

Pop REG^1: $REG^1 \leftarrow$ FFFFF
Push REG^9: Top of stack $\leftarrow$ 44444

8.4.2 산술 명령

가장 간단한 명령은 고정 소수점수(일반적으로 정수)에서 덧셈(Add)과 뺄셈(Subtract)이다. 거의 모든 컴퓨터는 2의 보수 형식으로 양음수의 부호와 수를 저장하므로, 동일한 산술 명령이 부호가 없는 수와 부호가 있는 두 수 모두 사용된다. 대부분의 컴퓨터에서, 이러한 산술 명령어의 결과에 의해서 연산결과가 0인지 음수인지를 나타내고, 덧셈과 뺄셈에서 최상위 비트로부터의 부터 캐리를 기억하기 위한 플래그 비트가 설정된다. 캐리를 저장하는 연산기에서는 높은 정밀도의 산술 연산을 수행하기 위하여 저장된 캐리 값을 캐리 입력으로 하는 덧셈 명령어(add with carry) 또는 빌림수 입력으로 하는 뺄셈(subtract with borrow) 명령을 제공한다. 이러한 연산에서는 마지막 연산으로부터의 캐리나 빌림수를 최하위 비트에 더하거나 뺀다. 산술연산에는 두 피연산자가 있다. 단일 메모리 번지 연산기에서 첫 번째 피연산자는 레지스터로부터 오고, 그리고 결과는 그 레지스터에 다시 저장된다; 두 번째 피연산자는 주소 필드에서 설명된 번지로부터 온다. 2-번지 연산기에서 두 피연산자는 주소 필드에 의해 설명되고 연산 결

과는 첫 번째 피연산자를 대체한다.

덧셈의 특별한 경우는 지정된 번지에 상수 1을 더하거나 빼는 증가/감소(Increment/Decrement)명령이다. 주소 필드는 피연산자를 지정하면서 또한 결과를 저장하는 주소로 사용한다.[10] 또한, 일반적으로 연산기에서 부정연산(2의 보수나 0에서 뺀다)은 지원된다.

몇몇 기계는 스택의 피연산자를 이용하는 산술 연산을 제공한다. 스택의 두 피연산자 동작에서는, 두 피연산자는 2단계를 통해서 스택으로부터 나오고, 연산 결과는 스택의 최상위로 다시 들어간다.

모든 가장 간단한 연산기도 곱셈과 나눗셈 명령을 제공한다.(부호가 없는 수와 부호가 있는 수에는 별도의 연산이 필요한 것을 명심하라.) 많은 컴퓨터는 물론 산술 명령의 부동 소수점 버전을 제공한다.

예제 8.7b 예제 8.6의 명령어 형식과 값을 이용하여

Reg = 6
REG^6 = 43210
REG^8 = 20304
M[0000098] = 9ABCD
M[3456798] = 12121

페이지 제로 번지 지정을 더하여

43210
9ABCD
DDDDD → REG^6

페이지 제로 번지 지정을 빼서

1
43210
65432 (bit-by-bit complement of M[0000098])
A8643 → REG^6

레지스터 번지 지정을 이용하여 증가(REG^8)

20304
00001
20305

직접 주소지접을 이용하여 감소

12121 − 1 = 12120

10) 짧은 명령어 워드를 갖는 몇몇 연산기에서는 레지스터 번지(메모리 번지 필드가 아닌)만을 이용하는 증가/감소(Increment/Decrement)명령어를 제공한다. 그림 8.2에 그려진 MODEL의 형식은 오직 하나의 워드를 이용하는 레지스터 번지 지정방식을 허용할 것이다.

8.4.3 논리(Logic), 자리이동(Shift), 자리순환(Rotate) 명령어

비트처리 논리 명령들(AND, OR, Exclusive-OR, and NOT)은 대부분의 컴퓨터에서 이용가능하다. 산술 명령의 경우와 같이, 주소 필드는 하나의 피연산자를 지정하고 레지스터 필드는 다른 피연산자와 결과 저장 자리를 지정한다. AND 명령은 때때로 비트 마스크로서 사용된다.(마스크 동작이 1로 선택된 부분을 제외한 모든 곳은 0값을 포함하는 워드와 AND 연산을 수행하여, 워드의 1값을 갖는 부분을 제외한 모든 곳은 0으로 만드는 AND 동작을 의미한다.). 이제부터 소개되는 예제는 2진수로 표시된 논리 연산 예이다.

M[0000098] = 1001 1010 1011 1100 1101
REG^2 = 0000 1111 0000 0000 0000
REG^3 = 1111 1111 0000 1111 1111

예제 8.7c

AND *REG^2*, 페이지 제로

Mask:	0000 1111 0000 0000 0000
Data:	1001 1010 1011 1100 1101
Result:	0000 1010 0000 0000 0000 → REG^2

비슷하게 OR 연산은 데이터 워드의 부분을 1로 채우는데 사용된다.

예제 8.7d

OR REG^3, 페이지 제로

Mask:	1111 1111 0000 1111 1111
Data:	1001 1010 1011 1100 1101
Result:	1111 1111 1011 1111 1111 → REG^3

Shift(자리이동 연산)는 비트가 오른쪽 또는 왼쪽 한쪽 방향으로 이동하고 맨 끝의 비트는 버리는 동작이다. Rotate(자리순환 연산)는 맨 끝 자리에서 밀려난 비트를 다른 끝의 입력으로 보내는 연산이다. 많은 컴퓨터에서는 카운트 필드에 지정된 숫자만큼, 비트들의 자리를 이동하는 shift 또는 rotate 연산을 제공한다.

자리이동 연산에는 논리적 쉬프트와 산술 쉬프트 두 형태가 있다: 두 형태 연산에서 자리 이동은 동작에는 차이가 없다는데, 논리적 자리이동에서는 자리이동으로 생긴 공간을 0으로 채운다. 산술 쉬프트의 오른쪽 자리이동 동작에서는 최상위비트가 부호비트이므로 빈자리를 최상위비트 값으로 채워서 부호를 유지한다.(왼쪽으로의 산술 쉬프트 동작은 논리적 왼쪽 자리이동 동작과 같다.)

예제 8.7e 페이지 제로 주소 지정

Data:	1001 1010 1011 1100 1101
Left shift 5	0101 0111 1001 1010 0000 → M[0000098]
Left rotate 5	0101 0111 1001 1011 0011 → M[0000098]
Right logical shift 3	0001 0011 0101 0111 1001 → M[0000098]
Right arithmetic shift 3	1111 0011 0101 0111 1001 → M[0000098]
Right rotate 3	1011 0011 0101 0111 1001 → M[0000098]

정수에서 오른쪽으로 한 자리이동은 2로 나누는 것과 같다. 왼쪽으로 한 자리 이동은 2를 곱하는 것과 같다.(산술 쉬프트는 부호가 있는 수가 이용된다. 논리적 이동은 부호 없는 수가 이용된다.) 연산 결과에서 다음 낮은 자리 정수의 우수리는 버려진다.

예제 8.7f

Signed or Unsigned

Data:	0001 1010	(26)
Shift left	0011 0100	(52)
Shift right	0000 1101	(13)

Signed

Data:	1100 0101	(−59)
Shift left	1000 1010	(−118)
Arithmetic shift right	1110 0010	(−30)

Unsigned

Data:	1100 0101	(197)
Shift left	1000 1010	(8 비트 연산에는 수가 너무 큼)
Logic shift right	0110 0010	(98)

8.4.4 분기명령(Branch)

대부분의 명령을 수행하는 동안 프로그램 카운터는 다음 명령어(의 첫 번째 워드)를 지정하기 위한 값이 증가된다. Branch나 Jump 명령은 순서를 벗어나서 다음 명령을 실행하는 것이 필요할 때 요구된다.

무조건 분기(Unconditional Branch) 명령은 유효 번지주소를 프로그램 카운터로 올린다. 무조건 분기명령어에 이어지는 다음의 명령은 그 곳으로 분기하는 다른 명령어에 의해서만 도달할 수 있다.

조건 분기(Conditional Branch)는 어떤 조건이 만족되어야 분기가 발생하며, 조건이 만족되지 않으면 다음 명령이 계속 진행된다. 전형적 조건에는 플래그 비트가 0인지 아닌지를 포함한다. 물론 많은 연산기들은 두 수를 비교하여 분기하는 명령을 제공한다. 두 수의 비교는 두 수 간에 뺄셈을 통하여 첫 번째가 두 번째 수보다 더 큰지, 더 크거나 같은지, 더 작은지, 더 작거나 같은지, 같은지 혹은 같지 않은지를 비교한다.(부호 있는 수와 부호 없는 수를 구별하는 별개의 검사가 있다.)

몇몇 연산기에는 건너뛰기(Skip) 명령이 있다. 이는 모든 명령이 1워드인 더 단순한 컴퓨터에서 많이 쓰인다.

예제 8.7g

예제 8.6의 구조로

PC = 1234567
Address = 98
Second word (M[1234568]) = 34567

Jump, Page zero PC ← 0000098
Branch on *carry*, direct
If *carry* = 1 PC ← 3456798
If *carry* = 0 PC ← 1234569

서브루틴 혹은 함수 호출은 조건 분기 무조건 분기에 관계없이 분기하기 이전에 다음 명령어 주소를 저장해야하는 분기 명령이다. 이 번지는 가장 일반적으로 스택에 넣어서 저장하고 Return 명령에 의해서 다시 복귀된다. 호출이전의 상태를 스택에 저장하고 서브루틴으로 분기하는 것이 요청된다. 호출 동작의 예는 그림 8.5에서 볼 수 있는데, 그림 8.5에서는 서브루틴 호출 명령이 주소 0511에 있다.[11] 그림의 예에서 스택은 호출 전, 서브루틴 수행중과 호출 후의 내용을 보여주고 있다.(스택은 호출 전에 비어있지 않을 수 있는데, 스택이 이미 저장되어 있던 요소들은 앞에서 설명한 서브루틴 호출과정에 의해서 변화되지 않는다.)

스택은 호출된 함수에 의해서 새로운 내용을 밀어 넣고, 밀어 넣은 내용을 모두 꺼내기만 한다면, 호출된 함수에 의해서 사용될 수 있다. 예제 8.8은 만약 처음 호출이 두 번째 함수를 호출(내포된 서브루틴)했을 때 일어나는 과정을 보여준다.

---

11) 서브루틴 분기의 예를 보여주기 위한 목적을 위해서, 모든 명령어는 하나의 워드에 채우지는 것으로 가정하였다. 예의 그림에서 워드 크기는 16비트이고 메모리 번지도 16비트이다.

그림 8.5 서브루틴의 호출과 복귀

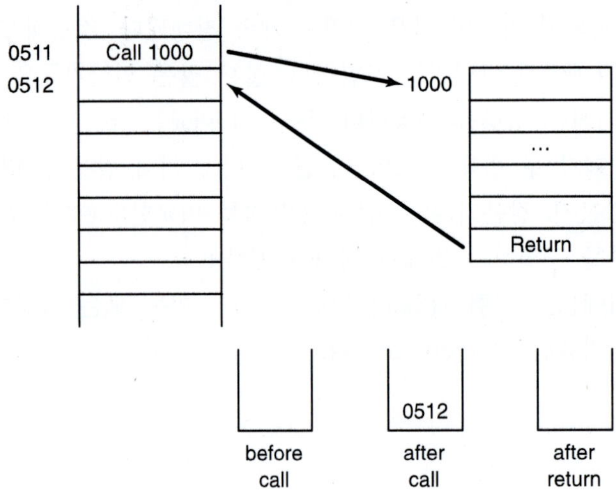

예제 8.8

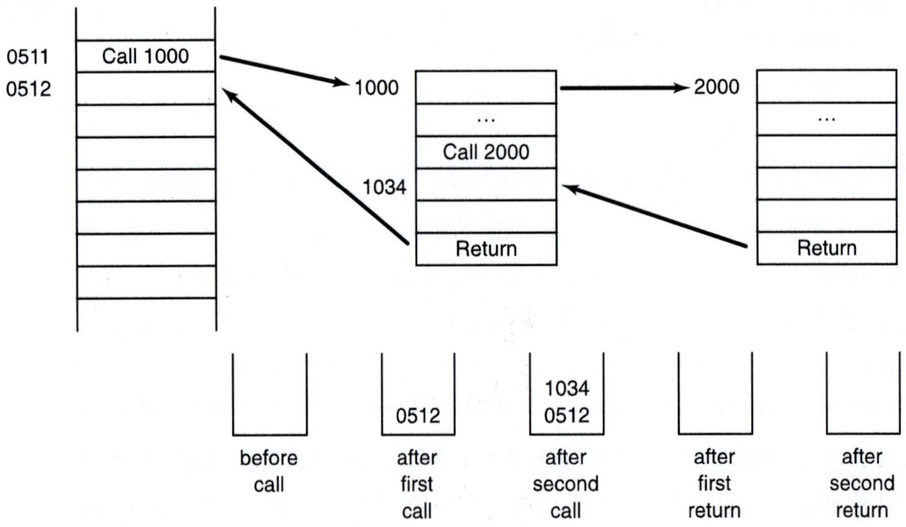

유효 주소를 생성하는 주소 지정 모드만 서브루틴 호출이나 분기 명령에서 허용된다.(즉, 다음 명령어 번지를 상수 값 또는 레지스터로부터 얻을 수 없다.)

8.4.5 입/출력(Input/Output)과 가로채기(Interrupt)

그림 8.1에 도시한 바와 같이, 입력과 출력 장치들은 메모리에 비슷한 방법으로 메인 버스에 연결되었다. 이 입/출력 장치들은 다른 속도로 작동하며 심지어는 다른 데이터 구성을 가졌기 때문에 인터페이스나 제어기가 입출력 장치와 BUS 사이에서 요구된다.

몇몇 컴퓨터에서는 특별한 입력과 출력 명령어가 사용된다. 더 보편적으로, I/O 제어기는 메모리에 지정된 주소를 사용한다. 이런 방식을 메모리 주소 표식 I/O 방식(memory mapped I/O)이라고 한다. 그 경우에는 데이터 이동 명령어(8.4.1절에서 기술한)가 공통으로 이용될 수 있다.

인터럽트(interrupt)는 즉시의 조치나 주의가 필요하다는 어떤 신호(현재 수행중인 프로그램과 관련되지 않은)이다. 이 인터럽트 요청 신호는 언제라도 오는 것이지만, 수행중인 명령의 완료시에 조절기에 의해서 처리된다. 비록 일부의 인터럽트 요청 신호의 원인이 컴퓨터 내부인 경우도 있지만, 이는 거의 외부 장치로부터 온다. 컴퓨터는 인터럽트 서비스 호출의 주소가 하드웨어에 의해서 결정되는 것을 제외하고는 인터럽트를 서브루틴 호출처럼 다룬다. 만일 인터럽트 처리 프로그램이 CPU의 사용자 레지스터를 사용할 필요가 있다면, 그 레지스터의 내용은 저장되어야 하고, 인터럽트로부터 프로그램으로 돌아올 때는 원상회복되어야 한다. 때때로 이러한 동작은 하드웨어에 의해 자동적으로 되기도 하지만, 보통은 소프트웨어 함수이다.(이 과정에 관한 논의 사항은 제11장을 참고)

8.4.6 명령어 시간 조절

많은 연산기들에서(메모리 참조 시간이 CPU 내부 클럭보다 훨씬 느린) 대부분의 명령어를 불러오고 실행하는 시간은 메모리로부터 읽고 쓰는데 요구되는 시간에 의해 좌우된다. 하나의 피연산자를 메모리로부터 꺼내지거나 메모리에 저장하는(Load와 같은) 명령어들에서는 메모리를 한번 참조하는 것이 필요하다.(예제 8.5 참고). 즉시 주소 지정이나 레지스터 번지 지정을 사용하는 명령어는 데이터 메모리 참조가 필요 없다. 분기 명령 또한 메모리 참조 동작을 하지 않는다. Increment와 같은 일부 단일 명령은 데이터 꺼내기와 그것을 저장하기 위해서 두 번의 메모리 참조가 필요하다. Call과 Push 와 같은 스택을 참조하는 명령은 각각의 스택을 위해서 메모리 참조를 요구한다.

예제 8.9

예제 8.7의 각 명령어에서 메모리 참조 횟수는 다음과 같다.

a. Load	1 + 1 = 2
Store	1 + 1 = 2
Pop	1 + 1 = 2
Push	1 + 1 = 2
b. Add	1 + 1 = 2
Subtract	1 + 1 = 2
Increment	1
Decrement	2 + 2 = 4
c, d, and e	1 + 2 = 3
g. Page zero	1
Direct	2

8.5 문제풀이

1. 하나의 메모리 주소 명령어와 두 개의 메모리 주소 명령어를 갖는 기계가 있다.(주소를 요구하지 않는 명령어도 물론 포함) 명령어의 처음 24 비트 세그먼트의 형식은 다음과 같다.

0 – 7	8 – 13	14 – 18	19 – 23
Op-Code	RN	Admode1	Admode2

주소는 24 비트이다; 하나의 메모리 주소를 사용하는 명령어는 두 번째 24 비트 세그먼트가 필요하고, 두 개의 주소를 사용하는 것들은 두 번째와 세 번째 24비트 세그먼트를 요구한다.(주소가 없는 명령어는 24 비트로 충분하다.).

다음 명령어 흐름을 생각해보자.(3-세그먼트 명령어 B가 3-세그먼트 명령어 A를 따르고, C는 B를 따르고, 등등)

Reference	*A*	*B*	*C*	*D*	*E*	*F*	*G*	*H*
Number of Segments	3	3	1	2	1	3	2	3

메모리 워드 크기는 96 비트이다. 아래 두 조건에 대해서 명령어들이 각 1/4 워드(쿼터 워드)로 압축될 때, 명령어의 메모리 배치도는 다음과 같다.

a. 어떤 쿼터라도 주소 지정이 되는 경우

b. 오직 첫 번째 쿼터만이 주소 지정될 수 있고 명령어 D와 G는 분기 명령어가 실행될 것이다.

a.

A	*A*	*A*	*B*
B	*B*	*C*	*D*
D	*E*	*F*	*F*
F	*G*	*G*	*H*
H	*H*		

b.

A	*A*	*A*	*B*
B	*B*	*C*	no-op
D	*D*	*E*	*F*
F	*F*	no-op	no-op
G	*G*	*H*	*H*
H			

2. 16 bit 워드, 16 레지스터, 주 2^{16}의 주 메모리의 기계를 생각해보자. 모드의 마지막 4 bit가 몇몇 모드를 위한 레지스터 수, 주소나 데이터가 될 곳에서 명령어 첫 번째 워드의 형식은

0 — 4	5 — 8	9 — 12 — 15
Op-Code	RN	Mode

이다. 다음 값을 가정하자.(명령어를 꺼내기 전에)

PC = 0100
Reg No. = 1, Bits 12:15
Second word = 1234
M[1234] = 5678
M[1336] = ABCD
M[5678] = FFFF
M[579B] = 2468
M[ABC4] = 1357
REG^0 = 4567
REG^7 = ABC4

명령이 Load Register일 때, 각각의 다음 주소 타입에 대해 어떤 레지스터로의 변화와 유효주소를 보여라.

a. Register
b. Register indirect
c. Register indirect with auto-post-incrementing
d. Short immediate (sign-extend bits 12:15)
e. Direct
f. Indirect
g. Relative

h. Immediate
i. Index (REG^0 is used as the index register)

a. no EA $REG^1 \leftarrow$ ABC4 $PC \leftarrow$ 0101
b. EA = ABC4 $REG^1 \leftarrow$ 1357 $PC \leftarrow$ 0101
c. EA = ABC4 $REG^1 \leftarrow$ 1357 $PC \leftarrow$ 0101
$REG^7 \leftarrow$ ABC5
d. no EA $REG^1 \leftarrow$ 0007 $PC \leftarrow$ 0101
e. EA = 1234 $REG^1 \leftarrow$ 5678 $PC \leftarrow$ 0102
f. EA = 5678 $REG^1 \leftarrow$ FFFF $PC \leftarrow$ 0102
g. EA = 0100 + 2 + 1234 = 1336 $PC \leftarrow$ 0102
$REG^1 \leftarrow$ ABCD
h. no EA $REG^1 \leftarrow$ 1234 $PC \leftarrow$ 0102
i. EA = 4567 + 1234 = 579B $PC \leftarrow$ 0102
$REG^1 \leftarrow$ 2468

3. SP2의 번지 지정 모드에서 명령을 꺼내고, 유효 주소를 계산하고, 명령을 실행하는데 얼마나 많은 메모리 참조가 필요한가?

a. 1
b. 1 + 1 = 2
c. 1 + 1 = 2
d. 1
e. 2 + 1 = 3
f. 2 + 1 + 1 = 4
g. 2 + 1 = 3
h. 2
i. 2 + 1 = 3

4. 우리는 auto-pre-decrementing을 갖는 간접적 새 주소 모드가 있다.(이것은 간접 레지스터가 아니라 간접 메모리라는 것을 명심하자.) 덧붙여 문제풀이 3에서 모든 값은

M[5677] = 2222

이다. 만약 명령이 Load Register라면, 유효 번지와 이 주소 지정 모드를 사용하는 레지스터와 메모리 자리로 변화를 보여라.

메모리 번지 1234는 읽기이다. 그 값은 감소되고 유효 번지로 사용된다. 이는 물론 메모리 자리 1234로 다시 기억된다.

EA = 5677 M[1234] $\leftarrow$ 5677 $REG^1 \leftarrow$ 2222
$PC \leftarrow$ 0102

Memory reference=2+2+1=5 (M[1234]는 번지 계산 동안 읽고 써져야 한다.)

5. 다음 각 명령은 연속적으로 실행된다. 각각을 실행 후(비었다고 가정하고) 스택의 내용을 보여라. 레지스터의 초기 내용은

$REG^2 = 1357$
$REG^7 = ABC4$
$REG^8 = 4567$

a. Push REG^2
b. Push REG^7
c. Pop REG^1
d. Push REG^2
e. Push REG^8
f. Push REG^1
g. Pop REG^3
h. Pop REG^5

At c, $REG^1 \leftarrow ABC4$
At g, $REG^3 \leftarrow ABC4$
At h, $REG^5 \leftarrow 4567$

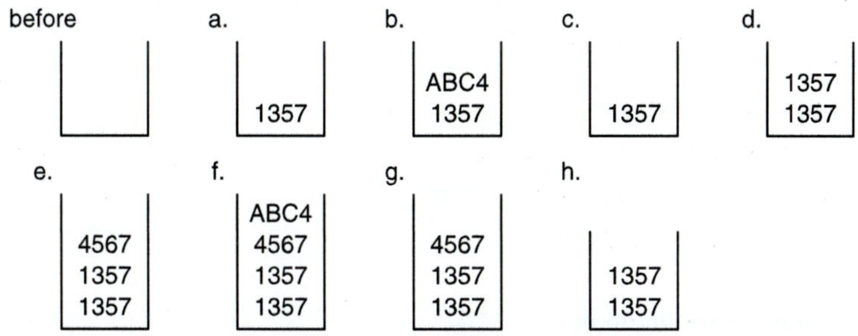

6. 문제풀이 2의 구조와 다음 초기 값들을 이용하여

PC = 0100
Bits 12:15 = 7
Second word = 1234
M[0007] = FF00
M[1234] = 5678
M[5678] = 1234
M[ABC4] = 1357
$REG^7 = ABC4$
$REG^9 = 4567$
carry bit = 1

stack: 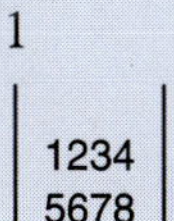

모드 레지스터(PC 포함하여), 메모지 자리의 변화를 보여라. 얼마나 많은 참조가 요구되는지 나타내라. 각 부분은 독립된 문제이다.

a. Load* REG^2, Page zero
b. Load REG^2, Register
c. Store REG^9, Register indirect
d. Store REG^7, Register
e. Add REG^9, Direct
f. Add REG^9, Register
g. Add with carry REG^9, Page zero
h. Subtract REG^9, Register
i. Increment* register
j. Increment register indirect with auto-post-incrementing
k. Add stack
l. AND REG^9, Page zero
m. AND REG^9, Register
n. OR REG^7, Direct
p. NOT, Direct

이동과 순환에서 RN필드는 공간을 포함한다고 가정하자; 연산 후에 보일 것이다. 번지 필드는 피연자의 자리와 결과를 보인다.

q. Left shift 3, Register
r. Logic right shift 4, Page zero
s. Arithmetic right shift 4, Page zero
t. Right rotate 5, indirect
u. Jump direct
v. Jump register indirect
w. Call indirect
x. Call immediate
y. Return

a. $REG^2 \leftarrow$ FF00 PC $\leftarrow$ 0101 Memory: $1 + 1 = 2$
b. $REG^2 \leftarrow$ ABC4 PC $\leftarrow$ 0101 Memory: 1
c. M[ABC4] $\leftarrow$ 4567 PC $\leftarrow$ 0101 Memory: $1 + 1 = 2$
d. $REG^7 \leftarrow$ ABC4 PC $\leftarrow$ 0101 Memory: 1
no change in REG^7
e. $REG^9 \leftarrow 4567 + 5678 =$ 9BDF PC $\leftarrow$ 0102
Memory: $2 + 1 = 3$

---

12) 다음에 지정된 레지스터(REG^2)는 RN 필드에서 지정된 그 값이다.
13) RN 필드는 Increment와 같은 하나의 피연산자를 갖는 명령어에서는 무시된다.

f. $REG^9 \leftarrow 4567 + ABC4 = F12B$ $PC \leftarrow 0101$
Memory: 1

g. $REG^9 \leftarrow 4567 + FF00 + 1 = 4468$ $PC \leftarrow 0101$
Memory: $1 + 1 = 2$

h. $REG^9 \leftarrow 4567 - ABC4 = 4567 + 543B + 1 = 99A3$
$PC \leftarrow 0101$ Memory: 1

i. $REG^7 \leftarrow ABC5$ $PC \leftarrow 0101$ Memory: 1

j. $M[ABC4] \leftarrow 1358$ $REG^7 \leftarrow ABC5$ $PC \leftarrow 0101$
Memory: $1 + 2 = 3$

k. $PC \leftarrow 0101$ Stack gets $1234 + 5678 = 68AC$

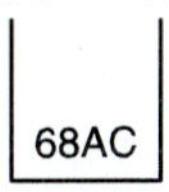

Memory: $1 + 3 = 4$

l. $REG^9 \leftarrow 0100\ 0101\ 0110\ 0111 \cdot 1111\ 1111\ 0000\ 0000$
$= 4500$ $PC \leftarrow 0101$ Memory: $1 + 1 = 2$

m. $REG^9 \leftarrow 0100\ 0101\ 0110\ 0111 \cdot 1010\ 1011\ 1100\ 0100$
$= 0144$ $PC \leftarrow 0101$ Memory: 1

n. $REG^7 \leftarrow 1010\ 1011\ 1100\ 0100 + 0101\ 0110\ 0111\ 1000$
$= FFFC$ $PC \leftarrow 0102$ Memory: $2 + 1 = 3$

p. $M[1234] \leftarrow A987$ $PC \leftarrow 0102$ Memory: $2 + 2 = 4$

q. $REG^7 \leftarrow$ (1010 1011 1100 0100) shifted
0101 1110 0010 0000 = 5E20 $PC \leftarrow 0101$
Memory: 1

r. $M[0007] \leftarrow 0FF0$ $PC \leftarrow 0101$ Memory: $1 + 2 = 3$

s. $M[0007] \leftarrow FFF0$ $PC \leftarrow 0101$ Memory: $1 + 2 = 3$

t. Rotate M[5678] = 0001 0010 0011 0100
M[5678] = 1010 0000 1001 0001 = A901
$PC \leftarrow 0102$ Memory: $2 + 1 + 2 = 5$

u. $PC \leftarrow 1234$ Memory: 2

v. $PC \leftarrow ABC4$ Memory: 1

w. $PC \leftarrow 5678$ Stack: Memory:
$2 + 1 + 1 = 4$

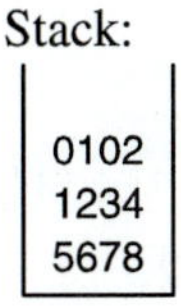

x. not allowed

y. $PC \leftarrow 1234$ Stack: Memory: 2

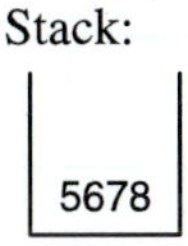

8.6 연습문제

1. 아래 조건을 갖는 시스템에 대해서 문제풀이 1을 반복하라.

i. 48-bit word

ii. 144-bit word

2. 우리는 메모리의 64레지스터, 2^{32}워드를 갖는 그림 8.2d의 명령어 구조가 있다. Address 필드는 데이터나 번지의 일부를 포함한다. 마지막 6 bit는 레지스터를 요구하는 그 번지 지정 모드를 위한 레지스터 수이다.

(명령을 꺼내기 전에) 다음을 가정해보자.

PC = 11112222
Reg. No. = 24, Bits 16:31 = 9876
Second word = 12304560
M[00009876] = ABCDEF01
M[10102323] = 22334455
M[12304560] = 12345678
M[12345678] = FFFFFFFF
M[23416784] = 13572468
REG^{36} = 10102323

만약 명령이 Load Register라면 유효 주소와 다음 번지 타입의 각각을 위한 레지스터 변화를 보여라.

a. Register
b. Register indirect
c. Register indirect with auto-post-incrementing
d. Short immediate (sign-extend)
e. Direct
f. Indirect
g. Relative
h. Immediate

***3.** 우리는 메모리가 2^{20} 32 bit워드와 16레지스터를 갖는 기계가 있다. 모든 명령은 다음 형식과 함께 1워드를 갖는다.

0 … 3	4 … 7	8 … 11	12 … 31
Op-Code	RN	ADMODE	Address

(명령을 꺼내기 전에) 다음을 가정해보자.

PC = 1234E
RN = 5, Bits 12:31 = FEDC2
M[11111] = FFFFFFFF
M[45666] = 11223344
M[45678] = FFEEDCBA
M[FEDC2] = 12345666
REG^2: 12345678

만약 명령이 Load Register라면 유효 주소와 다음 번지 타입의 각각을 위한 레지스터 변화를 보여라.(a, b, c의 레지스터 수는 bit 28:31이다.)

a. Register
b. Register indirect
c. Register indirect with auto-post-incrementing
d. Short immediate (sign-extend)
e. Direct
f. Indirect
g. Relative
h. Indirect with auto-post-incrementing

4. 우리는 메모리가 2^{28} 20 bit 워드와 16레지스터를 갖는 기계가 있다. 모든 명령은 다음 형식과 함께 1워드를 갖는다.

0 3	4 7	8 11	12 31
Op-Code	RN	ADMODE	Address

28 bit 번지가 요구될 때 하위 차례(오른쪽) 8 bit는 첫 번째 워드가 포함되고 처음 20 bit는 번지의 두 번째 워드에 포함된다. 번지가 레지스터나 번지가 포함될 때, 참조된 워드는 낮은 하위 차례 8 bit(오른쪽 8 bit에서) 포함한다. 번지의 나머지는 다음 워드가 포함된다.

(명령을 꺼내기 전에) 다음을 가정해보자.

PC = 1234567
Reg No. = 4, Bits 12:19 = 12
Second word = 34567
M[0000012] = 12345
M[0000013] = ABCDE
M[1234567] = EDCBA
M[1234568] = 10102
M[1234578] = FFFFF

M[3456712] = 34567
M[3456713] = 12345
REG^0 = 02468
REG^2 = 45678
REG^3 = 12345

만약 명령이 Load Register라면 유효 주소와 다음 번지 타입의 각각을 위한 레지스터 변화를 보여라.

a. Register
b. Register indirect
c. Register indirect with auto-post-incrementing
d. Short immediate (sign-extend)
e. Direct
f. Indirect
g. Immediate
h. Indirect with auto-pre-incrementing

5. a. Exercise 2
*b. Exercise 3
c. Exercise 4

다음 연습문제의 각 부분에서 명령어를 꺼내고 유효 번지를 계산하고 데이터를 꺼내는데 얼마나 많은 메모리 참조가 필요한가?

6. 다음 각 명령어는 연속적으로 실행된다.(처음에 비었다고 가정하고) 각각을 수행한 후 스택의 내용을 보여라. 레지스터의 초기 내용은 다음과 같다.

REG^1 = 012
REG^3 = 345
REG^5 = 567
REG^6 = FF8

a. Push REG^1
b. Push REG^3
c. Push REG^1
d. Push REG^6
e. Pop REG^9
f. Pop REG^1
g. Pop REG^3
h. Push REG^1
i. Pop REG^3
j. Pop REG^6

***7.** 그림 8.2d(와 연습문제 2)에 보여진 구조와 다음 초기값을 갖는 기계에서

(레지스터 수는 16진수이다):

PC = 11112222
Bits 16:31 = 9876
Second word = 12304560
M[00009876] = ABCDEF01
M[10102323] = 22334455
M[12304560] = 12345678
M[12345678] = FFFFFFFF
REG^0 = 33333333
REG^{15} = 10203040
REG^{36} = 10102323
carry bit: = 1

Stack:

11223344
56789ABC

(PC를 포함한) 모든 레지스터와 메모리 위치의 변화를 보여라 각 파트는 독립된 문제이다. 물론 메모리 참조의 수를 보여라.

a. Load REG^2, Page zero
b. Load REG^2, Register
c. Store REG^{15}, Register indirect
d. Store REG^0, Register
e. Add REG^{15}, Direct
f. Add REG^{15}, Register
g. Add with carry REG^{15}, Page zero
h. Subtract REG^{15}, Register
i. Increment indirect
j. Increment register indirect with auto-post-incrementin
k. Add Stack
l. AND REG^{15}, Page zero
m. AND REG^{15}, Register
n. OR REG^0, Direct
p. NOT, Direct

shift와 rotate에서 RN 필드는 플레이스의 수를 포함하는 것을 가정하자; 연산 후에 보여질 것이다. 번지 필드는 피연산자의 자리와 결과를 설명한다.

q. Left shift 3, Register
r. Logic right shift 4, Page zero
s. Arithmetic right shift 4, Page zero
t. Right rotate 5, Indirect

u. Jump Direct
v. Jump Register indirect
w. Call Indirect
x. Return

8. 연습문제 3의 기계에서 다음 초기값을 갖는다.

PC = 12345
Bits 12:31 = FEDCB
M[45666] = 11223344
M[45678] = FFEEDCBA
M[FEDCB] = 12345666
REG^0 = 13579BDF
REG^B = 12345678
carry = 1
Stack is the same as in Exercise 7.
스택은 연습문제 7과 같다.

(PC를 포함한) 모든 레지스터와 메모리 위치의 변화를 보여라. 각 파트는 독립된 문제이다. 물론 메모리 참조의 수를 보여라.

a. Load REG^2, Direct
b. Load REG^2, Register
c. Store REG^B, Register indirect
d. Store REG^0, Register
e. Add REG^B, Direct
f. Add REG^0, Register
g. Add with carry REG^B, Indirect
h. Subtract REG^0, Register
i. Increment Indirect
j. Increment Register indirect with auto-post-incrementing
k. Add Stack
l. AND REG^0, Direct
m. AND REG^0, Register
n. OR REG^B, Direct
p. NOT, Direct

shift와 rotate에서 RN 필드는 플레이스의 수를 포함하는 것을 가정하자; 연산 후에 보여질 것이다. 번지 필드는 피연산자의 자리와 결과를 설명한다.

q. Left shift 3, Register
r. Logic Right shift 4, Register indirect
s. Arithmetic Right shift 4, Stack
t. Right rotate 5, Indirect

u. Jump Direct
v. Jump Register indirect
w. Call Indirect
x. Return

9. Exercise 4에서 초기 값에서(PC를 포함한) 모든 레지스터와 메모리 위치의 변화를 보여라. 또한, 메모리 참조의 수를 보여라. 각 부분은 독립된 문제이다.

a. Load REG^2, Page zero
b. Load REG^2, Register
c. Store REG^3, Register indirect
d. Store REG^0, Register
e. Add REG^3, Direct
f. Add REG^3, Register
g. Add with carry REG^2, Page zero (*carry* = 1)
h. Subtract REG^3, Register
i. Increment Indirect
j. Increment Register indirect with auto-post-incrementing
k. AND REG^2, Page zero
l. AND REG^3, Short immediate
m. NOT, Direct
n. OR REG^3, Direct

shift와 rotate에서 RN 필드는 플레이스의 수를 포함하는 것을 가정하자; 연산 후에 보일 것이다. 번지 필드는 피연산자의 자리와 결과를 설명한다.

o. Left shift 3, Register
p. Logic right shift 4, Page zero
q. Arithmetic right shift 4, Page zero
r. Right Rotate 5, Indirect
s. Jump Direct
t. Jump Register indirect

8.7 이 장의 테스트(50 분)

1. (20)명령어가 32 bit와 64 bit를 모두 요구하는 CPU가 있다. 주기억장치는 96-bit 워드를 갖는다. 다음 명령 흐름을 생각해보자.

Reference	*A*	*B*	*C*	*D*	*E*	*F*	*G*	*H*
Number of bits	32	64	64	32	64	32	64	64

명령어가 워드의 1/3로 압축할 때, 다음의 조건을 만족하도록 명령들의 배

치도를 보여라.

a. 모든 세 번째 번지는 지정가능하고
b. 오직 처음 세 번째가 번지 지정될 수 있고 명령어 B, G가 분기될 것이다.

2. 다음 각 명령은 연속적으로 실행된다. 각각을 실행 후(비었다고 가정하고) 스택의 내용을 보여라. 레지스터의 초기 내용은

REG^0 = 1234
REG^1 = 4567
REG^3 = 89AB

a. Push REG^0
b. Push REG^0
c. Push REG^1
d. Pop REG^3
e. Pop REG^7

3. 24-bit 워드와 64 레지스터, 주기억장치에 2^{32}워드를 갖는 CPU를 생각하자. 명령어 첫 번째 워드의 명령어 구조는

0 … 5	6 … 11	12 … 15	16 … 23
Op-Code	RN	Mode	Address

워드의 마지막 8 bit는 32-bit 번지의 최소 bit이다. 다음 각각은 16진수 있다. 간접 번지 지정과 레지스터 간접 번지 지정에서 워드는 번지의 마지막 8 bit를 포함하는 것을 나타낸다.(오른쪽 8 bit에서) 처음 24bit는 다음(더 높은 수) 메모리 자리나 레지스터에서 보인다. 레지스터를 참조한 모드에서 레지스터 수는 bits 18:23에 있다.

Address = 46
Second word = 123456
Address of this instruction: 00112222
M[00000046] = 6789AB
M[00000047] = 012345
M[00010203] = 765432
M[12345646] = FFFFFF
M[12345647] = 123456
M[123456FF] = 776655
M[44444403] = ABCDEF
REG^6 = 010203
REG^7 = 444444

a. (3 point per subpart) 다음 주소 모드의 각각에서 Load Register 1의

REG[1]에 저장된 것을 보여라.

i. Register
ii. Page zero
iii. Register indirect
iv. Direct
v. Short immediate
vi. Immediate

b. (7 point per subpart) 다음 각 명령에서 변한 모든 메모리 자리와 레지스터(PC 포함하여)을 보여라. 물론 메모리 참조 수도 보여라. 각 파트는 독립된 문제이다.

i. Store* REG[7], Direct
ii. Add REG[7], Register
iii. Increment indirect
iv. OR REG[7], Register
v. Left shift 1, Page zero
vi. Jump Direct

REG [illegible]

i. Register

ii. Page zero

iii. Register indirect

iv. Direct

v. Short immediate

vi. Immediate

b. [illegible]

[illegible]

i. Store REG, Direct

ii. Add REG, Register

iii. Increment indirect

iv. OR REG, Register

v. Left shift Page zero

vi. Jump Direct

9 컴퓨터 설계 기초

4.7절에서, 상용화된 2개의 하드웨어 기술 언어들, 즉 Verilog와 VHDL이 소개되었다. 비록 이 언어들과 이에 관련된 소프트웨어들이 디지털 시스템의 테스트와 생산에 적합할지라도 여기서 이들을 사용하지 않을 것이다. 이 언어들의 사용법을 배우려면 적지 않은 시간이 소요되며, 또한 이 언어들은 컴퓨터와 같은 복잡한 장치에 대하여 추상적인 수준의 설계를 한다. 이 장과 다음 장에서는 간략화된 언어인 설계기술언어(Design Description Language: DDL)를 다룰 것이다. 이 언어의 각 단계에서는 데이터에 대한 동작이 표현되고 그 동작을 실행하기 위한 하드웨어들이 직접 기술된다. 9장에서는 DDL의 소개와 그 사용법을 몇 가지 예를 들어 설명한다. 다음으로 10장에서는 이 DDL을 사용하여 컴퓨터를 설계한다.

이 책의 2부에서는 레지스터들 사이의 데이터 이동과 그 데이터에 대한 동작을 포함하는 레지스터 수준을 다룬다. 그러나 레지스터는 단지 플립플롭들의 모임이다. 단순화하기 위하여, 여기서는 그림 9.1a와 같은 후행-에지 트리거(trailing-edge triggered)되는 *D* 플립플롭을 사용한다.(이들은 5장에서 다룬 *D* 플립플롭과 같다) 그림 9.1b는 샘플 클럭 신호와 그에 대응하는 Q와 Q'의 값을 나타낸다. 이 예에서, 첫 번째 클럭이 인가되기 전에 플립플롭에 0의 값이 저장되어 있고, *D* 입력이 클럭 펄스의 후행 에지 직전에 변하지 않는다고 가정한다. 실제로는 시스템의 대부분 신호가 그러하듯이 그 입력은 클럭의 후행 에지에서 혹은 직후에 변화한다. 디지털 시스템에서는 신호들이 다수의 논리 게이트들을 통과하기 때문에 지연이 발생한다. 여기서는 클럭 속도와 지연들에 의한 신호의 변화가 항상 다음 클럭 펄스가 인가되기 전에 발생한다고 가정한다.

레지스터는 이름을 가진 플립플롭들의 집합이다. 레지스터의 비트들

그림 9.1 *D* 플립플롭과 타이밍

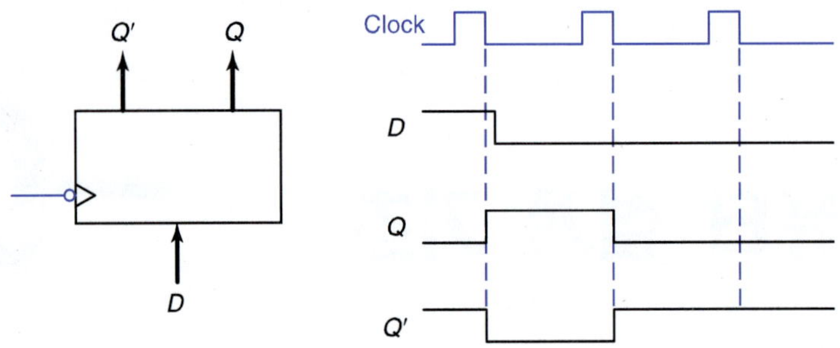

a. 플립플롭　　b. 타이밍

은 0으로 표시되는 가장 왼쪽의 비트(수치 데이터에서 가장 의미있는 비트)부터 시작하는 첨자로 표시된다. 그러므로 32-비트 레지스터 A는 A_0부터 A_{31}까지로 표시된 32개의 플립플롭으로 구성된다.

> **참고:** 컴퓨터 표현에서 레지스터의 비트들의 번호가 매겨지는 방법은 일관성이 없다. 많은 제조업자들이 왼쪽에서 매겨지는 방법을 이용한다. 한편 대부분의 마이크로프로세서 표현에서는 가장 오른쪽 비트에서부터 0으로 매겨지며, 결과적으로 A_{31}, A_{30}, ..., A_0가 된다. 번호를 매기는 방향에 있어서는 옳고 그름이 없기 때문에 상황에 따라 쓰이는 숫자 매김 방법들에 익숙해져야 한다.

레지스터의 개별적인 비트들은 A_{14}와 같이 첨자로 나타내거나, 처음과 마지막 첨자를 콜론(:)으로 구분하여 연속적인 비트들의 모임을 나타낼 수 있다. 예를 들어, 레지스터 C의 처음 4비트들은 $C_{0:3}$ 혹은 C_0, C_1, C_2, C_3으로 나타낼 수 있다.

여기에서는 논리를 기술하기 위하여 AND, OR, NOT, Exclusive-OR와 같은 간단한 게이트들과 가산기, 복호기와 같은 보다 큰 논리 블록들을 사용한다. 또한 조합 논리 블럭들의 자세한 활용에 대해서는 다루지 않고 각 블럭의 명확한 정의만 한다. 만약 특별한 경우에 이것이 불충분하다면 블럭도나 대수적인 기술이 사용될 것이지만, 조합 논리 모듈을 표현하기 위해 수치적 표현방식은 사용하지 않을 것이다. 그리고 회로 구현 시, 어떤 종류의 게이트(AND, OR, 혹은 NAND 게이트)를 사용할 것인가에 대해서는 고려하지 않는다. 이들에 대한 것들은 이 장에서 다루기에는 너무 광범위하기 때문이다.(대부분의 게이트나 플립플롭에 의한 설계는 이미 2장과 7장 사이에서 다루었다.)

9.1 데이터 이동

그림 9.2는 4비트 레지스터 A의 내용을 4비트 레지스터 B까지 전송하는 회로를 나타낸다. 각각의 레지스터의 4개의 플립플롭들은 동시에 동작하고, 레지스터 B의 모든 비트들에 대해 단일 클럭 입력이 인가된다. 9장의 후반에 자세히 다루게 되나, 여기에서 DDL 표기법을 조금 소개하기로 한다.

A에서 B로의 이동은 $B \leftarrow A$로 표기한다.

이때 왼쪽을 향하는 화살표는 "~로의 이동"을 나타낸다. 화살표가 가리키는 왼쪽이 정보가 이동하는 목적지이고 오른쪽이 출발지이다. 이 표기법은 데이터를 일련의 플립플롭으로 클럭할 때 사용한다. $B \leftarrow A$라고 표기된 라인은 제어기에서 오는 것으로, 이동하라는 명령이다. 이는 실제로 2가지 목적을 위하여 쓰일 수 있다. 첫째로 AND 게이트들을 인에이블하여 A와 B사이의 데이터 통로를 열게 한다. 둘째로 클럭과 함께 동기되어 D입력 값(즉 A의 비트들)을 레지스터 B로 이동한다.

레지스터 A에는 입력이 없으며, $B \leftarrow A$의 표기는 단지 B를 로드하고, A의 값은 변화하지 않는다.(신호 $A \leftarrow$ "어떤 값"이 있다면, A는 로드된다.)

그림 9.2는 실제로 이 간단한 경우에 적용시키기에는 다소 복잡하다. 만약 B로 오는 데이터 A가 유일하다면 AND게이트들은 불필요하다. 즉 플립플롭 A_i의 출력이 플립플롭 B_i의 D입력에 직접 연결될 수 있다. 레지스터 B는 데이터를 전송할 필요가 있을 때에만 클럭이 인가되기 때문에 A가 연결되어 있다 해도 어떠한 문제가 없다.

그림 9.2 A에서 B로의 전송

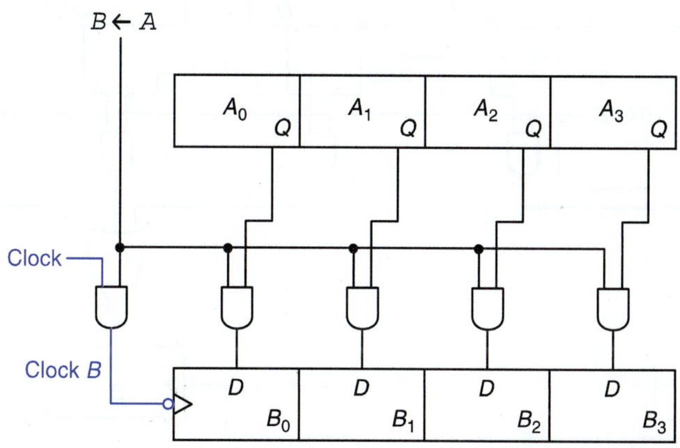

그러나 다른 데이터들이 다른 시간대에 레지스터 B로 클럭되는 더 일반적인 경우가 있다. 이 경우에는 레지스터 B의 각각의 입력들에 멀티플렉서가 필요하다. 3개의 레지스터 A, C 그리고 E들 중 하나를 B로 이동하는 경우를 가정한다. 그림 9.3은 이러한 시스템의 처음 2 비트를 보여준다. 여기에 3개의 제어 신호들 $B \leftarrow A$, $B \leftarrow C$, $B \leftarrow E$가 존재한다. 이 제어 신호는 어떠한 경우에도 이들 중 1개의 신호만 1의 값을 가질 수 있다. 이 신호들은 D입력을 레지스터 B에 이동하는 3방향(three-way) 멀티플렉서들을 제어한다.(그들 중 첫 번째는 그림 9.3에서 두꺼운 실선으로 표시되어 있다.)

B의 각 비트들에 대해, 각 멀티플렉서에 연결된 같은 제어 신호(*로 표시)를 갖는 동일한 멀티플렉서가 존재한다. 또한 3개의 제어 신호들은 B의 각 비트들에 대해 클럭 입력을 공급하기 위해 클럭에 OR-AND된다. 이 구성은 각 비트 당 더 큰 멀티플렉서를 가진 B의 전송도 가능하도록 확장할 수 있다.

지금까지 점-대-점(point-to-point) 데이터 구조를 설명하였다. 이 구조를 위해서 각 레지스터들의 입력에 멀티플렉서가 존재한다. 즉, k 비트들을 가진 n개의 레지스터들이 로드되려면 $n \times k$개의 멀티플렉서들이 있어야 한다. 각각에 대한 입력의 수는 데이터가 오는 소스들의 수에 따라 결정된다. 그러나 각 소스의 멀티플렉서에 대해서는 반드시 1개의 입력이 있어야 한다. 또한 소스는 이 예에서와 같이 다른 레지스터가 될 수 있지만 상수,

그림 9.3 멀티플렉스 된 입력들

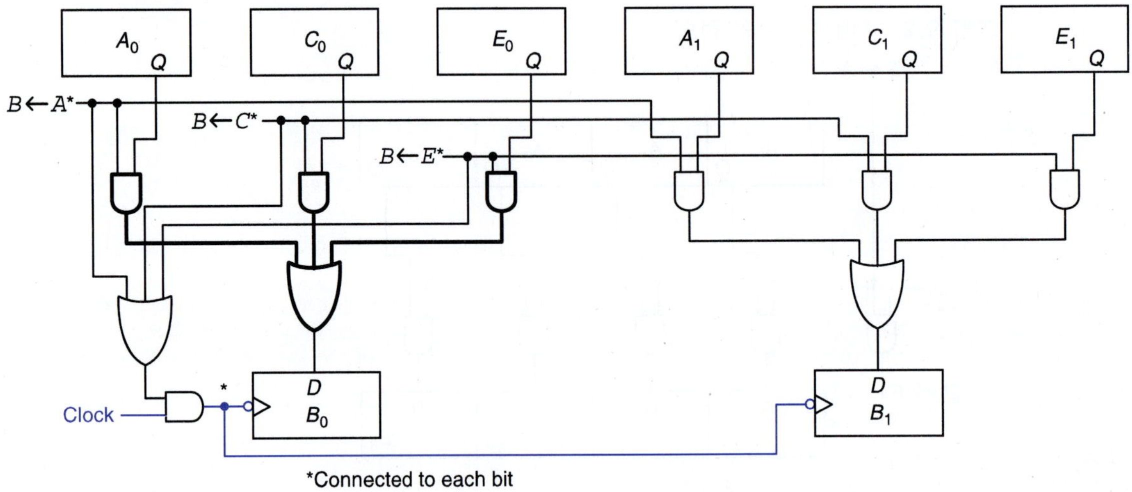

어떤 논리 모듈의 출력, 혹은 쉬프트 회로가 될 수도 있다. 예를 들어 B로의 이동은 다음과 같은 것들이 있다.

$B \leftarrow 6$ (16진 상수)

$B \leftarrow A \cdot C$ (AND)[1)]

$B \leftarrow B'$ (B의 보수)

$B \leftarrow B_3, B_{0:2}$ (오른쪽 회전)

$B \leftarrow ADD[C;\ E]$ (C와 E 내의 수들의 합)

만약 이 모든 동작들이 A, C, E에 추가적으로 더 필요하다면, 그림 9.3의 멀티플렉서의 입력은 8개가 되어야 한다.

예제 9.1

점-대-점 시스템으로 구성된 3개의 레지스터 W, X, Y의 일반적인 한 비트를 보이시오. 단, 어떠한 레지스터도 다른 레지스터로 이동할 수 있도록 한다.

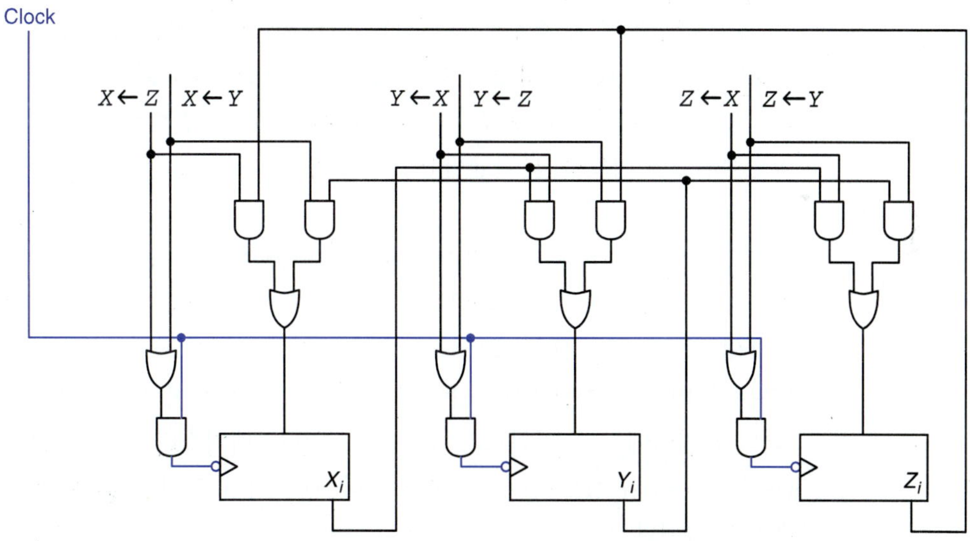

버스는 비트 당 1개의 멀티플렉서로 구성되고, 이 출력이 버스의 한 비트가 된다. 다음으로 버스의 비트들은 이를 통하여 데이터를 받는 각각의 레지스터의 D입력으로 연결된다. 비트 당 오직 1개(n개 대신)의 멀티플

1) 이 후의 장들에서는 AND 연산을 나타내기 위해 문자의 나열($A\ C$)보다는 도트($A \cdot C$)를 사용할 것이다. 이는 프로그램 카운터를 PC로 표현하는 줄임말과 혼동되지 않도록 하기 위한 것이다.

그림 9.4 전형적인 버스의 한 비트

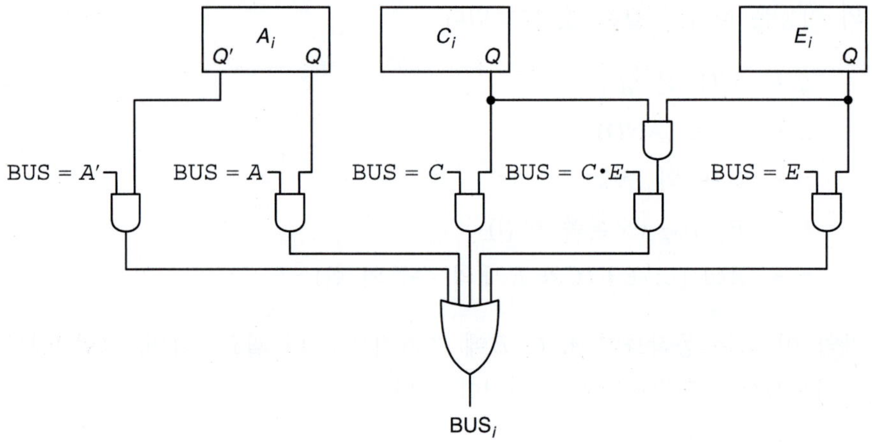

렉서가 요구되기 때문에 하드웨어의 양이 크게 감소된다. 한편, 멀티플렉서는 한번에 1개의 소스만 전달하므로 버스는 클럭 당 1개의 데이터만 전송할 수 있다.(점-대-점 구조에서는 각각의 멀티플렉서가 개별적으로 동작하기 때문에 다수의 레지스터들이 다른 값으로 클럭될 수 있다.)

그림 9.4는 레지스터 A, C, E, 그리고 A'와 $C \cdot E$가 연결되어 있는 버스의 전형적인 한 비트를 나타낸다.(따라서 어떠한 레지스터에도 입력이 가능)

다음의 표기 BUS = A는 레지스터 A의 출력을 버스에 연결하라는 것을 의미한다. 이것은 제어기의 플립플롭의 출력에서 나오며, 클럭의 한 주기 동안 1의 값을 갖는 신호이다.

대부분의 버스 시스템에서 모든 전송이 버스에 의하여 이루어지므로 레지스터의 D입력에는 논리회로가 필요하지 않다. 레지스터들의 클럭 동작은 점-대-점 구조와 동일하다. 즉, 레지스터 A에 어떤 값이 전송될 때 항상 클럭이 인가된다.

대부분 버스 구조의 자세한 논리회로는 필요하지 않다. 오히려 버스의 데이터 전송을 나타내는데 그림 9.5와 같은 버스도(busing diagram)가 필요하다. 이 예에서 좀 전의 그림에서 다루었던 5개의 소스(A, A', C, $C \cdot E$, E)들이 버스에 연결될 수 있다. 그들 중 어느 것이라도 3개의 레지스터(A, C, E)에 클럭될 수 있다. 이 예에서는 레지스터 B가 없다

점-대-점 시스템과 버스의 중요한 차이는 점-대-점 시스템은 다른 레지스터들에 다른 데이터들을 클럭할 수 있는 반면, 버스는 한 클럭 시간에 오직 한 데이터만을 전송할 수 있다는 것이다. 예제 9.1을 보면 두 개의 전

송들이 다른 게이트들을 포함하기 때문에 $X \leftarrow Z$ 와 $Y \leftarrow X$ 둘 다 동시에 이동하는 것이 가능하다. 예제 9.2의 버스 시스템에서는 Z나 X 둘 중 하나만 버스에 연결될 수 있기 때문에 이 동작은 두 단계를 요한다.

그림 9.5 버스도

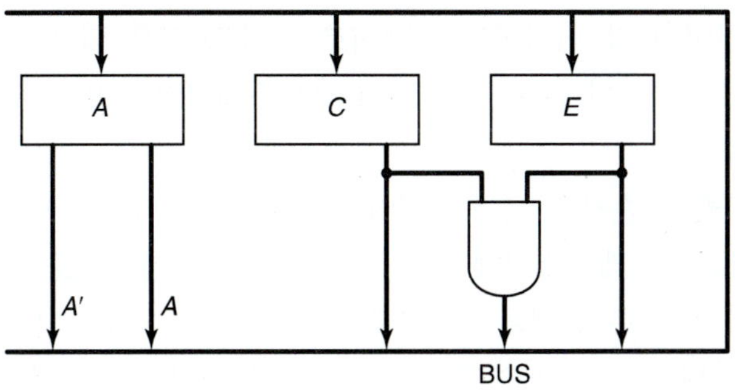

예제 9.2

버스를 이용하여 예제 9.1의 전송들을 이행하시오.

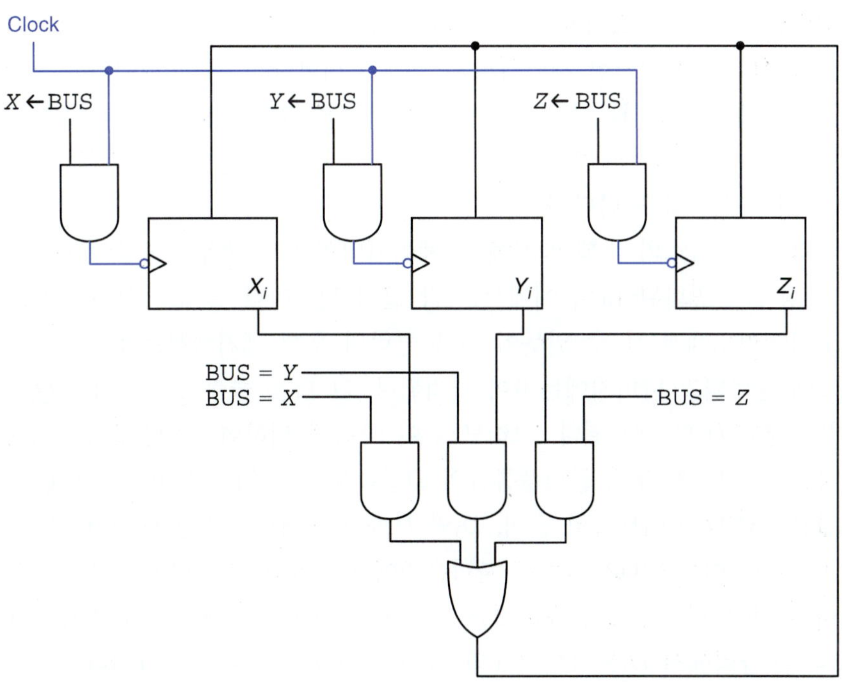

9.2 제어 시퀀스(Sequence)

컴퓨터는 일련의 단계를 따라 명령을 수행하는 순차 시스템이다. 사용자는 프로그램이라 불리는 명령의 단계들을 제공함으로써 컴퓨터에게 원하는 작업을 수행시킨다. 만약 그 프로그램이 C++ 같은 고급언어로 작성되었다면 그것이 실행되기 위하여, 먼저 수행될 컴퓨터의 기계어로 번역되어야 한다. 고급언어의 각 명령어는 기계어로 번역될 경우 일반적으로 여러 개의 명령어로 번역된다. 그러나 하드웨어의 구체적인 설명을 위해서는 기계어로도 부족하다.

제어 시퀀스(순서)는 수행되어야 하는 각각의 단계를 명시한다. 그 중 몇몇의 단계는 한 레지스터에서 다른 레지스터로 데이터를 이동하는 레지스터 전송이다. 다른 단계들은 분기라 하는데 이는 시퀀스 내의 어떤 단계가 현재 수행되고 있는 함수 혹은 레지스터나 플립플롭의 데이터의 함수로 다음에 수행될지를 선택한다.

이 책에서는 DDL을 사용하여 디지털 시스템의 제어 시퀀스를 기술한다. 데이터 내부연결 구조와 제어기의 종류 등과 같은 기본적인 설계가 결정되고 나면 이 DDL은 제어기의 설계와 시스템의 하드웨어를 완벽하게 표현하는데 적합할 것이다.

이 시점에서 간단한 제어기의 구조를 고려한다. 컴퓨터 제어기의 설계에 대한 자세한 논의는 10장에서 하기로 한다. 그림 9.6a는 4개의 상태를 갖는 one-hot 제어기의 블럭도를 나타내고 그림 9.6b는 그 제어기와 관련된 타이밍 신호들을 나타낸다.

각 클럭 펄스의 후행 에지에서, 제어기내의 모든 플립플롭들이 트리거되고 상태가 변화된다.(이 예에서는 각 클럭 펄스마다 실제로 상태가 변한다.) 타이밍도에서 볼 수 있듯이 처음 클럭의 후행 에지에서는 1이 플립플롭 1에 클럭되고 나머지에는 0이 클럭된다. 그 다음 클럭 펄스에서는 Q_1은 1이며 결국 D_2도 1이 된다. 그러므로 이 클럭에 의하여 플립플롭 2에 1이 저장된다. 이 때 다른 플립플롭들의 D입력은 0이다.(Q_2가 0이므로 Q_2가 연결된 AND 게이트들의 출력, D_3와 D_4도 0이 된다. 또한 Q_3과 Q_4가 둘 다 0이므로 이들의 OR 게이트 출력은 0이고 D_1도 0이 된다.) 그러므로 두 번째 클럭에 의하여 플립플롭 2는 1, 나머지 플립플롭에는 0이 저장된다. 그 다음 클럭에서 Q_2는 1이고 x의 값에 따라 D_3 혹은 D_4가 1이다.

그림 9.6a 간단한 제어기

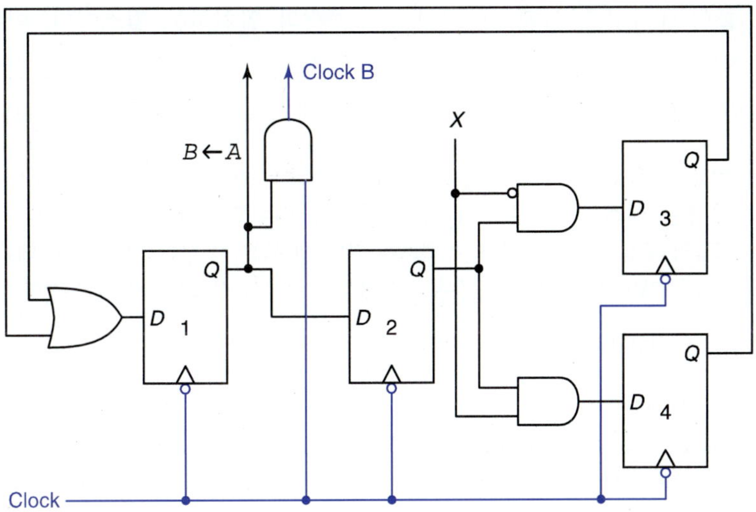

그림 9.6b 간단한 제어기의 타이밍

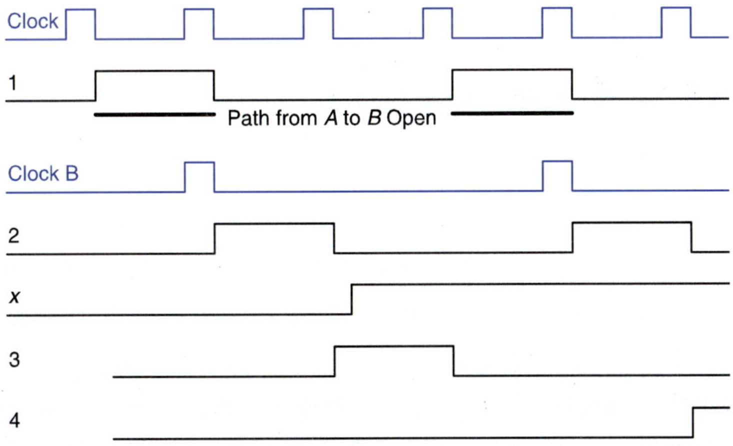

예제에서 x는 0이고 플립플롭 2의 값, 1이 플립플롭 3으로 전달된다.(그 다음에 시스템은 상태 2, 즉 그림 9.6b의 오른쪽에 나타난 바와 같이 플립플롭 2는 1의 값을 갖고, 이 x는 1이다. 그리고 상태 4로 천이된다.)

이 제어기에는 두 개의 출력신호들이 있다. $B \leftarrow A$라고 명시되어 있는 신호는 제어기 플립플롭의 출력에 직접 연결되어 있으며 1 클럭 주기 동안 1이다.(즉, 한 클럭 펄스의 후행 에지에서 다음 클럭 펄스의 후행 에지까지 이다.) 이는 데이터 경로를 설정하는데 쓰인다. 그림 9.2에서 볼 수 있듯이 이것은 레지스터의 D입력에 데이터를 전송하는 게이트를 인에이블한다. 클럭 B라고 명시된 다른 신호는 클럭과 일치하는 펄스이다. 이는 목적지 레지스터를 트리거하는데 사용된다. 그러므로 1 클럭 주기 동안의 경로가 만들어지고 결국 그 끝에서 목적지 레지스터에 데이터가 클럭된다.

> **참고**: Clock B 신호를 생성하는 AND 게이트는 가끔 제어기의 부분 혹은 레지스터 전송 시스템의 일부로 간주된다. 실제로 이는 그림 9.2와 9.6에 나타나 있다. 그들의 구분은 중요치 않으나 펄스는 한번 생성되어야 한다. 또한 다른 데이터 전송들을 제어하기 위해 플립플롭 2와 3의 출력에서 신호가 나올 가능성이 있다.

이 시퀀스는 DDL에 의하여 다음과 같이 기술된다.

```
1. B ← A.
2. next: 4 (x), 3 (x').
3. "other transfer"
   next: 1.
4. "other transfer"
   next: 1.
```

이때 `"other transfer"` 는 명시되지 않는다.

9.3 설계 기술 언어(DDL)

설계 기술 언어의 목적은 설계되는 하드웨어를 간략하게 기술하는 것이다. 다른 면에서 이것은 레지스터들 간의 데이터 이동을 적절한 순서에 의하여 기술하는 프로그래밍 언어이다. 그러므로 주요한 동작들은 레지스터로의 데이터 전송과 실행되어야 할 다음 단계의 결정이다. 그러나 프로그래밍 언어와는 달리 각각의 단계들이 하드웨어에 직접적으로 관련된다.

DDL을 소개하기 위해 이 언어로 기술된 시스템의 예를 고려한다. 이 예에서 공통적으로 사용되는 언어의 많은 특징을 설명한다. 이 시스템 기술의 하드웨어적인 구현은 차후에 다룬다. 그 때 DDL의 전체를 자세히 다룰 것이다.

```
SYSTEM NAME: MAGNITUDE
    INPUT LINES: start, X[0:7].
    OUTPUT LINES: request, ready, REG[0:7].
    FLIP FLOPS: WK[0:7], REG[0:7].
    INITIALIZE: 1.
```

```
    1. next: 2 (start), 1 (start').
    2. request = 1.
    3. WK ← X.
    4. next: 5 (WK0), 7 (else).
    5. WK ← WK'.
    6. WK ← INC[WK].
    7. REG ← WK.
    8. ready = 1;
       next: 1.
END DESCRIPTION
```

이 시스템 기술은 2개의 주요 부분 즉, 몇 개의 정의와 제어 시퀀스 기술로 구성된다. 이 예제에서, 처음 5라인은 시스템의 이름, 입력들, 출력들, 내부 저장소자(즉, 레지스터를 구성하는 플립플롭들과 논리의 개별 비트들, 그리고 시스템의 레지스터 부)와 이 시스템이 처음 동작할 때, 시작되는 단계를 정의한다.

정의 라인들은 콤마로 구분된 리스트를 포함한다. 단일선과 플립플롭과 같은 스칼라들은 소문자 굵은 글자로 표기되어 있다. 일련의 입력과 출력선들 그리고 레지스터들과 같은 벡터들은 대문자로 표기된다. 정의부의 목적 중의 하나는 입력, 출력 그리고 저장소자가 무엇인지 기술하는 것이다. 제어기 외부의 모든 플립플롭들은 FLIP FLOP 정의 라인에 포함되어야 한다. 또 다른 목적은 각각의 비트들의 수를 명시하기 위한 것이다. 각 벡터의 비트들의 범위는 이름 다음에 오는 괄호 안에 포함된다.

그림 9.7은 정의 라인에서 기술된 MAGNITUDE의 상세한 블록도이다.

그림 9.7 MAGNITUDE의 블럭도

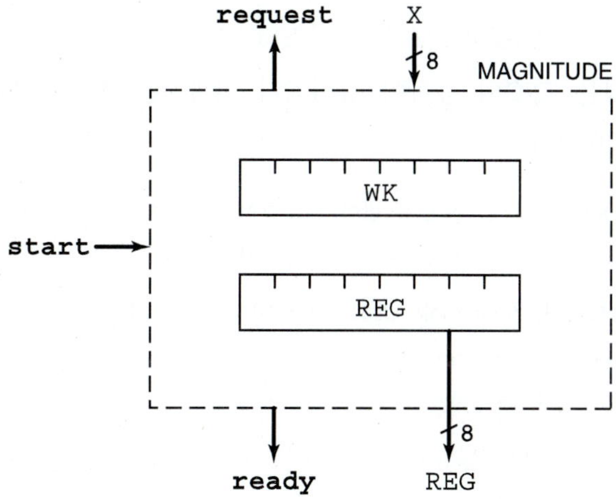

여기에서 입력, 출력 그리고 2개의 8-비트 레지스터를 나타내고 있으나 데이터 경로, 내부논리, 제어기는 보여주지 않는다.

정의 라인

```
INITIALIZE: 1.
```

은 시스템이 구동될 때 그것이 상태 1에 있다는 것을 나타낸다. 레지스터들의 내용도 같이 초기화된다.

다음으로 제어 시퀀스의 8 단계들이 나열되어 있다. 첫 번째 단계는 next라는 키워드를 포함한다. 이것은 이 단어 다음에 오는 것이 실행되어야 할 제어 시퀀스라는 것을 뜻한다. 만약 단계 2, 3, 5, 6, 7처럼 별도의 명시가 없다면 제어는 다음 단계로 넘어가게 된다. next는 다음 단계를 결정해야 할 경우가 존재할 때 요구된다. 단계 8에서는 제어가 항상 단계 1로 간다. 단계 1에서는 만약 **start**가 1이면 단계 2를 수행하고 만약 **start'**가 1이라면(즉, **start**가 0이라면) 다시 단계 1을 수행한다. 단계 4의 next는 만약 WK_0가 1이면 단계 5로 가고 다른 경우에는 단계 7로 가라는 내용이다. 키워드 else는 이 조건들 중의 어떠한 것도 만족하지 않았을 경우 수행하는 내용을 담고 있다.

단계 2는 그 단계가 수행될 때마다 상수 1이 **request** 라인에 연결되어 있다는 것을 뜻한다. 등호 표기는 왼쪽에 있는 라인에 값을 할당하라는 뜻이다. 일단 그 단계를 지나고 나면 할당된 값은 사라진다. 반면에 단계 3의 왼쪽 화살표는 라인 X의 값이 레지스터 WK에 저장된다는 뜻이다. 화살표는 그 왼쪽의 레지스터가 클럭되어야 함을 의미한다.

단계 5와 단계 6은 모두 수치계산을 나타낸다. 단계 5에서 레지스터 WK의 보수(비트-대-비트)가 계산되고 WK로 전송된다. 단계 6에서는 어떤 조합 논리 모듈인 INC 출력(즉, 레지스터 WK 출력의 입력)을 WK에 클럭시킨다. 이 설명은 INC의 동작이 정의되기 전까지는 불완전하다. 다음과 같은 정의가 필요하다.

> INC는 8 비트 이진수 입력을 받아 1을 더하고 그 결과를 출력한다. 덧셈의 캐리 출력은 무시된다.(그러므로 INC[FF_{16}]은 00이 된다.)

그림 9.8은 이 제어기에 대한 타이밍도를 나타낸다.

그림 9.8 MAGNITUDE에 대한 타이밍

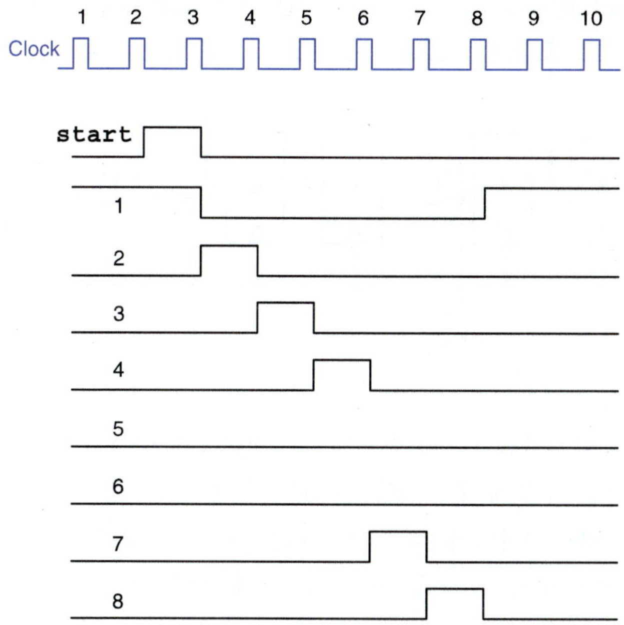

이 시퀀스의 수행동안에 WK_0 이 0이라고 가정한다. 우선 이 시스템에서 **start**는 0이고, 시스템은 단계 1에 있다. **start**가 0에 머물러 있는 한 단계 1에서 분기는 제어를 단계 1로 되돌린다. 두 번째 클럭 펄스 후에 **start**가 1이 되면 제어는 다음 클럭 펄스의 후행 에지에서 단계 2로 진행한다. 각각의 클럭에서 제어는 다음 단계 3, 4로 나아간다. 단계 4에서 WK_0이 0이기 때문에 `else` 분기가 실행되고 제어는 단계 7로 간다. 여기서 단계 8을 수행하고 새로운 **start**를 기다리기 위해 다시 단계 1로 돌아온다. 만약 **start**가 계속 1인 상태거나, 1이 되면 단계 2로 간다. 단계 4에서 만약 WK 가 음의 값을 가지면(즉 WK_0 이 1이면) 단계 7로 가기 전에 먼저 단계 5, 6을 수행하고 그 숫자의 2의 보수를 계산한다. 그러나 이 경우, 플립플롭 5와 6은 0의 값을 갖는다.

그림 9.9는 이 시스템에 대한 하드와이어드(hard-wired) 제어기의 블럭도를 보여준다. 시퀀스의 각 단계는 제어기내의 한 플립플롭에 대응된다. 여러 단계들에서 각 단계는 순서대로 수행된다. 그 경우 제어기 플립플롭의 Q 출력은 다음 플립플롭의 D 입력에 연결되어 있을 뿐이다. 단계 2, 3, 5, 7도 같은 경우이다. 단계 8의 `next` 문은 단지 출력이 플립플롭 9대신 1의 입력으로 간다는 것을 뜻한다. OR 게이트는 단계 1이나 플립플롭 8에

그림 9.9 MAGNITUDE의 하드와이어드 제어기

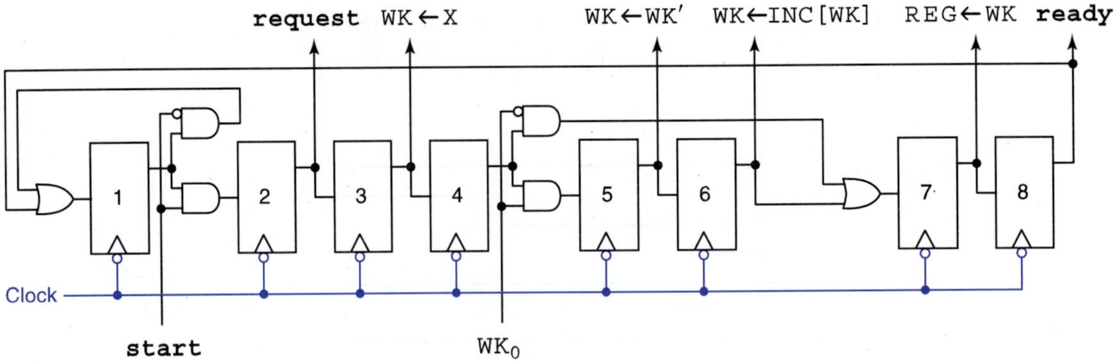

서의 출력이 플립플롭 1로 입력되는 경우처럼 1개 이상의 단계가 같은 다음 단계로 가야할 경우에 필요하다. 조건부 next들은 출력을 적절한 곳으로 유도하는 AND 게이트에 대응된다. 예를 들어 단계 1의 next는 2방향(two-way) 분기이므로 2개의 AND 게이트가 있다. 플립플롭 1의 출력이 그들의 입력으로 들어간다. 입력 **start**는 단계 2로 가는 출력으로 가게 된다(그 단계에서 명시되어 있다.) 그 입력의 보수인 **start'**는 다른 AND 게이트로 가고 그 출력은 플립플롭 1로 간다.

그림 9.10에서 보여주는 것과 같이 데이터 전송 단계들은 제어기에서 레지스터와 시스템의 논리부분으로 가는 신호들을 의미한다. 신호 WK ← X는 입력 벡터 X에서 레지스터 WK로의 전송을 제어한다. **request**와 **ready**신호들은 현재 시스템에서 그들과 상호작용(오퍼랜드를 받고 결과를 돌려주는)하는 시스템으로의 출력 라인들이다.

각각의 레지스터는 8비트의 길이를 갖는다. 그림 9.10은 이 레지스터들의 전형적인 한 비트와 MAGNITUDE의 논리부분을 나타낸다. 3개의 다른 값들이 WK 레지스터로 전송되어야 하므로 이 레지스터의 각 비트의 입력에 3방향 멀티플렉서가 있다. 원 안의 숫자들은 그 제어기의 상태를 뜻한다. 즉 그 라인들은 그 숫자의 플립플롭의 출력이다. 레지스터 WK는 제어기가 WK를 로드하기를 원할 때, 즉 상태 3, 5, 6에 있을 때마다 언제든지 클럭된다.

WK_i의 클럭 입력은 WK의 각각의 비트로 간다. 그 신호를 생성하는 AND나 OR 게이트를 복사할 필요는 없다. INC 회로는 8개의 입력과 8개의 출력을 갖는다. *i*번째가 이 비트에 연결된다. REG는 상태 7로부터 클럭되며 WK만 D입력에 전송되기 때문에 D입력에 게이트는 필요 없다.

그림 9.10 MAGNITUDE의 전형적인 한 비트

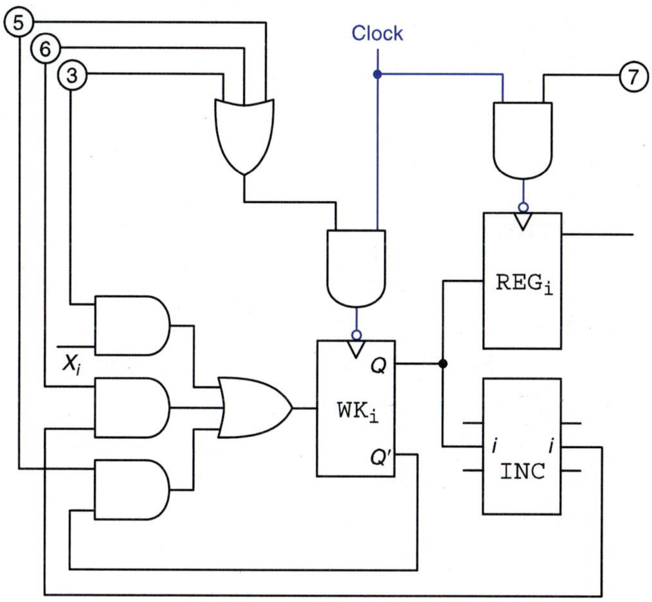

예제 9.3

SHIFTER라 불리는 시스템의 전형적인 한 비트와 제어기를 설계하시오.

시스템은 **compute** = 1이면 입력 IN에서 가능한 20-비트의 숫자를 입력한다. 입력 **a**와 **b**의 값에 따라 시스템은 다음과 같은 동작을 수행한다.

a b	
0 0	연산을 하지 않음
0 1	입력을 오른쪽으로 1 자리 이동
1 0	입력을 오른쪽으로 2 자리 이동
1 1	입력을 오른쪽으로 3 자리 이동

(**a**와 **b**는 시스템이 **compute** = 1 일 경우에만 변한다고 가정한다.) 이 때 시스템은 출력 OUT에 결과를 출력하고 1 클럭 주기 동안 **done** = 1을 표시한다. 다음으로 시스템은 새로운 **compute** 신호를 기다리며 대기 상태로 간다.

이 시스템의 제어 시퀀스의 한 예는 다음과 같다.

```
SYSTEM NAME: SHIFTER
    INPUT LINES: compute, a, b, IN[0:19].
    OUTPUT LINES: OUT[0:19], done.
    FLIP FLOPS: T[0:19], OUT[0:19].
    1. next: 1 (compute'), 2(compute).
    2. T ← IN.
```

```
    3. next / a, b: 7, 6, 5, 4.
    4. T ← 0, T0:18.
    5. T ← 0, T0:18.
    6. T ← 0, T0:18.
    7. OUT ← T.
    8. done = 1;
       next: 1.
END DESCRIPTION
```

이 제어기에서 유일한 새로운 표기법은 단계 3에 있다. next 다음에는 2진 스트링(이 경우 2 비트들)이 오고 그 후 단계들의 리스트가 온다. 각각의 가능한 이진수 조합 리스트가 있다.(이 경우 4개) 그 수가 0일 경우에는 첫 번째로 가고 1일 경우 두 번째로 가며 그 후에도 같은 방식으로 가게 된다. 단계 5, 6, 7은 단계 1처럼 2가지 방법으로 접근된다. 다음 쪽에서 제어기의 다이어그램을 보여준다.

여기에서 레지스터와 논리부분의 전형적인 한 비트가 나타나 있다.(T_4의 출력은 T_5의 입력으로 사용되므로 여기에 나타내었다.)

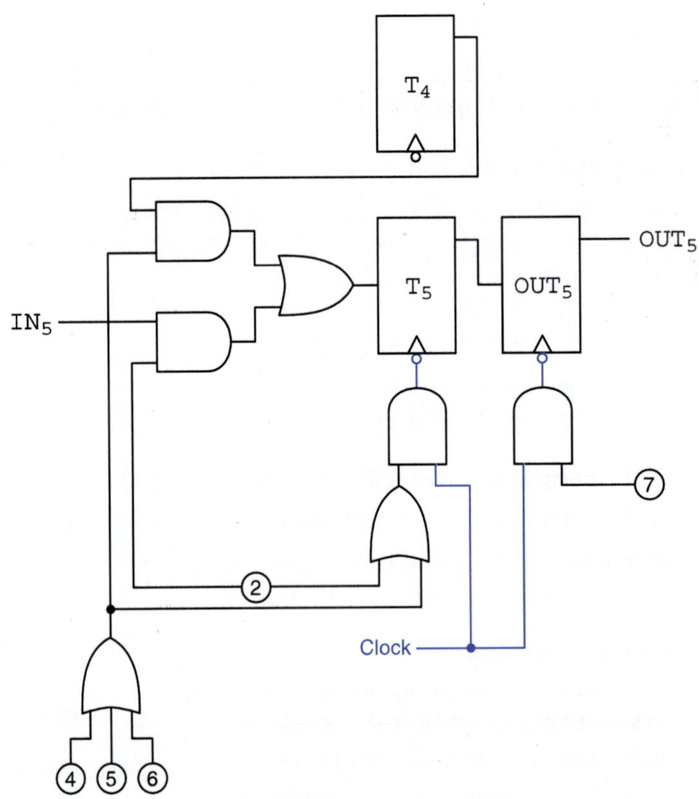

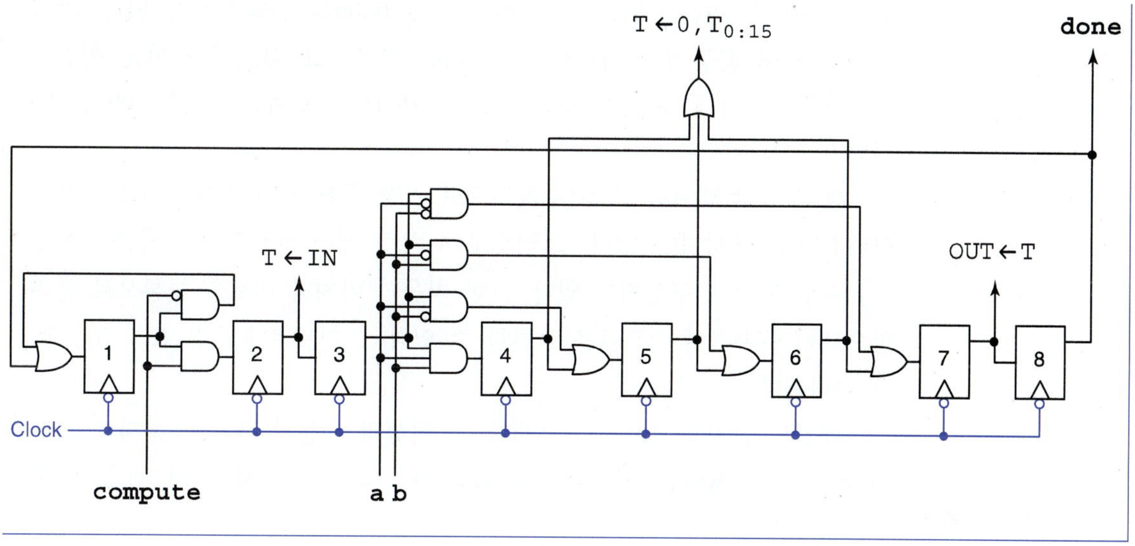

9.3.1 DDL의 사양(Specification)

지금까지 DDL의 많은 특성들을 다루어 보았다. 이제 더 완전하게 이들을 정의한다.

다루어질 오브젝트들은 스칼라(단일 값), 벡터(1차원 배열, 아래첨자로 구분된 같은 이름을 갖는 값들의 집합), 2차원 배열(아래첨자와 윗첨자를 갖는), 그리고 상수들이다. 스칼라들은 플립플롭을 참조하거나 와이어(wire)의 이름(입력과 출력과 같은)이 될 수 있다. 유사하게 벡터들은 레지스터들 혹은 와이어의 집합을 참조한다.

스칼라는 1개 이상의 굵은 소문자 혹은 문자로 시작되는 문자와 숫자의 조합에 의하여 표현된다. 다음과 같은 것들이 스칼라가 될 수 있다.

a **w2** **compute**

벡터는 1개 이상의 대문자 혹은 문자로 시작되는 문자와 숫자의 조합에 의하여 표현된다.

다음과 같은 것들이 벡터가 될 수 있다.

A MEM REG

상수는 보통 16진수로 표기된다. 모든 벡터의 크기가 정의부에 기술되므로 상수의 길이는 명확히 알 수 있다. 만약 길이가 4의 배수가 아니면 처음 16진 자리의 앞의 비트(들)은 버려진다. 그러므로 이진수 101001과 00101001은 둘 다 16진수 29로 표시된다. 만약 앞부분에 0 이 포함된 큰 수가 있다면 생략될 수 있다. 예를 들어 16-비트 수 0009는 간략히 9가 된다. 수의 길이에 있어 혼동이 생기거나 그 길이를 강조하고 싶으면 길이는 윗첨자의 형태로 포함될 수 있다. 그러므로 9^{16}은 16-비트 수, 16진수 0009를 나타낸다.

벡터의 각 비트는 왼쪽(수치적으로 가장 중요하다) 비트를 0으로 하는 아래첨자로 표시되어 있다. 그러므로 4-비트 레지스터 A는 플립플롭 A_0, A_1, A_2, A_3으로 구성되어 있다. 또한 처음과 마지막 비트를 콜론으로 분리함으로써 연속적인 비트들을 표현할 수 있다. 그러므로 $A_{1:3}$은 A_1, A_2, A_3을 나타낸다.

배열도 글자로 시작하는 1개나 그 이상의 대문자 영숫자 문자로 표현된다. 배열의 행들은 윗첨자들로 참조된다. 그러므로 M의 첫 행은 M^0로 표현된다.

조합 논리는 2 가지 방법으로 표시된다. 간단한 논리를 포함하는 비트-대-비트 동작들은 표준 논리 연산자들: AND(·),[2] OR(+),[3] Exclusive-OR (⊕), NOT(') 을 이용하여 표현될 수 있다. 그러므로 만약 A와 B가 4-비트 벡터라면 A·B는 다음과 같은 4-비트 벡터를 생성한다.

$A_0 \cdot B_0,\ A_1 \cdot B_1,\ A_2 \cdot B_2,\ A_3 \cdot B_3$

이 표기는 하나의 오퍼랜드가 스칼라인 경우에도 쓰인다. 이 경우 스칼라는 벡터의 각 요소에 대하여 연산한다. 그러므로 **x** + B 는 다음과 같다.

$\mathbf{x} + B_0,\ \mathbf{x} + B_1,\ \mathbf{x} + B_2,\ \mathbf{x} + B_3$

만약 논리가 더 복잡하다면 논리 블럭이 정의되어야 한다. 이는 벡터와 같은 법칙을 따르는 이름과 괄호로 묶여진 입력과 여러 개의 입력일 경우, 세미콜론으로 구분된다. 다음과 같은 블럭들이 있다.

```
INC[A]
ADD[A; B; 0].
```

각각의 블록은 블럭도, 논리 방정식, 혹은 언어 표현으로 정의되어야 한다. 여기서는 언어 표현을 이용하여 몇 개의 블럭들을 정의할 것이다. DDL에 대한 시뮬레이터를 이행할 때, 더 형식을 갖춘 접근이 필요하다.

ADD[A; B; **c**]: 두 개의 *n*-비트 입력 A와 B, 캐리 입력 **c**를 더하

---

2) 어떤 플립플롭과 라인에 복수문자 이름을 쓰고, AB는 레지스터의 이름이 될 수 있기 때문에, DDL에서는 항상 A·B 를 쓰기로 한다.

3) + 표기는 덧셈이 아닌 OR을 뜻한다. 덧셈은 비트 당 단일 게이트보다 더 많은 논리를 필요로 한다.

고 $(n+1)$-비트 결과를 생성한다.(합과 캐리 출력)

일단 이 논리 블럭이 정의되고 나면 다른 입력들에 대하여 같은 방법으로 사용할 수 있으며

```
ADD[W; T; 0]
```

와 같은 라인은 같은 가산기의 다른 복사본(16-비트 입력 W와 T를 가지며 0의 캐리 입력을 가진다)을 표현한다.

시스템 기술은 몇 개의 정의와 제어 시퀀스 명시, 두 부분으로 구성된다. 먼저 시퀀스의 단계들을 정의하고 전체 시스템에 대한 기술을 할 것이다.

제어 시퀀스는 숫자가 매겨진 단계의 리스트이고 각 단계는 다음 중 1개 혹은 그 이상을 기술한다.

데이터의 이동
데이터의 연결
시퀀스에서 제어의 흐름

각 단계는 숫자가 매겨지고(십진수와 마침표)되고 한 주기 내에 제거된다. 단계는 숫자들이 정렬되도록 줄을 바꾼 새로운 줄에서 시작한다. 각각의 단계는 세미콜론으로 구분된 몇 개의 데이터 이동과 연결을 포함할 수 있고 필요하다면 제어에서 분기가 다음에 올 수 있다. 한 단계에 포함될 수 있는 것들을 다 정의하여 보다 더 정확한 정의를 알게 될 것이다.

레지스터로의 정보 이동은 왼쪽 화살표로 표기된다. 그러므로 문장

```
A ← B
```

는 B의 값을 레지스터 A로 전송하라는 뜻이다. 이 때 B는 다른 레지스터이거나 일련의 라인들일 수 있다. 그러나 B는 A와 같은 수의 비트이어야 한다. 그러므로 만약 A가 4-비트의 길이를 가지면 B 또한 4-비트의 길이를 가지게 된다. 이 전송으로 인해 소스인 B는 변하지 않는다. 한편 B가 레지스터라면 B를 로드하는 두 번째 전송이 그 단계에 포함될 수 있다. 다른 유효한 전송들의 예는 다음과 같다.

A ← 7	(이진 값 0111을 A로 로드한다.)
A ← A'	(A의 비트-대-비트 보수를 A로 로드한다.)
A ← A · B	(AND 논리의 출력, 즉 4개의 AND 게이트들을 A로 로드한다.)

전송 문장의 왼쪽 항은 항상 플립플롭의 집합을 참조해야 한다. 즉 왼쪽 항은 단일 레지스터나 플립플롭, 또는 A, B, **c** 같은 레지스터들의 연결일 수 있다. 이 경우 A의 4 비트, B의 4 비트, 그리고 **c**의 1 비트인 총 9 비트를 나타낸다.

만약 C가 3-비트 레지스터라면 C ← A와 A ← C 둘 다 잘 정의되어 있지 않기 때문에 유효하지 않다. 두 가지 모두 A의 어떤 3 비트가 연관되어 있는지 알 수 없다. 이를 유효하게 하려면 $A_{1:3}$ ← C(C가 A의 오른쪽 3 비트로 전송되고 A_0는 변하지 않는다), $A_{0:2}$ ← C(C가 A의 왼쪽 3비트로 전송되고 A_3는 변하지 않는다), A ← 0, C(0이 A_0에 할당되고 C는 A의 오른쪽 3비트로 전송된다) 혹은 A ← C, 0(C가 A의 왼쪽 3비트로 전송되고 0이 A_3에 할당된다)으로 나타내면 된다.

버스, 출력 벡터, 내부 라인들과 같은 라인집합의 값은 연결 문장을 이용하여 정의할 수 있다. 이는 화살표를 등호(=)로 바꿨다는 것만 제외하면 전송과 같은 형태를 가진다. 그러므로

```
OUT = A
```

라는 문장은 A를 라인 OUT에 연결하라는 뜻이다. 전과 같이 등호 좌우의 두 항은 같은 수의 비트를 가져야 한다. 연결 문장은 임시 상태를 정의한다. 즉, 연결은 이 문장이 유효할 때만 성립된다. 이는 값을 저장하지 않는다. 그러므로 OUT은 레지스터가 아닌 라인의 이름이어야 한다. 라인이 연결되지 않은 때는 0이다.

가끔 전송이나 연결은 어떤 조건이 만족되어야만 이루어진다. 이것은 조건, 콜론, 전송의 순서로 나열함으로써 표현할 수 있다. 예를 들어

```
x: B ← A
```

는 만약 **x**가 1의 값을 가지면 A를 B로 전송하라는 뜻이다. 다른 조건이 나열되어 있지 않으므로 **x**가 0이면 전송은 일어나지 않는다는 것을 암시한다. 단계 1에서 2개 이상의 조건을 나열하는 것이 가능하다. 예를 들어

```
x': D ← C;
x: B ← A
```

레지스터의 집합을 첫 번째 레지스터를 첫 번째 행으로 가지는 배열로 표현하는 것이 편리하다. 그러므로 26개의 레지스터 배열 REG는 REG^0, REG^1 에서 REG^{15} 까지를 포함한다. 이 배열을 참조할 경우에는 주로 주소

가 제공된다.(이 경우에는 4비트가 2^4의 조합수를 제공하므로 4-비트 이진수가 주어질 것이다.) 레지스터 A에 의해 참조되는 배열 REG는 다음과 같이 나타내어진다.

```
REG / A.
```

이 표기는 디코딩 하드웨어와 멀티플렉서 혹은 스위치를 나타낸다. 그러므로 만약 레지스터 A가 16진수 6을 포함한다면, 다음

```
D ← REG / A
```

는 REG^6을 D로 로드할 것이다.

한 단계에서 전송과 연결의 실행이 끝나면 제어는 특정하게 명시되지 않는 한 다음 단계(숫자가 증가하는 순서)로 넘어간다. 다음의 문장

```
next: 7.
```

은 다음에 수행되어야 할 단계가 항상 7임을 표시한다. 조건 분기에 대한 구성은 next, 콜론, 리스트이다. 리스트 내의 각 아이템은 조건을 괄호로 묶은 단계 번호가 된다. 예를 들어,

```
6. next: 14 (a), 7 (a').
```

는 만약 **a**가 1일 경우 단계 7로 가고 **a'**가 1이면(즉 **a**가 0이면) 단계 14로 가게 된다. 조건들은 상호 배타적이어야 하고 그중 1개는 항상 1이어야 한다. 그러므로 분기는 오직 하나를 선택하게 된다. 리스트는 여러 개의 분기도 포함할 수 있다. 마지막 조건은 else로 표현될 수 있으며 이는 다른 조건 중 1인 것이 없을 때 1이 된다. 그러므로 다음 분기들은 정확히 똑같은 것을 수행할 것이다.

```
6. next: 14 (a), 7 (a').
6. next: 14 (a), 7 (else).
6. next: 7 (a'), 14 (else).
```

조건들은 순서적이 아닌 동시에 평가된다. 이 단계는 그림 9.11a와 같이 하드와이어드로 이행된 AND 게이트의 쌍에 대응된다. 그러므로 만약 **a**가 1일 때 단계 14로, **b**가 1일 때(동시에 **a**는 0일 때) 단계 20으로, 둘 다 0이면 단계 7로 분기하는 문장은 다음과 같다.(그림 9.11b)

```
6. next: 14 (a), 20 (a' · b), 7 (else).
```

그림 9.11 조건 분기의 구현

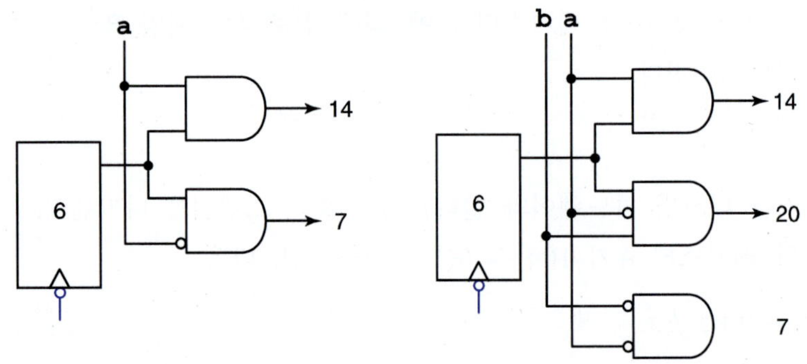

a. 2-방향 분기.   b. 3-방향 분기.

위의 과정을 다음과 같이 두 단계로 나눌 수 있다.

```
6. next: 14 (a), 6a (else).
6a. next: 20 (b), 7 (else).
```

a와 **b**가 동시에 1이 되지 않는다는 것이 확실하지 않은 한 다음과 같은 것은 유효하지 않다.

```
6. next: 14 (a), 20(b) 7 (else).
```

벡터 기반에서의 다중 분기를 허용하려면 다음과 같은 분기를 추가하면 된다.

next / A: {*list of step numbers*}.

만약 A가 n-비트의 벡터라면 리스트는 2^n개의 단계 번호를 포함한다. A의 각 조합에 대하여 한 단계 번호가 대응한다.

이제 단계의 정의를 좀 더 자세하게 다룬다. 단계 번호(그리고 마침표) 다음에는 세미콜론으로 분리된 몇 개(없을 수도 있다)의 전송과 연결들이 있다. 최대 1개의 분기인 next가 이 다음에 올 수 있다. next가 오는 경우에는 세미콜론에 의하여 전송과 연결들로부터 분리된다. 단계는 마침표로 종료된다. 예제 9.3의 단계 1, 3에서와 같이 전송, 연결이 없거나 단계 2의 경우처럼 분기가 없는 단계도 가능하다. 또한 둘 다 없고 단계 번호 다음에 마침표만 있는 단계도 있다. 이 경우, 그 단계에서의 클럭 주기 동안은 시스템에서 아무 일도 일어나지 않는다. 이는 가끔 타이밍 제한의 문제를 만족시킬 때 요구된다.

만약 단계가 다중 전송을 가진다면 그들은 모두 동시에 시작하게 된

다. 그들이 나열된 순서는 중요하지 않다. 예를 들어

D ← A; A ← C 는 A ← C; D ← A 와 같이 동작한다.

모두 다 클럭 전에 A의 값을 D로 전송하고, C의 값을 A로 전송한다. 또한, 만약 조건 분기가 그 단계에 포함되어 있다면 이는 그 단계에 기술된 전송전의 레지스터 값에 의존한다.(예제 9.4와 9.5를 보라)

시스템 기술의 정의부는 다음 문장으로 시작한다.

```
SYSTEM NAME:
```

이 때 키워드 다음에 시스템의 이름이 온다. 다음으로 입력, 출력, 버스 그리고 시스템의 논리와 레지스터부의 플립플롭이 정의되어야 한다. 각각 같은 형식(키워드, 콜론, 리스트)을 따른다. 이때 리스트는 그 목록내의 모든 아이템들을 다 포함한다. 벡터의 경우, 그 벡터의 범위는 대괄호에 둘러 쌓인다. 배열의 경우, 각 차원의 범위는 콤마로 분리되어 대괄호 안에 나타난다. 키워드들은 다음과 같다.

```
INPUT LINE
OUTPUT LINE
INTERNAL BUS
INTERSYSTEM BUS
FLIP FLOP
```

이들은 필요시, 복수형으로 쓰인다. 마지막 예에서 이들의 대부분을 볼 수 있었다. INTERNAL BUS는 이 시스템 내의 다양한 요소들에 연결된 버스를 정의할 때 사용된다. INTERSYSTEM BUS는 한 시스템을 다른 시스템에 연결하는 버스를 정의한다. 이 정의 문장의 예는 다음과 같다.

```
FLIP FLOPS: x, A[0:7], REG[0:15, 0:31].
```

위의 예는 1개의 플립플롭 **x**, 8-비트 레지스터 A, 그리고 각 32-비트의 16행을 포함하는 배열 REG를 정의한다.

정의 문장의 3가지 다른 형태는 다음과 같다.

```
CONNECTION
INITIALIZE
NAME
```

문장

```
CONNECTION: Z = A.
```

는 라인들 Z(주로 출력)가 항상 A(주로 레지스터)에 연결되어 있다는 것을 명시할 때 쓰인다.

문장

```
INITIALIZE: 1, A = 00.
```

은 시스템이 시작되었을 때, 하드웨어가 시스템을 상태 1(즉, 시퀀스내의 단계 1)로 설정하고 레지스터 A에 00을 할당하는 것을 기술한다. 초기화는 시스템이 오직 처음 시작되었을 때만 동작하고, 단계 1로 돌아갈 때마다 초기화되지는 않는다.

문장

NAME: SP = REG^{3F}

는 같은 집합의 플립플롭의 이름이나 라인들을 사용할 수 있도록 한다. 그들 중 하나가 오직 FLIP FLOP 혹은 LINE 정의에서 정의될 필요가 있다.

시스템 기술은 다음 문장으로 종료될 수 있다.

```
END DESCRIPTION.
```

대부분의 경우 단계 번호들은 연속적이지만 번호를 건너뛰는 것이 가능하다. 이것은 두 부시퀀스(subsequence)에 대한 분기가 발생하는 복잡한 시퀀스를 기술할 때 편리하다. 작성 시, 어떤 한 조건에서는 다음 단계로 가기를 원하고, 다른 조건에서는 다른 시퀀스로 가고자 한다고 가정한다. 이때 처음 시퀀스를 작성하기 전까지는 몇 개의 단계가 요구되는지 모르므로 단계 번호를 모르게 된다. 그러므로 충분히 큰 번호를 선택할 수 있고, 존재하지 않는 단계 번호는 무시하면 된다. 또한 긴 시퀀스를 작성하고 나서 실수를 하게 되면 1개나 그 이상의 단계를 삽입하여야 할 수도 있다. 이 때 단계 11과 단계 12 사이를 11a, 11b같은 번호로 매길 수 있다.(이는 시스템의 컴퓨터 시뮬레이션을 실행할 때는 불가능하다)

예제 9.4 다음의 DDL 단계의 각 동작을 고려한다.

```
5. B ← AD; AD ← INC[AD].
5. AD ← INC[AD]; B ← AD.
```

두 경우 모두 레지스터 AD의 값이 레지스터 B로 전송되고 AD의 값에 1이 더해진다. (B와 AD 둘 다 같은 시간에 클럭된다; AD의 클럭이 인가되기 이전 값이 B로 이동한다.) AD의 증가된 값을 B로 이동하기 위해서는 다음 두 가지 방법으로 나타낼 수 있다.

```
5. AD ← INC[AD].
5a. B ← AD.
```

혹은 증가기(incrementer)의 출력을 B로 이동한다.

```
5. B ← INC[AD]; AD ← INC[AD].
```

여기에서 분기가 없으므로 다음 단계는 단계 6이 된다.

예제 9.5

```
10. COUNT ← DEC[COUNT];
    next: 20 ((OR[COUNT])'), 11 (else).
```

DEC은 수를 감소시키는(1을 빼는) 논리 블럭이다. OR는 COUNT의 모든 비트를 입력으로 가지는 OR 게이트를 나타낸다. OR[COUNT]는 COUNT의 어떠한 비트라도 1이면 1이 된다.(OR[COUNT])')는 COUNT가 모두 0을 포함할 때 1이다.

이것은 전형적인 루프 제어 단계이다. 분기는 COUNT가 로드됨과 동시에 실행된다. 그러므로 클럭이 인가되기 전의 COUNT 값이 사용된다. 동시에 COUNT 값이 1이 감소된다. 만약 감소되기 전에 0을 갖는다면, 다음에는 단계 20이 실행되고 그렇지 않으면 단계 11로 간다.

9.3.2 타이밍 세분화(Refinement)

지금까지 다룬 제어기에서, 각 단계가 수행되려면 1 클럭 시간이 걸린다. (그림 9.6b, 9.8 을 보라) 만약 시스템이 하드와이어드 제어기로 수행된다면 타이밍 세분화는 제어기의 속도를 향상시키고 복잡성을 줄일 수 있다. 가끔 2개 이상의 연속적인 단계를 동시에 실행하는 것이 가능하다. 예제 9.3 제어기의 단계 2와 3이 좋은 예가 될 수 있다. 이 제어 시퀀스는 다음과 같다.

```
1. next: 1 (compute'), 2(compute).
2. T ← IN.
3. next / a, b: 7, 6, 5, 4.
4. T ← 0, T0:18.
5. T ← 0, T0:18.
6. T ← 0, T0:18.
7. OUT ← T.
8. done = 1;
   next: 1.
```

분기 조건은 이전 단계에서 T로 로드되는 값에 의존하지 않는다. 그러므로

이 단계들은 한 단계로 다시 쓸 수 있다. 즉

```
2. T ← IN;
   next / a, b: 7, 6, 5, 4.
```

이 예에서 다른 단계들에 대한 번호를 다시 매길 필요가 없다; 단지 단계 3이 없을 뿐이다.(제어가 존재하지 않는 단계로 분기하지 않는 이상 DDL 시퀀스에서 단계 번호를 건너뛴다고 문제되지 않는다.) 이 결과 시퀀스내의 플립플롭 3을 제거할 수 있다; 플립플롭 2의 출력은 곧바로 4개의 AND 게이트의 입력으로 간다. 단계 3이 존재하지 않으므로 1 클럭 펄스만큼 실행시간이 줄어든다.

단계가 지연이 없음을 표시하는 또 다른 방법, 즉 전 단계와 같은 시간에 수행되게 하는 방법은 단계 번호를 괄호로 묶는 것이다.(그러므로 그 플립플롭은 제어기로부터 제거된다.) 그러므로

```
2.   T ← IN.
(3.) next / a, b: 7, 6, 5, 4.
```

는 전의 한 단계 수행과 같은 방식으로 동작한다. 여기서 타이밍도 뿐만 아니라 타이밍 트레이서도 이용할 수 있다. 지연이 없는 단계를 제외한 각 단계는 따로 분리된 라인에 쓰여진다. 지연이 없는 단계 3을 표현하기 위하여 타이밍 트레이서는 단계 3을 콤마로 구분하여 단계 2와 같은 줄에 다음과 같이 쓴다.

```
1
:
1
2, 3
5
6
7
8
```

타이밍은 라인의 수를 카운트하여 측정할 수 있다.(그러므로 단계 2, 3은 오직 1 클럭으로 간주한다.) 이와 같은 간단한 경우에는 이 표기법을 사용할 이유가 거의 없다. 그러나 이 표기법은 속도 향상을 위해 편리하다.

이 기법을 사용할 수 있게 하기 위하여 두 가지 조건이 충족되어야 한다. 첫 째로 지연이 없는 단계는 그 단계의 결과나 동시에 수행되는 단계들의 결과와 독립적이어야 한다. 예를 들어 단계 4는 단계 2에 의하여 로드되고 있는 레지스터 T(전송 문장의 오른쪽 항)의 내용을 사용하고 있으므로 단계 3(단계 2)과 동시에 수행될 수 없다. 두 번째 조건은 같은 데이

터를 사용하는 경우 두 단계는 동시에 실행될 수 없다. 버스 시스템에서 같은 버스를 통해 2개의 데이터를 동시에 전송하는 것은 불가능하다. 이에 관하여는 10장에서 MODEL의 이행을 다룰 때 더 자세히 다룬다. 끝으로, 이 장점을 고려할 때, 이전의 모든 단계들을 고려하여야 한다. 만약 이 단계가 여러 장소에서 접근이 가능하다면, 두 이전 단계들이 동시에 수행될 수도 있으므로 이들을 고려할 필요가 있다.(그리고 이 단계들 중 지연이 없는 단계가 있다면 이들과 동시에 실행되는 다른 단계들로 돌아가야 한다.)

예제 9.6

간혹, 분기들을 한 개의 복합적 단계보다는 분리된 여러 단계들로 표현하는 것이 더 편리할 때가 있다. 예를 들어,

```
6.    next: 12 (ready), 7 (else).
(7.)  next: 10 (AND[COUNT]), 8 (else).
```

단계 6과 7의 분기들을 한 단계로 합치면 아래와 같이 된다.

```
6. next: 12 (ready), 10 (ready' · AND[COUNT]),
   8 (else).
```

단계 6과 7은 서로 관련이 적으므로 전자의 표현이 더 읽기 쉽다. 이들의 논리회로의 크기는 다음과 같이 거의 비슷하다.

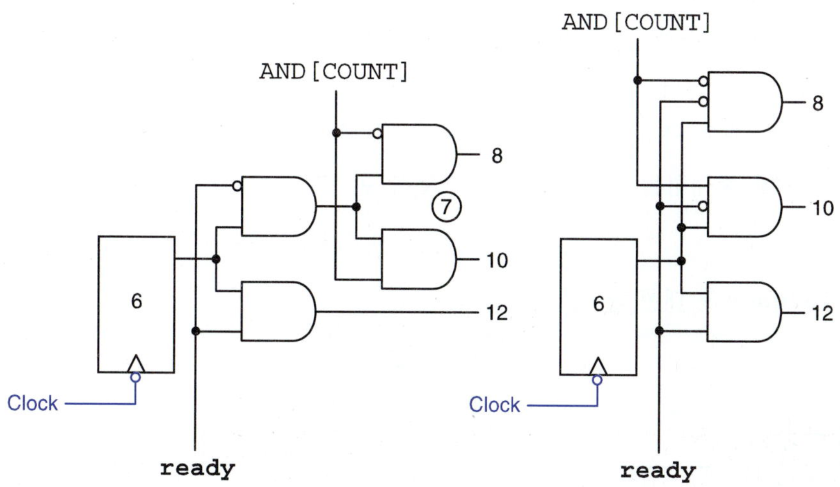

9.4 제어기의 설계

이 절에서는 말로 표현된 정의로부터 시작하여 제어기의 설계 과정에 대해 알아볼 것이다.

> **Start** 신호에서 시스템은 4개의 24-비트 수들을 읽고 그들의 합을 계산한다.(overflow는 무시) 시스템이 입력 수를 원할 때 1 클럭 주기 동안 라인 **inready** 를 1로 만든다. 다음 클럭에서 24-비트 입력 라인 X에 새 숫자가 인가된다. 24-비트 출력 라인 Z에 결과가 출력되고, 한 클럭 주기 동안 라인 **done**이 1이 된다.

먼저 말로 표현된 뜻을 이해하도록 한다. 언어 표현은 보다 막연하다. 실제 설계할 때에는 명확하게 하기 위해 사양을 작성한 사람에게 다시 문의하는 것이 필요하다. 그렇지 않으면 문제의 결과를 제시했을 때 작성자의 의도대로 되지 않아 설계를 수정해야 할 수도 있기 때문이다.

"**Start** 신호에서"라는 뜻은 라인 **start** 가 1일 때를 의미한다. 이 때 **start** 는 프로세스가 완성되어 0으로 되고 시스템이 새로운 **start** 를 찾을 것임에도 불구하고, 1 클럭 주기 동안만 1이라고 가정한다. **inready** 에 대한 타이밍은 명백히 한 클럭 주기 동안 1이다. 새로운 숫자는 다음 클럭까지는 line X에 인가되지 않는다. 만약 **inready** 가 2개나 그 이상의 클럭 주기 동안 1을 유지한다면 그림 9.12에서 보는 바와 같이 새로운 값들이 X에 나타난다. 여기서 그 숫자가 X에 얼마나 오래 존재하는지가 매우 중요하다. 그림 9.12는 그 수들이 **inready** 가 1이 된 후까지 X에 존재하는 것을 보여준다. 오직 한 클럭 주기 동안만 이용할 수

그림 9.12 inready에 대한 타이밍

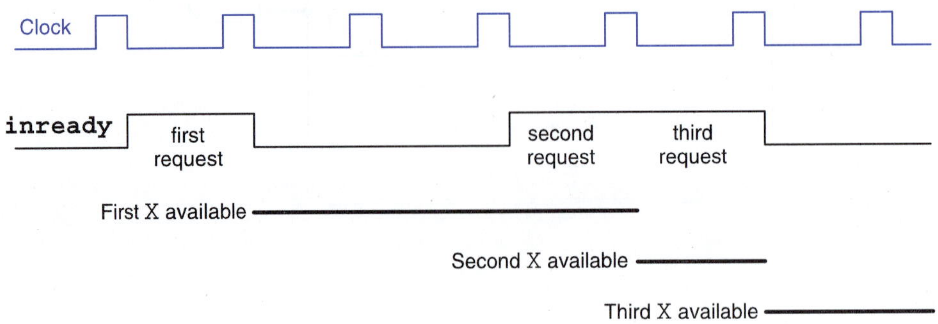

그림 9.13 ADDER SYSTEM의 블럭도

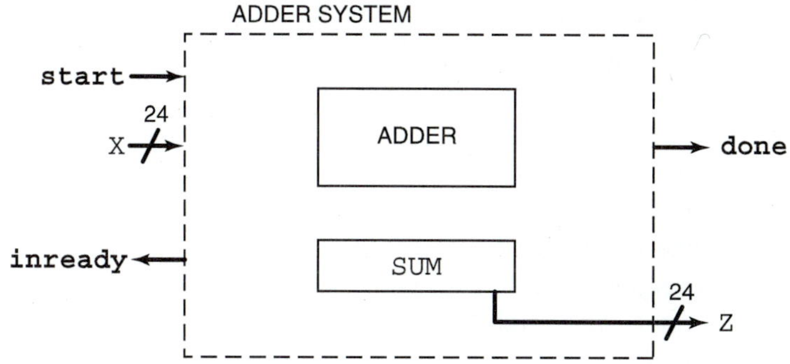

있을지 모른다. 이 설계에서 알 수 있지만, X는 이용가능하면 바로 사용될 수 있으므로, 두 가지 경우 모두 허용된다. 4개의 입력 수들이 먼저 시스템에 복사된 다음 더해져야 하는 것이 문제점으로 생각될지 모르지만, 이 경우에는 중요하지 않다. 한 번에 한 개의 숫자를 가져와서 부분 합으로 더해진다. 한편, 더하기 전에 4개의 숫자를 저장했던 방법도 비용이 비싸기는 하지만 가능하다.

결과적으로, **done**이 1이 되기 전에 라인 Z에 결과가 나타나야 한다는 것이 명백하다. 그 값들이 그곳에 얼마동안 머무르는가 하는 것은 명확하지 않다. 가장 간단한 해결책은 다음 **start**까지, 즉 라인 Z가 다음 **done**까지 유용한 정보를 포함하지 않을 때, 출력을 연결시키는 것이다. (다른 방법은 다음에 다룰 것이다.)

여기서는 단일 내부 24-비트 레지스터 SUM으로 시스템을 설계하고, 그림 9.13의 블럭도는 이 시스템을 기술한다.

정의 라인들은 이 블록도로부터 용이하게 볼 수 있다.

```
SYSTEM NAME: ADDER SYSTEM
        INPUT LINES: start, X[0:23].
        OUTPUT LINES: inready, done, Z[0:23].
        FLIP FLOPS: SUM[0:23].
        CONNECTION: Z = SUM.
```

이 때 출력 Z는 항상 레지스터 SUM에 연결된 상태로 있어야 하므로 연결 라인이 필요하다.

이 제어 시퀀스는 다음과 같다:

```
1. next: 1 (start'), 2 (start).
2. SUM ← 000000.
3. inready = 1.
4. SUM ← ADD[SUM; X].
5. inready = 1.
6. SUM ← ADD[SUM; X].
7. inready = 1.
8. SUM ← ADD[SUM; X].
9. inready = 1.
10.SUM ← ADD[SUM; X].
11.done = 1;
   next: 1.
```

이 시스템은 모듈 ADD가 두 24-비트 수를 더하고 24-비트 결과를 출력하는 이진 가산기(adder)로 정의되어 있다고 가정한다.(그리고 마지막 단계의 캐리 출력은 무시된다)

단계 쌍 (3, 4), (5, 6), (7, 8), 그리고 (9, 10)들이 서로 같다. 그러므로 4개의 수를 더하기 위해 4쌍의 동일한 단계가 있는 것이다. 이 방법은 어떤 크기의 수 집합에도 확장될 수 있다. 즉, 단계 1, 2, 11과 n 개의 수 집합을 더하기 위하여 $2n$개의 단계가 필요하다. 또한 한 단계를 절약할 수도 있다. 만약 단계 4가

```
4. SUM ← X.
```

로 바뀐다면 단계 2는 불필요하다. 하지만 이는 루프에서 반복적 단계의 사용을 극대화시키기 위해 잘 쓰이지 않는다. 루프적용은 나중에 자세히 알아보도록 한다.

주어진 입력 타이밍에서, 왜 이 시스템이 덧셈을 수행하는 동안에 다음 숫자를 요구할 수 없는지 알 수 없다. 새로운 X는 클럭 후 **inready**가 1이 될 때까지 나타나지 않는다. 또한 단계 2와 3은 동시에 수행될 수 있다. 이 때 단계 3, 5, 7 그리고 9를 지연이 없도록 하거나, 제어기를 재작성할 수 있다.

```
1. next: 1 (start'), 2 (start).
2. SUM ← 000000; inready = 1.
3. SUM ← ADD[SUM; X]; inready = 1.
4. SUM ← ADD[SUM; X]; inready = 1.
5. SUM ← ADD[SUM; X]; inready = 1.
6. SUM ← ADD[SUM; X].
7. done = 1;
   next: 1.
```

그림 9.14 ADDER SYSTEM의 타이밍 트레이스

(a)	1	...	1	2	3	4	5	6	7	8	9	10 11
(b)	1	...	1	2	3	4	5	6	7			
(c)	1	...	1	2	3	4	3	4	3	4	3	4 5
(d)	1	...	1,2,3	4,3	4,3	4,3	4	5				

그림 9.14a와 9.14b는 이 두 방식에 대한 타이밍 트레이스를 나타낸다. 두 번째 방식이 첫 번째보다 4 클럭 정도 빠르다는 것은 명백하다. 타이밍 향상도 가능하다. 단계 2는 시스템이 단계 1에 있을 때의 마지막 클럭 주기에 실행될 수 있다. 만약 이것이 하드와이어드 제어기에 적용된다면 단계 2를 지연이 없게 만들 수 있다.(괄호로 이를 나타냄) 그렇지 않다면, 단계 1이 다음과 같이 다시 작성될 수 있다.

```
1.  start: SUM ← 000000; inready = 1;
    next: 1 (start'), 3 (start).
```

이 경우, 시스템이 상태 1이었던, 즉 **start**가 1이었던 마지막 클럭 시간에, SUM은 클럭되고 **inready**는 1로 될 것이다. 둘 다 1 클럭을 절약하게 된다.

단계 3, 4, 그리고 5는 동일하다. 만약 *n* 개의 수를 더한다면, 그 단계의 $n-1$개의 복사가 필요하고 여기에 단계 1, 2, 6, 그리고 7을 추가하면 된다.

*n*이 큰 경우에는 이 공통적인 단계들을 루프로 바꾸는 것이 더 효율적이다. 이 예제의 4개의 수에 대해서도 루프 접근법이 좋다. 추가적인 레지스터 COUNT[0:1]이 루프를 제어하기 위하여 사용된다. 이 레지스터는 0으로 초기화되고 루프를 통한 각 횟수마다 증가된다. *n*번을 반복한 후 루프는 종료된다. 먼저 그림 9.15와 같은 ASM도를 만든다. 여기에서 논리블럭 INC는 입력보다 1이 더 큰 수를 계산한다. 만약 입력이 모두 1일 때(이 예에서 16진수로 3), 출력은 0이 된다.

처음에는 단계 3에서 증가되었으므로 시스템은 단계 4인 COUNT=1을 수행한다. 두 번째에는 COUNT=2, 세 번째에는 COUNT=3이 된다. 각각의 경우에, OR[COUNT]는 1이 되고, 단계 4의 분기에 의하여 단계 3으로 돌아온다. 네 번째에는 2-비트 계수기가 최대치인 3에 도달한 후, 다시 0이 되므로 COUNT=0이 된다. 이 때 제어는 단계 5로 간다. 그림 9.14c

는 이에 대한 타이밍을 나타낸다.

따라서, 첫 번째 제어 시퀀스는 다음과 같다.

```
1. next: 1 (start'), 2 (start).
2. SUM ← 000000; COUNT ← 0.
3. inready = 1; COUNT ← INC[COUNT].
4. SUM ← ADD[SUM; X];
   next: 3 (OR[COUNT]), 5 (else).
5. done = 1;
   next: 1.
```

이 때 루프를 이용한 방식도 원래의 방식과 같은 시간이 요구되는 것을 알 수 있다. 이 경우, 단계 3을 지연이 없도록 함으로써 시간을 줄일 수 있다. 이 예에서는 단계 2를 지연이 없도록 함으로써 1 클럭 시간을 절약할 수 있다.

만약 n이 4보다 크다면 COUNT가 커져야 하고 INC가 더 큰 증가 값을 표현해야 하므로 단계 4가 수정되어야 한다. 예를 들어 n이 32라면 COUNT는 5-비트가 되어야 한다. 단계 4는 OR[COUNT]가 2입력 게이트 대신 5입력 게이트를 적용하는 것 외에는 전과 동일하다. 이것은 입력수의 크기가 2의 거듭제곱일 때만 가능하다. 만약 20개의 수가 있다면 단계 4의 분기는 다음과 같다.

next: 5 ($\text{COUNT}_0 \cdot \text{COUNT}_2$), 3 (else)

즉, COUNT가 20 (10100)에 도달할 때 루프가 종료된다.[4)]

이 예제에서 1 클럭 시간 동안 계수기가 증가되고 다음에 검사되었다. 때때로 이 증가와 검사가 동시에 발생한다. 그 경우, COUNT는 증가되기 전에 검사되며, 이것은 $n-1$번 행해진다. 1은 클럭 펄스의 시작 부분에서 존재하는 조건에 따라 플립플롭 3이나 혹은 5로 클럭되고 COUNT는 클럭 펄스의 후행 에지에서 로드된다. 이때 4개의 숫자 가산기는 다음과 같이 된다.

```
1. next: 1 (start'), 2 (start).
2. SUM ← 000000; COUNT ← 0.
3. inready = 1.
```

4) 처음으로 COUNT_0과 COUNT_2가 둘 다 1이 되는 시간은 COUNT가 20에 도달할 때이므로 COUNT의 다른 비트들은 검사할 필요가 없다.

그림 9.15 가산기 시스템의 ASM 도

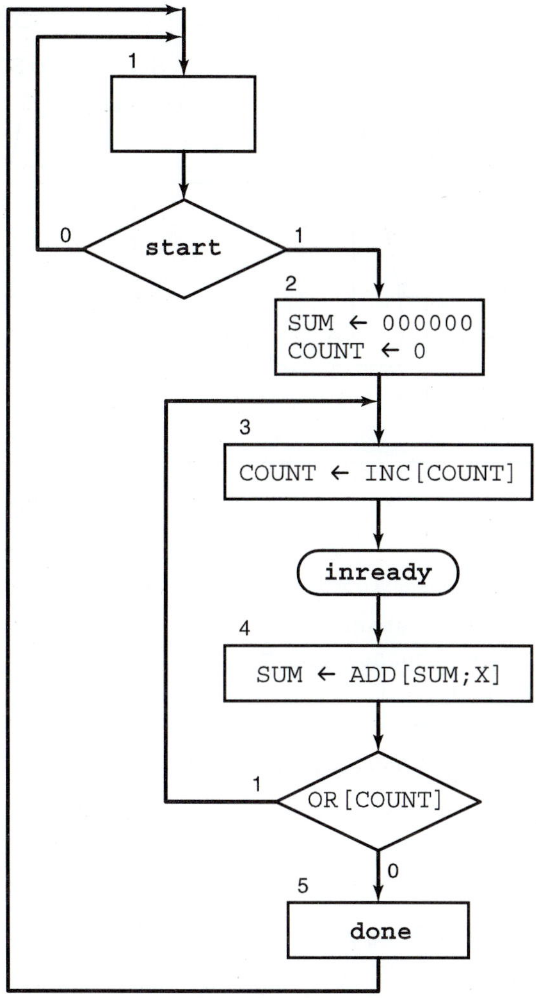


```
4.  SUM ← ADD[SUM; X]; COUNT ← INC[COUNT];
    next: 5 (AND[COUNT]), 3 (else).
5.  done = 1;
    next: 1.
```

제어는 COUNT가 모두 1이 될 때까지 단계 3으로 돌아온다. 이에 대한 타이밍은 그림 9.14c의 타이밍과 동일하다.

마지막으로, 루프가 없는 방식에서와 같이 단계 2와 3을 지연이 없도록 함으로써 동작을 빠르게 할 수 있다. 이 타이밍은 그림 9.14d에 나타나 있다.

그림 9.16 지연이 없는 단계를 적용한 제어기

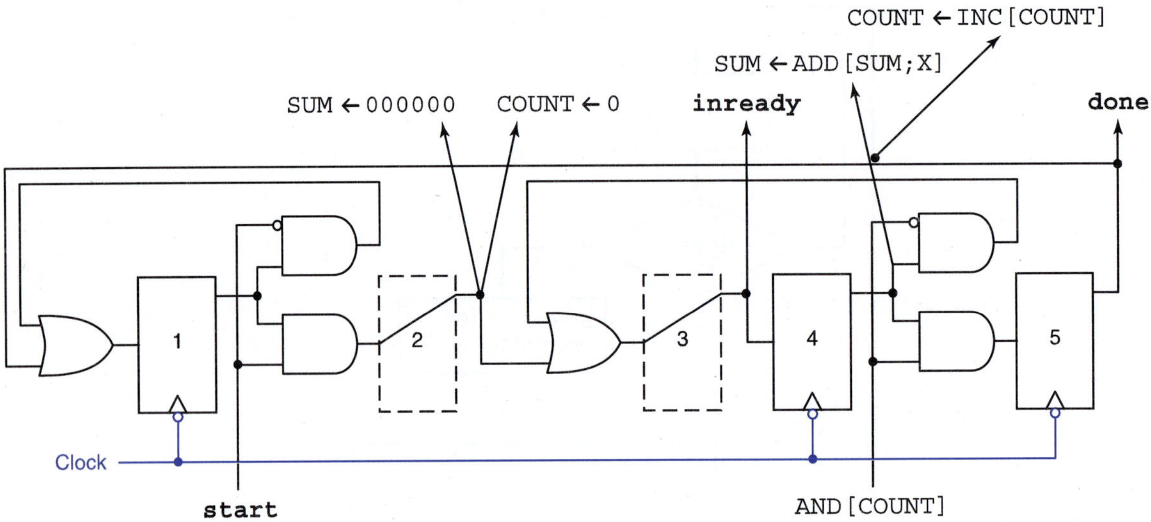


```
1.    next: 1 (start'), 2 (start).
(2.) SUM ← 000000; COUNT ← 0.
(3.) inready = 1.
4     SUM ← ADD[SUM; X]; COUNT ← INC[COUNT];
      next: 5 (AND[COUNT]), 3 (else).
5.    done = 1;
      next: 1.
```

그림 9.16은 제어기의 블록도이다. 여기에서 지연이 없는 단계에 의해 제거된 플립플롭들은 대쉬(-)로 표시되어 있다.

예제 9.7 수들의 집합의 합을 계산하는 장치인 SUMMER을 설계한다. 수들은 메모리의 연속적인 장소에 저장되어 있다. 그 메모리에서 읽으려면 한 클럭 주기 동안에 라인 **read**에 1을 입력하고 메모리 주소를 ADIN에 입력한다. 그 클럭 주기의 끝에서 메모리의 내용이 DATA에 실리고 레지스터로 클럭된다.

이 장치의 입력 라인 **start**가 1이 되면(한 클럭 주기 동안), 첫 번째 숫자의 16-비트 주소는 내부시스템 버스 DD에 실린다.(같은 클럭 주기 동안) 다음 클럭 주기에서, 마지막 숫자의 주소 역시 한 클럭 주기 동안 내부시스템 버스 DD에 실리게 된다. 그 후 장치는 이 숫자들의 합을 계산한 후, 한 클럭 주기 동안 출력 라인 **sum**에 1을 인가하고, 다음 클럭 주기 동안 버스 DD에 수들의 합을 보낸다. 그리고 장치는 다음 **start**로 돌아와서 대기하게 된다. 이때 오버플로우는 없다고 가정한다.

```
SYSTEM NAME: SUMMER.
        FLIP FLOPS: SUM[0:15], FST[0:15],
        LST[0:15], TEMP[0:15].
        INPUT LINE: start.
        OUTPUT LINES: sum, read, ADIN[0:15].
        INTERSYSTEM BUSSES: DATA[0:15], DD[0:15].
        1.  FST ← DD; SUM ← 0000;
            next: 1 (start'), 2 (else).
        2.  LST ← DD.
        3.  ADIN = FST; read = 1; TEMP ← DATA.
        4.  SUM ← ADD[SUM; TEMP].
        5.  next: 6(OR[FST ⊕ LST]), 10 (else).
        6.  FST ← ADD[FST; 0001];
            next: 3.
        10. sum = 1.
        11. DD = SUM;
            next: 1.
END DESCRIPTION
```

시스템이 **start**가 1이 되기를 기다리는 동안, SUM은 0이 되고 DD가 FST로 계속 로드 된다. DD는 **start**가 1이 될 때까지 사용되지 않으므로 이는 문제가 되지 않는다. 메모리에서 읽혀진 데이터는 임시 레지스터인 TEMP에 저장된다. 만약 데이터가 같은 클럭 내에 덧셈을 할 수 있을 정도로 빠르다면 단계 3과 4를 합쳐서 다음과 같이 만들 수 있다.

```
3. ADIN = F; read = 1;
   SUM ← ADD[SUM; DATA].
```

Exclusive-OR는 FST와 LST의 비트들이 다를 때는 1을, 같을 때는 0의 값을 갖는 16-비트 워드를 생성한다. 그들이 같을 경우 16-비트 OR 게이트는 0을 생성하고 단계 5는 결과를 출력하기 위해 단계 10으로 건너뛴다.

9.5 문제풀이

1. 4개의 16-비트 레지스터 *A*, *B*, *C*, *D* 로 이루어진 시스템을 설계하려고 한다. 이 때 다음과 같이 두 가지 설계를 고려하고 있다.

a. 설계 1. 모든 레지스터를 연결하는 버스를 설계한다. 이 때 제어기는 BUS = *A*, BUS = *B*, ..., *A* ← BUS 같은 신호들을 생성할 것이다. 이러한 설계의 전형적인 한 비트에 대한 블럭도를 나타내어라. 이 시스템의 멀티플렉서를 구현하기 위하여 몇 개의 AND 게이트가 필요한가?

b. 설계 2. 이 설계는 점-대-점 방식이다. 각각의 레지스터는 입력에 2-방향 멀티플렉서를 가지고 있고 2개나 3개의 다른 레지스터로부터 데이터를 직접 받을 수 있다. 예를 들면

*B*와 *D*에서 *A*로
*A*와 *C*에서 *B*로
*B*와 *D*에서 *C*로
*A*와 *C*에서 *D*로

이 때 제어기는 *A* ← *B*, ...와 같은 신호를 보낸다. 이러한 설계의 전형적인 한 비트에 대한 블록도를 나타내어라. 이 시스템의 멀티플렉서를 구현하기 위하여 몇 개의 AND 게이트가 필요한가?

c. 만약 설계 1이 사용된다면, 설계 2에서 가능하지 않은 전송들은 어떤 것이 있는가?

d. 다음 3개의 전송을 동시에 수행하려 한다.

C ← *A*; *A* ← *C*; *B* ← *D*

만약 모든 가능한 전송을 할 수 있는 완벽한 점-대-점 연결이 있다면 이들을 한 단계에 다 수행하려 한다. 하지만 설계 1과 2 둘 다 이를 한 단계에 수행하는 것이 불가능하다. 각각의 설계에서의 전송 시퀀스를 보여라. 그 시퀀스 후에, 레지스터 D는 시작한 그대로의 값을 가지게 할 것을 유의하라.

a. 이것은 멀티플렉서에서 비트 당 4개의 AND 게이트, 총 64개의 AND 게이트를 필요로 한다. 클럭을 고려하여 4개의 AND 게이트가 더 필요하다.(클럭 AND 게이트의 출력이 그 레지스터의 각 비트로 연결된다.) 이는 한번에 1개의 전송만 가능하게 한다. 이 시스템의 비트 2가 다음 그림에 나타나 있다.

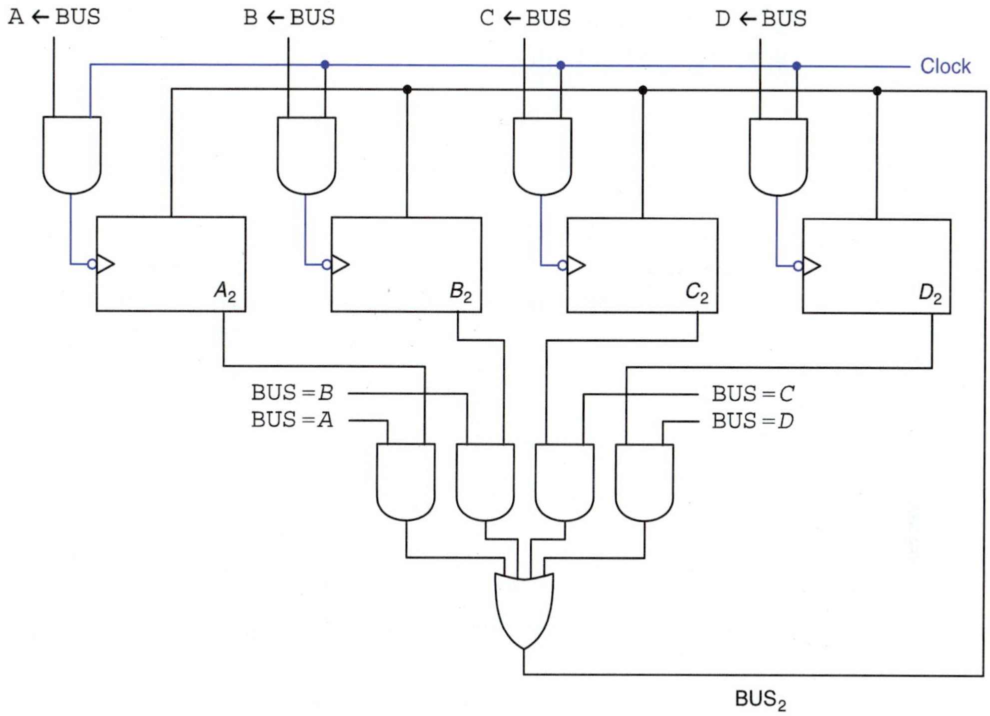

b. 이것은 멀티플렉서에서 비트 당 8개의 AND 게이트, 총 128개의 AND 게이트를 필요로 한다. 클럭을 고려하여 4개의 AND 게이트가 더 필요하다. 또한 이 방법은 많은 OR 게이트를 사용한다.(비트 당 4개, 클럭을 위해 추가로 4개)

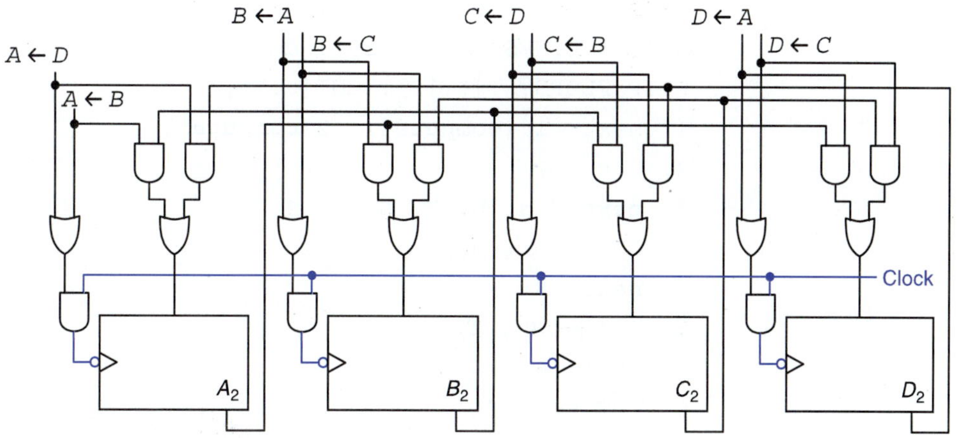

c. A ← C, B←D, C←A, D←B

d. 레지스터 *D*의 내용을 저장한다고 가정하면, 이를 임시로 다른 장소에

옮기고 마지막에 복구할 필요가 있다. 4개의 레지스터의 내용이 각 단계별로 다음에 나타나 있다.

BUS					Point-to-Point
	A	*B*	*C*	*D*	*A B C D*
B ← D					A ← D; B ← A
	A	*D*	*C*	*D*	*D A C D*
D ← C					B ← A; C ← B; D ← C
	A	*D*	*C*	*C*	*D D A C*
C ← A					A ← D; D ← A
	A	*D*	*A*	*C*	*C D A D*
A ← D					
	C	*D*	*A*	*C*	
D ← B					
	C	*D*	*A*	*D*	

2. 예제 9.3의 SHIFTER보다 더 빠른 버전을 설계하시오. 이 때 한 클럭 시간에 1 자리, 2 자리, 3 자리를 이동할 하드웨어가 있어야 한다.

이 시퀀스는 매우 유사하다. 단계 4와 5는 각각 3자리와 2자리를 이동하고 바로 단계 7로 간다. 그러므로 단계 2에서 단계 8까지는 예제 9.3의 7 클럭 시간에 비해 4 클럭 시간 밖에 걸리지 않는다.(OUT은 어떻게 접근하든지 항상 올바른 결과로 로드된다는 것에 주목하라.) 단계 4에서 단계 7까지는 지연이 없도록 하여 3 클럭 시간을 절약할 수 있다.

```
SYSTEM NAME: SHIFTER
     INPUT LINES: compute, a, b, IN[0:19].
     OUTPUT LINES: OUT[0:19], done.
     FLIP FLOPS: T[0:19], OUT[0:19].
     1. next: 1 (compute'), 2(compute).
     2. T ← IN.
     3. next / a, b: 7, 6, 5, 4.
     4. OUT ← 0^3, T_{0:16};
        next: 8.
     5. OUT ← 0^2, T_{0:17};
        next: 8.
     6. OUT ← 0, T_{0:18};
        next: 8.
     7. OUT ← T.
```

```
    8. done = 1;
       next: 1.
END DESCRIPTION
```

이 결과는 다음 그림과 같이 각 비트 당 4-방향 멀티플렉서를 요구한다.

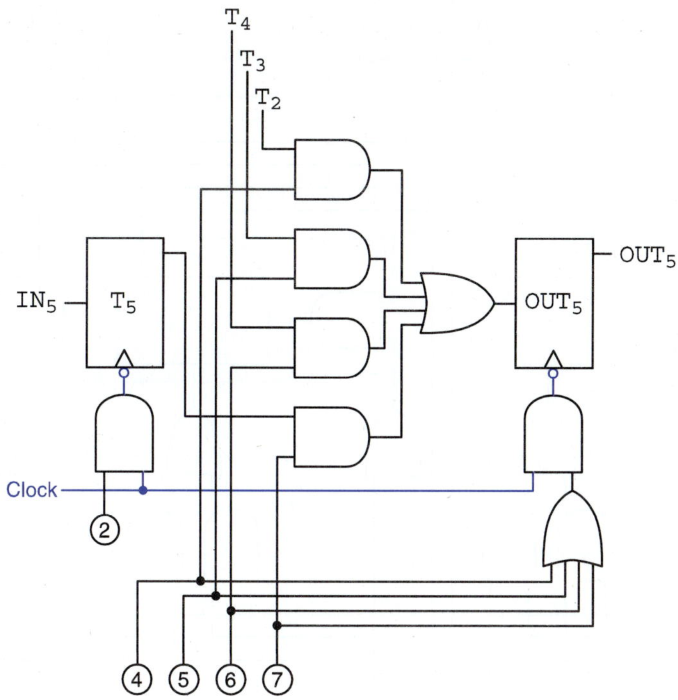

3. 다음 시스템의 레지스터와 논리 부분의 블럭도를 보여라. 이 때 모든 플립플롭, 출력 라인 **d**, 클럭 입력, 그리고 제어기로부터의 신호 라인을 나타내어라.

```
SYSTEM NAME: MOVER
    INPUT LINES: A[0:1].
    OUTPUT LINE: d.
    FLIP FLOPS: B[0:1], C[0:1].
    1. B ← A; C ← A.
    2. C ← B′; B ← A.
    3. B ← C · B.
    4. d = OR [B ⊕ C];
       next: 1.
END DESCRIPTION
```

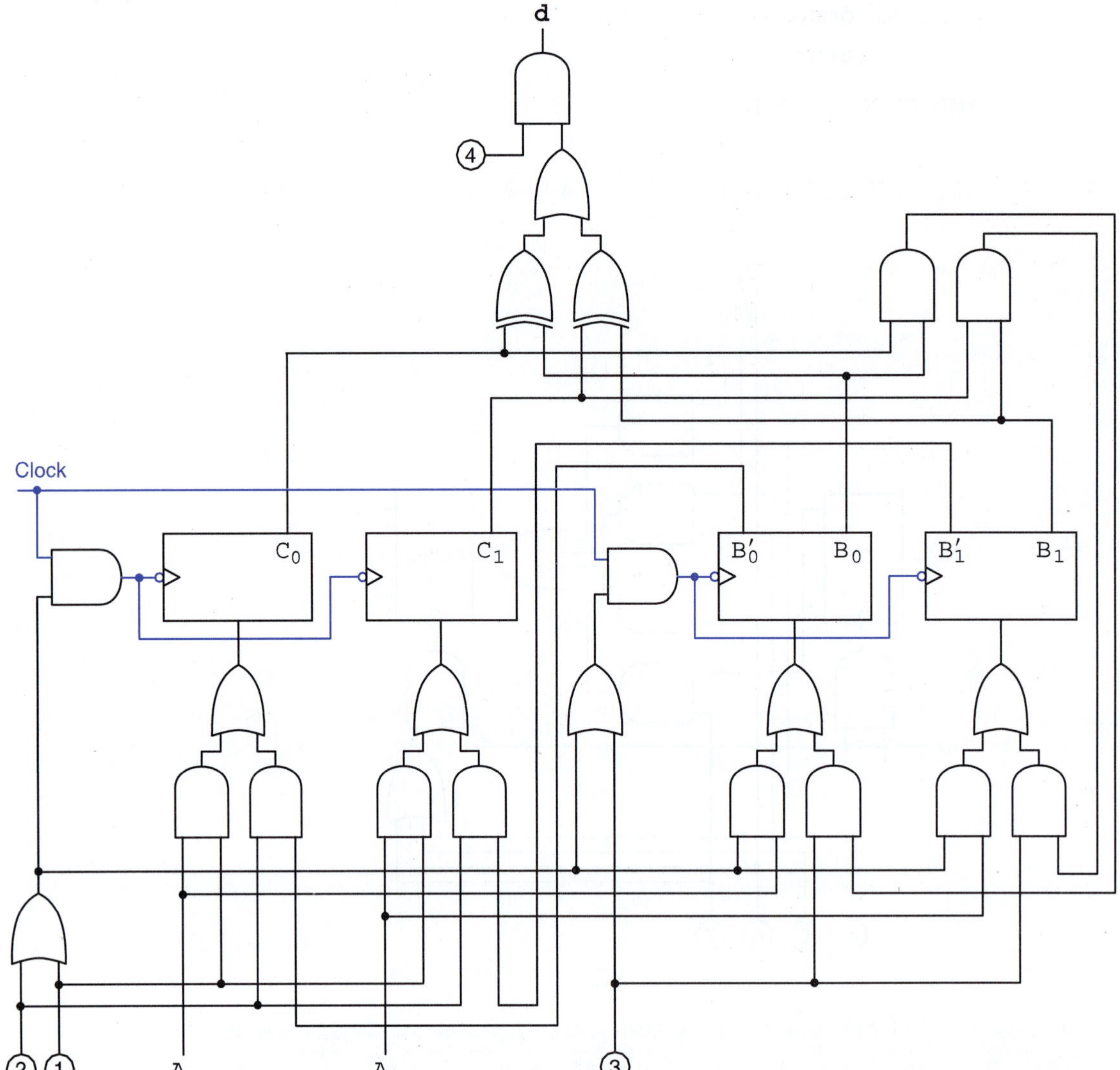

각 플립플롭은 2-방향 멀티플렉서가 필요하다. 단계 1과 단계 2에서 A가 B로 이동되었으므로 오직 1개의 AND만 필요하다. 출력의 AND 게이트는 시스템이 단계 4에 있을 때의 클럭 주기 동안만 **d**가 1이 되도록 하기 위해 필요하다.

4. 다음 DDL을 고려하라.

```
SYSTEM NAME: TESTER
     INPUT LINE: .
     OUTPUT LINE: .
```

```
    FLIP FLOPS: .
    1. start = 1.
    2. .
    3. A ← IN.
    4. A ← A1:14, 0¹.
    5. A ← A1:14, 0¹.
   (6.) next: 1 (ok), 7 (else).
    7. next: 6.
 END DESCRIPTION
```

a. 정의부를 완성하라

b. 이 시퀀스의 블럭도를 그려라

c. 다음 타이밍도를 완성하라. 단, 처음 클럭에서 상태 1에 도달할 수 있다고 가정한다.

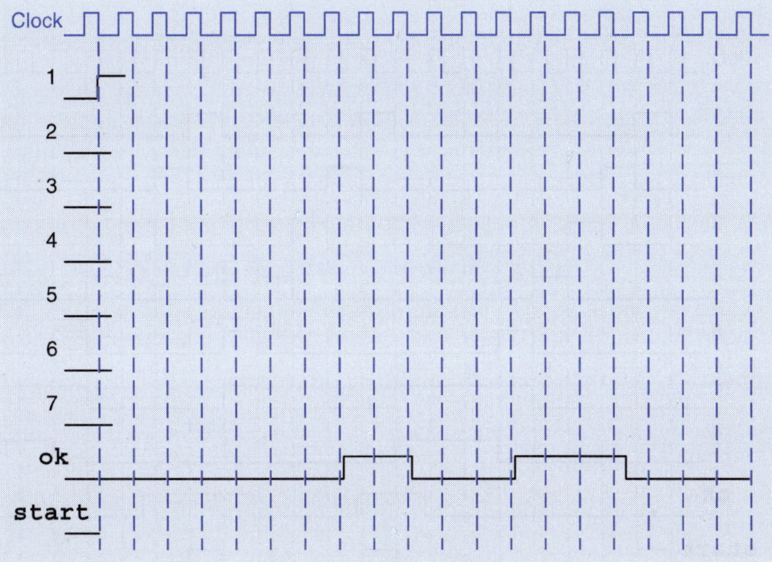

a. `INPUT LINE: IN[0:14], ok.`
`OUTPUT LINE: start.`
`FLIP FLOPS: A[0:14].`

단계 4와 단계 5에서 A로 15비트가 전송되므로 A와 IN이 15비트가 되어야 한다.

b.

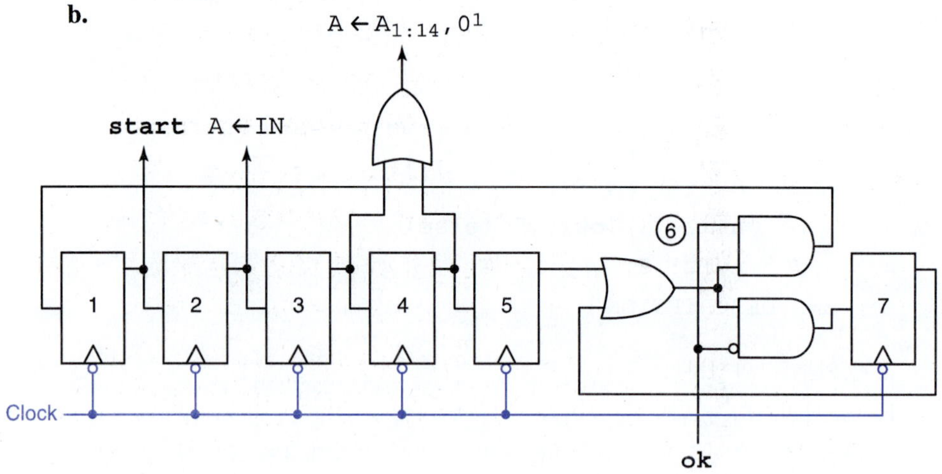

c.

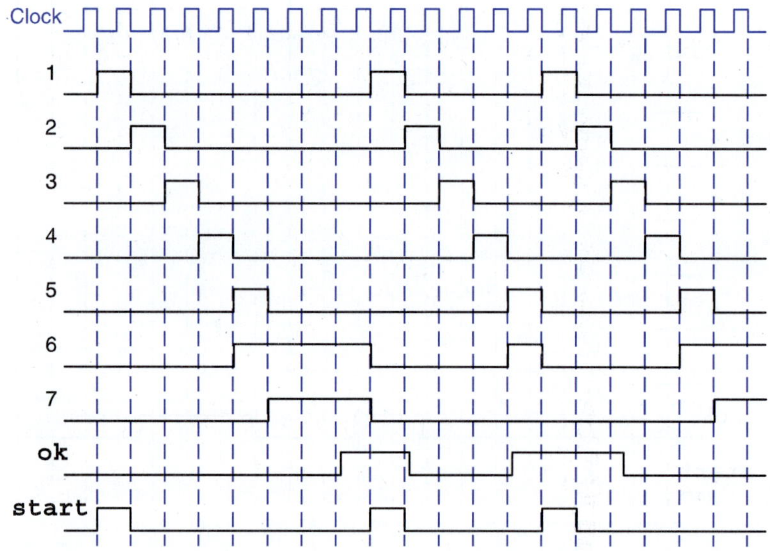

5. 다음 시스템, ONE의 하드와이어드 제어기의 완성된 DDL을 작성하시오.

> 입력 라인 **stop**이 0이 되면 출력 라인 **out**은 1과 0을 반복한다. 이는 **stop**이 다시 1이 될 때까지 계속된다.(이 프로세스는 **stop**이 0이 되면 다시 시작한다.)

```
SYSTEM NAME: ONE
      INPUT LINES: stop
      OUTPUT LINES: out
      1.   next: 1 (stop), 2 (else).
      (2.) out = 1.
      3.   next: 1
END DESCRIPTION
```

라인 **out**은 **stop**이 0이 됨과 동시에 1이 된다. **stop**이 0에 머물러 있는 한 이 시스템의 타이밍 트레이스는 다음과 같다.

1, 2
3
1, 2
3
1, 2
3

stop이 1이 되면 라인 **out**은 상태 1에 머물게 된다.

6. 한 시스템, COUNT의 완성된 DDL을 작성하시오. 이 시스템은 입력 라인 **start**와 15-비트 입력 집합인 X[0:14]를 가진다. **start**가 한 클럭 주기 동안 1이 된다면 다음 클럭 주기에는 새로운 15-비트 수가 X에 나타난다. 이 시스템은 그 수에 있는 0의 개수를 계산한다. 그 후 그 결과를 라인 ZERO[0:3]에 출력한다. 출력 라인 **done**은 결과가 나왔을때, 2 클럭 주기 동안 1이 된다.

출력에는 3개의 가능한 타이밍 상황이 있다.

a. ZERO는 **done**이 1일 때만 결과를 가지고 다른 때에는 0^4이다.
b. ZERO는 **done**이 1일 때만 답을 가져야 하지만 다른 때에는 어느 것이 포함되어도 상관없다.
c. ZERO는 **done**이 1이고 **start**가 1일 때까지만 답을 가지고 다른 때에는 0^4이다.

a. 처음 결과는 비트 수를 계산하기 위해 계수기 C를 사용한다. C는 0으로 초기화되고 루프를 15번 수행한다.(15번째에서 C는 14, 1110을 갖고, 검사는 AND[INC[C]]에 의해 행해진다.) A의 왼쪽 비트는 왼쪽으로 이동되면서 검사된다.(이 경우 A의 오른쪽 비트에 무엇이 로드되는지는 상관없다.) 타이밍 (a)의 두 결과에서, 모두 **done**이 1일 때만 출력은

ZERO에 연결된다.

```
SYSTEM NAME: COUNT
      INPUT LINES: start, X[0:14].
      FLIP FLOPS: A[0:14], N[0:3], C[0:3].
      OUTPUT LINES: ZERO[0:3], done.
      1. next: 2 (start), 1 (else).
      2. A ← X; N ← 0^4; C ← 0^4.
      3. A_0': N ← INC[N].
         A ← A_1:14, 1;
         C ← INC[C];
         next: 4 (AND[INC[C]]), 3 (else).
      4. done = 1; ZERO = N.
      5. done = 1; ZERO = N;
         next: 1.
END DESCRIPTION
```

두 번째 결과는 만약 1로 이동된다면 A가 모두 1을 가질 때 카운트를 중단할 수 있다는 장점을 갖는다. 워드내의 비트의 수는 셀 필요가 없다.(C는 제거될 수 있다.)

```
SYSTEM NAME: COUNT
      INPUT LINES: start, X[0:14].
      FLIP FLOPS: A[0:14], N[0:3].
      OUTPUT LINES: ZERO[0:3], done.
      1. next: 2 (start), 1 (else).
      2. A ← X; N ← 0^4.
      3. A_0': N ← INC[N].
         A ← A_1:14, 1;
         next: 4(AND[A_1:14]), 3(else).
      4. done = 1; ZERO = N.
      5. done = 1; ZERO = N;
         next: 1.
END DESCRIPTION
```

b. 이 결과에서, 계산은 출력에 항상 연결되어 있는 레지스터 ZERO에서 이루어진다. ZERO는 다음에 다시 단계 2에 진입할 때까지 답을 가진다. 다른 때에는, 중간 결과를 가지고 있다.

```
SYSTEM NAME: COUNT
      INPUT LINES: start, X[0:14].
      FLIP FLOPS: A[0:14], ZERO[0:3].
      OUTPUT LINES: ZERO[0:30], done.
      1. next: 2 (start), 1 (else).
      2. A ← X; ZERO ← 0^4.
      3. A_0': ZERO ← INC[ZERO].
         A ← A_1:14, 1;
         next: 4 (AND[A_1:14]), 3 (else).
      4. done = 1.
      5. done = 1;
         next: 1.
END DESCRIPTION
```

c. 여기에서 ZERO는 **done**이 1일 때 결과가 로드되고 **start**가 1이 되면 클리어 된다.

```
SYSTEM NAME: COUNT
      INPUT LINES: start, X[0:14].
      FLIP FLOPS: A[0:14], N[0:3], ZERO[0:3].
      OUTPUT LINES: ZERO[0:30], done.
      1. start: ZERO ← 0^4;
         next: 2 (start), 1 (else).
      2. A ← X; N ← 0^4.
      3. A_0': N ← INC[N].
         A ← A_1:14, 1;
         next: 4 (AND[A_1:14]), 3 (else).
      4. ZERO ← N.
      5. done = 1
      6. done = 1;
         next: 1.
END DESCRIPTION
```

7. 1개의 입력 라인 **in**과 1개의 출력 라인 **out**을 가지는 PATTERN 시스템의 완성된 DDL을 작성하시오. 어떤 시점에서 라인 **in**은 1개나 그 이상의 클럭 주기에서 1이 된다. **in**이 다시 0이 될 때, 라인 **out**이 2 클럭 주기 동안 1이 되고, 1 클럭 주기 동안 0이 된다. 이 과정을 반복하여 **out**은 **in**이 1이었던 같은 수의 클럭 시간인 110이 된다. 만약 **in**이 15 클럭 시간 이상 1이 되면, 그 패턴은 15번 클럭 시간 동안 반복한다. **out**이 이 주

기를 돌 동안은 입력 **in**은 무시된다. 이 과정이 종료되면 시스템은 되돌아가고 다시 **in**을 조사한다.
유의점 : **out**은 **in**이 0인 처음 클럭 시간이나 그 다음에 1이 될 수 있다. 또한 마지막 1 출력 또는 1 클럭 주기 후 시스템은 **in**을 조사하기 위하여 즉시 돌아올 수 있다.

```
SYSTEM NAME: PATTERN
     INPUT LINE: in.
     OUTPUT LINE: out.
     FLIP FLOPS: C[0:3].
     1. next: 2 (in), 1 (else).
     2. C ← 1^4;
        next: 3 (in), 4 (else).
     3. (AND[C])': C ← INC[C];
        next: 3 (in), 4 (else).
     4. out = 1.
     5. out = 1.
     6. C ← DEC[C];
        next: 4 (OR[DEC[C]]), 1 (else).
END DESCRIPTION
```

이때 C는 단계 2에서 16진 상수 1(이진수 0001)로 로드된다.

8. 두 개의 무부호 16-비트 수를 곱하고 32-비트 결과를 출력하는 시스템을 설계하라. 한 클럭 주기 동안 입력 라인 **multiply**에 1이 있으면 버스 DATA에 16-비트 수가 인가된다. **multiply**가 다시 1이 되면 두 번째 수가 인가된다. 결과가 계산될 때 아래 자릿수 16-비트들이 DATA에 인가되고 라인 **ready**가 1이 된다. 그들은 라인 **thanks**가 1이 인가 될 때까지 그 상태를 유지한다. 이 과정은 위 자릿수 16-비트들을 위해 다시 반복된다.

```
SYSTEM NAME: MULTIPLIER
     INPUT LINES: multiply, thanks.
     OUTPUT LINE: ready.
     INTERSYSTEM BUS: DATA[0:15].
     FLIP FLOPS: OP1[0:15], OP2[0:15],
     PRODUCT[0:15], COUNT[0:3],t.
     1.   next: 1 (multiply'), 2 (else).
     (2.) OP1 ← DATA.
```

```
     3.     next: 3 (multiply'), 4 (else).
     (4.)   OP2 ← DATA.
     (5.)   PRODUCT ← 0000; COUNT ← 0, t ← 0.
     6.     next: 8 (OP2_15'), 16 (else).
     (7.)   t, PRODUCT ← ADD[OP1; PRODUCT; t].
     8.     t, PRODUCT, OP2 ← 0, t, PRODUCT,
            OP2_0:14.
     (9.)   C ← INC[C];
            next: 6 (OR[C]), 10 (else).
     10.    ready = 1; DATA = OP1;
            next: 10 (thanks), 11 (else).
     11.    ready = 1; DATA = PRODUCT;
            next: 11 (thanks), 1 (else).
END OF DESCRIPTION
```

가산기는 2개의 16-비트 수들과 캐리 입력을 더하여 17-비트 결과를 생성하고, 이를 **t**와 PRODUCT에 클럭한다. OP1은 피승수를 저장하고 OP2는 처음에 승수를 저장한다. 이 곱셈은 PRODUCT와 OP2를 포함하는 32-비트 공간에서 계산된다. 그 후 승수의 비트들이 조사되고, 만약 비트가 1이면 피승수가 부분 곱에 더해진다. 그리고 오른쪽으로 이동된다.(손으로 계산할 때는 피승수를 왼쪽으로 이동하는 것과 같다.) 이 제어기는 연산이 시작된 시간부터 결과가 나오기까지 32 클럭 시간이 걸린다.(단계 6에서 단계 9까지)

9.6 연습문제

1. 4개의 32-비트 레지스터 *R*, *S*, *T*, *U*가 있다. 이들 사이의 전송은 다음과 같다.

R ← S	R ← T	R ← T′	
S ← R	S ← U	S ← S′	
T ← R			
U ← S	U ← T	U ← T′	U ← S′

a. 오직 이 전송을 이행하는 점-대-점 시스템의 전형적인 한 비트를 보여라. 이때, 멀티플렉서에 필요한 AND 게이트는 몇 개인가?

b. 이들 전송을 실행할 수 있는 버스 시스템의 전형적인 한 비트를 보여라. 이때, 멀티플렉서에 필요한 AND 게이트는 몇 개인가? 이때 추가적으로 가능한 전송들은 어떤 것이 있는가?

2. 3개의 8-비트 레지스터 *A*, *B*, *C*가 있다. 이들 사이의 전송은 다음과 같다.

```
A ← B         A ← A'          A ← C
B ← A'        B ← 0, B0:6
C ← A         C ← B           C ← A'
```

다음의 각 시스템에 대하여, 모든 데이터 전송 논리와 3개의 레지스터의 0과 1비트들을 보여라

a. 점-대-점 시스템
b. 버스 시스템

3. 다음 시스템에 대하여,

```
SYSTEM NAME: ONE
      INPUT LINES: start, X[0:2].
      OUTPUT LINES: done, S[0:2].
      FLIP FLOPS: R[0:2], S[0:2].
      1.   next: 2 (start), 1 (else).
      2.   start': R ← X;
           next: 2 (start), 3 (else).
      3.   next: 4 (start), 3 (else).
      (4.) S ← X.
      5.   S ← R + S.
      6.   done = 1;
           next: 1.
END DESCRIPTION
```

a. 시퀀서(단계 1에서 6에 해당하는 논리)의 블럭도를 나타내어라.
b. 모든 플립플롭을 포함하는 레지스터와 논리 부분의 블럭도를 나타내어라.
c. 다음 타이밍도를 완성시켜라. **done**을 포함하여, 제어기의 각 플립플롭들의 출력을 나타내어라. 언제 라인 X에 입력이 있어야 하는지 보여라. (초기에 시스템은 상태 1에 있다.)

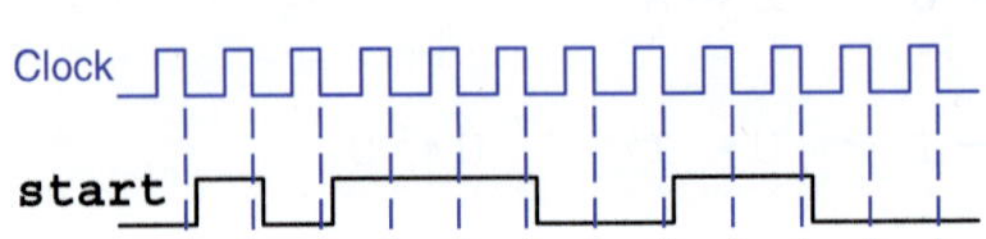

***4.** 어떤 문제에 대한 결과는 다음과 같다.

start가 1이 되면 시스템은 비트들을 연속적으로 라인 **in**에 입력하기 시작한다.(**start** = 1일 때, 항상 입력이 발생) 또한, 8의 값이 되

거나 **start**가 0이 될 때까지 비트를 입력한다. **start**가 0이 된 후, 시스템은 라인 **out**에 연속적인 비트들을 역순으로 출력하고, 라인 **done**에는 1을 출력한다.

```
SYSTEM NAME: REVERSE
     FLIP FLOPS: C[0:2], A[0:7].
     INPUT LINES: start, in.
     OUTPUT LINES: out, done.
     1.   C ← 0^3;
          next: 2 (start), 1 (else).
     (2.)AND[C]': A ← in, A_0:6.
     3.   AND[C]': C ← INC[C];
          next: 2 (start), 4 (else).
     4.   out = A_0;
          A ← A_1:7, 0;
          C ← DEC[C];
          next: 5 (OR[DEC[C]]), 4(else).
     5.   done = 1;
          next: 1.
END DESCRIPTION
```

a. **start**가 1인 첫 번째 클럭 주기로부터 **done**이 1인 클럭 주기까지를 세어라. 이것은 **start**가 1인 클럭 시간 N의 함수로서 얼마나 많은 클럭 주기를 갖는가?(결과는 N이 8 미만일 때와 8 이상일 때의 2 가지 경우로 주어질 수 있다.) 그 과정을 보여라.
b. 시퀀서에 대한 블럭도를 그려라.
c. 레지스터와 논리 부분의 블럭도를 그려라. 3개의 입력과 3개의 출력을 갖는 블럭 INC와 DEC를 포함할 수 있다. C의 3개의 플립플롭과 $A_{6:7}$과 관련된 논리를 나타내어라.
d. 이 시스템은 앞에서 말한 대로 동작하지 않는다. 무엇이 잘못되었는가? DDL에 작성된 대로 동작하도록 문제의 문장을 고쳐라.

5. 다음의 DDL에 대하여,

```
SYSTEM NAME: PROBLEM ONE
     FLIP FLOPS:
     INPUT LINES:
     OUTPUT LINES:
     1.   next: 2 (go), 1 (else).
     (2.)A ← B;
          next: 4 (x), 3 (else).
```

```
    3.  A ← A'.
    4.  A ← 0¹, A_{0:2};
    5.  y = OR[A];
        next: 5 (go), 1 (else).
END DESCRIPTION
```

a. 정의부를 완성시켜라.
b. 단계 1에서 단계 5까지의 플립플롭과 논리에 해당하는 시퀀서의 블럭도를 보여라.
c. 모든 플립플롭들을 포함한 레지스터와 논리 부분의 블럭도를 보여라
d. 다음의 타이밍도를 완성하라.

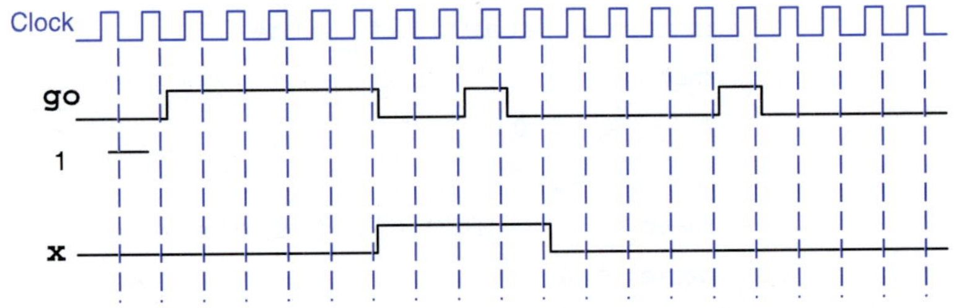

6. 다음 시스템에 대하여 레지스터와 논리 부분의 블럭도를 보여라. 전형적인 한 비트에 대하여 보여도 되지만 클럭 입력과 제어기로부터 나오는 신호 라인은 반드시 보여야 한다.

```
SYSTEM NAME: MOVER
    INPUT LINES: A[0:3].
    OUTPUT LINES: D[0:3].
    FLIP FLOPS: B[0:3], C[0:3].
    1. B ← A.
    2. C ← B'; B ← A.
    3. B ← C ⊕ B.
    4. D = B;
       next: 1.
END DESCRIPTION
```

7. 다음 DDL을 고려하라.

```
SYSTEM NAME: TESTER
    INPUT LINE: go.
    OUTPUT LINE: out.
    1. next: 2 (start), 1 (else).
    2. out = 1.
```

```
        3. out = 1.
        4. .
        5. out = 1;
           next: 2 (start), 6 (else).
        6. .
        7. next: 1.
   END DESCRIPTION
```

이 시퀀서의 블럭도를 그려라.

8. 다음 DDL 시퀀스를 고려하라.

```
   SYSTEM NAME: TEST1
        INPUT LINES:
        OUTPUT LINES:
        FLIP FLOPS:
        1. start = 1.
        2. A ← X;
           next: 3 (d), 4 (else).
        3. A ← 0, A0:2;
           next: 5.
        4. A ← A1:3, 0.
        5. Z = A;
           next: 1.
   END DESCRIPTION
```

a. 정의부를 완성하라.
b. 1단계에서 5단계까지의 논리에 해당하는 시퀀서의 블럭도를 그려라.
c. 레지스터와 논리 부분의 블럭도를 보여라.(모든 플립플롭을 포함하여야 한다.)

9. 다음 설계사양을 만족하는 작은 시스템 FINDME를 설계하고자 한다.

시스템은 입력 신호 **start**를 기다린다. 한 클럭 주기 동안 입력 신호가 1이 되면 입력 라인 X[0:3]에 4-비트 수가 인가된다.(**start**가 1일 때의 같은 클럭 주기) 그리고 라인 **start**는 출력 라인 **done**이 1로 되고 다시 0으로 될 때까지 무시된다. 이제 이 시스템은 더 많은 데이터를 요구한다. 그러기 위해서 한 클럭 주기 동안 출력 라인 **sendme**에 1을 출력한다. 이 동작을 수행할 때마다 **sendme**가 1이 된 후, 두 번째 클럭 주기 동안 X는 새로운 수가 인가된다. 이 시스템은 입력된 수가 **start**가 1일 때 받은 수와 같거나 혹은 14개의 수를 검사할 때까지 반복적으로 수를 입력한다. 만약 이들 중 1개라도 조건이 충족된다면 두 클럭 주기 동안 출력 라인 **done**에 1을 넣고, 같은 수가 일치하거나 Y에 모두 1만 있으면 출력 라인 Y[0:3]에 지금까지 검사된 수를 출력한다. **done**이 1이 아니면 Y는 모두 0이 된다. 그리고 이 시스템은 다시 **start**를 기다리기 위하여 돌아간다.

a. 하드와이어드 제어기라 가정하고, 이 시스템의 완성된 DDL을 작성하시오. 최대한 빨리 동작하도록 하시오.
b. 하드와이어드 제어기의 블럭도를 그리시오
c. 모든 플립플롭을 포함하여 레지스터와 논리 부분의 블럭도를 그리시오. AND, OR, NOT, XOR 게이트를 제외한 유일한 이용 가능한 논리 블럭은 4-비트 증가기인 INC이다.
d. 세 번째 검사가 만족되었을 때, DDL에 대응하는 타이밍도를 그려라. 이 타이밍도에는 클럭, 라인 **start**, **sendme**, **done**을 포함하여야 하고 언제 X와 Y에 숫자가 존재하는지 표시하여야 한다.
e. 일치되지 않는 긴 스트링(string)을 다루는 방법을 바꾸고자 한다. 출력 라인 **done**은 일치할 때까지 1이 되지 않아야 한다. 만약 15나 그 이상의 검사가 이루어 졌으면 **done**이 1일 때 Y의 출력은 모두 1이어야 한다.

10. 다음과 같이 동작하는 시스템 THREE의 완성된 DDL을 작성하시오.

입력 라인 **start**가 1개나 그 이상의 클럭 주기 동안 1이면, 시스템은 **start**가 1이 된 후의 처음 클럭 주기에 라인 IN에서 4-비트 입력 수를 받게 된다. 이 입력은 다음 클럭 주기에 인가된다. 다음 4 클럭 시간에 이 시스템은 라인 **out**에 그 수의 1-비트를 출력하고(좌에서 우로) 각 주기마다 라인 **done**에 1을 출력한다. 그 후 시스템은 새로운 **start**를 기다리기 위하여 돌아온다.

플립플롭, AND, OR, NOT 게이트 이외에 사용할 수 있는 유일한 논리는 2개의 4-비트 증가기인 INC이다.

***11.** 하나의 입력 **go**를 가진 시스템 COUNT의 완성된 DDL을 작성하시오. **go**가 1이 되면 이 시스템은 **go**가 1이 되는 연속적인 클럭 시간이 몇 개인지 센다.(만약 그 count가 15보다 크거나 같으면 count는 15가 된다.) 정확히 두 클럭 주기 후, **go**가 0이 되면 count는 출력 라인 OUT[0:3]에 출력되고 한 클럭 주기 동안 출력 라인 **done**에 1을 출력한다. 그 후 **go**에 1이 올 때까지 시스템은 대기 상태에 머물게 된다.(**go**가 0이 되면 몇 번의 클럭 주기 동안 그 상태로 유지된다고 가정한다.)

12. 한 시스템, PROBLEM TWO의 완성된 DDL을 작성하시오. 한 클럭 주기 동안(**start**가 1인 시간 동안) 입력 **start**가 1이 되면 라인 IN에 11-비트 입력이 인가된다. IN의 처음 8-비트는 데이터의 워드처럼, 마지막 3-비트는 count로 취급된다. 시스템은 데이터를 count로 지정된 자리의 수(0에서 7까지)만큼 데이터를 왼쪽으로 이동한다.(오른쪽 비트는 0으로 놓는다). 이동 동작이 끝나고 결과가 라인 OUT에 나타나면 출력 라인 **stop**이 두 클럭 주기 동안 1이 된다. OUT은 **stop**이 1이 된 지점부터 다음 **start**가 1 이 될 때까지 결과를 갖고 있어야 한다.(다른 때에 OUT에 어떤 수가 있는지는 상관이 없다.) 플립플롭, AND, OR, NOT 게이트에 추가적으로 증가기, 감소기, 한 자리 이동기를 사용해도 된다.

***13.** 다음 조건을 만족시키는 시스템 HPONE을 설계하고자 한다.

시스템은 입력 라인 **start**를 기다린다. 입력 라인은 1개나 그 이상의 클럭 주기 동안 1이 된다. **start**가 0이 되고 난 후, 처음 클럭 주기 동안 라인 X[0:19]에 1 클럭 주기 동안 입력이 가능하다. 이 입력은 제어 정보를 포함하는데 처음 4-비트와 데이터 2-바이트(각각 8비트)로 구성된다.

이 시스템은 8-비트 데이터 출력 라인인 Z[0:7]에 2-바이트를 출력하여야 한다. 처음 2-제어 비트는 이들 라인의 처음 출력을 기술한다. 다음 2-비트는 두 번째 출력을 나타낸다. 각각의 제어 필드에 대하여 처음 비트는 어떤 바이트가 포함되는지를 나타낸다: 0은 처음 바이트($X_{4:11}$에 있던 내용)를, 1은 두 번째 바이트($X_{12:19}$에 있던 내용)를 표시한다. 제어 필드의 두 번째 비트는 이 바이트가 출력인지(비트 = 0) 바이트의 비트-대-비트 보수가 출력인지(비트 = 1)를 표시한다.

Examples: X = 0011 01010101 11001100
Z = 01010101 followed by 00110011

X = 1010 00000000 01011010
Z = 01011010 followed by 01011010

한 바이트를 출력하기 위하여 이 시스템은 먼저 라인 **ready**에 1을 넣고 이는 입력 라인 **ok**가 1이 될 때까지 유지된다. 출력은 **ok**가 1인 시간 동안만 Z에 연결된다. 처음 바이트 출력 후, 시스템은 **ready**에 다음 신호를 보내기 전까지 2 클럭 주기 동안 대기하여야 한다. 두 번째 바이트 출력 후에 새로운 **start**를 기다리기 위하여 돌아온다.

a. 하드와이어드 제어기를 가정하고, 이 시스템의 완성된 DDL을 작성하라. 최대한 빨리 동작하도록 하여라.

b. **ok**가 **ready** 후 2 클럭 시간 동안 1이 되는 DDL의 타이밍도를 그려라. 언제 입력과 출력이 인가되는지 표시하는 것에 유의하라.

9.7 이 장의 테스트(90분)

1. 다음 DDL을 읽고 질문에 답하시오.

```
SYSTEM NAME: PROBLEM ONE
    FLIP FLOPS:
    INPUT LINES:
    OUTPUT LINES:
    1.  next: 2 (go), 1 (else).
    2.  next: 3 (go), 1 (else).
    (3.)A ← B;
        next: 5 (x), 4 (else).
    4.  A ← A'.
    5.  A ← 1^1, A_{0:2};
    6.  y = AND[A];
        next: 6 (go), 1 (else).
END DESCRIPTION
```

a. 정의부를 완성하라.

b. 플립플롭과 단계 1에서 단계 6의 논리에 해당하는 시퀀서의 블럭도를 보여라

c. 모든 플립플롭을 포함하여 레지스터와 논리 부분의 블럭도를 나타내어라.

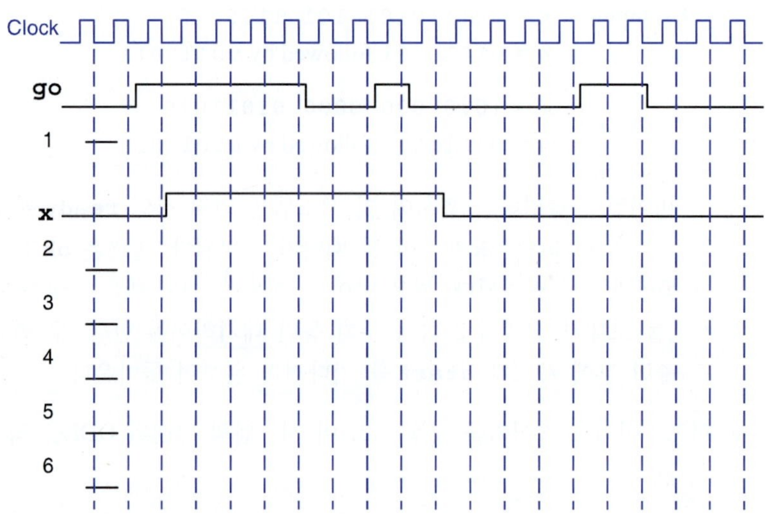

d. **y**가 나타날 때, **x**와 B가 언제 나타나는지를 기술하는 타이밍도를 완성시켜라.

2. 다음 조건을 만족시키는 시스템 TWO의 하드와이어드 컨트롤러의 DDL을 작성하라.

입력 라인 **go**가 3개 이상의 클럭 주기 동안 1이 된 후(다시 0으로 감), 첫 번째 클럭 주기에서, 입력이 라인 IN[0:4]에 인가된다. 이는 더해져야 하는 추가적 입력의 수(00000이 32를 나타낼 때, 1에서 32까지)를 나타낸다. 그리고 IN에서 count를 받은 후의 두 번째 클럭 시간에서 시작하여 데이터는 매 클럭 주기에 입력 라인 DATAIN[0:10]에서 인가된다. 이 시스템은 수를 무부호 수로 간주하여 그 합을 구한 뒤 출력 라인 DATAOUT[0:15]에 연결한다. 출력 라인 **ready**는 그 시점에 1이 되어야 한다. DATAOUT은 두 클럭 주기 동안 나타나고 이 외의 시간에는 0^{16}이다.

여기에서 4-비트 감소기와 16-비트 가산기를 사용할 수 있다.

10 중앙처리장치(CPU)의 설계

이 장에서는 MODEL이라 불리는 컴퓨터의 제어기 설계를 논의하기로 한다. MODEL은 32-비트의 워드 크기를 가진다. 명령어는 주소지정 방식에 따라 1개나 2개의 워드를 포함한다.

MODEL 명령어의 첫 번째 워드의 형식은 그림 10.1에 나와 있다. 여기서 RN은 레지스터 번호, AM은 주소지정 방식을 명시한다.

그림 10.1 MODEL에 대한 명령어 형식

0 – 5	6 – 11	12 – 15	16 – 31
Op-Code	RN	AM	Address

10.1 MODEL의 기술(Description)

이 절에서는 제어 시퀀스에서 보여줄 주소지정 방식과 명령어들을 명시하고 타이밍에 대하여 논할 것이다. MODEL은 매우 많은 종류의 명령어들과 주소지정 방식을 가진다. 그러나 우리가 기술할 것들은 설계의 과정을 설명하는데 적당할 것이다.

10.1.1 메모리와 레지스터 집합

MODEL은 각각 32-비트의 크기를 갖는 2^{23}개 워드의 메모리 공간을 가진다.[1] 이 메모리에 접근하기 위하여 주소가 1 클럭 주기 동안 라인 `AD[0:31]`에

---

1) 이것은 32-비트 주소와 2^{32} 워드의 최대 메모리를 뜻한다. 시스템이 정상적으로 작동하기 위하여 모든 메모리가 필요한 것은 아니다.

인가된다. 읽기 위하여 라인 **read**에 동시에 1이 인가되고 그 메모리 장소의 내용이 그 클럭 주기에 버스 DATA[0:31]에 실린다. 그러므로 전형적인 메모리 인출 단계는 다음과 같다.

AD = PC; **read** = 1; IR ← DATA.

메모리에 저장하기 위하여, 워드는 DATA에 연결되고(주소가 AD에 인가되는 동시에) 라인 **write**에 1을 넣는다. 예를 들면,

AD = EA; DATA = WORK; **write** = 1.

10.4 절에서는 저속 메모리를 다루는데 필요한 수정을 할 것이다.

DATA는 INTERSYSTEM BUS이다. ADIN, **read**, **write**는 MODEL로부터의 OUTPUT LINES 혹은 INTERSYSTEM BUS로 간주될 수 있다. 여기서는 그림 8.1에서와 같이 그들을 후자로 간주하기로 한다.

MODEL의 레지스터 집합은 다음과 같은 레지스터들을 포함한다.

PC[0:31]	프로그램 카운터
IR[0:31]§	명령어 레지스터-해독되고 실행되는 명령어의 처음 워드를 저장하는 장소
REG[0:63; 0:31][2]	64개의 범용 레지스터들의 집합
WORK[0:31]§	임시로 데이터를 저장하는 레지스터
EA[0:31]§	유효주소(effective address)가 계산되는 레지스터
z	제로 플래그 비트 - 어떤 명령어의 결과가 0일 때 1로 셋된다.[3] (그렇지 않으면 0이 됨)
n	음수 플래그 비트-어떤 명령어의 결과가 음수일 때 1로 셋된다.(맨 앞의 비트를 저장함)
c	캐리(그리고 자릿수내림) 비트-가산기의 가장 왼쪽 비트의 캐리를 저장한다.
v	2의 보수 오버플로 비트-오퍼랜드가 2의 보수 표시인 경우, 연산의 결과가 허용 범위를 초과할 때 1로 셋된다.(그렇지 않으면 0이 됨)

2) REF^{3F}는 스택 포인터로 사용된다; DDL에서는 SP라는 표기를 쓰지만 NAME 정의부에서 이를 REG^{3F}로 정의한다.

3) 10.1.2절에서 이 명령어를 설명할 때, 어떤 명령어가 어떤 플래그 비트를 수정하는 지를 명시한다.

§ 부호가 표기된 레지스터들은 명령어들 사이의 불필요한 정보들을 포함한다. 명령어 집합을 확장한다면 몇 개의 레지스터들을 더 추가해야 한다.

MODEL의 스택은 메모리에 저장된다. 레지스터 SP는 스택 내의 다음 빈 위치를 가리킨다. 요소들은 스택에 감소하는 순서로 저장된다. 그러므로 만약 스택 포인터가 7FFFFFFF이고 어떤 것이 스택에 넣어진다면 이는 7FFFFFFF 장소에 저장되고 스택 포인터는 7FFFFFFE로 감소하게 된다. 그림 10.2는 스택 내에 두 아이템이 넣어지고, 한 아이템이 꺼내지는 것을 보여준다. SP는 넣어질 때 감소되고 꺼내질 때 증가 된다. 어떤 것이 꺼내지면 이는 삭제되는 것이 아니고 CPU에 복사되며 포인터는 증가된다. 꺼내진 후에 7FFFFFFE의 내용은 아직 그 곳에 존재하지만 스택 명령에 의해 사용될 일은 거의 없다. 그 후 넣는 것에 의하여 그 위를 덮어쓸 것이다; 꺼내는 것은 먼저 SP를 증가하고 7FFFFFFF의 내용을 꺼낸다.

그림 10.2 스택 포인터의 동작

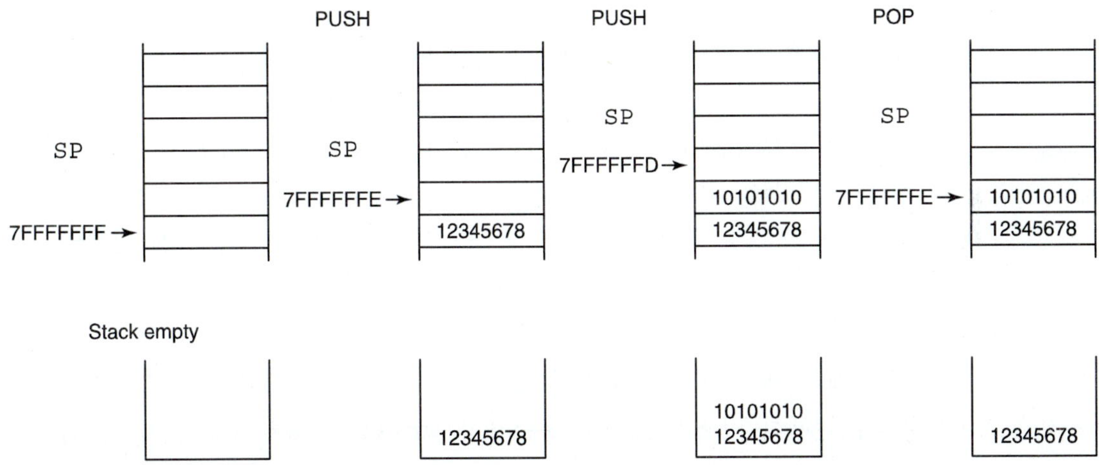

내부적으로 보면 데이터는 32-비트 내부 버스인 CPUBUS에 의해 전송된다. 또한 연산과 논리 장치는 두 개의 32-비트 입력 버스인 INA와 INB를 가진다. 데이터의 이동을 표현할 때는 이 버스들은 대부분 언급되지 않는다. 다음 문장

$$REG/IR_{6:11} \leftarrow WORK.$$

는 WORK가 CPUBUS에 연결되어 있고 그 버스상의 데이터는 레지스터 안

에 클럭되어 있다는 것을 뜻한다. 즉 다음을 나타낸다.

CPUBUS = WORK; REG/$IR_{6:11}$ ← CPUBUS.

예제 10.1

WORK ← $ADD_{1:32}$[FFFFFFFF; WORK; 0]

위의 문장은 상수 FFFFFFFF가 가산기의 한 32-비트 입력에, WORK는 다른 32-비트 입력에, 0은 $\mathbf{c}_{in}$ 입력에, 가산기 출력의 오른쪽 32-비트는 CPUBUS에 연결되어 있다는 것을 뜻한다. 그리고 버스는 WORK에 클럭된다. 이 예에서, 가산기의 캐리 출력은 어디에도 저장되지 않는다.

INA = FFFFFFFF; INB = WORK; $\mathbf{c}_{in}$ = 0;
BUS = $ADD_{1:32}$[INA; INB; $\mathbf{c}_{in}$]; WORK ← CPUBUS

만약 캐리 출력을 **c** 플립플롭에 저장하고 싶다면 다음과 같이 작성하여야 한다.

c, WORK ← ADD[FFFFFFFF; WORK; 0]

데이터를 이동 할 다른 방법이 없으므로 더 자세히 설명하는 것은 필요치 않다.

그림 10.3은 버스 구조의 간단한 블럭도를 나타낸다. 상수들, 부분 레지스터 연결들, 그리고 이동된 WORK는 표시되어 있지 않다.(예를 들어 WORK←FFFF, $IR_{16:31}$은 상수 FFFF가 CPUBUS의 왼쪽 반에 연결되어 있고, IR의 오른쪽 반은 CPUBUS의 오른쪽 반에 연결되어 있다는 것을 뜻한다.)

3개의 내부 버스에 추가적으로 2개의 내부 시스템 버스인 DATA와 AD가 존재한다.(버스 신호인 **read**와 **write**는 표시되어 있지 않다) INA, INB, AD, **read**와 **write**는 단지 한 방향으로만 데이터가 전송되는 멀티플렉서라는 것에 유의한다.(그러나, 메모리가 1개 이상의 서브시스템에 의해 사용되는 큰 시스템에서는 AD, **read**와 **write**가 버스일 수도 있다.)

그림 10.3 MODEL 버스도(bus diagram)

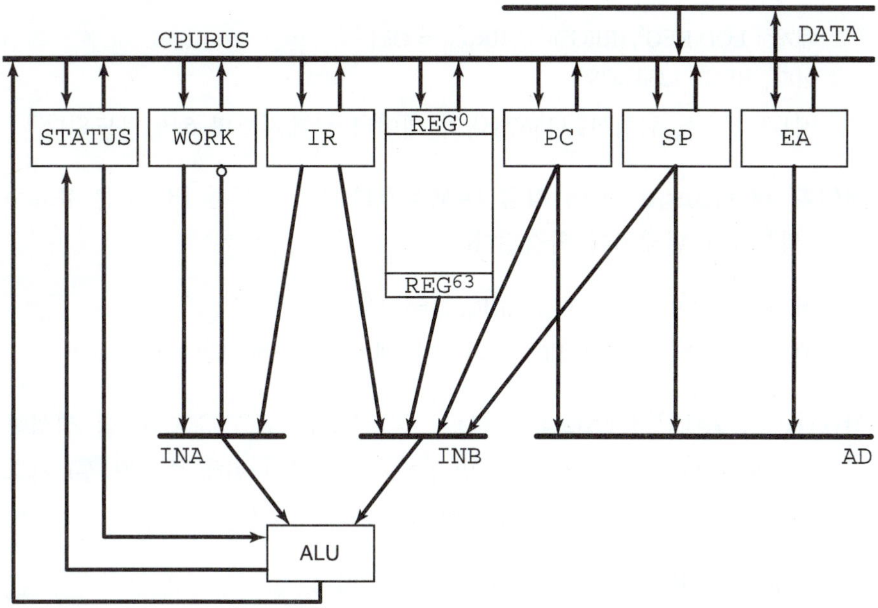

10.1.2 주소지정 방식

이제 4비트의 16 가지 주소지정 방식들 중, 7가지의 주소지정 방식들을 정의 한다. 나머지 9가지는 no-op로 취급한다. 나머지 주소지정 방식들은 예제들과 해결된 문제, 연습문제에서 다루기로 한다. 각각의 예들에서 RN의 값이 5(05)일 때, 로드 레지스터 명령어(LOD)가 어떻게 수행되는지 보여준다. 처음 4가지 주소지정 방식은 1-워드 명령어를 필요로 한다. 다른 주소지정 방식에서는 2-워드가 필요하다. AM 필드는 나중의 논의를 간략화하기 위해 16진수 대신 2진수로 표현하였다.

레지스터(register)지정 (AM = 0000) 데이터는 $IR_{26:31}$로 명시된 64개 레지스터 중 한 레지스터로부터 호출되거나 저장된다. 이 방식은 메모리 주소를 요구하기 때문에 분기 명령어에 대해서는 타당하지 않다.4)

예제 : LOD REG^5, REG^E [$IR_{26:31}$ = OE]

레지스터 14의 데이터는 레지스터 5에 로드된다.

레지스터 간접(register indirect)지정 (AM = 0010) $IR_{26:31}$로 명시된 레지스터는 결과가 저장되거나 점프의 목적지인 데이터의 메인 메모

4) 주소 필드가 레지스터를 명시하는 이 방식에서는 $IR_{16:25}$(주소 필드의 나머지)는 무시된다.

리 주소를 포함한다.

예제 : LOD REG^5, (REG^E) [$IR_{26:31}$ = OE]
이때, REG^E: 12345678
메모리 주소 위치 12345678내의 데이터가 레지스터 5에 로드된다.

페이지 제로(page zero)지정 (AM = 0110) 비트들 $IR_{16:31}$ 은 유효주소를 생성하기 위해 0이 확장된다.

예제: LOD REG^5, z1234 [$IR_{16:31}$ = 1234]
메모리 주소 00001234의 데이터가 레지스터 5에 로드된다.

상대(relative)지정 (AM = 0111) 비트들 $IR_{16:31}$은 유효주소를 생성하기 위해(프로그램 카운터가 다음 명령어를 지정하기 위해 증가된 후) 기호가 확장되고 프로그램 카운터에 더해진다.

예제 : LOD REG^5, @1234 [$IR_{16:31}$ = 1234]
만약 이 명령어가 01120111의 주소에 있다면 유효주소는 다음과 같다.

00001234 + 01120111 + 1 = 01121346.

메모리 주소 01121346의 데이터가 레지스터 5에 로드된다.

예제 : LOD REG^5, @8000 [$IR_{16:31}$ = 8000]
만약 이 명령어가 01120111의 주소에 있다면 유효주소는 다음과 같다.

FFFF8000 + 01120111 + 1 = 01118112.

메모리 주소 01118112의 데이터가 레지스터 5에 로드된다.

직접(direct)지정 (AM = 1000) [IR16:31은 무시됨] 명령어의 두 번째 워드가 필요하다. 이 워드는 유효주소를 포함한다.

예제 : LOD REG^5, 12345678
메모리 주소 12345678의 내용이 레지스터 5에 로드된다.

간접(indirect)지정 (AM = 1001) [IR16:31은 무시됨] 명령어의 두 번째 워드가 필요하다. 데이터의 유효주소가 있는 메모리의 주소를 포함한다.

예제 : LOD REG^5, (12345678)

M[12345678] = 56789ABC

12345678의 내용이 인출된다. 그리고 메모리 주소의 내용 56789ABC가 레지스터 5에 로드된다.

즉시(immediate)지정 (AM = 1100) [IR16:31은 무시됨] 명령어의 두 번째 워드가 필요하다. 이는 데이터를 포함한다. 이 형태는 주소를 요구하는 명령어에는(결과를 저장하거나 분기를 위해서) 타당하지 않다.

예제 : LOD REG^5, #12345678

상수 12345678이 레지스터 5에 로드된다.(상수 12345678이 명령어의 두 번째 워드에 포함된다.)

예제 10.2

REG^4의 주소지정에 의하여 명시된 수를 ADD하는 명령어가 있다.

이 명령어는 12341234의 주소에 있다.
이 명령어의 두 번째 워드는(존재한다면) 20000000이다.
이 명령어 워드의 16에서 31까지의 비트는 AB07이다.
REG^4 = 00000102
REG^7 = 00123344
M[0000AB07] = 11111111
M[00123344] = FFFFFFFE
M[1233BD3C] = 44332211
M[20000000] = 00123344

이 때 어떤 레지스터들이(플래그 비트를 포함하지 않는) 각 주소지정 방식에 대하여 바뀌는지 알아본다.

레지스터 주소지정	REG^4 ← 00123446	(00000102 + 00123344)
	PC ← 12341235	
레지스터 간접 주소지정	REG^4 ← 00000100	(00000102 + FFFFFFFE)
	PC ← 12341235	
페이지 0 주소지정	REG^4 ← 11111213	(00000102 + 11111111)
	PC ← 12341235	
상대 주소지정	Address = 12341234 + 1 + FFFFAB07 = 1233BD3C	
	REG^4 ← 44332313	(00000102 + 44332211)
	PC ← 12341235	
직접 주소지정	REG^4 ← 00123446	(00000102 + 00123344)
	PC ← 12341236	
간접 주소지정	REG^4 ← 00000100	(00000102 + FFFFFFFE)
	PC ← 12341236	
즉치 주소지정	REG^4 ← 20000102	(00000102 + 20000000)
	PC ← 12341236	

10.1.3 MODEL의 명령어 집합

이 절에서는 제어기의 설계를 하는데 필요한 명령어의 집합을 정의할 것이다. 각 명령어에 대하여 3개의 문자로 구성된 기호와 영향을 주는 플래그 비트를 명시한다. 연산자는 할당하지 않는 대신 적절한 디코더(decoder)가 있다는 가정 하에 제어기를 구현할 것이다. 그러나, 주소 부분을 사용하지 않는 명령어는(예를 들어 서브루틴의 복귀) 1로 시작하고, 그렇지 않은 것은 0으로 시작한다. 각각의 예에 대하여 직접 주소지정 방식과 다음의 조건을 가정할 것이다.

유효주소는 12345678이다.
M[12345678] = 10101234
REG^3 = FFFFFFF8
SP = 7FFFFFF6
M[7FFFFFF7] = 98765432

데이터 이동 명령어[5)]

LOD *z n* 주소 필드에 명시된 데이터를 레지스터에 로드한다.[6)]

예제 : LOD REG^3, 12345678

$REG^3 \leftarrow 10101234 \quad z \leftarrow 0 \quad n \leftarrow 0$

STO 주소 필드로 명시된 장소(메모리나 레지스터)에 레지스터 내용을 저장한다.

예제 : STO REG^3, 12345678

M[12345678] ← FFFFFFF8

PSH 레지스터 내용을 스택에 넣는다.

예제 : PSH REG^3

M[7FFFFFF6] ← FFFFFFF8 SP ← 7FFFFFF5

PSH와 POP은 레지스터만 사용하고 주소 필드는 무시한다.

5) 여기서는 REG^{3F}를 스택 포인터로 이용할 것이며 SP에 저장하고 로드하는 것에는 특별한 명령어가 필요하지 않다.
6) EA에 의해 명시된 메모리 장소의 내용이거나 즉시 혹은 레지스터 주소지정 방식에 대한 데이터.

POP *z n* 스택의 가장 위쪽에 저장된 내용을 꺼내어 레지스터에 저장한다.

예제 : POP REG^3

SP ← 7FFFFFF7 REG^3 ← 98765432 $z \leftarrow 0$ $n \leftarrow 1$

연산(Arithmetic) 명령어

ADD *z n c v* 주소 필드에 명시된 메모리의 내용을 레지스터에 더한다.

예제 : ADD REG^3, 12345678

```
     FFFFFFF8
     10101234
(1)  1010122C
```

REG^3 ← 1010122C $z \leftarrow 0$ $n \leftarrow 0$ $c \leftarrow 1$ $v \leftarrow 0$

ADC *z n c v* 캐리도 함께 ADD 연산을 한다; 주소 필드에 명시된 메모리의 내용을 레지스터와 c 플래그에 더한다.

예제 : ADC REG^3, 12345678 (*c*가 1이다)

REG^3 ← 1010122D $z \leftarrow 0$ $n \leftarrow 0$ $c \leftarrow 1$ $v \leftarrow 0$

예제 : ADC REG^3, 12345678 (*c*가 0이다)

REG^3 ← 1010122C $z \leftarrow 0$ $n \leftarrow 0$ $c \leftarrow 1$ $v \leftarrow 0$

SUB *z n c v* 주소 필드에 명시된 메모리의 내용을 레지스터에서 뺀다.

예제 : SUB REG^3, 12345678

```
            1
     FFFFFFF8
     EFEFEDCB
(1)  EFEFEDC4
```

REG^3 ← EFEFEDC4 $z \leftarrow 0$ $n \leftarrow 1$ $c \leftarrow 1$ $v \leftarrow 0$

CMP *z n c v* 비교한다; 감산과 같이 동작하지만 결과를 레지스터에 저장하지 않는다.(이는 레지스터를 다시 로드하지 않고 메모리에서 여러 개의 워드를 가진 같은 수를 비교할 때 쓰인다.)

예제 : CMP REG^3, 12345678

$z \leftarrow 0$ $n \leftarrow 1$ $c \leftarrow 1$ $v \leftarrow 0$

INC *z n* 주소에 의해 명시된 수를 증가시킨다; RN은 무시한다.

예제 : INC 12345678

M[12345678] ← 10101235 $z \leftarrow 0$ $n \leftarrow 0$

논리, 쉬프트, 그리고 자리순환 명령어

NOT z 비트-대-비트 보수; RN은 무시한다.

예제 : NOT 12345678

M[12345678] ← EFEFEDCB $z \leftarrow 0$

AND z n 주소에 의하여 명시된 수와 레지스터를 비트-대-비트 AND 연산

예제 : AND REG³, 12345678

	1111 1111 1111 1111 1111 1111 1111 1000
AND	0001 0000 0001 0000 0001 0010 0011 0100
	0001 0000 0001 0000 0001 0010 0011 0000

REG³ ← 1010230 $z \leftarrow 0$ $n \leftarrow 0$

ASR z 주소에 명시된 수의 오른쪽 연산 쉬프트; 이동 회수(몇 번 쉬프트할지)는 RN($IR_{7:11}$)의 오른쪽 5 비트에 명시됨.[7)]

예제 : ASR 3, 12345678

M[12345678] ← 02020246 $z \leftarrow 0$

ROR 주소에 명시된 수를 자리순환(rotation)시킨다; 이동 회수는 RN의 오른쪽 5 비트에 명시됨

예제 : ROR 3, 12345678

M[12345678] ← 82020246

분기(Branch) 명령어

JMP[8)] 만약 RN($IR_{8:11}$)의 오른쪽 4비트들에 명시된 조건이 충족되면 그 주소로 점프한다. 충족되지 않을 경우 다음 단계로 진행한다. 분기 조건들은 표 10.1에 명시되어 있다.

---

7) RN 필드의 오른쪽 5비트들은 레지스터 참조가 아닌 0과 31 사이의 수로 취급된다.

8) 조건 점프와 호출의 경우 조건은 16진수의 디지트로 명시된다.
(예: n이 1이면 JM2=점프, v가 0이면 CL7=호출)

표 10.1 분기 조건

$RN_{8:11}$	조건	$RN_{8:11}$	조건
0000	z	1000	not used
0001	z'	1001	not used
0010	n	1010	not used
0011	n'	1011	not used
0100	c	1100	not used
0101	c'	1101	not used
0110	v	1110	not used
0111	v'	1111	always

CLL　　서브루틴을 호출하고 복귀주소를 스택에 저장한다. 분기 조건은 표 10.1에 명시되어 있다.

RTS　　서브루틴에서 돌아온다.(무조건적) 스택에서 주소를 꺼낸다.

예제 10.3

페이지 제로 주소지정 방식을 이용하여 명령어를 참조하는 레지스터 4(REG^4)를 고려한다. 이 때 이는 다음 조건을 충족한다.

이 명령어 워드의 16에서 31까지의 비트는 AB07이다.
PC = 12341234
REG^4 = 00000102
REG^{3F} (SP) = 7FFFFFF5
M[0000AB07] = 81111111
M[7FFFFFF6] = 00000000

이제 각 명령어 종류에 따라서 어떤 레지스터와 메모리 장소가 변하는지 알아보자. 다르게 언급되지 않는 이상 PC는 12341235로 증가된다.

LOD	$REG^4 \leftarrow 81111111$ $z \leftarrow 0$ $n \leftarrow 1$
STO	M[0000AB07] ← 00000102
PSH	M[7FFFFFF5] ← 00000102 REG^{3F}(SP) ← 7FFFFFF4
POP	REG^{3F} (SP) ← 7FFFFFF6 REG^4 ← 00000000 $z \leftarrow 1$ $n \leftarrow 0$
ADD	REG^4 ← 81111213 $z \leftarrow 0$ $n \leftarrow 1$ $c \leftarrow 0$ $v \leftarrow 0$
ADC	For c = 0, same as ADD; for c = 1 REG^4 ← 81111214 $z \leftarrow 0$ $n \leftarrow 1$ $c \leftarrow 0$ $v \leftarrow 0$
SUB	REG^4 ← 7EEEEFF1 $z \leftarrow 0$ $n \leftarrow 0$ $c \leftarrow 0$ $v \leftarrow 0$
CMP	$z \leftarrow 0$ $n \leftarrow 0$ $c \leftarrow 0$ $v \leftarrow 0$
INC	M[0000AB07] ← 81111112 $z \leftarrow 0$ $n \leftarrow 1$
NOT	M[0000AB07] ← 7EEEEEEE $z \leftarrow 0$
AND	REG^4 ← 00000100 $z \leftarrow 0$ $n \leftarrow 0$
ASR	M[0000AB07] ← F8111111 $z \leftarrow 0$ (4 places)

ROR	M[0000AB07] ← 18111111
JMP	PC ← 0000AB07
CLL	PC ← 0000AB07 M[7FFFFFF5] ← 12341235
	REG^{3F} (SP) ← 7FFFFFF4
RTS	REG^{3F} (SP) ← 7FFFFFF6 PC ← 00000000

10.2 MODEL의 제어 시퀀스[9)]

이 절에서는 앞의 2절에서 다루었던 MODEL을 구현하는 직접적인 제어 시퀀스를 다루고자 한다. 다음 절에서는 하드와이어드 제어기와 마이크로프로그램 제어기의 구현을 살펴볼 것이다.

제어 시퀀스의 단계 1에서 명령어의 처음 워드는 명령어 레지스터(IR)에 읽혀진다. 단계 2에서는 프로그램 카운터가 다음 워드(이 명령어의 두 번째 워드 또는 이 명령어가 1-워드일 경우 다음 명령어의 처음 워드)를 가리키기 위해 증가된다. 시퀀서의 설계를 다루는 동안 증가기를 표시하기 위해서는 INC를, 감소기(decrementer)를 나타내기 위해서는 DEC를 사용하기로 한다. 실제 상황에서는 이들이 ALU의 일부로서 존재하거나 입력에 1이나 −1을 더하는 가산기를 사용하여 구현될 수 있다. 또한 단계 2에서는, 주소가 없는 명령어에 대한 명령어 해석 단계인 단계 60으로 분기하거나, 혹은 주소를 계산하기 위한 단계 3으로 간다.

```
1. AD = PC; read = 1; IR ← DATA.
2. PC ← INC[PC];
   next: 60 (IR_0), 3 (else).
```

모든 1-워드 명령어의 주소지정 방식은 0으로 시작하고 2-워드 명령어의 경우 1로 시작한다. 단계 3에서 이들이 분리된다.

```
3. next: 12 (IR_12), 4 (else).
4. next/IR_13:15: 5, 1, 6, 1, 1, 1, 10, 11.
```

사용되지 않는 코드들은 no-op로 취급되며 새 명령어를 인출하기 위하여 단계 1로 되돌아간다. 주소지정이 종료되고 나면 주소는(만약 존재한다면) EA에 저장되게 된다. 그 후 제어기는 데이터를 얻기 위하여 단계 18로 간다. 데이터는 생성하지만 주소는 생성하지 않는 주소지정 방식(즉시와

9) MODEL의 하드와이어드 제어기 구현을 위한 제어 시퀀스의 완전한 리스트는 부록 A에서 찾을 수 있다. 이 절에서 설계를 다룰 때에는 부록의 단계 수에 둘러진 괄호는 무시해도 된다.

레지스터 주소지정)들은 그 데이터를 WORK에 저장하고 단계 20으로 간다.

레지스터 주소지정과 레지스터 간접 주소지정에 있어서는 26~31비트가 레지스터를 명시한다. 그러므로 단계 5에서 이 레지스터는(레지스터 주소지정에서) WORK로 이동되고 제어는 단계 20으로 간다. 단계 6에서(레지스터 간접 주소지정에 대한) 레지스터는 EA로 이동하고 제어는 단계 18로 간다.

레지스터 주소지정

5. WORK ← REG/$IR_{26:31}$;
   next: 20.

레지스터 간접 주소지정

6. EA ← REG/$IR_{26:31}$;
   next: 18.

페이지 제로 주소지정의 경우, 주소 필드($IR_{16:31}$)는 0이 확장된다.(즉, 수를 32비트로 만들기 위하여 앞쪽에 0이 더해진다) 상대 주소지정의 경우(이미 단계 2에서 다음 명령어를 가리키기 위하여 증가된) 프로그램 카운터에 부호 확장된 주소 필드가 더해진다. 둘 다 주소를 생성하고 단계 18로 분기하게 된다.

페이지 제로 주소지정

10. EA ← 0000, $IR_{16:31}$;
    next: 18.

상대 주소지정

11. IR_{16}: EA ← $ADD_{1:32}$[FFFF, $IR_{16:31}$; PC; 0];
    IR_{16}': EA ← $ADD_{1:32}$[0000, $IR_{16:31}$; PC; 0];
    next: 18.

남은 3개의 주소지정 방식들은 모두 2-워드를 필요로 한다. 단계 13과 14에서, 명령어의 두 번째 워드가 EA에 읽혀지고 프로그램 카운터가 증가된다. 직접 주소지정 방식의 경우, 두 번째 워드는 유효주소이고 EA에 보내진다. 간접 주소지정 방식의 경우, 두 번째 워드는 유효주소가 있는 주소이다. 그러므로 단계 13에서 두 번째 워드가 읽혀지고 나서 메모리 장소가 읽혀지고(단계 15) 그 내용은 EA로 보내진다.

두 번째 워드 읽기, 직접 주소지정

```
13. AD = PC; read = 1; EA ← DATA.
14. PC ← INC[PC];
    next/IR13:15: 18, 15, 1, 1, 16, 1, 1, 1.
```

간접 주소지정

```
15. AD = EA; read = 1; EA ← DATA;
    next: 18.
```

즉시 주소지정 방식에서는 두 번째 워드가 데이터이며 WORK에 보내지고(데이터가 읽혀질 필요가 없으므로) 제어는 단계 20으로 분기한다.

즉시 주소지정

```
16. WORK ← EA;
    next: 20.
```

단계 18에서, 유효주소 레지스터 EA의 데이터가 읽혀져 WORK로 가게 된다. 이때, 데이터를 요구하지 않는 명령어들(저장, 점프, 호출 같은)의 경우에 이 단계를 건너뛰는 분기를 가질 수 있다.

데이터 읽기

```
18. AD = EA; read = 1; WORK ← DATA;
    next: 20.
```

예제 10.4 새로운 두 개의 주소지정 방식을 추가하려고 한다; 후 자동 증가(auto-post-incrementing) 레지스터 간접 주소지정과 짧은 즉시 주소지정방식. 이들의 경우 단계 4가, 단계 7과 단계 9로 분기한다고 가정하자. 후 자동 증가 레지스터 간접 주소지정은 레지스터 간접 주소지정과 같은 주소를 생성하지만, 사용 후 레지스터를 증가시킨다. 짧은 즉시 주소지정의 경우 주소 필드는 부호가 확장된다.

후 자동 증가 레지스터 간접 주소지정

```
7. EA ← REG/IR26:31.
8. REG/IR26:31 ← INC[REG/IR26:31];
   next: 18.
```

짧은 즉시 주소지정

```
9. IR16: WORK ← FFFF, IR16:31;
   IR16': WORK ← 0000, IR16:31;
   next: 20.
```

연산자의 코딩을 명시하지 않고 단지 소수의 명령어를 위해서만 제어기를 구현하고 있기 때문에 명령어 해석 단계는 자세히 나타내지 않는다. 이제 단계 25부터 시작하여 각각의 명령어의 구현을 보일 것이다.

로드 레지스터는 새 명령어를 얻기 위해 단계 1로 돌아온 후 오직 1개의 단계만 요구한다. Store에서 결과는 레지스터 주소지정($IR_{12}' \cdot IR_{13}' \cdot IR_{14} \cdot IR_{15}'$)을 위하여 $IR_{26:31}$에 의해 명시된 레지스터와 모든 다른 종류에 대하여 메모리로 간다. 저장은 즉시 주소지정을 허용하지 않고, no-op로 취급한다.

LOD

```
25. REG/IR6:11 ← WORK; z ← (OR[CPUBUS])';
    n ← CPUBUS0;
    next: 1.
```

STO

```
26. WORK ← REG/IR6:11.
27. next: 28 (IR12' · IR13' · IR14' · IR15'),
    1 (IR12 · IR13 · IR14' · IR15'), 29 (else).
28. REG/IR26:31 ← WORK;
    next: 1.
29. ADIN = EA; DATA = WORK; write = 1;
    next: 1.
```

*push*와 *Pop*은 단계 60의 디코딩(decoding) 분기 다음에 구현된다. *push*는 스택 포인터에 의해 지시된 장소에 쓰고 포인터를 감소시킨다. *Pop*은 먼저 스택 포인터를 증가시킨 후 읽는다.

PSH

```
65. ADIN = SP; DATA = REG/IR6:11; write = 1.
66. SP ← DEC[SP];
    next: 1.
```

POP

```
67. SP ← INC[SP].
68. ADIN = SP; read = 1; REG/IR6:11 ← DATA;
    z ← (OR[CPUBUS])'; n ← CPUBUS0;
    next: 1.
```

덧셈과 뺄셈 명령어는 오직 한 단계이다. 가산기는 33-비트 출력을 가지고 왼쪽 비트가 캐리가 된다. 두 수가 같은 부호($INA_0 = INB_0$)를 가질 때, 2의 보수 오버플로가 발생하고 결과는 반대 부호($CPUBUS_0$)를 가진다. 각 플래그의 표현은 대부분의 명령어에서 모두 같다.

ADD

```
30. c, REG/IR_{6:11} ← ADD[REG/IR_{6:11}; WORK; 0];
    z ← (OR[CPUBUS])'; n ← CPUBUS_0;
    v ← INA_0 · INB_0 · CPUBUS_0' +
        INA_0' · INB_0'· CPUBUS_0;
    next: 1.
```

ADC

```
31. c, REG/IR_{6:11} ← ADD[REG/IR_{6:11}; WORK; c];
    z ← (OR[CPUBUS])'; n ← CPUBUS_0;
    v ← INA_0 · INB_0 · CPUBUS_0' +
        INA_0' · INB_0'· CPUBUS_0;
    next: 1.
```

SUB

```
32. c, REG/IR_{6:11} ← ADD[REG/IR_{6:11}; WORK'; 1];
    z ← (OR[CPUBUS])'; n ← CPUBUS_0;
    v ← INA_0 · INB_0 · CPUBUS_0' +
        INA_0' · INB_0'· CPUBUS_0;
    next: 1.
```

CMP

```
34. c ← ADD_0[REG/IR_{6:11}; WORK'; 1];
    CPUBUS = ADD_{1:32}[REG/IR_{6:11}; WORK'; 1];
    z ← (OR[CPUBUS])'; n ← CPUBUS_0;
    v ← INA_0 · INB_0 · CPUBUS_0' +
        INA_0' · INB_0' · CPUBUS_0;
    next: 1.
```

다음 두 명령어들은 WORK 내의 숫자에 대하여 수행되고 RN 필드는 무시한다. 결과는 STO에 이미 구현된 단계들을 이용하여 레지스터나 메모리중 하나에 저장된다.

INC

```
36. WORK ← ADD1:32[00000001; WORK;0];
    z ← (OR[CPUBUS])'; n ← CPUBUS0;
    next: 27.
```

NOT

```
40. WORK ← WORK'; z ← (OR[CPUBUS])';
    next: 27.
```

AND는 레지스터와 WORK의 오퍼랜드를 이용하고 그 레지스터에 결과를 저장한다.

AND

```
42. REG/IR6:11 ← REG/IR6:11 · WORK;
    z ← (OR[CPUBUS])'; n ← CPUBUS0;
    next: 1.
```

명령어 해석 단계는 모든 쉬프트와 자리순환에 대하여 단계 43에 이른다. 이 때 ASR의 연산자는 00에서, ROR은 10에서 끝난다고 가정한다. 한 번에 한 자릿수를 쉬프트한다; 단계 43은 $IR_{7:11}$이 0으로 감소되는 방향으로 카운트될 때의 store 명령어의 단계로 전달된다. $IR_{7:11} = 00000$는 0으로 간주되어, 이 명령어들을 no-op로 만든다.

```
43. IR7:11 ← DEC[IR7:11];
    next: 44 (OR[IR7:11]), 27 (else).
44. next: 45 (IR4), 47 (else).
```

ASR

```
45. WORK ← WORK0, WORK0:30;
    z ← (OR[CPUBUS])';
    next: 43.
```

ROR

```
47. WORK ← WORK31, WORK0:30;
    next: 43.
```

만약 더 빠른 쉬프트가 요구된다면, 어떠한 자릿수의 수라도 한 단계로 쉬프트하는 배럴 쉬프터를 만들 수 있다. WORK의 모든 비트들이 다른 비트나 0과 같이 로드되어야 하므로 이 쉬프터의 하드웨어는 더 복잡하다. 반면에 우리가 보인 구현은 단지 각 비트가 각 방향(혹은 처음과 마지막 비트에는 0을 쉬프트)에 그 비트로 로드되는 것만 요구한다.

조건 점프(conditional jump)와 호출(call) 명령어는 변수 **br**에 의존한다. 이 때 다음의 조건이 만족된다.

```
br = OR[DCD(IR8:11) · (z, z', n, n', c, c', v,
     v', 0, 0, 0, 0, 0, 0, 0, 1)]
```

DCD는 4개의 입력과 16개의 출력(그들 중 하나는 1)으로 이루어진 디코더이다. 이는 표 10.1에 명시된 각 조건의 16-비트 벡터와 AND 연산된다. 그러므로 **br**은 명시된 분기 조건이 만족되면 1이고 다른 경우 0이다.(사용되지 않는 코드는 결코 분기되지 않는 것으로 취급된다. 그들은 모든 0을 1로 바꿈으로써 무조건 분기로 취급될 수도 있다.)

점프에서, 프로그램 카운터는 조건이 충족될 경우 유효주소로 로드된다; 다른 경우 단계 1로 돌아간다. 성공적인 호출에서, 프로그램 카운터의 내용은 먼저 스택에 넣어지고 유효주소가 PC로 이동한다.

JMP

```
50. br: PC ← EA;
    next: 1.
```

CLL

```
51. next: 1 (br), 52 (else)
52. ADIN = SP; DATA = PC; write = 1.
53. SP ← DEC[SP].
54. PC ← EA;
    next: 1.
```

마침내, 서브루틴(무조건)의 복귀는 스택에서 주소를 꺼내고 이를 프로그램 카운터에 로드한다.

RTS

```
70. SP ← INC[SP].
71. ADIN = SP; read = 1; PC ← DATA;
    next: 1.
```

예제 10.5

RN 필드에 의해 지시된 레지스터를 감소시키고 결과가 0일 경우 주소로 점프하는 새로운 명령어를 추가하라.(이는 루프 제어 명령어이다.)

가장 간단한 방법은 주소지정을 하고 단계 20에서 단계 55로 점프하는 것이다.

```
55. WORK ← REG/IR6:11.
56. REG/IR6:11 ← ADD1:32[FFFFFFFF; WORK; 0];
    next: 1 (OR[CPUBUS]), 57 (else).
57. PC ← EA;
    next: 1.
```

단계 57이 단계 54와 동일하기 때문에 단계 56은 단계 57을 제거하며 단계 54로 갈 수 있다. 레지스터를 WORK로 이동하는 것(단계 55)이 필요한데, 이는 이 시점까지의 버스 구조로 인하여 레지스터와 상수 둘 다 INA에 넣어야 하기 때문이다. 만약 버스 구조가 더 수정되어야 한다면 단계 55와 56을 합칠 수 있다.

예제 10.6

새 명령어, Stack Add를 추가하라. 이것은 스택의 제일 위의 두개의 내용을 더하고 그 결과를 다시 스택에 넣는다. 오퍼랜드는 제거되고, 플래그는 포함되지 않는다.

이는 두 번째 수를 저장하기 위하여 추가적인 레지스터 WORK2를 요구한다.(이 레지스터는 Multiply 같은 더 복잡한 명령어에서도 필요할 것이다.) 이제 두 오퍼랜드를 꺼내고, 더한 후 그 결과를 다시 스택에 넣는다.

```
80. SP ← INC[SP].
81. ADIN = SP; read = 1; WORK ← DATA.
82. SP ← INC[SP].
83. ADIN = SP; read = 1; WORK2 ← DATA.
84. WORK ← ADD1:32[WORK2; WORK; 0].
85. ADIN = SP; DATA = WORK; write = 1.
86. SP ← DEC[SP];
    next: 1.
```

예제 10.7

2개의 유부호와 무부호 수들을 비교하기 위하여 조건 분기를 할 수 있도록 **br**을 수정하라.

두 수는 그들을 빼고 조건 점프를 쓰는 것으로 비교할 수 있다. 비교의 대상은 레지스터($REG/IR_{6:11}$)내의 수 a와 주소로 명시된 수 b이다. 플래그 비트에 따라서 유부호와 무부호 수에 대한 별도의 검사가 있다.

유부호 수의 경우 $a<b$일 때 오버플로가 없는 한 결과는 음이다. 그러므로 조건은 $\mathbf{n} \oplus \mathbf{v}$이다. 같거나 작을 경우의 조건은 $\mathbf{z} + (\mathbf{n} \oplus \mathbf{v})$이다. 작은 것의 반대는 크거나 같음, $(\mathbf{n} \oplus \mathbf{v})'$이고 큰 것은 작거나 같은 것, $\mathbf{z} + (\mathbf{n} \oplus \mathbf{v})$ 의 보수이다. 무부호 수의 경우, $a<b$는 $\mathbf{c}'$로 표시되며 적거나 같은 경우는 $\mathbf{c}' + z$, 큰 것은 $(\mathbf{c}' + \mathbf{z})'$, 크거나 같은 것이 $\mathbf{c}$로 표현된다.

만약 다음과 같은 코드가 표 10.1의 리스트에 추가된다면,

1000	<	SUB 다음의 유부호 수
1001	≤	
1010	≥	
1011	>	
1100	≤	SUB 다음의 무부호 수
1101	>	

*br*의 정의는 다음과 같다.

$$\mathbf{br} = \mathrm{OR}[\mathrm{DCD}(\mathrm{IR}_{8:11}) \cdot (\mathbf{z}, \mathbf{z}', \mathbf{n}, \mathbf{n}', \mathbf{c}, \mathbf{c}', \mathbf{v}, \mathbf{v}', \mathbf{n} \oplus \mathbf{v}, \mathbf{z} + (\mathbf{n} \oplus \mathbf{v}), (\mathbf{n} \oplus \mathbf{v})', (\mathbf{z} + (\mathbf{n} \oplus \mathbf{v}))', \mathbf{c}' + \mathbf{z}, \mathbf{c} \cdot \mathbf{z}', 0, 1)]$$

예제 10.8

연속적인 메모리 장소에 저장되어 있는 수들의 집합을 더하는 새 명령어를 만들어라. 주소 필드는 처음 수의 장소를 명시한다. RN에 의해 명시된 레지스터는 집합의 크기(더해져야할 숫자의 개수)를 포함하고 후에 합으로 교체된다. 플래그 비트 **c**는 덧셈의 어느 것이라도 무부호 오버플로이면 1로 된다.(이들은 필요충분 조건이다)

단계 20은 단계 90으로 분기한다. 이 때 EA에 추가적으로 3개의 레지스터가 더 필요하다. 즉, 숫자의 개수를 저장하는 레지스터, 더할 때의 합을 저장하는 레지스터, 진행하며 읽는 새 수를 저장하는 레지스터이다. 한 접근법은 레지스터에 합을, WORK에 count를 저장하는 것이다. 추가적인 레지스터 WORK2는 INB에 연결된다.(이 레지스터는 예제 10.6과 다른 연결이라는 것을 주의하라)

90. WORK ← $\mathrm{REG/IR}_{6:11}$;
    next: 91 (OR[CPUBUS]), 1 (else).
91. $\mathrm{REG/IR}_{6:11}$ ← 00000000; **c** ← 0.
92. AD = EA; **read** = 1; WORK2 ← DATA.
93. $\mathrm{REG/IR}_{6:11}$ ← $\mathrm{ADD}_{1:32}$[$\mathrm{REG/IR}_{6:11}$; WORK2; 0];
    c ← **c** + ADD_{0}[$\mathrm{REG/IR}_{6:11}$; WORK2; 0].
94. WORK ← DEC[WORK];
    next: 95 (OR[CPUBUS]), 1 (else).
95. EA ← INC[EA];
    next: 92.

처음 단계에서, 만약 count가 0이라면 레지스터는 이미 0의 합을 가지고 있고 명령어는 완성되어 있다. count가 0이 되면 프로세스가 완성된 것이다. 합이 이미 레지스터에 있으므로 새 명령어를 찾기 위해 단계 1로 돌아갈 수 있다. 단계 95를 구현하기 위해서 EA가 INA에 연결되어야만 한다는 것에 유의하라.(이전에는 이 연결이 필요하지 않았다.)

10.3 하드와이어드 제어기를 갖는 MODEL 제어 시퀀스의 구현

가장 간단한 구현은 한 단계에 한 플립플롭을 대응시키는 제어기를 이용하는 것이다. 제어기의 한 플립플롭은 1이고 나머지 플립플롭은 모두 0을 가진다.(그림 9.9의 제어기와 유사)

그림 10.4는 명령어 인출과 제어 시퀀스의 주소지정 시퀀스를 위한 제어기이다. 그림을 읽기 쉽게 하기 위하여 각 플립플롭으로의 클럭 입력 라인과 플립플롭에서 나오는 출력 신호 라인은 생략하였다.(오직 분기인 단계 3과 4에는 출력이 없다.) 단계 11에서, 조건 데이터 전송을 위한 AND 게이트쌍이 있다는 것을 주목하라.

1-워드 명령어를 위한 8-방향 디코더는 플립플롭 4의 Q' 출력에 의해 인에이블된다. 제어기가 단계 4에서 다음 클럭 동안 플립플롭 5, 6, 10, 11 중 1개에 1을 넣을 때 디코더 출력 중 하나가 활성화된다.(사용되지 않은 주소지정 코드 출력 1, 3, 4, 5는 연결되지 않았지만 모두 플립플롭 1 입력의

그림 10.4 명령어 인출과 주소지정을 위한 제어기

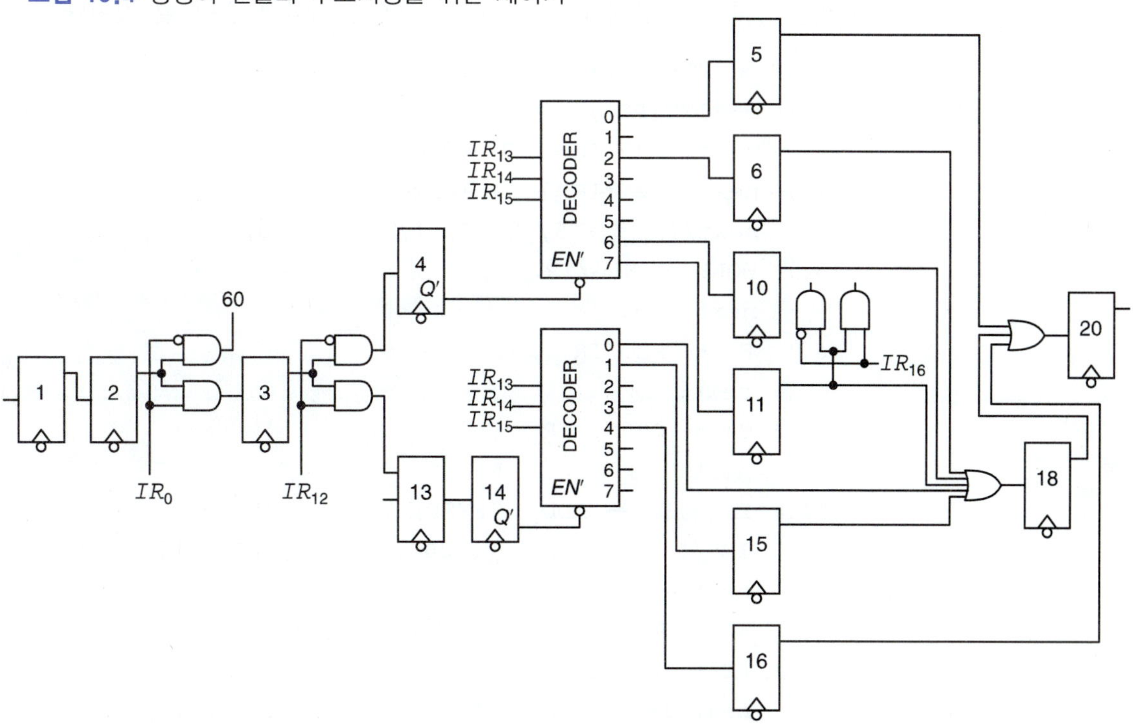

OR 게이트로 갈 것이다.) 2-워드 명령어를 위한 두 번째 8-방향 디코더는 플립플롭 14의 Q' 출력에 의해 인에이블된다.

제어기 블럭도에서 보면 레지스터 주소지정이 단계 20에 진입하기 위하여 5 클럭(1, 2, 3, 4, 5 단계)이 필요하다는 것을 쉽게 알 수 있다.(타이밍 논의를 위하여 단계 20의 시간을 실행 부분에 포함시키기로 한다.) 레지스터 간접 주소지정(단계 6), 페이지 제로 주소지정(단계 10), 상대 주소지정(단계 11)은 각각 단계 18에 진입하기 위하여 5 클럭(단계 1, 2, 3, 4와 단계 6, 10, 11 중 하나)이, 단계 20에 진입하기 위해서는 6 클럭이 걸린다. 직접 주소지정은 6 클럭(단계1, 2, 3, 13, 14, 18)이 걸린다. 간접 주소지정은 7번째 클럭 주기를 사용한다.(단계 15) 즉시 주소지정은 6 클럭을 소요한다.(단계 16을 사용하지만, 단계 18은 필요로 하지 않는다.)

시스템의 속도는 지연이 없는 단계를 효율적으로 사용하는 것에 따라 크게 향상될 수 있다. IR이 단계 3과 단계 4에서 바뀌지 않았으므로, 단계 3이 지연이 없는 단계가 될 수 있다. 다음으로 단계 4 혹은 단계 4에서 직접적으로 접근되는 모든 단계들이 지연이 없는 단계가 될 수 있다는 것을 알 수 있다. 이는 단계 5, 6, 10, 11이 단계 4의 분기와 동시에 실행될 수 있다는 것을 뜻하는데 이는 어떠한 레지스터도 바꾸지 않고 내부 버스를 사용하지도 않는다. 단계 1에서 단계 18까지는 다음과 같이 될 것이다.

```
1.    AD = PC; read = 1; IR ← DATA.
2.    PC ← INC[PC];
      next: 60 (IR0), 3 (else).
(3.)  next: 12 (IR12), 4 (else).
4.    next/IR13:15: 5, 1, 6, 1, 1, 1, 10, 11.
(5.)  WORK ← REG/IR26:31;
      next: 20.
(6.)  EA ← REG/IR26:31;
      next: 18.
(10.) EA ← 0000, IR16:31;
      next: 18.
(11.) IR16: EA ← ADD1:32[FFFF, IR16:31; PC; 0];
      IR16': EA ← ADD1:32[0000, IR16:31; PC; 0];
      next: 18.
13.   AD = PC; read = 1; EA ← DATA.
14.   PC ← INC[PC];
      next/IR13:15: 18, 15, 1, 1, 16, 1, 1, 1.
```

```
15.   AD = EA; read = 1; EA ← DATA;
      next: 18.
16.   WORK ← EA;
      next: 20.
18.   AD = EA; read = 1; WORK ← DATA;
      next: 20.
```

이는 모든 1-워드 주소지정 방식의 실행 시간을 2 클럭, 2-워드 방식은 1 클럭 만큼 감소시킨다. 즉 단계 1에서 단계 18까지의 플립플롭 중(13개 중) 5개를 제거한 것이다. 이 제어기는 그림 10.5에 나타나 있다.

단계 18에서 데이터를 인출하는 필요성을 고려함으로서 다른 타이밍 향상을 할 수 있다. 특히, Jump, Call, Store는 데이터를 필요로 하지 않는다. 만약 이 명령어의 연산자 비트 2가 1이라면 다음과 같이 쓸 수 있다.

```
(18.) next: 20 (IR₂), 19 (else).
19.   AD = EA; read = 1; WORK ← DATA.
```

이는 이들 명령어에서 1 클럭 시간을 절약할 수 있을 것이다,

그림 10.5 명령어 인출과 주소지정을 위한 제어기

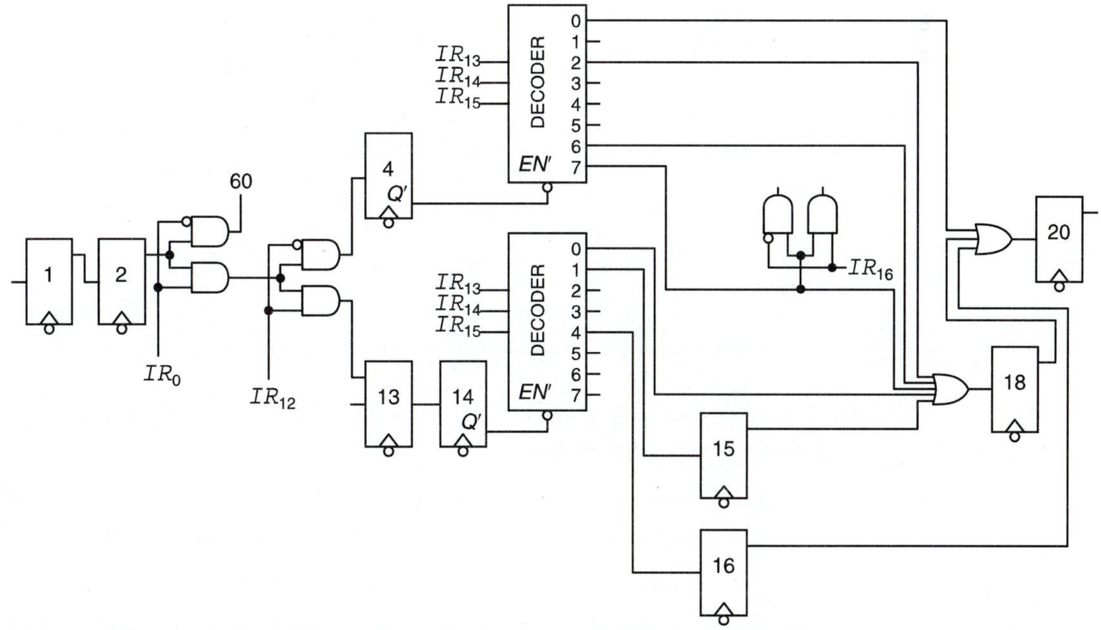

단계 20을 지연이 없는 단계로 만들 수도 있다. 그러나 그러면 어떠한 명령어 실행부의 처음 단계가 지연된다. 이는 이들 단계들이 모두 버스를 사용하기 때문이다.(이 버스는 단계 20으로 이르는 각 단계에도 사용된다.) 만약 단계 20이 지연된다면 각 메모리 참조 명령어(24, 26, 30, ...)의 첫 단계를 지연시키지 않음으로서 제어기 내의 플립플롭들의 수를 줄일 수 있다.[10) 대부분의 명령어는(단계 20에서) 실행에 오직 1개의 클럭 시간만 소요한다. 예외들은 단계 28이나 단계 29에서 두 번째 클럭과 프로그램 카운터를 스택에 넣는데 2 클럭 시간이 더 걸리는 CLL을 갖는 저장(STO, NEG, INC, DEC, NOT)을 요구하는 것들이다. 쉬프트나 자리순환도 각 자릿수 당 2 클럭을 요구하고 단계 43에서 루프를 떠날 때 추가적인 1 클럭을 요구한다.[11) MODEL의 DDL은 부록 A에 나와 있다.

명령어의 타이밍은 표 10.2에 요약되어 있다. 대쉬(dash)는 주소지정 방식이 그 명령어에 대하여는 허용되지 않는다는 것을 뜻한다.

표 10.2 명령어들의 타이밍

명령어	**(REG),PG-0**				
	REG	**REL**	**DIR**	**IND**	**IMM**
LOD,ADD,ADC, SUB,CMP,AND	4	5	6	5	5
STO,INC,NOT	5	6	7	6	—
JMP	—	5	6	5	—
CLL	—	7	8	7	—
ASR,ROR	5 + 2*n*	6 + 2*n*	7 + 2*n*	6 + 2*n*	—
PSH,POP,RTS	3 (주소지정이 없음)				

10) 이 접근법은 실패한 조건 점프와 호출 때문에 시스템을 1 클럭 만큼 더 느리게 한다. 이 때 단계 50은 다음과 같이 수정될 수 있다.

```
(50.)   next: 50a (br), 1 (else).

50a.    PC ← EA;

        next: 1.
```

그러므로 만약 단계 20이 지연이 없다면 단계 50은 여전히 지연이 없을 것이고 실패한 조건 점프는 (그리고 같은 방식으로 단계 51을 수정한다면 호출) 바로 실행될 것이다..

11) 만약 카운트를 위하여 별도의 감소기를 만든다면 단계 43을 지연이 없게 할 수 있고 쉬프트되는 자릿수 당 1 클럭 시간만 요구할 것이다.

예제 10.9

예제 10.4, 10.5, 10.6, 10.8에서 서술된 새로운 주소지정 방식과 명령어의 타이밍에 대해 알아보자

10.4: 단계 7과 단계 9가 지연이 제거될 수 있다. 그림 10.5의 제어기의 경우 후 자동 증가를 가진 레지스터 간접 주소지정은 레지스터 간접 주소지정보다 1 클럭 시간 더 걸린다. 짧은 즉시 주소지정은 레지스터 주소지정과 같은 시간이 소요될 것이다.

10.5: 단계 55가 지연이 제거될 수 있다. 단계 20에서 점프하지 않는 경우 2 클럭 시간(단계 20과 단계 56), 점프하는 경우 3 클럭 시간(단계 20, 56, 57)이 걸릴 것이다.

10.6: 단계 80이 지연이 제거될 수 있다. 이는 8 클럭 시간이 걸릴 것이다.(단계 1, 2 포함)

10.8: 만약 더할 수가 없다면 1 클럭 시간이 요구되며, 단계 90이 지연이 제거될 수 있다. 또한 단계 92, 93, 94는 각각 n번 실행되고, 단계 95는 $n-1$번 실행된다. 이들의 전체 실행은 $4n+1$이다.(단계 1에서 단계 18 의 시간을 추가)

예제 10.10

시스템의 속도를 높이기 위한 하나의 방식은 버스를 사용하지 않는 PC에 증가기를 더하는 것이었다.(그러므로 PC가 CPUBUS에서 모든 입력을 받는 대신 PC의 입력에 멀티플렉서가 있는 것이다.)

단계 4와 단계 14는 버스에 의해 사용되는 PC의 증가 때문에 지연되는 것이므로 이들은 지연이 제거될 수 있다.(단계 4, 15, 16) 단계 2는 단계 1에서 IR로 로드되는 데이터를 사용하는 분기 때문에 지연이 제거될 수 없다.

이는 모든 명령어의 실행 시간을 1 클럭 감소시킬 수 있다.

10.4 저속 메모리를 가진 MODEL

만약 주 메모리가 항상 고정된 클럭 시간만큼 소요되었다면 이에 따라 read와 write 단계를 조절할 수 있다. 주소를 ADIN에 연결할 수 있고 1을 1 클럭 시간 동안 **read**에 넣을 수 있다면 그 장소의 내용은 2 클럭 시간 후 DATA에서 접근이 가능할 것이다. 그러면 단계 1, 2, 3, 4는 다음과 같이 다시 쓸 수 있다.

```
1.     AD = PC; read = 1.
2.     PC ← INC[PC].
3.     IR ← DATA.
4.     next: 60 (IR0), 4a (else).
(4a.)  next: 12 (IR12), 6 (else)
(4b.)  next/IR13:15: 5, 1, 6, 1, 1, 1, 10, 11.
```

이제 PC가 read과정 중에도 증가될 수 있으므로 하나의 클럭 시간밖에 더 하지 않는다.

이제 단계 13과 단계 14는 다음과 같이 된다.

```
13.  AD = PC; read = 1.
14.  PC ← INC[PC].
14a. EA ← DATA;
     next/IR13:15: 18, 15, 1, 1, 16, 1, 1, 1.
```

이 단계 역시 한 클럭 시간만 추가한다.

단계 29의 write는 다음과 같이 된다.

```
29.  ADIN = EA; DATA = WORK; write = 1.
29a. .
29b. next: 1.
```

메모리와 연관되는 다른 단계들도(call, return, push, pop을 위해) 쓰여야 한다.

만약 메모리가 3 클럭 시간 동안 주소와 **read**를 1로 유지하여야 한다면 이는 타이밍을 바꾸지 않을 것이다. 단계 1에서 단계 3까지는 다음과 같이 바뀔 것이다.

```
1.   AD = PC; read = 1.
2.   AD = PC; read = 1; PC ← INC[PC].
3.   AD = PC; read = 1; IR ← DATA.
```

만약 write가 신호를 유지하는 것을 요구한다면 단계 29는 다음과 같이 될 것이다.

```
29.  ADIN = EA; DATA = WORK; write = 1.
29a. ADIN = EA; DATA = WORK; write = 1.
29b. ADIN = EA; DATA = WORK; write = 1;
     next: 1.
```

이 때 메모리의 읽기와 쓰기에 대한 시간이 다양하다면(다른 소자에서 사용되는 메모리에 따라), **memready** 같은 메모리로부터의 신호가 필요할 것이다. 만약 결과가 나올 때까지 메모리에 입력을 가지고 있어야 한다면 단계 1은 다음으로 교체되어야 한다.

```
1.   AD = PC; read = 1;
     next: 2 (memready), 1 (else).
(2.) IR ← DATA.
```

PC는 다음 클럭 시간까지 로드되지 않는다. 만약 메모리 입력이 처음 클럭 주기에만 요구된다면 단계 1과 단계 2를 다음으로 교체할 수 있다.

```
1.      AD = PC; read = 1;
(2.)    next: 4 (memready), 3 (else).
3.      next: 2.
(4.)    IR ← DATA.
```

이들 두 경우에는 단계 29의 write가 다음과 같이 된다.

```
29.     ADIN = EA; DATA = WORK; write = 1;
        next: 1 (memready), 29 (else).
```

혹은

```
29.     ADIN = EA; DATA = WORK; write = 1.
(29a.)  next: 1 (memready), 29b (else).
29b.    next: 29a.
```

10.5 마이크로프로그램 제어기

이 절에서는 마이크로프로그램 제어기의 설계에 대하여 살펴볼 것이다. 이런 종류의 제어기는 하드와이어드 제어기의 순서회로를 작은 양의 제어 논리와 제어 시퀀스의 표현(DDL)이 저장되어 있는 특별한 메모리로 교체한다. 이 시퀀스의 단계들(마이크로명령어)은 제어 논리에 의해 인출되고 실행된다.

> **참고:** 마이크로프로그램 제어기가 있는 컴퓨터는 두 개의 다른 메모리가 있다: 명령어와 데이터가 저장되는 컴퓨터의 주 메모리와 제어 메모리라 불리며 제어 시퀀스의 표현이 저장되는 특별한 메모리이다. 이 메모리들은 독립적이며 보통 크기가 다르다. 제어 메모리는 저장되어 있는 제어 시퀀스가 거의 변하는 일이 없기 때문에 주로 Read-Only Memory(ROM)를 사용한다.

그림 10.6의 블럭도는 마이크로프로그램 제어기의 기본 구조와 나머지 시스템과의 연결을 보여준다. 이 연결들은 하드와이어드와 마이크로프로그램 둘 모두에서 동일하다. 제어기 박스 안의 구조만 다른 것이다.

MAR은 현재 마이크로명령어(이 클럭 주기 동안 수행되는 동작)의 제어 메모리의 장소를 포함한다. ROM의 출력은 그 마이크로명령어를 포함하는 라인들의 집합이다. 각 명령어가 실행되면서 다음 주소 논리가 다음 마이크로명령어(DDL 단계)의 주소를 생성한다. 가끔, 이 논리는 증가만을 수행한다. 데이터 전송과 연결을 위해 디코딩 논리는 나머지 시스템

그림 10.6 마이크로프로그램 제어기

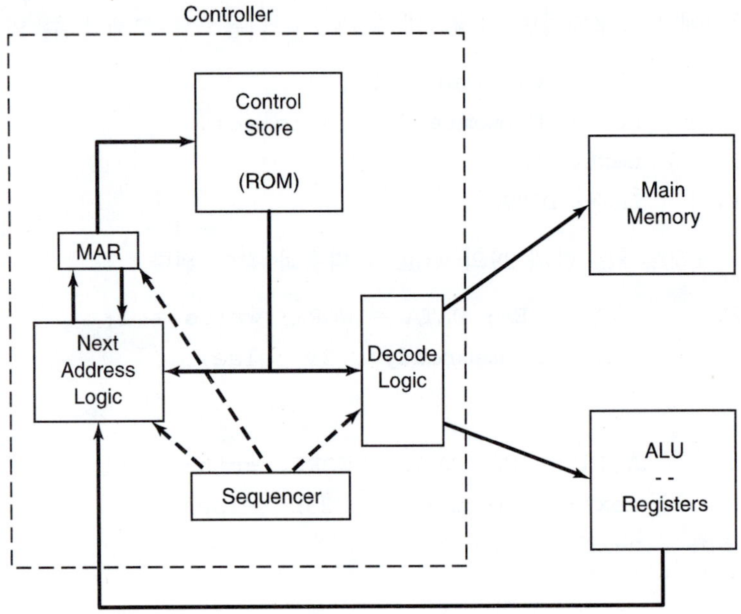

에 맞는 제어 신호를 만든다.

시퀀서(sequencer)는 아주 작은 하드와이어드 제어기이며 제어 메모리의 마이크로명령어를 인출하고 시퀀싱하는 역할을 한다. 이것은 오직 한 개(또는 최소한 2개, 3개)의 플립플롭을 포함한다. 시스템의 나머지에 대해 신호를 발생시키는 디코딩 논리는 어떤 데이터 전송과 연결이 요구되는가에 따라 좌우된다. 다음 주소 논리는 DDL 단계의 분기 조건에 따른다. 두 가지 논리 블럭은 매우 간단하다. 제어 시퀀스의 상세(detail)에 좌우되지 않는다. 그 시퀀스는 ROM 안에 저장된다.(암호화된 형태로) 마이크로 프로그래밍의 장점 중 하나는 제어기 논리가 하드와이어드 형태보다 더 간단한 것이다. 제어기의 가장 큰 부분은 제어기 메모리이다. 그러나 조금 더 저렴한 별도의 ROM을 사용하여 구현할 수 있다. 큰 컴퓨터를 위한 하드와이어드 제어기는 플립플롭과 게이트들의 불규칙적인 집합으로 구성되며, 각 새로운 제어기를 위한 준비로부터 설계되어야 한다.

마이크로프로그래밍의 또 다른 장점은 설계자가 제어 시퀀스에 수정(변경)을 하려고 할 때 용이하다는 것이다. 이는 초기 버전에서의 에러 때문에 발생하거나 새로운 또는 수정된 명령어가 도입되었기 때문일 수도 있다. 그때는 DDL 시퀀스 부분을 다시 작성해야 한다. 만약 이것이 하드와이어드 제어기에서 구현되었다면 그 다음 논리는 변경될 것이고 새로운 시퀀서가 제조될 것이다. 만약 시퀀서가 VLSI 칩에서 수행된다면, 오래된 칩은 이제 쓸모없고 새로운 것이 제작될 것이다. 한편, 마이크로프로그램 제어기 속에서는 일반적으로 수정이 더 용이하다. 만약, 보통의 경우처럼, 이런 변화를 위해 요구된 데이터 이동과 분기 조건이 이미 구현되었다면(아니면 다른 명령어를 위해 필요했기 때문이거나 또는 하드웨어 설계자가 잠재적인 이후의 확장을 위해 여분의 특징(feature)을 제공하였기 때문에), 그 다음 어떤 하드웨어 수정도 될 필요가 없다. 행해져야 할 모든 것은 새로운 시퀀스가 제어 메모리로 로드되어야 하는 것이다. ROM 프로그래머는 빠르고 저렴하게 될 수 있도록 인가한다.

마이크로프로그래밍의 중요한 단점은 속도이다. 마이크로프로그램 제어 시스템은 일반적으로 하드와이어드 제어보다 느리다. 이는 제어 메모리 내의 한 워드 속에 저장될 수 있는 분량의 제한에 부분적으로 기인한다. 반면, DDL 단계는 데이터 전송, 연결, 다중 분기와 조건 데이터 전송을 무제한으로 담을 수 있는 반면, 마이크로명령어의 코딩에 이 모든 가능성을 적용하는 데는 실용적이지 않다. 그러므로 어떤 DDL 단계들은 마이크로프로그램 구현에서 2개나 그 이상의 단계들로 구성될 것이다. 두 번째 요소는 각 단계는 메모리로부터 인출될 때, 클럭 시간을 필요로 한다. 그러나 하드와이어드 구현에서는 지연이 없는 단계들이 될 수 있다.

10.6 문제풀이

1. MODEL에서 2가지의 새로운 주소지정 방식을 가지고 있다.

a. 페이지 제로 간접 주소지정

b. 인덱스 주소지정, $IR_{26:31}$이 어떤 레지스터가 인덱스 레지스터로 사용될지를 기술한다. 두 번째 워드의 내용은 인덱스 레지스터에 더해진다.

다음 값을 이용하여, REG^5에 로드하는 명령어에 어떤 일이 일어나는지 기술하라.

이 명령어는 위치가 10000000이다.

명령어의 두 번째 워드(만약 있다면)는 12345678 이다

이 명령어 워드의 비트 16에서 30은 9ABC이다.

REG^4 = FFEE0000
REG^{3C} = 22446688
M[00009ABC] = 12345678
M[12345678] = FDECBA98
M[3478BD00] = 11223344

a. REG^{5} ← FDECBA98 PC ← 10000001
페이지 제로 주소(00009ABC)는 데이터가 로드된 주소를 포함한다.

b. 주소 = 22446688 + 12345678 =3478BD00
REG^{5} ← 11223344 PC←10000002
인덱스 레지스터는 첫 명령어 워드의 마지막 6 비트들에 명시된다.($111100_2 = 3C_{16}$)

2. 주소 필드에 의해 명시된 장소에 REG^{4}를 저장하라는 명령어가 있다. 해결된 문제 1에서의 값을 가정한다. 어떤 레지스터와 메모리 위치가 각 주소 형태에 대하여 변화될 것인가?

a. 레지스터 주소지정
b. 레지스터 간접 주소지정
c. 페이지 제로 주소지정
d. 상대 주소지정
e. 직접 주소지정
f. 간접 주소지정
g. 즉시 주소지정

a. 레지스터 주소지정 REG^{3C} ←FFEE0000 PC←10000001
b. 레지스터 간접 주소지정 M[22446688]← FFEE0000
PC ←10000001
c. 페이지 0 주소지정 M[00009ABC] ← FFEE0000 PC ← 10000001
d. 상대 주소지정 EA = 10000000 + 1 + FFFF9ABC = 0FFF9ABD
M[0FFF9ABD]←FFEE0000 PC←10000001
e. 직접 주소지정 M[12345678] ← FFEE0000 PC ← 10000002
f. 간접 주소지정 M[FDECBA98] ← FFEE0000 PC ← 10000002
g. 즉시 주소지정 PC ← 10000001(이것은 즉시가 저장을 위해 인가되지 않으므로 no-op로 취급된다).

3. 다음 각 명령어에 대하여, 각 주소지정 방식에 따라 어떤 레지스터, 플래그 비트들, 메모리 위치가 변화될 것인가? 각 명령어를 위해 다음의 초기 값을 가정한다.

이 명령어는 위치 10000000에 있다.

$z = 0 \quad n = 1 \quad c = 1 \quad v = 0$
REG^{5} = 12345678
REG^{12} = 22446688
REG^{3F} = 88888888

M[00009ABC] = EDCBA988
M[12345678] = 2468ACE0
M[20001000] = 7E110000
M[7E110000] = 345678FF
M[88888887] = 00112233
M[88888888] = 11223344
M[88888889] = 22334455

a. STO REG^{12}, (REG^{5})
b. PSH REG^{5}
c. POP REG^{5}
d. ADD REG^{5}, 20001000
e. ADC REG^{5}, 20001000
f. ADD REG^{5}, z9ABC
g. SUB REG^{5}, REG^{3F}
h. CMP REG^{12}, 88888888
i. INC 00009ABC
j. NOT REG^{12}
k. AND REG^{5}, (20001000)
l. ASR 3, REG^{3F}
m. ASR 5, 20001000
n. ROR 8, (REG^{5})
o. JMP (REG^{5})
p. JM4 (REG^{5})
q. JM5 12341234
r. CLL (REG^{5})
s. RTS

a. 레지스터 간접 주소지정, EA =12345678
M[12345678] ← 22446688 PC ← 10000001
b. M[88888888] ← 12345678 REG^{3F} ← 88888887
PC ← 10000001
c. REG^{3F} ← 88888889 REG^{5} ← 22334455 $z \leftarrow 0$ $n \leftarrow 0$
PC ← 10000001
d. 12345678
7E110000
90455678
REG^{5} ← 90455678 $z \leftarrow 0$ $n \leftarrow 1$ $c \leftarrow 0$ $v \leftarrow 1$
PC ← 10000002

오퍼랜드 둘 다 양수이나 결과는 음수로 나타나므로 유부호 숫자 오버플로가 존재한다.

e. $REG^5 \leftarrow 90455679$ $z \leftarrow 0$ $n \leftarrow 1$ $c \leftarrow 0$ $v \leftarrow 1$
$PC \leftarrow 10000002$

f.
```
    12345678
    EDCBA988
(1) 00000000
```
$REG^5 \leftarrow 00000000$ $z \leftarrow 1$ $n \leftarrow 0$ $c \leftarrow 1$ $v \leftarrow 0$
$PC \leftarrow 10000001$

g.
```
       1
12345678
77777777
89ABCDF0
```
$REG^5 \leftarrow 89ABCDF0$ $z \leftarrow 0$ $n \leftarrow 1$ $c \leftarrow 0$ $v \leftarrow 1$
$PC \leftarrow 10000001$

h.
```
           1
    22446688
    EEDDCCBB   (11223344의 비트-대-비트 보수)
(1)11223344
```
$z \leftarrow 0$ $n \leftarrow 0$ $c \leftarrow 1$ $v \leftarrow 0$ $PC \leftarrow 10000002$

REG^{12}는 변화되지 않음

i. $M[00009ABC] \leftarrow EDCBA989$ $PC \leftarrow 10000002$ $z \leftarrow 0$
$n \leftarrow 1$

이것은 직접 주소지정 방식을 사용한다. 그리고 2워드 명령어를 요구한다. *f*에서와 같이 페이지 제로 주소지정 방식을 사용하여 같은 결과를 얻을 수 있다.

j. $REG^{12} \leftarrow DDBB9977$ $z \leftarrow 0$ $PC \leftarrow 10000001$

k. 12345678 AND 345678FF
$REG^5 \leftarrow 10145078$ $z \leftarrow 0$ $n \leftarrow 0$ $PC \leftarrow 10000002$

l. $REG^{3F} \leftarrow 11111111$ $z \leftarrow 0$ $PC \leftarrow 10000001$

m. $M[20001000] \leftarrow 03F08800$ $z \leftarrow 0$ $PC \leftarrow 10000002$

n. $M[12345678] \leftarrow E02468AC$ $z \leftarrow 0$ $PC \leftarrow 10000001$

o. $PC \leftarrow 12345678$

p. $PC \leftarrow 12345678$ (since $c = 1$)

q. $PC \leftarrow 10000002$ (since $c = 0$)

이것은 점프하지 않으나 종종 두 번째 워드를 읽는다.

r. $PC \leftarrow 12345678$ $M[88888888] \leftarrow 10000001$
$REG^{3F} \leftarrow 88888887$

s. $REG^{3F} \leftarrow 88888889$ $PC \leftarrow 22334455$

4. 각 부분에 대해, 일련의 연속적인 명령어가 실행된다.
해결된 문제 3의 초기 값을 이용하라. 각 명령어 집합의 마지막에 만들어지는 변화는 무엇인지를 나타내라.

a. ADD REG^{12}, z9ABC
ADC REG^{5}, 7E110000

b. PSH REG^{5}
PSH REG^{12}
POP REG^{1}

c. CLL 2000000
RTS

a. 첫 번째 명령어

22446688
EDCBA988

(1) 10101010 → REG^{12} $z \leftarrow 0$ $n \leftarrow 0$ $c \leftarrow 1$ $v \leftarrow 0$

두 번째 명령어

1
12345678
345678FF
468ACF78

$REG^{12} \leftarrow$ 10101010 $REG^{5} \leftarrow$ 468ACF78 PC ← 10000003

$z \leftarrow 0$ $n \leftarrow 0$ $c \leftarrow 0$ $v \leftarrow 0$

b. 첫 번째 명령어

M[88888888] ← 12345678 $REG^{3F} \leftarrow$ 88888887

두 번째 명령어

M[88888887] ← 22446688 $REG^{3F} \leftarrow$ 88888886

세 번째 명령어

$REG^{3F} \leftarrow$ 88888887 $REG^{1} \leftarrow$ 22446688 $z \leftarrow 0$ $n \leftarrow 0$

M[88888887]은 여전히 22446688을 가지고 있음을 명심한다.

c. 첫 번째 명령어

PC ← 20000000 M[88888888] ← 10000002
$REG^{3F} \leftarrow$ 88888887

두 번째 명령어

PC ← 10000002 $REG^{3F} \leftarrow$ 88888888

M[88888888]은 여전히 10000002를 가지고 있음에 유의하라.

5. 해결된 문제 1에서, 우리는 두 가지의 추가적 주소지정 방식을 논의했다. 만약 페이지 제로 간접 주소지정 방식이 0101로 부호화되고 인덱스 주소지정 방식이 1010으로 부호화된다면 이것을 구현하는 DDL을 작성하시오.

```
4. next/IR13:15: 5, 1, 6, 1, 1, 7, 10, 11.
```

페이지 제로 간접 주소지정

```
7. EA ← 0000, IR16:31.
8. AD = EA; read = 1; EA ← DATA;
   next: 18.
```

인덱스 주소지정

```
14.  PC ← INC[PC];
     next/IR13:15: 18, 15, 17, 1, 16, 1,
     1, 1.
17.  EA ← ADD1:32[REG/IR26:31; EA; 0].
```

EA 레지스터는 INA에 연결된다고 가정한다. 이것은 그림 10.3의 경우는 아니다. 그렇지 않으면 우리는 EA를 WORK로 먼저 이동시키는 것이 좋다.

```
17.  WORK ← EA
17a. EA ← ADD1:32[REG/IR26:31; WORK; 0];
     next: 18.
```

6. 또다른 가능한 주소지정 방식은 자동-전-감소(auto-pre-decrementing) 간접 주소지정 방식이다. 분기가 단계 14에서 단계 17로 간다고 가정한다.

```
17.  WORK ← DEC[EA].
17a. AD = EA; DATA = WORK; write = 1.
17b. EA ← WORK;
     next: 18.
```

그 곳에 감소된 주소를 저장하기 위해 명령어의 두 번째 워드를 저장해야 한다. 이로써 유효주소는 마지막 단계가 될 때까지는 EA로 로드되지 않는다.

7. 새로운 주소지정 방식-다단 직접 주소지정 방식-을 추가하고자 한다. 간접 주소가 인출될 때, 첫 번째 비트는 유효주소인지 또는 여전히 간접주소인지를 나타낸다. 이 방식에서는 모든 간접 주소는 명령어에서 주소와 같은 비트에서 시작한다. 단계 14에서 분기는 이 주소지정 방식을 위해 단계 90으로 분기할 것이다.

```
90.  AD = EA; read = 1; EA1:31 ← DATA1:31;
     next: 90 (DATA0), 18 (else).
```

단계 90은 주소의 첫 번째 비트가 0으로 읽혀질 때 까지 반복적으로 수행될 것이다. 이것은 결국 계속 반복되는 루프가 될 것이다. 이것을 막기 위해 어떤 시스템은 몇 번이나 루프를 만드는지 계산하고, 간접 레벨의 고정된 숫자가 나오고 난 후 종결될 것이다.

```
90.  WORK ← 00000000.
91.  AD = EA; read = 1; EA1:31 ← DATA1:31;
     next: 92 (DATA0), 18 (else).
92.  WORK ← INC[WORK];
     next: 1 (AND[CPUBUS28:31]), 91 (else).
```

루프를 지나 15번째 패스에서, WORK는 0000000E를 포함하고, 증가기 출력의 오른쪽 4 비트들은 모두 1이고, 명령을 종료한다.(그것을 no-op로 처리한다).

8. 2개의 무부호 숫자를 곱하고 결과(또는 32이하의 의미 있는 비트들)를 첫 번째 오퍼랜드가 나오면 레지스터에 저장하라는 명령어를 설계하라. 이것을 수행하기 위해 2개의 레지스터를 더해야 한다. 명령어는 만약 결과가 1 워드를 넘으면 **c** 플래그와 **z** 플래그를 셋시킨다.

새로운 5-비트 레지스터, COUNT를 0으로 셋하고, WORK에 한 개의 오퍼랜드(승수)를 넣고, 다른 오퍼랜드(피승수)를 새로운 32-비트 레지스터 WORK 2에 넣어 초기화한다. 부분 곱은 한 연산자가 나오는 레지스터에 저장되며, 또한 0으로 초기화된다.

```
100. WORK2 ← REG/IR6:11.
101. REG/IR6:11 ← 00000000; COUNT ← 00;
     c ← 0.
102. WORK ← 0, WORK0:30;
     next: 104 (WORK31'), 103 (else).
103. REG/IR6:11 ← ADD1:32[REG/IR6:11; WORK2;
     0];
     z ← (OR[CPUBUS])';
     c ← c + ADD0[REG/IR6:11; WORK2; 0].
104. COUNT ← INC[COUNT];
     next: 105 (OR[CPUBUS]), 1 (else).
105. WORK2 ← WORK21:31, 0;
     next: 102.
```

만약 승수의 오른쪽 비트가 1이면, 부분 곱에 피승수를 더하고, 승수를 오른쪽으로 한 자릿수 이동시킨다.(단계 103으로 돌아가고, 승수의 다른 비트에 대하여 반복한다.) COUNT는 (32) 비트의 수만큼 계속 수행한다. 더한 후에, 피승수는 왼쪽으로 이동된다.(손으로 피승수에서 했듯이) 어떤 단계에서 가산기의 캐리 출력이 있다면, c 비트는 셋되고 계속 유지한다. 오버플로가 있다면 32비트 이하의 결과를 얻게 된다.

9. 배정도(double-precision) 가산을 수행하기 위한 새로운 명령어를 설계한다. 첫째 오퍼랜드와 결과는 RN 필드의 첫 5비트에 의해 명시된 레지스터 쌍에서 나온다. 그 수의 하위 비트들은 홀수 레지스터에 저장되고(레지스터 숫자는 1에서 끝남), 상위 비트들은 짝수 레지스터에 저장된다. 다른 오퍼랜드는 EA에 의해 명시된 부분에서 나온 하위 부분과 이전의 저장 위치에서 나온 상위 부분인 두 개의 연속적인 메모리 저장위치에서 나온다.(레지스터와 즉시 주소지정은 허용되지 않음) 단계 20은 이 명령어에 대해 단계 100으로 분기된다.

```
(100.) c, REG/(IR_{6:10}, 1) ←
       ADD[REG/(IR_{6:10}, 1); WORK; 0];
       z ← (OR[CPUBUS])'.
101.   EA ← DEC[EA].
102.   AD = EA; read = 1; WORK ← DATA.
103.   c, REG/(IR_{6:10}, 0) ←
       ADD[REG/(IR_{6:10}, 0); WORK; c];
       z ← z · (OR[CPUBUS])'; n ← CPUBUS_0;
       v ← INA_0 · INB_0 · CPUBUS_0' +
            INA_0' · INB_0' · CPUBUS_0;
       next: 1.
```

첫 번째 가산에서 나온 캐리는 두 번째 것을 캐리를 가진 가산으로 만들기 위해 이용된다. **z** 플래그는 결과의 반 모두가 0일 때, 셋 된다. **n**과 **v** 플래그는 MSB에 의해 결정된다.

10. 부록 A의 제어기 설계를 사용하라. STO 명령을 수행하기 위한 하드와이어드 제어기의 블록도를 그려라.

플립플롭과 단계 20의 디코더가 먼저 제시된다. 단계 26과 27은 지연이 없으므로 플립플롭은 없다. 이 명령어가 이행되면 제어기는 단계 1로 돌아간다.

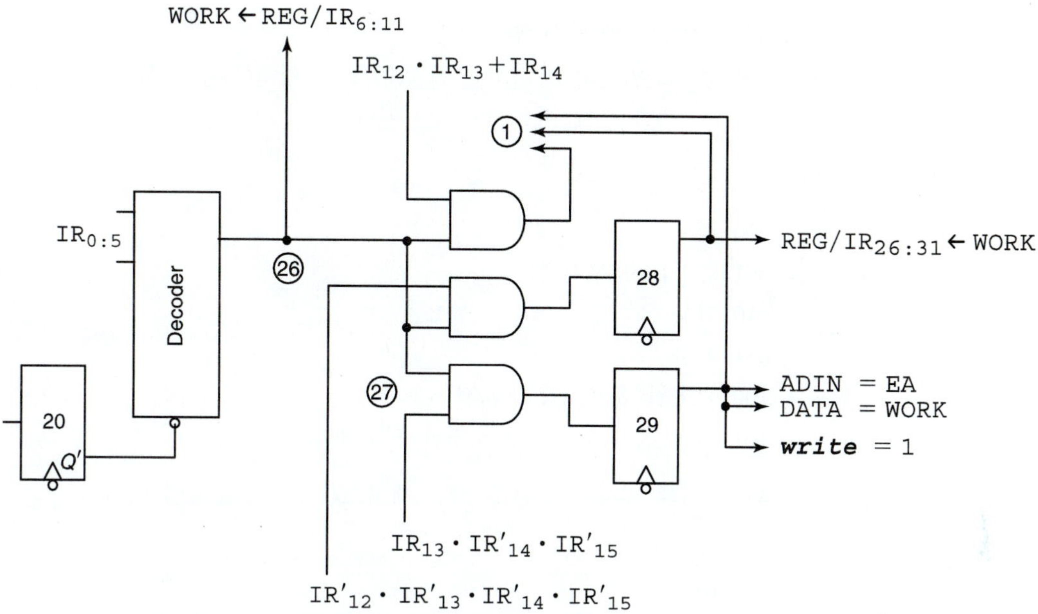

11. 직접 주소지정을 가정하고, 해결된 문제 9에서 설계된 배정도 명령어를 가진 ADC에 따른 ADD 명령어에 대한 배정도 가산 속도를 비교하라.

ADD: 6 ADC: 6 Total: 12 (표 10.2에서)

새로운 명령어에서 단계 100은 지연이 없고, 따라서 9 클럭을 갖는다.(1, 2, 13, 14, 18, 20, 101, 102, 103) 만약 EA(이것은 버스를 사용하지 않음)에 대한 특별한 증가기를 갖는다면, 단계 101은 지연이 없고 8개의 클럭으로 감소할 것이다.

12. 다음과 같은 명령어 형식을 갖는 작은 컴퓨터를 설계하시오:

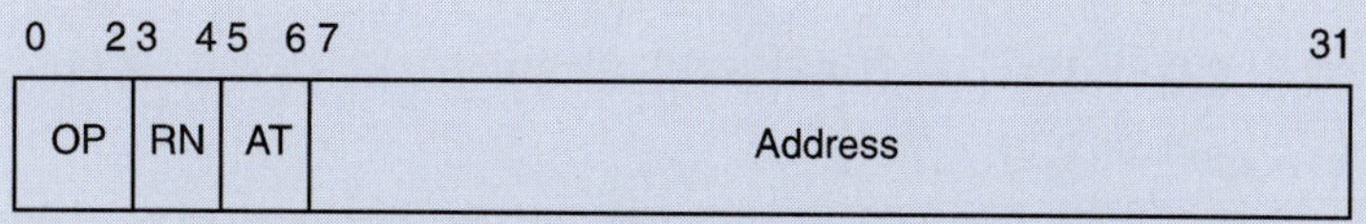

메모리가 2^{25}워드를 갖고, 각 워드는 32비트를 가진다. 모든 명령어는 단일 워드로 구성된다. 4개의 32-비트 레지스터가 있다.(MODEL에서 64와 유사한) 버스 구조와 메모리 신호들은 MODEL에서와 같이 동일하다. 플래그 비트는 없다.

4개의 주소지정 방식이 있다.

00 직접 주소지정

01 즉시(부호 확장) 주소지정

10 이 명령어에 상대 주소지정

11 간접 (3레벨까지) 주소지정

주소 워드의 비트 0은 직접(0) 또는 간접(1)를 표시한다.

3 레벨 후에 비트 0이 무시된다.

연산은

000 로드

001 증가(RN 무시됨)

010 가산

011 감산

100 무조건 점프(RN 무시됨)

101 조건 점프-상대 주소지정만 허용함

AT에 의해 명시된 조건을 가진 레지스터에서의 숫자에 따라서

00=0

01>0

10≠0

11<0

110 저장

111 이 문제에는 사용되지 않음

이 시스템을 위하여 하드와이어드 제어기의 완전한 DDL을 작성하라. 사용되지 않거나 비합법적인(illegal) 조합에 대해서는 걱정하지 말라. DDL에 주석을 달아라. 단계는 지연이 없으면서 가능한 빨리 동작시킨다.

여기에서 첫 번째 단계는 다음과 같다.

```
1. ADIN = PC; read = 1; IR ← DATA.
```

MODEL에서와 같이 모든 덧셈, 뺄셈, 증가를 위한 하나의 가산기가 있다. 그것은 2개의 32-비트 입력과 캐리 입력이 있다. 32-비트 출력(수행할 필요가 없는)만이 있다.

각 명령어와 각 주소지정 방식에 대한 실행시간을 나타내는 표를 제시하라.

```
SYSTEM NAME: NEW COMPUTER
   FLIP FLOPS: PC[0:24], IR[0:31], W[0:31],
   R[0:3; 0:31].
   COMMUNICATION BUSES: DATA[0:31],
   ADIN[0:24].
   INTERNAL BUSES: CPUBUS[0:31], INA[0:31],
   INB[0:31].
```

```
OUTPUT LINES: read, write.
1.      ADIN = PC; read = 1; IR ← DATA.
2.      next: 5 (IR0·IR1' · IR2), 3 (else).
(3.)    next/IR5:6: 10, 4, 5, 6.
```

즉시 주소지정

```
(4.)    IR7': W ← 00, IR7:31;
        IR7: W ← 7F, IR7:31;
        next: 12.
```

상대 주소지정

```
(5.)    IR7:31 ← ADD7:31[IR; 0^7, PC; 0];
        next: 10.
```

간접 주소지정

```
(6.)    ADIN = IR7:31; read = 1;
        IR7:31 ← DATA7:31;
        next: 7 (CPUBUS0), 10 (else).
7.      ADIN = IR7:31; read = 1;
        IR7:31 ← DATA7:31;
        next: 8 (CPUBUS0), 10 (else).
8.      ADIN = IR7:31; read = 1;
        IR7:31 ← DATA7:31;
        next: 10.
```

데이터 인출

```
(10.)   next: 12 (IR0), 11 (else).
11.     ADIN = IR7:31; read = 1;
        W ← DATA.
```

디코드(해석)

```
12.     PC ← ADD[1^32; 0^7, PC; 0];
        next/IR0:2: 15, 16, 18, 19, 20, 21,
        26, 1.
```

로드

```
15.     R/IR3:4 ← W;
        next: 1.
```

증가

```
16.     W ← ADD[1^{32}; W; 0]
17.     ADIN = IR_{7:31}; DATA = W; write = 1;
        next: 1.
```

가산

```
18.     R/IR_{3:4} ← ADD[R/IR_{3:4}; W; 0];
        next: 1.
```

감산

```
19.     R/IR_{3:4} ← ADD[R/IR_{3:4}; W'; 1];
        next: 1.
```

점프

```
20.     PC ← IR_{7:31};
        next: 1.
```

조건 점프

```
21.     CPUBUS = R/IR_{3:4};
        next/IR_{5:6}: 22, 23, 24, 25.
(22.)   next: 1 (OR[CPUBUS]), 20 (else).
(23.)   next: 20 (CPUBUS_0' · OR[CPUBUS]),
        1 (else).
(24.)   next: 20 (OR[CPUBUS]), 1 (else).
(25.)   next: 20 (CPUBUS_0), 1 (else).
```

저장

```
26.     ADIN = IR_{7:31}; DATA = R/IR_{3:4};
        write = 1;
        next: 1.

END DESCRIPTION
```

상대 주소지정이 현재 명령어(MODEL에 있는 next가 아님) 주소에 기초하고 있으므로 주소지정이 되기 전까지 프로그램 카운터를 증가시키지 않았음을 유의한다.

다음 그래프는 일련의 단계를 제시한다. 디코딩 단계가 PC를 증가시키는 동안 버스를 사용하기 때문에 실행의 첫 단계는 지연될 수 없다.

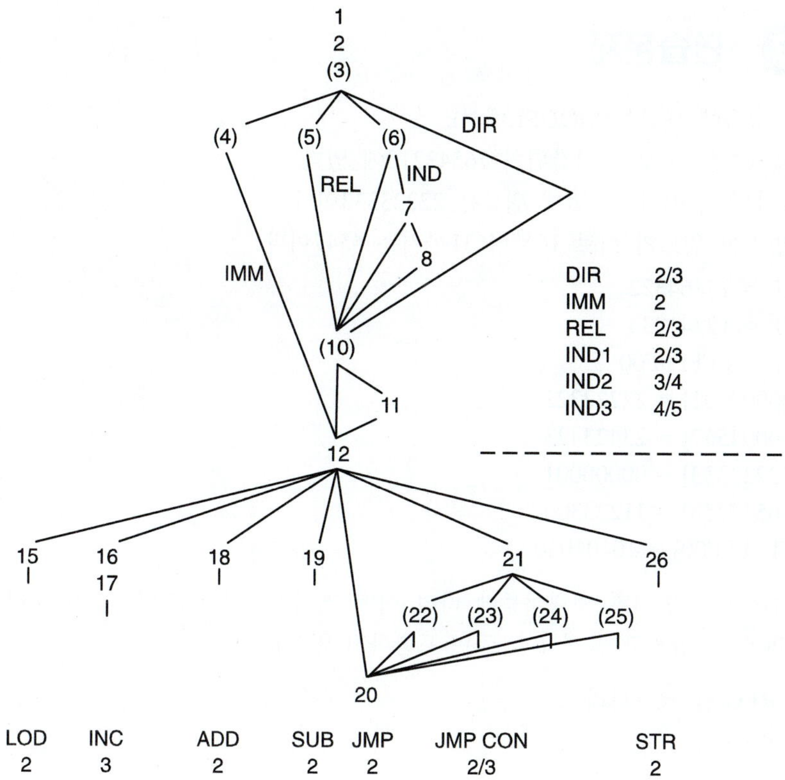

	LOD ADD SUB	INC	STO JMP UNC JMP FAIL	JMP SUC
DIR	5	6	4	—
IMMED	4	—	—	—
REL	5	6	4	5
IND 1	5	6	4	—
IND 2	6	7	5	—
IND 3	7	8	6	—

10.7 연습문제

1. 다음 값들에 대하여(MODEL에서):

이 명령어는 메모리 저장위치 76543210에 있다.

명령어(있다면)의 두 번째 워드는 22223333이다.

이 명령어 워드의 비트 16부터 31까지는 4547이다.

REG^1 = 79864322
REG^2 = 12341234
REG^7 = FFFFFF00
M[00000001] = 22222222
M[00004547] = 23423423
M[22223333] = 00000001
M[76547758] = 11223300
M[FFFFFF00] = 10101010

각 주소지정 방식과 명령어들에 따라 어떤 레지스터가 변화되었는지 보여라.(PC를 포함하고 플래그 비트는 포함하지 않음):

i. REG^1를 로드하라
★ii. REG^2에 더하라
a. 레지스터 주소지정
b. 레지스터 간접 주소지정
c. 페이지 제로 주소지정
d. 상대 주소지정
e. 직접 주소지정
f. 간접 주소지정
g. 즉시 주소지정

2. 다음 각각의 명령어와 주소지정 방식에 대하여, 어떤 레지스터, 플래그 비트, 메모리 위치가 변화되는가? 각 명령어를 위해 다음의 초기 값을 가정한다.

PC = 11111111
$z = 1 \quad n = 1 \quad c = 1 \quad v = 1$
REG^1 = 12345678
REG^2 = FFFFFFFF
REG^3 = 87654321
REG^{3F} = FFFFFFF0
M[00001234] = 00000010
M[10000000] = 91110000

M[12345678] = 2468ACE0
M[2468ACE0] = 3456789A
M[FFFFFFEF] = 00112233
M[FFFFFFF0] = 11223344
M[FFFFFFF1] = 22334455

a. i. STO REG^2, (REG^3)
   ii. STO REG^1, 10000000
   iii. STO REG^3, z1000
   iv. STO REG^2, REG^3
   v. LOD REG^2, REG^3
b. i. PSH REG^1
   ii. POP REG^1
c. i. ADD REG^1, REG^2
   ii. ADD REG^2, REG^1
   iii. ADD REG^1, #34565432
   iv. ADD REG^1, 10000000
   v. ADD REG^3, 10000000
d. i. ADC REG^2, (REG^{3F})
   ii. ADC REG^2, z1234
   iii. ADC REG^2, #FFFFFFFF
e. i. SUB REG^2, 00001234
   ii. SUB REG^1, REG^2
f. i. CMP REG^3, 2468ACE0
   ii. CMP REG^3, #87654321
   iii. CMP REG^3, REG^2
g. i. INC 10000000
   ii. INC REG^2
   iii. INC (REG^1)
h. i. NOT REG^1
   ii. NOT (12345678)
i. i. AND REG^1, z1234
   ii. AND REG^3, #000000F0
   iii. AND REG^1, (FFFFFFF1)
j. i. ASR 3, REG^{3F}
   ii. ASR 5, 10000000
   iii. ASR 5, (REG^1)
k. i. ROR 8, (REG^1)
   ii. ROR 31, REG^3
l. i. JMP (REG^3)
   ii. JMP z4567
   iii. JM6 z4567

iv. JM7 z4567

m. i. CLL (REG^1)

ii. CL4 22223333

n. RTS

3. 각 부분에 대하여, 일련의 연속적인 명령어 집합이 수행된다. 연습문제 2의 초기 값을 이용하라. 각 집합의 마지막에 만들어진 변화를 나타내어라.

a. ADD REG^1, REG^7
ADC REG^2, #00004567

*b. PSH REG^1
PSH REG^2
POP REG^3
PSH REG^1
POP REG^4
POP REG^5
POP REG^6

c. CLL 1000000
PSH REG^2
POP REG^6
RTS

4. 두 개의 새로운 주소지정 방식을 추가하기 위해 MODEL의 DDL을 수정하라:

주소지정방식 1010과 1011:

a. 간접 주소지정, 다음으로 $IR_{26:31}$에 의해 명시된 레지스터에 의해 인덱스 주소지정.

b. $IR_{26:31}$에 의해 명시된 레지스터에 의해 인덱스 주소지정, 다음으로 간접 주소지정.

5. 해결된 문제 7의 복수 간접 주소지정 방식의 다른 버전을 설계하라. 주소는 페이지 제로 주소지정이 될 것이며, 모든 간접 주소지정 주소들은 또한 페이지 제로 주소지정이 될 것이다.

6. 해결된 문제 8은 34-비트에 대한 것을 제공한다. 여기서 64-비트를 만들고 레지스터 쌍에 결과를 저장하기 위해 설계를 수정하라.(해결된 문제 9를 보라.) 오직 **z** 비트 만이 변화되어야 한다.

7. a. 두 번째 오퍼랜드가 레지스터 쌍으로부터 나오도록 해결된 문제 9에 대한 결과를 수정하라.

b. 또한 두 번째 오퍼랜드가 즉시 주소지정이 되도록 하라. 즉시 주소지정의 경우에, 명령어는 두 번째 워드에 전체 비트의 반인 하위 비트가 저장되

면서 3-워드 길이로 된다.

8. a. 여러 개의 배정도 명령어를 제공하고자 한다. 그들은 한 레지스터 쌍, 또 다른 레지스터 쌍, 메모리, 또는 즉시 주소지정(연습문제 7b에 명시된 것과 같은)로부터의 데이터에 대하여 명령을 수행한다. 배정도 수에 대하여, 주소 필드에 의해 명시된 데이터를 하위 비트들(전체 비트들의 반)은 `WORK`로, 상위 비트들(전체 비트들의 반)은 `WORK2`로 인출하기 위하여, 단계 1에서 18까지를 수정하라. 이 명령어는 연산자의 비트 2(IR_2)가 1이 됨을 가정한다. 단정도(single-precision), 즉 $IR_2 = 0$ 에 대해서는 전과 같이 동작할 것이다.

b. 이 변화에 적용시키기 위해 해결된 문제 9를 다시 풀어라.

9. RN에 의해 명시된 레지스터에 결과를 저장하면서 주소 필드에 의해 명시된 워드내의 1의 갯수를 세고, 그 결과를 RN에 의해 명시된 레지스터에 저장하기 위한 명령어의 DDL을 보여라.

10. 부록 A의 제어기 설계를 사용하여, 쉬프트와 자리순환(단계 43에서 시작)을 구현하기 위한 하드와이어드 제어기의 블록도를 보여라. 여기서 단계 20에서 디코더는 단계 43에 도달한다고 가정한다.

11. 해결된 문제 8의 곱셈 명령어를 고려하라.

a. 승수내의 1의 수, *n*의 함수로서, 실행시간이 얼마나 걸리는가?

b. 만약 레지스터가 버스를 사용하지 않고 클리어(clear)될 수 있고, COUNT는 버스를 사용하지 않고 증가될 수 있다면, 어떤 단계들이 지연이 없어지는가? 실행속도에서 어느 정도의 향상이 있을 것인가?

c. 일단 승수가 0에 도달하면 루프를 중단시키는 분기를 추가하라.

d. 0000 0000 0001 1010 0001 0011 0001 1000의 승수에 대한 3가지 접근 방식의 수행속도를 비교하라.

***12.** 2^{25}개의 20-비트 워드로 구성된 메모리를 갖는 컴퓨터의 일부를 설계하고자 한다. 명령어는 주소지정 방식에 따라 1, 2, 또는 3-워드를 요구한다. 그것은 MODEL의 버스구조와 유사하다. 메모리 신호들은 MODEL과 동일하나 reads와 writes는 2 클럭을 갖는다. DDL의 첫 번째 2개의 단계는 다음과 같다.

```
1. ADIN = PC; read = 1 ;
   PC ← ADD25[1^25; PC].

2. IR ← DATA.
```

참고: 두 개의 가산기가 있다: 주소들(단계 1에서 사용된)에 대한 25-비트 가산기(캐리 입력과 캐리 출력이 없는), 모든 연산을 위한 캐리 입력과 캐리

출력을 가진 29-비트 가산기. 그리고 32개의 20-비트 레지스터가 있다.

명령어의 첫 번째 단어는 다음과 같은 형식을 따른다:

0 – 3	4 – 11	12 – 19
OP	AD1	AD2

어떤 명령어(0으로 시작하는 OP)는 두 개의 주소를 가진다; 다른 것은 오직 1개를 가짐(주소 계산을 위해 오직 AD1만 사용하는).

다음 주소지정 방식들이 이용가능하다. 0으로 시작하는 것은 AD 필드에서 완전해진다; 1로 시작하는 것은 다른 워드를 요구한다. 만약 두 주소가 모두 두 번째 워드를 요구하면, AD2에 관련된 워드가 먼저 오게 된다.

000xxxxx 레지스터 주소지정
001xxxxx 레지스터 간접 주소지정(페이지 제로 주소지정)
010xxxxx 자동-전-감소를 갖는 레지스터 간접 주소지정,
여기서 xxxxx 는 레지스터 수를 나타낸다.
100xxxxx 직접 주소지정, 여기서 xxxxx 는 주소의 첫 5 비트들이다.
101xxxxx 간접 주소지정, 여기서 xxxxx 는 주소와 간접주소의 첫 5 비트들이다.
110xxxxx AD1: 상대 주소지정(2번째 워드 부호 확장)
AD2: 즉시 주소지정(3-워드)
111xxxxx 사용되지 않음

다음은 문제에 포함된 명령어이다.(다음 플래그에 영향을 받음):

0000	가산	*z*, *s*
0001	배정도 수 가산*	*z*, *s*
0010	감산	*z*, *s*
0011	배정도 수 감산*	*z*, *s*
0100	비교	*z*, *s*
0101	AND 연산	*z*, *s*
0110	이동 (AD2로 부터 AD1으로)	*z*, *s*
0111	레지스터 혹은 즉시가 아닌, 16-워드 블록을 이동,	
1000	증가	z, s
1001	감소	z, s
1010	서브루틴으로 점프(무조건); AD2의 오른쪽 5비트들이 가리키는 레지스터 내에 저장된 주소로 복귀	
1011	점프 – AD2의 오른쪽 3비트들에 의해 명시된 조건	

0XX	무조건
100	z
101	z'
110	s
111	s'

a. 시스템의 DDL을 작성하라. 오직 정상적인 명령어만 발생한다고 가정한다. 가능한 빠르게 만들 수 있는 곳에 지연이 없는 단계를 만들어라. DDL에 주석을 달아라.

b. 모든 명령어와 모든 주소지정 방식에 대한 타이밍 표의 집합을 생성하라.

13. 32와 64-비트 데이터에 대하여 128M 워드 메모리를 가진 컴퓨터를 설계하라. 메모리의 주소는 27-비트이다. 메모리 버스는 64-비트이므로 2개의 연속된 워드들이 동시에 접근된다. 이것은 모든 명령어에 대한 주소의 첫 번째 26-비트와 64-비트 데이터가 같도록 항상 정렬된다. 모든 데이터는 메모리에서 나오며, 모든 결과는 메모리로 간다. 이로써 MODEL에서 REG와 비교할 만한 사용자 레지스터는 없다. 버스 구조는 MODEL의 것과 유사하다.

모든 명령어는 64-비트를 요구한다. 그러므로 PC는 26-비트가 되어야 한다.(모든 명령어 주소는 0에서 끝난다) 명령어 형식은 다음과 같다.(첫 10 비트들의 다음과 같이 상세하게 명시된다):

0 – 9	10 – 36	37 – 63
INST	Address1	Address2

	0 – 4	5	6 – 7	8 – 9
INST	OP	SZ	AT1	AT2

결과는 항상 주소 1에 의해 명시된 장소로 간다. 한 오퍼랜드를 요구하는 이런 명령어를 위해, 그 장소는 주소 2에 의해 명시된다; 2개의 오퍼랜드를 필요로 하는 것을 위해 첫 번째는 주소 1에 의해 명시된 장소로부터 나오고, 두 번째는 주소 2에 의해 명시된 장소에서 나온다. 데이터의 크기는 다음과 같은 SZ 필드에 의해 명시된다.

0	32 bits	워드(W)
1	64 bits	이중 워드(DW)

모든 2-워드 주소는 0으로 끝난다는 것을 가정한다. 그렇지 않으면, 마지막 비트를 무시할 수 있다.

다음 주소지정 방식이 사용된다:

00 직접 주소지정

01	간접 주소지정
10	후 자동 증가를 하는 간접 주소지정
11	주소 1에 대한 상대 주소지정(다음 명령어의 첫 번째 워드) 주소 2에 대한 즉시 주소지정(부호 확장)

다음 명령어들이 이행될 것이다:

00010	ADD‡
00011	SUB(tract)‡
00100	AND
00101	OR
10000	MOV(e)
1010*x*	SZ에 의해 명시된 크기를 다른 크기로 변환하라. 만약 변환이 더 작은 크기라면, 오버플로가 발생하고 적당한 플래그들이 셋된다. 수들을 보다 길게 만들 경우, 부호를 확장하라
11 *xyz*	JMP

점프는 조건과 무조건 점프 모두 사용된다.
주소 1은 다음 명령어의 주소이다. 비트 *xyz*는 다음과 같은 조건 코드를 포함한다:

000	주소 2에 의해 명시된 수는 0이다.
001	주소 2에 의해 명시된 수는 0이 아니다.
010	주소 2에 의해 명시된 수는 음수이다.
011	주소 2에 의해 명시된 수는 0과 같거나 크다.
100	유부호(signed) 오버플로(*v*)
101	무부호(unsigned) 오버플로(*c*)
110	무조건(unconditional)
111	CLL* (서브루틴, 무조건)

모든 다른 것은 사용되지 않는다.

CPU는 증가를 포함하는 모든 산술 연산을 위해 이용되는 64-비트 가산기를 가진다. 워드 연산은 오른쪽 32-비트를 사용한다. 주소 계산은 가산기의 오른쪽 비트를 사용하여 실행된다. 워드(32-비트 데이터)는 메모리로부터 읽혀지거나 메모리에 쓰여지고, `DATA`의 첫 32-비트나 마지막 32-비트에 나타날 수 있다. 두 개의 쓰기 신호가 있다. 64-비트 단어를 쓰기 위해 모두 1이 되어야 한다. 이것은 메모리 연결 `ADIN[0:26]`, `DATA[0:63]`, **read**, **write0**(짝수 주소에 대한) 그리고 **write1**을 갖는다.

예제-워드 데이터를 읽기 위해, 그 주소는 EA에 있다.

```
ADIN = EA0:25; read = 1;
EA26': WORK ← 00000000, DATA0:31;
EA26: WORK ← 00000000, DATA32:63.
```

a. 이 시스템(지연이 없는 단계를 포함하는)에 대한 하드와이어드 제어기의 완전한 DDL을 작성하라. 사용되지 않는 코드와 잘못된 조합이 발생하지 않는다고 가정한다. 필요한 내부 레지스터를 더한다.(MODL내의 WORK와 같은) 이 시스템을 가능한 한 빠르게 동작시켜야 한다.(즉, 어디서든 가능한 지연이 없는 단계를 이용하여) 각 연산자와 각 주소지정 방식이 시작되는 단계에서 해결책에 대한 주석을 달아라.

b. 각 명령어와 주소지정 방식에 대한 타이밍을 계산하라.(두 가지 크기의 데이터에 대하여 타이밍은 같아야 한다; 그러나 만약 그렇지 않으면 계산에 포함시켜야 한다) 각각에 대해 실행되는 단계를 위한 다이어그램이나 리스팅을 보여라. 읽을 수 있는 방법으로 결과를 보여라. 여기서 MODEL에서 했던 것 같은 3차원을 요구할 수도 있는 표는 제시할 필요가 없다. 그 보다는 각 부분에 표를 가진 3, 4개 부분(예를 들어, 명령어 인출 +주소 1+주소 2+실행)의 합으로 구성된 타이밍을 제시할 수 있다. 어떤 명령어에 대한 타이밍을 어떻게 계산하는지에 대한 것이 명백하다는 것을 명심하라.

10.8 이 장의 테스트(75분)

1. (25) MODEL내의 다음 값에 대하여:

PC = 12000122

이 명령어 워드의 비트 16:31은 9402이다.

REG^3 = 98765432

M[00000000] = FF000011

M[12121212] = 00000000

다음 명령어들의 각각에 대하여, 레지스터, 플래그 비트 그리고 메모리 위치에 대한 변화를 보여라. 또한, 각 명령어를 인출하고 실행하기 위하여 메모리 참조 수를 명시하라.

a. LOD REG^2, 12121212
b. STO REG^3, z4567
c. ADD REG^3, #80112233
d. AND REG^3, (12121212)
e. JMP @9000

2. (25) MODEL에 대한 새로운 명령어를 만들기 원한다. EA에서 메모리 주소를 생성하는 주소지정 방식에서만 오직 동작한다. 그러나 그것을 체크하기 위해 주소지정 방식을 수정할 필요가 없다. 여분의 레지스터, TEMP를 필요로 할 것이다.(만약 어떤 다른 레지스터나 메모리 위치의 변경을 원하지 않는다면)

이 명령어, SWP는 EA에 의해 지시되는 메모리 위치에 있는 무부호 수와 다음 위치의 무부호 수를 비교한다. 만약 두 번째 수가 더 크다면, 그것은 두 숫자를 교환한다; 그렇지 않으면, 그것은 아무것도 아니다. 단계 60에서 시작하는 명령어를 구현하기 위해 DDL을 작성하라.

예제 : SWP 00001234

이전 :	00001234: 7 00001235: 8	이후 :	00001234: 8 00001235: 7
이전 :	00001234: 8 00001235: 7	이후 :	00001234: 8 00001235: 7

3. (50) 작은 특별한 컴퓨터, SMALL의 설계를 고려한다. 이것은 2^{16}개의 16-비트 워드 메모리를 가진다. 명령어들은 첫 번째 2^{10}워드에서만 실행될 수 있다; 그러므로 PC는 10-비트가 될 필요가 있으며, 명령어의 주소 부분은 점프 명령어를 위해 완전한 주소를 보관할 만큼 충분히 크다. 시스템은 두 개의 레지스터 REG^0와 RED^1을 갖는다. 플래그 비트는 없다. 주소는 2개의 16-비트 숫자를 더하고 16-비트 결과를 생성한다. 버스 구조는 MODEL과 유사하다. 명령어 형식은 다음과 같다:

AT 필드는 주소지정 방식을 다음과 같이 명시한다.

0 1 2	3	4 5	6 … 15
OP	R	AT	Address

00 페이지 제로 주소지정(즉, 앞부분에 6개의 0)

01 사용되지 않음

10 페이지 제로 간접 주소지정

11 즉시 주소지정(오직 첫 번째 4개의 연산자, 0-확장)

연산자 필드는 8개 명령어 중 한 개를 명시한다. 그들 중 6개는 다음과 같이 정의된다.

000 메모리(혹은 즉시)로부터 레지스터에 로드

001 메모리(혹은 즉시)로부터 수를 레지스터에 AND 연산

010 메모리(혹은 즉시)로부터 수를 레지스터에 더하기

011 사용되지 않음

100 레지스터로부터 수를 메모리에 저장

101 사용되지 않음

110 점프(주소로), AT에 의해 명시된 조건*

00 항상

01 REG = 0

10 REG > 0

11 REG < 0

111 DJZ*: 만약 레지스터가 0(AT는 무시된다)라면, 레지스터(R에 의해 명시된)를 감소시키고 점프

이 시스템에 대한 DDL을 작성하라.

사용되지 않은 코드와 부적합한 조합(즉시를 저장하는 것 같은)은 결코 발생하지 않는다고 가정한다.

11 중앙처리장치를 넘어서

메모리는 넓은 범위의 장치를 통칭한다. 가장 작은 메모리는 컴퓨터에서 1 비트를 저정하는 플립플롭이다. 레지스터는 같은 플립플롭 등의 집합으로 저장되는 비트들에 번호가 부여된다.(이 책에서는 왼쪽 끝의 비트부터 0번으로 지정하기로 한다. 하지만 다른 전공자들 특히 집적회로 전공자들은 오른쪽 끝의 비트를 0번으로 지정한다.) 대부분의 컴퓨터는 번호가 부여된 레지스터 집합을 가지고 있으며, 레지스터의 번호는 몇 개의 비트로 표시된다.(예를 들면, MODEL은 64개의 레지스터를 가지고 있으며, 이를 표시하기 위하여 6 비트가 필요하다.) 또한 서로 독립적으로 명명되는 몇 가지의 다른 레지스터도 존재한다.

각 컴퓨터는 몇 단계의 저장 장치를 가지고 있으며, 이 저장 장치들은 가장 작으며, 가장 빠르고, 가장 비싼 장치에서부터 가장 크고, 가장 느리고, 가장 싼 장치까지 여러 단계로 구분된다. 첫 번째 그룹에 해당하는 CPU 레지스터에 대해서는 이미 학습하였다. 레지스터들은 한 클록에 접근할 수 있으며, 클록의 주기는 1ns 정도이거나 이보다 짧다. 이에 관해서는 이 장의 다른 부분에서 좀 더 자세히 다룰 것이다.

컴퓨터의 주기억 장치는 RAM(Random Access Memory)이며, 이 것은 실제로 레지스터의 큰 집합이다. 이름에서 알 수 있듯이, RAM에서는 위치에 상관없이 접근 시간이 동일하다. 접근 시간이란 RAM에서 데이터를 읽거나 쓰는데 소요되는 시간이다. 일반적으로 주메모리의 접근 시간은 클록의 몇 주기에 해당하는 시간이다. 주메모리는 전기적인 장치로 정적인 회로인 SRAM과 동적인 회로인 DRAM으로 구성된다. SRAM이 보다 빠르지만, 복잡한 회로로 구현된다. DRAM의 1 비트 구현을 위하여 트랜지스터 1개와 캐패시터 1개만이 필요하다. 그러나 캐패시터에서 방전되는 전하의 보충을 위하여 정기적인 리프레쉬가 필요하다.

이상적인 세계에서는 크기가 크며 빠른 메모리가 있을 수 있다. 하지만 현실적으로는 그렇지 않기 때문에 캐쉬를 사용하는 해결책이 개발되었다. 캐쉬는 작고 빠른 메모리로 가장 최근에 사용된 워드를 자동으로 저장한다. 이것은 같은 워드가 곧 다시 사용될 것이라는 가장에 근거한다. 만약 캐쉬에 있는 워드에 대한 접근 시간은 레지스터의 접근시간(한 클록 사이클)과 비슷하며, 이것은 항상 주 메모리 접근 시간 보다는 빠른 시간이다.

현재 주 메모리의 크기는 1GB 혹은 이보다 크지만, 최근 소프트웨어(그래픽 또는 그림을 포함)는 이 공간을 빠르게 소비한다. 또한 주 메모리(SRAM을 사용한 경우에도)는 휘발성 메모리이다. 즉 전원이 꺼지면 내용도 사라진다. 이러한 이유 때문에 컴퓨터는 다른 단계의 메모리인 2단계 메모모를 사용한다. 이러한 메모리의 가장 일반적인 형태는 자기 디스크이다. 랩톱 컴퓨터로 하드드라이브를 가지고 있으며, 이 하드드라이브는 컴퓨터 속에 내장되어 있으며, 크기는 100 GB 이상이다. 자기디스크는 읽고 쓸 수 있으며, 내용을 보존하기 위하여 전원이 필요하지 않다. 자기디스크는 또한 휴대형으로도 존재한다.(이러한 디스크를 플로피 디스크 혹은 집 드라이브라고 한다.) 컴퓨터간의 데이터를 이동하기 위하여 사용하는 다른 종류의 메모리로 플레시 메모리가 있다. 플레시 메모리는 작은 전자 저장 장치로 수 GB의 데이터를 저장할 수 있다. 다른 두 종류의 2단계 저장 장치는 광학 디스크로 CD-ROM과 DVD가 있다. 원래는 음악과 영상의 저장을 위하여 개발되었지만, 이들은 다량의 데이터와 프로그램을 전송하는데 사용되는 인기있는 저장 매체가 되었다. 다단계 메모리 시스템의 블록도가 그림 11.1에 표시되었다.

그림 11.1 메모리의 체계

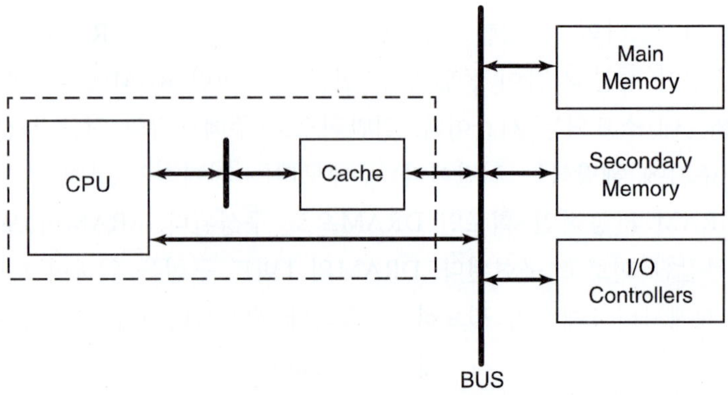

그림 11.1과 같이 CPU는 주 메모리, 2단계 메모리, 입/출력 장치와 버스를 통하여 통신한다. 주 메모리는 CPU보다 5~10배 정도 느리며, 다른 장치들은 이보다 더 느리다. CPU가 항상 버스 마스터(어떤 장치가 버스를 제어하는 가를 결정하는 유닛)인 것이 자연스러워 보이지만, 블록 데이터를 전송하는 경우에 CPU가 버스 마스터가 되면 데이터를 전송하는 긴 기간 동안 CPU가 다른 작업을 할 수 없게 된다. 이 때문에 주 메모리와 다른 장치 사이에서 블록 데이터가 전송되는 경우에는 CPU의 제어를 받지 않게 되며, 다른 장치가 버스 마스터가 된다. 이 때문에 버스의 제어권을 누가 갖는가를 결정하는 적절한 방법이 필요하다.

주 메모리와 2단계 메모리 사이에서는 블록단위로 데이터가 전송되며, 이 경우 블록의 크기는 일반적으로 4 KB이다. 이렇게 블록 단위로 데이터를 전송하는 이유는 전송할 데이터를 찾는데 걸리는 시간(레이턴시)가 아주 길며, 이 값은 입/출력 헤드 부분에 접근하기 위하여 디스크가 얼마 회전해야 하는가 그리고 헤드가 얼마나 내외로 움직여야 하는 가에 따라 달라지기 때문이다. 이 시간은 1/1000초 단위이다. 헤드가 해당 영역 위에 위치하게 되면 전송 속도는 초당 100 MB 정도가 된다.

입/출력 장치들은 2단계 메모리와 같이 주 시스템 버스를 통하여 제어기에 연결된다. 어떤 머신의 경우에는 분리된 입출력 명령어와 입출력 장치에 대한 주소 공간을 가지고 있지만, 대부분의 현대 컴퓨터들은 메모리와 입출력 장치에 같은 메모리 주소 공간을 사용한다. 따라서 메모리에 접근하는 모든 명령어는 입출력 장치와 2단계 메모리 제어 장치를 접근할 수 있다. 입출력 장치는 다른 데이터율과 형태를 제어할 수 있는 제어기를 통하여 연결된다. 많은 양의 데이터를 전송할 때 입출력 장치는 CPU를 방해하지 않고 전송할 수 있다. 이것을 DMA(Direct memory access)라고 한다.

11.1 임의 접근 메모리(Random Access Memory)

주 메모리에 연결된 버스는 3개의 분리된 버스로 구성된다. 첫 번째 버스는 주소 선으로 메모리에서 워드를 선택하는데 사용된다. 두 번째는 데이터 버스로 입 출력에 사용된다. 마지막으로 read/write' 선으로 데이터 흐름의 방향을 표시한다.

그림 11.2a 1비트 저장 셀

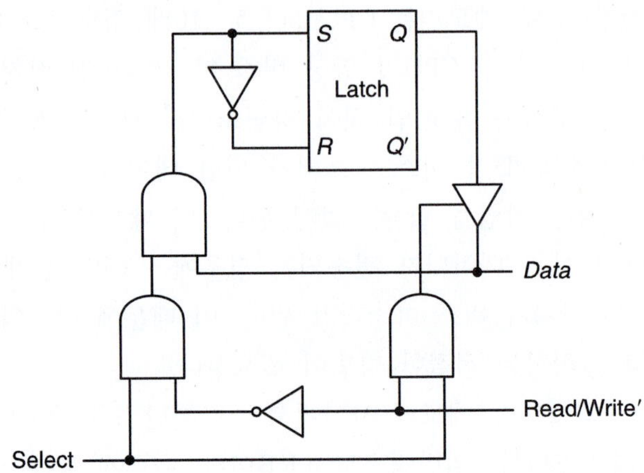

메모리 내부의 구조는 다양하다. 논리적으로 1비트 저장 셀은 그림 11.2a에 보인 것과 같다. 선택 입력은 한 워드 내의 모든 셀은 활성화시키는 디코더로부터 입력된다. 데이터 라인은 데이터의 1비트를 나타내며, 다른 워드의 같은 위치에 있는 모든 셀들과 연결된다. 3상 출력 게이트는 해당 워드가 선택되는 경우에 활성화되며, 이때는 데이터 읽기를 수행한다. 어떤 설계에서는 선택 라인이 2개 존재하며, 이들 모드는 읽기 또는 쓰기 동작에서 활성화되어야 한다. 이 두 개의 선택 라인은 그림 11.2a와 같이 AND 게이트에 연결된다. 하나의 선택 라인을 가진 저장 셀의 블록도는 그림 11.2b와 같다.

그림 11.2b 저장 셀의 블럭도

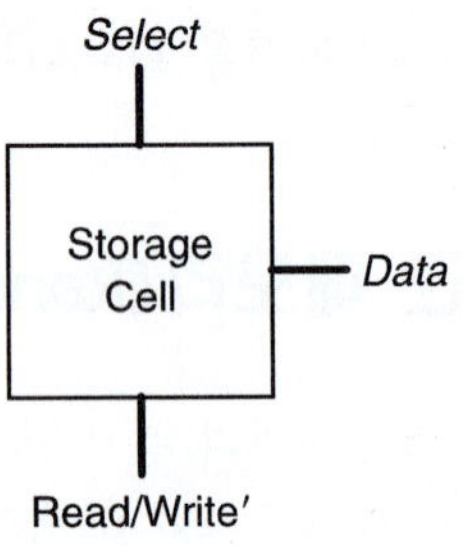

그림 11.3은 위에서 설명된 셀은 배열하여 작은 메모리를 구성한 것이다. 이 메모리는 6 비트 워드를 4개 가지고 있다. 워드가 4개이기 때문에 2 비트 주소를 디코딩하여 선택 입력을 생성한다. 6 비트 데이터 버스는 각 워드에 연결되어 있다. 선택된 워드는 읽기 동작에 데이터 버스에 연결된

그림 11.3 4-워드 6-비트 메모리

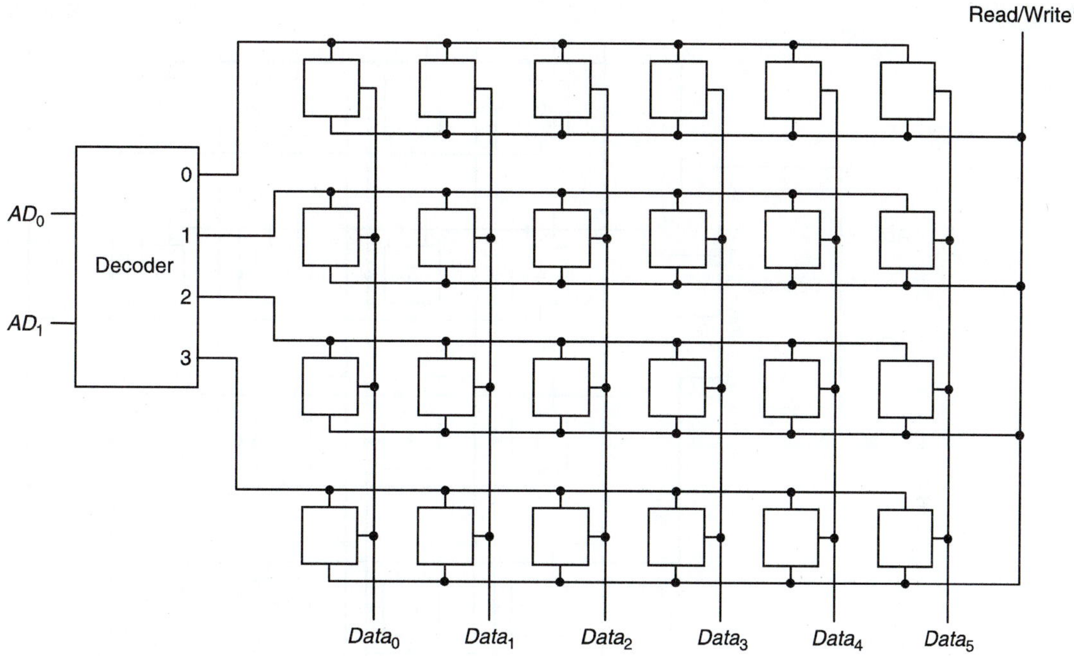

다. 그렇지 않으면 데이터버스에 연결되지 않는다.

이런 방법이 이론적으로는 모든 크기의 메모리에 대하여 동작하지만, 큰 메모리 칩에서는 디코더의 크기가 너무 커져 이 방법을 사용하기 어렵다. 백만 워드를 저장하는 메모리 칩은 20 입력, 2^{20} 출력 디코더가 필요하다.(이 값은 워드 내의 비트 수와는 관계없다.) 디코더의 큰 크기뿐만 아니라, 이 디코더를 구현하기 위해서는 20 입력 AND 게이트가 필요하다는 것도 문제이다. 게이트의 팬인(최대 입력의 수)은 8 ~ 10 입력 정도로 제한되기 때문에 20개의 입력을 가지는 게이트는 실제적이지 못하다. 따라서 이러한 문제를 해결하기 위해서는 이차원(경우에 따라서는 3차원)의 셀 배열이 필요하게 된다.

이차원 배열에서 주소는 반으로 나뉘어 각각의 디코더에서 디코딩 된다.1) 첫 번째 디코더는 비트의 행을 활성화하며, 두 번째 디코더는 비트의 열을 활성화한다. 이러한 선택을 일치 선택(coincident selection)이라 한다. 각 셀은 2개의 선택 라인을 입력으로 받아 AND 연산을 하게 된다. 그림 11.4는 매우 작은 예로, 1비트로 구성된 16 워드 메모리이다.(이 메모리의 셀은 2개의 선택 라인을 입력 받는다.) 이 셀들의 번호는 0 ~ 15이다.

1) 다르게 나누는 방법도 가능하지만, 여기서는 이 경우에만 한정하여 논의한다.

그림 11.4 이차원 배열

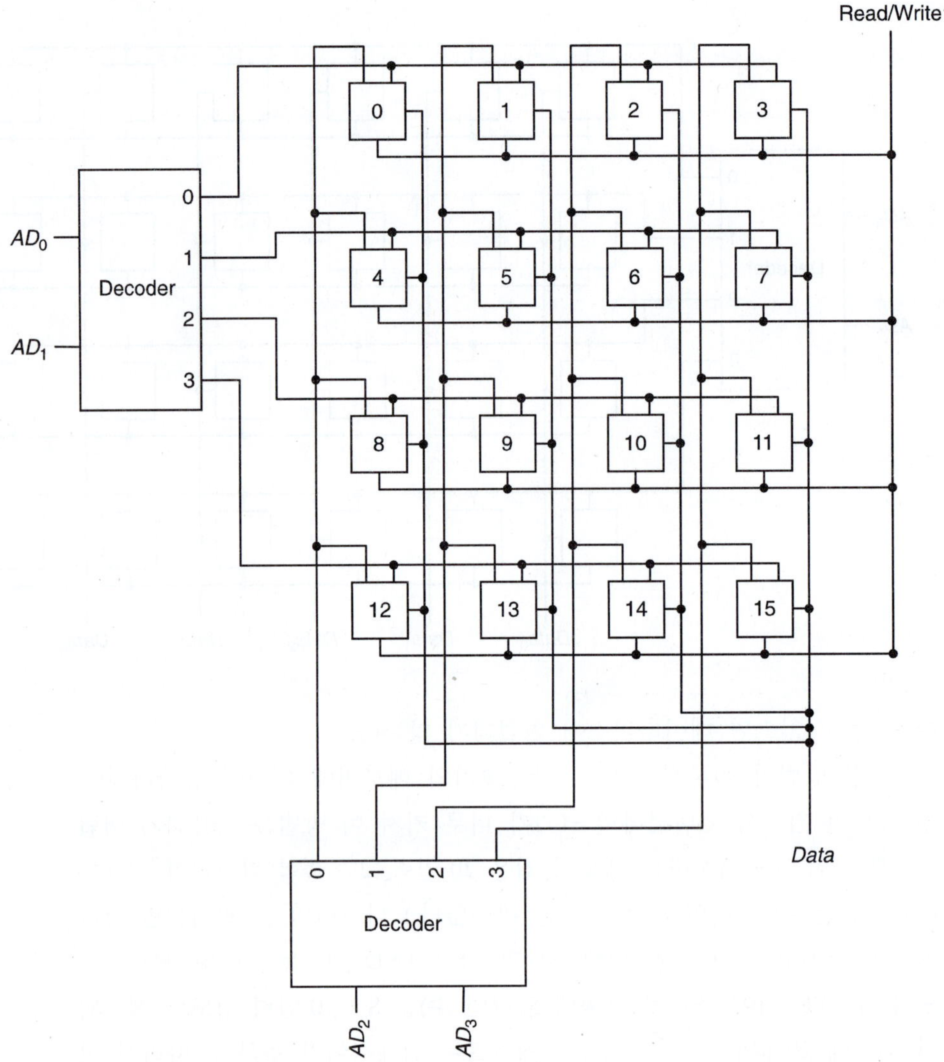

큰 메모리는 여러 개의 칩을 이용하여 구성된다. 10억 개의 64 비트 워드 ($2^{30} \times 2^6$ 비트) 메모리가 필요하다면, 그 크기의 단일 칩을 구할 수 없을 것이다.[2] 그러한 칩은 거의 100개의 커넥터(30 주소 핀, 64 데이터 핀, read/write', 하나 또는 그 이상의 선택 입력, 그리고 파워 핀)를 가진 패키지를 필요로 할 것이다. 일반적으로 메모리의 크기는 바이트 단위로 표시하지만, 1, 2, 4, 8 또는 그 이상 크기의 워드 크기로 구성될 수 있다. 작은

2) 물론 메모리의 크기는 매년 증가하기 때문에 여러분이 이 책을 읽을 때쯤에는 이것이 변하였을 수도 있다. 그러나 사용자들은 계속 좀 더 큰 크기의 메모리를 원하기 때문에 여기에서 논의되는 것과 같은 문제는 항상 있을 것이다.

워드 크기로 구성하는 것의 장점은 커넥터의 수가 작아진다는 것이다. 단점은 워드를 위하여 여러 개의 칩이 필요하다는 것이다.

요즘 컴퓨터의 가장 일반적인 메모리 설계 방식은 메모리 칩을 168 핀의 DIMM(Dual In-Line Memory Module) 형태로 탑재하는 것이다. DIMM은 보드 형태로 컴퓨터의 주 기판에 꽂게 된다. DIMM의 "dual" 커넥터가 보드의 양쪽에 있음을 나타낸다. 보통 8개의 칩이 장착되며, 각 칩은 한 워드의 8 비트이다.

8 비트 워드로 구성되고 256 MB를 저장할 수 있는 메모리 칩은 28개의 주소 라인, 8 개의 데이터 라인 그리고 하나 이상의 enable 라인을 필요로 한다. 예를 들면, 활성-1 enable 신호를 가정할 수 있다. 이 칩 8개를 이용하여 512 M 워드(각 워드는 32 비트)의 메모리를 그림 11.5와 같이 만들 수 있다.

그림 11.5 512 M 워드 32 비트 메모리

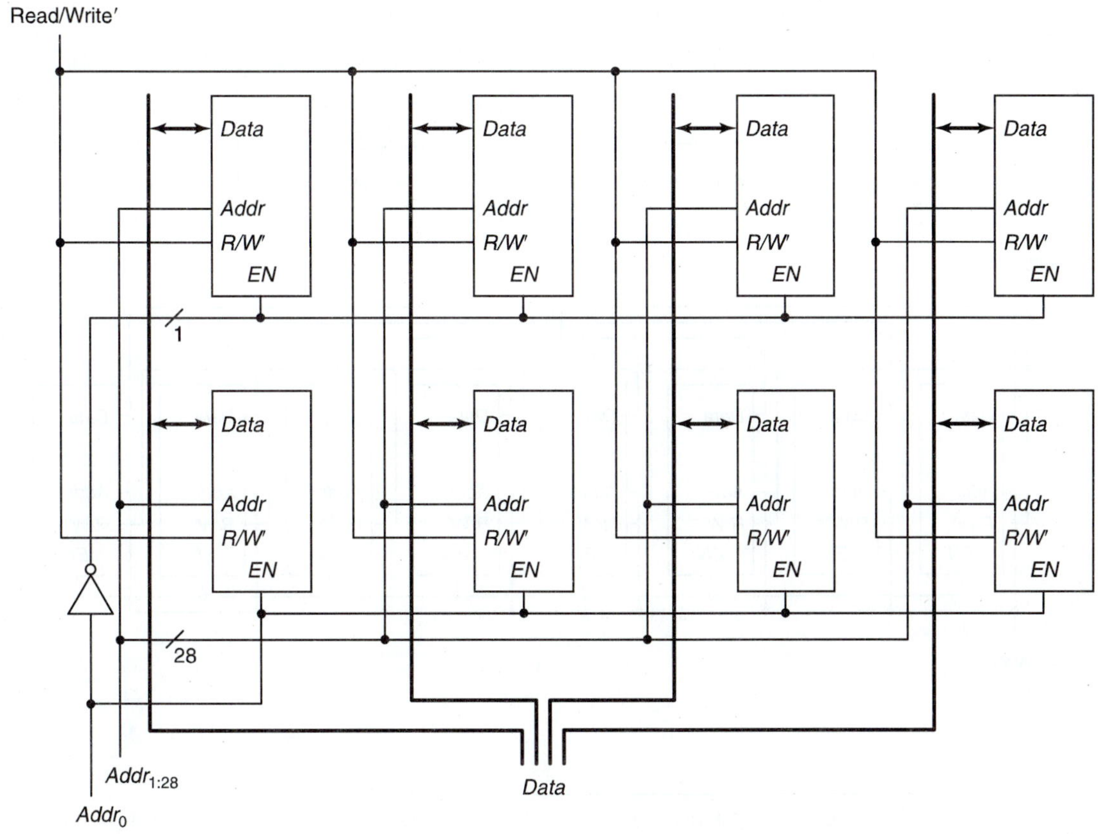

가장 위 행은 첫 256 M 워드(4개의 칩에 분산된)를 저장한다. 이 행은 $Addr'_0$에 의하여 활성화된다.(이 블록도에서 컴퓨터는 29 비트 주소를 생성하여, 512 M 워드의 메모리를 접근할 수 있는 것으로 가정한다.) 만약 컴퓨터가 32 비트 주소를 생성하여 최대 4 G 워드의 메모리를 사용할 수 있도록 한다면, 이 칩들은 처음 512 M 워드를 저장할 것이다.(DIMM의 모든 슬롯을 채울 필요는 없다.) 16 출력 디코더가 4개의 칩으로 구성된 16개의 행 중 하나를 선택할 것이다. $Addr_{0:3}$이 디코더로 입력된다.($Addr_{4:31}$은 각 칩의 주소 입력이 될 것이다.) 디코더의 처음 두 개의 출력은 이 칩의 두 행을 활성화한다.[3)]

예제 11.1

1-MB의 메모리를 1M 비트 × 1로 구성된 1 MB 칩을 사용하여 구현하는 경우와 128 K 비트 × 8 칩으로 구성하는 경우를 비교하라. 두 경우는 모두 8개의 칩을 필요로 한다. 첫 번째 경우는 20개의 주소 라인, 한 개의 데이터 라인을 필요로 하지만 enable을 위한 디코더는 필요없다. 128 K 비트 × 8 칩으로 구성하는 경우는 17개의 주소 라인, 8개의 데이터 라인, 그리고 3-8 디코더가 필요하다.

첫 번째 회로도에서 각 칩은 각 워드의 1 비트를 저장한다. 데이터 라인은 8 비트 집합으로 모아진다. 모든 칩들이 항상 활성화된다.(만약 이 칩들이 보다 큰 메모리의 부분이라면, 이들은 모두 같은 신호에 의하여 활성화된다.)

두 번째 회로도에서는 디코더가 8개의 칩 중 하나를 주소의 처음 3 비트에 의하여 선택한다. 데이터 라인을 모두 같이 묶이게 된다.(3상 데이터 라인을 가정)

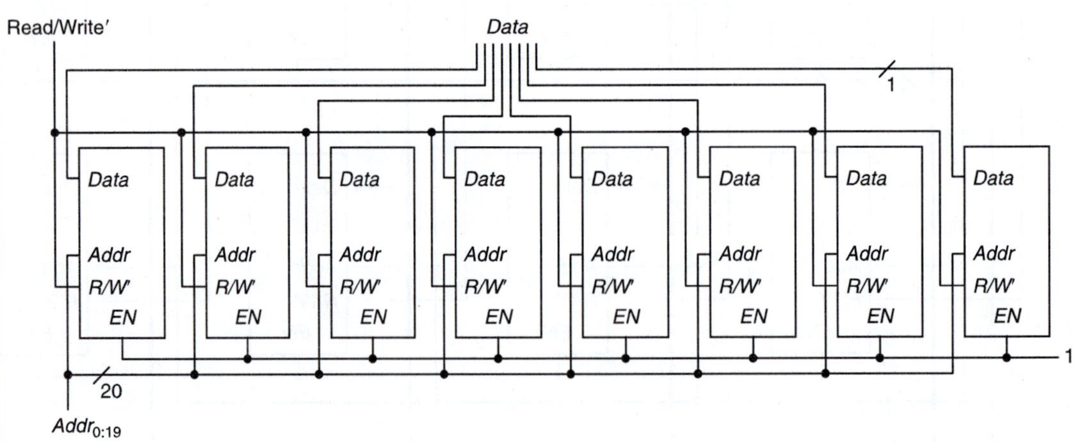

3) 메모리가 512-MB DIMM으로 구성된다면, 디코더의 출력은 8개로 주소의 세 번째 3비트로 행을 구분할 것이다.

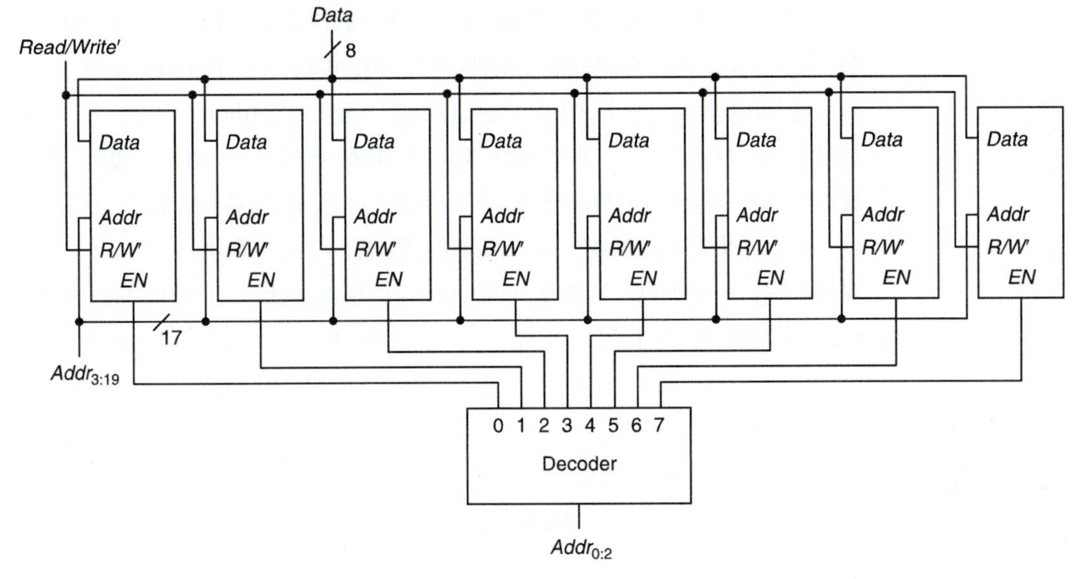

11.2 캐쉬 메모리

캐쉬는 빠른 메모리로 주 메모리의 워드를 임시로 저장한다. 주 메모리를 접근하는 것은 일반적으로 몇 클록 주기가 걸린다. 반면 캐쉬는 한 클록 주기에 접근이 가능하다. 주 메모리의 워드는 처음 참조될 때 캐쉬로 옮겨진다. 이때 참조되는 워드를 포함하는 블록 전체가 캐쉬로 옮겨진다. 캐쉬의 사용은 다음의 두 가지 가정에 기반을 두고 있다. 첫 째, 만약 워드가 접근되었다면 가까운 미래에 그 워드가 다시 사용된 가능성이 많다는 것이다. 이러한 성질을 시간적 집약성(temporal locality)라 한다. 두 번째 가정은 만약 어떤 워드가 참조된다면, 그 워드와 인접한 주소를 가지는 다른 워드가 참조될 가능성이 많다는 것이다. 이러한 성질을 공간적 집약성(spatial locality)라 한다. 컴퓨터 프로그램은 명령어와 데이터를 연속된 장소에 저장하기 때문에, 공간적 근접성이 나타내게 된다. 가장 자주 사용되는 명령어들은 일반적으로 반복문 안의 명령어들이며, 이것은 이 명령어들이 반복적으로 사용된다는 것을 의미한다. 따라서 시간적 근접성이 나타나게 된다. 우리는 먼저 간단한 아이디어에 대하여 살펴보고, 이를 좀 더 실제적인 방법으로 확장할 것이다.

첫 예제로써 2^{32} 워드의 주 메모리와 256 워드의 캐쉬를 사용할 것이다. 캐쉬의 각 워드는 주소, 메모리 워드(데이터), 유효 비트, 그리고 변화 비트의 네 부분으로 구성된다. 캐쉬의 각 워드는 주소의 마지막 8비트가 캐쉬 워드의 주소와 같은 메모리 워드를 저장한다. 예를 들면, 캐쉬 워드 01 (16진수)은 주 메모리 주소 00000001, 00000101, 00000201, ⋯, FFFFFF01에 저장된 워드를 저장할 수 있다. 이와 같은 캐쉬를 직접 매핑 (direct mapped) 캐쉬라 하며, 그림 11.6은 이를 도식화한 것이다. 유효 비트는 캐쉬에 무엇인가가 저장되었음을 나타낸다.(컴퓨터가 처음 켜졌을 때, 모든 유효 비트는 0이다.)

중앙처리장치 (CPU)가 주소를 생성할 때, 마지막 8 비트를 이용하여 캐쉬 워드를 선택한다. 선택된 캐쉬 워드의 유효 비트가 1이면 캐쉬 워드의 주소 부분과 메모리 워드의 주소 24비트와 비교하게 된다. 만약 일치한다면, 참조하려는 워드가 캐쉬에 있는 것이다.(이것은 적중이라 한다.) 만약

그림 11.6 직접 매핑 캐쉬

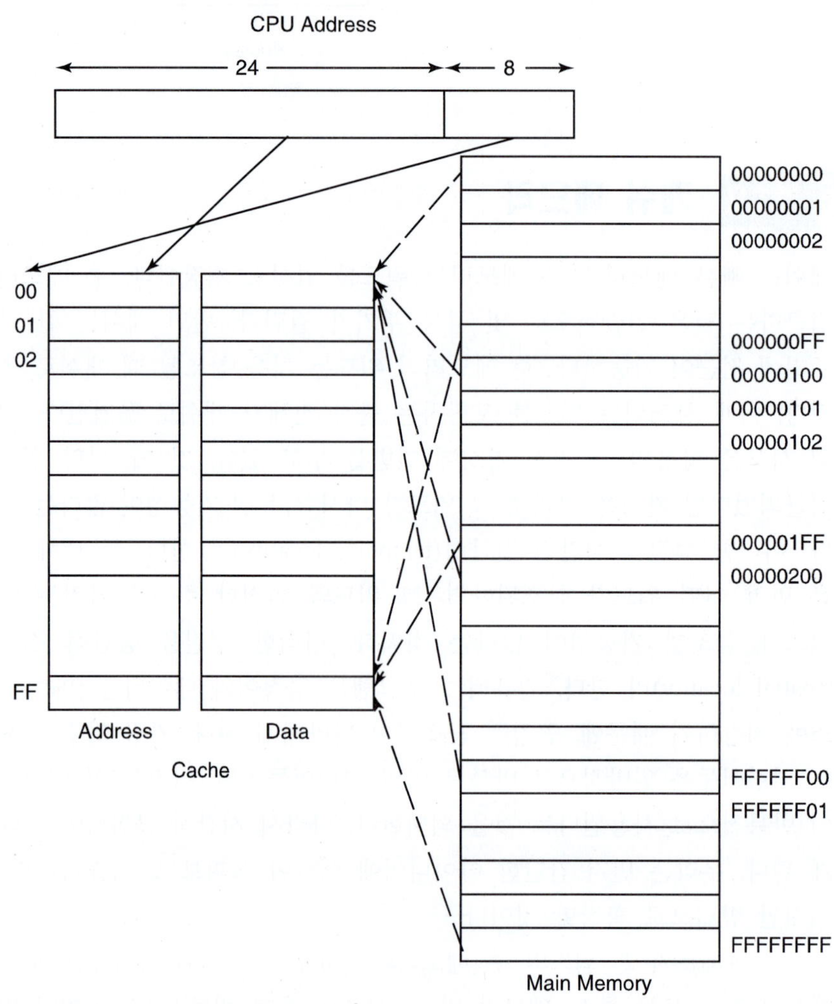

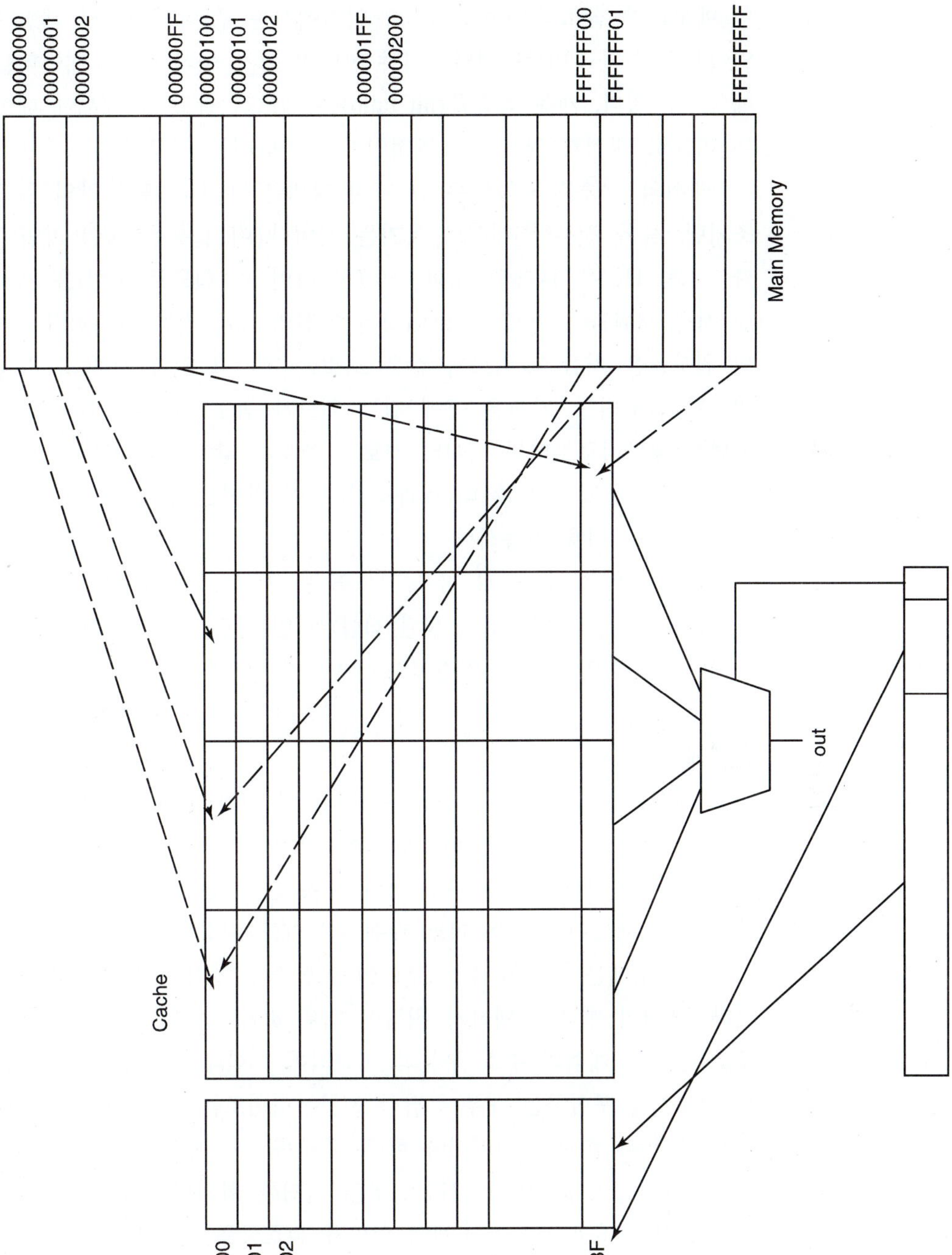

그림 11.7 4워드 라인을 가진 직접 매핑 캐쉬

유효 비트가 0이거나 주소가 일치하지 않으면(이것은 부적중이라 한다.) 주 메모리가 참조되어야 한다. 즉 읽기에서는 주 메모리에서 해당 워드를 읽어서 캐쉬와 CPU로 전달하여야 한다.[4] 쓰기 동작에서는 데이터를 캐쉬에 쓸 수 있다. 캐쉬 적중률(hit ratio)은 메모리 참조 중 캐쉬에 데이터 있는 비율로 캐쉬가 얼마나 효과적인가를 나타내는 척도가 된다.

캐쉬의 적중율을 높이는 한 가지 방법은 데이터 블록 안의 워드가 참조되면, 블록 전체를 캐쉬로 옮기는 것이다.(이 블록은 캐쉬 라인이라 한다.) 그림 11.7은 64개의 캐쉬 라인(한 라인은 4워드로 구성)을 가지는 직접 매핑 캐쉬를 보이고 있다.(이것은 이전의 예과 같은 크기이다.) 블록 안의 워드들은 처음 30비트가 같은 조소를 가지고 있다. 이때의 가정은 한 워드가 참조되면, 가까운 곳에 있는 워드가 참조 될 것이라는 것이다. 이 방법은 메모리로부터의 데이터 경로가 충분히 넓어서 4 워드를 한 번에 처리할 수 있는 경우에 좀 더 효과적이다. 이 방법은 후에 논의될 다른 형태의 캐쉬에도 적용 가능하다.

이 방법은 반복적으로 참조되는 연속적인 워드의 집합(캐쉬 내의 공간보다는 적은 수의 워드로 구성된 집합)이 있는 경우에 상당히 잘 동작한다. 그러나 잠재적인 문제는 명령어와 데이터가 동일한 하위 비트들을 가질 수 있다는 것이며, 이로 인하여 많은 부적중이 야기될 수 있다는 것이다. 이 문제에 대한 몇 가지의 해결 방안이 있다. 가장 간단한 방법은 두 개의 분리된 캐쉬를 만드는 것이다.(명령어 캐쉬 및 데이터 캐쉬) 두 번째 해결 방안은 완전 결합 캐쉬(fully associative cache)를 만드는 것이다. 주소의 하위 8 비트가 같은 모든 메모리 워드에 대하여 같은 캐쉬 워드를 할당하는 대신에 임의의 메모리 워드는 어느 캐쉬 워드에도 저장될 수 있도록 하는 것이다. 이 경우에는 캐쉬의 주소 부분이 이전과는 달리 완전한 주소가 되어야 한다. 캐쉬의 행을 선택하기 위하여 하위 8비트만을 사용하지 않고 CPU 주소 전체가 캐쉬의 주소 부분과 비교되어야 한다. 이것은 256개의 32비트 비교기를 포함하는 매우 복잡한 조합논리회로를 필요로 한다.(이것은 반드시 조합논리회로 구성되어야 한다. 주소를 순차적으로 비교하는 것은 캐쉬를 너무 느리게 한다.) 그림 11.8은 이러한 형태의 캐쉬를 보이고 있다. 이 그림에서 유효 비트는 6개의 워드가 유효함을 나타내고 있다.

CPU로부터 생성된 주소는 캐쉬의 각 주소와 비교된다. 일치되는 주소가 있고 해당 유효 비트가 1이면 해당 데이터가 CPU로 전달된다. 그렇지

---

4) 잠시 후에, 캐쉬에서 바뀌는 워드에 대하여 무엇을 해야 하는 가에 대하여 살펴 볼 것이다.

그림 11.8 완전 결합 캐쉬

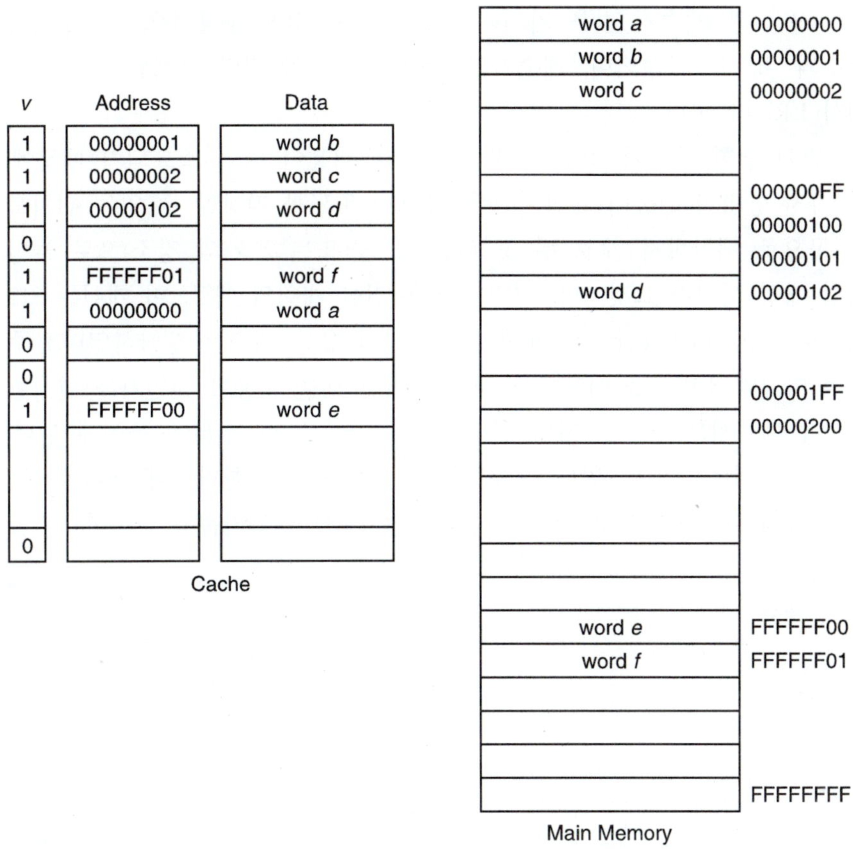

않다면, 주 메모리에서 데이터를 가져온다. 이것은 새로운 문제를 발생시킨다. 새로운 워드는 캐쉬의 어디에 저장되어야 하는가? 만약 사용되지 않은 공간이 있다면(즉 유호 비트가 0인) 이 공간을 사용할 수 있다. 그러나 캐쉬가 모두 찾는다면(이런 상황은 짧은 시간 후에 정상적으로 발생할 것이다.) 저장 공간을 만들기 위하여 캐쉬 워드의 일부가 이동되어야 할 것이다. 교체 방법(replacement policy)이 어떤 워드가 이동될 것인가를 결정한다. 우리는 임의로 이동될 워드를 선택하거나 선입선출(first-in first-out) 방법을 사용하여 캐쉬 전체를 순환하는 방법으로 이동될 워드를 선택할 것이다. 이 두 방법은 모두 좋은 성능을 보인다. LRU(least recently used) 방법은 좀 더 좋은 결과를 낸다. 이것은 적중율을 높여 준다. 그러나 워드가 언제 마지막으로 사용되었는가를 기억하는 추가적인 하드웨어가 필요하다. 이 방법을 사용하기 위해서는 각 캐쉬 워드에 계수기가 추가되어야 한다. 계수기는 워드가 캐쉬에 처음 저장될 때 0으로 초기화되며, 다른 워드가 사용될 때 마다 1씩 증가된다.(계수기의 값이 모두 1인 경우에는 포화된다.) 가장 큰 계수기 값을 가지는 워드가 이동된다. 통상적으로 계수기는 소수의 비트로 구성되며, 계수기의 값이 모두 1이 되면 교체된다. 이것을 의사 LRU라 한다.

완전 결합 캐쉬가 직접 매핑 캐쉬보다 비용이 많이 소요되기 때문에, 두 가지 방법의 절충이 개발되었다. 메모리 워드를 저장할 수 있는 위치를 한 곳으로 제한하지 않고 두 곳 혹은 네 곳(또는 2^n 개의 장소)으로 늘인 직접 매핑 캐쉬가 그것이다. 그림 11.9 이러한 캐쉬의 예로, 이 캐쉬는 512 워드로 구성되었다.(간단히 표시하기 위하여 유효 비트는 생략하였다.) 주소의 마지막 8 비트를 이용하여 캐쉬의 어떤 행을 사용할 것인가를 결정한다. 이 예에서는 $a \sim h$까지의 워드가 두 부분 중 한 부분에 쓰이게 된다. 워드 j가 참조된다면, 워드 a 또는 e가 교체되어야 한다. 이 캐쉬에서는 각 행에 1 비트씩을 추가로 사용하여 쉽게 LRU 알고리즘을 구현할 수 있

그림 11.9 2-가지 결합 캐쉬

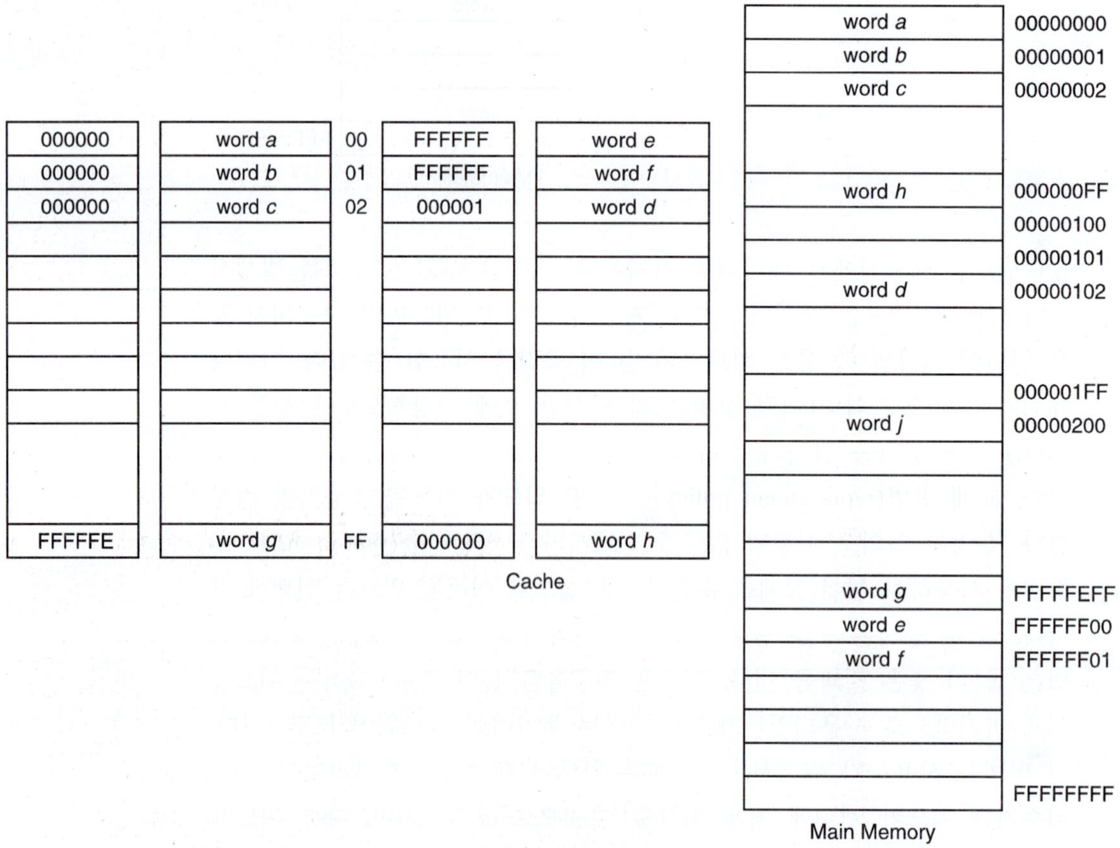

다. 추가된 비트는 왼쪽이 사용되면 0, 오른쪽이 사용되면 1이 된다. 만약 간단한 직접 매핑 캐쉬가 사용되었다면 워드 *j*와 연관된 문제가 발생하기 전에 워드 *d*, *e*, *f*, *h*와 충돌이 발생할 수 있음에 주목하라.

하나의 문제가 남는다. CPU가 메모리에 데이터를 쓰는 경우는 어떤 일이 일어나는가? 이에 대하여 2가지 방법이 제시되었다. 첫 번째 방법은 write through 방법으로 캐쉬와 메모리에 모두 쓰는 방법이다. 따라서 캐쉬에 워드가 대체될 때, 다른 데이터로 덮어 씌여 진다. 이 방법의 단점은 카운터와 같이 데이터가 여러 번 쓰여지는 경우에 추가적인 메모리 참조가 필요하다는 것이다. 다른 방법은 변화 비트를 사용하는 방법이다.(변화 비트는 종종 dirty 비트로 불린다.) 이 비트는 해당 캐쉬 워드에 대한 쓰기가 있는 경우에 1이 된다. 워드가 대체될 때, 변화 비트가 1이면 그 워드는 메모리에 쓰여진다.(변화 비트가 0이면 캐쉬 워드는 다른 데이터로 덮어 씌여 진다.) 이 방법은 프로그램이 수행되는 도중에 I/O 장치나 다른 프로세서가 주 메모리를 접근하는 경우에 문제가 될 수도 있다. 즉 오염된 정보를 사용할 수도 있다.(즉 캐쉬의 데이터가 적절하게 변경되지 않았을 수도 있다.)

예제 11.2

다음과 같이 구성된 16 워드 캐쉬를 고려하자.

a. 직접 매핑
b. 2 워드로 구성된 라인을 가진 직접 매핑 캐쉬
c. 완전 결합 캐쉬
d. 2-가지 결합 캐쉬

16 진수로 표시된 다음과 같은 주소 시퀀스에 대하여, 시퀀스의 마지막에서의 캐쉬의 내용을 보여라.

121 206 122 123 206 124 125 126 121 206 122
123 206 129 12A 207

직접 매핑 캐쉬의 내용은 수행의 여러 단계에서 캐쉬에 저장된 워드의 주소를 보여준다. 첫 7개의 참조는 캐쉬로의 적재를 나타낸다. 캐쉬 워드 6은 워드 206과 126을 위하여 사용된다. 다음 참조가 126일 때, 워드 206이 대체된다. 후에 126은 다시 206으로 대체되며, 이후에 대체는 없다.

2-워드 캐쉬 라인을 가진 직접 매핑 캐쉬에 대해서는 워드 121이 캐쉬에 적재될 때, 워드 120과 121이 캐쉬에 적재된다. 이 것은 워드 122과 123이 적재될 때, 그리고 몇몇 다른 위치에서 같은 상황이 발생한다. 워드 126과 206 사이의 충돌은 아직도 존재한다. 수행 끝에서의 캐쉬 상태는 그림과 같다.

완전 결합 캐쉬는 10개의 모든 워드에 대하여 공간을 가지고 있으므로 그림으로 표시하지 않았다.

	after 7	after 8	end
0			
1	121	121	121
2	122	122	122
3	123	123	123
4	124	124	124
5	125	125	125
6	206	126	206
7			207
8			
9			129
A			12A
B			12B
C			
D			
E			
F			

Direct-mapped

	0	1
0	120	121
2	122	123
4	124	125
6	206	207
8	128	129
A	12A	12B
C		
E		

Two-word lines

0		
1	121	129
2	122	12A
3	123	
4	124	
5	125	
6	206	126
7	207	

Two-way associative

2-가지 결합 캐쉬는 주소의 마지막 3 비트가 같은 주소의 두 워드에 대하여 공간을 가지고 있다.(주소가 0과 8로 끝나는 워드는 같은 캐쉬 라인에 저장된다.) 주어진 메모리 참조에 대한 모든 워드는 그림과 같이 캐쉬에 저장된다. 그러나 만약 131, 201 또는 209에 대한 참조가 있다면, 캐쉬의 라인 1은 찰 것이고 129나 121이 대체되어야 한다.(LRU 대체 방법이 사용된다면, 121이 대체될 것이다.)

11.3 이차 메모리

이차 메모리의 주요한 형태는 자기 디스크이다. 자기 디스크는 원형 둥근 판(일반적으로 접시의 양쪽 모두 사용)의 매우 작은 지점의 자기장에 정보를 저장한다. 그림 11.10은 둥근 판 한쪽 면의 배치를 보여 준다. 디스크

그림 11.10 자기 디스크

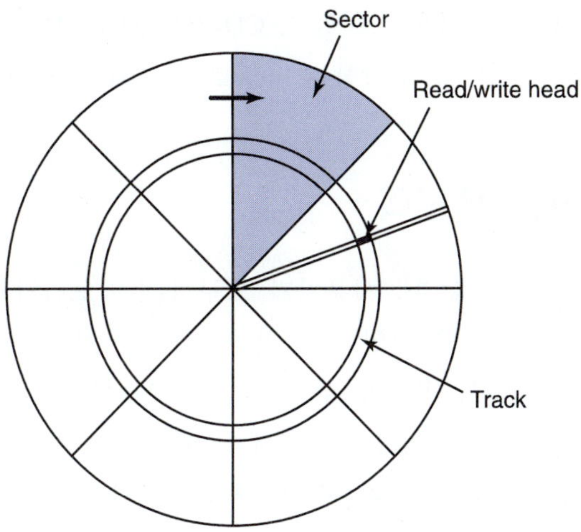

는 7200 rpm(초당 120회전 또는 8.33ms 당 1회전)의 일정한 속도로 회전한다. 정보는 트랙에 저장되며, 헤드가 지나 갈 때 정보가 읽히거나 쓰여진다. 판 하나에는 1024개 또는 그 이상의 트랙이 존재한다. 각 트랙은 섹터로 분할되며, 각 섹터는 정해진 수(대개의 경우 512)의 바이트를 저장한다. 그림 11.10은 각 트랙에 대하여 8개의 섹터(음영으로 표시된 곳)를 보여주고 있다. 최근의 디스크는 64개의 섹터를 가지고 있다.(어떤 디스크들은 바깥쪽 트랙에 안쪽 트랙보다 많은 섹터를 가지고 있다.) 읽기/쓰기 헤더는 방사상으로 위치해 있으며, 참조되는 트랙을 따라 움직인다.

RAM과 다르게 디스크에서 정보를 얻은 시간은 데이터와 헤더의 상대적 위치에 따라 달라진다. 이것은 3가지 인자에 의하여 결정된다. 첫째 탐색시간은 헤드가 정확한 트랙으로 이동하는데 걸리는 시간이다. 헤드가 원하는 위치에 얼마나 떨어져 있는 가를 알 수 없기 때문에, 이 시간은 평균시간으로 사용된다. 전형적인 탐색시간은 10 msec이다. 우리는 원판이 회전하여 원하는 섹터가 헤더의 아래에 올 때까지 기다려야 한다. 평균은 반회전이다. 7200 rpm인 앞의 예에서 이 시간은 4.17 msec이다. 마지막으로 섹터가 움직임에 따라 헤더에 의하여 정보를 읽을 수 있다. 만약 64개의 섹터가 있다면, 8.33 msec/64 =130 microsec/sector 또는 0.25 microsec/ byte가 된다. 즉 약 3.9 MB/sec가 된다.[5]

5) 이것은 지속 비율이라 부른다. 즉 연속된 섹터를 전송하는 속도이다. 버스트 비율은 섹터가 전송되는 동안 데이터가 얼마나 빨리 전송되는 가를 나타낸다. 버스트 비율은 지속 비율보다 5% 정도 빠른데 이것은 각 섹터는 512 바이트 데이터 외에 오류 점검과 동기화를 위한 정보를 추가로 포함하고 있기 때문이다.

좀더 최근에는 주로 매우 많은 양의 정보를 저장하고 휴대용 메모리로서 광학 저장 매체가 사용되고 있다. CD-ROM,[6] DVD은 음악과 영화뿐만 아니라 컴퓨터 데이터를 저장하는 용도로 사용되고 있다.

11.4 가상 메모리

캐쉬에 대하여 논의 할 때, 사용자가 요구하는 메모리의 일부분만이 캐쉬에 저장될 수 있는 것을 보았다. 마찬가지로 사용자의 메모리 요구 중 일부만을 주 메모리에서 공급할 수 있다. 이것은 특히 다수의 사용하는 큰 컴퓨터 시스템에서 진실이다. 이 문제를 해결하는 가장 공통적인 방법은 가상 메모리이다. 가상 메모리 시스템에서 사용자는 물리적인 주메모리 보다 크고 주 메모리를 여러 사람이 공유하는 경우에는 자신이 할당 받은 메모리보다 큰 주소 공간을 사용할 수 있다. 가상 메모리의 개념은 모든 사용자가 모든 주소 공간을 자신이 사용할 수 있는 것처럼 느끼게 하고, 그렇게 함으로써 데이터를 주 메모리와 이차 메모리 사이에서 옮기는 것과 같은 작업을 하지 않아도 되도록 하는 것이다.(마찬가지로 캐쉬에 대해서도 사용자는 특별한 작업을 하지 않아도 된다.)

주소 공간은 블록 단위로 조직되며, 이 블록을 페이지라 한다. 페이지의 크기는 대게 1024 워드이다. 사용자 메모리 공간의 각 페이지는 활성화되었을 때 주 메모리 블록에 할당된다.(이를 페이지 프레임이라 한다.) 운영체제는 페이지 테이블을 유지하고 있는데, 이 페이지 테이블은 사용자의 페이지 번호(사용자 주소의 상위 비트들)를 주 메모리의 페이지 프레임으로 변환한다. 실제적으로는 두 개의 테이블로 구성된다. 첫 번째 테이블은 모든 사용자 페이지에 대하여 이차 메모리에서의 위치와 주 메모리에서의 위치를 가지고 있다. 이 테이블은 프로그램이 수행될 때, 주 메모리의 한 페이지에 저장된다. 만약 이 테이블이 유일한 테이블이라면, 데이터에 접근하기 위하여 테이블을 읽는 메모리 참조와 데이터를 읽는 메모리 참조를 수행하여야 한다. 즉 두 번의 메모리 참조가 필요하다. 대부분의 시스템에서 두 번째 테이블은 프로그램의 활성화된 페이지의 하드웨어에 저장된다. 이 테이블은 TLB라고 불린다. 이 테이블은 그림 11.11에 표시되었다. TLB의 각 항목은 캐쉬와 같이 유효 비트와 변화 비트를 가지고 있다.

---

6) CD-ROM은 ROM이지만 쓰기도 할 수 있다. CD-R은 한번만 쓸 수 있고, CD-RW는 여러 번 쓸 수 있다.

그림 11.11 가상 메모리 변환

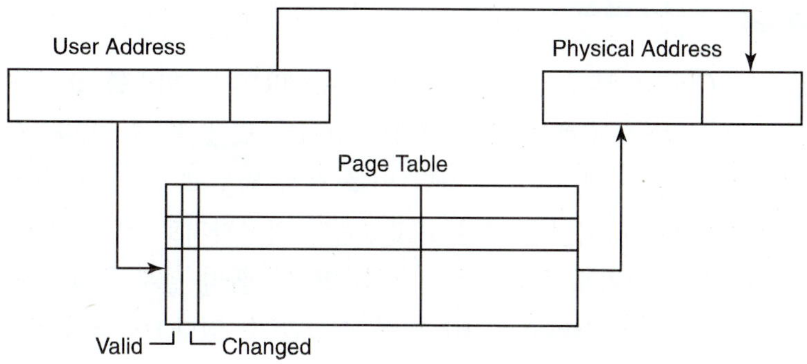

CPU가 주소를 생성하면, 하드웨어 테이블을 조사한다. 만약 해당되는 항목이 테이블에 있으면, 메모리 참조는 빨리 이루어진다. 그러나 테이블에 해당 항목이 없다면, 메모리 테이블이 검사된다. 페이지가 메모리에 있다면 TLB의 내용이 갱신되며, 메모리 참조가 두 메모리 사이클 동안에 완료된다. 원하는 페이지가 메모리에 없다면, 해당하는 페이지를 이차 메모리에서 가져와야 한다. 이 동작은 수 msec가 소요된다. 다중 사용자 시스템에서는 페이지를 가져오는 동안 제어가 다른 프로그램으로 넘어 간다.

예제 11.3

프로그램은 8개의 페이지로 구성되었으며, 그 중 4개는 주 메모리에 있다. 전형적인 페이지 테이블은 아래 그림과 같다.

Page Table

	v	Frame
0	1	7
1	1	1
2	1	3
3	1	0
4	0	-
5	0	-
6	0	-
7	0	-

Main Memory

Frame Number	
0	Page 3
1	Page 1
2	
3	Page 2
4	
5	
6	
7	Page 0
8	
9	

11.5 인터럽트

인터럽트는 CPU 외부에서 입력되는 신호로 CPU의 서비스를 요청하는 신호이다.[7] (이 용어는 CPU에서 관점에서 정의된 것을 볼 수 있다.) CPU가 그런 신호를 받았을 때, CPU는 하던 일을 잠시 멈추고 인터럽트 처리기라는 코드를 수행한다.(이것은 다른 프로그램과 마찬가지로 메모리에 저장된 프로그램이다. 인터럽트 처리기는 시스템 프로그램의 일부인 경우도 있지만, 사용자는 자신의 인터럽트 처리기를 작성할 수 있다.) 인터럽트 처리가 끝났을 때, 제어는 인터럽트가 발생하였을 때 수행되고 있던 프로그램으로 넘어간다. 해당 프로그램은 수행이 중단되었던 위치에서 다시 시작할 수 있어야 한다. 프로그램은 언제 인터럽트가 발생할 것인가를 알 수 없기 때문에 인터럽트에 대하여 특별한 준비를 할 수는 없다. 하드웨어와 인터럽트 처리기가 원래 프로그램 방해받지 않고 수행을 다시 시작할 수 있도록 설계되어야 한다.

인터럽트를 발생할 수 있는 장치들은 서비스를 받기 원하는 시점에서 활성화할 수 있는 출력을 가지고 있다.(출력 신호가 활성-1인가 혹은 활성-0인가 하는 것은 기계에 따라 다른 하드웨어 구현의 세부사항이다. 여기서는 활성-1을 가정한다.) 각 장치 제어기의 인터럽트 요구 출력은 CPU 입력에 연결되거나 모든 장치의 인터럽트 요구 출력을 논리합으로 연결하여 CPU 인터럽트 입력에 연결하여, 하나의 장치라도 인터럽트를 요구하면 CPU에 인터럽트가 걸리도록 할 수도 있다. 인터럽트 요구 신호는 CPU가 적절한 I/O 명령어를 통하여 해당 장치에 응답을 할 때까지 유지되어야 한다. CPU 응답이 있은 후에 장치의 제어기는 인터럽트 요구 신호를 비활성화 시켜야 한다.

인터럽트 구조를 개발할 때, 여러 가지 문제가 시나리오에서 발생한다. 첫 번째로 인터럽트 자체와 인터럽트가 서비스되는 순간에 수행되는 프로그램 사이에는 아무 연관관계가 없다. 인터럽트가 프로그램과 연관이 있을 수 있지만, 보통 인터럽트가 발생하는 순간에 진행되는 상황과 인터럽트는 연관이 없다. 만약 상관이 없다면 원래의 프로그램으로 복귀하는 과정에서 주의를 기울여서 반드시 떠나왔던 지점으로 복귀하여야 한다. 때때로 모든 사용자가 접근 가능한 레지스터와 플래그가 기계의 상태로 불린다. 인터럽

7) 어떤 컴퓨터는 소프트웨어 인터럽트 또는 트랩을 언급한다. 그러나 이들은 오버플로우나 부정 명령어 등에 의한 문제를 처리하는 특별한 에러 처리 서브루틴이다. 이들에 관해서는 여기서 논의하지 않는다.

터가 처리되기 전에 기계의 상태를 충분히 저장하여 원래 프로그램으로 복귀할 때 상태를 복구할 수 있도록 하여야 한다.

두 번째로 여러 가지 소스가 서비스를 요구할 수 있다. 각 장치들은 자신의 특별한 서비스를 필요로 하며, 자신의 인터럽트 처리기를 필요로 한다. 어떤 소스가 인터럽트를 발생하였는가를 결정할 수 있는 방법을 제공하여야 한다. 또한 두 개 이상의 장치가 동시에 서비스를 요구하는 가능성을 처리할 수 있어야 하며, 하나를 선택하여 처리하고 나머지는 선택된 인터럽트의 처리가 끝날 때까지 지연시켜야 한다. 이렇게 처리하는 방법 중의 하나는 각 장치의 인터럽트 요구를 우선순위 인코더를 사용하여 받은 것이다. 우선순위를 제어하는 다른 방법은 데이지 체인이라 불린다. 인터럽트 요구 신호들을 논리합으로 연결한다. 승인 신호는 그림 11.12와 같이 연결한다. CPU는 하나의 *intgrant* 신호를 발생시킨다. 이 신호는 가장 우선순위가 높은 장치로 입력된다. 각 장치 내에서는 AND 게이트가 있어서 *intgrant*와 장치의 인터럽트 요구 신호 *intreq'*을 입력으로 받는다. AND 게이트의 출력은 다음 장치의 *intgrant* 입력으로 연결된다. 따라서 인터럽트를 요구한 장치가 *intgrant*를 받으면, 우선순위가 낮은 장치들은 자신들의 *intgrant* 입력으로 0을 받게 된다.

그림 11.12 데이지 체인

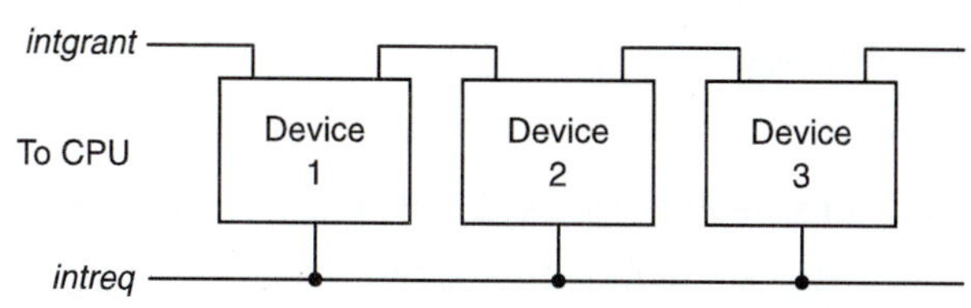

마지막으로 CPU에서 진행 중인 작업이 중요해서 인터럽트를 허용하지 않으려 할 때가 있다. 인터럽트를 끌 수 있는 방법을 제공할 수 있어야 한다. 즉 기계가 사용자의 제어에 따라 인터럽트의 일부 또는 전부를 무시할 수 있도록 일정 기간 동안 무시할 수 있도록 하여야 한다.

현재 진행 중인 프로그램의 수행에 수행 지연 이외의 영향을 주지 않으면서 인터럽트를 처리하기 위하여, 서비스 요구를 명령어 수행 중간에만 확인하도록 한다. 즉 다음 명령어를 메모리에서 읽어오기 직전에 확인한다. 만약 CPU 내에서 인터럽트를 생성하는 신호를 **interrupt**[8]라고 하면,

8) 이 이름은 서비스가 요구되면 이 신호의 값이 1이 되고 CPU가 응답할 준비가 된 것을 내포하도록 정하였다. 요구가 없거나 인터럽트가 비활성화되면 이 신호의 값은 0이다.

MODEL DDL의 첫 단계는 다음과 같이 변경되어야 한다.

```
1.   next: 300 (interrupt), 1a (else).
1a.  AD = PC; read = 1; IR ← DATA;
     PC ← INC[PC].
```

하드웨어 제어기에서 1 단계는 지연되지 않고 따라서 **interrupt** 신호의 값이 0이면 단계 1a는 서비스 요구검사에 시간을 소모하지 않고 수행된다. 인터럽트 요구를 처리하는 단계는 300에서 시작한다. 첫 번째로 일반 서브루틴 호출과 같이 프로그램 카운터의 값이 스택에 저장된다.

```
300.   ADIN = SP; DATA = PC; write = 1.
301.   SP ← DEC[SP].
```

마지막으로 인터럽트 처리기의 첫 명령어의 주소가 프로그램 카운터에 적재된다. 인터럽트 요구에 반응하는 구조는 소프트웨어와 하드웨어의 두 부분으로 구성되어 있다는 것을 강조한다. 하드웨어는 **interrupt** 신호의 생성과 MODEL DDL에 삽입된 추가적인 제어 단계(1, 300, …)를 포함한다. 또한 새로운 명령어가 구현되어야 한다. 새로운 명령어에 대해서는 바로 다음에 다룰 것이다. 소프트웨어는 인터럽트 처리기 프로그램이다. (인터럽트 처리기는 각 서비스 요구의 소스 마다 하나씩 작성되어야 한다.)

인터럽트가 처리되는 순간과 같은 상태의 원래 프로그램으로 복귀하기 위해서는 인터럽트 처리기는 모든 사용자 레지스터(REG$^{0:63}$, PC, **z**, **n**, **c**, **v**)를 정확히 원래 상태로 복원해야 한다. PC는 스택에 저장하였기 때문에 이 조건을 만족하였다. 인터럽트 처리기가 스택에 푸쉬한 모든 데이터를 원래 프로그램으로 복귀하기 전에 팝한다고 가정하면, 스택 포인터는 유지된다.(만약 그렇지 않다면, 복귀 명령어가 정확한 PC 값을 적재할 수 없기 때문에 보다 심각한 문제가 야기된다.) 레지스터에 처리에 대해서는 하드웨어 방법과 소프트웨어 방법이 존재한다. 하드웨어 방법에서는 단계 300에서 각 레지스터와 플래그를 스택에 푸쉬한다.(이것은 65개의 메모리 쓰기와 65개의 감소 연산이 필요하다.) 스택으로부터 레지스터, 플래그, PC의 값을 복원하는 RIH(return from interrupt handler) 명령어가 필요하다. 소프트웨어 방법은 이러한 처리 과정을 인터럽트 처리기의 작성자에게 맡긴다. 어떤 레지스터도 자동으로 스택에 저장되지 않는다. 레지스터를 저장하는 것은 프로그래머에 달려 있다. 프로그래머는 레지스터를 사용하고 복귀전에 복원하는 것을 계획해야 한다. 따라서 인터럽트 처리기의 시작 부분에는 레지스터를 저장하는 명령어(store 또는 push)가 있을 것이며, 레지스터들은 복귀 명령어 전에 메모리로부터 적재되어야 한다.[9] 이 두 가지 방법을 비교하면, 하드웨어 방법이 대부분의 레지스터가 사용되는 인터럽트 처리기에서는 보다 빠르다는 것을 알 수 있다. 레지스터 당 단지 두 사이클만이 소요된다. 그러나 소프트웨어 방법에서는 각 레지스터에 대하여 적어도 하나의 명령어를 수행하여야 하고 이는 여러 사이클이 필요하다. 반면, 하나 혹은 두 개정도의 레지스터만이 사용된다면, 하드웨어 방법은 불필요한 레지스터들을 저장하고 복원하는 과정에서 시간과 공간을 낭비하게 된다. 중간적인 방법도 있다. 하드웨어는 플래그와 몇 개의 레지스터만을 저장한다. 예를 들면 처음의 4개 레지스터만 하드웨어적으로 스택에 저장하고 복원한다. 이렇게 되면 인터럽트 처리기는 이들 레지스터들은 저장하지 않고 사용할 수 있다. 만약 추가로 레지스터가 필요하게 되면, 다른 레지스터에 대해서는 소프트웨어 방법을 사용할 수 있다.

간단하지만 완전한 인터럽트 구조를 기술하기 앞서 하나의 문제가 고찰되어야 한다. 인터럽트 처리가 중단되어야 하는 경우가 있다. 앞에서 기술된 너무 간략화된 방법은 제대로 동작하지 않는다. 이것은 인터럽트 처리기의 첫 명령어를 읽어오는 순간에 단계 3에서 **`interrupt`** 신호의 값이 아직 1이기 때문에 (왜냐하면 인터럽트를 요구한 장치에 서비스 요구 신호를 끄라는 신호가 전달되기 전이기 때문에) 단계 300으로 진행하여 아무 작업도 진행되지 않는다. 따라서 단계 300에서 시작하는 단계들에서 반드시 인터럽트 처리기로 분기하기 전에 인터럽트를 비활성화 시켜야 한다. 따라서 프로그래머가 인터럽트를 원하는 대로 활성화하고 비활성화할 수 있어야 한다.

그림 11.13a는 인터럽트가 발생한 순간 컴퓨터의 스냅샷이다. 제어기가 단계 20에 있으며, add 명령어의 오퍼랜드를 00000102와 00000103으로부터 읽어서 WORK에 저장하였다.[10] 명령어의 수행이 완료되고 제어가 단계 1과 300으로 진행한다. 그림 11.13b에서와 같이 REG1과 플래그는 단계 30에서 적재되었다.(제어 시퀀스에서의 덧셈 단계) 인터럽트 처리기의 수행을 따라서 인터럽트 처리기에서 사용된 레지스터 뿐만아니라 REG[1], 플래그, PC도 복원되어야 한다.(`WORK`는 다음 명령어에서 사용되는 정보를 담고 있지 않기 때문에 복원할 필요가 없다.)

---

9) 2개의 새로운 명령어가 필요할 것이다. 플래그를 스택에 저장하는 명령어와 스택으로부터 저장된 플래그의 값을 복원하는 명령어이다.(이것은 의미를 가지는 인터럽트 처리기는 반드시 플래그의 값을 쓸 것이기 때문이다.)

10) 인터럽트가 활성화되었다는 것을 표시하는 적어도 하나 이상의 플래그가 존재할 것이다.

그림 11.13 인터럽트 시점에서의 MODEL 스냅샷

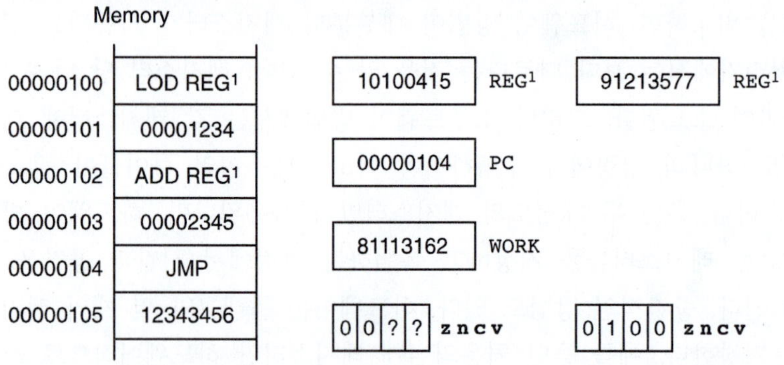

a. At moment of interrupt b. At step 300

예제 11.4

플래그와 처음 두 레지스터를 스택에 저장하고 FFFFFFF0 번지로 분기하는 하드웨어를 설계하려 한다. 프로그램을 적절한 인터럽트 처리기로 변경하는 명령어가 존재한다. 인터럽트가 활성화되었음을 나타내는 플래그 **ie**를 추가한다.(**ie** = 1이 경우에만 **interrupt** = 1이 된다.) 마지막으로 RIH 명령어에 대한 단계를 기술한다. 이 단계들은 320에서 시작한다.

```
302.  ADIN = SP;
      DATA = 0000000, z, n, c, v, ie;
      write = 1.
303.  SP ← DEC[SP].
304.  ADIN = SP; DATA = REG^0; write = 1.
305.  SP ← DEC[SP].
306.  ADIN = SP; DATA = REG^1; write = 1.
307.  SP ← DEC[SP].
308.  PC ← FFFFFFF0; ie ← 0;
      next: 1.
```

RIH 명령어는 **ie**는 그대로 두고 모든 레지스터를 복원한다.

```
320.  SP ← INC[SP].
321.  ADIN = SP; read = 1; REG^1 ← DATA.
322.  SP ← INC[SP].
323.  ADIN = SP; read = 1; REG^0 ← DATA.
324.  SP ← INC[SP].
321.  ADIN = SP; read = 1;
      z, n, c, v, ie ← DATA_27:31.
326.  SP ← INC[SP].
321.  ADIN = SP; read = 1; PC ← DATA;
      next: 1.
```

11.6 메모리 직접 접근

CPU가 주 메모리와 이차 메모리 혹은 I/O 장치 간의 데이터 전송을 제어한다면, 긴 시간동안 다른 일을 할 수 없을 것이다.(예를 들어 CPU 클록이 2 GHz이고 512 워드의 블록을 디스크에 읽거나 쓰는 시간은 7.8 msec라면, 512개의 64 워드 데이터를 옮기는데 15.6 × 106 클록 사이클이 필요하다.) 이 문제를 해결하기 위하여 DMA (Direct Memory Access)가 사용된다.

DMA에서는 CPU는 장치가 전송을 시작할 수 있도록 몇 개의 출력 명령을 발행한다. 디스크 전송을 위한 출력 명령은 서는 디스크 상에서의 주소, 주 메모리의 주소, 그리고 전송 블록의 크기 등을 포함한다. DMA 제어기는 데이터 전송을 관리하고 필요한 경우에 버스의 제어권을 얻는다. (그리고 DMA가 버스와 주 메모리를 접근하는 경우에는 CPU가 이들에 접근할 수 없으므로, DMA 제어기는 CPU를 지연시킨다.)

일반적으로 CPU는 버스 사용에 있어서 가장 낮은 우선순위를 갖는다. 이 것은 디스크와 같은 기계적인 장치는 데이터를 기다릴 수 없기 때문이다. 즉 헤드가 디스크를 통과할 때 버스를 가지고 있어야 한다.

여러 장치가 버스를 요구하는 경우에 누가 버스 마스터가 될 것인가를 결정하는 여러 가지 방법이 있다. 하나의 방법은 6.4절에서 소개된 대로 버스 제어기를 설계하는 것이다. 다른 방법으로는 11.4절과 같이 데이터 체인을 사용하는 것이다.

DMA 장치가 데이터를 전송할 준비가 되면, 버스 요구를 발행한다. 승인을 받았을 때 주소를 주소 버스에 싣는다.(쓰기 동작의 경우에는 데이터도 데이터 버스에 싣는다.) 그리고 read/write' 신호로 생성한다. 장치가 주 메모리와 비슷한 속도로 데이터를 전송할 수 있을 정도로 고속으로 동작하지 않는다면, 버스를 놓는다. 버스를 기다리는 다른 장치가 없다면, CPU는 작업을 몇 클록 사이클만 잃은 후에 진행한다. DMA는 주소 레지스터의 값을 증가시키고 이 단계 메모리 전송이면 카운트 값을 증가시키면서 다음 전송을 준비한다. 또는 전송이 끝났다면, CPU에 인터럽트를 보내어 전송이 끝났음을 알린다.

Appendix A

Summary of MODEL Controller Design

FLIP FLOPS: PC [0:31], IR[0:31], WORK[0:31], REG[0:63, 0:31], EA[0:31], **z**, **n**, **c**, **v**.

INTERNAL BUSSES: CPUBUS[0:31], INA[0:31], INB[0:31].

INTERSYSTEM BUSSES: DATA[0:31], ADIN[0:31], **read**, **write**.

NAME: SP = REG^{63}.

1. AD = PC; **read** = 1; IR ← DATA.
2. PC ← INC[PC];
    next: 60 (IR_0), 3 (else).

Addressing

(3.) next: 12 (IR_{12}), 4 (else).

4. next/$IR_{13:15}$: 5, 1, 6, 1, 1, 1, 10, 11.

Register

(5.) WORK ← REG/$IR_{26:31}$;
next: 20.

Register Indirect

(6.) EA ← REG/$IR_{26:31}$;
next: 18.

Page Zero

(10.) EA ← 0000, $IR_{16:31}$;
next: 18.

Relative

(11.) IR_{16}: EA ← $ADD_{1:32}$[FFFF, $IR_{16:31}$; PC; 0];
IR_{16}': EA ← $ADD_{1:32}$[0000, $IR_{16:31}$; PC; 0];
next: 18.

Read second word, direct

13. AD = PC; **read** = 1; EA ← DATA.

14. PC ← INC [PC];
next/$IR_{13:15}$: 18, 15, 1, 1, 16, 1, 1, 1.

Indirect

15. AD = EA; **read** = 1; EA ← DATA;
next: 18.

Immediate

16. WORK ← EA;
next: 20.

Data read

18. AD = EA; **read** = 1; WORK ← DATA;
next: 20.

20. "Instruction decode"*

LOD

(25.) REG/$IR_{6:11}$ ← WORK; **z** ← (OR[CPUBUS])';
n ← $CPUBUS_0$;
next: 1.

STO

(26.) WORK ← REG/$IR_{6:11}$.
(27.) next: 28($IR_{12}' \cdot IR_{13}' \cdot IR_{14}' \cdot IR_{15}'$),
1 ($IR_{13} \cdot IR_{14}' \cdot IR_{15}'$), 29 (else).
28. REG/$IR_{26:31}$ ← WORK;
next: 1.
29. ADIN = EA; DATA = WORK; **write** = 1;
next: 1.

ADD

(30.) **c**, REG/$IR_{6:11}$ ← ADD[REG/$IR_{6:11}$; WORK; 0];
z ← (OR[CPUBUS])'; **n** ← $CPUBUS_0$;
v ← $INA_0 \cdot INB_0 \cdot CPUBUS_0' +$
$INA_0' \cdot INB_0' \cdot CPUBUS_0$;
next: 1.

ADC

(31.) **c**, REG/$IR_{6:11}$ ← ADD[REG/$IR_{6:11}$ WORK; **c**];
z ← (OR[CPUBUS])'; **n** ← $CPUSUB_0$;

* The details of this step (or steps) are not shown, since we are implementing the controller for only a few of the instructions.

v ← INA_0 · INB_0 · $CPUBUS_0$′ +
INA_0′ · INB_0′ · $CPUBUS_0$;
next: 1.

SUB

(32.) **c**, $REG/IR_{6:11}$ ← ADD[$REG/IR_{6:11}$; WORK′; 1];
z ← (OR[CPUBUS])′; **n** ← $CPUBUS_0$;
v ← INA_0 · INB_0 · $CPUBUS_0$′ +
INA_0′ · INB_0′ · $CPUBUS_0$;
next: 1.

CMP

(34.) **c** ← ADD_0[$REG/IR_{6:11}$; WORK9; 1];
CPUBUS = $ADD_{1:32}$[$REG/IR_{6:11}$; WORK′; 1];
z ← (OR[CPUBUS])′; **n** ← $CPUBUS_0$;
v ← INA_0 · INB_0 · $CPUBUS_0$′ +
INA_0′ · INB_0′ · $CPUBUS_0$;
next: 1.

INC

(36.) WORK ← $ADD_{1:32}$[00000001; WORK; 0];
z ← (OR[CPUBUS])′; **n** ← $CPUBUS_0$;
next: 27.

NOT

(40.) WORK ← WORK′; **z** ← (OR[CPUBUS])′;
next: 27.

AND

(42.) $REG/IR_{6:11}$ ← $REG/IR_{6:11}$ · WORK;
z ← (OR[CPUBUS])′; **n** ← $CPUBUS_0$;
next: 1.

Shifts and rotates

43. $IR_{7:11}$ ← DEC[$IR_{7:11}$];
next: 44 (OR[$IR_{7:11}$]), 27 (else).

44. next: 45 (IR_4), 47 (else).

ASR

(45.) WORK ← $WORK_0$, $WORK_{0:30}$;
z ← (OR[CPUBUS])′;
next: 43.

ROR

(47.) WORK ← $WORK_{31}$, $WORK_{0:30}$;
z ← (OR[CPUBUS])′;
next: 43.

JMP

(50.) **br** = OR[DCD($IR_{8:11}$) · (**z**, **z′**, **n**, **n′**, **c**,
c′, **v**, **v′**, 0, 0, 0, 0, 0, 0, 0, 1)]
br: PC ← EA;
next: 1.

CLL

(51.) **br** = OR[DCD($IR_{8:11}$) · (**z**, **z′**, **n**, **n′**, **c**,
c′, **v**, **v′**, 0, 0, 0, 0, 0, 0, 0, 1)]
next: 1 (**br**); 52 (else)
(52.) ADIN = SP; DATA = PC; **write** = 1.
53. SP ← DEC[SP].
54. PC ← EA;
next: 1.

PSH

(65.) ADIN = SP; DATA = REG/$IR_{6:11}$; **write** = 1.
66. SP ← DEC[SP];
next: 1.

POP

(67.) SP ← INC[SP].
68. ADIN = SP; **read** = 1; REG/$IR_{6:11}$ ← DATA;
z ← OR[CPUBUS]; **n** ← $CPUBUS_0$;
next: 1.

RTS

(70.) SP ← INC[SP].
71. ADIN = SP; **read** = 1; PC ← DATA;
next: 1.

END DESCRIPTION

Appendix

Answers to Selected Exercises

B

B.1 Chapter 1 Answers

1. a. 31 d. 47 h. 0

2. a. 000001001001
e. 001111101000
g. $4200 > 2^{12} = 4096$ Thus, can't represent in 12 bits

3. a. 96B
c. 317

4. c. 1023

5. a. 001111 $3 + 12 = 15$
d. 000001 $51 + 14 = 65$ overflow
e. 110010 $11 + 39 = 50$

6. a. 011001 c. cannot be stored
e. 110001

7. c. +21 d. −28 h. −32

8. c. 10001111
d. cannot store numbers larger than +127

9. a. 000100 $-11 + (+15) = +4$
d. 010000 $-22 + (-26) =$ overflow
f. 101101 $-3 + (-16) = -19$

10. b. 111001 i. $17 - 24 =$ overflow
ii. $+17 - (+24) = -7$
c. 110011 i. $58 - 7 = 51$
ii. $-6 - (+7) = -13$
d. 001100 i. $36 - 24 = 12$
ii. $-28 - (+24) =$ overflow

11. a. 0 11001000 0010100
d. 0 00000000 0000001

12. a. 0 10000110 10010000010100000000000
d. 0 01111000 01000111101011100001010

13. b. $.21364 \times 10^7$ e. $-.8 \times 10^{-1}$

14. a. i. 0001 0000 0011
ii. 0001 0000 0011
iii. 0001 0000 0011
iv. 0100 0011 0110
v. 10100 11000 10001

15.

	i.	ii.	iii.	iv.	v.	vi.
b.	no	18	15	no	27	+27
d.	95	no	no	62	149	−107

16. a. ii. 0100010 1001111 1001011 0100010

b. iii. 9/3 = 3

17. a. ii. 0110011

b. i. 1010 (no error)

iii. 1110 (bit 3 error)

B.2 Chapter 2 Answers

2. a.

w	*x*	*y*	*z*	1	2	3
0	0	0	0	1	1	1
0	0	0	1	1	1	1
0	0	1	0	1	1	1
0	0	1	1	1	1	1
0	1	0	0	1	1	1
0	1	0	1	1	1	1
0	1	1	0	1	1	1
0	1	1	1	0	1	1
1	0	0	0	0	1	1
1	0	0	1	0	1	1
1	0	1	0	0	1	1
1	0	1	1	0	0	1
1	1	0	0	0	0	0
1	1	0	1	0	1	0
1	1	1	0	0	0	0
1	1	1	1	0	1	0

d.

A	*B*	*C*	*D*	*F*
0	0	0	0	1
0	0	0	1	1
0	0	1	0	0
0	0	1	1	0
0	1	0	0	1
0	1	0	1	1
0	1	1	0	1
0	1	1	1	0
1	0	0	0	0
1	0	0	1	1
1	0	1	0	1
1	0	1	1	1
1	1	0	0	0
1	1	0	1	0
1	1	1	0	1
1	1	1	1	1

h.

a	*b*	*c*	*d*	*g*
0	0	0	0	1
0	0	0	1	0
0	0	1	0	1
0	0	1	1	0
0	1	0	0	1
0	1	0	1	0
0	1	1	0	1
0	1	1	1	1
1	0	0	0	0
1	0	0	1	1
1	0	1	0	0
1	0	1	1	1
1	1	0	0	X
1	1	0	1	X
1	1	1	0	X
1	1	1	1	X

3. a.

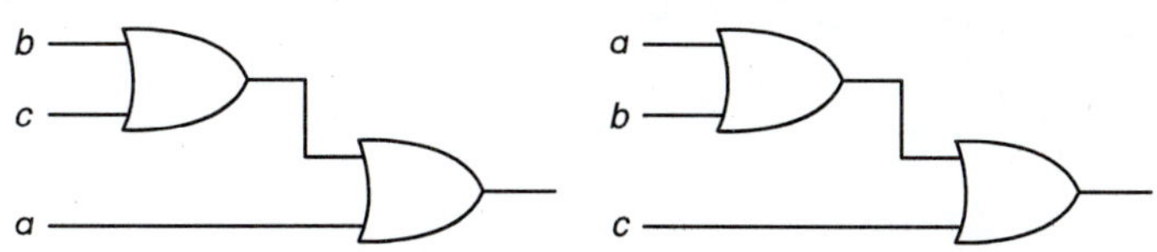

4. a.

X	*Y*	*Z*	*F*
0	0	0	1
0	0	1	0
0	1	0	1
0	1	1	1
1	0	0	1
1	0	1	0
1	1	0	0
1	1	1	1

5. b. $f = h$, but $\neq g$ because of row 011

6. b. ii. sum of three product terms

d. iv. product of two sum terms

f. i. product of 1 literal iii. sum of 1 literal

ii. sum of 1 product term iv. product of 1 sum term

g. none

7. b. 4 d. 3 f. 1 g. 6

8. a. $= z$

d. $= a'b' + ac$

f. $= x'y' + x'z + xy$

also $= x'y' + yz + xy$

9. c. $(a + c')(a' + c)(a' + b') = (a + c')(a' + c)(b' + c')$

10. c.

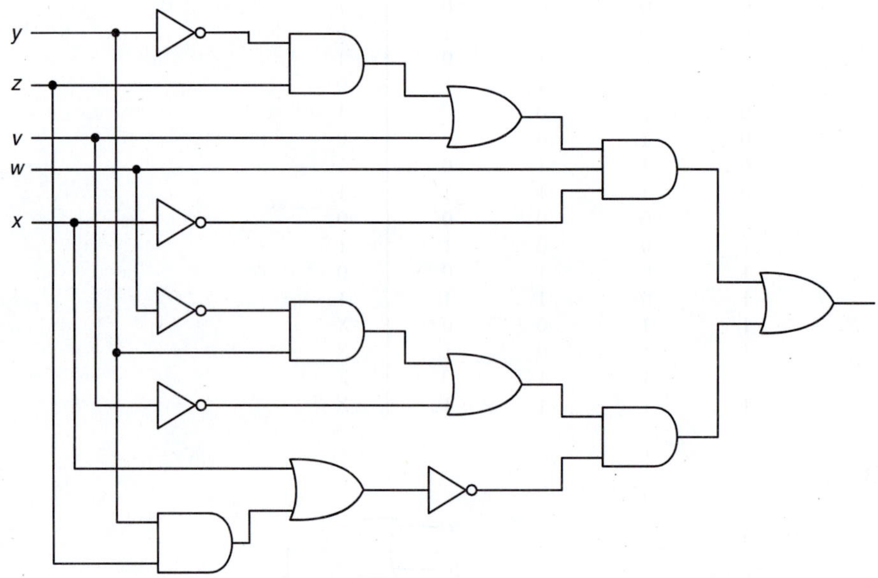

11. c. i. $h = a'c(b + d) + a(c' + bd)$
ii. $= a'bc + a'cd + ac' + abd$

12. a. $f' = (a' + b' + d)(b + c)(a + c' + d')(a + b' + c + d')$

14. a. $f(a, b, c) = \Sigma m(1, 5, 6, 7)$
$g(a, b, c) = \Sigma m(0, 1, 4, 5, 6)$
b. $f = a'b'c + ab'c + abc' + abc$
$g = a'b'c' + a'b'c + ab'c' + ab'c + abc'$
c. $f = b'c + ab$
$g = b' + ac'$
d. $f'(a, b, c) = \Sigma m(0, 2, 3, 4)$
$g'(a, b, c) = \Sigma m(2, 3, 7)$
e. $f = (a + b + c)(a + b' + c)(a + b' + c')(a' + b + c)$
$g = (a + b' + c)(a + b' + c')(a' + b' + c')$
f. $f = (b + c)(a + b')$
$g = (a + b')(b' + c')$

16. a. yes b. no c. yes d. no e. no f. yes

17. a. $f = a(bc)' + (c + d')' = ab' + ac' + c'd$
f. $f = 1 \oplus (ab + cd) = a'c' + a'd' + b'c' + b'd'$

18. d.

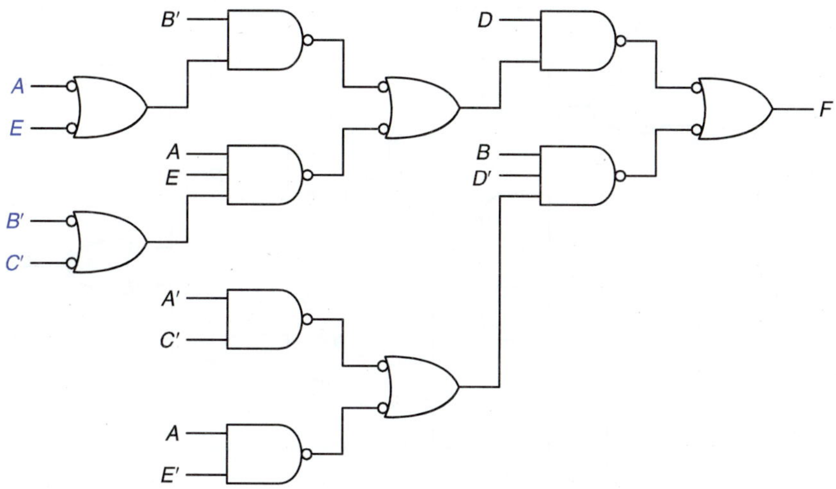

19. c. $f = b + a'c$

20. c. $F = W'Z' + Y'Z + WXY$

e. $G = B'D + BC + A'D$

g. $g = bc'd + abc + a'bd'$
$= a'bc' + abd + bcd'$

21. a. $f = a'b'c' + a'bd + a'cd' + abc + a'c'd$
$+ a'b'd' + a'bc + bcd + bcd'$
$= bc + a'c'd + a'b'd'$

22. b. $g = x'y'z' + x'y'z + x'yz' + x'yz + xyz + xy'z'$
$g(w, x, y, z) = \Sigma m(0, 1, 2, 3, 4, 7)$

23. c. $xy + w'z$

24. c. $(b' + d)(c + d)(a' + b + d')(b' + c' + d')$

25. a. $f = w(y' + xz') + z(y' + w'x')$

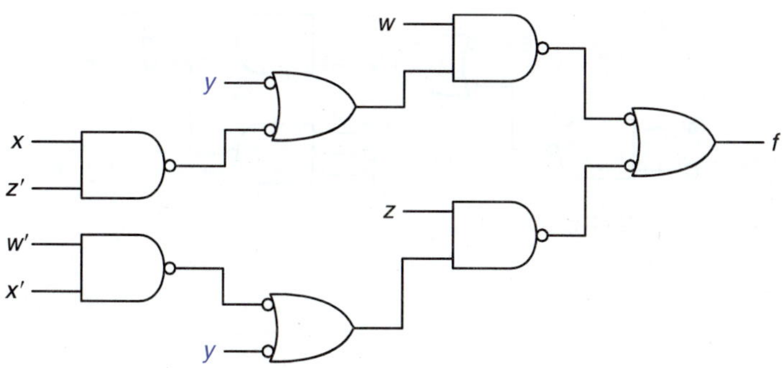

d. $F = B'[D'(A' + CE) + A'C] + B(AC' + C'D)$

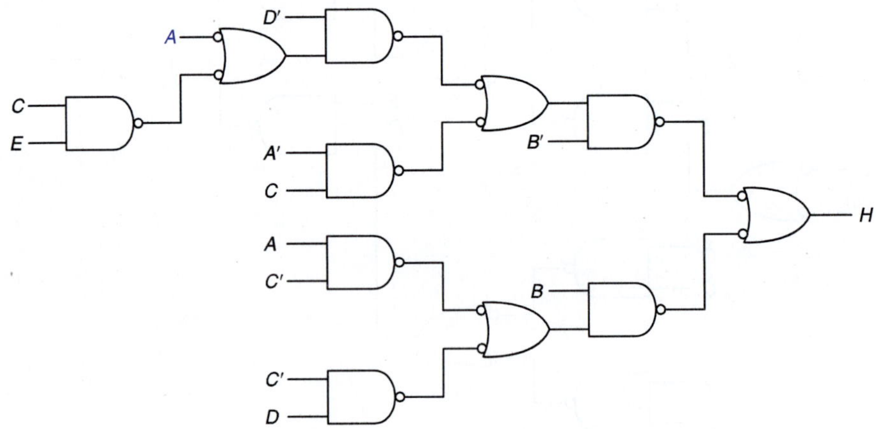

26. a. $F = BE(ACD + C'D' + A'C') + B'(E' + A'C) + CD'E'$
3 3 3 2 2 3 2 2 2 3 3 packs
$= BE(C'(A' + D') + ACD) + B'E' + CD'E' + A'B'C$
3 2 2 2 3 4 2 3 3 3 packs

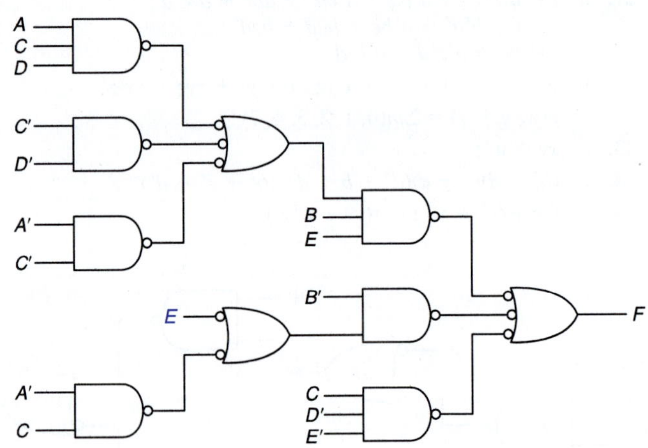

B.3 Chapter 3 Answers

1. b.

$yz \backslash wx$	00	01	11	10
00			X	X
01	1	1	1	
11	1	1		
10		1	1	X

c.

$cd \backslash ab$	00	01	11	10
00		1		
01		1	1	1
11	1	1		1
10	1	1		1

2. b. $g = w'x' + wx + wy \qquad g = w'x' + wx + x'y$

e. $G = X'Z' + W'XZ + WXY'$

i. $h = pq + qr' + r's' + p'q'r + prs$

$h = pq + qr' + r's' + p'q'r + q'rs$

$h = pq + qr' + r's' + q'rs + p'q's'$

l. Prime Implicants: xy, yz, xz, wz, $w'x$, $w'y'z'$, $x'y'z'$, $wx'y'$

Minimum: $g = yz + xy + w'x + wz + x'y'z'$

m. $H = X'Z' + W'X'Y + W'XZ + WXY'$

$H = X'Z' + W'YZ + W'XZ + WXY'$

$H = X'Z' + W'YZ + XY'Z + WXY'$

$H = X'Z' + W'YZ + XY'Z + WY'Z'$

n. $f = a'c' + ab' + cd' + bd$

$f = b'c' + a'b + cd' + ad$

$f = c'd + ac + a'b + b'd'$

$f = a'c' + ad + bc + b'd'$

$f = b'c' + bd + ac + a'd'$

$f = c'd + bc + ab' + a'd'$

3. b. $g = wx + yz + xy + xz + wy + wz$

4. b. $f_1 = ab' + b'd' + cd + a'bc'$

$f_2 = ab' + b'd' + cd + a'bd$

$f_3 = ab' + b'd' + b'c + a'bd$

e. $f_1 = cd' + a'b + b'd' + ac'd$

$f_2 = cd' + a'b + b'd' + ab'c'$

$f_3 = cd' + a'b + a'd' + ab'c'$

5. a. $f = A'B + C'D + AD$

$f = (B + D)(A + B + C')(A' + D)$

c. $f_1 = a'd' + ad + bc + ab$

$f_2 = a'd' + ad + bc + bd'$

$f_3 = (a' + b + d)(a + c + d')(a + b + d')$

g. $f_1 = w'z + wy + xz$

$f_2 = w'z + wy + wx$

$f_3 = w'z + wx + x'z$

$f_4 = w'z + wx + yz$

$f_5 = w'x' + wx + yz$

$f_6 = w'x' + wy + xz$

$f_7 = (w + z)(w' + x + y)$

6. b. $H = AB'E + BD'E' + BCDE + A'CD'E$

e. $H = V'W'Z + V'WY + VWY' + W'X'Z' + VWXZ$

$H = V'W'Z + V'WY + VWY' + W'X'Z' + WXYZ$

g. $G = X'Y' + V'XZ + \{VWZ \text{ or } WXZ\}$

7. a. $f = a'b'd + ab'c' + bc'd + acd'$

$g = a'b + bc'd + acd'$

f. $f = c'd' + a'cd + bd$

$g = bd + a'c'd + ab' + \{abc \text{ or } acd'\}$

$h = b'cd' + bd + a'c'd + a'bc' + \{abc \text{ or } acd'\}$

h. $f = b'c'd + a'b' + a'c'd'$ or

$f = b'c'd + a'b' + bc'd'$ or

$f = b'c'd + b'c + a'c'd'$

$g = b'c'd + cd'$

B.4 Chapter 4 Answers

2. The truth table for this module is

a	b	c	y	s	t
0	0	0	0	1	0
0	0	1	0	1	1
0	1	0	0	1	1
0	1	1	1	0	0
1	0	0	1	0	0
1	0	1	1	0	1
1	1	0	1	0	1
1	1	1	1	1	0

$y = a + bc \quad s = a'b' + a'c' + abc \quad t = b'\text{c} + \text{bc}'$

The delay from c to y is 2 for each module. The total delay is 32 + 1.

7.

a	b	c	X	Y
0	0	0	0	0
0	0	1	0	1
0	1	0	0	0
0	1	1	1	1
1	0	0	0	0
1	0	1	1	1
1	1	0	1	0
1	1	1	1	1

9.

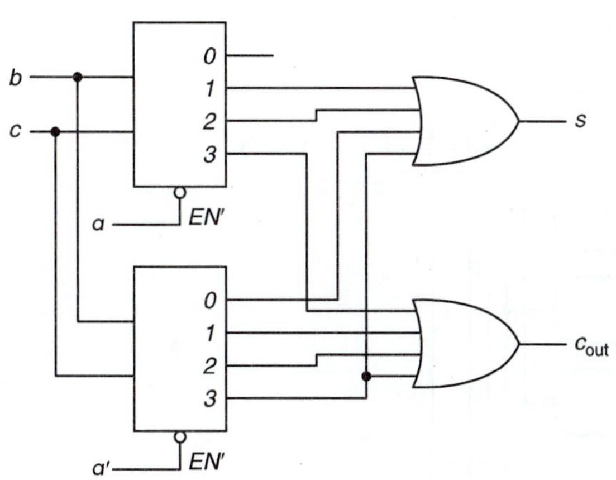

12.

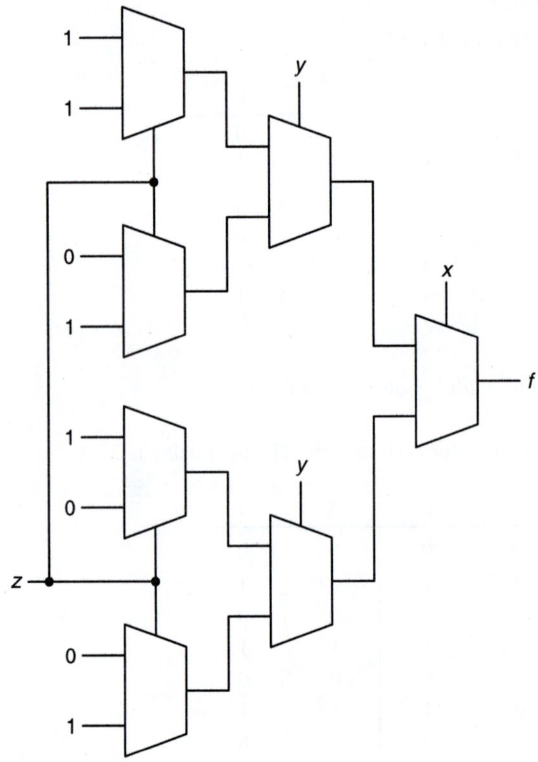

16. a.

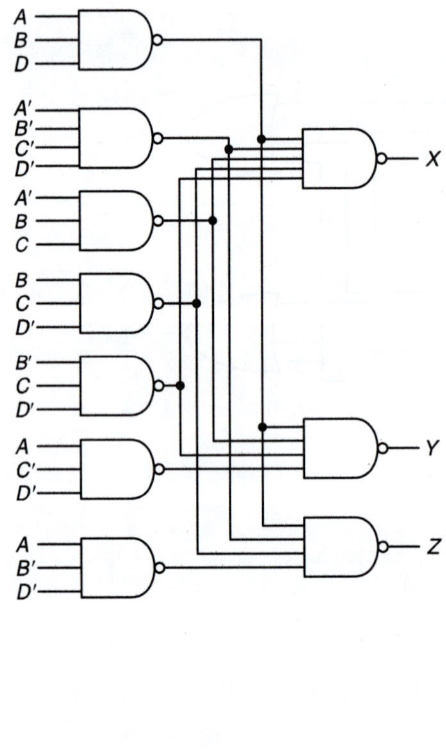

b. The solution is straightforward; the diagram is not shown.

c. We need two decoders. A is connected to the enable of the first. The outputs correspond to the first eight minterms. A' is used to enable the second, producing the other eight minterms. Only three OR gates are needed.

d. The solution of part a is implemented on a PLA with seven terms

$X = ABD_1 + A'B'C'D'_2 + A'BC_3 + BCD'_4 + B'CD'_5$

$Y = AC'D' + ABD_1 + A'BC_3 + B'CD'_5$

$Z = ABD_1 + A'B'C'D'_2 + AB'D' + BCD'_4$

e. The PAL would be implemented with a solution using only prime implicants of individual functions:

$X = A'B'D' + CD' + ABD + BC$

$Y = AC'D' + ABD + A'BC + B'CD'$ or

$= A'CD' + BCD + ABC' + AB'D'$

$Z = B'C'D' + ABD + BCD' + \{AB'D' \text{ or } ACD'\}$

19. a. $X1 = B'D'_2 + BD + AC'_1 + A'C$

$X2 = B' + C'D' + AD' + AC'_1 + A'CD$

$X3 = D + B'C' + A'B + AC_4$

or

$= D + A'C' + BC + AB'$

$X4 = B'D'_2 + A'B'C_5 + A'CD'_6 + BC'D + ABD + AC'_1$

$X5 = B'D'_2 + A'CD'_6 + AC'D'$

$X6 = A'BC' + ABC + AB'C' + \{B'C'D' \text{ or } A'C'D'\} + \{ACD' \text{ or } AB'D'\} + \{BCD' \text{ or } A'BD'\}$

$X7 = BC' + AC'_1 + AB_3 + A'B'C_5 + \{A'CD'_6{}^* \text{ or } BD'\}$

$X8 = AB_3 + AC_4$

Package Count

X1:	2	2	2	2			4
X2:	0	2	2	(2)	3		5
X3:	0	2	2	2			4
X4:	(2)	3	3	3	3	(2)	6
X5:	(2)	(3)	3				3
X6:	3	3	3	3	3	3	6
X7:	2	(2)	2	(3)	2		5
X8:	(2)	(2)					2

2's:	13	7430s:	4	32 gates/95 inputs
3's:	13	7420s:	1	
4's:	2	7410s:	5	(2 left over)
5's	2	7400s:	3	(use one 3-input)
6's:	2		Total: 13 packages	

* Solving $X7$ alone, you would use BD' in place of $A'CD'$. But, the latter is also a prime implicant and can be shared, saving one gate and two inputs. Gate count is based on BD'.

b. $X1 = B'D'_1 + AC'_3 + A'CD_2 + BD$
$X2 = B' + A'CD_2 + AC'_3 + C'D' + ACD'_8$
$X3 = D + ACD'_8 + B'C'D'_{10} + A'BD'_5$
$X4 = A'B'C_4 + B'D'_1 + AC'_3 + A'CD'_7 + A'BC'D_6 + ABCD_9$
$X5 = B'D'_1 + A'CD'_7 + AC'D'$
$X6 = ACD'_8 + B'C'D'_{10} + ABCD_9 + A'BC'D_6 + AB'C' + A'BD'_5$
$X7 = A'B'C_4 + AC'_3 + A'BC'D_6 + AB_{11} + A'BD'_5$
$X8 = AC + AB_{11}$

Package Count

X1:	2	2	3	2			4
X2:	0	(3)	(2)	2	3		5
X3:	0	(3)	3	3			4
X4:	3	(2)	(2)	3	4	4	6
X5:	(2)	(3)	3				3
X6:	(3)	(3)	(4)	(4)	3	(3)	6
X7:	(3)	(2)	(4)	2	(3)		5
X8:	2	(2)					2

2's:	7	7430s:	4	24 gates/79 inputs
3's:	9	7420s:	2	
4's:	4	7410s:	3	
5's	2	7400s:	2	
6's:	2		Total: 11 packages	

c. The PLA implementation of part b would require 18 product terms, one for each of the product terms shown, including the single literal terms (B' in $X2$ and D in $X3$). We could do this with only 16 product terms if we treated the PLA as a ROM (that is, created the 16 minterms). This would not have worked for part b, since it requires gates of more than eight inputs for those functions with more than eight minterms (all but $X5$ and $X8$).

B.5 Chapter 5 Answers

1. b.

x	1	1	0	1	0	1	0	1	0	0	1	0	1	1		
q	*A*	*B*	*B*	*C*	*D*	*C*	*D*	*C*	*D*	*C*	*A*	*B*	*C*	*D*	*B*	
z	0	0	0	0	1	0	1	0	1	0	0	0	0	1	0	0

4. c.

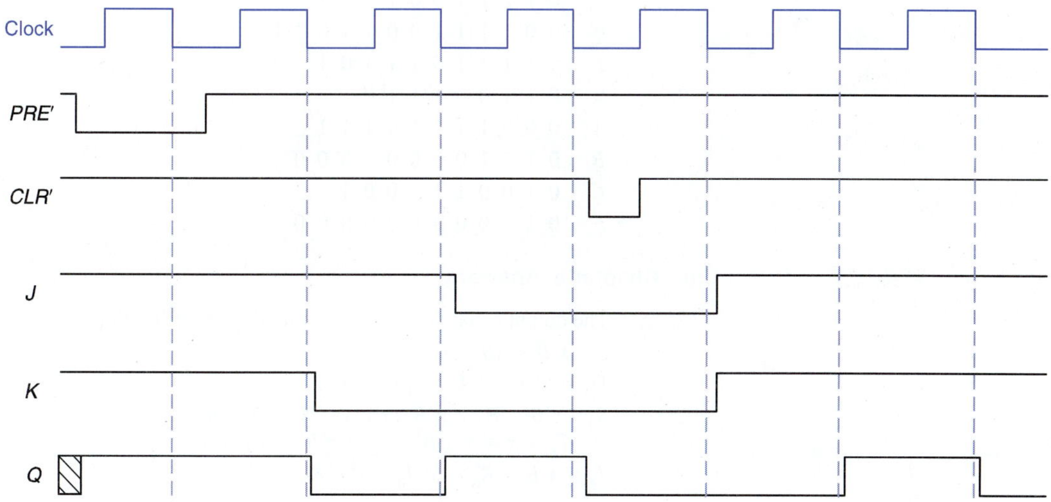

7. b.

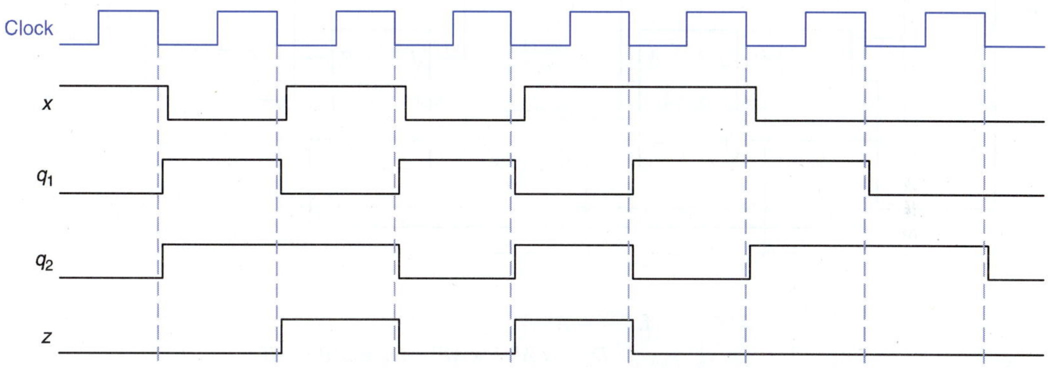

8. a.

q_1q_2	$q_1^\star q_2^\star$ $x = 0$	$x = 1$	z
0 0	1 0	1 0	1
0 1	0 0	1 0	0
1 0	1 1	1 1	1
1 1	0 1	1 1	1

x	0 0 1 1 0 0 1 1 0
q_1	0 1 1 1 1 0 0 1 1 0 ? 1 ?
q_2	0 0 1 1 1 1 0 0 1 1 0 ? 1
z	1 1 1 1 1 0 1 1 1 0 1 1 ?

9. c.

x	0 1 1 0 0 1 1 1 0
A	0 0 0 1 1 1 1 0 1 1 1
B	0 1 1 1 0 0 0 0 1 0 0 0
C	0 1 0 0 1 1 0 0 0 1
z	0 1 0 0 0 0 0 0 0 0 0 0

B.6 Chapter 6 Answers

2. a. The output equation is the same for all types of flip flop:

$z = x'B + xB'$

$D_A = x'B' + xA \quad D_B = x' + A$

$S_A = x'B' \quad R_A = x'B \text{ (or } x'A) \quad S_B = x' \quad R_B = xA'$

$T_A = x'A + x'B' \quad T_B = x'B' + xA'B$

$J_A = x'B' \quad K_A = x' \; J_B = x' \quad K_B = xA'$

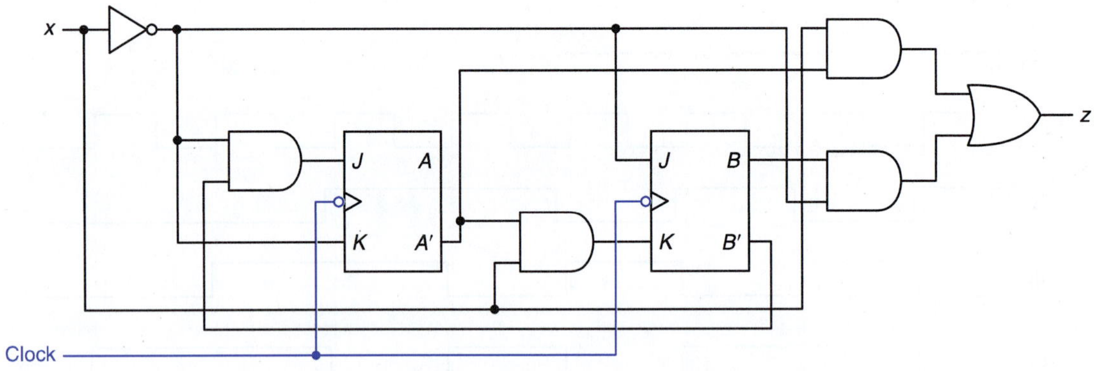

f. $z = A'$

$D_A = x'A' + xAB' \quad D_B = x'B + xB'$

$J_A = x' \quad K_A = x' + B \quad J_B = x \quad K_B = x$

$S_A = x'A' \quad R_A = x'A + AB \quad S_B = xB' \quad R_B = xB$

$T_A = x' + AB \quad T_B = x$

3. c. $z = q_1'q_2'$

$D_1 = x'q_1' + xq_1 \quad D_2 = xq_1'q_2'$

$J_1 = x' \quad K_1 = x' \quad J_2 = xq_1' \quad K_2 = 1$

4. b. (i) $D_1 = xq_1'q_2'$

$D_2 = q_1 + x'q_2' + xq_2 = q_1 + x'q_1'q_2' + xq_2$

$z = x'q_1'q_2' + xq_2$

(ii) $D_1 = xq_2'$

$D_2 = q_1 + q_2' + x$

$z = x'q_2' + xq_1'q_2$

(iii) $D_1 = x + q_2'$
$D_2 = xq_1 + xq_2'$
$z = xq_2 + x'q_1'$

7. a. $D_D = CBA + DB' + DA'$ $J_D = CBA$ $K_D = BA$
$D_C = D'C'BA + CB' + CA'$ $J_C = D'BA$ $K_C = BA$
$D_B = B'A + BA'$ $J_B = K_B = A$
$D_A = A'$ $J_A = K_A = 1$

8. b. $D_C = BA + \{CB' \text{ or } B'A'\}$ $J_C = B$ $K_C = BA'$
$D_B = B' + CA$ $J_B = 1$ $K_B = C' + A'$
$D_A = B' + A'$ $J_A = 1$ $K_A = B$

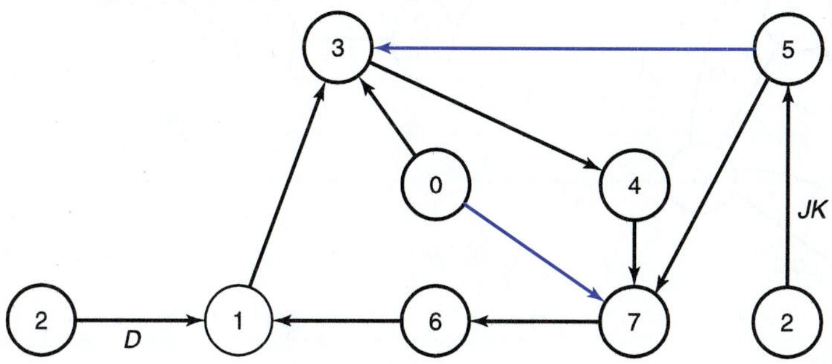

Green path from 0 and 5 when $D_C = BA + B'A'$

10. a. $J_A = B$ $K_A = x + B$ $J_B = x' + A'$ $K_B = 1$
b. $11 \rightarrow 00$

15. b.

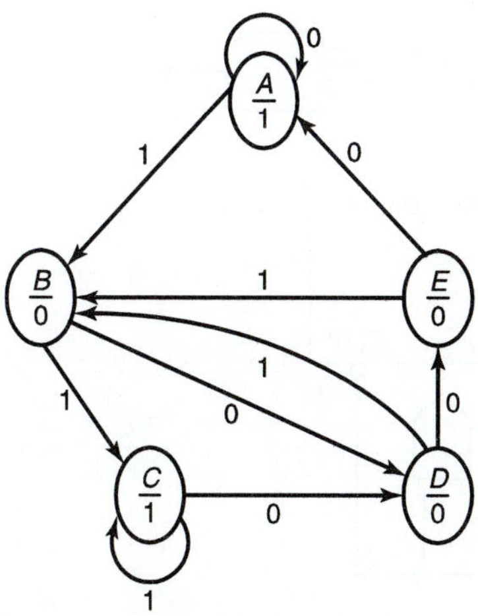

f.

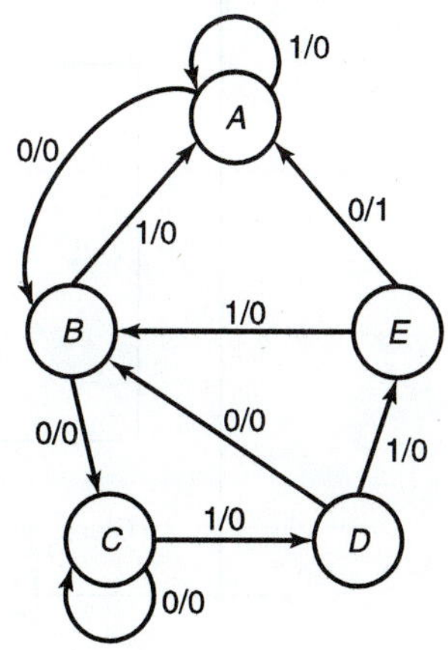

k.

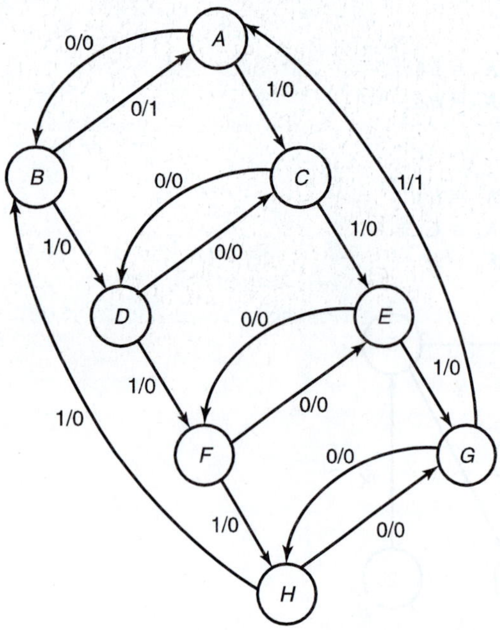

l.

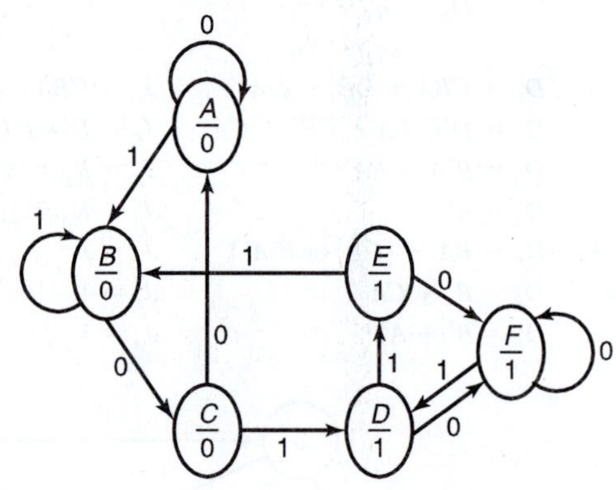

B.7 Chapter 7 Answers

4. a. Assume *CLR'* is clocked, but does not require counter to be enabled.

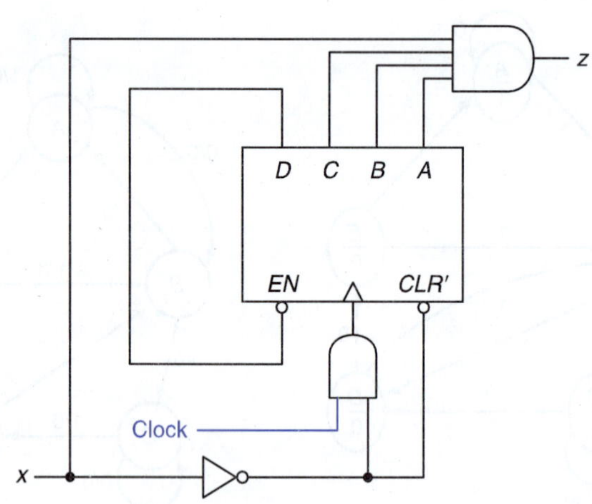

b. $z = x\, q_1' q_2' q_3' q_4' q_5' q_6' q_7' q_8$

$= x(q_1 + q_2 + q_3 + q_4 + q_5 + q_6 + q_7)' q_8$

8.

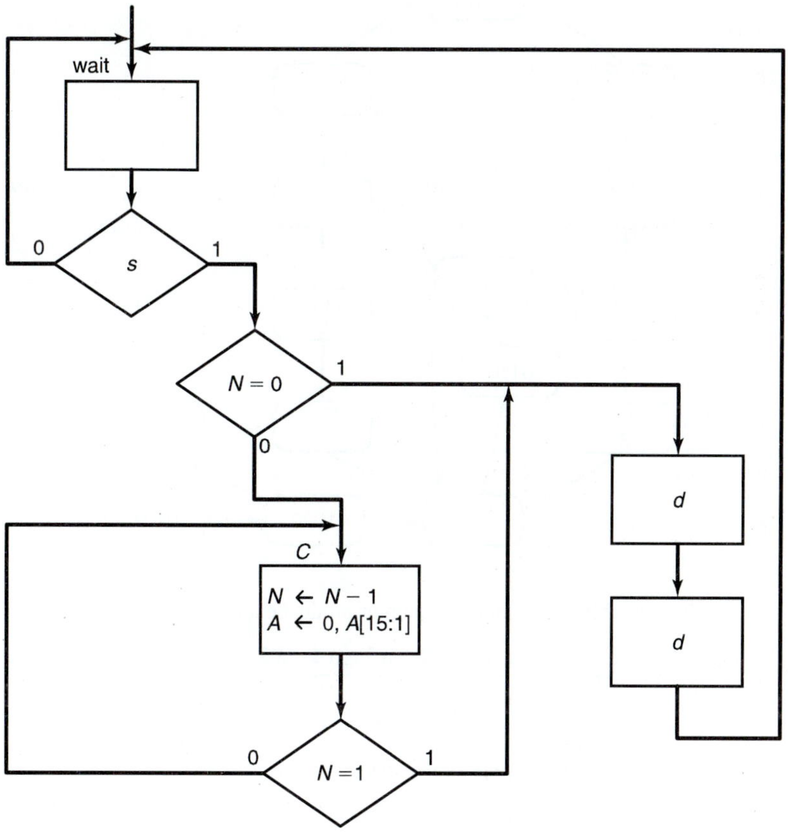

9. a.

$J_A = B + C$	$K_A = \{(BD + BC)$ or $(BD + CD')$ or $(BC + C'D)\}$
$J_B = D$	$K_B = C + D$
$J_C = AD' + B'D'$	$K_C = A'D + \{AD'$ or $BD'\}$
$J_D = 1$	$K_D = 1$

In some cases, the next state depends on the choice for K_A or K_C. Those transitions are shown with dashed lines. In any case, the sequence is reached within three clocks.

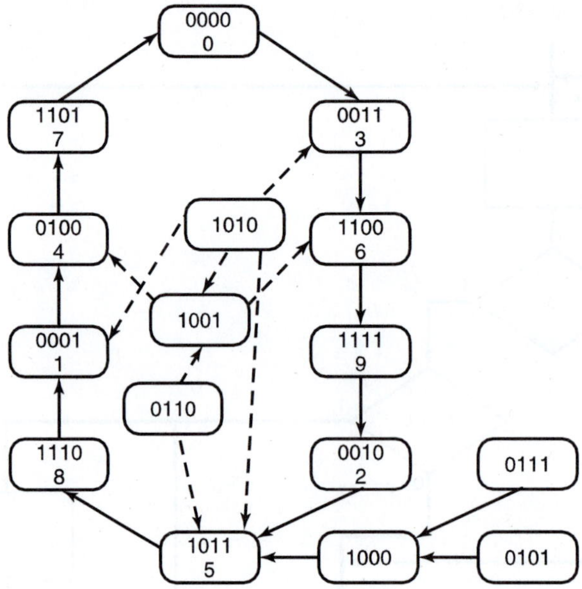

b. A table for the minimal sum of product expressions is shown.

	X1	X2	X3	X4	X5	X6	X7
A'B'D'	X			X	X		
B'CD	X		X	X			X
ABC	X	X					X
ABD	X	X	X				
A'C'D'		X	X			X	
A'B'C'		X	X				
A'B'C		X					X
ABD'			X	X	X	X	
ACD						X	
BC'D'							X
OR inputs	4	5	5	3	2	3	4

12. The state table for this counter follows

ABC	$A^\star B^\star C^\star$ x = 0	x = 1
000	001	011
001	010	011
010	011	011
011	100	100
100	000	101
101	011	110
110	011	111
111	011	010

a. i. For the D flip flop, we have

$D_A = A'BC + xAB' + xAC'$

$D_B = B'C + BC' + xA'B' + \{AB \text{ or } AC\}$

$D_C = x'AC + xA'B' + xAC' + BC' + A'C'$

The NAND gate requirements are

Size	Number	Packages
1	1 (x')	0 (from 4)
2	4	1
3	6	2
4	1	1
5+	1	1

The cost is thus \$1.25 for gates plus the flip flops.

ii. Using JK flip flops, we get

$J_A = BC \qquad K_A = x' + BC$

$J_B = C + xA' \qquad K_B = A'C$

$J_C = x + A' + B \qquad K_C = x'A' + xA + \{xB \text{ or } A'B\}$

For this, the NAND gate requirements are

Size	Number	Packages
1	3	1
2	8	2
3	2	1

The two extra NOT gates (1-input) are needed to create the AND for J_A and K_B. The cost is thus \$1.00 for gates plus \$2.00 for the flip flops, a total of \$3.00.

b. Thus, if the D flip flop packages cost less than \$0.875, the first solution is less expensive.

If we can use one D package and one JK package, the best option is to use the JK package for B and C, and one of the Ds for A (using xB and a shared xAB' in place of xA in K_C). That would require

Size	Number	Packages
1	2	0 (from 2's)
2	5	2
3	6	2

This solution would cost \$2.00 plus the cost of the D package. If the D package cost between \$0.75 and \$0.875, this solution would be better.

c. This flip flop will be set when the system is in state 5, 6, or 7 and x is 0, or when in state 0 or 1 and the input is 1. It can be cleared whenever the system is in state 3. Thus, for the new flip flop,

$J = xA'B' + x'AB + x'AC$

$K = A'BC$

and the output is just the state of that flip flop.

d. All of the outputs come from flip flops. We can compute the inputs for a D flip flop for Q using

$D = Q^\star = JQ' + K'Q$

and then simplifying the algebra. The result is

$D = AQ + B'Q + C'Q + xA'B' + x'AB + x'AC$

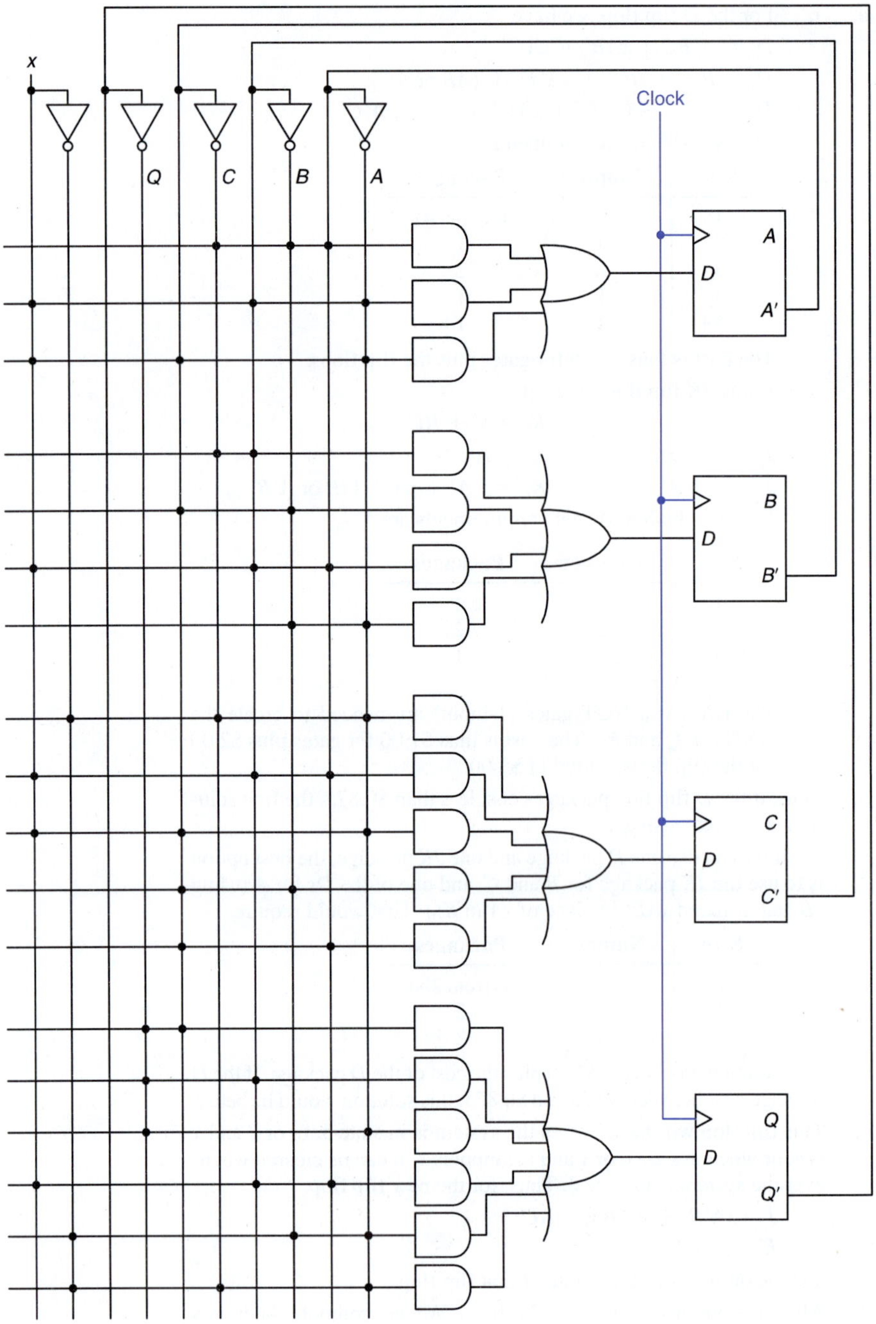
x
Q
C
B
A
Clock
A
D
A'
B
D
B'
C
D
C'
Q
D
Q'

B.8 Chapter 8 Answers

3. a. $REG^5 \leftarrow$ 12345678 PC ← 1234F
b. $REG^5 \leftarrow$ FFEEDCBA PC ← 1234F
c. $REG^5 \leftarrow$ FFEEDCBA PC ← 1234F
$REG^2 \leftarrow$ 12345679
d. $REG^5 \leftarrow$ FFFFEDC2 PC ← 1234F
e. $REG^5 \leftarrow$ 12345666 PC ← 1234F
f. $REG^5 \leftarrow$ 11223344 PC ← 1234F
g. $REG^5 \leftarrow$ FFFFFFFF PC ← 1234F
h. $REG^5 \leftarrow$ 11223344 PC ← 1234F
M[FEDC2] ← 12345667

5b. a. 1
b. $1 + 1 = 2$
c. $1 + 1 = 2$
d. 1
e. $1 + 1 = 2$
f. $1 + 1 + 1 = 3$
g. $1 + 1 = 2$
h. $1 + 1 + 2 = 4$

7. a. $REG^2 \leftarrow$ ABCDEF01 PC ← 11112223
Memory: $1 + 1 = 2$
b. $REG^2 \leftarrow$ 10102323 PC ← 11112223
Memory: 1
c. M[10102323] ← 10203040 PC ← 11112223
Memory: $1 + 1 = 2$
d. $REG^{36} \leftarrow$ 33333333 PC ← 11112223
Memory: 1
e. $REG^{15} \leftarrow$ 225486B8 PC ← 11112224
Memory: $2 + 1 = 3$
f. $REG^{15} \leftarrow$ 20305363 PC ← 11112223
Memory: 1
g. $REG^{15} \leftarrow$ BBEE14F2 PC ← 11112223
Memory: $1 + 1 = 2$
h. $REG^{15} \leftarrow$ 00100D1D PC ← 11112223
Memory: 1
i. M[12345678] ← 00000000 PC ← 11112224
Memory: $2 + 1 + 2 = 5$
j. M[10102323] ← 22334456 PC ← 11112223
$REG^{36} \leftarrow$ 10102324
Memory: $1 + 2 = 3$
k. Stack: | 679ACE00 | PC ← 11112223
Memory: $1 + 3 = 4$
l. $REG^{15} \leftarrow$ 00002000 PC ← 11112223
Memory: $1 + 1 = 2$

m. REG^{15} ← 10002000 PC ← 11112223
Memory: 1

n. REG^{0} ← 3337777F PC ← 11112224
Memory: 2 + 1 = 3

p. M[10102323] ← EDCBA987 PC ← 11112224
Memory: 2 + 2 = 4

q. REG^{36} ← 80811918 PC ← 11112223
Memory: 1

r. M[00009876] ← 0ABCDEF0 PC ← 11112223
Memory: 1 + 2 = 3

s. M[00009876] ← FABCDEF0 PC ← 11112223
Memory: 1 + 2 = 3

t. M[12345678] ← FFFFFFFF PC ← 11112224
Memory: 2 + 1 + 2 = 5

u. PC ← 12304560
Memory: 2

v. PC ← 10102323
Memory: 1

w. PC ← 12345678 Stack:

11112224
11223344
56789ABC

Memory: 2 + 1 + 1

x. PC ← 11223344 Stack:

56789ABC

Memory: 1 + 1 = 2

B.9 Chapter 9 Answers

4. a. $N < 8$: $2N + 2$
$N \geq 8$: $N + 9$

b.

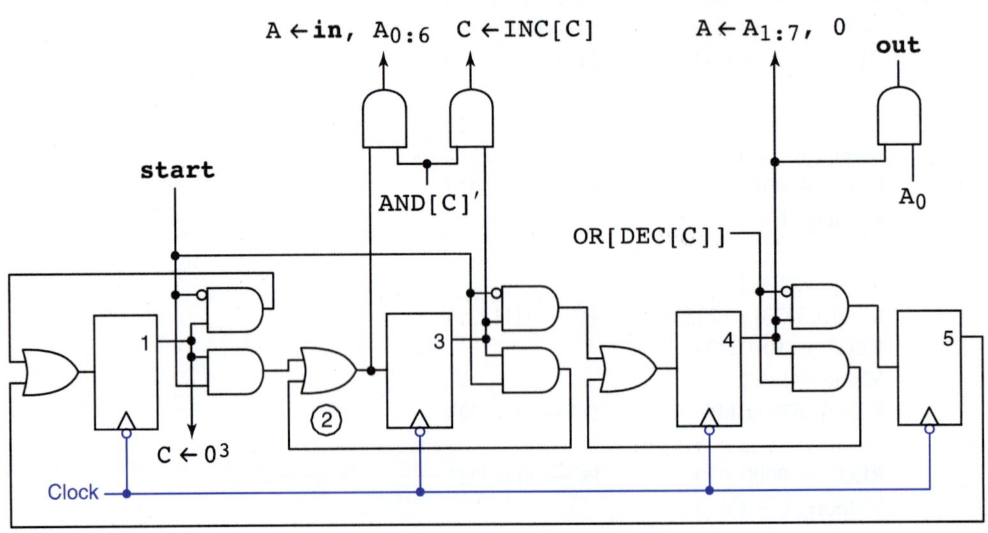

c.

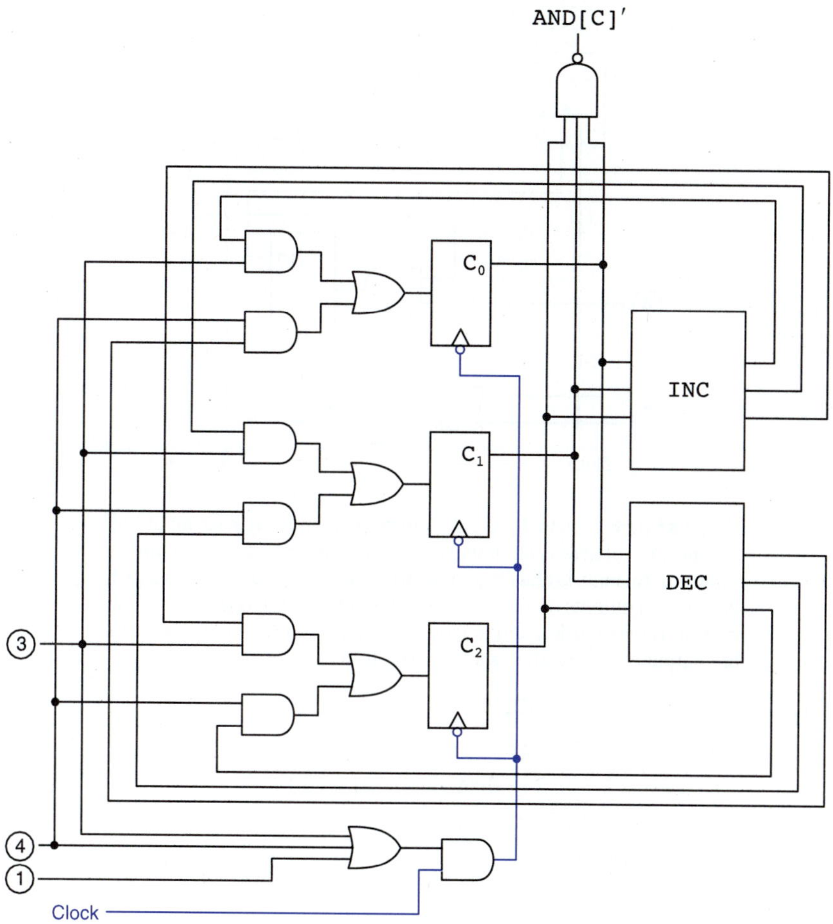

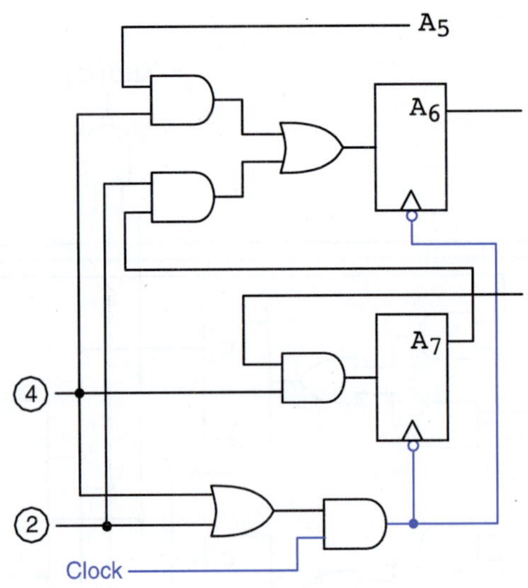

d. When **start** goes to **1,** the system begins inputting a string of bits on line **in.** (There is an input whenever **start** = **1.**) It continues inputting bits until it has 8 or until **start** goes to **0.** After **start** goes to 0 it outputs *all but the first input* of the string (*up to 7*) on line **out** in reverse order, and a 1 on line **out.** (Note that up to 7 bits are output, but only after **start** goes to 0.)

11. SYSTEM NAME: COUNT

```
INPUT LINE: go.
OUTPUT LINES: done, OUT[0:3].
FLIP FLOPS: C[0:3].
1.   go: CT ← 1^4;
     next: 2 (go), 1 (else).
2.   go · AND[C]': C ← INC[C];
     next: 2 (go), 3 (else).
3.   ·
4.   OUT = C; done = 1;
     next: 1.
END DESCRIPTION
```

—or—

```
1.   CT ← 0^4;
     next: 2 (go), 1 (else).
2.   AND[C]': C ← INC[C];
(3.) next: 2 (go), 4 (else).
4.   ·
5.   OUT = C; done = 1;
     next: 1.
```

13. SYSTEM NAME: HPONE

INPUT LINES: **start**, X[0:19], **ok**.

OUTPUT LINES: Z[0:7], ready.

FLIP FLOPS: R[0:19].

1. next: 2 (**start**), 1 (else).

2. next: 2 (**start**), 3 (else).

(3.) R ← X.

4. **ready** = 1;

next: 5 (**ok**), 4 (else).

(5.) $R'_0 \cdot R'_1$: Z = $R_{4:11}$;

$R'_0 \cdot R_1$: Z = $R'_{4:11}$;

$R_0 \cdot R'_1$: Z = $R_{12:19}$;

$R_0 \cdot R_1$: Z = $R'_{12:19}$.

6. ·

7. ·

8. **ready** = 1;

next: 9 (**ok**), 8 (else).

(9.) $R'_2 \cdot R'_3$: Z = $R_{4:11}$;

$R'_2 \cdot R_3$: Z = $R'_{4:11}$;

$R_2 \cdot R'_3$: Z = $R_{12:19}$;

$R_2 \cdot R_3$: Z = $R'_{12:19}$.

next: 1.

END DESCRIPTION

If ok can be 1 for more than one clock,

6. next: 5 (**ok**), 7 (else).

Branch at 9 becomes

next: 10 (**ok**), 1 (else).

10. next: 9.

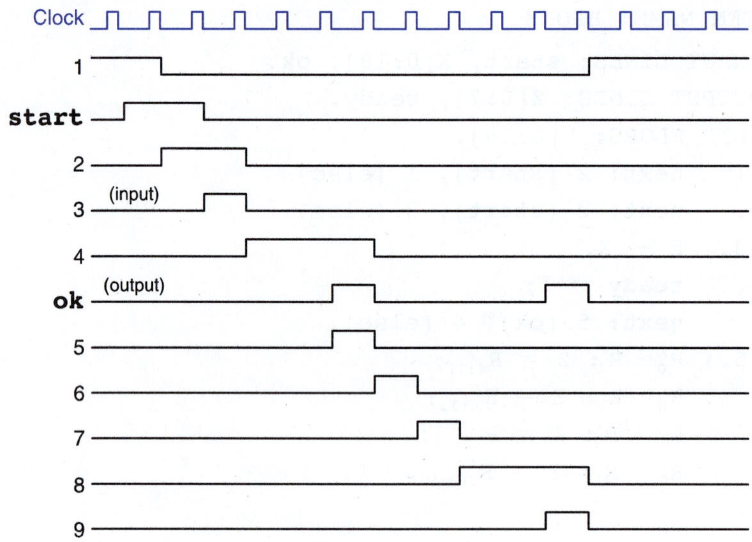

B.10 Chapter 10 Answers

1. ii. Only REG^2 and the PC are changed

	REG^2	PC
a.	12341134	76543211
b.	22442244	76543211
c.	35764657	76543211
d.	23564534	76543211
e.	12341235	76543212
f.	34563456	76543212
g.	34564567	76543212

3. b. PC ← 11111118

REG^{3F} ← FFFFFFF1

M[FFFFFFEF] ← 12345678

M[FFFFFFF0] ← 12345678

REG^3 ← FFFFFFFF

REG^4 ← 12345678

REG^5 ← 12345678

REG^6 ← 22334455

$z \leftarrow 0$ $n \leftarrow 0$

8. a.

1. AD = PC; **read** = 1; IR ← DATA.
2. PC ← INC[PC];
   next: 60 (IR_0), 3 (else).

Addressing

(3.) next: 12 (IR_{12}), 4 (else)

4. next/$IR_{13:15}$: 5, 1, 6, 1, 1, 1, 10, 11.

Register

```
(5.)  IR_2': WORK ← REG/IR_26:31;
      IR_2: WORK ← REG/(IR_26:30, 1);
      next: 5a (IR_2), 20 (else).
5a.   WORK2 ← REG/(IR_26:30, 0);
      next: 20.
```

Register indirect

```
(6.)  EA ← REG/IR_26:31;
      next: 18.
```

Page zero

```
(10.) EA ← 0000, IR_16:31;
      next: 18.
```

Relative

```
(11.) IR_16: EA ← ADD_1:32[FFFF, IR_16:31; PC; 0]
      IR_16': EA ← ADD_1:32[0000, IR_16:31; PC; 0]
      next: 18.
```

Read second word, direct

```
13.   AD = PC; read = 1; EA ← DATA.
14.   PC ← INC[PC];
      next/IR_13:15: 18, 15, 1, 1, 16, 1, 1, 1.
```

Indirect

```
15.   AD = EA; read = 1: EA ← DATA;
      next: 18.
```

Immediate

```
16.   WORK ← EA;
      next: 17 (IR_2); 20 (else).
17.   AD = PC; read = 1; WORK2 ← DATA.
17a.  PC ← INC[PC];
      next: 20.
```

Data read

```
18.   AD = EA; read = 1; WORK ← DATA;
      next: 19 (IR_2), 20 (else).
19.   EA ← DEC[EA].
19b.  AD = EA; read = 1; WORK2 ← DATA;
      next: 20.
```

12. a.

SYSTEM NAME: DESIGN PROJECT

FLIP FLOPS: PC[0:24], IR[0:19],W2[0:19], WW2[0:19], W1[0:19],WW1[0:19], REG[0:31; 0:19], EA2[0:24], EA1[0:24], **z**, **s**.

OUTPUT LINES: ADIN[0:24], **read**, **write**.

COMMUNICATION BUS: DATA[0:19].

1. ADIN = PC; **read** = 1; PC ← ADD25[1^{25}; PC].

2. IR ← DATA.

3. next: 30 (IR_0); 4 (else).

Address two

(4.) next: 15 (IR_{12}), 5 (else).

(5.) next/$IR_{13:14}$; 6, 8, 9, 1.

Register

(6.) W2 ← REG/$IR_{15:19}$;
next: 7 ($IR_0{}' \cdot IR_1{}' \cdot IR_3$), 30 (else).

7. WW2 ← REG/($IR_{15:16}$, 1);
next: 30.

Register indirect

(8.) EA2 ← 0^5; REG/$IR_{15:19}$;
next: 26.

Register indirect/pre dec

(9.) EA2 ← ADD25[$(1)^{25}$; 0^5, REG/$IR_{15:19}$];
REG/$IR_{15:19}$ ← ADD25[1FFFFFF; 0^5,
REG/$IR_{15:19}$];
next: 26.

Second word fetch

(15.) ADIN = PC; **read** = 1;
PC ← ADD25[1^{25}; PC].

16. EA2 ← $IR_{15:19}$, DATA;
next/$IR_{13:14}$: 26, 17, 19, 1.

Indirect

17. ADIN = EA2; **read** = 1.

18. $EA2_{5:24}$ ← DATA;
next: 26.

Immediate

19. W2 ← $EA2_{5:24}$;
next: 25 ($IR_0{}' \cdot IR_1{}' \cdot IR_3$), 30 (else).

20. ADIN = PC; **read** = 1; PC ← ADD25[1^{25}; PC].

21. WW2 ← DATA;
next: 30.

Data fetch

26. ADIN = EA2; **read** = 1.
27. W2 ← DATA;
    next: 28 ($IR_0' \cdot IR_1' \cdot IR_3$), 30 (else).
28. ADIN = $EA2_{0:23}$, 1; **read** = 1.
29. WW2 ← DATA.

Address one

(30.) next: 50 (IR_4), 31 (else).
31. next/$IR_{5:6}$: 32, 34, 35, 1.

Register

(32.) W1 ← REG/$IR_{7:11}$;
    next: 33 ($IR_0' \cdot IR_1' \cdot IR_3$), 60 (else).
33. WW1 ← REG/($IR_{7:10}$, 1);
    next: 60.

Register indirect

(34.) EA1 ← 0^5, REG/$IR_{7:11}$;
    next: 55.

Register indirect /pre dec

(35.) EA1 ← ADD25[1FFFFFF; 0^5, REG/$IR_{7:11}$];
    REG/$IR_{7:11}$ ← $ADD25_{5:24}$[1FFFFFF; 0^5,
    REG/$IR_{7:11}$];
    next: 55.

Second/third word fetch

50. ADIN = PC; **read** = 1; PC ← ADD25[1^{25}; PC].
51. EA1 ← $IR_{7:11}$, DATA;
    next/$IR_{13:14}$: 55, 52, 54, 1.

Indirect

52. ADIN = EA1; **read** = 1.
53. $EA1_{5:24}$ ← DATA;
    next: 55.

Relative

54. $EA1_5'$: EA1 ← ADD25[00, $IR_{7:11}$; PC];
    $EA1_5$: EA1 ← ADD25[1F, EA1; PC];
    next: 55.

Data fetch

(55.) next: 60 ($IR_0 + (IR_1 \cdot IR_2)$), 58 (else).
56. ADIN = EA1; **read** = 1.
57. W1 ← DATA;
    next: 58 ($IR_0' \cdot IR_1' \cdot IR_3$), 60 (else).

58. ADIN = $EA1_{0:23}$, 1; **read** = 1.
59. WW1 ← DATA.

Instruction decode

60. next/$IR_{0:3}$: 61, 65, 75, 65, 80, 85, 90, 95, 105, 110, 115, 120, 1, 1, 1, 1.

Add

(61.) W1 ← $ADD20_{1:20}$[W1; W2; 0];
z ← (OR[CPUBUS])′; **s** ← $CPUBUS_0$;
next: 91.

Add/sub double (assume low order word first in even address or register)

(65.) IR_2′: **s**, W1 ← ADD20[W1; W2; **s**];
IR_2: **s**, W1 ← ADD20[W1; W2′; **s**];
z ← (OR[CPUBUS])′.
(66.) IR_2′: WW1 ← $ADD20_{1:20}$[WW1; WW2; **s**];
IR_2: WW1 ← $ADD20_{1:20}$[WW1; WW2′; **s**];
z ← **z** · (OR [CPUBUS])′; **s** = $CPUBUS_0$.
(67.) next: 70 (IR_4′ · IR_5′ · IR_6′), 68 (else).
68. ADIN = $EA1_{0:23}$, 1; DATA = WW1; **write** = 1.
69. next: 92.
70. REG/($IR_{7:10}$, 1) ← WW1;
next: 94.

Subtract

(75.) W1 ← $ADD20_{1:20}$[W1; W2′; 1];
z ← (OR[CPUBUS])′; **s** ← $CPUBUS_0$;
next: 91.

Compare

(80.) CPUBUS = $ADD20_{1:20}$[W1; W2′; 1];
z ← (OR[CPUBUS])′; **s** ← $CPUBUS_0$;
next: 1.

AND

(85.) W1 ← W1 · W2;
z ← (OR[CPUBUS])′; **s** ← $CPUBUS_0$;
next: 91.

Move and store results

(90.) W1 ← W2; **z** ← (OR[CPUBUS])′; **s** ← $CPUBUS_0$.
(91.) next: 94 (IR_4′ · IR_5′ · IR_6′), 92 (else).
92. ADIN = EA1; DATA = W1; **write** = 1.

```
93.     next: 1.
94.     REG/IR7:11 ← W1;
        next: 1.
```

Move block

```
(95.)   W2 ← 0^20.
96.     EA2 ← ADD25[0000001; EA2];
        next: 99.
97.     ADIN = EA2; read = 1.
        EA2 ← ADD25[0000001; EA2].
98.     W1 ← DATA.
99.     ADIN = EA1; DATA = W1; write = 1.
100.    EA1 ← ADD25[0000001; EA1].
101.    W2 ← ADD20_1:20[00001; W2; 0];
        next: 1 (AND[W2_16:19]), 97 (else).
```

Increment

```
(105.)  W1 ← ADD_1:20[W1; 00001; 0];
        z ← (OR[CPUBUS])'; s ← CPUBUS_0;
        next: 91.
```

Decrement

```
(110.)  W1 ← ADD_1:20[W1; FFFFF; 0];
        z ← (OR[CPUBUS])'; s ← CPUBUS_0;
        next: 91.
```

JSR

```
(115.)  REG/IR_15:19 ← PC.
116.    PC ← EA1;
        next: 1.
```

JMP

```
(120.)  next: 126 (IR_17'), 121 (next).
(121.)  next/IR_18:19; 122, 123, 124, 125.
(122.)  next: 126 (z), 1 (else).
(123.)  next: 126 (z'), 1 (else).
(124.)  next: 126 (s), 1 (else).
(125.)  next: 126 (s'), 1 (else).
(126.)  PC ← EA1;
        next: 1.
```

```
END DESCRIPTION
```

b. All instructions: 3 plus

AD2

Register:	0^*
Register ind	$2^\dagger$
Reg ind dec	$2^\dagger$
Direct	$3^\dagger$
Indirect	$5^\dagger$
Immediate	$2^\dagger$

AD1

Register:	1^*
Register ind	$1 + 2^\dagger$ if data needed
Register ind dec	$1 + 2^\dagger$ if data needed
Direct	$3 + 2^\dagger$ if data needed
Indirect	$5 + 2^\dagger$ if data needed
Relative	$2 + 2^\dagger$ if data needed

Execution

Add, Sub, And, Inc, Dec, Mov	2/3	(register/memory)
Add/Subtract double	4/6	
Compare	1	
Jump	1	
JSR	2	
Move block	80	

Examples:

Add both Direct: $3 + 3 + 5 + 3 = 14$

Add double AD2 Register indirect, AD1 register:
$3 + 4 + 2 + 4 = 13$

Jump Relative: $3 + 0 + 2 + 1 = 6$

* one extra for double precision

† two extra for double precision

Appendix C

Chapter Test Answers

C.1 Chapter 1

1. a. 101011011 b. 533

2.

	1 1 1 0			1 1 0 1 1	
	0 1 0 1 1	1 1		1 0 1 0 1 1	4 3
	0 1 1 1 0	1 4		0 1 1 0 0 1	2 5
0	1 1 0 0 1	2 5	1	0 0 0 1 0 0	looks like 4—overflow

3. a. 149 115 b. −107 +115 c. 95 73

4.

	1 0 0			1 1 0			1 1 1	
	1 1 0 0	−4		1 0 1 0	−6		0 1 0 1	+5
	1 1 0 1	−3		0 1 1 1	+7		0 0 1 1	+3
(0)	1 0 0 1	−7	(1)	0 0 0 1	+1	(0)	1 0 0 0	overflow

5. a. $13 - 12 = 1$ $10 - 6 = 4$

b. $-3 - (-4) = +1$ $-6 - (+6) =$ overflow

6. a. 1 10001000 00000001101000000000000

b. 0 10000010 01001111110101110000101

7. $.24368 \times 10^2 + .98142 \times 10^3 = .10058 \times 10^4$

C.2 Chapter 2

1.

A	*B*	*C*	*D*	*X*	*Y*	*Z*
0	0	0	0	0	0	0
0	0	0	1	0	0	1
0	0	1	0	0	1	0
0	0	1	1	0	1	1
0	1	0	0	1	0	1
0	1	0	1	0	0	0
0	1	1	0	0	0	1
0	1	1	1	0	1	0
1	0	0	0	1	1	0
1	0	0	1	1	0	1
1	0	1	0	0	0	0
1	0	1	1	0	0	1
1	1	0	0	1	1	1
1	1	0	1	1	1	0
1	1	1	0	1	0	1
1	1	1	1	0	0	0

2.

a	b	c	f	g
0	0	0	1	1
0	0	1	1	1
0	1	0	1	1
0	1	1	0	0
1	0	0	0	0
1	0	1	0	0
1	1	0	1	1
1	1	1	1	0

NOT equal

3. $a'c + ab'$

4. a.

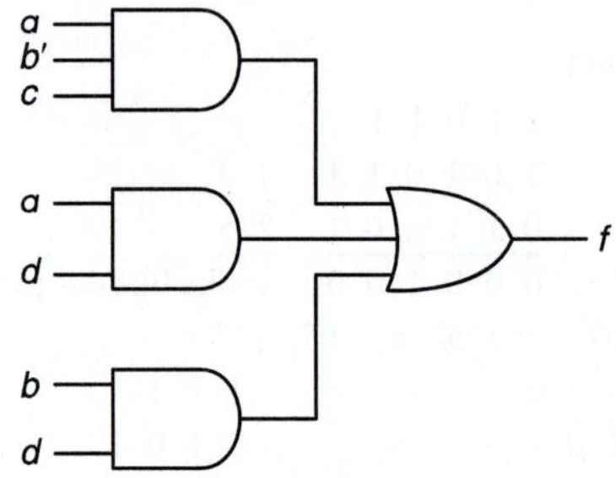

b.

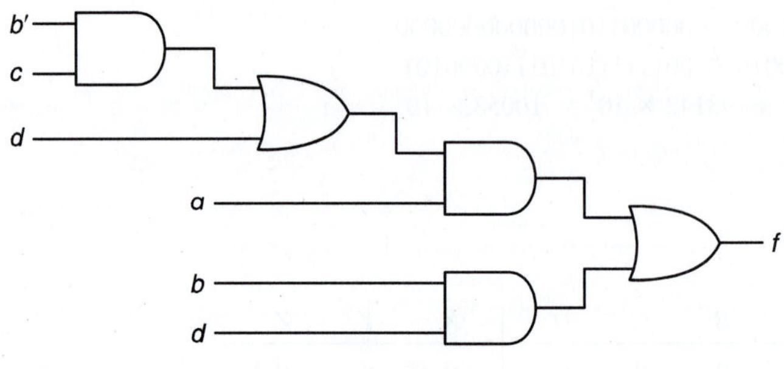

5. a. $f(x, y, z) = \Sigma m(0, 2, 3, 5, 7)$

b. $f = x'y'z' + x'yz' + x'yz + xy'z + xyz$

c. $f = x'z' + x'y + xz = x'z' + xz + yz$

d. $f = (x + y + z')(x' + y + z)(x' + y' + z)$

e. $f = (x + y + z')(x' + z)$

6. a.

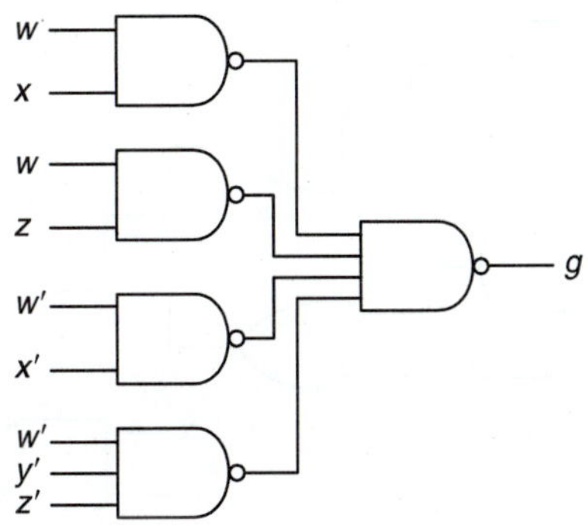

b.

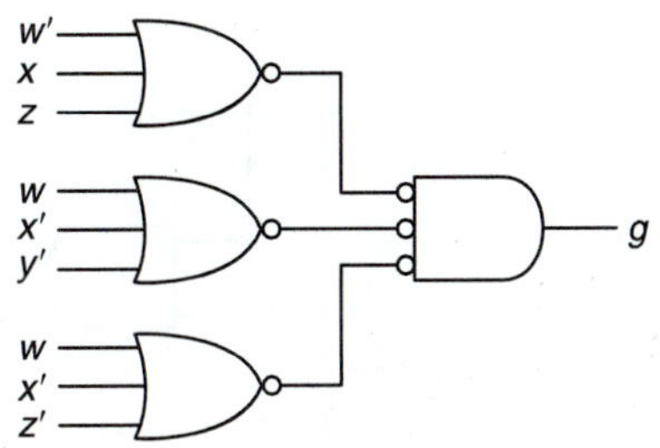

c.

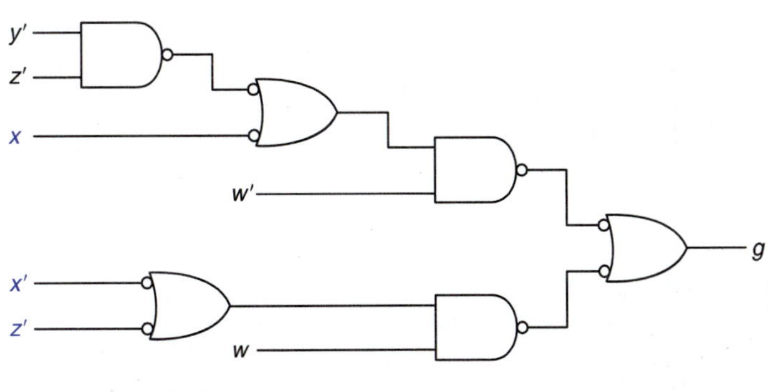

7. a. $f = (b'd' + b'cd') + (bc'd + bcd) + ab'd$
$= b'd' + bd + ab'd$
$= b'd' + d\,(b + b'a) = b'd' + bd + ad$
$= b'(d' + ad) + bd = b'd' + ab' + bd$

b. $g = (xy'z' + xy'z) + yz + wxy + xz$
$= xy' + yz + wxy + xz = x\,(y' + yw) + yz + xz$
$= xy' + wx + yz + xz$
$= xy' + wx + yz$ (consensus)

8. a. $a'b'c' + a'b'c + a'bc' + a'bc + ab'c + abc$

b. $w'x'y' + x'y'z' + wyz$

9.

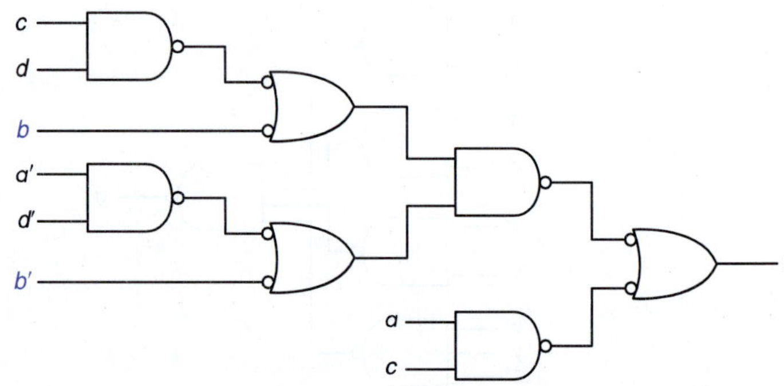

10.

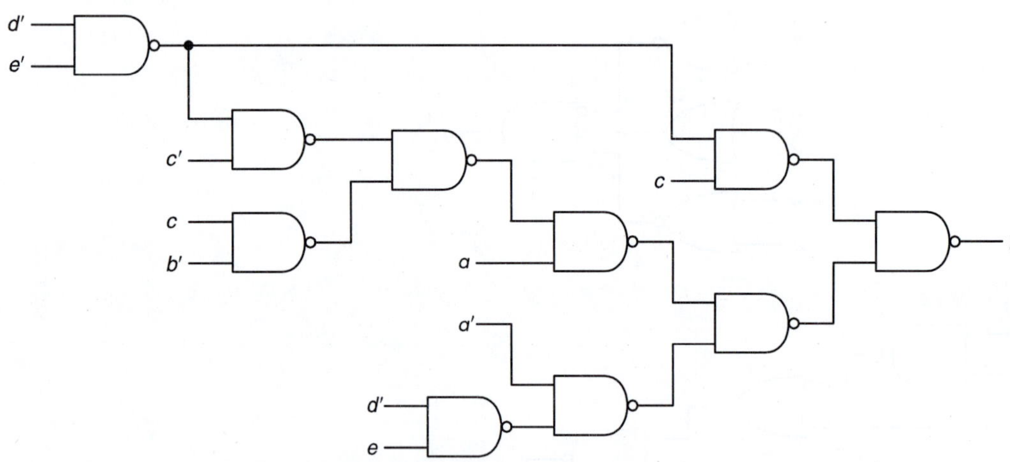

C.3 Chapter 3

1. a. $f(x, y, z) = \Sigma m\,(1, 2, 7) + \Sigma d(4, 5)$
   b. $g = a'c + ab'c'd + a'bd + abc'$

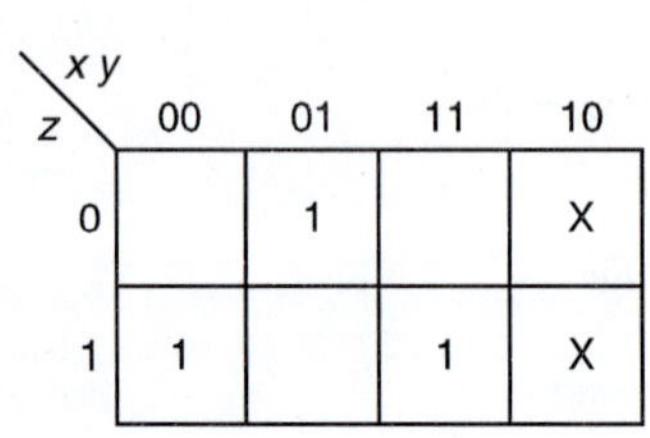

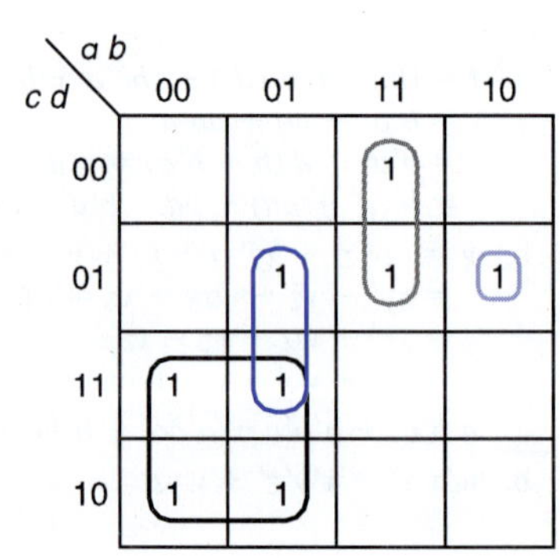

2. a. $wx'y'z' + wyz + w'x$ b. $acd + a'c' + a'd' + ab$

3. $b'd + bd' + ac + \{ab \text{ or } ad\} + \{a'b'c' \text{ or } a'c'd'\}$

4. $wz' + \{x'z \text{ or } wx'\} + \{xy'z' \text{ or } w'xy'\}$

5. $f = a'd + \{c'd \text{ or } b'd\}$

$f = d(a' + b') = d(a' + c')$

6. $f = wx + \{xy'z \text{ or } w'y'z\} + \{wyz \text{ or } x'yz\}$

$f = (w + z)(x + y)\{(x + z) \text{ or } (y' + z)\}\{(x' + y') \text{ or } (w + y')\}$

7. $A'B'C' + ACE + ABC'D + BCD'E' + \{A'B'D'E \text{ or } B'CD'E\}$

8. $ACE' + CDE + A'C'E' + BC'E + AB'C'$

$ACE' + CDE + B'C'E' + A'BC' + AC'E$

9. a. $f = xy'z' + wx' + wz'$

$g = w'z + w'xy + x'z$

b. $f = xy'z' + wz' + wx'z$

$g = w'z + w'xy + wx'z$

10. a. $f = w'z + w'y + yz + wx'z'$

$g = w'yz' + xz' + wxy + wy'z'$

$h = w'z + w'x + xyz + wx'y'z'$

b. $f = w'z + w'yz' + wx'y'z' + wxyz + x'y$

$g = w'yz' + xz' + wx'y'z' + wxyz$

$h = w'z + wx'y'z' + wxyz + w'x$

C.4 Chapter 4

1.

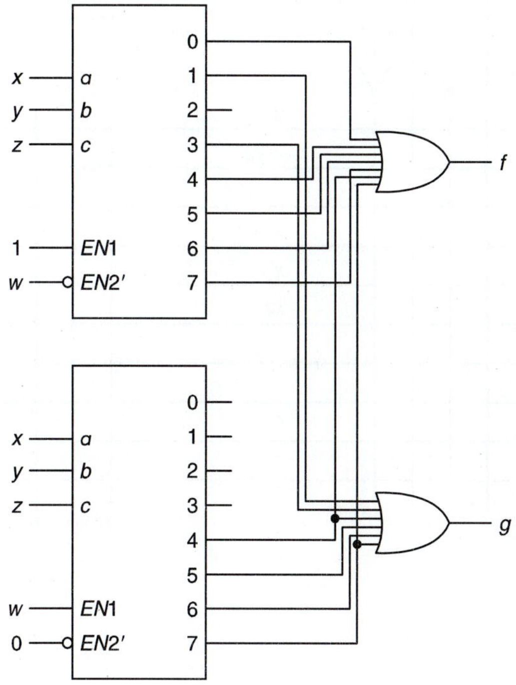

2.

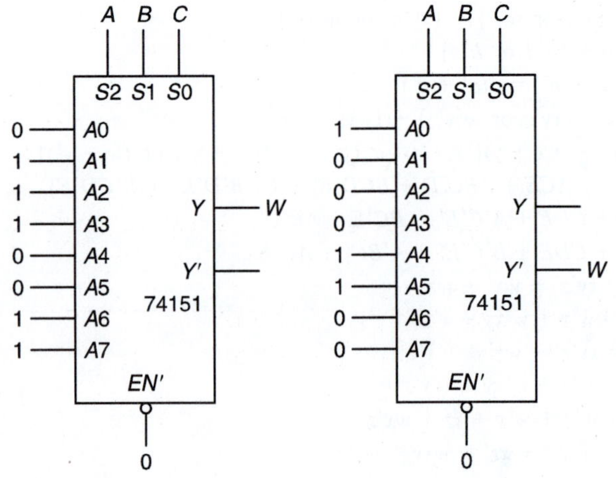
A B C
S2 S1 S0
0 A0
1 A1
1 A2
1 A3
0 A4
0 A5
1 A6
1 A7
Y W
Y'
74151
EN'
0
A B C
S2 S1 S0
1 A0
0 A1
0 A2
0 A3
1 A4
1 A5
0 A6
0 A7
Y
Y' W
74151
EN'
0

3.

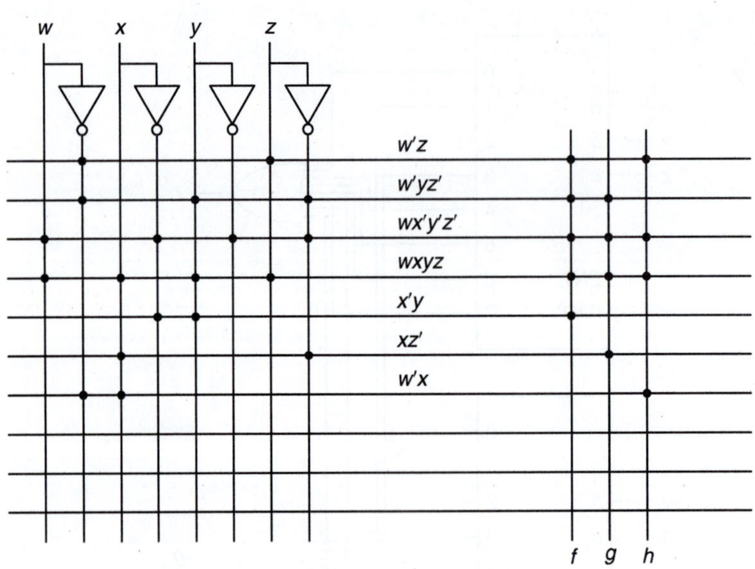
w x y z
w'z
w'yz'
wx'y'z'
wxyz
x'y
xz'
w'x
f g h

4.

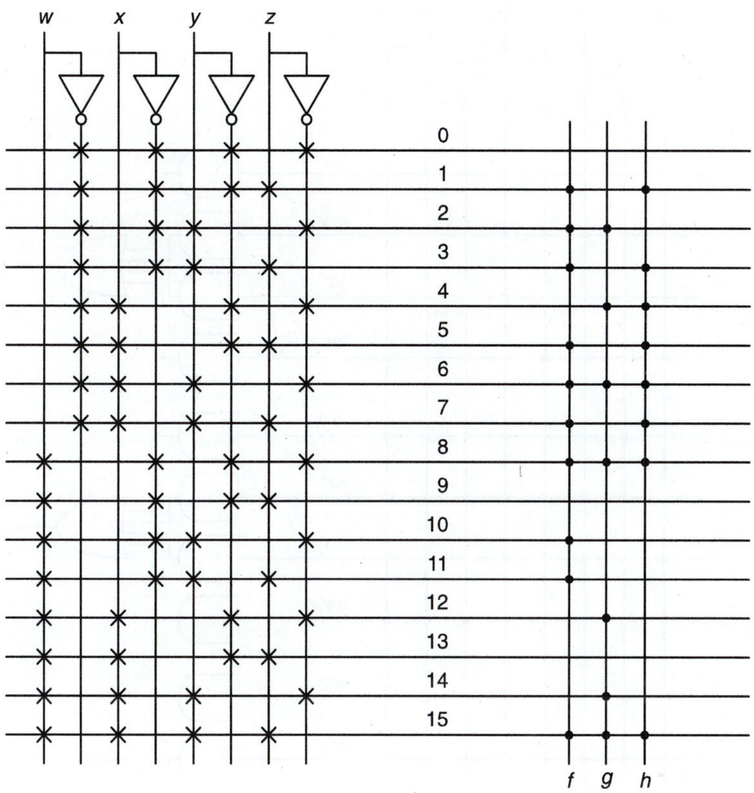

5.

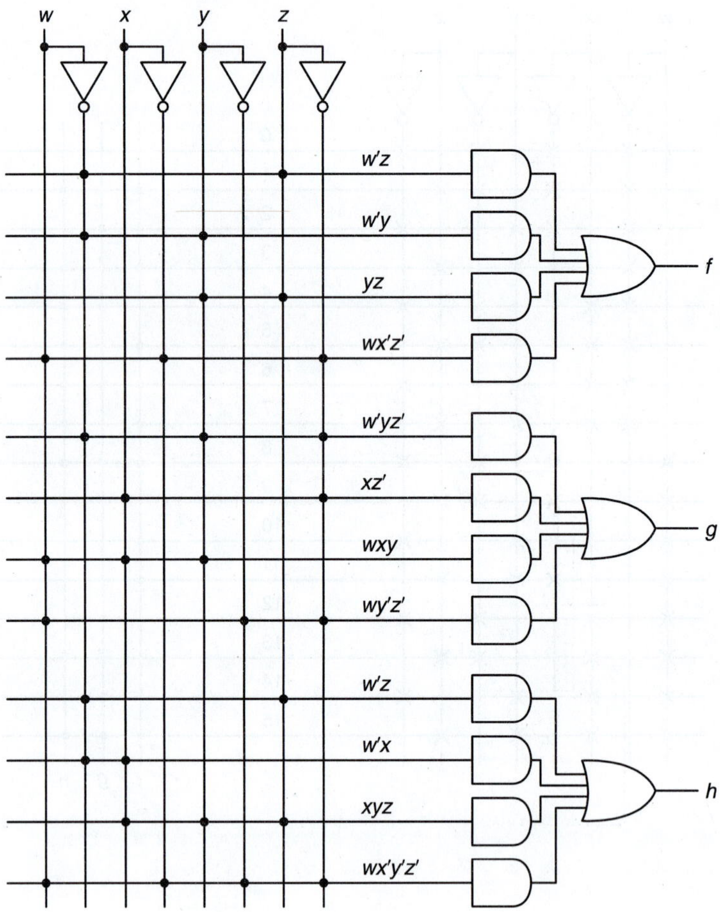

6.

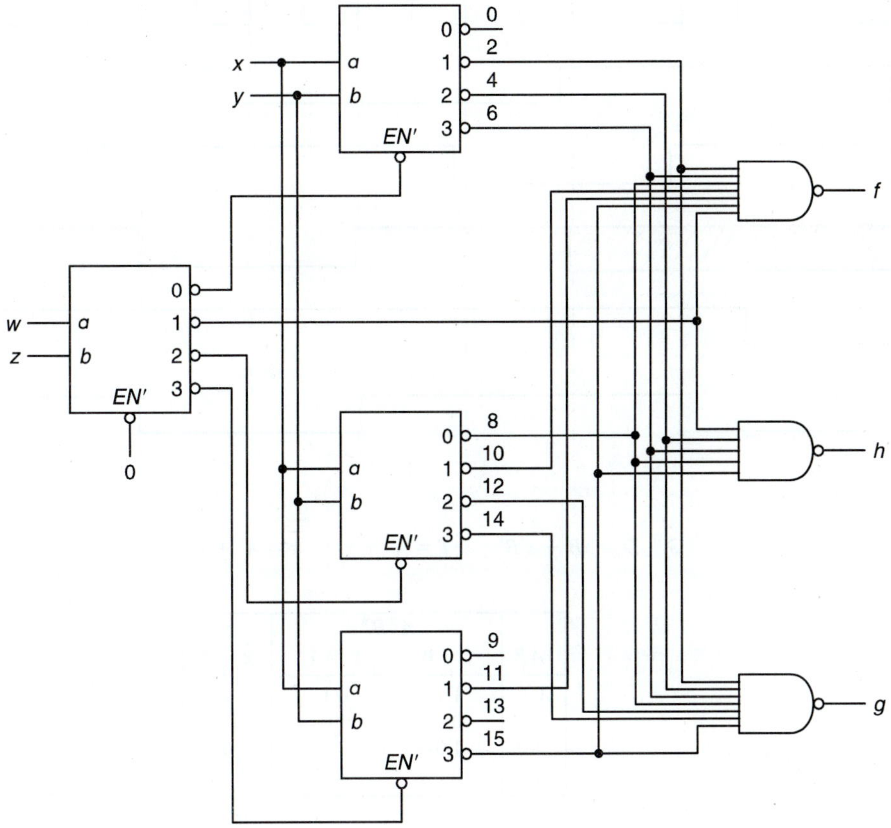

C.5 Chapter 5

1.

x	0	0	1	1	0	0	0	1	0	1		
q	A	C	B	D	B	A	C	B	D	B	D	B
z	0	0	1	0	1	0	0	1	0	1	0	1	0

2.

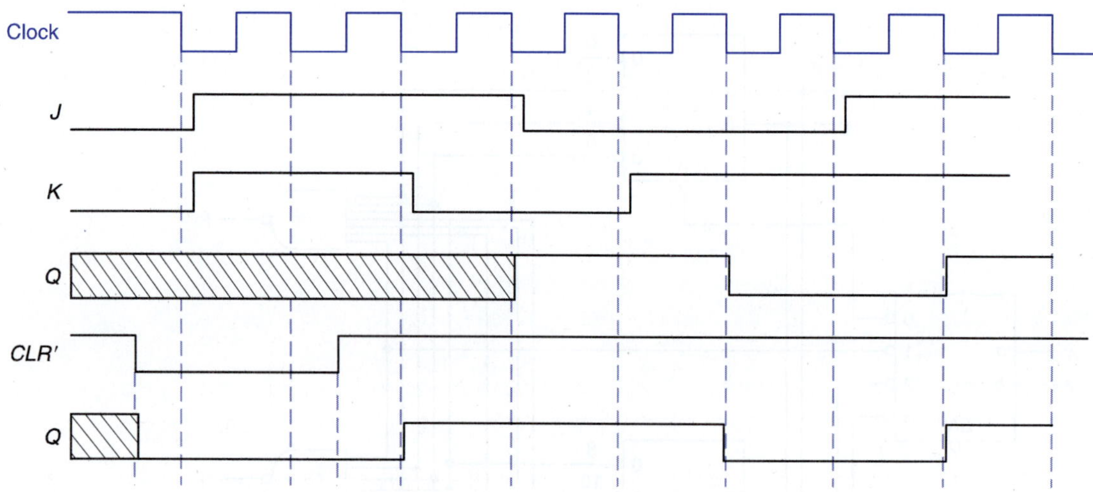

3. $D = xB + x'B' \qquad T = A' + x \qquad z = A' + B$

AB	$A^{\star}B^{\star}$ x = 0	$A^{\star}B^{\star}$ x = 1	z x = 1
0 0	1 1	0 1	1
0 1	0 0	1 0	1
1 0	1 0	0 1	0
1 1	0 1	1 0	1

4. $D_A = xB' + x'B \qquad D_B = x + A' \qquad z = AB$

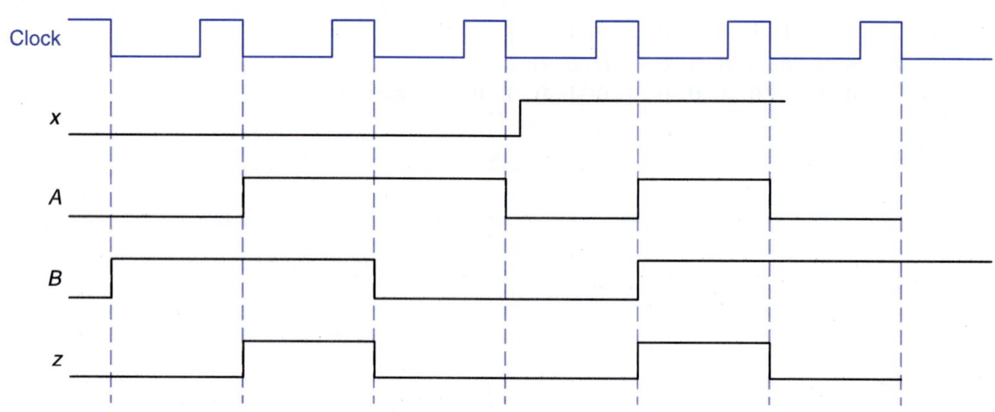

C.6 Chapter 6

1. $D_A = x'B' + xB$ $J_B = K_B = A' + x$ $z = x'A + xB'$
2. $S_1 = x$ $R_1 = x'q_2$ $J_2 = xq_1$ $K_2 = x'$ $z = q_2'$
3. a. $D_1 = x'q_1' + x'q_2 + q_1'q_2 + xq_1q_2'$
   $D_2 = x + q_1'q_2$ $z = q_1'q_2'$
   b. $D_1 = x + q_1q_2$ $D_2 = q_2'$ $z = q_1'q_2'$
   c.

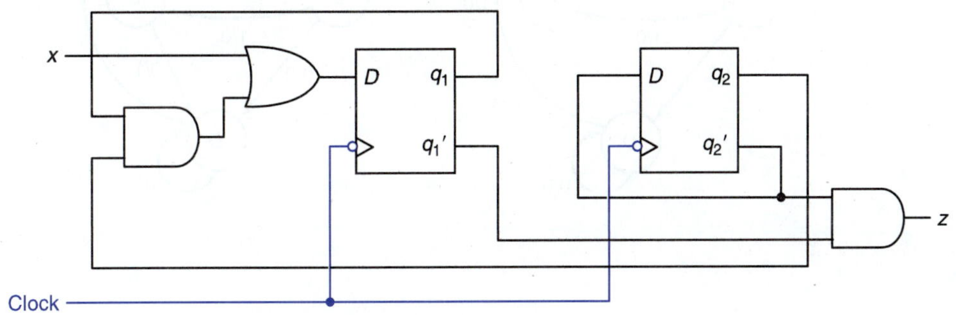

4. $D = A'$ $J = C'$ $K = A'C'$ $T = A' + B'C'$

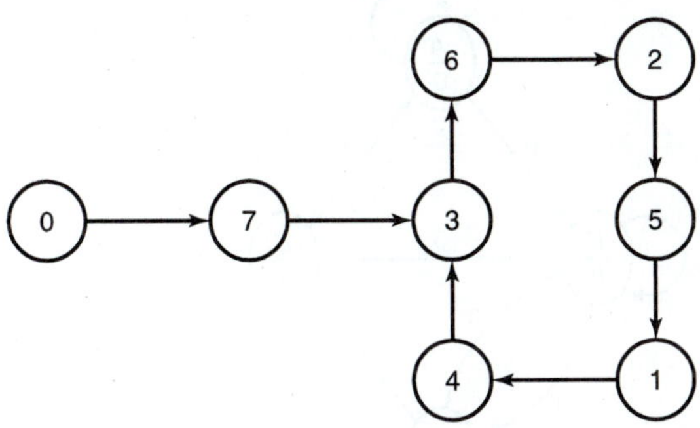

5. a.

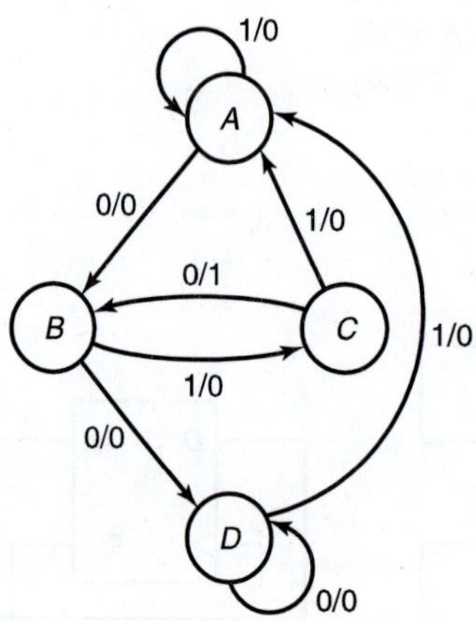
1/0
A
0/0
1/0
0/1
B
C
1/0
1/0
0/0
D
0/0

b.

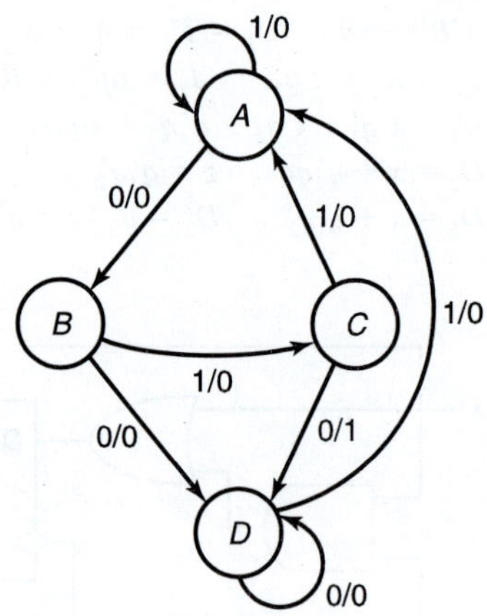
1/0
A
0/0
1/0
B
C
1/0
1/0
0/0
0/1
D
0/0

6.

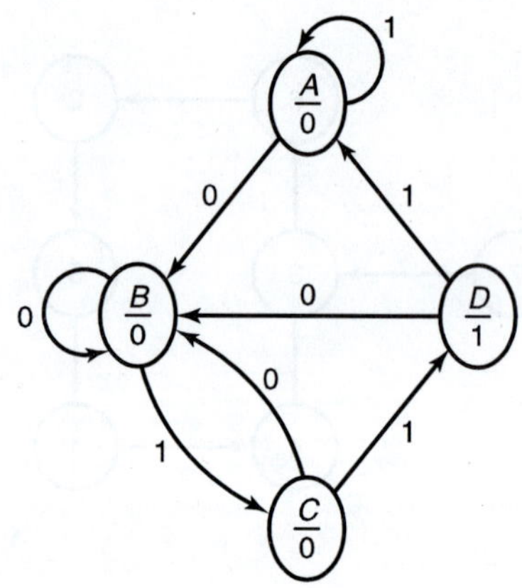
1
A
0
0
1
0
B
0
0
D
1
0
1
1
C
0

C.7 Chapter 7

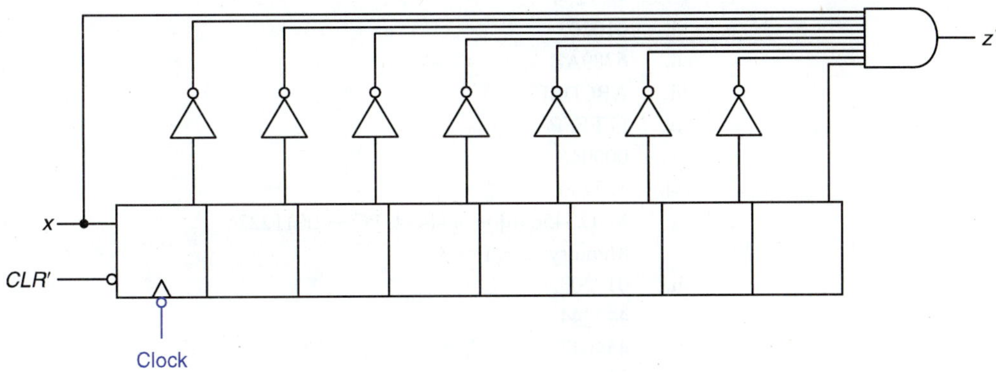

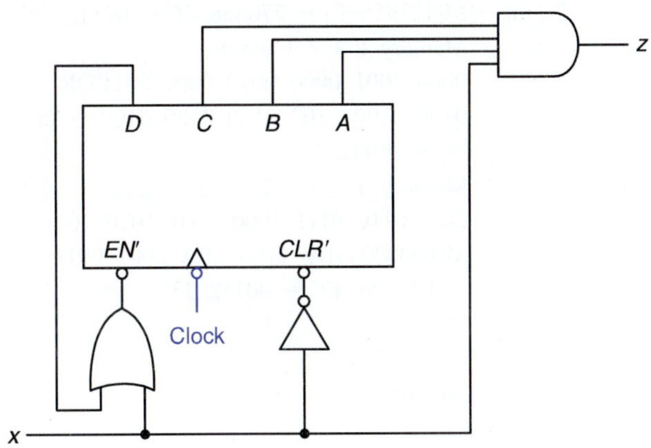

C.8 Chapter 8

1. a.

A	B	B
C	C	D
E	E	F
G	G	H
H		

b.

A	no-op	no-op
B	B	C
C	D	E
E	F	no-op
G	G	H
H		

2.

before a. b. c. d. e.

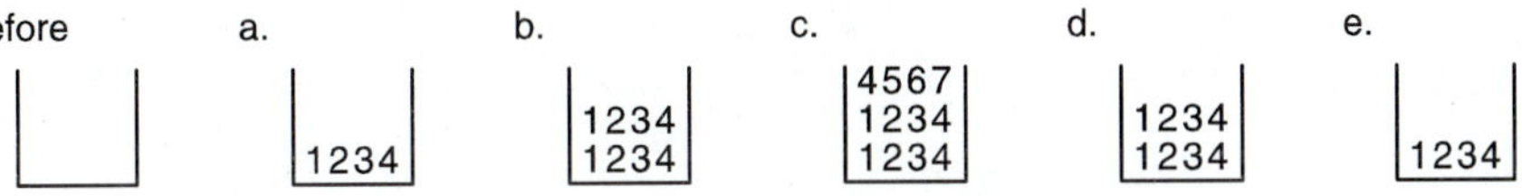

d. $REG^3 \leftarrow 4567$
e. $REG^7 \leftarrow 1234$

3. a.
i. 010203
ii. 6789AB
iii. ABCDEF
iv. FFFFFF
v. 000046
vi. 123456

b.
i. M[12345646] ← 444444, PC ← 00112224
Memory: 2 + 1 = 3
ii. 010203
<u>444444</u>
454647 → REG^7, PC ← 00112223
Memory: 1 + 1 = 2
iii. M[123456FF] ← 776656, PC ← 00112224
Memory: 2 + 2 + 2 = 6
iv. 0000 0001 0000 0010 0000 0011 OR
0100 0100 0100 0100 0100 0100 → 454647 → REG^7,
PC ← 00112223
Memory: 1 + 1 = 2
v. Data: 0110 0111 1000 1001 1010 1011
M[00000046] ← 1100 1111 0001 0011 0101 0110
= CF1356, PC ← 00112223
Memory: 1 + 2 = 3
vi. PC ← 12345646
Memory: 2

C.9 Chapter 9

1. a.

```
FLIP FLOPS: A[0:3]
INPUT LINES: B[0:3], go, x.
OUTPUT LINES: y.
```

b, c.

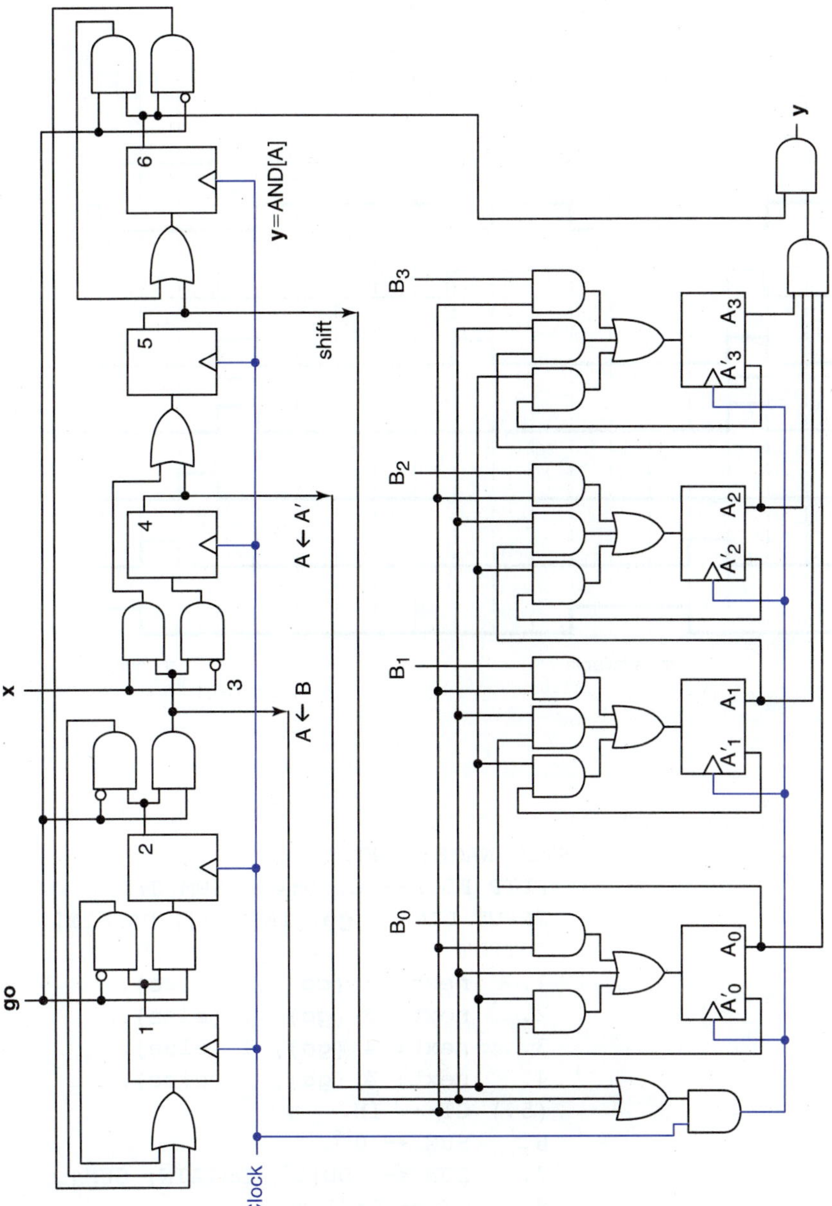
go
x
Clock
1
2
3
4
5
6
A ← B
A ← A′
shift
y=AND[A]
B_0
B_1
B_2
B_3
A_0
A'_0
A_1
A'_1
A_2
A'_2
A_3
A'_3
y

d.

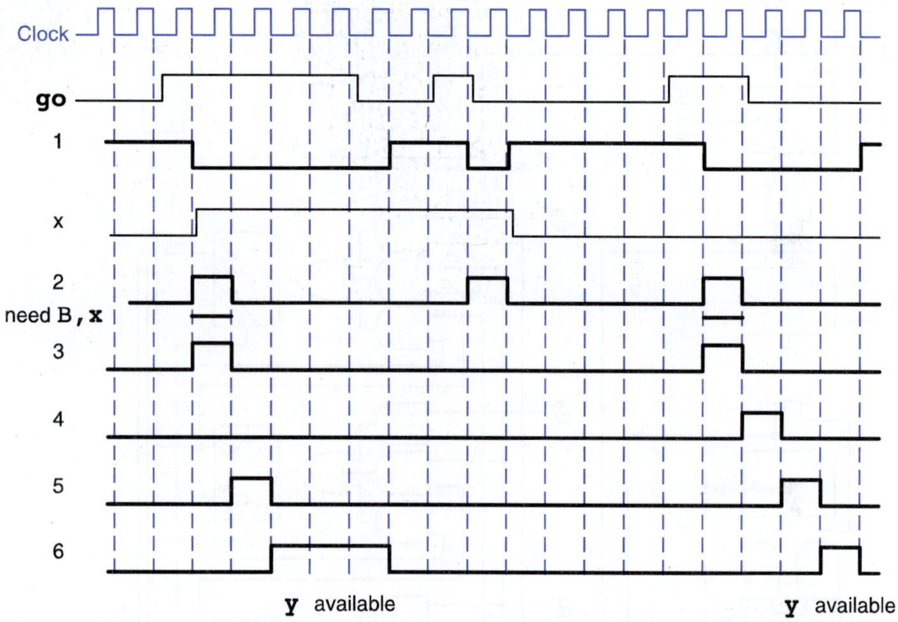

2.

```
SYSTEM NAME: TWO.
    FLIP FLOPS: CT[0:4], SUM[0:15].
    INPUT LINES: go, IN[0:4], DATAIN[0:10].
    OUTPUT LINES: ready, DATAOUT[0:15].
    1.    next: 2 (go), 1 (else).
    2.    next: 3 (go), 1 (else).
    3.    next: 4 (go), 1 (else).
    4.    next: 4 (go), 5 (else).
    (5.)  CT ← IN.
    6.    SUM ← 0^16.
    7.    SUM ← ADD[0^5, DATAIN; SUM].
    8.    CT ← DEC[CT];
          next: 7 (OR[DEC[CT]]), 9 (else).
    9.    DATAOUT = SUM; ready = 1.
    10.   DATAOUT = SUM; ready = 1;
          next: 1.
END DESCRIPTION
```

C.10 Chapter 10

1. a. $REG^2 \leftarrow 00000000$ $\mathbf{z} \leftarrow 1$ $\mathbf{n} \leftarrow 0$ $PC \leftarrow 12000124$
3 memory references

b. $M[00004567] \leftarrow 98765432$ $PC \leftarrow 12000123$
2 memory references

c. $REG^3 \leftarrow 18877665$ $\mathbf{z} \leftarrow 0$ $\mathbf{n} \leftarrow 0$ $\mathbf{c} \leftarrow 1$ $\mathbf{v} \leftarrow 1$
$PC \leftarrow 12000124$ 3 memory references

d. $REG^3 \leftarrow 98000010$ $\mathbf{z} \leftarrow 0$ $\mathbf{n} \leftarrow 1$ $PC \leftarrow 12000124$
4 memory references

e. $PC \leftarrow ABFF0123$ 1 memory reference

2.
```
60. EA ← ADD1:16 [00000001; EA; 0].
61. ADIN = EA; read = 1; TEMP ← DATA.
62. next: 1 (ADD0 [TEMP; WORK'; 1]), 63 (else).
63. ADIN = EA; DATA = WORKING; write = 1.
64. EA ← ADD1:16[FFFFFFFF; EA; 0].
65. ADIN = EA; DATA = TEMP; write = 1;
    next: 1.
```

3. In what follows, we treat all unused combinations as no-ops.

```
SYSTEM NAME: SMALL
   OUTPUT LINES: read, write, ADIN[0:15].
   COMMUNICATION BUS: DATA[0:15].
   INTERNAL BUSSES: CPUBUS[0:15],
   INA[0:15], INB[0:15].
   FLIP FLOPS: PC[0:9], EA[0:15],
   IR[0:15], W[0:15].
   1.      ADIN = 00, PC; read = 1;
           IR ← DATA.
   2.      PC ← INC[PC];
           next: 10 (IR0 · IR1), 3 (else).
   3.      next/IR4:5: 4, 1, 5, 6.
   (4.)    EA ← 00, IR6:15;
           next: 8.
   (5.)    ADIN ← 00, IR6:15; read = 1;
           EA ← DATA;
           next: 8.
   (6.)    W ← 00; IR6:15;
           next: 10.
   (8.)    next: 10 (IR0), 9 (else).
```

```
9.      ADIN ← 00, IR_{6:15}; read = 1;
        EA ← DATA.
10.     next/IR_{0:2}: 11, 12, 13, 1, 14, 1,
        15, 20.
(11.)   REG/IR_3 ← W;
        next: 1.
(12.)   REG/IR_3 ← REG/IR_3 · W;
        next: 1.
(13.)   REG/IR_3 ← ADD[REG/IR_3; W];
        next: 1.
(14.)   ADIN = EA; DATA = REG/IR_3;
        write = 1;
        next: 1.
(15.)   next/IR_{4:5}: 16, 17, 18, 19.
(16.)   PC ← IR_{6:15};
        next: 1.
(17.)   next: 1 (OR[REG/IR_3]), 16 (else).
(18.)   next: 1 (REG_0/IR_3)+
        (OR[REG/IR_3])'), 16 (else).
(19.)   next: 16 (REG_0/IR_3), 1 (else).
(20.)   REG/IR_3 ← ADD[REG/IR_3; FFFF];
        next: 1 (OR[REG/IR_3]), 16 (else).
END DESCRIPTION
```

Index

찾 아 보 기

1비트 가산기 198
1-비트 전감산기 204
16진수 8

2 of 5 코드 21
2-비트 가산기 203
2단계 회로 63
2변수 맵 126
2의 보수 12

3변수 맵 127
3방향(three-way) 멀티플렉서 508
3상(혹은 tristate) 출력 게이트 219
3초과 코드 21

4변수 맵 129

5변수 맵 154

7-세그먼트 표시기 238
7-세그먼트 표시기 구동기 238
74138 209
74138 디코더 209, 210
74147 우선순위 인코더 215
74174 305
74175 305
7473 305
7474 305

8421 코드 21

(A)

AND 50
ASCII 22

(C)

CD-ROM 614
CE6 291

(D)

D 플립플롭 297
DIMM(Dual In-Line Memory Module) 619
dirty 비트 627

DMA(Direct memory access) 615, 637
don't care 126
DRAM 613
DVD 614

(E)
E. F. 무어 291
enable 신호 207
endmodule 233
EPROM 224

(G)
glitch 199

(H)
HDL 233

(J)
JK 플립플롭 304
JK 플립플롭 타이밍도 305

(L)
LRU 625

(M)
MODEL 613
module 233

(N)
NOT 50

(O)
one-hot 제어기 512
OR 50

(P)
PAL 224, 229
PLA 224, 226

(R)
RAM(Random Access Memory) 613
Read-Only Memory(ROM) 587
reg 236
RIH(return from interrupt handler) 명령어 634
ROM 224

(S)
SOP cover 134
SR(Set-Reset) 플립플롭 302
SR 플립플롭의 타이밍도 303
SRAM 613

(T)
T 플립플롭 타이밍도 304
T(Toggle) 플립플롭 303
TLB 630

(V)
Verilog 233
VHDL 233

(W)
wire 234
write through 방법 627

(ㄱ)
가감산기 205
가산기 506

가상 메모리 630
가중코드 21
간소화 59
간접 주소지정 574
간접(indirect)지정 566
감소기(decrementer) 572
게이트 51
게이트 어레이 221
결합 법칙 51
계수기 535
곱 50
곱의 최소합 57
곱의 합 56
곱항 56
공간적 집약성(spatial locality) 621
괄호 52
교체 방법(replacement policy) 625
교환 법칙 51
그레이 코드 22
기가규모 집적회로 65
기수 4
기수 보수 12

(ㄴ)

논리 570
논리 방정식(logic equation) 342
논리 설계(logic design) 1

(ㄷ)

다단 직접 주소지정 방식 594
다중 비트 멀티플렉서 217
대규모 집적회로 65
데이지 체인 633
데이터 읽기 574
데이터 캐쉬 624
동기 카운터(Synchronous conunter) 363
두 개의 플립플롭 300
두 번째 워드 읽기 574
드모르강의 법칙 67
디멀티플렉서(demux) 219
디지털 시스템 1

(ㄹ)

레이턴시 615
레지스터 간접 주소지정 573
레지스터 주소지정 573
레지스터(register) 417
레지스터(register)지정 565
레지스터 간접(register indirect)지정 565
리딩 에지 트리거(leading-edge triggered) 296
리셋(reset) 300
리터럴 56

(ㅁ)

마이크로명령어 587
마이크로프로그램 587
맨티사 18
맵 방법 137
멀티플렉서 215
메모리의 체계 614
명령어 인출 581
명령어 캐쉬 624
모델(G. B. Mealy) 293
무관조건 43
무부호 숫자 595

무어 머신 상태도 307
무어 회로 상태표 306
무어(Moore) 모델 291
밀리 모델 294
밀리 모델의 상태도 312
밀리 시스템의 상태표 312
밑수 4

(ㅂ)
반가산기 11
반복시스템(iterative system) 197
배럴 쉬프터 577
배정도(double-precision) 596
버스 시스템 510
범용 레지스터 562
변화 비트 627
보수화 50
복호기 506
부동소수점 18
부적중 624
부호-크기 11
부호없는 수 11
부호있는 수 11
분기(Branch) 명령어 570
불완전하게 정의된 함수 43
블록도(block diagram) 342
비교기 205
비동기 카운터(asynchronous counter) 363
비트 4

(ㅅ)
사양(Specification) 521
상대 주소지정 573
상대(relative)지정 566
상승 에지 트리거 297
상승/하강 카운터(up/down counter) 366
상태 감쇄 기법 341
상태 배치(state assignment) 341
상태 천이(state transition) 341
상태도(state diagram) 291, 341
상태표(state table) 291, 341
서브루틴(무조건) 578
선입선출(first-in first-in) 625
선행 에지(leading-edge) 373, 418
설계기술언어 505
섹터 629
소규모 집적회로 65
순차 시스템 289, 306, 512
순차 시스템 분석 306
순차회로 3
쉬프트 570
쉬프트 레지스터(shift register) 417
스택 584
시간적 집약성(temporal locality) 621
시그니피컨드 18
시뮬레이터 522
시퀀서(sequencer) 588
신속법(quick method) 345
십진 가산기 236
쌍대 53

(ㅇ)
액티브 로우(active low) 366
액티브 하이(active high) 366
양의 논리 67
여러 개의 출력을 가진 문제 159

연산자 575
오버플로우 10, 14, 538
완전 결합 캐쉬(fully associative cache) 624
우선순위 인코더 214
유한 상태 머신(FSM, Finite State Machine) 289
유효주소(effective address) 562
음의 논리 67
의사 LRU 626
이진 가산기 534
이진 디코더 207
이진 인코더 213
이차 메모리 628
인덱스 주소지정 594
인수분해 54
인터럽트 632
일치 선택(coincident selection) 617
임플리컨트(implicant) 133
입력맵 341
입력표 341

(ㅈ)

자기 디스크 629
자동-전-감소(auto-pre-decrementing) 간접 주소지정 방식 594
잘못된 출력(글리치, glitch) 313
적중 622
전가산기 10
점-대-점(point-to-point) 데이터 구조 508
정규화 곱 60
정규화 합 57
정적 클리어(static clear) 370
정적인(비동기) 300
제어 시퀀스 512
조건 점프(conditional jump) 578
조합논리 522
조합회로 3
주소지정 방식 561
주항(prime implicant) 135, 147
중규모 집적회로 65
즉시 주소지정 574
즉시(immediate)지정 567
지연시간 198
직접 매핑 캐쉬 622
직접 주소지정 574
직접(direct)지정 566
진리표(truth table) 343
집적회로 65
짧은 즉치 주소지정 574

(ㅊ)

초대규모 집적회로 65
최대항 60
최소 61
최소 POS 표현 151
최소 SOP 표현식 136
최소항 56
출력 547
칩 65

(ㅋ)

카르노 맵 125, 126
카운터(counter) 363
캐리 검출 회로 237
캐리미리보기 가산기 204
캐쉬 621

캐쉬 메모리 621
캐쉬 적중율(hit ratio) 624
커버(cover) 134
클락(clock) 363
클리어(clear) 300, 370

(ㅌ)

타이밍 301
타이밍 트레이스(timing trace) 291, 375, 535
타이밍도(timing digram) 372, 516
트랙 629
트랜지스터-트랜지스터 논리 66
트레일링 에지 트리거(trailing-edge triggered) 296

(ㅍ)

패러티 247
페이지 630
페이지 제로 간접 주소지정 594
페이지 제로 주소지정 573
페이지 제로(page zero) 지정 566
표준곱항 56
표준곱항의 합 57
표준합항 60
표준합항의 곱 60
프로그램 카운터 562, 578
프리셋 300
플립플롭 296, 297
플립플롭 타이밍 301
필수 136
필수 주항(essential prime implicant) 136, 147

(ㅎ)

하강 에지 트리거 플립플롭 297
하드와이어드(hard-wired) 제어기 517
하드웨어 기술 언어 505
함수적 완전성 76
합 50
합의 곱 60
합항 60
해밍 코드 23
해저드(hazard) 199
헤드 629
현장 프로그래머블(field programmable) 224
호출(call) 명령어 578
홀수 패러티 247
회전 명령어 570
후 자동 증가 574
후행 에지(trailing-edge) 373, 418
후행-에지 트리거 505
흡수 법칙 82